Ludwig Narziß

Abriß der Bierbrauerei

unter Mitarbeit von Werner Back

D1640122

Das umfassende Handbuch zur Bierbrauerei

Narziß, L.
Die Bierbrauerei
Band 1: Die Technologie der Malzbereitung
7. neu bearbeitete Auflage
ISBN 3-527-30861-X (Wiley-VCH, Weinheim)
1999

Band 2: Die Technologie der Würzebereitung
7. durchgesehene Auflage
ISBN 3-527-30862-8 (Wiley-VCH, Weinheim)
1992

Ludwig Narziß

Abriß der Bierbrauerei

unter Mitarbeit von Werner Back

7., aktualisierte und erweiterte Auflage

WILEY-VCH Verlag GmbH & Co. KGaA

Professor (em.) Dr. agr. Ludwig Narziß
Professor Dr.-Ing. habil. Werner Back
Techn. Universität München
Lehrstuhl und Institut für Technologie der Brauerei I
Bayr. Versuchs- und Lehrbrauerei
Fakultät für Brauwesen, Lebensmitteltechnologie
und Milchwissenschaft Weihenstephan
85350 Freising

1. Auflage 1937
2. Auflage 1949
3. Auflage 1972
4. Auflage 1980
5. Auflage 1986
6. Auflage 1995
7. Auflage 2005
   1. Nachdruck der 7. Auflage 2008
   2. Nachdruck der 7. Auflage 2011

Bibliografische Information der Deutschen Bibliothek
Die Deutsche Bibliothek verzeichnet diese Publikation in der Deutschen Nationalbibliographie;
detaillierte bibliographische Daten sind im Internet über <http://dnb.ddb.de> abrufbar.

© 2005 WILEY-VCH Verlag GmbH & Co. KGaA, Weinheim

Gedruckt auf säurefreiem Papier
Printed in the Federal Republic of Germany

Satz und Druck: C. Maurer, 73312 Geislingen
Bindung: Litges & Dopf Buchbinderei GmbH, Heppenheim

ISBN 978-3-527-31035-7

Vorwort zur siebenten Auflage

Die vorausgehende 6. Auflage gab in sämtlichen Kapiteln den jeweils neuesten Stand der Brauwissenschaft und der Brauereitechnologie wieder. Hierbei wurden zum Teil damals noch nicht veröffentlichte wissenschaftliche Arbeiten ausgewertet und die Ergebnisse eingebracht. Es erschien daher vertretbar, in der vorliegenden siebenten Auflage einen Anhang von ca. 40 Seiten über „Neue Erkenntnisse und Entwicklungen" zu verfassen. Es werden hier die neuesten Ergebnisse der Forschung und der technisch – technologischen Entwicklungen dargestellt, wobei die Gebiete: Maischen, Abläutern, Würzekochen, Würzebehandlung, Hefe-Technologie und Gärung/Reifung besondere Berücksichtigung erfahren. Moderne Filtrationsmethoden werden als Fortschreibung ebenso erwähnt wie neue Flaschenfüllertypen sowie die Schilderung der Problematik von Kunststoffflaschen. Die Themen über die Eigenschaften des Bieres, wie chemisch-physikalische Stabilität, Geschmacksstabilität, biologische Stabilität, Schaum, Filtrierbarkeit, „Gushing" und physiologische Momente zeigen die zwischenzeitlich erzielten Fortschritte auf.

Auch nach meiner Emeritierung konnte ich an den technologischen Entwicklungen teilhaben, wenn auch der eigene Anteil an der wissenschaftlichen Forschung naturgemäß auslaufen mußte.

So bin ich meinem Kollegen und Nachfolger, Prof. Dr. Werner Back für seine Mitarbeit sehr dankbar, vor allem auch dafür, daß ich stets Zugang zu allen Dissertationen, Diplom- und Semesterarbeiten sowie zu allen Institutsaktivitäten durch Informationen und fruchtbare Diskussionen hatte. Hierfür sei auch seinem Team an Assistenten, Doktoranden und allen wissenschaftlichen Mitarbeitern sehr herzlich gedankt. Mein Dank gilt ferner der Brauereimaschinen-Industrie sowie den befreundeten Brauereien für den regen Gedankenaustausch. Ohne all' das hätte diese Ergänzung wohl schwerlich in dieser Form angefertigt werden können.

Ich danke dem mir „neuen" Verlag Wiley-VCH für die gute und aufgeschlossene Zusammenarbeit.

Weihenstephan, Sommer 2004

Ludwig Narziß

Vorwort zur sechsten Auflage

Das von Professor Dr. Hans Leberle 1937 begründete und 1949 überarbeitete Werk wurde von mir 1972 neu geschrieben, 1980 überarbeitet und durch einige wesentliche Kapitel ergänzt, so daß es vertretbar war, die 5. Auflage 1986 durch einen ausführlichen Anhang auf dem neuesten Stand zu halten. Mit dieser 6. Auflage wurde 1994 eine völlige Überarbeitung fällig, die wiederum einige neue Abschnitte aufweist.

Das Buch setzt sich zum Ziel – wie schon von Prof. Leberle vorgesehen –, einen gedrängten Überblick über den gesamten Komplex der Mälzerei- und Brauerei-Technologie zu geben. Dabei sind die theoretischen Grundlagen der einzelnen Verfahrensschritte knapp und übersichtlich soweit dargestellt, als es für das Verständnis der verschiedenen technologischen Gegebenheiten sowie der Beschaffenheit von Malz, Würze und Bier erforderlich scheint. Besonderer Wert wird einer praxisnahen Schilderung der einzelnen Abschnitte der Malz- und Bierbereitung nebst den hierfür dienenden Einrichtungen und Apparate beigemessen. Das aufgeführte Zahlenmaterial soll diese Darstellungen belegen, ergänzen und anschaulicher gestalten.

Das Buch ist in erster Linie als Leitfaden für die Studierenden des Brauwesens gedacht, wobei das Volumen der Vorlesung, vor allem hinsichtlich der knapp gehaltenen Tabellen und des Fehlens von Illustrationen, bewußt nicht angestrebt wird.

Darüber hinaus ist es eine wesentliche Aufgabe des Buches, den im Betrieb Stehenden einen Überblick über den neuesten Stand der Mälzerei- und Brauereitechnologie zu geben, ohne dabei grundlegende und bewährte Verfahren zu übergehen. So will es auch verstanden sein, daß z. B. die Tennenmälzerei, das Dreimaischverfahren oder eine „sehr" konventionelle Verfahrensweise von Gärung und Lagerung neben modernen Technologien Beschreibung finden. Der Rahmen des Buches erfordert eine gewisse Beschränkung des Stoffes; aus diesem Grunde wird hauptsächlich die Malz- und Bierbereitung nach Maßgabe des Reinheitsgebotes berücksichtigt.

Entsprechende Beachtung wird der Beschreibung der Eigenschaften des Bieres gewidmet und der sie beeinflussenden Faktoren. Neu sind die Kapitel „Alkoholfreie Biere", „Leichtbiere" und „Brauen mit hoher Stammwürze". Neuentwicklungen sind nur soweit aufgenommen, wenn sie sich bereits bewähren konnten oder eine Einführung absehbar ist.

Einem tieferen Studium der Materie dienen die Standardwerke „Die Bierbrauerei" des gleichen Verlages.

Ich danke meinem Kollegen und Nachfolger Prof. Dr. Werner Back, daß er das Kapitel „Biologische Stabilität des Bieres" neu bearbeitete, wie er mir auch in vielen Diskussionen hilfreich zur Seite stand. Ich danke meinen langjährigen Mitarbeitern Frau Akad. Direktorin Dr. Elisabeth Reicheneder und Herrn Prof. Dr. Heinz Miedaner sowie den vielen Assistenten und Helfern aus rund 30 Jahren Lehre und Forschung in Weihenstephan, denn: Es sind die Ergebnisse von 44 Dissertationen und einem Mehrfachen an Diplom- und Studienarbeiten wie auch aus vielen Praxisversuchen eingeflossen.

Dank sei den Förder-Gremien: der Gesellschaft zur Wissenschaftsförderung der Deutschen Brauwirtschaft, der Wissenschaftlichen Station für Brauerei in München, der Arbeitsgemeinschaft der Industriellen Fördervereinigungen u. a.

Dem Verlag danke ich für die stets angenehme Zusammenarbeit. Möge der im Laufe der Jahre etwas umfangreich gewordene Band in der Fachwelt eine ähnlich gute Aufnahme finden wie die früheren Auflagen oder die erwähnten Standard-Werke.

Weihenstephan, Winter 1994/95

Ludwig Narziß

Inhalt

1 Die Technologie der Malzbereitung

Unter Mälzen ist das Keimenlassen von Getreidearten unter künstlich geschaffenen bzw. gesteuerten Umweltbedingungen zu verstehen.

Das Endprodukt der Keimung heißt Grünmalz; durch Trocknen und Darren wird es zum Darrmalz.

Der Zweck des Mälzens ist hauptsächlich die Gewinnung von Enzymen, die bei der Keimung bestimmte Umwandlungen der im Getreidekorn aufgespeicherten Reservestoffe herbeiführen. Jede zu geringe oder übermäßige Enzymbildung oder -wirkung während der Keimung ist unerwünscht und setzt die Qualität des Keimproduktes herab.

1.1 Die Braugerste

Zur Malzbereitung können eine Reihe von Getreidearten Verwendung finden (s. S. 88), doch ist die Gerste in ihrer zweizeiligen Form, bei der alle Körner symmetrisch und gleichmäßig entwickelt sind, am besten geeignet. Die mehrzeiligen Gersten, die eigentliche Urform, werden infolge der unsymmetrischen und schwachen Ausbildung der Seitenkörner (Krummschnäbel) in Europa nur zu einem geringen Anteil zur Vermälzung herangezogen. In Übersee dienen derartige Gersten aufgrund ihres höheren Eiweißgehaltes und Enzymkräfte der Verarbeitung von größeren Rohfruchtschüttungen.

Die zweizeilige Gerste wird in zwei Hauptgruppen unterteilt:
1. Die aufrechtstehende Gerste. Die Ähre ist dicht, breit und steht während der Reifezeit in der Regel aufrecht; die einzelnen Körner liegen dicht aneinander (Hordeum distichum erecturn).
2. Die nickende Gerste: Die Ähre ist lang, schmal und hängt während der Reife. Die Körner liegen locker aneinander (Hordeum distichum nutans).

Als Braugerste kommen die verschiedenen Sorten der nickenden Gerste in Betracht, die überwiegend als Sommergerste angebaut wird. Durch Züchtung leistungsfähiger Sorten, die den Aufwuchs- und Erntebedingungen entweder des kontinentalen europäischen oder des maritimen Klimas angepaßt sind, ist eine hohe Stabilität der Gersteneigenschaften gegeben. Darüber hinaus werden die Sorten auf eine verbesserte Resistenz gegen Pflanzenkrankheiten (Mehltau, Zwergrost, Netzflecken u.a.) gezüchtet, um die Zahl der Schutzbehandlungen zu verringern.

Von den zweizeiligen Wintergersten sind einige Sorten durch jüngste Züchtungsergebnisse auf einem qualitativ hohen Stand, wenn auch über ihre Verbreitung erst die Braugerstenpolitik der nächsten Jahre entschieden wird. Nacktgersten konnten sich noch nicht nachhaltig einführen, ebensowenig die Züchtung procyanidinfreier Gersten (s. S. 4) oder von Gersten mit dünnen Zellwänden, d. h. niedrigerem β-Glucangehalt (s. S. 3). Derartige Sorten zeigen bei ungünstigeren Witterungsverhältnissen wesentlich stärkere Einbußen an Ertrag und Qualität als normale Braugersten.

Die Zugehörigkeit einer Gerste zu den beiden Hauptgruppen ist noch am einzelnen reifen Gerstenkorn an der Form der Kornbasis sowie an der Behaarung und Form der Basalborste erkennbar. Außer diesen Merkmalen kann auch die Form der Schüppchen und die Bezahnung der Seitenrückenerven zur Sortenidentifizierung herangezogen werden.

Eine gute Sicherheit bieten elektrophoretische Methoden zur Auftrennung der Prolaminfraktion (s. S. 5), auch immunologische Analysen sind möglich.

Die Braugersten werden nach Provenienz und Sorte gehandelt. Je nach den klimatischen Bedingungen und den Eigenschaften der Sorten können sich beträchtliche Unterschiede in der Vermälzungsfähigkeit und im Brauwert der Gersten ergeben. Eine Vermischung ist deshalb zu vermeiden.

1.1.1 Die Morphologie der Gerste

Am *Gerstenkorn*, das die Frucht der Gerste darstellt, sind zu unterscheiden:

1.1.1.1 *Der Keimling:* Er stellt den lebenden Teil des Kornes dar, liegt am unteren Ende des Korns auf der Rückenseite und besteht aus den Anlagen der künftigen Achsenorgane, des Blattkeimes und des Wurzelkeimes. Mit ihm verwachsen ist das Schildchen, welches an den Mehlkörper grenzt und dem wachsenden Keimling von dort die Nährstoffe zuleitet. Diesem Zweck dient besonders das dem Mehlkörper zugewandte Aufsaugeepithel mit seinen schlauchartigen Zellen.

1.1.1.2 Der *Mehlkörper* (Endosperm): Er besteht im wesentlichen aus zwei Gewebelagen, den stärkeführenden und den fettführenden Zellen.

Den Kern des Mehlkörpers bilden die stärkehaltigen Zellen, die in ein Gerüst von eiweiß- und gummiartigen Stoffen eingebettet sind.

Die stärkeführenden Zellen sind von einer dreifachen Schicht rechteckiger, dickwandiger Zellen umgeben, die man Aleuron- oder Kleberschicht nennt. Ihr Inhalt besteht aus Eiweißstoffen und Fett. In der Nähe des Keimlings besteht diese Schicht nur mehr aus einer Zellage. Zwischen dem stärkeführenden Gewebe des Endosperms und dem Keimling liegt eine dünne Schicht leerer zusammengedrückter Zellen, die aufgelöste Endospermschicht, deren Inhalt vom Keimling bereits verbraucht wurde.

Im Mehlkörper spielen sich alle biologischen und chemischen Veränderungen des Gerstenkorns ab. Mit fortschreitender Entwicklung des Keimlings wird er allmählich abgebaut und verwertet. Beim Mälzen soll der Mehlkörper aus wirtschaftlichen Gründen so wenig wie möglich verbraucht werden; hierbei kommt der Bildung von Enzymen und dem Abbau von Stütz- und Gerüstsubstanzen die größte Bedeutung zu.

1.1.1.3 *Die Umhüllung*: Sie schützt den wachsenden Keimling und besteht aus der inneren, auf der Bauchseite und der äußeren, auf der Rückenseite des Kornes liegenden Spelze. Darunter liegt das äußere Hüllblatt, die Fruchtschale (Perikarp) und das innere Hüllblatt, die Samenschale (Testa). Beide haben mehrere Zellagen und sind scheinbar miteinander verwachsen. Die Testa ist halbdurchlässig (semipermeabel), d. h. es kann zwar Wasser durch die Membrane eindringen, während höhermolekulare Stoffe zurückgehalten werden. Verschiedene Ionen gelangen jedoch mit dem Wasser in das Korninnere.

1.1.2 Chemische Zusammensetzung der Gerste

Die Gerste besteht aus Trockensubstanz (80–88 %) und Wasser (12–20 %). Die Trockensubstanz enthält organische Verbindungen ohne und mit Stickstoff sowie anorganische Bestandteile (Asche).

1.1.2.1 *Die Stärke:* Den Hauptanteil der stickstofffreien organischen Verbindungen stellen die Kohlenhydrate, vor allem die Stärke. Sie ist in einer Menge von 60–65 % (auf Trockensubstanz berechnet) gegeben. Ihre Bildung erfolgt durch Assimilation von CO_2 und H_2O unter Einwirkung des Sonnenlichtes, mit Hilfe des Chlorophylls, unter Abgabe von Sauerstoff.

Der Zweck dieser Stärkeanhäufung ist die Anlage eines Nährstofflagers für den Keimling während der Zeit seiner ersten Entwicklung. Die Ablagerung erfolgt in Form von Stärkekörnern, die in zwei Formen, als linsenförmige Großkörner und mehr kugelförmige Kleinkörner, zu erkennen sind. Die letzteren nehmen mit dem Eiweißgehalt der Gerste zu, sie sind reicher an Mineralstoffen als die Großkörner.

Das Stärkekorn besteht aus zwei strukturell verschiedenen Kohlenhydraten, der Amylose und dem Amylopectin. Die *Amylose* (Normal- oder n-Amylose) beträgt 17–24 % der Stärke; sie befindet sich in der Regel im Innern der Körner und besteht aus langen, unverzweigten, spiralig gewundenen Ketten von 60–2000 Glucoseresten in α-1→4-Bindung (Maltosebindung). Das Molekulargewicht der verschieden langen Moleküle beträgt zwischen 10 000 und 500 000. Amylose färbt sich mit Jod rein blau; sie löst sich im Wasser kolloidal und bildet keinen Kleister. Beim enzymatischen Abbau, z. B. durch α- und β-Amylase, wird das Disaccharid Maltose gebildet.

Das *Amylopectin* (Iso- oder i-Amylose) macht etwa 76–83 % der Stärke aus. Im Gegensatz zur Amylose besteht es aus verzweigten Molekülketten, die neben der vorherrschenden α-1→4-Bindung auch α-1→6-Bindungen (etwa $^{1}/_{15}$) aufzuweisen haben. Im Durchschnitt verzweigt sich die Amylopectinkette nach etwa 15 Glucoseeinheiten. Diese räumlich verzweigte Struktur bedingt die Verkleisterungsfähigkeit des Amylopectins; bei 6000–40 000 Glucoseresten liegt das Molekulargewicht zwischen 1 und 6 Mio. Das Amylopectin enthält etwa 0,23 % Phosphorsäure in esterartiger Bindung. Die wäßrige Lösung färbt sich mit Jod violett bis reinrot.

Die Stärke ist geschmack- und geruchlos, hat ein spezifisches Gewicht von 1,63 g/cm³ in wasserfreiem Zustand, ihre Verbrennungswärme beträgt 17 130 kJ/4140 kcal/kg. Das optische Drehvermögen liegt bei 201–204.

1.1.2.2 *Nichtstärkeartige Polysaccharide* sind in einer Menge von 10–14 % vorhanden. Die *Cellulose* befindet sich als Gerüstsubstanz in den Spelzen, nicht dageben im Mehlkörper des Gerstenkorns. Die Cellulose baut sich ebenfalls aus Glucoseresten, aber in β-1→4 glucosidischer Bindung, auf. Cellulose ist geschmack- und geruchlos, unlöslich in Wasser sowie chemisch und enzymatisch schwer angreifbar. Sie tritt nicht in den Stoffwechsel des Kornes ein und verbleibt an der Stelle des Pflanzenkörpers, an der sie gebildet wurde. Die Cellulose verläßt die Mälzerei unverändert und spielt erst als Filterschicht beim Abläutern eine Rolle. Analytisch wird sie als Rohfaser in einer Menge von 3,5–7 % der Gerstentrockensubstanz bestimmt.

Die *Hemicellulosen* sind am Aufbau der Zellwände beteiligt und unterstützen deren Festigkeit. Der in den Spelzen vorkommende Hemicellulosentyp baut sich auf aus reichlich Pentosan, wenig β-Glucan und geringen Mengen von Uronsäuren. In Lösung vermittelt er eine niedrige Viscosität. Während der Keimung wird der Typ „Spelz" praktisch nicht verändert. Dagegen vermittelt der Typ „Endosperm" als eigentliche Gerüstsubstanz im Mehlkörper eine hohe spezifische Viscosität. Er hat einen hohen Gehalt an β-Glucan, wenig Pentosan und keine Uronsäuren. Es setzt sich zusammen aus Glucoseresten, die in β-1→4- (70 %) und β-1→3- (30 %)-Bindungen miteinander verknüpft sind. Beim unvollkommenen Abbau liegen die Disaccharide Cellobiose und Laminaribiose vor. Die Pentosane bestehen aus Xyloseeinheiten in β-1→4-Bindung, an denen sich beim Spelzenpentosan Xylose-, Arabinose und Uronsäureseitenketten in β-1→3- und β-1→2-Bindung befinden, beim Endospermpentosan nur Arabinosemoleküle in β-1→3- oder β-1→2-Bindung.

Hemicellulosen sind mit Proteinen über Esterbindungen verknüpft und damit wasserunlöslich. Ihr Molekulargewicht kann bis zu 40×10^6 betragen. Durch verdünnte Natronlauge oder durch die Wirkung von Enzymen werden sie in lösliche Form übergeführt.

Der Gehalt an Hemicellulosen und Gummistoffen ist abhängig von Sorte und Anbauort (Klima). *Gummistoffe* sind wasserlösliche Hemicellulosen von hoher Viscosität. Sie bestehen aus β-Glucan und Pentosan und geben in Wasser kolloide Lösungen. Ihr Molekulargewicht liegt bei ca. 400 000. Der Gehalt an wasserlöslichen Gummistoffen einer Gerste kann in erheblichen Grenzen schwanken, er liegt normal bei etwa 2 %.

Lignin ist eine inkrustierende Substanz, die in die Zellwände der Spelze eingelagert ist.

1.1.2.3 An *niederen Kohlenhydraten* enthält die Gerste 1–2 % Saccharose, 0,3–0,5 % Raffinose und je 0,1 % Maltose, Glucose und Fructose.

1.1.2.4 *Lipide* (Fette) finden sich in der Gerste in einer Menge von 2,2–2,5 % der Trockensubstanz. Sie kommen in geringer Menge in den Spelzen und im Mehlkörper vor, dagegen zu 60 % in der Aleuronschicht und zu ca. 30% im Keimling. Die Lipide der Gerste setzen sich hauptsächlich zusammen aus ca. 70% Neutrallipiden, die wiederum überwiegend aus Triacylglyceriden bestehen, ca. 10% Glycolipiden und ca. 20% Phospholipiden. In Triglyceriden können bis zu drei verschiedene Fettsäuren mit dem Glycerin verestert sein. Damit ist die Zahl der möglichen Triglycerid-Varianten sehr groß. Sie werden beim Wachstum des Keimlings teilweise verbraucht und dienen dabei dem Atmungsstoffwechsel sowie dem Aufbau der Zellen der Blatt- und Wurzelkeime.

1.1.2.5 *Phosphorsäurehaltige organische Verbindungen* wie z. B. das Phytin, welches als Ester der Phosphorsäure mit dem Ringzucker Inosit als Calcium-Magnesiumsalz in den Spelzen vorkommt, liefert während der Keimung den Hauptanteil der sauren Bestandteile (primäre Phosphate) und Puffersubstanzen und sie spielen für die Erhaltung des Säurespiegels bei der Keimung eine Rolle.

1.1.2.6 *Polyphenole* oder Gerbstoffe finden sich in den Spelzen und im Mehlkörper. Ihre Menge macht nur 0,1–0,3 % der Trockensubstanz aus, doch beeinflussen sie Farbe und Geschmack der Biere sowie durch ihre gerbende, eiweißfällende Wirkung auch dessen Haltbarkeit. Zu den phenolischen Substanzen gehören sowohl einfache Phenolsäuren, die in freier oder gebundener Form, als Glycoside vorhanden sind, als auch höher organisierte Polyphenole. Die letzteren umfassen Anthocyanogene, Catechine und Flavone, die durch Oxidation und Polymerisation zur Verbindungen höheren Molekulargewichts führen. Sie haben zufärbende und fällende Eigenschaften auf andere Inhaltsstoffe von Malz, Würze und Bier. Aufgrund ihrer Oxidierbarkeit sind die Polyphenole reduzierende Substanzen. In der Gruppe der Polyphenole lassen sich analytisch die sogenannten „Tannoide" bestimmen, die ein Molekulargewicht von 600–3000 (2–10 Flavanringe) aufweisen und die nicht nur eiweißfällend wirken, sondern auch ausgeprägte reduzierende Eigenschaften haben. Die Menge der phenolischen Substanzen ist abhängig von der Sorte, aber auch von den Vegetationsbedingungen der Gerste bestimmt. Maritime Gersten enthalten mehr Polyphenole, besonders mehr Tannoide als kontinentale. Eine spezielle Züchtung der Carlsberg-Laboratorien mit Hilfe von Genmutanten ergab eine Blockierung der Biosynthese von Catechin und Procyanidin (Anthocyanogen) während der Vegetation der Gersten. Diese vermitteln nur ca. 12 % des Anthocyanogengehalts in Würzen und Bier und damit eine wesentlich bessere chemisch-physikalische Stabilität als Biere aus normalen Malzen.

1.1.2.7 *Gerstenbitterstoffe* gehören zur Klasse der Lipoide, besitzen eine antiseptische Wirkung und zeichnen sich durch einen kratzig bitteren Geschmack aus. Diese, vornehmlich in den Spelzen sitzenden Substanzen, sind in Hydrogencarbonatwässern leicht löslich.

1.1.2.8 Die *Eiweißstoffe* sind allgemein als wichtige Träger des biologischen Geschehens von großer Bedeutung. Trotz ihrer geringen Menge üben sie einen erheblichen Einfluß auf alle Arbeitsvorgänge bei der Bierbereitung aus. Die Elementaranalyse der wichtigsten Proteine ergibt folgende Grenzwerte: C = 50–52 %, H = 6,8–7,7 %, N = 15–18 % (im Mittel 16 %), S = 0,5–2,0 % und P = 0–1 %. Nachdem der mittlere Stickstoffgehalt der Proteinsubstanzen etwa 16 % beträgt, wird der nach Kjeldahl erhaltene Stickstoffwert mit 6,25 multipliziert, um den Rohproteingehalt einer Gerste zu erhalten.

Der Eiweißgehalt (auf wasserfreie Substanz berechnet) liegt zwischen 8 und 13,5 % (1,30–2,15 % Stickstoff), normal zwischen 9,0 und 11,5 % (1,45–1,85 % N). Eiweißärmere Gersten gelten allgemein als die feinere Brauware, die für helle Malze und Biere unentbehrlich ist. Zu eiweißarme Gersten können zu einer Verarmung der Würzen an schaumgebenden, vollmundigkeitsfördernden Eiweißkörpern führen, aber auch zu einem Mangel an Aminosäuren, die für die Hefeernährung wichtig sind. Eiweißreiche Gersten (über 11,5 % Eiweiß) verarbeiten sich schlechter als eiweißärmere, verringern den Stärkegehalt der Gerste und ergeben Biere, die eine dunklere Farbe und einen volleren, mitunter breiteren Geschmack aufweisen. Dunkle Biere verlangen dagegen eiweißreichere Gersten.

Der Eiweißgehalt des Kornes ist hauptsächlich abhängig von der Bodenzusammensetzung, der Fruchtfolge, der Düngung und den Witterungsverhältnissen. Von besonderer Bedeutung ist die Länge der Vegetationszeit zwischen Aussaat und Ernte. Eiweiß befindet sich in der Kornumhüllung, im Mehlkörper und im Keimling.

Die Ablagerung der Eiweißstoffe im Mehlkörper erfolgt an drei, örtlich begrenzten Stellen:
1. In der Aleuronschicht als Klebereiweiß,
2. unter der Kleberschicht am äußeren Rande des Mehlkörpers als Reserveeiweiß,
3. im Mehlkörper selbst als histologisches oder Gewebe-Eiweiß.

Das *Klebereiweiß* zieht sich unter der Frucht und Samenschale hin. Es wird beim Keimprozeß zum Teil angegriffen, der Rest findet sich in den Trebern.

Das *Reserveeiweiß* bedingt den verschieden hohen Eiweißgehalt der Gersten. Es wird beim Keimen zuerst von den Enzymen angegriffen und liefert die Hauptmenge der wasserlöslichen Eiweißstoffe.

Das *histologische Eiweiß* ist in die Membranen der Endospermzellen eingelagert und neben anderen Stoffen am Zusammenhalt der Zellen beteiligt. Es erschwert mit zunehmender Menge die Auflösung der Zellwände.

Eiweiße (Proteine) bauen sich aus Aminosäureresten auf. Diese sind jeweils durch eine Peptidbindung miteinander verknüpft. Unter Peptidbindung ist eine Bindung zwischen der Carboxylgruppe einer Aminosäure und der Aminogruppe einer weiteren Aminosäure zu verstehen. Von 130 bisher nachgewiesenen Aminosäuren sind hauptsächlich 18–20 am Aufbau der pflanzlichen Proteine beteiligt. Durch Verbindung von zwei oder drei Aminosäuren entstehen Di- und Tripeptide; Oligopeptide sind aus 3–10, Polypeptide aus 10–100 und Makropeptide aus über 100 Aminosäuren zusammengesetzt. Die Sequenz (Reihenfolge) der Aminosäuren im Polypeptidfaden nennt man Primärstruktur, die spiralförmig gedrehte oder in Faltblattstruktur formierte und durch Wasserstoffbrücken stabilisierte Kette Sekundärstruktur, die Anordnung derselben in Schleifen oder Knäueln Tertiärstruktur. Die Grenze zwischen sekundären und tertiären Strukturen ist oftmals schwer zu ziehen. Bei diesen letzteren Formationen sind neben der Peptidbindung auch Wasserstoffbrücken sowie die starke Disulfidbindung, aber auch elektrostatische Wechselwirkungen und hydrophobe Bindungen beteiligt, die den charakteristischen Aufbau der Proteine bedingen. Die Quartärstruktur wird durch das Zusammensetzen mehrerer tertiärer Gruppen gebildet, wobei hier keine covalenten Bindungen (z. B. Disulfidbrücken) gegeben sind.

Im Gerstenkorn sind folgende Proteinfraktionen vorhanden: Albumine (in destilliertem Wasser löslich), Globuline (in verdünnten Salzlösungen löslich), Prolamine (in 50–90%igem Alkohol löslich), Gluteline (alkalilöslich). Jede dieser Eiweißgruppen ist elektrophoretisch in jeweils 4–7 verschiedene Fraktionen zu unterteilen. Ihre Molekulargewichte betragen zwischen 10 000 und mehreren Millionen. Während Albumine und Globuline im stärkehaltigen Endosperm enthalten sind, stellen Prolamine und Gluteline vornehmlich Reserve-Eiweißstoffe dar. Neben diesen Proteinen finden sich im Gerstenkorn noch Proteide (zusammengesetzte Eiweißkörper) und in geringen Mengen auch noch Stickstoffverbindungen von mittlerem oder niederem Molekulargewicht. Sie wurden entweder während der Reife nicht vollständig zu echtem Eiweiß, sondern nur zu Zwischenstufen aufgebaut oder sind bei den physiologischen Abbauprozessen des lebenden Korns bereits als Abbauprodukte höhermolekularer Eiweißstoffe entstanden.

Eine *Einteilung* der Proteine und ihrer Abbauprodukte erfolgt nach ihren verschiedenen chemischen und physikalischen Eigenschaften, ihrem Vorkommen, ihrer verschiedenen Angreifbarkeit durch Enzyme und ihren physiologischen Funktionen.

Die Eiweißkörper sind Kolloide; sie diffundieren aufgrund ihrer Größe nicht durch Membranen. Sie sind hydratisiert und erweisen sich wie die sie aufbauenden Aminosäuren als amphoter. Je nach dem herrschenden pH sind negative oder positive Überschußladungen vorhanden; am isoelektrischen Punkt ist das Protein elektro-neutral. Durch Änderung der Milieubedingungen z. B. durch Erhitzen, durch Zusatz entquellender Reagentien und durch Annäherung an den isoelektrischen Punkt denaturiert das Protein. Unter Denaturierung ist eine Strukturveränderung des Proteins zu verstehen, bei der die biologischen Eigenschaften (z. B. Enzymwirkung) verlorengehen. Sie kann je nach der sich ausbildenden Konformation reversibel oder irreversibel sein. Durch Auffalten von Peptidketten von kovalenten Bindungen (z. B. Disulfidbrücken) kann diese Denaturierung irreversibel sein. Durch Bewegung oder Anreicherung der denaturierten Teilchen an Grenzflächen (z. B. Gas/Flüssigkeit) lagern sie sich zu makroskopischen Flocken zusammen („Bruch"). Dieser Vorgang wird als Koagulation bezeichnet.

Bei der Keimung werden die hochmolekularen Eiweißstoffe durch proteolytische Enzyme zu einfacheren Verbindungen, z. B. bis zu den Aminosäuren, gespalten. Dieser Eiweißabbau beim Mälzen wird beim Maischen weitergeführt.

1.1.2.9 Die *Enzyme* sind komplexe organische Stoffe, die für alle Lebensprozesse und damit auch für die Keimung der Gerste von größter Wichtigkeit sind. Sie haben die Fähigkeit, hochmolekulare organische Substanzen abzubauen, ohne daß sie selbst hierbei verbraucht werden. Die meisten Enzyme bestehen aus einem Proteinanteil (Apoenzym) und einer nicht eiweißartigen Komponente (prosthetische Gruppe bzw. Coenzym). Das Apoenzym bestimmt die Substratspezifität, während die prosthetische Gruppe oder das Co-Enzym den reaktiven Bereich darstellt. Einfach gebaute Enzyme wie die Hydrolasen bestehen lediglich aus Protein. Bei ihnen wird der reaktive Bereich von funktionellen Gruppen verschiedener Aminosäuren gebildet, die noch durch eine bestimmte sterische Anordnung im gesamten Enzymkomplex ausgezeichnet sein muß, wenn das Enzym seine spezifische Wirkung auf ein ganz bestimmtes Substrat entfalten soll. Das Enzym vereinigt sich mit dem abzubauenden Komplex; durch Elektronenaustausch zerfällt die Verbindung in das Spaltprodukt und in das unveränderte Enzym, das wieder in den Prozeß eingreift und seine Reaktion fortsetzt. Die Wirkung der Enzyme ist weitgehend von Umwelteinflüssen abhängig, am wichtigsten sind hierbei Temperatur und Reaktion des Substrates. Sie werden durch Aktivatoren gefördert und durch Inhibitoren gehemmt.

Die Enzyme üben nur innerhalb bestimmter *Temperaturbereiche* ihre Wirksamkeit aus. Für jedes Enzym gibt es eine bestimmte, charakteristische Temperatur, bei der es die günstigsten Bedingungen für die Umsetzungen hat (Optimaltemperatur). Bei höheren Temperaturen verliert das Enzym zunehmend an Wirksamkeit. Die meisten Enzyme ertragen nur Temperaturen von 60–80° C.

Die *Reaktion des Substrates,* sein pH, beeinflußt die Dissoziation der Fermente sowie deren Hydratation. Jedes Enzym hat eine bestimmte günstige Acidität, einen optimalen pH, bei dem seine Tätigkeit einen Höchstwert erreicht. Der optimale pH verschiebt sich mit Änderung der Temperatur, hier sind die Enzyme meist auch am hitzebeständigsten.

Der Reaktionsablauf wird durch die Konzentration der Enzyme und durch die Konzentration des Substrates beeinflußt.

Eine *hemmende Wirkung* üben Schwermetalle wie Kupfer, Zinn, Oxidationsmittel, kolloidändernde Stoffe u. a. auf die Enzymwirkung aus. Alkohol, Ether, Formaldehyd wirken in höherer Konzentration schädigend, besonders bei hohen Temperaturen. *Aktivatoren* können Säuren, Neutralsalze, Kolloide und andere Stoffe sein, die sich entweder mit dem Ferment verbinden und es so aktivieren, oder die es von anhaftenden Hemmkörpern (Inhibitoren), z. B. Eiweiß, befreien.

Eine Reihe von Enzymen treten in löslicher Form auf (Lyo-Enzyme), andere werden erst im Laufe eines Abbauprozesses aus ihrer protoplasmatischen Bindung befreit und dann wirksam (Desmo-Enzyme).

Die Menge der ursprünglich im Gerstenkorn vorhandenen, aktiven Enzyme ist gering. Ursache ihrer Bildung und Vermehrung während der Keimung ist das Nahrungsbedürfnis des Keimlings nach dem Verbrauch der ihm zur Verfügung stehenden präexistierend löslichen Nährstoffe des Mehlkörpers. Vorhandene, noch unwirksame Enzyme werden aktiviert (z. B. die β-Amylase und einige Proteinasen durch SH-Gruppen); die Hauptmenge der Enzyme entsteht jedoch durch Sekretion einer gibberellinähnlichen Substanz, eines Wuchsstoffes, die in der Aleuronschicht die Entwicklung der zellstofflösenden Glucanasen, der α-Amylase, der Endo-Peptidase und der Säurephosphatase induziert. Daneben spielen die Enzyme des Atmungskomplexes für den Ablauf des Stoffwechsels eine bedeutende Rolle.

Die Verteilung der Enzyme ist ungleich. Die größte Menge befindet sich im ruhenden Korn in der Nähe des Keimlings. Nachweis und Einteilung der Enzyme erfolgt nach ihrer Wirkung auf spezifische Substrate.

1.1.2.10 Zu den *anorganischen Bestandteilen* der Gerste rechnet man die Stoffe, die unverbrennbar sind und die Asche bilden. Ihre Gesamtmenge beträgt auf Trockensubstanz berechnet 2,4–3 %; sie setzt sich überwiegend aus Kaliumphosphaten (56 %) und Kieselsäure (als SiO_2 ca. 26 %) zusammen. Sie spielen als chemische Puffer während der Keimung und des Maischens, bei der Vergärung und im fertigen Bier eine wichtige Rolle für die Erhaltung der Acidität, die zum großen Teil auf die Wirkung der primären, sauren Phosphate zurückzuführen ist. Die anorganischen Bestandteile sind zur Ernährung des Keimlings und der Hefe nötig.

1.1.2.11 Der *Wassergehalt* der Gerste kann zwischen 12 und 20 % schwanken. Gersten aus war-

men Gegenden mit geringen Niederschlagsmengen verzeichnen Wassergehalte von 12–14 %, während die Wassergehalte von Gersten aus Gegenden mit feuchtem Klima bei 16–18 %, ja selbst über 20 % liegen können. Der Wassergehalt hängt ab von der Witterung der einzelnen Jahrgänge, von der Erntemethode und der Behandlung der Gerste nach der Ernte. Ein hoher Wassergehalt ist wirtschaftlich nachteilig, da die Gerste dann weniger Trockensubstanz enthält. Feuchte Gerste ist nicht lagerfest, sie hat eine geringe Keimenergie, eine hohe Wasserempfindlichkeit und überwindet die Keimruhe nur langsam. Die Lagerung ungetrockneter Gersten ist schwierig. Diese neigen leicht zur Erwärmung, sind anfällig gegen Schimmelwachstum und leiden als Folge davon unter einer Verschlechterung des Geruchs, aber auch der Keimfähigkeit. Feuchte Gerste verlangt eine ständige Beobachtung ihrer Temperatur und ein häufiges Umlagern. Sie vermälzt sich schwerer und ungleichmäßiger und unter höheren Verlusten als trockene Gerste.

1.1.3 Die Eigenschaften der Gerste und ihre Beurteilung

Voraussetzung für eine einwandfreie Beurteilung der Braugerste ist die Ziehung einer wirklichen Durchschnittsprobe. Der Barthsche Probestecher erlaubt die Probenahme an verschiedenen Stellen eines Sackes oder Gerstenhaufens. Bei Anlieferung größerer Mengen lose verladener Gerste oder beim Umlagern von Getreide aus Silos finden mit Vorteil automatische Probenehmer Anwendung. Die Probe ist in dichtschließenden Gefäßen aufzubewahren.

1.1.3.1 *Äußere Merkmale*

a) *Aussehen:* glänzend, läßt auf trockene Witterung während der Reife und Ernte schließen. Der Wassergehalt ist dann meist niedrig.

b) *Farbe:* rein, hellgelb. Nicht ganz reife Körner sind grünlich, beregnete bzw. ausgewachsene Körner zeigen bräunliche oder braune Spitzen, Körner mit Organismenbefall sind grau oder sie zeigen rote bzw. schwarze Flecken. Häufig ist der Mehlkörper von Pilzmyzelen durchwachsen. Sehr helle („weiße") Gersten sind oft hart und glasig.

c) *Geruch:* rein und strohartig. Beregnete, wasserreiche und schlecht gelagerte Gersten haben einen dumpfen oder schimmeligen Geruch.

d) *Beschaffenheit der Spelze:* möglichst dünn und gekräuselt. Je spelzenärmer die Gerste (Spelzenanteil 7–9%), desto feiner und milder die Qualität. Feine Querkräuselung deutet auf hohen Extraktgehalt, wenig Eiweiß und geringen Wassergehalt hin. Ein hoher Spelzengehalt (11–13%) ist für helle Qualitätsbiere ungünstig. Wintergersten haben meist um 0,5–1% mehr Spelzen als vergleichbare Sommergersten. Mehrzeilige Gersten enthalten oft noch höhere Spelzenanteile.

e) *Reinheit:* Die Gerste soll frei sein von fremden Getreidearten, Unkrautsamen, pflanzlichen und tierischen Schädlingen, verletzten Körnern und Auswuchs. *Auswuchs* (Körner die bereits auf dem Feld zu keimen begannen) ist an den eingetrockneten Resten der Wurzelkeime zu erkennen. Nachdem diese aber oft beim Transport des Gutes abgerieben werden, ist die Gerste auf „verdeckten Auswuchs", d. h. ein Wachstum des Blattkeims zu prüfen. Dieser läßt sich visuell, evtl. durch Weichen in kochendem Wasser, durch Kupfersulfat oder durch Bestimmung z. B. der Lipaseaktivität nachweisen. Diese Körner haben meist ihre Keimfähigkeit verloren, oder es kommt zu einem übermäßigen Wachstum des Blattkeims. Verschiedentlich sind die Körner auch schon zerreiblich. Bei der Weiche kann das Wasser ungehindert ins Korn eindringen; es kommt bei der Keimung zu einem abnormalen Stoffwechsel (Geruch!) und verstärkter Schimmelbildung (Neigung zum Überschäumen des Bieres). Gersten mit über 4% Auswuchs sind abzulehnen.

Aufgeplatzte Körner können bei Niederschlägen im Reife-Stadium auftreten. Sie sind in der Längsrichtung des Korns aufgerissen, der Mehlkörper liegt frei und ist Mikroorganismenwachstum bei der Lagerung wie auch bei Weiche und Keimung verstärkt ausgesetzt. Außerdem besteht die Gefahr einer übermäßigen Wasseraufnahme. Aus diesem Grund sind Gersten mit mehr als 3% dieser Körner abzulehnen.

f) *Einheitlichkeit:* Das Mischen von Gersten verschiedener Sorten, Provenienzen und Jahrgänge ist einer gleichmäßigen Vermälzung abträglich. Ebenso ist das Mischen von Gersten unterschiedlichen Eiweißgehaltes sowie von getrockneter und ungetrockneter Ware unzulässig. Die Reinheit der Sorte läßt sich anhand morphologischer Merkmale (Kornbasis, Basalborste, Schüppchen, Bezahnung der Rückennerven) erkennen, die letzteren Faktoren sind zu einem gewissen Maße nachweisbar durch Feststellung des Quellvermögens, der Härte und der Wasserempfindlichkeit. Eine elektrophoretische Auftrennung der Prolaminfraktion gibt eine gute Aussage über die Sorte.

1.1.3.2 *Mechanische Untersuchung*

a) *Größe und Gleichmäßigkeit der Körner:* Je vollbauchiger eine Gerste, um so höher ist ihr Stärke- und Extraktgehalt und damit ihr Brauwert. Ein hoher Wassergehalt der Gerste kann oft eine gewisse Vollbauchigkeit vortäuschen.

Die Größe und Gleichmäßigkeit einer Gerste wird durch einen Sortierversuch mit drei Sieben von 2,8, 2,5 und 2,2 mm Schlitzweite bestimmt. Dabei zeigen gleichmäßige Gersten auf den ersten beiden Sieben einen Anteil von mindestens 85%. Je höher der Gehalt an Körnern über 2,8 mm, um so extraktreicher ist das aus dieser Gerste hergestellte Malz.

b) *Beschaffenheit des Mehlkörpers:* Der Mehlkörper kann mehlig sowie mehr oder weniger glasig sein. Durch kurzes Weichen der Gerste in Wasser und darauffolgendes vorsichtiges Trocknen derselben kann festgestellt werden, ob die Glasigkeit eine dauernde oder nur eine vorübergehende ist. Die Beschaffenheit des Mehlkörpers wird durch Kornprüfer oder Getreideschneider (Farinatome) ermittelt.

Auch das Mürbimeter nach Chapon kann zur Ermittlung der Mehligkeit einer Gerste herangezogen werden. Die Einteilung in Härtekategorien erlaubt eine Darstellung der Homogenität einer Gerstenprobe.

Das Diaphanoskop ermöglicht es mittels Durchleuchten der Körner einen direkten Einblick in die Beschaffenheit des Mehlkörpers zu gewinnen. Glasige Körner sind für Lichtstrahlen durchlässig, mehlige Körner erscheinen dunkel.

Ein weißer, mehliger Mehlkörper wird einem glasigen, speckigen vorgezogen. Sehr trockene, heiße Witterung bei der Reife und Ernte der Gerste sowie mangelhafte Bodenbeschaffenheit sind oft die Ursachen der Glasigkeit.

c) Das *Hektolitergewicht* einer Gerste kann zwischen 66–75 kg schwanken. Es beträgt bei Braugerste 68–72kg, selten mehr. Schwere Gersten werden bevorzugt.

d) Das *Tausendkorngewicht* lufttrockener Gersten liegt zwischen 35 und 48 g, jenes der wasserfreien Gersten zwischen 30 und 42 g. Lufttrockene Gersten mit 37–40 g gelten als leicht, solche mit 40–44 g als mittelschwer, von 45 g ab als schwer. Die schweren werden bevorzugt.

e) *Keimfähigkeit:* Ihre Bestimmung mit Hilfe chemischer Methoden (z. B. unter Verwendung von Wasserstoffsuperoxid, Dinitrobenzol oder Tetrazolium) ergibt die Anzahl der lebensfähigen Körner überhaupt. Diese darf nicht unter 96 % liegen. Die Keimfähigkeit ist die wichtigste Eigenschaft der Braugerste. Nicht keimende Körner, sog. „Ausbleiber", werden niemals Malz. Sie bleiben Rohfrucht.

f) *Keimenergie*: Sie gibt an, wie viele Körner innerhalb eines bestimmten Zeitabschnittes, z. B. nach 3 oder 5 Tagen, wirklich keimen. Als Maßstab der Keimreife einer Gerste sollte sie der Keimfähigkeit möglichst nahe kommen.

g) *Wasserempfindlichkeit*: Anhand des Pollock-Tests (Weichversuch von je 100 Körnern mit 4 und 8 ml Wasser) ermittelt, gibt sie Aufschluß über die Empfindlichkeit einer Gerste gegenüber einer zu reichlichen Wasserzufuhr bei der Weiche. Sie hängt im wesentlichen vom jeweiligen Stadium der Keimreife und damit auch von den Witterungsbedingungen während der Reife und Ernte der Gerste ab. Die Differenz zwischen den in der 4-ml-Probe und in der 8-ml-Probe nach 120 Std. keimenden Körnern erfährt folgende Bewertung: bis 10 % sehr wenig, 10−25 % wenig, 26−45 % befriedigend, über 45 % sehr wasserempfindlich. Es hat dieses Ergebnis aber nur dann Aussagekraft, wenn die maximale Keimenergie erreicht ist.

h) *Quellvermögen* nach Hartong-Kretschmer: Diese Methode hat die Wasseraufnahmefähigkeit einer Gerste zum Gegenstand, die nach einem bestimmten Weichschema nach 72 Stunden ermittelt wird. Das Quellvermögen wird hauptsächlich beeinflußt vom Nachreifegrad, von Sorte und Anbauort einer Gerste. Es ist über 50 % sehr gut, bei 47,5 bis 50 % gut, 45−47,5 % befriedigend und unter 45 % unzulänglich.

1.1.3.3 *Chemische Untersuchung der Gerste*

a) *Wassergehalt:* Er liegt normal bei 15−16 %, in trockenen Jahrgängen bei 13−14 %, in nassen bei 16−20 %. Die Bestimmung des Wassergehaltes bildet bei allen chemischen Untersuchungen die Grundlage für die Errechnung der Trockensubstanz.

b) Der *Eiweißgehalt* der Gerstentrockensubstanz beträgt zwischen 8 und 13,5 %, normal zwischen 9 und 11,5 %. Hoher Eiweißgehalt verringert die Extraktausbeute des Malzes und erschwert die Verarbeitung und Auflösung. Für helle Biere sind eiweißarme Gersten erwünscht, dunkle Biere dagegen verlangen eiweißreichere Gersten.

c) Der *Stärkegehalt* schwankt zwischen 58 und 66 % der Trockensubstanz.

d) Der *Extraktgehalt* stellt die Summe aller mit Hilfe eines Enzymzusatzes wasserlöslichen Bestandteile dar. Er liegt bei 72−80 % in der Trockensubstanz und somit im Durchschnitt um 14,75 % höher als der Stärkegehalt. Er gibt einen ungefähren Hinweis auf die Höhe des späteren Malzextraktes, erreicht jedoch dessen Niveau nicht. Aus diesem Grunde wird die Kleinmälzung einer Gerste mehr und mehr zur Ermittlung des Malzextraktes herangezogen. Einen gewissen Anhaltspunkt vermag auch die Bishop-Formel zu liefern:

$$E = A - 0,85\,P + 0,15\,G$$

(A = Konstante, P = Eiweißgehalt a. Tr. S., G = Tausendkorngewicht a. Tr. S.)

1.2 Die Vorbereitung der Gerste zur Vermälzung

(Anlieferung, Transport, Reinigung, Sortieren und Lagern der Gerste)

1.2.1 Die Anlieferung der Gerste

Sie soll an einer gedeckten, zugfreien Rampe stattfinden. Der Transport erfolgt überwiegend in loser Form. Um ein rasches Entladen der Fahrzeuge zu ermöglichen, ist die Anordnung von geräumigen Gerstenbunkern notwendig, die mindestens den Inhalt einer Transporteinheit aufnehmen können (1−8 Bunker zu je 10−25 t Gerste).

Die Kontrolle des Gewichts der angelieferten Gerste ist unerläßlich. Sie erfolgt entweder durch eine Brückenwaage oder durch eine in den Transportweg eingebaute automatische Waage.

Das Ziehen einer zuverlässigen Durchschnittsprobe mit Hilfe eines Probenehmers zur Prüfung auf Mustertreue ist empfehlenswert. Die sofortige Bestimmung des Wassergehaltes, der Keimfähigkeit und eventuell des Eiweißgehaltes mit Hilfe von Schnellmethoden kann entscheiden, ob eine Partie abgeladen wird oder nicht.

1.2.2 Transportanlagen

Sie dienen in der Mälzerei der Förderung von Gerste, Grünmalz und Darrmalz. Bei dem heute ausschließlich gegebenen losen Transport der Gerste ist zwischen mechanischen und pneumatischen Förderanlagen zu unterscheiden.

Bei den *mechanischen* Anlagen wird der horizontale und vertikale Transport von jeweils verschiedenen Einrichtungen getätigt.

Dem *horizontalen Transport* dienen: Förderschnecken, Trogkettenförderer, Förderbänder, seltener Förderrohre, Kratzer und Förderrinnen.

Die *vertikale Beförderung* der losen Gerste erfolgt fast ausschließlich durch Becherwerke.

Eine Kombination der verschiedenen Förderanlagen ermöglicht eine beliebige Bewegung der Gerste innerhalb des Betriebes ohne menschliche Arbeitskraft. Die Leistung der mechanischen Einrichtungen ist hoch (bis 100 t/h), der Kraftverbrauch ist im allgemeinen niedrig, vor allem bei einer Kombination von Trogkettenförderern und Becherwerken. Das Fördergut wird geschont.

Beim *pneumatischen Transport* wird das Fördergut durch Saug- und Druckluft in engen Rohren fortbewegt; der dazu notwendige Luftstrom wird entweder durch Radialventilatoren, durch Kapselgebläse oder durch Kolbenpumpen erzeugt.

Saugluft dient der Förderung des Gutes von verschiedenen Punkten nach einer Zentralstelle. Druckluft findet im umgekehrten Falle Anwendung. Eine Kombination beider Systeme eröffnet sämtliche Möglichkeiten. Der Kraftaufwand der pneumatischen Förderung beträgt das 10–12fache der mechanischen Anlagen. Bei hohen Luftgeschwindigkeiten und der Anordnung von scharfen Krümmern besteht die Gefahr einer Beschädigung der Gerste.

1.2.3 Das Putzen und Sortieren der Gerste

Die angelieferte Gerste ist „Rohgerste", aber noch keine „Malzgerste". Sie muß von den unvermälzbaren Beimengungen befreit und nach ihrer Korngröße sortiert werden. Die kurzzeitige Anlieferung großer Gerstenmengen in der Mälzerei macht eine Aufteilung in eine grobe Vorreinigung und in die eigentliche Hauptreinigung und Sortierung erforderlich. Bei Silolagerung ist eine Vorreinigung der Gerste bei der Anlieferung unerläßlich.

Diese *Gerstenputzerei* soll wegen des durch die Putzbewegung entstehenden Gerstenstaubes in abgeschlossenen Räumen aufgestellt werden. Die Leistung der Vorreinigung muß – ebenso wie die des Annahmetransportes – auf die täglich angelieferten Gerstenmengen abgestimmt sein, während als Grundlage der Leistung der Hauptreinigung die Quantität der an einem Tag bzw. über das Wochenende einzuweichenden Gerste dient.

Der *Reinigungsapparat* besteht aus mehreren Teilen, von denen jeder nur eine bestimmte Art von Verunreinigung herausnimmt. In kleineren Betrieben werden alle Arbeitsvorgänge in eine Maschine gelegt, in größeren jeder Einzelapparat gesondert aufgestellt. Die Putzerei erstreckt sich dann über mehrere Stockwerke.

Gewöhnlich findet man folgende Apparate:

1.2.3.1 Eine *Vorreinigungsmaschine* zur groben Vorreinigung und Vorsortierung (Aspirateur). Sie besteht aus einem ein- oder zweifachen Siebwerk mit Schlitzweiten von 5.0 × 25 mm und 1.5 × 25 mm, das durch einen Exzenter ständig in Bewegung gehalten wird, und aus einem Exhaustor mit Saugkammern. Moderne Anlagen sind Schwingsieb-Vorreiniger, die durch eine Vibration hoher Frequenz eine große Siebleistung erzielen. Die Entfernung des Besatzes wird im Luftstrom eines Steigsichters bewirkt. Dieser beträgt bei einem Steigsichter von 10 t/h rund 45 m³/min.

Die gleiche Aufgabe erfüllen auch *Strömungsreiniger*. Die in einem Schacht nach unten fallende Gerste wird von einem starken Luftstrom quer beaufschlagt, der über Leitbleche eine bestimmte Strömungsrichtung erhält. Je nach ihrem Gewicht werden schwere Verunreinigungen, Gerstenkörner sowie Spelzen und Stroh in unterschiedlichem Maße abgelenkt und so getrennt. Ein sich ausbildendes Grenzgemenge wird wieder in den Reiniger zurückgeführt. Die gereinigte Luft wird wieder zum Sichten verwendet, die Anlage arbeitet so mit 95 % Umluft.

1.2.3.2 Einen *Entgranner*, eine Trommel mit Schlägern oder stumpfen Messern, welche die Grannen abschlagen und außerdem anhaftenden Schmutz lösen. Bei sehr trockenen und leicht zu beschädigenden Gersten soll der Entgranner ausschaltbar sein; von Vorteil ist eine regulierbare Tourenzahl.

1.2.3.3 Einen leistungsfähigen Magnetapparat, meist ein als drehbare Trommel ausgebildeter Elektromagnet, der alle Eisenteile herauszunehmen hat.

1.2.3.4 Ein *Steinausleser*, der Steine von der Größe der Gerstenkörner entfernt: Das Gut gelangt schleierartig auf die gesamte Breite eines schräg angeordneten Siebes. Dieses wird mit Luft durchströmt, die den Gerstenstrom in einem Schwebezustand hält. Spezifisch schwerere Teile wie Steine, aber auch Metalle legen sich auf das Sieb und wandern, bedingt durch die Siebbewegung nach oben und werden aus der Maschine abgeführt. Der Luftbedarf einer Maschine von 10 t/h beträgt 150 m³/min.

1.2.3.5 Einen *Trieur* zur Herausnahme aller Verunreinigungen von kugelförmiger Gestalt, namentlich Samen und Halbkörnern. In den aus einer speziell ausgewalzten Stahlblechlegierung bestehenden Trieurmantel sind Zellen von 6,5 mm Durchmesser eingepreßt, in die sich während der Drehung des Zylinders die kugelförmigen Gebilde einlagern und dort solange festgehalten werden, bis die Zelle nahe dem Scheitelpunkt steht. Dort fallen sie aus den Zellen heraus, werden in einer Mulde im Innern des Trieurzylinders aufgefangen und von dort mittels einer Transportschnecke abgeleitet. Die Umfangsgeschwindigkeit von 0,55 m/sec ist so bemessen, daß die Schwerkraft die Zentrifugalkraft noch so weit überwiegt, daß die von den Zellen aufgenommenen Sämereien und Halbkörner noch mit Sicherheit in die Auffangmulde fallen.

Der moderne „Ultra-Trieur" liegt waagrecht. Der gleichmäßige Transport des Gutes erfolgt durch eine Schlagwalze, der auch die Aufgabe zukommt, den Getreidestrom besser auf die Zylinderoberfläche zu verteilen, um so die Ausleseleistung zu verbessern. Hierdurch wird auch die Ausbildung einer, in sich kreisenden „Getreideniere" verhindert.

Eine gleichmäßig gute Auslesearbeit des Trieurs wird gewährleistet durch eine *scharfkantige Ausbildung der geprägten Taschen,* die sich aber durch den Kieselsäuregehalt der Spelzen abnützen. Der *Antrieb des Trieurs* soll ruhig und gleichmäßig, nicht ruckartig sein. Er erfolgt am besten durch Stirn- und Kegelräder. Die *Größe der wirksamen Auslesefläche* ist verhältnismäßig gering; sie wird durch die hohe Umfangsgeschwindigkeit und die oben erwähnten Schlagwalzen gesteigert. Die *richtige Einstellung der Auffangmulde* ist für eine einwandfreie Arbeit des Trieurs Voraussetzung. Bei leichter Gerste muß sie höher gestellt werden, da die intakten Körner lange in den Zellen verbleiben. Umgekehrt ist bei schweren Gersten eine tiefere Einstellung der Mulde erforderlich. Auch der *Zustand des Auslesegutes* hat Bedeutung: Je geringer der Reinheitsgrad der Gerste ist, um so niedriger liegt die stündliche Leistung des Trieurs. In trockenen Jahren sind mehr Halbkörner in der Rohgerste enthalten, da wasserarme Körner beim Drusch leicht beschädigt werden. Auch Partien aus dickbauchigen,

gedrungenen Gerstenkörnern sind schwer auszulesen. Die *Stundenleistung* eines Trieurs ist nicht nur durch seine Konstruktion und seine Maße bestimmt, sondern auch durch den gleichmäßigen und ständigen Zulauf des Gutes. Am günstigsten ist die Beschickung über eine regulierbare Zuteiloder Dosierungsvorrichtung. Leerlauf oder Überlastung der Anlage sind zu vermeiden.

Ein Hochleistungstrieur wird in seiner Arbeit durch einen ähnlich konstruierten, jedoch kleineren *Nachtrieur* ergänzt. Dieser hat die Aufgabe, den Abputz des Haupttrieurs nochmals auszulesen. Er gewinnt dadurch einwandfreie Gerste zurück. Der Durchmesser der Auslesezellen beträgt hier in der Regel 5,75 mm.

Die Leistung des Hochleistungstrieurs ist mit 800 kg/m² u. h etwa viermal größer als die des *älteren Trieurs,* dessen Zylinder aus Zinkblechen mit gefrästen Zellen bestanden. Seine Leistung war durch ein leichtes Gefälle (6–10%) und durch die niedrige Umfangsgeschwindigkeit von 0,3 m/sec bestimmt.

Die *Kontrolle der Auslesearbeit* erstreckt sich darauf, ob einerseits in der Gerste noch Abfälle sind, zum anderen, ob der Abfall noch ganze Gerstenkörner enthält. Die Entfernung der Halbkörner und Sämereien erfolgt gewöhnlich vor dem Sortieren.

1.2.3.6 Eine *Entstaubungsanlage,* bestehend aus einem *Ventilator,* der durch die von ihm erzeugte Luftbewegung Staub und leichte Verunreinigungen aus der Gerste herausnimmt, und *Staubsammlern,* die den Staub, möglichst am Entstehungsort, abscheiden und entfernen. Eine Entstaubung ist wegen der Abnutzung der Maschinen, der Feuer-, Explosions- und Infektionsgefahr notwendig.

Die einfachsten Staubsammler sind *Staubkammern.* In diese abgeteilten Räume wird die verstaubte Luft eingeblasen, wodurch die Geschwindigkeit abnimmt und sich die Staubteile absetzen können, während die – allerdings nicht völlig – entstaubte Luft ins Freie strömt.

Der *Staubsammler „Zyklon"* ist ein oben zylindrisches, unten konisches Gefäß aus Stahlblech. Die zu entstaubende Luft tritt tangential ein, wird durch die Neigung des Deckels des Zyklons nach abwärts gerichtet. Die durch den tangentialen Eintritt kreisförmige Bewegung schleudert die Teilchen durch die Zentrifugalkraft nach außen, wo sie unter fortwährenden Schneckenwindungen abwärts gelangen und durch eine Öffnung, meist mit Schleuse, austreten können. Die entstaubte

Luft steigt in der Mitte des „Zyklons" senkrecht in die Höhe und entweicht. Eine Ergänzung seiner Trennleistung erfährt der Zyklon durch nachgeschaltete, in ähnlicher Weise arbeitende „Zentriklone", die, in Batterien angeordnet, eine Feinentstaubung der Luft ermöglichen.

Staubfilter bewirken ebenfalls eine Feinentstaubung der Luft, die hier durch Stoffschläuche gesaugt oder gedrückt wird. Diese Form gestattet die Unterbringung großer Filterflächen auf kleinem Raum. Man unterscheidet zwei verschiedene Systeme: *Druckschlauchfilter* lassen die Luft unter Druck von oben in die Schläuche eintreten, wobei der Staub an den Innenwänden der Schläuche zurückgehalten wird, die Luft dagegen in den Raum austritt. Die Filterfläche wird durch einen auf- und niedergehenden Rechen vom Staub befreit.

Bei den *Saugschlauchfiltern* wird die staubhaltige Luft durch ein System von Schläuchen in das dichtschließende Gehäuse gesaugt und von dort in gereinigtem Zustand der Saugseite des Ventilators zugeführt. Das Gewebe der in gleichgroßen Abteilungen angeordneten Schläuche hält die Staubteilchen zurück. Die Filterflächen werden durch eine automatische (mechanisch oder pneumatisch arbeitende) Vorrichtung vom anhaftenden Staub befreit. Saugschlauchfilter haben eine bessere Entstaubungsleistung als Druckschlauchfilter.

Es ist unerläßlich, nicht nur die Einzelapparate der Putzerei an die Entstaubung anzuschließen, sondern auch alle Transportanlagen, Silozellen und den Gerstentrockner. Ein staubfreier Betrieb ist nur auf diesem Wege möglich. Die Leistung der Entstaubungseinrichtungen muß daher auf diese Erfordernisse (zu reinigende Luftmengen, Zahl und Leistung der angeschlossenen Apparate) abgestimmt sein.

Der maximale Staubgehalt, der die Anlage verlassenden Luft ist behördlich festgesetzt (T. A. Luft). Er darf $50 \, \text{mg/m}^3$ bzw. $20 \, \text{mg/m}^3$ in Wohngebieten nicht überschreiten. Während für ersteren Wert noch Zyklone genügen, sind für letzteren Gewebefilter erforderlich, die $10 \, \text{mg/m}^3$ zu erreichen gestatten.

Die Menge des anfallenden Staubes beträgt normalerweise etwa 0,02 %.

1.2.3.7 Die *Sortierung* der Gerste ist notwendig, um die Möglichkeit einer gleichmäßigen Weiche und Keimung zu schaffen und durch Auslesen aller schwachen Körner eine höhere Ausbeute zu erzielen. Das Sortieren erfolgt mit Hilfe von geschlitzten Blechen. Diese sind entweder zu Zylindern gebogen, die um ihre Achse drehbar sind (Sortierzylinder), oder flach übereinander angeordnet und durch eine zur senkrechten Antriebswelle exzentrische Masse in schwingende Bewegung versetzt (Plansichter).

Gerstenkörner, die größer sind als die betreffenden Schlitzweiten, bleiben auf den Sieben liegen, schwächere Körner fallen durch. Die Rohgerste wird gewöhnlich mit Hilfe von zwei verschiedenen Schlitzweiten in drei Korngrößen zerlegt. Sorte I beinhaltet die eigentliche Malzgerste, ihre Körner haben eine Stärke von über 2,5 mm. Sorte II weist eine Kornstärke von 2,2–2,5 mm auf. Der Abfall (unter 2,2 mm) enthält schwächere Körner, die des Vermälzens nicht mehr wert sind (Futtergerste).

Beim *Sortierzylinder* wird die Gerste in das Innere des Zylinders geleitet und dort sortiert. Für die *Sortierleistung* ist entscheidend:

Material, Herstellung und Blechstärke der Siebe. Die Schlitze von 25 mm Länge sind in den Stahlblechmantel eingestanzt. Mit zunehmender Blechstärke (normal 1,0 mm) wird die Auslese schärfer. Durch den Kieselsäuregehalt der Spelzen werden die Schlitze allmählich erweitert.

Die *Geschwindigkeit*, mit welcher der Gerstenstrom über die Sortierfläche gleitet, darf nicht zu groß sein. Sie wird bestimmt durch die Umfangsgeschwindigkeit (0,7 m/sec) und durch die Anordnung der Kammerleisten, die die Vorwärtsbewegung des Gutes bewirken, gleichzeitig aber auch eine weitergehende Beaufschlagung der Siebe ermöglichen. Moderne Zylinder liegen waagrecht, während früher die Bewegung des Gerstenstromes durch die Neigung des Zylinders (6–10 %) bedingt war. Die Drehbewegung muß gleichförmig sein, weswegen der Antrieb über einen Zahn- bzw. Stirnradantrieb erfolgen soll.

Die *Stundenleistung*. Sie ist abhängig von der Beschickung, die völlig gleichmäßig sein muß und nicht zu stark sein darf. Nur wenn der Gerstenstrom dünn ist, kommt jedes Korn auf die Sortierfläche. Pro Sorte können $380–400 \, \text{kg/m}^2$ u. h. angenommen werden.

Die wirksame Sortierfläche, die nur etwa $^1/_4$ des Umfanges beträgt. Sie verringert sich durch Verlegung der Schlitze. Um dies zu verhindern, werden besondere Abstreifer, z. B. Holzwalzen oder Bürsten, angewendet, die sich auf dem drehenden Sortierzylinder abrollen. Die Voraussetzung hierzu ist die kreisrunde Form der Siebe. Schon schwache Einbuchtungen beeinflussen die Leistung.

Der *Zustand der Gerste:* Wenig verunreinigte oder bereits vorsortierte Gerste läßt sich leichter sortieren als stark verunreinigte. Aus diesem Grunde sollen an den Reinheitsgrad und die Gleichmäßigkeit der angelieferten Gerste bestimmte Anforderungen gestellt werden.

Das manchmal stark wechselnde Verhältnis von I. zu II. Sorte gibt Anlaß, von den normalen Schlitzweiten abzuweichen und andere brauchbare Abmessungen (z. B. 2,4 mm und 2,0–2,1 mm) zu wählen.

Der *Plansichter* stellt ein Zwillingssystem von übereinander angeordneten Flachsieben dar, die durch ein zur senkrechten Antriebswelle exzentrisches Gewicht in schwingende Bewegung versetzt werden. Die Verteilung des Gutes auf den Siebsätzen ist günstig; die Anordnung der Kreuzschlitzung bei der längs- und querlaufende Schlitze abwechseln, steigert die Ausleseleistung. Jeder Siebsatz besteht aus drei Sortierelementen, aus dem eigentlichen Siebblech mit Streuteller, einem gefederten Kugelsiebrahmen mit Gummikugeln zum Freihalten der Siebe und schließlich aus dem Sammelblech, von dem aus das Sichtgut durch seitlich angeordnete Kanäle auf weitere Siebeinheiten geleitet wird. Die Leistung des Plansichters ist höher, der Platzbedarf geringer als bei Sortierzylindern. Ein Apparat für 10 t/h benötigt ca. 3 kWh.

Eine neuere Konstruktion stellt ein Plansichter mit runden bzw. achteckigen Sieben dar. Er besteht aus 2 oder 4 um eine Mittelachse horizontal gelagerten Siebscheiben. Diese sind in jeweils 8 auswechselbare Siebsegmente unterteilt. Die Beschickung erfolgt über die Mittelsäule. Die Siebbewegung wird durch einen Exzenterantrieb mit einem horizontalen Hub von 80 mm in Kreisrichtung ausgeübt. Strahlenförmig angeordnete Prallleisten sorgen für eine zickzackartige Ablenkung der Körner, die neben einer Umschichtung des Gutes eine intensivere Bearbeitung ermöglicht. Umlaufende, federnd gelagerte Bürsten verhindern ein Verlegen der Siebe. Da die Bewegung der Siebscheiben gegenläufig zueinander ist, erfolgt ein Massenausgleich, der einen ruhigen Lauf der Maschine ermöglicht.

Die Leistung beträgt bis zu 12 t/h pro Einheit. Sie kann durch Zusammenbau mehrerer Maschinen übereinander entsprechend gesteigert werden. Der Kraftbedarf einer 12-t-Einheit beträgt 2 kWh.

Die *Menge des Ausputzes* liegt in normalen Jahren bei 0,5 bis 1,0 %, unter ungünstigen Bedingungen bei 4 %, in niederschlagsreichen Jahren

bis zu 10 %. Der Anteil der II. Sorte schwankt ebenfalls mit den Witterungsbedingungen. Er liegt im Durchschnitt bei 10–15 %.

Die Kontrolle der Sortierarbeit erfolgt im Laboratorium mit Hilfe gefräster Messingsiebe (100 g Gerste 5 Minuten lang bei einem Hub von 18–22 mm und 300–320 Touren/Min. schütteln).

Die Gerstenputzerei bedarf laufender Überwachung und Pflege.

1.2.4 Die Lagerung und Aufbewahrung der Gerste

Der Mälzer muß aus wirtschaftlichen und technologischen Gründen für eine einwandfreie und sachgemäße Lagerung der Gerste Sorge tragen. Hierbei sind zu unterscheiden:
1. Die Lagerung frisch geernteter Gerste bis zur Überwindung der Keimruhe.
2. Die Lagerung mälzungsreifer, bereits vermälzbarer Gerste bis zu ihrer Verarbeitung.

Frisch geerntete Gerste keimt fast immer schlecht. Ihre für die Vermälzung notwendige höchste Keimenergie gewinnt sie erst im Laufe einer sachgemäßen Lagerung. Die Keimruhe ist ein Selbstschutz der Natur gegen ein Auskeimen der Körner am Halm bei ungünstigen Witterungsbedingungen während der Reife und Ernte.

Während der Reifezeit am Halm werden die niedermolekularen Substanzen zu hochmolekularen Reservestoffen aufgebaut. Die meisten Enzyme weisen im Stadium der Vollreife oder Totreife nur geringe Aktivitäten auf. Dies läßt sich durch eine Abnahme der Gibberellinsäuren, die die Enzyminduktion auslösen können, im Stadium der Reife erklären. Die wachstumhemmenden Dormine häufen sich an. Hierdurch wird die Enzymbildung blockiert. Erst wenn im Laufe der Nachreife oder durch entsprechende Behandlung der Gerste die Dormine abnehmen und die Gibberelline sich vermehren, kann die Keimung unter den bekannten Voraussetzungen ablaufen (s. S. 24).

Eine bedeutsame Rolle spielt auch die Frucht- und Samenschale, die im Stadium der Keimruhe den Zutritt von Sauerstoff zum Keimling inhibiert.

Die Vorgänge der Nachreife sind äußerlich mit einer Verminderung des Wassergehaltes der Gerste und durch CO_2-Abscheidung verbunden. Dabei werden im Korninnern Gerüststoffe enzymatisch abgebaut und in lösliche Substanzen übergeführt, die vom Keimling verwertbar sind. Durch

Herauslösen der Gerüststoffe entstehen feine Hohlräume, die das Wasseraufsaugevermögen (Quellvermögen) des Gerstenkorns beeinflussen.

Die Dauer der Keimruhe kann wenige Wochen bis zu einigen Monaten währen. Sie hängt ab von den Witterungsbedingungen während der Reife und Ernte, wobei aber auch die Sorte eine Rolle spielen kann. Die Keimruhe läßt sich in zwei Phänomene unterteilen, die wahrscheinlich Etappen ein- und desselben Prozesses sind: Fundamentalkeimruhe und Wasserempfindlichkeit.

Während der *Fundamentalkeimruhe* besteht für den Keimling trotz optimaler Bedingungen (Sauerstoffversorgung, Temperatur und Feuchte) eine absolute Unmöglichkeit zu keimen. Sie kann aufgehoben werden durch Weichen der Gerste in 0,05 %iger Schwefelwasserstofflösung oder in Lösungen verschiedener Reduktionsmittel. Auch Erhitzen der Gerste oder Zusatz von Wuchsstoffen, wie Gibberellinsäure oder Kinetin, können die Fundamentalkeimruhe eliminieren. In Deutschland sind nur physikalische Methoden zum Brechen der Keimruhe möglich: Erwärmen oder eine Entfernung von Spelzen, Frucht- und Samenschale bzw. eine Durchlöcherung der Hüllen, besonders in Keimlingsnähe.

Die *Wasserempfindlichkeit* bedingt eine starke Sensibilität des Keimlings gegen eine zu starke Wasseraufnahme. Der Vorgang, der die Keimung auslöst, dauert bei diesen Gersten zu lange und hört infolge einer starken Inhibition des Keimlings durch das Wasser ganz auf. Die Wasserempfindlichkeit wird durch Weichen in Wasserstoffperoxidlösungen, durch lange Trockenperioden während des Weichprozesses oder durch Abschleifen der Gerstenpelze verringert; durch Erwärmen können nur dann Verbesserungen erzielt werden, wenn gleichzeitig eine Trocknung der Gerste erreicht wird.

Während einer sachgemäßen Lagerung der Gerste gleicht sich die Keimenergie der absoluten Keimfähigkeit mehr und mehr an, wobei auch Vorsorge zu treffen ist, daß die letztere auf dem ursprünglichen Niveau von über 96 % verbleibt. Die Wasserempfindlichkeit ist meist am Ende der Keimruhe am höchsten; sie kommt erst nach Erreichen der maximalen Keimenergie zum Abklingen.

Nach der *wertsteigernden* Lagerung zur Erlangung der Nachreife muß die Gerste bis zu ihrer Verarbeitung *werterhaltend* aufbewahrt werden. Auch das keimreife Korn ist keine tote Materie, die beliebig gelagert werden kann, sondern ein lebender, pflanzlicher Organismus, dessen At-

mungsprodukte Wasserdampf und Wärme die Atmung selbst immer wieder anregen und verstärken. Das entstehende Kohlendioxid stellt ein Atmungsgift dar.

Maßgebend für die Stärke der Atmung sind Wassergehalt und Temperatur der Gerste. Während eine Erhöhung der Temperatur um 12° C nur eine 5fache Steigerung der Atmung zur Folge hat, bewirkt ein um 2–3 % höherer Wassergehalt einen 80mal höheren Stoffumsatz. Als Grenzwert des Feuchtigkeitsgehaltes, bei dem die Lagerung noch ohne nennenswerte Verluste oder Veränderungen des Korninhaltes vor sich geht, kann ein Wassergehalt von 14–15 % gelten. Die Grenztemperatur liegt bei etwa 15° C, über 18° C besteht die Gefahr einer starken Entwicklung von Mikroorganismen wie Schimmelpilzen und Bakterien, die zu einem Muffigwerden des Getreides führt. Während bei niedrigen Temperaturen und Feuchtigkeitsgehalten die Atmungstätigkeit der Gerste und damit die Substanzverluste gering sind, ändert sich mit deren Steigerung die innere Beschaffenheit des Gutes in ungünstiger Weise: die Enzyme entwickeln eine abbauende Tätigkeit, das Korn reichert sich mit löslichen Abbauprodukten an und verliert an Festigkeit, weil es wärmer und feuchter wird. Außerdem steigt die Konzentration des gebildeten CO_2 bei ungenügender Lüftung immer mehr an, die Atmung des Kornes geht mehr und mehr in einen anaeroben Stoffwechsel, eine Gärung über. Hierdurch leiden die Keimeigenschaften der Gerste erheblich.

Es ist daher unter den heutigen Erntegegebenheiten mittels Mähdrusch von entscheidender Bedeutung, Gerste mit höheren Wassergehalten als 15 % frühestmöglich zu trocknen, nachdem es gerade in Kontinentaleuropa schwierig ist, die erforderlichen niedrigen Temperaturen vor Oktober/November zu erreichen. In der Regel ist eine natürliche Kaltlagerung zwischen November und März möglich. Im Frühjahr ist es dann ratenswert, die kalte Gerste nicht mehr zu bewegen, um eine Erwärmung des Gutes zu vermeiden. Die Gerste muß vor der Einlagerung mindestens vorgereinigt werden, da Unkrautsamen meist noch feuchter sind als Gerste und so deren Trocknung erschweren. Gerstenstaub begünstigt Organismenwachstum.

1.2.4.1 Die *künstliche Kühlung* der Gerste kann notwendig werden, wenn die vorhandene Trocknerkapazität nicht ausreicht, um die Gerste kurz nach der Ernte zu trocknen. Die maximale „keimschadensfreie" Lagerzeit beträgt aber z. B. bei

20 % Kornfeuchte und einer Temperatur von 20° C nur 9 Tage, bei 10° C dagegen schon 20 Tage. Es muß daher das feuchte Getreide rasch unter diesen Gefahrenbereich getrocknet oder gekühlt werden. Es erfordert aber auch ein niedriger Wassergehalt der Gerste von 14 % eine Abkühlung im Laufe der Zeit, um Keimschäden zu vermeiden. Die Technik der Gerstenkühlung sieht vor, die Gerste in belüfteten Speichern (s. unten) oder in Silos (s. S. 15) auf Temperaturen abzukühlen, die dem vorgesehenen Lagerzeitraum entsprechen. Hierfür eignen sich fahrbare Kühlaggregate, die mit den Anschlüssen der Belüftungseinrichtungen verbunden werden und so jeweils nach Bedarf eine wiederholte Kühlung durchführen können. Bei einer Abkühlung des Getreides um je 10° C erniedrigt sich als Nebeneffekt der Wassergehalt um 0,5 %. Die Kühlung einer Silozelle von 50t dauert rund 24 Stunden. Der Luftkühler benötigt hierzu eine Leistung von 1170kJ/280kcal/t u. h., der Luftdurchsatz muß rund 25 m^3/t u. h betragen.

1.2.4.2 *Bodenlagerung:* Die früher übliche Flächenlagerung auf Gerstenböden ist nur mehr selten anzutreffen. Diese natürlichste Lagerungsart hat einen sehr großen Raumbedarf (1,0–3,5m^2/t), sie bietet die Möglichkeit sich durch Wahl der Schichthöhe und des Wendezeitpunktes den Feuchtigkeitsgegebenheiten der Gerste und den Witterungsverhältnissen anzupassen. Wenn nicht eine pneumatische Umlagerungsmöglichkeit besteht, ist die Bearbeitung der lagernden Gerstenhaufen personalaufwendig. Je feuchter die Gerste ist, umso dünner muß sie gelagert werden. Dabei ist stets die Temperatur des Haufens zu verfolgen. Das Umschaufeln der Gerste hat – wie auch jede andere Art der Umlagerung – den Sinn, den Gerstenhaufen zu kühlen, zu lüften und zu trocknen. Das Trocknungs- und Kühlmittel ist die zuströmende Außenluft, der durch Öffnen von Fenstern oder Jalousien Zutritt zu verschaffen ist. Die Außenluft muß kühl und trocken sein, auf jeden Fall kälter als die Gerste. Die kühle Luft wird sich dann beim Durchströmen der Haufen erwärmen und kann damit Wasser aufnehmen und das Gut trocknen. Ist die Außenluft dagegen wärmer als die Gerste, so kühlt sich die Luft am kälteren Getreide ab und kann deshalb niemals trocknend wirken. Im Gegenteil kann es vorkommen, daß der Taupunkt unterschritten wird und das Gut sich mit Feuchtigkeit beschlägt. Es ist daher zweckmäßig, Feuchtigkeitsgehalt und Temperatur der Trocknungsluft zu messen.

Die Anordnung einiger Gerstenböden übereinander ermöglicht deren Ausbildung als *Rieselböden*, bei denen die Gerste durch Bodenöffnungen über Verteilerbleche in einem dünnen Schleier allmählich zu tieferen Stockwerken herabrieselt.

Eine gesicherte Bodenlagerung in höherer Schicht (ca. 3m) erlaubt die Ranksehe *Bodenbelüftung*. Diese besteht aus einem offenen System von Haupt- und Nebenrohren mit Lenkblechen und Gittersieben, die entweder über ein Druckgebläse für kurzzeitige kräftige Belüftung oder über Rotoren für dauernde schwache Belüftung versehen werden.

Während die Holzböden wegen Feuergefahr und geringer Tragkraft von Betonböden verdrängt wurden, dienen bei Bodenbelüftung auch Tennen zur Lagerung von Gerste.

Zur Verringerung der Lagerfläche gibt es nur eine Möglichkeit: die Tiefenlagerung der Gerste in geschlossenen turmartigen Bauten von 16–40 m Höhe. Bei der großen Schichthöhe ist eine Entwässerung und Lüftung der Gerste unmöglich, so daß praktisch nur lagerfeste Ware, am besten mit einem Wassergehalt von nicht mehr als 12 % aufbewahrt werden kann. Auch bei großen Silohöhen sind keine Auswirkungen des Druckes der lagernden Getreidemassen zu befürchten, da sich ab 10m Höhe der Druck der Gerstensäule auf die Silowandungen verlagert.

Das Material der Silos war ursprünglich Holz, das den Vorteil der schlechten Wärmeleitfähigkeit und der Durchlässigkeit für die Stoffwechselprodukte bietet, aber ebenso wie bei Lagerböden den Nachteil der Feuergefährlichkeit, Unsauberkeit und geringer Tragfähigkeit hat.

1.2.4.3 Der *Stahlbetonsilo* hat die größte Verbreitung gefunden. Er ist feuersicher, erfordert geringe Unterhaltskosten, hat eine geringe Wärmeleitfähigkeit und bietet bei großem Fassungsvermögen eine gute Raumausnutzng. Als Nachteil gelten die hohen Gebäudegewichte, die eine starke Fundamentierung erfordern. Bei neuerstellten Silos ist auf völliges Abbinden und Austrocknen des Betons Wert zu legen, um eine Beeinträchtigung des lagernden Gutes zu vermeiden. Der Querschnitt der Silozellen kann quadratisch, rechteckig, wabenartig oder auch unregelmäßig sein. Die Böden werden konisch (Auslaufwinkel 39°) gehalten, um ein völliges Auslaufen des Getreides sicherzustellen. In Verbindung mit horizontalen und vertikalen Transportanlagen ergibt sich damit eine bequeme Möglichkeit, das Gut ohne zusätzliche Arbeit umzulagern. Das Fassungsvermögen einer Silozelle soll jener Menge entsprechen, die jeweils als gleichmäßige Gerstenpartie erhältlich ist.

Das gesamte Fassungsvermögen der Siloanlage einer Mälzerei soll im Hinblick auf eine zweckentsprechende Aufnahmekapazität nach der Ernte und auf die Möglichkeit, verschiedene Partien (je nach Sorte und Provenienz) getrennt zu lagern, rd. 80–100 % der Verarbeitungskapazität (bezogen auf Malz) betragen.

Um die hohen Herstellungskosten von Betonsilos zu erniedrigen, werden diese für kleinere Anlagen aus sog. *Silobausteinen* gefertigt, wobei die zu Fundamenten ausgebildete, zu einem Trichter geformte Grundplatte auch der Aufnahme der Transportanlagen dient. *Silos ohne Kellerraum* lassen sich, selbst für große Einheiten, wesentlich billiger erstellen. Die Außen- und Quermauern werden auf Streifenfundamente gesetzt, der Zellenboden mit 39° Neigung liegt in einer Kiesauffüllung. Ein schmaler Bedienungsgang dient der Aufnahme der Horizontalförderer. Die Baukostenersparnis beträgt 20–30 %. Die Anwendung von Stahlbeton-Fertigbauteilen ist mit Vorteil möglich.

1.2.4.4 *Silos aus Stahlblech* sind gegenüber dem Betonsilo in einigen Punkten von Vorteil: Die Konstruktion aus verschraubbaren Stahlringen oder Profilblechen ist von geringerem Gewicht, billiger, rascher zu errichten und sofort betriebsbereit. Die gute Wärmeleitfähigkeit des Materials begünstigt Kondenswasserbildung, weswegen nur vorgetrocknete Gerste eingelagert werden darf. Aber auch hier ist ein regelmäßiges Umlagern des Gutes erforderlich. Eine derartige Behandlung ist bei allen Siloanlagen (auch bei Stahlbetoneinheiten) angebracht, um eine partielle Erwärmung der Gerste und die Ausbildung von dumpfem Geruch zu vermeiden. Die Umlagerung der Gerste bewirkt gleichzeitig eine Belüftung, vor allem wenn das Getreide beim Transport wieder über die Aspirationsanlage geleitet wird.

Die Lüftung im Silo gestaltet sich durch die hochliegende Getreidesäule schwierig. Bei kleineren Anlagen ist es möglich, die Luft von unten durch die Gerste zu drücken. Bei einer Höhe von 25 m erfordert eine Luftmenge von 80 m³/t und h einen Druck von ca. 500 mm WS. Größere Siloeinheiten werden waagrecht belüftet, wobei die Luftzufuhr mit Hilfe von Luftkanälen erfolgt, die in den Silowänden in bestimmten Abständen angeordnet sind. Das Belüften des Getreides darf jedoch nur dann vorgenommen werden, wenn die Außenluft kälter als das Gut ist. Die Abluft, die beim Beschicken der Silos oder beim Belüften während der Lagerung entweicht, bedarf der Entstaubung. Sie wird bei großen Silo-Anlagen über eigene Entstaubungsvorrichtungen (meist Filter) geleitet. Bei kleineren Mälzereien wird die Silo-Abluft über die Entstaubung der Reinigungs- und Transportanlagen geleitet.

Eine große Siloanlage erfordert eine eingehende Temperaturkontrolle in verschiedenen Höhen, am besten durch Sonden, deren Meßwerte in einer eigenen Silo-Schalt- und Kontrollwarte abgelesen werden können. Tritt in einer bestimmten Schicht innerhalb von 48 Stunden ein Temperaturanstieg um 2° C auf, so muß das Getreide umgelagert werden. Hierbei sollen Proben zur Ermittlung der Feuchte, Keimfähigkeit und Keimenergie gezogen werden.

Die *Siloschaltwarte* beinhaltet auch die Schalter und Kontrollleuchten der Förderanlagen und Reinigungsapparate. Staffelschaltung und Verriegelung gegen falsche Einstellung sichern die Bestände vor Vermischung z. B. von Gerste und Malz.

1.2.5 Die künstliche Trocknung der Gerste

Die moderne Erntetechnik des Mähdrusches, die kurzfristige Anlieferung großer Gerstenmengen in die Mälzerei und die Unmöglichkeit, die Gerste selbst in Lüftungssilos so rasch wie erforderlich zu kühlen und zu trocknen, führten mehr und mehr zur Einführung der künstlichen Trocknung. Bei sachgemäßer Behandlung wird das Getreide nicht nur lagerfest, sondern es tritt auch unmittelbar eine Verbesserung der Keimenergie ein. Die Trocknung soll daher so rasch als möglich erfolgen.

Die künstliche Verringerung des Wassergehaltes der Gerste ist nur unter gewissen Voraussetzungen möglich: So muß die Gerste am Halm völlig ausgereift sein, auch ist für die Vorreinigung Sorge zu tragen, da Unkrautsamen und Verunreinigungen hygroskopischer und damit schwerer trocken zu halten sind als Gerste. Die Trocknung wird erschwert durch die Bespelzung der Gerste, welche das Entweichen des Wasserdampfes behindert.

Nachdem nur bei einem Wassergehalt von 12 % eine risikolose Lagerung gewährleistet ist, soll eine Trocknung auf diesen Wert angestrebt werden. Weiter zu trocknen als auf 10 % Wassergehalt ist nicht nur unwirtschaftlich, sondern es besteht auch die Gefahr einer Schädigung der Keimfähigkeit.

Die künstliche Trocknung von Getreide erfolgt durch Erwärmung oder Abkühlung. Aus wirtschaftlichen Gründen wird das Trocknen durch Wärme bevorzugt. Hierbei handelt es sich darum, den Wasserdampfdruck im Korn durch Erwärmen so zu erhöhen, daß er höher ist als der der Trocknungsluft. Je größer dieser Unterschied, um so rascher und weitgehender ist die Entwässerung. Es sind jedoch einer stärkeren Erwärmung der Gerste enge Grenzen gesetzt, da die Gerste gegen Temperaturen von über 50° C sehr empfindlich ist. Die mögliche Trocknungstemperatur des Gutes muß sogar um so niedriger sein, je höher der Wassergehalt zu Beginn des Trocknens liegt. Während Gerste von 16% Feuchte noch auf 49° C erwärmt werden darf, ist bei 22% nur eine Temperatur von 34° C zulässig. Um Schädigungen des Getreides zu vermeiden, kann es ratsam sein, sehr feuchte Ware in zwei Stufen zu trocknen, z. B. von 20 auf 16% und dann von 16 auf 12%.

Die Schwierigkeit der Warmlufttrocknung besteht darin, daß die Durchtrocknung des Korns nicht ohne weiteres gleichmäßig durchgeführt werden kann. Die Außenschichten werden leicht spröde und ziehen sich zusammen, bevor die Feuchtigkeit aus dem Innern durch die Kapillaren nach außen gelangt. Es wird daher bei der kontinuierlichen Trocknung die Gerste in einer Vorwärmeabteilung erwärmt, wodurch sich das in den Gewebezellen des Korninnern befindliche Wasser ausdehnt und in den Kapillaren vom Kern durch die Außenschicht drängt. Von dort kann die Feuchtigkeit in einer besonderen Trockenabteilung mit Hilfe von Warmluft leicht abgetrocknet werden. Verschiedentlich wechselt die Richtung des Luftstroms und beaufschlagt einmal die bereits stärker getrocknete Seite der Körnerschicht, dann wieder die bis dahin schwächer entwässerte an der Luftaustrittsseite derselben. Dies kann bei höheren Feuchtigkeitsgehalten des Gutes und bei Anwendung höherer Temperaturen eine Schädigung der Keimeigenschaften zur Folge haben.

1.2.5.1 *Durchlauftrockner:* Nach diesem Prinzip arbeiten Trockner, die aus mehreren Abteilungen bestehen: einer Vorwärmeabteilung, zwei Trockenzonen und einer mit Außenluft beschickten Kühlabteilung. Der Wärme- und Kraftaufwand derartiger Trockner (z. B. Dächertrockner) kann bei einem Luftbedarf von 1500 m³/t und h mit 300 000 kJ/70 000 kcal und 2,5 kWh/t angenommen werden. Die Durchlaufzeit beträgt 90 Minuten. Dabei kommen Lufttemperaturen von 65–85° C zur Anwendung.

1.2.5.2 Auch die *Malzdarre* eignet sich zum Gerstentrocknen. Einhordenhochleistungsdarren mit Kipphorde sind arbeitstechnisch günstig. Hier können 400 kg Gerste/m² Hordenfläche in 6 Stunden bei einer von 35 auf 45° C steigenden Temperatur von 20% auf 15% Feuchte getrocknet werden. Wenn auch zwischen der oberen (16%) und der unteren (12%) Schicht Unterschiede gegeben sind, so gleichen sich diese im Laufe der weiteren Behandlung annähernd aus. Zum Trocknen von einer Tonne Gerste werden 255 000 kJ/60 000 kcal und 7–8 kWh benötigt. In 24 Stunden kann die Darre bis zu dreimal beladen werden. Als Kontrollkriterium über den Fortschritt der Trocknung dient die Temperaturdifferenz zwischen Einströmluft und Abluft. Die Leistung einer Darre von 50 m² Hordenfläche beträgt dann pro Charge 20 t. Dies entspricht 60 t pro Tag und damit der Kapazität eines Durchlauftrockners von 2,5 t/h.

Weitere Möglichkeiten der Trocknung sind gegeben entweder durch Kastenpaletten oder durch Belüftungs- und Trocknungssilos. In bei den Fällen wird ein Heizaggregat mit Lüfter zum Anwärmen und Trocknen des Gutes angeschlossen, während die Kühlung und Lüftung mittels Außenluft erfolgt.

Nach dem Trocknen war es bisher üblich, die Gerste durch Außenluft abzukühlen und anschließend auf die Lagerplätze zu verbringen. Die Arbeitsweise, die auf ca. 12% Wassergehalt getrocknete Gerste mit ca. 35° C in den Silo einzulagern, bis die Keimruhe gebrochen ist, hat sich in der Regel bewährt. Es dauert zwischen 3 und 14 Tage, bis dieser Effekt eintritt. Dies ist mittels eines „forcierten" 4/8 ml Tests (72 h) spätestens alle drei Tage zu überprüfen. Sobald die Keimruhe überwunden ist, wird das Gut durch Umlagern (über den Aspirateur) abgekühlt. Diese Arbeitsweise bewirkt auch eine Verringerung der Wasserempfindlichkeit.

Eine andere Methode ist, die aus dem Trockner kommende Gerste mittels entfeuchteter Luft auf 6–8° C abzukühlen und so in die Silos einzulagern.

1.2.5.3 Die *Kaltlufttrocknung* konnte sich aus wirtschaftlichen Gründen nur wenig einführen. Sie wäre zweckmäßiger als das Trocknen mit Wärme, weil bei gleich starkem Wasserentzug das Getreide weitgehend abgekühlt würde. Kühles Getreide lagert sich besser als wärmeres, der Stoffwechsel wird stark vermindert und das Einnisten von Schädlingen unterbunden. Von dieser Erkenntnis wird bei der Kältekonservierung der Gerste Gebrauch gemacht (s. S. 14). Bei frisch geernteter oder sehr empfindlicher Gerste besteht die Gefahr, daß keine Aufhebung, sondern eine Konservierung des Ruhezustandes eintritt. Diese Erscheinung nennt man sekundäre Keimruhe.

1.2.6 Pflanzliche und tierische Schädlinge der Gerste

Getreide enthält je nach Witterung bei Aufwuchs, Reife und Ernte einen unterschiedlich hohen Besatz an Mikroorganismen, die das lagernde Gut stark beeinträchtigen können. Sie wandern entweder bereits auf dem Feld in das Getreide ein oder befallen es bei der Lagerung.

Zu den ersteren gehören Brandpilze, Rostpilze oder das Mutterkorn, aber auch Schimmelpilze wie Rhizopus-, Mucor-, Stemphylium- und Fusarium-Arten. Hiervon haben seit 1987 besonders Fusarium graminearum, Fusarium culmorum, aber auch F. avenaceum Anlaß zur Erscheinung des Überschäumens des Bieres (Gushing s. S. 327) gegeben. Die genannten Fusarienarten können bei entsprechenden Niederschlägen das Getreide zur Zeit der Hochblüte befallen, über die Antheren in den Mehlkörper eindringen und sich von den Inhaltsstoffen ernähren. Das Gushing wird durch Stoffwechselprodukte dieser Organismen hervorgerufen, die z. T. Peptide, z. T. aber auch Kohlenhydrate sind. Eine Reihe von anderen Schimmelpilzen, die wohl vom Feld herrühren, die sich aber bei der Lagerung entwickeln, sind in der Lage, Toxine zu bilden, die nicht nur die Keimfähigkeit des Getreides zerstören, sondern die auch den Wert als Futtermittel erheblich herabsetzen können. Hierzu zählen außer den obengenannten auch noch Aspergillus- und Penicillium-Stämme.

Tierische Schädlinge treten erst im lagernden Getreide auf, wie z. B. Kornkäfer und Kornmotte. Der Kornkäfer legt seine Eier in die Gerstenkörner; die daraus entstehenden Larven fressen das Getreide an und höhlen die Körner aus. Der Befall wird erst beim Auftreten der Käfer entdeckt, und zwar beim Bewegen, Belichten und Erwärmen des Getreides. Der Kornkäfer wird meist durch Schiffe, Transportanlagen oder Transportmittel z. B. Säcke übertragen und in die Betriebe eingeschleppt. Vom Käfer befallenes Getreide ist unbedingt zurückzuweisen.

Durch häufiges Umlagern und Putzen sowie durch Belüften der Gerste kann der Käfer z. T. entfernt oder vertrieben werden. Es ist jedoch seine Bekämpfung mit chemischen Mitteln weit wirkungsvoller. Sie kann mit Anstrichmitteln, Vergasungsmitteln oder mit Kontaktinsektiziden vorgenommen werden. Voraussetzung ihrer Anwendung ist, daß sie sich vollständig wieder entfernen lassen und weder den physiologischen Vorgang der Keimung und die enzymatischen Reaktionen während der Bierbereitung verändern noch im fertigen Bier geschmacklich oder auf eine den menschlichen Organismus schädigende Weise in Erscheinung treten.

Große Silos müssen mit einer eigenen Vergasungsanlage ausgestattet sein, um die lagernden Getreidemengen sicher vor Befall schützen oder auftretende Schädlinge vertilgen zu können.

1.2.7 Gewichtsveränderungen der Gerste während der Lagerung

Während der Lagerung der Gerste treten hauptsächlich Gewichtsveränderungen durch Wasserverdunstung und Atmung ein. Die Höhe dieser Verluste hängt wiederum vom Wassergehalt der Gerste ab. Besonders fühlbar sind diese Veränderungen in den ersten drei Monaten nach der Ernte. Sie betragen hier etwa 1,3 %, im zweiten Vierteljahr 1,0 %, im folgenden Halbjahr etwa 0,8 %. Längere Lagerzeiten kommen bei Braugersten gewöhnlich nur in Frage, wenn das Gut übersommert werden soll. Hier ist eine Verringerung des Wassergehaltes auf 12 % unbedingt erforderlich.

1.3 Das Weichen der Gerste

Die Ankeimung der Gerste erfolgt erst bei einem bestimmten Feuchtigkeitsgehalt. Lagernde Gerste hat einen Wassergehalt von mindestens 12 % (Konstitutionswasser). Er soll niedrig sein, um Lebensäußerungen der Gerste auf einen Mindestwert zu beschränken. Erst die Zuführung des Vegetationswassers leitet die Keimung ein. So erfahren die Lebenserscheinungen im Korn bereits bei einem Wassergehalt von ca. 30 % eine deutliche Steigerung, bei ca. 38 % keimt die Gerste am raschesten und gleichmäßigsten an, während zur Entwicklung der Enzyme und zur Erzielung der gewünschten Auflösung des Mehlkörpers eine Feuchte von 43–48 %, z. T. sogar darüber erforderlich ist. Der Großteil des benötigten Vegetationswassers wird beim Weichprozeß zugeführt, die Darstellung der Maximalfeuchte erfolgt zweckmäßig erst bei der Keimung. Das Weichwasser sollte eine normale Trinkwasserqualität aufweisen und frei von Verunreinigungen physikalischer, chemischer und biologischer Art sein. Die Frucht- und Samenschale des Gerstenkorns ist zwar halbdurchlässig, aber dennoch kann eine Diffusion von Ionen des Wassers (s. S. 92) durch bestimmte Lücken in der Testa, die sich vornehmlich in der Nähe des Keimlings befinden, erfolgen. Hierdurch kann die keimhemmende Wirkung z. B. von NO_2^- erklärt werden. Normalerweise allerdings ist die Konzentration der im Weichwasser vorhandenen Ionen so gering, daß keine unmittelbaren Wirkungen festzustellen sind.

1.3.1 Die Wasseraufnahme des Gerstenkorns

Sie findet im wesentlichen von der Kornbasis aus, durch die dort einmündenden Gefäße, statt. Weit geringer ist sie an den Seiten bzw. am oberen Kornende. Aus diesem Grunde weisen die einzelnen Partien des Korns anfänglich einen verschieden hohen Wassergehalt auf, der sich erst allmählich ausgleicht.

Die Geschwindigkeit der Wasseraufnahme ist in den ersten 4–8 Stunden weitaus am größten, läßt aber mit Annäherung an den Sättigungsgrad rasch nach. Dieser ist durch das Quellvermögen einer Gerste gegeben. Die Wasseraufnahme ist abhängig:

Von der *Beschaffenheit* der Gerste: vollbauchige Körner brauchen länger als schwache, um den gleichen Wassergehalt zu erreichen. Doch stehen die hier auftretenden Unterschiede auch in Abhängigkeit vom Weichverfahren. Während z. B. eine reine oder überwiegende Naßweiche merkliche Unterschiede bei der Wasseraufnahme großer und kleiner Körner hervorruft, bewirken ausgedehnte Luftrasten einen weitgehenden Ausgleich, der sogar das Weichen von I. und II. Sorte zusammen ermöglicht. Der ursprüngliche Wassergehalt der Gerste spielt keine Rolle, wohl aber die Kornstruktur, wie sie sich aus trockenen oder feuchten Jahren ergibt. Gersten, die unter den ersteren Bedingungen reiften, verzeichnen eine langsamere Wasseraufnahme, ebenso Gersten, die ihre Mälzungsreife noch nicht erlangt haben und eine ausgeprägte Wasserempfindlichkeit besitzen. Eiweißreiche Gersten zeigen nur dann eine langsame Wasseraufnahme, wenn durch die Aufwuchs- und Erntebedingungen ihre Kornstruktur der Wasseraufnahme ungünstig ist (s. oben); ansonsten ließen sich bei Gersten ein und desselben Jahrgangs keine Unterschiede erkennen. Ferner

hängt die Wasseraufnahme von der Gerstensorte ab.

Von der *Temperatur des Weichwassers:* Je wärmer das Weichwasser, um so rascher erfolgt die Wasseraufnahme. Als Normaltemperatur darf im Durchschnitt ein Wert von 10° C–12° C angenommen werden; der Gehalt des Wassers an Härtebildnern oder anderen Ionen spielt für die Wasseraufnahme keine Rolle. Um einen Wassergehalt von 43 % zu erreichen, wurden bei verschiedenen Wassertemperaturen bei ein- und derselben Gerste folgende Weichzeiten benötigt: 9° C 78 Std., 13° C 54 Std., 17° C 46 Std., 21° C 28 Std. Eine Wassertemperatur von 12–13° C ist bei Anwendung einer überwiegenden Wasserweiche physiologisch am günstigsten.

Vom *Weichverfahren:* Die Wasseraufnahme ist bei reiner Wasserweiche langsamer als bei Luft-Wasserweiche. Besonders günstig wirken sich lange Trockenperioden zwischen den Wasserweichen aus. Hier genügt z. B. im Rahmen einer Weichzeit von 52 Stunden eine zwölfstündige Wasserweiche, um den obengenannten Weichgrad von ca. 43 % zu erreichen.

1.3.2 Die Sauerstoffversorgung des Weichgutes

Neben der Wasseraufnahme spielen sich auch noch andere Vorgänge ab. Mit Erhöhung des Wassergehaltes beginnt das Korn deutlich zu atmen.

Diese *Lebenstätigkeit erfordert Sauerstoff,* der die gesamte Weichzeit über in ausreichender Menge zur Verfügung stehen muß. Das Korn scheidet bei der Atmung für jedes Molekül verbrauchten Sauerstoffs ein Molekül Kohlendioxid aus. Das Verhältnis von $CO_2 : O_2$, der Atmungskoeffizient, ist somit gleich 1.

Ist er größer als 1, so liegt ein anaerober Stoffwechsel vor, das Korn kann von den hier entstehenden Stoffwechselprodukten, Alkohol und Kohlensäure, vergiftet werden. Diese Vergiftung geht beim untergetauchten Korn rascher vor sich als in der Atmosphäre. Beim Weichen erfahren daher die Gerstenkörner so lange eine leichte alkoholische Gärung – selbst unter optimalen Sauerstoffverhältnissen –, bis das Korn spitzt und somit die durch das Weichen sehr dichtliegenden Spelzen durchbrochen werden. Kurz nach dem Spitzen beginnt der angestaute Alkohol durch intracellulare Oxidation zu schwinden. Bereits ein Alkoholgehalt von 0,1 % kann ein ungleiches

Wachstum hervorrufen. Bei sachgemäß geführter Weiche unbedeutend, kann die Alkoholmenge unter Abwesenheit von Sauerstoff sehr wohl mehrere Prozent erreichen. Im Verein mit der gebildeten Kohlensäure tritt intramolekulare Atmung ein: das Weichgut nimmt einen esterigen, säuerlichen, in schweren Fällen sogar einen fauligen Geruch an, das Korn verliert an Festigkeit. Eine in ihrer Lebenskraft geschwächte Gerste wird auch eine übermäßige Wasseraufnahme, eine sog. „Totweiche" erleiden. Die Keimfähigkeit des Gutes geht teilweise verloren.

Der Sauerstoffbedarf ist besonders groß bei wasserempfindlichen Gersten. Dies sind Gersten, die gerade ihre Keimruhe überwunden hatten oder unzulänglich gelagert wurden (s. S. 13, 14, 15). Bei reichlicher Sauerstoffzufuhr, bei langen Luftweicheperioden wird die Wasserempfindlichkeit abgebaut und somit eine gleichmäßige Ankeimung erzielt.

1.3.3 Die Reinigung der Gerste

Das Weichen vermittelt auch eine Reinigung der Gerste: Die Ionen des Wassers setzen sich mit den Stoffen der Kornumhüllung um und bewirken deren Auslaugung und Reinigung. Diese ist um so stärker, je mehr Hydrogencarbonat-Ionen im Wasser vorhanden sind. Eine Verstärkung dieses Effektes wird durch intensive Bewegung des Gutes beim Einweichen und während der Naßweichen durch Belüften über Ringrohre oder besonders durch Injektor mit Steigrohr erreicht. Der früher übliche Zusatz von Alkalien oder Wasserstoffperoxid (s. frühere Ausgaben dieses Buches) wurde aus lebensmittelrechtlichen Überlegungen heraus nicht mehr gestattet.

Die biologische Beschaffenheit des Wassers spielt bei der großen Menge an Organismen, die von der Gerste eingebracht werden, im allgemeinen nur eine untergeordnete Rolle.

1.3.4 Wasserverbrauch

Zur Darstellung eines Wassergehalts im Keimgut von 47–48 % werden nur 0,7 m³/t benötigt. Je nach dem angewendeten Verfahren und der Ausstattung der Weichanlage liegt der Wasserverbrauch in der Praxis erheblich höher. Beim Einweichen entsteht ein Wasserbedarf von 1,8 m³/t Gerste; ein einfacher Wasserwechsel benötigt 1,2 m³, das Umpumpen von einer Weiche zur anderen ca. 1,5 bis 1,8 m³, das „nasse" Ausweichen 1,8–2,4 m³. Die früher übliche Naß-Trockenweiche mit 7maliger Wassergabe, zweimaligem Umpumpen und nassem Ausweichen erforderte ca. 11 m³/t, während ein modernes Weichverfahren bei dreimaliger Wasserzufuhr nur mehr ca. 5 m³/t benötigt. Durch Anpassen des Weichwasser-Überlaufs an das jeweilige Gerstenvolumen, der Verzicht auf das Umpumpen, wenn eine intensive Umwälzung mit Preßluft möglich ist, spart weitere 0,8–1,5 m³/t. Eine Wiederverwendung des zweiten Weichwassers z. B. beim Ausweichen gestattet eine weitere Verringerung des Wasserverbrauches. Dies kann bei hohen Wasser- oder Abwasserkosten sinnvoll sein, erfordert jedoch zusätzliche Wasserreserven. Eine Reduzierung der Zahl der Naßweichen verlangt ein entsprechend stärkeres Nachbefeuchten bei der Keimung. Ein noch niedrigerer Wasserverbrauch wird durch Einsatz von „Waschschnecken" ermöglicht, die aber trotz temperierten Wassers (bis zu 30° C) nur einen Wassergehalt von ca. 25 % erreichen. Der Wasserverbrauch beträgt hier, je nach Intensität des Waschvorgangs 1,2–2,0 m³/t. Wird das Wasser ausschließlich durch Sprühen im Keimapparat aufgebracht, so liegt der Wasserbedarf mit 0,9 m³/t nur mehr wenig über dem theoretischen Wert. Eine derartige Verfahrensweise erfordert aber eine vorausgehende, sehr intensive mechanische Reinigung der Gerste.

1.3.5 Die Weicheinrichtungen

1.3.5.1 Die *Weichbehälter* werden aus Stahlblech, Edelstahl oder Stahlbeton gefertigt. Edelstahl erübrigt einen „lebensmittelechten" Anstrich der Gefäße sowie vereinfacht Reinigung und Pflege. Aus diesem Grunde sind neuerdings auch Betonweichen mit Edelstahlblechen ausgekleidet. Im Interesse einer gleichmäßigen Behandlung des Weichgutes ist ein runder oder quadratischer Querschnitt der Weichen erwünscht. Die Bodenform der Weichen wird konisch gehalten, um das Entleeren der Behälter zu erleichtern. Große Weicheinheiten können wohl rechteckig angeordnet sein, doch erfolgt ihre Unterteilung in einzelne quadratische Abschnitte mit jeweils eigenem Konus.

1.3.5.2 Das *Fassungsvermögen einer Weiche* errechnet sich aus der zu weichenden Gerstenmenge, der Volumenzunahme des Gutes während der Weiche und einem zusätzlichen Raum für die

Bewegung der Gerste. Unter Berücksichtigung dieser Punkte bemißt sich der Weichraum für 1 t Gerste auf 2,2 bis 2,4 m³. Das Gesamtfassungsvermögen aller Weichen soll auf die maximal erforderliche Weichzeit einschließlich der Einweich-, Ausweich- und Reinigungszeiten abgestimmt sein. Unter Zugrundelegung moderner Weichverfahren werden im allgemeinen 52–54 Stunden Belegungszeit der Weichen angenommen; dies erfordert die Anordnung von jeweils drei Weicheinheiten. Vielfach wird die Weichzeit nur mehr auf 24–28 Stunden bemessen und die Ankeimphase in den Keimapparat verlegt. Hier sind nur mehr zwei Weicheinheiten erforderlich. Eine weitere Beschränkung der Weichzeit kann u. U. die Luftrasten zu stark beschneiden, so daß sie ihre physiologische Wirkung nicht mehr auszuüben vermögen. Die Zahl der Weichgefäße pro Einheit hängt wiederum von der Kapazität der Keimanlage ab: um das Weichgut gleichmäßig bearbeiten zu können, werden die einzelnen Weichbehälter auf ein Fassungsvermögen von höchstens 50 t bemessen. Desgleichen darf die Weiche nicht zu tief sein, da sich u. U. die Belüftung schwierig gestaltet und damit die spätere Keimung ungleichmäßig verläuft. Große Behälter werden deshalb rechteckig, mit mehreren Konusausläufen, angeordnet.

1.3.5.3 Die *Aufstellung der Weichen* erfolgt am besten zwischen den Vorratsrümpfen für die Einweichgerste und den Keimanlagen. Durch die Möglichkeit des nassen Ausweichens hat jedoch der Standort zu den Keimapparaten an Bedeutung verloren.

1.3.5.4 Der *Weichraum* muß von der Außentemperatur unabhängig sein; er soll im Winter durch Beheizen, im Sommer durch Kühlen auf einen Temperaturbereich von 12–15°C eingestellt werden können. Darüber hinaus ist für eine Konditionierung der Raumluft auf 85–90 % Feuchtigkeit zu sorgen, da diese, z. B. durch die CO₂-Ventilatoren durch das Gut gezogen wird.

Um zu vermeiden, daß der gesamte Weichraum mit befeuchteter Luft klimatisiert werden muß, kann es günstiger sein, die einzelnen Gefäße abzudecken und in die Haube die Konditionierung bzw. Temperierung einzubauen.

Die Einrichtung der Weichen hat sich gegenüber früher wesentlich komplizierter gestaltet. Zu der ursprünglichen Wasserzu- und -ableitung, der Ausweichöffnung und dem Schwimmgerstenablauf gesellten sich Vorrichtungen zum Umpumpen des Weichgutes, zur Druckbelüftung, zum

Absaugen der Kohlensäure und eventuell zum Berieseln.

1.3.5.5 Die *Wasserzu- und -ableitung* soll einen raschen Wasserwechsel ermöglichen, um die Naßweichzeiten genau einhalten zu können. Der Zeitaufwand zum Befüllen der einzelnen Weichen soll eine Stunde keinesfalls überschreiten.

Eine Berieselung des Gutes über Sprühdüsen dient weniger der Wasserzufuhr als vielmehr einer Befeuchtung der in die Gutsoberfläche eingesaugten Luft. Hierdurch kann u. U. auch ein Temperaturanstieg abgefangen werden. Die Befeuchtungsdüsen müssen flächendeckend angeordnet sein.

1.3.5.6 Das *Umpumpen* geschieht mit Hilfe von Weichgutpumpen, die, ebenso wie die zugehörigen Rohrschalter so ausgebildet sein müssen, daß eine Verletzung des Weichgutes, selbst im gabelnden Zustand vermieden wird. Durch Anordnung von perforierten Abscheidern kann das Schmutzwasser beim Umpumpen von einem Weichgefäß zum anderen weitgehend entfernt werden. Das Umpumpen schafft wohl eine gute Reinigung des Gutes, aber keine befriedigende Umschichtung, da die im Konus befindlichen Partien immer wieder nach unten gelangen.

1.3.5.7 Die *Zufuhr der Druckluft* geschieht bei kleinen Weichen durch einen einfachen, tragbaren Aufziehapparat, bei größeren durch Steigrohre, durch die das Weichgut mit Hilfe von Preßluft vom Boden weg und mit dem Wasser hochgeworfen wird. Verschiedentlich erfolgt die Verteilung der Gerste mittels Schwenkrohren. Auch feingelochte Ringkränze, die in der Weichschüssel liegen, bewirken eine feine Verteilung der Preßluft. Zum Umwälzen des Gutes genügt bei entsprechender Luftleistung (angesaugte Luftmenge ca. 15 m³/t und h) ein Lüftungsring im Konus; in der Einweichweiche werden mehrere, einzeln abschaltbare Lüftungsringe installiert. Druckluft ist infolge ihrer Verdichtung auf 2–5 bar Überdruck meist warm. Eine mögliche Temperaturerhöhung bei der 10–15 Minuten währenden Druckbelüftung ist daher zu beobachten. Ist die Umwälzung bei Naßbelüftung genügend intensiv, so kann auf das Umpumpen dann verzichtet werden, wenn jede Weiche zum Ein- und Ausweichen geeignet ist. Hierdurch läßt sich eine namhafte Wasserersparnis erzielen, da das beim Umpumpen erforderliche Zusatzwasser wegfallen kann.

1.3.5.8 Die Entfernung der Kohlensäure geschieht durch eigene Saugventilatoren aus der Weichschüssel heraus. Soll nur die Kohlensäure abgesaugt werden, so genügt bei einer Ventilatorleistung von 15 m³/t und h eine stündliche, 10–15 Minuten während Absaugung. Muß jedoch bei ausgedehnten Trockenweichen (12–20 Stunden) das Gut nicht nur von der CO_2 befreit, sondern gleichzeitig auch belüftet und gekühlt werden, so ist am ersten Weichtag eine Ventilatorleistung von 50 m³/t und h, an den folgenden Tagen von 100–120 mm³/t und h erforderlich. Bei nachträglichem Einbau stärkerer Ventilatoren in bestehende Weichen empfiehlt es sich, einen Siebkorb im unteren Drittel des Konus anzubringen, der die gewünschte Luftförderung ermöglicht.

1.3.5.9 *Neue Weichkonstruktionen* haben eine flache Bauweise, um die Gerste gleichmäßig belüften zu können, die runden Behälter besitzen einen flachen, geschlitzten Hordenboden. Das Gut liegt selbst bei 250-t-Einheiten nur ca. 3 m hoch. Zum Beladen, Ausgleichen und Ausräumen dient ein höhenverstellbarer, mehrarmiger und mit speziellen Leitschaufeln versehener Rotor. Die Weiche ist mit Preßluftdüsen unter der Horde zur Belüftung und Auflockerung ebenso ausgerüstet wie für CO_2-Absaugung. Die Temperierung des Haufens geschieht meist über die Raumklimatisierung. Diese Flachweichen haben, um des geringeren Wasserverbrauches willen einen geringeren Freiraum von ca. 30 cm unter der Horde, in dem auch die Düsen für die Druckbelüftung angeordnet sind. Die Reinigung dieses Raumes muß automatisch, bei Bedarf auch unter Einsatz von Reinigungsmitteln geschehen. Rechteckige Weichen mit heb- und senkbaren Horden (System Lausmann s. S. 55) gestatten es, durch Absenken der Horde Wasser bei den Naßweichen zu sparen. Zum Ausweichen wird das Gut mittels des bekannten Wenders in eine Gosse gefördert, von der aus das Gut naß oder trocken in den Keimapparat verbracht werden kann.

Flachweichen wurden auch für das Verfahren der Wiederweiche eingesetzt (s. S. 23, 52). Auch besondere Vorkeimweichen mit Klapphorde und konischem Auslauf sind hierfür günstig.

Eine neue Konstruktion zum Einweichen der Gerste stellen Trommelweichen dar, die im Innern mit Förderschrauben ausgestattet sind. Der Durchlauf des Gutes von ca. 60 Minuten erlaubt es, eine Charge von 180 t in 5 Stunden in einen bevorzugt runden Keimkasten zu verbringen.

Durch die Drehung der Trommel wird die Gerste wechselseitig einem Wasser- und Luftkontakt unterworfen. Das Wasser läuft im Gegenstrom zu, d. h. die auf ca. 30 % Wassergehalt geweichte Gerste wird mit dem frischen Weichwasser beaufschlagt, während die einlaufende Gerste die erste Wasserberührung kurz vor dem Schmutzwasserablauf erhält.

Es liegt auf der Hand, daß derartig aufwendige Weichkonstruktionen hauptsächlich zur Erweiterung der Kapazität bestehender Keimanlagen Verwendung finden. Hier muß unbedingt ein Teil der Keimung in die Weiche verlegt werden, die dann eine entsprechende Ausstattung braucht. Bei den zu schildernden Weichverfahren von 24–26 Stunden Dauer genügen meist (klimatisierte) Trichterweichen, die aber alle oben angesprochenen Elemente aufweisen müssen. Es sind aber auch Kombinationen: Trommelweiche/Flachweiche anzutreffen. Der zweite Weichtag bedarf, wie noch zu zeigen ist, zur sicheren Einhaltung der Parameter einer Flachweiche.

1.3.6 Die Technik des Weichens

1.3.6.1 Die *herkömmliche Weicharbeit* gestaltete sich in ihrer einfachsten Form wie folgt: Die Gerste springt über einen Verteiler langsam in das Weichgefäß ein. Die schwere Gerste sinkt allmählich zu Boden, die leichte schwimmt mit den sonstigen Verunreinigungen auf der Wasseroberfläche und wird als „Schwimmgerste" abgehoben, gesammelt und getrocknet. Ihre Menge beträgt je nach Reinheitsgrad der Gerste 0,1–1 %. Eine starke Belüftung vermittelt eine kräftige Bewegung und damit eine Reinigung des Weichgutes. Durch Überlaufen des Weichwassers werden die Verunreinigungen entfernt. Die nächsten Wasserwechsel erfolgen jeweils nach 12–24 Stunden, je nach Reinheitsgrad der Gerste, Wassertemperatur und Weichdauer. Verschiedentlich wurde das Gut zwischen zwei Wasserwechseln ohne Wasser belassen. Diese Maßnahme sollte eine bessere „Belüftung" der Gerste ermöglichen, da bei ausschließlicher Wasserweiche der im Wasser gelöste Sauerstoff in kürzester Zeit aufgezehrt ist. Im Laufe der Entwicklung erfuhr die Luftweiche eine Ausdehnung bis auf 50, ja 80 % der Gesamtweichzeit. Das außen am Korn befindliche „Haftwasser" vermittelte während der „Trockenweiche" nicht nur in gleicher Weise eine Erhöhung des Weichgrades, sondern führte auch zu einer Verringerung der Gesamtweichdauer und zu einer Beschleunigung der Ankeimung.

Bei einem konventionellen Weichverfahren wird während der Naßweiche normalerweise alle 1–2 Stunden 10 Minuten lang mit Preßluft belüftet. Während der Luftrasten ist es notwendig, alle 1–2 Stunden 10–15 Minuten lang die Kohlensäure abzusaugen. Je nach dem Weichstadium bildet sich in dieser Zeitspanne schon eine Menge von 3–5 Vol.-% CO_2.

Das Umpumpen kann nur während der Naßweiche erfolgen, im allgemeinen wird diese Maßnahme im Verlauf einer 60–70stündigen Weiche zweimal getätigt. Verschiedentlich wird ein Teil der Wasserweichzeit auch durch Rieselperioden ersetzt.

1.3.6.2 *Moderne Weichverfahren:* Die empirischen Methoden der Wasserzufuhr werden mehr und mehr durch Verfahren abgelöst, bei denen in einzelnen Abschnitten durch kurze Wasserweichzeiten definierte Weichgrade angestrebt werden, die dann während langer Trockenperioden ein ganz bestimmtes physiologisches Verhalten des Gutes zur Folge haben. Bei einem Wassergehalt von 30 % und einer 14–20stündigen Luftrast verringert sich die Wasserempfindlichkeit der Gerste; bei einem Wassergehalt von ca. 38 % wird innerhalb einer Periode von 14–20 Stunden die gleichmäßige Ankeimung des Gutes abgewartet. Die Dauer der Luftrasten hängt von der Wasserempfindlichkeit einer Gerste ab. Diese ist bei heißer, trockener Witterung während der Reife und Ernte geringer als bei kühler feuchter Endphase der Vegetationszeit. So ist für erstere Gersten eine Luftrast von nur 14 Stunden, bei letzteren von 20–24 Stunden notwendig. Auch die Dauer der zweiten Luftrast ist hierdurch beeinflußt; sie ist durch das „Spitzen" der Gerste gekennzeichnet. Es ist völlig falsch, vor dem einheitlichen Spitzen der Gerste, sei es auch nur durch Berieseln, Wasser zuzugeben, da hierdurch stets ein ungleichmäßiges Gewächs resultiert. Nasses Ausweichen vermittelt dann einen Wassergehalt von 42–43 %, der durch sachgemäßes Spritzen im Keimapparat auf das endgültige Feuchtigkeitsniveau angehoben wird. Um eine gleichmäßige Behandlung des Gutes sicherzustellen, ist es unerläßlich, während der Naßweichen mittels Preßluft umzuwälzen. Bei Verwendung einer zentral angeordneten Luftdüse mit Steigrohr (Geisir) ist unter Wasser der beste Kontakt zwischen Luft und Gerste gegeben, die Sauerstoffversorgung des Korns besser als bei Düsenrohren, da der gesamte Weicheinhalt umgewälzt wird. Dies wird zweckmäßig während der gesamten Naßweichzeit gehandhabt.

Ein dauerndes Absaugen während der Luftrasten verhindert einerseits eine Ansammlung von CO_2 und andererseits einen Anstieg der Haufentemperatur über 20–22° C. Wie schon erwähnt, ist die eingesaugte Luft zu temperieren und zu befeuchten, um – vor allem in der Oberschicht – durch Zufuhr von ungesättigter Luft eine Verdunstung von Oberflächenwasser zu vermeiden. Dies würde die obere Schicht des Weichgutes abkühlen, während die mittleren und unteren Schichten die ursprüngliche Temperatur behalten. Es kommt damit zu unterschiedlichen Bedingungen, die eine ungleichmäßige Ankeimung zur Folge haben.

Bei kleineren Weichgefäßen kann es auch nützlich sein, zur Vermeidung dieser Erscheinung die oberste Schicht des Keimgutes kurz, d. h. nur sekundenweise zu besprühen.

Eine Kontrolle der Temperaturen im Weichraum, im Weichgut selbst (in verschiedenen Höhen) und ggf. in der den CO_2-Ventilator verlassenden Luft ist sehr bedeutsam. Dasselbe gilt auch für die Kontrolle der Feuchtigkeit bei den einzelnen Schritten des Weichprozesses. Dies geschieht am einfachsten anhand von 1 kg Gerste in einem Leinwandsäckchen, das in das Weichgut eingegraben wird. Auch Schnellfeuchtigkeitsbestimmer haben sich eingeführt (Carbidmethode oder Infrarot-Trockner).

Der Ablauf eines modernen Weichverfahrens ist wie folgt:

1. Naßweiche bei 12° C Wassertemperatur bis auf 30 % Wassergehalt; Dauer 4–6 Stunden, Intensivwäsche durch Belüften, am besten durch Umwälzen.

1. Luftrast: 14–20 Stunden, je nach Wasserempfindlichkeit der Gerste. Absaugen mit ca. 50 m³/t · h zuerst periodisch, dann dauernd; Temperatur darf nicht über 20° C ansteigen.

2. Naßweiche bei 18° C Wassertemperatur bis auf 37–38 % Wassergehalt, Dauer 1–2 Stunden, Intensivbelüftung; evtl. durch dauerndes Umwälzen.

Ausweichen maximal 1–2 Stunden; Gesamtweichzeit 22–28 Stunden.

Steht eine weitere Weiche, vorzugsweise eine Flachweiche zur Verfügung, dann ist nach der 2. Naßweiche folgende Weiterführung günstig:

2. Luftrast bei 18° C bis zum gleichmäßigen Ankeimen (Spitzen) des Gutes; CO_2-Absaugen dauernd mit 100–150 m³/t · h.

3. Naßweiche bei 18° C Wassertemperatur bis auf 41 % Wassergehalt, Dauer 1–2 Stunden.

Ausweichen maximal 1–2 Stunden, Gesamtweichzeit 36–48 (–52) Stunden.

Der Temperaturanstieg während der Luftrast macht eine entsprechende Anpassung der folgenden Naßweiche erforderlich, um einen, während der ersten 48 Stunden der Vegetationszeit schädlichen Temperaturschock zu vermeiden. Dieser stufenweise Temperaturanstieg leitet, in Verbindung mit einer Ausweichtemperatur von 18°C zu einem Keimverfahren mit fallenden Temperaturen (s. S. 51) über. Aus diesem Grunde ist es auch wichtig, daß für das nasse Ausweichen genügende Mengen Wasser von 18°C zur Verfügung stehen. Das kürzere Weichverfahren mit nur zwei Naßweichen hat den Vorteil, daß mit der zweiten Naßweiche und beim nassen Ausweichvorgang die günstige Ankeimfeuchte von ca. 38% eingestellt werden kann; auch wird nur zweimal Wasser benötigt, so daß sich der Weichwasserbedarf auf 3–3,5 m³/t verringert. Auch ist es bei ausschließlicher Ausstattung der Weichanlage mit Trichterweichen in der wärmeren Jahreszeit oftmals schwierig, die gewünschten Temperaturen während der zweiten Luftrast, d. h. in der Ankeimphase zu halten. Dieser wichtige Abschnitt ist dann im Keimapparat unter kontrollierten Bedingungen günstiger, wenn genügend Keimzeit (1 Weichtag und 6 Keimtage) zur Verfügung steht.

Das zweitägige Weichverfahren, das vorzugsweise am zweiten Tag in einer Flachweiche durchgeführt wird, bietet die Möglichkeit einer dritten Naßweiche, um das gleichmäßig spitzende Gut auf 41–42% Feuchte zu bringen. Wird während der dritten Naßweiche ausgeweicht, so ist diese – unter optimaler Luftzufuhr – so kurz zu bemessen, daß die ankeimende Gerste keinen „Wasserschock" erfährt. Dessen Überwindung kann bis zum Abtrocknen der Kornoberfläche bis zu 12 Stunden dauern. Infolge Blockierung der Sauerstoffzufuhr durch den Wasserfilm wird die weitere Keimung nebst der Bildung von wichtigen Enzymen gebremst. Hier ist das „trockene" Ausweichen günstiger, doch muß eine genügende Zeitspanne (3–4 h) zwischen der dritten Naßweiche und der letztlichen Überführung des Gutes in den Keimapparat gegeben sein.

Eine dritte Naßweiche wird bei Gersten mit härteren Mehlkörperstrukturen als günstiger angesehen, um eine bessere und gleichmäßigere Durchfeuchtung des Endosperms zu erreichen. Auch bei heiß und trocken aufgewachsenen Gersten mit geringer Wasserempfindlichkeit kann es der Fall sein, daß der rasch wachsende Keimling

dem Mehlkörper Feuchtigkeit vorenthält oder u. U. wieder entzieht.

Beim nassen Ausweichen wirkt sich der beim Pumpen entstehende Druck verstärkend auf den oben erwähnten Wasserdruck aus. Genügend bemessene Leitungsquerschnitte und die eventuelle Anordnung einer zweiten bzw. weiteren Förderpumpe z. B. bei Beschickung mehrerer Keimkastenetagen von unten, helfen diesen Nachteil zu verringern.

1.3.6.3 Andere Verfahren: auf ähnlichen Prinzipien wie die geschilderte „pneumatische Weiche" beruht das Verfahren der *Flutweiche*, bei der der Temperaturanstieg während der Luftrasten durch mehrere, z. T. sehr kurze, Naßweichen ausgeglichen wurde.

Die ebenfalls in den 60er Jahren eingeführte *Wiederweiche* sah vor, nach ca. 60–70 Stunden Weich- und Keimzeit eine nochmalige Vollweiche von 10–18 Stunden Dauer bei 18 bzw. 12° C Wassertemperatur durchzuführen. Hierdurch wurde die ursprüngliche Ankeimfeuchte von 38% beim gabelnden Gut bis auf 50–52% erhöht.

Beide Verfahren haben einen großen Beitrag zur Kenntnis der heutigen Weichtechnologie geleistet; sie werden aber infolge des hohen Wasserverbrauchs und der erhöhten Energiekosten zur Trocknung des sehr feuchten Grünmalzes nicht mehr angewendet.

Die Rieseiweiche wird im Keimapparat mit oder ohne voraufgehende Einweichschnecke oder Trommelweiche durchgeführt. Dabei wird das Wasser mittels Düsen, die am Wender angebracht sind, auf das Gut aufgetragen. Um eine gute Mischung zu erzielen, wird dabei anfangs der Vorschub des Saladinwenders (s. S. 48) verlangsamt und die Umdrehungszahl der Wenderschnecken bis auf 36 U/min gesteigert. Erst mit dem beginnenden Spitzen der Gerste wird der Vorschub beschleunigt und die Tourenzahl verringert. Es ist wichtig, daß die Intervalle der „Naßweichen" und der „Luftrasten" ähnlich wie beim pneumatischen Weichverfahren eingehalten werden, um deren physiologische Wirkung zu erzielen. Die Gleichmäßigkeit der Korndurchfeuchtung kann bei harten Gersten u. U. zu wünschen übrig lassen.

1.3.6.4 Die *Beurteilung der Weicharbeit* kann bei den heute üblichen großen Weich- und Keimanlagen nicht mehr empirisch, sondern nur mehr durch die exakte Bestimmung des Wassergehaltes und der Temperaturen in den einzelnen Stufen

(s. S. 22) erfolgen. Je nach der Gerstenbeschaffenheit kann die Wasseraufnahme unterschiedlich rasch erfolgen. Bei einer zweitägigen Weiche ist vor der Erhöhung des Wassergehaltes über 38 % hinaus das gleichmäßige Spitzen des Gutes zu überwachen. Der weitere Verfolg des Keimlingwachstums, z. B. die Gleichmäßigkeit des Gabelns läßt Rückschlüsse auf die Zweckmäßigkeit der Weicharbeit zu.

1.3.6.4 Die *Weichverluste* setzen sich zusammen aus:
1. Staub und Verunreinigung ca. 0,1 %;
2. Auslaugung der Spelzen ca. 0,8 %;
3. Atmung, je nach Intensität des Weichverfahrens, 0,5–1,5 %. Sie ist bei langen Trockenperioden stärker als bei überwiegender Naßweiche.

Die *Schwimmgerste* wird nicht als Schwandfaktor gewertet, da sie wieder verkauft wird. Ihre Menge liegt bei 0,1–1,0 %.

1.3.6.5 Der *Pflege und Reinhaltung* der Weiche ist infolge der Verschmutzung durch die von der Gerste mitgeführten Organismen besondere Aufmerksamkeit zu schenken. Der Anstrich der Weichen auf der Innenseite muß überwacht und bei Bedarf ausgebessert oder erneuert werden. Eiserne Weichen bedingen sonst die Gefahr einer Verschlechterung der Malzqualität. Je mehr Einbauten, um so schwieriger ist die Instandhaltung der Weichgefäße, obgleich moderne Hochdruckspritzen eine wesentliche Erleichterung erbringen konnten. Bei den runden Flachweichenkonstruktionen ist eine automatische Reinigungsanlage sowohl unterhalb als auch überhalb des Hordenbodens unerläßlich.

1.4 Die Keimung

1.4.1 Die Theorie der Keimung

Die Keimung ist ein physiologischer Vorgang, bei dem sich die im Keimling angelegten Organe, Wurzel- und Blattkeim, auf Kosten der im Mehlkörper aufgespeicherten Nährstoffe entwickeln.

Die Keimung verläuft nur unter bestimmten Bedingungen: genügende Feuchtigkeit, Wärme und Luft bzw. Sauerstoff. Zur Entfaltung der Lebensvorgänge benötigt das Korn nur einen Wassergehalt von 35–40 %, um jedoch in der zur Verfügung stehenden Keimzeit die gewünschten Stoffumsetzungen zu erreichen, ist ein Feuchtig-

keitsniveau von 43–48, ja 50 % notwendig. Die Zufuhr des Vegetationswassers erfolgt in der Weiche und durch nachfolgendes Spritzen. Es ist eine Hauptaufgabe einer richtigen Haufenführung, diesen Feuchtigkeitsgehalt während der gesamten Keimzeit aufrechtzuerhalten. Bei einer Verminderung dieses Wassergehaltes wird die Keimung und der Stoffwechselumsatz beeinträchtigt.

Die zur gleichmäßigen Keimung günstigsten *Temperaturen* liegen zwischen 14 und 18° C. Bei niedrigeren Temperaturen werden die Lebensvorgänge verlangsamt, bei höheren Temperaturen beschleunigt und der Atmungsverlust gesteigert.

Die bei der Keimung benötigte Energie wird durch Atmung gedeckt. Damit ist Luftsauerstoff zum Wachstum unumgänglich notwendig. Das Material für die Verbrennung sind Kohlenhydrate, vor allem Stärke, als Atmungsprodukte entstehen Wärme, Kohlendioxid und Wasserdampf. Kohlensäure hemmt die Atmung; bei Sauerstoffmangel bilden sich Stoffwechselprodukte der Gärung. So muß durch genügende Luftzufuhr für einen normalen Ablauf des Atmungsprozesses und für eine Entfernung der CO_2 gesorgt werden. Zu starkes Lüften ist zu vermeiden, da hierdurch die Atmungsverluste zu hoch werden. Es kann daher in der zweiten Hälfte der Keimung der Zutritt von Luftsauerstoff etwas beschränkt werden.

Durch wahlweise Veränderung der das Wachstum beeinflussenden Faktoren – Feuchtigkeit, Temperatur, Sauerstoff und Zeit – lassen sich die biologischen Vorgänge bei der Keimung innerhalb gewisser Grenzen steuern.

Als Folge der Keimbedingungen treten zunächst äußerlich wahrnehmbare Gestaltsveränderungen des Kornes auf. Die Wurzelscheide durchbricht das Korn, die Gerste „spitzt", dann treten Haupt- und Nebenwurzeln aus dem Korn hervor, das Gut „gabelt". Auch der Blattkeim durchbricht die Frucht- und Samenschale und wächst unter der Spelze auf die Kornspitze zu. Bei der künstlichen Keimung sollen sich beide Organe nur bis zu einem gewissen Grad entwickeln.

Neben diesen Wachstumserscheinungen treten im Mehlkörper Umsetzungen ein: durch Enzyme werden Reservestoffe abgebaut und in lösliche Form übergeführt. Sie dienen entweder der Gewinnung von Energie oder sie werden zu neuen Geweben im Blatt- und Wurzelkeim aufgebaut. Äußerlich wahrnehmbar werden diese Vorgänge durch eine zunehmende Zerreiblichkeit des Mehlkörpers.

Nach der Zuführung des Vegetationswassers werden Wuchsstoffe (Gibberellinsäure, Gibberellin A_3) ausgeschieden, die von der Stammanlage des Keimlings über ein sich ausbildendes Gefäßsystem zu den Ausläufern der Aleuronschicht, die an das Schildchen angrenzen, gelangen. Diese Wuchsstoffe, die im Gut nach dem Ausweichen noch nicht feststellbar sind, zeigen nach 24 Stunden ein Niveau von 46 µg/kg Gersten-TrS, nach 48 Std. 50 µg und nach 72 Stunden nur mehr 34 µg/kg Gerste. Im Darrmalz sind ohne Zusatz von Gibberellinsäure (in Deutschland nicht gestattet) nur 2–5 µg/kg zu finden. Die Gibberelline bewirken in der Aleuronschicht und im Schildchen die Neubildung einer Reihe von Enzymen wie z. B. der α-Amylase, der Grenzdextrinase und von Endopeptidasen. Die Endo-β-Glucanase, die Endo-Xylanase und die Phosphatase werden in ihrer Entwicklung durch Gibberelline gefördert. Daneben tritt durch den Abbau aus protoplasmatischer Bindung oder durch Freisetzen von aktivierenden Gruppen (z. B. Sulfhydrilgruppen) eine Aktivierung von Sulfhydryl-Endopeptidasen sowie Exo-Enzymen ein, wie der β-Amylase, der verschiedenen Exopeptidasen, der Exo-β-Glucanase und anderer. Die vermöge der Wirkung der verschiedenen Enzyme abgebauten niedermolekularen Substanzen werden vom Schildchen aufgenommen und dem Keimling zugeführt. Durch das erwähnte Gefäßsystem ist die Enzymbildung und -wirkung auf der Rückenseite des Korns stärker als auf der Bauchseite. Sie verläuft etwa parallel dem Aufsaugepithel.

Die wichtigsten Gruppen der hier interessierenden hydrolytischen Enzyme sind die Hemicellulasen, die proteolytischen Enzyme, die Amylasen und die Phosphatasen. Neben diesen treten die Umsetzungen anderer Stoffgruppen in den Hintergrund.

1.4.1.1 Die *Wirkung der cytolytischen Enzyme:* Die *Hemicellulasen* oder *Cytasen* umfassen dem Aufbau der Hemicellulosen zufolge eine Reihe von Enzymen, die sich wie folgt einteilen lassen:

β-Glucanasen: Endo-β-1→4-Glucanasen, Endo-β-1→3-Glucanasen, unspezifische Endo-β-Glucanase, Exo-β-Glucanasen, β-Oligosaccharasen

β-Glucan-Solubilase

Pentosanasen: Endo-Xylanasen, Exo-Xylanasen, Xylooligosaccharasen, Arabinosidasen

Während die Exo-Enzyme bereits im ruhenden Korn eine gewisse Aktivität besitzen, werden die Endo-Enzyme (Endo-β-Glucanase, Endo-Xylanase) zu Beginn der Keimung durch Wuchsstoffe in Schildchen und Aleuronschicht stimuliert. Summarisch entwickeln sich Endo-β-Glucanasen bei Vorhandensein von genügend Sauerstoff kräftig. Sie bauen das lösliche, hochmolekulare β-Glucan aus den Gummistoffen zu Glucandextrinen mittleren Molekulargewichts ab. Die Exo-β-Glucanasen erfahren einen Aktivitätsanstieg um das rund 10fache; sie spalten die β-1→4-Bindungen der Glucanketten vom nichtreduzierenden Ende her, wobei das Disaccharid Cellobiose ent-

Feuchtigkeitsniveau	%	40	43	46	
M-S-Differenz (EBC)	%	5,1	2,9	1,1	
Viscosität mPas		1,69	1,60	1,52	
Keimtemperatur °C		13	15	17	
M-S-Differenz (EBC)	%	1,6	1,4	1,0	
Viscosität mPas		1,55	1,52	1,55	
Keimzeit Tage		4	5	6	7
M-S-Differenz (EBC)	%	3,6	2,0	1,5	1,2
Viscosität mPas		1,65	1,59	1,54	1,48
CO_2-Gehalt in % nach 3 Tagen Keimzeit		0	10	20	
M-S-Differenz (EBC)		0,7	1,2	1,7	
Viscosität mPas		1,47	1,48	1,51	

steht, das ebenso wie die sich aus einer β-1→3-Bindung aufbauende Laminaribiose durch die entsprechenden Oligosaccharasen zu Glucose abgebaut wird. Das hochmolekulare, mit Protein durch eine Esterbindung verknüpfte Hemicellulosen-β-Glucan, das ein Molekulargewicht von 40×10^6 D aufweisen kann, wird von der β-Glucan-Solubilase freigesetzt und damit in lösliche Form übergeführt. Dieses Enzym, eine Carboxypeptidase ist bereits in dem ruhenden Korn vorhanden; seine Aktivität wird während der Keimung auf den 2–3fachen Wert vermehrt. Durch seine Abbauleistung wird das β-Glucan dem Angriff der oben erwähnten β-Glucanasen erst zugänglich.

Die hochmolekularen Araboxylane erfahren einen Abbau von „innen" heraus durch Endo-Xylanasen; die Arabinosidasen lösen die Arabinoseseitenketten ab und ermöglichen so die Wirkung der Exo-Xylanase. Die entstehenden Endprodukte Arabinose und Xylose werden ebenso wie die Glucose in neue Zellen aufgebaut oder sie dienen dem Energiestoffwechsel.

Die Wirkung der Glucanasen ist wesentlich stärker als die der Pentosanasen, wodurch der cytolytische Abbau während der Keimung $^4/_5$ Glucane und nur $^1/_5$ Pentosane umfaßt. Die Zellwände werden nicht vollständig „aufgelöst", sondern nur einzelne Gruppen entfernt und damit leichter durchlässig. Der Vorgang dieser Auflösung schreitet parallel dem Aufsaugeepithel langsam vom Keimling bis zur Kornspitze vor. Der „Auflösungsgrad" des Malzes wird durch folgende Methoden bestimmt: Während der Keimung empirisch durch die Zerreiblichkeit des Mehlkörpers, im fertigen Malz analytisch durch die Mürbigkeit (Schnittprobe), durch den Friabilimeterwert nach Chapon, der die mehligen, halb- und ganzglasigen Körner erfaßt, durch Färben des längsgeteilten Korns (z. B. mittels Schleifen) mit Calcofluor oder Methylenblau, wodurch Auflösung und Homogenität derselben dargestellt werden. Im Rahmen der Kongreßanalyse lassen sich die Ausbeutedifferenz zwischen der Mehl- und Schrotanalyse sowie die Viscosität der Würze erfassen. Die Auflösung kann während der Keimung im positiven Sinne beeinflußt werden durch hohe Keimgutfeuchte, Keimguttemperaturen bis zu ca. 18° C, reichlich Sauerstoff und durch entsprechend bemessene Keimzeit. Höhere Keimtemperaturen leisten u. U. einem stärkeren Gefälle der Auflösung zwischen Keimlingsende und Kornspitze Vorschub. Dies äußert sich in der etwas höheren Viscosität bei der 17°-C-Probe. Ein hoher Wassergehalt vermag andere Faktoren (wie z. B. hohe Temperatur oder längere Keimzeit) auszugleichen, wie die Übersicht auf S. 8, 35 zeigt, doch ist hierbei die Eiweißlösung zu beachten.

Keimgeschädigte Gersten z. B. mit Ausbleibern und ungleichmäßige Ankeimung vermitteln eine schlechte Mürbigkeit, einen entsprechenden Anteil an ganzglasigen Körnern und eine schlechte Homogenität der Auflösung. Sie bringen beim späteren Maischen durch die Wirkung der β-Glucan-Solubilase viel hochmolekulares β-Glucan sein, das durch die temperaturempfindlichen Endo-β-Glucanasen nicht mehr weit genug abgebaut werden kann. Hieraus resultieren Läuter- und Filtrationsstörungen (s. S. 328).

1.4.1.2 *Der Eiweißabbau* erfolgt durch eine Reihe von proteolytischen Enzymen, die grob eingeteilt werden in:

Endo-Peptidasen („Proteinasen"), die das genuine Eiweiß angreifen und zunächst hochmolekulare Abbauprodukte wie Makro- und Polypeptide, dann aber im Fortgang des Abbaus auch Oligo- und Dipeptide liefern; bei längerer Einwirkung führt der Abbau auch bis zu Aminosäuren. Es gibt eine große Zahl von Endo-Peptidasen, da diese die Peptidkette jeweils nur an bestimmten Stellen spalten, die durch die Art der Aminosäurereste definiert sind.

Exo-Peptidasen: Sie greifen den Peptidfaden von außen an und trennen einzelne Aminosäuren ab. Carboxypeptidasen bauen endständige Aminosäuren ab, die eine Carboxylgruppe besitzen, Aminopeptidasen dagegen Aminosäurereste mit Aminogruppen. Die Dipeptidasen sind dagegen auf keine dieser Gruppen spezifisch.

Eine Reihe der proteolytischen Enzyme ist bereits in ungekeimter Gerste nachweisbar. Ihre Aktivität nimmt – je nach den Keimbedingungen – auf ein Mehrfaches des Ausgangswertes zu.

Der Eiweißabbau läuft schematisch gesehen wie folgt ab:

Proteine
    Makropeptide
        Polypeptide
            Oligopeptide
                Dipeptide
                    Aminosäuren

Endopeptidasen

Exopeptidasen

lösl. N 600–700 mg/100 9 MTrS.		
hochmolekular 20%	niedermolekular 20%	mittelmolekular 60%
davon ca. 33 % koagulierbar		davon ca. 60 % formoltitrierbar ca. 35 % α-Amino-N

Dieser Abbau verläuft nun je nach Einhaltung bestimmter Mälzungsbedingungen verschieden, so daß z. B. mehr höhermolekulare Abbauprodukte oder mehr Aminosäuren entstehen können. Nachdem jede dieser Gruppen für die Beschaffenheit des späteren Bieres von Bedeutung ist, darf der Eiweißabbau weder zu knapp noch zu weitgehend sein: So sind Aminosäuren wichtig für die Ernährung der Hefe, die höhermolekularen Polypeptide dagegen für Schaumhaltigkeit und Vollmundigkeit der Biere.

Um den Eiweißabbau beurteilen zu können, wird zunächst die Menge des löslichen Stickstoffes ermittelt. In Prozenten des Gesamtstickstoffes angegeben (Kolbachzahl), umfaßt sie je nach dem Stickstoffgehalt des Malzes zwischen 30 und 50 % desselben, wobei unter der Voraussetzung eines Eiweißgehaltes von 10–10,5 % ein Eiweißlösungsgrad von 38–42 % als günstig bezeichnet wird. Die Menge des löslichen Stickstoffs, bezogen auf 100 g Malztrockensubstanz, bewegt sich normal zwischen 600 und 700 mg. Diese Menge kann durch Fällungsreaktionen oder andere Untersuchungsmethoden weiter aufgeteilt werden (s. Tabelle).

Vom Eiweißabbau wird vorzugsweise das Reserveeiweiß in den Zellen unter der Aleuronschicht betroffen; es liefert die Hauptmengen der wasserlöslichen Eiweißstoffe zur Ernährung des Keimlings. Das histologische Eiweiß erfährt bei normaler Haufenführung einen Abbau nur insoweit, als es zur optimalen Auflösung notwendig ist. Das Klebereiweiß wird praktisch nicht angegriffen und findet sich nahezu unverändert in den Trebern.

Die genuinen Eiweißstoffe werden durch die proteolytischen Enzyme mehr oder weniger stark abgebaut. Während die Albumine und Globuline zunächst eine Abnahme, gegen Ende der Keimung eine Zunahme erfahren, nehmen die Prolamine (Hordein) anfangs langsam, dann aber rasch und stetig auf ca. 40% des Ausgangswertes ab. Eine ähnliche Entwicklung zeigen die Gluteline, die jedoch am Ende der Keimung aus niedermolekularen Substanzen wieder aufgebaut werden. Im gleichen Maße wie die eigentlichen Eiweißkörper abnehmen, vermehren sich die Eiweißabbauprodukte. Der gesamtlösliche Stickstoff nimmt schon in den ersten Tagen des Keimprozesses stark zu, besonders bei höheren Anfangstemperaturen. Er erreicht normal nach 4–5 Tagen einen Höchstwert, der aber je nach den vorliegenden Keimbedingungen noch gesteigert werden kann. Auch die Menge der Aminosäuren erfährt eine stetige Zunahme. Bei längerer Keimzeit werden diese jedoch wieder zum Aufbau meist unlöslicher Proteine verbraucht, so daß in den letzten Tagen der Keimung eine Verminderung an Aminosäuren zu beobachten ist. Es stellt sich somit nach 4–6 Tagen ein gewisser Gleichgewichtszustand zwischen Abbau und Aufbau ein, der sich nur mehr in einer Verlagerung der Eiweißsubstanzen äußert. Die Lage dieses Gleichgewichts kann durch die Führung des Keimprozesses beeinflußt werden: (Siehe folgende Tabelle). Einen Überblick über die Entwicklung der α-Aminosäuren gibt eine weitere Aufstellung (siehe Tabelle S. 28). Bei hoher Eiweißlösung, gegeben durch hohe Keimgutfeuchte, niedere Temperatur und optimale Keimzeit, nehmen die höhermolekularen Fraktionen zwar absolut zu, prozentual gesehen dagegen ab. Der niedermolekulare Stickstoff erfährt stets eine Bereicherung. Dieses Verhältnis kann sich bei hohen Keimtemperaturen verschieben; auch besondere Mälzungsverfahren wie z. B. die Wiederweiche können andere Verhältniszahlen im Gefolge haben.

Von Einfluß auf die Eiweißlösung ist ferner die Beschaffenheit der Gerste, ihr Eiweißgehalt sowie die qualitative Zusammensetzung des Gersteneiweißes. Gersten mit hohem Eiweißgehalt geben meist bei gleichen Mälzungsbedingungen einen niedrigeren Eiweißlösungsgrad als eiweißärmere. Wenn auch zwischen Eiweiß- und Zellstofflösung des Kornes keine eindeutige Beziehung besteht, so muß doch der cytolytischen Auflösung ein gewisser Eiweißabbau vorausgehen, wenn die gewünschte Zerreiblichkeit des Mehlkörpers erreicht werden soll. Auch Sorte,

Feuchtigkeitsniveau	%	40	43	46	
Eiweißlösungsgrad	%	39,5	43,9	46,1	
Keimtemperatur °C		13	15	17	
Eiweißlösungsgrad	%	44,9	43,9	41,9	
Keimzeit Tage		4	5	6	7
Eiweißlösungsgrad	%	35,4	38,8	39,8	40,9
Anteil CO_2 n. 3 Tagen Keimzeit	%	0	10	20	
Eiweißlösungsgrad	%	40,9	38,0	42,8	

Herkunft, Reifegrad und Homogenität einer Gerste wirken sich auf die Gegebenheiten der Eiweißlösung aus. Durch die Keimung nimmt der Eiweißgehalt einer Gerste etwas ab, da das im Wurzelkeim befindliche Eiweiß mit diesem nach dem Darren entfernt wird. Wenn auch im Wurzelkeim rund 10 % des Gersteneiweißes lokalisiert sind, so nimmt doch infolge der gleichzeitigen Substanzverluste durch Atmung der Eiweißgehalt von der Gerste bis zum Malz nur um 0,2–0,5%-Einheiten ab.

Die globale Erfassung des Eiweißabbaus durch den löslichen Stickstoff des Malzes oder den Gehalt an α-Amino-N (FAN) sagt nichts über die Entwicklung des Anteils von einzelnen, z. B. für den Gärverlauf wichtigen Aminosäuren, Leucin, Isoleucin oder Valin aus. Untersuchungen zeigten, daß bei knapper Auflösung (durch niedrige Keimgutfeuchte) ein niedriger absoluter und relativer Gehalt an diesen Aminosäuren vorlag. Dasselbe rufen höhere Keimtemperaturen (18–21°C) hervor.

Ähnliches gilt auch für das S-Methyl-Methionin, den Vorläufer des Dimethylsulfids. Bei der Bestimmung der α-Aminosäuren wird die ebenfalls bedeutsame cyclische Aminosäure Prolin nicht erfaßt. Diese kommt in der Kongreßwürze in Mengen von 300–500 mg/l vor, in Abhängigkeit von Gerstensorte, Anbaugebiet (kontinental niedriger als maritim) und vom Ausmaß der Auflösung.

Physiologisch von großer Bedeutung sind auch die Amine, die durch enzymatische Decarboxylierung von Aminosäuren entstehen. So z. B. Histamin aus der Aminosäure Histidin, Thyramin aus Thyrosin, Tryptamin aus Tryptophan, während Hordenin durch Anlagerung zweier Methylgruppen an Thyramin gebildet wird, sowie Gramin aus Tryptamin. Die Mehrung der Amine während des Mälzens läuft in etwa dem Eiweißlösungsgrad parallel; sie wird durch hohe Keimgutfeuchte, durch eher höhere oder fallende Keimtemperaturen sowie durch eine längere Keimzeit gefördert. Hordenin und Gramin finden sich in großen Men-

Feuchtigkeitsniveau	%	39	42	45	48	
α-Amino-N mg/100 g TrS		105	112	136	175	
Keimtemperatur °C		12	15	18		
α-Amino-N mg/100 9 TrS		150	132	120		
Keimzeit Tage		4	5	6	7	8
α-Amino-N mg/100 g TrS		125	128	135	145	142
Anteil CO_2 n. 3 Tagen Keimzeit	%		0	10	20	
α-Amino-N mg/100 g TrS			134	140	159	

gen im Wurzel- bzw. im Blattkeim, aber auch im Malz. Sie spielen beide als Vorläufer der beim Darren gebildeten Nitrosamine eine Rolle (s. S. 63).

1.4.1.3 Der *Abbau der Phosphate:* Die bei der Keimung wirkenden Phosphatasen lösen Phosphorsäure und deren saure Salze (primäre Phosphate) aus esterartiger Bindung mit organischen Substanzen. Während in der Gerste nur 20 % der Phosphate in anorganischer Form vorliegen, sind es im Malz rd. 40 %. Hierdurch erhöht sich die Titrationsacidität, vor allem aber die vorgebildete Säure des Kornes. Das Pufferungsvermögen erfährt eine wesentliche Verstärkung, was für die Beibehaltung des im Korn vorliegenden pH-Spiegels von etwa 6,0 von Bedeutung ist. Nebenbei entstehen als Zwischenprodukte des Stoffwechsels noch eine Reihe von organischen Säuren, ebenfalls durch Desaminierung der Aminosäuren oder durch Oxidation schwefelhaltiger Aminosäuren.

1.4.1.4 Der *Stärkeabbau:* Die Amylasen bauen die native Stärke zu Maltose ab. Es sind zu unterscheiden:

Die α-Amylase, auch Endo-Amylase oder Dextrinogen-Amylase genannt, und

die β-Amylase, die auch die Bezeichnung Exo-Amylase oder Saccharogen-Amylase trägt.

Die β-Amylase greift das Amylose- oder Amylopectinmolekül von außen her an und baut einzelne Maltoseeinheiten ab. Die α-Amylase dagegen greift die beide Stärkearten von innen heraus an, wobei von der Amylose Bruckstücke mit ca. 6 Glucoseeinheiten (Oligodextrine), aus dem Amylopectin Dextrine mit einer oder mit mehreren Verzweigungen entstehen. An deren Seitenketten kann die β-Amylase wieder angreifen und Maltose freisetzen. Auch die α-Amylase spaltet die höhermolekularen Dextrine weiter, doch können beide Enzyme nur α-$1 \rightarrow 4$-Bindungen lösen, so daß selbst bei längerer Einwirkung unter optimalen Bedingungen nur ca. 80 % Maltose, Maltotriose und Glucose gebildet werden. Der Rest liegt in Form von Grenzdextrinen mit α-$1 \rightarrow 6$-Bindungen vor.

Die α-$1 \rightarrow 6$-Bindungen können durch die Grenzdextrinasen gelöst werden, so daß lineare Dextrine entstehen, die einem weiteren Abbau durch die Amylasen unterliegen. Maltose wird durch Maltase weiter, d. h. zu Glucose abgebaut. Der Transportzucker Saccharose erfährt durch

die Saccharase eine Spaltung zu Glucose und Fructose.

Die β-Amylase kommt schon im ruhenden Korn in einer aktiven Form vor, zum großen Teil wird sie jedoch während der Keimung erst vom latenten Zustand durch Hinzutreten von Aktivatoren, durch Abbau von Inhibitoren oder durch Freisetzung aus protoplasmatischen Bindungen in die aktive Form übergeführt.

Sie entwickelt sich am besten bei mittleren Keimgutfeuchten, sie erreicht ihr Maximum schon am 5. Keimtag und erfährt bei höheren CO_2-Gehalten in der Haufenluft eine Steigerung, höhere Keimtemperaturen haben niedrigere β-Amylasengehalte zur Folge. Bei den beiden letzteren Parametern ist eine Parallele zum Eiweißlösungsgrad gegeben.

Die α-Amylase ist in der Gerste noch nicht nachweisbar; ihre Bildung wird bei Beginn der Keimung durch Wuchsstoffe in Schildchen und Aleuronschicht induziert. Der Aufbau der α-Amylase erfolgt aus Aminosäuren.

Während der Keimung üben beide Amylasen ihre Tätigkeit nur in beschränktem Umfange aus. Die wichtigste Aufgabe der Keimung besteht in der Lösung, Aktivierung und Bildung der β- und α-Amylasen, da ohne die Wirkung letzterer beim späteren Maischen keine vollständige Verzuckerung erfolgen kann. Ihre Haupttätigkeit entfalten die beiden Amylasen erst während des Maischprozesses durch Abbau der Stärke in Zucker und Dextrine.

Während die Kontrolle der Cytolyse oder der Proteolyse meist über physikalische oder chemische Merkmale eines Malzauszugs oder der Kongreßwürze erfolgt, sind die Verzuckerungszeit der Kongreßmaische und der Endvergärungsgrad der entsprechenden Würze verschiedentlich nicht genügend aussagefähig. So werden bei Versuchen mit verschiedenen Gerstensorten, zu Beginn eines neuen Jahrgangs oder bei besonders enzymstarken Malzen die Amylasen direkt bestimmt. Ihre Gesamtwirkung erfaßt man bei der Bestimmung der „Diastatischen Kraft" (DK); die Aktivität der α-Amylase erfolgt nach den Richtlinien der EBC, während die β-Amylase aus der Differenz DK-1,2 × α-Amylase errechnet wird.

Die Entwicklung der α-Amylase ist nur bei Vorhandensein von Sauerstoff möglich; sie wird durch hohe, stufenweise gesteigerte Keimgutfeuchte, durch anfangs höhere, dann fallende Keimtemperaturen sowie durch längere Keimdauer gefördert. Sobald im Fortgang der Keimung Kohlensäure in der Haufenluft angereichert wird, flacht die Kurve der α-Amylaseentwicklung ab.

Keimgutfeuchte %		40	43	46
α-Amylase ASBC-Einh.		58	63	92
β-Amylase °WK		322	366	361
Keimtemperatur °C*		13	15	17
α-Amylase ASBC-Einh.		68	69	62
β-Amylase °WK		251	263	230
Keimzeit Tage	1	3	5	7
α-Amylase ASBC-Einh.	0	24	50	63
β-Amylase °WK	120	247	347	366
CO$_2$-Gehalt nach 3 Keimtagen %		0	10	20
α-Amylase ASBC-Einh.		74	65	62
β-Amylase °WK		316	320	331

* Werte gemessen im fertigen Darrmalz

Demgegenüber reagiert die β-Amylase als Exo-Enzym weniger stark auf positive oder negative Keimungsfaktoren; sie erreicht ihr Maximum früher als die α-Amylase.

Der ursprüngliche Gehalt der β-Amylase schwankt zwischen 60 und 150 Einheiten, er ist abhängig von den Eigenschaften (Sorte, Herkunft, Vegetationsbedingungen) der Gerste, ebenso ist die Entwicklung beider Amylasen durch die Gerste vorgegeben. Durch die Keimbedingungen läßt sich die Entwicklung der Amylasen im Grünmalz wie folgt beeinflussen (s. oben):

Beim Darren des Malzes geht ein Teil der Amylasen verloren. Die β-Amylase ist empfindlicher gegenüber hohen Temperaturen als die α-Amylase.

Die Wirkung der Amylasen äußert sich zuerst in der Nähe des Keimlings; sie schreitet entsprechend dem Wachstum parallel dem Aufsaugeepithel voran. So werden die an das Schildchen angrenzenden Stärkekörner allmählich in verschiedene Zucker umgewandelt und vom Keimling als Nahrung verbraucht. Der Verlust an Stärke ist in den ersten Keimtagen noch gering, er nimmt jedoch im Laufe der Keimung immer mehr zu und erreicht einen Wert von etwa 5 %.

1.4.1.5 Der *Lipidabbau:* Die Lipasen bauen die Esterbindungen zwischen dem Glycerin und den Fettsäuren ab. Sie kommen nach neuen Untersuchungen im ruhenden Korn noch nicht vor; ihre durch die Keimungsparameter zu beeinflussende Aktivität geht während der Keimung vom Schildchen aus und entwickelt sich in einer parallelen Frontlinie zu diesem bis zur Kornspitze. Von den durch die Hydrolyse frei werdenden Fettsäuren werden Linol- und Linolensäure von Lipoxygenasen in ihre Hydroperoxide umgesetzt. Diese Oxidoreduktasen sind bereits in der ungekeimten Gerste z. T. aktiv, sie vermehren sich bei der Keimung auf das 6–8fache und werden beim Darren zum großen Teil inaktiviert. Die entstehenden Hydroperoxide – im Falle der Linolsäure entweder 9-Linolsäurehydroperoxid oder 13-Linolsäurehydroperoxid – werden durch eine Hydroperoxid-Lyase in (E, Z)-2,6-Nonadienal übergeführt. Diese Substanz ist die Hauptkomponente des im Grünmalz feststellbaren Gurkenaromas. Daneben entstehen weitere Aromastoffe wie Hexanal, (E, E)- bzw. (E, Z)-2,4-Decadienal, die wie die ebenfalls entstehenden weiteren Alkanale, Alkenale und Alkandienale sowie Alkohole (z. B. Hexanol-1) zum Malz-, Würze- und Bieraroma, speziell auch im gealterten Bier beitragen (s. S. 324).

Als Folge des Energie- und Baustoffwechsels nimmt der Rohfettgehalt von der Gerste bis zum Malz um 20–27 % ab, die Zusammensetzung der Triglyceride verschiebt sich zu den mehrfach ungesättigten Verbindungen. Zum Aufbau der Wurzelkeime werden dort anteilig – sortenabhängig – 1,04–1,25 % Fett eingelagert. Dennoch verbleibt der Großteil des Gerstenfettes im Aleuron. Trocken aufgewachsene Gerste enthält mehr Lipide, die auch in verstärktem Umfang abgebaut werden. Derartige Gersten neigen zu hitzigem Wachstum.

1.4.1.6 *Polyphenole* sind in den Spelzen, aber auch in der Aleuronschicht und im Reserveeiweiß zu finden. Erstere können beim Weichen z. T. entfernt werden, doch sind die absoluten Veränderungen gering. Die im Mehlkörper befindlichen Polyphenole werden mit fortschreitendem Abbau anderer Stoffgruppen, z. B. der Proteine, in zunehmendem Maße gelöst, eine Entwicklung, die sich beim Maischen fortsetzt. Dabei erfahren die Anthocyanogene eine stärkere Mehrung als die Gesamtpolyphenole. Dasselbe trifft auch für die Gruppe der Tannoide (600–3000 D) zu. Alle Polyphenolfraktionen zeigen eine Parallele zur Eiweißlösung, deren Parametern sie folgen. Diese sind bekanntlich: hohe Keimgutfeuchte, mittlere oder fallende Keimtemperatur und erhöhte CO_2-Gehalte in der Haufenluft.

Die Polyphenolgehalte bzw. auch deren einzelne Fraktionen werden von den bei der Keimung aktiven Oxidasensystemen wie Katalasen, Peroxidasen und Polyphenoloxidasen stark beeinflußt. Diese Enzyme werden bei intensiver Mälzung (s. oben) vermehrt gebildet. Sie vermögen Polyphenole zu oxidieren, was sich neben der Ausbildung von Keto-Gruppen auch in einer Vergrößerung der Moleküle auswirkt.

1.4.1.7 *Sonstige Abbauvorgänge:* Neben den hydrolytischen Enzymen finden sich in der Gerste noch jene Enzyme, die am pflanzlichen Stoffwechsel beteiligt sind. Diese Fermente von unterschiedlichen Eigenschaften führen über Zwischenstufen unter aeroben Bedingungen zur Bildung der niedrigsten Abbauprodukte wie Wasser und Kohlendioxid, wobei im Gegensatz zur hydrolytischen Spaltung beträchtliche Energiemengen frei werden. Fehlt dagegen Sauerstoff, so laufen anaerobe Prozesse ab, die eine geringere Energieausbeute liefern wie z. B. die Gärung (s. S. 200).

1.4.2 Die Praxis der Keimung

Es ist Aufgabe des Mälzers, diese komplizierten Vorgänge so zu leiten, daß die Stoffänderungen in der gewünschten Weise vor sich gehen und zueinander im richtigen Zusammenhang stehen. Als Anhaltspunkte hierfür dienen dem Mälzer folgende Erscheinungen:

1. *Erscheinungen am Korn:* Anlage und Entwicklung der Wurzeln und des Blattkeimes sowie die zunehmende „Auflösung" des Mehlkörpers.

2. Die *entstehenden Verbrennungsprodukte:* Der durch Atmung entstandene Wasserdampf, die sich bildende Kohlensäure und die Erwärmung des Haufens innerhalb einer gewissen Zeit.

In der Tennenmälzerei wurde nur die Erwärmung des Haufens mittels Thermometer gemessen, alle übrigen Erscheinungen waren der Beurteilung nach dem Aussehen, dem Gefühl und der Erfahrung unterworfen. Bei modernen pneumatischen Großanlagen müssen exakte Messungen von Feuchte und Kohlendioxid erfolgen, um im Verein mit der Ermittlung der Erscheinungen am einzelnen Gerstenkorn die Keimung sachgemäß führen zu können. Das Hauptproblem beim Mälzen ist zweifellos, wie weit die künstliche Keimung getrieben werden darf und soll. Der Mälzer will keine neue Pflanze züchten, sondern nur die Umwandlungen im Korn nach Maßgabe des gewünschten Malztyps vorantreiben, wobei der Stoffverbrauch niedrig gehalten werden soll. Den Maßstab über den jeweiligen Grad der Entwicklung gibt das Wachstum von Wurzel- und Blattkeim sowie die Auflösung des Kornes.

1.4.2.1 Der *Wurzelkeim* wird seiner Länge nach beurteilt. Entspricht diese der Kornlänge, so gelten die Wurzeln als „kurz", bei 2–2½facher Kornlänge als „lang". Von großer Bedeutung ist die Gleichmäßigkeit des Wurzelwachstums, da sie Rückschlüsse auf die sachgerechte Führung des Keimprozesses, die Beschaffenheit der Gerste und auf die Gleichmäßigkeit der Auflösungserscheinungen im allgemeinen zuläßt. Die Wurzeln eines kalt und langsam geführten Tennenhaufens sind gedrungen und korkzieherartig, bei raschem Wachstum und warmer Führung erscheinen sie als dünn und fadenförmig. Derartige Keime welken leicht. Bei pneumatischen Malzen ist der Wurzelkeim weniger kräftig und meist länger als bei Tennenmalzen. Starkes Wurzelgewächs deutet auf einen vermehrten Eiweißentzug aus dem Korn hin. Die Wurzeln fallen beim Darren und Putzen ab und werden als Malzkeime verkauft. Nach den einzelnen Stadien des Wurzelkeimwachstums sollten die Verfahrensschritte beim Mälzen getroffen werden. So darf der Wassergehalt des Keimgutes erst dann über 38–40 % steigen, wenn alle keimfähigen Körner gleichmäßig spitzen, während ein durchgehendes Gabeln der Wurzeln weitere Maßnahmen erlaubt, wie etwa weitere Erhöhung des Wassergehaltes, Wiederweiche oder Temperaturabsenkung.

Die Wurzel entwickelt sich weniger bei sehr kalter Haufenführung, unter CO_2-Atmosphäre sowie bei Wiederweiche. Eine lange oder mit warmem Wasser durchgeführte Wiederweiche kann eine weitgehende Unterdrückung des Wachstums bewirken. Gefördert wird die Wurzelbildung dagegen durch warme, feuchte Führung sowie durch längeres Liegenlassen des Haufens.

Entwickelt sich der Wurzelkeim überhaupt nicht, so spricht man von Ausbleibern. Die Gerste bleibt dann Rohfrucht. Ausbleiber treten auch bei unsachgemäßer, zu starker Weiche auf.

Übermäßiges Wurzelwachstum kann bei hohem Wassergehalt, bei längerem ruhigen Liegenlassen des Haufens oder durch ungleichmäßiges Wenden entstehen. Der Haufen verfilzt, es bilden sich mehr oder weniger große Klumpen von Grünmalz („Spatzen"), die eine ungleiche Lösung und Farbebildung im Gefolge haben. Verschiedentlich werden die Wurzeln durch fehlerhafte Weichpumpen beim Ausweichen durch Abschlagen der Würzelchen des spitzenden oder gar gabelnden Gutes, oder durch unzulängliche (Saladin-)Wender während der Keimung abgerieben oder zumindest stark geschädigt. Verletzte Wurzeln wie auch die Vermälzung ausgewachsener Gerste führen zu einer übermäßigen Entwicklung des Blattkeims.

Um sich ein Bild über den Wachstumsverlauf zu verschaffen, soll der Mälzer täglich den Prozentsatz der spitzenden, gabelnden oder noch ungekeimten Körner ermitteln und in der Kontrollkarte vermerken. Dasselbe gilt für die Entwicklung des Blattkeims (Husaren).

1.4.2.2 Als *Maßstab des Blattkeims* dient ebenfalls die Kornlänge. Die Klassifizierung umfaßt 0, $^1/_4$, $^1/_2$, $^3/_4$, 1 und über 1, je nachdem, ob der Blattkeim die halbe usw. Kornlänge erreicht hat. Bei hellem Malz ist der Blattkeim etwas kürzer gewachsen als bei dunklem; er beträgt aber dennoch bei modernen Mälzungssystemen im Durchschnitt 0,7; wobei 75 % bei $^3/_4$ Kornlänge liegen sollen, bei dunklem Malz dagegen 75 % zwischen $^3/_4$ und 1. Da der Blattkeim noch im abgedarrten Malz erkenntlich ist, stellt er einen wertvollen Anhaltspunkt über die Gleichmäßigkeit des Wachstums dar. Eine Aussage über die Auflösung vermag der Blattkeim nur bei kalter und langsamer Führung des Haufens zu treffen. Neben seiner Länge interessiert vor allem die Gleichmäßigkeit seiner Entwicklung. Ungleicher Blattkeim findet sich bei schlecht sortierten, gemischten oder ungleich gewachsenen Gersten. Zu frühzeitiges Erhöhen des Feuchtigkeitsniveaus bei der Keimung und warme Haufenführung bewirken

eine starke, aber nicht gleichmäßige Entwicklung des Blattkeims. Wächst der Blattkeim über die Länge des Korns hinaus, so spricht man von „Husaren"-Bildung. Diese tritt bei hohem Wassergehalt, Kondenswasserbildung, warmer Haufenführung und zu langer Keimdauer ein. Husaren lassen einen überflüssigen Stoffverbrauch vermuten; bei dunklen Malzen ist ein gewisser Prozentsatz Husaren (5–10 %) normal, bei hellen Malzen deutet er auf eine zu weit getriebene Keimung hin. Auch der Blattkeim kann, wie der Wurzelkeim, künstlich beeinflußt werden. Beide stehen normalerweise in einem gewissen Zusammenhang. Durch häufigeres Wenden, besonders durch Spritzen wird der Blattkeim hervorgetrieben, durch CO_2-Anreicherung der Haufenluft und durch längere Wiederweiche unterdrückt. Malze aus Saladinhaufen, besonders wenn die Keimgutfeuchte in mehreren Stufen erhöht wurde, neigen stets zu stärkerer Entwicklung des Blattkeims. Die Bildung von Husaren unter sonst gleichen Bedingungen ist sortenabhängig. Generell ist jedoch bei einer Keimgutfeuchte von 50–52 % eine Husarenentwicklung kaum zu vermeiden. Bei verletzten Körnern treibt der Blattkeim seitlich aus.

Maßnahmen, die in den letzten 72 Stunden der Keimung getroffen werden, um die Auflösung des Malzes zu verbessern, sollten erst nach Beurteilung des Blattkeimwachstums erfolgen, um Husarenbildung zu vermeiden, wie z. B. Spritzen oder Temperaturerhöhung des Haufens.

1.4.2.3 Die *Auflösung des Kornes* kann anhand der fortschreitenden Zerreiblichkeit des Mehlkörpers verfolgt werden. Sie beginnt in der Nähe des Keimlings und entwickelt sich parallel dem Aufsaugeepithel zur Kornspitze zu. Dabei löst sich die Rückenseite des Kornes, an der sich der Blattkeim vorschiebt, etwas rascher als die Bauchseite. Es bestehen demnach von Natur aus Unterschiede in der Lösungsfähigkeit der einzelnen Kornpartien. Aus diesem Grunde kann auch die Auflösung des Mehlkörpers nicht beliebig beschleunigt werden. Im Falle einer Steigerung der Hemicellulasenwirkung, z. B. durch Einhalten höherer Keimtemperaturen, tritt zwar an der Kornbasis eine erhöhte Enzymwirkung ein, die Kornspitze wird jedoch nicht rascher oder besser gelöst. Es verschiebt sich lediglich der Unterschied in der Lösung zwischen Basis und Spitze noch mehr zugunsten der ersteren. Unter diesen Gegebenheiten würde sich auch keine Parallele zwischen der Entwicklung der Wachstumsorgane und der

Auflösung des Mehlkörpers ergeben. Während sich Blatt- und Wurzelkeim rasch und mächtig entwickeln, bleiben die Veränderungen im Mehlkörper zurück. Wird dagegen während der Lösungsphase die Keimung in einer Kohlensäureatmosphäre geführt oder kommt gar eine Wiederweiche zur Anwendung, so liefert die Auflösung ein günstigeres Erscheinungsbild, als dies aufgrund der Entwicklung der Wachstumsorgane zu erwarten ist.

Die Lösungsfähigkeit der Gersten ist verschieden: Eiweißarme Gersten sowie Gersten aus feuchten Erntejahren oder aus maritimen Gegenden lösen sich rascher und weitgehender als eiweißreiche, trocken aufgewachsene Partien. Großkörnige Gersten benötigen zu ihrer Lösung intensivere Keimbedingungen als kleinkörnige, wie überhaupt die Lösungsfähigkeit deutlich von der Gerstensorte abhängt.

Die Auflösung einer Gerste muß nach dem herzustellenden Malztyp beurteilt werden. Wenn auch helle Malze eine gute, gleichmäßige Auflösung haben sollen, so ist diese mit Rücksicht auf die erwünschte „helle" Farbe knapper als bei dunklen Malzen. Bei diesen wird im Interesse der Bildung von färbenden und aromatischen Substanzen eine sehr weitgehende Auflösung angestrebt. Ist ein Malz für seinen Typ nicht genügend gelöst, so spricht man von Unterlösung. Ist es zu weit gelöst, so liegt eine Überlösung vor. Unterlösung vermittelt schwere Zerreiblichkeit, geringe enzymatische Kraft und meist kurzes Gewächs. Derartige Malze verzuckern im Sudhaus langsamer, sie liefern niedrige Endvergärungsgrade, läutern schwerfällig ab und führen zu mäßigen Ausbeuten. Die Gärung kann durch einen Mangel an Aminosäuren unbefriedigend verlaufen. Überlöste Malze zeigen wohl einen völlig zerreiblichen Mehlkörper, ein hohes Enzympotential und einen sehr weitgehenden Eiweißabbau. Wenn auch im allgemeinen der Brauvorgang reibungslos verläuft, so haben doch die Biere einen leeren, harten Geschmack und eine mangelhafte Schaumhaltigkeit. Während eine Überlösung bei der Sudhausarbeit nur schwer ausgeglichen werden kann, ist es bei knapp gelösten Malzen möglich, durch Intensivierung des Maischverfahrens eine gewisse Abhilfe zu schaffen. Überlösung tritt bei zu hohen Temperaturen und zu langer Keimdauer ein, Unterlösung hat ihre Ursache in zu kalter, zu trockener oder zu kurzer Keimung. Auch ungleichmäßig keimende Gerste kann beide Erscheinungen hervorrufen, je nachdem ob die Keimung ohne Rücksicht auf nachkommende Körner erfolgte, oder ob

auch bei diesen eine normale Auflösung abgewartet wurde. Hier ist dann meist eine Abweichung zwischen Mehl-Schrot-Differenz und Viscosität gegeben, aber auch der Friabilimeterwert wird nicht befriedigen und zu viele ganzglasige Körner ausweisen.

Fehlerhaft ist eine schmierige Auflösung. Sie kann bei übermäßigem Spritzen, vor allem aber bei Sauerstoffarmut (intramolekulare Atmung) vorkommen. Derartige Körner sind im Darrmalz dunkel gefärbt und hart.

Als Maßstab für die Ermittlung der Auflösung kommen mechanische Untersuchungsmethoden wie z. B. Schnittprobe, Sinkerprobe und die Mürbigkeit nach Brabender oder Chapon in Frage. Färbemethoden (Calcofluor, Methylenblau) zeigen nicht nur die gelösten Bereiche der einzelnen Körner an, sondern sie ermöglichen auch über die Berechnung der Homogenität einen guten Einblick in die Gleichmäßigkeit des Malzes. Von den chemischen Methoden sind die Ausbeute-Differenz zwischen Mehl- und Schrotanalyse, die Viscosität der Kongreßwürze als Maßstab der cytolytischen Auflösung, der Eiweißlösungsgrad bzw. die Menge des löslichen Stickstoffes als Grad der proteolytischen Lösung gebräuchlich. Von den Verhältniszahlen nach Hartong-Kretschmer bei 20, 45, 65 und 80° C gibt vor allem die VZ 45° C eine Aussage über Lösung und Enzymkraft eines Malzes (s. S. 86).

1.4.2.4 *Der Stoffverbrauch bei der Keimung:* Das Korn deckt beim Keimen seinen Energiebedarf durch Veratmung von Stärke und Fett zu Kohlendioxid und Wasser. Die dabei freiwerdende Wärme bewirkt u. a. die Temperaturerhöhung im Keimgut.

Unter normalen Gegebenheiten werden bei einem wasserfreien Mälzungsschwand von 8 % (s. S. 83) rund 4,5% der Kornsubstanz veratmet. Diese Menge verteilt sich auf 4,2 % Stärke (Brennwert 17 300 kJ/4140 kcal/kg) und 0,3 % Fett (Brennwert 39 300 kJ/9400 kcal/kg). Somit wird bei der Keimung von einer Tonne Gerste eine Wärmemenge von 845 000 kJ/202 100 kcal frei. Daneben entstehen als weitere Produkte der Atmung 68 kg Kohlendioxid und 28 kg Wasser.

Die genannte Wärmemenge kann als Anhaltspunkt für die Auslegung der Kühlflächen in Keimapparaten dienen (s. S. 40). Im Laufe einer 8tägigen konventionellen Keimung werden pro t und Stunde folgende Wärmemengen frei (s. Tabelle):

Keimtag	1.	2.	3.	4.	5.	6.	7	8
Wärme kcal/t. u. h.	320	520	880	1310	1470	1360	1280	1280
kJ/t. u. h.	1340	2175	3680	5480	6150	5690	5350	5350

Die modernen Methoden der Haufenführung sehen bereits eine Ankeimung in der Weiche vor. Es müssen daher die im vorstehenden Beispiel am 1./2. Keimtag auftretenden Wärmemengen bereits aus der Weiche abgeführt werden (s. S. 21). Unter Zugrundelegung etwa der gleichen Schwandzahlen erbringt eine kürzere Keimzeit einen höheren Wärmeanfall, der bis zu 9600 kJ/ 2300 kcal/t und h betragen kann. Auch der Einsatz von Wuchsstoffen (s. S. 58) kann deutliche Wärmespitzen hervorrufen.

1.4.2.5 Die *Keimbedingungen*: Gewächs und Auflösung werden durch die *Keimbedingungen* gesteuert. Je nach den eingehaltenen *Keimtemperaturen* spricht man von *kalter* und *warmer* Haufenführung. Bei kalter Haufenführung läuft die Keimung ansteigend im Temperaturbereich zwischen 12 und 16° C ab. Hier ist das Wachstum sowie die Enzymbildung und -wirkung langsam, die Atmung schwach. Bei dieser Entwicklung laufen die Wachstumserscheinungen mit den Lösungsmerkmalen parallel. „Hitzige" Gersten erschweren die kalte Haufenführung; die Haufen werden leicht warm und neigen zur Austrocknung. Die Hitzigkeit hängt von Aufwuchs und Beschaffenheit der Gersten ab. So sind Gersten aus trockenem Klima, ebenso wie kleinkörnige, eiweißreiche Gersten oftmals schwerer kalt zu führen. In vielen Fällen lösen sich Gersten bei niedrigen Temperaturen nicht oder nur unvollständig. Diese schwerlöslichen Gersten brauchen namentlich in der zweiten Keimhälfte, in der sog. „Lösungsphase", höhere Temperaturen von 18–20, ja 22° C. Um jedoch ein ungleiches Wachstum und eine ungleiche Enzymwirkung zu vermeiden, muß in den ersten Keimtagen unbedingt kalt, im Temperaturbereich von 12–16°C geführt werden. Der Schwand ist bei warm geführten Malzen höher. Während helle Malze einer kalten Haufenführung bedürfen, ist bei dunklen ein Anheben der Temperaturen zum Zwecke der gewünschten starken Auflösung erforderlich.

In den letzten Jahren findet bei modernen Weich- und Keimanlagen die Methode der *Mälzung bei fallenden Temperaturen* vermehrt Anwendung. Das Gut gelangt mit einem Wassergehalt von 38 bzw. 42 % (26 oder 52 Stunden Weichzeit) und einer Temperatur von 17–18° C in den Keimapparat. Diese Temperatur wird bei stufenweiser Erhöhung der Keimgutfeuchte etwa zwei Tage beibehalten. Mit Erreichen des maximalen Wassergehaltes erfolgt eine Abkühlung auf 10–13° C. Die verhältnismäßig „warme" Ankeimphase begünstigt ein rasches Wachstum und eine kräftige Enzymbildung. Diese letztere erfährt durch das rasche Abkühlen des Haufens bei gleichzeitiger Anhebung des Wassergehaltes eine weitere Steigerung; die Lösungsvorgänge werden durch das hohe Feuchtigkeitsniveau trotz der niedrigen Temperaturen begünstigt. Die Schwandverluste sind bei diesem Verfahren geringer als bei herkömmlicher Mälzungsweise.

Die *Keimgutfeuchte* wird bei der modernen Mälzungstechnik in der Weiche nur so weit vermittelt, daß das Weichgut gleichmäßig zum Ankeimen kommt. Der hier erforderliche Wassergehalt von 38–40% reicht zur Erzielung der gewünschten Enzymbildung und Auflösung nicht aus. Hierfür ist ein Anheben auf 43–48, ja 50 % erforderlich. Dies geschieht durch die Wasseraufnahme beim „nassen" Ausweichen, durch Spritzen oder Fluten. Während es auf der Tenne keine Schwierigkeit bedeutet, die erforderliche Keimgutfeuchte beizubehalten, da der entstehende Schweiß das verdunstende Wasser ersetzt, ist bei pneumatischen Systemen stets eine Austrocknungsgefahr gegeben. Bei diesen wird zwar der Luftstrom mit Feuchtigkeit gesättigt, doch bedingt die Erwärmung der Luft im Haufen eine Abnahme der relativen Feuchte. Es wird deshalb die Austrocknung der Haufen um so stärker sein, je größer die Temperaturdifferenz zwischen Eintrittsluft und Keimgut ist. Nachdem durch die Höhe der Keimgutfeuchte die Stoffänderungen im Korn wesentlich beeinflußt werden, ist eine tägliche Ermittlung von großer Bedeutung.

Das *Verhältnis von Sauerstoff zu Kohlensäure* liegt in der Weiche und in den ersten Tagen der Keimung auf der Seite einer möglichst vollständigen Sauerstoffzufuhr, da die Endo-Enzyme nur bei Vorhandensein von genügend Sauerstoff im erforderlichen Umfange gebildet werden. CO_2 im Frühstadium der biologischen Phase ruft eine Abflachung der Lebensfunktionen des Keimlings hervor; in der Lösungsphase dagegen kann ein CO_2-Gehalt von 3–5 % ein Dämpfen allzu starken Wachstums vermitteln. Höhere CO_2-Werte führen zu enzymärmeren Malzen, die aber durch das Unterdrücken des Gewächses reicher an niedermolekularen Substanzen sind. Die *Keimdauer* war früher je nach Malztyp und in Abhängigkeit von Sorte, Jahrgang etc. sehr verschieden. Da in der Weiche schon physiologisch wichtige Vorgänge ablaufen und das Gut bei 36–48 Stunden Weichzeit schon keimt, wird heutzutage die gesamte Weich- und Keimzeit auf 6–8 Tage ausgelegt. Dabei sind ein Weichtag und 6 Keimtage die Regel, oder zwei Weichtage (davon einer in der Flachweiche) und 5 Keimtage. Wird in diesem Zeitrahmen eine stärkere Auflösung (wie z.B. beim dunklen Malz) gewünscht, so kann diese über ein höheres Feuchtigkeitsniveau erreicht werden. Bei normal gelösten Malzen wird eine Verkürzung der Weich- und Keimzeit ebenfalls durch eine Erhöhung der Keimgutfeuchte kompensiert. Wie die folgende Aufstellung zeigt, fällt bei annähernd gleicher Cytolyse die Eiweißlösung höher aus, ein Ergebnis, das von den Brauern in der Regel nicht gewünscht wird.

Dies geht aus der folgenden Aufstellung hervor:

Weich- und Keimzeit Tage	6	7
Keimgutfeuchte %	48	45
Mehl-Schrotdifferenz EBC %	1.7	1.7
Viscosität mPas	1.53	1.52
Friabilimeter/ggl. %	84/1.5	87/1.0
ELG %	42.2	39.8
VZ 45° C%	38.2	37.8

Aus dem Gesagten folgt: Eine niedrige Keimgutfeuchte, niedrige Keimtemperaturen und die Anwendung von CO_2 verlängern die „Vegetationszeit". Hohe Wassergehalte, höhere Temperaturen und reichliche Sauerstoffzufuhr verkürzen sie. Eine Kompensation der Keimzeit durch höhere Feuchte und höhere Temperaturen wird nicht allen gewünschten Entwicklungen der einzelnen Stoffgruppen gerecht.

Zu den Keimbedingungen kann noch der Einsatz von Wuchs- und Hemmstoffen gezählt werden. Die Wirkung exogener Gibberelline kann durch Abschleifen eines kleinen Teils der Hüllsubstanzen intensiver gestaltet werden. Derartige Zusätze sind in Deutschland nicht gestattet (s. S. 58).

1.5 Die verschiedenen Mälzungssysteme

1.5.1 Die Tennenmälzerei

Sie stellt die einfachste und natürlichste Mälzungsart dar. Nachdem ihre Leistungsfähigkeit

und Betriebssicherheit gegenüber pneumatischen Systemen den heutigen Ansprüchen nicht mehr genügt, ist sie mit wenigen Ausnahmen nur mehr in kleinen Betrieben, speziell in Brauerei-Mälzereien, anzutreffen.

1.5.1.1 Der *Mälzungsraum, die Tenne,* soll von schwankenden Außentemperaturen unabhängig, eine gleichmäßige Temperatur von 10–12° C aufweisen. Tennen, die sich leicht erwärmen, stellen die kalte Haufenführung in Frage; sie haben eine geringere Leistung. Zu kalte Tennen verlängern die Keimzeit, besonders bei schwer löslichen Gersten.

Alte Tennenanlagen wurden deshalb meist unterirdisch ausgeführt. Nur bei ungünstigen baulichen Gegebenheiten wie z. B. hohem Grundwasserspiegel wurden die Tennen oberirdisch, in mehreren Stockwerken übereinander erstellt. In diesen Fällen war eine entsprechende Isolierung der Wände und Decken erforderlich. Der Unterbau der Tennen darf den Wassergehalt und die Temperatur des Grünmalzes nicht beeinflussen. Der beste, natürliche Tennenuntergrund ist Lehm. Ist dieser nicht vorhanden, so ist die Isolierung der Tennen gegen den gewachsenen Boden durch Aufbau verschiedener Schichten zu gewährleisten. Diese sind von unten nach oben: 30 cm Kies oder Schotter, 30 cm Lehm (schichtweise eingestampft) und schließlich das eigentliche Tennenpflaster aus Solnhofener Platten oder Zementglattstrich. Dieser Bodenbelag muß dauerhaft sein, sowie glatt und fugenlos verlegt werden. Ein schwaches Gefälle dient dem Wasserablauf, der in ein Senkloch mit Geruchsverschluß führt. Senkgruben sind abzudichten; ihre Reinigung geschieht mechanisch, ihre Desinfektion mit chlorhaltigen Mitteln (Chlorkalk, Chlorbleichlauge).

1.5.1.2 Die *künstliche Kühlung der Tennen* geschieht wirkungsvoll und nachhaltig nur durch Kühlsysteme, die mit Sole, NH_3 oder F 22 beschickt werden. Ihre Anbringung an der Decke der Tenne soll sachgemäß erfolgen, um ein Austrocknen oder Auswachsen der Haufen zu vermeiden. Das Austrocknen geschieht durch Ausscheiden der Luftfeuchtigkeit an den Kühlrohren, das Auswachsen durch Abtauen der Kühlrohre. Sie müssen deshalb durch Ablaufrinnen aus Holz oder isoliertem Blech unterfangen werden. Bei kleinen Tennen ist auch ein Anordnen der Kühlsysteme an der Wand möglich. Es wird sich jedoch kaum eine Abnahme der Haufenfeuchte vermeiden lassen, so daß die Haufen während der Keimzeit ein- bis zweimal zu spritzen sind. Der Einbau von Kühlsystemen verlängert die Mälzungsperiode und erhöht die Leistung der Tennen erheblich. Sie sichert ein Einhalten der gewünschten Keimbedingungen. Die künstliche Erwärmung der Tennen kann mit Hilfe von Öfen oder Heizregistern bewirkt werden. Auch hier besteht die Gefahr der Austrocknung der Haufen. Normal werden die Haufen in kalten Tennen dicker gelegt.

1.5.1.3 Der *Feuchtigkeitsgehalt der Tennenluft* ist von gleicher Bedeutung wie die Temperatur des Tennenraumes. Er soll gleichmäßig bei 95 % liegen, um ein Austrocknen der Haufen zu verhindern. Die Luftfeuchte ist abhängig von der Luftmenge der Tenne und vom Luftwechsel. Die Luftmenge einer Tenne ist in erster Linie gegeben durch die Raumhöhe, die drei bis vier Meter nicht übersteigen soll. In zu hohen Tennen wird es unmöglich, die Luftfeuchtigkeit zu erhalten, da sich hier eine zu starke Luftzirkulation einstellt, die zu einem Austrocknen der Haufen führt. Zu niedere Tennen haben den Nachteil, daß die Räume dumpfig werden und einen öfteren Luftwechsel erfordern. Die Höhe der Tennen soll möglichst gleichmäßig sein. Unterzüge und Winkel erschweren eine gleichmäßige Belüftung.

Ein Luftwechsel darf auf den Tennen nicht zu häufig vorgenommen werden. Ein „Ziehen" ist zu vermeiden, weil sonst der Haufen abtrocknet. Zur Ventilation dienen Luftkanäle, die in die Umfassungsmauern des Tennenraumes gelegt sind. Die verbrauchte Luft wird vom höchsten Punkt des Tennenraumes ins Freie geführt. Die Kanäle müssen hoch genug, verschließbar und unten abgeschrägt sein, damit sie sich nicht verlegen. Ein unkontrollierter Luftzug, wie er durch Aufzugschächte sowie durch schlechtschließende Türen und Fenster hervorgerufen wird, ist fehlerhaft. Ebenso ist die Anwendung von Ventilatoren zur Lüftung von Tennen in der Regel nachteilig. Die Luftfeuchtigkeit der Tennen sollte mit Hilfe von Psychrometern oder Hygrometern kontrolliert und notiert werden.

1.5.1.4 Die *Tennenfläche* ist durch die Haufenhöhe festgelegt. 100 kg Gerste ergeben 3,2–3,6 hl Grünmalz. Nachdem im Stadium des kräftigsten Wachstums nur eine Haufenhöhe von 9–10 cm möglich ist, benötigen 100 kg Gerste eine Tennenfläche von 3,2–3,6 m². Auf 1 m² kann Grünmalz aus 30–40 kg Gerste (je nach Tennentemperatur) vermälzt werden.

1.5.1.5 *Licht* ist von der Keimung fernzuhalten. Die Zahl der Fenster soll wegen der Gefahr von Temperaturschwankungen beschränkt werden. Künstliche Beleuchtung ist deshalb erforderlich.

Die *Reinigung der Tennen* wird gewöhnlich mit Bürsten und Besen, aber auch mit Hochdruckwasser unter Anwendung einfacher Desinfektionsmittel (z. B. Kalk) durchgeführt. Bei längerem Leerstehen der Tennen ist auch die Reinigung und Desinfektion mit chlorhaltigen Mitteln zweckmäßig. Im Tennenraum muß ein Wasseranschluß zur Verfügung stehen.

1.5.1.6 Die *Führung des Tennenhaufens:* Für die *Einleitung des Keimprozesses* ist das Aufschütten der ausgeweichten Gerste von Bedeutung. Das Ausweichen geschieht immer „trocken". Von der Höhe des *Naßhaufens* ist die Geschwindigkeit des Abtrocknens und der Beginn des Ankeimens abhängig. Der Haufen wird hoch angefahren (30–40 cm), wenn schwach geweicht wurde oder wenn die Tenne kalt und zugig ist. Es soll dann entweder eine Nachweiche gegeben oder ein zu rasches Verdunsten des Wassers verhindert werden. Flaches Anfahren (Höhe 15–20 cm) dient infolge der größeren Haufenoberfläche einer rascheren Wasserverdunstung: der Haufen trocknet rascher aus. Auch in wärmeren Tennen oder beim Ausweichen eines bereits spitzenden Haufens wird das Gut flach angefahren.

Im *Trockenhaufen* treten die fühlbaren Merkmale der Keimung auf: die Wurzelbildung (so nicht bereits in der Weiche erfolgt), Temperatursteigerung und Schweißbildung. Es ist von größter Wichtigkeit, von Anfang an dafür zu sorgen, daß dieses Einsetzen der Lebenstätigkeit nicht zu rasch geschieht. Es muß die Möglichkeit erhalten bleiben, den Verlauf der Keimung sachgemäß regeln und die Enzymtätigkeit im Korninnern mit den äußeren Wachstumserscheinungen in Einklang bringen zu können. Wird der Haufen bereits am Anfang zu warm, dann wird die Lenkbarkeit der Prozesse in Frage gestellt. Das Mittel, dieses zu rasche Keimen und Wachstum zu verhindern, ist die Abkühlung des Haufens durch Vergrößern seiner Oberfläche. Diese Wahl einer beliebigen Schichthöhe des Keimgutes ist der größte Vorzug der Tennenmälzerei. Gerade das Mälzen in „dünner Schicht" erlaubt eine weitgehende Anpassung an die Eigenschaften des Gerstenjahrganges und der einzelnen Malztypen.

Der Maßstab für die Wahl der Schichthöhe ist die Temperatur des Keimgutes. Der Trockenhaufen wird so weit auseinandergezogen, daß er nicht über 12–13° C ansteigt.

Das zweite Hauptmittel zur Regelung des Wachstums und des Stoffwechsels ist das Wenden, eine Arbeit, welche Beobachtungsgabe, langjährige Übung und Gewissenhaftigkeit verlangt.

Das Wenden bezweckt eine wirksame Mischung und Umlagerung des Keimgutes zum Ausgleich der Temperatur und des Wassergehaltes, es verhindert das Ineinanderwachsen der Wurzeln (Verfilzen), kühlt den atmenden Haufen durch Verdunstung des Schweißes und führt dem Haufen Frischluft zu. Je nach einem mehr oder weniger luftigen Wenden sind die Wirkungen verschieden. Es muß rechtzeitig und in den richtigen Abständen erfolgen. Ein zu häufiges Wenden kostet Arbeitskraft, verringert die Feuchtigkeit des Keimgutes unnötig und regt die Atmung überflüssig an. Es ist zweckmäßiger, die Kühlung mehr durch entsprechendes Auseinanderziehen als durch öfteres Wenden des Haufens herbeizuführen. Während des Wendens können die Fenster oder Ventilationsöffnungen geöffnet werden, wenn die Außentemperatur nicht zu kalt ist. Nach dem Wenden werden sie geschlossen.

Während der Naßhaufen etwa 2mal täglich gewendet wird, kann dies beim Trockenhaufen schon 3mal, d. h. alle 8 Stunden notwendig werden. Dabei ist ein Geruch nach frischen Gurken wahrnehmbar. Der Haufen soll an allen Stellen der Tenne gleich hoch liegen, mit Ausnahme besonders kalter oder warmer Stellen.

Am dritten oder vierten Keimtag werden die Wachstumserscheinungen, Wurzeln und Blattkeime stärker, der „Junghaufen" tritt in das heftigste Wachstumsstadium. Auch hier dürfen die Lebensprozesse nicht zu rasch und zu weitgehend verlaufen. Der Haufen wird daher noch dünner gelegt, je nach Temperatur und Lösungsfähigkeit auf eine Höhe von 9–10 cm. Er nimmt hier seinen größten Raum ein. Die Temperaturgrenze des Junghaufens beträgt 15–16° C; sie sollte nicht überschritten werden. Gewendet wird der Junghaufen wiederum je nach seinen Wachstumserscheinungen, im allgemeinen nach rund 8 Stunden. Am 5. Tag liegt das Stadium des sogenannten „Wachshaufens" vor. Leichtlösliche Gersten können ungefähr bei der gleichen Temperatur weitergeführt werden wie der Junghaufen. Bei schwerer löslichen Gersten oder auch bei dunklem Malz wird im Sinne der warmen Haufenführung die Temperatur um etwa 1° C täglich erhöht.

Das Wenden erfolgt täglich zweimal. Bei knapper Weiche, bei heiß und trocken aufgewachsenen Gersten oder auf zugigen und trockenen Tennen läßt oft die Wachstumsenergie nach. Der Schweiß bildet sich nach dem Wenden nur mehr langsam und spärlich, die Erwärmung des Haufens ist zögernd. Auf diese Zeichen mangelnder Feuchtigkeit müssen die Lebensprozesse durch eine nachträgliche Wasserzugabe künstlich angeregt werden: der Haufen wird gespritzt. Das Wasser wird kurz vor dem Wenden in einer Menge von 1–2 l/dt mittels Gießkannenbrause oder Nebelapparat in feinverteilter Form zugeführt. Die Wassertemperatur soll dabei gleich der Haufentemperatur sein, bei sehr kalten Tennen sogar etwas wärmer. Der Zeitpunkt des Spritzens liegt je nach dem Zeitpunkt des Ankeimens, nach der echten Keimzeit etwa am 4./5. Tag. Ein späteres Spritzen sollte, wenn überhaupt, nur bei dunklen Grünmalzen getätigt werden.

Am 6. Tag läßt die Lebensenergie des Kornes nach, die Umsetzungen werden schwächer und die Temperaturerhöhung schleppender. Während die Lebensprozesse in den ersten 4–5 Tagen durch Auseinanderziehen des Haufens eine künstliche Verzögerung erfahren, müssen sie vom 6. Tag an vielfach angeregt werden. Dies geschieht durch das „Greifenlassen": Der Haufen bleibt, meist wieder in höherer Schicht, 24 Stunden und länger ohne Wenden liegen. Hierdurch wird nicht nur das Wachstum kräftiger, sondern die Wurzeln wachsen durch das seltenere Wenden ineinander, so daß der Haufen eine einzige zusammengewachsene Masse bildet. Der Schweiß wird reichlich, die Temperatur steigt etwas an. Dieses Greifenlassen dient der besseren Auflösung der Gerste; es wird besonders bei der Herstellung dunkler, gut gelöster Malze oder bei schwer löslichen Gersten angewendet. Bei diesen ist sogar ein zweimaliges Greifen angebracht: So vom 5. auf den 6. Tag durch 16–18stündiges „Anheften" und schließlich vom 6. auf den 7. Tag durch 24stündiges Liegenlassen. Leichtlösliche Gersten brauchen das Greifen nur wenig oder gar nicht. Durch Anreicherung von CO_2 im Haufen verringert sich die Atmung des Grünmalzes. Deswegen und als Folge des abgeschwächten Wachstums steigt der Gehalt der Körner an niedermolekularen Substanzen (Zucker, Aminosäuren) an. Die Temperatur des Greifhaufens liegt bei 18–22° C. Beim Wenden muß der zusammengewachsene Haufen zuerst „klar" gemacht werden, d. h. es werden mit einer Schüttelgabel die zusammengewachsenen Körner wieder getrennt. Am 8. (und folgenden)

Tag liegt der *Althaufen* vor. Schweißbildung und Wachstum hören mehr und mehr auf; das Wenden ist nur mehr selten nötig. Der gewünschte Auflösungsgrad ist erreicht. Die Keimdauer schwankte früher zwischen 7 und 8 Tagen bei hellen Malzen und zwischen 8 und 11 Tagen bei dunklen. Bei den heute leichter löslichen Gersten und der darauf abgestimmten Arbeitsweise durch Erhöhen der Keimgutfeuchte dürften nur mehr 6–7 Keimtage erforderlich werden, vor allem wenn das Gut gleichmäßig spitzend ausgeweicht wird.

Die Aufrechterhaltung der Keimung durch die verschiedenen Keimbedingungen ist bei der Tennenmälzerei – genügend kalte Tennen vorausgesetzt – im allgemeinen günstig. Die Temperatur des Haufens kann infolge der Möglichkeit einer beliebigen Oberflächenvergrößerung je nach Lösbarkeit der Gerste höher oder niedriger gewählt werden, wobei allerdings die Kapazität der Tenne beeinflußt wird. Verhältnismäßig leicht ist auch die Beibehaltung der durch das Weichen vermittelten Keimgutfeuchte von ca. 45 %. Dies ist eigentlich überraschend, da doch der dünnliegende und täglich mehrmals bewegte Haufen Wasser durch Verdunstung verlieren müßte. Auf der Tenne jedoch wird dieser Wasserverlust durch das Atmungswasser ersetzt. Der bei der Atmung gebildete Wasserdampf kondensiert nämlich an den Grenzstellen des Haufens zu „Schweiß", der sofort von den feinen Würzelchen der Gerstenkörner aufgesaugt wird. Nur dadurch erhält sich der Wassergehalt des Haufens trotz Wendens und Auseinanderziehens auf der gleichen Höhe. Die „Schweißbildung" ist auch ein praktischer und verläßlicher Maßstab für die Stärke der Atmung und des Stoffwechsels. Wenn auch die Beibehaltung des Wassergehaltes im Tennenhaufen einfach ist, so ist es doch schwer, die Feuchte des Keimgutes um mehr als 2–3 Prozent (absolut) zu erhöhen. Das Spritzen hat ein gesteigertes Wachstum und eine verstärkte Atmungstätigkeit zur Folge, weswegen dann die Haufentemperaturen nur mehr schwer zu halten sind. Nur bei dunklen Malzen spielt diese Erscheinung, speziell gegen Ende der Keimung, eine geringere Rolle.

Die bei der Atmung gebildete Kohlensäure fließt vom Tennenhaufen ab. Ihre Menge beträgt bei der dünnen Haufenschicht nicht mehr als 1–2 %. Nur in den ersten Keimtagen und beim Greifenlassen ist sie etwas höher. Aus diesem Grunde ist auch keine besondere Luftzufuhr nötig, weil ein genügender Luftaustausch stattfindet.

1.5.1.7 Die *Leistung der Tenne* hängt ab von der Größe der Tennenfläche, dem Raumbedarf des wachsenden Grünmalzes und der Dauer der Mälzungskampagne sowie von der jeweiligen Keimzeit. Wird pro Jahr 240 Tage gemälzt, so kann die Tenne bei einer 7tägigen Keimdauer rd. 34mal belegt werden. Liegen auf 1 m² Tennenfläche 0,35 dt Gerste, so würden auf einer Gesamttennenfläche von 7 Tennen à 250 m² = 1750 m² 7 Haufen à 87,5 dt = 612,5 dt Gerste liegen. Bei 34 „Umgängen" entspricht dies einer Kapazität von 20825 dt Gerste.

Die Kontrolle der Tennenhaufen erfolgt mit Thermometern, die an verschiedenen Stellen des Haufens, und zwar 2 cm oberhalb des Bodens, eingesteckt werden. Dabei ist die graphische Aufzeichnung dem gewöhnlichen Anschreiben der Temperaturen vorzuziehen.

Die Tennenmälzerei ist zwar die natürlichste Mälzungsart, sie hat aber wirtschaftliche Nachteile. Infolge ihrer Abhängigkeit von der Außentemperatur und vom Klima ist die Ausnützungsmöglichkeit gering und die Leistung der Tenne schwankend. Dieser Mangel kann durch künstliche Kühlung nur teilweise ausgeglichen werden. Der Raumbedarf ist außerordentlich hoch und beträgt für 100 kg Gerste rund 3,2 m². Dadurch werden erhebliche Aufwendungen für die Erstellung und Instandhaltung der Baulichkeiten erforderlich. Die Betriebskosten sind hoch. Da ein Haufen über die gesamte Keimzeit hinweg 12- bis 16mal bewegt werden muß, ist eine große Zahl von geschulten Arbeitern nötig. Die Leistung eines Mälzers ist vom Stadium des Haufens abhängig, sie schwankt beim Wenden vom Naßhaufen (50 dt/h) über Junghaufen (35 dt) zum Greifhaufen (25 dt einschließlich Schütteln). Der Mittelwert beträgt ca. 35 dt/h; die Tagesleistung beläuft sich einschließlich der Nebenarbeiten auf 200 dt pro Mann.

1.5.1.8 *Variationen der Tennenmälzerei:* Der Aufwand an Fläche und Arbeitskraft führte zu Vorschlägen, das Mälzen auf eine andere Art durchzuführen. Ein Weg ist, die Handarbeit einzuschränken und zu vereinfachen. Dies geschieht, indem ein Teil des Wendens durch Pflügen ersetzt wird, wodurch sich auch technologisch durchaus positive Effekte erzielen lassen. Der Haufen wird nur einmal täglich gewendet, das andere Mal gepflügt. Dabei findet wohl eine Umlagerung, Lockerung und schwache Belüftung des Gutes statt, nicht aber dessen wirksame Umschichtung wie beim Wenden. Die Gerste bleibt dabei in einer Kohlensäureatmosphäre liegen, die Atmung wird gedämpft, so daß sich geringere Schwandverluste ergeben. Zum Pflügen finden entweder pflugähnlich geschnittene Schaufeln Verwendung oder Vorrichtungen, die ein Aufreißen und Abheben des Gutes vom Tennenboden ermöglichen, wie z. B. der Englische Pflug. Auch einfache mechanische Pflüge, die mit Hilfe eines angetriebenen Propellers eine gute Wendewirkung erzielen, sind in Gebrauch. Vielfach wird die Technik des Pflügens so angewendet, daß das Wenden überhaupt entfallen kann. Zur intensiven Bearbeitung der frühzeitig über die gesamte Tennenfläche auseinandergezogenen Haufen dienen „Prismenschieber", „Fensterschieber" und „Schüttelgabeln". Außerdem gibt es Wendemaschinen, die den Wurf mit der Schaufel nachahmen. Sie werden als freilaufende Tennenwender gebaut, wo sie sich zur Bearbeitung von Jung-, Greif- und Althaufen bewährt haben. Ihre Verwendung ist in jeder Tenne möglich. Daneben sind auch Wender anzutreffen, die auf Schienen laufen und damit eine bestimmte und völlig gleichmäßige Form aller Tennen erfordern. Erstere Wender kommen meist in kleineren und älteren Betrieben vor, letztere sind nur in größeren mit besonders dazu gebauten Tennen im Einsatz. Gerade diese Art gestattet es, auch die Vorgänge des Ausweichens und Haufenziehens zu mechanisieren. Sie hat sich technisch bewährt und erspart viel Arbeitskraft. Die Leistung beträgt etwa 900dt/Mann. Dennoch vermochten sich auch diese mechanischen Keimapparate nicht durchzusetzen, da die übrigen Nachteile der Tennenmälzerei, nämlich die Abhängigkeit vom Klima und der große Platzbedarf, bleiben. Die Lösung dieser Frage erfolgte auf ganz anderem Wege, nämlich durch die pneumatische Mälzerei.

1.5.2 Die pneumatische Mälzerei

Charakteristisch für alle pneumatischen Systeme ist das Mälzen in hoher Schicht, das nur dann möglich ist, wenn das Keimgut durch einen mit Feuchtigkeit gesättigten Luftstrom gekühlt wird. Diese ständige und ausreichende Kühlung des Haufens – ohne ihm merklich Wasser zu entziehen – ist die wichtigste, aber auch schwierigste Aufgabe der pneumatischen Mälzung. Sie erfordert bei dem hochliegenden Keimgut mit einer intensiven Wachstumsenergie einen großen Luftüberschuß.

Eine weitere bedeutsame Aufgabe des Luftstromes ist die Beibehaltung der gewünschten Keimgutfeuchte. Dies ist nicht einfach, da sich die Luft im Haufen erwärmt und somit in der Lage ist, dem Keimgut Feuchtigkeit zu entziehen. Aus diesem Grund kann auch im Haufen keine Schweißbildung stattfinden. Schließlich soll der Luftstrom die Atmungskohlensäure entfernen und Frischluft zuführen. Hierzu sind nur geringe Luftmengen notwendig.

Jede pneumatische Keimanlage besteht aus den Belüftungseinrichtungen und aus dem eigentlichen Keimapparat.

1.5.2.1 Die *Belüftungseinrichtungen* sind für alle pneumatischen Systeme gleich. Ihre richtige Ausführung und Bemessung ist für die Funktion der Anlage entscheidend. Sie bestehen:
1. aus den Teilen welche zur Vorbereitung der durch das Keimgut ziehenden Luft dienen (Temperierungs- und Befeuchtungsanlage),
2. dem Kanalsystem zur Zu- und Ableitung der Luft (Frischluft-, Abluft- und Rückluftkanal) und
3. den Ventilatoren, welche die Bewegung der Luft durch den Apparat und das Keimgut hervorrufen.

1.5.2.2 Eine *eigene Reinigungsanlage* für die Außenluft ist nur mehr selten anzutreffen. Sie dient der Herausnahme des in der Frischluft enthaltenen Staubes, um ein Verschleimen der Belüftungseinrichtungen zu vermeiden. Die Luft wird entweder filtriert oder mit Hilfe fein zerstäubten Wassers in besonderen Kammern gewaschen.

1.5.2.3 Die *Temperiervorrichtungen* haben die Aufgabe, die Außenluft auf die zur Keimung erforderliche Temperatur von 10–16° C zu bringen. Die in den Haufen einströmende Luft muß stets kälter sein als das Keimgut. Zu tiefe Temperaturen sind jedoch zu vermeiden, da der Haufen abgeschreckt oder zu stark entfeuchtet würde. Im Winter muß daher die Außenluft angewärmt, im Sommer dagegen abgekühlt werden.

Das Anwärmen der Einströmluft kann gleichzeitig mit der Befeuchtung in der Weise erfolgen, daß das den Zerstäubungsdüsen zugeführte Wasser erwärmt wird. Direktes Einblasen von Dampf, der aber nicht verunreinigt sein darf, erbringt gleichzeitig eine Befeuchtung der Luft. Dampfbeheizte Radiatoren trocknen die Einströmluft; diese muß dann stärker angewärmt werden als üblich (z. B. auf 15–16° C), da durch die nachfolgende Sättigung der Luft mittels Zerstäubung von Wasser wieder eine Abkühlung eintritt. Eine weitere

Möglichkeit der Anwärmung besteht in der Verwendung von Rückluft. Es wird hierbei die aus dem Haufen austretende Luft zurückgeführt und je nach der gewünschten Temperatur mit Frischluft verschnitten. In großen Anlagen hat sich diese Art der Temperierung sehr bewährt.

Die Abkühlung der Luft wird bewirkt entweder durch Zerstäuben von kaltem Wasser oder durch ein eigenes Kühlsystem, das mit Sole, kaltem Wasser von 0,5° C oder direkt verdampfenden Kältemitteln wie Ammoniak oder Frigen beschickt wird.

Bei der Abkühlung der Luft mit Wasser ergeben sich physikalisch zwei Möglichkeiten:

a) die Abkühlung durch Verdunstung des Wassers. Sie ist nur dann gegeben, wenn die zu kühlende Luft nicht wasserdampfgesättigt ist;

b) die Kontaktkühlung, d. h. die direkte Übertragung der Wassertemperatur auf die Luft durch Berührung: Sie ist um so wirkungsvoller, je feiner das Wasser zerstäubt wird und je länger die Kontaktzeit zwischen Wasser und Luft ist. Bei hohen Außentemperaturen reicht die Wasserkühlung nicht mehr aus. Eine gewisse Verbesserung kann noch die Abkühlung des Wassers bewirken; allgemein ist jedoch heute die direkte Kühlung der Luft durch Kühlsysteme. Während Sole als Kälteträger nur mehr selten anzutreffen ist, gewinnen Glycol oder Eiswasser von 0,5–1° C durch die den direkt verdampfenden Kältemitteln gegenüber gehegten Bedenken wieder an Bedeutung. Vor allem Eiswasser könnte durch Speichern der Kälte das Auftreten von Stromspitzen vermeiden. Ammoniak wird heutzutage dem Frigen (F22 statt F12) gegenüber bevorzugt, da es Undichtigkeiten im System leicht erkennen läßt. Die Temperatur des direkt verdampfenden Kältemittels wird hierbei so hoch gewählt (bei 0° C), daß ein Vereisen der Kühler nicht eintreten kann. Das Kühlsystem muß nach der durch die Atmung des Haufens auftretenden „Wärmespitze", nach der Temperatur der benötigten Frischluft und nach der beabsichtigten Haufenführung bemessen werden. Konventionelle Mälzungsmethoden benötigen eine Kühlerleistung von ca. 6270 kJ/1500 kcal/t und Stunde; moderne Verfahren, wie z. B. die Mälzung mit gestaffelter Wassergabe und fallenden Keimtemperaturen (z. B. S. 52) haben durch die insgesamt kürzeren Behandlungszeiten eine höhere Spitze zur Folge, die um ca. 50% höher veranschlagt werden muß. Die Verdampferleistung sollte also in unseren Breiten 9600 kJ/ 2300 kcal/t u. h betragen. Manche Systeme können sogar noch höhere Werte verlangen (s. S. 56).

Das Kühlsystem kann vor oder nach dem Ventilator angeordnet werden. Es ermöglicht eine automatische Steuerung des Keimprozesses.

1.5.2.4 Die *künstliche Befeuchtung der Luft* ist unbedingt notwendig, weil immer die Gefahr einer Austrocknung des Haufens besteht, und zwar aus folgenden Gründen:

1. Jeder kräftig bewegte Luftstrom führt eine Verdunstung herbei und entwässert.
2. Der Luftstrom erwärmt sich beim Kühlen des Haufens und wird dadurch befähigt, mehr Wasser aufzunehmen. Je größer die Temperaturdifferenz zwischen Einströmluft und Haufen ist, um so stärker die Entwässerung.
3. Der Luftstrom verhindert die „Schweißbildung" im Haufen. Der durch die Atmung entstehende Wasserdampf wird sofort weggeführt.

Zum Ausgleich dieser unvermeidlichen Feuchtigkeitsverluste muß der Einströmluft Wasser in feinster Verteilung zugeführt werden. Diese künstliche Überbefeuchtung der Luft erfolgt mit Hilfe von Sprühdüsen. Diese dienen bei älteren Anlagen einer gleichzeitigen Kühlung der Luft. Hierfür sind, um den oben angesprochenen Aufgaben genügen zu können, Düsensysteme in eigenen Befeuchtungstürmen untergebracht. Bei Anlagen mit eigenen Kühlapparaten befinden sich die Sprühdüsen am Lufteintrittskanal vor dem Keimapparat. Auch Rotationszerstäuber werden zur Luftbefeuchtung vewendet. Es ist bei kurzen Wegen von der durch Düsen oder Rotationszerstäubern intensiv befeuchteten Luft darauf zu achten, daß keine Wassertröpfchen durch die Horde in das Keimgut eindringen. Es besteht die Gefahr, daß in diesem Bereich die Wurzelkeime durch die Hordenschlitze wachsen und den Luftdurchtritt blockieren. Hierdurch tritt eine partielle Erwärmung des Haufens ein. *Befeuchtungstürme* liegen unmittelbar vor der Anlage und sind in der Regel zweiteilig, damit Luft und Wassernebel in einen möglichst langen und intensiven Kontakt kommen. Sie müssen leicht betretbar und zur Reinigung der Spritzdüsen und Turmwände mit einer Steigleiter versehen sein.

Die Anfeuchtung der Luft erfolgt in diesen Türmen mit Hilfe von Spritzdüsen, bei denen das zugeführte Wasser meist durch eine enge Düsenbohrung auf einen Prallkörper auftritt und so zerstäubt wird. Der entstehende Wassernebel wird von der vorbeistreichenden Luft aufgenommen. Die Voraussetzungen zur Entstehung eines feinen Wassernebels sind die Konstruktion und Einstellung der Düse, der Wasserdruck und

schließlich die Reinhaltung der Düsen und Wege-
führungen.

Der Wasserdruck liegt gewöhnlich bei 2–3 bar
Überdruck. Bei zu geringem Druck muß eine
besondere Pumpe zur Druckerhöhung aufgestellt
werden. Die Verteilung der Düsen im Befeuchtungsturm geschieht unter bestmöglicher Ausnutzung der entstandenen Wassernebelzone. Die
Zahl der Düsen hängt ab vom Luftdurchsatz und
von Bau und Größe der Spritzräume. Der Wasserverbrauch einer Düse liegt unter normalen Druckverhältnissen bei 1–1,5 Liter/Minute.

Um diesen Wasserverbrauch herabzusetzen,
wird das Spritzwasser, das sich am Boden des
Befeuchtigungsturmes sammelt, in genügend großen Wassergruben gespeichert, durch Sedimentation gereinigt, mittels Chlorzusatz desinfiziert und
dann durch Pumpen wieder den Spritzdüsen zugeführt. Der Sauberhaltung dieser Wassergruben
kommt Bedeutung zu, da andernfalls die Befeuchtungsanlage verschleimt.

Ein anderer Weg in der Befeuchtung der Luft
wird mit dem *Rotationszerstäuber* beschritten.
Die geschlossene Befeuchtungstrommel enthält
einen Lüfter, eine Wasservernebelungsvorrich-
tung und den gekapselten, wasserdichten An-
triebsmotor. Sie liegt unmittelbar an der Lufteintrittsöffnung der jeweiligen Keimapparatur. Es
gelingt mit dem Turbozerstäuber das Wasser außerordentlich fein zu versprühen, so daß eine
Sättigung der Luft von 100 % erreicht wird. Die
Luft kühlt sich durch die entstehende Verdunstungskälte ab. Nachdem es jedoch gelingt, diese
Sättigung bereits mit sehr geringen Wassermengen zu erzielen, kann warme Luft hohen Feuchtigkeitsgehaltes nicht mehr in gewünschtem Maße
abgekühlt werden, da eben die Kontaktkühlung
der beim Spritzturm benötigten großen Wassermengen entfällt. Aus diesem Grunde kommt der
Turbozerstäuber in der warmen Jahreszeit nur in
Verbindung mit einem Kälteaggregat zum Einsatz.

Einen hohen Sättigungsgrad weist die aus dem
Keimapparat abgeführte Rückluft auf. Wird diese
durch ein Kühlsystem (Rückluftkühler) abgekühlt, so wird häufig ihre völlige Sättigung z. T.
sogar die Abscheidung von Luftfeuchtigkeit bewirkt. Es ist daher auch die Verwendung von
Rückluft als eine sehr wirkungsvolle Maßnahme
zur Erzielung einer gleichmäßig hohen Feuchte
der Einströmluft zu sehen. Eine Nachbefeuchtung
durch einen Turbozerstäuber oder auch durch
einige Reihen von Spritzdüsen wird jedoch nicht

entbehrlich, da die Kanalführung häufig eine Entfeuchtung der Luft zur Folge hat.

Sicher kann ein so hervorgerufener Wasserverlust im Haufen durch vermehrtes Spritzen oder
durch Einstellen einer ursprünglich höheren
Keimgutfeuchte (z. B. 50 % statt 47 %) ausgeglichen werden. Es kann aber hierdurch zu vermehr-
ter Husarenbildung und zu erhöhten Mälzungs-
verlusten kommen.

Der *Wasserverbrauch* über die gesamte Keimzeit (158 Stunden Befeuchtungszeit) hinweg kann
je nach den gegebenen Möglichkeiten in weiten
Grenzen schwanken. Er beträgt bei ausschließlicher Kontakt- bzw. Verdunstungskühlung im
Befeuchtungsturm rd. 30 m^3/t, bei Wasserrückge-
winnung je nach Frischwasserzusatz 2,5–5 m^3, mit
Turbozerstäubern 0,5 m^3, bei Luftkühlung mittels
Kältemaschine und geringer Nachbefeuchtung
0,1–0,5 m^3. Nun benötigt aber der Kondensator
des Kälteaggregates entsprechende Kühlwasser-
mengen, die im Falle eines Gegenstromkondensa-
tors bei 30 m^3/t, bei einem Verdunstungskonden-
sator bei 3 m^3/t und schließlich bei Luftkondensa-
toren bei 0 liegen können. Eine Kombination aus
einem am Frischlufteintritt der Darre angeordneten Luftkondensator und einem Doppelrohrverflüssiger kann zum Anwärmen des Weichwassers
Verwendung finden.

1.5.2.5 Das *Kanalsystem*, d. h. die Wegeführung
der Luft muß so ausgeführt sein, daß weder
Temperatur noch Wassergehalt der Luft verändert werden. Die Frischluft soll der Anlage stets
von außen, nicht aus dem Mälzereiraum zugeführt
werden. Der Frischluftkanal ist ausreichend zu
bemessen. Der Rückluftkanal führt die aus dem
Keimapparat strömende Luft wieder zum Ventilator zurück. Er kann für jede Einheit getrennt,
oder auch für mehrere Kasten zusammen angeordnet sein. Gerade dieser Rückluftsammelkanal
stellt eine Reserve an sauerstoffarmer, befeuchteter und warmer Luft dar, die mit Vorteil zur
Haufenführung eingesetzt werden kann. Spritz-
düsensysterne oder eigene Kühler sorgen für eine
Temperaturerniedrigung der Rückluft. Der Abluftkanal muß so bemessen sein, daß er den
Abtransport der Abluft ohne zusätzliche Widerstände ermöglicht.

Alle Luftkanäle müssen möglichst kurz und
gerade geführt werden; sie sollen einen entsprechend großen, gleichbleibenden Querschnitt mit
möglichst kleiner Oberfläche besitzen, sowie innen glatt und leicht zu reinigen sein.

Absperrvorrichtungen dürfen nur so angelegt werden, daß sie keine Verengung der Luftwege und damit Änderungen des Wassergehaltes der Luft mit sich bringen. Andererseits sollen sie im Bedarfsfalle einen völligen Abschluß gewährleisten können.

1.5.2.6 Die *Ventilatoren:* Die Fortbewegung der Luft beruht auf der Erzeugung von Druckunterschieden. Hierfür finden Druck- und Saugventilatoren Anwendung, die entweder als Gehäuse- oder Radialventilatoren wie auch als Axialventilatoren ausgeführt sein können. Technisch günstiger ist die Druckventilation, da sich hier die Luft infolge des Widerstandes durch das Keimgut gleichmäßig unter diesem verteilt. Es herrscht damit an allen Stellen unterhalb des Haufens der gleiche Überdruck. Bei Saugluft kann es dagegen sein, daß Partien des Grünmalzes infolge kürzerer Wege oder geringerer Widerstände stärker belüftet werden als andere.

Eine Messung der Druckunterschiede zwischen der oberen und der unteren Haufenschicht vermittelt einen Überblick über die Leistung des Ventilators, die Beschaffenheit des Keimapparates, die Einstellung der Luftschieber und schließlich über die Durchlässigkeit des Keimgutes z. B. vor oder nach dem Wendevorgang.

Die Luftmengen, die zur Kühlung und Lüftung des Haufens dienen, sollen dem jeweiligen Wachstumsstadium angepaßt werden. Aus diesem Grunde ist eine stufenlose Regulierung des Ventilatormotors z. B. mittels Frequenzumformung günstiger als eine Drosselung der Frischluft- oder Abluftmengen. Zu hohe Luftgeschwindigkeiten stören die Feuchtigkeitsverhältnisse des Haufens. Besonderer Wert wird auf die Gleichmäßigkeit der Belüftung des Gutes gelegt. Die Dauer der Lüftung kann eine ständige oder zeitweise sein. Erstere ist vorzuziehen, weil sie für die Ausbildung einer gleichmäßigen Temperaturkurve des Haufens günstig ist und derselbe in seinem Wachstum nicht immer gestört wird. Die Lüfterleistung wird in diesem Falle – je nach dem Stadium des Grünmalzes – auf 300–700 m³/t und h bemessen. Bei zeitweiser Belüftung ist ein höherer Luftdurchsatz erforderlich, da der Haufen jeweils in kurzer Zeit abgekühlt werden muß. Hierfür sind Lüfterleistungen von 1000–1500 m³/t und h zu installieren.

1.5.2.7 *Die automatische Steuerung der Temperaturen.* Bei künstlicher Kühlung können die Haufentemperaturen auf einfache Weise thermostatisch gesteuert werden. Die Einströmluft, gemessen unter der Horde, wird bei einem gewünschten Verhältnis Frischluft: Rückluft über den Verdampfer der Kälteanlage beeinflußt. Die Differenz zwischen Keimgut- und Einströmlufttemperatur hängt von der durchgesetzten Luftmenge ab. Es ist nun möglich, durch Einstellen einer Differenz von z. B. 2° C die Ventilatordrehzahl zu steuern. Steigt die Temperaturdifferenz zwischen Keimgut (meist im oberen Drittel des Haufens gemessen) an, so schaltet der Ventilator auf die nächst höhere Stufe, im gegenteiligen Falle auf eine niedrigere. In der kälteren Jahreszeit wird das Verhältnis Frischluft: Rückluft so gewählt, daß die Kühlanlage bei geringstmöglichem Kälteaufwand ihrer Regelfunktion noch nachkommt und auch hier auf die Automatik nicht verzichtet werden muß.

Um jedoch auch diesen Stromaufwand zu sparen, können die Frisch- und die Rückluftklappe eines jeden Keimkastens thermostatisch so gesteuert werden, daß die gewünschte Keimlufttemperatur (unter der Horde gemessen) konstant gehalten wird. Die Zusammensetzung der Einströmluft bleibt dabei unberücksichtigt. Reicht dieser Regelbereich nicht mehr aus, so wird die Kälteanlage automatisch zugeschaltet.

1.5.2.8 *Der Kraftbedarf pneumatischer Anlagen:* Er schwankt durch die Vielzahl der Belüftungs- und Kühlmöglichkeiten, durch die unterschiedliche Höhe des Keimbetts (hohe spezifische Beladung – höhere Drücke – mehr Kraftaufwand), durch die Abmessungen der Kanäle etc. in weiten Grenzen.

Der Kraftbedarf der Keimkastenventilation errechnet sich unter folgenden Bedingungen:

Ventilatorleistung 500 m³/t u. h, von 144 h Keimzeit, 136 h Belüftungszeit, davon 100 h mit kleiner und 36 h mit großer Drehzahl, Motorwirkungsgrad $\gamma = 0,85$. Bei einem Keimkasten von 80 t Gerste als Grünmalz ergeben sich Motorleistungen von 2,2 und 9 kWh, im Durchschnitt ca. 5,8 kWh/t Gerste oder 7,2 kWh/t Malz.

Der Stromverbrauch der Kälteanlage gibt folgende Daten:

Durchschnittliche Laufzeit 18 h bei 330 Arbeitstagen/Jahr; Wirkungsgrad 80 %, Durchschnittswert 35 kWh/t Gerste oder 44 kWh/t Malz. Ersparnisse sind möglich über die vorgenannten Maßnahmen. Statt eines direktverdampfenden Kältemittels kann auch Eiswasser zur Beschickung der Kühlsysteme herangezogen werden, das dann unter „Eisansatz" mit billigerem Nachtstrom zu kühlen ist (s. oben).

Hohe Kondensatortemperaturen (z. B. bei Luftkondensation im Sommerbetrieb) können zu einem erhöhten Stromverbrauch führen. Ein nachgeschalteter Doppelrohrverflüssiger vermag die Verflüssigungstemperatur abzusenken und dabei temperiertes Weichwasser zur Verfügung zu stellen.

1.5.3 Die Keimanlagen der pneumatischen Mälzerei

Die pneumatischen Mälzungsanlagen lassen sich in eine Reihe von Arten einteilen, die sich jedoch im wesentlichen auf die beiden Systeme: Trommel- und Kastenmälzerei zurückführen lassen.

1.5.3.1 Die *Trommelmälzerei*, ursprünglich in mehreren Variationen ausgeführt, ist praktisch nur mehr in Form der Gallandtrommel und der Kastenkeimtrommel vorzufinden.

Die *Gallandtrommel* stellt einen schmiedeeisernen, auf beiden Seiten mit Böden abgeschlossenen Zylinder dar, der auf vier Laufrollen ruht. In den Böden sind kreisrunde Öffnungen zur Zu- und Ableitung der Ventilationsluft angebracht. An der Eintrittsseite wird die Luft aber nicht unmittelbar in den Trommelraum geführt, sondern sie gelangt zunächst in einen vom Trommelraum abgeschiedenen Vorraum, die Luftkammer. Von dieser laufen an der Trommelwand gelochte Kanäle, durch welche die Luft in das Trommelinnere bzw. in den dort liegenden Haufen strömen kann. Zur Ableitung der Luft aus dem Haufen dient ein in der Mitte der Trommel angebrachtes, weites, perforiertes Zentralrohr, das seinerseits mit der Luftableitung in Verbindung steht. Bei der Drehung der Trommel werden all jene Lufteintrittskanäle der Trommel, die sich jeweils über dem Haufen befinden, durch einen Pendelschieber abgedeckt, um zu verhindern, daß die Einströmluft unausgenützt in das Zentralrohr abströmt. Über den Trommelumfang gleichmäßig verteilt sind ein bis zwei Reihen verschließbarer Türchen angebracht, durch die die Trommel beschickt und entleert sowie das Keimgut beobachtet werden kann.

Das Wenden des Haufens erfolgt durch die langsame Drehung der Trommel mit Hilfe eines Schneckengetriebes, das auf einen um die Trommel gelegten Zahnkranz arbeitet. Zu einer Umdrehung braucht die Trommel 25–45 Minuten.

Die geringere Geschwindigkeit dient zum Wenden des Keimgutes, die größere zum Befüllen und Entleeren der Trommel. Dabei nimmt die Oberfläche des Trommelhaufens eine Schrägstellung an, auf welcher das Keimgut langsam herabrieselt. Dadurch wird das Keimgut vollständig und sehr gleichmäßig gewendet. Die Kapazität einer Trommel der Bauart Galland betrug maximal 15 t, neuere Konstruktionen haben ein Fassungsvermögen von 25 t.

Die Belüftung der Gallandtrommel erfolgt ständig, infolge des Alters der Anlagen ist meist die zum Zeitpunkt ihrer Errichtung übliche Sammelbelüftung mit einem Saugventilator anzutreffen. Die zentrale Belüftung birgt den Nachteil in sich, daß die von ihr gelieferte Luftmenge sich nach dem jeweils kältesten Haufen zu richten hat; bei 12° C im Gut entspricht dies einer Temperatur der Einströmluft von 10° C. Bei Haufen in fortgeschrittenen Stadien werden zwar durch diese niedrige Lufttemperatur relativ geringe Luftmengen benötigt, doch ergibt sich bei Erwärmung dieser Luft von 10 auf 15 oder gar 18° C infolge Abfall der relativen Luftfeuchtigkeit ein starker Wasserverlust im Grünmalz. Es besteht die Gefahr des Austrocknens der Haufen, was durch gezieltes Spritzen vermieden werden muß. Auch die Saugventilation ist nicht ohne Nachteil. Der Unterdruck beträgt an der Lufteintrittsseite rund 5 mm Wassersäule, auf der Ausgangsseite ca. 40 mm. Die Belüftung ist nicht ganz gleichmäßig, da die Haufenhöhe infolge des kreisrunden Querschnittes der Trommel und durch die Drehung derselben verschieden ist. Auch ist die Belüftung an der Luftaustrittsseite, an welcher der Ventilator angeordnet ist, stärker als am Eingang. Der Haufen wird hier stets kälter und stärker entfeuchtet sein. Zum Ausgleich ist das Zentralrohr an der Abluftseite weniger gelocht als an der Lufteingangsseite.

Die temperierte und befeuchtete Einströmluft wird von der zentralen Konditionierungsanlage in einem gemauerten, möglichst kurzen und geraden Hauptluftkanal durch entsprechende Abzweigungen zu den einzelnen Trommeln geführt. Die hierdurch notwendig werdenden Richtungsänderungen der Luft haben wiederum eine Entwässerung derselben zur Folge.

Bei modernen oder umgebauten Trommelanlagen wird die Belüftung mit Druckluft vorgenommen. Es gestaltet sich hier bei individueller Luftkonditionierung und direkter Kühlung der Aufbau der Anlage wesentlich einfacher. Es ist jedoch notwendig, im Trommelfundament oder auf sonst geeignete Weise einen Rückluftkanal anzuordnen, da dieser bei der vorbesprochenen Sammelbelüftung meist fehlt. Der Verschnitt von Frisch- und Rückluft erfolgt mit Hilfe eines Hosenrohres vor dem Druckventilator, dem dann wiederum der Verdampfer der Kälteanlage nachgeschaltet ist. Es genügt dann auf dem sehr kurzen Weg zur Trommel die Luft mit wenigen Wasserdüsen nachzubefeuchten. Die Bemessung der Luftmenge geschieht über die Regulierung der Ventilatordrehzahl, zusätzlich jedoch durch Drosselung des Luftaustrittsschiebers.

Die Haufenführung der Gallandtrommel vermittelt die gleichen Keimbedingungen wie in der Tennenmälzerei bzw. wie in den anderen pneumatischen Anlagen. Gewisse Unterschiede sind durch die Eigenheiten der Trommel bedingt. Für die Führung des Trommelhaufens sind von Bedeutung:

Die Temperaturen der ein- und ausströmenden Luft; die Wende- bzw. Drehzeiten und die Zeiten der Ruhe. Die Einströmluft liegt bei Sammelbelüftung bei ca. $10°$ C; sie ist folglich für alle Trommeln gleich. Sie muß ohne zusätzliche Widerstände (Drosselklappen) in das Innere der Trommel gelangen können. Die Regulierung der Luftmenge wird ausschließlich mit Hilfe des Absperrorgans auf der Luftaustrittsseite vorgenommen.

Die Dreh- und Wendezeiten werden dem jeweiligen Stadium des Haufens angepaßt. Da sich aufgrund der nicht ganz optimalen Belüftungsgegebenheiten leicht Temperaturunterschiede in den verschiedenen Höhen des Keimguts einstellen können, muß gerade zur Zeit des intensivsten Wachstums häufig gewendet werden.

Bei konventioneller Führung einer Trommel mit Sammelbelüftung gestaltet sich die Arbeitsweise wie folgt:

Das Ausweichen, das naß oder (bevorzugt) trocken geschieht, erfolgt durch die erwähnten Türchen auf drei Abschnitte, um die jeweilige Teilmenge durch $1^1/_2$–2 Umdrehungen gleichmäßig zu verteilen. Früher wurden die Trommelhaufen mit dem vollen Weichgrad von 46–47 % ausgeweicht, um dem späteren Wasserverlust besser begegnen zu können. Es war dann üblich, die Trommel unter voller Belüftung mit unbefeuchteter Raumluft rotieren zu lassen, bis das Haftwasser nach ca. 4 Stunden (im Sommer) und 6–8 Stunden (im Winter) abgetrocknet war. Anschließend wurde konditionierte Luft zugeführt.

Neuerdings wird mit niedrigeren Feuchtigkeitsgehalten von 38 bis 42 % (nach 26 bzw. 52 Std. „pneumatischer" Weiche) begonnen und das Ein-

ziehen des Haftwassers ohne eigentliche Belüftung nur unter gelegentlicher Kohlensäureabsaugung (alle Stunde 10 min) abgewartet. Zur Unterstützung des Abtrocknens dreht die Trommel entweder dauernd (bei 38 % Feuchte) oder alle 3 Stunden 2 Stunden lang (bei 42 % Feuchte). Sobald die Temperatur des Haufens um ca. $2°$ C über die Ausweichtemperatur angestiegen ist, wird konditionierte Luft zur Temperierung des Haufens eingesetzt.

Diese Arbeitsweise ist organischer als die erstere Handhabung, da hierbei keine Verdunstungskälte und damit kein Abkühlen des Haufens auftritt.

Bei der früheren Art der Haufenführung ist die Drehzeit am ersten Keimtag eine Stunde, die Ruhezeit 4–6 Stunden, bei einer Ablufttemperatur von ca. $12°$ C. Der Luftschieber wird also nur wenig geöffnet. Durch die lange Ruhezeit und die dadurch bedingte Erwärmung wird – so noch nicht durch sachgerechte Weicharbeit bereits erfolgt – ein gleichmäßiges Ankeimen begünstigt.

Der zweite Keimtag erfordert ein häufigeres Drehen der Trommel, um die Wachstumsbedingungen möglichst gleichmäßig zu gestalten. Auf eine Drehzeit von einer Stunde folgt eine Ruhezeit von 3 Stunden. Die Abluft wird durch entsprechende Stellung des Luftschiebers bei 12–13° C gehalten.

Am dritten Keimtag ist die Drehzeit etwa zwei Stunden, die Ruhezeit rund drei Stunden. Die Temperatur ist je nach den Gegebenheiten der Abluft 13–14° C. In der wärmeren Jahreszeit kann es erforderlich werden, daß bereits nach einer Ruhezeit von 2 Stunden eine Stunde lang gedreht wird. Gerade im Stadium des intensivsten Wachstums muß eine stärkere Erwärmung und damit die Ausbildung ungleicher Temperaturen im Haufen bei längeren Standzeiten vermieden werden. Jede dadurch bedingte übermäßige Erwärmung wird durch eine Verfilzung des Haufens unangenehm und gefährlich. Je wärmer die Außentemperatur, um so kürzer muß die Ruhezeit veranschlagt werden. In diesem Stadium beginnt sich jedoch die große Temperaturdifferenz zwischen Abluft- und Einströmluft auf die Feuchtigkeit des Haufens auszuwirken; es ist daher zweckmäßig, nach etwa 60 Stunden Keimzeit zum ersten Mal zu spritzen. Dieses kann einfach durch einen Wasserschlauch mit Brause während einer Drehung der Trommel erfolgen, wobei das überschüssige Wasser durch die Türchen abläuft. Vielfach wird die Luftausgangsseite etwas stärker gespritzt. Bei knapper Weiche, höheren Außentemperaturen etc. kann sogar ein zweimaliges Spritzen (nach 48 u. 60 Stunden) empfehlenswert sein, um den Haufen optimal zu entwickeln.

Am vierten Keimtag beträgt die Drehzeit 1–2 Stunden auf eine Ruhezeit von 2–3 Stunden. DieAblufttemperatur liegt bei 15–16° C. Diese Führung begünstigt ein gleichmäßiges Wurzelgewächs. Um dieses frisch zu erhalten, muß bei typischen Gallandtrommeln zweimal täglich intensiv gespritzt werden, wiederum am besten beim ersten Umgang einer Wendeperiode.

Am fünften Tag ist der Höhepunkt der Lebenstätigkeit bereits überschritten; es verlängern sich allmählich wieder die Ruhezeiten, um das Wachstum der Wurzelkeime anzuregen. Aus diesem Grunde wird die Trommel 2 Stunden gedreht und bleibt 4 Stunden stehen. Die Temperatur der austretenden Luft beträgt je nach der Löslichkeit der Gerste 16–18° C. Auch an diesem Tage ist ein zweimaliges Spritzen erforderlich. Durch die intensive Vermischung des Keimgutes mit dem zugeführten Wasser sind die üblichen Nachteile starken Spritzens, selbst zu einem späten Zeitpunkt, nicht zu befürchten.

Während des sechsten Keimtages wird die Trommel abwechselnd 2 Stunden gedreht und 5–6 Stunden stehen gelassen. Die Ablufttemperatur liegt je nach Gerste bei 18–20° C. In Abhängigkeit von Feuchtigkeitsgehalt und Lösungsgrad des Keimgutes kann ein nochmaliges Spritzen erforderlich werden, da durch die große Differenz zwischen Abluft- und Einströmlufttemperatur eine starke Entfeuchtung des Haufens zu verzeichnen ist.

Am siebten Keimtag wird ein 2stündiges Wenden nur mehr alle 10–12 Stunden erforderlich. Die Ablufttemperatur beläuft sich auf 18–20°C. Diese Keimzeit reicht in der Regel bei sachgemäßer Führung aus. Um die Darre zu entlasten, wird verschiedentlich in den letzten 6–12 Stunden vor dem Haufenziehen „abgetrommelt", d. h. unter ständiger Drehung mit unbefeuchteter Raumluft geführt.

Das vorgenannte Schema wird je nach Jahrgang und Lösungsfähigkeit, vor allem aber auch nach den Gegebenheiten des Keimapparates variiert.

Kam das Gut bereits in der Weiche gleichmäßig zur Ankeimung, was z. B. nach einer pneumatischen Weiche (Ausweichgrad ca. 42 %) der Fall ist, so muß die intensive Wendearbeit früher beginnen. Sie wird in der Regel um einen Tag „vorgezogen". Das Spritzen muß zunächst auf die Erzielung der gewünschten Maximalfeuchte abgestellt sein; so erfolgt die erste Wassergabe bereits

ca. 24 Stunden nach dem Ausweichen, wenn alle Körner gleichmäßig gabeln. Eine zweite kräftige Befeuchtung wird rund 12 Stunden später nötig sein, um auf 46–48 % Wassergehalt zu steigern. Anschließend ist das Augenmerk auf die Erhaltung dieser Keimgutfeuchte zu richten.

Die Entleerung der Trommel erfolgt durch die geöffneten Schiebetüren in eine trichterförmige Gosse, die das Grünmalz einer Schüttelrinne, einem Gurtförderer oder einem Redler, seltener dem Saugstutzen einer pneumatischen Anlage zuleitet.

Das Grünmalz des Trommelhaufens ist bei sachgemäßer Führung frisch im Geruch, die Wurzeln sind infolge des geringen Abriebs gut erhalten. Während des Keimprozesses wird ständig das Gewächs des Wurzel- und Blattkeims sowie der Verlauf der Auflösung beobachtet. Die Entwicklung des Wurzelkeimes erfährt durch längere Ruheperioden, der Blattkeim dagegen durch häufigeres oder längeres Drehen, verbunden mit Spritzen eine Begünstigung. Die Auflösung wird gefördert durch längeres Stehenlassen der Trommel vom 6. Tag ab, meist zusammen mit einer etwas wärmeren Führung.

Das Arbeiten mit der Trommel ist schematischer als auf der Tenne. Sie vermittelt jedoch den großen Vorzug der stets gleichen Dimensionierung und der besseren Beherrschung der Keimbedingungen. Die Temperaturführung des Gutes kann allen Erfordernissen angepaßt werden, vorausgesetzt, daß durch entsprechende Kühler auch in der wärmeren Jahreszeit das erforderliche Niveau der Lufteintrittstemperatur gehalten werden kann. Eine Belüftungsanlage mit Druckventilator und Kühler für jede Trommel würde sogar die Führung mit fallenden Keimtemperaturen ermöglichen. Der Wassergehalt des Keimgutes kann bei Zentralbelüftung und Saugventilator durch die großen Temperaturdifferenzen zwischen Malz und Einströmluft nur schwer gehalten werden. Auch die komplizierte Wegeführung für die Luft spielt eine Rolle. Dagegen ist es durch die gründliche Wendearbeit möglich, das durch Spritzen zugefügte Wasser dem Grünmalz ohne Nachteile – selbst noch in einem späteren Keimstadium – zu vermitteln. Auch eine Art Wiederweiche kann in der Trommel durchgeführt werden, wenn man je nach den statischen Möglichkeiten die Trommel nach ca. 60–70 Stunden Keimzeit zu $^1/_4$ bis $^2/_5$ mit Wasser befüllt und durch Drehen das Gut diesem Wasserbad gleichmäßig aussetzt.

Der Haufen hat wenig Kohlensäure (etwa 1 %); nur bei längerem Stehen finden sich in den unteren Partien CO_2-Mengen bis zu 7%. Bei Einzelbelüftung (und Druckventilation) läßt sich durch Umluftverwendung in einem völlig dichten System der Kohlensäuregehalt der Haufenluft auf 10–15% steigern.

Die Reinigung und Pflege der Anlage ist Voraussetzung für ihre einwandfreie Funktion. Die Reinigung des Zentralrohres und der Seitenkanäle muß sofort nach dem Leerwerden der Trommel geschehen, um die freie Durchgangsfläche der Schlitze zu gewährleisten. Sonst sind ungleiche Temperaturen, u. U. ein Warmwerden des Haufens kaum zu vermeiden. Die Mannlochtüren des Zentralrohres müssen gut verschlossen sein. Öffnen sie sich während des Betriebs, dann gelangt Keimgut in das Zentralrohr und macht die gleichmäßige Belüftung des Haufens unmöglich. Auch die Zu- und Abluftkanäle sind zu reinigen. Namentlich der Abluftkanal wird durch mitgerissene Keime und Spelzen verunreinigt.

Beim Waschen der äußeren Trommelwand darf kein Wasser in die Ölbäder für das Schneckengetriebe laufen. Der maschinelle Teil der Trommelanlage erfordert ausreichende Wartung.

Wirtschaftlich ist die Trommel der Tenne durch Raumersparnis, Unabhängigkeit von der Witterung und durch geringen Bedarf an Arbeitskräften, leichte Beobachtung und Kontrolle überlegen. Einzelbelüftung in Verbindung mit Kühlern ermöglicht eine automatische Einstellung der Haufentemperaturen. Wasser- und Kraftverbrauch sind von der Ausführung der Anlage abhängig.

1.5.3.2 Die *Kastenkeimtrommel* ist eine Kombination aus einer Trommel und einem Saladinkasten (siehe S. 47). Der Haufen liegt im Trommelinnern auf einem horizontalen Tragblech.

Eine neuere Konstruktion hat spiralig aufgeschweißte Stahlbänder von 12–15 cm Breite, die unter dem Einfluß der Trommeldrehung von $6^1/_2$ min pro Umgang das Gut beim Ausweichen verteilen und einebnen, beim Haufenziehen zu den in der Mitte des Trommelmantels befindlichen Türchen fördern. Zum Wenden des Gutes dreht die Trommel langsamer (13–20min pro Umgang).

Die Belüftung der Kastenkeimtrommel erfolgt meist durch einen Druckventilator in der Weise, daß die Luft wie bei der Gallandtrommel zunächst in eine vordere Druckkammer an der Stirnseite des Tragbleches einströmt. Nach dem Durchdringen des Haufens wird die Luft über eine zweite, im entgegenliegenden Trommelboden befindliche Luftkammer abgeführt. Jede Kastenkeimtrommel verfügt über einen eigenen Ventilator mit Befeuchtungseinrichtung. Bei modernen Anlagen ist auch ein Kühlsystem für direkte Kältemittelverdampfung angeordnet. Das Wenden geschieht wie bei der Gallandtrommel. Es ist jedoch infolge der geringeren Temperaturunterschiede im Gut nur zweimal täglich, zur Zeit des intensivsten Wachstums 3–4mal täglich notwendig. Die Wendedauer ist eine Stunde (ca. 3 Umdrehungen); während dieser Zeit muß die Belüftung abgestellt werden. Hierbei ist ein Temperaturanstieg unvermeidlich, der vor oder nach dem Wenden wieder abgebaut werden muß. Nach dem Wenden liegt das Gut nicht horizontal; der entstehende Böschungswinkel muß durch entsprechendes Vor- und Zurückdrehen ausgeglichen werden.

Das Keimgut liegt eben, in gleichmäßig hoher Schicht, wodurch die Belüftung gleichmäßiger wird als bei der Trommel. Die Kanalführungen sind kurz und übersichtlich, die Querschnitte größer. Aus diesem Grunde und um Ersparnisse in den Investitionskosten zu erzielen, wurden die Kastenkeimtrommeln verschiedentlich als Zweihaufentrommeln gebaut.

Die vorstehend aufgeführten Gegebenheiten ermöglichen eine bessere Beibehaltung der Grünmalzfeuchte, auch ist die nachträgliche Erhöhung derselben durch Spritzen gleich gut möglich wie bei der Trommel. Nachdem der Apparat völlig abgedichtet werden kann, erlaubt er sowohl die Durchführung einer Kohlensäurerast wie auch bei dauernder Beschickung mit Rückluft die gezielte Anreicherung von CO_2 in der Haufenluft. Die Kastenkeimtrommel wird ständig, mit Ausnahme der Drehungszeiten, belüftet. Während dieser bilden sich größere Mengen an CO_2, die aber bei der folgenden Belüftung wieder rasch entfernt werden. Bei normaler Haufenhöhe von 1 m ist der Überdruck unter dem Hordenblech 50–60mm, oberhalb des Haufens etwa 20mm. Die Kastenkeimtrommel erlaubt es, sich den verschiedensten Keimbedingungen anzupassen, die Wendearbeit ist vollständig. Sie hat sowohl gegenüber der Trommel als auch gegenüber dem Keimkasten Vorteile. Infolge ihrer beschränkten Kapazität von ca. 25 t konnte sie sich nicht durchsetzen. Die Reinigung und Instandhaltung auch des mechanischen Teils ist einfacher als bei der Gallandtrommel.

1.5.3.3 Die *Kastenmälzerei* hat sich, vor allem in den letzten 25 Jahren, fast als einzige pneumatische Mälzungsart behauptet. Sie wird vielfach nach ihrem Erfinder Saladin-Mälzerei genannt.

Weitere Entwicklungen wie die Turmmälzerei oder die verschiedenen Arten des Wanderhaufens bauen auf dem Prinzip der Kastenmälzerei auf.

Entgegen der Keimtrommel ist der Keimkasten nicht geschlossen; er ist oben offen, von rechteckiger Form. Das Keimgut liegt in ebener Schicht von ca. 1,0 m Höhe auf einem Tragblech. Die Lüftung erfolgt bei alten Einheiten durch meist diskontinuierlich arbeitende Saugventilatoren, die an eine gemeinsame Befeuchtungsanlage angeschlossen sind. Bei neueren Saladinkästen verfügt jeder Haufen über einen eigenen Druckventilator mit Befeuchtungs- und Kühlaggregat. Die Belüftung ist ununterbrochen. Der Saladinhaufen ist sichtbar und leicht zu kontrollieren; er erlaubt infolge seiner gleichmäßigen Schicht eine völlig gleichmäßige Belüftung. Dafür ist jedoch der Haufen von den Eigenschaften des Kastenraumes abhängig.

Dieser muß infolgedessen den Keimbedingungen des Korns angepaßt werden, eine Aufgabe, die eine Isolierung des Raumes sowie entsprechende Abmessungen erfordert. Der Keimraum hat bei einer Kapazität des Kastens von rd. 30 t eine Höhe über dem Hordenblech von 3,70–4 m, die Decke soll glatt und ohne Unterzüge sein, um das Abströmen der Luft ohne Widerstände zu ermöglichen. Eine Isolierung der Decke schützt vor Schwitzwasser- und Schimmelbildung. Manchmal werden die Decken beheizt.

Es können mehrere Saladinkästen in einem Keimsaal angeordnet werden; Einzelaufstellung dagegen hat den Vorteil, daß bei völlig dichten Schiebern ein Anreichern von CO_2 in der Rückluft ermöglicht wird. Der eigentliche Keimapparat ist immer rechteckig. Das Verhältnis von Länge zu Breite liegt im Interesse einer gleichmäßigen Belüftung zwischen 4–8:1. Sehr lange und schmale Kästen sind unzweckmäßig, da eine gleichmäßige Belüftung in Frage gestellt ist; verschiedentlich sucht man diesen Nachteil durch Verjüngung des Raumes unter der Horde auszugleichen.

Die Seitenwände des Kastens sind je nach der Beladungshöhe desselben zwischen 1 und 1,5 m hoch, gemauert oder in Stahlbeton gefertigt. Die Innenseite muß völlig glatt und eben sein, damit möglichst wenig Keime abgerieben werden und keine Spatzenbildung eintreten kann. Aus diesem Grunde, aber auch um der leichteren Reinigung willen werden die Kastenwände vielfach mit Edelstahlblechen ausgekleidet. Auf der oberen Kante der Seitenwände ist eine Nocken- oder Zahnstange zur Fortbewegung des Wenderwagens angebracht. Die Laufschienen sollten, ebenso wie die Laufrollen des Wenders, aus nichtrostendem Stahl gefertigt sein. Die Stirnwände des Kastens werden auf der Innenseite mit halbkreisförmigen, dem Durchmesser der Wenderschnecken angepaßten Ausbuchtungen versehen, um dem Wender das Erfassen des Keimgutes auch an den Kastenenden zu ermöglichen.

Bei manchen Ausräumsystemen ist eine dieser Stirnwände aus Stahlblech gefertigt und beweglich.

Das Hordenblech liegt in einer Höhe von 0,4–2,5 m über dem eigentlichen Kastenboden. Der Abstand richtet sich nach der Größe des Kastens, ist aber auch von anderen Gesichtspunkten wie z. B. einer leichten Begehbarkeit und Reinigung der Horden von unten bestimmt. Die Traghorde aus verzinktem Stahlblech oder Edelstahl ist in aufklappbare Teilstücke von rund 1 m² Größe aufgeteilt. Sie ist durch schlitzförmige Öffnungen perforiert, die dem Blech eine freie Durchgangsfläche von rund 20 % verleihen. Die Schlitze, senkrecht zur Wenderlaufrichtung angeordnet, müssen durch gründliche Reinigung und durch die Konstruktion des Wenders freigehalten werden, sonst wächst der Haufen zusammen und wird warm. Das Tragblech muß aus diesem Grunde völlig waagerecht verlegt sein. In den Zwischenraum zwischen diesem und dem Kastenboden tritt bei allen Kastenkonstruktionen die Ventilationsluft ein. Der Kastenboden hat zur raschen Abführung des Wassers beim Ausweichen Gefälle, die in leistungsfähige, absperrbare Gullies münden.

Die Belegung des Keimkastens beträgt 300–500 kg/m². Dies entspricht einer Grünmalzhöhe von 0,7–1,25 m. Nachdem das Ausweichgut nur eine Höhe von 0,5–0,85 m erreicht, muß dieser „Steigraum" beim Planen und Entwerfen von Kästen veranschlagt werden. Diesem ist noch ein genügend großer Freiraum für den Betrieb des Wenders zuzurechnen.

Im Gegensatz zur Trommel wird im Kasten für das Keimgut ein eigener Wender notwendig. Hierzu dient gewöhnlich ein Wenderwagen, an dem je nach der Breite der Kasten 3 bis 15 korkenzieherartige, sich gegeneinander drehende Wenderschnecken angebracht sind. Durch die Drehung derselben wird das Keimgut je nach Durchmesser und Steigung der Wenderspirale hochgehoben, gelockert und zum Teil auch gewendet. Zur Erhöhung der Wenderwirkung, aber auch zur Schonung der Wurzelkeime werden die Spiralen der oberen Windungen in Form von Bandspiralen ausgeführt. Die Lockerungswirkung des Wenders äußert sich pro Durchgang je nach Keimstadium in einer Steigerung der Haufenhöhe um 10–15 %. Um die unteren Schichten nach oben zu wenden, bedarf es etwa eines viermaligen Wenderdurchlaufes.

Zum Ausgleich der Haufenoberfläche und zur Verhinderung einer Spatzenentwicklung befindet sich am Wender in Höhe der Haufenoberfläche ein sog. Ausgleicher, ein stabförmiges U-Eisen. Außerdem hat jede Wenderspirale an ihrer Unterseite einen Gummiwischer zur Freihaltung der Schlitze des Hordenbleches.

Der Vorschub des Wenderwagens erfolgt durch Zahnradgetriebe mit einer Geschwindigkeit von 0,3–0,6 m/min. Diese steht wiederum mit der Drehzahl der Wenderschnecken (8–24 U/min) in einem bestimmten Verhältnis, um einen übermäßigen Keimabrieb zu vermeiden. Eine raschere Umdrehung kann bei einem erst spitzenden Haufen angebracht sein, um das durch die Sprühdüsen aufgebrachte Wasser intensiver mit dem Keimgut zu vermischen. Das Spritzen des Haufens geschieht durch genügend dimensionierte Rohre, in die Sprühdüsen eingeschraubt sind. Die Rohre sind zu beiden Seiten des Wenderwagens angeordnet. Der Spritzstrahl zielt dabei auf den von den Wenderspiralen erfaßten Bereich, so daß ein kräftiges Mischen des zugegebenen Wassers mit dem Gut erfolgen kann. Bei einem Wenderdurchgang sollen ca. 3 % Feuchtigkeit aufgebracht werden, wobei hier Wendervorschub, Drehzahl der Spiralen und Wassertemperatur eine Rolle spielen. Der Antrieb des Wenderwagens und der Schnecken erfolgt über je einen Elektromotor, die aus Gründen der Betriebssicherheit gegeneinander verriegelt sind.

Eine andere Art des Keimkastenwenders ist der Schaufelwender, der es erlaubt, das Gut in einem Durchgang vollständig zu wenden. Wenn auch bei diesem die Lockerungswirkung geringer ist als bei Schraubenwendern, so erlaubt der wesentlich günstigere Wende- und Durchmischungseffekt ein gezieltes Erhöhen der Keimgutfeuchte durch Spritzen. Diese, den früheren Darrwendern ähnlichen Konstruktionen sind teurer als die üblichen Schneckenwender. Sie werden vielfach von einem Kasten zum anderen versetzt, eine Anordnung, die bei Schneckenwendern keine allgemeine Verbreitung fand. Während die älteren Schaufelwender aus Stabilitätsgründen nur bei geringeren Keimguthöhen einsetzbar waren, können moderne Konstruktionen durchaus 500 kg/m^2 (Gerste als Grünmalz) bearbeiten.

Das Wenden wird auf ein Mindestmaß beschränkt, um das Keimgut zu schonen. Es erfolgt in den ersten Keimtagen etwa zweimal, in den letzten Tagen einmal. Bei verschiedenen Konstruktionen ist es zweckmäßig, während des Wendens die Lüftung abzustellen, da sonst in der gewendeten Zone jeweils ein starker Luftdurchgang erfolgt. Das Ausfahren der Lüftung ist jedoch mit einem Temperaturanstieg verbunden, der entweder vor oder nach dem Wenden abgefangen werden muß.

Die Zahl der Keimkästen richtete sich früher nach der Zahl der Keimtage. Heute, bei stark gekürzten Keimzeiten oder bei darrfreien Wochenenden, wurde dieses Prinzip durchbrochen.

Das Fassungsvermögen der Kästen liegt zwischen 5 und 150 t. Keimdarrkästen wurden sogar schon für eine Kapazität von 300 t pro Einheit ausgeführt. Der Saladinkasten erlaubt die größten Ausmaße pro Einheit von allen pneumatischen Mälzungssystemen. Seine Vorteile kommen um so mehr zum Ausdruck, je größer die Kästen bzw. die Anlagen sind.

Die *Belüftung der Keimkästen* erfolgt durch einen entsprechend temperierten und befeuchteten Luftstrom. Es sind jedoch unterschiedliche Belüftungssysteme anzutreffen, je nachdem, wann die Anlagen erstellt wurden.

Alte Saladinkästen hatten für die gesamte Anlage von etwa 8 Kästen nur einen gemeinsamen Saugventilator und eine gemeinsame Temperier- und Befeuchtungseinrichtung, die gewöhnlich seitwärts vom Kasten angebracht waren. Von hier aus war ein großer gemeinsamer Luftkanal angeordnet, von dem aus die einzelnen Kästen versorgt wurden. Damit gestaltete sich die Wegeführung sehr kompliziert. Die Zuführung der Luft zu den einzelnen Kästen erfolgte jeweils nur von dessen Längsseite aus wiederum in einem eigenen Luftkanal, von dem aus die Luft durch kleine quadratische Öffnungen in den Raum zwischen Kastenboden und Tragblech einströmen konnte. Sie wurde dann schräg, also ungleichmäßig durch das Keimgut nach oben zu einem an der Decke des Kastenraumes angebrachten oberen Kanal gezogen und in diesem abgeführt. Zur Erhöhung der Gleichmäßigkeit der Belüftung und zum Ausgleich der Haufentemperatur wurde manchmal eine Umkehrung des Luftstromes vorgesehen, die schließlich in einer Kombination von Saug- und Druckventilatoren gipfelte. Die Nachteile des Systems waren die komplizierte Wegeführung, die vielen Richtungsänderungen der befeuchteten Luft, die Länge des Luftweges und die Dosierung der Luftmenge über Absperr- und Reguliervorrichtungen. Hierdurch war eine Beschickung des Haufens mit einer feuchtigkeitsgesättigten Luft unmöglich. Die Verwendung ein- und derselben Luftqualität für alle Keimstadien bedingte eine Einströmtemperatur, die sich nach dem jeweils kältesten Haufen zu richten hatte. Damit ergab sich zwischen Haufen- und Lufttemperatur vor allem im fortgeschrittenen Wachstumsstadium eine hohe Differenz, die zu einer weiteren Entfeuchtung des Haufens führte.

Die Anwendung von Saugventilatoren in der beschriebenen Anordnung ermöglichte nur eine zeitweise Belüftung des Gutes. Während der Ruheperiode stieg die Haufentemperatur im Verlauf von 4–6 Stunden auf einen bestimmten Wert an und wurde durch eine 2–3 Stunden während Belüftung mit einer Lufttemperatur von 10–12° C auf eine Temperatur des Keimgutes abgekühlt, die etwa um 3° C unter dem Wert zu Beginn der Lüftung lag. Somit ergaben sich in der zur Messung herangezogenen Oberschicht des Haufens Temperaturintervalle von 15/12° C in den ersten Keimtagen, von 17/14° C in der Zeit des intensivsten Wachstums bis auf 20/17° C gegen Ende der Keimung. Die Unterschiede in der unteren Keimgutschicht waren aber noch wesentlich höher als in der oberen. Hier wurde das Grünmalz bereits kurze Zeit nach Beginn der Lüftung auf die Temperatur der Eintrittsluft abgekühlt, während es im Laufe der Ruheperiode sogar noch einige Grade über die Temperatur der Oberschicht anstieg. Mit diesem häufigen Temperaturwechsel war ein hoher Feuchtigkeitsentzug verbunden, der nur durch Spritzen am 3., 4. und 5. Keimtag ausgeglichen werden konnte. Während der Ruhezeiten erfolgte auch eine Anreicherung von Kohlendioxid im Haufen, die je nach Länge der Ruhe Werte von 5–15 Vol.-% verzeichnete. Dabei waren die CO_2-Gehalte in der unteren Haufenschicht stets um 1–5 Vol.-% höher als in der oberen. Nachdem der Ventilationsluft nicht nur die Aufgabe zukam, den Haufen durch Abführen der Vegetationswärme auf gleichem Temperaturniveau zu halten, sondern ihn darüber hinaus um 3–5° C abzukühlen, war eine wesentlich höhere Ventilatorleistung von 1000–1500 m³/t und h erforderlich, um die Lüftungszeiten auf 2–3 Stunden zu bemessen. Auch diese starke Belüftung hatte eine weitere Entfeuchtung des Haufens zur Folge. Erst seit man gelernt hat, den Wassergehalt des keimenden Gutes zu überwachen und sachgemäß anzuheben, wurde auch mit diesen Keimanlagen ein Malz guter Qualität erzeugt. Dabei verdient Berück-

sichtigung, daß der gegenüber dauernder Belüftung wesentlich höhere CO_2-Gehalt der Haufen sowie die dauernden Temperaturschwankungen eine Keimgutfeuchte verlangen, die um 1–3 % über derjenigen anderer Systeme liegt.

Neuere Saladinkastenanlagen sind ungleich anpassungsfähiger. Jeder Kasten hat seinen eigenen Druckventilator, seine eigene Befeuchtungs- und Kühlvorrichtung. Diese sind unmittelbar vor dem jeweiligen Kasten angeordnet, wodurch kurze, völlig gerade Luftwege von der Konditionierung bis zum Abluftschieber geschaffen werden. Eine weitere Verbesserung ist der freie Eintritt der Luft von der schmalen Stirnseite des Kastens unmittelbar unter das Hordenblech. Die Luft kann auf der gesamten Kastenbreite ungehindert durch Regulierorgane einströmen.

Diese Anordnung kann jedoch bei sehr großen Kästen (200 bis 300 t) keine absolut gleichmäßige Belüftung des Gutes mehr gewährleisten. Hier, wie auch bei Einheiten von geringem Freiraum unter der Horde (s. S. 48) erfolgt die Belüftung von der Seite, abschnittsweise mit Hilfe von mehreren Ventilatoren und ihren zugehörigen Kühl- und Konditionierungseinrichtungen.

Die Luftförderung durch einen Druckventilator sichert bei gleicher Höhe des Keimgutes eine gleichmäßige Durchlüftung desselben. Die Regulierung der Luftmenge erfolgt entweder durch den Abluftschieber oder durch Klappen in den Kanälen vor dem Ventilator, also vor der Befeuchtungsanlage. Die eleganteste Regulierungsmöglichkeit ist der Weg über die Ventilatordrehzahl am besten mit Hilfe frequenzgeregelter Motoren. Diese kann in Abhängigkeit von der Temperaturdifferenz: obere Malzschicht – Einströmluft automatisch gesteuert werden. Aber auch die Luftmengenregulierung mit Hilfe des Abluftschiebers hat Vorteile, denn durch ein mehr oder weniger starkes Schließen des Abluftschiebers wird im Kasten ein Gegendruck erzeugt. Hierdurch liegt das Keimgut zwischen zwei Luftkissen, die die Austrocknung des Haufens verringern, eine hohe Gleichmäßigkeit der Temperatur bewirken und die benötigte Luftmenge etwas reduzieren.

Zur Temperaturführung des Haufens hat sich auch die *Rückluftverwendung* sehr bewährt. Wie schon oben erwähnt, setzt das Verfahren einen besonderen Rückluftkanal voraus, der bei Einzelkastenanordnung an die Decke oder unter das Podest des Kastens gelegt sein kann. Bei mehreren Kästen in einem Keimsaal wird meist ein gemeinsamer Rückluftsammelkanal angeordnet. Beim Anfahren des Kastens gilt es, diesen entweder bei der „Ausweichtemperatur" von ca. 18° C zu halten oder das durch kälteres Transportwasser abgekühlte Gut wieder anzuwärmen. Hierfür findet meist die wärmere Rückluft bzw. eine temperaturbedingte Mischung mit Frischluft Anwendung. Bei den heute relativ großen Luftvolumen im Keimkastenraum tritt hierbei kaum eine Anreicherung von CO_2 ein. Bei automatischem Frisch- und Rückluftverschnitt (s. S. 42) ist die Temperatur die Regelgröße, ganz gleich ob die Kasten einzeln oder im Keimsaal angeordnet sind. Bei Einzelkasten kann, wenn ohnedies ein Kühlmaschineneinsatz erforderlich ist, während der letzten Keimtage vermehrt mit Rückluft gearbeitet werden, um die Atmung etwas einzuschränken. Außerdem ist die Rückluft bei Sommerbetrieb ohnedies kühler als die Außenluft, wie sie auch durch die Abkühlung eine volle Sättigung mit Feuchtigkeit erfährt.

Im Gegensatz zum alten Saladinkasten wird bei den neueren Ausführungen dauernd belüftet. Die Ventilatorleistung ist hier geringer, sie beläuft sich je nach Keimstadium auf 250–700 m³/t und h. Die Folge der ständigen Lüftung ist eine hohe Gleichmäßigkeit der Lufttemperaturen im Haufen, die jedoch in der untersten Schicht niedriger liegen als in der obersten. Unten tritt die kältere Luft ein; sie erwärmt sich im Haufen und strömt oben ab. Die Unterschiede sind jedoch gering und betragen bei sachgemäßer Auslegung der Belüftungsanlage nicht mehr als 2° C. Ist die Differenz größer als 2° C, so ist die Ventilatorleistung zu knapp, ist sie kleiner, so sind die geförderten Luftmengen zu groß. Durch drehzahlregulierte Ventilatoren kann die optimale Differenz von z. B. 2° C leicht gesteuert werden.

Die *Haufenführung* bei der klassischen Mälzung ist folgende: Das Weichgut wird naß mittels einer Zentrifugalpumpe ausgeweicht. Es hat in der Regel eine Temperatur von 11–12° C. Ein mehrmaliger Wenderlauf ebnet die Gerste ein. Am günstigsten ist es, den Haufen zunächst ohne Belüftung liegen zu lassen, um so das Abtropfen des überschüssigen Wassers und die Aufnahme des Haftwassers zu gewährleisten. Erst wenn die Haufentemperatur von selbst auf 13–14° C ansteigt, was ein Zeichen für das Abtrocknen des Gutes ist, wird die Belüftung gleich mit vollständiger Befeuchtung eingefahren. Bei längeren Ruhezeiten kann es zweckmäßig sein, alle 1–2 Stunden kurzzeitig (10–15 Min.) zu belüften, um die entstehende CO_2 zu entfernen. In der Regel dauert der Einzug des Haftwassers bei einem Ausweichgrad von 43 % je nach der Wasserempfindlichkeit

der Gerste 16–24 Stunden. Hierbei erhöht sich die Feuchte des Gutes um etwa 2 %. Die frühere Handhabung, mit unbefeuchteter temperierter Luft „abzutrocknen", führte zu einer Abkühlung des Haufens infolge der auftretenden Wasserverdunstung, eine Erscheinung, die eine verzögerte Ankeimung im Gefolge hatte.

Die Haufentemperatur wird in den ersten 3–4 Keimtagen von 13–14° C auf 15–16° C gesteigert, wobei die Temperatur in der unteren Schicht um 1,5–2° C niedriger liegt als oben. Um ein gleichmäßiges Gewächs zu fördern, ist am 3./4. Keimtag ein dreimaliges Wenden empfehlenswert. Leicht lösliche Gersten werden mit einer Temperatur von 16–17° C bis zum Haufenziehen geführt; bei schwer löslichen Gersten dagegen werden im Laufe einer 7tägigen Keimung 19–20° C angestrebt. Hierfür muß die Einströmluft entsprechend vorgewärmt und mit den höher werdenden Keimtemperaturen in Einklang gebracht werden. Es ist daher erforderlich, die Einströmluft je nach dem Keimtag, dem Fortschreiten des Gewächses und der Auflösung, täglich durch Variation des Gemisches aus Frisch- und Rückluft neu einzustellen. Das Wendeintervall wird in den späteren Keimstadien bei ausreichender Lüfterleistung von 12 über 16 auf 24 Stunden ausgedehnt. Beim Durchgang des Wenders steigt, auch bei ständiger Lüftung, die Temperatur des Keimgutes um 1–2° C an. Diese Erscheinung ist zum kleineren Teil auf die Auflösung von Wärmeinseln infolge ungleicher Belüftung zurückzuführen; hauptsächlich aber bewirkt der erhöhte Luftdurchtritt in der jeweiligen Wendezone eine verstärkte Atmung und Wärmeentwicklung des Haufens.

Die Erwärmung der Luft im Haufen, selbst wenn diese nur 2° C beträgt, führt im Verein mit der Bewegung des Luftstromes zu einer Entfeuchtung des Keimgutes, die nach etwa 4 Keimtagen ein Spritzen erforderlich macht. Hierfür, aber auch um einer gezielten Erhöhung der Keimgutfeuchte willen, sind die Wenderwagen an beiden Seiten mit einem Spritzdüsensystem ausgestattet, das vor bzw. beim Wenden eine Befeuchtung gewährleistet. Auch fest verlegte Spritzsysteme über dem Keimbett sind anzutreffen, die jedoch infolge der fehlenden „Mischwirkung" des Wenders ihren Zweck nur unvollkommen erfüllen. Im allgemeinen kann bei normalem Grünmalzgewächs mit einem Wenderdurchgang eine Erhöhung des Feuchtigkeitsgehaltes um ca. 2 % erreicht werden. Die Abnahme der Keimgutfeuchte beträgt etwa 0,5–0,7 % pro Tag, wenn keine größeren

Keimtage	1	2	3	4	5	6	7
Temperatur °C							
Keimgut oben	12	13,5	14	15	16	17	18
Keimgut unten	12	12	12	13	14	15	16,5
Einströmluft	–	11,5	11,5	12,5	13,5	14,5	16
Frischluft %	25	75	75	60	50	40	30
Rückluft %	75	25	25	40	50	60	70
Grünmalzfeuchte %	42,5	45,0	44,5	44,0/46,0	46,0	45,5	45,0
Ventilatorleistung							
m³/t und h	300	350	450	500	500	430	370
Wendeintervall h	12	12	8	12	16	20	24

Temperaturbewegungen (z. B. Abkühlen nach einer stärkeren Erwärmung) zu verzeichnen sind.

Das auf der Tenne übliche Greifen des Haufens ist im Keimkasten nicht durchgehend möglich. Lediglich die obere Schicht wächst bei unterbrochener Belüftung und bei längerem Wendeintervall etwas zusammen, während tiefer im Keimbett der steigende CO_2-Gehalt diese Erscheinung verhindert. Ebenso kommt es bei dauernder Belüftung nicht zur Schweißbildung, da die bei der Atmung auftretende Feuchtigkeit im Augenblick des Entstehens von der Luft weggeführt wird. Besonderes Augenmerk ist auf Spatzenbildung zu legen; diese kann an den Seitenwänden des Kastens, besonders an den halbkreisförmigen Ausbuchtungen der Stirnseiten auftreten, aber auch an irgendwelchen Stellen, an denen der Haufen warm wird.

Eine konventionelle Führung des Keimkastens ist im obenstehenden Schema aufgeführt.

Die *Keimung bei fallenden Temperaturen:* Die modernen Weichmethoden, wie z. B. die pneumatische Weiche, liefern nach 48–52 Stunden Weichzeit ein gleichmäßig spitzendes, z. T. gabelndes Gut, das bei einem Wassergehalt von 41–42 % eine Temperatur von 15–18° C aufweist. Gelingt es durch entsprechende Einrichtungen und Transportanlagen „trocken" auszuweichen, so wird ein sofortiges Belüften des Haufens mit konditionierter Luft erforderlich. Beim überwiegend geübten „nassen" Ausweichen wird trotz der erwähnten höheren Temperaturen der Haufen einige Stunden dem Abtropfen überlassen, da eine sofort einsetzende, intensive Belüftung den Abfluß des Wassers aus dem Gut hemmen würde. Sobald die Haufentemperatur ansteigt, wird die Belüftung (mit Konditionierung) begonnen, wobei die Temperatur des Weichgutes von 15–18° C so lange beibehalten wird, bis die Maximalfeuchte durch Spritzen dargestellt ist. Erst dann wird auf 12–14° C abgekühlt und diese Temperatur bis zum Ende der Keimzeit beibehalten.

Je nach Variation der Temperaturfolge und je nach Wahl der Keimgutfeuchte ist eine Anpassung an die Gegebenheiten der verschiedenen Gersten oder Malze möglich. Es resultieren eine höhere Extraktausbeute, eine bessere Auflösung und höhere Enzymkräfte, was in den Werten der VZ 45° C und der α-Amylase-Aktivität seinen Ausdruck findet. Dabei ist es meistens möglich, die Keimzeit zu verkürzen, wie es das untenstehende Schema vermittelt.

Wie die Übersicht zeigt, beträgt die Keimgutfeuchte hier nach dem Ausweichen einschließlich des Haftwassers 42,5 %; dieser Wassergehalt wird beibehalten, bis alle Körner gleichmäßig gabeln (nach 20–24 Std.). Dann erfolgt das erste Spritzen auf einen Wassergehalt von ca. 45 % und 24 Stunden später auf 48 %. Hier setzt dann die intensive Abkühlung des Haufens ein. Die geringeren Luftmengen im Lösungsstadium bewirken nur mehr eine schwache Abnahme des Feuchtigkeitsgehaltes.

Nun hat sich erwiesen, daß die pneumatische Weiche am zweiten Tag – gerade in der wärmeren Jahreszeit oder bei unzulänglicher Weicheinrichtung – oftmals schwer zu führen ist (s. S. 23). Auch erfährt das spitzende, ja z. T. gabelnde Gut bei nassem Ausweichen einen „Wasserschock", der durch die in der Ausweichleitung auftretenden Drücke noch verstärkt wird. Es ist daher vielfach günstiger, schon nach ca. 26 Stunden mit der zweiten Naßweiche und einem Feuchtigkeitsgehalt von ca. 38 % auszuweichen, und nach der Ankeimung unter genau definierten Bedingungen z. B. bei 18° C das erste, nach dem gleichmäßigen Gabeln das zweite Mal zu spritzen und die Maximalfeuchte nach weiteren 12 Stunden einzustellen. Nach dieser 48–60 Stunden während Phase wird dann, wie vorher geschildert, die Tempe-

Keimtage	1	2	3	4	5	6
Temperatur °C						
Keimgut oben	18	18	18/13	13	13	13
Keimgut unten	16,5	16,5	16/11	11	11	11
Einströmluft	16	16	15,5/10	10	10,5	10,5
Frischluft %	80	70	70	30	20	20
Rückluft %	20	30	30	70	80	80
Keimgutfeuchte %	42,5	42,5/45,0	45,0/48,0	48,0	47,7	47,5
Ventilatorleistung						
m³/t und h	350	500	500	400	350	350

ratur abgesenkt. Der nahtlose Übergang der einzelnen Stadien erlaubt es meist, trotz des Verlusts eines Weichtages, mit 6 Tagen Belegungszeit des Kastens auszukommen. Von Bedeutung ist jedoch, daß es in 48–60 Stunden gelingt, mit Hilfe von 2–3 Spritzvorgängen den Wassergehalt des Gutes um 8–10 % anzuheben. Hierbei hilft bei den beiden ersten Gaben die Anwendung angewärmten Wassers (18–22° C), eine geeignete Anordnung der Sprühdüsen und ein jeweils zweimaliger Wenderlauf. Um gleiche Bedingungen für die Wasseraufnahme zu schaffen, darf nur jeweils in einer Richtung Wasser aufgebracht werden. Die dritte Wassergabe erfolgt mit kaltem Wasser, um die Abkühlung des Haufens einzuleiten.

Bei Einzelkastenaufstellung ist es möglich, den Kohlensäuregehalt der Haufenluft zu steigern, wobei unter der Voraussetzung dichter Schieber etc. CO_2-Gehalte von 4–8 % erreicht werden. Unter Berücksichtigung berufsgenossenschaftlicher Vorschriften läßt sich in der Lösungsphase das Wachstum schon mit 3–4 % CO_2 etwas eindämmen und somit Schwand sparen. Auch ist der Haufen leichter und unter Einsatz von weniger Kälte zu führen. Zu frühes Arbeiten mit höheren CO_2-Gehalten von 8–10 % verschlechtert jedoch die Auflösung und die Enzymkräfte des Malzes (s. S. 35). Eine Anpassung der Ventilatordrehzahl an den geringeren Luftbedarf am Ende der Keimung spart Energie, Kornsubstanz und vermag sogar einige Analysenmerkmale wie z. B. die Vz 45° C zu verbessern.

Durch die Anwendung künstlicher Kühlung und – in der kälteren Jahreszeit – durch temperaturabhängige Steuerung von Frisch- und Rückluftklappe kann die Haufenführung automatisiert werden (s. S. 42).

Das *Wiederweichverfahren* kann nur bei hierfür geeigneten Keimkästen angewendet werden. Es setzt eine entsprechende Stabilität des Kastens wegen der durch das Wiederweichwasser hervorgerufenen Gewichte sowie eine wasserdichte Kastenkonstruktion mit hochgesetzten oder mit Schleusen abgesicherten Ventilatoren voraus. Nach einer etwa eintägigen Weiche gelangt das Gut mit einem Wassergehalt von rd. 38 % in den Keimkasten. Es keimt bei Temperaturen von 16–18° C sehr rasch und gleichmäßig, jedoch ist die Wurzelbildung infolge des niedrigen Wassergehaltes nur gering. Nach rund 48 Stunden Keimzeit wird der gesamte Kasten geflutet. In Abhängigkeit von der Temperatur des Wassers (12–18° C) beträgt die Wiederweichzeit zwischen 24 und 8 Std. Je kälter das Wasser ist, um so mehr Zeit wird benötigt, um den Keimling zu „inaktivieren". Anschließend wird das Keimgut einer 48–60 Stunden währenden Lösungsphase ausgesetzt; bei dem hohen Wassergehalt von 50–52 % nach der Wiederweiche verläuft die Lösung rasch und weitgehend, sogar bei niedrigen Temperaturen zwischen 12 und 14° C. Das Wurzelkeimwachstum wird stets knapp sein, dagegen kann es bei längerer Lösungsphase zu einem starken Vorschieben des Blattkeims, ja sogar zu Husaren kommen. Auch diese Malze sind enzymreich, wenn auch manche Exo-Enzymaktivitäten (Peptidasen, Glucanasen) etwas schwächer entwickelt sind. Der Schwand liegt bei richtiger Durchführung des Verfahrens bei 5–6% der Trockensubstanz.

Eine Art „Wiederweicheffekt" kann in den üblichen Keimkästen auch dadurch erzielt werden, daß zum Zeitpunkt der Wiederweiche der Wender jeweils im Abstand von ca. 150 min zwei Mal in derselben Richtung unter voller Bewässerung mit Hilfe der Spritzdüsen durch den Haufen läuft. Auf diese Weise gelingt es, im Laufe von 12–14 Stunden mittels 4 × 2 Wenderpassagen den Wassergehalt des Haufens von 38 auf 50–52 % anzuheben und ähnliche Malzanalysendaten bei nur wenig höheren Schwandwerten als bei klassischer Wiederweiche zu erreichen. Ein „Beschwallen" des Keimgutes durch große, u. U. im Kasten selbst umgepumpte Wassermengen ist dann nutzlos, wenn nicht der Mischeffekt des Wenders für eine gleichmäßige Durchdringung aller Schichten sorgt. Wenn auch die Wiederweichtechnik Vorteile im Hinblick auf eine Beschleunigung der Keimung und eine Schwandersparnis bei steuerbarer Malzqualität erbrachte, so war doch das Trocknen von ca. 6 % mehr Wasser ebenso wenig zu vertreten wie der erhöhte Abwasseranfall oder eine in diesem Zusammenhang getätigte Wiederverwendung des Weichwassers.

Die geschilderten Verfahren zeigen, wie anpassungsfähig der moderne Saladinkasten mit Einzelbelüftung und künstlicher Kühlung ist und welche Möglichkeiten er bieten kann.

Das *Haufenziehen* soll selbst bei sehr großen Einheiten in wenigen Stunden (2–3) möglich sein. Ein mechanischer Grünmalztransport, bestehend aus Grünmalzelevator, Schnecken- oder Redlerförderern, wird entweder über *Kraftschaufeln* (Schrapper) oder über eigene Ausräumwagen beschickt. Nachdem die ursprüngliche Gerstenschüttung von z. B. 100 t durch die Grünmalzfeuchte ein Gewicht von 150–160 t aufweist, muß eine derartige Anlage eine Leistung von 50–80 t/h haben, um die Darre in einer erträglichen Zeit zu beladen. Kraftschaufeln benötigen zuviel Personal (2–3 Mann), die Arbeit ist bei großen Kästen anstrengend. *Ausräumwagen* sind nur bei Keimsälen wirtschaftlich; sie erfordern das Ausfahren des Wenderwagens, damit der Ausräumer in Tätigkeit treten kann. Seine Bedienung erfordert nur eine Person. Die neueste und wirtschaftlichste Lösung, die auch mit der Größe der Kästen Schritt hält, ist der *Ausräumwender*, der sich mit der üblichen Geschwindigkeit von 0,4 m/min ein bestimmtes Stück in den Haufen arbeitet und diesen portionsweise mit 10 m/min in die Gosse des Grünmalztransportes schiebt. Er arbeitet vollautomatisch und bedarf nur der Überwachung. Bei pneumatischem Grünmalztransport war das Einschaufeln des Gutes in Saugtrichter oder -rüssel mühsam und personalaufwendig. Die *Kochsche Ausräumung* nützt die Hubwirkung der Wenderspiralen aus, die das Grünmalz in die Querschnecke heben, die es ihrerseits in den Aufnehmer eines Teleskoprohres der Sauganlage schiebt. Auch hier sind hohe Förderleistungen mit nur einem Mann zum Anstecken der Rohre möglich. Auf ähnlichen Grundsätzen beruhen sog. „Ausräumsets", die leicht in bestehende Anlagen eingepaßt werden können. Interessant – vorwiegend für mechanischen Transport – ist die *Wanderhorde*,

die das Gut langsam über die Grünmalzgosse des Kastens schiebt. Sie läuft entweder am Kastenboden oder über der Kastendecke zurück und kann verschiedentlich automatisch gereinigt werden. Sie erlaubt bei entsprechend angeordneten Weichen auch ein „trockenes" Ausweichen des Gutes.

Die Reinigung der Keimkästen, namentlich der Tragbleche, des Wenders und der Spritztürme mit den Kanalsystemen, muß sorgfältig geschehen. Durch Hochdruckspritzen konnte diese Arbeit vereinfacht werden. Motorgetriebene Reinigungswagen reinigen den Bereich unter der Horde automatisch mit Lauge und besorgen auch die Nachspülung. Stützkonstruktionen erfordern zwei parallel laufende Einheiten. Ein ähnlicher Wagen kann auch für die Reinigung des Kastens oberhalb der Horde eingesetzt werden. Die Kosten für derartige Reinigungsgarnituren lassen es wünschenswert erscheinen, diese jeweils für mehrere Kästen einsetzen zu können. Dies erfordert aber bewegliche Frontseiten sowie eine Querverbindung von Kasten zu Kasten. Die maschinelle Pflege erstreckt sich auf die Ventilatoren, den Wendermechanismus und die Kühlanlage.

Weitere pneumatische Mälzungsanlagen beruhen praktisch alle mehr oder weniger auf dem Prinzip des Saladinkastens: Die Wanderhaufenmälzereien, die eine horizontale oder vertikale Fortbewegung des Haufens vorsehen, oder die „statischen" Systeme, die in einer Einheit alle Verfahrensschritte: Weichen, Keimen und Darren ermöglichen.

Runde *Keimkästen* in einer Ebene oder übereinander („Keimtürme") angeordnet waren ursprünglich als Keimdarrkasten (s. S. 67) geplant und sind bis zu den Energiekrisen auch als solche betrieben worden. Um der Energierückgewinnung willen wurde dann der Prozeßschritt des Darrens abgetrennt. Seit den 1980er Jahren erstellte Anlagen dienen ausschließlich der Keimung. Sie werden in Größen bis zu 300 t/Einheit in Schalbetonbauweise erstellt, wobei die spezifische Beladung zwischen 450 und 580 kg/m^2 Fläche beträgt. Die Horden sind aus Edelstahl, ebenso ist der Raum unter der Horde um der leichteren Reinigung willen mit Edelstahl ausgekleidet. Die Horden sind entweder feststehend mit einem sich drehenden Wender oder drehbar mit feststehendem Wender. Die Drehhorden werden über mehrere Getriebemotoren in der Peripherie über einen Zahnkranz angetrieben, wobei z. B. bei 300 m^2 Hordenfläche zwei Drehgeschwindigkeiten von 60 und 120 min/Umdrehung in beiden Richtungen dem Wenden bzw. dem Auftragen und Abräumen dienen. Die Abdichtung der Horde gegenüber der Gebäudewand ist bei Drehhorden von großer Bedeutung. Die Drehgeschwindigkeit der Horde ist beim Wenden so zu veranschlagen, daß die Umfangsgeschwindigkeit der Horde außen nicht über 0,55 m/min beträgt. Sie verringert sich auf der Länge des Wenders bis zum Zentrum auf 0,15 m/min. Aus diesem Grunde müssen die Umdrehungszahlen der Wenderschnecken von außen nach innen von 12 auf 3,5 U/min verringert werden, um einen zu starken Keimabrieb oder gar eine Beschädigung des Gutes zu vermeiden. Am Wender ist ein heb- und senkbares Be- und Entladegerät mit querliegender Schnecke (im inneren Drittel als Bandschnecke ausgebildet) angebracht, das ein Be- und Entladen innerhalb von jeweils zwei Stunden ermöglicht.

Die Belüftungseinrichtungen befinden sich in einem seitlich am Keimturm angeordneten Bauwerk, zusammen mit Treppenhaus und Aufzugschacht. Die Belüftungseinheiten mit Axial- oder Radialventilatoren, bei großen Anlagen meist deren zwei, sind auf eine Leistung von 600 m³/t · h ausgelegt und frequenzgesteuert auf beliebig geringere Tourenzahlen zu regulieren. Die Kapazität der Kühler ist 10 500 kJ bzw. 2500 kcal/t · h. Eine Befeuchtung der Eintrittsluft ist trotz Rückluftverwendung (die Anordnung der Rückluftkanäle ist baulich aufwendig) unerläßlich.

Die Keimung läuft bei den runden Kästen – ganz gleich ob übereinander oder in einer Ebene gebaut – nach denselben Grundsätzen ab wie bei den rechteckigen Einheiten. Häufig werden zwei Weichtage in Trichterweichen oder in je einer Trichterweichengruppe und einer Flachweiche eingehalten; die Keimzeit ist auf 6 Tage, seltener auf 5 Tage veranschlagt.

Die Reinigung der großen Anlagen geschieht durch Hochdruckspritzen für Heiß- und Kaltwasser oder über eine, in jedem Kasten installierte automatische Reinigungsanlage, die auch eine Laugenbehandlung vorsieht.

1.5.3.4 Die *Wanderhaufenmälzerei* baut sich auf aus einer Reihe von Keimkästen, die mit ihren Längsseiten aneinander schließen. Eine Keimstraße umfaßt 7–9 Kästen, von denen jeder in zwei Halbtagesfelder unterteilt ist, so daß sich 14–18 eigens zu belüftende Abteilungen ergeben. Während der Keimzeit wandert der Haufen vom ersten Halbtagesfeld, auf welches ausgeweicht wird, zum letzten. Von hier aus gelangt der Hau-

fen entweder über den Grünmalztransport zur Darre, oder aber der Wender des Wanderhaufens befördert ihn auf eine direkt anschließende, hinter einer Temperaturschleuse hordengleich angeordneten Darre. Der Boden des Wanderhaufens besteht aus den üblichen Hordenblechen oder Spaltsiebhorden. Die *Belüftung* kann als Längsbelüftung oder als Querbelüftung ausgeführt sein. Die *Längsbelüftung* beinhaltet für jede Keimstraße zwei Ventilatoren und zwei Kühltürme jeweils für zwei verschiedene Luftqualitäten, ggf. für Frisch- und Rückluft. Beide Luftarten werden in übereinanderliegende, parallel zum Keimsystem verlaufende Kanäle geführt. Durch Schieber kann jedem Halbtagesfeld die gewünschte Lufttemperatur durch Mischen der beiden Luftqualitäten zugeführt werden. Bei *querbelüfteten Anlagen* verlaufen die Luftzuführungskanäle senkrecht zur Keimstraßenachse. Deshalb sind auch die Kühl- und Befeuchtungseinrichtungen an der Längsseite der Keimstraße angeordnet. Hierbei ist zu unterscheiden zwischen Einzelkühltürmen, die jeweils ein Tagesfeld versorgen, und zwischen Anlagen mit zentraler Luftaufbereitung. Bei letzteren werden Frisch- und Rückluft getrennt, gereinigt, temperiert und befeuchtet. Von hier aus gelangt die Luft über Nachkühler, wo Frischluft und Rückluft je nach den Bedingungen der einzelnen Haufen vermischt werden. Die Nachkühler sind unterschiedlich groß und fassen jeweils mehrere Keimtage zusammen (1., 2./3., 4./5., 6./7./8. Keimtag). Die Querbelüftungssysteme ermöglichen die Versorgung mehrerer parallel liegender Keimstraßen.

Der *Wender* der Wanderhaufenanlage hat zugleich eine Wende- und Transportfunktion zu erfüllen, denn er befördert mit jedem Wendevorgang den Haufen um ein Halbtagesfeld weiter. Ist eine Darre direkt an die Keimstraße angeschlossen, so muß er im Bedarfsfalle etwa den doppelten Weg bestreichen können, eine Aufgabe, die dann durch entsprechende Klappenstellung gewährleistet wird. Der Wender besteht aus einem Rahmenwagen, der sich mit einer Geschwindigkeit von 0,33 m/min fortbewegt, die Leerlaufgeschwindigkeit beträgt das Achtfache (2,5 m/min).

In diesem Wagen ist hydraulisch heb- und senkbar in über die gesamte Kastenbreite arbeitendes Dreiecksbecherwerk eingehängt. Die Neigung des Becherwerks an der aufnehmenden Flanke ist so eingestellt, daß sie dem mittleren Böschungswinkel des Gutes entspricht. Dieses wird dann entgegen der Wenderichtung genau um ein Halbtagesfeld weiterbefördert. Es muß damit zweimal am Tage gewendet werden, um auf den ersten beiden Halbtagesfeldern Raum zum Ausweichen zu gewinnen. Die Darre wird einmal täglich beschickt, d. h. es müssen zwei Partien gleichzeitig gezogen werden. Der Wendevorgang erfolgt vom Keimstraßenende zum Keimstraßenanfang, d. h. vom Althaufen zum Ausweichfeld. Die Leistung des Wenders ist so bemessen, daß eine Einheit für 3–4 Keimstraßen genügt. Die Wendearbeit ist gegenüber dem Saladinkasten anders: Das Dreieckpaternosterwerk übt eine Wurfbewegung aus ähnlich dem Haufenwidern auf der Tenne. Doch erzielt es keine Umschichtung, sondern nur eine gleichmäßige und intensive Vermischung des Gutes. Nun ist aber die sich beim Herabfallen des Keimgutes ausbildende Böschung derjenigen der aufnehmenden Kante entgegengesetzt. Es bildet sich also jeweils am Übergang von einem Haufen zum anderen eine Mischzone aus. Während die Böschung an der Aufnahmeseite konstant ist, hängt die sich beim Fall des Gutes ausbildende vom Wassergehalt und vom Gewächs des Grünmalzes ab. Sie schankt zwischen 44° beim Naßhaufen und 65° beim Jung- bzw. Althaufen. Das Ausmaß der Mischzonen einer Keimstraße kann rund 35 % umfassen.

Der beschriebene Wender darf aus Stabilitätsgründen eine Kastenbreite von 5,6 m nicht überschreiten. Dies beschränkt auch die Größe einer Tagesleistung auf 15 t pro Keimstraße. Neuere Wenderkonstruktionen mit nebeneinanderliegenden Förderschnecken erlauben eine größere Breite und damit eine Erhöhung der Tagesleistung auf ca. 50 t. Die Vermischung des Keimgutes unterschiedlicher Stadien ist hier ungleich geringer, da die Böschung bei der Aufnahme des Gutes der sich beim Wurf bzw. Fall ausbildenden nicht mehr entgegengesetzt ist.

Die Keimbedingungen im Wanderhaufen entsprechen denen eines Keimkastens, der sich in einem Keimsaal befindet. Die Temperaturdifferenz zwischen der obersten und untersten Schicht liegt wie dort bei 1,5–2° C. Wegen der eintretenden Vermischung ist es zweckmäßig, die Haufentemperatur am 3./4. Keimtag auf 17° C zu steigern, um eine gute cytolytische Auflösung zu erzielen. Die Feuchtigkeitsverhältnisse entsprechen ebenfalls den Bedingungen der Kastenmälzerei. Trockenes Ausweichen ist möglich. Eine stufenweise Erhöhung der Keimgutfeuchte ist infolge der sehr intensiven Mischwirkung besonders des Schneckenwenders leicht darzustellen. Eine Anreicherung von CO_2 im Haufen ist unter den Gegebenheiten des Keimsaales nicht möglich.

Der Wanderhaufen liefert Malze von einwandfreier Auflösung. Sein Hauptvorteil liegt in der einfachen Arbeitsweise und dem geringen Personalbedarf. Eine automatische Temperaturregulierung ist über die einzelnen Luftkühler gewährleistet.

1.5.3.5 Der Umsetzkasten System Lausmann ist ebenfalls ein „Wanderhaufen". Die in einer Reihe direkt nebeneinanderliegenden Keimkästen von quadratischer oder rechteckiger Grundfläche verfügen über ein heb- und senkbares Hordensystem. Die Bewegung derselben wurde bei älteren Anlagen mit Wasser- oder Öldruckzylindern vorgenommen, bei neueren erfolgt sie mit synchron angetriebenen Schraubenspindeln, die selbst bei großen Einheiten eine gleichmäßig horizontale Bewegung der Horden ermöglichen. Durch das Anheben der Horde ragt das Keimgut über die Trennwand zu den angrenzenden Keimkästen hinaus und wird mittels eines besonders konstruierten Wenders in die nächste Kasteneinheit bzw. auf die Darre befördert. Der Wender, der auf dem Fördersystem des Kratzers beruht, hat eine Ausdehnung, die zwei Kästen umfaßt, damit das gewendete Grünmalz auch völlig eben geräumt werden kann. Die beim Wenden beschickte Horde wird abgesenkt. Eine geringe Voreilung von z. B. 20 cm erbringt eine gute Umschichtung des Gutes, hat aber im zuerst beschickten Drittel des Kastens eine gewisse Pressung und damit hier einen geringen Luftdurchsatz zur Folge. Eine größere Voreilung der Horde von z. B. 70 cm vermindert die Pressung, schafft eine gleichmäßige Belüftung, doch dauert es einige Zeit, bis sich die im zuerst beschickten Drittel des Kastens vorliegenden höheren Temperaturen ausgeglichen haben. Dies kann bei neueren Konstruktionen vermittels einer etwas höheren Keimgutschicht durch Abkippen einer Hordenhälfte weitgehend eliminiert werden. Auch beim Beladen einer Anschlußdarre ist eine derartige Anpassung erforderlich, abgesehen davon, daß auch die Fläche derselben um 75 % größer sein muß als der mit 600–620 kg/m² beladene Keimkasten.

Durch das beschriebene Wenden liegt das Gut sehr locker im Kasten. Hierdurch wird nur ein Wendevorgang pro Tag erforderlich. Das gleichzeitige, durch eine genügende Zahl von Düsenreihen erfolgende Spritzen erlaubt einen Anstieg der Keimgutfeuchte um bis zu 6 % pro Wendevorgang. Die hierdurch besonders stark einsetzende Wärmeentwicklung im Gut muß durch eine entsprechende Auslegung der Ventilatoren und Verdampfer für den 2., 3. und 4. Keimtag Rechnung getragen werden. Nachdem jedoch hier wie beim Wanderhaufen (s. S. 54) an jedem Tag ein jeweils spezifisches Keimstadium vorliegt, können Belüftung und Kühlung unter Zugrundelegung von insgesamt 7 Weich- und Keimtagen die unten aufgeführten Daten haben.

Die Lüfter verfügen über polumschaltbare Motoren, die bei geringerem Luftbedarf auf $2/3$ der Leistung geschaltet werden können. Neue große Anlagen verfügen über frequenzgesteuerte Ventilatoren. Durch entsprechend tiefe Anordnung der Hubzylinder z. B. in Kasten 2 und 3 kann die Horde so weit abgesenkt werden, daß dort ein Wiederweichverfahren bei relativ geringem Wasseraufwand durchgeführt werden kann. Einem ähnlichen Zweck wie dem auf S. 52 geschilderten soll auch die verschiedentlich eingebaute „Beschwallung" dienen, die über ein Netz von großen Düsen eine große Menge Wasser in 15–25 min aufzubringen gestattet. Nachdem jedoch hier kein gleichzeitiger Wendeeffekt gegeben ist, fällt diese Befeuchtung nicht effizient genug aus. Die Anlagen werden heute bis zu 60 t/Kasten gebaut; sie sind wirtschaftlich zu betreiben und gestatten die gezielte Einhaltung der verschiedenen Keimungsparameter. Lediglich die Kohlensäureverhältnisse entsprechen denen des Keimsaales.

1.5.3.6 Der *Keimturm* „Optimälzer"

stellt eine Anordnung von 12 Weich- und Keimeinheiten übereinander dar. Die Ausführung derselben ist völlig identisch, nur die Leistung der Lüfter und Kühler ist den Bedürfnissen der jeweiligen Weich- und Keimetage angepaßt. Die Bewegung des Gutes von den oberen Weichetagen zu den Keimeinheiten geschieht durch Kippen der Hordenelemente. Eine entsprechende Gestaltung der Oberflächen der einzelnen Hordenelemente gewährleistet eine stets gleichmäßige Keimguthöhe, so daß die in jedem Abschnitt getrennt erfolgende Belüftung die Einhaltung gleichmäßiger Keimtemperaturen sichert. Neuartig ist hier der Weg der Belüftung von oben nach unten, der sich aus den gegebenen, knappen Querschnitten ableitet. Jedes kippbare Hordenelement verfügt über einen wasserdichten Boden, der einen Ablauf für das Weich- oder Wiederweichwasser beinhaltet. Die

Abdichtung der einzelnen Elemente erfolgt durch Gummiwulste, die unter Luftdruck gehalten werden und die sich so der Form der Wandungen anpassen. Auf diese Weise ist eine getrennte Führung jedes Weich- oder Keimtages möglich, durch zweimaliges Kippen bleibt das Gut locker, auch kann zu jedem gewünschten Zeitpunkt eine Wiederweiche durchgeführt werden. Ebenso erlaubt die Abdichtung eines jeden Hordenfeldes ein Reinigen desselben, ohne daß Wasser in die darunter liegenden Abteilungen läuft. Die freizügige Handhabung des Weich- und Keimprozesses, der Temperaturführung und des Verhältnisses von Sauerstoff und Kohlensäure der Haufenluft ermöglicht die Durchführung verschiedenster Mälzungsverfahren. Die genormten Halbtageseinheiten von je 14,5 t ergeben eine Tagesleistung von 29 t Einweichgerste. Unter voller Ausnützung der Gegebenheiten von Keimtemperaturen, Gutfeuchte und gezieltem Einsatz von Voll- bzw. Wiederweichen kann das Intervall zwischen zwei Kippungen von 12 auf 9 Stunden verkürzt und die Leistung eines derartigen Turms auf 11 000 t Malz pro Jahr gesteigert werden. Werden mehrere Türme nebeneinander angeordnet, so können die Horden einer Ebene jeweils von einer Belüftungseinrichtung aus versorgt werden.

Weitere Möglichkeiten der pneumatischen Mälzung leiten sich ab von sog. statischen Systemen, bei welchen mindestens der Weich- und Keimprozeß, verschiedentlich sogar das Darren, in ein- und demselben Behälter durchgeführt werden. Die verschiedenen Typen der Keimdarrkästen, die sich in rechteckiger oder runder Ausführung, z. T. als Türme einführen konnten, werden – um Wiederholungen zu vermeiden – im Kapitel „Darren" besprochen (s. S. 67).

1.5.3.7 Das *System Popp*

wäre bereits als statisches System anzusehen, doch ließ es der apparative Aufwand geraten erscheinen, dem Behälter nur die Funktion des Keimens zu übertragen. Die Anlage besteht aus einer Keimzelle, die aus Stahlblech gefertigt ist, einem Ventilator mit Luftkonditionierung und schließlich einem Luftdruckbehälter mit Kompressor. Der Keimapparat verfügt über keinen Wender, sondern das ca. 2 m hoch liegende Keimgut wird durch Druckluft von 4 bar

Kasten	1	2	3	4	5	6
Lüfter m³/t, h	450	600	750	750	600	450
Verdampfer kcal/t, h	1500	2000	2500	2500	1500	1000

Überdruck gewendet, wobei unter Abschalten der normalen Belüftung der Abschlußdeckel des Keimgefäßes angehoben wird. Der Effekt des Wendens ist bei einwandfreier Funktion gut, ebenso kann die Häufigkeit des Umlagerns den Keimbedingungen angepaßt werden. Die Poppsche Zelle, die bis zu einer Größe von 25 t gebaut wird, erlaubt ein müheloses Einhalten der gewünschten Mälzungsbedingungen, die rationelle Durchführung des Wiederweichverfahrens ebenso wie eine Anreicherung der Atmungskohlensäure in der Haufenluft. Die Entleerung des Behälters erfolgt nach unten durch eine Kipphorde. Es ist sogar der Anschluß eines Heizregisters möglich, um in diesem Apparat auch darren zu können.

1.5.3.8 Das *Kohlensäurerastverfahren:* Es beruht auf dem Prinzip, daß im Anschluß an die biologische Phase, die unter Sauerstoffatmosphäre durchgeführt wird, eine Periode folgt, in welcher durch Kohlendioxid in der Atmungsluft die Stoffwechselvorgänge eingeschränkt werden sollen, während die Auflösungsvorgänge weiter ablaufen. Man war der Auffassung, daß im Falle einer günstigen Enzymbildung während der biologischen Phase das Korn unter Sauerstoffabschluß seine Lebensanstrengungen vermehren würde, wobei als Effekt eine höhere Enzymkonzentration und eine verbesserte Auflösung resultierten. Wie schon weiter oben (s. S. 29, 34) dargestellt, erfolgt die Bildung der Endo-Enzyme nur unter aeroben Bedingungen; die Wirkung der Exo-Enzyme ist dagegen nicht an das Vorhandensein von Sauerstoff gebunden, denn es reichern sich mit Rückgang des Wachstums von Wurzel- und Blattkeim mehr niedermolekulare Produkte wie Aminosäuren und Zucker an. Diese führen zu einer verstärkten Farbbildung beim Darren.

Eine merkliche Anreicherung von Kohlensäure kann bei „dichten" Saladinkästen, in der Poppschen Zelle oder im Keimturm durchgeführt werden, wobei letztere Systeme durchaus CO_2-Werte von 10–15 Vol.-% zu erreichen gestatten. Doch macht die Dämpfung der Enzymbildung und -wirkung eine Verlängerung der Keimzeit notwendig, wenn nicht durch überhöhte Wassergabe ein Ausgleich der negativen Effekte vollzogen wird. Damit ist die Anwendung derartiger CO_2-Gehalte kaum zu rechtfertigen. CO_2-Gehalte von 4–7 % dagegen haben im „Lösungsstadium" keine abträgliche Wirkung: vielmehr bremsen sie allzu heftiges Wachstum, wodurch die Haufen besser zu führen sind und so bis zu 1 % Schwand gespart

wird. Auf die bei CO_2-Atmosphäre im Kasten möglichen Unfallgefahren sei nochmals hingewiesen (s. S. 52).

Die eigentlichen *Kohlensäurerastkästen* von Kropff arbeiten dagegen mit Perioden ohne Belüftung von ca. 10 Stunden. Während dieser Zeit sammelte sich je nach der Beschaffenheit der Gerste und der Intensität des Wachstums, vor allem in den unteren Schichten, eine Menge von 20–28 Vol.-% CO_2 an, die dann durch intensives Lüften von 1–2 Stunden Dauer wieder entfernt wurde. Zwischen diesen „großen" Lüftungsintervallen war es zweckmäßig, das CO_2 nach etwa 5–6 Stunden unter dem Tragblech abzusaugen, um ein Ersticken des Keimgutes zu vermeiden. Diese Kohlensäurerast dauerte 3–4 Tage, die Temperaturen erreichten Werte von 18–20° C, selten mehr, da die CO_2-Atmosphäre eine weitere Erwärmung verhinderte. Um rasch abkühlen zu können, hatte die befeuchtete Luft meist nur eine Temperatur von 10–12° C, so daß der Haufen beträchtlichen Temperaturschwankungen unterworfen war. Die Belüftung durch Saug- oder Druckventilatoren erfolgte stets von unten nach oben.

Zu lange Ruheperioden beinhalteten den Nachteil einer intramolekularen Atmung des Gutes: der Mehlkörper zersetzte sich, was sich in einer schmierigen, milchigen Beschaffenheit des Kornes, in einem säuerlichen, obstartigen Geruch (Esterbildung) und einer überaus starken Zufärbung beim Darren äußerte. Die Kropff-Kästen selbst waren in ihrer Kapazität beschränkt. Wegen des Verhältnisses Luftraum zu Malzvolumen ging man nicht über 15t Fassungsvermögen pro Einheit hinaus. Das Beschicken und Entleeren des Kastens war arbeitsaufwendig. Den Mehrbedarf an Arbeitskräften vermochte die Schwandersparnis von 2–3 % nicht immer auszugleichen. Nachdem auch die Ergebnisse des Verfahrens im Hinblick auf die Malzqualität fragwürdig waren, ist es heute nicht mehr anzutreffen.

1.5.3.9 Die *Beeinflussung der Keimung durch besondere Methoden:* Hierbei ist zu unterscheiden zwischen der Verwendung keimhemmender Stoffe (Keimungsinhibitoren) und dem Einsatz von Wuchsstoffen (Aktivatoren).

Keimhemmende Stoffe spielen in Deutschland keine Rolle. Der Einsatz von Salpetersäure oder salpetersaurem Harnstoff sollte das Wurzelkeimwachstum einschränken. Er hat nur geschichtliches Interesse. Im Ausland konnte sich Kaliumbromat (100–300 mg/kg Gerste) als Proteaseninhibitor da und dort einführen. Bei Zusatz zum letzten Weichwasser kann eine Schwandersparnis um ca. 2 % erzielt und die Eiweißlösung reduziert werden. Auch das z. B. bei Flutweichverfahren hitzige Wachstum erfährt eine Dämpfung.

Der Zusatz von Enzymen, wie z. B. der Endo-β-Glucanase bewirkt bei schwerer löslichen Gersten (mehrzeiligen Wintergersten) eine Verbesserung der cytolytischen Lösung. Die Glucanasen, die von Schimmelpilzen gewonnen werden, kommen aber erst am letzten Keimtag zum Zusatz, oder gar mittels einer Dosierschnecke beim Haufenziehen. Da diese Enzyme stabiler sind als die korneigenen, kommen sie voll beim Maischen zur Wirkung.

Zu den *Keimungsaktivatoren* zählt die Gibberellinsäure, die auch im keimenden Korn vorhanden ist. Der in Mengen von 0,01–0,25 mg/kg Gerste zugesetzte Wuchsstoff bewirkt eine rasche und vermehrte Enzymbildung. Als Folge einer verstärkten Enzyminduktion verzeichnen die fertigen Grünmalze eine sehr weitgehende cytolytische und proteolytische Lösung, so daß die Keimzeit von 7 auf 4–5 Tage verkürzt werden kann. Vor allem bei höheren Gaben führt die sehr starke Bildung von niedermolekularen Abbauprodukten zu einer übermäßigen Farbebildung beim Darren. Am logischsten ist der Zusatz der Gibberellinsäure zum Weichwasser, doch wird hier die $2^1/_2$fache Menge benötigt wie beim Aufsprühen nach dem Ausweichen des Gutes, um den gleichen Effekt zu erzielen. Kleine Mengen von 0,01–0,03 mg/kg dienen der Verbesserung schwerlöslicher Gersten, Dosagen von 0,06–0,10 mg/kg (gegeben im Keimkasten) der Verkürzung der Keimzeit. Bei einer 4–5tägigen Keimung halten sich die Veränderungen im Malz, also auch der Kongreßwürzefarbe, in einem normalen Rahmen. Die Kochfarbe (s. S. 95) erfährt jedoch selbst bei kleinen Dosagen eine deutlichere Erhöhung als bei unbehandeltem Malz. 0,15–0,25 mg/kg vermögen die mangelnde Keimenergie einer Gerste auszugleichen. Wuchsstoffe erbringen keine oder nur eine geringe Schwandersparnis. Dagegen kann eine Kombination von 0,25 mg Gibberellinsäure und 100 mg Kaliumbromat pro kg Gerste eine Verringerung des Mälzungsschwandes, eine gezielte Beeinflussung der Auflösung neben einer Verkürzung der Keimzeit bewirken. Auch in Verbindung mit warmer Wiederweiche bei 40° C kann Gibberellinsäure verfahrenstechnische Vorteile erbringen.

Besonderes Interesse gewinnt die Gibberellinsäureverwendung bei vorherigem „Abschleifen" der Gerste. Hierbei werden 0,5 bis 1,0 % der Kornumhüllung entfernt; die Verletzung der Frucht- und Samenschale kann ein gleichmäßigeres Eindringen der Gibberellinsäure in das Korninnere bewirken, so daß die Enzymbildung und die Auflösung rascher voranschreiten. Durch die Beschädigung der Frucht- und Samenschale lassen sich auch die Mälzungseigenschaften frisch geernteter Gersten verbessern. Die Keimzeit wird auf 50–40% verkürzt. Ein Nachteil neben dem Verlust an Kornsubstanz ist es, daß der Lösungsgrad während der Keimung nur sehr schwer abgeschätzt werden kann, wodurch die sehr intensive Enzymwirkung u. U. beim folgenden Schwelkprozeß eine nachträgliche Überlösung bewirkt. Am besten ist es, die Keimung zum günstigsten Zeitpunkt abzubrechen, z. B. beim Einsatz in Keimdarrkasten. Auch kann das Gut beim Transport sehr leicht beschädigt werden. Eine weitere Beschleunigung erfährt dieser Prozeß durch Anwendung von leicht angesäuertem Weichwasser (ca. 0,01 in H_2SO_4)

Es hat sich jedoch gezeigt, daß das Abschleifen von 1–2% der Gerstenmenge auch ohne Gibberellinsäurezusatz positive Effekte hat: Weitgehende Eliminierung der Wasserempfindlichkeit, intensives, rasches Wachstum, kräftige Enzymentwicklung und -wirkung und Einsparung von mindestens 24 Stunden Keimzeit. Der Abrieb der Spelzen äußert sich in einer höheren Extraktausbeute des Malzes (was sogar die Verarbeitung mehrzeiliger Wintergersten ermöglichte) und hohen Lösungswerten, die aber auch eine stärkere Zufärbung im Gefolge haben. Dies ist auch bei der kombinierten Anwendung mit Gibberellinsäure der Fall. Die derzeit industriell verfügbaren Abschleifapparate haben eine Leitung von 8 t/h. Größter Wert muß darauf gelegt werden, daß *alle* Körner bearbeitet sind. Hier ist noch Entwicklungsarbeit zu leisten.

Durch Quetschen der auf 37–39 % geweichten Gerste (Zweiwalzen-Mühle, Spaltweite 1,8 bis 2,0 mm) wird auf die Aleuron- und Mehlkörperzellen eine Kraft ausgeübt, die ein Brechen von Zellwandstrukturen zur Folge hat und die eine gleichmäßigere Verteilung von Wasser und sofort nach der Quetschbehandlung zugesetzter Gibberellinsäure (0,25–0,75 ppm) – bewirkt. Nach 5tägiger Keimung bei mind. 40% Feuchtigkeit resultierten Malze, die der Spezifikation entsprachen. Das Verfahren lieferte ohne Gibberellinsäure trotz angewandter höherer Keimgutfeuchte keine befriedigenden Ergebnisse.

Die Verwendung von Gibberellinsäure ist in Deutschland nicht gestattet. Sie kann mittels immunologischer Methoden auch in geringsten Dosagen nachgewiesen werden.

Eine Methode zur Aufbesserung des Malzes stellt ein Zusatz von Zuckerlösung gegen Ende der Keimung dar. Die so behandelten „Glucose"-Malze haben höhere Extraktwerte und verbesserte Lösungseigenschaften.

Zu den besonderen Keimmethoden sind die verschiedenen Weiterentwicklungen des Wiederweichverfahrens zu zählen (s. S. 52). Eine Wiederweiche von 3 Stunden bei 30° C dämmt das Wurzelkeimwachstum deutlich ein. Es gelingt hier, die Gesamtweich- und keimdauer auf 96–110 Stunden zu reduzieren und den Mälzungsschwand auf nur 4 % abzusenken.

In Verbindung mit Gibberellinsäure kann eine Abkürzung der Weich- und Keimzeit auf 84–96 Stunden bei Anwendung des Mehrfachweichverfahrens erreicht werden, wenn die Wiederweichtemperaturen bei 40° C liegen. Die hierdurch bewirkte Inhibition des Wurzelkeimwachstums erlaubt eine entsprechende Absenkung des Schwandes. Die Umsetzungen im Malz können einmal durch die Gibberellinsäurekonzentration, zum anderen durch die Bemessung der inaktivierenden Warmwasserweiche gesteuert werden. Derartige Methoden machen ein Bewegen oder Wenden des Keimgutes überflüssig; sie können daher hauptsächlich in statischen Anlagen Anwendung finden.

1.5.4 Das fertige Grünmalz

Am Ende des Keimprozesses ist das Grünmalz nach seinen äußeren Eigenschaften und nach seiner Mehlkörperbeschaffenheit zu beurteilen. Hierdurch ist es möglich, Rückschlüsse über den Ablauf des Mälzungsprozesses und die Zweckmäßigkeit der angewendeten Maßnahmen zu ziehen.

Der *Geruch* des Grünmalzes soll frisch und gurkenartig sein. Ein säuerlicher, obstartiger Geruch läßt auf fehlerhafte Behandlung der Gerste (bei der Lagerung verdorbene Ware) bei der Weiche (Totweiche, intramolekulare Atmung) oder bei der Keimung (falsch geführte Wiederweiche, zu häufiges Spritzen, zu intensive CO_2-Rast bei intermittierender Belüftung, ungleichmäßige Belüftung bei verlegten Horden) schließen. Ein dumpfer, schimmeliger Geruch deutet auf die Verarbeitung verschimmelter Gerste, ungenügender Reinigung derselben in der Weiche oder auf eine Sekundärinfektion in der Keimanlage hin. Letzteres ist selten, wenn nicht Gerste mit vielen verletzten Körnern oder eigens abgeschliffene oder gequetschte Gerste zur Verarbeitung

kam. Auch aufgerissene Körner können einen Infektionsschub erfahren. Dumpfer „abgestandener" Geruch kann auch durch einen höheren Anteil an abgeriebenen Wurzelkeimen entstehen, die, da sie sich zwischen die Grünmalzkörner setzen die gleichmäßige Belüftung des Haufens erschweren.

Aus diesem Grunde ist das *Aussehen des Keimgutes* täglich bzw. des Grünmalzes zu prüfen, wobei vor allem dem Organismenbefall Aufmerksamkeit zukommt: grüne Schimmelrasen durch Penicillium, schwarze durch Rhizopus oder rote durch Fusarienarten, deren Auftreten auf der Kornoberfläche, im Mehlkörper oder an beschädigten Stellen.

Ein Auszählen von (Gushing-)„relevanten" Körnern kann schon ab 0,5 % Befall eine Sonderbehandlung der Partie erfordern.

Das *Gewächs des Wurzelkeims* soll gleichmäßig entwickelt und frisch sein; braune, verwelkte Keime deuten auf Wasserverlust durch unzweckmäßige Haufenführung hin. Keimabrieb stärkeren Ausmaßes läßt auf eine unbefriedigende Arbeitsweise des Wenders oder einen zu häufigen Wenderlauf schließen. Keimabrieb hat eine übermäßige Entwicklung des Blattkeims zur Folge.

Das Gewächs des Wurzelkeims ist täglich zu überprüfen und das Ergebnis in der Kontrollkarte festzuhalten. Dasselbe gilt für Ausbleiber.

Der *Blattkeim* soll ebenfalls eine möglichst gleichmäßige Entwicklung zeigen. Husaren sind unerwünscht; sie lassen sich jedoch bei ungleichmäßigen Gerstenpartien, bei häufigem Spritzen und bei Wurzelkeimabrieb nicht immer vermeiden. Im Gegensatz zu Husaren, die durch falsche Haufenführung (Warmwerden des Haufens, Schwitzwassereinwirkung, Spatzenbildung) hervorgerufen werden, zeigen diese Körner eine trockene Mehlkörperauflösung. Beschädigte Körner haben meist ein abnormales Blattkeimwachstum, d. h. vermehrten Husarenanfall zur Folge.

Die *Auflösung*, d. h. die Zerreiblichkeit des Korns soll trocken und mehlig sein. Verspätet keimende Körner sind meist nur unzulänglich gelöst; schwer lösliche oder mit zu niedriger Feuchtigkeit geführte Körner zeigen oftmals in den Randzonen, besonders auf der Bauchseite eine „speckige" Beschaffenheit. Die Auflösung soll bei allen Körnern möglichst weitgehend gediehen sein (Homogenität). Eine schmierige oder teigige Auflösung kann von zu spätem oder zu starkem Spritzen herrühren. Derartige Körner neigen zu Geruchsfehlern, sie sind schwer zu trocknen und geben glasige, beim Maischen schwer aufschließbare Malze.

Der *Wassergehalt* des Grünmalzes vor dem Haufenziehen sollte ermittelt werden, um nach Kenntnis der Maximalfeuchte auch über eine mögliche Entfeuchtung zu erfahren. Dieser Wert ist auch für die Berechnung des Wasserentzugs beim Darren wichtig.

Die visuelle Kontrolle des Haufens in jedem Stadium des Wachstums gibt – selbst bei voll automatisierten Anlagen – Aussagen über allfällige Korrekturmaßnahmen. Die Beurteilung des fertigen Grünmalzes wiederum ist eine wertvolle Kontrolle.

1.6 Das Darren des Grünmalzes

1.6.1 Die Vorgänge beim Darren

Das wasserhaltige Grünmalz ist leicht verderblich und muß deshalb durch einen entsprechenden Wasserentzug in einen lagerfesten Zustand übergeführt werden. Außerdem sollen die chemisch-biologischen Umsetzungen zu einem Abschluß gebracht und die Zusammensetzung des Malzes festgelegt werden. Daneben ist es der Zweck des Darrens, den rohfruchtartigen Geruch und Geschmack des Grünmalzes zum Verschwinden zu bringen und dem Malz ein je nach Typ charakteristisches Aroma und eine bestimmte Farbe zu verleihen. Außerdem ist die Entfernung der Wurzeln notwendig, da sie einen bitteren Geschmack hervorrufen und darüber hinaus zu einem Wasseranzug des getrockneten Malzes führen.

Diese Ziele werden durch das Trocknen und Darren des Malzes erreicht. Beim Entwässerungsprozeß sind zwei Stufen zu unterscheiden:

Das *Schwelken*, d. h. die Entwässerung des Grünmalzes bei niedrigen Temperaturen bis auf einen Wassergehalt von ca. 10 %. Sie ist bis zum sogenannten „Hygroskopizitätspunkt" bei 18–20 % Feuchtigkeit leicht durchführbar. Die Trocknung auf 10 % erfolgt zwar zögernder, sie ist aber doch noch auf einfachem Wege möglich. Dieses Stadium ist bei Hochleistungsdarren am sprunghaften Ansteigen der Ablufttemperaturen, dem „Durchbruch", erkennbar, bei Zweihordendarren am leichten Durchtreten der Malzschicht und dem Abfallen der Wurzelkeime. Helle und dunkle Malze werden verschieden rasch geschwelkt.

Das *eigentliche Trocknen*, wobei die Entwässerung des hellen Malzes bis auf 3,5–4 %, bei dunk-

lem bis auf 1,5–2 % geführt wird. Dieser Wasserentzug ist mit fortschreitender Trocknung immer schwieriger, da ihm Kapillar- und Kolloidkräfte entgegenwirken. Hierfür sind Temperaturen von 80 bis 105° C erforderlich.

Beim Entwässern erleidet das Korn physikalische und chemische Veränderungen.

1.6.1.1 Die *physikalischen Veränderungen* erstrecken sich auf Wassergehalt, Volumen, Gewicht und Farbe des Kornes. Die Erniedrigung des Wassergehaltes von 41–48 % auf 1,5–4 % muß so vorgenommen werden, daß das Grünmalzkorn nicht zu viel Volumen verliert. Durch die Wasseraufnahme ist das Korn prall; durch die weitgehende Auflösung wurden im Korninnern feine Hohlräume gebildet, die beim Trocknen und Darren erhalten werden sollen, wodurch das Malz gegenüber der Gerste eine scheinbare Zunahme des Volumens um 16–23%, im günstigen Falle sogar über 24 % verzeichnet. Dieses Ziel kann nur bei vorsichtiger Entwässerung unter Anwendung hoher Luftmengen und niedriger Temperatur möglich sein. Nur so wird das Malz mürbe, enzymstark und leicht zu schroten sein. Bei zu raschem Trocknen und bei Einwirkung hoher Temperaturen auf das noch feuchte Korn zieht es sich zusammen, wird hart und schwer (Kontrolle durch das Hektolitergewicht bzw. spezifisches Gewicht) und gibt beim Maischen den Extrakt nur unvollkommen her. Gut gelöste Malze neigen weniger zum Schrumpfen als schlecht gelöste. Durch das Trocknen verringert sich das Gewicht des Grünmalzes: 100 kg Gerste ergeben etwa 160 kg Grünmalz. Daraus entstehen ca. 80 kg Darrmalz. Es muß demnach eine Wassermenge entzogen werden, die dem Gewicht des fertigen Darrmalzes entspricht. Das Grünmalz besteht zur Hälfte aus Wasser. Die Farbe verändert sich vom Grünmalz (2,0–2,5 EBC-Einheiten) auf 2,5–4 bei hellen, 5–8 bei „Wiener" und 9,5–21 EBC-Einheiten bei dunklem Malz. Geruch und Geschmack gehen dieser Farbebildung etwa parallel. An dieser Entwicklung sind jedoch chemische Umsetzungen beteiligt.

1.6.1.2 Die *chemischen Veränderungen* des Grünmalzes durch das Darren entstehen entweder durch ein weiteres natürliches Wachstum, solange der Keimling noch lebt, oder durch Reaktionen nach Aufhören des Wachstums, die als enzymatische Vorgänge weiterlaufen. Schließlich finden nach weitergehender Trocknung oder nach eingetretener Wärmestarre des Korns noch rein chemische Umsetzungen unter dem Einfluß von Wänne und Wassergehalt statt, wobei sich die Farbe des Mehlkörpers verändert.

Solange die Feuchtigkeit im Gut nicht unter 20 % fällt und die Temperatur nicht über 40° C steigt, ist weiteres Wachstum feststellbar, das sich in der Länge des Blattkeimes äußert. Die Enzyme bewirken ein Fortschreiten der Auflösung, die sich auch in einer Erhöhung der Menge des löslichen Stickstoffs und niedermolekularer Stärkeabbauprodukte äußern kann, wenn bei bestimmten Wassergehalten entsprechende Grenztemperaturen überschritten werden, so z. B. bei 43 % 23–25° C, bei 34 % 26–30° C, bei 24 % 40–50° C. Es gilt also bei hellen Malzen eine Trocknung auf niedrige Wassergehalte zu erzielen, bevor die entsprechende Grenztemperatur erreicht wird.

Bei Temperaturen von 40–70° C wirken die verschiedenen Enzymgruppen und führen die Abbauvorgänge fort, bis entweder der sinkende Wassergehalt der Enzymwirkung ein Ende bereitet oder höhere Temperaturen eine Inaktivierung der Enzyme bewirken. Nachdem zu dieser Zeit kein weiteres Keimlingswachstum mehr gegeben ist, werden auch die Abbauprodukte nicht mehr zum Aufbau neuer Gewebe verbraucht. So häufen sich im Kom die verschiedenen Zucker (Glucose, Fructose, Maltose, Saccharose) an. Während der α-Aminostickstoff keine großen Bewegungen erkennen läßt, zeigen jedoch einzelne Aminosäuren ein spezifisches Verhalten: so nehmen z. B. Glycin, Alanin und Arginin beim Schwelken deutlich zu, Glutaminsäure und die Amide erfahren von Anbeginn des Schwelkens eine stete Abnahme. Bei Wassergehalten unter 10 % hören auch diese Reaktionen auf, da die Enzyme entweder nicht mehr weiterwirken können, inaktiviert oder gar abgetötet werden. Der Verlust an Enzymen ist um so erheblicher, je feuchter das Malz in höhere Temperaturen gelangte. Nachdem die Enzyme bei trockener Hitze weniger stark leiden als bei feuchter, wird das helle Darrmalz immer mehr Enyzme enthalten als das dunkle, obwohl die Verhältnisse beim Grünmalz durch die weitergehende Auflösung des dunklen umgekehrt sind.

Von den einzelnen Enyzmen wird die β-Amylase wesentlich stärker geschädigt als die α-Amylase, die infolge einer Aktivitätssteigerung beim Schwelken trotz der Verluste beim Abdarren im fertigen Malz auf dem Aktivitätsniveau des Grünmalzes bleibt. Die Endo-Peptidasen zeigen während der Schwelkphase bei 50° C einen Anstieg ihrer Menge und ihrer Wirksamkeit. Beim Abdarren ist – selbst bei hohen Temperaturen – keine nennenswerte Schädigung dieser Enzyme gegeben. Die Exopeptidasen erfahren während des Schwelkens eine beträchtliche Erhöhung ihrer Aktivität; nur die Dipeptidase wird so stark inaktiviert, daß der Darrmalzwert unter dem des Grünmalzes zu liegen kommt. Amino- und Carboxypeptidasen dagegen weisen im Darrmalz stets eine höhere Aktivität auf als im Grünmalz. Die Endo-β-Glucanase wird während des Abdarrens nicht wesentlich geschädigt, während die Exo-β-Glucanase ab 50° C zunehmend inaktiviert wird und bei hellem Darrmalz einen Verlust um $^2/_3$ des Ausgangswertes erleidet. Die Polyphenoloxidasen und Peroxidasen zeigen eine starke Temperaturempfindlichkeit; sie werden während des Darrprozesses bei Temperaturen über 80° C deutlich inaktiviert, eine Erscheinung, die dann zu höheren Anthocyanogenwerten in Würze und Bier führt.

Die Katalasen werden beim Schwelken zunehmend geschädigt, bei 80° C Abdarrtemperatur ist keine Katalase-Aktivität mehr nachweisbar. Auch die Lipoxygenase zeigt beim Schwelken und Darren erhebliche Aktivitätsverluste.

Die *chemischen Verländerungen bei höheren Temperaturen* werden bei den Stickstofffraktionen offenkundig. Unter dem Einfluß von Wassergehalt und Temperatur erfahren höhennolekulare Abbauprodukte eine Dispersitätsvergröberung, die zum Koagulieren, d. h. zum Unlöslichwerden eines Teils dieser Fraktion führt. Wenn auch beim hellen Malz diese Veränderungen weniger deutlich sind als beim dunklen, so spielen diese doch für Geschmack, Schäumvermögen und Stabilität des Bieres eine Rolle. Helles Malz muß deshalb mindestens bei 80° C abgedarrt werden, bei dunklem Malz ist im Bereich von 100–105°C eine kräftige Koagulation zu verzeichnen. Am auffallendsten sind jene chemischen Veränderungen, die eine kräftige Zufärbung des Mehlkörpers und ein deutliches, angenehmes Röstaroma vermitteln, wie sie das typische „dunkle" Malz besitzt.

Diese *Farbe- und Aromabildung* ist eine Reaktion, die bei Temperaturen über 100° C und bei einem Wassergehalt von etwa 5 % zwischen den im Grünmalz vorhandenen Zuckern und Eiweißabbauprodukten wie Aminosäuren, Di- und Tripeptiden eintritt. Die Aminogruppe der Aminosäuren etc. reagiert mit der Carbonylgruppe des Zuckers zu einem N-substituierten Glycosylamin, dann als zweitem Schritt über eine Schiffsche Base zu einem N-substituierten Aminodesoxyketon, das mit seiner Enolform im Gleichgewicht steht.

Bis hierher sind die Reaktionen reversibel und die entstehenden Produkte farblos. Von hier aus sind zwei Reaktionsfolgen, ausgehend von der Enol- oder Ketoform, möglich. Ein wichtiges Zwischenprodukt des ersten Weges ist dabei das 3-Desoxy-D-Glucoson, das einerseits entweder selbst oder über reaktionsfähige Zwischenverbindungen mit Carbonylgruppen zu den Melanoidinen des Typs A weiterreagieren kann, andererseits über Wasserabspaltung Hydroxymethylfurfural bildet. Dieser sehr reaktionsfreudige Aldehyd kondensiert wiederum mit Aminosäuren und bildet dann Melanoidine des Typs B. Von der Ketoform des erwähnten Aminodesoxyketons verläuft die Reaktion über ein ungesättigtes Hexoson, das mit Aminosäuren zusammen ebenfalls zu einem Melanoidin des Typs A kondensiert. Daneben entstehen eine Reihe reaktionsfähiger niedermolekularer Zersetzungsprodukte mit Carbonylgruppen, z. B. aus dem Strecker-Abbau von Aminosäuren Aldehyde, deren Kohlenstoffgerüst durch Abspaltung von Kohlendioxid und Ammoniak um ein C-Atom kleiner ist als das der ursprünglichen Aminosäure. Diese Substanzen, die ein jeweils typisches Aroma entwickeln, sind sehr reaktionsfreudig, indem sie mit anderen Aldehyden, mit Spaltprodukten von Zuckern, mit Furfural, mit anderen Dehydratationsprodukten oder mit Aldiminen und Ketiminen zu braunen Farbstoffen kondensieren. Bei der Bildung von Melanoidinen entstehen auf verschiedenen Wegen Zwischenprodukte, die den Reduktonen zugeordnet werden können.

Aminosäuren sind um so reaktionsfreudiger, je weiter die Carboxyl- und die Aminogruppe voneinander entfernt sind. Sie vermitteln einen jeweils typischen Geruch und Geschmack, so z. B. Glycin eine starke Färbung bei schwachem Aroma, Alanin weniger Farbe bei ähnlichem Geschmack, Valin dagegen reagiert langsam unter Bildung bräunlicher, angenehm aromatischer Melanoidine. Leucin ebenfalls langsam reagierend, färbt nur schwach, vermittelt aber ein deutliches brotartiges Röstaroma. Um diese Aminosäuren noch zur Reaktion zu bringen, ist es notwendig, bei dunklem Malz Abdarrtemperaturen von 100–105°C 5–6 Stunden lang einzuhalten.

Es ist jedoch auch erforderlich, daß die niedermolekularen Reaktionsprodukte des Stärke- und Eiweißabbaues in ausreichender Menge vorliegen. Dies ist einer der Gründe, warum die dunklen Grünmalze sehr weitgehend gelöst und beim Schwelkprozeß noch längere Zeit bei hohen Feuchtigkeitswerten im Bereich von Temperaturen zwischen 40 und 60° C gehalten werden. Es ist jedoch bei manchen Gersten nur schwer möglich, diese Abbauprodukte in gewünschten Mengen zu erzeugen. Die natürliche Färbefähigkeit der Gerste und des Grünmalzes ist hierfür Voraussetzung. Vor allem sehr eiweißarme Gersten eignen sich weniger gut zur Herstellung dunkler Malze.

Durch einfaches Erhitzen des Grünmalzes werden nicht die gewünschten aromatischen und färbefähigen Stoffe gewonnen, sondern u. U. brenzlig und bitter schmeckende Assamare, die den Geschmack des Bieres beeinträchtigen können.

Bei hohen Darrtemperaturen bilden sich aus Zuckern heterocyclische Verbindungen. Durch intermolekulare Umlagerungen, durch Enolisierung entsteht aus dem Zucker als Zwischenprodukt ein Endiol. Von diesem wird ein Molekül Wasser abgespalten, die resultierende Dicarbonylverbindung ist ein Reaktionspartner für Aminosäuren. Reagiert eine schwefelhaltige Aminosäure, z. B. Cystein, mit der Dicarbonylverbindung, so entsteht über einige Zwischenschritte das 2-Acetylthiazol. Analog den ersten Schritten der Maillardreaktion verläuft auch die Bildung von Pyrazinen (aus zwei Aminoketonen) oder Oxazolen (Umsetzung von Aminoketonen mit organischen Säuren). Pyrrole entstehen aus Dicarbonylen und 1-Amino-1-desoxy-Ketosen. Bei der Umsetzung von Prolin mit reduzierenden Zuckern entstehen u. a. Pyrrol, Acylpyrrolidine, 1-Acetylpyridin sowie das sogenannte Malzoxazin.

Sauerstoff-Heterocyclen wie y-Pyrone, Maltol, Isomaltol und Furaneol enthalten kein Stickstoffatom. Viele dieser Substanzen sind geruchs- und geschmacksintensiv, wobei die Aromanoten von brot-, kartoffel-, popcorn- nach pilzartig reichen können. Manche, z. B. die Prolinderivate, verleihen auch einen Bittereindruck.

Je nach der Zusammensetzung der Heterocyclen, der Stellung und Zahl der Methylgruppen am Kohlenstoffring, wird das Aroma und dessen Schwellenwert bestimmt. Dieser kann zwischen 100 00 ppb und 0,002 ppb liegen.

Es sind also diese Substanzen nicht immer angenehm. Beim dunklen Malz sind die Produkte der Maillard-Reaktion, also auch die Heterocyclen erwünscht, beim Würzekochprozeß, z. B. bei höheren Temperaturen oder übermäßiger thermischer Belastung vor und nach dem Würze kochen (s. S. 170), können sie im späteren Bier auch Fehlaromen hervorrufen.

Mit einer Erhöhung der Abdarrtemperatur von 70° C auf 85° C zeigen die N-Heterocyclen bereits eine deutliche Zunahme, vor allem die Pyrazine und 2-Acetylpyrrol. Die weitere Steigerung von 85 auf 100° C erbringt eine weitere Erhöhung um 60–300 %. Bei einem Schwelkverfahren für dunkles Malz und einer Abdarrtemperatur von 100° C ist die Mehrung dieser Substanzen noch größer, was seinen Grund im größeren Anfall an Aminosäuren und Zuckern beim „warmen Schwelken" hat.

Als Folge der Melanoidinbildung nehmen Invertzucker und Aminosäuren, aber auch niedere Peptide während des Darrens ab. Nachdem die Melanoidine sauer reagieren, nimmt aus diesem Grunde der pH von Malzauszug oder Kongreßwürze bei höheren Abdarrtemperaturen ab. Zur Säurebildung trägt auch die Wirkung der Phosphatasen bei, die anorganisches Phosphat aus organischen Phosphorverbindungen freisetzen, darüber hinaus tritt bei höheren Abdarrtemperaturen auch eine Fällung von sekundären und tertiären Phosphaten ein, was sich in einer verringerten Pufferung der Malze äußert.

Beim Darren erfahren auch organische Schwefelverbindungen eine Veränderung. Das bei der Keimung gebildete S-Methylmethionin (SMM) zerfällt durch die Hitzeeinwirkung beim Darren, wobei Dimethylsulfid (DMS) abgespalten wird. Dieses DMS ist jedoch sehr oxidationsempfindlich und kann mit Sauerstoff zu Dimethylsulfoxid (DMSO) oxidieren. Dieser hochsiedende (189° C) Vorläufer kann sowohl durch starke thennische Belastung als auch durch Hefen und gewisse Bakterien zu DMS umgewandelt werden.

So enthalten hoch, bei 90–100°C abgedarrte Malze weniger DMS-Vorläufer als niedrig gedarrte. Doch hängt der Gehalt an diesem und damit die Bildung von freiem DMS bei der Gärung von der Intensität des Darrens und Würzekochens, aber auch schon ursächlich von Gerstensorte, Klimabedingungen, von den Keimungsparametern und der damit erzielten Eiweißlösung ab.

Die Polyphenole werden beim Schwelken durch die Wirkung von Oxidasen etwas verringert. Mit steigender Abdarrtemperatur tritt eine vermehrte Inaktivierung von Peroxidasen und Polyphenoloxidasen ein, so daß die aus derartigen Malzen stammenden Kongreßwürzen höhere Polyphenolgehalte, besonders höhere Anthocyanogenwerte aufweisen, wodurch sich der Polymerisationsindex erniedrigt. Der Gehalt an Tannoiden nimmt zu (s. S. 3). Polyphenole können auf diesem Wege, aber auch durch Reaktion mit Maillardprodukten färbende Substanzen bilden.

Der Grenzwert für helle Malze liegt hier zwischen 80 und 85° C, darüber wird die Zufärbung beim weiteren Brauprozeß für helle Biere zu intensiv.

Die Abtötung bzw. Inaktivierung eines Teils der Enzyme beim Darren bringt es mit sich, daß auch die Extraktausbeute eine Beeinflussung erfährt: Je höher, länger und bei um so höherem Anfangswassergehalt ausgedarrt wird, um so niedriger wird die Ausbeute. Frisch abgedarrte Malze geben den Extrakt schlechter her als abgelagerte, da den Kolloiden beim Darren zum Teil das Hydratationswasser entzogen wurde, eine Erscheinung, die auch das opalisierende Ablaufen der Kongreßwürzen bewirkt. Im Laufe der Lagerung des Malzes erfolgt bei geringer Wasseraufnahme wieder eine Quellung bereits dehydratisierter Kolloide. Die bei höheren Abdarrtemperaturen stärkere Inaktivierung der α-Amylase, vor allem aber der β-Amylase hat auch eine Verringerung des Endvergärungsgrades der Kongreßwürze zur Folge.

Bei Darren, die mit schwefelhaltigen Brennstoffen (z. B. Koks) direkt beheizt werden, ergibt sich eine Aufhellung des Malzes, die weniger auf eine Bleichwirkung des Schwefeldioxids als vielmehr auf eine Blockierung reaktionsfähiger Endgruppen, vor allem der Aldehyde, der Zucker oder deren Reaktionsprodukte zurückzuführen ist.

Heizöle mit höherem Schwefelgehalt können zu einer „Tigerung" des Malzes führen, zu schwarzen Flecken auf der Spelze, die zwar belanglos sind, aber dennoch beanstandet werden. Empfehlenswert sind schwefelarme Heizöle (unter 0,5% Schwefel). Speziell gestaltete Feuerungen gestatten heute sogar die Verbrennung schwefelreicherer Heizöle. Es kann jedoch der pH des Malzes so weit abfallen, daß seine weitere Verarbeitung Schwierigkeiten bereitet.

Beim Schwelken und Darren mit direkt beheizten Darren kommt es zur Bildung von Nitrosaminen im Malz, die ohne Veränderung ins Bier übergehen. Ihre Vorläufer sind die bei der Keimung entstehenden Amine (Dimethylamin, Ethylamin, Tyramin, Hordenin, Gramin und andere) und die bei hohen Flammentemperaturen resultierenden Stickoxide, die summarisch als NO_x bezeichnet werden, die aber hauptsächlich aus NO und NO_2 bestehen, wobei vor allem letzteres die Amine beim Schwelken nitrosiert. Die Nitrosoverbindung wird dann zu Nitrosodimethylamin gespalten (NDMA, vereinfacht als „Nitrosamin" bezeichnet). Der Schwefelgehalt des Heizmittels bewirkt durch Blockierung der Nitrosierungsreaktion eine z. T. sehr weitgehende

Verminderung des NDMA. Auch sog. „Nieder-NO$_x$-Brenner", die eine Erhöhung des Verhältnisses Heizgas : Verbrennungsluft auf ca. 1 : 1,8 erreichen, erbringen eine Verringerung, die jedoch nicht immer den technischen Grenzwert von 2,5 ppb erreicht. Die beste Lösung sind indirekte Heizsysteme, die aus dieser Problematik heraus neu entwickelt wurden.

Der Verdacht, daß direkt beheizte Darren die Bildung von *polycyclischen, aromatischen Kohlenwasserstoffen* (PAK) begünstigen, konnte bei Verfolg von 3,4-Benzpyren nicht bestätigt werden. Es zeigte sich vielmehr, daß die Umweltbedingungen für den PAK-Gehalt eines Malzes von Bedeutung sind.

Der *Schwefeldioxid-Gehalt* des Malzes liegt bei Verbrennung von Flüssiggas oder Erdgas bei 1,5–8 ppm, bei Leichtöl (Schwefelgehalt 0,2–0,5 %) bei 5–10 ppm, bei Koks (ca. 0,9 % S) bei 20–33 ppm. Der SO$_2$-Gehalt des Malzes hat aufgrund sorgfältiger Untersuchungen keinen Einfluß auf den Schwefeldioxidgehalt des Bieres. Der Schwefelgehalt des Heizöls bewirkt eine sehr weitgehende Verminderung der Nitrosamine, ebenso sind Maßnahmen wie eine Erhöhung des Verhältnisses Gas : Verbrennungsluft auf 1 : 1,8 (z. B. bei gasbeheizten Darren) erfolgreich.

1.6.2 Die Darren

Zum Entwässern und Darren des Grünmalzes werden *Malzdarren* verwendet. Die verschiedensten Konstruktionen werden entweder durch Heißluft oder durch Heizgemische auf indirektem oder direktem Weg beheizt. Die wesentlichen Darrkonstruktionen sind nach Anordnung der Horden und der Beladungshöhen: Horizontal oder Plandarren mit 1, 2 oder 3 Horden, Vertikaldarren (alt für Chargenbetrieb oder neu für kontinuierlichen Betrieb); heutzutage überwiegend Hochleistungsdarren mit einer Horde oder zwei über- oder nebeneinander liegenden Horden. Auch eine Anordnung von drei nebeneinanderliegenden Horden (Triflex-Darre) ist bekannt. Dazu kommen kombinierte Systeme, wie sie sich aus den verschiedenen Typen der Keimdarrkasten ableiten lassen. Nach der Beheizungsart ist einzuteilen in mittelbare Heizung, wobei die Trocknungsluft an Heizsystemen erwännt wird, und in unmittelbare Heizung, bei der die Verbrennungsgase direkt durch das Grünmalz streichen. Schließlich erfolgt eine weitere Unterteilung nach

der Art des Heizmittels oder des wärmeübertragenden Mediums: Koks, Anthrazit, Öl, Gas, Dampf oder Heißwasser. Dabei ist jedoch bei Angabe der Brennstoffe von Bedeutung, ob es sich um eine direkt oder indirekt beheizte Darre handelt.

1.6.2.1 Die *Einhordenhochleistungsdarren* sind die überwiegend anzutreffende Darrkonstruktion. Sie sind durch eine hohe Malzschicht von 0,6–1 m und durch eine hohe Beladung von 250–400 kg/m^2 = Gerste als Grünmalz = 200–320 kg/m^2 Fertigmalz gekennzeichnet. Auf der wenderlosen Horde wird sowohl der Schwelk- als auch der Darrprozeß durchgeführt. Die Darre besteht aus folgenden Elementen: Der *Horde*, aus besonders tragfähigem Profildraht, der widerstandsfähig gegen seitliche Verformungen ist und der eine große freie Durchgangsfläche von 30–40 % aufweist. Um eine glatte, ebene Oberfläche zu erzielen, sind die einzelnen nebeneinander liegenden Hordenfelder auf einem Unterstützungsrost aus Netzeisen und dieser wiederum auf Profileisen angeordnet. Die Horde ist so im Mauerwerk verankert, daß sie bei Temperaturänderung eine gewisse Bewegungsfreiheit hat. In den meisten Fällen sind die Horden als Kipphorden ausgebildet, die ein- oder zweiteilig sein können. Die erstere Konstruktion erfordert eine größere Raumhöhe, erlaubt jedoch die Anordnung der Malzgosse an der Wand der Darre. Die letztere macht eine Gosse in der Mitte des Druckraumes erforderlich. Verschiedentlich ist um die Horde ein Gang gelegt.

Die *Belüftung der Darre* erfolgt über einen entsprechend bemessenen Ventilator, der in der Ebene des *Schürraumes* oder des Heizregisters angeordnet ist. Er zieht die Luft entweder vom Frischluftschacht oder vom Rückluftkanal an und drückt sie in den darüber befindlichen Druckraum. Von dort durchdringt die Luft das auf der Horde liegende Gut und wird in den Abluftkamin abgeführt. Dieser bildet mit dem Rückluftkanal einen gemeinsamen Schacht; die Wegeführung der Luft wird durch eine dicht schließende Rückluftklappe oder einen ebensolchen Pilzschieber bewirkt.

Der *Schürraum* wird zugfrei gestaltet. Bei indirekt beheizten Darren findet sich anstelle des Heizofens das Heizsystem (Thermoblock, Kalorifere für Dampf oder Heißwasser). Hier sind meist die Kontrollinstrumente für die Darre installiert, wenn diese nicht von einer zentralen Schaltwarte aus gesteuert wird.

Der *Druckraum* soll eine Entspannung der vom Ventilator geförderten Luftmenge und ihre gleichmäßige Verteilung unter dem Malz bewirken. Seine Höhe hängt ab von der Fläche der Darre sowie von den Einbauten, die meist die von der Kipphorde beschickte Malzgosse sowie die Transporteinrichtungen für das Darrmalz einschließen. Je geringer die Höhe des Druckraumes und um so mehr Einbauten gegeben sind, desto schwieriger ist eine gleichmäßige Verteilung der Luft und damit eine gleichmäßige Temperaturführung. Zwischen der Ausblasöffnung des Ventilators und der Horde befindet sich ein Verteilerschirm, der die direkte Strahlwirkung der eingeführten Wannluft vom Gut fernhält und auch ein Herabfallen von Malzkeimen in die Ventilatorausblasöffnung verhindert. Zur gleichmäßigen Verteilung der Luft hat sich ein Gitterrost oder eine Lochblechprallplatte auf der Ausblasöffnung des Ventilator bewährt.

Der *Ventilator*, meist ein Gehäuseventilator, muß, um die notwendigen Mengen an Trocknungsluft zu liefern, je nach der Höhe der Malzschicht Drücke von 60–200 mm erzeugen. Auch Heizregister, Kaloriferen etc. rufen zusätzliche Druckverluste hervor. Die Lüfter sind als Hochleistungsventilatoren ausgebildet; sie leisten für eine Prozeßzeit von 20 Std. pro kWh 2500–3000 m³ Luft. Bei hellem Malz wird eine Luftleistung von 4000–4800 (–5000) m³/t Malz und h benötigt, die dann während des Abdarrens auf 2300–2700 m³/t zu drosseln ist. Diese Regulierung kann vorgenommen werden durch Drosseln des Frischluftschiebers, des Abluftschiebers oder durch Venninderung der Motorendrehzahl über einen Regulierwiderstand, mit Hilfe eines Repulsionsmotors oder neuerdings über einen Frequenzregler. Der unterschiedliche Luftbedarf der Darre bei Winter- und Sommerbetrieb kann auch durch die Wahl verschieden großer Keilriemenscheiben dargestellt werden. Verschiedentlich wird bei Darr-Neubauten je nach dem Beladerhythmus auch eine längere Schwelk- und Darrzeit vorgesehen. Bei 30–32 Stunden Zyklus kann eine etwas stärkere Beladung von 500 kg Gerste als Grünmalz oder mehr gewählt werden. Die Ventilatorleistung beträgt 3200 m³/t · h.

Die *Heizeinrichtung* ist nun je nach dem betreffenden System grundsätzlich verschieden. Bei der *direkten Heizung* (z. B. Darre mit Koksfeuerung) saugt der Ventilator Frischluft oder Rückluft über das Feuerbett zur Venmischung mit den Feuergasen an und drückt das Gemisch mit Überdruck in die Druckkammer. Die Regulierung der Heizleistung erfolgt über einen in der Druckkammer befindlichen Thermostaten, der seinerseits den als Unterwind benötigten Teilstrom des Ventilators steuert. Der zur Verbrennung kommende Zechenkoks hat einen unteren Heizwert von rd. 29 300 kJ/7000 kcal/kg. Nachdem der Schwefelgehalt etwa 0,9 % beträgt, wird bei einem Heizmaterialaufwand von 130 kg Koks/t Malz eine Menge von 1,2 kg Schwefel/t Malz verbrannt.

Ölheizung erfordert das Einhalten besonderer Vorschriften bei der Gestaltung der Schürräume. Eine Ausführung sieht einen doppelten Blechmantel vor, durch den die gesamte Trocknungsluft gezogen wird. Hierdurch wird ein Verglühen des mit der Flamme in Berührung stehenden Mantels vermieden und eine gute Vermischung von Luft und Feuergasen erzielt. Öl, in mittelschwerer oder in leichter Qualität verwendet, hat Heizwerte zwischen 39 800–42 700 kJ bzw. 9500–10 200 kcal/kg. Auf den Schwefelgehalt ist zu achten.

Gasheizung hat sich ebenfalls eingeführt. In Frage kommen als Heizmittel Erdgas (überwiegend Methan), Ferngas (meist Wasserstoff und Methan) und Flüssiggas (Butan). Die unteren Heizwerte liegen zwischen 14 600–16 750 kJ bzw. 3500–4000 kcal/Nm³ (Ferngas), 29 300–30 600 kJ bzw. 7000–9000 kcal/Nm³ (Erdgas) und 83 400 kJ bzw. 20 000 kcal/Nm³ (Butan). Während Erdgas und Flüssiggas vollständig zu Kohlendioxid und Wasser verbrennen, enthält das Ferngas eine reihe von Nebenprodukten, wie Teer, Benzol, Ammoniak und Schwefel, die durch sorgfältige Aufbereitung zu entfernen sind. Nachdem bei der Verbrennung dieser drei Gasarten Wasser entsteht (am meisten bei Ferngas und Erdgas, weniger bei Butan), wird die Trocknungswirkung der Luft herabgesetzt, was sich vor allem bei den niedrigeren Wassergehalten des Schwelkmalzes gegen Ende des Schwelkprozesses auswirkt. Evtl. muß der Anteil der Frischluft beim Abdarren um etwa 10% höher gewählt werden.

Indirekte Heizung der Darren kann durch Heizöfen mit großer Heizfläche erfolgen. Diese haben Rohrsysteme, durch welche die Trocknungsluft an Heizgasen vorbeistreichen und sich erwärmen kann. Diese Industrieheizöfen, auch „Thermoblocks" genannt, hatten ursprünglich durch die Verluste im System, besonders durch zu hohe Ablufttemperaturen einen um 10–15 % höheren Brennstoffverbrauch als die direkt beheizten Darren. Neue Konstruktionen mit Edelstahlrohren sind nicht nur robuster, sondern sie ermöglichen durch größere, hintereinandergeschaltete Wärmetauscher-Elemente eine Abkühlung der Heizgase bis auf 50° C. Dabei fällt sogar der bei der Verbrennung entstehende Wasserdampf als Kondensat an, was wiederum einen günstigeren Wärmeübergang bewirkt. Es kann bei diesen Heizanlagen mit dem oberen Heizwert des Brennstoffs gerechnet werden; damit ist es möglich, die Wirkungsgrade direkt beheizter Darren zu erreichen.

Einfacher sind Heizsysteme, die von *Heißwasser* (ca. 110° C zum Schwelken und 160° C zum Darren) oder *Dampf* durchströmt werden. Zum Schwelken ist auch Abdampf mit 1,5 bis 2 bar (Überdruck) verwendbar. Zum Darren sind allerdings höhere Dampfdrücke erforderlich.

Diese Einhordendarren haben sich in den verschiedensten Bauarten bewährt. Sie sind einfach zu bedienen; der Darrablauf kann durch Programme vollautomatisch gesteuert werden. Der Darrvorgang nimmt – bei hellem wie bei dunklem Malz – 18–21 Stunden in Anspruch.

Der Kraftbedarf hängt stark von der Beladungshöhe ab, er ist bei direkter Beheizung geringer (25–40 kWh) als bei indirekter (33–48 kWh pro Tonne fertiges Malz). Der Wärmeverbrauch unterscheidet sich in ähnlicher Weise: Bei direkter Beheizung oder den oben geschilderten Heizöfen mit niedrigen Abgastemperaturen 3,35–4,40 $\times$ 10^6 kJ/t bzw. 0,8–1,05 $\times$ 10^6 kcal/h, bei indirekter Beheizung mittels Heißwasser oder Dampf (bedingt durch die Verluste der Dampfkessel) 4,0–4,6 $\times$ 10^6 kJ/t bzw. 0,95–1,1 $\times$ 10^6 kcal/t Fertigmalz.

1.6.2.2 *Zweihorden-Hochleistungsdarren:* Der Wunsch nach einer besseren Wärmeausnutzung der Darrabluft bzw. deren Energie direkt für die Schwelke verwenden zu können, führte zur Wiedereinführung von Mehrhordendarren, wie sie auf S. 70/71 geschildert sind, jedoch mit einer wesentlich höheren Beladung. Die Horden können nun übereinander oder nebeneinander angeordnet sein. Bei letzteren handelt es sich um sog. „Luftumkehrdarren", d. h. das Gut verbleibt bei diesen die gesamte Schwelk- und Darrzeit auf derselben Horde, während bei den Zweihorden-Hochleistungsdarren am Ende des Schwelkens von der oberen auf die untere Horde umgeladen werden muß.

Bei diesen *Zweihordendarren mit übereinander angeordneten Horden* handelt es sich überwiegend um solche mit runden Horden, die entweder drehbar (Drehhorden) mit feststehender Be- und Entladevorrichtung oder stationär mit einer umlaufenden Be- und Entladeschnecke sind. Die spezifische Schüttung beträgt 350 kg Fertigmalz/m^2 (435 kg Gerste als Grünmalz); die Drehhorde wird über einen peripheren Zahnkranz mit Getriebemotoren bewegt. Die Luftführung geschieht wie folgt: Die Darrluft wird bei einer Konstruktion vom Frischluftkanal über einen Kreuzstromwärmetauscher (s. S. 79) und den großflächigen Wärmetauscher (Heizofen) vom Darrventilator, der zwischen den Horden angeordnet ist, durch die Darrhorde gesaugt und von hieraus – ggf. unter Zusatz von leicht vorgewärmter Frischluft (Kreuzstromtauscher) – durch die Schwelkhorde gedrückt. Bei einer vorgesehenen Schwelk- und Darrzeit von jeweils 20 Stunden hat der Ventilator eine Leistung von 3200 m^3/t · h zu erbringen, wobei durch Frequenzregelung eine Reduzierung auf ca. 50 % wünschenswert ist. Der Wärmebedarf liegt – begünstigt durch den Kreuzstromtauscher bei 2,1–2,3 $\times$ 10^6 kJ bzw. 0,5–0,55 $\times$ 10^6 kcal/t, der Kraftbedarf bei 45–50 kWh/t Fertigmalz.

Eine andere Konstruktion sieht den Einsatz von zwei Druckventilatoren vor: der erste drückt die erhitzte Luft durch die Darrhorde (Leistung bis 3000 m^3/t · h), der zweite nimmt diese Luftmenge aus dem Raum über der unteren Horde an und drückt diese, verschnitten mit vorgewärmter Frischluft und über einen zweiten Wärmetauscher zur Einstellung der Schwelktemperatur durch die Schwelkhorde (Leistung bis 3800 m^3 t · h). Beide Ventilatoren sind stufenlos geregelt.

Die Beladung dieser Darren geschieht über einen mechanischen Grünmalztransport. Die Verteilung des Gutes wird von einer höhenverstellbaren Horizontalschnecke vorgenommen. Diese Vorrichtung besorgt auch das Abräumen des Schwelkmalzes auf die untere Horde, auf der eine identische Schnecke die gleiche Funktion erfüllt.

Die *Zweihordendarren mit nebeneinanderliegenden rechteckigen oder quadratischen Horden* sind als „Luftumkehrdarren" bekannt geworden, d. h. nach Beendigung des Darrprozesses wird die bisherige Darrhorde neu beladen und damit zur Schwelkhorde und die bisherige Schwelk- zur Darrhorde. Die vom Kreuzstromwärmetauscher vortemperierte Luft wird über den Darrlufterhitzer erwärmt und unter die Horde gedrückt. Die Lüfterleistung ist hier geringer ausgelegt als bei den vorgeschilderten Darren, da das Gut während des gesamten Schwelk- und Darrprozesses nicht bewegt und folglich die Schichtenbildung nicht gestört wird (1500 m^3/t · h). Die Abluft aus der Darrhorde wird nun im Abluftschacht nach unten geführt und vom größer dimensionierten

Schwelkventilator (2500 m³/t · h) aufgenommen. Um die zum Schwelkprozeß erforderliche, größere Luftmenge bereitzustellen, gelangt vorgewärmte Frischluft (KWT) zur Zumischung. Beide Luftqualitäten werden nun in einem weiteren Wärmetauscher auf die gewünschte Schwelktemperatur gebracht. Beide Ventilatoren sind mittels Frequenzumformer stufenlos geregelt, was computergesteuert in Abhängigkeit vom Grünmalzwassergehalt, vom Schwelk- und Darrfortschritt und vom zu erzielenden Malztyp geschieht. Der Wärmeverbrauch liegt bei 2,1–2,3 × 10⁶ kJ/0,5–0,55 kcal/t Fertigmalz, der Kraftbedarf bei 30–35 kWh/t. Die spezifische Beladung liegt zwischen 330 und 400 kg Fertigmalz/m².

Das Beschicken und Entleeren der Horden geschieht durch eine heb- und senkbare Schnecke, die über der Horde mit regelbarer Geschwindigkeit vor- und zurückläuft. Die Grünmalzzufuhr erfolgt entweder mit einem Pendelrohr oder einer schwenkbaren Zuführschnecke. Das Abräumen wird entweder in eine längs oder quer der Laufrichtung angeordnete Schnecke (Trogkettenförderer) vorgenommen.

Der Gedanke, die ungesättigte Abluft einer Darre mit zum Schwelken einer zweiten Darre heranzuziehen, führte zur Konstruktion der „Triflex-Darre". Drei identische Einhordendarren mit jeweils eigenem Ventilator und unabhängigen Beheizungsanlagen verfügen je über einen Abluft- und einen Umluftkanal. Letzterer führt die ungesättigte Luft dem jeweils nächsten Schwelkvorgang zu. Es werden immer zwei der Horden mit Grünmalz gleichzeitig beladen; die eine Horde erhält 45 %, die andere 55 % der Menge. Die erstbeladene Darre A mit der geringeren Schüttung von 409 kg Gerste als Grünmalz bzw. 327 kg Darrmalz wird mit einem 20stündigen Arbeitszyklus gefahren, wofür der Ventilator auf eine Leistung von 3500 m³/t · h ausgelegt ist. Die zweitbeladene Darre B wird mit 500 kg Gerste als GM bzw. 400 kg/m² Malz für eine Schwelk- und Darrzeit von 32–33 Stunden beschickt. Nach 14 Stunden ist in Darre A der Durchbruch erreicht und die auf ²/₃ reduzierte Abluft wird, zusammen mit Frischluft auf die Schwelktemperatur erwärmt. Die Abluft der mittlerweile ebenfalls am Durchbruch angelangten Darre B wird auf die neu beladene Darre C (45 %) und die wiederbeladene Darre A zum Schwelken verteilt. Dieses Verfahren ist ebenfalls sehr sparsam, da stets nur feuchtigkeitsgesättigte Abluft entweicht. Der Wärmebedarf beläuft sich auf knapp 2,1·10⁶ kJ bzw. 0,5 × 10⁶ kcal/t, der Kraftbedarf auf 26 kWh/t Fertigmalz.

1.6.2.3 *Keimdarrkasten*: Hier haben sich im letzten Jahrzehnt eine Reihe von Konstruktionen eingeführt und bewährt. Hiervon sollen die zwei grundlegenden Bauformen eingehend besprochen werden.

Der *rechteckige Keimdarrkasten* entspricht in seinem Prinzip einem Keimkasten, der jedoch dem Transport der großen Darrluftmengen durch reichliche Bemessung der Luftführungskanäle, vor allem des Raums unter der Keimdarrhorde von 2,9–3,2 m Höhe Rechnung trägt. Die spezifische Beladung der 130–170 t großen Einheiten beträgt 500–630 kg/m². Der Baukörper ist aus Betonfertigbauteilen erstellt; den trotz entsprechender Isolierwirkung unweigerlich auftretenden Wärmespannungen tragen flexible Dichtungen Rechnung. Die Isolierung zwischen den Kästen wird durch Gasbetonelemente sichergestellt. Die Horde ist aus den bekannten verzinkten geschlitzten Blechen oder als Spaltsiebhorde gefertigt.

Der übliche Schneckenwender wird in der Regel nur während der Keimung, nicht aber beim Darren betätigt. Er dient auch dem Ausräumen des Darrmalzes. Nachdem aber die Preßwirkung der stillgesetzten Wenderspiralen beim Transport des lockeren Darrmalzes nicht ausreicht, muß eine – meist dreiteilige – Klappschaufel vor dem Ausräumvorgang am Wender angeordnet werden.

Eine neuere Konstruktion bedient sich einer Querschnecke, die sich knapp über der Horde befindet. Die Saladin-Wenderschnecken dosieren das Malz drucklos und damit schonend dieser Schnecke zu. Der Keimabrieb bleibt hierbei gering, ebenso der Keimanfall unter der Horde. Das Gut wird in einen an der Längsseite des Kastens angeordneten Horizontalförderer (Schnecke, Redler, Förderband) geleitet. Die Dauer des Ausräumens entspricht der Wenderlaufzeit.

Die Belüftungseinrichtungen für die Keimung sind an der einen Stirnseite des Kastens installiert. Jeder von 3–6 Keimdarrkästen einer Anlage hat seinen eigenen Ventilator (600 m³ Luft/t u. h), seine eigenen Luftkanäle sowie einen entsprechenden Kühler. Die Belüftungs- und Heizvorrichtung für das Darren befindet sich auf der entgegengesetzten Seite des Kastens. Diese Anlage ist – je nach Schwelk- und Darrzeit – in der Lage, 4–6 Einheiten zu versorgen. Die gegenüber spezifischen Einhordendarren hohe Beladung macht aus Gründen der Ventilatorbemessung und des Kraftaufwandes eine längere Schwelkzeit erforderlich. Normal wird eine Schwelk- und Darrzeit von 33 Stunden veranschlagt, was eine Heiz-anlage für jeweils 4 Kästen notwendig macht. Die Leistung der meist gehäuselosen Ventilatoren be-trägt 2500 m³/t u. h, der Kraftbedarf ist trotz der hohen Beladung nur bei ca. 40 kwh/t. Der Wärme-verbrauch liegt durchschnittlich bei $3,8 \times 10^6$ kJ/0,9 Mio kcal/t Malz.

Die Führung der Darrluft entspricht genau der bei Einhordendarren üblichen: Frischluftschacht, Rückluftkanal und Abluftöffnungen, die sich meist auf der entgegengesetzten Seite des Luftein-tritts befinden. Die Verteilung der früher mittels direkter Gasbeheizung, heute durch entsprechen-de Heizöfen (s. S. 65) erwärmten Luft auf den jeweils zu trocknenden Kasten geschieht über einen zentralen Kanal an der „Darrseite" der Anlage durch dicht verschließbare, stark isolierte Tore oder Schleusen.

Eine Verkürzung des Darrabschnitts auf ca. 28 Stunden, wie sie zum Zwecke einer besseren Ausnützung der Keimperiode getätigt wird, erfor-dert meist eine Forcierung des Schwelkens nach Luftdurchsatz und Temperaturführung. So wird die Ventilatorleistung auf ca. 3000 m³/t u. h gestei-gert, was aber eine Erhöhung des Kraftbedarfs nach sich zieht. Eine weitere Reduzierung des Schwelk- und Darrvorgangs – wie sie bei einem Anbau von weiteren Kasteneinheiten (bis zu 6) notwendig wird – erfordert eine tägliche Darrung, so daß dann der 24-Stunden-Rhythmus einzuhal-ten ist. Hierfür müssen 3300–3700 m³/t u. h für den Schwelkprozeß veranschlagt werden. Die Notwendigkeit der Energieeinsparung hat zur Kopplung von jeweils zwei Keimdarrkästen ge-führt, wobei die Abluft des einen Kastens nach dem „Durchbruch" zum Beheizen der Schwelk-luft des nächstfolgenden dient. Hierfür ist eine entsprechende Rückluftführung, eine zweite Ven-tilatorgruppe sowie ein weiteres Heizsystem zum Erwärmen des Frischluft-Rückluftverschnitts für das Schwelken erforderlich. Die Gesamt-Schwelk- und Darrzeit beläuft sich je nach Ein-zelzyklus auf 2×24–28 Stunden.

Während die vorgenannten Kästen von einer herkömmlichen Weichanlage oder über eine sog. „Waschschnecke" beschickt werden, arbeitet ein anderer Typ des Keimdarrkastens mit 300 t Kapa-zität pro Einheit nach anderen Gesichtspunkten: Die 630 m² großen Kästen werden in 5 Stunden „trocken" über einen Redlerförderer mit Gerste beladen, das Gut eingeebnet und dann über eine am Wender angebrachte Sprühvorrichtung inten-siv befeuchtet. Die Vorschubgeschwindigkeit be-trägt dabei nur 0,2 m/min, die Wenderspiralen

vermischen Wasser und Gerste mit hoher Dreh-zahl (42 U/min). Die Wasserzufuhr erfolgt dabei über eine Rinne längs der Kastenwand. Bei späte-ren Spritzungen läuft der Wenderwagen schnel-ler, die Schnecken dagegen mit zunehmendem Gewächs langsamer. Die Befeuchtung ist sehr wirkungsvoll, wie der niedrige Gesamtwasserver-brauch von 0,9 m³/t anzeigt, der nur 30–40 % über dem theoretischen Bedarf liegt. Die Belüftungs-anlagen für das Keimgut (5 Ventilatoren mit insgesamt 600 m³/t u. h) sichern über die ganze Länge des Kastens eine gute Luftverteilung. Ebenso sind für das Darren 6 Ventilatoren mit einer Luftleistung von insgesamt 3800 m³/t u. h Malz in einem Maschinensaal für jeweils zwei Keimdarrkästen angeordnet. Die Beheizung ge-schieht über 6 gasbefeuerte Lufterhitzer. Das Abräumen des Malzes erfolgt in 5–6 Stunden über eine Vorrichtung ähnlich dem System „Koch", die über eine Schrägschnecke auf den Gerstenredler fördert. Die Produktionszeit in die-sen großen Einheiten beträgt 2 Tage für das Wei-chen, $5\frac{1}{2}$–6 Tage für das Keimen und $1\frac{1}{2}$ Tage für das Darren. Ent- und Beladen nehmen zusammen einen Arbeitstag in Anspruch.

Runde Keimdarrkästen (s. S. 53, 54) wurden in ein- oder mehrstöckiger Bauweise eingesetzt. Sie wurden mittlerweile um der Energierückgewin-nung bzw. der Energiekosten willen überhaupt in Keimkästen und meist (Rund-)Darren in Zwei-hordenanordnung getrennt. Interessant war bei diesen Keimdarrkästen, daß die Darrluft über einen zentralen Kanal über eine Reihe von isolier-ten, dicht verschließbaren Klappen unter die be-treffende, zum Darren bestimmte Horde geführt wird. Die Luftwege sind z. B. bei Einheiten für 200 t Gerste als Grünmalz mit rund 8 m sehr kurz. Die Darrumluft wird über einen eigenen Kanal zurückgeführt. Ein zusätzlicher Kanal dient dazu, die feuchtigkeitsgesättigte Schwelk-Abluft zum Anwärmen eines frisch ausgeweichten Haufens zu verwenden.

Auf einem ähnlichen Prinzip beruht der nur einstöckige „Unimälzer", der jedoch auch die Darrluft von der Peripherie her erhält. Er wird in kleinen (3 t) wie in großen Einheiten (200 t) er-stellt.

Die Keimung vollzieht sich in sämtlichen ge-schilderten Typen nach denselben Grundsätzen wie in der Saladinmälzerei. Wie schon erwähnt, kann nach ein- oder zweitägiger Weichzeit über eine Waschschnecke oder gar „trocken" eingela-gert werden. Bei den beiden letzteren Gegeben-heiten verlängert sich naturgemäß die Aufenthaltszeit im Keimdarrkasten. Am günstigsten ist es, nach einem Weichtag (21–26 Stunden) mit ca. 38 % Wassergehalt auszuweichen und die Keimung in der vom vorhergehenden Darren gut angewärmten Atmosphäre des nunmehrigen Keimraumes in den folgenden 12–24 Stunden abzuwarten und dann gezielt bis auf 45–47% Feuchte aufzuspritzen (s. S. 52). Nach den bekannten Grundsätzen gelingt es, innerhalb von rund 5 1/2 Tagen ein voll befriedigendes Grünmalz zu erzielen, so daß sich der Keimprozeß gut mit der Darrzeit in einem Wochenrhythmus einfügen läßt. Bei Grünmalz aus „abgeschliffener" Gerste könnte sogar nach Maßgabe des Keimbildes früher mit dem Darren begonnen werden, wenn Darrkapazität „frei" ist. Das ist aber z. B. schon bei 5 Keimdarrkästen an einer Darreinheit nicht mehr der Fall.

Die „statischen" Mälzungssysteme wie die besprochenen Keimdarrkästen haben die Entwicklung zu Chargengrößen in Bereiche von 150–300 t Gerste ennöglicht. Der Wegfall des Grünmalztransports mit allen seinen Nachteilen ist sicher günstig, doch ist zu berücksichtigen, daß – mindestens bei den rechteckigen Einheiten – das Ausweichen und das Abräumen des Darrmalzes Zeit und Kosten erfordert. Ein Problem stellt auch die Beanspruchung des Gebäudes beim Darren und bei der folgenden Abkühlung z. B. beim Ausweichen dar. Die Keimung macht in diesen großen Einheiten keinerlei zusätzliche Überlegungen notwendig; die heutigen Erkenntnisse über die Keimungsparameter sind dann vom System unbeeinflußt, wenn die Einrichtungen gegeben sind, sie auch korrekt einzuhalten.

Keimdarrkästen können als logische Möglichkeit der schrittweisen Erweiterung einer vorhandenen, „abgerundeten" Mälzerei dienen, die ohnedies meist über eine übergroße Weichenkapazität verfügt. Der Anbau nur eines Keimdarrkastens erfordert natürlich die komplette Darrheizungs- und -lüftungsanlage, die ihre volle Wirtschaftlichkeit erst bei späteren Erweiterungen erreichen wird. Doch sind diese Mehraufwendungen sicher geringer als der Bau einer weiteren Einhordenhochleistungsdarre, die bei einer Erweiterung der vorhandenen klassischen Anlage ebenfalls zu erstellen wäre.

1.6.2.4 Kontinuierliche Mälzungssysteme: Nach den älteren kontinuierlichen Mälzereien kleinerer Kapazität, denen heute naturgemäß nur mehr eine entwicklungstechnische Bedeutung zukommt, konnte sich das System „Saturn" in einigen großen Einheiten einführen. Die letzte Ausführung hat eine Tageskapazität von 200–240 t Gerste. Sie besteht aus zwei Weichbehältern, einer äußeren Ringhorde für die Keimung und einer inneren für das Darren.

Die rechteckigen Weichen von 3 m Tiefe werden von einer Förderanlage mit regelbarer Geschwindigkeit (mittlere Leistung 10–12 t/h) beschickt, Wasser zugegeben und im Verlauf von 5–7 Stunden mittels eines redlerartigen Förderers durch das 20 m lange Gefäß bewegt. Durch Preßluft wird ein Reinigungseffekt erzielt. Das Gut wird nun in das nächste Weichgefäß übergepumpt, das Wasser abgeschieden und durch frisches ersetzt. Hier wiederholt sich der Weichvorgang; nach weiteren 5–7 Stunden wird auf die äußere Ringhorde, die Keimstraße, gepumpt, wobei das Wasser über ein Vibrationssieb abgetrennt wird. Die Horde hat eine Gesamtfläche von 1650 m² und ist in vier Segmente unterteilt. Hiervon sind die Abteilungen I und IV etwa halb so groß wie II und III. Die Ventilatorleistungen der beiden ersteren liegen bei 300 m³/t u. h, die der beiden großen bei 700 m³/t u. h. Die Ringhorde wird durch hydraulische Schraubenwinden gedreht, die Dauer für einen Umgang kann – je nach Gersten- oder Malzqualität – zwischen 2 und 15 Tagen variiert werden, in der Praxis zwischen 6 und 7 Tagen. Die Luftkühlung erfolgt durch ein einstellbares Gemisch aus Frisch- und Rückluft, das durch Eiswasser auf die gewünschte Temperatur eingestellt wird. Über den gesamten Ring sind 7 feststehende Schneckenwender verteilt. Sprühdüsensegmente erlauben die schrittweise Erhöhung der Keimgutfeuchte.

Die Förderung des Grünmalzes geschieht über eine Schnecke in die benachbarte Darrabteilung. Diese umfaßt im inneren Ring eine Fläche von 4600 m²; in einer Drehung pro Tag können 350–450 kg Fertigmalz/m² gedarrt werden. Die Horde ist in vier Zonen (Temperaturbereiche) eingeteilt; ein zusätzlicher Abschnitt dient der Abkühlung des Malzes, in einem weiteren wird das Grünmalz aufgetragen. Die Darrzonen I und II sind größer bemessen als III und IV. In den ersten wird geschwelkt (Lüfterleistung 250 000 m³/h), in den beiden letzteren wird mit reduzierter Luftmenge (100 000 m³/h) zum Abdarren aufgeheizt und gedarrt. Die nicht mehr feuchtigkeitsgesättigte Abluft der Zone IV wird in die Schwelkzonen zurückgeführt. Dies ist auch nach Maßgabe der Feuchte der Abluft aus Zone III möglich.

Als Vorteile des Systems werden angesehen: Eine relativ geringe Kapazität der Förderanlagen von 8–10 t/h; die Bemessung der Ventilatoren und Luftkühler bzw. Lufterhitzer nach dem jeweiligen Keim- und Schwelkabschnitt; günstige Voraussetzungen für Energie- und Wassereinsparung; leichte Automatisierung der einzelnen Prozesse. Es ist jedoch zu berücksichtigen, daß große Partien einheitlicher Gerste zur Verfügung stehen müssen. Ein Wechsel der Malzqualität kann durch Variation der Keimungsparameter ausgeglichen werden. Einen Wechsel der Gerstenqualität z. B. von zwei- auf mehrzeilige Partien wird durch Beschleunigung der Umdrehungsgeschwindigkeit Rechnung getragen, wobei jedoch Übergänge anfallen.

1.6.2.5 *Kontinuierlich arbeitende Darren:* Der Wunsch nach einer weiteren Energieeinsparung und vor allem, bei Kraft-Wärmeverbundbetrieb nach einem stets gleichmäßigen Wärmeverbrauch, führte in den 1980er Jahren zu einer neuerlichen Entwicklung von kontinuierlichen Darren. Es hat jedoch nur die *Vertikaldarre* von Lausmann überlebt, doch wurde auch sie nur in einem Exemplar gebaut.

Sie besteht aus 4 Schächten, die von der Trocknungsluft quer durchströmt werden. Im Gegensatz zu der auf S. 71 geschilderten, chargenweise arbeitenden Vertikaldarre wird jedoch die Malzschicht immer nur in derselben Richtung von der Trocknungsluft durchströmt, d. h. die Abluft z. B. aus der auf 80–82° C erwärmten Darrzone IV wird wieder zur Stirnseite des vorausgehenden Trocknungsabschnittes III umgelenkt, wo sie mit vorgewärmter Frischluft verschnitten auf die gewünschte Temperatur von 70–72° C aufgeheizt und durch das Malz gedrückt wird. Die Abluft aus dieser Zone wird wiederum auf die Lufteintrittsseite der Schwelkzonen geführt, mit Frischluft verschnitten und in zwei Ströme, nämlich bei Zone II von 60–62° und bei Zone I von 50–55° C aufgeteilt. Die Abluft aus diesen beiden verläßt die Darre in gesättigtem Zustand mit einer Mischtemperatur von 26–28°C. Sie gibt ihren Wärmeinhalt in einem Kreuzströmwärmetauscher an die in die Darre eingezogene Frischluft ab. Das System arbeitet vollautomatisch, wobei die Steuergröße für den stündlich ca. 4 × erfolgenden Ent – und Beladevorgang die Ablufttemperatur in der Zone III ist. Diese liegt einstellbar bei ca. 42° C. Es bewegt sich also die Malzsäule alle 15–17 min. Der Austritt des Malzes wird, um Darrluft-Verluste zu vermeiden, über eine Schleuse in die Auskühlzone geleitet. Die Kühlluft aus derselben dient wiederum

zum Vorwärmen der Darrluft. Das Grünmalz wird aus einem kühlbaren und mit einer heb- und senkbaren Horde sowie einem „Lausmann-Wender" versehenen Tageskasten auf die vier Hordenbereiche dosiert.

Die Darre hat vier Lufterhitzer, die, wie angeführt, auf ca. 80° C, 70° C, 60° C und 50° C (mit Variationsmöglichkeiten) eingestellt sind, die Luftmenge erhöht sich von ca. 1500 m³/t · h abschnittsweise durch jeweils zugespeiste vorgewärmte Frischluft bis auf rund 3000 m³/t · h. Der Wärmebedarf liegt bei ca. 1,9 × 10⁶ kJ (0,45 × 10⁶ kcal/t), der Energiebedarf bei 30 kWh/t. Die Anlage ist mit einem Blockheizkraftwerk kombiniert, wodurch der Wärmebedarf nochmals um $^1/_3$ abgesenkt werden kann.

1.6.2.6 Die „*klassischen*" *Mehrhordendarren*, die bis in die 1940er Jahre hinein erbaut wurden, sind heute nur mehr vereinzelt anzutreffen. Sie sollen, um der Vollständigkeit willen noch kurz geschildert werden. Eine ausführliche Beschreibung ist noch in der vorausgehenden Auflage dieses Buches enthalten.

Diese Darren sind hohe, turmartige Bauten mit einem verhältnismäßig kleinen Querschnitt, in dem zwei oder drei Horden übereinander Anordnung finden.

Die Darrelemente von unten nach oben betrachtet sind:

Der *Heizapparat* bestehend aus einem Darrofen im sog. Schürraum, der ursprünglich der Verbrennung von Brennstoffen mittleren Heizwertes von ca. 20 000 kJ/ca. 4700 kcal/kg diente, später aber auch auf automatische Ölfeuerungen umgebaut wurde. Es sind aber auch schon Dampf- oder Heißwasserheizungen gegeben. Die durch die Verbrennung erzeugten Heizgase strömen durch einen mit Schamottesteinen ausgekleideten Kanal aufwärts in die Wärmekammer und werden dort in Heizrohre von rundem oder tropfenförmigem Querschnitt geleitet. Diese Heizfläche beträgt je nach der Leistung der Darre das 2–8fache der Fläche einer Horde. Die Höhe dieser Wärmekammer ist für den natürlichen Zug der Darre von Bedeutung, da sie den Auftrieb der Luft mitbestimmt. Die Regulierung des Luftstromes geschieht bereits vor der Wärmekammer durch entsprechende Klappen („kalte" Züge).

Die Darren haben zwei oder drei Horden aus Profildraht; vereinzelt ist auch die untere Horde für speziell für dunkles Malz bestimmte Darren eine Lochblechhorde. Die Höhe der Hordenräume beträgt 2–3 m bei den unteren, bei der oberen Horde 4–8 m. Dieser letzte Raum ist flaschenförmig gestaltet und mündet in den 8–10 m hohen Dunstkamin, der von einem drehbaren, helmartigen Aufsatz abgedeckt wird. Um ein zu starkes Erwärmen der oberen Horde zu vermeiden, wird Kaltluft, die im Mauerwerk angewärmt wurde, zwischen die Horden geführt.

Der natürliche Zug der Darre ist naturgemäß von der Höhe der Beladung der oberen Horde sowie von der Beschaffenheit der Außenluft (Temperatur, Feuchte) abhängig. Damit war die Leistung der Darre schwankend. Dies wurde durch den Einbau von Ventilatoren bewirkt, entweder zur Sicherung einer gegebenen Kapazität oder aber zur Erhöhung der Leistung einer bestehenden Darre. Diese Ventilatoren haben, in Abhängigkeit vom Darr-Rhythmus (2 × 12 oder 2 × 24 Std.) regelbar eine Leistung von 1500–2000 m^3/t · h. Der Kraftverbrauch beträgt 10–12 kWh/t.

Zwei- und Dreihordendarren verfügen über selbsttätige Wender. Auf der unteren Horde werden Schaufelwender zum Wenden, auf der oberen Horde solche mit Zinken zum Lockern des Gutes eingesetzt. Bei sehr hohen Beladungen ist die obere Horde mit Saladinwendern ausgestattet.

Die Merkmale der Mehrhordendarren sind:

Darrfläche 10–200 m^2
Beladung der oberen Horde 30–200 kg Gerste als Grünmalz
bei hellem Malz ohne Ventilator 30–40 kg/m^2
bei dunklem Malz ohne Ventilator 60–70 kg/m^2
bei hellem Malz mit Ventilator 60–70 kg bis 200 kg/m^2
Darrzeiten bei hellem Malz 2 × 12 h bzw. 2 × 24 h; bei dunklem Malz 2 × 24 h,
bei Dreihordendarren 3 × 12–3 × 16 h
Wärmebedarf 5 × 10^6 kJ/1,2 × 10^6 kcal/t, bei Dreihordendarren ca. 15 % weniger.

Eine interessante Konstruktion aus den 30er Jahren, die Vertikaldarre, ist in ihrer ursprünglichen Form, z. T. aber auch in neuen, verbesserten Ausführungen im östlichen Europa anzutreffen. Die senkrecht, paarweise angeordneten Horden sind in zwei oder drei Abschnitte (Zwei- oder Dreihordendarren) unterteilt. Um das bei Plandarren fälschlich als notwendig erachtete Wenden nachzuahmen, wurde die Luft durch entsprechende Klappen in bestimmten Zeitintervallen (z. B. stündlich) umgelenkt. Dies bedingte aber immer wieder die Befeuchtung von schon getrockneten Partien, die hierdurch eine gewisse Härte, „Darrglasigkeit" erfuhren. Der Energiebedarf dieser,

meist im 24 Stunden-Takt arbeitenden Darren war nur wenig unter dem der zeitgenössischen Zweihorden-Plandarren.

1.6.3 Praxis des Darrens

Die *praktische Darrarbeit* bei hellem und dunklem Malz umfaßt: Die Art und Weise der Temperatursteigerung in der Darre und im Malz, die Regulierung der durch die Darre geführten Luftmenge und deren Trocknungswirkung durch Variation der Ventilatorleistung, oder durch Anwendung von Frisch- und Rückluft, ferner das Wenden des Gutes in den verschiedenen Trockenstadien bei Mehrhordendarren.

1.6.3.1 Das *Darren des hellen Malzes auf der Einhordenhochleistungsdarre:* Helles Grünmalz hat bestimmte Eigenschaften, die aber heute je nach der angewandten Mälzungsmethode in weiten Grenzen schwanken können. So liegt der Wassergehalt zwischen 43 und 48 %, die Temperatur zwischen 12 und 20° C. Wenn auch das helle Grünmalz gut und gleichmäßig gelöst sein soll, so ist doch seine proteolytische und cytolytische Lösung und auch die Ausbildung seines Enzympotentials weniger weit gediehen wie beim dunklen.

Grundsätzlich muß der Wassergehalt des Grünmalzes möglichst rasch abgesenkt werden, um ein weiteres Wachstum des Kornes und eine weitere Tätigkeit der Enzyme im Interesse einer hellen Farbe zu verhindern. Grünmalz von ca. 43 % Feuchte gibt sein Wasser leicht ab, da es an seiner Oberfläche den gleichen Wasserdampfdruck besitzt wie eine offene Wasserfläche. Auch die im Innern des Kornes befindliche Feuchtigkeit bewegt sich durch Kapillarkräfte von Gebieten höherer Temperatur im Korninnern zu den durch Verdunstung freier Feuchtigkeit kühleren Zonen auf der Oberfläche. Erst unterhalb einer gewissen Grenzfeuchte von 13–14 % („kritischer" Wassergehalt des Malzes, Hygroskopizitätspunkt) vollzieht sich die Abnahme des Wassergehaltes langsamer. Um nun das Dampfdruckgefälle zwischen Grünmalz und Trocknungsluft weiterhin im Sinne eines Trocknungseffektes zu erhöhen, muß das sich ausbildende Gleichgewicht verschoben werden, d. h. es ist als wirksame Maßnahme die Temperatur der Trocknungsluft zu erhöhen. Unterhalb eines Wassergehaltes von 10 % erfolgt eine weitere Verlangsamung des Wasserentzuges; bei 2 % dagegen wird ein stabiles Gleichgewicht erreicht, das nur mehr durch eine Wasserverdampfung bei höheren Temperaturen als 100° C verschoben werden kann.

Bei Einhordendarren vollzieht sich die Trocknung schichtweise von unten nach oben. Der hohe Luftdurchsatz bedingt durch den ausgeprägten Verdunstungseffekt eine starke Abkühlung des Grünmalzes, so daß das Trocknen mit wesentlich höheren Temperaturen beginnen kann als z. B. bei der früheren Zweihordendarre. Als Folge dieser raschen Trocknung kommt in den untersten Schichten das Wachstum des Keimlings bereits nach wenigen Stunden zum Erliegen. Die Enzyme wirken jedoch bis zu Feuchtigkeitsgehalten von ca. 10 % und Temperaturen von 70° C weiter, so daß eine Anhäufung von niedermolekularen Abbauprodukten wie Zucker und Aminosäuren gegeben ist. In den oberen Schichten wächst der Keimling jedoch noch weiter, wozu er wiederum die Substanzen des Kohlenhydrat-, Eiweiß- und Lipid-Abbaus verwertet. Die hier ablaufenden Umsetzungen sind noch sehr kräftig, wie auch der Anstieg der Abbauprodukte in der Oberschicht trotz Aufbau im Keimling beweist. Mit der Verringerung der nachhaltig wirksamen optimalen Feuchtigkeit von 40–42 % auf 10 % und dem Anstieg der Temperatur über 45° C und in rascher Folge bis 65° C sind ideale Reaktionstemperaturen für die verschiedenen Enzymgruppen gegeben, die zu einem weiteren Anstieg niedermolekularer Substanzen führen. Nach dem Mollier-i-x-Diagramm ist die Ablufttemperatur infolge der vollständigen Sättigung der Luft lange Zeit in einem Bereich von 22–30° C, je nach Temperatur der Einströmluft. Erst wenn der Feuchtigkeitsgehalt der oberen Grünmalzschichten unter den Hygroskopizitätspunkt abgesunken ist, nimmt die Temperatur der Abluft rasch zu, die Feuchtigkeit ständig ab. Das Grün- bzw. Schwelkmalz der oberen Schicht ist somit um 10–12 Stunden länger im Bereich von Temperaturen und Feuchtigkeitswerten, bei denen noch ein Wachstum bzw. eine enyzmatische Aktivität möglich ist, als das Malz der untersten Schicht. Dabei werden aber die Grenztemperaturen des Eiweiß- und Stärkeabbaues bei vorsichtiger Darrführung nicht überschritten. Infolge der hohen Luftgeschwindigkeiten und der beim Trocknen auftretenden Verdunstungskälte wird das Gut nämlich erst dann wärmer, wenn das Malz den Hygroskopizitätspunkt unterschritten hat.

Demzufolge haben die Malze aus der Oberschicht der Darre eine etwas günstigere Mehl-Schrot-Differenz, eine höhere Eiweißlösung und mehr niedermolekularen Stickstoff als die der

unteren Schicht. Die Farbe ist trotz kürzerer Einwirkung der Abdarrtemperaturen infolge der Mehrung niedermolekularer Abbauprodukte in der oberen Schicht eher etwas dunkler als in der unteren.

Der Schwelkprozeß wird im Temperaturbereich zwischen 45 und 65° C, gemessen im Druckraum, bis zum Durchbruch durchgeführt. Höhere Anfangstemperaturen sind möglich, doch wird im Hinblick auf die Erhaltung des optimalen Volumens und der Mürbigkeit des Malzes im angegebenen Sinne verfahren. Die Temperatur von 65° C wird so lange eingehalten, bis der „Durchbruch" erreicht ist und die Ablufttemperatur nur mehr 20–25° C unterhalb derjenigen des Druckraumes liegt. Der Ventilator läuft auf höchster Stufe, d. h. er fördert zwischen 4000 und 4800, bei Wiederweichmalzen bis zu 5500 m³ Luft/t Malz und Stunde. Dieser Wert erfährt im Laufe des Schwelkprozesses eine Steigerung um ca. 10 %, da mit verringerter Feuchte der Widerstand der Grünmalzschicht abnimmt. Der Schwelkprozeß dauert je nach Grünmalzfeuchte, Ventilatorleistung und Temperaturfolge 10–13 Stunden.

Ein derart behandeltes Schwelkmalz wird niemals mehr ein typisches, aromatisches dunkles Malz geben. Der Charakter des hellen Malzes wird also bereits beim Schwelken festgelegt.

Ist der Durchbruch erreicht, so wird die Lüfterleistung verringert, um die Menge der Überschußluft zu beschränken und damit Strom und Wärme zu sparen. Die Reduzierung erfolgt stufenweise, bis auf etwa 50 % der Ausgangsleistung des Ventilators, also auf 2000–2700 m³/t und h. Eine weitergehende Verminderung hat keinen Sinn, da sonst die Differenz zwischen den einzelnen Malzschichten zu groß und eine ungenügende Ausdarrung der obersten Schichten erfolgen würde. Das Aufheizen auf die Abdarrtemperatur geschieht nun in Stufen von jeweils 5° C pro Stunde oder kontinuierlich in 2–3 Stunden. Die Abdarrtemperatur wird, je nach der gewünschten Malzfarbe und der Intensität der Vortrocknung, 4–5 Stunden lang zwischen 80 und 85° C eingehalten. Bei sehr hellen Malzen kann auch eine Staffelung der Abdarrtemperatur z. B. 2 Stunden bei 80° C, 3 Stunden bei 82° C günstig sein. Dabei wird in Abhängigkeit von Abdarrtemperatur, Luftdurchsatz und Luftqualität ein Wassergehalt von 3,5–4,2 % erreicht. Die Temperatur der obersten Malzschicht ist bei der besprochenen Luftführung um 2–3° C niedriger als in der untersten. Der Wassergehalt des Malzes ist jedoch nur um 0,2–0,4 % höher (s. Tabelle auf S. 73).

Stunden	1	2	3	4	5	6	7	8	9	10
°C Druckraum	45	50	55	55	60	60	60	60	65	65
°C Abluft	20	22	23	23	24	24	26	29	33	37
% Feuchte. Abluft	100	100	100	100	100	100	85	70	55	42
Ventilator m³/h	4400						4800			4900

Stunden	11	12	13	14	15	16	17	18	19	
°C Druckraum	65	70	75	80	82	85	85	85	85	
°C Abluft	45	50	58	68	72	76	78	80	81	
% Feuchte, Abluft	31	23	15	12	< 10	< 10	< 10	< 10	< 10	
Ventilator m³/h	3800	3200	2900	2500	2500	2200	2200	3000	3300	
Rückluftanteil %					25	50	50	75	75	

Diese, ausschließlich mit Frischluft durchgeführte Darrweise dient der Herstellung heller Malze. Bei wenig färbenden Gersten oder Grünmalzen oder bei Malzfarben von 3,0–3,5 EBC-Einheiten kann die Ventilatorleistung bereits früher, bei etwa 75 % Abluftfeuchte bzw. einer Ablufttemperatur von 35° C reduziert werden. Auch ist es beim Ausdarren möglich, Rückluft mit zu verwenden, da diese zu Beginn der Ausdarrzeit eine relative Luftfeuchtigkeit von unter 15 % aufweist. In der Praxis erfolgt etwa eine Stunde nach Erreichen der Abdarrtemperatur das Zuspeisen von 25 %, nach einer weiteren Stunde von 50 % und in den letzten 2–3 Stunden von 75 % Rückluft. Die Ventilatorleistung wird gleichzeitig wieder erhöht, auf ca. 80 % des Anfangswertes (im Beispiel 3300 m³/t und h). Dies erbringt eine bessere Angleichung der Temperaturen in den oberen und unteren Malzschichten.

Das Einhalten hoher Abdarrtemperaturen ist trotz eines unvermeidlichen Enzymverlustes aus Gründen der Hitzekoagulation hochmolekularer Stickstoffsubstanzen wünschenswert. Dieses zur Gerinnung gebrachte Eiweiß bereitet beim weiteren Werdegang keine Schwierigkeiten mehr, die Biere sind leichter zu filtrieren, verzeichnen eine bessere Eiweißstabilität und auch bessere Schaumhaltigkeit. Die geringsten Veränderungen der Malzfarbe bei hohen Abdarrtemperaturen sind dann gegeben, wenn das Grünmalz nur wenig reaktionsfähige niedermolekulare Stickstoff- und Stärkeabbauprodukte enthielt und die Trocknung bei Temperaturen von nicht über 60–65° C bereits bis zum Durchbruch erfolgt war, bevor mit dem Aufheizen zum Abdarren begonnen wurde. Zu niedrig gedarrte Malze galten früher als nicht genügend „darrfest": man vermutete eine stärkere Zufärbung beim späteren Brauprozeß sowie instabile Biere. Die Zufärbung ist jedoch um so stärker, je mehr die Abdarrtemperaturen 82–83° C übersteigen. Diese Erscheinung kann auf die weitere Reaktion von Vor- bzw. Zwischenstufen der Melanoidinbildung zurückgeführt werden. Eine Aussage über eine genügend intensive Ausdarrung liefert die Bestimmung des Dimethylsulfid-Vorläufers, der zwar von der Gerste bzw. vom Mälzungsverfahren, aber im besonderen von der Abdarrphase beeinflußt ist.

Als Schwelk- und Darrzeit wurden ursprünglich ca. 19 Stunden veranschlagt. Durch verbesserte Beladevorrichtungen (s. S. 80) sowie durch einmaliges Entleeren der Kipphorde in eine genügend groß ausgelegte Gosse können die „Totzeiten" so weit verküzt werden, daß einschließlich einer wirkungsvollen Auskühlung des Darrmalzes durch Frischluft noch 21¹/₂–22 Stunden Prozeßzeit verbleiben. Dies sind 10–15 % mehr, was sich in einer Rücknahme der Ventilatorleistung und damit in einer Energieersparnis äußert.

Das *Darren des dunklen Malzes auf der Einhordendarre:* Die Darrarbeit ist beim dunklen Malz schwieriger und komplizierter als beim hellen, weil hier nicht nur ein Trocknungsprozeß durchzuführen ist, sondern besondere Feuchtigkeits- und Temperaturverhältnisse geschaffen werden müssen. Durch diese soll ein weiteres Wachstum und damit eine weitere Auflösung im Sinne der Bildung niedermolekularer Stickstoffsubstanzen und Zucker erfolgen, die dann beim Ausdarren zu einer natürlichen Aromatisierung und Färbung führt. Die Voraussetzung für ein charaktervolles dunkles Malz ist ein sehr gut und bis in die Spitzen gelöstes Grünmalz mit einem hohen Wassergehalt von 45–50 %. Beim Darren des dunklen Malzes wird der Wassergehalt des Grünmalzes nur langsam erniedrigt, um zu erreichen, daß die Enzyme noch weiter wirken und die gewünschten chemisch-biologischen Umsetzungen vor sich gehen.

In der Schwelkphase, die während der ersten 6–10 Stunden abläuft, darf der Wassergehalt des Gutes von 45 % auf nicht unter 20 % fallen, wobei diese Feuchte nicht nur im Durchschnitt, sondern auch in der unteren Malzschicht gegeben sein soll. Nachdem zur Darstellung der gewünschten Abbaureaktionen eine Temperatur von 35–40° C in der Malzschicht optimal ist, wird dieser Vorgang als „Brühen" oder „warmes Schwelken" bezeichnet. Hier wird im Gegensatz zum hellen Malz nicht mit Frischluft getrocknet, sondern mit einem Gemisch von Frisch- und Rückluft. Während bei Trocknung mit Frischluft infolge der auftretenden Verdunstungskälte eine große Temperaturdifferenz zwischen der eintretenden Luft und der Abluft gegeben ist, stellt sich bei Anwendung reiner Umluft eine annähernde Gleichheit zwischen der Lufttemperatur unter und über dem Malz und der Gutstemperatur ein. Bei Mischluft dagegen erfolgt in Abhängigkeit vom Verhältnis Frischluft : Umluft der Temperaturanstieg im Malz langsamer als bei reiner Umluft. Dies führt bei einer konstanten Einstellung beider Komponenten bis zum Erreichen eines Gleichgewichtszustandes zu einer laufenden Zustandsänderung der Eintrittsluft. Dieses Mischluftsystem ist weitgehend von den Außenluftverhältnissen unabhängig, es wird in seiner Wirkung lediglich durch den Anteil der Frischluft bestimmt. Während beim Schwelken des hellen Malzes die Wahl der Temperatur der Einströmluft so erfolgt, daß eine bestimmte Temperatur der Abluft nicht überschritten wird, so ist beim dunklen Malz sowohl die Temperatur der Luft unter als auch über der Horde maßgebend, um bestimmte Reaktionen zu erreichen.

Um nun beim Schwelken einen weiteren Stoffabbau und die Bildung niedermolekularer Substanzen zu erreichen, ist eine Schwelktemperatur im Gut von etwa 35–40° C günstig. Diese stellt sich bei einem Verhältnis Frischluft : Rückluft = 20 : 80 % und bei einer Eintrittstemperatur von 50° C ein. Dabei ist es nicht notwendig, die volle Ventilatorleistung in Anspruch zu nehmen, sondern nur etwa 70 % entsprechend 3000 m³/t und h. Nach 4 Stunden wird die Temperatur der Einströmluft auf 55° C gehoben, um die Wirkung der Enzyme weiterzutreiben; bei gleichem Verhältnis der Mischluft ergibt sich eine Temperatur im Malz von ca. 40° C. Am Ende dieser Periode verzeichnet die obere Malzschicht noch ihren ursprünglichen Wassergehalt; die untere liegt dagegen bei 20–25 %. Ein derart behandeltes Schwelkmalz wird sich nie mehr zu einem hellen Malz verarbeiten lassen. Die entstandenen Abbauprodukte sind der Farbe- und Aromabildung günstig.

In der nun folgenden Phase des Trocknens muß der Wassergehalt von durchschnittlich 35 % auf rund 5 % abgesenkt werden. Hierfür stehen 6 Stunden zur Verfügung, die zunächst mit reiner Frischluft von 60° C bei voller Lüfterleistung erfolgt. Nach zwei Stunden ist es jedoch zweckmäßig, ein Intervall von einer Stunde bei 70° C mit voller Umluft einzuschalten, um nochmals im Interesse einer kräftigen Enzymwirkung (α- und β-Amylase) einen Ausgleich des Wassergehaltes vorzunehmen, der auch in der untersten Malzschicht zu Beginn des Ausdarrens einen Wert aufweist, der für eine chemische Reaktion notwendig ist. Im Laufe der weiteren Trocknung werden Temperaturen von 80–95° C eingehalten, wobei letztere bereits wieder mit 80 % Frischluft und 20 % Rückluft einwirkt. Am Ende dieser Trocknungsphase ist der Feuchtigkeitsgehalt der Abluft auf etwa 10 % abgefallen.

In der sich nun anschließenden Periode des Röstens wird in 5 Stunden bei zuerst 100, dann 105° C die Bildung der färbenden und röstaromatischen Substanzen, der Melanoidine, erreicht.

Das lange Einhalten hoher Temperaturen ist notwendig, um auch die langsamer reagierenden Aminosäuren wie Valin und Leucin zur Wirkung zu bringen. Die Höhe der erforderlichen Temperatur ist nicht immer gleich: bei gut gelösten und während des Schwelkens sachgemäß behandelten Malzen tritt die gewünsche Färbung und Aromatisierung schon bei niedrigeren Temperaturen ein. Während des Ausdarrens erniedrigt sich der Wassergehalt des Malzes auf etwa 2 %. Um nun einen weitgehenden Temperaturausgleich in den verschiedenen Höhen der Malzschicht zu erreichen, wird der Anteil der Rückluft allmählich von 20 auf 80 % unter gleichzeitiger Drosselung der Frischluft gesteigert. Der Ventilator bleibt dabei auf voller Leistung. Durch diese Maßnahme erhält die Oberschicht des Malzes ebenfalls eine Temperatur von über 100° C.

Trotz dieser raschen Anwärmung des Malzes und trotz des starken Wasserentzuges sind die so behandelten Malze mürb und von gleichmäßiger Farbe und gutem Aroma. Die Verzuckerungszeiten der Kongreßmaischen belaufen sich auf 15 – 30 Minuten. Die Schädigung der Enzyme ist geringer als bei Zweihordendarren.

Mittelfarbige Malze („Wiener Typ") weisen dasselbe Darrverfahren auf wie die hellen, doch empfiehlt es sich, bereits bei einer Anlufttemperatur von 35° C (75 % relative Feuchte) langsam, d. h. um 5° C/Std., auf die Abdarrtemperatur zu heizen, die Ventilatorleistung schrittweise zu verringern und ab einer Anlufttemperatur von ca. 54° C Rückluft zuzuspeisen und im Anteil von 20 % im Laufe von 4–5 Stunden auf 80 % zu steigern. Die Abdarrtemperatur beträgt 90–95° C; sie wird je nach der gewünschten Farbe (5–8 EBC-Einh.) 3–4 Stunden lang eingehalten.

1.6.3.2 Die Arbeitsweise der auf S. 66 erwähnten *Zweihordenhochleistungsdarre* mit übereinanderliegenden Horden ist bei netto 2 × 19 Stunden Schwelk- und Darrzeit wie folgt: Die Abluft der unteren Horde ist gleichzeitig die Trocknungsluft der oberen Horde, wobei beide Horden von derselben Luftmenge durchströmt werden. Ein Nachhitzen der Schwelkluft ist nicht vorgesehen. Die Trocknungskapazität dieser Luft ist gegenüber dem reinen Frischluftbetrieb der Einhordendarre vermindert. Aus diesem Grund muß beim Schwelkvorgang unbedingt von der Grünmalzfeuchte bis auf einen Wassergehalt von maximal 10 % getrocknet werden. Es besteht sonst die Gefahr, daß die Entfeuchtung der folgenden Charge eine Verzögerung erfährt. Auch könnte die noch feuchte Oberschicht beim Abräumen in den Bereich zu hoher Temperaturen gelangen, was zu einer Enzymschädigung und zu einem Schrumpfen des Malzes führen würde.

Wie die Aufstellung zeigt, beginnt der Schwelkprozeß auf der oberen Horde mit ca. 3800 m³ Luft von 33° C, die sich im Verlauf von 10–11 Stunden bis auf 60° C erwärmt und die infolge des Trocknungsfortschrittes auf der unteren Horde immer weniger Wasserdampf enthält. Nach ca. 14 Stunden sind 65° C Abluft-/Einströmlufttemperatur erreicht, die aber im Sinne einer schonenden

Trocknung des Schwelkgutes nicht mehr überschritten werden sollen. Folglich wird dem Ventilator Frischluft (vom Kreuzstromtauscher vortemperiert) zugeführt, wodurch gleichzeitig der Luftdurchsatz auf der unteren Horde eine Verringerung erfährt. Bei Erreichen einer Anluftetemperatur von 30° C wird die Ventilatorleistung stufenlos, bis auf ca. 2000 m³/t · h (60 %) zurückreguliert. Die Abluft verläßt die Darre praktisch stets im gesättigten Zustand.

Beim Abräumen hat die untere Schicht des Schwelkmalzes 5,5–6,0 %, die Oberschicht noch 11–13 %; das Malz wird dabei duch die absenkbare Schnecke von oben auf die (abgekühlte) untere Horde transportiert und dort schichtweise verteilt. Theoretisch müßte also das kälteste und feuchteste Gut nach unten kommen, doch ist eine Vermischung – mindestens von benachbarten Schichten aus ca. 20 % der Schichthöhe – nicht auszuschließen.

Aus diesem Grund muß auch die Temperaturführung auf der unteren Horde sehr vorsichtig sein, um die noch feuchten Körner nicht zu schädigen. So wird eine Temperatur von 60° C so lange eingehalten, bis über der Darrhorde ca. 54° C erreicht sind; erst dann erfolgt eine Anhebung auf 65° C, die wiederum bis auf ein gewisses △ t eingehalten werden, im vorliegenden Falle von 2–3° C. Das Aufheizen auf die Abdarrtemperatur von 80° C geschieht stufenlos in rund 4 Stunden, die Abdarrung liegt bei 4–5 Stunden bei 80–82° C. Mit dem Erreichen der obenerwähnten Austrittstemperatur der Schwelkluft von 30° C wird die Ventilatorleistung gedrosselt.

Diese Arbeitsweise hat sich bewährt. Neuere Konstruktionen verzeichnen noch etwas geringere Ent- und Beladezeiten, so daß 2 × 20–21 Stunden Prozeßzeit möglich sind. Die erzielten Malze haben sehr helle Malz- und Kochfarben, eine sehr

Stunden			1	2	3	4	5	6	7	8	9	10
Luft	Eintritt Unterhorde	°C	60	60	60	60	60	60	60	60	60	65
	Austritt Unterhorde	°C	33	35	37	41	45	47	52	54	57	59
	Austritt Oberhorde	°C	28	28	28	28	28	28	28	28	28	28

Stunden			11	12	13	14	15	16	17	18	19	20
Luft	Eintritt Unterhorde	°C	65	65	70	72	78	80	80	80	80	
	Austritt Unterhorde	°C	61	63	64	65*	65	65	65	65	65	
	Austritt Oberhorde	°C	28	28	29	30**	30	30	30	30	30	

*   Ab hier Frischluft (über Kreuzstromtauscher vorgewärmt) zudosiert, um 65° C nicht zu überschreiten.

**   Ab 30° C Anlufttemperatur schrittweises Zurückschalten der Ventilatordrehzahlen.

gute Mürbigkeit und niedrige DMS-Gehalte. Eine Nachlösung auf der oberen Horde ist wohl gegeben, doch sind die Unterschiede zwischen Ober- und Unterschicht des Schwelkmalzes gering.

1.6.3.3 Die Arbeitsweise der auf S. 66 erwähnten *Zweihordendarren nach dem Luftumkehrsystem* ist dadurch unterschieden, daß das Malz über die gesamte Schwelk- und Darrzeit unbewegt bleibt. Außerdem wird die Abluft nach dem „Durchbruch" nicht nur voll verwertet, sondern sie wird durch Frischluft ergänzt und das Gemisch durch ein zweites Heizregister auf eine Schwelktemperatur von 45–50° C angehoben. Es stehen nunmehr rund 22 Stunden für die Schwelke zur Verfügung. Bei einer Ventilatorleistung, die auf 2500 m³/t · h ausgelegt ist, die aber frequenzgesteuert je nach Grünmalzwassergehalt und Trocknungsfortschritt (△ t unter/über Horde) meist nicht voll beansprucht wird, steigt die Temperatur stufenlos bis auf 60° C, wobei die Ablufttemperatur nicht über 30° C gelangt, wodurch noch volle Sättigung der Abluft gegeben ist. Der Wassergehalt des Malzes am Ende dieser Zeit beträgt unten 6.5, oben 12–14 %. Anschließend wird nach Abräumen der Darr- und unteren Wiederbeladung als Schwelkhorde, die Trocknung unter langsamem Temperaturanstieg auf 65° C und ca. 1500 m³/t · h fortgesetzt. Diese Abluft wird bereits wieder zum Schwelken verwendet. In der Folge wird bis auf Abdarrtemperatur von 80° C aufgeheizt, die sogar stufenlos bis auf 85–86° Cerhöht wird. Die Ventilatorleistung wird wiederum durch die Temperaturdifferenz unter/über der Darrhorde stufenlos reguliert. Auch hohe Abdarrtemperaturen verursachen keinen höheren Energiebedarf, da ja die Abluft für die Schwelke voll verwertet werden kann.

Die Bedenken, daß das lange Verweilen des Schwelkmalzes z. B. in der oberen Schicht zu einer Überlösung desselben und zu großen Unterschieden zwischen „oben" und „unten" führen könnte, haben sich nicht bestätigt. Wohl verbesserte sich die Cytolyse gegenüber der verglichenen Einhordendarre im besonderen in der Oberschicht, doch nahmen weder der lösliche noch der Aminostickstoff in der Oberschicht zu, da diese offenbar wieder zum Aufbau von Keimlingsgewebe verbraucht wurden. Die Farben und Kochfarben unterschieden sich nur wenig, ebenso die DMS-Gehalte.

1.6.3.4 Die *Triflex-Darre* (s. S. 67) beruht auf demselben Prinzip der Luftführung, doch wird – wie schon erwähnt – jweils eine Horde mit 45 %, die andere mit 55 % der Grünmalzmenge beladen. Hierdurch und durch den höheren Lufteinsatz ist bei der ersteren Horde bei gleicher Temperaturfolge von 55–80° C nur ein Zyklus von 19 Stunden erforderlich. Bei der stärker beladenen Horde dauert schon allein der Schwelkvorgang 19–20 Stunden, der gesamte Zyklus 30–31 Stunden. Dabei steht immer Darrabluft aus einer der drei Horden für den gesamten Schwelkvorgang zur Verfügung. Bei den vorerwähnten, geringen Unterschieden zwischen den kürzer oder länger geschwelkten Malzen haben sich auch hier keine Probleme ergeben.

1.6.3.5 Die *Vertikaldarre* wird von einem voll klimatisierten Tageskasten aus beschickt.

Die Schwelkphase ist nach der untenstehenden Tabelle unterteilt in jeweils einen 50° C- und einen 60° C- Bereich.

Die Abluft wird zusammen abgeführt. In Zone III, bei einer Einströmtemperatur von ca. 70° C erfolgt der Durchbruch bei ca. 42° C, wobei – ausgelöst durch das Erreichen dieses Wertes das Gut um eine Spanne weiter durch die Darre wandert. Diese Temperatur stellt eine Mischung der durch das Gut in diesem Bereich streichenden Luft dar. Diese ist im oberen, am Abschnitt II angrenzenden Teil ca. 33° C, im untersten vor Abschitt IV ca. 65° C. Höhere Abdarrtemperaturen als 80° C sind möglich, doch muß dann die Temperaturdifferenz zwischen den einzelnen Zonen gleichmäßig größer gewählt werden. Die Darre arbeitet, da die Luftströme das Gut stets in derselben Richtung durchwandern, einwandfrei.

Die Temperaturen in den vier Trocknungszonen sind:

Zone	IV		III		II	I	
	Eintritt	Austritt	Eintritt	Austritt	Eintritt	Eintritt	Austritt
		A E		A E			A E
Lufttemperatur °C	80	75–79	70	37–42*	60	50	26–29
Luftmenge m³/t h		1500		2250		3000	

* Temperatur einstellbar zum Auslösen des Ent- und Beladevorgangs.

Die Unterschiede zwischen der Luft-Eintritts- und Austritts-Seite sind vernachlässigbar. Dagegen können sich bei der Verarbeitung des „Tageskastens" naturgemäß durch die 24stündige Spanne gewisse Differenzen in den Lösungswerten der allerersten und der letzten Charge dann ergeben, wenn das Gut nicht insgesamt kalt gehalten oder während dieser Zeit nicht stark abgekühlt wird. Im Darrmalz-Silo gleichen sich die Unterschiede bei entsprechender Mischung ohne weiteres aus. Die Analysendaten sind denen in einer parallel gefahrenen Einhordendarre gleich.

Eine derartige kontinuierliche Darre ist für die Verarbeitung einer täglich relativ konstanten Malzmenge günstig; Sonder- und Spezialmalze sind wegen schwieriger Übergänge – wie bei jedem kontinuierlichen System – durch konventionelle Darren abzudecken.

1.6.3.6 Die *Arbeitsweise der Keimdarrkästen:* Sie unterscheidet sich von der Einhordenhochleistungsdarre im Prinzip nicht, doch erfordert die höhere Schicht des Trocknungsgutes (um 30–60 % mehr) trotz gleicher Lüfterleistung pro m² Hordenfläche eine längere Trocknungsphase (s. S. 67). Durch die stärkere Belegung ergibt sich nur ein Luftdurchsatz von 2500–3500 m³/t u. h, um einen zu hohen Kraftbedarf zu vermeiden. Damit verlängert sich der Schwelkprozeß und dauert je nach Ventilatorleistung 16–24 Stunden. Unter Annahme der letzteren Zeit hat sich folgendes Arbeitsschema eingeführt:

Schwelken 4 Std. 50° C; 4 Std. 55° C; 10 Std. 60° C; × Std. 65° C, d. h. bis auf eine Ablufttemperatur von ca. 32° C. Aufheizen in 4 Std. von 65 auf 80° C, Ausdarren 5 Std. 80–85° C. Damit ergibt sich eine Gesamtdauer von Schwelken und Darren von 31–33 Stunden. Bei einer Ablufttemperatur von 40° C setzt die Drehzahlregulierung ein; die Differenz zur Temperatur im Druckraum beträgt zu jener Zeit noch 30° C. Bei einer Ablufttemperatur von 52° C, also schon vor Beginn des Ausdarrens, wird die Umluftklappe geöffnet; der Rückluftanteil gegen Ende der Darrzeit beträgt 50–70 % .

Bei den rechteckigen Keimdarrkästen von 40–50 m Länge sind zu Beginn des Schwelkens, d. h. beim Umstellen von Keim- auf Schwelkbetrieb, Temperaturdifferenzen unter der Horde zwischen der Seite des Darrlufteintritts und dem entgegengesetzten Ende festzustellen, bis der Baukörper gleichmäßig aufgewärmt ist. Dies ist nach 4–5 Stunden Schwelkzeit der Fall. Bei querbelüfteten Kästen oder bei runden Einheiten bestehen diese anfänglichen Differenzen nicht.

Trotz der „Phasenverschiebung" beim Schwelken der verschiedenen Malzschichten ergeben sich keine bedeutsamen Unterschiede in den Analysen der von oben oder unten entnommenen Malze. Die Isolierung der Gebäude ist so wirkungsvoll, daß beim Abdarren des einen Kastens die angrenzende Wand des anderen nur eine Temperaturerhöhung um 2° C zeigt. Die Luftgegebenheiten dieses Keimkastens bleiben völlig unbeeinflußt. Nach dem Abdarren soll das Abkühlen des Darrgutes, vor allem um der unvermeidlichen Wärmespannungen im Gebäude willen, langsam geschehen: dies kann nach Abschalten der Heizung mit Rückluft bis auf ca. 60° C getätigt werden; erst anschließend findet Frischluft zur weiteren Abkühlung des Malzes Anwendung.

Der Keimkastenwender wird während des Schwelkens und Darrens nicht betätigt. Es ist lediglich notwendig, ihn am Ende des Schwelkprozesses einmal um die Breite des „Aufwurfs" weiter zu bewegen, um bisher dort unvollkommen beaufschlagte Zonen der Trocknung zugänglich zu machen.

Eine Koppelung von zwei Keimdarrkästen dergestalt, daß die Abluft des bereits am Ende des Schwelkens, d. h. beim Durchbruch befindlichen Kastens zum Erwärmen der Schwelkluft des nachfolgenden Kastens verwendet wird, bedient sich der gleichen Grundsätze wie die besprochenen Zweihordendarren. Zu erwähnen ist, daß bei einer Schwelk- und Darrzeit von je 24 – 28 Stunden das Gut trotz der hohen spezifischen Schüttung keine Überlösung der oberen Schichten erfährt, da die zweifellos durch die Enzymwirkung anfallenden Abbauprodukte wieder in den Keimlingen aufgebaut werden. Doch wirken sich die langen Prozeßzeiten bei den gegenüber der Keimung erhöhten Temperaturen einer Verbesserung der Cytolyse und in einer entsprechenden Verringerung des β-Glucangehaltes aus.

1.6.3.8 Die Arbeitsweise der „klassischen" Zweihordendarren (s. S. 70) soll nur ganz knapp geschildert werden; im übrigen sei auf frühere Ausgaben dieses Buches verwiesen.

Beim *hellen Malz* kann eine rasche Entwässerung bei diesen Darren, besonders bei natürlichem Zug nur dann erreicht werden, wenn das Gut dünn (ca. 35 kg/m²) aufgetragen wird. Bei Ventilatorbetrieb kann die Belegung das Doppelte betragen.

Der Schwelkprozeß auf der oberen Horde verläuft in zwei Stufen:

1. Eine Entwässerung von 45 auf 30 % bei einer Temperatur der Einströmluft (d. h. unter der oberen Horde) von 35–40° C.

2. Eine Entwässerung von 30 auf 10% bei einer Temperatur von 40–50° C (ebenfalls unter der oberen Horde gemessen).

Dieser nach 12 Stunden (auch bei 2 × 24stündiger Darrweise) erreichte Wassergehalt ist erkenntlich am Abfallen der Keime und am „Durchtreten" auf der oberen Horde.

Auf der unteren Horde wird dem Malz weiter Wasser entzogen, bis auf einen Gehalt von 3,5–4%. Die Temperaturen liegen zunächst bei 50–60° C unter der Horde, wobei mit Rücksicht auf das Schwelken des auf die obere Horde frisch aufgetragenen Grünmalzes der volle, verfügbare Luftstrom angewendet wird. Nach schrittweisem Anheben der Temperatur auf 70° C und zwei- bis dreistündiger Rast wird in zwei bis drei Stunden auf die Abdarrtemperatur von 80–85° C aufgeheizt und diese 3–5 Stunden (gemessen im Malz, ca. 1 cm über der Horde) gehalten. Durch Zwischenzüge wird die Temperatur über der unteren Horde auf einen, dem Schwelkmalz zuträglichen Wert abgesenkt. Das Wenden auf der Schwelkhorde wird nur zur gleichmäßigen Verteilung des geladenen Grünmalzes, aber keinesfalls während des Trocknungsprozesses getätigt, da das hierdurch unerläßliche wechselweise Trocknen und Wiederbefeuchten des Malzes ein Schrumpfen desselben zur Folge hätte. Auch auf der unteren Horde ist das Wenden – mindestens bis zu Beginn des Aufheizens auf die Abdarrtemperaturen – nicht erforderlich, anschließend wird bis zum Erreichen derselben stündlich und beim Abdarren dauernd gewendet. Aus arbeitstechnischen Gründen wird die 2 × 24stündige Arbeitsweise bevorzugt, wobei u. U. nach dem Erreichen einer Schwelkfeuchte von ca. 10–12 % der Ventilator entweder deutlich reduziert oder ganz abgeschaltet wird.

Das *Darren des dunklen Malzes* wurde früher durch das Schwelken auf dem luftigen Schwelkboden, einem freien Platz vor oder über der Darre, ergänzt. Hier blieb das Malz ein oder zwei Tage bei kalten Temperaturen liegen und erfuhr dort eine weitere Verbesserung seiner Auflösung.

Aus arbeitstechnischen und Platzgründen wurde diese Verfahrensweise verlassen; der gesamte Schwelkprozeß wird auf der Darre durchgeführt, die ursprünglich für dunkles Malz eigens konstruiert war.

Der Schwelkprozeß auf der Zweihordendarre vollzieht sich in drei Stufen:

1. Absenken des Wassergehaltes von ca. 45 % auf 20–25 % innerhalb von 12–14 Stunden und einer Temperatur von 40° C. Der Zug soll nur schwach sein; es wird alle zwei Stunden gewendet, um die Entfeuchtung zu verzögern.

2. Beibehalten eines Wassergehaltes von 20–25 %, bei Temperaturen von 50–60° C erfolgen intensive Abbauvorgänge. Der Schritt dauert ca. 10 Stunden, die Züge sind gedrosselt bzw. geschlossen, der Wender läuft stündlich.

3. Auf der unteren Horde: in 12 Stunden Absenken des Wassergehaltes von 20–25% auf ca. 10%, Temperatur 50–55° C, Zug wie bei 1), Wenden alle zwei Stunden.

Der Schwelkprozeß dauert also insgesamt 36 Stunden.

Das Aufheizen zur Abdarrtemperatur nimmt 6–7 Stunden in Anspruch und entwässert das Malz auf 5–6%. Die Züge sind geschlossen. Das Abdarren bei 102–105° C dauert ca. 5 Stunden. Die Temperatur zwischen den Horden darf 70–75° C nicht überschreiten. Der Wender läuft halbstündig, bei größeren Darren dauernd. In der Darre kommt es zu einer Temperaturschichtung, der sog. „gespannten" Hitze.

Das resultierende dunkle Malz ist infolge der unvermeidlichen Temperaturunterschiede im System weniger homogen als das mit der Einhordendarre hergestellte. Die Farben wurden zur Vermeidung brenzliger Aromanoten nicht gern über 12–15EBC-Einheiten angestrebt. Die gewünschte Farbe des dunklen Bieres von z. B. 50 EBC-Einheiten wird durch einen Farbmalzzusatz von ca. 1 % zur Schüttung eingestellt.

1.6.4 Kontrolle und Automatisierung der Darrarbeit – Pflege der Darren

1.6.4.1 Die *Überwachungsmaßnahmen* erstrecken sich bei den Einhorden-Hochleistungsdarren und Keimdarrkästen auf folgende Daten, die von Schreibern aufgezeichnet werden: Temperatur im Druckraum, Temperatur über der Horde, evtl. Malztemperaturen an verschiedenen Stellen, Ventilatorleistung (in % der maximalen), Stellung der Rückluftklappe, bei Zweihordendarren und deren Weiterentwicklung die Lufttemperatur zwischen den Horden, Anteil der beigemischten Frischluft, Eintrittsluft in die Schwelkhorde, Leistung des Schwelkventilators etc. Auch die Daten des Kreuzstromtauschers sind zu erfassen.

Bei Inbetriebnahme der Darre, bei Änderung des Darrverfahrens, bei Kontrollen im laufenden Betrieb werden auf jeden Fall die Malztemperaturen an verschiedenen Stellen, in verschiedenen Höhen, die Abnahme des Wassergehaltes und deren Gleichmäßigkeit ebenso erfaßt wie Wassergehalt, Farbe, Verzuckerungszeit, evtl. sogar weiterführende Analysen der obersten und untersten Malzschichten. Mittels Anemometern kann der Luftdurchsatz in den verschiedenen Stadien, die Verteilung der Frisch- und Rückluftströme sowie die Gleichmäßigkeit der Beladung der Darre kontrolliert werden. Auch die Abdichtung des beweglichen Teils von Kipphorden ist so zu prüfen. Weiterhin ist bei jeder Darre eine tägliche Erfassung von Wärme- und Kraftverbrauch notwendig.

1.6.4.2 *Automatisierung der Darrarbeit:* Die Meßwerte, Temperatur im Druckraum, Temperatur der Abluft, seltener die Feuchte der Abluft dienen als Impulsgeber für einen automatischen Ablauf des Darrprozesses. So kann z.B. der nach einem bestimmten Programm gesteuerte Schwelkprozeß bei dessen Endtemperatur so lange angehalten werden, bis eine bestimmte, einstellbare Ablufttemperatur erreicht ist. Erst dann setzt das programmierte Aufheizen zur Abdarrtemperatur ein. Nach Erreichen weiterer, wählbarer Werte der Ablufttemperatur treten Regulierung der Ventilatorleistung, Zumischen von Rückluft und die Begrenzung der Darrzeit in Funktion.

Bei modernen, rechnergesteuerten Darren wird die Grünmalzfeuchte eingegeben, das Temperaturprogramm sowie die gewünschte Schwelkdauer bis zum Durchbruch. Hiernach sowie nach dem Trocknungsfortschritt wird die frequenzgeregelte Ventilatordrehzahl festgelegt; beim Durchbruch die Bereitstellung der „Umluft" für die frisch beladene Darre sowie das Umschalten auf den Darrventilator. Alle obengenannten Daten werden in Diagrammform dargestellt und können ausgedruckt werden.

1.6.4.3 Die Pflege und Instandhaltung der Darre betrifft die Teile der Feuerung bzw. der Wärmeübertragung, den Ventilator, die Horden, die Schieber und die Meß-, Schalt- und Regeleinrichtungen.

1.6.5 Maßnahmen zur Energieeinsparung

1.6.5.1 Der Wärmeaufwand beim Darren liegt bei direkt beheizten Einhordenhochleistungsdar-

ren im Jahresdurchschnitt bei ca. 4×10^6 kJ/0,95 Mio kcal/t Fertigmalz (s. S. 66). Der Kraftbedarf beträgt dabei ca. 32 kWh/t.

Um nun den Energie-Verbrauch, der einen beachtlichen Teil der Mälzungskosten ausmachen kann, zu verringern, wurden verschiedene Methoden vorgeschlagen. Etliche erwiesen sich nicht als praktikabel wie z. B. die Entfeuchtung der Trocknungsluft mittels Lithiumchlorid-Trocknern, der Einsatz vom Wärmepumpen oder Herstellung von Malzen mit höheren Wassergehalten z. B. durch Verkürzung der Abdarrzeit oder durch vorzeitige Verwendung von Rückluft nach dem Durchbruch. Hier befriedigte aber häufig der Charakter der Malze (und Biere) nicht, wie auch die DMS-Gehalte Probleme bereiteten.

1.6.5.2 *Wärmeeinsparung durch Vorwärmen der Einströmluft.* Dies kann durch Anordnung des *luftgekühlten Kondensators der Kälteanlage* im Ansaugschacht der Darre geschehen. Der Luftdurchsatz desselben sollte 60–80 % des Darrluftbedarfs betragen, doch müssen beide, d. h. Kondensator und Darre, unabhängig voneinander betrieben werden können. Die mögliche Einsparung beträgt 8–12 % des Wärmebedarfs, der Stromverbrauch der Gesamtanlage nimmt um 10 % zu. Auch ist zu berücksichtigen, daß die Kälteanlage während der kalten Jahreszeit u.U. nicht betrieben wird.

Kreuzstromaustauscher (aus Glasplatten oder Glasröhren) werden im Abluftschacht der Darre angeordnet. Hierdurch wird die Einströmluft angewärmt und so eine Wärmerückgewinnung von durchschnittlich 30–33 % erzielt. Der Wirkungsgrad des Austauschers liegt beim Schwelken im Bereich von ca. 80 %, beim Aufheizen zum Abdarren bei ca. 70 %. Bei einem luftseitigen Widerstand von 15 mm WS beträgt der Mehrverbrauch an Strom rund 10 % des vom Darrventilator aufgenommenen. Es ist dafür Sorge zu tragen, daß sich Abluft und Frischluft nicht unkontrolliert vermischen können.

Wärmetauseher mit Wärmetrager (z.B. Glycol) sind jeweils an der Luftaustritts- und Lufteintrittsöffnung angebracht. Zwischen diesen wird Glycol in isolierten Leitungen umgepumpt. Die Ersparnisse sind etwas geringer als die des Kreuzstromtauschers, entsprechend den Wirkungsgraden der jeweiligen Austauscher. Auch muß der Stromverbrauch der Pumpe in Betracht gezogen werden. Auch diese Anlage konnte sich bei entsprechenden Gegebenheiten (Darrkonstruktion, Statik etc.) einführen.

1.6.5.3 *Die Verwendung von Mischluft beim Darren* ist bei Außentemperaturen von unter 20°C möglich: es wird so viel Rückluft zur Frischluft dosiert, daß sich eine Lufteintrittstemperatur von 20° C und bei einer Druckraumtemperatur von 60° C ein Wert der Abluft von 30° C ergibt. Die Mischluftdosierung, die über die Steuerung der Klappen automatisiert werden kann, erbringt im Jahresmittel eine Ersparnis von ca. 6,5%. Sie ist mit Vorteil in Kombination mit dem Kreuzstromtauscher anwendbar (s. oben).

1.6.5.4 *Isolierung der Darre:* Die Abstrahlungsverluste freistehender Darren können je nach Fläche, Beladungshöhe und Witterungsbedingungen 8–12 % bei kleinen und 4 – 6 % bei großen Darren ausmachen.

1.6.5.5 Der Einsatz von *Zweihorden-Hochleistungsdarren* mit über- oder nebeneinander liegenden Horden (z.B. auch Luftumkehrdarren) erbringt eine völlige Ausnutzung der Darr-Abluft nach dem Durchbruch. Aus diesem Grunde spielt auch die Höhe der Abdarrtemperatur und die Intensität der Ausdarrung energiewirtschaftlich keine Rolle mehr. Die Energieersparnis beträgt einschließlich der vom Kreuzstrom-Wärmetauscher erzielten 45 %. Dieselbe Einsparung kann auch von der Triflex- oder von der kontinuierlichen Vertikaldarre erwartet werden.

1.6.6 Die Nebenarbeiten beim Darren

Sie umfassen das Beladen und Entleeren der Horde.

1.6.6.1 Das *Beladen* erfolgt von der mechanischen oder pneumatischen Grünmalzförderung aus durch ein System von Schnecken- oder Redlerförderern, die ihrerseits unter geringstmöglichem Arbeitsaufwand auf schwenkbare Rohre arbeiten. Auch Schleuderbandförderer finden Anwendung. Wichtig vor allem bei wenderlosen Darren ist, daß das Grünmalz überall gleich hoch und gleich dicht liegt, da sonst die Belüftung ungleich wird.

  Neue selbsttätig arbeitende Einrichtungen führen das Grünmalz von oben einer schwenkbaren, horizontal verschiebbaren Transportschnecke zu, die das Gut solange nach außen fördert, bis ein Niveautaster anspricht, der dann einen Schwenkschritt einleitet. Die Anlage gestattet ein völlig ebenes, gleichmäßiges und sehr lockeres Auftragen des Grünmalzes.

1.6.6.2 Das *Abräumen* des Malzes geschieht durch Kraftschaufeln oder am besten und einfachsten durch Kipphorden, aber auch mittels der oben erwähnten Darrbeladeanlagen, deren Horizontalschnecken das Malz zu einem an der Darr-Breitseite angeordneten Redler fördern.

1.6.7 Die Behandlung des Malzes nach dem Darren

Dieser Abschnitt erstreckt sich auf die Vorgänge des Abkühlens und Entkeimens des Malzes.

1.6.7.1 Das *Abkühlen* kann auf der Einhordenhochleistungsdarre durch eine etwa 30 Minuten währende Lüftung mit ungewärmter Luft geschehen. Bei Keimdarrkästen sind die auf S. 77 erwähnten Voraussetzungen zu berücksichtigen. Bei Mehrhordendarren ist dies nicht möglich. Bei kleineren Darren kühlt das Malz in der Gosse und beim nachfolgenden Entkeimungs- und Putzvorgang genügend rasch ab, bei größeren Darren muß durch einen besonderen Kühlrumpf für eine entsprechende Absenkung der Malztemperatur gesorgt werden. Es kann sonst eine Schädigung der Enzyme, eine merkliche Zufärbung und eine Geschmacksverschlechterung des Bieres eintreten. Wohl kühlt das Malz auf dem Wege zur Putzerei und durch den Entkeimungsvorgang selbst etwas ab, doch ist bei Anlagen hoher Leistung oftmals noch eine Malztemperatur von 35°C gegeben. Bei dieser Temperatur darf es nicht sofort eingelagert werden, da in Silos sonst keine weitere Abkühlung der großen Körnermasse erfolgt. Es ist beim Einlagern eine Temperatur von 20°–25° C anzustreben.

1.6.7.2 Das *Entkeimen* muß bald im Anschluß an das Abräumen der Darre erfolgen, da die hygroskopischen Malzkeime sehr rasch Wasser anziehen und dann nicht mehr restlos entfernt werden können. Eine unzulängliche Entkeimung ist zu beanstanden, da die Keime zufärbend wirken, einen bitteren Geschmack vermitteln und zu einer raschen Wasseraufnahme des Malzes Anlaß geben.

  Die Entkeimung geschieht in besonderen Malzentkeimungsmaschinen, langsam sich drehenden SiebtromrneIn, in denen sich ein Schlägerwerk mit höherer Geschwindigkeit dreht und so die Keime abreibt, ohne jedoch das Malz zu beschädigen.

Die Keime fallen durch die Siebtrommel in eine Schnecke, die entweder in eine Absackschnecke oder in einen Malzkeimsilo führt. Durch eine kräftige Belüftung des auslaufenden Malzes gelingt es, leichte Verunreinigungen abzuscheiden. Einhordenhochleistungsdarren verursachen im Vergleich zu den Mehrhordendarren mit Wender weniger Keimabrieb. Es muß also die Entkeimungsmaschine eine höhere Leistung haben oder durch eine Vorentkeimungsschnecke entlastet werden.

Für große Leistungen haben sich Entkeimungsschnecken bewährt. Sie bestehen aus einem Schneckentrog aus geschlitztem Blech, in dem sich eine Schnecke entsprechender Steigung dreht. Durch die Reibung Korn an Korn brechen die Malzkeime ab und fallen durch die Schlitze des Troges in einen über die gesamte Schneckenlänge reichenden konischen Rumpf, der entweder in eine Reihe von Absackstutzen, in eine Transportschnecke oder in eine pneumatische Keimabscheidung mündet.

Eine derartige pneumatische Anlage trennt entweder das von einer Entkeimungsschnecke behandelte Gemisch aus Malz und Keimen oder es ist in den Förderweg eine Abriebstrecke eingebaut, die ein Abbrechen der Keime bewirkt. Nach diesem mit Querriffeln versehenen, schlangenförmigen Weg wird in einem großen Separator (s. S. 10) das schwerere Malz von den leichteren Malzkeimen getrennt; in einem weiteren Zyklon erfolgt dann die Separierung der Malzkeime. Von hier aus wird die Luft u.U. durch einen Schlauchfilter gereinigt. Die Anlage hat den Vorteil der hohen Leistung und der Staubfreiheit.

Die Malzkeime, ein wertvolles Abfallprodukt der Mälzerei, betragen 3–5 % des Gesamtgewichts. Infolge ihres hohen Eiweißgehalts von etwa 24 % sind sie ein begehrtes Futtermittel, das auch gemahlen oder pelletiert in den Handel kommt.

1.6.7.3 *Polieren*: Unmittelbar vor dem Verkauf oder vor dem Verbrauen wird das Malz noch „poliert". Hierunter ist die Entfernung etwa noch anhaftender Wurzeln, abstehender Spelzen teile oder von Staub zu verstehen. Das Malz wird hierdurch ausbeutereicher, erhält ein schöneres Aussehen und einen reineren Geschmack. Die Poliermaschinen gleichen den Entkeimungsapparaten; meist ist anstelle des Schlägerwerks ein System von Bürsten eingebaut. Auch Vibrationssiebe werden verwendet. Ein zu scharfes Polieren ist zu vermeiden, weswegen die Poliermaschinen

verschieden scharf einstellbar sind. Der Polierabfall kann je nach der Art der angewandten Maschinen und der Länge der Förderwege zwischen 0,5 und 1,5 % betragen. Er enthält stets Malzgrieße, die in speziellen Grießgewinnungsanlagen zurückgeführt werden. Das Polieren hat eine besondere Bedeutung, wenn eine Malzsteuer erhoben wird.

1.6.8 Die Lagerung und Aufbewahrung des Malzes

Vor dem Verbrauen soll eine gewisse Lagerzeit eingehalten werden. Frisch abgedarrte, nicht gelagerte Malze ergeben trübe oder opalisierende Würzen, Abläuter- und Gärschwierigkeiten und beeinflussen damit Aussehen, Geschmack und Schäumvermögen des Bieres. Bei Verarbeitung zu junger Malze wird auf einen Teil jener Enzyme verzichtet, die ihre Wärmestarre bis zu diesem Zeitpunkt noch nicht überwunden haben.

Durch sinnvolles Lagern erfolgt eine geringfügige, allmähliche Wasseraufnahme, die Kolloide der Eiweiß- und Gummistoffe gewinnen ihr Hydratationswasser zurück.

Durch die Wasseraufnahme verlieren Spelzen und Mehlkörper ihre Sprödigkeit; das Malz läßt sich günstiger verschroten. Mit zunehmendem Wassergehalt setzt wiederum eine gewisse Atmung unter Bildung von Kohlendioxid und Wasserdampf ein. Unterlöste oder sehr hoch abgedarrte Malze werden durch die Lagerung besser: sie geben mehr Ausbeute und zeigen günstigere Verarbeitungsmerkmale. Bei normal oder gut gelösten Malzen ruft eine Lagerzeit von 6 Monaten bei 25°C keine nachteilige Veränderung der Analysendaten des Malzes, seiner Verarbeitung und der Qualität der hieraus hergestellten Biere hervor. Selbst weniger stark gedarrte, mit einem Wassergehalt von über 5 % eingelagerte Malze blieben unbeeinflußt. Lagertemperaturen von 30–35°C sind jedoch vor allem bei Malzen höheren Wassergehalts der Malzfarbe abträglich. Dunkle Malze verlieren bei einer Lagerung von 3–6 Monaten an Aroma.

Wie die ältere Literatur – vor allem aus den Kriegs- und Nachkriegsjahren – zeigt, ist eine jahrelange Lagerung bei Wassergehalten von ca. 10 % schädlich für die Eigenschaften des Malzes; hierzu kommen auch noch mögliche Auswirkungen von Schädlingsbefall.

Es soll demnach die Malzlagerung eine übermäßige Wasseraufnahme vermeiden. Die Oberfläche des lagernden Malzes soll daher möglichst gering sein.

Die Malzlagerung kann auf Böden, in Kästen oder in Silos erfolgen.

1.6.8.1 Die *Bodenlagerung*, verschiedentlich noch in kleinen Betrieben anzutreffen, ist ungünstig, da diese Form der Flächenlagerung stets eine starke Wasseraufnahme herbeiführt. Auch ist die Gefahr von Schädlingsbefall groß. Eine gewisse, wenn auch nicht wirkungsvolle Abhilfe ist das Abdecken des Malzes mit Planen oder Kunststoff-Folien.

1.6.8.2 Die Lagerung in *Malzkästen* ist günstiger, da hier die Malzoberfläche kleiner wird. Bei entsprechenden statischen Voraussetzungen lagert das Malz 3–4 m hoch. Hölzerne Malzkästen sollen möglichst wenige Fugen aufweisen, verschiedentlich sind sie mit Blech ausgeschlagen. Das vollständige Entleeren von Malzkästen, das mindestens viermal jährlich erfolgen soll, ist meist nicht ohne Handarbeit zu vollführen.

1.6.8.3 Die *Silolagerung*, als die einzig zweckmäßige und geeignete, bietet den Vorteil der Unterbringung großer Malzmengen auf kleiner Grundfläche, der Trockenheit und der einwandfreien Schädlingsbekämpfung. Die Silos werden aus Stahlbeton oder Stahlblech, manchmal auch aus Profilelementen hergestellt. Stahlbetonsilos haben den Vorteil geringer Wärmeleitfähigkeit, sie sind aber schwer und ortsfest. Nach der Erstellung müssen sie unbedingt genügend lange abbinden und trocknen, um eine Schädigung des Malzes zu vermeiden. Stahlsilos aus Stahlringen von entsprechendem Durchmesser, miteinander verschraubt oder aus Profilelementen gefertigt, bieten den Vorteil der raschen Aufstellung, der sofortigen Benützbarkeit, eines verhältnismäßig geringen Gewichts und der Möglichkeit einer Wiederentfernung. Die Gefahr der Kondenswasserbildung ist bei einem so trockenen Lagerprodukt wie Malz in unseren Breiten ausgeschlossen. Die Größe der Silos soll so bemessen sein, daß einheitliche Malzpartien nach Farbe, Auflösung und Provenienz für sich gelagert werden können. Zum gleichmäßigen Verschnitt verschiedener Malze werden häufig eigene Mischzellen verwendet. Es sind dies Silozellen kleineren Fassungsvermögens (50 -150 t), die eine genaue Dosierung des zum Verkauf oder zum Verbrauen kommenden Malzes erlauben. Die Dosierung geschieht durch entsprechend einstellbare Schieber oder durch eigene Meß- und Mischapparate, die eine beliebige prozentuale Einstellung der den verschiedenen Zellen entnommenen Malze ermöglichen. Um eine Entmischung und Sortierung des Malzes beim Füllen großer Silozellen zu verhindern, werden Streuteller oder -glocken angewendet. Zur gleichmäßigen Entleerung dienen sog. Dennystutzen oder mehrere Ausläufe. Malzbruch ist normal bei Silolagerung nicht zu befürchten. Extrem stark gelöste Malze mit einer durch Husaren-Wachstum aufgebrochenen Spelze gehen leichter zu Bruch bzw. sie liefern viel Abrieb.

Die Dauer der Lagerung soll mindestens 4 Wochen betragen. Wird das Malz kühl und trocken in den Silo eingebracht, so steht auch einer langen Aufbewahrungszeit von 1–2 Jahren nichts entgegen.

Malze, die zuviel Wasser angezogen haben, können zum Zwecke einer besseren Schrotung nachgedarrt werden. Hierbei wird wohl überschüssiges Wasser entfernt, aber die Wirkung der während der Lagerung erfolgten Enzymtätigkeit nicht mehr aufgehoben. Im allgemeinen hat diese Maßnahme wenig Wert.

Bei Malzen, die aus ungleich keimenden Gersten hergestellt wurden, kann eine Spezialbehandlung zur Abscheidung von Steinmalz zweckmäßig sein. Diese Ausleseapparate trennen das Malz nach seiner Schwere, wodurch gut gelöstes und infolgedessen leichteres Malz von schlecht gelöstem schwerem Malz geschieden wird. Die dazu benützten *Auslesetische*, auch „Aschenbrödel" genannt, sind bei sachgemäßer Bedienung und Einstellung von einwandfreier Funktion. Ihre Leistung beträgt bis zu 2 t/h.

Entsteinungsapparate, die auf der Wirkung mit Luft durchströmter, vibrierender, ansteigender Siebe aufbauen, können neben der Abscheidung von Steinen bei entsprechender Einstellung auch zur Aussortierung von Glasmalz verwendet werden. Die Leistung beträgt bis zu 6t/h (s. S. 9).

1.7 Der Malzschwand

Die beim Weichen, Keimen und Darren vor sich gehenden Änderungen der Gerste bringen es mit sich, daß die Volumen- und Gewichtsverhältnisse der entstehenden Produkte (Weichgut, Grünmalz, Darrmalz) andere sind als bei der Gerste. Es ergeben sich (siehe Tabelle S. 83):

Der Raumbedarf der Zwischenprodukte ist für die Bemessung von Räumen und Apparaten wichtig.

	I. aus 100 hl Gerste		II. aus 100 kg Gerste
Eingeweichte Gerste	100 hl	(16 % Wasser)	100 kg
Ausgeweichte Gerste	145 hl	(45 % Wasser)	155 kg
Grünmalz	220 hl	(48 % Wasser)	147 kg
Darrmalz	118 hl	(3,5 % Wasser)	78 kg
Gelagertes Malz	120 hl	(4,5 % Wasser)	79 kg

Das Hauptinteresse beansprucht die Ermittlung, welche Gewichtsmenge Malz aus einer bestimmten Menge Gerste (100 kg) erhalten wird. Die Malzmenge ist um den Malzschwand geringer als die verwendete Gewichtsmenge an Gerste. Er wird erst von der Einweichgerste ab gerechnet. Verluste durch Putzen, Sortieren und durch die Lagerung werden nicht berücksichtigt, da nur geputzte Gerste zum Vermälzen kommt.

Die eingeweichte Gerste hat einen Wassergehalt von 12–18 %, das gewonnene Malz einen solchen von 2–4 %. Der aus diesen Zahlen ermittelte Schwand ist der *„lufttrockene Schwand"*. Er liegt zwischen 16 und 25 % und schwankt, abgesehen von den Stoffverlusten bei der Keimung, in weiten Grenzen durch den unterschiedlichen Wassergehalt der Gersten und Malze. Er ist für die Wirtschaftlichkeit der Malzerzeugung von Bedeutung.

Der Verlust durch die Verminderung des Wassergehaltes ist gegeben durch den Unterschied des Wassergehaltes der Gerste und des daraus hergestellten Malzes. Er ist zahlenmäßig bedeutend und beläuft sich auf 10–16 %.

Um die wirklichen Verluste beim Mälzen darstellen zu können – die Verringerung des Wassergehaltes ist nur ein scheinbarer Verlust –, wird der *wasserfreie Schwand* ermittelt. Er wird errechnet aus den auf die Trockensubstanz zurückgeführten Gewichten von Gerste und Malz. Der wasserfreie Schwand bewegt sich zwischen 5 und 12 %. Bei konventioneller Mälzung kann ein Wert von 8–10 % angenommen werden.

Ohne Berücksichtigung der Substanzverluste bei der Lagerung wird der Gesamttrockenschwand in drei Teilschwände unterteilt. In den Weichschwand (ca. 1%), in den Atmungsschwand (ca. 5,2 %) und in den Keimschwand (ca. 3.8 %). Daraus ergibt sich ein Gesamtschwand von 10 %.

Der Malzschwand kann in den einzelnen Herstellungsstadien sehr unterschiedlich sein.

1.7.1 Der Weichschwand

Er wird bedingt durch Auslaugen von anorganischen und organischen Substanzen aus den Gerstenspelzen. Die Schwimmgerste zählt nicht zum Malzschwand, da sie getrocknet und verkauft wird. Eine lange Wasserweiche, evtl. mit intensiver Wäsche wird eine stärkere Auslaugung hervorrufen als eine Weichmethode mit nur kurzen Wasserweichperioden. Dafür können bei der sog. „Pneumatischen Weiche" schon Atmungsverluste von 0,5–1 % der Trockensubstanz auftreten, die jedoch erst beim fertigen Malz erkennbar werden.

Der Ersatz des Weichens durch Waschschnekken oder gar durch eine Sprühweiche im Keimkasten (s. S. 19) hat natürlich geringere „Weichverluste" im Gefolge. Verunreinigungen, so sie nicht schon durch eine verbesserte Gerstenreinigung entfernt wurden, fallen dann zum Teil als Abrieb bei der Entstaubung der Malzentkeimung an.

1.7.2 Atmungs- und Keimschwand

In der Regel werden beide getrennt ausgewiesen, sie werden aber durch dieselben Mälzungsbedingungen beeinflußt.

Der *Atmungsschwand* beträgt 4–8 %. Er entsteht durch Veratmung von Stärke und Fett zu CO_2 und Wasser. Er kann nicht unter ein bestimmtes Maß gedrückt werden.

Der *Keimschwand* liegt bei konventionellen Mälzungsverfahren zwischen 3 und 5 %.

Beide hängen ab von den herrschenden Keimbedingungen. Sie fallen bereits beim Weichen (je nach Verfahren), bei der Keimung und selbst noch auf der Darre an.

Der Gesamtschwand ist abhängig:
a) Vom Feuchtigkeitsniveau, bei dem die Keimung durchgeführt wird. Je höher dieses ist, um so stärker atmet das Korn, um so mehr Keime werden gebildet.

b) Von der Temperatur der Haufenführung. Je höher diese ist, um so höher der Schwand.

c) Von der Zusammensetzung der Haufenluft. Je mehr CO_2 im Haufen gegeben ist, um so geringer werden Atmung und Wachstum.

d) Vom Charakter des zu erzeugenden Malzes. Mit zunehmender Auflösung und längerer Keimdauer nehmen die Schwandverluste zu. Dunkle Malze verursachen stets mehr Schwand als helle.

Zur Herabsetzung der Schwandfaktoren sind mehrere Möglichkeiten vorhanden:

1.7.2.1 Die *Verkürzung der Keimdauer:* Das Malz wird nicht bis zur völligen Auflösung geführt, sondern die Keimung früher abgebrochen. Die so erhaltenen „Spitz"- oder „Kurz"-Malze, können in den verschiedensten Variationen hergestellt werden. Auf diese Weise läßt sich der Schwand je nach der Keimdauer um 2–5 % absenken. Je kürzer das Malz gewachsen war, um so mehr bleibt der ursprüngliche Gerstencharakter erhalten. Spitzmalz stellt eine Art Rohfrucht dar, die nur in einem Anteil von 10–15 % zur Schüttung verarbeitet werden kann. Bei Einsatz von Kurzmalzen werden besondere Maischverfahren erforderlich sein. Verschiedentlich wird die Verwendung derartiger Malze zur Verbesserung der Schaumeigenschaften eines Bieres erwogen. Während der Erfolg in dieser Richtung fraglich ist und von einer Reihe von Faktoren abhängt, ist aber andererseits eine Verschlechterung des Biergeschmackes und der Geschmacksstabilität gegeben.

1.7.2.2 Die *Anwendung von Kohlensäure in der Haufenluft.* Durch Verringerung der Atmung des Kornes wird auch dessen Gewächs eingeschränkt. Je nach Zeitdauer der CO_2-Einwirkung und der angewendeten Menge kann die Schwandersparnis zwischen 1 und 2,5 % betragen, letztere aber nur im Falle der CO_2-Rastmälzerei. Derart hergestellte Malze besitzen eine geringere Enzymkapazität, die Auflösung ist weniger weit fortgeschritten als bei Normalmalzen.

1.7.2.3 Das *Wiederweichverfahren* erbringt eine echte Schwandersparnis, ohne daß die Malzqualität leidet. Seine konsequente Durchführung vermittelt hauptsächlich eine Verringerung des Keimschwandes durch die Inaktivierung des Wurzelkeimes bei der Wiederweiche auf 1–1,5 %. Es wird jedoch auch die Atmung eingeschränkt (auf 4–4,5 %), so daß damit Schwandwerte von 5–6 % erreicht werden. Die Weiterführung der Methode durch eine Wiederweiche in warmem

Wasser (30 bis 40° C) kann noch zusätzliche Ersparnisse erbringen; dieses letztere, in England entwickelte Verfahren, sieht allerdings den ergänzenden Einsatz von Gibberellinsäure vor.

1.7.2.4 Die *Keimung bei fallenden Temperaturen* z.B. von 17 auf 12° C kann ebenfalls den Schwand erniedrigen, da die durch stufenweise Wassergabe stark angeregten Lebensäußerungen des Korns hierdurch unter Kontrolle kommen. Ohne Nachteile für die Qualität des Malzes läßt sich der Gesamtschwand um 1–1,5 % gegenüber der klassischen Mälzung erniedrigen. Es ist allerdings die Anwendung einer Kühlanlage und der dabei auftretende Strombedarf gegen diesen Gewinn aufzurechnen.

1.7.2.5 Die *Anwendung von Wuchs- und Hemmstoffen* (in Deutschland verboten). Während die Zugabe von Gibberellin, selbst bei verkürzter Keimzeit, kaum eine Schwandersparnis vermittelt, erbringen Inhibitoren, wie z.B. Kaliumbromat, eine deutliche Schwanderniederung (s. S. 58). Auch Formaldehyd oder eine Weiche mit verdünnter Schwefelsäure wirkt in derselben Richtung.

Aus dieser Aufzählung gegebener Möglichkeiten zur Verringerung von Atmungs- und Keimschwand geht jedoch hervor, daß ein übermäßiges Absenken des Schwandes Nachteile in der Qualität des Malzes zur Folge hat. Es ist ein Mindesteinsatz von Stärkesubstanz erforderlich, um die Vorgänge beim Mälzen im Sinne der gewünschten Malzqualität zu steuern.

1.7.3 Die Ermittlung des Malzschwandes

Sie erfolgt am sichersten aus den Gewichten der eingeweichten Gerste und des fertig geputzten Malzes mittels automatischer Waagen. Auch die Tausendkorngewichte von Gerste und Malz ergeben ein Bild über den Schwand, während der Vergleich der Hektolitergewichte ungenaue Ergebnisse liefern muß, da sich die Volumenverhältnisse von der Gerste zum Malz verändern. Von den einzelnen Faktoren kann der Wassergehalt und der Keimverlust genau bestimmt werden. Alle übrigen Daten werden berechnet. Am besten ist es, den Schwand für jeden Keimkasten etc. eigens festzuhalten, weil hierdurch ein genaues Bild über die Arbeitsweise bzw. über Variationen derselben gewonnen werden kann.

Die Berechnung des Malzschwandes kann nach folgenden Formeln geschehen:

$$\text{Schwand lufttrocken} = \frac{G - M}{G} \times 100$$

G = eingeweichte Gerstenmenge

M = entkeimtes Darrmalz

$$\text{Schwand wasserfrei} = 100 - \frac{MTrS \times 100}{GTrS}$$

MTrS = Malztrockensubstanz =
    M × (100 – Wassergehalt des Malzes)

GTrS = Gerstentrockensubstanz =
    G × (100 – Wassergehalt der Gerste)

1.8 Die Eigenschaften des Malzes

Für die weitere Verarbeitung des Malzes zu Bier ist es von Bedeutung, seine Eigenschaften genau zu kennen. Die Beurteilung des Malzes erfolgt auf Grund äußerer Merkmale und einer Reihe mechanischer und chemisch-technischer Untersuchungsmethoden.

1.8.1 Äußere Merkmale

Anhand derselben werden ermittelt:

1.8.1.1 Der *Reinheitsgrad des Malzes* nach Resten von Wurzelkeimen, seinem Gehalt an Unkraut, Fremdgetreide, Staub, Halbkörnern, verletzten Malzkörnern, verschimmelten Körnern (s.a. Farbe), Krummschnäbeln oder gar ungemälzten Gerstenkörnern.

1.8.1.2 Die Farbe des Malzes: sie soll gelblich und rein sein, eisenhaltiges Weichwasser ergibt eine stumpfe, graue Farbe, „getigerte" Malze deuten auf stärker schwefelhaltige Brennstoffe beim Schwelken und Darren hin, Schimmelbefall ist grün-, schwarz- oder rotfleckig. Eine Unterscheidung in „irrelevante" und „relevante" rote Körner, letztere < 1,5 ‰ ist eine Vorsorge gegen Gushing (s. S. 327).

1.8.1.3 Geruch und Geschmack des Malzes; je nach Malztyp neutral bis aromatisch, nicht dumpf, sauer oder verbrannt. Schimmelig oder grablig riechendes bzw. schmeckendes Malz ist abzulehnen, ebenso rauchiges Malz. Diese Geschmacksnoten können durch Schmecken der *unzerkauten* Körner festgestellt werden, oder sicherer durch den Heißwassertest.

1.8.2 Die mechanische Analyse

Sie umfaßt die Bestimmung von Hektolitergewicht, Tausendkorngewicht, Sortierung, Mehligkeit bzw. Mürbigkeit und Blattkeimentwicklung.

1.8.2.1 Das *Hektolitergewicht* gibt Einblick in die Volumenverhältnisse des Malzes, es sagt aber über den Malzschwand nichts aus, auch das hl-Gewicht der ursprünglichen Gerste kann hierdurch nicht abgeschätzt werden. Es schwankt zwischen 47 und 60 kg. Gut gelöste, sachgemäß getrocknete und gedarrte Malze haben hl-Gewichte zwischen 48 und 55 kg. Genauer kann das Volumen des Malzes über sein spezifisches Gewicht bestimmt werden, das im Bereich zwischen 1,08 und 1,20 g/cm³ liegt, für ein gutes Malz jedoch nicht höher als 1,12 g/cm³ sein soll. Scharfes Polieren, Spelzenverluste und Abrieb bei langen Transportwegen erhöhen Hektoliter- und spezifisches Gewicht. Vor allem letzteres ist nur im frisch gedarrten und entkeimten Malz zuverlässig bestimmbar.

1.8.2.2 Das *Tausendkorngewicht* des Malzes vermittelt im Vergleich zu dem der Gerste einen Überblick über den Mälzungsschwand. Es wird auf Trockensubstanz berechnet und ergibt Werte zwischen 25 und 35 g. Dunkle Malze haben niedrigere Tausendkorngewichte als helle.
    Die Sortierung erlaubt ein Urteil über die Gleichmäßigkeit der Kornstärke des Malzes.

1.8.2.3 Die *Mehligkeit* eines Malzes kann mit Hilfe des Kornquerschneiders nur unvollständig ermittelt werden. Objektiv richtig, wenn auch aufwendig, ist die Erstellung von Kornlängsschnitten, die einen guten Überblick über mehlige, teilglasige und glasige Körner ergeben. Die Menge der ganzglasigen Körner zeigt die Zahl der Ausbleiber an, sie sollte 2 % nicht übersteigen. Die Mehligkeit soll bei hellem Malz über 95 % liegen.

1.8.2.4 Die *Mürbigkeit des Malzes* kann durch den Sinkertest (< 10% sehr gut) und durch das Friabilimeter von Chapon zur Darstellung gelangen. Gut gelöstes Malz soll über 80% mehlige Körner aufweisen sowie weniger als 2 % ganzglasige. Verschiedentlich wird der halbglasige Anteil über das 2.2 mm Sortiersieb weiter differenziert. Die Färbemethoden mittels calcofluor oder Methylenblau definieren ebenfalls die Auflösung und erlauben eine Berechnung der Homogenität.

1.8.2.5 Auch die *Blattkeimentwicklung* vermittelt einen Überblick über die Gleichmäßigkeit eines Malzes. So soll die mittlere Blattkeimlänge von hellem Malz zwischen 0,7 und 0,8, bei dunklem darüber liegen.

1.8.3 Die chemische Analyse

Diese schließt ein: den Wassergehalt, die Laboratoriumsausbeute nach der Kongreßanalyse mit Feinschrot oder auch Grobschrot, die Farbtiefe, die Verzuckerungszeit und eine Reihe anderer Daten, die dazu dienen, den Auflösungsgrad des Malzes erkennen und Rückschlüsse auf seine spätere Verarbeitungsmöglichkeit ziehen zu können.

1.8.3.1 Der *Wassergehalt* des frisch abgedarrten Malzes beträgt 1,5 – 4,0 % , er sollte in gelagertem Zustand nicht über 5,0 % liegen. Dunkle Malze haben einen niedrigeren Wassergehalt als helle.

1.8.3.2 Die *Extraktergiebigkeit* des Malzes schwankt lufttrocken zwischen 72 und 79 %, wasserfrei zwischen 77 und 83 %, sie liegt meist über 80%.

1.8.3.3 Die *Mehlschrotdifferenz* zeigt die cytolytische Lösung, gleichzeitig aber auch die Enzymkapazität des Malzes an. Nach EBC bestimmt, soll die Differenz bei gut gelösten Malzen nicht über 1,8 % betragen.

1.8.3.4 Die *Viscosität der Kongreßwürze* ergänzt die Ergebnisse der vorhergehenden Methode. Sie liegt zwischen 1,48 und 1,75, normal bei 1,52–1,58 mPas.

1.8.3.5 Die *Verzuckerungszeit* nimmt bei hellen Malzen 10–15, bei dunklen 15–30 Minuten in Anspruch. Daneben wird der *Geruch der Maische* geprüft.
  Sie ist durch die dünne (1 : 6) Kongreßmaische weit kürzer als in der Praxis und liefert deshalb nur bei groben Fehlern eine Aussage.

1.8.3.6 Die *Farbtiefe* der Laboratoriumswürzen wird neuerdings ausschließlich in EBC-Einheiten ausgedrückt: sie beträgt bei hellen Malzen 2,5–4, bei mittelfarbigen („Wiener") Malzen 5–8 und bei dunklen 9,5–21 EBC-Einheiten. Einen günstigeren Ausdruck über die zu erwartende Bierfarbe vermittelt die *Kochfarbe der Kongreßwürze* oder die Farbe der endvergorenen Würze. Bei Pilsener Malzen soll die Kongreßwürzefarbe unter 3,0, die Kochfarbe unter 5,2 EBC-Einheiten sein.

1.8.3.7 Das *Aussehen der Würzen* und die Ablaufzeit derselben werden ebenfalls festgehalten. Auf raschen, klaren Ablauf wird Wert gelegt.

1.8.3.8 Der *scheinbare Endvergärungsgrad* der Kongreßwürze soll ein Niveau von über 80 % erreichen. Dieser Wert ist bei den hochgezüchteten deutschen Gerstensorten in der Regel gegeben.

1.8.3.9 *Einblick in den Eiweißabbau* gibt der Eiweißlösungsgrad („Kolbachzahl"). Bei einem Malz mit ca. 10,5 % Eiweiß ist ein Eiweißlösungsgrad von 38–42 % als günstig zu bezeichnen. Bei dunklen Malzen liegt er infolge des Verbrauches an niedermolekularem Stickstoff zur Melanoidinbildung niedriger, etwa zwischen 37–40 % . Nachdem die Kolbachzahl bei unterschiedlichen Eiweißgehalten z.T. erheblich schwanken kann, wird häufig die Menge des löslichen Stickstoffs pro 100 g Malztrockensubstanz angegeben. Sie beläuft sich normal zwischen 640 und 700 mg, kann aber bei eiweißreicheren Malzen jedoch im Sinne einer günstigen Verteilung der Stickstoff-Fraktionen (s. S. 27) auch etwas höher liegen (s. S. 28). Hierbei soll der Anteil des *freien Aminostickstoffs* (FAN) über 20 % des löslichen Stickstoffs betragen.

1.8.3.10 Die *Viermaischenmethode* nach Hartong-Kretschmer hat eine weite Verbreitung gefunden. Sie bietet Bewertungsmaßstäbe für die präexistierend löslichen Extraktstoffe, die Enzymkraft des Malzes und seine Mürbigkeit. Die Standardzahlen für befriedigend gelöste Malze betragen bei VZ 20° C = 24 %, VZ 45° C = 36 %, VZ 65° C = 98,7 % und VZ 80° C = 93,7 %. Hieraus errechnet sich eine Verarbeitungszahl von 5,0. Höhere Ansprüche an die Malzauflösung lassen eine VZ 45° C von etwa 38 % wünschenswert erscheinen, auch liegt die VZ 80° C bei modernen Einhordendarren zumeist über 95 % .

1.8.3.11 Der *pH der Kongreßwürze* liegt normal bei ca. 5,9. Dunkle Malze haben je nach Farbe einen pH von 5,7. Die Verwendung schwefelhaltiger Brennstoffe beim Schwelken und Darren erniedrigt den pH um ca. 0,15. Hierdurch ergeben sich höhere Werte für den Extraktgehalt, den Eiweißlösungsgrad und die VZ 45° C der Malze.

Die Titrationsazidität der Kongreßwürze liegt in der ersten Stufe (bis pH 7,07) normal bei 3,8–4,2, in der zweiten Stufe (bis pH 9,0) bei 10,5–13 ml, die Gesamtsäure normal zwischen 14,3 und 17,2 ml 1 n NaOH.

1.8.3.12. Die *Darrfestigkeit* eines Malzes kann weder durch die Bestimmung seiner Keimfähigkeit noch durch *Nachdarren* (5 Std. bei 86° C) zuverlässig bestimmt werden. Auch die *Kochfarbe* liefert keinen Anhaltspunkt hierüber, obwohl sie einen Fingerzeig auf die zu erwartende Bierfarbe geben kann. Die Zufärbung beim Kochen hängt ab von Sorte und Herkunft der Gerste, vom Mälzungsverfahren und von der Abdarrtemperatur (s. S. 63). Sie ist umso höher, je höher die Abdarrtemperatur war. Sie kann bei hellen Malzen zwischen 1,5 und 3,5 EBC-Einheiten betragen; normale Werte liegen bei 2–2,5 EBC-Einheiten. Einen sehr guten Hinweis gibt der Gehalt an Dimethylsulfid-Vorläufer, der je nach den Gegebenheiten der Würzekochung 5–7 ppm betragen darf. Der Gehalt an Nitrosodimethylamin (NDMA) soll unter 2,5 ppb liegen.

Einen Einblick in den Verlauf der Farbebildung geben HMF (Hydroxymethylfurfural) bzw. TBZ (Thiobarbitursäurezahl). Bei korrekt geschwelkten und gedarrten hellen Malzen liegen diese bei 5–8 (HMF) bzw. 13–20 (TBZ).

1.8.3.13 *Ergänzende Untersuchungen* stellen direkte Enzymbestimmungsmethoden (Diastatische Kraft 220–290° DK, α-Amylase 30–60 ASBC) dar, des weiteren mikrobiologische, chromatographische und spektralphotometrische Analysen.

Ein Test zur Ermittlung der *Gushing-Neigung* kann sowohl von der Gerste als auch vom Malz mittels eines unvergorenen, hochkarbonisierten Auszuges mit guter Aussagekraft vorgenommen werden.

Ein Malz muß so beschaffen sein, daß es eine gute Verarbeitung und Ausbeutung im Sudhaus ermöglicht, vor allem aber eine flotte und nachhaltige Gärung sicherstellt. Dann werden auch die Eigenschaften des fertigen Bieres im gewünschten Sinne ausfallen.

1.9 Sonder- und Spezialmalze

1.9.1 Das Weizenmalz

Es wird wohl nach den gleichen Richtlinien wie das Gerstenmalz hergestellt, doch sind hierbei wegen der fehlenden Spelzen einige besondere Gesichtspunkte zu beachten.

1.9.1.1. Der *Brauweizen* sollte einen Eiweißgehalt von unter 12,0 % aufweisen. Winterweizensorten, die eine gute, aber nicht zu weitgehende Auflösung vermitteln sowie eine geringere Anfälligkeit gegen Mikroorganismenbefall haben, sind Sommerweizen vorzuziehen. Sie liefern die günstigsten Mälzungsergebnisse, vor allem auch normale Malz-, Würze- und Bierfarben. Die Phenolzahl, die einen groben Anhaltspunkt über den Gehalt an Oxidasen liefert, ist bei diesen Weizen niedrig.

Das Sortenspektrum ist etwa demselben Wandel unterworfen wie das der Braugersten. Die günstigsten Sorten sind den jährlichen Publikationen zu entnehmen.

1.9.1.2. Die *Vermälzung* der Weizen ist gekennzeichnet durch eine sehr rasche Wasseraufnahme, die bei den früheren Naß-Trockenweichverfahren eine Reduzierung der Weichzeit um $1/3$, d.h. auf etwa 48 Stunden erforderlich machte. Die modernen Weichmethoden mit stufenweiser Wassergabe (s. S. 22) erlauben auch hier die Einstellung des Wassergehaltes von 37 – 38 % zur optimalen Ankeimung und die spätere Erhöhung der Keimgutfeuchte, die mit 44–46 % genügt, um in 6 Keimtagen ein gut gelöstes Malz zu erzielen.

Bei der Keimung ist zu berücksichtigen, daß Körner ohne Spelze dichter liegen und zu hitzigerem Wachstum neigen. Die Haufen müssen deshalb von Anfang an kälter geführt werden als Gerstenmalz, wodurch sich auf der Tenne eine schwächere Belegung ergibt. Dort wird das Gut in den ersten Keimtagen alle 8–12 Stunden gewendet, um eine gleichmäßige Keimung sicherzustellen. Am 3./4. Tag kann der Haufen 16–20 Stunden zum Greifen liegen bleiben. Der Blattkeim wächst zunächst unter der Samenschale, durchbricht diese aber am 3. Tag und entwickelt sich dann seitlich am Korn. Ein zu häufiges Wenden kann sehr leicht zu einer Verletzung des Keimlings führen. Hierdurch kann sich eine Störung der Stoffänderungen im Korninnern sowie Schimmelbefall ergeben.

Im Keimkasten ist es möglich, sowohl bei steigenden (12–18° C) als auch bei fallenden Temperaturen (17/18 bis 12/13° C) zu mälzen. Gegenüber Braugersten derselben Provenienz benötigt der Weizen im Rahmen derselben Keimzeit niedrigere Temperaturen und Feuchtigkeitswerte.

1.9.1.3 Das *Darren des Weizenmalzes* wird vor allem bei Mehrhordendarren etwas vorsichtiger gehandhabt als bei Gerstenmalz. Bei Einhorden-hochleistungsdarren wird bei Temperaturen von 50–55–60–65° C geschwelkt, wobei jedoch vor einer weiteren Temperatursteigerung der Durchbruch (Ablufttemperatur 45° C) abzuwarten ist. In zwei Stunden wird dann auf 77° C aufgeheizt und hier zwei Stunden, bei 80° C weitere zwei bis drei Stunden ausgedarrt. Die Rückluftverwendung dürfte etwas vorsichtiger gehandhabt werden als bei hellen Gerstenmalzen, um Zufärbungen zu vermeiden. Infolge der Entfernung des Blattkeims beim Putzen des Malzes ist der Keimverlust beim Vermälzen des Weizens etwas höher als bei Gerste, auch ergibt sich hierdurch ein Eiweißverlust von 0,5–0,7%.

1.9.1.4 Die *Analyse des Weizenmalzes* ist durch einen, entsprechend der etwas schwierigeren Entwässerung, höheren Wassergehalt von ca. 5 % gekennzeichnet. Der Extraktgehalt beträgt, auf Trockensubstanz berechnet, 83 – 87 %, je nach Eiweißgehalt. Letzterer sollte nicht über 11,5 % liegen. Bei einer Mehl-Schrotdifferenz von 1,0 – 2,0 % beträgt die Viscosität 1,60–1,75 mPas, der Friabilimeterwert liefert keine Aussage. Der Eiweißlösungsgrad ist durch den Verlust des Blattkeims niedriger und mit 36 – 39 % als gut zu bezeichnen. In diesem Bereich liegt auch die Vz 45° C. Die Stickstoff-Fraktionen sind durch mehr koagulierbaren und mit $MgSO_4$ fällbaren Stickstoff (letzterer ca. 40 %) sowie weniger FAN (12–14 %) gekennzeichnet. Die Farben liegen bei 3–4,5 EBC-Einheiten, bei dunklen W.-Malzen bei 10 – 20 EBC, eine hohe Diastatische Kraft (250–350° WK) zieht nicht immer eine hohe α-Amylaseaktivität nach sich. Der Endvergärungsgrad liegt bei 80 %.

1.9.2 Malze aus anderen Getreidearten

Hier haben sich Roggen, Triticale (Kreuzung aus Weizen = Triticum und Roggen = Secale) sowie Dinkel und Emmer (bespelzte Weizen) da und dort für Diastasemalze oder auch für Malze für obergärige Spezialbiere eingeführt. Als Beispiel ist der *Roggen* infolge seines hohen Gehalts an Pentosanen etwas schwieriger zu vermälzen, wobei aber ein identisches Weich- und Keimverfahren von insgesamt 7 Weich- und Keimtagen sowie einer etwas niedrigeren Keimgutfeuchte zur Anwendung kommt. Da die Roggenmalze eher dunkler sein dürfen als die meistens hellen Weizenmalze, ist bei vorsichtiger Schwelke eine Abdarrtemperatur von 80° C nicht kritisch.

Die Analyse des Roggenmalzes beinhaltet: Wassergehalt ca. 5 %, Extrakt wfr. 85–88 %, Mehl-Schrotdifferenz 1,5–2,0%, Viscosität 3,8 bis 4,4 (!) mPas, Eiweiß 10,5–12 %, Eiweißlösungsgrad 45–55 %, Vz 45° C (fast) gleich hoch, Endvergärungsgrad 80 – 82 %, Diastatische Kraft 300–500° WK, α-Amylase 50–100 ASBC, Farbe je nach Typ 6–20 EBC-Einheiten.

1.9.3 Spezialmalze

Sie werden in einem bestimmten Prozentsatz der normalen Malzschüttung zugesetzt, um im Bier eine Beeinflussung z.B. der Farbe, des Geschmackes, der Vollmundigkeit, des Schäumvermögens, der Säureverhältnisse und der Stabilität hervorzurufen. Hierzu gehören Farb- und Caramelmalz, Melanoidinmalz, Spitzmalz und Sauermalz.

1.9.3.1 *Farbmalz* wird verwendet, um Bieren eine bestimmte, mehr oder weniger große Farbtiefe zu geben. Gerade bei dunklen Bieren kann die gewünschte Farbe mit dem dunklen Malz selbst nicht erreicht werden. Der Zusatz beträgt nur 1–2 %. Zu seiner Herstellung wird angefeuchtetes helles Malz im Trommelröster unter ständiger Drehung allmählich und vorsichtig auf Temperaturen von über 200° C (–220° C) erhitzt. Dabei findet zunächst eine kräftige Melanoidinbildung statt, der Wassergehalt sinkt auf 1–2 %, Stärke wird depolymerisiert, Eiweißkörper werden denaturiert und teilweise in niedermolekulare Verbindungen zersetzt. Es bilden sich schließlich dunkle, bittere Röstprodukte (Assamare), deren Menge in engen Grenzen gehalten werden kann, wenn angefeuchtetes, nicht trockenes Malz verwendet wird. Um Brenz- und Bitterstoffe zu entfernen, wird das Farbmalz entweder in Vakuumapparaten geröstet, oder – da diese Substanzen wasserdampfflüchtig sind – durch Einspritzen von Wasser gegen Ende der Röstung verbessert. Die Enzyme werden bei der Farbmalzbereitung vollständig vernichtet. Der Mehlkörper des Farbmalzes soll gleichmäßig mürbe und dunkel, kaffeebraun, aber nicht glänzend sein, während die Spelzen selbst einen Glanz aufweisen sollen.

Neu ist die Herstellung von Farbmalz aus Nacktgerstenmalz, so daß die störenden Spelzenbitterstoffe vermieden werden können. Stärker eingeführt hat sich Farbmalz aus geschältem Malz, das ebenfalls weniger Brenzaromastoffe enthält. Das an sich günstige Weizenfarbmalz darf nur für die Bereitung obergäriger Biere verwendet werden.

Die Färbekraft des Farbmalzes beträgt je nach Herstellungsweise 1300–1600 EBC-Einheiten. Die Extraktausbeute liegt wasserfrei bei nur 60–65%.

In diesem Zusammenhang ist das *Farbebier* zu erwähnen, das, nach dem Reinheitsgebot hergestellt, zum nachträglichen Färben von Würze und Bier verwendet wird. Seine Herstellung erfolgt aus 60 % hellem und 40 % Farbmalz mit hoher Hopfengabe. Vergoren kommt es mit einem Stammwürzegehalt von 16–20% zum Verkauf. Seine Farbe beträgt etwa 8000 EBC-Einheiten.

1.9.3.2 *Caramelmalz*: Zur Betonung der Vollmundigkeit und des malzigen Charakters eines Bieres kann ein Zusatz von 3 – 5 %, bei manchen Bieren sogar von 10 % Caramelmalz erfolgen. Es wird hergestellt aus Grünmalz oder Darrmalz, das durch nachträgliches Weichen auf einen Wassergehalt von 40–44 % gebracht wurde. In der Rösttrommel erfolgt bei 60 – 75° C innerhalb von drei Stunden eine Verflüssigung und Verzuckerung des Korninhaltes, auch bildet sich reichlich löslicher Stickstoff, der Säuregrad erhöht sich. Anschließend wird unter Abzug des Wasserdampfes auf Temperaturen von 150–180° C erhitzt. Hier bilden sich die typischen Caramelsubstanzen aus. Dabei gehen die Enzyme zugrunde und die Eiweißkörper werden völlig verändert. Je nach der Intensität des Röstvorganges sind die Farben der Caramelmalze unterschiedlich. Helles Caramelmalz hat eine Farbe von 20–50, dunkles von 100–140 EBC-Einheiten. Der Extraktgehalt der Malze liegt zwischen 73 und 78 %. Um den Röstapparat besser auszunützen, wird das Grünmalz am letzten Keimtag durch Abschalten der Lüftung einer Erwärmung auf 40–50° C überlassen (s. Brühmalz). Hierdurch werden niedermolekulare Abbauprodukte gebildet, die eine „Verzuckerungsrast" bei 70° C in der Rösttrommel von nur 1–1 ½ Stunden ermöglichen. Die Führung des Caramelisierungsprozesses ist die übliche. Sehr helles Caramelmalz, das nur eine Farbe von 3,5 – 6 EBC-Einheiten hat, wird 45–60 Min. in Röstapparaten bei 60–80° C einer Verflüssigung des Korninhalts ausgesetzt und anschließend auf der Darre bei 55 – 60° C getrocknet.

1.9.3.3 *Brühmalz* wird verwendet zur Herstellung besonders charaktervoller dunkler Biere. „Dunkles" Grünmalz wird nach ca. 6 Tagen Keimzeit auf eine Haufenhöhe von ca. 50 cm zusammengesetzt und 30–40 Stunden z.T. unter Abdeckung mit Brettern oder Planen einer Selbsterwärmung überlassen, die Temperaturen von 40–50° C erreicht, dann aber infolge CO_2-Anreicherung nicht mehr weiter ansteigt. In diesem Stadium bilden sich reichliche Mengen an Zucker (Invertzucker) und niederen Eiweißabbauprodukten, Estern und organischen Säuren, wobei der Mehlkörper teilweise eine flüssige Konsistenz zeigt. Nach vorsichtigem Schwelken genügen oft schon Abdarrtemperaturen von 80–90° C, um eine Malzfarbe von 20–50 EBC-Einheiten zu erreichen. Der Zusatz kann zur Verstärkung des Charakters von hellen Bieren ca. 5 % betragen, zur Herstellung von dunklen bis zu 35 % der Gabe dunklen Malzes, ebenso bei Märzen. Die früher bei Tennenmalzen üblichen Probleme unkontrollierter Stoffwechselvorgänge mit Einflüssen auf Geschmack und biologischer Stabilität sind bei der ordnungsgemäßen Herstellung in pneumatischen Mälzungssystemen nicht mehr gegeben. Eine ähnliche Herstellung erfahren Melanoidin- und rH-Malze.

1.9.3.4 *Spitzmalze* werden in einer Menge von 10–15 % zur Malzschüttung gegeben, um entweder ein sehr weitgehend gelöstes Malz zu kompensieren, oder um den Schaum der Biere zu verbessern. Ihre Herstellung erfolgt aus „spitzendem" Keimgut, das bei richtiger Führung schon von der Weiche aus verwendbar ist (s. S. 22, 84). Eine Abwandlung des (gedarrten) Spitzmalzes sind Gerstenmalzflocken oder Grünmalze entsprechenden Wachstums.

1.9.3.5 *Sauermalze* dienen als Zusatz von 2–10 % zur Schüttung einer Verbesserung der Acidilätsverhältnisse während des Maischens. Hierdurch wird auch der Würze-pH, weniger stark aber der pH des Bieres, beeinflußt. Der wirksame Bestandteil dieser Spezialmalze ist Milchsäure. Diese kann durch Einweichen des Malzes bei einer Temperatur von 45–48° C im Verlauf von 24 Stunden von den auf dem Malz vorkommenden Milchsäurebakterien gebildet werden. Die „Mutterlösung" wird abgelassen und kann zur Säuerung anderer Partien herangezogen werden. Das gesäuerte Malz wird vorsichtig getrocknet und hoch gedarrt, um die Milchsäurebakterien abzutöten. Bei einem Milchsäuregehalt von 2 – 4 % weist der wäßrige Auszug ein pH von ca. 3,8 auf. Ein wäßriger Auszug kann mit Vorteil zum Säuern der kochenden Pfannenwürze verwendet werden (s. S. 160).

2 Die Technologie der Würzebereitung

2.0 Allgemeines

Die Herstellung des Bieres aus Malz oder einem Gemisch von Malz und anderen Rohmaterialien mit Hilfe von Wasser, Hopfen und Hefe erfolgt in zwei Abschnitten:
1. Gewinnung einer durch den Maischprozeß verzuckerten Flüssigkeit, der Würze;
2. Vergärung dieser Würze durch Hefe.

Der eigentliche Brauprozeß läßt sich in mehrere Arbeitsstufen aufgliedern:
1. Schrotung des Malzes und anderer Zusatzstoffe;
2. Herstellung einer Extraktlösung durch den Maischprozeß;
3. Trennung des gewonnenen Extraktes von den Maischerückständen durch den Läutervorgang;
4. Kochen der abgeläuterten Würze mit Hopfen;
5. Abkühlung der gekochten Würze.

Den Gärprozeß kann man ebenfalls in einige Abschnitte unterteilen:
1. Hauptgärung in offenen oder geschlossenen Gefäßen im Gärkeller;
2. Nachgärung und Reifung des Bieres in geschlossenen Gefäßen im Lagerkeller;
3. Filtration und Abfüllung des konsumreifen Bieres auf Transportfässer oder Flaschen.

2.1 Die Rohmaterialien des Brauprozesses

2.1.1 Malz

Es kommt in seinen verschiedenen Typen als *Gerstenmalz* (helles, dunkles, „Wiener"-Malz) zur Verarbeitung. Bei obergärigen Bieren sind auch Malze aus anderen Getreidearten zulässig. Daneben können auch Spezialmalze zur Betonung bestimmter Biereigenschaften Verwendung finden (s. S. 89 ff.).

2.1.2 Ersatzstoffe des Malzes

Um die beim Mälzungsprozeß auftretenden Mälzungsverluste zu umgehen und Stärke sowie Produktionskosten zu sparen, werden stärkehaltige Materialien wie Reis, Mais aber auch ungemälzte Gerste, eventuell auch Weizen in einem bestimm-

ten Anteil zum Brauen verwendet. Darüber hinaus konnten sich auch verschiedene Zuckerarten einführen.

Die Malzersatzstoffe müssen durch die Enzyme des Malzes in eine lösliche Form übergeführt werden. Aus diesem Grunde, aber auch aus Gesichtspunkten der Gärung, der Hefeernährung und nicht zuletzt aus Erwägungen des Biergeschmacks kann eine ganz bestimmte Menge an „Rohfrucht" nicht überschritten werden. Erst in den letzten Jahren wurde durch Zusatz von Enzympräparaten zu ungemälzter Gerste eine weitergehende Einschränkung des Malzbedarfes bewirkt. Die Verwendung von Rohfrucht ist in der Bundesrepublik Deutschland verboten. Gewisse Ausnahmen gelten für Ausfuhrbiere, hier aber wiederum nicht für Bayern.

2.1.2.1 *Gerstenrohfrucht* kann aus Gründen einer normalen Abläuterung im Läuterbottich nur in einer Menge von etwa 10 % verwendet werden. Die cytolytischen Enzyme des Malzes müssen nämlich während des Maischens eine Erniedrigung der durch Gerstengummistoffe hervorgerufenen Viscosität bewirken. Die so hergestellten Biere enthalten weniger Stickstoff, sie zeigen einen geringeren Endvergärungsgrad, bessere Schaumeigenschaften, aber eine schlechtere Filtrierbarkeit. Die Geschmacksstabilität kann gegenüber reinen Malzbieren zu wünschen übrig lassen. Um die geschilderten Nachteile zu vermeiden und gleichzeitig eine Steigerung des Rohgerstenanteils zu erreichen, werden in manchen Ländern Enzymkombinationen aus Amylasen, Peptidasen und β-Glucanasen zugesetzt.

2.1.2.2 *Reis*, der in Ostasien, aber auch in Südeuropa angebaut wird, findet beim Brauen in Form von Bruchreis, seltener auch als Flocken (Flakes) Anwendung.

Bruchreis und Mehle sollen rein weiß sein. Der Wassergehalt beträgt 12–13 %, die Extraktausbeute (unter Zusatz von 50 % Malz im Laboratorium ermittelt) liegt lufttrocken bei etwa 82 % und zwischen 93 und 95 % in der Trockensubstanz. Der Fettgehalt, der im Keimling lokalisiert ist, beläuft sich auf 0,5–0,7 %, der Eiweißgehalt auf 8–9 %, der Anteil an Rohfaser beträgt 0,5–1 %, die Mineralbestandteile, überwiegend Phosphate,

Kalium und Magnesium, umfassen insgesamt 1 %. Demnach vermittelt der Reis höhere Ausbeuten als Malz. Die Reisstärke, die 80–90 % der Trockensubstanz ausmacht, besteht aus kleinen, einfachen, polyedrisch geformten, oder auch aus zusammengesetzten, aber gleichförmigen Körnern. Sie verkleistert verschiedentlich erst oberhalb der Verzuckerungstemperatur.

Die Mitverwendung von Reis führt im allgemeinen zu sehr lichten und trockenen Bieren.

2.1.2.3 *Mais* wird in vielen Ländern, auch in Europa, angebaut. Rohmais enthält 0,5–5,0 % Öl, welches hauptsächlich im Keimling enthalten ist. Er kommt entkeimt in den Handel. Die Verwendungsformen von Mais in der Brauerei sind: Größere Maisgrieße, „Grits", Abfallprodukte, die bei der Herstellung von Maismehl anfallen, Flocken und neuerdings auch reine Maisstärke. Der Wassergehalt des Maises soll 12–13 % nicht überschreiten, andernfalls leidet die Lagerfähigkeit. Wenn auch das Maisöl nur dann einen negativen Einfluß auf die Biereigenschaften hat, wenn es bei ungünstiger Lagerung ranzig geworden ist, so weisen doch gute Maisgrießqualitäten einen Fettgehalt von unter 1 % auf. Der Extraktgehalt von Maisgrieß ist lufttrocken 78–80 %, wasserfrei 87–91 %. Der Eiweißgehalt beträgt 8,5–9,0%, der Anteil der Rohfaser 1,0 %, der der Mineralstoffe 1,0–1,5 %. *Maisstärke* ist praktisch frei von Stickstoff und Fett, die Ausbeute liegt wie auch bei raffinierten Grießen – bedingt durch die spätere Hydrolyse der Stärke zu Malzzucker – bei ca. 102 %. Die Maisstärke zeigt polyedrisch geformte, aber auch runde Körner von 8–25 µ Durchmesser. Sie ist leichter zu verkleistern als Reisstärke.

Beim Zusatz von Mais zur Schüttung ergeben sich vollmundige, süßliche Biere.

Die Menge der mitvermaischten Rohfrucht in den einzelnen Ländern ist unterschiedlich, zum Teil gesetzlich geregelt. Während in Europa die Grenze bei 30 % liegt, kommen in den USA bis zu 50 % zur Anwendung, wobei dann aber eine Änderung der Malzschüttung zu protein- und enzymreicheren Qualitäten (mehrzeilige Gersten) erforderlich wird.

2.1.2.4 *Sirupe* werden aus Maisstärke durch Säurehydrolyse, durch enzymatische Hydrolyse oder durch eine Kombination beider gewonnen. Alle Sirupe haben einen Extraktgehalt von ca. 80 %; die Vergärbarkeit desselben ist bei den säurehydrolysierten rund 40 %, bei kombinierter Säure-

Enzymbehandlung je nach Spezifikation 55–78 %. Bei ersteren ist anteilig etwa 40 % Glucose gegeben. Die Sirupe, die in der Würzepfanne zum Zusatz gelangen, sind jodnormal und haben einen pH von ca. 4,8. Die beim Neutralisieren entstandenen Salze werden durch Ionenaustauscher entfernt, ebenso Farb- und Geschmacksstoffe durch Aktivkohlefilter. Die klaren Sirupe sind gut lagerfähig. Zufärbungen werden bei niedrigen Stickstoffgehalten vermieden. Bei Zusatz zur Würzepfanne erlauben sie die Verarbeitung von 100 % Malz beim Maischen und damit einen einfacheren Prozeß. Die Konzentration der Würze kann ohne Nachteile für den Verfahrensablauf und die Ausbeute auf 15–18 % angehoben werden (Brauen mit hoher Konzentration s. S. 370).

2.1.2.5 *Zucker* wird der Pfannenwürze kurz vor dem Ausschlagen zugesetzt, um den Anteil des vergärbaren Extraktes zu erhöhen und gleichzeitig den Stickstoffgehalt der Würzen zu verdünnen. Bei Malz- oder Nährbieren wird Zucker dem filtrierten Bier zugeführt, um diesen Bieren den gewünschten Charakter und Stammwürzegehalt zu verleihen.

Der Zucker wird entweder als *Saccharose* in fester oder flüssiger Form, als *Invertzucker* oder als *Glucose* dosiert. Bei Nährbieren erfolgt seine Verwendung auch in Form von *karamelisiertem Brauzucker*. Letzterer wird durch Erhitzen von Stärke- oder Rohrzucker gewonnen. Der Extraktgehalt der Zuckerlösungen liegt je nach Konsistenz und Bezeichnung zwischen 65 und 85%.

2.1.3 Das Brauwasser

2.1.3.1 Die *Zusammensetzung des Wassers:* Sämtliche Betriebswässer sind mehr oder weniger stark salzhaltige Lösungen. Diese Tatsache erklärt sich aus dem natürlichen Kreislauf des Wassers in der Natur. Art und Menge der Salze hängen hauptsächlich von der geologischen bzw. chemischen Beschaffenheit des vom Wasser durchsickerten Bodens ab, doch können auch nachträglich noch Stoffe und Organismen in das Wasser gelangen. In Gesteinsschichten, die kaum wasserlösliche Salze enthalten, wie z. B. Urgesteine, nimmt das Wasser naturgemäß nur wenig auf, es ist jedoch meist reich an freiem CO_2, das aggressiv wirken kann. In Sedimentgesteinen (Kalkstein, Dolomit) dagegen reichert sich das Wasser unter dem Einfluß des in der Humusschicht aufgenommenen CO_2 mit nicht unbeträchtlichen Salzmengen an.

Ein Teil dieser Salze setzt sich mit den Stoffen des Malzes und der Würze um und beeinflußt dabei vor allem die enzymatischen Vorgänge. Diese Reaktionen hängen ab von der Art und Konzentration der Salze, von der Zusammensetzung des Malzes und von den Gegebenheiten des Brauprozesses.

Die in einem Betriebswasser enthaltenen Salze sind verhältnismäßig stark verdünnt, so daß sie fast immer weitgehend dissoziiert sind. Es wird daher zweckmäßig sein, den Einfluß der Ionen (Kationen und Anionen) auf den Bierbereitungsprozeß zu betrachten. An hauptsächlichen Ionen kommen in natürlichen Wässern vor: Kationen: (H^+), Na^+, K^+, NH_4^+, Ca^{2+}, Mg^{2+}, Mn^{2+}, Fe^{2+} und Fe^{3+}, Al^{3+}. Anionen: (OH^-), Cl^- HCO_3^-, CO_3^{2-}, NO_3^-, NO_2^-, SO_4^{2-}, PO_4^{3-}, SiO_3^{2-}. Kationen und Anionen befinden sich im Gleichgewicht.

Calcium- und Hydrogencarbonat-Ionen sind häufig anzutreffen, Magnesium ebenfalls, aber in schwankenden Mengen, Kalium ist selten; Kieselsäure kommt selten in Mengen von mehr als 15–30 mg/I vor, mit Ausnahme von vulkanischen Gebieten, wo sie dann aber auch mit Soda vergesellschaftet ist. Eisen-Ionen in einer Menge von über 1 mg/l sind zu beanstanden. Nitrat-Ionen sind in allen Wässern enthalten. Mengen über 30 mg/l sind bedenklich, da die Hefe Nitrat zu dem Hefegift Nitrit reduziert. Bei salzarmen Wässern kann selbst ein niedrigerer Nitratgehalt nachteilig sein. Diese und Ammonium- sowie Phosphat-Ionen deuten auf fäkale Verunreinigung der Wässer hin. Außer den genannten Ionen führen Betriebswässer auch bestimmte Mengen an organischer Substanz, die zwar technologisch bedeutungslos ist, doch zu einer geschmacklichen Beeinträchtigung des Wassers führen kann.

Neben dem Hydrogencarbonat-Ion enthält Wasser meist noch undissoziiertes CO_2. Um Hy-drogencarbonate dauernd in Lösung zu halten, bedarf es einer bestimmten Menge an freiem CO_2 (zugehörige Kohlensäure); befindet sich darüber hinaus noch CO_2 im Wasser, so ist diese aggressiv, d. h. sie greift Kalk oder auch Eisen in Leitungen und Behältern an.

2.1.3.2 *Die Härte des Wassers:* Sie stellt einen zahlenmäßigen Ausdruck über die chemisch wirksamen „Salze" des Wassers dar. Ein *deutscher Härtegrad* (°dH) entspricht 10 mg CaO/L. Die *Gesamthärte* erfaßt alle Calcium- und Magnesiumsalze. Sie kann zwischen 1 und 30 Härtegraden, aber auch noch darüber liegen. Wasser von 8–12° dH wird als „mittelhart" bezeichnet, unter 8° dH als „weich", über 12°dH als „hart". Diese Darstellung genügt zur technologischen Kennzeichnung eines Wassers nicht. Hierfür ist eine weitere Unterscheidung nötig. So wird die Carbonathärte durch die Hydrogencarbonate des Calciums und Magnesiums, die Nichtcarbonathärte durch die Calcium- und Magnesiumverbindungen der Schwefelsäure, Salpetersäure und Salzsäure hervorgerufen. Je nach der Gesamthärte und ihrer Verteilung auf Carbonat – und Nichtcarbonathärte unterscheiden sich die verschiedenen Brauwässer. Überwiegt die Carbonathärte, so spricht man von Carbonatwässern, überwiegen die Salze der Schwefelsäure, so handelt es sich um Sulfatwässer usw. Die bekannten Hauptbiertypen sind jeweils auf ein Brauwasser ganz spezifischer Zusammensetzung zurückzuführen.

So ist die Härte des Münchener Brauwassers fast ausschließlich durch Carbonate bedingt, das harte Dortmunder Wasser hat eine überwiegende, durch Sulfat-Ionen bestimmte Nichtcarbonathärte, obwohl auch reichlich Carbonate vorliegen. Das Pilsener Brauwasser dagegen ist ausgesprochen salzarm und weich.

	München	Dortmund	Pilsen
Gesamthärte °dH	14.8	41.3	1.6
Caroonathärte °dH	14.2	16.8	1.3
Nichtcarbonathärte °dH	0.6	24.5	0.3
CaJciumhärte °dH	10.6	36.7	1.0
Magnesiumhärte °dH	4.2	4.6	0.6
Restalkalität °dH	10.6	5.7	0.9
Abdampfrückstand mg/l	284	1110	50

Nach ihrem Auftreten in der Natur können die Wässer in Quellwasser, Grundwasser oder Oberflächenwasser (aus Talsperren, Flüssen und Seen) eingeteilt werden.

2.1.3.3 Die *Wirkung der Wasser-Ionen:* Es gibt keinen Abschnitt der Würze- und Bierherstellung, der nicht vom Gehalt des Betriebswassers an den verschiedenen Ionen beeinflußt würde. So sind beim Brauprozeß nachstehende Reaktionen zu unterscheiden:

1. Umsetzung der Wasser-Ionen mit den löslichen Stoffen des Malzes;
2. Beeinflussung der Enzyme des Malzes;
3. Einfluß der Wasser-Ionen auf technologisch wichtige Bestandteile des Hopfens.

In erster Linie handelt es sich bei diesen Reaktionen der Ionen des Wassers mit den Inhaltsbestandteilen von Malz und Hopfen um eine Beeinflussung des Säuregrades, der Acidität, in Maische, Würze und Bier. Neben chemisch neutralen Ionen sind aciditätsfördernde und aciditätsvernichtende zu unterscheiden.

Aciditätsvernichtende Ionen sind ausschließlich die Hydrogencarbonat-Ionen, die z. B. beim Erhitzen oder bei chemischen Reaktionen H⁺-Ionen verbrauchen, während gleichzeitig CO_2 frei wird:

$$HCO_3^- + H^+ \rightarrow H_2O + CO_2$$

Aciditätsfördernd sind Ca^{2+} und Mg^{2+}, wobei das letztere nur die halbe Wirksamkeit wie das Ca^{2+}-Ion:

$$3\ Ca^{2+} + 2\ HPO_4^{2-} \rightleftarrows Ca_3(PO_4)_2 + 2\ H^+.$$

Bei Reaktion von Calciumbicarbonat mit primärem, saurem Phosphat entsteht lösliches, alkalisch reagierendes, sekundäres Kaliumphosphat:

$$2\ KH_2PO_4 + Ca(HCO_3)_2 \leftrightarrows CaHPO_4 + K_2HPO_4 + 2\ H_2O + 2\ CO_2.$$

Dieses verringert die Acidität der Maische. Das ebenfalls entstehende sekundäre alkalische Calciumphosphat ist unlöslich und fällt aus. Auch das bei Vorhandensein von viel Calciumhydrogencarbonat entstehende stark alkalische tertiäre Calciumphosphat fällt aus.

Die Umsetzungen von Magnesiumhydrogencarbonat mit den Phosphaten sind ganz ähnlich, nur mit dem Unterschied, daß das alkalische sekundäre Magnesiumphosphat in Lösung bleibt und so die Acidität der Maische in vermehrtem Umfang herabsetzt.

In noch höherem Maß wirken sich Natriumhydrogencarbonat oder Natriumcarbonat (Soda) säurezerstörend aus, da das entstehende sekundäre Natriumphosphat stärker alkalisch ist als das entsprechende Magnesiumphosphat und zum Unterschied von diesem auch in der Hitze löslich bleibt.

Die *Alkalität* eines Wassers ist allgemein gleichbedeutend mit der Konzentration der darin enthaltenen Hydrogencarbonat-Ionen. Diese ist gleichzeitig auch ein Gradmesser für die Carbonathärte eines Wassers, wenn nicht noch Alkalicarbonate (z. B. Soda) vorhanden sind. Die Wirkung der Hydrogencarbonat-Ionen wird von den Ca^{2+}-Ionen ausgeglichen, wie schon das oben angeführte Beispiel zeigt. Um nun einen Einblick in die verbleibende aciditätsvernichtenden Wirkung eines Wassers zu gewinnen, kann die Restalkalität nach *Kolbach* bestimmt werden. Sie stellt die aciditätsvernichtenden Ionen (Gesamtalkalität = Carbonathärte) den aciditätsfördernden Ionen (ausgeglichene Alkalität) gegenüber, wobei vorausgesetzt wird, daß rund 3,5 Äquivalente Calcium erforderlich sind, um die Alkalität eines Äquivalents Bicarbonat zu neutralisieren. Die ausgeglichene Alkalität errechnet sich aus dem „Kalkwert" (Ca-Härte + ¹/₂ Mg-Härte) : 3,5. So ergibt sich:

Restalkalität = Gesamtalkalität − ausgeglichene Alkalität oder

$$\text{Restalkalität} = \text{Gesamtalkalität} - \frac{\text{Kalkwert}}{3,5}$$

Ein Wasser von einer Restalkalität = 0 vermittelt dieselben Acidität-Verhältnisse, denselben Maische- und Würze-pH wie destilliertes Wasser. Die Aufbereitung eines Wassers mit einer Restalkalität unter 5° dH für die Herstellung heller Biere ist im allgemeinen nicht mehr lohnend. Bei den hopfenstarken Pilsener Bieren müssen jedoch strengere Maßstäbe angelegt werden.

Neben den Phosphaten setzen sich auch die in geringen Mengen in der Würze vorhandenen organischen Säuren und deren Kaliumsalze, die summarisch als „Laktate" bezeichnet werden, mit den Hydrogencarbonat- aber auch mit den Calcium- und Magnesium-Ionen um. Durch Wechselwirkung mit den Phosphaten wird Calciumphosphat ausgeschieden, während Magnesiumphosphat in Lösung bleibt. Sowohl Hydrogencarbonate als auch Erdalkali-Ionen rufen eine Ausfällung von Phosphaten und damit eine Verarmung an Pufferstoffen hervor.

Die *Folgen einer Herabsetzung der Acidität* durch eine zu hohe Restalkalität sind sehr bedeutsam. So vermögen die Enzyme bei höherem pH weniger intensiv zu wirken, was sich beim Stärke-abbau durch eine ungünstige Beeinflussung des Endvergärungsgrades, beim Eiweißabbau durch eine Behinderung der Endo- und bestimmter Exo-peptidasen und somit durch eine Verringerung der Eiweißlösung äußert. Auch die Phosphatasen erfahren eine Beeinträchtigung ihrer Wirkung, was im Verein mit der Ausfällung von Phosphaten durch die Reaktion sowohl der Bicarbonat- als auch der Calcium- und Magnesium-Ionen in einer deutlichen Einschränkung der Pufferung seinen Niederschlag findet. Auch die Glucanasen wirken unter diesen Bedingungen schwächer, was wie-derum zu einer langsameren Abläuterung führt. Die gehemmte Wirkung der Enzyme kann eine Verringerung der Sudhausausbeute um 1–3 % hervorrufen.

Höhere pH-Werte während des Würzekochens haben eine geringere Eiweißausscheidung zur Folge, die Würze läßt Bruch und Glanz vermis-sen. Der höhere Gehalt dieser Würzen an Malz- und Hopfengerbstoffen vermittelt eine dunklere Würze- bzw. Bierfarbe. Ebenso begünstigt der höhere pH eine vermehrte Lösung der Hopfenbit-terstoffe. Diese liegen dann in einer intensiver bitternden, mehr molekularen Lösung oder in Form von Humulaten vor und können eine mitun-ter derbe und kratzige Bittere verursachen. Aus diesen Gründen müssen die Hopfengaben von Bieren, die aus Carbonatwässern gebraut wurden, geringer gehalten werden als bei Bieren aus wei-chen Wässern, ohne daß damit die Nachteile voll ausgeglichen werden können.

Dunkles Malz ist weitgehender gelöst als helles. Der günstigere pH-Wert eines gut gelösten Mal-zes und die saure Reaktion der Melanoidine vermag bei der Bereitung dunkler Biere einen gewissen Carbonatgehalt (Restalkalität 10° dH) ohne Nachteil zu kompensieren. Er wurde sogar für den Charakter des dunklen Bieres als wün-schenswert angesehen.

Die Säureverminderung äußert sich auch bei der Gärung: langsamere Vergärung, Verschmie-ren der Hefezellen, Verringerung des Vergä-rungsgrades und mangelnde Ausscheidung von Eiweiß, Gerbstoffen und Hopfenharzen führen zu einer wenig befriedigenden Zusammensetzung des Bieres.

2.1.3.4 *Die Aufbereitung des Brauwassers:* Um nun auch harte Wässer zum Brauen heller Quali-tätsbiere verwenden zu können, werden ungeeig-nete Brauwässer entcarbonisiert oder bei Bedarf entsalzt. Hierfür stehen folgende Methoden zur Verfügung:

1. Kochen des Betriebswassers bei gewöhnlichem oder Überdruck;
2. Zusatz von gesättigtem Kalkwasser in einer genau festgelegten Menge;
3. Entcarbonisieren oder Vollentsalzung mit Hil-fe von Ionenaustauschern;
4. Entsalzung mittels Elektro-Osmoseverfahren
5. Entsalzung mit Hilfe der umgekehrten Osmo-se.

Darüber hinaus ist es möglich, die schädliche Wirkung der Hydrogencarbonat-Ionen durch Zu-satz von Calcium-Ionen in Form von Gips oder Calciumchlorid zu kompensieren. Einen Aus-gleich der acidatätsvernichtenden Wirkung des HCO_3^--Ions bewirkt auch der Zusatz von Sauer-gut zu Maische und Würze.

2.1.3.5 Das *Entcarbonisieren durch Kochen* führt nur bei überwiegender Calciumbicarbonathärte zum Erfolg. Das Magnesiumcarbonat wird dage-gen praktisch nicht ausgeschieden. Das Verfahren ist teuer.

2.1.3.6 Der *Zusatz von gesättigtem Kalkwasser* hat sich infolge seiner Einfachheit, Billigkeit und des guten Enthärtungseffektes verbreitet einge-führt. Die chemischen Umsetzungen erfassen die freie CO_2, das $CaCO_3$ und bei genügender Alkali-tät (ph des Wassers > 10) auch einen Teil des $MgCO_3$ nach folgendem Schema:

(1) $CO_2 + Ca(OH)_2 \rightarrow CaCO_3 + H_2O$
(2) $Ca(HCO_3)_2 + Ca(OH)_2 \rightarrow 2\ CaCO_3 + 2\ H_2O$
(3) $Mg(HCO_3)_2 + Ca(OH)_2 \rightarrow CaCO_3 + MgCO_3 + 2\ H_2O$
(4) $MgCO_3 + Ca(OH)_2 \rightarrow CaCO_3 + Mg(OH)_2$

Der zugesetzte Kalk wird dabei quantitativ als $CaCO_3$ ausgeschieden. Das Magnesium fällt nur in Form von Magnesiumhydroxid aus. Die Umset-zungen finden bereits bei normaler Wassertempe-ratur von 10–12° C statt. Kältere Temperaturen verlangsamen, wärmere beschleunigen den Pro-zeß. Der Enthärtungseffekt muß durch Titration überprüft werden, da schon ein geringer Über-schuß an freier Alkalität zu erheblichen Störun-gen beim Maischen und im fertigen Produkt führt.

Diese einfache Enthärtung ist anwendbar, wenn die Magnsiumhärte des Rohwassers nicht höher liegt als 3° dH über der Nichtcarbonathärte. Letztere bzw. ein bestimmter Zusatz von Gips oder Calciumchlorid erniedrigen die Carbonat-härte weiter.

(5) $MgCO_3 + CaSO_4 \rightarrow CaCO_3 + MgSO_4$.

Diese Maßnahme darf jedoch nicht bedenkenlos angewendet werden, da sich $MgSO_4$ („Bittersalz") geschmacklich nachteilig auszuwirken vermag.

Übersteigt die Magnesiumhärte die erwähnte Grenze, so wird durch einen Überschuß an Kalkwasser jene hohe Alkalität von pH 10,5 -11 geschaffen, die für eine Ausscheidung des Magnesiumhydroxids erforderlich ist (Gleichung 4). Diese Alkalität wird nach Absetzen des $Mg(OH)_2$ durch einen Rohwasserstrom von 35–40 % der Rohwassermenge wieder ausgeglichen. Die Phenolphthaleinalkalität soll hier wie stets bei der Entcarbonisierung mit Kalkwasser den halben Wert, tiriert gegen Methylorange, jedoch 0,2 ml 0,1 n HCl/100 ml Wasser nicht überschreiten.

Dadurch das geschilderte „Split-Verfahren" kann die durch $Mg(HCO_3)_2$ bedingte Härte zwar nur um 50–60% verringert werden, doch ist es möglich, ein Carbonatwasser von 6–7° Magnesiumhärte befriedigend zu enthärten. Das gleiche gilt auch für ein Wasser, bei dem die Mg-Härte die Nichtcarbonathärte um diesen Betrag übersteigt.

Die Entkarbonisierung mit Kalkwasser erfolgt in einfachen Behältern oder in kontinuierlich arbeitenden Enthärtungsanlagen. Das Absetzverfahren kann durch intensive Rührwerke ergiebig gestaltet werden. Es hat den Vorteil, sich schwankenden Wasserhärten besser anzupassen als die letzteren.

Die kontinuierliche Anlage besteht aus einem meist konisch geformten Behälter für die Sättigung des Kalkwassers, dem Reaktor und schließlich einem Kies- oder Sandfilter, um Schwebstoffe zurückzuhalten. Besonders Wässer mit niedriger Carbonathärte lassen sich schlecht enthärten, da das Calciumcarbonat hier zu langsamer Flockung neigt. Zur Intensivierung des Reaktionsablaufes wird bei einigen Systemen eine Kontaktmasse aus feinkörnigem $CaCO_3$ oder Quarzsand zum Anlagern des Fällungsproduktes benützt. Diese Schnellentkarbonisierungsanlagen haben höhere Leistungen auf kleinerer Grundfläche als normale Durchlaufanlagen. Die Kontaktmasse muß von Zeit zu Zeit ausgetauscht werden. Sie erlauben jedoch die Anwendung des Splitverfahrens nicht, da die Masse durch das ausgefällte Magnesiumhydroxid verschleimt würde. Für die stufenweise Enthärtung kommen meist zwei Reaktoren zur Anwendung: im ersten Behälter wird durch Überdosierung von Kalkwasser eine Ausfällung des Magnesiumhydroxids bewirkt, in der zweiten „Veredelungsstufe" erfolgt die Abstumpfung des alkalischen Wassers durch Rohwasser. Je nach

Wasserbeschaffenheit, Reaktionszeit und Turbulenz der Wasserführung ist der Enthärtungseffekt mehr oder weniger weitgehend, doch im allgemeinen befriedigend. Bei entsprechender Gestaltung der Einbauten können beide Reaktionsstufen auch in einem Behälter Aufnahme finden.

Bei höheren Anteilen an Magnesiumbicarbonat kann nach dem Filter ein schwachsaurer Austauscher im Nebenstrom angeordnet werden. Er erlaubt die Anwendung einer höheren Alkalität in den Reaktionsbehältern; die hieraus resultierende höhere Phenolphthaleinalkalität im entcarbonisierten Wasser wird abgestumpft.

2.1.3.7 *Ionenaustauscher* dienen folgerichtig zur Entcarbonisierung oder Entsalzung besonders harter oder magnesiareicher Wässer. Nachdem aber eine auf diesem Prinzip arbeitende Anlage wesentlich kleinere Abmessungen zeigt als eine entsprechende Kalkentcarbonisierung, wird sie in zunehmendem Maße auch zur Verbesserung von Wässern herangezogen, die auch noch mit der herkömmlichen Methode aufzubereiten wären.

Ionen-Austauscher sind feste Stoffe, meist Kunstharze, die aus einer Elektrolytlösung positiv geladene Ionen (Kationen) oder negativ geladene Ionen (Anionen) aufnehmen und im Austausch dafür eine äquivalente Menge anderer Ionen gleichen Vorzeichens an sie abgeben können. Je nach der Ladung der austauschbaren Ionen unterscheidet man Kationen- oder Anionenaustauscher. Diese bestehen aus einem durch Valenz- oder Gitterkräfte zusammengehaltenen Gerüst (Matrix), das eine positive oder negative Überschußladung trägt. Diese wird durch Ionen entgegengesetzten Vorzeichens (Gegenionen) ausgeglichen, die nun im Austausch durch Ionen gleichen Vorzeichens ersetzt werden können.

Kationen-Austauscher, Polymerisationsharze auf Acryl- oder Styrolbasis, können je nach der Dissoziation der ladungstragenden Gruppen *„schwachsauer"* oder *„starksauer"* sein. Erstere sind befähigt, bevorzugt die Calcium- und Magnesium-Ionen der Hydrogencarbonate gegen Wasserstoff-Ionen auszutauschen. Sie eignen sich damit zur einfachen Entcarbonisierung eines Wassers. Starksaure Austauscher dagegen tauschen Ca^{2+}-, Mg^{2+}- und Na^+-Ionen der Hydrogen-Bicarbonate, aber auch der Sulfate, Chloride und Nitrate (Salze starker Säuren) gegen H^+-Ionen aus.

Anionen-Austauscher sind ebenfalls Polymerisationsharze, die „schwachbasisch" oder „starkbasisch" reagieren können. Erstere tauschen die Anionen starker Säuren (SO_4^{2+}, CI^-, NO_3^-) gegen Hydroxyl- oder Chlorid-Ionen aus, während letztere durch ihre starke Dissoziation sogar sehr schwache Säure-Anionen wie Kohlensäure oder Kieselsäure zu binden vermögen.

Der Austauschvorgang ist reversibel; ein erschöpfter Ionenaustauscher kann mit einer Lösung, die die entsprechenden Ionen enthält, wieder regeneriert werden, so Kationenaustauscher mit Salzsäure, Anionenaustauscher je nach Art der ausgetauschten Ionen (OH^-, Cl^-) mit NaOH oder NaCl. Diese Reagenzien werden in einer 3–8%igen Lösung zum Regenerieren des Austauschers verwendet.

Die Austauschermasse muß völlig unlöslich sein, sie darf keine Geruchs- und Geschmacksstoffe an das Wasser abgeben. Die Kapazität pro Liter Austauschermasse beträgt 20–50 mg CaO. Nach ihr berechnet sich die Größe des Reaktionsbehälters für eine gewünschte Leistung.

Die Wirkung der Ionenaustauscher läuft nach folgenden Reaktionsgleichungen ab:

Schwachsaurer Austausch:

$$A < {}^{H}_{H} + Ca(HCO_3)_2 \rightarrow A < Ca + 2\ CO_2 + 2\ H_2O \tag{6}$$

Gleiche Reaktionen ergeben sich beim Austausch von Magnesiumhydrogencarbonat. Dabei werden die Calcium- und Magnesium-Ionen – nicht aber die Natrium-Ionen der Hydrogencarbonathärte fast quantitativ gegen H-Ionen ausgetauscht. Die Kationen der Nichtcarbonathärte bleiben erhalten, weswegen die Entcarbonisierung auf diesem Weg dann ihre Grenze erreicht, wenn die verbleibende Mg-Härte über 5° dH liegt. Das freiwerdende CO_2 ist aggressiv und muß daher entfernt werden. Dies geschieht bei größeren Anlagen durch Verrieseln und Belüften des Wassers; der verbleibende geringe Rest von ca. 10 mg/l kann durch gesättigtes Kalkwasser oder durch Marmorfilter abgestumpft werden, wobei sich die Carbonathärte um 0,6 bzw. 1,2°dH erhöht. Auch ein Verschnitt mit Rohwasser nach der Verrieselung ist möglich, doch müssen die CO_2-Verhältnisse des Verschnittwassers genau berechnet werden.

Starksaurer Austausch:

$$A < {}^{H}_{H} + CaSO_4 \rightarrow A < Ca + H_2SO_4 \tag{7}$$

Hier werden auch die Natrium-Ionen der Hydrogencarbonathärte entfernt. Wie vorstehend reagieren $MgSO_4$, $CaCl_2$, $MgCl_2$, NaCl, Na_2SO_4, $NaNO_3$ usw. Es entstehen jedoch als Produkte des Austausches freie Mineralsäuren, die wiederum neutralisiert werden müssen. Hierzu dient entweder der Verschnitt mit Rohwasser, der aber

nur bei Wässern mit einer Nichtcarbonathärte von unter 5°dH möglich ist, um die Mg-Härte im Reinwasser niedrig zu halten, oder besser eine Neutralisation mit gesättigtem Kalkwasser. Es liegen dann alle Nichtcarbonate in Form der Calciumsalze vor, die Nichtcarbonathärte bleibt jedoch in voller Höhe erhalten. Auf diese Weise können Wässer behandelt werden, die eine Nichtcarbonathärte von 12–15° dH aufweisen. Darüber hinaus kann die dritte Möglichkeit der Neutralisation freier Mineralsäuren Anwendung finden: der Anionen-Austausch. Dieser führt dann zu einer Verringerung der Nichtcarbonathärte des Wassers.

Anionen-Austauch:

$$A < {}^{OH}_{OH} + H_2SO_4 \rightarrow A < SO_4 + 2\ H_2O \tag{8}$$

Hierdurch ist praktisch eine Vollentsalzung des Wassers gegeben, die für ein Brauwasser weder erforderlich noch wünschenswert ist. Die gewünschte Härte kann durch Rohwasserverschnitt dargestellt werden. Bei Vorhandensein von Nitraten ist meist ein Anionenaustausch im Nebenstrom ausreichend. Er ist auf zweierlei Wegen möglich:

$$A - OH + HNO_3 \rightarrow A - NO_3 + H_2O$$
$$A - Cl + NaNO_3 \rightarrow A - NO_3 + NaCl \tag{9}$$

Im letzteren Fall ist ein vorausgehender Kationenaustausch nicht erforderlich; es gelingt hierdurch, die Nichtcarbonathärte des Wassers in Cl-Ionen auszutauschen. Nachdem der Cl-Gehalt des Wassers wegen der Korrosionsgefahr 100 mg/l nicht übersteigen darf, ist der Chlorid-Austauscher nicht ohne Vorbehalte anwendbar.

Neuerdings werden sog. *Nitratspezifische Austauscher,* Anionen-Austauscher, die mittels Salzsäure (z. B. aus dem Überschuß der Regeneration des starksauren Kationen-Austauschers) und zusätzlich mittels Schwefelsäure regeneriert werden, eingesetzt. Bei einer, dem wünschenswerten Verhältnis Chlorid- : Sulfat-Ionen des Wassers angepaßten Regenerierung werden die Nitrat-Ionen gegen Cl^- und SO_4^{2-} ausgetauscht. Die entstehenden freien Mineralsäuren müssen dann durch gesättigtes Kalkwasser neutralisiert werden, so daß die Nichtcarbonathärte in Form ihrer Calciumsalze vorliegt. Der Nitratgehalt eines Wassers läßt sich bis auf ca. 3–5 mg/l (je nach erforderlicher Kalkwassermenge, die wiederum Nitrat einbringt) absenken. Das Wasser behält seine ursprüngliche Nichtcarbonathärte, die um den Anteil des Nitrats erhöht wird. Die bei Vollentsalzung erforderliche Dosierung von Calciumchlorid oder Calciumsulfat kann verringert werden oder gar entfallen.

Die durch Kationen- und Anionenaustausch erreichte Vollentsalzung erlaubt auch die Aufbereitung von Wässern, die ursprünglich nicht als Brauwässer geeignet gewesen wären.

Zum Zwecke der Chemikalienersparnis wird verschiedentlich dem starksauren ein schwachsaurer Austauscher vorgeschaltet.

Die Kombination von Kalkentcarbonisierungsanlagen mit schwachsauren Austauschern ist zur Erhöhung der Kapazität einer vorhandenen Anlage oder zur Verbesserung der Enthärtungswirkung der ersteren möglich (s. S. 94).

Bei Regeneration des erschöpften Austauschers laufen die umgekehrten Vorgänge wie beim Austausch ab:

Bei Kationen-Austauschern:

$$A < Ca + 2HCl \rightarrow A < \begin{matrix} H \\ H \end{matrix} + CaCl_2 \qquad (10)$$

Bei Anionen-Austauschern:

$$A < SO_4 + 2\ NaOH \rightarrow A < \begin{matrix} OH \\ OH \end{matrix} + Na_2SO_4 \qquad (11)$$

Die dabei anfallenden löslichen Salze werden durch Spülen des Austauschers entfernt. Der Aufwand an Regeneriermittel ist bei starkdissoziierten Austauschermaterialen höher als bei schwachdissoziierten.

So benötigt ein schwachsaurer Austauscher eine Chemikalienmenge, die 105 % des theoretischen Wertes enspricht, ein starksaurer Austauscher 250 %. Wird die Regeneration nicht mehr im Gleichstrom, sondern wirkungsvoller im Gegenstrom vorgenommen, so ermäßigt sich der Chemikalienverbrauch auf 140 %; bei Kombination von schwach- und starksauren Austauschern sogar auf 110 %. Auch die Spülwassermengen können erheblich reduziert werden. Anionenaustauscher erfordern einen ähnlichen, ihrer Dissoziation entsprechenden Chemikalienaufwand.

Die ablaufenden sauren oder alkalischen Regenerationswässer müssen in eigenen Anlagen neutralisiert werden. Ionenaustauscheranlagen können automatisch betrieben (auch regeneriert) werden.

Während die Kalkentcarbonisierung etwa 0,04 DM/m³ Reinwasser erfordert, kostet der schwachsaure Austausch 0,12–0,15 DM/m³, der starksaure 0,25–0,35 und die Vollentsalzung 0,40–0,60 DM/m³ Reinwasser. Dazu kommen noch Aufwendungen für die Neutralisation des bei der Regenerierung anfallenden Abwassers.

2.1.3.8 Das *Elektro-Osmoseverfahren* stellt eine weitere Art der Vollentsalzung dar. Durch Gleichstrom wandern die Ionen der Wassersalze je nach ihrer Ladung zur Kathode oder zur Anode, die beide von dem zu entsalzenden Wasser durch ionendurchlässige Diaphragmen getrennt sind. Diese sich an den Elektroden anreichernden Ionen werden durch strömendes Rohwasser immer wieder entfernt. Das zwischen den beiden Diaphragmen befindliche Rohwasser wird um so salzärmer, je länger der elektrische Strom einwirkt. Alle Elektrolyte mit Ausnahme der Kieselsäure können hierdurch völlig aus dem Wasser entfernt werden.

Das Material der Kathode ist Eisen, Zink oder Zinn, die Anode besteht aus Magnetit. Die Diaphragmen sind aus Vulkanfiber oder Chromgelatine gefertigt. Die Leistung derartiger Anlagen kann durch Hintereinanderschalten mehrerer Elemente angepaßt werden. Die Kosten des Verfahrens werden im wesentlichen durch den Stromverbrauch (je nach Härte von Roh- und Reinwasser 15–45 k Wh/m³) bestimmt. Eine vorherige Entfernung der Hydrogencarbonate ist sinnvoll.

2.1.3.9 *Umgekehrte Osmose:* Bei der Osmose haben zwei Lösungen unterschiedlicher Konzentration, die durch eine halbdurchlässige Membran getrennt sind, das Bestreben, sich in ihrer Konzentration auszugleichen. Dabei tritt Lösungsmittel aus der verdünnten Lösung solange durch die Membrane in die höher konzentrierte Lösung über, bis der Salzgehalt beider gleich ist. Der hierfür erforderliche osmotische Druck hängt vom Konzentrationsunterschied beider Lösungen ab. Bei der umgekehrten Osmose wird nun auf der Seite der konzentrierteren Lösung (Konzentrat) ein Druck erzeugt, der gegen den osmotischen Druck Lösungsmittel (Permeat) durch die Membrane von der Seite höherer auf die Seite niedrigerer Konzentration fördert. Der Vorgang der Osmose wird also umgekehrt. Neben Ionen lassen sich bei der umgekehrten Osmose auch organische Substanzen zurückhalten. Bei der technischen Durchführung der Umkehrosmose wird das zu behandelnde Wasser durch einen Feinfilter vorgereinigt und dann mittels einer Hochdruckpumpe auf die Osmose-Membrane (Modul) aus Polyamid-Hohlfasern gebracht. Der Betriebsdruck beträgt 28 bar. Das Permeat durchdringt die Membran, das Konzentrat wird abgeführt. Zur Erhöhung der Leistung wird das Wasser angewärmt, die Hydrogencarbonathärte durch Schwefelsäurezusatz zum Teil in Sulfate übergeführt, die freiwerdene CO_2 in einem Riesler entfernt. Um im Konzentrat ein Ausfallen von Härtebildnern zu vermeiden, kann ein Phosphat zugesetzt werden, das von der Membran zurückgehalten wird.

Wird ein sehr salzarmes Permeat verlangt, so ist nur eine Ausbeute von ca. 75 % erreichbar; bei einer Rate von 90 % ist eine höhere Salzpassage unvermeidbar, die etwa im Rahmen von 10 % liegt und für die meisten Wassertypen als annehmbar gelten kann. Das Konzentrat kann für Spülzwecke verwendet werden, u. U. ist sein Salzgehalt nach Carbonisierung und Entkeimung des Wassers für Tafelwässer geeignet. Die Betriebskosten umfassen im wesentlichen die Stromkosten (1,5–2,5 kWh/m^3) und die Aufwendungen für die Konditionierungschemikalien.

2.1.3.10 *Sonstige Methoden:* Der *Zusatz von Calciumchlorid oder Gips* ist eine Möglichkeit, die aciditätsvernichtende Eigenschaft der Hydrogencarbonate auszugleichen. Gips zum Beispiel führt die alkalisch reagierenden sekundären Phosphate über in sauer reagierende primäre, während tertiäre alkalische ausfallen:

4 K_2HPO_4 + 3 $CaSO_4$ → $Ca_3(PO_4)_2$ + 2 KH_2PO_4 + 3 K_2SO_4

Es tritt zwar eine Verbesserung der Acidität der Maische ein, es ist aber ein Verlust an Phosphaten zu verzeichnen. Das auftretende Kaliumsulfat ist geschmacklich ungünstig, weswegen zu hohe Gipsgaben (über 30 g/hl) vermieden werden sollen. Calciumchlorid wirkt sich geschmacklich besser aus; es liefert vollmundige, weiche und milde, mitunter etwas salzig schmeckende Biere, während Gips einen etwas „trockenen" Charakter vermittelt. Bei entcarbonisierten Brauwässern ist ein Zusatz dieser Salze ebenfalls von Vorteil. Ein Verhältnis von Carbonat- zu Nichtcarbonathärte von 1 : 2,5 verbessert den Biergeschmack, während bei einem Verhältnis von 1 : 3,5 die Farbe des Bieres eine Aufhellung erfährt.

Ähnliche Resultate lassen sich durch eine *Neutralisation der Hydrogencarbonate mit Hilfe von Mineralsäuren* erreichen. Dieses Verfahren, das in Deutschland verboten ist, wird mit Salzsäure, Schwefelsäure, Phosphorsäure oder Milchsäure getätigt. Hierbei ändert sich die Gesamthärte des Wassers nicht, sondern es verschiebt sich die Carbonathärte auf die Nichtcarbonathärte. Das Verhältnis beider soll wiederum 1 : 2–2,5 betragen. Nachdem bei dieser Methode Kohlendioxid frei wird, ist das Wasser aggressiv, was bei Lagerung des Wassers in Reserven und Vorwärmern zu berücksichtigen ist.

Neben diesen, der Enthärtung des Wassers dienenden Verfahren kann es auch notwendig sein, störende Ionen wie Eisen, Mangan, Kieselsäure oder aggressive Kohlensäure zu entfernen.

Eisen und Mangan sind in Mengen über 1 mg/l nachteilig für Geschmack und Farbe des Bieres. Auch das Leitungsnetz kann sich durch Ablagerungen aus Oxiden dieser Metalle verlegen. Beide Metalle werden durch Belüften des Wassers und anschließende Filtration entfernt. Eisen und Mangan kann bei der Kalkentcarbonisierung mit den ausfallenden Härtebildnern zusammen niedergeschlagen werden, Ionenaustauscher sowie die Membranen der umgekehrten Osmose dagegen erfordern eine vorherige Enteisenung des Wassers.

Kieselsäure in kolloider Form führt mitunter zu einer Verschlechterung des Effekts der Entcarbonisierung. Sie kann durch Flockungsmittel zur Ausfällung kommen. Die Entfernung von SiO_3^{2-}-Ionen mittels starkbasischer Austauscher ist teuer.

Aggressive CO_2 wird durch Belüften, aber auch durch Rieseln über Marmorfilter auf einen Restgehalt von 6–10 mg/l verringert. Ihre völlige Eliminierung kann nur durch eine Kalkentcarbonisierung erfolgen.

Ist das Rohwasser geruchlich oder geschmacklich nicht einwandfrei, so empfiehlt sich eine Filtration über einen Aktivkohlefilter u. U. nach vorheriger Belüftung. Umweltkontaminanten wie die sog. Haloforme können ebenfalls durch Aktivkohlefilter verringert oder ganz entfernt werden.

Einer Vollentsalzungsanlage sollte ebenfalls ein Aktivkohlefilter nachgeschaltet sein. Er darf aber nicht der Schönung des Wassers dienen, sondern er soll nur eine Sicherheit darstellen. Auch bei Vollentbasung des Wassers ist ein derartiger Filter anzuraten.

Die biologische Verbesserung des Brauwassers geschieht mit Hilfe von Chlor entweder in Form von Chlorgas oder Hypochloritlauge, mittels Ozonisierung, Katadynbehandlung, Einwirkung von UV-Lampen oder durch Entkeimungsfiltration. Bei Ionenaustauschern sollte chloriertes Wasser vorher einer Aktivkohlebehandlung unterworfen werden. Bei Umkehrosmose ist das freie Chlor chemisch zu binden, wobei das Reaktionsprodukt von der Membran zurückgehalten wird.

2.1.3.11 Die *Auswirkung einer Entcarbonisierung oder Entsalzung des Brauwassers:* Sie führt zu eindeutigen Verbesserungen bei der Herstellung heller Biere. Höherer Endvergärungsgrad, besserer Eiweißabbau, rascheres Abläutern, günstigere Eiweißausscheidung beim Würzekochen, höhere Ausbeuten und weitergehendere Vergärung sowie lichtere Farben der Biere und mildere Hopfenbittere sind die Ergebnisse einer Erniedrigung des pH beim Maischen und Würze kochen. Eine Erhöhung der Hopfengabe kann erforderlich werden. Auffallend ist jedoch, daß sich der Bier-pH nicht im gleichen Sinne verändert. Durch die verbesserte Wirkung der Phosphatasen beim Maischen in Verbindung mit einer verringerten Ausfällung von Phosphaten weist die Würze eine erhöhte Pufferkapazität auf, die dem pH-Abfall bei der Gärung einen verstärkten Widerstand entgegensetzt.

Um nun die Pufferung der Würze etwas einzuschränken und somit günstigere pH-Werte im Bier zu erzielen, ist der *Zusatz von Gips oder Calciumchlorid* zweckmäßig und zwar bis zu dem erwähnten Verhältnis von Carbonat- zu Nichtcarbonathärte wie 1:2–2,5.

Eine andere Möglichkeit ist der Zusatz von Sauergut zur Maische oder Würze. In Deutschland ist nur die Verwendung von Sauermalz (s. S. 89) oder von Sauerwürze gestattet. Diese wird biologisch mit Hilfe der auf dem Malz vorkommenden Milchsäurebakterien gewonnen.

Sauermalz wird in einer Menge von 3–6 % zur Malzschüttung mit eingemaischt. Die hierdurch erzielte pH-Absenkung der Maische führt zu ähnlichen Vorteilen wie die Entcarbonisierung des Brauwassers, doch läßt sich selbst bei weichen Brauwässern noch ein günstiger Effekt auf die Vorgänge beim Maischen ableiten. Es wirkt jedoch auch hier die verbesserte Pufferung der gewünschten pH-Absenkung bei der Gärung entgegen, wie auch die Biere verschiedentlich einen etwas scharfen Geschmack verzeichnen. Am besten ist eine Kombination von Maische- und Würzesäuerung, wobei letztere in kleineren Betrieben auch durch einen pH-Malzauszug dargestellt werden kann.

2.1.3.12 *Die biologische Säuerung* geschieht mit Hilfe der auf dem Malz vorkommenden Milchsäurestäbchen, von denen sich im Laufe mehrerer Führungen unter optimalen Bedingungen spezifische Stämme wie z. B. Lactobacillus amylovorus durchsetzen. Um nun den pH-Wert der Maische um 0,1 zu erniedrigen, wird eine Menge von 580 g Milchsäure/t Schüttung = 10 g/hl benötigt, bei Würze 290 g Milchsäure/t Schüttung bzw. 5 g/hl. Bei Umrechnung auf eine Milchsäurekonzentration von 0,8 % und eine pH-Absenkung um 0,3 sind dies 1,8 l/hl Würze.

Die Herführung der Säure geschieht auf folgende Weise: Eine etwa 10%ige helle, ungehopfte Würze wird mit einer Kultur dieser Bakterien

beimpft. Nach etwa 24 Stunden bei 47–48° C stellt sich ein Milchsäuregehalt von 0,7–0,8 % ein, nach weiteren 8–12 Stunden der Grenzwert von 1 %. Es ist im Hinblick auf die Vermehrungsfähigkeit der Milchsäurestäbchen günstig, nach der Entnahme der zum Säuern der Würze benötigten Menge eine Säurekonzentration von unter 0,4 % zu erreichen. Dies entspricht bei 0,7% Milchsäure einer 50%igen Entnahme. Die Restmenge bewirkt nach Auffüllen mit frischer Würze eine Säuerung bis wieder zu diesem Punkt innerhalb von 9–10 Stunden. Somit erlaubt ein isolierter, thermostatisch beheizter Behälter, am besten aus rostfreiem Stahl gefertigt, eine zweimalige Entnahme pro Tag. Es ist also für jeweils zwei Sude täglich ein Behälter erforderlich.

Die für einen Sud benötigte Menge von Milchsäure liegt bei ca. 0,5 % der Auschlagmenge pro 0,1 pH-Einheit, die abgesenkt werden soll. Hiervon sind 20–25 % für die Maische zu Beginn des Einmaischens, der Rest als Zusatz gegen Ende des Würzekochens bestimmt.

Es konnte sich auch eine kontinuierliche Kultur einführen, so z. B. bei 8 Suden/Tag mit einer Reaktorgröße von 25 hl/t Schüttung für Maische und Würzesäuerung bzw. 17 hl/t Schüttung bei ausschließlicher Säuerung der Würze. Es ist allerdings noch ein Milchsäure-Vorratstank etwa derselben Größe erforderlich, in den die milchsaure Würze nach Erreichen einer Milchsäure-Konzentration von ca. 1 % abgezogen wird. Die entnommene Menge wird dann wieder mit Würze aus einem laufenden Sud aufgefüllt, wobei eine Milchsäurekonzentration von ca. 0,3 % bzw. ein pH-Sprung auf über 4,0 zu erreichen ist. Im Vorratstank geht die Säurebildung weiter; sie erreicht 1,3–2,0 %, je nach dem Extraktgehalt des (ungehopften) Gärsubstrats. Bei Standzeiten z. B. vom Ende einer Sudwoche bis zum Beginn der nächsten muß die Kultur nochmals auf ca. 0,3 % Milchsäurekonzentration abgesenkt und bei Erreichen von 0,6–0,7% auf unter 30° C abgekühlt werden. Um Kontaminationen mit Candida-Arten und anderen Würzeschädlingen zu vermeiden, ist eine CO_2-Begasung während der gesamten biologischen Sauergutgewinnung wichtig.

Die verbesserte Enzymwirkung beim Maischen gestattet eine zum Teil wesentliche Verkürzung des Maischverfahrens, der niedrige pH-Wert beim Würzekochen vermittelt eine bessere Eiweißausscheidung, eine flotte Gärung sowie ein weich und mild schmeckendes, sehr helles, stabiles und gut schaumhaltiges Bier. Die technologische Durchführung des Verfahrens ist einfach und gefahrlos, wenn die Temperaturen im gewünschten Bereich gehalten werden.

2.1.4 Der Hopfen

2.1.4.1 *Allgemeines*: Der Hopfen ist in verschiedener Hinsicht ein unentbehrliches Zusatzmittel zur Würze. Er verleiht ihr einen bitteren Geschmack, ein bestimmtes Aroma und fördert ihre Klärung durch Eiweißausfällung. Darüber hinaus hat der Hopfen schaumverbessernde Eigenschaften und gilt als natürliches Konservierungsmittel des Bieres.

Der brautechnisch wichtigste Teil, der in den gemäßigten Zonen gedeihenden zweihäusigen Hopfenpflanze sind die Hopfendolden oder Zapfen genannten weiblichen Blütenstände. Diese bestehen:

1. Aus dem Stiel mit dessen Fortsetzung, der mehrfach knieförmigen oder wellig gebogenen Spindel;
2. Aus den Hochblättern, d. h. aus den Vor- und Deckblättern, welche erstere an ihrer Basis einen Fruchtknoten umschließen.
3. Aus den auf der Innenseite der Vor- und Deckblätter befindlichen, zahllosen kleinen, glänzenden gelblichgrünen und klebrigen Becherdrüsen, den Lupulinkörnern. Diese enthalten ein Sekret, welches Träger für die den Brauer wertvollsten Bestandteile, die Hopfenöle, die Hopfenbitterstoffe und einen Teil der Hopfengerbstoffe ist.

Mit zunehmendem Alter des Hopfens nimmt die Klebrigkeit der Lupulinkörper ab, ihre Farbe wird rötlich, matt und schließlich braunrot. Der dem Lupulin in frischem Zustand eigene, feinaromatische Hopfengeruch verliert sich mehr und mehr, bis er schließlich käsig wird.

2.1.4.2 Die *Einteilung der Hopfen* erfolgt gewöhnlich nach Herkunft und Sorte; bei ähnlichen Sorten dominiert der Einfluß des Anbaugebietes und bestimmt die Qualität. Die verschiedenen Sorten unterscheiden sich in Größe und Form der Dolden und ihrer Teile (Spindel und Hochblätter), hinsichtlich des Aromas (bestimmt durch Menge und Art der Hopfenöle) und in ihrem Bitterstoffgehalt.

Die wichtigsten deutschen Anbaugebiete liegen in Bayern (Hallertau, Spalt, Hersbruck, Kinding), in Württemberg (Tettnang, Rottenburg) und Baden (Schwetzingen-Sandhausen). Die ur-

sprünglich kultivierten Sorten sind durch Formenkreistrennung gewonnen worden, heute erfolgt die Züchtung durch Kreuzung von Sorten, deren Eigenschaften man in das Zuchtmaterial einbringen möchte. Hierbei handelt es sich um hohe Bitterstoffgehalte günstiger Zusammensetzung, um ein wünschenswertes Spektrum an Aromastoffen, um hohen Ertrag und eine möglichst breite Krankheitstoleranz, um möglichst wenige Behandlungen mit Pflanzenschutzmitteln durchführen zu müssen. Je nach den Eigenschaften der einzelnen Sorten wird in „Aromahopfen" und „Bitterhopfen" unterschieden. In Deutschland werden derzeit folgende Sorten angebaut:

Aromahopfen: Der Hallertauer Mittelfrühe ist wegen seiner Welke-Anfälligkeit nur mehr wenig im Anbau; er wurde durch den Hersbrucker Späthopfen sowie durch die neuere Sorte Perle, die auch einen höheren Bitterstoffgehalt hat, ersetzt. Die Neuzüchtung „Tradition" ähnelt dem Hallertauer Mfr., ist aber wesentlich stabiler. Der Spalter, ein dem Saazer Formenkreis zugehöriger Hopfen findet seine Ergänzung und irgendwann seinen Ersatz durch die Neuzüchtung „Selekt", während die neue Sorte „Pure" den Hersbrucker noch nicht zu verdrängen mochte. Der Hüller „Bitter" nimmt eine Zwischenstellung zu den Bitterhopfen ein. Zu diesen gehören die angelsächsischen Sorten Northern Brewer, Brewers Gold und Record. Einer amerikanischen bitterstoffreichen Sorte „Nugget" folgte nun auch eine deutsche: „Magnum", während die Neuzüchtung „Orion" eher dem Northern Brewer entspricht. Die Bitterhopfen werden meist zur Gewinnung einer gewissen Grundbittere gegeben; sie weisen ein sehr kräftiges, eher aufdringliches und strenges Aroma auf. Durch die spezifischen Hopfenaromakomponenten und durch die Zusammensetzung der Bitterstoffe vermitteln sie eine breite Bittere im Bier. Aromahopfen verfügen meist über deutlich niedrigere Bitterwerte; nach der Zusammensetzung der Hopfenöl- und Bitterstofffraktionen erteilen sie dem Bier ein angenehmes Aroma und eine edlere Bittere. Diese Eigenschaften werden nicht von allen Brauereien honoriert. Diese verwenden ausschließlich Bitterhopfen.

Bedeutende ausländische Anbaugebiete sind in folgenden Ländern: Tschechische Republik (Saaz, Auscha, Dauba), die begehrte Aromahopfen liefern, Slowenien und Kroatien (Steiermärker Golding und Bitterhopfen), Polen (u. a. Pulawy), Belgien (meist Bitterhopfen), Frankreich (Elsässer Aromahopfen, Bitterhopfen auch in Burgund), England (Aromahopfen: Fuggles,

Golding, Bramling Cross, Bitterhopfen: Northern Brewer, Bullion, Wye Target, Northdown, Challenger u. a.) verwendet zum Teil Hopfen mit Samen; bei untergärigem Lagerbier werden jedoch nur samenlose Hopfen verwendet. Weiterhin spielen australische, chinesische, aber vor allem amerikanische Hopfen eine Rolle auf den Märkten der Welt.

Die USA stellen 35 % der Weltproduktion an Hopfen. Es handelt sich hierbei vorwiegend um Bitterhopfen: Cluster, Bullion und Brewers Gold sowie die Super-α-Sorten Galena, Nugget, Eroica und Olympic. Dabei sind Aromasorten im Kommen, beginnend mit den „klassischen" Fuggles, über Cascade bis zu Tettnanger und Hallertauer.

Die Vermehrung des Hopfens erfolgt durch Stecklinge oder Fechser. Die Pflanzen, an Stangen oder Draht gezogen, werden erst im zweiten oder dritten Jahr voll ertragsfähig und bedürfen einer sorgsamen Pflege. Wichtig ist die richtige Wahl des Zeitpunktes für den Beginn der Ernte (in Deutschland August/September). Die Dolden sollen bei der Ernte noch geschlossen sein, um ein Herausfallen des Lupulins zu verhindern, zum anderen ist ein hoher Brauwert des Hopfens nur bei ausreichender Reife zu erreichen.

2.1.4.3 *Die Aufbereitung des Hopfens:* Da die mit kurzem Stiel frischgepflückten Hopfendolden noch 75–80 % Wasser enthalten, werden die Hopfen auf eigenen Hopfendarren unter Anwendung künstlicher Wärme getrocknet. Niedrige Temperaturen (30 bis 50° C) und starker Luftzug sind erforderlich, um eine Schädigung des Hopfens zu vermeiden. Der so getrocknete Hopfen hat einen Wassergehalt von 10–12 %, er wird zunächst auf dem Hopfenboden gelagert, dann lose gesackt. Zur Einlagerung erfolgt seine Konservierung durch Schwefeln (auf 50 kg Hopfen 0,3–0,6 kg Schwefel) und anschließend das Verpacken in Ballen (Volumen 1145 l/100 kg) oder in weniger oder mehr gepreßte Ballots zu 100 oder 150 kg. Hierdurch ergibt sich eine Volumenverringerung auf 360 bzw. 240 l/100 kg, es besteht aber die Gefahr, daß bei sehr starker Pressung die Lupulindrüsen platzen, die Harze und Öle austreten und so leicht oxidiert werden. Für längere Lagerung kann das Verpacken der Hopfenballots in zylindrische, luftdicht verschließbare Büchsen aus verzinktem Blech erforderlich sein.

2.1.4.4 Die *Aufbewahrung des Hopfens* soll in kühlen, trockenen und dunklen Räumen erfolgen. Hierdurch wird eine Qualitätserhaltung des Hopfens erreicht, die aber über längere Zeiträume hinweg durch Evakuierung und Imprägnierung mit einem inerten Gas, am besten Stickstoff (Weiner-Verfahren) unter völligem Sauerstoffabschluß getätigt werden müßte. Der Hopfen verändert sich nämlich bei Anwesenheit von Wärme, Sauerstoff, Feuchtigkeit und Licht sehr rasch. Diese Prozesse, durch Oxidation, Enzymwirkung und Mikroorganismenwuchs hervorgerufen, verändern das Hopfenöl als Träger des Aromas die Hopfenbittersäuren verharzen und verlieren an Bitterkraft, die Polyphenole gehen in höher polymerisierte Produkte über. Der Hopfen nimmt einen käsigen Geruch an.

Demnach geschieht die Hopfenlagerung am besten in besonderen, gut isolierten, trockenen, mit künstlicher Kühlung ausgestatteten Räumen von etwa 0° C. Stille Kühlung durch Kühlrohre an der Decke oder an den Seitenwänden des Raumes ist einer Umluftkühlung vorzuziehen. Für einen Ablauf des Schwitzwassers beim Abtauen der Kühlrohre ist zu sorgen. Die Hopfenballen oder Ballots werden auf Holzrosten gelagert. Lagerkeller eignen sich nur zur Aufbewahrung von luftdicht verschlossenem Büchsenhopfen, da sie in der Regel zu feucht sind.

Eine Verbesserung der Werterhaltung des Hopfens stellen verschiedene *Hopfenpräparate* dar, die in Pulverform unter Vakuum abgefüllt, mit einem inerten Gas imprägniert, in Plastikpackungen oder Büchsen in den Handel kommen. Diese wie auch die verschiedenen Hopfenextrakte sind sehr gut lagerfähig (s. S. 106).

2.1.4.5 Die *Beurteilung* des Hopfens geschieht durch Handbonitierung und chemische Analyse.

Die Handbonitierung bewertet:

Das *Aussehen* der Dolden (geschlossene Dolde, mittlere Größe und Feinheit der Spindel sind erwünscht) und ihre *Pflücke,* d. h. die Stiele sollen möglichst nur einen halben bis einen Zentimeter lang sein;

die *Farbe* der Dolden (gelblich bis grün, je nach Sorte und Reifezustand; Rot- und Braunfärbung sowie Mißbildung und Verfärbungen durch Schädlingsbefall sind unerwünscht, durch Windschlag verursachte Braunfleckigkeit ist nur ein Schönheitsfehler);

den *Befall von Hopfenschädlingen,* die pflanzlicher oder tierischer Herkunft sein können. Die pflanzlichen Schädlinge sind Mehltau, Peronospora, Rußtau, die während der Vegetation des Hopfens in Form von weißen oder schwarzen Überzügen auftreten und durch Besprühen mit

Chemikalienlösungen (z. B. Kupferkalkbrühe) bekämpft werden. Auch die Welkekrankheit, die große Bestände gefährdet, muß dieser Gruppe zugeordnet werden. Tierische Schädlinge sind die Rote Spinnmilbe, die Hopfenblattlaus u. a.;

das *Aroma* des Hopfens ist charakteristisch. Die verschiedenen Hopfensorten unterscheiden sich in ihrem Geruch; er soll zart, fein und doch deutlich sein, nie aber unrein;

das *Hopfenmehl* (Lupulin) soll reichlich vorhanden sein und eine reine gelbe Farbe haben; geht diese ins Bräunliche über, wurde der Hopfen entweder schlecht getrocknet oder er ist alt.

2.1.4.6 Die *chemische Analyse* des Hopfens erstreckt sich auf Wassergehalt , Prüfung der Schwefelung, Zusammensetzung der Bitterstoffe und Errechnung des Bitterwertes. Neben der „Wöllmer-Analyse", die von EBC und MEBAK modifiziert wurde, findet heutzutage häufig die HPLC-Analyse der α- und β-Säuren sowie deren homologen Anwendung. Seltener kommen die Hopfenöle mittels gaschromatographischer Methoden zur Bestimmung, wie auch vereinzelt die Polyphenole nach Globalmethoden oder nach HPLC untersucht werden.

Bei der Verwertung des Hopfens im Brauprozeß werden vor allem die im Lupulin enthaltenen aromatischen, bitteren, konservierenden und eiweißfällenden Bestandteile, wie Hopfenöle, Hopfenbitterstoffe und Polyphenole, erfaßt, welch letztere auch in den Hochblättern und in den Stielen enthalten sind. Daneben gelangen auch Eiweißkörper und Pektinstoffe aus dem Hopfen in die Würze. Erstere haben eine gewisse Bedeutung durch ihren Gehalt an Aminosäuren, aber auch an höhermolekularen, die Vollmundigkeit und Schaumhaltigkeit begünstigenden Stickstoff-Fraktionen.

Die Hopfenbitterstoffe (13–23 %) sind die wertvollsten Bestandteile des Lupulins. Ihre Gesamtmenge ist löslich in Alkohol, Äther und anderen Harzlösungsmitteln. Sie lassen sich unterteilen in die Hopfenbittersäuren: α-Säuren (Humulone) in einer Menge von 4–12 % und β-Säuren (Lupulone) die 4–6 % ausmachen können, sowie in die Harze. Letztere umfassen die Oxidationsprodukte der Bittersäuren; nach ihrer Löslichkeit in Hexan werden sie in Weichharze und Hartharze unterschieden.

Der Brauwert der einzelnen Fraktionen ist unterschiedlich hoch. Er gründet sich auf ihre Löslichkeit in Würze und Bier sowie auf ihre bitternden Eigenschaften.

Die α-Säure ist von diesen Bitterstoffen aufgrund ihres hohen Bitterwertes weitaus am wichtigsten. Die aus ihr durch Oxidation und Polymerisation entstehenden Weichharze sind weniger bitter (33 % der Humulonbittere). Die geringste Bitterkraft von nur 12 % hat das Hartharz. Die β-Säure hat keinen Bitterwert.

Die α-Säuren sind ätherlöslich und mit Bleisalz fällbar. Ihre Löslichkeit in Wasser und Würze ist vom herrschenden pH abhängig, aber insgesamt gering. Erst ihre beim Würzekochen entstehenden Umwandlungsprodukte, die Isohumulone, vermitteln ihnen eine vermehrte Löslichkeit, die sogar beim pH des Bieres Bestand hat. Die Humulone bestehen aus mehreren Homologen, neben dem Humulon kommen Co-, Ad-, Prä- und Posthumulon vor, die ihrerseits beim Kochen zu den entsprechenden Isokörpern umgeformt werden. Der Anteil des Cohumulons ist genetisch bedingt; er schwankt bei den einzelnen Hopfensorten zwischen 20 und 45 % der α-Säuren. Am niedrigsten ist er in kontinentalen Aromasorten (20–25 %), am höchsten in Bitterhopfen wie z. B. Brewers Gold. Dem Cohumulon wurde eine raschere Oxidation und Isomerisierung zugeschrieben, die sich aber nicht im Bitterwert der Biere äußerte, wohl aber in einer stärkeren und länger anhaltenden Bittere. Die Eigenschaft einer besseren Reaktionsfähigkeit hat auch das Adhumulon, das jedoch aufgrund des geringeren Anteils von 8–15 % keine Bedeutung hat. Während der Lagerung gehen die Humulone durch Oxidation und Polymerisation in ihre Weichharze und schließlich in Hartharze über. Bei höherem Würze-pH ist die Löslichkeit des Humulons besser als bei niedrigem. Ein hoher pH-Wert begünstigt auch eine mehr molekulare Lösung, während bei einem pH von 5,2 die Art der kolloiden Lösung vorherrscht, die eine mildere Bittere bewirkt. Auch ionisierte Salze, vornehmlich mit Ca^{2+}-Ionen, lassen die Bittere intensiv in Erscheinung treten, eine Eigenschaft, die Bieren aus harten oder bicarbonathaltigen Wässern eigen ist.

Die β-*Säure:* Das Lupulon ist bei den in Würze normalerweise herrschenden pH-Werten unlöslich. Sie erfährt damit durch den Kochprozeß keine Umwandlung und geht ungenützt mit den Hopfentrebern oder im Trub verloren. Auch die β-Säure weist dieselben Homologen auf wie das Humulon. Während der Lagerung des Hopfens oxidieren die Lupulone zu β-Weichharzen, die löslich in Würze und Bier sind und diesem eine angenehme, edle Bittere verleihen.

Die *Weichharze* (im frischen Hopfen 3–4 % der Trockensubstanz) können entweder den α- oder den β-Säuren entstammen. Mit Ausnahme der ersten Oxidationsstufe des Humulons, dem Humulinon, und seiner Homologen und dem der β-Säure nahestehenden Hulupon (ebenfalls neben Hulupon die Co-, Ad-, Prä- und Posthulupone enthaltend) sind sie unspezifisch. Mit zunehmendem Alterungsgrad nimmt ihre Bitterkraft ab, die Löslichkeit im Bier dagegen zu, so daß die Verluste dieser Substanzen durch den Gärprozeß, durch pH-Abfall und Abkühlung zunehmend geringer werden.

Die *Hartharze* (im frischen Hopfen 1,5–2 %) sind in Hexan unlöslich. Infolge ihrer Entstehung aus beiden Bittersäuren und ihren Weichharzen haben sie eine überaus vielfältige Natur. Sie sind nur von geringem Bitterwert, der wahrscheinlich dem δ-Harz zuzuschreiben ist, doch verzeichnen sie eine gute Löslichkeit in Bier.

Bei frischem Aroma-Hopfen beträgt der α-Säuregehalt ca. 35 % der β-Anteil (β-Säure + Weichharze) ca. 55 % und die Hartharzmenge ca. 10 % des Gesamtharzes. Bei der Alterung des Hopfens, die bei Ballen- und Ballothopfen auch bei bester Lagerung nach längerer Zeit unumgänglich ist, bei schlechter Lagerung aber ungleich rascher fortschreitet, oxidieren die beiden Bittersäuren in die Weichharze und schließlich in das Hartharz. Dennoch nimmt die Bitterkraft des Hopfens zunächst kaum ab, sinkt aber von einem bestimmten Stadium an rapide. Diese Erscheinung ist erklärlich. Wenn auch durch Verlust an α-Säuren die weniger bitternden Weichharze entstehen, so gleicht doch die Umwandlung der ursprünglich unlöslichen, nicht bitternden ß-Säuren in bitternde Hulupone und Weichharze diesen Verlust aus, zudem diese Oxidationsprodukte während des Brauprozesses beständiger sind und geringeren Verlusten unterliegen als die Hopfenbittersäuren selbst.

Der *Bitterwert eines Hopfens* wurde von *Wöllmer* durch folgende Formel ermittelt:

$$\text{Bitterwert} = \alpha\text{-Säuren} + \frac{\beta\text{-Anteil}}{9}$$

Der β-Anteil umfaßt hierbei die β-Säuren und die gesamten Weichharze. Diese Formel trifft jedoch nur dann zu, wenn die Alterung des Hopfens nicht zu weit fortgeschritten ist und der Anteil der Hartharze nicht mehr als 15 % des Gesamtharzes beträgt.

Nachdem bei kontinentalen Hopfen der zwischen 7 und 9 % liegende β-Anteil relativ konstant ist und der Quotient $\frac{\beta}{9}$ nur zwischen 0,8 und 1,0 schwankt, wurde vorgeschlagen, die α-Säure allein zur Darstellung des Bitterwertes zu verwenden. Dabei kann der α-Säuregehalt des frischen Hopfens so lange als Berechnungsgrundlage dienen, als er nicht um mehr als 30 % abgenommen hat. Bei bitterstoffreichen Hopfen liegt der α-Säuregehalt zwischen 9 und 12 % und erreicht damit rd. 45 % des Gesamtharzes. Der β-Anteil fällt dann entsprechend niedriger aus; er beträgt nur mehr etwa 45 %. Bei frischen Hopfen oder den entsprechenden Extrakten kann jedoch der β-Anteil, ebenso wie der höhere Cohumulongehalt mancher Sorten zur Bestimmung der bitternden Wirkung vernachlässigt werden. Bei Verwendung von gealterter Ware, z. T. auch von Hopfenextrakt, versagt sowohl die Wöllmer-Formel als auch die Anwendung des α-Säuregehaltes völlig. Hier ist es zweckmäßig, einen Kochversuch nach Art des „Universellen Bitterwertes" durchzuführen, um die hier löslich gemachten Bitterstoffe zu ermitteln und danach die Hopfengabe zu berechnen.

Die *antiseptische Kraft* des Hopfens wird der bakteriostatischen Wirkung der Bittersäuren und der Hopfenharze zugeschrieben. Diese hemmen die Entwicklung von Gram-positiven Bakterien mit abnehmendem pH. Auch der Tuberkulose Bazillus unterliegt der bakteriostatischen Kraft des Hopfens.

Die *Hopfenöle* (0,3–1,5 % der Hopfentrockensubstanz) bedingen das charakteristische Aroma des Hopfens. Diese flüchtigen aromatischen Inhaltsstoffe sind im frischen Hopfen zu 65–75 % Terpen-Kohlenwasserstoffe, während der Rest oxidierte Derivate wie Ester, Carbonyle und Alkohole umfaßt. Es sind zu unterscheiden: Monoterpene wie z. B. Myrcen, α-Pinen, β-Pinen, Sesquiterpene wie z. B. Humulen, β-Caryophyllen, verschiedene „Posthumulene" (α- und β-Selinen, Selinadien), die typisch für Hersbrucker (nebst Pure) sind und Farnesen, das dem Saazer Formenkreis eigen ist. Der Gehalt an Myrcen liegt bei den Bitterhopfen Northern Brewer und Brewers Gold bei ca. 35 % des Gesamtöls, bei Aromahopfen nur bei 15–25 %. Weitere leichtflüchtige Substanzen sind: Linalool, 2-Metyl-3-buten-2-ol, Isobutyr- und Isovaleraldyd sowie die Ester Isobutylisobutyrat, 2-Methylbutylisobutyrat. Gerade die Monoterpene und die anderen leichtflüchtigen Substanzen zeigen bei der Aufbereitung und Lagerung des Hopfens ein typisches Verhalten.

Das Aroma frischen Hopfens wird weitgehend vom Myrcen bestimmt. Doch können in gelagertem Hopfen auch Abbauprodukte der α- und β-

Säuren, z. B. aus den Acylseitenketten des Humulons, zum Aroma beitragen. Hopfenöl ist in Ether, weniger gut in Alkohol und in sehr geringem Maße in Wasser löslich; es ist mit Wasserdampf flüchtig. Es werden aber Mono- und Sesquiterpene während des Würzekochens teilweise in aromaintensive sauerstoffhaltige Derivate (Epoxide, Alkohole) übergeführt. Während die verschiedenen unveränderten Hopfenöle auf Grund ihres lipophilen Charakters von der Hefe adsorbiert werden, gelangen die hydrophilen Alkohole und Epoxide als Spurenkomponenten ins Bier.

Um ein besonders starkes Hopfenaroma im fertigen Bier zu erzielen, werden bestimmte Maßnahmen wie z. B. Zugabe des Hopfens im Hopfenseiher oder Hopfenstopfen im Lagerkeller erforderlich. Selbst bei Verwendung frischen Hopfens vermögen sich die Hopfenöle nicht sehr deutlich im Endprodukt auszuwirken. Humulen, β-Caryophyllen und das in den Hopfen des Saazer Formenkreises anzutreffende Farnesen vermitteln positive Geruchs- und Geschmacksmerkmale. Myrcen ist leichter flüchtig und oxidierbar als diese. Es verleiht dem Hopfen einen stechenden und scharfen Geruch und ist neben anderen leichtflüchtigen Ölen vor allem in der oxidierten Form für die mangelnde Geschmacksstabilität mancher Biere verantwortlich zu machen. Die oxidierten Hopfenöle sind es auch, die Bieren aus alten, überlagerten Hopfen einen nachhaltig breitbitteren Geschmack verleihen. Eine Verbesserung myrcenhaltiger, bitterstoffreicher Hopfen kann durch die Evakuierung nach *Weiner* erzielt werden.

Die Hopfengerbstoffe (Polyphenole) befinden sich im Lupulin, in der Spindel, vor allem aber in den Hochblättern des Hopfens. Ihre Gesamtmenge liegt zwischen 4 und 8 % der Trockensubstanz. 80–85 % der Polyphenole des frischen Hopfens machen Anthocyanogene aus. Der sich hieraus errechnende niedrigere Polymerisationsindex von 1,15–1,20 dürfte die stärkere Reaktionsfähigkeit der Hopfenpolyphenole gegenüber den Malzgerbstoffen erklären. Hierfür sind auch die Tannoide verantwortlich, die sich auf 75–80% der Menge der Gesamtpolyphenole belaufen. Bei der Lagerung des Hopfens gehen die Polyphenole in höherpolymerisierte Verbindungen über, die von dunklerer Farbe, zusammenziehendem Geschmack und geringerer Gerbkraft sind. Sie verbleiben in größeren Mengen in der Würze als die des frischen Hopfens. Eine weniger saure Würze erhält durch die gelösten Hopfenbitterstoffe und Gerbstoffe dunklere Farbtöne, eine stärker

saure Würze dagegen wird durch die Indikatoreigenschaften des Hopfengerbstoffs, aber auch durch die verstärkte Eiweißausfällung heller. Die Hydrogencarbonate des Brauwassers beeinflussen also sowohl den durch den Hopfen vermittelten Geschmack, als auch die Farbe der Würze.

Die *löslichen stickstoffhaltigen* Stoffe des Hopfens gehen beim Kochen in die Würze über und gleichen dadurch den Verlust, der durch die fällende Wirkung der Hopfengerbstoffe hervorgerufen wurde, teilweise wieder aus. Sie tragen zur Vollmundigkeit des Bieres bei.

An sonstigen Inhaltsstoffen sind Cellulose (10–17%), Pectin (10–14%) und kleine Mengen an Hexosen, Di-, Tri- und Oligosacchariden ohne bekannte technologische Auswirkung. Bedeutsam sind Lipide und von diesen die höheren Fettsäuren, die mit der Hopfengabe in die Würze eingebracht werden. Von den Mineralstoffen machen Kalium, Calcium, Phosphate und Silikate den größten Anteil aus. Bedeutungsvoll ist die Menge der Nitrate, die sich auf 0,5–1,2 % der Mineralstoffe belaufen können. 200g/hl Hopfen bringen 10–25mg/l an Nitraten in die Würze (und ins Bier) ein. Zu den Mineralstoffen gehören auch jene Spurenelemente, die durch Pflanzenschutzmaßnahmen in den Hopfen gelangen. Bei der vorgeschriebenen Anwendung sind die Restmengen gering, bei resistenten Sorten noch weiter reduziert.

Die *Unterscheidung verschiedener Hopfensorten* ist möglich über den Gehalt an α-Säure in % des Gesamtharzes, besser noch über das Verhältnis α-Säure : β-Anteil, das bei den kontinentalen Aromahopfen etwa 1 : 1,6, bei Bitterstoffhopfen wie Brewers Gold 1 : 0,8–1 beträgt. Die Aromasorte Perle liegt hierbei eher im Bereich von 1 : 1–1,2. Die HPLC-Analyse erlaubt die direkte Erfassung von α- und β-Säuren, deren Verhältnis bei Aroma-Hopfen bei 0,7–1, bei Bitterhopfen bei 0,3–0,4 liegt. Ferner ist der Anteil des Cohumulons am α-Säuregehalt ein Sortenmerkmal (s. S. 102). Eine weitere Kennzahl ist das Verhältnis Mono- zu Sesquiterpenen, das bei Aromahopfen ca. 1 : 2 und bei Bitterhopfen etwa 1 : 1 beträgt. Daneben läßt die Menge einzelner Hopfenöle wie Farnesen (Saazer Formenkreis), α- und β-Selinen, Selinadien, früher Posthumulene genannt (Hersbrucker Späthopfen, Pure) eine gute Unterscheidung zu.

2.1.4.7 Hopfenprodukte kommen neben Ballen- und Ballothopfen immer mehr zur Anwendung. Diese Hopfenpräparate können Pulver oder Hopfenextrakte sein. Man unterscheidet:

Normale Hopfenpulver, die je nach Fabrikat verschieden weit getrocknet, einen Wassergehalt von 3–8 % und folglich einen vom Naturhopfen nur wenig abweichenden Gesamtharz- und α-Säuregehalt aufweisen. Sie werden zu unterschiedlich dimensionierten Teilchengrößen vermahlen, unter Vakuum abgefüllt, mit einem inerten Gas imprägniert und in Plastikbeutel verpackt oder in Blechbüchsen gepreßt angeboten. Diese Hopfenpulver ermöglichen eine Ersparnis gegenüber nicht gemahlenen Naturhopfen von 10–15 % des α-Säuregehaltes. Bei gepreßten Packungen ist das Volumen, selbst gegenüber Ballots, erheblich verringert.

Angereicherte Hopfenpulver („konzentrierte Hopfen") werden getrocknet, anschließend auf – 20 bis – 30° C tiefgekühlt und gemahlen. Durch Sieben bei derselben Temperatur wird das Lupulin von den Spindeln und einem Teil der Hopfenblätter getrennt. Die Behandlung verringert den Polyphenolgehalt, die Menge der Nitrate und Umweltkontaminanten des Hopfens, bei einem Anreicherungsverhältnis von 1 : 2 (Pulver 45) auf etwa die Hälfte.

Die in Büchsen mit Stickstoff oder CO_2 abgefüllten Pulver haben Gesamtharzgehalte bis zu 30 % und α-Säurewerte bis zu 10 %, bei Bitterhopfen sogar bis zu 14 %. Sie bieten gegenüber Naturhopfen eine Einsparung an α-Säure um rund 15 %. Auch hier ist das Volumen des Präparates (bis zu 60 %) geringer als das des ursprünglichen Hopfens.

Wie auch das normale Pulver, so wird das angereicherte in „Pellets" gepreßt. Hierbei treten hohe Drücke von einigen Hundert Atmosphären auf, die zusammen mit der auftretenden Reibung einen Temperaturanstieg des Pulvers bewirken. Durch Einsatz von Inertgas, Kühlung der Matrizen und durch Wahl der Pelletform (gedrungen) können Verluste an α-Säure und Veränderungen der anderen Inhaltssubstanzen eingeschränkt werden. Pellets haben den Vorteil der leichteren Handhabung im Sudhaus. Ihre Dosierung kann automatisiert werden. Hierfür kommen auch größere Behälter zum Einsatz.

Hopfenextrakte wurden ursprünglich durch Anwendung organischer Harzlösungsmittel wie Methanol, Hexan und Methylenchlorid hergestellt. Sie werden in Deutschland heutzutage ausschließlich durch Ethanol und Kohlendioxyd gewonnen. Es sind also nur mehr „biereigene" Lösungsmittel im Einsatz.

Der Hopfen wird gemahlen, die Bitterstoffe und Hopfenöle werden im Falle des *Ethanol*-*Extrakts* in 90 %igem Ethylalkohol gelöst und in Kammerextraktoren gewonnen. Diese „Miscella" enthält Bitterstoffe, Hopfenöle und wasserlösliche Bestandteile des Hopfens. Durch dessen Wassergehalt wird der verwendete Ethylalkohol verdünnt. Durch anschließende, mehrstufige Vakuum-Verdampfung wird der Extrakt vom Alkohol getrennt, doch bedarf es zum Austreiben von Ethanolresten einer ergänzenden Dampfbehandlung. Dabei werden Myrcen und andere leichtflüchtige Aromakomponenten entfernt. Zur Herstellung von Harzextrakt ist ein weiterer Schritt zur Entfernung der Polyphenole erforderlich. Der Ethanol-Extrakt enthält durch die geschilderte thermische Belastung einen Gehalt an Iso-α-Säuren, der bei 2–3 % liegt. Da er durch die globale Bitterstoffanalyse, z. B. auch durch die konduktometrische α-Säurebestimmung zur Hälfte erfaßt wird, bedarf der übliche Konduktometerwert (KW) einer Korrektur um die Hälfte des mittels HPLC ermittelten Iso-α-Säuregehaltes. Diese als „Konduktometerbitterwert" (KBW) bezeichnete Größe errechnet sich damit wie folgt:

$$KBW = KW + \frac{\text{Iso-}\alpha\text{-Säure}}{2}$$

Diese Formel hat in der Praxis bei der Dosierung des Ethanol-Extrakts Eingang gefunden.

Harzextrakte weisen einen Gesamtharzgehalt von 80–85 % auf, je nach Aroma- oder Bitterhopfen beläuft sich der Gehalt an α-Säuren auf 28–45 %, der Hartharzanteil beträgt 10–12 %, der Iso-α-Säuregehalt 2,5–3 %.

Gegenüber dem Ausgangshopfen ist eine völlige Entfernung von Nitrat, eine 90–95%ige Verringerung von Schwermetallen, aber nur eine ca. 50 %ige Abscheidung von Kupfer zu bezeichnen. Polare Pestizid-Wirkstoffe werden völlig eliminiert, während apolare in die Extrakte übergehen. Die Haltbarkeit der Harzextrakte ist sehr gut. Sie sind zur automatischen Dosierung geeignet.

Kohlensäure-Extrakte können auf zwei verschiedenen Wegen, die durch die Zustandsformen der Kohlensäure vorgegeben sind, gewonnen werden. So sind Flüssig-CO_2-Extrakte aus unterkritischem CO_2 (kritischer Druck 73 bar, kritische Temperatur 31° C) hergestellt, während die überwiegend verwendeten überkritischen Extrakte bei Drücken von 150–300 bar und Temperaturen von 32 bis ca. 100° C extrahiert werden.

Zur Herstellung von CO_2-Extrakt wird pelletierter Hopfen in einem Extraktionsbehälter auf den erforderlichen Druck gebracht. Flüssiges CO_2 von 60–70 bar wird aus einem Stapeltank mittels

Pumpe auf den verfahrensmäßigen Reaktionsdruck komprimiert und dabei gleichzeitig in einem Wärmetauscher die zugehörige Temperatur eingestellt. Im Extraktor werden nun aus den Pellets die Bitterstoffe und Aromakomponenten im CO_2 gelöst. Das CO_2-Bitterstoff-Hopfenölgemisch gelangt nun über Entspannungsventil und Wärmetauscher in einen Abscheider, wo die Trennung zwischen dem Extrakt und dem gasförmigen CO_2 erfolgt.

Die CO_2-Extrakte sind sehr rein, sie enthalten nur einen geringen Hartharzgehalt, die Bittersäuren, Weichharze und Hopfenöle werden bei der Extraktion nicht verändert. Es wird ein Harzextrakt, der bei einem Gesamtharzgehalt von 90 % je nach Hopfensorte 30–50 % α-Säure und nur 1–2 % Hartharze enthält, gewonnen. Durch Variation der Extraktionsbedingungen kann eine Differenzierung in einzelne Fraktionen wie Hopfenöle, β-Säuren und α-Säuren vorgenommen werden. Es könnte so ein besonders hopfenölreiches Produkt für die letzte Hopfengabe beim Würzekochen gewonnen werden.

Bei den früher üblichen Extrakten wurde aus den nach Abtrennung der Miscella verbleibenden Hopfentrebern durch Heißwasserextraktion die restlichen Bestandteile des Hopfens wie Gerbstoffe, Eiweißkörper, Kohlenhydrate und Mineralsubstanzen gelöst und durch Einengen auf Sirupkonsistenz der sog. „Wasser"- oder „Gerbstoffextrakt" gewonnen. Bei Zumischung der vollen Menge an Wasserextrakt zur Harzfraktion entstand der sog. „Standard-Extrakt" mit 35–50 % Gesamtharz oder, um der leichteren Dosierung willen ein „standardisierter Extrakt".

Diese *standardisierten Extrakte* wiesen aber eine Reihe von Nachteilen auf: sie entmischten sich in der Dose oder im Container, weswegen eine automatische Dosierung unmöglich wurde. Die Wasserextraktfraktion förderte die Alterung des Extraktes. Ein entscheidender Punkt ist jedoch, daß sie die Umweltkontaminanten wie auch Nitrat in voller Menge enthielten.

Um die Verteilung der Extrakte in kochender Würze zu verbessern und so ihre Isomerisierung zu beschleunigen, wurden sog. „Hopfenextraktpulver" durch Vermengen von Kieselgel (das zur Würze- und Bierstabilisierung zugelassen ist) hergestellt. Trotz einer etwas höheren Isomerisierungsrate vermochten sich jedoch diese pulverförmigen Präparate wegen schwieriger Dosierbarkeit und wegen ihrer begrenzten Lagerfähigkeit nicht zu behaupten. Interesse könnten sie in Zukunft bei etwas veränderter Anwendung dann gewin-

nen, wenn eine, der Aromatisierung der Würze günstige Überführung der Hopfenöle erreicht werden soll (s. S. 166).

Eine andere Art Hopfenextraktpulver ist die Vermischung von Extrakt und Pulver, um so ein rieselfähiges Produkt zu erhalten. Die α-Säureersparnisse liegen hier ähnlich hoch wie bei normalen Hopfenextrakten.

Hopfenpellets kommen ebenfalls mit einem Bierstabilisierungsmittel (Bentonit) versetzt auf den Markt. Durch die größere Oberfläche, wie auch begünstigt durch die beim Pelletieren auftretenden Temperaturen, vermittelt dieses Präparat eine bessere Bitterstoffausbeute, die sich vor allem bei späten Hopfengaben auswirkt.

Ein ähnliches Ziel wird auch mit den sog. „stabilisierten Pellets" angestrebt, bei denen die Beimischung von 3 % Magnesiumoxid die Bitterstoffe in ihre Magnesiumsalze überführt und so eine Verbesserung der Isomerisierungsrate um 10–15 % (im Vergleich zu Normal-Pellets) erreicht wird.

Isomerisierte Pellets entstehen durch Erhitzen der stabilisierten Pellets (40 min bei 100° C). Sie gewähren, auch bei späten Hopfengaben eine Ausnützung der α-Säuren von ca. 70 %.

Stabilisierte und folglich auch isomerisierte Pellets sind in Deutschland nicht zugelassen.

Allen diesen Produkten wird eine bessere Lagerfähigkeit zugeschrieben. Diese ist jedoch nur dann gegeben, wenn bei Pulvern oder Pellets die Verpackung unverletzt und die inerte Atmosphäre voll erhalten ist. Um der Sicherheit willen sollte eine Lagertemperatur von 4–5° C nicht überschritten werden. Während Harzextrakte auch bei längerer, warmer Lagerung keine Veränderung der Wertbestandteile zeigen, bewirken etwa zugesetzte Wasserextrakte eine merkliche Alterung, wenn nicht kalte Lagertemperaturen (ca. 4–5°C) gegeben sind. Diese Alterung umfaßt nicht nur eine Veränderung der Hopfenbitterstoffe, eine Oxidation der Hopfenöle, sondern besonders auch eine Polymerisation der Polyphenole. Automatische Dosierung ist nur mit Harzextrakten möglich, da sonst eine Entmischung des Harz- und Wasserextraktanteils unvermeidlich ist.

Isomerisierte Hopfenextrakte (in Deutschland nicht zugelassen) kommen in einer oder in zwei Fraktionen zur Verarbeitung. Die Iso-α-Säurenfraktion kann als Emulsion freier Iso-α-Säuren vorliegen, als feste Emulsion von Magnesium-Iso-α-Säuren, als wasserlösliches Pulver von Magnesium-Natrium- oder Kalium-Iso-α-Säuren. Außerdem ist eine Alkalimetallsalzlösung von reduzierten Iso-α-Säuren bekannt. Die zweite Fraktion kann in Form des „Basis-Extrakts" verwendet werden, der β-Säuren, Hulupone, Hopfenöle, unspezifische Harze und Polyphenole enthält. Isomerisierte Hopfenextrakte in Form von Pulver sind platzsparend und stabil bei der Lagerung, doch können sich Emulsionen unter extremen Temperaturen (z. B. Tropen) verändern. Der Zusatz der isomerisierten Extrakte erfolgt aus wirtschaftlichen Überlegungen frühestens nach der Hauptgärung, meist vor oder nach der Filtration des Bieres.

2.2 Das Schroten des Malzes

Dem Lösungsprozeß des Braumaterials geht die Zerkleinerung des Malzes, das Schroten, voraus. Es ist zwar ein rein mechanischer Vorgang, aber für die chemisch-biologischen Umsetzungen während des Maischprozesses, für die qualitative Zusammensetzung und Gewinnung der Würze sowie für die Höhe der Ausbeute von grundlegender Bedeutung. Das Malzkorn ist schwierig zu schroten, da Spelzen und Mehlkörper eine verschiedenartige Aufbereitung verlangen.

Die *Spelzen* sollen möglichst wenig zerkleinert werden. Wenn auch ihr Hauptbestandteil, die Cellulose, wasserunlöslich ist, so enthalten sie doch eine Reihe von Gerb-, Bitter- und Farbstoffen, deren zu starke Auslaugung sich nachteilig auf den Biergeschmack auswirken kann. Darüber hinaus dienen sie beim Abläutern mit dem Läuterbottich als Filterschicht, wodurch sich ihre zu weitgehende Zerkleinerung von selbst verbietet. Die Güte eines Schrotes hängt vom Zustand der Spelzen ab. Auf der anderen Seite sind die Spelzen infolge ihrer Elastizität schwer zu zerkleinern, eine Erscheinung, die bei Maischefilter- und Pulverschroten besonderer Maßnahmen bedarf.

Der *Mehlkörper* dagegen verlangt eine feine Vermahlung, da er die Hauptmenge der Extraktbildner enthält, deren restlose Gewinnung und Lösung angestrebt wird. Er schrotet sich jedoch nicht gleichmäßig, weil seine verschiedenen Partien infolge der ungleichen biologischen Auflösung ungleich hart sind. Seine Mahlprodukte unterscheiden sich daher in Größe, Extraktergiebigkeit und Aufschließbarkeit.

Die an der Kornspitze gelegenen Teile sind wenig gelöst, zäh und hart; sie geben nur gröbere Mahlprodukte, die Grobgrieße. Dagegen sind die unteren Kornpartien besser gelöst. Sie sind mürber und werden daher zu Feingrießen und Mehl vermahlen. Die Grobgrieße sind auch beim Maischen nur schwer aufzuschließen und geben zudem noch weniger Extrakt als die feinen und feinsten Mahlprodukte. Sie erfordern daher längere und intensivere Maischverfahren als die letzteren. Es ist somit die Aufgabe des Schrotens, möglichst geringe Anteile des Produkts in Form von Grobgrießen, dagegen hohe an Feingrießen und Mehl zu liefern.

Harte und schlecht gelöste Malze benötigen das weitgehende Schroten besonders, weil sonst ein Abfall der Ausbeute unvermeidlich ist. Nur wenn diese groben und gröbsten Anteile in einem weiteren Mahlgang fein geschrotet werden, geben sie ihren Extrakt restlos her. Demnach bestimmt die Feinheit des Schrotes die chemische Zusammensetzung der Würze. Ein weitgehend zerkleinerter Mehlkörper erfährt beim Maischen eine raschere Verzuckerung, es werden mehr Zucker gebildet und es steigt der Endvergärungsgrad der Würze an. Ähnliche Einflüsse ergeben sich auch beim Abbau der Stickstoffsubstanzen und der anderen Stoffgruppen. Umgekehrt wird ein Schrot von hohem Grobgrießgehalt nicht nur eine niedrigere Ausbeute, sondern auch eine geringere Vergärbarkeit der Würze zeigen. Nicht selten kommt es hier beim Abläutern der Vorderwürze oder der Nachgüsse zu einer Nachreaktion mit Jod. Es muß daher ein mangelhaft gelöstes Malz besonders sorgfältig mechanisch zerkleinert werden. Je schlechter das Malz, um so wichtiger ist der Effekt des Schrotens. Es ist neben dem Kochen der Maische ein hervorragendes physikalisches Mittel, um die Einwirkung der Enzyme auf den Mehlkörper zu verstärken. Die *Schrotqualität* bestimmt somit die *Zusammensetzung der Würze.*

Das Schroten ist aber auch die Grundlage für die Gewinnung der Würze, da das Schrotvolumen das Trebervolumen bestimmt. Das Schrotvolumen ist wiederum von der Zusammensetzung des Schrotes abhängig, so daß letztere auch die Stärke des Treberkuchens, die Treberhöhe, beeinflußt. Einen ungefähren Maßstab, wie die Volumen von Schrot und Treber zusammenhängen, gibt die Tabelle auf Seite 108 an.

Der Raumbedarf eines Schrotes fällt mit der Zunahme des Feinheitsgrades. Mit dem Schrotvolumen sinkt das Trebervolumen. Je feiner geschrotet wird, um so dichter liegt der Treberkuchen, um so schwerer fließt die Würze ab und um so länger dauert das Abläutern. Je gröber geschrotet wird, um so lockerer liegen die Treber und um so rascher kann abgeläutert werden. Besondere Bedeutung hat die Volumenfrage

	Mehl % < 500 μ	Schrotvolumen ml	Trebervolumen ml
Grobschrot	25–30	280	200
Feinschrot	50–60	210	150
Feinmehl	85–90	200	100

beim Abläutern mit dem Maischefilter. Hier steht für die Treber nur ein ganz bestimmter Raum zur Verfügung, der aber gen au ausgefüllt werden muß. Aus diesen Gesichtspunkten ergibt sich, daß das Schrot die Grundlage nicht nur des Trebervolumens, sondern auch der *Treberbeschaffenheit* ist und so die Technik des Anschwänzens und Aufhackens beim Abläutern mit dem Läuterbottich beeinflußt. Von der Feinheit des Schrotes hängt die Oberflächengröße der Treberteilchen ab. Eine große Oberfläche steigert jedoch die Quellung und Aufsaugefähigkeit der Teilchen, wodurch nach dem Abläutern der Vorderwürze entsprechend mehr Extrakt von den Trebern zurückgehalten wird, der durch den Auslaugungsprozeß gewonnen werden muß.

Schließlich ist das Schrot für die Qualität des Bieres maßgebend. Je länger das Abläutern durch ungünstige Schrotzusammensetzung dauert, je häufiger angeschwänzt werden muß, um den in den Trebern steckenden Extrakt zu gewinnen, um so mehr unedle Spelzenbestandteile gelangen in die Würze. Hierdurch kann auch die Farbe des Bieres leiden.

2.2.1 Die Kontrolle des Schrotes

Sie kann sowohl empirisch als auch durch exakte Siebanalysen vorgenommen werden. *Empirisch* wird der Zustand der Spelzen, der Grad ihrer Ausmahlung und die Beschaffenheit der Grieße sowie die Menge des Mehls durch Augenschein geprüft. Eine *zahlenmäßige Beurteilung* ist nur mit Hilfe von Siebsätzen möglich. Die heute von der MEBAK vorgeschlagenen Siebe leiten sich vom Pfungstädter Plansichter her ab, doch sind mit Ausnahme von Sieb 5 nur kleinere Differenzen in der Maschenweite, wohl aber größere Drahtstärken gegeben, wie die Aufstellung zeigt. Die aufgeführten Beispiele für Läuterbottich- und Maischefilterschrote sind jedoch noch mit dem Pfungstädter Plansichter erzielt (s. untenstehende Tabelle).

Nachdem der Spelzengehalt eines Malzes bei rund 10 % liegt, hält das erste Sieb dieser Plansichter auch noch grobe Grieße zurück, die das Bild etwas verfälschen. Bei Laboratoriumsschrot werden zur Ermittlung des „Mehlgehaltes" die Fraktionen „Mehl", „Feingrieß III" und „Feingrieß II", d. h. unter 0,5 mm zusammengezählt. Die Maischefilterschrote umfassen einmal die Werte für die konventionellen, zum anderen für die Maischefilter der neuen Generation. Je nach dem Abnutzungsgrad der Hämmer und Siebe der Mühlen können bei letzteren die Sortierungsergebnisse schwanken.

Beim Läuterbottichschrot sollen die Spelzen im Hinblick auf ein rasches und störungsfreies Abläutern möglichst gut erhalten, aber zur Erzielung einer günstigen Würzezusammensetzung und einer hohen Ausbeute gut ausgemahlen sein. Um die Spelzenbeschaffenheit zu überprüfen, wird das Volumen von 100 g Spelzen ermittelt. Es soll über 750 ml liegen.

Das *Schütteln der Siebsätze* muß auf mechanischem Weg bei einer Tourenzahl von 300 U/min

Sieb-Nr.	Bezeichnung	Siebsatz DIN 4188 (MEBAK) Maschen- weite mm	Draht stärke mm	Pfungstädter Plansichter Maschen- weite mm	Draht- stärke mm	Läuterbottich- schrot	Schrote nach Pfung- städter Plansichter Maischefilterschrote konv.	Pulver*
1	Spelzen	1,250	0,80	1,270	0,31	18	11	0.6
2	Grobgrieß	1,000	0,63	1,010	0,26	8	4	0.9
3	Feingrieß I	0,500	0,315	0,547	0,15	35	16	7.0
4	Feingrieß II	0,250	0,160	0,253	0,07	21	43	14.3
5	Feingrieß III	0,125	0,080	0,152	0,04	7	10	12.0
Boden	Mehl	–				11	16	65.2

* Hammermühlenschrot je nach Zustand der Mühle

und einer Schütteldauer von 5 Minuten erfolgen. Die Untersuchung setzt einwandfreie Durchschnittsproben voraus, die während des Schrotens mehrere Male in einer Größe von 100–150 g gezogen werden. Hierfür sind an den einzelnen Mahlgängen der Mühlen Probenehmer angebracht. Jede Probe muß als Ganzes gesiebt werden. Nachträglich gezogene Proben aus dem Schrotkasten haben keinen Wert.

2.2.2 Die Schrotmühlen

Das Schroten des Malzes erfolgt mit Hilfe von glatten oder geriffelten Hartgußwalzen, die sich mit gleicher oder verschiedener Geschwindigkeit (Differentialgeschwindigkeit) gegeneinander drehen. Der Mahlvorgang kann auf einmal oder zweimal vorgenommen werden oder so, daß nur gewisse Schrotanteile eine zweite Vermahlung erfahren, andere dagegen nicht. Demgemäß schwankt die Zahl der Walzen zwischen 2 und 6. Die Zuführung des Mahlgutes erfolgt durch eine Speisewalze mit Reguliervorrichtung.

2.2.2.1 Die *Zweiwalzenmühle* ist die einfachste Mahlvorrichtung. Unter der Voraussetzung eines gut und homogen gelösten Malzes, einer gleichmäßigen, nicht zu starken Zuführung des Mahlgutes von nur 15–20 kg/cm Walzenbreite und Stunde sowie einer nicht zu hohen Drehzahl (160–180 U/min) der Walzen von 250 mm Durchmesser wird bei einer Mahlspalteinstellung von 0,7 mm ein Schrot folgender Zusammensetzung erzielt:

Fraktion	1	2	3	4	5	6
%	22	16	30	12	6	14

Das nicht konditionierte Malz vermittelt ein Spelzenvolumen von 400–500 ml/100 g.

Bei höheren Leistungsansprüchen oder schlechter gelösten Malzen ist eine leistungsfähigere Mühle erforderlich. Es ist naheliegend, diesen Mahlvorgang zu wiederholen und zwei Walzenpaare übereinander anzuordnen.

2.2.2.2 Diese *Vierwalzenmühlen* sind vielfach in Gebrauch. Der Mahlvorgang ist insofern schon etwas unterteilt, als das obere Walzenpaar den Vorbruch des Malzes vornimmt, wobei das Korn nur aufgebrochen wird, der Mehlkörper zum Teil aber noch in den Spelzen verbleibt. Das Schrot des Vorbruches ist daher noch relativ grob. Voraussetzung eines guten Vorbruches ist eine geringe Tourenzahl des oberen Walzenpaares von 160–180 U/min und eine gleichmäßige, aber geringe Beschickung der Mühle (Leistung ca. 20 kg/cm und Stunde).

Das untere, zweite Walzenpaar muß eine engere Einstellung haben als das obere, um eine weitere Zerkleinerung des Schrotes durchführen zu können. Nachdem sich das Volumen vom ersten zum zweiten Walzenpaar um etwa 50 % vergrößert hat, muß das letztere um diesen Betrag rascher laufen (240–260 U/min). Auch dann ist es schwierig, eine vollständige Ausmahlung der Spelzen zu erreichen. Aus diesem Grunde wurden in leistungsfähigere Vierwalzenmühlen Kreuzschläger eingebaut, die sich nach auswärts drehen und das vorgebrochene Malz an die geschlitzte Kammerwand werfen, um so Mehl und eventuell Feingrieße vor dem zweiten Walzenpaar abzuscheiden. Diese Schlitze verlegen sich sehr rasch und erfüllen dann nicht ihren Zweck nicht mehr. Mühlen größerer Leistung haben 200 bzw. 300 U/min. Die Vorbruchwalzen müssen genau eingestellt werden: ist das Mahlprodukt zu grob, dann wird das untere Walzenpaar zu stark belastet. Ist der Vorbruch zu fein, so ergibt sich ein zu hoher Mehlgehalt. Als Faustregel für die Einstellung der beiden Walzenpaare können Werte von 1,6 bzw. 0,7 mm gelten. Die Schrotsortierung nach dem Pfungstädter Plansichter ergibt etwa:

Fraktion	1	2	3	4	5	6
Vorbruch %	62	10	10	6	4	8
Schrot %	22	13	32	15	5	13

Technologisch vorteilhaft ist es, nicht das gesamte Schrot zweimal zu mahlen, sondern nur seine härteren Teile, damit sie sich leichter beim Maischprozeß aufschließen lassen. Die Schrotbestandteile werden deshalb nach dem Vorbruch getrennt. Dies geschieht durch Schüttelsiebe, die in die Mühle eingehängt sind und zur Aussiebung des Vorbruches in kräftiger, rüttelnder Bewegung gehalten werden. Eine zu starke Beschickung, eine zu schwache oder starke Neigung oder eine zu geringe Schüttelbewegung muß vermieden werden. Zur Freihaltung der Siebflächen sind die Siebsätze gefeldert und mit Gummikugeln ausgestattet, die den Mehlstaub von den Sieben abklopfen.

Bei Vierwalzenmühlen sind unterschiedliche Arten der Siebanordnung möglich. In einem Falle werden Feingrieße und Mehl ausgesiebt, Spelzen und Grobgrieße werden zur Nachschrotung durch das zweite Walzenpaar geleitet. Diese Mühle leistet ca. 25 kg/cm und h, das Vorbruchwalzenpaar hat 200–180 U/min, das zweite Walzenpaar 200 bis 220 U/min, um die Spelzen nicht zu zertrümmern.

Die zweite Art der Siebanordnung bewirkt ein Aussortieren von Feingrießen und Mehl einerseits, ein Abführen der Spelzen andererseits; nur die Grobgrieße werden im zweiten Walzenpaar nachgemahlen. Die Vorbruchwalzen (160–180 U/min) müssen eng und sehr sorgfältig eingestellt werden, da die Spelzen allein durch diesen Mahlgang und durch die Schüttelbewegung des Siebsatzes frei von Grobgrießen sein sollen. Das zweite Walzenpaar kann zur weitgehenden Zerkleinerung der Grieße eine hohe Geschwindigkeit bzw. eine Differentialgeschwindigkeit (330/165 U/min) haben. Die Leistung der Mühle entspricht der Leistungsfähigkeit des Vorbruchwalzenpaares und liegt bei ca. 20 kg/cm und h.

Die bestmögliche Anpassung an die verschiedensten Gegebenheiten der Malze und Anforderungen der Schrote gestattet eine Mühle mit drei Mahlgängen. Bei kleinen Leistungen kann diese Anforderungen eine besonders konstruierte Vierwalzenmühle erfüllen, bei größeren Leistungen finden jedoch ausschließlich Fünf- oder Sechswalzenmühlen Anwendung. Diese haben drei Mahlgänge und zwei getrennt angeordnete Schüttelsiebsätze.

2.2.2.3 Bei der *klassischen Sechswalzenmühle* wird der Vorbruch durch den ersten Siebsatz in drei Hauptteile (Spelzen, Grieße und Mehl) zerlegt. Das Mehl, das keiner weiteren Vermahlung mehr bedarf, wird sofort aus der Mühle abgeführt. Es fällt als Pudermehl an. Die Spelzen bleiben auf dem obersten Sieb liegen und laufen in das zweite (Spelzen-)Walzenpaar ein, wobei sie, ohne selbst wesentlich weiter zerkleinert zu werden, von den ihnen anhängenden Mehlkörperteilen (meist Grobgrießen) befreit werden. Nach dem zweiten Schüttelsieb erfolgt ihre Ableitung aus der Mühle. Sowohl die nach dem 1. als auch nach dem 2. Walzenpaar anfallenden Grobgrieße werden dem 3. (Grieß-) Walzenpaar zur intensiveren Vermahlung zugeführt. Die Leistungen der Mühlen betragen pro cm Walzenbreite bei älteren Konstruktionen 25 kg/h, bei neuen bis zu 80 kg/h.

Neuere Sechswalzenmühlen haben verschiedentlich kein Sieb mehr zwischen dem ersten und dem zweiten Mahlgang. Das gesamte Schrot wird bei kleineren Mühlen einem einzigen großflächigen Sieb zugeleitet. Dabei müssen die Spelzen soweit ausgemahlen sein, daß sie durch die Rüttelbewegung und die Trennwirkung der Siebe ohne anhaftende Grieße direkt aus der Mühle abgeführt werden können. Die Grieße werden im Grießwalzenpaar nachgemahlen. Bei den größeren Mühlen wird das Schrot der beiden ersten Mahlgänge nach zwei spiegelbildlich angeordneten Mehrfachsiebsätzen geleitet. Ansonsten ist die weitere Bearbeitung die vorbesprochene.

Die Sortierung der anfallenden Schrote der einzelnen Mahlgänge sind folgende:

Fraktion	1	2	3	4	5	6
Vorbruchwalzen %	60	9	12	8	1	10
Spelzenwalzen %	55	11	16	8	1	9
Grießwalzen %	0	10	46	22	5	17
Gesamtschrot %	18	8	38	17	5	14

2.2.2.4 *Fünfwalzenmühlen* arbeiten ähnlich; hier sind der erste und der zweite Mahlgang derart zusammengefaßt, daß die zweite Walze sowohl der Vorbruch- als auch der Spelzenpassage dient.

Mit diesen beiden Mühlentypen können Schrote aus den verschiedensten Malzen für alle Maischverfahren hergestellt werden.

2.2.2.5 *Zusätzliche Einrichtungen:* Die Mehrwalzenmühlen erfahren in ihrer Wirkungsweise eine wesentliche Verbesserung durch die *Konditionierung des Malzes*. Das Malz wird nach der Waage in einer Konditionierungsschnecke durch Niederdruckdampf (ca. 0,5 bar) in seinem Wassergehalt um 0,5 % gesteigert, wobei die Spelzen um ca. 1,2 % zunehmen. Der begrenzende Faktor der Wasser- bzw. Dampfzufuhr ist die Temperatur des Malzes, die nicht über 40° C ansteigen darf. Statt des Dampfes, dessen unvermeidlich anfallendes Kondensat besondere Vorsichtsmaßnahmen erfordert, findet die Befeuchtung heute fast ausschließlich durch temperiertes (30–70° C) Wasser von ca. 2 bar Ü mittels spezieller Düsenkonstruktionen statt. Je nach Wassertemperatur und Länge der Kontaktzeit (Länge der Konditionierungsschnecke, Ausgleichsbehälter) beträgt die Wasseraufnahme 1–2 %. Hierdurch werden die Spelzen so zäh, daß sie auch bei einer sehr starken Ausmahlung in den ersten beiden Walzenpaaren keine Zertrümmerung erfahren, so daß nur wenig Spelzenmehl anfällt. Der Spelzengehalt des Schrotes steigt, das Spelzenvolumen nimmt um ca. 20 % zu; auch das Verhältnis der Grobgrieße zu den Feingrießen wird zu den letzteren hin verschoben, ohne daß der Mehlgehalt ansteigt. Das Verfahren ist ein Vorteil im Hinblick auf Abläutergeschwindigkeit, Ausbeute, Bierfarbe und Biergeschmack, da die weniger zertrümmerten Spelzen in verringertem Umfang unedle Bestandteile und Farbstoffe abgeben. Auch bei Maischefilterschroten kann die Malzkonditionierung günstig sein.

Bei Mühlen mit mehreren Mahlgängen ist es möglich, die ausgemahlenen Spelzen getrennt aus der Mühle in einen eigenen Spelzenbehälter abzu-

		Läuterbottichschrot		Spelzen-trennung	Maischefilterschrot
		trocken	konditioniert		trocken
Vorbruchwalzen	mm	1,6	1,4	1,1	0,9
Spelzenwalzen	mm	0,8	0,6	0,4	0,4
Grießwalzen	mm	0,4	0,4	0,4	0,2

führen. Die *Spelzentrennung* gestattet den Zusatz der Spelzen zu einem späteren Zeitpunkt des Maischprozesses. Die Spelzen werden weniger stark ausgelaugt, es ergeben sich gerbstoffärmere, hellere und milder schmeckende Biere. Es muß jedoch für eine gute Ausmahlung der Spelzen Sorge getragen werden, da sonst eine unvollständige Iodreaktion der Ausschlagwürze resultieren kann, die zu niedrigem Endvergärungsgrad, schlechterer Ausbeute und unbefriedigendem Biergeschmack führt.

2.2.2.6 Die *Leistung einer Schrotmühle* muß so bemessen sein, daß das Malz für einen Sud in $1^1/_2$– 2 Stunden geschrotet werden kann. Sie ist durch die Walzenlänge (zwischen 30 und 150 cm), durch die Umdrehungzahl, die Riffelung und eventuell auch durch die Differentialgeschwindigkeit der Walzen bestimmt. Für den Betrieb und die Kontrolle der Mühlen sind folgende Punkte beachtenswert:

Bei Spelzentrennung ist um der besseren Ausmahlung und Sichtung der Spelzen willen die Leistung der Mühle um ca. 20 % zu verringern.
a) Die Mühle muß erschütterungsfrei und in der Waage aufgestellt sein.
b) Die *Zuführung zu den Walzen* soll gering sein und in einem dünnen, gleichmäßigen Schleier über die gesamte Walzenlänge erfolgen.
c) Die *Walzen müssen parallel stehen;* dies kann mit Hilfe von Fühlerlehren (Spion), Papier- oder Bleistreifen kontrolliert werden.
d) Die *Einstellung des Walzenabstandes* geschieht nach der Schrotsortierung. Die Vorbruchwalzen sollen so eingestellt sein, daß mit Sicherheit alle Körner angebrochen sind und der Mehlkörper aus den Spelzen herausfallen kann. Die Grießwalzen (unterstes Walzenpaar) sollen so arbeiten, daß ein Produkt mittlerer Feinheit entsteht, während die Spelzenwalzen alle anhängenden Grieße aus den Spelzen herausmahlen sollen. Maßgebend für das Schrot ist die Höhe der Ausbeute und die Abläuterzeit. Die Einstellung der Walzenabstände einer Sechswalzenmühle in mm unter verschiedenen Bedingungen ist grob etwa folgende, doch werden bei Spelzen trennung bei der Einstellung für Läuterbottichschrot noch etwas engere Abstände gewählt. (Siehe obenstehende Tabelle.)
e) Die *Drehzahlen der Walzen* müssen kontrolliert werden; falsche Geschwindigkeiten können ein ungünstiges Schrot hervorrufen. Mit steigender Leistung der Mühlen wurden auch die Drehzahlen der Walzen angehoben, ebenso erfuhr die Differenzialgeschwindigkeit eine Vergrößerung. Es handelt sich bei den angeführten Zahlen nur um Anhaltswerte, sie weichen je nach Mühlentyp und Hersteller z. T. stark voneinander ab. Das Schüttelsieb macht ca. 450 Bewegungen pro Minute. (Siehe untenstehende Tabelle.)
f) *Durchmesser und Riffelung der Walzen* sind je nach Mahlgang und Schrottyp unterschiedlich. Vorbruch- und Spelzenwalzen haben einen Durchmesser von 200–250 mm, sie sind bei Mühlen für Läuterbottich-Grobschrot glatt, während die Grießwalzen von 200–220 mm Durchmesser geriffelt sind. Hochleistungsmühlen für Grobschrot und Feinschrot weisen nur geriffelte Mahlgänge auf, die je nach dem anzustrebenden Zerkleinerungsgrad des Schrotes eine Riffelstellung entweder Rücken gegen Rücken oder Schneide gegen Schneide laufen. Bei Feinschrot sind alle Walzenpaare Schneide gegen Schneide, bei Grobschrot die beiden ersten Walzenpaare Rücken gegen Rücken geriffelt.

Die Riffelzahl beträgt bei den neuesten Hochleistungsmühlen bei den Vorbruchwalzen 275 am Umfang, bei den Spelzen- und Grießwalzen je 700.

Schrottyp	Leistung cm u. h.	Läuterbottichschrot			Maischefilterschrot
		25	45	80	35
Vorbruchwalzen	U/min.	200/190	260/225	450/370	325/255
Spelzenwalzen	U/min.	200/220	355/365	550/450	255/325
Grießwalzen	U/min.	165/330	455/198	450/335	455/198

g) Der Zustand der Siebe muß einwandfrei sein, d. h. sie dürfen nicht verlegt sein, was besonders bei feuchten bzw. konditionierten Malzen eintreten kann.

h) Der Auslauf der Mühle muß so angeordnet sein, daß keine Schrotansammlungen auftreten können, die den Lauf der Mühle zu beeinträchtigen vermögen.

Sämtlichen Schrotmühlen ist eine selbsttätige amtlich zugelassene *Waage* mit Zählwerk zugeordnet. Diese dient heute nur der betrieblichen Mengenermittlung, während sie früher für die zollamtliche Kontrolle unerläßlich war.

Der spezifische Kraftbedarf einer modernen Sechswalzenmühle liegt bei Läuterbottichschrot bei 1,4 kWh/t, wovon 0,25 kWh/t auf den Leerlauf entfallen. Ältere Mühlen bzw. solche für Maischefilterschrot erfordern entsprechend höhere Werte von bis zu 2,0 kWh/t.

Es ist zweckmäßig, das zu schrotende Malz zuvor noch durch eine *Malzpoliermaschine* zu reinigen (s. S. 81). Dieser ist ein Magnetapparat vorgeschaltet, da Eisenteile im Malz zu Mehlstaubexplosionen in der Schrotmühle führen können. Auch ein Steinausleser ist zum Schutz der geriffelten Walzen empfehlenswert (s. S. 9). Das Schrot wird in einem *Schrotkasten* aus Stahlblech mit konischem Auslauf aufgefangen. 1 t Malzschrot beansprucht etwa 3 m³ Raum. Dieser Wert schwankt je nach der Feinheit des Schrotes und nach seiner Beschaffenheit in bestimmten Grenzen. Der Raumbedarf des Schrotbehälters läßt sich aus den Schüttgewichten des Gesamtschrotes bzw. bei Spelzentrennung aus den Werten von Spelzen und Grießen berechnen. Richtwerte hierfür sind aus der untenstehenden Tabelle zu entnehmen.

Es sind jedoch bei Erstellung eines Schrotkastens auch die sich ausbildenden Böschungswinkel (bei Schrot 45°, bei Spelzen 55°) sowie den Auslaufwinkel von 65° zu berücksichtigen, um die Größe richtig zu dimensionieren und andererseits einen einwandfreien Auslauf des Schrotes zu gewährleisten. Rechteckige Schrotkästen erfordern je eine Verteiler- und eine Ausräumschnecke.

Der gesamte Schrotvorgang kann einschließlich der zugehörigen Apparate, Transportanlagen und Waagen vollautomatisch durch Staffelschaltung gesteuert werden.

2.2.2.7 Die *Naßschrotung* beschreitet einen völlig anderen Weg. Hier wird das Malz vor dem eigentlichen Schroten in Wasser von 12–50° C zwischen 30 und 10 min geweicht. Um einen Wassergehalt des Malzes von ca. 30 % zu erreichen, sind also bei höheren Weichwassertemperaturen entsprechend kürzere Weichzeiten erforderlich. Das Weichwasser kann entweder verworfen oder zum Einmaischen mit herangezogen werden, da dem hierbei auftretenden Extraktverlust von ca. 3,5 kg/t Malz keine wesentlichen Vorteile entgegenzusetzen sind. Die durch das Weichen elastischen Spelzen erlauben eine weitgehende Aufbereitung des Mehlkörpers. Ein zu starkes Weichen oder eine zu lange Weichzeit erschweren jedoch die Zerkleinerung der Spelzen, so daß u.U. harte Spitzen nur unvollkommen ausgemahlen werden können. Um Unterschiede in der Schrotqualität zwischen Beginn und Ende des Mahlvorgangs zu verringern, hat sich eine niedrige Weichtemperatur besser bewährt.

Richtiger ist es, dem Malz das Wasser kontinuierlich zuzuführen, was mittels Düsen in den Kaskaden des Weichschachtes in Abhängigkeit von Wassertemperatur (50–70° C) und Zeit, u.U. noch in einem Kontaktraum geschieht. Wünschenswert für eine gute Schrotung sind Wassergehalte von 18–22 %.

Für die Zerkleinerung des geweichten Malzes ist eine Zweiwalzenmühle ausreichend. Die Walzen von 400 mm Durchmesser haben gleiche Drehzahlen von 400 U/min. Differentialgeschwindigkeiten oder eine konische Ausführung der Walzen erbrachten keine Vorteile. Die Walzen sind aus Chromnickelstahl gefertigt und speziell geriffelt, um einen sicheren Einzug des Malzes in den Mahlspalt zu gewährleisten. Der Walzenabstand beträgt 0,35 bis maximal 0,40 mm, andernfalls ist eine gleichmäßige Zerkleinerung auch von kleinen Körnern nicht gesichert.

Nachdem die Zeit des Schrotens der Einmaischzeit entspricht und diese nicht über 30 Minuten betragen soll, ist eine hohe Leistung der Mühle erforderlich. Diese beträgt somit die doppelte

Schüttgewicht kg/m³	Gesamtschrot	Mehl und Grieß	Spelzen
Grobschrot trocken	380	530	200
Grobschrot konditioniert	310	560	120
Feinschrot trocken	430	580	110

Schüttung pro Stunde. Bis zu 20 t/h genügt eine Zweiwalzenmühle, darüber hinaus gelangen zwei Mühlen parallel oder eine Vierwalzenmühle zur Anwendung. Das Einmaischen kann bei beliebigen Temperaturen getätigt werden. Der Hauptguß läuft dabei über den unteren Teil der Mühle und nimmt das Schrot mit. Bei Aufstellung der Mühle neben dem Maischbottich ist eine Pumpe zur Förderung der Maische erforderlich. Diese muß über Niveauschalter so gesteuert sein, daß ein Lufteinzug völlig vermieden wird.

Der Vorgang der Naßschrotung nimmt etwa folgende Zeiten in Anspruch: Weichen 10–30 Minuten, Weichwasserablauf 5–10 Minuten, Schroten 25–35 Minuten und Spülen 5–10 Minuten. Insgesamt sind hierfür 60–70 Minuten zu veranschlagen. Bei Dekoktionsmaischverfahren ist es üblich, auf Maischpfanne und -bottich nacheinander zu schroten, um so Zeit zu sparen (s. S. 134).

Der Kraftbedarf beim Mahlen liegt bei 2,0 kWh/t Schüttung, unter Einsatz der Pumpe bei 2,5 kWh/t. Die Funktion der Schrotmühle wie auch die Unterhaltskosten hängen von der Qualität der Vorreinigung des Malzes ab, die aus Poliermaschine mit Entstaubung, Steinausleser und Magnetapparat (s. S. 9, 81) bestehen muß.

2.2.2.8 Die *Herstellung von Feinstschrot* kann in Schlag- oder Prallmühlen mit Siebeinlagen von 0,5–1,0 mm Durchmesser erfolgen. Es ist nämlich schwierig, die zähen Spelzen so weit zu zerkleinern, daß sie bei den besonderen Läutersystemen nicht stören. Die Umfangsgeschwindigkeit des Schlägerwerks beträgt 70–120 m/sec. Nach dem Pfungstädter Plansichter fällt ein „Mehlanteil" von 95–99 % an; er reicht für die Differenzierung des Pulvers nicht aus. Hierfür dienen Luftstrahlsiebe. Danach soll Pulverschrot zu ca. 70 % feiner sein als 150 μm und keine größeren Teilchen als 400 μm enthalten. Erwünscht ist ein nur geringer Anteil an Partikeln unter 50 μm, da diese zu Klumpenbildung beim Einmaischen neigen.

Diese weitgehende Aufbereitung ermöglicht es durch nur kurze Enzympausen beim Maischen eine normale Würzezusammensetzung zu erzielen. Es wird aber eine eigene Abläutervorrichtung erforderlich, die dann in ein kontinuierliches Verfahren eingebaut werden kann.

Der Kraftbedarf zur Erstellung eines derartigen Schrotes ist hoch (10–12 kWh/t), der Verschleiß der Mahlwerkzeuge und Siebe verursacht zusätzliche Kosten.

Weitere Entwicklungen bei Feinstschrot mit einer Auf trennung in Endospermmehl, Aleuronmehl und Spelzen bieten große technologische Möglichkeiten; sie sind jedoch noch nicht über das Stadium von Pilotversuchen hinaus gediehen.

2.2.3. Beschaffenheit und Zusammensetzung des Schrotes

Von Einfluß auf Beschaffenheit und Zusammensetzung des Schrotes sind folgende Faktoren:

2.2.3.1 Die *Auflösung des Malzes* ist bestimmend für die Wahl einer mehr oder weniger feinen Schrotung. Je schlechter gelöst ein Malz ist, um so feiner und sorgfältiger muß es geschrotet werden, um die schwer aufschließbaren und harten Teile in kleine Partikelchen zu zerlegen, so daß ihr Aufschluß und ihr Abbau durch die Enzyme ungehindert erfolgen kann. Gerade für derartige Malze sind 6-Walzenmühlen, evtl. mit Konditionierung notwendig. Auch die Naßschrotung mit kontinuierlicher Weiche hat sich hier bewährt.

2.2.3.2 Der *Wassergehalt des Malzes* beeinflußt die Feinheit des Schrotes. Je feuchter und elastischer ein Malz ist, um so gröber wird das Schrot. Besonders bei glatten, ungeriffelten Walzen ergibt sich mit steigendem Wassergehalt des Malzes ein höherer Spelzenanteil, während der Mehlgehalt sinkt. An den Spelzen haftende Grobgrieße können u. U. während des Maischprozesses nicht mehr aufgeschlossen und verzuckert werden. Das Abläutern der Würze geht leichter vonstatten, aber die Treberverluste steigen. Umgekehrt wird ein wasserarmes Schrot zu stark zerkleinert, die Spelzen werden zerstört, der Mehlgehalt steigt. Es ist falsch, zu junge Malze zu verbrauen. Infolge des niedrigen Spelzengehaltes des Schrotes geht das Abläutern und das Auswaschen der Treber schlechter vor sich, die Ausbeute fällt. Gegen beide Erscheinungen sind Mühlen mit Konditionierung und vor allem Naßschrotmühlen weniger empfindlich.

2.2.3.3 *Das Maischverfahren:* Je langsamer der Maischprozeß durchgeführt wird und je länger und häufiger Enzympausen eingelegt werden, um so weniger wichtig ist die Zusammensetzung des Schrotes. Bei intensiven Zweimaischverfahren kann das Schrot gröber sein als bei Hochkurz- oder Infusionsmaischverfahren. Pulverschrot erlaubt es innerhalb von 60–80 Minuten Maischzeit eine normal zusammengesetzte Maische zu erreichen. Den Beweis, ob die Schrotzusammensetzung dem jeweiligen Maischverfahren entspricht, gibt der Stärkegehalt der Treber, die Abläuterzeit und die Höhe der Ausbeute.

2.2.3.4 Die Art der *Abläutervorrichtung* bedingt jeweils ein bestimmtes Schrot. Bei der Verwendung eines Läuterbottichs darf der Feinheitsgrad eines Schrotes im Interesse der Erhaltung der Spelzen als Filterschicht eine bestimmte Schwelle nicht überschreiten. Konditioniertes Schrot und Naßschrot erlauben eine weitergehende Ausmahlung der Spelzen als Trockenschrot. Beim „Strainmaster" darf das Schrot feiner sein; beim Maischefilter entfällt die Aufgabe der Spelzen als Filterschicht, da hier über Tücher filtriert wird. Es darf aber auch nicht beliebig fein geschrotet werden, da das entstehende Spelzenmehl die Bierqualität herabsetzt und das Abläutern erschwert. Auch hier ist eine Konditionierung des Malzes günstig; bei richtiger Einstellung der Mühle kann sowohl die Homogenität der Maische als auch das Volumen der Treber den Anforderungen entsprechen. Neue Maischefilter und kontinuierliche Läutervorrichtungen verlangen meist Pulverschrote, um eine Entmischung zu vermeiden.

2.3 Die Herstellung der Würze

Bei diesem Teil des Brauprozesses werden die Malzbestandteile in Wasser gelöst. Dieser Arbeitsvorgang wird als *Maischen* bezeichnet, die daraus entstehende Lösung heißt *Würze*, die Summe der gelösten Bestandteile *Extrakt*.

2.3.1 Die Theorie des Maischens

Die Überführung der festen Malzbestandteile in lösliche Form mit Hilfe des Wassers ist aber nur zum geringsten Teil ein reiner und leicht vor sich gehender Lösungsvorgang, denn die Hauptbestandteile des Malzkornes bzw. des Mehlkörpers sind noch wasserunlöslich. Um die Stoffe des Malzes löslich zu machen, wird, in ähnlicher Weise wie beim Keimprozeß, eine Reihe von Enzymen benötigt, welche diese gewachsenen, hochmolekularen organischen Substanzen durch ihre Tätigkeit in solche von niedrigerem Molekulargewicht abbauen und erst dadurch wasserlöslich machen.

2.3.1.1 Der *Stärkeabbau* ist der wichtigste enzymatische Vorgang beim Maischen. Die der Gerstenstärke ähnliche *Malzstärke* ist in der Form des Stärkekorns eingelagert und besteht aus zwei Komponenten, der *Amylose* und dem *Amylopectin*. Die Amylose ist aus Glucoseeinheiten aufgebaut, die mit α-1→4- glucosidischen Bindungen verknüpft sind. Das Amylopectin dagegen enthält neben α-1→4-Bindungen auch Verzweigungen, die hauptsächlich aus α-1→6-Bindungen bestehen (s. S. 2).

Der *Lösungsvorgang* der gewachsenen Stärkekörner beim Zusammenbringen und Erwärmen mit Wasser geht in verschiedenen Stufen vor sich, wobei mechanische, chemische und enzymatische Teilvorgänge wirksam werden:

1. Das Quellen der Stärkekörner;
2. das Verkleistern der Stärke;
3. der eigentliche enzymatische Abbau der Stärke.

In kaltem Wasser ist das Stärkekorn unlöslich. Es nimmt nur etwas Wasser auf und quillt dabei. Mit Jod ergibt sich noch keinerlei Färbung. Höhere Temperaturen bewirken zunächst eine stärkere Quellung, die Körner werden von 50° C ab deutlich größer, bis sie bei etwa 70° C kleine, radial verlaufende Risse bekommen und das Stärkekorn in verschiedene Schichten zerfällt. Die Inhaltssubstanz, die Amylose löst sich als eigentlich reine Stärke kolloidal im Wasser. Sie ist nunmehr mit Jod nachzuweisen. Die Hüllsubstanz, das Amylopectin dagegen löst sich als gallertig gequollenes Häutchen ab und bedingt die Erscheinung des Verkleisterns. Hierbei geht die Stärke vom festen Zustand unter fortdauernder Wasseraufnahme in den äußerlich formlosen Stärkekleister über. Bei weiterem Erhitzen entsteht eine klebrige, viskose Masse, die beim Entzug des Wassers immer zäher wird, bis sie schließlich erstarrt. Die Bildung dieses Kleisters kann beim Maischen aber nicht beobachtet werden, da durch die Enzyme des Malzes einmal die Verkleisterungstemperatur herabgesetzt, zum anderen eine Verflüssigung des Stärkekleisters bewirkt wird. Aus diesem Grunde bereitet die Verarbeitung der meisten Stärkearten keine Schwierigkeiten, nur bei Reis kann es erforderlich sein, besondere Verfahren anzuwenden (s. S. 133).

Der Stärkeabbau führt nun entweder direkt zu Maltose, oder aber über Gruppen höheren Molekulargewichts, die Dextrine, wobei auch Monosaccharide und Trisaccharide entstehen. Für diese Vorgänge ist eine Reihe von Enzymen verantwortlich, deren wichtigste die α- und β-Amylasen sind, zu denen aber auch noch die Maltase, die Grenzdextrinase und die Saccharase gehören.

Die β-Amylase ist bereits im ruhenden Korn vorhanden, sie wird bei der Keimung vom latenten in den aktiven Zustand übergeführt. Sie baut Amylose und Amylopectin von außen her ab und liefert von Anbeginn an Maltose. Beim Amylopectinmolekül kommt der Abbau durch die β-Amylase in der Nähe der α-1→6-Bindungen zum Stehen; es bleibt ein, mit Jod rot färbender Restkörper: das β-Grenzdextrin. Die optimalen Wirkungsbereiche der β-Amylase liegen:

in reinen		
Stärkelösungen	pH	4,6
	Temperatur	40–50° C
in Maische		
(ungekocht)	pH	5,4–5,6
	Temperatur	60–65° C

über 70° C wird die β-Amylase rasch inaktiviert.

Die α-Amylase greift das Makromolekül der Stärke von innen her an. Sie zerlegt den Komplex schnell in größere Bruchstücke. Die Viscosität des Stärkekleisters nimmt rasch ab, ebenso kommt die Jodreaktion verhältnismäßig schnell zum Abklingen. Auf diese Weise liefert sie der β-Amylase neue Angriffsmöglichkeiten. Sie kommt in ungekeimter Gerste nicht vor, wird aber vom 2. Vegetationstag an gleichmäßig entwickelt. Die α-Amylase greift ebenfalls nur α-1→4-Bindungen, jedoch keine α-1→6-Bindungen an. Als Produkte des Abbaus entstehen a-Grenzdextrine mit α-1→6- und α-1→4-Bindungen und Oligosaccharide mit 6–7 Glucoseeinheiten; bei längerer Einwirkung wird auch Maltose und Glucose gebildet. Ihre optimale Wirkungsbereiche sind:

in reinen		
Stärkelösungen	pH	5,6
	Temperatur	65–65° C
in Maische	ph	5,6–5,8
	Temperatur	72–75° C

über 80° C wird die α-Amylase inaktiviert.

Die Grenzdextrinase löst die α-1→6-Bindungen des Amylopectins bzw. der Grenzdextrine. Sie ist in der Lage, das sich auf etwa 80 % Maltose und 20 % Dextrine einstellende Gleichgewicht beim Stärkeabbau nach der Seite der niedrigen Abbauprodukte zu verschieben. Der optimale pH in Maische ist 5,1, die Optimaltemperatur 55–60° C; über 65° C wird das Enzym rasch inaktiviert.

Die Maltase baut Maltose zu zwei Molekülen Glucose ab. Bei niederen Maischtemperaturen von 35–40° C entstehen etwas mehr Monosaccha

ride, so daß das Optimum des Enzyms in diesem Temperaturbereich erwartet werden kann. Der optimale pH ist 6,0.

Auch die Saccharase ist beim Maischen wirksam. Sie spaltet Saccharose in Glucose und Fructose. Wenn auch die optimalen Wirkungsbedingungen bei pH 5,5 und 50° C angegeben werden, so findet doch auch bei 62–67°C noch eine Spaltung der Saccharose statt.

Die kombinierte Wirkung von α- und β-Amylase führt die Stärke hauptsächlich in Maltose (40–45 %) über, doch bleibt eine bestimmte Menge an größeren Bruchstücken übrig, deren kleinstes Molekül das Trisaccharid Maltotriose (11–13 %) in seiner Menge relativ konstant ist. Es ist, wie auch die Glucose (5–7 %) ein Zufallsprodukt der α- und β-Amylasenaktivität, soweit die Glucose nicht schon bei niedrigen Temperaturen durch die Maltase gebildet wurde. Die geringe Affinität der β-Amylase gegenüber kurzen Ketten läßt niedere Dextrine von 4,5,6 und 7 Glucoseeinheiten zurück, während die α-Amylase die Stärke hauptsächlich zu Dextrinen von 6–7 Glucoseeinheiten abbaut, wobei nur etwa 20 % vergärbare Zucker entstehen. Diese Dextrine beinhalten auch die α-Grenzdextrine, die die Verzweigungsstellen des Amylopectins aufweisen. Diese bleiben bestehen, da bei den Optimaltemperaturen der α-Amylase die für diesen Abbau erforderliche Grenzdextrinase bereits inaktiviert ist.

Neben den niedrigen Dextrinen (G 4–G 9) in einer Menge von 6–12 % liegen noch höhere Dextrine (19–24 %) vor. Selbst in jodnormalen Maischen oder Würzen können bis zu vier Verzweigungen und nach heutiger Kenntnis bis zu 60 Glucoseeinheiten umfassen. Fructose (1,0 bis 3,5 %) und Saccharose (2,5–6%) stammen bereits von den Abbauvorgängen beim Mälzen her; durch die Saccharase kann eine Erhöhung des Fructose- (und Glucose-) Gehaltes auf Kosten der Saccharose erfolgen.

Der Stärkeabbau wird in der Praxis der Bierbereitung nach folgenden Gesichtspunkten geleitet:
1. Die Maische und später die Würze müssen jodnormal sein; der Stärkeabbau ist daher so weit zu treiben, daß keine mit Jod färbenden Stärkeabbauprodukte vorliegen.

Dies ist bei linearen Dextrinen unter G 9, bei verzweigten etwa unter G 60 der Fall. Neben der „einfachen" Jodprobe auf Kreide oder im Reagenzglas erlaubt es die photometrische Jodprobe, die Jodnormalität (unter 0,3 △ E) wie auch die jodpositiven Dextrine zahlenmäßig zu erfassen.

Temperatur ° C	60	65	70	75	50/60
Endvergärungsgrad %	87,5	86,5	76,8	54,0	88,2

Temperatur °C	68	70	72	74	76
Verzuckerungsdauer Min.	35	20	15	10	5

pH	6,08	5,86	5,64	5,42	5,19
Endvergärungsgrad %	72,7	76,5	77,0	77,4	69,9
Verzuckerungsdauer Min.	30	20–25	10–15	15–20	30

2. Der Endvergärungsgrad der Würze soll dem gewünschten Biertyp entsprechen. So liegt der scheinbare Endvergärungsgrad bei hellen Bieren im Bereich von 78–85 %, bei dunklen zwischen 68 und 75% .

Zur Erfüllung dieser Grundforderungen kann beim Maischen eine Reihe von Bedingungen eingehalten werden, um die Bildung vergärbarer Zucker zu fördern. So fällt der Endvergärungsgrad einer Würze um so höher aus, je besser die Auflösung des Malzes, je feiner das Schrot, je größer die Menge und die Wirkungsdauer der Amylasen ist. Dunkle Malze verzuckern langsamer und liefern niedrigere Endvergärungsgrade als helle, auch geht bei dem hierfür angewendeten Dreimaischverfahren die Hauptmenge der Amylasen verloren, so daß die Vorderwürze weniger als 10 % der ursprünglich vorhandenen Amylasenmenge enthält. Die bedeutsamsten Faktoren für die Wirkung der Amylasen sind:
1. Die Temperatur der Maische;
2. der pH-Wert (Reaktion) der Maische.

Die *Temperatur* beeinflußt die Wirksamkeit der Amylasen in zweifacher Hinsicht: beim Erwärmen über 50° C wird sie zunächst beschleunigt und erhöht. Ab 65° C tritt bereits eine Inaktivierung der β-Amylase, ab 72° C eine Schwächung der α-Amylase ein. Diese Enzyme werden also bei ihren Optimaltemperaturen geschädigt, weswegen die Stärkepartikel schon vor Erreichen derselben gut angreifbar sein müssen. In dickeren Maischen sind die Amylasen durch die vermehrt gegebenen Schutzkolloide widerstandsfähiger als in dünnen. Die höchste Zuckermenge wird unter sonst gleichen Bedingungen im Temperaturbereich von 60–65° C gebildet, die Jodnormalität der Maische tritt am raschesten bei etwa 76° C ein. Dies zeigen die oben aufgeführten Darstellungen.

Der Endvergärungsgrad und innerhalb desselben die Zusammensetzung der Zucker erfährt eine Verbesserung, wenn bei Temperaturen unterhalb des Optimums eingemaischt wird. Es erfolgt dann bereits eine Lösung des Mehlkörpers und der Enzyme, die dann beim Eintritt in die Optimaltemperaturen vermehrt wirken können. Auch die Verzuckerung geht bei 76° C nur deshalb so rasch vor sich, weil schon während des Aufheizens der (Kongreß)-Maische die oben geschilderten Vorgänge der Quellung, Verkleisterung und Verflüssigung ablaufen. Es kann z.B. bei relativ hohen Einmaischtemperaturen durchaus der Fall sein, daß die Enzyme rascher inaktiviert werden als die Auflösung der Mehlkörperbestandteile geschieht. Die Maische wird dann nicht mehr jodnormal. Es ist demnach die Geschwindigkeit des Anwärmens der Maische auf die Verzuckerungstemperatur für beide Kriterien (Endvergärungsgrad und Verzuckerungszeit) von Bedeutung.

Die *Reaktion der Maische* wirkt sich sowohl auf die Höhe des Endvergärungsgrades als auch auf die Verzuckerungsdauer aus.

Dieses Verhalten erklärt sich aus den unterschiedlichen pH-Optima beider Amylasen. Während die β-Amylase durch Absenken des pH-Wertes von 5,8 auf 5,4 eine Förderung erfährt, wird die Wirkung der α-Amylase bereits eingeschränkt. Daneben wirkt sich das Maischen mit Wässern hoher Restalkalität negativ auf den Endvergärungsgrad der Würze aus.

Eine *längere Verzuckerungszeit* führt nur bei niedrigen Temperaturen zu einer Erhöhung des Endvergärungsgrades der Würze:

Einwirkungszeit Min.	15	60
62°C	84	89
70°C	78	78

Bei 70° C ist keine Verbesserung mehr zu erzielen, da die β-Amylase bereits weitgehend inaktiviert ist. Es kann jedoch ein weiterer Abbau von höheren zu niedrigeren Dextrinen stattfinden.

Der *Einfluß der Maischekonzentration* ist bei gut gelösten Malzen gering. Bei hoher Konzentration (1 : 2,5) wird zwar die Maltosebildung durch die Wirkung der Schutzkolloide etwas ansteigen, doch kann andererseits die α-Amylase eine Behinderung erfahren, die sich in einer Verlängerung der Verzuckerungszeit auswirkt.

Die *Schrotfeinheit* bestimmt die Geschwindigkeit der Extrahierung von Enzym und Substrat. Dies wirkt sich jedoch mehr auf die Bildung von Hexosen als auf die Gesamtmenge der vergärbaren Zucker aus. Die Zeit bis zur Erreichung der Jodnormalität nimmt dagegen ab.

2.3.1.2 Der *Eiweißabbau* ist von ähnlicher Wichtigkeit wie der Stärkeabbau, wenn auch die umgesetzten Mengen hier geringer sind. Die „Lösung" der Stickstoffsubstanzen erfolgte während der Keimung schon unverhältnismäßig stärker als der Abbau der Stärke, doch werden beim Maischen wesentlich mehr dauernd lösliche Stickstoffgruppen gebildet als beim Mälzen.

Stärke- und Eiweißabbau beim Maischen unterscheiden sich grundlegend. Während die Malzstärke als einheitliche, verhältnismäßig einfache Substanz in den Maischprozeß eintritt, sind die Eiweißstoffe ein Gemisch aller möglichen stickstoffhaltigen Substanzen von den hochmolekularen Gruppen des unlöslichen nativen Eiweißes bis zu den einfachsten Bausteinen, den Aminosäuren. Dazu kommt, daß die eiweißabbauenden Enzyme nicht wie die Amylasen zwei wohldefinierte Enzyme darstellen, sondern sich die Endo- und Exopeptidasen vielfältig unterscheiden können, die ihrerseits unter den verschiedensten Wirkungsbedingungen tätig sind. Darüber hinaus fällt ein Teil der Eiweißkörper unter dem Einfluß der Temperatur oder des pH-Wertes der Maische wieder aus.

Die wichtigsten, hier in Frage kommenden Stickstoffsubstanzen lassen sich einteilen:
a) in die eigentlichen Eiweißstoffe,
b) in die Eiweißabbauprodukte.

Die ersteren waren schon in der Gerste vorhanden; sie wurden entweder bei der Keimung nicht angegriffen oder im Verlauf derselben im Blattkeim wieder aufgebaut. Es handelt sich um die in Maische und Würze unlöslichen Gluteline und Prolamine sowie um die löslichen, wie z.B. Albumine und zum Teil auch Globuline (s. S. 5).

Die wichtigsten Eiweißabbauprodukte des Malzes, die während der Keimung durch die Wirkung der proteolytischen Enzyme entstanden sind, umfassen Makropeptide, Polypeptide, einfachere Peptide und Aminosäuren (s. S. 27).

Beim Einmaischen gehen nun die direkt löslichen Stickstoffsubstanzen in die Maische über. In der Folge des Maischprozesses werden diese, soweit sie abbaufähig sind, durch die proteolytischen Enzyme (s. S. 26) weiter gespalten. Auch ursprünglich unlösliche Eiweißstoffe werden angegriffen und in lösliche Form übergeführt, wenn auch der Hauptteil derselben unabgebaut in den Trebern verbleibt. So erhöht sich während des Maischens die Menge des löslichen Stickstoffs: die Endopeptidasen greifen genuines Eiweiß an und spalten es zu Polypeptiden, bei längerer Einwirkungszeit auch zu niedermolekularen Verbindungen, während die Exopeptidasen die Abbauprodukte in Aminosäuren überführen. Es tritt zwar im Laufe des Maischprozesses eine absolute Vermehrung des Anteils an niedermolekularem Stickstoff, vor allem an Aminosäuren, ein, doch schaffen die Endopeptidasen von den Proteinen her hochmolekulare Produkte nach, so daß praktisch keine Verarmung der höhermolekularen Fraktionen eintritt.

Die in der Würze gelösten genuinen Eiweißkörper wie Albumine und Globuline fallen bei höheren Maischtemperaturen, besonders beim Kochen, aus. Auch können höhermolekulare Abbauprodukte durch Reaktion mit den Malzgerbstoffen zur Koagulation neigen, während die mittel- und niedermolekularen Fraktionen stets in Würze löslich bleiben.

Die Prolamine, die bekanntlich hauptsächlich im Reserveeiweiß vorkommen, enthalten neben den bisher bekannten Fraktionen auch solche, besonders reich an Cystein und Cystin sind. Ihre Menge ist von der Gerstensorte und von der Auflösung des Malzes abhängig. Sie werden beim Maischen teilweise abgebaut und so in lösliche Form übergeführt. Durch Oxidationsvorgänge bilden sich über Disulfidbrücken höhermolekulare Polypeptide aus, die bei höheren Maischtemperaturen unlöslich werden und die sich als Teig auf der Treberschicht absetzen. Sie können die Abläuterung erschweren. Ein ähnliches Verhalten zeigen die sog. „Gelproteine", die ebenfalls beim Mälzen durch Reduktion von Disulfidbrücken gelöst werden. Auch sie können beim Maischen durch Oxidation Gruppen eines höheren Molekulargewichts ergeben, die auch Abbauprodukte der Gluteline und Albumine einschließen. Infolge des hydrophoben Charakters der Gluteline werden auch Lipide adsorbiert. Kleine Stärkekörner, β-Glucane und Pentosane, die ihrerseits mit Proteinen verbunden sind, nehmen ebenfalls an der Bildung von Komplexen teil, die zu einer vermehrten Teigbildung führen. Sie können die Freisetzung von Stärkekörnern und damit die Wirkung der Amylasen behindern; auch die Abläuterung erfährt eine Verlangsamung.

Schließlich ist noch die Gruppe der Glycoproteide zu erwähnen, die Proteine mit einer Kohlenhydratgruppe sind. Sie werden beim Mälzen mit fortschreitender Auflösung abgebaut, ebenso beim Maischen während längerer Rasten im Bereich von 50–65° C. Bei 70–72° C werden im Laufe von 60–90 Minuten höhermolekulare Gruppen aus Glycoproteiden freigesetzt, aber nicht mehr weiter abgebaut, wodurch die Viscosität eine Erhöhung erfährt. Glycoproteide tragen zur Verbesserung der Schaumstabilität eines Bieres bei.

Die Bedeutung der höhermolekularen Gruppen für Schaumhaltigkeit, Vollmundigkeit und Kohlensäurebindungsvermögen, aber auch für nichtbiologische Trübungen einerseits sowie der Aminosäuren für die Hefeernährung andererseits, läßt es begreiflich erscheinen, daß der Eiweißabbau weder zu knapp noch zu weitgehend sein soll. So ist als Folge eines zu geringen Eiweißabbaus eine mangelhafte Stabilität des Bieres, aber auch eine ungenügende Ernährung der Hefe zu erwarten. Ein für die gegebene Malzqualität zu weitgehender Eiweißabbau führt zu leeren, schlecht schaumhaltigen und u. U. infektionsanfälligen Bieren.

Die Erzielung des jeweils günstigsten Eiweißabbaus hängt wiederum von der Eiweißlösung und dem Enzymgehalt des Malzes ab sowie von den Maischbedingungen wie Temperatur und deren Einwirkungsdauer, von pH und Konzentration der Maische.

Bei Malzen mit hohem Eiweißlösungsgrad wird ein zu kräftiger Eiweißabbau zu vermeiden sein, während knapp gelöste Malze einer entsprechenden Aufbesserung durch den Maischprozeß bedürfen. Die optimalen Wirkungsbedingungen der proteolytischen Enzyme (Proteasen) ergeben sich wie folgt:

	pH	Temperatur ° C
Endopeptidasen	5,0	40–50 (–60)
Carboxypeptidasen	5,2	50 (–60)
Dipeptidasen	8,2	40–45
Aminopeptidasen	7,2	40–45

Die pH- und Temperaturoptima von Endo- und Carboxypeptidasen laufen annähernd parallel. Dennoch sind erstere temperaturempfindlicher und liefern weniger freie Endgruppen, als die Carboxypeptidasen zu Aminosäuren hydrolysieren könnten.

Es stellt also die Menge bzw. die Aktivität der Endopeptidasen den begrenzenden Faktor beim weiterführenden Abbau der gebildeten Peptide zu Aminosäuren dar. Die Carboxypeptidasen sind für 80 % der beim Maischen freigesetzten Aminosäuren verantwortlich, da die Dipeptidasen beim pH der Maische nur eine geringe Wirkung entfalten und die Aminopeptidasen nur bei niedrigen Temperaturen und ungünstigem Maische-pH von über 6, Peptide zu Aminosäuren spalten.

Der *Temperaturwirkungsbereich* des Eiweißabbaus ist mit einer Spanne von 40–60° C verhältnismäßig groß, wobei sich bei etwa 50° C eine deutliche Spitze ergibt. Außerhalb dieser Temperaturgrenzen nimmt die Proteolyse immer mehr ab, bei etwa 80° C hört sie völlig auf. Bei 45–50° C erfährt der Anteil des niedermolekularen Stickstoffs eine etwas stärkere Zunahme als der hochmolekulare; umgekehrt erfolgt bei Temperaturen von 60–70° C eine vermehrte Bildung von kolloidern, hochmolekularem Stickstoff. Die Möglichkeit einer Einflußnahme ist jedoch anhand der oben aufgezeigten ähnlichen Optima der Endopeptidasen und Carboxypeptidasen nicht groß. Auf die Eiweißabbautemperaturen, die meist bei 47–53° C in Form einer „Eiweißrast" eingehalten werden, folgen höhere Temperaturen zur Verzuckerung der Maische. Auch hier bei 65–70° C ist noch eine deutliche Eiweißlösung zu verfolgen, die um so intensiver verläuft, je mehr die Enzyme bei niedrigen Temperaturen geschont wurden. Die löslichen Proteasen werden bei 70° C rasch inaktiviert, während die unlöslichen, die erst durch den fortschreitenden Abbau aus ihrer protoplasmatischen Bindung freigesetzt werden, bei diesen Temperaturen noch einige Zeit zu wirken vermögen. Diese „Desmo-Proteasen" sind auch dafür verantwortlich zu machen, daß es selbst bei hohen Einmaischtemperaturen nicht gelingt, die Eiweißlösung unter einen Wert zu bringen, der durch die Malzqualität bereits vorgegeben war. Gefördert wird der Eiweißabbau und damit die Menge des löslichen Stickstoffs, wenn bei Temperaturen unterhalb des Optimums eingemaischt wird, so daß die stickstoffhaltigen Bestandteile des Mehlkörpers und die Enzyme bereits gelöst sind, wenn sie in die eigentlichen Abbautemperaturen gelangen. Auch das Temperaturintervall, das sich bei Dekoktionsverfahren durch das Zu-brühen der Kochmaische ergibt, hat einen Einfluß. Ie größer es im Bereich der Fünfziger- und Sechziger-Grade ist, um so geringer wird die Menge des löslichen Stickstoffs und des niedermolekularen Stickstoffs, während der Anteil des hochmolekularen zunimmt.

Der *Einfluß der Zeitdauer der Eiweißrast* ist durch die jeweilige Temperatur festgelegt. Bei konstanter Maischtemperatur nehmen die verschiedenen Stickstoff-Fraktionen zunächst laufend zu; der hochmolekulare Stickstoff erhöht sich zwar absolut, doch erfährt sein Anteil am Gesamt-Stickstoff eine Verringerung. Der niedermolekulare Anteil, vor allem die Aminosäuren, nehmen absolut und prozentual zu. Im Laufe der Eiweißrast überwiegt jedoch die Inaktivierung der Enzyme deren Freisetzung. So nimmt die proteolytische Aktivität beim Zweimaischverfahren während des etwa zweistündigen Verweilens der im Bottich bei 50° C stehenden Restmaische auf etwa die Hälfte des Ausgangswertes ab; sie erfährt durch das Zubrühen der Kochmaische eine nochmalige kurze Aktivitätszunahme, die aber bei ca. 65° C von einem raschen und nachhaltigen Abfall gefolgt ist. Sogar nach dem Aufbrühen der zweiten Kochmaische, ja selbst am Ende des Abläuterns ist noch eine proteolytische Aktivität, durch Desmoenzyme bedingt, nachweisbar.

Der *pH der Maische* wirkt sich sehr deutlich auf die Aktivität der Proteasen aus. Je mehr sich der pH dem Wert 5,0 nähert, um so mehr nimmt die Menge aller Fraktionen zu, wobei auch hier der niedermolekulare Stickstoff eine Bereicherung erfährt. Es ist daher auch verständlich, daß Wässer hoher Restkalität die Proteolyse hemmen, Entcarbonisieren des Wassers, Zusätze von Gips, Calciumchlorid oder gar von Sauergut dagegen kräftig zu steigern vermögen.

Die *Konzentration der Maische* ist für die Enzymtätigkeit wegen der Schutzkolloidwirkung von Bedeutung. Bei konzentrierten Maischen (wie bei der 1. und 2. Kochmaische 1 : 2,5) nimmt der niedermolekulare Stickstoff stärker zu als in dünneren Maischeanteilen (z. B. Lauterarbeit).

Die *Kontrolle des Eiweißabbaus* kann geschehen durch die Ermittlung der Menge des löslichen Stickstoffs, des koagulierbaren Stickstoffs und der hochmolekularen Fraktion. Eine regelmäßige Kontrolle des Anteils des assimilierbaren Stickstoffs am Gesamtstickstoff der Ausschlagwürze ist wünschenswert. Er kann annähernd bestimmt werden durch den Formol-Stickstoff (33 %) oder besser durch den α-Aminostickstoff (22 %). Auch

der schaumpositive und vollmundigkeitsfördernde hochmolekulare Stickstoff sollte in Prozenten des löslichen Stickstoffs angegeben werden. Einen Vergleichswert bietet auch die „Maischintensitätszahl" nach Kolbach, die normal bei 105 liegt, mit über 110 als hoch und unter 100 als niedrig bezeichnet wird. Eine einfache und rasche Kontrolle des Eiweißabbaus wie die Jodprobe beim Stärkeabbau gibt es nicht.

2.3.1.3 Der *Abbau der Hemicellulosen und Gummistoffe*, der beim Mälzen mehr oder weniger weit geführt wurde, erfährt beim Maischen ebenfalls seine Fortsetzung.

Die Hemicellulosen des Malzes sind ursprünglich unlöslich. Sie bestehen aus hochmolekularen β-Glucanen und Pentosanen und sind mit hochmolekularem Zellwandeiweiß durch eine Esterbindung (der Hydroxylgruppe der β-Glucane mit der Carboxylgruppe der Proteine) verbunden. Durch den Angriff der β-Glucan-Solubilase, einer Carboxypeptidase, die auch als Esterase zu wirken vermag, werden bei Temperaturen über 55° C (bis 70° C) Hemicellulosen in Lösung gebracht. Sie erhöhen die Viscosität der Maische und Würze. Die freigesetzten β-Glucane bestehen aus Glucoseeinheiten in β-1→4- und β-1→3-Bindungen in einem Verhältnis von 70 : 30. Wenn auch die Reihenfolge 2–3 β-1→4-Bindungen zu einer β-1→3-Bindung überwiegt, so können doch auch gewisse Kettenlängen jeweils aus 1→4- und 1→3-Bindungen gegeben sein, die den Abbau durch die Endo-β1→4-Glucanase sowie die unspezifische Endo-β-Glucanase (opt. Temp. 40–45°C, pH 4,7–5,0, Inaktivierung über 50° C) und die weniger effektive Endo-β-1→3-Glucanase (opt. Temp. 60° C, pH 4,6/5,5, Inaktivierung über 70° C) erschweren. Die Exo-β-Glucanasen sind noch empfindlicher als die Endo-β-1→4-Glucanase. Nachdem die β-Glucan-Solubilase bei 63–70° C eine deutliche Wirkung zeigt, ist ersichtlich, daß die bei diesen Temperaturen freigesetzten Mengen an hochmolekularem, viskosem β-Glucan von den Endo-β-Glucanasen nur begrenzt weiter abgebaut werden können. Der Abbau der Pentosane, die aus Araboxylan bestehen, erfolgt durch die Endo- und Exo-Xylanasen (opt. Temp. 45° C) sowie durch die Arabinosidase (opt. Temp. 40–45° C), wobei die Umsetzungen insgesamt wesentlich geringer sind als bei den Glucanasen.

Der Abbau der Hemicellulosen geschieht in mehreren Abschnitten:

a) Zunächst gehen die im Malz bereits vorliegenden freien Gummistoffe in Lösung, sie erhöhen die Viscosität der Maische;

b) im Temperaturbereich von 35–50° C ist durch die Endo-β-1→4-Glucanasen und unspezifisch wirkende Endo-β-Glucanase ein Abbau dieser hochmolekularen Substanzen zu Glucandextrinen und Gruppen niedrigeren Molekulargewichts gegeben. Die Viscosität verringert sich.

c) Zwischen 45 und 55°C schreitet die Lösung von Extrakt fort; hierbei werden, auch unter Mitwirkung der Endo-β-Glucanasen β-Glucane freigesetzt, die infolge der Schwächung der Endo-β-1→4-Glucanase nur langsam abgebaut werden. Eine Wirkung der Endo-β-1→3-Glucanase ist hier möglich;

d) ab 55° C bis zu 70° C baut die β-Glucan-Solubilase hochmolekulares β-Glucan aus der Bindung mit Protein ab. Der β-Glucan- und Viscositätsanstieg wird umso größer, je höher die Temperatur im Bereich von 60–70° C ist, denn bei 60° C vermag die Endo-β-1→3-Glucanase noch eine gewisse Wirkung zu entfalten, ab 65° C wird sie zunehmend inhibiert. Die Endo-β-1→4-Glucanase tritt nicht mehr in Aktion, sie wurde bereits bei 50–55° C inaktiviert.

Das Niveau der beim Maischen freigesetzten β-Glucanmengen ist in erster Linie vom Grad und von der Homogenität der Malzauflösung abhängig. Die Unterschiede im β-Glucangehalt der Würzen aus gut und schlecht gelöstem Malz können das 10–14-fache ausmachen. Besonders ungünstig sind Malzmischungen aus Komponenten mit stark abweichender Cytolyse, insbesondere mit Ausbleibern.

Der Abbau der viskosen Substanzen kann beeinflußt werden durch die Maischtemperaturen, bestimmte Rasten und in geringerem Umfange durch den Maische-pH. Er verläuft am günstigsten bei Temperaturen um 45° C; tiefere Einmaischtemperaturen von z. B. 35° C vor einer Rast bei 50° C intensivieren die Umsetzungen wesentlich. Höhere Einmaischtemperaturen von 62° C haben eine rasche Inaktivierung der Endo-β-Glucanasen zur Folge; der Gummistoffgehalt der Würze ist dann hoch. Dennoch kann das Maischverfahren den β-Glucangehalt eines knapp gelösten Malzes nur um ca. 30 % korrigieren. Der Pentosangehalt ist insgesamt geringeren Bewegungen unterworfen. Große Unterschiede zeigen sich bei Malzen knapper, inhomogener Auflösung auch im Gummistoffgehalt der Treber, die ihrerseits die Abläuterung verlangsamen können.

Nachdem die Gummistoffe einen Einfluß auf Schaum und Geschmack (Vollmundigkeit) eines Bieres haben, ist bei gut gelösten Malzen ein zu weitgehender Abbau zu vermeiden. Hier bieten

sich höhere Einmaischtemperaturen von 55–62° C an. Die Kontrolle des β-Glucanabbaus ist in gewissem Maße über die Viscosität der Ausschlagwürze (unter 1,85 mPas bei 12 % Extrakt), direkt über den β-Glucangehalt der Würze (unter 200 mg/l) möglich.

2.3.1.4 Die *Veränderung der Phosphate:* Die im Malz vorkommenden sauren Phosphatasen bauen die organischen Phosphate des Malzes ab, wobei Phosphorsäure freigesetzt wird, die weiter zu primären Phosphaten und Wasserstoff-Ionen dissoziiert. Hierdurch ergibt sich eine Erhöhung der Maische-Acidität, also eine Erniedrigung des pH und dadurch auch eine Verstärkung der Pufferung in Maische, Würze und Bier. Die optimale Wirkung dieser Enzyme ergibt sich summarisch bei einem pH von 5,0 und einer Temperatur zwischen 50 und 53° C. Dennoch sind diese Enzyme auch noch bei höheren Temperaturen wirksam, denn jede Rast (bei 50, 62, 65 und sogar bei 70° C) erhöht die Pufferung, wobei aber die Temperatur von 50° C am wirkungsvollsten ist. Die niedrigsten pH-Werte und auch die geringste Pufferkapazität vermitteln Einmaischtemperaturen von 62 bis 65° C. Eine Verringerung des Maische-pH führt zu verstärkter Pufferung, die dann den pH-Abfall bei der Gärung abschwächen kann.

2.3.1.5 Die *Veränderung der Lipide.* Das Malz bringt Lipide in die Maische ein, die zu einem großen Teil aus Triglyceriden, daneben auch aus Mono- und Diglyceriden, freien Fettsäuren und Neutral-Lipiden (z. B. Phospholipiden) bestehen. Der Abbau der Lipide ist durch zwei verschiedene Vorgänge geprägt: Einmal durch den Abbau, den die Lipasen durch Spaltung von Glyceriden in Glycerin und freien Fettsäuren bewirken. Die Optimaltemperaturen liegen bei 35–40° C und bei 65–70° C. Durch diesen Abbau tritt die Zunahme der freien Fettsäuren ein. Zum anderen ist eine Oxidation der Fettsäuren durch Lipoxygenasen (bei 35–50° C) gegeben, die in einer Abnahme der Linol- und der Linolensäure gegenüber dem Ausgangswert des Malzes zum Ausdruck kommt. Nach Inaktivierung der Lipoxygenasen kommt es bei 65° C (dem zweiten Optimum der Lipasen) u. a. auch zu einem deutlichen Anstieg der Linol- und Linolensäuren. Die Wirkung der Lipoxygenasen hängt sicher von der Sauerstoffaufnahme beim Maischen ab, auf die in der Folge eingegangen werden soll.

Die in der Maische vorhandenen Lipidmengen werden größtenteils bei sachgemäßem Abläutern zurückgehalten bzw. beim Würzekochprozeß ausgeschieden.

2.3.1.6 Die *Polyphenole und Anthocyanogene* werden beim Maischen durch einige Vorgänge beeinflußt. Mit zunehmender Maischtemperatur und Maischdauer lösen sie sich in vermehrtem Umfang. Phenole und Polyphenole werden durch parallel laufende Abbaureaktionen, wie z. B. durch den Eiweißabbau oder durch den Abbau von Glycosiden, freigesetzt. Sie erfahren aber auch eine Verminderung durch die Wirkung von Peroxidasen im Temperaturbereich von 40–50° C bzw. durch Polyphenoloxidasen, die bei 60–65° C besonders aktiv sind. Nachdem aber die Veränderungen der Polyphenole bei 40–50° C besonders ausgeprägt sind – vor allem wenn durch den Einmaischvorgang bzw. durch die Rührwerke eine Belüftung der Maische erfolgt – rufen höhere Einmaischtemperaturen von z. B. 62° C höhere Polyphenolgehalte in den Maischen und Würzen hervor. Bei Luftzutritt verringert sich der Gesamtpolyphenolgehalt und in stärkerem Maße der der Anthocyanogene, wodurch der Polymerisationsindex eine Verschlechterung erfährt. Stark gelöste Malze bringen mehr Polyphenole günstiger Zusammensetzung in die Maische ein (s. S. 31); hoch abgedarrte Malze weisen nur mehr geringe Mengen an Oxidasen auf (die Peroxidasen werden besonders stark geschädigt), so daß durch sie hohe Polyphenol- und Anthocyanogenwerte in der Würze vorliegen (s. S. 63).

2.3.1.7 Die *Beeinflussung des Zinkgehalts* der Maische ist deswegen von Bedeutung, weil dieses Spurenmetall Bestandteil der Alkoholdehydrogenase ist. Zinkmangel in der Anstellwürze kann sich durch eine schlechte Hefevermehrung, eine schleppende Haupt- und Nachgärung sowie durch eine unvollständige Reduzierung des Diacetyls bzw. seines Vorläufers, des 2-Acetolactats, äußern. Das Malz enthält 3–3,5 mg/100 g Trockensubstanz: die Zinkkonzentration ist in den äußeren Schichten des Korns (Spelzen, Aleuron) am höchsten. Beim Maischen gehen nur 20–25 % des Zinkgehalts – beim Einmaischen – in Lösung. Von hier an tritt eine laufende Verringerung des Zinkgehalts bis auf Werte von 0,05–0,20 mg/l in der Läuterwürze ein. Eine weitere Dezimierung erfolgt beim Würzekochen. Ein Unterschreiten der Schwelle von ca. 0,15 mg/l kann die obengenannten Schwierigkeiten hervorrufen.

Versuche haben ergeben, daß folgende Parameter den Zinkgehalt positiv beeinflussen können:
Einmaischen bei 45–50° C. Rast 30–60 Minuten, pH 5.45. Anwendung eines geringen Hauptgusses beim Einmaischen (1 : 2,5), Zubrühen auf 1 : 4 mit heißem Wasser im Zuge der Temperatursteigerung.

2.3.1.8 Die *Oxidation der Maischebestandteile* kann durch die beschriebene Wirkung auf die Prolamin- oder Gelproteinfraktionen den Abbau der Stärke, aber auch der β-Glucane und Proteine behindern. Die Polyphenole, vor allem die empfindlicheren Anthocynogene und Tannoide, nehmen ab, was durch die Peroxidasen (Optimaltemperatur 45° C) und Polyphenoloxidasen (t = 65° C) enzymatisch katalysiert wird. Die hieraus resultierenden Würzen und Biere sind dunkler, der Geschmack der Biere ist breiter, die Geschmacksstabilität geringer.

Das Ausmaß der Sauerstoffaufnahme ist abhängig von der Einrichtung, z. B. Einführen der Maische von oben, Einziehen von Luft beim Umpumpen sowie durch zu starkes Rühren bei kleinen Teilmaischen. Auch die Gefäßform spielt eine Rolle: So machen rechteckige Maischgefäße eine intensivere Rührwerksarbeit erforderlich, um die Maische einwandfrei zu mischen. Ideal ist das Einmaischen in die Gefäße von unten, ebenso das Maischepumpen über die Auslaufventile der Gefäße.

Eine direkte Bestimmung des Sauerstoffgehalts der Maischen ist wegen der aktiven Oxidasensysteme nicht möglich; indirekt läßt sich über die Simulation des Maischprozesses mit Hilfe einer Natriumsulfitlösung und der verbrauchten Menge dieses Reagens die Sauerstoffabsorption abschätzen. Sie beträgt bei ungünstigen Bedingungen bis zu 200 mg/l während des gesamten Maischprozesses, bei optimierten Sudwerken etwa 30–40 mg/l.

Folglich erbringt das Fernhalten von Sauerstoff beim Maischen einen stärkeren Eiweißabbau, was sich in einem Anstieg des löslichen Stickstoffs und einer Verringerung der hochmolekularen Fraktion zugunsten des FAN äußert. Der Abbau der β-Glucane ist stärker, ebenso der Stärkeabbau, was sich in einem höheren Endvergärungsgrad und in günstigeren Jodwerten äußert. Die Polyphenolgehalte (besonders die Anthocyanogen- und Tannoidewerte) sind deutlich höher. Um einen zu weitgehenden Abbau der genannten Substanzgruppen zu vermeiden, müssen u. U. andere Maischeparameter korrigiert werden.

2.3.2 Die Praxis des Maischens

Der *Maischprozeß* beginnt mit der Vermischung von Schrot und Maischwasser. Dabei ist wichtig:
a) Die Wassermenge, die zur Lösung des Schrotes angewendet wird, bzw. das Verhältnis von Malz- und Wassermenge;
b) die Temperatur, mit der das Brauwasser der einzumaischenden Malzmenge zugesetzt wird.

2.3.2.1 Die *Malzmenge*, die bei einem Sud gelöst werden soll, heißt *Schüttung*, die dazu verwendete Wassermenge *Guß*. Der Guß wird unterteilt in *Haupt-* und *Nachguß*. Die zur Würzeherstellung benötigte Wassermenge wird dem Malzschrot nicht auf einmal zugesetzt. Anfänglich wird nur die zur Lösung der Malzbestandteile und zur Durchführung der chemisch-biologischen Umsetzungen nötige Wassermenge, der Hauptguß, zugegeben. Die daraus gewonnene Extraktlösung heißt *Vorderwürze*. Die Nachgüsse dienen dazu, die in den Trebern nach dem Abläutern der Vorderwürze verbliebenen Extraktreste auszulaugen.

2.3.2.2 Der *Hauptguß* ist hauptsächlich für die Zusammensetzung der Vorderwürze von Bedeutung. Die Menge der Nachgüsse hat Einfluß auf die restlose Gewinnung des Extrakts. Beide stehen zueinander in bestimmter Abhängigkeit. Ist der Hauptguß größer, dann werden die Nachgüsse kleiner und umgekehrt. Das Verhältnis beider ist bei hellen und dunklen Bieren grundsätzlich verschieden. Die Verteilung der Gesamtwassermenge auf Haupt- und Nachguß wird als *Gußführung* bezeichnet.

Die Zusammensetzung der Würze ist von der Menge des Hauptgusses abhängig, weil die Konzentration der Maische die Enzymtätigkeit zu einem bestimmten Maß beeinflußt. Bei hoher Konzentration erfährt die Wirkung mancher Enzyme eine Verlangsamung, während einige Abbauvorgänge nachhaltiger und weitgehender verlaufen als bei dünnen Maischen. Hauptsächlich ist dies hinsichtlich der Verzuckerung zu beobachten, die bei dicken Maischen schwerfälliger erfolgt. Von der Hauptgußmenge wird auch die Abläuterung beeinflußt. Die in den Trebern nach Ablauf der Vorderwürze zurückbleibenden Extraktmengen sind um so größer, je geringer der Hauptguß und je höher die Konzentration der Vorderwürze ist. Damit wird aber nicht nur der Ausbeuteanteil, der auf die Vorderwürze und auf die Nachgüsse fällt, verschoben, sondern auch die

Technik des Anschwänzens verändert. Denn je mehr Vorderwürze in den Trebern zurückbleibt, um so stärker müssen die Treber ausgelaugt werden. Eine geringere Vorderwürzeausbeute bedingt eine größere Nachgußausbeute. Das hierdurch erforderlich werdende stärkere Auswaschen der Treber bewirkt eine Auslaugung zufärbender und unedler Substanzen, die der Qualität des hellen Bieres nicht zuträglich sind. Somit ist die Größe des Hauptgusses eine der Grundlagen eines Biertyps und seiner Qualität, da sich nach ihm eine Reihe späterer Maßnahmen richtet. Er soll genau bekannt und von Sud zu Sud konstant sein. Die Berechnung von Hauptguß und Gesamtmaischmenge wird nach den untenstehenden Formeln getätigt.

In der Praxis verschieben sich die Wassermengen etwas, da einerseits beim Maischekochen Wasser verdampft, zum anderen aber verschiedentlich Wasser zum Entleeren der Gefäße und Leitungen nachgedrückt wird. Die Vorderwürze soll immer etwa gleich stark sein, um Schwankungen im Verhältnis der Vorderwürze zu den Nachgüssen zu vermeiden. Es ist daher zweckmäßig, Maisch- und Läuterbottich zu eichen und die Flüssigkeitsmengen von Sud zu Sud festzustellen.

2.3.2.3 Die *Gußführung* bei hellem und dunklem Bier ist grundsätzlich verschieden.

Bei *hellen Bieren* wird ein größerer Hauptguß gewählt, um dünne Maischen zu erhalten und den Ablauf der Enzymreaktionen zu beschleunigen. Das Kochen der Maischen wird in geringerem Umfang benötigt als bei dunklen Bieren. Die dünnere Vorderwürze liefert eine größere Menge an Edelextrakt, die höhere Vorderwürzeausbeute erfordert nur geringe Nachgußmengen. Der Unterschied zwischen der Vorderwürzekonzentration von 14–15 % und der Ausschlagwürze von 11–12 % beträgt nur 2–3 Prozent. Dieses Prinzip wird jedoch im Interesse einer guten Ausbeute vielfach durchbrochen, doch kann auch hier die Vorderwürzekonzentration mit 16–17,5 %, je nach den Anforderungen des Biertyps, angenommen werden. Beim *dunklen Bier* ist ein kleiner Hauptguß wünschenswert, der dicke Maischen und starke, hochprozentige Vorderwürzen liefert. Es wird hier wenig Rücksicht auf die ohnedies beim Darren stark geschwächten Enzyme genommen, sondern versucht, den Aufschluß der Malzstärke mehr auf physikalischem Weg durch das Kochen der Maische herbeizuführen. Deshalb erfolgt die Herstellung des dunklen Bieres auch heute noch häufig nach dem Dreimaischverfahren. Beim langen Kochen der dicken Maischen findet eine leichte Karamelisierung von Zuckern, vor allem aber auch eine Auslaugung der Spelzenbestandteile statt, die beim dunklen Bier geschmacklich vorteilhaft sind. Dies wird durch die großen Nachgußmengen, die infolge der hohen Vorderwürzekonzentration angewendet werden können, unterstützt. Es ist also beim dunklen Bier im Gegensatz zum hellen die Vorderwürzeausbeute kleiner, die Nachgußausbeute größer. Demgemäß ergibt sich auch eine größere Spanne zwischen Vorderwürze- und Ausschlagwürzekonzentration von 6–7 Prozenteinheiten. Auf eine Ausschlagwürze von 12,5–13,5 % trifft eine Vorderwürze von 18–20 %. Der Hauptguß beträgt beim hellen Bier 4–5 hl Wasser, beim dunklen 3,0–3,5 hl/100 kg Malz.

Es ist auch möglich, bei hellen Bieren zunächst dicker (1 : 2,5) einzumaischen, um die Wirkung z. B. der eiweißabbauenden Enzyme zu fördern. Erst im Bereich der Verzuckerungstemperaturen wird dann auf die volle Hauptgußmenge (1 : 4) aufgefüllt. Dies wird auch gleichzeitig mit der späteren Zugabe der Spelzen getätigt.

Diese Maßnahme wird vor allem geübt, um auch bei niedrigen Einmaischtemperaturen das vom Würzekühlen her angefallene Heißwasser ausnützen zu können (s. S. 184).

2.3.2.4 Die *Nachgüsse* sind in ihrer Größe praktisch mit der Wahl des Hauptgusses bereits festgelegt. Sie müssen auf jeden Fall so bemessen sein, daß der nach dem Ablauf der Vorderwürze in den Trebern verbliebene Extrakt möglichst vollständig und in kurzer Zeit gewonnen werden kann. Gerade die Nachgüsse haben auf die quantitative Seite der Würzebereitung, auf die Ausbeute, großen Einfluß. Ihre Menge ist ungefähr gegeben durch die Differenz zwischen der Menge der Würze vor Beginn des Hopfenkochprozesses und der Vorderwürzemenge. Sie beträgt unter der Voraussetzung normaler Gegebenheiten bei der Würzekochung (Kochzeit, Verdampfung) 4–5 hl/ 100 kg. Die Wirkung der Nachgüsse ist anhand des Treberglattwassers (0,5–0,8 %) und des auswaschbaren Extraktes (0,4 bis 0,6 %) zu verfolgen. Bei qualitativ besonders hervorragenden Bieren mit geringer Vorderwürzekonzentration, wie z. B. Pilsener oder sehr hellen Exportbieren, wird die Auslaugung geringer und die Glattwasserkonzentration höher. Es ist aus Gründen der Wirtschaftlichkeit (Energieverbrauch), der Suddauer und der Bierqualität nicht möglich, die Würzekochzeit über die durch das jeweilige Koch-

system (s. S. 159) vorgegebene auszudehnen, um zu große Nachgußmengen eindampfen zu können. Die „Glattwasser-Nutzschwelle" liegt bei den derzeitigen Energiepreisen bei ca. 2 %.

Von Bedeutung auf die Bemessung des Verhältnisses Hauptguß : Nachguß ist auch die Restalkalität des Brauwassers. Bei hellen Bieren und ungeeignetem Brauwasser wird ein großer Hauptguß gewählt, um möglichst viel Edelextrakt zu gewinnen und um die negative Wirkung der Nachgüsse zu vermeiden. Auch bei enzymarmen Malzen kann ein dünner Hauptguß gewählt werden, um die Enzymwirkung zu beschleunigen und in kürzerer Zeit eine jodnormale Verzuckerung zu erreichen.

2.3.2.5 Die *Temperatur des Einmaischwassers* ist von großer Bedeutung, da mit der Wahl der Einmaischtemperatur über die Intensität und Art des Maischverfahrens entschieden wird.

Das Einmaischen kann im Bereich von 50° C (Eiweiß-, Gummistoff- und Phosphatabbau) oder bei 62° C (optimale Wirkung der β-Amylase) erfolgen. Temperaturen von 35–40° C haben keine spezielle Säurebildung zum Ziel, sondern eine Erhöhung des Umsatzes der bei 50° C ablaufenden Abbauvorgänge: die Bestandteile des Mehlkörpers werden hier aufgeweicht, zum Teil gelöst, so daß die ebenfalls freigesetzten Lyo-Enzyme mit dem späteren Eintritt in die eigentlichen Optimaltemperaturen intensiver wirken können.

Je besser ein Malz gelöst ist und je mehr Enzyme es enthält, um so kürzer kann das Maischverfahren gehalten werden. Je höher die Einmaischtemperatur, um so kürzer wird naturgemäß das Maischverfahren sein. Nachdem stets mit ca. 77° C abgemaischt wird, steht bei einer Einmaischtemperatur von 35° C eine Temperaturspanne von 42° C, bei 50° C Einmaischtemperatur eine solche von 27° C und bei 62° C Einmaischtemperatur ein Intervall von 15° C zur Verfügung. Beim Dreimaischverfahren, das mit 35° C beginnt, werden alle Temperaturstufen (35, 50, 62 und 77° C) eingehalten.

Beim Zweimaischverfahren wird mit 50° C eingemaischt und so die erste Maische eliminiert. Bei 62–65° C dagegen wird die Aktivität der bei 50° C optimal wirkenden Enzyme, vor allem der Proteasen und Glucanasen eingeschränkt. Hier kann sich nur mehr ein kurzes, bei hohen Temperaturen geführtes Maischverfahren anschließen.

2.3.2.6 Die *Dauer des Einmaischens* ist oftmals verschieden. Bei normalem Schrot und einwand-

$$\text{Hauptguß/100 kg Schüttung} = \frac{\text{Malzausbeute lftr. x (100 – Vorderwürzekonz.)}}{\text{Vorderwürzekonzentration}} = \text{kg (hl) Wasser}$$

Gesamtmaische/100kg Schüttung = kg (hl) Hauptguß + 0,7
Die Zahl 0,7 erfaßt das Volumen des eingemaischten Schrotes pro 100 kg.

freier Vermischung desselben mit dem Einmaischwasser wird es ca. 10–20 Minuten in Anspruch nehmen. Daran unmittelbar schließt sich der eigentliche Maischprozeß an. Bei Naßschrotung dagegen fällt die Schrotzeit mit dem Einmaischvorgang zusammen. Er dauert hier 35–40 Minuten, einschließlich der Weiche sogar über eine Stunde (s. S. 113).

Bei einfachen Sudwerken oder geringer Sudfolge wird – heute jedoch nur selten – zwischen dem Einmaischen und dem Fortgang des Maischens eine 8–12stündige Pause eingelegt, eine Maßnahme, die *Digerieren* oder *Vormaischen* genannt wird. Ähnlich dem Effekt einer unterhalb der eigentlichen Enzymoptima liegenden Einmaischtemperatur wird das Schrot von Wasser durchdrungen, die Enzyme gehen in Lösung und beginnen trotz der niedrigen Temperaturen von 12–16° C abbauend auf die Mehlkörperbestandteile einzuwirken. Der Effekt ist abhängig von Malzqualität, Schrotfeinheit, Zeitdauer und Temperatur. Bei knapper Auflösung des Malzes ist die Wirkung am größten (z. B. Kurzmalz). Eine Temperatur von 18–20° C darf nicht überschritten werden, weil sonst die Gefahr einer Säuerung des Maischgutes auftritt, die zu einem Unbrauchbarwerden der gesamten Schüttung führen kann. Das Digerieren bewirkt eine Erhöhung der Ausbeute um 1–2 %, doch ist der Gewinn, zum Teil aus mineralischen Stoffen bestehend, nicht voll in der Sudhausausbeute zu realisieren. Gerade bei hellen Bieren führt es zu einer Vertiefung der Farbe, zu einem breiteren, derben, mitunter auch leeren Geschmack. Selbst die Schaumhaltigkeit kann negativ beeinflußt werden.

2.3.2.7 Der *Grundgedanke des Maischprozesses* besteht immer darin, die Malzwassermischung direkt oder indirekt auf die Abmaischtemperatur von 74–78° C zu bringen. Innerhalb der bis dahin durchlaufenen Temperaturen liegt die Wirkung sämtlicher Enzyme, die bei der Lösung und beim Abbau der Inhaltsstoffe des Braumaterials eine Rolle spielen. Als Mittel zur Lösung derselben werden angewandt:

a) Enzymatisch-biologische: hervorgerufen durch das längere oder kürzere Einhalten bestimmter Temperaturen oder Temperaturintervalle, die für die Wirkung der Hauptenzymgruppen von Bedeutung sind, oder durch die Schaffung günstiger Bedingungen für die Wirkung der Enzyme (Änderung des pH der Maische oder deren Konzentration).

b) Physikalische: In der Vorbereitung des Braumaterials durch entsprechende Schrotung (s. S. 114) bzw. durch ein- oder mehrmaliges Kochen von Maischeanteilen. Letzteres führt zu einer Sprengung der stärkeführenden Zellen des Mehlkörpers, legt die Stärke frei und macht sie damit leichter angreifbar für die Enzyme. Das Maischekochen gibt kernige, u. U. auch etwas derbere, dunkler gefärbte Biere.

Die mehr oder weniger ausgedehnte Verwendung dieser Mittel oder ihre wechselnde Kombination bedingt die unterschiedliche Zusammensetzung der Würzen und Biere, die bei letzteren auch die Geschmacksrichtung bestimmt.

Eine zweckmäßige Einteilung der Maischverfahren ist schwierig. Am besten ist die Einteilung in Verfahren, bei denen bestimmte Maischeanteile gekocht werden, die *Dekoktionsverfahren*, und solche, bei welchen das Malzschrot nur auf enzymatischem Weg aufgeschlossen wird, die *Infusionsverfahren*.

2.3.2.8 Die *Maischgefäße*: Zur Durchführung der verschiedenen Maischverfahren werden bestimmte Gefäße benötigt, die aber je nach Art der Maischmethode (Infusion, Dekoktion) verschieden beschaffen sind.

Der *Maischbottich* dient zum Einmaischen sowie zum Aufbewahren der Teilmaischen. Er war früher nicht heizbar und aus diesem Grunde funktionsarm. In modernen Sudwerken erfüllt seine Aufgabe eine heizbare Maischbottichpfanne. Das Material ist Stahlblech, Kupfer oder rostfreier Stahl, vielfach auch Stahlblech, das mit Edelstahl plattiert wurde. Die Form der Gefäße ist rund, verschiedentlich auch oval oder viereckig. Der flache oder gewölbte Boden muß so gestaltet sein, daß er einen einwandfreien Auslauf der Maische erlaubt. Die Aufgabe des Bottichs, die Maische bei ganz bestimmten Temperaturen zu lagern, erfordert seine Isolierung an den Seitenwänden und am Boden. Nach oben ist er durch eine Haube abgeschlossen.

Das Fassungsvermögen von Maischbottich oder Maischbottichpfanne errechnet sich wie folgt: 100 kg Malzschrot nehmen 0,7 hl Raum ein. Der Hauptguß beträgt in der Regel nicht mehr als 4 hl, bei besonderen Bieren bis zu 5 hl/100 kg. Einschließlich eines Zuschlages von 40 % für die Bewegung der Maische ergibt sich pro 100 kg Schüttung ein Maischraum von 6,5 bis 7,3 hl.

Von großer Bedeutung für die Funktion des Maischbottichs ist das Rührwerk. Von seiner Wirkung hängt die schnelle und gründliche Mischung des Schrotes mit Wasser sowie die richtige und rasche Verteilung der Wärme, z. B. beim Aufheizen der Maische oder beim Zubrühen eines Kochmaischeanteils, ab. Es muß aber so beschaffen sein, daß ein möglichst geringer Sauerstoffeintrag erfolgt und keine Schereffekte auftreten.

Bei runden Gefäßen erfüllt ein Propeller diese Aufgaben, der die Maische am Rand des Bottichs nach aufwärts treibt und von dort nach der Mitte des Bottichs fördert. Sein Antrieb, der von unten erfolgt, sollte zwei bis drei verschiedene Geschwindigkeiten ermöglichen oder sogar eine stufenlose Regulierung mittels Frequenzumformer. Als Beispiel werden bei einem Maischbottich von 5 t Schüttung gegen Ende des Einmaischens oder beim Zubrühen einer Kochmaische 35–40 U/min benötigt, während der langsamste Gang zum Ziehen einer Dickmaische 10–12 U/min ausführt und während der einzelnen Rasten zur Aufrechterhaltung des Kontakts Enzym-Substrat von 20–25 U/min. Dieser letzte Wert ist bei Maischbottichpfannen auch zum Aufheizen der Teilmaische erforderlich. Bei modernen Sudwerken wird die Rührwerksdrehzahl vom Einmaischen bis zum Abmaischen stufenlos geregelt, d. h. eine steigende mit Zunahme der Maischemenge beim Einmaischen und umgekehrt mit der Verringerung des Maischepegels beim Abmaischen.

Bei viereckigen oder ovalen Gefäßen werden besondere Rührwerkskonstruktionen erforderlich, um der Maische ebenfalls eine turbulente Strömung mitzuteilen. Alle Rührwerke müssen so gestaltet sein, daß ein Lufteinzug beim Maischen vermieden wird. Dies kann auch durch eine angepaßte Rührwerksgeschwindigkeit (siehe oben) geschehen.

Am Boden des Maischbottichs befindet sich eine Auslauföffnung für die Maische, die mit der Maischpumpe oder – bei erhöhter Aufstellung des Maischbottichs – direkt mit der Maischpfanne in Verbindung steht. Zum Verschluß der Öffnung dient ein Kegelventil oder ein Schieber.

Zur gleichmäßigen Vermischung von Schrot und Wasser mündet das Schrotfallrohr vom Schrotkasten vor dem Maischbottich in einen *Vormaischer*. Er vermischt das Malzschrot vor seinem Eintritt in den Maischbottich mit Wasser und beugt so einer Verstaubung und einer Klumpenbildung vor. Auf sorgfältige Reinigung des Vormaischers ist zu achten, um eine Säuerung zu vermeiden. Eine einfachere Konstruktion ist der „Kugelvormaischer". Bei diesem wird der untere Teil des Schroteinlaufrohres von einem Wassermantel umspült und so das Schrot gleichmäßig benetzt. Um ein rasches, klumpenfreies Einmaischen mit möglichst geringen Wassermengen zu erreichen, werden sog. Einmaischschnecken oder Einmaischstrecken eingesetzt. Diese bestehen aus einer Rohrschnecke, die auf dem Weg vom Schrotkasten zum Einmaischgefäß Schrot und Wasser innig vermischt. Dabei läßt sich eine konzentrierte Maische von so z. B. 1 : 2–2,5 erstellen. Die Einleitung der so vorgefertigten Maische in das Einmaischgefäß erfolgt von oben an der Gefäßwand entlang, oder besser, in die stufenlos regelbare Maischepumpe, die das Einmaischen von unten erlaubt.

Die *Heizfläche* der Maischbottichpfanne soll so groß ausgelegt sein, daß die Gesamtmaische pro Minute um 1,5° C aufgeheizt werden kann.

Die *Maischpfanne* hat ein geringeres Fassungsvermögen als die Maischbottichpfanne, da hier gewöhnlich nur Teilmaischen behandelt werden. Ihre Größe liegt bei zwei Dritteln des Maischbottichs. Sie ist aus gleichem Material gefertigt wie dieser. Die Form des Bodens der Pfanne ergibt sich aus der Art ihrer Beheizung. Die Heizfläche soll so groß bemessen sein, daß eine Teilmaische von einem Drittel der Gesamtmaische pro Minute um mindestens 2° C aufgeheizt werden kann. Bei Maischpfannen genügt normal eine Bodenheizfläche mit Halbrohren für Dampf oder Heißwasser. Bei Maischbottichpfannen wird, um die größere Maischemenge entsprechend aufheizen zu können, noch eine zusätzliche (abschaltbare) Zargenheizfläche angeordnet. Heizflächen im Gefäßinnern sind als flache Röhrenelemente konstruiert. Je ein Rührwerk über und unter dem Heizkörper sorgen für eine flotte Durchströmung desselben. Neu sind externe Heizsysteme, die von einer stufenlos regulierbaren Pumpe beschickt werden. Diese schafft die 10fache Gesamtmaischemenge, um so eine schonende Heizmitteltemperatur einerseits und eine nur geringe Temperaturdifferenz der abgezogenen und der erwärmten Maische von 3–4° C zu gewährleisten. Die erhitzte Maische tritt unterhalb der Maischeoberfläche in das jeweilige Maischgefäß ein. Das Rührwerk der Maischpfanne soll ebenfalls stufenlos regulierbar sein. Für das Aufheizen der Teilmaische werden beim obengenannten Sudwerk 20–25 U/min benötigt.

Häufig sind statt der unterschiedlich dimensionierten Gefäße zwei gleich große Maischbottichpfannen installiert, in die wechselweise eingemaischt bzw. von denen aus abgemaischt werden kann. Dies erhöht die Flexibilität und die Leistung der Maischanlage.

Die Maischeleitungen führen – um der geringeren Sauerstoffaufnahme willen – von unten nach unten in die Gefäße. Bei entsprechender Leitungsführung wird nur eine Pumpe zum Einmaischen, Maischeziehen, Kochmaische zurückpumpen und Abmaischen benötigt, die aber für diese Aufgaben in weiten Bereichen, am besten stufenlos, zwischen 9 und 40 hl/dt · h regulierbar sein muß.

Bei einfachen Sudwerken wird die Aufgabe des Maischbottichs vom Läuterbottich, die der Maischpfanne von der Sudpfanne übernommen. Bei letzterer ist dann für eine entsprechende Unterteilung der Heizflächen Sorge zu tragen.

2.3.2.9 Der *Energiebedarf beim Maischen* hängt vom Volumen der Gesamtmaische, von der Einmaischtemperatur sowie von der Art des Maischverfahrens ab. Bei indirekter Beheizung (Dampf, Heißwasser) werden bei 52° C Einmaischtemperatur folgende Bruttowärmemengen benötigt: Zweimaischverfahren ca. 25 500 kJ/6100 kcal, Einmaischverfahren ca. 21 000 kJ/5000 kcal, Infusionsverfahren ca. 15 900 kJ/3800 kca/hl Verkaufsbier. Unter Berücksichtigung der zur Erwärmung des Einmaischwassers erforderlichen Energie würden allerdings 16 700 kJ/4000 kcal/hl mehr erforderlich, doch werden diese meist durch Verwertung der Abwärme des Würzekühlers gewonnen. Bei eigens erforderlicher Erwärmung des Einmaischwassers durch Primärenergie wären dann noch die Wirkungsgrade der Erhitzer etc. zu berücksichtigen. Auch müssen bei direkt beheizten Gefäßen generell die schlechteren Wirkungsgrade zusätzlich veranschlagt werden. Der Übergang von einem Zweimaisch- auf ein Infusionsverfahren erbringt eine Ersparnis von 10 % des Wärmebedarfs des Sudhauses bzw. rund 3 % der gesamten Brauerei.

2.3.3 Die Maischverfahren

2.3.3.1 Das *Dreimaischverfahren* ist das bekannteste Maischverfahren, von dem sich ein großer Teil der übrigen Maischverfahren ableiten läßt. In

seiner ursprünglichen Form (für dunkle Biere) soll es daher besprochen werden.

Der Verlauf ist folgender: Nach dem Einmaischen bei 35–37° C wird die Maische geteilt. Ungefähr $^2/_3$ der Maischmenge bleiben im Maischbottich (Bottichmaische), $^1/_3$ kommt in die Pfanne (Pfannenmaische). Dieses Drittel ist dick, es enthält viele feste, wasserunlösliche Schrotbestandteile, während die im Maischbottich verbleibenden zwei Drittel entsprechend dünnflüssig sind. Durch diese Maßnahme wird der Guß und damit die Enzymmenge für jede der beiden Teilmaischen wesentlich verschoben.

Die Stoffänderungen der im *Bottich* bei einer Temperatur von 35 –37° C verbleibenden Maische erfolgen im wesentlichen zwischen den Phosphaten des Malzes und den Ionen des Wassers (s. S. 93). Weitere Umsetzungen verursachen die vom Malz eingebrachten Organismen, die sich in einer Bildung von organischen Säuren und deren Umsetzungen mit den Wasser-Ionen äußern. Die Tätigkeit der Enzyme ist noch gering; es werden infolge der niedrigen Temperatur während der rund $2^1/_2$stündigen Einwirkung die unlöslichen Malzbestandteile gut durchweicht und so dem späteren enzymatischen Angriff leichter zugänglich gemacht.

Die erste *Pfannenmaische* ist dick; sie enthält folglich wenig flüssige Substanzen und Enzyme, dagegen ist sie reich an Bestandteilen, die des Aufschlusses und Abbaues bedürfen. Dieser erfolgt nun weniger auf enzymatischem als vielmehr auf physikalisch-mechanischem Weg. Bei der folgenden Anwärmung der Maische wird der Enzymgehalt derselben zwar bis zu einem gewissen Grad ausgenützt, indem diese langsam (1° C/min), manchmal unter Einschalten von Enzympausen, in etwa einer Stunde zum Kochen angewärmt wird. Es ist nicht notwendig, die völlige Verzuckerung der Maische abzuwarten, vielmehr liegt die Hauptaufgabe der Enzyme, besonders der Amylasen darin, daß durch ihre Gegenwart die Verkleisterung und Verflüssigung wesentlich leichter und bei niedrigeren Temperaturen eintritt, so daß sich der Effekt der nachfolgenden Kochung wesentlich erhöht. Auch die übrigen Stoffgruppen des Malzes werden auf enzymatischem Weg nur wenig verändert.

Beim Kochen der Maische werden die stärkeführenden Zellen des Mehlkörpers gesprengt, die Stärke selbst verkleistert und damit der späteren Wirkung der Amylasen zugänglich gemacht. Die in der Kochmaische enthaltenen Enzyme werden abgetötet. Dies ist auch der Grund, warum die

Pfannenmaische so dick und flüssigkeitsarm sein muß: der Enzymverlust soll möglichst gering sein. Durch Belassen der flüssigen Bestandteile im Maischbottich wird die enzymatische Kraft erhalten, die die gekochten Teile nach entsprechender Abkühlung leicht abbauen kann.

Die Kochdauer der ersten Dickmaische wird bei dunklem Malz 30–45 Minuten, bei hellem 10–20 Minuten gehalten. Dies hat neben dem notwendigen physikalischen Aufschluß der dunklen Maische auch den Grund, daß der typische Geschmack des dunklen Bieres sich nur durch kräftiges Kochen, durch Lösung von Spelzeninhaltsstoffen, Karamelisierung und andere Umsetzungen ausbildet. Bei hellen Maischen ist die Kochzeit im Hinblick auf den Farbton einzuschränken.

Die gekochte Dickmaische wird nunmehr wieder auf die Bottichmaische zurückgepumpt. Da diese sich aber während der $2^1/_2$stündigen Pause vollständig entmischt hat, ist es unbedingt nötig, sie vor dem Zubrühen der heißen Pfannenmaische mindestens 10 Minuten lang vorzumaischen und auch dann während des Überpumpens das Rührwerk im Maischgang ständig laufen zu lassen, damit kein Verbrühen der Enzyme eintritt. Das Zurückpumpen der Kochmaische dauert je nach der Wirkung des Rührwerks 10–20 Minuten. Bei Einleiten von oben soll sie in die Mitte des Maischbottichs „einspringen", um eine gute und rasche Vermischung der beiden Teilmaischen zu gewährleisten. Beim Einpumpen von unten wird die infolge der geringeren Auskühlung der Kochmaische eine kleinere Menge erforderlich, die in 5–8 Minuten rückgeführt wird.

Die Gesamtmaische hat nunmehr eine Temperatur von 50–53° C. Hier wirken die Enzyme bereits bedeutend kräftiger, namentlich auf die gekochten Bestandteile ein; auch der Stärkeabbau wird nunmehr langsam eingeleitet. Besondere Bedeutung kommt bei dieser Temperaturstufe dem Eiweißabbau, aber auch der Veränderung der Gummistoffe und Phosphate zu. Die nunmehr im Bottich zurückbleibenden Maischeteile machen eine ca. 2 Stunden dauernde Eiweißrast durch, die nach Wunsch auch noch verlängert werden kann. Wichtig ist die Isolierung des Bottichs, damit die Temperaturen auch wirklich erhalten bleiben.

In der Pfanne wiederholt sich der Vorgang mit der *zweiten Dickmaische*. Diese, ebenfalls $^1/_3$ der Gesamtmaische, wird in 35–40 Minuten auf Kochtemperatur erhitzt und bei dunklem Bier 30–35 Minuten, bei hellem 10–20 Minuten gekocht.

Anschließend folgt das Zurückpumpen der zweiten Dickmaische in den Maischbottich auf die wieder intensiv vorgemaischte Restmaische, wodurch die Gesamtmaische eine Temperatur von 62–67° C erreicht und damit in den Wirkungsbereich der Amylasen kommt. Nunmehr setzt der Stärkeabbau kräftig ein, der Extrakt- und Zuckergehalt der Maische steigt sprunghaft an. Der größte Teil der Festbestandteile ist durch das Kochen aufgeschlossen, verkleistert, verflüssigt oder sogar schon verzuckert.

Deshalb wird auch die *dritte Kochmaische* nicht mehr als Dickmaische, sondern als *Läutermaische* gezogen. Sie enthält hauptsächlich flüssige, also enzymreiche, treberarme Maischeteile, die des Abbauens nicht mehr bedürfen. Es ist ihre Menge im Verhältnis zur Enzymmenge gering. Die durch Absitzenlassen oder sogar durch Abhebern gewonnene Lautermaische wird aus diesem Grund in ca. 20–25 Minuten zum Kochen gebracht und 25 Minuten bei dunklen, 10–20 Minuten bei hellen Suden gekocht. Mitunter kann die Kochzeit der Lautermaische auch eine Ausdehnung bis zu einer Stunde erfahren, um die im Maischbottich verbleibenden Teile einer längeren Verzuckerungspause zu unterwerfen. Die Menge der Lautermaische wird so gewählt ($^1/_3$–$^1/_2$ der Gesamtmaische), daß eine Abmaischtemperatur von 76–78° C gewährleistet ist. Die Gesamtmaische muß hier bereits jodnormal sein. Bei zu hohen Abmaischtemperaturen ist die Gefahr gegeben, daß die α-Amylase rascher inaktiviert wird, als die Jodnormalität der Maische fortschreitet.

Die Behandlung der dritten Maische als Lautermaische hat zum Zweck, einen zu weitgehenden enzymatischen Abbau der Maische im Interesse des kernigen Biergeschmacks und der Schaumhaltigkeit zu vermeiden. Durch das mehrmalige Kochen ist der enzymatische Abbau genügend weit fortgeschritten und es ist damit eine weitere, intensive Tätigkeit der Enzyme unnötig. Das Dreimaischverfahren nimmt etwa $5^1/_2$ Stunden in Anspruch. Es ist für dunkle, enzymschwache Malze durchaus am Platz, schon um der geschmacklichen Qualität des dunklen Bieres wegen. Bei hellen gut gelösten Malzen wird jedoch ein zu weitgehender Abbau der verschiedenen Stoffgruppen eintreten. Variationen durch unterschiedliche Bemessung der ersten oder zweiten Dickmaische erlauben es, die Schwerpunkte des enzymatischen Abbaus etwas zu verschieben, so z. B. nach höheren Eiweißabbau- oder Verzuckerungstemperaturen hin. Knapp bemessene Kochmaischen, kürzere Enzymrasten derselben, rasches Aufheizen und kürzere Kochzeiten ermöglichen die Durchführung des Verfahrens in knapp 4 Stunden. Die Anwendung von Maischeresten, wie sie beim ursprünglichen Pilsener Dreimaischverfahren üblich war, sieht das Ziehen von größeren Kochmaischeanteilen vor, die zum Erreichen der gewünschten Gesamtmaischetemperaturen zu groß sind, wodurch ein Rest in der Pfanne verbleibt. In diesen springt nun die Bottichmaische ein. Hierdurch wird ein Teil der Enzyme vernichtet und der Eiweißabbau der Teilmaische abgeschwächt, bzw. es werden mehr unvergärbare Substanzen geschaffen. Die Wirkung hängt von der Größe der „Reste" ab, auch davon, von welcher Kochmaische ein Rest zurückbehalten wird. Meist ist dies bei der zweiten Maische der Fall, um den Stärkeabbau zu beeinflussen.

Das Dreimaischverfahren erfordert viel Zeit ($5\frac{1}{2}$ Stunden) und Energie. Es paßt sich nur schwer in die heute sehr hohen Sudfolgen ein. Das Schrot ist von zweitrangiger Bedeutung, da die intensive Bearbeitung einen guten Aufschluß der Grobgrieße sicherstellt. Der Verlust an unaufgeschlossener Stärke in den Naßtrebern soll 0,5–0,6 % nicht übersteigen. Der Würzeverlust durch den auswaschbaren Extrakt hängt von der Art des Anschwänzens ab.

2.3.3.2 Das *Zweimaischverfahren* leitet sich vom Dreimaischverfahren durch Weglassen einer der drei Kochmaischen ab. Hierdurch ergibt sich eine größere Anpassungsfähigkeit an die Bedürfnisse verschiedener Malze und Biere.

Bei einer *Einmaischtemperatur von 50° C* wird je nach Auflösung des Malzes eine Eiweißrast zwischen 10 und 20 Minuten gehalten.

Die *erste Dickmaische* (Verhältnis Malz zu Hauptguß = 1 : 2) umfaßt 30–33 % der Gesamtmaische; die Verzuckerung dieser Teilmaische erfolgt zwischen 68 und 72° C bis zur Jodnormalität, anschließend wird normal 20 Minuten gekocht und in den Maischbottich auf 65° C aufgebrüht.

Die *zweite Maische* (als Dickmaische 1 : 2, als Normalmaische etwa 1 : 4) verzuckert wiederum zwischen 68–72°C bis zur Jodnormalität, kocht 15 Minuten und wird auf 76–78° C aufgebrüht. Der Eiweißabbau kann durch die Wahl der Einmaischtemperatur zwischen 45 und 55° C und durch die Länge der Eiweißrast nach dem Einmaischen gesteuert werden. Der Endvergärungsgrad erfährt seine Fixierung durch die Höhe der Temperatur der Gesamtmaische zwischen 62 und 68° C, wobei im Bereich zwischen 62 und 65° C die Bestwerte erreicht werden. Er wird ferner durch

die Rast der Gesamtmaische bzw. das Niveau der Verzuckerung der zweiten Maische beeinflußt, während es bei der Verzuckerung der ersten Maische nur darum geht, das Enzympotential derselben auszunützen. Ein kleines Temperaturintervall zwischen der 1. und 2. Maische begünstigt die Stickstofflösung vor allem zu niedermolekularen Substanzen und erhöht die Pufferung. Je nach Biertyp kann die Maischekochzeit jeweils zwischen 10 und 25 Minuten liegen. Die Gesamtmaischdauer beträgt in Abhängigkeit der verschiedenen Faktoren 3–4 Stunden. Unter Verwendung normal gelöster Malze ergeben sich gute Ausbeuten und vollschmeckende, runde Biere von guten Schaumeigenschaften.

Eine wesentliche *Intensivierung* erfährt das Zweimaischverfahren, wenn mit 35–37° C eingemaischt und anschließend in 10–20 Minuten auf 50° C aufgeheizt wird. Nach kurzer Eiweißrast bei 50–52° C erfolgt das Ziehen der ersten Kochmaische. Der weitere Ablauf ist der oben besprochene. Durch die schon geschilderten Vorgänge bei 35° C wie Aufbereitung des Mehlkörpers und Lösen der Enzyme erzielt dieses Verfahren eine stärkere Lösung der Stickstoffsubstanzen, vor allem eine Betonung des Gehaltes an Amino-Stickstoff, sowie eine Erhöhung des Endvergärungsgrades. Auch der Abbau der Gummistoffe wird gefördert. Es ist geeignet bei schlechter gelösten Malzen. Die Maischdauer verlängert sich um 15–30 Minuten. Geschmacklich erscheinen die so gemaischten Biere etwas breiter und schärfer als die des normalen Zweimaischverfahrens.

Eine *andere Art des Zweimaischverfahrens* sieht ebenfalls ein Einmaischen bei 35–37° C vor. Hier erfolgt die Trennung der Maische, wobei die 60–65 % umfassende Pfannenmaische (1 : 2,7) den Hauptteil der Festbestandteile enthält. Die Restmaische bleibt bei 35° C im Bottich. Nachdem die erste Maische sehr groß ist, wird es erforderlich sein, mit ihr eine 10–20 Minuten währende Eiweißrast einzuhalten, um die notwendige Eiweißlösung sicherzustellen. Nach Verzuckerung und Kochen der Pfannenmaische wird in den Maischbottich auf 62–68° C zugebrüht. Im Bedarfsfall ist es möglich, das Zubrühen bei einer Temperatur von 50–52°C für 5–10 Minuten zu unterbrechen, um so die Bottichmaische ebenfalls einer (kurzen) Eiweißrast auszusetzen. Anschließend wird dann diese mit dem Rest der Kochmaische auf die oben genannten Temperaturen gebracht. Die zweite Maische erfährt dann die übliche Weiterführung. Ein derartiges Maischverfahren gestattet neben einem gezielten Eiweiß- und

Stärkeabbau auch eine bestmögliche Beeinflussung hoher β-Glucangehalte, es liefert gute Ausbeuten. Die große erste Maische vermittelt – besonders bei 30 Minuten Kochzeit – einen vollen, kernigen Geschmack. Es findet deshalb meist bei satter gefärbten, malzigen Lagerbieren oder auch bei Märzenbier Anwendung. Die Dauer dieses Prozesses liegt ebenfalls zwischen 3 und 4 Stunden.

Der *dritte Typ des Zweimaischverfahrens* beruht darauf, daß die dritte Kochmaische des Dreimaischverfahrens in Fortfall kommt und die Temperaturspanne von ca. 65° C zur Abmaischtemperatur durch Infusion überbrückt wird. Das Verfahren beginnt bei 35–37° C; hier wird die erste Kochmaische ($^1/_3$) gezogen und nach Verzuckerung und Kochen auf 50–52° C zugebrüht. Die zweite Maische (ebenfalls $^1/_3$) führt nach dem Zubrühen auf eine Temperatur von 62–68° C. Nach kurzer Rast zur Fixierung des Endvergärungsgrades wird die Gesamtmaische auf 70° C zur vollständigen Verzuckerung und schließlich auf Abmaischtemperatur gebracht. Bei dieser Maischeführung erfährt der Eiweißabbau eine sehr starke Betonung, die β-Glucane werden verringert, während die Temperaturrasten des Stärkeabbaues am Ende des Maischprozesses zwar eine sehr gute Beeinflussung des Endvergärungsgrades ergeben, aber doch eine Verlängerung um ca. 30 Minuten zur Folge haben. Das etwas schwerfällige Verfahren wird meist bei kräftiger schmeckenden Bieren angewendet.

2.3.3.3 Das *Einmaischverfahren* leitet sich ebenfalls vom Dreimaischverfahren ab, doch ist hier stets eine Kombination von Dekoktions- und Infusionsverfahren notwendig, um den gesamten Temperaturbereich bestreichen zu können.

1. Art: *Infusion vor dem Ziehen der Kochmaische.* Es wird bei 35–37° C eingemaischt, in 20 Minuten auf 50° C aufgeheizt, je nach Malzauflösung 15–30 Minuten Rast gegeben, in 15 Minuten auf 65° C angewärmt und dort eine Rast von 30 Minuten eingehalten. Diese Rast ist für die Geschmacksabrundung der Biere von Bedeutung. Die Restmaische wird nun in den gut vorgewärmten Maischbottich gepumpt, während eine Dickmaische von rund 50 % der Gesamtmaische in der Pfanne verbleibt. Nach Erzielen einer vollständigen Verzuckerung bei 68–72° C und einer 15–30 Minuten währenden Kochung wird auf Abmaischtemperatur aufgebrüht.

Es ist auch möglich, die Restmaische erst nach erfolgter Verzuckerung bei 70° C abzuziehen, doch besteht dann die Gefahr, daß die Aktivität der hier schon geschwächten Amylasen nicht mehr ausreicht, um eine vollständige Verzuckerung der beim Kochen aufgeschlossenen Stärketeilchen zu bewirken. Die Maischdauer beträgt 3–3$^1/_2$ Stunden; sie kann bei sehr gut gelösten Malzen, z. B. durch Einmaischen bei höheren Temperaturen, verkürzt werden. Die verschiedenen Hauptrasten bieten im Verein mit einer Variation der Kochzeit eine Anpassung an die verschiedenen Biertypen.

2. Art: *Infusion nach dem Zubrühen der Kochmaische.* Bei gut gelösten Malzen wird mit 50–55° C eingemaischt und nach 10–15 Minuten Eiweißrast die Restmaische abgetrennt. Die Pfannenmaische umfaßt 30–40 %. Nach Verzuckerung und Kochen wird sie auf 65–70°C zugebrüht, anschließend erfolgt nach der vollständigen Verzuckerung das Aufheizen auf Abmaischtemperatur. Das Verfahren eignet sich für helle, elegante Biere, doch kann infolge der knappen Kochmaische die Endvergärung zu niedrig ausfalen, auch bedarf die Ausbeute einer scharfen Kontrolle. Natürlich kann dem etwa 3 Stunden dauernden Maischverfahren auch eine tiefere Einmaischtemperatur vorgeschaltet werden.

3. Art: *Infusion der Restmaische:* Es wird wie bei Variante 2 verfahren, doch die Restmaische nach einer bestimmten Eiweißrast auf ca. 62° C aufgeheizt und dort bis zum Zubrühen der Kochmaische belassen. Mit dieser wird die Abmaischtemperatur erreicht.

Malze mit sehr weitgehender Auflösung können u. U. noch höhere Einmaischtemperaturen von z. B. 65° C oder gar 67° C erfordern. Hier läßt sich nur mehr eine Kochmaische verarbeiten, die dann direkt zur Abmaischtemperatur führt. Beim Arbeiten in den Grenzbereichen der hauptsächlichen Enzymgruppen kommt der Homogenität der Malze eine sehr große Bedeutung bei, ebenso der Kontrolle der Würzezusammensetzung.

4. Art: *Das Kesselmaischverfahren:* Sein Grundprinzip schließt das Kochen der Gesamtmaische und ein anschließendes Abkühlen derselben auf die gewünschten Rasttemperaturen ein. Hier erfolgt dann die gezielte Enzymwirkung mit Hilfe eines bei niedrigen Temperaturen gezogenen Enzymauszuges („kalter Satz"). Das Maischverfahren sieht meist eine Einmaischtemperatur von 35° (seltener 50° C) vor. Hier wird nach 10–15 Minuten langem Absitzen ein Enzymauszug von 10 % der Gesamtmenge abgezogen. Die Maische selbst gelangt unter Einhalten von Enzympausen (bei 50, 65 und 70°C) zum Kochen.

Nach 20–40 Minuten langem Kochen erfolgt das Abkühlen der Maische, meist auf 65–70° C, mittels einer eingebauten Kühlschlange und/oder Zusatz von kaltem Wasser. Hierauf wird der kalte Satz zugegeben, die Maische verzuckert und auf Abmaischtemperatur erwärmt. Das je nach Dauer des Abkühlens $3^1/_2$–$4^1/_2$ Stunden während Maischverfahren erlaubt einen vollständigeren Aufschluß der Stärkepartikel und bei wohldefinierten Temperaturrasten eine hohe Ausbeute.

Eine weitere Variante des Kesselmaischverfahrens ist das *Schmitzverfahren*, bei dem die Gesamtmaische gekocht, anschließend aber nicht mehr abgekühlt, sondern kochend heiß geläutert und angeschwänzt wird. Die kleistertrüb ablaufende Würze muß, ebenso wie die Nachgüsse, beim Einlauf in die Würzepfanne auf eine gewünschte Temperatur abgekühlt und durch einen kalten Satz nachverzuckert werden. Die Nachverzuckerung muß so lange währen, bis der letzte Nachguß jodnormal ist, d. h. es kann die Gesamtwürze erst dann zum Hopfenkochprozeß aufgeheizt werden, wenn das Abläutern beendet und keine Jodreaktion mehr feststellbar ist. Hierdurch wird der Zeitgewinn durch das bei 90–95° C rascher vor sich gehende Abläutern wieder aufgewogen. Die Ausbeute liegt bei diesem Verfahren etwas höher, da auch das Schrot feiner gehalten werden kann. Es hat sich jedoch bei den modernen Läuterbottichen die Notwendigkeit einer derartigen Maßnahme mehr und mehr erübrigt, nachdem das Verfahren nicht nur energieaufwendig ist, sondern meist auch zu dunkleren, breiter schmeckenden Bieren führte.

2.3.3.4 Das *Hochkurzmaischverfahren*, welches bei sehr gut gelösten, enzymstarken Malzen Anwendung findet, kann als Ein- oder Zweimaischverfahren ablaufen. Die ursprüngliche Form ist jedoch die des Zweimaischverfahrens.

Durch eine Einmaischtemperatur von 62° C wird versucht, den Eiweißabbau insofern zu regulieren, als bei dieser Temperatur die löslichen Proteasen relativ rasch inaktiviert werden. Doch erzielen die Desmo-Proteasen in kurzer Zeit einen gewissen Ausgleich, so daß die Werte des Gesamtstickstoffs nur ca. 5–7% unter denen normaler Zweimaischverfahren liegen. Der Anteil des hochmolekularen Eiweißes ist jedoch bei derartigen Würzen und Bieren höher. Die Glucanasen sind bei 62° C nur mehr kurze Zeit wirksam, der Abbau der Gummistoffe ist daher nur beschränkt. Bei mäßig gelösten Malzen ergeben sich unter Umständen Abläuterschwierigkeiten. Auch

der Abbau des Phytins ist schwächer, wodurch die Maischen eine geringere Pufferkapazität aufweisen und so zu einem niedrigen Bier-pH führen. Die Amylasen erfahren beim Hochkurzmaischverfahren eine gewisse Förderung, doch vorausgesetzt, daß die Lösung der Malzbestandteile rascher vor sich geht als die Inaktivierung der β-Amylase.

Nach dem Einmaischen bei 62° C und kurzer Rast (10–15 Minuten) wird die Pfannenmaische ($^1/_5$–$^1/_4$) unter Einhalten einer Verzuckerungspause zum Kochen gebracht, 5–10 Minuten gekocht und auf 68–72° C aufgemaischt. Nach einer Rast der Gesamtmaische bei dieser Temperatur von ca. 30 Minuten gelangt die zweite Maische ($^1/_5$–$^1/_4$) zum Kochen und wird nach 5–10 Minuten Kochzeit auf 76–78° C gebrüht. Das Maischverfahren dauert 2–$2^1/_2$ Stunden. Es liefert geschmackszarte Biere, wenn die verarbeiteten Malze gut waren (ELG – 40 %, M.S. Differenz < 1.8 % EBC und VZ 45° C > 38 %); bei knapper gelösten Malzen kann entweder eine Rast bei 62° C eingehalten, oder mit 50° C eingemaischt und auf 62° C aufgeheizt werden. Hierdurch lassen sich die analytischen und geschmacklichen Eigenschaften der Biere verbessern. Sollte der Endvergärungsgrad zu hoch ausfallen, so dient eine etwas niedrigere Einmaischtemperatur (ca. 58° C) seiner Korrektur. Ein Zweimaischverfahren wirkt sich hier stets besser aus als ein Einmaischverfahren, da die Maischintervalle bei ersterem kleiner und damit günstiger sind. Das Hochkurzmaischverfahren erfordert stets eine sorgfältige Schrotung, sonst ergeben sich Ausbeuteverluste.

2.3.3.5 *Springmaischverfahren* beruhen auf der Anwendung von Maischeresten, meist von Kochtemperatur, in die die folgende Kochmaische oder sogar die restliche Gesamtmaische gepumpt wird, um Optimaltemperaturen zu überspringen und so den Abbau bestimmter Stoffgruppen zu beschränken. Diese Arbeitsweise wird auch angewendet, um zur Herstellung von alkoholfreien oder alkohärmeren Bieren den Endvergärungsgrad zu drücken:

Die Malzschüttung wird dick (S : HG = 1 : 2) bei 45–50° C, am besten mittels Vormaisch-Schnecke, eingemaischt. Nach einer Rast von 30–45 Minuten wird diese Maische rasch in kochendes Wasser (2,5 hl/dt Schüttung) eingepumpt und so eine von 100°C auf 73–73,5° C fallende Temperatur erreicht. Nach 40–60 Minuten Rast wird auf 77° C aufgeheizt und abgemaischt. Die niedrige Einmaischtemperatur soll einen genügenden Abbau von Eiweiß (FAN) sowie von Stütz- und Gerüstsubstanzen erbringen. Der erreichbare Endvergärungsgrad liegt bei 65–70 % (scheinbar) bzw. 53–57 % (wirklich); die Jodreaktion läßt jedoch zu wünschen übrig.

2.3.3.6 *Infusionsmaischverfahren* bewirken die Lösung und den Abbau der Malzbestandteile – abgesehen vom Schrot – nur durch die Wirkung der im Malz vorhandenen Enzyme, da auf das zweite mechanische Hilfsmittel, das Kochen, verzichtet wird. Es muß also, um einen gewissen Ausgleich zu schaffen, der enzymatische Abbau etwas mehr im Hinblick auf die Ausschöpfung der Optima gesteuert werden. Bei der Umstellung eines Zweimaischverfahrens mit 50° C Einmaischtemperatur auf Infusionsverfahren kann es zweckmäßig sein, mit 35–37° C einzumaischen, mit 1° C/min auf 50–52° C aufzuheizen und eine Eiweißrast von 20–30 Minuten, nach Maßgabe des FAN einzuhalten. Die Temperatursteigerung auf 62° C erfolgt dann wieder mit 1° C/min. Die „Maltoserast" wird, um der besseren Wirkung der Amylasen willen in zwei Abschnitte – jeweils 20–30 Minuten bei 62° C und 20–30 Minuten bei 65° C unterteilt. Für Dauer und Abstufung der Rast sind der Endvergärungsgrad und der Jodwert maßgebend. Die Verzuckerungsrast bei 70–72°C wird über das Erreichen der Jodnormalität hinaus, insgesamt ca. 60 Minuten eingehalten. Hier werden auch schaumpositive Glycoproteide (s. S. 118) gelöst. Anschließend erfolgt das Abmaischen bei 75–77° C. Bei Hochkurzmaischverfahren bietet sich an – unter der Voraussetzung sehr gut und homogen gelöster Malze etwa dasselbe Temperatur-Regime der „Restmaische" einzuhalten, wobei aber um der besseren Stärkelösung willen bei 55–58° C oder bei 60° C eingemaischt wird und dann eine abgestufte Maltoserast bei 62/65° C zweckmäßig ist. Die Verzuckerungsrast bei 70–72° C dauert wieder ca. 60 Minuten. Gegenüber den Dekoktionsverfahren ist eine nicht unerhebliche Zeitersparnis gegeben, da die durch das Behandeln der Kochmaische vorgegebenen Ruhezeiten der Restmaische durch eine gezielte Temperaturführung der Infusionsmaische ersetzt werden. Auch ist zu bedenken, daß bei längeren Eiweiß- oder Maltoserasten die Enzymwirkung infolge Rückkoppelungsmechanismen oder infolge Inaktivierung ohnedies nachläßt. Um den Enzym-/Substratkontakt günstig zu gestalten, sollte das Rührwerk auch während längerer Rasten

laufen, wenn auch u. U. mit einer um ca. $^1/_3$ verringerten Umdrehungszahl. Bei knapp gelösten Malzen ist es erforderlich, unterhalb der Enzymoptima einzumaischen und die einzelnen Rasten zur Förderung des Eiweiß-β-Glucan- und Stärkeabbaus entsprechend den anzustrebenden Daten der Würzeanalyse einzuhalten. Unter Berücksichtigung dieser Vorgaben treten keine Ausbeuteverluste ein, wenngleich der Grad des Stärkeabbaus anhand der Jodzahl und des aufschließbaren Extraktes der Treber zu kontrollieren ist. Nachdem die Wirkung der Kochmaischen im Hinblick auf Melanoidinbildung und verstärkter Extraktion von Spelzeninhaltsstoffen entfällt, können die Biere u. U. etwas weicher und neutraler ausfallen. Letzteres kann durch Caramelmalzgaben (ca. 2 % Farbe 25 EBC) ausgeglichen werden. Ein früher befürchteter, zu weitgehender Stärkeabbau durch eine größere, restliche α-Amylasenmenge hat sich nicht bewahrheitet. Es ist lediglich darauf zu achten, daß die Läuterwürze im Vorlaufgefäß bei Abmaischtemperatur von 75–77° C gehalten wird. Der durch Wegfall des Maischekochens höhere Gehalt an koagulierbarem Stickstoff bereitet bei modernen, intensiv arbeitenden Würzekochsystemen keine Probleme, wohl aber erbringt dessen Ausfällung etwas höhere Bitterstoffverluste mit sich. Das Infusionsverfahren ergibt, je nach der Zahl der Kochmaischen und deren Kochzeit, eine Energieersparnis. Der Nachteil der niedrigeren Einmaischtemperatur kann durch entsprechend dickeres Einmaischen und darauffolgendes Zubrühen von heißem Wasser ausgeglichen werden.

Die *abwärtsmaischende Infusion* besteht darin, daß Malzschrot, welches in einem intensiv arbeitenden Vormaischer mit Wasser vermischt wurde, in heißes Wasser von ca. 75° C einspringt, wodurch sich dann im Laufe des Einmaischvorganges eine auf ca. 65° C fallende Temperaturkurve ergibt. Die Verzuckerung und der Eiweißabbau werden somit von oben her begonnen und damit die Wirkung der α-Amylase betont, die der anderen Enzyme abgeschwächt. Das Verfahren wurde für sehr stark gelöste Malze und hier wiederum für bestimmte Biertypen (z. B. Ale) eingeführt.

2.3.3.7 Die *Schrotmaischverfahren* sehen vor, die verschiedenen Schrotbestandteile je nach ihrem Enzymgehalt und nach ihrer verschiedenen Härte und Aufschließbarkeit gesondert zu behandeln.

Vor allem soll vermieden werden, die Spelzen mit der Maische zu kochen, um die Auslaugung unedler Bestandteile wie Gerbstoffe, Spelzenbitterstoffe und Huminsubstanzen zu vermeiden. Die Mehle und Feingrieße dagegen, welche den bestgelösten Kornpartien entstammen, werden nur auf enzymatischem Wege aufgeschlossen, während die Grobgrieße, ihrem mehr rohfruchtartigen Charakter entsprechend, einen besonderen physikalischen Aufschluß beim Kochen erfahren. Voraussetzung für derartige Verfahren ist eine 5- oder 6-Walzen-Mühle, deren einzelne Mahlprodukte getrennt abgeführt werden.

Das typische Schrotmaischverfahren beginnt mit dem Einmaischen der Grobgrieße, die nach Einhalten von Eiweißrast und Verzuckerungspause 30–60 Minuten kräftig gekocht werden. Während dieser Zeit erfolgt das Einmaischen der Spelzen im Bottich; die Temperatur wird so gewählt, daß nach dem Zubrühen der Grießmaische 72–75° C vorliegen. Dieser Maische werden nun Mehle und Feingrieße zugesetzt. Nach Verzuckerung der beim Kochen aufgeschlossenen und der später zugesetzten Maischeanteile wird auf Abmaischtemperatur aufgeheizt.

Das Verfahren gestattet eine gute Regulierung der Zuckerverhältnisse, doch besteht durch einen späten Spelzenzusatz die Gefahr eines mangelhaften Abbaus der Gummistoffe, hochmolekularer Eiweißkörper und von Stärkeresten, die eine unbefriedigende Würzezusammensetzung und damit Erschwernisse im weiteren Prozeßverlauf der Bierbereitung sowie ein unzulängliches Produkt (Geschmack, Stabilität) im Gefolge haben.

Vielfach wird *eine Spelzentrennung* bei normalen Dekoktionsverfahren auf die Weise durchgeführt, daß die Spelzen dann in den Maischbottich zur Restmaische gelangen, wenn die letzte Kochmaische bereits in die Pfanne gezogen wurde. Auf diese Weise kann das Kochen der Spelzen vermieden werden. Nachdem dieser Zusatz jedoch bei Zweimaisch- oder Hochkurzmaischverfahren erst bei 65–70° C erfolgt, besteht bei ungenügender Ausmahlung der Spelzen die Gefahr von Ausbeuteverlusten, einer Erniedrigung des Endvergärungsgrades und einer insgesamt schlechteren Vergärbarkeit der Würzen. Bei schweren Fehlern sind Vorderwürze oder Nachgüsse nicht mehr jodnormal. Dagegen kann sich im positiven Falle ein milder, weicher Biergeschmack bei einer um 0,5–0,8 EBC-Einheiten helleren Bierfarbe ergeben. Um der Sicherheit willen werden deshalb die Spelzen häufig zur ersten Restmaische gegeben oder in einem eigenen Behälter bei 50–60° C eingemaischt, um dann zum geeigneten Zeitpunkt, d. h. nach Ziehen der zweiten Kochmaische, in den Maischbottich gepumpt zu werden. Der hierfür erforderliche Wasserzusatz ist bei der Bemessung des Hauptgusses zu berücksichtigen (s. S. 122).

Die Verbesserung der Schrottechnik durch Konditionierung oder kontinuierliche Weiche hat, ebenso wie die vermehrte Einführung von Infusionsmaischverfahren die Spelzentrennung als entbehrlich erscheinen lassen. Durch die immer weitergehende Differenzierung der Biere kann sie, z. B. durch Verwerfen eines Teils der Spelzen weiterhin Bestand haben, um besonders weiche Biere zu erzielen.

2.3.3.8 *Druckmaischverfahren*, wie sie z. B. ein Kochen der Maischen unter Druck zur Verbesserung des Aufschlusses der Stärkepartikel vorsehen, haben sich nicht bewährt. Diese möglichst vollständige Ausnutzung des Rohmaterials führt zu hart und breit schmeckenden Bieren. Diese und ähnliche Verfahren, wie z. B. die Druckkochung der bereits ausgelaugten Treber und die Verwertung des Aufschlußproduktes zum Einmaischen des nächsten Sudes, erfordern eine Druckpfanne für ca. 3 bar Überdruck, am besten mit halbkugelförmigem Heizboden. Die Beheizung der Maische kann jedoch auch über eine Heizschlange erfolgen, die im Bedarfsfall zum Abkühlen des Kochgutes zu verwenden ist.

Die heutzutage wesentlich verbesserte Sudhaustechnologie hat derartige Verfahren entbehrlich gemacht.

2.3.3.9 Die *Verarbeitung der Rohfrucht*. Rohfrucht wie Mais, Reis oder auch Gerste enthält die Bestandteile des Mehlkörpers in ihrer genuinen Form. Sie wurden nicht durch einen Mälzungsprozeß gelöst, wie auch keine Neubildung bzw. Aktivierung von Enzymen erfolgte. Aus diesem Grunde muß die Rohfrucht einer Vorbehandlung, einem Aufschließungsprozeß unterworfen werden, wenn mindestens eine genügende Umwandlung der Stärkebestandteile und ihre möglichst restlose Gewinnung sichergestellt werden soll. Dies geschieht durch Kochen der Rohfrucht ohne oder verschiedentlich auch mit Druck. Dadurch wird die Stärke der Rohfrucht verkleistert und kann dann leichter verzuckert werden.

Um diesen Aufschluß sachgemäß durchführen zu können, muß das Rohmaterial entsprechend fein zerkleinert werden. Während Flocken, Pulver oder auch Feingrieße keiner weiteren Aufbereitung mehr bedürfen, müssen doch die meist zum Verbrauen kommenden Grobgrieße fein vermahlen werden.

Nachdem Mais und Reis selbst keine Spelzen enthalten, ist es günstig, konditioniertes oder kontinuierlich geweichtes Malzschrot zu verwenden. Dabei verdient aber Berücksichtigung, daß die Rohfrucht den Gummistoffgehalt des Malzes „verdünnt", so daß bei gutem Schrot und einwandfreiem Stärkeabbau die Abläuterung nicht beeinträchtigt wird. Malze aus mehrzeiligen Gersten erhöhen den Spelzenanteil vorteilhaft und bringen bei hohen Rohfruchtanteilen um 40 % nicht nur ausgleichend einen hohen Enzymgehalt, sondern auch reichlich niedermolekularen Stickstoff in die Maische bzw. Würze ein.

Weiterhin ist es wichtig, den Aufschluß der Rohfrucht durch enzymatische Einflüsse zu unterstützen. Hierdurch wird das Rohfruchtkorn abgeschmolzen und eine sofortige Lösung der verkleisternden Schichten bewirkt. Aus diesem Grunde wird der Rohfrucht beim Aufschließungsprozeß Malz beigegeben, welches eine dünnflüssige Maische vermittelt und ein Anbrennen der sonst zähen Rohfruchtmaische verhindert.

Die Anwesenheit der Malzamylasen bei der Verkleisterung der Stärke setzt die Verkleisterungstemperatur um ca. 20° C herab, wodurch diese – mit gewissen Ausnahmen – noch im Bereich der Verzuckerungstemperaturen ablaufen kann.

Zum Aufschluß der Rohfrucht ist verhältnismäßig viel Wasser nötig (1 : 4–5). Die Malzmaische muß daher dicker (1 : 2,5–3) gehalten werden, um nach Vereinigung der beiden Maischen eine normalprozentige Vorderwürze zu erhalten.

Zur Kontrolle des Rohfruchtaufschlusses dient wiederum die Jodprobe. Die Gesamtmaische soll nach Zugabe der Rohfruchtmaische rasch und vollständig verzuckern. Gegebenenfalls ist die Verzuckerungstemperatur bis auf 75°C zu steigern, um die Jodnormalität zu erreichen.

Zur verschiedentlich angewendeten Druckkochung der Rohfrucht ist eine entsprechende Druckpfanne erforderlich. Bei groben Grießen werden Drücke bis zu 3 bar, in der Regel 1 bar, angewendet. Das Verfahren hat den Vorteil, daß die zur Rohfruchtmaische dosierten Malzmengen geringer sein können; auch bereitet Reis geringere Schwierigkeiten bei der Verkleisterung und

Verflüssigung (s. S. 91). Ein größerer (1 : 1) Malzanteil bei der Druckkochung kann eine geschmackliche Beeinträchtigung der Biere erbringen, ebenso die Verwendung von ölreichen Grießen, die infolge Verseifung des Öles Fettsäuren bilden, die auch den Bierschaum schädigen können.

Die einzelnen Rohfruchtarten, ihre Verarbeitungsformen und schließlich ihr Einsatzverhältnis machen eine unterschiedliche Behandlung während des Maischprozesses notwendig.

Mais verarbeitet sich generell leichter als Reis, da er meist eine niedrigere Verkleisterungstemperatur aufweist. Aufbereitete Produkte wie z. B. Flocken oder reine Maisstärke bedürfen ebenso wie *geringe Rohfruchtanteile* (15 %) keiner besonderen Behandlung. Sie werden bei der ersten Kochmaische mit zugegeben und nach Kochen und Zubrühen derselben bei 65–70° C vollständig verzuckert. Auch eine getrennte Zugabe zur ersten und zweiten Kochmaische ist möglich.

Bei *höheren Rohfruchtgaben* ist es notwendig, eine eigene Rohfruchtmaische durchzuführen. Diese verläuft z. B. bei 20% Mais wie folgt:

Bei 3000 kg Schüttung werden 600 kg Mais gegeben. Für die Rohfruchtmaische werden in der Maischpfanne 600 kg Mais und 600 kg Malz mit 50 hl Wasser zu 54 hl Gesamtmenge klumpenfrei auf 35° C eingemaischt. Nach einer Rast und anschließenden Enzympausen bei 50° C und 70–75° C kocht die Maische 30 Minuten. Die restliche Malzschüttung von 1800 kg wird nun mit 54 hl Wasser bei 50° C so rechtzeitig eingemaischt, daß eine auf die Bedürfnisse des Malzes abgestimmte Einweißrast resultiert. Die Gesamtmenge beträgt hier 66 hl.

Die Kochmaische wird nun in den Maischbottich auf 65–70° C zugebrüht. Die Gesamtmaische beläuft sich auf 120 hl, entsprechend einer Vorderwürzekonzentration von 17–17,5 %. Hier wird nun entweder die Verzuckerung der Maische abgewartet und auf Abmaischtemperatur aufgeheizt oder es wird eine zweite Maische wie bei einem normalen Zweimaischverfahren durchgeführt.

Es kann auch ein Dreimaischverfahren zur Anwendung kommen, wenn nämlich die Malzmaische beim Zubrühen der Rohfruchtmaische nur eine Temperatur von 35–37° C hatte.

Bestimmte Reissorten verkleistern auch unter Malzzusatz bei 78° C nur unvollständig; um Schwierigkeiten zu vermeiden, gestaltet sich die Aufbereitung der Rohfrucht wie folgt:

Die Rohfrucht wird mit einem Malzzusatz von 3–5% bei 70°C eingemaischt, auf 88–90°C erhitzt, hier 10–15 Minuten lang verkleistert und dann so viel Malzmaische von 30–40° C zugegeben, bis eine Temperatur von 78° C resultiert. Das zugesetzte Malz verflüssigt den Kleister in 5–10 Minuten, anschließend wird gekocht und auf die inzwischen eingeteigte Malzmaische zugebrüht. Auch hier kann ein Ein-, Zwei- oder Dreimaischverfahren Anwendung finden.

Dreimaischverfahren vermitteln einen besseren Abbau der genuinen Stärke. Die hieraus resultierenden Biere sind kerniger, aber doch besser abgerundet als solche, die nur das Kochen der Rohfrucht, ansonsten jedoch nur eine Infusionsmaische beinhalten. Letztere Biere können u. U. einen etwas rohen, unausgeglichenen Charakter haben.

Die Einstellung des pH soll bei der Malzmaische bzw. bei der Gesamtmaische auf ca. 5,5 erfolgen. Bei der Rohfruchtmaische darf im pH-Bereich von 5,7–5,8 gehalten werden; hier behindert ein zu niedriger pH-Wert Verkleisterung und Verflüssigung.

Die Qualität des verwendeten Malzes spielt bei Rohfruchtsuden eine ebenso große, wenn nicht größere Rolle als bei reinen Malzsuden. Es gilt nicht nur die fehlende amylolytische Kraft, sondern auch die sehr geringe Löslichkeit des Eiweißgehaltes der Rohfrucht auszugleichen, um eine genügende Versorgung der Hefe mit assimilierbarem Stickstoff sicherzustellen. Es sind also enzymstarke Malze von guter Auflösung erforderlich. Verschiedentlich werden um des Spelzengehaltes, aber auch um der Enzymkapazität willen Malze aus eiweißreicheren mehrzeiligen Gersten eingesetzt. Sie können bei hohen Rohfruchtgaben 30–60% des Malzanteils ausmachen.

Die Verarbeitung von *ungemälzter Gerste* ist bis zu einer Menge von 10–15 % möglich, wenn das Braumalz entsprechend enzymstark ist. Es werden längere Eiweißrasten eingehalten, da die Gerste nur 10–15 % löslichen Stickstoff in die Maische einbringt. Die Gummistoffe der Gerste erfahren dabei einen bescheideneren Abbau als z. B. die von Spitzmalz. Die Verzuckerung erfolgt nach vorhergehender Verkleisterung einwandfrei, weswegen entweder ein Zweimaischverfahren anzuwenden oder nach dem Zubrühen der Kochmaische noch eine Rast bei 70–72°C einzuhalten ist. Naßschrotung ist bei Verarbeitung von Gerste vorteilhaft.

Höhere Mengen an Gerste von 20–50 % werden zusammen mit Enzympräparaten verarbeitet. Es wird hier ein übliches Ein- oder Zweimaischverfahren durchgeführt, die Rohfrucht wird beim Einmaischen zusammen mit dem (bakteriellen)

Enzymgemisch zugegeben. Dieses weist neben definierten proteolytischen und amylolytischen Aktivitäten vor allem auch Endo-β-Glucanasen auf, die sogar weniger temperaturempfindlich sind als die des Malzes. So bereitet der Gummistoffgehalt kaum Schwierigkeiten bei der weiteren Verarbeitung. Es werden auch Kombinationen von 40 % Gerste, 30 % Mais und 30 % Malz zusammen mit einer Enzymmenge von 0,03–0,1 % des Rohfruchtanteils, je nach Präparat, angewendet. Sie genügt, um eine gute Eiweißlösung und Aminosäureausstattung der Würze wie auch einen einwandfreien Stärkeabbau sicherzustellen. Die verschiedentlich harte Bittere bei „Gerstenbieren" ließ sich durch pH-Absenkung beim Maischen auf 5,4 und beim Würze kochen auf 4,9 verringern. Auch ein Zusatz von Tannin (3–5 g/hl) zum Würzekochen erbrachte eine Verbesserung.

2.3.4 Spezielle Probleme beim Maischen

2.3.4.1 *Bei Anwendung der Naßschrotung* (s. S. 112) verlängert sich die Einmaischzeit um die Schrotdauer (30–40 Minuten). Es kann hier zweckmäßig sein, zuerst den Kochen bestimmten Maischeanteil in die Pfanne zu schroten und anschließend die Restmaische in den Bottich. Hierdurch wird Zeit gespart und eine bessere Einflußnahme auf die Enzymwirkung während dieser Phase des Maischprozesses ermöglicht.

2.3.4.2 *Gewinnung und Zusatz eines Malzauszuges:* Bei Einmaischverfahren, vor allem aber bei Anwendung der Spelzentrennung und späterem Zusatz dieser Fraktion ist die Anwendung eines Malzauszuges von Vorteil. Dieser wird normal zum Zeitpunkt des Kochens der Pfannenmaische aus der im Maischbottich ruhenden, oben klar abgesetzten Restmaische bei Temperaturen von 50–62° C entnommen, abgekühlt und nach dem Abmaischen wieder zugesetzt. Die Menge beträgt hier nur 0,5 % der Gesamtmaische. Hierdurch wird mit Sicherheit eine jodnormale Maische erreicht und ein Abfall des Endvergärungsgrades vermieden (s. S. 111, 132).

2.3.4.3 *Wiederverwendung von Glattwasser, Treberpreßwasser, Weglaufbier und Hopfentrub:* Bei stärkeren Bieren oder unvollkommen arbeitenden Läuterbottichen würde sich die Verwendung von Glattwasser lohnen. Diese Maßnahme bringt jedoch Nachteile wie langsamere Verzuckerung der Maischen, höhere Gerbstoff- und Anthocyanogengehalte der Würzen und Biere, dunklere Farben und einen breiten und harten Biergeschmack. Diese Nachteile können durch eine Behandlung des Glattwassers mit 50 g/hl Aktivkohle vermieden werden. Treberpreßwasser fällt in geringen Mengen bei Läuterbottichen und in großen Mengen bei Strainmastern an. Es ist nicht nur trüb, sondern enthält reichlich Feststoffe, wie ungelöste Stärke, Pentosane und Lipide. Eine Klärung mittels Dekanter und eine Aktivkohlebehandlung von 100 g/hl ist erforderlich, um Nachteile für Geschmack und Geschmacksstabilität des Bieres zu vermeiden.

Ähnliche Probleme kann die Verwendung von Weglaufbier vom Filter erbringen. Auch hier sind 50 g/hl Aktivkohle erforderlich, um eine Verschlechterung der Bierqualität zu vermeiden.

Demgegenüber ruft der Zusatz von Hopfentreber-/Trubgemischen zum Einmaischen oder zum Abmaischen keine Störungen hervor. Trotz des hohen Polyphenolgehaltes wird die Verzuckerungszeit nicht verlängert.

Es ist aber stets günstiger, durch Optimierung der Arbeitsweise bei den einzelnen Prozeßschritten den Anfall dieser Extraktreste überhaupt zu vermeiden.

2.3.5 Die Kontrolle des Maischprozesses

Der Maischprozeß ist für den Ablauf der folgenden Schritte der Bierbereitung, für Würzezusammensetzung und Bierbeschaffenheit von großer Bedeutung. Eine Kontrolle der Maischarbeit ist auch erforderlich, wenn die Anlage teilweise oder voll automatisiert ist. Sie umfaßt eine Überprüfung der Funktion der Geräte, der Anzeige der Kontrollinstrumente sowie eine analytische Erfassung der Würzezusammensetzung. Dazu kommt die visuelle Beobachtung der Stadien des Maischens, was aber bei automatischem Betrieb nicht immer ganz einfach durchzuführen ist.

2.3.5.1 Die *Temperaturkontrolle* erfolgt am besten durch Registrierthermometer, die die Temperaturen der Maischeteile in der Pfanne und im Maischbottich während des Maischprozesses aufzeichnen. Eine Kontrolle der Diagramme durch Schablonen, aber auch eine Kontrolle dieser Werte mit Hilfe von geeichten Normalthermometern ist im Sinne der Betriebssicherheit erforderlich.

2.3.5.2 Die *Mengenkontrolle* z. B. beim Einmaischen der einzelnen Teilmaischen sowie beim Abmaischen ist um der Gleichmäßigkeit der Stoffumsetzungen willen erforderlich. Darüber hinaus muß die Mengeneinstellung von Spül-, Reinigungs- und Nachdrückvorgängen überprüft werden.

2.3.5.3 Der *pH-Wert der Maische* sagt aus über die Wirksamkeit der Wasseraufbereitung oder der biologischen Säuerung – bei Kontrollsuden beim Einmaischen, bei der Verzuckerung und beim Abmaischen, bei Wechsel der Malzchargen etc. Wichtig ist die pH-Messung des pH von Spülwässern nach Reinigungsmaßnahmen.

Die Kontrolle der Stoffumwandlungen dagegen ist schwieriger durchzuführen und auch trotz aufwendiger Analysenmethoden noch recht unvollständig.

2.3.5.4 Der *Eiweißabbau* kann empirisch anhand einiger Merkmale abgeschätzt werden: so soll sich die Maische im Läuterbottich rasch absetzen und einen schwarzen Spiegel zeigen, die Ausschlagwürze soll bei grobflockigem Bruch feurig aussehen und die dem schlauchreifen Bier im Gärkeller entnommenen Proben sollen rasch und vollständig klären. Analytisch dienen die Maischintensitätszahl nach *Kolbach* (über 105), die Menge des Gesamt-Stickstoffs der Ausschlagwürze, der Restgehalt an koagulierbarem Stickstoff, der Anteil der hochmolekularen Fraktion (über 20 %) und das Niveau des Formol-Stickstoffs (über 33 % des Gesamtstickstoffs) oder des α-Aminostickstoffs (über 22 %) als wertvolle Anhaltspunkte. Eine echte Aussage ist jedoch nur bei laufender Ermittlung dieser Daten gegeben.

2.3.5.5 Der *Stärkeabbau* läßt sich mit Hilfe der Jodprobe, aber auch durch den Endvergärungsgrad einwandfrei und genügend gen au verfolgen. Die einzelnen Teilmaischen sollen, Vorderwürze und Nachgüsse *müssen* jodnormal sein. Die Würze vor und nach dem Kochen ist mittels Jod (am besten spektralphotometrisch) zu überprüfen. Der Endvergärungsgrad der Ausschlagwürze ist bei jedem Sud zu erfassen. Eine nicht befriedigende Jodnormalität (analytisch △ E 578 nm, über 0,30) kann zu einer langsamen, unvollständigen Klärung des Bieres führen („Kleistertrübung"). Dieser graue Schleier wird jedoch nicht durch unverzuckerte Stärke hervorgerufen, sondern durch mehr oder weniger große Mengen an Dextrinen, die mit Jod eine rötliche bis violette Färbung geben und deren Löslichkeit durch den sich bei der Gärung bildenden Alkohol eine Verringerung erfährt.

Die *Ursachen* einer unvollständigen Verzuckerung sind sofort festzustellen und zu beseitigen. Sie können im Braumaterial oder in einer unrichtigen Arbeitsweise beim Maischen begründet sein. Das *Braumaterial* kann enzymarm sein, eine Erscheinung, die bei schlechten oder ungleichmäßigen Gersten, einem zu wasserarmen, zu warm oder zu kurz geführten Keimprozeß oder aus einem unsachgemäßen Darrvorgang resultiert. Auch eine längere Lagerung des noch heißen Malzes in hoher Schicht kann nachträglich die Verzuckerungsfähigkeit desselben schädigen. Derartige Malze sind mit normalen Partien zu verschneiden. Auch hohe Anteile an Spitzmalz (über 25 %) können die Verarbeitungsfähigkeit der Schüttung beeinträchtigen. Charakteristischen dunklen Malzen wird oftmals ein gewisser Prozentsatz an hellem Malz (10–20 %) zugefügt.

Falsche Behandlung beim Maischprozeß hat ihren Grund meist in unrichtig oder zu langsam anzeigenden Thermometern. Hieraus ergeben sich zu hohe Abmaischtemperaturen oder zu hohe Temperaturen beim Überschwänzen der Treber. Zu große Kochmaischen, zu große Maischereste, zu rasches Erhitzen oder Zubrühen der Maischen können bereits eine Inaktivierung der Enzyme bewirken, bevor die Maischebestandteile genügend gelöst sind. Fehlerhaft enthärtete (alkalische) oder sehr harte Wässer von hoher Restalkalität vermögen die Amylasen zu schädigen; ebenso gefährlich ist aber eine zu starke Säuerung der Maische entweder durch Betriebsstörungen bei niedrigen Temperaturen (35–50° C) oder durch zu späte oder zu reichliche Zugabe von Sauermalz oder Sauergut. Auch grobes, unsachgemäß erstelltes Schrot vermag Störungen zu verursachen.

Trüb abgeläuterte Würzen mit entsprechend hohen Feststoffgehalten (über 150 mg/l, s. S. 147) erfahren beim Kochen einen Aufschluß von mitgerissenen Stärkepartikeln. Es ist ein Anstieg der Jodreaktion zu verzeichnen.

Schlecht verzuckerte Würzen läutern langsam und klären sich schlecht. Diese Trübung verstärkt sich während der Gärung parallel mit der pH-Erniedrigung und dem Auftreten von Alkohol. Die Nachgärung kommt vorzeitig zum Erliegen, die Biere neigen zu geschmacklichen Schäden wie Hefe-, Diacetyl- oder in schweren Fällen auch Autolysegeschmack. Die Infektionsanfälligkeit derartiger Biere für bierschädliche Pediococcen (Sarcinen) ist beträchtlich. Durch die „Kleister"-Trübung werden auch andere natürliche Ausscheidungsvorgänge behindert, die Biere filtrieren sich schwer und verzeichnen eine rohe, breite Nachbittere.

Alle diese Faktoren beeinträchtigen naturgemäß den Endvergärungsgrad und auch die Vergärbarkeit dieser Würzen bzw. Biere.

Aber auch bei normalen Gegebenheiten ist zu bedenken, daß nicht nur eine ganz bestimmte Temperatur im Bereich von 62 bis 65° C für die Bildung von reichlich vergärbaren Zuckern verantwortlich zu machen ist, sondern auch die Art der Vorbehandlung bei niedrigen Temperaturen und die Tatsache, daß stets die Gesamtmaische einer derartigen Rast ausgesetzt werden muß, wenn der gewünschte Effekt erreicht werden soll.

Eine ungenügend verzuckerte oder ungünstig zusammengesetzte Würze soll auf jeden Fall durch Zugabe von Malzauszug nachverzuckert werden. Diese wirkt auch bei den niedrigen Temperaturen der Haupt-, und Nachgärung noch verzuckernd. Bei Zusatz im Gärkeller genügen 0,1 % Malzauszug (s. S. 134), im Lagerkeller ist mit der doppelten Menge zu rechnen. Meist ergibt sich durch diese Maßnahme auch eine Steigerung des Endvergärungsgrades.

2.3.5.6 Der β-*Glucan-Abbau* ist auf einfache Weise nur über die Würze-Viscosität und entsprechend später durch einen Laborfiltertest des Jungbieres oder des lagernden Bieres zu verfolgen (s. S. 259). Auch die Bestimmung des β-Glucans (HPLC nach Carlsberg) ist in größeren Laboratorien üblich.

Die Ursachen eines ungenügenden Abbaus der Gummistoffe und β-Glucane sind dieselben wie oben beim Stärkeabbau beschrieben. Ausschlaggebend ist das Malz nach Ausmaß und Homogenität der Auflösung, dem Anteil an Ausbleibern etc. Es gelingt trotz intensiven Maischens nur Korrekturen anzubringen, nicht dagegen einen aus der Malzbeschaffenheit resultierenden, zu hohen β-Glucangehalt auf das Normalmaß zu bringen. Fehler beim Schroten (zu grob) und Maischen (zu hohe Einmaischtemperatur, Schereffekte u. a. durch Einmischen von Luft, zu spätes Einmaischen von schlecht ausgemahlenen Spelzen) können auch bei normal gelösten Malzen den β-Glucan-Abbau verschlechtern.

Nachteile hieraus sind Abläuter- und Filtrationsschwierigkeiten, eine Behinderung der Klärungsvorgänge durch Ausbildung von β-Glucan-Gelen sowie eine schlechte chemisch-physikalische Stabilität der Biere.

2.4 Die Gewinnung der Würze (Das Abläutern)

Die *Würzegewinnung* nach dem Maischen vollzieht sich in zwei Stufen:
a) Abziehen der gewonnenen Würze in einem Filtrationsprozeß: das Abläutern der Vorderwürze.
b) Auswaschen der nach dem Filtrationsprozeß in den Trebern noch verbleibenden Würze durch heißes Wasser: das Aussüßen, Auslaugen oder Anschwänzen der Treber.

Beim Abläuterprozeß handelt es sich im Gegensatz zum Maischprozeß hauptsächlich um physikalische Vorgänge.

Das Abläutern geschieht heute überwiegend mit Hilfe von *Läuterbottichen und Maischefiltern*. Daneben haben sich die spezielle Art eines Läutergefäßes, der „Strainmaster", sowie verschiedene kontinuierlich arbeitende Einrichtungen teils mehr, teils weniger eingeführt.

2.4.1 Das Abläutern mit dem Läuterbottich

Im letzten Jahrzehnt hat sich die Konstruktion des Läuterbottichs und die Arbeitsweise desselben beträchtlich verändert. Neben den konventionellen Anlagen wurden solche entwickelt, die eine Reihe von neuen Gedanken beinhalten. Es wird daher bei der Besprechung zwischen diesen zu unterscheiden sein.

2.4.2 Der Läuterbottich

Er wird rund, selten rechteckig oder quadratisch ausgeführt. Über dem eigentlichen Bottichboden befindet sich ein zweiter, einlegbarer perforierter Boden, auf dem sich die ungelösten Bestandteile der Maische, die Treber, ablagern und so für die abläuternde Vorderwürze eine Filterschicht bilden.

2.4.2.1 Das *Material* der Läuterbottiche ist heutzutage meist Edelstahl, bei älteren Ausführungen auch Kupfer oder Stahlblech. Ihre *Form* ist rund, ganz selten quadratisch oder rechteckig. Die *Aufstellung* muß erschütterungsfrei und in der Waage sein, um ein gleichmäßiges Absetzen der Treberschicht und so ein überall gleich starkes Filterbett zu gewährleisten. Eine *Isolierung* ist erforderlich, um ein Abkühlen der heißen Maische (75–77° C) zu verhindern. Als Isoliermaterial finden Glasoder Steinwolle oder organische Materialien Anwendung, die durch eine Blechverkleidung gegen Durchfeuchtung zu schützen sind. Auch der Bottichboden bedarf der Isolierung; Bodenheizungen haben sich nicht bewährt. Nach oben ist der Bottich durch eine Haube mit verschließbarem Dunstabzug abgedeckt.

Das *Fassungsvermögen* des Läuterbottichs ist durch die Schüttung bzw. durch die Menge der Gesamtmaische bestimmt. Es liegt bei 8 hl/100 kg Schüttung. Die Treberhöhe beträgt bei konventionellen Läuterbottichen – je nach der Geschwindigkeit der Abläuterung – 27–40 cm. In den Jahren 1960–1980 wurden für Naßschrot auch sog. „Hochschichtbottiche" mit 50–60 cm Treberhöhe gebaut. Sie wird durch die spezifische Schüttung festgelegt, d. h. jene Malzmenge, die auf 1 m^2 Läuterbottichfläche liegt. Unter der Annahme, daß 1 m^3 Naßtreber einer Malzschüttung von 550 kg entspricht, ergibt sich bei einer Treberhöhe von 27 cm eine spezifische Schüttung von 150 kg, bei 36 cm von 200 kg und bei 55 cm von 300 kg/m^2. Innerhalb dieser Werte ist auch noch der Feinheitsgrad des Schrotes von Bedeutung: je feiner dasselbe, um so geringer wird bei gleicher spezifischer Schüttung die Treberhöhe sein und um so schwieriger wird der Läutervorgang. Der günstigste Fall wird erreicht, wenn die Treberhöhe bei geringer spezifischer Schüttung groß ist, das Trebervolumen also hoch und das Hektolitergewicht des verwendeten Schrotes niedrig ist (s. S. 108).

Hier sind konditionierte und Naßschrote sehr günstig. Sie erhöhen das Trebervolumen nach Ablauf der Vorderwürze um 10 bzw. 35 %.

2.4.2.3 Die *Größe der Läuterbottiche* kann bei normalen Treberhöhen durchaus 25–30 t betragen. Nachdem die Prinzipien der Beschickung, des Würzeablaufs und der Aufschneidtechnik genau von kleinen auf große Einheiten Übertragung fanden, sind bei modernen Konstruktionen auch große Bottiche ohne Schwierigkeiten beherrschbar.

2.4.2.4 Der *Senkboden* wird in einem bestimmten Abstand über dem Läuterbottichboden eingelegt. Er ist in einzelne Segmente unterteilt, welche eine Fläche von 0,7–1 m^2 besitzen. Sie bestehen aus 3,5–4,5 mm starken Platten aus Phosphorbronze oder Messing, die sich wegen ihrer Härte und Zähigkeit besonders gut eignen. Die einzelnen Platten werden durch Randleisten und kleine Füßchen getragen, oder bei modernen Bottichen auch auf ein Trägersystem aufgelegt. Diese Auflagen müssen richtig verteilt sein, um ein Verbiegen des Senkbodens beim Betreten zu vermeiden. Die Senkbodenteile sind gut aneinanderzupassen, damit sie eine horizontale Fläche bilden, an den Berührungsstellen keine Treber durch die Fugen gelangen und der Senkboden durch die Aufhackmaschine nicht aufgerissen wird. Vor allem bei kombinierten Maisch- und Läuterbottichen ist deshalb der Senkboden eigens verriegelt.

Von großem Einfluß auf den Läutervorgang sind die *Durchgangsöffnungen* des Senkbodens, die herkömmlich die Form von Schlitzen oder Löchern haben. Die Schlitze sind an der Oberseite gewöhnlich 0,7 mm breit und erweitern sich nach der Unterseite auf 3–4 mm; bei einer Länge von 20–30 mm und einer Zahl pro m² von 2500 ergibt sich damit eine freie Durchgangsfläche von 600 cm²/m² = 6 %.

Senkböden aus Edelstahl haben eine bessere Stabilität als die vorgenannten. Hier kann die freie Durchgangsfläche 10–15 % betragen. Ebenfalls aus rostfreiem Stahl gefertigt sind die neuerdings verwendeten Senkböden aus Spaltsieben (ähnlich den Darrhorden), deren Elemente eine Spaltweite von 0,7 mm aufweisen und somit über eine freie Durchgangsfläche von 20–25 % verfügen.

Demgegenüber sind die alten gelochten Senkböden (meist aus Kupfer) nur mehr selten anzutreffen. Bei einem Lochdurchmesser von 0,8 mm und glockenförmiger Gestaltung der Bohrung werden 80 000 Öffnungen pro m² benötigt, um eine freie Durchgangsfläche von 2 % zu erzielen.

Wichtig ist, daß die Durchgangsöffnungen frei und weder durch Luft noch durch Bierstein verlegt sind. Die Senkböden werden deshalb in regelmäßigen Abständen mit einer etwa 10 % igen Sodalösung gereinigt. Die Entfernung der Luft aus den engen Durchgangsöffnungen erfolgt durch Eindrücken von heißem Wasser von unten her bis über das Niveau des Senkbodens.

2.4.2.5 Der *Abstand des Senkbodens vom Läuterbottichboden* ist bei klassischen Bottichen 8–15 mm, je nach Zahl und Durchmesser der Läuterrohre bzw. Bottichanstiche. Er beträgt hier ca. $^1/_4$ des Läuterrohrdurchmessers.

Bei einigen Konstruktionen sind nur wenige bzw. besonders geformte Anstiche gegeben. So hat der „Shed-Boden" eine Reihe von konzentrisch angeordneten schrägen Flächen, die einen gleichmäßigen und ungehinderten Ablauf der Würze gewährleisten sollen. Hochschichtläuterbottiche haben nur einen Anstich, die Ableitung der Würze erfolgt an der tiefsten Stelle des leicht konisch ausgebildeten Bottichbodens. Zweifellos können sich bei einem großen Senkbodenabstand mehr Maischebestandteile (Bodenteig) unter dem Senkboden ansammeln, aber dies wird in Kauf genommen.

Um die Abläuterung der Vorderwürze zu beschleunigen, wurden ca. 1970 Seitensiebe am Bottichrand bis zu ca. 60 % der Treberhöhe angeordnet. Auch dreieckige Siebkörper ähnlich den „Strainmaster"-Elementen wurden im äußeren Fünftel des Läuterbottich-Durchmessers eingesetzt. Mit der Verbesserung der modernen Läutertechnik ist diese – im übrigen etwas unhandliche – Einrichtung entbehrlich geworden.

Der Raum unter dem Senkboden kann ungeteilt (offene Quellgebiete) oder durch die Senkbodenleisten so unterteilt sein, daß jeder Anstich seinen eigenen „geschlossenen" Raum hat. Dies ist auch beim Shed-Boden, aber nur in konzentrischer Richtung, der Fall. Der Abschluß soll eine gleichmäßigere Auslaugung der Treber ermöglichen.

2.4.2.6 Der *Würzeabfluß* geschieht durch Läuterrohre, seine Regelung durch Läuterhähne, die am Ende der Rohre angebracht sind. Die Würzemenge, die in der Zeiteinheit abgeführt werden kann, hängt ab vom lichten Durchmesser der Rohre (25–50 mm) und von ihrer Gesamtzahl. Die Flüssigkeitsmenge, die ein Anstich liefern kann, schwankt daher je nach der Flüssigkeitshöhe im Bottich (0,1–1,5 m) und der Ausflußgeschwindigkeit (1,4–4,4 m/sec) zwischen 0,7 und 6,6 l/sec. Ein neuer Vorschlag sieht vor, die Anstiche der Läuterrohre mit Hütchen zu versehen, um den Sog der ablaufenden Flüssigkeit beim Vorschießen und Abläutern von der direkt über dem Anstich befindlichen Treberschicht fernzuhalten. Nachdem diese Konstruktion in der Betriebspraxis nicht ganz zweckmäßig war, führte sich eine konische Einmündung der Läuterrohre in den Läuterbottichboden ein. Hierdurch wird ein geringerer Treberwiderstand und eine gleichmäßigere Auslaugung des Treberkuchens erreicht.

2.4.2.7 Das *Quellgebiet* eines Läuterrohrs beträgt normal 1,0–1,25 m². Die Bottichfläche bestimmt also die Zahl der Rohre bzw. Anstiche. Diese sollen gleichmäßig über den Bottichboden verteilt sein, damit die Quellgebiete der einzelnen Hähne ungefähr gleich groß werden und sich nicht überschneiden. Um der leichteren Bedienung willen werden bei großen Bottichen oft mehrere Läuterrohre zu einem Hahn zusammengeführt. Dies darf jedoch nur bei Anstichen des gleichen Radius getätigt werden, da aus den in der Bottichmitte liegenden „inneren Quellgebieten" der Extrakt leichter zu gewinnen ist, als aus den am Rand des Bottichs liegenden „äußeren Quellgebieten".

2.4.2.8 Der *klassische Läuterhahn* ist so konstruiert, daß er sowohl das Vorschießenlassen der Vorderwürze im vollen Strom als auch eine gut regulierbare Reduzierung des Würzeabflusses beim Abläutern gestattet. Beim Drosseln des Hahnes oder beim Nachlassen des Würzeabflusses darf keine Luft eintreten, welche den Würzeabfluß stören würde. Der bei älteren oder kleineren Sudwerken sehr verbreitete „Emslanderhahn" weist als Auslauf ein stehendes, oben in Form eines Schwanenhalses umgebogenes Kupferrohr auf, dessen Scheitel zur Vermeidung einer zu starken Saugwirkung 2–5 cm über dem Niveau des Senkbodens liegt. Die abgeläuterte Würze fließt in den Läutergrant und von hier in die Würzepfanne.

Durch Verwendung eines über den Läuterrohren horizontal liegenden gemeinsamen Sammelrohres kann das Abläutern sehr erleichtert werden. Die Regelung des Abflusses erfolgt durch einen einzigen, am Ende des Sammelrohres befindlichen, entsprechend dimensionierten Hahn.

2.4.2.9 *Moderne Läutersysteme* beruhen in Aufbau und Wirkung auf ähnlichen Prinzipien: Die Würze läuft mittels der Läuterrohre in einen unter dem Zentrum des Läuterbottichbodens angeordneten runden Sammelbehälter. Die inneren Quellgebiete werden dabei in ein oberes, die äußeren zum Druckausgleich in ein unteres Abteil dieses Behälters geleitet. Es können auch die Läuterrohre in konzentrisch angeordnete Sammelrohre einmünden. Bei größeren Bottichen (über 4 t) sollen die einzelnen Quellgebietskreise eigens für sich kontrollierbar abgeführt werden. Zweckmäßig verfügt jedes Abteil oder Sammelrohr über eine stufenlos regulierbare Pumpe in die weiterführende Leitung.

Einen möglichst gleichmäßigen Würzeablauf und somit auch einer Verbesserung der Auslaugung dient eine völlig symmetrische Führung *gleichlanger* Läuterrohre (ca. 3 m) mit gleichem Fließ- und Reibungswiderstand. Die Läuterrohre münden in ein zentrales Sammelgefäß mit einem hochgezogenen Ablauf, der allen Rohren gleiche strömungsmechanische Bedingungen bietet. Auf diese Weise kann bei Quellgebieten mit Flüssigkeiten unterschiedlichen Extraktgehalts der Druckunterschied zu einer automatischen Steuerung der Nachgüsse genutzt werden (System Jakob/Schmatz/Kühtreiber).

Die *Einleitung der Maische* geschieht entweder *von oben* über 4–6teilige Abmaischspinnen, die bei diesem Vorgang zwischen die Balken der Schneidemaschine positioniert werden. Auch Maischeverteiler um den Kronenstock sind möglich.

Besser bewährt hat sich das Abmaischen *von unten*, das bei kleinen Bottichen über 1–2, bei großen über 4–6 symmetrisch im äußeren Drittel des Radius angeordnete Einlässe auf Senkboden Niveau erfolgt, die ihrerseits durch Kegelventile verschlossen werden. Eine andere Konstruktion sieht einen Einlauf vom Kronenstock her vor, der als Doppelrohr ausgeführt auch das Aufschichten der Trübwürze und des Überschwänzwassers vorsieht. Eine seitliche Einführung – ebenfalls symmetrisch an ca. 4 Stellen – erfolgt auf Senkboden Ebene sowie auch ca. 15 cm höher.

2.4.2.10 Die *Entfernung der ausgelaugten Treber* geschieht durch eine, bei größeren Bottichen durch mehrere *Austreberöffnungen*.

Die *weiteren Ausrüstungsteile* von Läuterbottichen werden bei der Besprechung des Läuterprozesses beschrieben: Schneid- und Austrebermaschinen, Überschwänzvorrichtungen, Läuterkontroll- und Hilfseinrichtungen etc.

2.4.3 Der Läutervorgang im Läuterbottich

Hier lassen sich eine Reihe von *Arbeitsstufen* unterscheiden:

2.4.3.1 Vor dem *Einpumpen der Maische* in den Läuterbottich muß der Senkboden sorgfältig eingelegt und der Raum zwischen Senkboden und Läuterbottichboden zur Verdrängung der Luft von unten her mit heißem Wasser von 78° C gefüllt werden.

Darüber hinaus ist es erforderlich, den Läuterbottich *vorzuwärmen*. Dies geschieht nach dem Bedecken des Senkbodens über die Überschwänzdüsen mit Wasser von 78° C. Die zu viel aufgegebene Wassermenge wird in das Glattwasser – oder direkt in das Einmaischgefäß zurückgeleitet.

2.4.3.2 Das *Einlagern der Maische* ist die Vorbedingung für ein einwandfreies Abläutern. Der über den Bottichrand einspringende Maischestrom hat von der Pumpe her eine Geschwindigkeit von 2–4 m/sec, die sich durch den freien Fall auf 6–10 m/sec steigern kann. Um eine Entmischung und eine ungleiche Verteilung der Maische zu vermeiden, muß die Geschwindigkeit des Maischestromes herabgesetzt werden. Dies kann geschehen durch Einspringenlassen der Maische auf die Traverse der Aufhackmaschine, besser aber durch sogenannte Maischeverteiler, die den mit hoher Geschwindigkeit eintretenden Maischestrom auffangen, mehrmals umlenken und so die Auffallgeschwindigkeit der Maische auf 0,3 bis 0,4 m/sec vermindern. Je größer der Läuterbottich, um so größer ist das Problem der gleichmäßigen Einlagerung. Am besten bewährt hat sich bei großen Bottichen ein Ringrohr, das vier bis acht Auslässe hat, die ihrerseits über einen kleinen Schirm eine weitere Maischeverteilung bewirken. Durch diese Vorrichtung ist es möglich, den Abmaischprozeß in 8–10 min – selbst bei großen Schüttungen – zu tätigen. Bei kleinen kombinierten Maisch- und Läuterbottichen fallen die Vorgänge des Zubrühens der letzten Kochmaische und des Abmaischens zusammen. Hier läuft die Schneidmaschine mit schräggestellten Messern oder eingedrehtem Maischscheit im „schnellen" Gang und bewirkt so eine gute Vermischung der Maische. Bei großen Einheiten würden jedoch die auftretenden Zentrifugalkräfte eine Sortierung der Maische bewirken.

Das Abmaischen von unten hat den Vorgang des Maischeeinlagerns wesentlich vereinfacht. Wie schon angeführt, kommt der symmetrischen Anordnung der Maischeeinlässe große Bedeutung bei. Beim Abmaischen werden die Balken der Schneidmaschine zwischen die Einläufe gesetzt; 3–5 Minuten nach Beginn des Abmaischens läuft diese im langsamen (Schneid-)Gang zum Ausgleich einer möglicherweise nicht ganz gleichmäßigen Treberverteilung. Bei Seiteneinläufen wird ca. 5 Minuten nach Beginn des Abmaischens auf die oberen Einlässe umgestellt, um mit dem Vorschießen und Trübwürzepumpen (s. unten) beginnen zu können. Die Dauer des Einpumpens beträgt auch bzw. gerade von unten 7–8 min.

2.4.3.3 Die *Filterschicht* bildet sich bereits während des Abmaischens durch Absetzen der spezifisch schwereren Spelzen aus; auch die leichteren Hülsen und Spelzentrümmer sedimentieren rasch. Der Oberteig setzt sich langsamer ab; seine Sedimentation wird durch sofortiges Anlaufenlassen nicht gestört. Es kann daher die früher übliche Läuterruhe von 20–30 Minuten entfallen, wenn nicht extrem schlecht verzuckernde Malze vorliegen.

Die einzelnen Schichten liegen locker aufeinander und schweben in der Würze. Die Geschwindigkeit des Absetzens des Teiges hängt von der Würzekonzentration ab. Dünne Maischen „brechen" rascher als konzentrierte. Je heißer das Schichtensystem ist, um so lockerer liegen die Treber und um so rascher läuft die Würze ab. Die überstehende Würze sieht bei Verwendung von gut gelöstem Malz und richtiger Führung des Maischprozesses dunkel aus, sie „steht schwarz". Eine fuchsige Farbe läßt auf Fehler in der Herstellung oder in der Malzqualität schließen.

Nach dem Abmaischen befindet sich unter dem Senkboden ein trübes Gemisch aus Wasser, Würze und Bodenteig, welches durch das „Vorschießenlassen" oder „Anzapfen" der Würze entfernt werden soll. Bei klassischen Bottichen erfolgt dies durch rasches, vollständiges Aufreiben und Schließen von je zwei benachbarten Läuterhähnen. Dadurch entsteht unter dem Senkboden eine wirbelnde Bewegung, der dort liegende Bodenteig wird mitgerissen und durch die Läuterhähne abgeführt. Die anfallende *Trübwürze* wird vorsichtig in den Läuterbottich zurückgepumpt, um die Formation der schwebenden Schichten nicht zu stören. Bei modernen Bottichen mit Zentralabläuterung wird das Vorschießen durch wechselweises Ein- und Ausschalten der Läuterpumpen vorgenommen. Dabei wird zumeist die gesamte Fläche erfaßt. Beim Abmaischen von unten ist die Feststoffmenge bedeutend geringer als bei der früheren Arbeitsweise, dadurch gelingt es, selbst durch die zentrale Steuerung einen sehr guten Effekt zu erreichen. Nach ca. 2 Minuten langem Vorschießen wird bei normaler Öffnung des Läuterhahns, die der späteren Geschwindigkeit des Vorderwürzestroms entspricht, weitere 3–4 Minuten Trübwürze gepumpt, bis ein bestimmter Klärungsgrad (30–50 EBC-Einheiten) erreicht ist. Dann wird auf „Klarlauf" umgestellt. Das Vorschießen und Trübwürzepumpen beginnt entweder 3–5 Minuten nach Ende des Abmaischens oder aber bei manchen Systemen schon während des Überpumpens der Maische in den Läuterbottich. Bei der erwähnten raschen Sedimentation der Treberbestandteile wird der „Spüleffekt" unterhalb des Senkbodens nicht beeinflußt, anschließend baut sich die Treberschicht so rasch auf, daß praktisch mit Ende des Abmaischens von „Trübwürze" auf „Klarwürze" umgestellt werden kann.

2.4.3.4 Das *Abläutern der Vorderwürze* wird durch die Bedienung der Drosselklappen auf der

Druckseite der Läuterpumpe(n) oder über deren stufenlose Regulierung beeinflußt. Die durchschnittliche Läutergeschwindigkeit liegt hier bei ca. 0,35–0,40 hl/Minute und t Schüttung. Im Gegensatz zu früher wird diese Geschwindigkeit nicht erst allmählich, im Verlauf von ca. 20 Minuten, erreicht, sondern von Anfang an eingestellt. Die Würzemenge, die ein Anstich von 1 m² erbringt, liegt bei 0,13–0,18 l/sec, sie kann unter bestimmten Bedingungen auch höher liegen. Diese als spezifische Leistung/m² bezeichnete Menge hängt ab:

a) Von den Eigenschaften der Würze. Das Abläutern geht um so rascher vor sich, je heißer und je dünner die Würze ist. (Die letztere Feststellung gilt nur mit gewissen Einschränkungen).

b) Vom Treberwiderstand, der die Summe aller Widerstände umfaßt, die sich dem Würzedurchfluß entgegensetzen. Er ist zu Beginn des Abläuterns am geringsten und steigt während des Läuterprozesses mehr und mehr an. Seine Zunahme soll möglichst gering sein.

c) Von der Technik des Abläuterns, die auf den Treberwiderstand abgestellt sein muß.

Die *Größe des Treberwiderstandes* ist, abgesehen von der Beschaffenheit des Läuterbottichs und seiner Teile, abhängig von der Qualität des Malzes, der Zusammensetzung des Schrotes, der Intensität des Maischverfahrens, der Schichtenbildung während der ersten Zeit des Abläuterns, der spezifischen Schüttung und schließlich von der Senkbodenverlegung.

Ein gut gelöstes Malz wird bei einem passenden, nicht zu knappen Maischverfahren eine niedrige Würzeviscosität ergeben, die eine bessere Sedimentation der Malzbestandteile und eine geringere Flüssigkeitsreibung während des Ablaufs der Würze vermittelt.

Die Zusammensetzung des Schrotes bestimmt Treberhöhe, Trebervolumen und Treberbeschaffenheit. Die Spelzen sollen möglichst gut erhalten und nicht zertrümmert sein und in einem bestimmten Verhältnis zu den anderen Schrotanteilen, den Grießen und Mehlen, stehen. Der Unterschied zwischen Trockenschrot und Naßschrot wirkt sich bei gleicher spezifischer Schüttung in einer Steigerung der Treberhöhe von z. B. 32 auf 36 cm aus. Ein hoher Mehlgehalt des Schrotes führt zu reichlich Teig, der die Treber verdichtet. Ein zu rasches Abläutern zu Beginn des Prozesses kann ein Eindringen des Oberteigs in die noch lockeren oberen Schichten des Treberkuchens bewirken. Hierdurch werden die Durchlauföffnungen der Würze immer mehr verkleinert.

Um nun eine gewisse Abläuterleistung zu erbringen, darf eine gewisse spezifische Schüttung/m² nicht überschritten werden. Diese hängt vom Schrottyp ab: während z. B. bei Trockenschrot etwa 150–160 kg/m² für 150 min Läuterzeit eine spezifische Leistung von 0,13 l/m² · sec erforderlich sind, können bei konditioniertem Schrot 180–200 kg/m² geschüttet werden, die 0,16 l/m² · sec. entsprechen, bei Naßschrot 240 kg/m², die die relativ hohe Geschwindigkeit von 0,20 l/m² · sec. erbringen müssen. Wird eine Läuterzeit von nur 120 min erwartet, so müssen diese Werte nochmals um 25 % gesteigert werden. Eine hohe Treberschicht hat wohl den Vorteil einer gewissen Gleichmäßigkeit, doch wird die Strecke, die die Flüssigkeitsteilchen durch die Treberschicht zurückzulegen haben, entsprechend größer, was sich in einer erhöhten Füssigkeitsreibung äußert. Hier muß also das Schrot einen Treberkuchen von höherer Porosität liefern, um zu vermeiden, daß sich derselbe zu rasch verlegt.

Die *Senkbodenverlegung* steigt im Laufe des Abläuterns so weit an, daß die freie Durchgangsfläche des Senkbodens von ursprünglich 600–1 000 cm²/m² auf einen Bruchteil von 2–3 cm² abnimmt, ein Wert, der der Öffnung des jeweiligen Quellgebietshahns und damit der Leistung von 1 m² Senkbodenfläche entspricht. Die Senkbodenverlegung ist bedingt durch die Schwerkraft der Treber, durch die Reibung und den Saugzug der ablaufenden Flüssigkeit und durch die infolge Sinkens des Würzespiegels bedingte Verminderung des Auftriebs.

Zu Beginn des Abläuterns ist der Auftrieb der Treber voll gegeben und diese lasten hierdurch nur mit 20% ihres Gewichts auf dem Senkboden. Mit Absinken des Würzespiegels wird der Auftrieb geringer und das Trebergewicht höher, der Treberkuchen wird immer dichter und undurchlässiger. So liegen die Treber zuletzt, beim Einziehen der Würze, nicht nur mit ihrem Trockengewicht, sondern auch mit dem Gewicht der eingesaugten Flüssigkeit auf dem Senkboden auf. Es soll daher der Flüssigkeitsspiegel im Läuterbottich niemals so weit absinken, daß die Wirkung des Auftriebes gänzlich zum Erliegen kommt. Wird rechtzeitig eine genügende Wassermenge zugegeben, so tritt die Wirkung des Auftriebes wieder ein und die Treber „heben" sich.

Auch der *Saugzug* der abfließenden Würze bedingt eine Zunahme des Treberwiderstandes. Der Würzeabfluß am Hahn darf nur so groß sein wie der Würzedurchfluß durch die Treber. Bei zu rascher Abläuterung wird durch die Saugwirkung der ablaufenden Würze das Schichtensystem der Treber zusammengezogen und undurchlässig. Auch eine Abkühlung oder dauernde Erschütterung des Bottichs wirken sich ähnlich nachteilig auf den Abläutervorgang aus.

Die freie *Durchgangsfläche des Senkbodens* spielt nach diesen Ausführungen nur eine geringe Rolle. Dennoch läuft die Vorderwürze bei einer freien Durchgangsfläche von 20–25 % rascher ab als bei einer von 6–10 %, bei einer Schlitzweite von 0,7 mm ist auch die Klarheit der Würze befriedigend. Hierauf wird noch zurückzukommen sein.

Aus allen diesen Faktoren ist ersichtlich, daß das Abläutern von vielen Einzelheiten abhängig ist. Nachdem sich der Treberwiderstand bei jedem Malz, oft bei jedem Sud, je nach der angewendeten Läutertechnik anders entwickelt, war es notwendig, eine Vorrichtung zu schaffen, um ihn zu messen und hiernach die bisher gefühlsmäßige Bedienung der Läuterhähne vorzunehmen.

Das Läutermanometer von *Jakob* hat sich vor allem bei geschlossenen Läutersystemen sehr bewährt. Es besteht aus drei Standrohren, von denen das erste mit dem Läuterbottich in der Mitte der Treberschicht (h1), das zweite mit dem Raum unter dem Senkboden (h2) und das dritte mit einem oder dem zentralen Läuterrohr (h3) verbunden ist. Aus dem Höhenunterschied h1–h2 läßt sich der Treberwiderstand ableiten, während die Differenz h2–h3 noch den Saugzug der ablaufenden Würze erkennen läßt. Hierdurch können Treberwiderstand und Läutergeschwindigkeit aufeinander abgestimmt und der richtige Zeitpunkt des Aufhackens ermittelt werden. Meist genügt es, nur h1 und h2 zu erfassen, um die Abläuterung nach dem Treberwiderstand zu orientieren. Dieser Meßwert kann auch bei der Automation des Läutervorganges angewendet werden. Eine Weiterentwicklung des Läutermanometers stellt der *Läuterdruckregler nach Jakob* dar, der nicht nur die Druckverhältnisse sichtbar macht, sondern es auch gestattet, den Läuterdruck auf einer bestimmten Höhe zu halten. Unter Läuterdruck ist der Gesamtdruck beim Ausfluß der Würze zu verstehen, also der Druck der Flüssigkeitssäule vermindert um den Treberwiderstand mit der Senkbodenverlegung und um sämtliche Widerstände durch Reibung oder Richtungsänderung. Er stellt praktisch die Höhe h3 dar. Am zentralen Läuterrohr ist der Läuterdruckregler, ein Gefäß von ca. 50 cm Durchmesser, angebracht.

Die *Vorderwürze* läutert normal 75–105 Minuten, selten länger. Bei neueren Systemen sind die Abläuterzeiten deutlich kürzer. Die Eigenschaften der Vorderwürze sind für den Brauer wichtig, denn ihr Charakter ist ein Ausdruck der Malzqualität und der Maischarbeit. So lassen Farbe, Klarheit, Jodprobe, Geruch und Geschmack der Vorderwürze erkennen, ob die Beschaffenheit des Malzes und das angewendete Maischverfahren entsprochen haben. Geschmacksfehler können hier bereits erkannt und Maßnahmen zu ihrer Beseitigung eingeleitet werden. Die Vorderwürzemenge, ihr Extraktgehalt und die hieraus berechnete Vorderwürze-Ausbeute sollen bei jedem Sud ermittelt werden. Die Ausbeute berechnet sich nach folgender Formel:

$$\text{Vorderwürze-ausbeute} = \frac{\text{Hektoliter} \times \text{Vol-\%} \times 0,98}{\text{Schüttung in dt.}}$$

Bei der Vorderwürze wird im Vergleich zur Ausschlagwürze der Faktor 0,98 angewendet, da die Vorderwürze bei der Mengenermittlung nur eine Temperatur von ca. 70° C hat. Den Unterschied zwischen der Vorderwürzeausbeute, die zwischen 40 und 50 % liegt, und der Gesamtausbeute stellt die Nachgußausbeute dar. Diese ist um so größer, je konzentrierter die Vorderwürze ist. Auch Treber aus Naßschrot halten durch ihre grobe Beschaffenheit verhältnismäßig viel Vorderwürze zurück.

2.4.3.5 Das *Abläutern der Nachgüsse:* Die nach dem Abläutern in den Trebern verbliebene Würze, die teils an der Oberfläche der Treberteilchen haftet, teils durch Quellung und Porosität im Innern festgehalten wird, muß durch heißes Wasser ausgewaschen werden. Dieses *Anschwänzen* oder Aussüßen soll mit möglichst geringen Wassermengen erfolgen, da sonst in vermehrtem Maße Gerb-, Herb- und Farbstoffe aus den Spelzen herausgelöst werden und die Bierqualität leidet. Der Extrakt des Glattwassers soll bei 0,5 %, höchstens bei 1 % liegen. Für Spezialbiere ergeben sich jedoch Ausnahmen.

Das zur Auslaugung nötige Wasser wird entweder durch Anschwänzapparate oder durch ein Düsensystem auf die Treber aufgebracht. Erstere bestehen aus perforierten Kupferrohren, die an beiden Enden geschlossen sind und das Wasser aus einem zentral angeordneten Behälter durch selbsttätige Drehung gleichmäßig über die Oberfläche der Treber verteilen. Die Umdrehungszahl darf aus diesem Grunde 5–10 U/min nicht übersteigen, da sonst das Wasser an die Bottichwandung geschleudert wird. Der Topf des Überschwänzers soll groß genug, der Wasserzulauf so bemessen sein, daß ein Überlaufen des Behälters und damit ein Ausschwemmen der Partien um den Kronenstock vermieden wird. Wasserstein, der die Funktion des Systems beeinträchtigen kann, ist rechtzeitig zu entfernen. Die Überschwänzvorrichtung muß so ausgelegt sein, daß bei einer Aufteilung auf drei Nachgüsse jeder in ca. 10 Minuten aufgebracht werden kann.

Das Auslaugen der Treber geht um so rascher und vollständiger vor sich, je höher die Temperatur des Wassers ist. Diese muß jedoch noch im Bereich der Verzuckerungstemperaturen liegen, da sonst wieder unverzuckerte, verkleisterte Stärke gelöst wird und so in die Würze gelangt. Die Zugabe des Anschwänzwassers darf erst erfolgen, wenn die Vorderwürze in die Treberoberfläche ca. 1 cm tief „eingezogen" hat, um eine Anreicherung von Extrakt im Überschwänzwasser vor dem Eindringen desselben in die Treber zu vermeiden. Sie erfolgt nicht auf einmal, sondern in zwei oder drei Partien. Die Temperatur des Anschwänzwassers soll zu Beginn des Überschwänzens etwa 75° C betragen. Erst wenn sich eine Schicht von ca. 5 cm auf den Trebern befindet, darf dieselbe auf 78° C angehoben werden. Zu kalte Temperaturen rufen einen langsamen und trüben Ablauf der Nachgüsse hervor. Die Nachgußmenge beträgt 4–5 hl/100 kg Schüttung, je nachdem wie stark die Vorderwürze war und wie weit diese abgeläutert wurde. Eine zu große Überschwänzwassermenge bewirkt eine zu starke Verdünnung der Würze, die dann durch Kochen auf die gewünschte Konzentration gebracht werden muß. Abgesehen von technologischen Nachteilen ist diese Maßnahme aus Gründen der Energiekosten und der Sudfolge nicht zu vertreten. So ist die Überschwänzwassermenge so zu bemessen, daß die betriebsübliche Würzekochzeit bzw. Verdampfung von 10–12 % nicht überschritten wird. Schließlich muß das Anschwänzwasser entcarbonisiert sein, um eine unerwünschte Zufärbung und eine Geschmacksverschlechterung zu vermeiden.

Die Wirkung des Anschwänzens ist auch davon abhängig, daß dem Anschwänzwasser Zeit gegeben wird, den Extrakt aus den Trebern herauszulaugen. Es ist falsch, die Nachgüsse zu rasch abzuläutern.

Bei klassischen Überschwänzern, aber auch bei Düsensystemen fällt das Wasser aus etwa 1 m Höhe auf die Treberschicht. Es wirbelt den Oberteig und die Würze auf und vermengt sich mit letzterer schon vor seinem Durchgang durch die Treber. Dadurch wird sein Sättigungsvermögen und damit der Auslaugeeffekt vermindert. Eine

Vorrichtung, um diese Nachteile bei (kleinen) Bottichen zu vermeiden, ist die *Schwimmkiste*, ein mit konzentrischen Bördeln versehener Blechteller, der von vier schwimmenden Hohlkugeln getragen wird. Die Würze wird mit heißem Anschwänzwasser gleichmäßig und vorsichtig überschichtet. Es soll dabei so viel heißes Wasser nachfließen, wie Würze durch die Läuterhähne abläuft.

Das Überschwänzen über ein Düsensystem wird mit Vorteil kontinuierlich durchgeführt. Nach dem Abläutern der Vorderwürze, das zweckmäßigerweise nur bis ca. 1 cm unterhalb der Treberoberfläche geschieht, wird die Abläuterung stillgelegt, in einer dem Treberwiderstand angepaßten Höhe aufgeschnitten und übergeschwänzt. Dabei läuft eine etwa in der Größe des ersten Nachgusses entsprechenden Menge Wasser (25–30 %) rasch auf die Treber, um eine gewisse Flüssigkeitsschicht aufzubauen. Anschließend erfolgt die Einstellung des Wasserzuflusses in Abhängigkeit von der Läutergeschwindigkeit.

Der Vorteil ist, daß das Stillsetzen der Abläuterung beim Auftragen des 2. und 3. Nachgusses nicht mehr notwendig ist, da keine Gefahr des Einschwemmens von Oberteig in die Treberschicht besteht. Die Aufschneidtechnik kann sich voll nach dem herrschenden Treberwiderstand richten; durch das Vermeiden von Tiefschnitten bei stillgesetzter Abläuterung wird das Filterbett besser erhalten und eine Eintrübung der Würze bzw. das Mitreißen von Treberpartikeln weitgehend vermieden. Auch werden „Totzeiten" verringert. Es muß allerdings der Hopfentrub, so er beim Abläutern zugegeben werden soll, frühzeitig, d. h. nach Ablauf der Vorderwürze bzw. zusammen mit den ersten 10–20% des Überschwänzwassers aufgebracht werden.

Das Abläutern der Nachgüsse dauert 90–120 Minuten. Bei modernen Bottichen mit gut arbeitenden Schneidmaschinen kann die Nachgußabläuterung beschleunigt werden. Eine hohe Treberschicht bietet wohl den Vorteil einer größeren Strecke zur Aufnahme des Extrakts, doch muß diese vom Anschwänzwasser entsprechend rascher durchsickert werden. Immerhin ist möglich, daß sich bei hoher Schicht kleine Unregelmäßigkeiten des Treberkuchens weniger stark auswirken als bei flacher.

2.4.3.6 *Aufhack- und Schneidmaschinen:* Die Treber setzen sich meist schon während des Ablaufs der Vorderwürze so stark zusammen, daß der Würzeablauf infolge des gestiegenen Treberwiderstandes zum Erliegen kommt. Es muß daher eine Lockerung der Treber vorgenommen werden, um den Treberwiderstand zu verringern, den Würzeablauf zu beschleunigen und schließlich beim Auslaugvorgang dem Wasser immer wieder neue Wege zu bahnen und somit die Auslaugung gleichmäßig und rasch zu gestalten.

Es finden für diese Aufgabe ausschließlich Maschinen Anwendung, die die Treber nur durchschneiden und lockern, ohne die Schichtenbildung zu stören. An einer waagrechten Welle sind in Abständen von ca. 20 cm gerade, gewellte oder zickzackartige Messer angebracht, die seitlich und am Fußende mit pflugscharähnlichen Elementen versehen sind. Diese durchschneiden und lockern den Treberkuchen. An den Schnittlinien dringt dann das Anschwänzwasser in die Treber ein und laugt die benachbarten Partien aus. Das Durchschneiden des Treberkuchens kann in verschiedenen Höhen erfolgen. Um den Treberwiderstand nach dem Ablauf der Vorderwürze zu verringern, läuft die Aufhackmaschine in ihrer tiefsten Stellung, während es beim Abläutern der Nachgüsse weniger den Treberwiderstand zu verringern gilt, als eine gleichmäßige Durchdringung des Kuchens mit Wasser sicherzustellen und das Wasser immer wieder mit den Trebern in Kontakt zu bringen. Die Stellung der Messer darf nicht zu eng sein, um ein Schieben der Treber zu vermeiden. Aus diesem Grunde und um eine gleichmäßige Auslaugung, vor allem der äußeren Partien, zu erhalten, nimmt der Abstand der Messer von außen nach innen zu. Auch werden sie am Balken nach vorn und hinten versetzt angeordnet. Bei Naßschrot sind die Abstände größer zu wählen. Die Messer müssen so lang sein, daß auch bei höchster Schüttung in tiefster Stellung aufgeschnitten werden kann. Die Zahl der Messer beträgt pro m² 2–2,5, um bei allen Bottichgrößen eine gleichgute Bearbeitung des Treberkuchens sicherzustellen. Eine geringere Anzahl ist lediglich bei Anordnung von Quermessern an der Pflugschar gerechtfertigt; Doppelschuhe, die ebenfalls versetzt sind, steigern die Zahl der Messer am unteren Ende auf 3,5–3,8/m². Um die Messer unterzubringen, haben die Schneidmaschinen ab 3–3,5 t Schüttung bereits drei Arme, bei 6 t vier, bei 10 t sechs. Nachdem die Sprünge dazwischen doch recht große Unterschiede in den Schüttungen abdecken, ist es zweckmäßig, durch Nachlaufarme zusätzliche Messer unterzubringen. Die Umfangsgeschwindigkeit beträgt maximal 2,5–4 m/min, sie ist aber stufenlos, frequenzgesteuert, regelbar. Nur so gelingt es, den Anstieg

des Treberwiderstandes z. B. während des Ablaufs der Vorderwürze, abzuschwächen oder den Treberwiderstand bei den Nachgüssen sogar abzubauen. In Senkbodennähe ist dies nur mit einer geringen Umfangsgeschwindigkeit (0,8–1,5 m/min) ohne Schieben der Treber und ohne Trüblauf möglich. Bei höherer Stellung der Maschine ist eine Geschwindigkeit von 2–2,5 m/min ohne Probleme. Diese neuen Konstruktionen machen das früher übliche, eigens einzusetzende Querschneidmesser an einem Teil der Balken entbehrlich. Dieses hatte die Aufgabe, die unterste, festgezogene Treberschicht vom Senkboden abzuheben und von der hinteren, erhöhten Kante wieder auf diesen zurückfallen zu lassen. Die Gestaltung der Pflugschare und der Doppelschuhe sowie die versetzt angeordneten Quermesser bewirken einen ähnlichen Effekt. Ein Ausgleich einer Maschine mit zu wenig Messern durch eine höhere V_U von 6 m/min ist nicht zweckmäßig.

Es war früher auch üblich, die Messer von ein oder zwei Armen drehbar anzuordnen, um sie beim Maischen (kombinierte Maisch-/Läuterbottiche) und zum Austrebern schrägstellen zu können. Aus Stabilitätsgründen waren diese Messer stärker auszuführen, so daß sie zum Schieben neigten. Auch war die Parallelstellung nicht immer gewährleistet, so daß der Treberkuchen entweder verschoben oder durch Ausbilden von Wülsten ungleich wurde.

Es ist besser, das Austrebern durch eigene Scheite zu bewerkstelligen, die zu diesem Zweck meist pneumatisch in die hierfür erforderliche Stellung gebracht werden können. Bei großen Bottichen sind zwei oder drei derartige Treberschaufeln erforderlich, um das Austrebern in 6–8 Minuten durchführen zu können. Die Geschwindigkeit liegt beim Austrebergang bei 2–3 m/sec.

2.4.3.7 Die *Arbeitsweise eines klassischen Läuterbottichs* sieht nach dem gründlichen Vorschießen und dem Zurückpumpen der Trübwürze ein schrittweises Öffnen der Hähne bis zu einer Leistung von 0,15 l/m² und sec vor. Meist steigt in der Mitte der Vorderwürzelaufzeit der Treberwiderstand stark an. Es ist zweckmäßig, bereits hier bei geschlossenen Hähnen die Hackmaschine 1–2 Umgänge in tiefster Stellung laufen zu lassen, um den Treberwiderstand möglichst auf Null zu senken. Nach dem langsamen Hochziehen der Maschine muß zunächst die trübe Würze wieder in den Bottich zurückgepumpt werden. Bei normaler Malzqualität wird dann bis zum Einziehen der Vorderwürze in die Treberoberfläche ein nochmaliges Aufhacken nicht erforderlich sein. Sobald die Treber oberflächlich frei von Würze sind, wird wiederum bei geschlossenen Hähnen in tiefster Stellung aufgehackt, bis der Treberwiderstand den Wert Null erreicht, und gleichzeitig übergeschwänzt. Das Wasser des ersten Nachgusses soll in 10–15 Minuten aufgebracht sein. Nach dem Heben und Stillsetzen der Maschine läuft der erste Nachguß an, dessen Geschwindigkeit nicht wesentlich über den Werten der Vorderwürze liegt. Erst beim zweiten Nachguß, der wiederum während des Aufhackens in Stellung Null aufgebracht wurde, kann die Abläuterung forciert werden. Der dritte Nachguß bedarf der intensiven Aufhackarbeit nicht mehr. Er wird wieder auf die freie Treberoberfläche gegeben, das Durchschneiden in ca. 15 cm Höhe aber erst begonnen, wenn mindestens 5 cm Wasser über den Trebern steht, um den Oberteig nicht in den Kuchen hineinzuschwemmen. Während dieses rasch, d. h. mit ca. 0,25 l/sec und m² ablaufenden Nachgusses wird die Maschine langsam auf Stellung 5 abgesenkt und nach 2 Umläufen wieder ebenso langsam gehoben. Dies kann nochmals wiederholt werden.

Am Ende der ca. 3stündigen Läuterzeit soll die gewünschte Glattwasserkonzentration erreicht sein. Die Abläuterarbeit ist dann korrekt, wenn sich der Großteil des Oberteigs vor dem Austrebern noch an der Oberfläche des Treberkuchens befindet.

2.4.3.8 Die *Technik moderner Läuterbottiche* nach *dem Stand 1993/94* gründet sich auf ein verbessertes Schrot (Malzkonditionierung, Naßschrotung mit kontinuierlicher Weiche), Beschickung des Läuterbottichs von unten, eine vielteilige Schneidmaschine und kontinuierliches Überschwänzen. Die spezifische Schüttung ist gegenüber früher wieder zurückgenommen, um 8–10 Sude in 24 Stunden abläutern zu können. Dieses Ziel erfordert aber geringere Vorbereitungs- und Entleerungszeiten (s. S. 148). Am Beispiel eines Bottichs mit 200 kg Schüttung/m² läuft der Prozeß wie folgt ab:

Das Einlagern von unten über 2–6 Einlaßöffnungen oder über einen zentralen, den Kronenstock umschließenden Kanal dauert, einschließlich des Nachdrückens von Wasser 6–8 Minuten. Während bei einem Hersteller das Vorschießen erst 3–5 Minuten nach Ende des Abmaischens beginnt, wird dieses bei anderen schon nach dessen Halbzeit eingeleitet. Die Schneidmaschine läuft in diesem Falle in ca. 10 cm Höhe mit 1,5 m/min um. Durch den Einlauf der Maische von

unten befindet sich weniger Teig unter dem Senkboden, so daß die nur von einem Hahn bzw. von einem konzentrisch angeordneten Sammelrohr aus vorgenommene Vorschießtechnik in recht kurzer Zeit (3–4 min) Feststoffe entfernt und in weiteren 3–4 Minuten Trübwürzepumpen bei 30–50 EBC-Einheiten auf Klarwürze umzustellen erlaubt. Die Läutergeschwindigkeit ist von Anfang an auf 0,15 l/m² · sec. eingestellt. Der rasch aufkommende Treberwiderstand bewirkt eine Klärung der Würze bis auf ca. 5 EBC; bei einem solchen von ca. 60 mm wird die Schneidmaschine eingefahren und in Abhängigkeit von Treberwiderstand oder Läutergeschwindigkeit allmählich von 25 auf 5 oder sogar 3 mm über dem Senkboden abgesenkt. Häufig gelingt es, die Vorderwürze ohne „Tiefschnitt" bei stillgesetzter Abläuterung abzuläutern. Übersteigt der Treberwiderstand ein bestimmtes Maß von z. B. 200–250 mm oder fällt die Läutergeschwindigkeit unter einen vorgegebenen Wert ab, dann wird der Tiefschnitt bei stillgesetzter Abläuterung ausgelöst. Bei einer richtig ausgelegten Schneidmaschine darf es nicht länger als 4–5 Minuten, einschließlich des Hochziehens auf ca. 20 cm, dauern, um den Treberwiderstand wieder auf 0 abzubauen. Dies ist auch das Argument für die auf S. 144 erwähnte vielteilige Schneidmaschine mit einer stufenlos regulierbaren Geschwindigkeit. Um zu vermeiden, daß gegen Ende des Vorderwürzeabläuterns kurz nacheinander zwei Tiefschnitte aufeinanderfolgen: einer bei Abfall der Läutergeschwindigkeit und ein fest programmierter nach Ablauf der Vorderwürze, ist es wichtig, ab einer gewissen Menge eine Sperre einzulegen und lieber die restliche Vorderwürze etwas langsamer abzuläutern. In der Regel dauert die Läuterzeit der Vorderwürze 50–65 Minuten, was gegenüber früher einen großen Fortschritt darstellt. Zusammen mit dem Tiefschnitt bei Vorderwürze- Ende erfolgt das Überschwänzen, das meist kontinuierlich über Düsen oder über das höher angeordnete Doppelrohr in der zentralen Abmaischvorrichtung getätigt wird. Etwa ein Drittel wird in 5–8 Minuten aufgebracht, der weitere Zulauf entspricht etwa der Geschwindigkeit der ablaufenden Würze, d. h. das Niveau bleibt bis zum Ende der Wasseraufgabe gleich. Der große Vorteil dieser Technik ist, daß das Aufschneiden, Lockern und Kontakthalten zwischen Waschwasser und Trebern nur mehr nach Maßgabe des Treberwiderstandes geschehen kann. Bei einzelnen Nachgüssen war es nämlich früher üblich, den vorausgehenden bis 1 cm unter die Treberoberfläche abzuläutern und den folgenden bei kurzzeitig stillgesetzter Abläuterung und Schnitt bei 5–10 cm (je nach Treberwiderstand) überzuschwänzen. Hierdurch wurde Zeit verloren und durch intensivere Schneidarbeit durch stärkeres Lockern des Treberkuchens ein trüberer Ablauf erzeugt.

Bei der modernen Arbeitsweise läuft die Schneidmaschine dauernd und in verschiedenen Höhen um, um eben den für die Diffusionsvorgänge notwendigen Kontakt Treber zu Wasser zu begünstigen und das Ausbilden von Kanälen zu vermeiden. Bei 15 cm Schneidhöhe hat die Maschine eine V_U von 2–2,5 m/min, bei 5 cm dagegen nur von 0,8–1,5 m/min, um einen gewissen Treberwiderstand von 100–130 mm zu erhalten und einen Trüblauf der Nachgüsse zu vermeiden. Die Läutergeschwindigkeit beträgt beim ersten Drittel der Nachgüsse 0,15–0,18 l/m² · sec., bei den späteren Teilen 0,20–0,25 l/m² · sec. Die Bemessung des Überschwänzwassers muß so knapp sein, daß der letzte Nachguß gerade mit Erreichen der Pfannevollmenge einzieht, also kein überschüssiges Glattwasser das Abwasser belastet bzw. einer Wiederverwertung bedarf. Die Läuterzeit der Nachgüsse beträgt 60–75 Minuten, so daß sich die gesamte Läuterzeit auf 110–130 Minuten beziffert.

Um die Vorderwürze – vor allem bei älteren und weniger vollkommenen Bottichen – rascher gewinnen zu können, wurde diese mit Abläuterschwimmern oder durch seitlich angeordnete Schleusen von oben abgezogen. Diese Maßnahme hatte nur Erfolg bei dünneren Vorderwürzen (unter 16 %) bzw. bei Hochschichtläuterbottichen, wenn sich eine definierte Trennung der Würze von den Trebern ergab. Als Vorteil dieser Maßnahme ist eine Verkürzung der Vorderwürzelaufzeit um ca. $^1/_3$ sowie die geringere Beanspruchung der Treberschicht anzuführen, was einen etwas rascheren Ablauf der Nachgüsse zur Folge hatte. Nachteilig würde die Trübung dieser unfiltrierten Vorderwürze vor allem bei Whirlpoolbetrieb werden, da hierdurch eine mangelhafte Klärung der Würze und eine Instabilität des Trubkuchens gegeben ist. Die mangelhafte Abscheidung von längerkettigen Fettsäuren verschlechterte die Schaumeigenschaften und die Geschmacksstabilität der Biere. Die Verwendung von Seitensieben oder der erwähnten dreieckigen Läuterelemente des Strainmasters (s. S. 154) kann günstiger sein, da die Würze immerhin eine gewisse Treberhöhe (10–15 cm) durchströmen muß und dabei eine, wenn auch nicht immer vollwertige Filtration erfährt. Es muß aber die Beanspruchung dieser

Läuterflächen so gewählt werden, daß die Schneidmaschine eine sich unweigerlich festsetzende Treberschicht soweit durchlässig halten kann, daß Abfluß und Klarheit der Würze gewährleistet sind.

Die in den oben angeführten Beispielen angegebenen Zahlen bewegen sich zwischen Grenzwerten. Dies ist dadurch bedingt, daß Läuterbottiche mit ca. 200 kg Schüttung/m² für 8 Sude/Tag und solche mit 160 kg/m² für 10 Sude/Tag geliefert werden. Damit variieren naturgemäß die Daten/m² Läuterfläche sowie die Aufschneide- und Anschwänztechnik etwas. Eine Möglichkeit, auch bei einer spezifischen Schüttung von 185 bis 200 kg/m² auf 10 Sude zu kommen, ist das Abläutern unter Druck. Hierfür muß der Läuterbottich „dicht" sein. Schon beim Abläutern der Vorderwürze wird ein leichter CO_2 Druck auf das System gegeben. Die Vorderwürze darf dabei, ohne die Gefahr einer Oxidation 2–4 cm in die Treberoberfläche einziehen. Auch die Nachgußabläuterung geschieht unter Überdruck. Die Beschleunigung der Abläuterung ist dabei 10–15 % bei sonst gleicher Läutertechnik (s. a. Anhang).

2.4.3.9 Die *Qualität der Abläuterung* wie Zusammensetzung von Vorderwürze und Nachgüsse, Klarheit des Filtrats und Sauerstoffgehalt der Würze spielt neben dem quantitativen Aspekt (Läuterzeit, Ausbeute) eine bedeutende Rolle. Sie kann die Eigenschaften der gewonnenen Würze u. U. nachteilig verändern.

Zusammensetzung der Würze: Mit fallender Konzentration steigt der pH, beeinflußt durch die Restalkalität des Anschwänzwassers um 0,3–0,6 an. Hierdurch, aber auch durch das Konzentrationsgefälle werden vermehrt Farbstoffe ausgelaugt. Auf 12 % Extrakt berechnet, steigt die Farbe um den 3–6fachen Betrag an. Die Menge des Gesamtstickstoffs, vor allem aber der hochmolekularen (koagulierbaren) Fraktion nimmt zu, aber auch der α-Aminostickstoff zeigt einen Anstieg. Eine starke Mehrung erfahren die Polyphenole, die von der Vorderwürze zum Glattwasser um den 3–5fachen Wert zunehmen, ebenso die Anthocyanogene, so daß der Polymerisationsindex keine Verschlechterung erfährt. Auch Mineralstoffe nehmen zu, vor allem Kieselsäure, die um das 13fache ansteigt.

Diese nachteiligen Erscheinungen können verringert werden durch dünnere Vorderwürzen von ca. 16 % Extrakt, Abbrechen der Abläuterung von Spezialbierwürzen bei ca. 1,5 % Glattwasserextrakt, durch Abmaischen von unten, möglichst kurze Läuterzeiten und Verhinderung von Luftzutritt zum Treberkuchen, etwa durch Anschwänzen auf den „Spiegel".

Die *Oxidation der Würze* kann durch die genannten Maßnahmen, vor allem aber durch Vermeiden eines Lufteinzugs beim Pumpen vom Läuterbottich zum Vorlaufgefäß oder von diesem zur Pfanne eingeschränkt werden. Normal ist ein Sauerstoffgehalt der Würze von unter 0,1 mg/l.

Die *Klarheit der Würze* soll während des gesamten Läutervorgangs gewährleistet sein. Die in der Maische vorkommenden freien höheren Fettsäuren (C_{12}–C_{18}) werden bei sauberer Abläuterung weitgehend zurückgehalten. Ihr Übertritt in die Würze kann dort durch Oxidationen zu Hydroxysäuren und Hydroperoxiden sowie weiter zu Substanzen führen, die Geschmack und Geschmacksstabilität des Bieres beeinträchtigen können. Der Klarlauf der Würze wird beeinflußt vom Typ des Schrotes – Naßschrot erfordert mehr Vorsicht und Sorgfalt beim Abläutern als Trockenschrot – ebenso von der Schlitzweite des Senkbodens (unter 0,8 mm), der Höhe der Treberschicht und die spezifische Läutergeschwindigkeit. Von Bedeutung ist ferner die Wirksamkeit des Vorschießens sowie im besonderen Konstruktion und Handhabung der Schneidmaschine. Bei modernen Läuterbottichen können Feststoffgehalte von 50 mg/l, sogar weniger – 30 mg/l – bei einer Trübung der Durchschnittswürze von unter 20 EBC erreicht werden. Auch dies ist eine wesentliche Verbesserung gegenüber früher, wo bei konditioniertem Trockenschrot 80–150 mg/l, bei Naßschrot 140–180 mg/l mit Ausreißern bis zu 600 mg/l gefunden wurden.

Die *Jodreaktion der Würze* sollte eigentlich bei guter Malzqualität, einwandfreiem Schrot und angepaßter Maischarbeit beim Abmaischen und beim Vorderwürzelauf in Ordnung sein. Durch zu heißes Überschwänzen kann unerschlossene Stärke in Lösung gehen, wie auch bei trübem Abläutern die mitgerissenen Feststoffe beim Würzekochen einen Aufschluß erfahren. Meist ist der Anstieg der Jodreaktion um so stärker, je trüber und feststoffreicher die Würze war.

2.4.3.10 Die *Abwassermenge* nach Beendigung des Abläuterns kann in weiten Grenzen schwanken. Sie beträgt normal 4 hl/t Schüttung, liegt aber bei schlechter Entwässerung der Treber, bei zu großem, letztem Nachguß etc. bedeutend höher. Sie läßt sich auf 1–2 hl verringern, wenn der letzte Nachguß genau bemessen und die Zeit zu seiner Gewinnung in Kauf genommen wird. Auch ist es

dann nützlich, das beim Austrebern und in der Preßschnecke des Treberförderers anfallende Wasser dem Treberstrom wieder zuzusetzen.

2.4.3.11 Die *Entfernung der Treber* nach Beendigung des Läuterprozesses geschieht durch die Schneidmaschine, die durch pneumatisch absenkbare Treberscheite ergänzt wird. Diese sind sförmig gestaltet, so daß sie die Treber sowohl vom Bottichinnern als auch vom Rand zu den im äußeren Drittel des Radius angeordneten Austreber-Öffnungen fördern. Je nach der Größe der Bottiche liegt die Zahl der Treberscheite bei 1–3, ebenso die Zahl der Öffnungen. Treberscheite sind günstiger als schräggestellte Messer (s. S. 144). Der dem Austrebern dienende Schnellgang der Maschine hat eine Umfangsgeschwindigkeit von 2–3 m/sec. Der Zeitaufwand für das Austrebern darf 6–8 Minuten nicht überschreiten. Um dies zu gewährleisten und um von der Treberförderanlage unabhängig zu sein, ist zweckmäßigerweise unterhalb des Läuterbottichs ein Treberkasten anzuordnen, der die Trebermenge eines Sudes aufnehmen kann.

2.4.3.12 Die *Kontrolle der Anschwänz- und Aufschneidearbeit* erstreckt sich vor allem darauf, ob die Auslaugung der Treber in allen Teilen gleichmäßig und vollständig ist. Bei älteren Bottichen geschieht dies durch die Beurteilung der Farbe der an den einzelnen Hähnen ausfließenden Würze; objektive Anhaltspunkte liefern dagegen Heißsaccharometer – oder heutzutage – Dichtemesser, die besonders bei Hochleistungsbottichen zur Regulierung der einzelnen Läuterzonen unerläßlich sind. Die Konzentration des Glattwassers soll zu dem auswaschbaren Extrakt der Naßtreber in einer bestimmten Beziehung stehen (z. B. Glattwasser: 0,6 %, auswaschbarer Extrakt 0,4 %), ebenso zum Extrakt von Treberpreßsaftproben. Diese werden mittels eines Rohres von 50 mm lichter Weite aus der gesamten Höhe der Treberschicht und zwar meist aus einem Segment der Bottichoberfläche (9–12 Proben) entnommen und durch Auspressen gewonnen. Im genannten Falle liegt der Preßsaft bei ca. 0,8 %; er ist durch die Imbibition von Extrakt in den Poren der Treberteilchen etwas höher als das Glattwasser. Die Spindelwerte zwischen den einzelnen Stellen sollen keine größeren Unterschiede als 0,2–0,3 % zeigen. Extraktdifferenzen an den einzelnen Läuterhähnen oder Bottichpartien können von Ungleichmäßigkeiten bei der Einlagerung der Maische in den Bottich sowie von ungleichmäßigem

Aufhacken und Anschwänzen herrühren. Besonders die äußeren Zonen des Treberkuchens lassen sich schwerer auslaugen und führen zu stärkeren Glattwässern. „Geschlossene" Senkböden, evtl. in Verbindung mit den symmetrischen Läuterrohren der „automatischen Nachgußabläuterung" ermöglichen einen besseren Ausgleich unterschiedlicher Extraktgehalte einzelner Quellgebiete und führen so zu einer gleichmäßigeren Auslaugung.

2.4.3.13 *Leistung und Wirtschaftlichkeit des Läuterbottichs:* Er vermag unter normalen Gegebenheiten bei einer spezifischen Schüttung von 180–200 kg/m^2 8 Sude/Tag zu leisten, bei geringerer Schüttung von ca. 160 kg/m^2 oder bei Druckabläuterung sogar 10 Sude/Tag. Die Voraussetzung für diese, gegenüber früher wesentlich höhere Leistung ist nicht nur die Verbesserung der Ausstattung des Läuterbottichs und der Läutertechnik, sondern vor allem die drastische Verringerung der Rüstzeiten. Diese dienen entweder den Vorarbeiten des Abläuterns (Systemfüllen 3 min, Abmaisehen incl. Vorschießen und Trübwürzepumpen 11 min) oder dem Austrebern (7 min) und Spülen (3 min). Auch Tiefschnitte bei stillgesetzter Abläuterung sollten, da sie jeweils mindestens 4–5 min erfordern, durch eine optimale Schneidetechnik höchstens einmal erforderlich werden.

Es ist einzuräumen, daß der Läuterbottich empfindlicher gegen eine unzulängliche Malzqualität ist als die Maischefilter. Die Verarbeitung der Rohfrucht von bis zu 40 % der Schüttung ist unter den auf S. 133 genannten Voraussetzungen möglich. Eine Automation der Abläuterung verringert den (ohnedies nicht hohen) Personalbedarf weiter und gestaltet die Abläuterung gleichmäßig, erübrigt aber nicht die obengenannten, regelmäßigen Kontrollen.

Die *erreichbare Sudhausausbeute* liegt etwa 1 % unter der lufttrockenen Laboratoriumsausbeute des Malzes. Mitunter sind in schlecht überwachten Betrieben wesentlich ungünstigere Werte anzutreffen. Der Läuterbottich ist in *gewissen Grenzen überlastbar:* so kann er ohne Nachteile mit ± 10–15 % der „Normalschüttung" beladen werden. Er ermöglicht damit bei Biersorten unterschiedlicher Stärke innerhalb gewisser Grenzen gleiche Ausschlagmengen.

2.4.4 Das Abläutern mit dem konventionellen Maischefilter

Das Prinzip der Würzegewinnung ist von dem des Läuterbottichs sehr verschieden. Während bei diesem ein einziger liegender Treberkuchen von 30–60 cm Dicke und einer der Bottichfläche entsprechenden Ausdehnung gegeben ist, wird beim Filter die Gesamtmaische in eine Anzahl gleichgroßer senkrecht stehender Treberkuchen von 6 bis 7 cm Dicke und einer der Rahmengröße entsprechenden Fläche zerlegt. Diese Rahmen sind von beiden Seiten durch Filtertücher begrenzt, durch welche die Würze fließen kann, während die Treber in den Rahmen verbleiben. An die Stelle des durch die Spelzen gebildeten natürlichen Filters tritt also ein künstliches in Gestalt eines Tuches.

2.4.5 Der Maischefilter

2.4.5.1 Die *Elemente des Maischefilters,* Rahmen und Platten, hängen in einem Traggestell, das sehr kräftig konstruiert sein muß, um neben dem hohen Gewicht der Filterelemente auch deren Druck, mit dem diese zusammengepreßt werden, standzuhalten. Auch der Unterbau des Maischefilters muß hinreichend stark sein.

2.4.5.2 Die *Rahmen oder Kammern* sind quadratisch oder rechteckig, selten rund. Ihre Zahl schwankt je nach der Schüttung und bewegt sich zwischen 10 und 60 Stück, ihre Größe beträgt in Abhängigkeit von der Konstruktion 1000 × 1000, 1400 × 1400, 1200 × 1500 oder 1400 × 1650 mm. Hierdurch ergibt sich bei einer Kammertiefe von 65–70 mm ein Fassungsvermögen von 120–150 l. Somit faßt eine Kammer von 1400 × 1400 mm 110 bis 125 kg, eine von 1400 × 1650 mm 125 bis 140 kg Schüttung. Dies entspricht einer „spezifischen Schüttung" von 55–62 kg/m^2. Bei Verwendung von Rohfrucht ist das sog. Malzäquivalent – bei Mais- und Reisgrieß 0,4, bei Maisstärke 0 – zu veranschlagen. Somit kann bei Verwendung von 33 % Maisgrieß die Kammerbelastung um 20 % höher gewählt werden, um das Kammervolumen auszunützen. Maisstärke wird überhaupt nicht berücksichtigt. Der freie Raum aller Kammern bildet das Gesamtfassungsvermögen des Filters, das von den Trebern gerade ausgefüllt werden muß. Ist das Trebervolumen zu groß, so entstehen Läuterschwierigkeiten, ist es zu klein, so werden die Kammern nicht völlig gefüllt und die Auslaugung der Treber wird ungleichmäßig. Die Füllung der Kammern erfolgt von oben durch einen zentral gelegenen Maischezuführungskanal, der dadurch gebildet wird, daß an der Oberseite einer jeden Kammer eine Öse angegossen ist, die durch eine entsprechend große, schlitzartige Öffnung die Verbindung mit dem Kammerinnern herstellt.

Diese Maischeeintrittsköpfe der einzelnen Kammern sind gegeneinander durch Gummiringe abgedichtet und bilden einen über den ganzen Filter laufenden Kanal. Eine neuere Konstruktion herkömmlicher Maischefilter verfügte auch über eine Maischeeinführung von unten. Die eintretende Maische verdrängt dabei die Luft nach oben, was technische und technologische Vorteile bietet. Sie wird bei der neuen Maischefiltergeneration (s. S. 153) stets angewendet.

2.4.5.3 *Platten* bzw. *Roste* stellen jene Elemente dar, an denen sich die durch die Tücher filtrierte Würze sammelt und von hier durch Läuterhähne in die Läutermulde oder in einen zentralen Würzekanal abgeleitet wird. Die Platten sind nun entweder voll mit Rippen versehen, die für den Abfluß der Würze an der Platte einen genügend großen Raum schaffen, oder sie sind als Roste mit freier Kammerbauart, aber auch in Form von Faltenblechplatten ausgeführt. Die letzteren Konstruktionen haben ein geringeres Gewicht und ermöglichen einen guten Würzeabfluß bzw. eine rasche Verteilung des Anschwänzwassers. Neuerdings sorgen auch Stützgitter für eine gleichmäßige Treberschicht. Sie sollen daneben die Tücher vor vorzeitigem Verschleiß schützen. Jede Platte trägt Wassereintrittsköpfe in Form von Ösen, die wiederum durch einen Schlitz mit dem Innern in Verbindung stehen. Im betriebsfertigen Filter bilden diese, mit Gummi abgedichtet, ebenfalls fortlaufende Kanäle, durch die das Anschwänzwasser in den Filter eindringen kann. Jede Platte trägt seitwärts unten einen Läuterhahn, der bei neueren Konstruktionen auch mit einem Kanal zur geschlossenen Abläuterung in Verbindung steht, die durch einen Zentralhahn bedient wird. Um hier den Filter stets ganz mit Würze bzw. Wasser gefüllt zu haben, wird das Ablaufrohr über den Filter gehoben.

2.4.5.4 Die *Filtertücher*, ursprünglich aus Baumwolle, heute aber auch aus synthetischen Geweben oder Kunststoff gefertigt, sollen alle festen und trübenden Bestandteile zurückhalten. Die Gewebe sollen nicht zu dicht sein, da sonst die Läuterzeit verlängert und die Auslaugung erschwert wird. Ein zu lose gewebtes Tuch filtriert nicht fein genug. Ungleich gewebte Tücher gestalten die Auslaugung ungleich und verringern die Ausbeute. Die Durchlässigkeit eines Tuches wird durch den Luftdurchsatz (l/dm²/min, bei 20 mm WS) ausgedrückt. Sie ist bei guten Polypropylentüchern ca. 500. Mit einem Satz Baumwolltücher können etwa 150 Sude abgeläutert werden,

Kunststofftücher sind oft erst nach 400–800 Suden zu ersetzen. Hartes, bicarbonathaltiges Wasser und Zusatz von Hopfentrub beim Abmaischen setzen die Lebensdauer der Tücher herab. Die Reinigung der Baumwolltücher und einiger synthetischer Gewebe muß nach jedem Sud in einer besonderen Waschmaschine erfolgen, die zweckmäßig in nächster Nähe des Filters und in gleicher Höhe wie dieser aufgestellt wird. Neuere Kunststofftücherqualitäten bedürfen nur der Reinigung nach jeweils 30–40 Suden; sie werden lediglich beim Entleeren des Filters durch Schütteln von anhaftenden Trebern befreit. Eine Reinigung ist erst nach 30–40 Suden bzw. am Ende der Sudwoche erforderlich. Hierbei werden nach dem Austrebern des letzten Sudes die Filtertücher mit kaltem Wasser abgespritzt, nach Schließen des Filters mit einer 1,5–2 %igen Natronlauge von 70–80°C unter Phosphatzusatz (150 g/hl) 3–4 Stunden lang durchgepumpt. Anschließend wird der Filter mit Luft leergedrückt und mit der Hochdruckspritze von Rückständen befreit.

Die Filtratqualität dieser Tücher ist bei Vorderwürze bedeutend, bei den Nachgüssen unerheblich schlechter als bei Baumwolltüchern.

An den beiden Enden des Filters befinden sich zwei Kopfstücke, die auf der Innenseite als Platten ausgebildet sind. Das an der Eintrittsstelle der Maische gelegene Kopfstück ist fest, das andere beweglich und gleich den Rahmen und Platten verschiebbar. Die Teile des Filters werden durch eine meist hydraulische Anpreßvorrichtung abgedichtet.

Kleinere Filter werden von Hand geöffnet. Diese Arbeit ist schwer und zeitaufwendig. Automatische Öffnungsvorrichtungen sparen Personal und Zeit, so daß der Maischefilter in Verbindung mit Kunststofftüchern auch von dieser Seite her wirtschaftlich zu bedienen ist.

2.4.5.5 *Weitere Hilfsvorrichtungen* des Filters sind: Das *Einlaufrohr* vom Maischbottich zum Maischefilter, das kein zu starkes Gefälle und keine zu scharfen Krümmer haben darf, um eine Entmischung der Maische zu verhindern. Es führt meist von oben in den Filter ein. Bei großen Schüttungen müssen zwei oder drei Filter gleichzeitig mit Maische beschickt werden. Hier ist eine völlig symmetrische Leitungsführung Voraussetzung für eine gleichmäßige Befüllung. Die filtrierte Würze gelangt bei geschlossener Abläuterung in den Sammelkanal. Dieser führt in einen Dom, der mindestens so hoch ist wie die Oberkante des Maischekanals, bei moderneren Filtern sogar

50–70 cm höher liegt, um einen, wenn auch geringen Gegendruck aufbauen zu können. Sehr wichtig ist die Entlüftungsvorrichtung der Kammerräume, die entweder von Hand oder über Niveautester automatisch bedient werden. Eine Wassermischgarnitur mit Mengen- und Temperaturvorwahl dient der Bemessung der einzelnen Nachgüsse. Ferner erfordern geschlossene Systeme eine Vorrichtung zur Messung mit Heißsaccharometern, die von unten her mit der Würze beaufschlagt werden. Bei modernen Filtern finden Dichtemesser Anwendung. Die Rückführung des Probenstromes muß ohne Luftaufnahme gewährleistet sein. Ferner sind notwendig: *Druckmesser*, die über die Druckverhältnisse im Inneren des Filters Aufschluß geben, sowie eine genügend große *Treberrinne* mit Treberfördereinrichtung.

2.4.6 Der Läutervorgang im Maischefilter

Ihm gehen als Nebenarbeiten das Einlegen und Zusammenpressen des Filters voraus. Bei nicht kontinuierlichem Betrieb oder zu Beginn der Sudwoche muß der Filter vor dem Einpumpen der Maische mit heißem Wasser angewärmt werden. (Wasserbedarf bei 5 t Schüttung ca. 80 hl.)

2.4.6.1 Das *Füllen des Filters* muß so geschehen, daß jede Kammer vollständig gefüllt ist und jede Kammer das gleiche Maischematerial enthält. Ist dies nicht gegeben, so wird die spätere Auslaugung bei den einzelnen Teilabläuterungsvorgängen in Frage gestellt. Um dies zu erreichen, muß die Luft beim Befüllen des Filters über die Entlüftungshähne der Platten oder über einen zentralen Entlüftungskanal entweichen können. Die Maische muß dem Filter in vollkommen gleicher Beschaffenheit zufließen und darf während des Zulaufes keine Entmischung erfahren. So ist es erforderlich, die Maische im Maischbottich homogen zu erhalten, was nur gelingt, wenn das Rührwerk eine kräftige Mischwirkung entwickelt und der Boden des Bottichs konisch oder gewölbt ist, um die Maische am Absitzen zu hindern. Auch die Beschaffenheit des Schrotes ist für die Homogenität der Maische wichtig. Die Geschwindigkeit des eingepumpten Maischestromes beträgt normal 1,5–2 m/sec; sie darf sich in den Leitungen nicht verändern. Um auch bei großen Filtern eine möglichst gleichmäßige Verteilung der Maische zu erreichen, werden meist die in der Nähe des Maischeeintritts liegenden Hähne bis zur Füllung des Filters gedrosselt. Bei geschlossener, zentraler Abläuterung beginnt die Würze erst dann zu laufen, wenn sie das Niveau des hochgezogenen Läuterrohres überschreitet.

Die Füllung muß so erfolgen, daß im Filter ein möglichst geringer Druck entsteht. So kann zu Beginn des Einpumpens mit voller Pumpendrehzahl gearbeitet werden, bis alle Hähne zu laufen beginnen, dann wird die Leistung um etwa 20 % reduziert, bis der Filter voll ist, d. h. die Maische am Entlüftungskanal austritt. Gegen Ende des Abmaischens wird wieder allmählich auf die ursprüngliche Drehzahl gesteigert. Normal sollte der Druck hier 0,3 bar (Überdruck) nicht übersteigen; ein zu früher Druckanstieg bedingt ein zu starkes Pressen der Treber, die dann zu dicht liegen und sich nicht gleichmäßig auslaugen lassen. Der entstehende Druck ist auch vom Feinheitsgrad des Schrotes abhängig. Es muß so zusammengesetzt sein, daß das Trebervolumen dem Fassungsvermögen des Filters entspricht (s. S. 108). Ist das Schrot zu grob, so bedarf es eines höheren Druckes, um die Treber in den Filter zu verbringen. Dadurch erhöht sich der Treberwiderstand, die Auslaugung wird erschwert und die Läuterdauer verlängert. Es besteht die Gefahr eines Durchreißens der Tücher. Das Schrot soll aber auch nicht zu fein sein, da das entstehende Spelzenmehl nicht nur die Filtertücher verlegt, sondern auch die Bierqualität nachteilig beeinflußt. Der Gehalt des Pudermehls soll 18 % nicht überschreiten. Zu feines Schrot erbringt ein zu geringes Trebervolumen, welches u. U. die Kammern nicht ausfüllen kann.

Um den Fassungsraum des Filters innerhalb gewisser Grenzen verändern und den jeweiligen Verhältnissen anpassen zu können, werden manchmal Blindplatten eingeschoben.

Die Füllung des Filters dauert 25–35 Minuten. Das Abläutern der Vorderwürze beginnt bei Einzelhahnabläuterung sofort, bei Zentralabläuterung nach dem Vollwerden des Filters. Es ist mit dem Ende des Abmaischens abgeschlossen. Trübwürze wurde ursprünglich nicht zum Maischbottich zurückgeleitet, um eine Verdünnung der dort befindlichen Maische zu vermeiden. Auch enthält die Trübwürze naturgemäß reichlich feine und feinste Trübungsbestandteile, die die Homogenität der restlichen Maische verändern und so eine Veränderung der Konsistenz der dem Einlauf zugewandten Kammerinhalte erbringen. Dies würde unweigerlich eine Ausbeuteverschlechterung zur Folge haben. Bei zu hohen Filterdrücken kann es zweckmäßig sein, die Maische vom Entlüftungskanal in den Bottich zurückzuleiten, um so die Pumpenleistung nicht zu sehr drosseln zu müssen. Auch bei schlecht gelösten Malzen oder bei Rohfruchtmaischen wird die Läuterzeit nicht oder nur kaum erhöht. Die hohe Abläutergeschwindigkeit ist durch die große Läuterfläche bedingt. Dadurch, daß die Vorgänge des Abmaischens und des Abläuterns der Vorderwürze zusammenfallen und Ruhezeit bzw. Trübwürzepumpen nicht erforderlich sind, ergab sich gegenüber den Läuterbottichen derselben Epoche eine Zeitersparnis von 60–90 Minuten.

Nach Ende des Abmaischens werden Maischbottich und Leitungen durch Nachpumpen von heißem Wasser von Trebern und Würzebestandteilen gereinigt.

Zum völligen Ablauf der Vorderwürze bleiben sämtliche Hähne noch etwa 5 Minuten geöffnet. Es konnte sich bei den herkömmlichen Maischefilterkonstruktionen mit Polypropylentüchern eine verbesserte Arbeitsweise einführen, die folgende Merkmale umfaßt: Die Abläuterung ist bereits bei der Vorderwürze geschlossen. Beim Einpumpen der Maische beginnt die Würze erst dann zu laufen, wenn die Kammern gefüllt sind, d. h. der Würzestand in dem nach oben geführten Läuterrohr das Niveau des Maischekanals überschritten hat. Hierdurch liegen Treber an der Tücheroberfläche an und stellen eine wenn auch noch lockere Filterschicht dar. Wird das Läuterrohr z. B. um 50 cm über die Filteroberkante gehoben, dann ergibt sich sogar ein geringer Gegendruck, der eine gleichmäßigere Maischeeinlagerung begünstigt. Der Entlüftung der Kammern kommt in jedem Abschnitt des Einpumpens große Bedeutung zu. Nach Vollwerden der Kammern muß in bestimmten Zeitintervallen entlüftet werden (s. a. S. 152). Entgegen früherer Meinungen wird die Würze beim Anlauf, die noch sehr trüb ist, 2–5 min. lang in den Maischbottich zurückgeleitet. Hierdurch tritt eine Verringerung der Trübung um rund 50 % sowie des Feststoffgehalts um 15–20 % ein. Ausbeuteverluste sind bei sonst optimalen Bedingungen nicht gegeben.

Das Abmaischen wird bei dieser Technik verhältnismäßig rasch, in ca. 30 Minuten, gehandhabt. Hierdurch versucht man eine gleichmäßige Verteilung der Maische zu erzielen. Nachdem die Würze erst nach ca. 7 Minuten anläuft und noch 2–3 Minuten Trübwürze zurückgeführt wird, ist der Vorderwürzeablauf in rund 20 Minuten beendet. Bei sauberen Tüchern und passender Schüttung bzw. Schrotsortierung wird der Druck – auch ohne Rücknahme der Pumpenleistung – nicht über 0,3 bar Ü ansteigen.

2.4.6.2 Das *Auslaugen der Treber* geht kaum mehr rascher vor sich als beim Läuterbottich. Es besteht sonst die Gefahr, daß die vielen dünnen Treberkuchen nicht gleichmäßig ausgewaschen werden. Das Wasser nimmt hierbei den umgekehrten Weg wie die Würze. Es tritt aus dem Wasserzuführungskanal in die Platten ein, durchdringt nacheinander Filtertuch und Treberschicht und gelangt durch das Filtertuch der nächsten Platte zum Läuterhahn. Es läuft daher die Nachgußwürze nur an jedem zweiten Hahn ab, die dazwischenliegenden Hähne sind geschlossen. Die Nachgußwürzen sind beim Maischefilter in der Regel ähnlich oder sogar klarer als beim Läuterbottich. Das Anschwänzen kann von oben oder von unten erfolgen. Letzterer Weg ist der allgemeine, doch ist die Auslaugung dann am ergiebigsten, wenn sich die Kanäle des Wasserzulaufs und des Würzeablaufs gegenüberliegen. Die Abführung der Nachgußwürzen geschieht entweder durch die Läuterhähne oder durch einen am beweglichen Kopfstück angebrachten Universalhahn, wobei dann sämtliche Läuterhähne geschlossen bzw. auf den zentralen Würzekanal eingestellt werden. Dieser mündet in den schon beschriebenen Dom, der es erlaubt einen geringen Gegendruck aufzubauen.

Der Überdruck im Filter darf zu Beginn des Überschwänzens nicht über 0,3–0,4 bar liegen, doch steigt er im weiteren Verlauf des Abläuterns stetig auf 0,8–1,0 bar an. Dieser Wert sollte nicht überschritten werden, was aber bei alten Baumwolltüchern notwendig werden kann (0,7 bis 1,5 bar). Höhere Drücke begünstigen eine Kanalbildung in den Treberkuchen und damit eine ungleichmäßige Auslaugung. Der Verlauf des Anschwänzprozesses wird verfolgt durch Kontrolle der einzelnen Läuterhähne. Nachdem die dem Maischeeinlauf entgegengesetzten Kammern häufig höhere Glattwasserkonzentrationen ergeben, müssen diese auch stärker mit Anschwänzwasser beschickt werden. Diese Differenzen rühren stets von einer ungleichmäßigen Befüllung der Kammern her. Nachdem das Glattwasser beim Maischefilter stets etwas höher liegt als beim Läuterbottich, wird die zur Verfügung stehende Anschwänzwassermenge in der Regel voll genutzt. Die letzten Glattwasserreste können durch Druckluft entfernt werden. Das Abläutern der Nachgüsse erfordert beim Maischefilter einen Zeitaufwand von 90–100 Minuten, so daß die Gesamtläuterzeit etwa 120–130 Minuten beträgt.

Die Auslaugung der Treber kann verbessert werden durch ein besonderes Verdrängen der

Vorderwürze aus den Wasserkammern, durch eine stufenweise Steigerung des Wasserdurchsatzes und schließlich durch eine stets konstante Läuterzeit. Bei der Abläuterung von stärkeren Exportbier- gegenüber Lagerbierwürzen steht nur eine geringere Wassermenge zur Verfügung. Hier kann durch langsamere Fließgeschwindigkeiten bei gleicher Läuterzeit eine entsprechend sorgfältigere Auslaugung erzielt werden. Diesem Ziel dient auch verschiedentlich die Anwendung hoher Vorderwürzekonzentrationen von z. B. 20 %, um mehr Wasser zur Verfügung zu haben. Es sollte jedoch das Läutergerät die Gußführung für die einzelnen Biersorten nicht beeinträchtigen.

Die heute verbreitete Arbeitsweise sieht vor, daß das Abläutern der Nachgüsse bei der geschlossenen Abläuterung erst dann beginnt, wenn die Vorderwürze aus dem Raum zwischen den Tüchern und den wasserführenden Platten verdrängt ist. Dies geschieht durch Wasserzufuhr von oben. Erst anschließend laufen die Nachgüsse mit steigender Geschwindigkeit wie auf S. 151 beschrieben. Um nun die Auslaugung der Treber möglichst gleichmäßig zu gestalten, sollte auf jeden Fall der vorbeschriebene, durch die Höhe des Läuterrohres gegebene Gegendruck von 500 mm WS oder sogar etwas mehr eingehalten werden. Zur Darstellung eines höheren Gegendrucks bedarf es eines Schiebers im Würzeablaufrohr. Nachdem das Überschwänzwasser Luft enthalten kann, ist es notwendig, in regelmäßigen Abständen zu entlüften, um das System stets bis zur Oberkante der Kammern gefüllt zu halten.

Bei einem Filtersystem ist das Auswaschen der Treber nach jedem Sud in umgekehrte Richtung möglich, d. h. die Wasserplatten des einen Sudes werden zu Würzekammern beim nächsten usw. Dies hat den Vorteil, daß sich die Polypropylentücher durch die auftretenden Drücke bei den gegebenen hohen Temperaturen nicht verformen.

2.4.6.3 Beim *Auseinandernehmen des Filters* soll die Beschaffenheit der einzelnen Treberkuchen einer Kontrolle unterzogen werden, um den Befüllungsgrad der Kammern und gegebenenfalls Auswaschungen durch das Anschwänzen oder Nachdrücken mit Wasser ermitteln zu können. Das Auspacken und Wiedereinlegen eines Filters von 2 t Schüttung erfordert bei zwei Personen einen Zeitaufwand von ca. 40 Minuten. Eine automatische Öffnungsvorrichtung ermöglicht die Bedienung eines Filters von 5–6 t in derselben Zeit, während nicht auszuwechselnde Kunststofftücher sogar die Bewältigung von 10–12 t durch eine Person in ca. 30 Minuten gestatten.

2.4.6.4 Die *Qualität der Abläuterung* ist meist weniger gut als beim Läuterbottich, da die Vorderwürze bei den fast überwiegend verwendeten Kunststofftüchern stets trüb ist und sich der 1. Nachguß nur langsam bis auf eine dann allerdings völlig blanke Würze klärt. Die Feststoffmengen in der abgeläuterten Würze liegen je nach Arbeitsweise, Porenweite der Filtertücher zwischen 800 und 450 mg/l, wobei das Trubwürzepumpen eine Verringerung um 15–20 % ermöglicht.

Je nach dem Trübungsgrad der Würze erfährt die Jodreaktion beim Würzekochen eine Verstärkung.

Eine Luftaufnahme tritt beim Befüllen der Kammern von oben ein, da die dort befindliche Luft durch die turbulente Maische nach oben entweicht. Auch kommt u. U. über die Extraktmeßvorrichtung Luft zur Würze. Eine kräftige Sauerstoffaufnahme vermittelt der Sauerstoffgehalt des Überschwänzwassers, der bei geschlossenen Heißwasserspeichern im oberen Bereich (trotz der herrschenden hohen Temperaturen) 8–10 mg/l ausmachen kann. Generell verhindert das Arbeiten mit Gegendruck Sauerstoffeinzug und begünstigt die Entlüftung des Filters. Eine Belüftung kann auch beim Leerdrücken des Maischefilters mit Luft am Ende des Läuterprozesses bewirken, wenn diese z. B. mit ins Vorlaufgefäß oder gar in die Pfanne zur kochenden Würze mitgerissen wird. Hier hat es sich bewährt, das durch das Auspressen gewonnene Glattwasser in einem kleineren Tank zu sammeln und erst nach 10–15 Minuten, d. h. nach Aufsteigen der Luftblasen zur kochenden Würze zu pumpen. In der Regel verzeichnen gut arbeitende Maischefilter nur eine Sauerstoffaufnahme um 0,2–0,5 mg/l.

2.4.6.5 Der *Vorteil des Maischefilters* ist seine Unabhängigkeit von der Qualität des Malzes bzw. von der Menge der Rohfrucht. Er leistet mit Sicherheit 8–9, vereinzelt 10 Sude pro Tag. Die Ausbeute liegt im günstigsten Falle bei 0,7 % unter der Laboratoriumsausbeute, sie ist aber im Alltagsbetrieb eher schlechter als beim Läuterbottich, doch kommt es hierbei auf die Konstruktion des Filters, auf die Beschaffenheit der Tücher und auf die Qualität des Schrotes an. Die Schüttung, die auf die gleichmäßige Befüllung der Kammern ausgelegt ist, verträgt keine Variation. Allenfalls kann durch eine Blindplatte bei kleineren oder schwächeren Suden ein Teil der Filterfläche stillgelegt werden. Häufig wird der Hauptguß knapp bemessen (Vorderwürzekonzentration 20–21 %), um mehr Wasser für die Auslaugung der Treber zur Verfügung zu haben. Dies ist jedoch qualitativ nicht unbedenklich, wenn auch die kurze Gesamtläuterzeit eine mögliche Auswirkung auf die Polyphenole ausgleicht. Der bei Baumwolltüchern durch die kurze Lebensdauer derselben, die Waschkosten und den Personalaufwand teuere Betrieb hat sich bei Kunststofftüchern und Teilautomatik so weit ermäßigt, daß Maischefilter und Läuterbottich bei gleicher Würzemenge/Tag etwa gleich liegen. Entscheidend ist dann die erzielbare Ausbeute. Auch der vorgeschilderte Maischefilter ist automatisierbar. Durch das Leerdrücken mit Luft liegt die Abwassermenge unter 1 hl/t Schüttung, wenn das am Treberförderer anfallende Preßwasser den Trebern wieder zudosiert wird.

2.4.7 Die Maischefilter der neuen Generation

Das Prinzip dieser Konstruktionen ist die Verarbeitung von Feinstschrot bei größerer Filterfläche, d. h. dünnerer Treberschicht sowie die pneumatische Pressung des Treberkuchens.

Die Platten bzw. Kammern haben bei einem Filter eine Abmessung von 1.800×2.000 mm; die Dicke des Treberkuchens beträgt etwa 40 mm, wodurch sich eine spezifische Schüttung von 35 kg/m^2 (statt 55–60 kg) Filterfläche ergibt. Der Filterrahmen ist durch zwei elastische (Kunststoff-)Membranen in zwei Teile geteilt. Diese Membranen erlauben ein leichtes Pressen des Filterkuchens nach dem Ablauf der Vorderwürze und ein stärkeres am Ende des Auslaugeprozesses. Über den Filterplatten sind Filtertücher aus Polypropylen angebracht. Der Filter wird von unten befüllt; das Überschwänzen geschieht ebenfalls von unten über den Maischekanal.

Es wird Feinstschrot verwendet, das die auf S. 108 dargestellten Charakteristik hat. Diese kann allerdings in Abhängigkeit vom Zustand der Mühle (Hämmer, Siebe) etwas schwanken.

2.4.8 Das Abläutern mit den neuen Maischefiltern

2.4.8.1 Das *Befüllen des Filters* geschieht mittels einer stufenlos regulierbaren, frequenzgesteuerten Pumpe. Dabei soll ein niedriger Gegendruck von 1–1,5 m WS herrschen. Um die Kammern möglichst rasch und gleichmäßig zu füllen, ist hier die höchste Pumpenleistung gefordert. Durch den Eintritt von unten steigt der Maischespiegel ruhig

an und schiebt so die Luft des Kammervolumens gleichmäßig aus. Sobald die Würze das am Filterauslauf angeordnete Puffergefäß bzw. das dort eingestellte Niveau erreicht hat (Dauer ca. 4 min), beginnt (wie bei der vorgeschilderten Arbeitsweise des konventionellen Filters) der eigentliche Vorderwürzelauf. Die ursprünglich feststellbare Trübung baut sich durch das „Anschwemmen" der feinen Treber an das Tuch sehr rasch ab, so daß ein Trübwürzepumpen nicht erforderlich ist. Die Vorderwürze klärt sich bis auf 7–10 EBC Trübungseinheiten. Die Läuterzeit beträgt 21–24 min; anschließend erfolgt ein kurzes Spülen der Abmaischleitung mit heißem Wasser. Das Pressen mit ca. 0,5 bar Ü nimmt knapp 6 min in Anspruch, wobei sich die Vorderwürzemenge um rund 10 % erhöht. Die Vorderwürzekonzentration muß nicht so hoch sein wie beim herkömmlichen Maischefilter, bei normalen Gebräuen von 11,5–12 % darf sie ohne weiteres bei 17,5–18 % liegen.

2.4.8.2 Dem *Abläutern der Nachgüsse* geht das Auffüllen der Kammern mit den abgepreßten und wieder entspannten Trebern (Dauer ca. 5 min) vorauf; anschließend wird ca. 5 min bei konstantem Filtereinlaufdruck von 0,5 bar Ü gepumpt und ca. 50 min lang bei konstantem Durchfluß, der nur etwa 15 % der maximalen Pumpenleistung beträgt. Hierdurch wird eine möglichst gleichmäßige Auslaugung erreicht. Das Pressen der Treber erfolgt auf zweimal; zuerst mit 0,4–0,5 bar, dann mit 0,5–0,6 bar. Die Mengenverhältnisse sind interessant: 3,7 hl Hauptguß/dt erbringen 2,3 hl Vorderwürze von ca. 17,2 %; es werden rund 3,2 hl/dt Nachgußwasser aufgewendet, um eine Glattwasserkonzentration von ca. 1 % zu erreichen, die nach dem Pressen einen auswaschbaren Extrakt der Naßtreber (berechnet auf 80 % Feuchtigkeit) von ca. 0,5 % erbringt. Das Pressen egalisiert die unweigerlich in vertikalen Schichten auftretenden Extraktdifferenzen, Extraktinseln werden erschlossen etc. Damit ist die Auslaugung der Treber sehr gleichmäßig. Die Treber werden auf ca. 70 % Wassergehalt entfeuchtet. Die beiden Preßvorgänge nehmen 4 und 3 min in Anspruch.

2.4.8.3 *Das Entleeren und Reinigen des Filters:* Das Austrebern dauert ca. 10 Minuten, wobei ein zu weitgehendes Absenken des Wassergehalts der Treber das Austrebern eher erschwert. Die Treber fallen bei einwandfreier Abläuterung gut von den Tüchern ab; es ist allerdings notwendig, die völlige Entleerung der Kammern zu überwachen und notfalls einzugreifen. Abwasser fällt nur beim eventuell erforderlich werdenden Abspritzen von Treberresten an sowie bei der Reinigung des Filters, die nach 24–40 Suden erforderlich ist. Diese erfolgt nach Abspritzen von Treberresten mit 2 %iger Natronlauge mit Phosphatzusätzen von 80° C, die periodisch mit ca. $^2/_3$ der Überschwänzgeschwindigkeit umgepumpt wird (insgesamt ca. $1^1/_2$ Std.). Anschließend wird der Filter mit einer ca. 0,5 %igen kalten Säure 15 min lang neutralisiert. Der letzte Reinigungsschritt erfolgt durch ein manuelles Abspritzen der Tücher mit Niederdruck. Die Gesamtreinigungsdauer beträgt somit 4–5 Stunden.

2.4.8.4 Die *Qualität der Abläuterung* ist durch die kurze Gesamtkontaktzeit von Würze/Wasser und Trebern positiv beeinflußt. Ein Nachteil durch das Feinvermahlen des Malzkorns insbesondere der Spelzen konnte nicht abgeleitet werden. Die *Klärung der Würze* ist – abgesehen vom Anlauf, der aber wegen der relativ kleinen Menge nicht zurückgepumpt wird, klar, d.h. zwischen 7 und 10 EBC-Einheiten, lediglich beim Auffüllen der abgepreßten Treber mit Wasser tritt nochmals eine Eintrübung bis auf 40 EBC ein, anschließend laufen die Nachgüsse mit ca. 5 EBC-Einheiten ab. Der Feststoffgehalt liegt bei 20–50 mg/l, je nach der Beschaffenheit des Schrotes und je nach der Technik des Einlagerns. Demzufolge ist auch der Anstieg der Jodzahl beim Würzekochen minimal.

Der *Sauerstoffgehalt* ist durch das Einpumpen von unten mit 0,1–0,2 mg/l sehr niedrig, er kann aber bei nicht entgastem Wasser während des Nachgußlaufes 0,7–1,5 mg/l erreichen. Die Führung des Überschwänzwassers vom Wassermischer über einen tangentialen Einlauf in den drucklosen Anschwänzwasserbehälter erbringt eine befriedigende Entgasung des Wassers.

2.4.8.5 Die *Leistung des Maischefilters* beträgt 12 Sude/Tag, d. h. es ist ein Läuterzyklus von 120 Minuten gegeben. Die Netto-Läuterzeit ist dabei 95–100 Minuten, so daß nach dem Austrebern und Wiederverschließen des Filters eine kleine Reserve von 5–7 Minuten gegeben ist. Die Notwendigkeit einer vorzeitigen Reinigung, also nach etwa 24 Suden würde rund 2 Sude alle zwei Tage kosten. So ist die Maßnahme der Reinigung und der Führung der Abläuterung darauf abzustellen, daß ein Filterspiel von einer Woche, also ca. 40–48 Sude ohne Zwischenreinigung bewerkstelligt werden kann. Die *Ausbeute* liegt bei

0,3–0,5 % unter der Laboratoriumsausbeute des Malzes. Dies ist damit zu begründen, daß ein optimales Feinstschrot eine etwas höhere Labor-Ausbeute erbringen kann als das EBC-Schrot. Die Treberverluste liegen, auf Naßtreber von 80 % Wassergehalt berechnet, bei 0,5–0,6 % auswaschbarem und 0,6–0,7 % aufschließbarem Extrakt, wobei diese Werte sogar bei Suden mit höheren Stammwürzegehalten von z. B. 14,8 % Ausschlagwürzekonzentration erreicht werden. Damit liegen die Gesamttreberverluste bei rund 1,2 %. Der Maischefilter arbeitet vollautomatisch.

2.4.8.6 *Vor- und Nachteile der neuen Maischefilter:* Zu den *Vorteilen* ist die höhere Leistung von 12 Suden/Tag zu zählen (bei einer Zwischenreinigung alle zwei Tage nur 11), ferner die hohe und gleichmäßige Ausbeute, die Herstellung von Würzen höheren Extraktgehalts (Brauen und höherer Stammwürze s. S. 370), die klare Abläuterung, die der moderner Läuterbottiche ebenbürtig ist sowie die gegenüber älteren Maischefiltern günstigeren Sauerstoffgehalte, der praktisch abwasserfreie Regelbetrieb, die „trockenen" Treber mit nur mehr 65–70 % Wassergehalt. Die Tücher halten normal ca. 1000 Sude aus.

An *Nachteilen* ist der höhere Kraftaufwand der (allerdings sehr einfachen) Hammermühle zu sehen, das generelle Problem des Maischefilters bezüglich der konstanten Schüttung, wobei natürlich mit Blindplatten gearbeitet werden kann. Wie auch bei den herkömmlichen Maischefiltern ergibt sich aus dem Kammer-Volumen der Bedarf an Reinigungsmitteln und an Spülwasser.

2.4.9 Der Strainmaster

Dieses Abläutergerät besteht aus einem Behälter aus rostfreiem Stahl mit quadratischer oder rechteckiger Grundfläche. Die Höhe beträgt 3–5 m. Die untere Hälfte des Gefäßes ist konisch gestaltet und steht über einem Schieber mit einem Gefäß zur Aufnahme der Treber in Verbindung. In dieser Höhe sind Siebelemente von dreieckigem Querschnitt in 5–6 Reihen übereinander angeordnet. Die Siebe, ebenfalls aus rostfreiem Stahl, weisen Schlitze von 1 mm lichter Weite und einer Länge von 13 mm auf. Es ergibt die Gesamtzahl aller Öffnungen eine freie Durchgangsfläche von 10 %. Die Filterfläche bei 6 t Schüttung beläuft sich auf 60 m². Die Siebelemente einer Ebene münden in ein Sammelrohr, dessen Auslaufquerschnitt durch einen Läuterhahn reguliert werden kann. Zur Erhöhung der Abläutergeschwindigkeit ist jedes „Quellgebiet" an eine eigene, in der Drehzahl regulierbare Pumpe angeschlossen. Die untersten beiden Quellgebiete werden meist zu einem Rohr vereinigt. Eine Aufhackmaschine ist nicht vorhanden. Wie beim Maischefilter so wird auch beim Strainmaster Wert auf eine homogene Maische gelegt, die im Bereich der Läuterelemente möglichst gleichmäßig sein soll. Dies wird erreicht durch ein relativ feines Schrot, das ursprünglich feiner gedacht war als das Läuterbottichschrot, doch nach dessen schrittweiser Optimierung dem auf S. 108 dargestellten entspricht. Es ist allerdings nicht bekannt, ob nicht eine Annäherung an das Maischefilterschrot noch günstigere Bedingungen geboten hätte. Eine Konditionierung des Malzes hat sich als hilfreich erwiesen. Darüber hinaus wird die Maische so konzentriert gehalten, daß eine Vorderwürzekonzentration von 20–23 % entsteht.

Das Einpumpen der Maische in den Strainmaster geschieht von oben über einen oder mehrere Verteiler. Wenn etwa 60 % der Maische übergepumpt sind, kann bereits mit dem Vorschießen und dem Pumpen der Trübwürze begonnen werden. Mit Ende des Abmaischvorganges läuft die Würze hinreichend blank. Im Interesse eines lockeren Trebergefüges darf die Vorderwürze nicht einziehen, sondern es wird noch während ihres Ablaufs bei einem bestimmten Würzestand von oben und von unten gleichzeitig übergeschwänzt.

Bei hochstehenden Bottichen läuft die Vorderwürze ohne Zuhilfenahme der Pumpen ab, erst beim Abläutern der Nachgüsse werden dieselben nach Maßgabe der Läutergeschwindigkeit einreguliert. Durch Bemessung des Wasserzuflusses von oben und unten und durch die Variation der Pumpenleistung der einzelnen Quellgebiete kann die Auslaugung der entsprechenden Partien geregelt werden, doch macht die hohe Geschwindigkeit eine Kontrolle der ablaufenden Würze jeden Hahnes mindestens alle 10 Minuten (mittels Refraktometer) erforderlich. Der Zufluß des Überschwänzwassers wird automatisch auf ein bestimmtes Niveau eingestellt. Wenn die das oberste Quellgebiet verlassende Würze nur mehr 2 % Extrakt aufweist, wird der Wasserzufluß von oben beendet und nurmehr von unten her angeschwänzt. Sobald nun der Extraktgehalt der Würze des obersten Filterelementes unter 1 % sinkt, wird dieses abgeschaltet. Am Ende der Abläuterung bildet sich nun in den Trebern eine Schichtung des Würzextrakts von oben nach unten aus;

in dieser Reihe werden auch die einzelnen Systeme abgeschaltet, so daß zuletzt nur mehr zwei Hähne laufen. Die Abläuterung ist in 70–80 Minuten beendet, so daß spätestens nach 120 Minuten wieder abgemaischt werden kann.

Die Qualität der Abläuterung ist schlechter als beim Läuterbottich: So dauert es bis zum Ende des Einpumpens, bis die Würze klar läuft. Das Überschwänzen, vor allem aber die Zugabe von Preßwasser und Hopfentrub erbringen eine erneute Eintrübung, so daß die durchschnittlichen Feststoffgehalte bei ca. 250 mg/l liegen. Die Sauerstoff-Aufnahme ist durch das Abmaischen von oben und durch die offene Abläuterung bei 1–2 mg/l, beim Zuschalten einer Förderpumpe für die Läuterwürze z. T. erheblich höher.

Das Austrebern geschieht durch Öffnen des Treberschiebers; es dauert nur wenige Minuten. Nachdem die Treber hierzu verhältnismäßig naß sein sollen, fällt hier und beim folgenden Nachspülen eine Abwassermenge von 10–15 hl/t Schüttung an. Das Preßwasser der Schnecke am Treberförderer wird verschiedentlich gesammelt, geklärt, aufgearbeitet und so wieder verwendet (s. S. 135). Es treten hier z. T. deutliche Treberverluste auf, die 10–15 % ausmachen können. Diese belasten das Abwasser und mindern den Trebererlös. Das Ausspritzen des Strainmasters muß mit Sorgfalt geschehen, um ein Verlegen der Siebe zu vermeiden.

Trotz der großen Anschwänzwassermengen gelingt es nicht immer, den in den Trebern steckenden Extrakt restlos zu gewinnen. Die Differenz der Sudhausausbeute zur lufttrockenen Laboratoriumsausbeute kann 1,5–2 % betragen, sie ist meist höher als bei Maischefilter und Läuterbottich. Dennoch kann die hohe Leistung des Strainmasters und die einfache, z. T. automatisierbare Arbeitsweise seinen Einsatz in verschiedenen Fällen rechtfertigen.

2.4.10 Kontinuierliche Läutermethoden

Sie haben sich noch wenig eingeführt. Praktisch erprobt ist der in segmentartige Kammern unterteilte *APV-Drehfilter*, der noch dem Läuterbottich ähnelt, aber doch schon eine Auslaugung im Gegenstrom vorsieht.

2.4.10.1 Der *Vakuumfilter* dient als *Trommelfilter* vor allem dem Trennen von Maischen aus Pulverschroten. Die kontinuierlich gewonnene Maische kann hier in einem Durchgang von

20–30 Minuten weiterverarbeitet werden. Die dünne Läuterschicht von einigen Millimetern liefert im Verein mit dem Kunststofftuch von 80 μm Maschenweite und dem angewendeten Vakuum nur eine trübe Würze, die der Nachklärung durch Zentrifugen bedarf. Auch Kieselgur, der Maische in einer Menge von rund 100 g/hl beigemischt, vermag die Klärwirkung zu verbessern.

2.4.10.2 Das *Pablosystem* bedient sich zweier liegender, konisch geformter Separatoren. Die Maische wird am Konusende aufgebracht. Nach Abtrennung der Würze wandern die Treber nach dem weiteren Teil des Zentrifugenmantels und werden auf diesem Wege durch verdüstes Wasser ausgewaschen. Die Treber erfahren eine nochmalige Behandlung in einem zweiten Separator gleicher Bauart, nachdem sie vorher in Wasser aufgeschlämmt worden waren. Die ablaufende Würze mit den Nachgüssen muß über Zentrifugen nachgeklärt werden. Ein ausgeklügeltes System der Wiederverwendung der anfallenden dünnen Würze ermöglicht letztlich die Anwendung geringer Wassermengen zum Aussüßen der Treber.

2.4.10.3 *Dekanter* sind zur Trennung von fest/flüssigen Gemischen und damit zur Verarbeitung von Suspensionen (Maische) mit hohem Feststoffgehalt (Pulverschrottreber) geeignet. Die Maische wird in der liegenden zylindrokonischen Trommel der Vollwand-Schneckenzentrifuge durch die Fliehkraft in Treber und Würze getrennt. Die Würze enthält bei geeigneter Einstellung der „Teichtiefe" einen befriedigenden Feststoffgehalt von ca. 100 mg/l jedoch anteilig mehr ungesättigte Fettsäuren. Die Treber weisen noch Feuchtigkeitsgehalte von 63–70 % auf, wodurch eine vertretbare Ausbeute erreicht werden kann. Die weitere Verarbeitung der so gewonnenen Würzen war nach neuesten Arbeiten problemlos, die Qualität der Pilot-Biere gleichwertig.

Trotz ermutigender Erfolge konnten sich diese kontinuierlichen Systeme auf breiterer Ebene noch nicht durchsetzen, nicht zuletzt wegen der gerade in den letzten Jahren vollzogenen Verbesserungen des Läuterbottichs, oder des neuen Maischefilters. Beide liefern sehr gute Würzequalitäten bei hoher Ausbeute.

2.4.11 Das Vorlaufgefäß

Je nach dem Einmaisch- oder Ausschlagintervall, der Läuterzeit einerseits, der Kochzeit andererseits und damit der Belegungszeit der Würze- oder Whirlpoolpfanne wird ein Zwischenbehälter benötigt, der die während des Würzekochens des vorausgehenden Sudes abläuternden Würzemengen aufnimmt. Dieses Vorlaufgefäß wird meist in Form eines liegenden oder stehenden Tanks aus den üblichen Materialien gefertigt und isoliert. Seine Größe soll entsprechen: bei 4 Std. Ausschlagintervall der Vorderwürzemenge, bei $3^{1}/_{2}$ Stunden der Ausschlagmenge und bei 3 Stunden und kürzer dem gesamten, abgeläuterten Volumen („Pfannevollmenge"). Bei einem Ausschlagintervall von 2h 40min und darunter muß die Würze im Vorlaufgefäß auf 90–95° C aufgeheizt werden, um die Würzepfanne von diesem Zeitaufwand zu entlasten. Das Anwärmen kann durch entsprechende Innenheizflächen (Röhren, Platten), am besten durch Umpumpen über einen Erhitzer geschehen.

Bei Sudhausneubauten können anstelle von Vorlaufgefäß, Wärmetauscher und Pfanne zwei Würzepfannen angeordnet werden, die mit Innenkochern ausgerüstet sind. Im Falle eines Außenkochers genügt ein Aggregat, um zwei Pfannen wechselweise zu beheizen. Es entfallen hier die Umpumpvorgänge, die oftmals auch zu einer unkontrollierten Sauerstoffaufnahme führten. Versuche haben ergeben, daß eine Temperatur der lagernden Würze von 75–78° C am günstigsten ist. Das Aufheizen auf die Kochtemperatur soll je nach Energiespitze 40–60 Minuten in Anspruch nehmen; es darf nicht zu früh erfolgen, da sonst unerwünschte Farbreaktionen eintreten.

Steht Heißwasser von ca. 98° C aus dem Energiespeicher (s. S. 172) zur Verfügung, dann wird die Würze beim Überpumpen vom Vorlaufgefäß in die Pfanne in einem entsprechend dimensonierten Wärmetauscher auf ca. 95° C aufgewärmt. Dies dauert in der Regel höchstens 20 Minuten.

2.5 Das Kochen und Hopfen der Würze

Die durch den Läuterprozeß gewonnene Würze wird gekocht und ihr dabei in irgendeiner Form Hopfen zugegeben. Diese Maßnahmen bezwecken einmal das Verdampfen des überschüssigen Wassers zur Erzielung der gewünschten Würzekonzentration, die Zerstörung der Enzyme und eine Sterilisierung der Würze, eine gezielte Ausscheidung gerinnbarer Eiweißstoffe in Form des Bruches und schließlich die Lösung der Hopfenwertbestandteile, vor allem der Bitterstoffe, in der Würze. Dabei treten als Nebenwirkungen auf: die Bildung von reduzierenden Substanzen sowie die Bildung und Ausdampfung von Aromastoffen. Eine Zunahme der Farbe und der Acidität sind leicht erfaßbare Veränderungen.

2.5.1 Die Würzepfannen

Das Würzekochen wird ebenso wie das Maischekochen in besonderen Gefäßen, den Würzepfannen, vorgenommen.

2.5.1.1 Das *Fassungsvermögen* der Würzepfannen beträgt rund 9 hl/100 kg Malzschüttung (für die Herstellung rund 12 %iger Biere), das der Maischepfannen 4–5 hl. Bei einfachen Sudwerken werden Maischen und Würzen in der gleichen Pfanne gekocht. Hierbei müssen die Heizflächen so ausgelegt sein, daß sowohl die kleinste Teilmaische von ca. 1 hl/100 kg ohne Anlegen der Festbestandteile der Maische gekocht werden kann, ebenso wie die gesamte Würzemenge, die sich auf 7–7,5 hl/100 kg Schüttung beziffert. Zu klein bemessene Pfannen stellen den wünschenswerten Kocheffekt in Frage, auch besteht hier die Gefahr des Überkochens.

2.5.1.2 Das *Material* der Pfannen ist Stahl, Kupfer oder nichtrostender Stahl. Verschiedentlich kommt letzterer in plattierter Form zur Anwendung. Kupfer leitet Wärme zwar um 30 % besser als Stahl, doch können Cu^{2+}-Ionen einen ungünstigen Einfluß auf Qualität und Stabilität des Bieres ausüben.

2.5.1.3 Die *Grundfläche* der Pfannen kann rund oder eckig sein. Die *Pfannenwände* (Zargen) sind bei Pfannen aus Stahlblech gerade, bei solchen aus Kupfer häufig bombiert.

2.5.1.4 Das *Verhältnis der Flüssigkeitshöhe zum Durchmesser* soll ungefähr 1 : 2 betragen, um die benötigten Heizflächen unterbringen und den entstehenden Wasserdampf leicht entfernen zu können. Je kleiner der Durchmesser und je tiefer die Pfanne ist, um so geringer wird die Verdampfung.
Die wesentlichste Einrichtung der Pfanne ist ihre *Beheizung*. Hierbei ist grob zwischen Feuerkochung und Kochung mittels Dampf oder Heißwasser zu unterscheiden.

2.5.1.5 *Feuerpfannen* alter Art sind eingemauert und die Heizgase werden durch ein System von Zügen um die Pfannenwand geführt. Diese Züge dürfen besonders bei Maischpfannen nicht zu hoch liegen, um ein Anlegen der Maische bzw. ein

Überhitzen der Seitenwände bei ungenügender Befüllung zu vermeiden.

2.5.1.6 Bei *ölbeheizten Pfannen* hat sich die sog. *Stahlbaufeuerung* gut eingeführt, die durch ihr geringes Mauerwerksvolumen beweglicher ist und die in ihrem Feuerungswirkungsgrad in die Nähe der Gesamtwirkungsgrade indirekt beheizter Anlagen heranreicht. Auch Gasfeuerungen konnten sich mit Vorteil einführen. Die Abwärme aus derartigen Feuerungen wird zweckmäßig noch in eigenen Wärmeaustauschern zur Heißwassergewinnung herangezogen.

2.5.1.7 *Dampfpfannen* weisen entweder doppelte Böden oder Kanäle in Form von Halbrohren für Mantel- oder Bodenheizung auf oder Heizkörper, die als Innen- oder Außenkocher angeordnet sind.
Die *Mantel- oder Bodenheizung* ist heute gewöhnlich als Zweizonenheizung konstruiert, wobei in die Innenzone Dampf von höherem Druck, evtl. als Frischdampf eingeführt wird. Das Verhältnis von Außen- zu Innenheizfläche verschiebt sich mit zunehmender Pfannengröße zuungunsten der letzteren. Während es normal 3 : 1 beträgt, kann es sich bei sehr großen Pfannen (10 t Schüttung) auf 5 : 1 verändern. Bei den sog. *Hochleistungspfannen* sind die Böden kegelförmig hochgezogen und ergeben auf diese Weise ein für die Verdampfung und die Würzebewegung günstiges Kochbild von innen nach außen, wie dies auch bei den Feuerpfannen der Fall ist. Bei Bieren unterschiedlicher Stärke und damit verschieden großer Ausschlagmenge kann es notwendig sein, die Innenheizfläche zu unterteilen.
Bei diesen Pfannen wird der Dampf oder auch das zum Heizen verwendete *Heißwasser* in spiralig angeordneten, außen angeschweißten Halbrohren oder Profileisen geleitet.
Wichtig für den Kocheffekt derartiger Pfannen ist eine wirksame *Entlüftung* vor allem der Doppelböden sowie eine richtig dimensionierte *Kondensatableitung*.
Pfannen mit rechteckigem Grundriß können die erforderlichen Heizflächen sehr viel leichter aufnehmen. Hier sind mulden- oder trapezförmige Querschnitte zu finden (s. S. 161).

Innenkocher sind in ihrer älteren Form feste oder bewegliche Rohre. Sie müssen möglichst tief gelegt werden, damit die Heizwirkung auch alle Maische- und Würzeanteile erfassen kann. Die Schlangen müssen stets von Flüssigkeit bedeckt sein. Die Umdrehungszahl beweglicher Heizkörper ist gering (6–10 U/min). Neuere Innenheizkörper sind von den früheren „Zusatzkochern" abgeleitet worden. Sie haben die Form von Zylindern, die einzeln oder in Kaskadenform angeordnet sind, von Platten oder Taschen, die bei einer Konstruktion sternförmig von einer Mittelsäule auseinandergehen, oder von Röhren, die zu Bündeln vereinigt sind. Bei einer Konstruktion sind die Heizröhren in einer im Boden der Pfanne befindlichen Tasse. Ein ähnliches System dient auch der Beheizung von Maischpfannen. Wichtig ist bei diesen meist ohne zusätzliche Bodenheizung arbeitenden Kochern, daß ihr Durchmesser in einem bestimmten Verhältnis zu dem der Pfanne steht. Ist er zu groß, so ebbt die Kochfontäne nicht bis zum Pfannenrand ab, es besteht die Gefahr des Überkochens bzw. es kann die Leistung der Heizfläche nicht voll ausgenutzt werden. Ist er zu klein, so besteht u. U. die Gefahr einer ungenügenden Erfassung der peripheren Zonen.

Moderne Innenkocher sind entweder „offene" Kocher, bei denen die Röhren in einem Kreis oder in zwei Reihen käfigartig um das Pfannenzentrum angeordnet sind oder Röhrenbündel, auf die ein sog. „Staukonus" mit einem kurzen Rohr aufgesetzt ist, der das Gemisch aus Würze und Dampfblasen gegen einen verstellbaren, strömungstechnisch „weich" gestalteten Schirm lenkt. Hierdurch wird die vorstehend geforderte gleichmäßige Verteilung der Würze ermöglicht. Die Temperatur über dem Kocher, d. h. im Staukonus darf die Würzetemperatur in der Pfanne um nicht mehr als 2° C übersteigen. Bei kleineren Pfannen können die Heizflächen so groß gewählt werden, daß sie mit der sehr niedrigen Heizmitteltemperatur der komprimierten Brüden arbeiten können. Bei den „geschlossenen" Systemen ist die stets niedrigste Heizmitteltemperatur (Dampf/Heißwasser) die günstigste.

Außenkocher sind Bündelrohr- oder Plattenheizsysteme aus Kupfer oder Edelstahl, die seitwärts an der Würzpfanne angebracht sind. Wenn sich auch bei laminar, in einem Strom durchflossenen Kochern ein thermischer Umlauf einstellt, so ist doch im Sinne einer völlig gleichmäßigen Beaufschlagung der Heizflächen eine Treibpumpe wichtig. Da sich hier aber beim thermischen Umlauf nur eine geringe Strömungsgeschwindigkeit im System einstellt, die zu einer raschen Verlegung des Kochers führt, wird durch mehrfache Umlenkung des Flüssigkeitsstroms eine Geschwindigkeit von 2,5–2,7 m/sec. angestrebt, die

die Intervalle zwischen zwei Reinigungsprozessen auf 16–24 Sude vergrößert. Die Treibpumpe muß die Würze in Abhängigkeit von Heizmitteltemperatur, Würzetemperatur und gewünschter Verdampfung 8–12 × stündlich umwälzen, bei Verwendung von verdichtetem Brüden 10–24 ×. Die Pumpe wird frequenzgeregelt. Der Druck im Kocher selbst wird durch ein Entspannungsventil zur Würzepfanne hin – je nach der gewünschten Temperatur – zwischen 101 und 108° C geregelt. Die Würze wird über eine ausreichend dimensionierte Leitung entweder zentral über eine Düse mit Steigrohr und Schirm oder tangential in Höhe der Pfannevollmenge, bevorzugt mit einem Winkel von 23° zur Pfannenwand in die Pfanne zurückgeleitet. Letztere Anordnung soll eine möglichst gleichmäßige Erfassung der Würze sichern. Die Heizflächen sind je nach der Heizmitteltemperatur (120–135° C) zwischen 15 und 10 m²/100 hl, bei Bürdenverdichtung (103–110° C) zwischen 165 und 40 m²/100 hl. Damit liegt die Leistungsaufnahme der Umwälzpumpe für die obengenannten Leistungen zwischen 5,5 und 15 kW. Die Anordnung einer Kontaktstrecke vor dem Entspannungsventil zum Zwecke einer intensiveren Einwirkung der Temperatur und einer dadurch möglichen Reduzierung der Kochzeit oder der Zahl der Umwälzungen hat sich als entbehrlich erwiesen.

Außenkocher ermöglichen es, mehrere Pfannenkörper wechselweise zu beheizen. Bei einer entsprechenden Zahl von isolierten Gefäßen können diese jeweils für einen Sud die Aufgabe des Vorlaufgefäßes, der Pfanne und schließlich des Whirlpools übernehmen (Whirlpool- oder Kombipfannen s. S. 186). Diese Anordnung kann auch mit Innenkochern getroffen werden. Es muß aber dann jedes der Gefäße mit einem Kocherelement ausgestattet werden.

2.5.1.8 Der *Abzug des Wasserdampfes* geschieht bei den strömungsgünstig ausgeführten Hauben runder Pfannen durch natürlichen Zug. Andere Konstruktionen, aber auch der Einbau von Pfannendunstkondensatoren erfordern einen entsprechend dimensionierten Ventilator für den Abzug der Schwaden. Ein Rücklauf von Schwadenkondensat ist stets zu vermeiden, z. B. durch Auffangrinnen mit Ableitung.

2.5.1.9 *Rührwerke* sind bei Maischpfannen unerläßlich und bei Feuerkochung zur Verhinderung des Anlegens der Maischen sogar mit Ketten ausgestattet. Die Umfangsgeschwindigkeit beträgt rund 3 m/sec. Daraus errechnet sich bei gegebener Flügellänge die Umdrehungszahl. Um sich der Maischengröße und den verschiedenen Aufgaben (Aufheizen, Rasten, Kochen) anpassen zu können, sind die Rührwerke frequenzgeregelt (s. S. 125).

Bei Würzepfannen sind Rührwerke nicht unbedingt erforderlich, doch sind sie bei Boden- und/oder Mantelheizung, vor allem aber bei direkter Beheizung beim Aufwärmen zum Kochen im Interesse eines guten Wärmeübergangs und zur Vermeidung von Zufärbungen wünschenswert.

Pfannen zur überbarometrischen Kochung sind für Drücke von maximal 1 bar Ü ausgelegt. Sie würden eine Kochung der Würze bei Temperaturen bis zu 120° C erlauben, doch sind Verfahren mit 102–104° C Würzetemperatur bei etwas höheren Temperaturen in den verwendeten Innen oder Außenkochern (+ 1,5 –2° C) heutzutage üblich. Die mit Sicherheitsventilen und dichten Mannlöchern versehenen Gefäße sind durch einen Schieber im Dunstabzugsrohr verschlossen. Mittels eines Beipaßventils kann dieser umgangen und auch in der Druckphase eine Verdampfung sichergestellt werden.

Anlagen zur kontinuierlichen Kochung beinhalten zwei Wärmetauscher zum Aufheizen der Würze mittels der bei der Entspannung anfallenden Brüden auf 87 bzw. 107° C sowie einen Erhitzer, der die gewünschte Reaktionstemperatur von ca. 130° C mit Primärenergie darstellt. Die „Kochtemperatur" wird $2\frac{1}{2}$–3 Minuten lang gehalten und anschließend in zwei hintereinander geschalteten Ausdampfgefäßen auf ca. 117 und 100° C entspannt. Bei diesem System läuft die Würze einem Whirlpool zu, eine andere Verfahrensweise bedient sich einer weiteren Entspannung in ein Vakuumgefäß bei 50° C. Die Verdampfung beträgt bei diesen Konzeptionen 6–8 %.

2.5.2 Das Eindampfen des überflüssigen Wassers

Beim Abläutern wird die Vorderwürze durch die zum möglichst weitgehenden Auswaschen der Treber erforderlichen Nachgüsse zu stark verdünnt. Um nun die erforderliche Ausschlagkonzentration innerhalb einer angemessenen Kochzeit zu erreichen, war bisher eine hohe stündliche Verdampfungsziffer von 8–10 % der Ausschlagmenge gewünscht. Höhere Verdampfungsziffern haben nach den heutigen Erkenntnissen keinen Wert, da zum Ablauf der zu schildernden Umsetzungen eine, von der jeweiligen Kochtemperatur bestimmte Kochzeit einzuhalten ist. Bei der herkömmlichen Kochung mit Bodenheizung waren dies 90–100 Minuten, bei modernen Systemen ist die Kochzeit z. T. wesentlich kürzer. Eine übermäßige Eindampfung, wie diese z. B. bei Starkbieren erforderlich schien, hat sich infolge technologischer und energiewirtschaftlicher Gesichtspunkte erübrigt. Die sog. Glattwasser-Nutzschwelle liegt bei 2 % (s. S. 123), sie läßt einen vermehrten Energieaufwand nicht zu. Eine zu weitgehende Reduzierung der Verdampfung kann jedoch eine ungenügende Austreibung von geschmacksaktiven Aromastoffen zur Folge haben. Derartige Maßnahmen müssen im Hinblick auf den Typ des Kochsystems und den herzustellenden Biertyp abgewogen werden.

Die Eindampfung der Würze bzw. die Auswirkung der Siedetemperatur löst eine Reihe von Nebenerscheinungen aus, die wie bei so vielen anderen Prozessen den Verlauf des Hauptvorganges beeinflussen, ihn sogar bis zu einem gewissen Grad beschränken und erschweren.

Während des Kochens tritt eine *Zerstörung sämtlicher Enzyme* des Malzes und damit eine Fixierung der Stoffverhältnisse der Würze ein. Darüber hinaus wird die Würze sterilisiert. Alle vom Malz, vom Wasser, aber auch von zugesetztem Sauergut herrührenden Organismen werden abgetötet. Diese Vorgänge erfordern nur eine kurze Kochdauer.

Im Laufe der Kochzeit *nimmt der pH-Wert der Würze* um 0,15–0,25 Einheiten ab. Diese Erscheinung wird durch die zugesetzten Hopfenbittersäuren, durch die Bildung von Melanoidinen, vor allem aber durch die aciditätsfördernde Wirkung der Calcium- und Magnesium-Ionen und durch die Ausscheidung tertiären Phosphates (alkalisch) bewirkt.

Die *Farbe der Würze* nimmt während des Kochens zu. Diese Zufärbung ist abhängig von der Kochzeit (1–1,5 EBC-Einheiten pro Stunde), von der Heizmitteltemperatur insbesondere bei „geschlossenen" Systemen, von der Würzetemperatur selbst, vom Würze-pH, von der Menge und vom Gerbstoffgehalt des Hopfens bzw. des Hopfenpräparates, von den vorgebildeten Farbprodukten, dem Polyphenolgehalt des Malzes und vom Sauerstoffgehalt der Würze. Bei nicht luftfreier Abläuterung kann die Zufärbungsrate den doppelten Wert erreichen.

2.5.3 Die Koagulation des Eiweißes

Eine besonders wichtige Veränderung der Würze durch das Kochen bildet die Ausscheidung von Eiweißstoffen. Zu Beginn des Kochens wird die ursprüngliche klare Würze zunächst undurchsichtig und trüb. Im Laufe des Kochvorgangs treten die zuerst nur in sehr feiner Form ausfallenden Stoffe zu gröberen und voluminöseren Ausscheidungen zusammen. Die ausgeflockten Substanzen sind zum großen Teil koagulierbare Eiweißstoffe, die man auch als Bruch der Würze bezeichnet.

Diese Ausscheidungsvorgänge sind von großer Bedeutung für Geschmack, Vollmundigkeit und Stabilität des Bieres; eine ungenügende Eiweißkoagulation beeinträchtigt nicht nur diese Eigenschaften auf direktem Weg, sondern auch indirekt über ein Verschmieren der Hefe während der Haupt- und Nachgärung. Gerade der pH-Sturz bei der Gärung bewirkt eine nachträgliche Eiweißausscheidung, deren Behinderung zu geringeren Vergärungsgraden, zu schlechter Klärung und schließlich zu einer „Eiweißbittere" im Bier führt. Eine zu weitgehende Eiweißkoagulation bewirkt eine Verarmung an hochmolekularen Eiweißgruppen, was Nachteile für Schaumvermögen, Vollmundigkeit und Abrundung der Biere erbringt.

Der eigentliche *Koagulationsvorgang* verläuft in zwei Stufen: Die erste Phase ist mehr chemischer Natur, sie wird *Denaturierung* genannt. Die zweite – kolloidchemisch-physikalische – heißt *Koagulation*. Die stickstoffhaltigen Kolloide der Würze sind hydratisiert, also gleichsam mit einer Wasserhülle umgeben (Emulsoide), was ihnen im Verein mit der elektrischen Ladung eine gewisse Stabilität verleiht. Bei den Temperaturen des Kochvorganges treten nun intermolekulare Umwandlungen ein, die einen Zusammenbruch der Wasserstoffbindungen und als Folge einen Verlust des Hydratationswassers bewirken. Diese Dehydratisierung kann auch durch dehydratisierende Stoffe wie Tannin, Alkohol und bestimmte Ionen, z. B. SO_4^{2-} und Schwermetalle, unterstützt werden. Nach erfolgter Dehydratisierung werden die Teilchen noch durch ihre elektrische Ladung in einem labilen Kolloidzustand gehalten (Suspensoide). Beim sogenannten „isoelektrischen Punkt" (IP), in dem die positiven und negativen Gruppen der amphoteren Eiweißstoffe sich gegenseitig neutralisieren, sind die dehydratisierten Moleküle besonders instabil und fallen zunächst in feinster, dann in immer gröberer Form aus. Da nun aber der IP der verschiedenen in der Würze gelösten Proteine nie den gleichen Wert hat, wird auch die Ausflockung derselben weder gleichmäßig noch vollkommen sein.

Neuere Untersuchungen über die Denaturierung des Milcheiweißes haben gezeigt, daß bei der Erhitzung zunächst eine Aufspaltung von Wasserstoffbrücken und eine Auffaltung von Disulfidbrücken stattfindet. Die freiwerdenden Sulfhydrylgruppen verbinden sich mit denen anderer Peptide und Proteine. Dieser Thiol-Disulfid-Austausch kann durch reduzierende Substanzen gefördert und durch Oxidationsvorgänge abgeschwächt werden. Entgegen der bisher herrschenden Meinung haben die Polyphenole keinen direkten Einfluß auf die Eiweißausfällung, denn die Verbindung der Gerbstoffe mit den Eiweißmolekülen beruht auf Wasserstoffbrücken, die aber in der Hitze nicht stabil sind. Die fällende Wirkung von Polyphenolen dürfte erst unterhalb von 80° C zur Wirkung kommen, d. h. zu dem Zeitpunkt, zu dem eine blanke Ausschlagwürze bei der Abkühlung trüb wird (s. S. 182). Die Wirkung der Polyphenole auf die Würzeeiweißstoffe wurde bisher analytisch immer in Würzen von ca. 20° C bestimmt, wobei eine Klärung durch Zentrifugieren oder durch eine grobe Filtration der Analyse voraufging. Die Bedeutung der Polyphenole (s. a. S. 162) dürfte in ihren reduzierenden Eigenschaften begründet sein, die die Oxidation von SH-Gruppen verhindert und so diese für den Thiol-Disulfid-Austausch freihält. So erklärt sich die positive Wirkung von Polyphenolen niedrigen Oxidationsgrades. Positiv auf die Eiweißfällung wirken sich die Hopfenbitterstoffe aus, die mit den ε-Aminogruppen des Lysins Verbindungen eingehen, ebenso wirken die reduzierenden Gruppen von Maillardprodukten im oben genannten Sinne.

Der *optimale pH Wert* für eine günstige Eiweißausscheidung liegt unter 5,2, der aber unter normalen Verhältnissen praktisch nicht erreicht wird. Gut gelöste, hoch abgedarrte Malze, eine negative Restalkalität des Brauwassers (z. B. Verhältnis der Carbonathärte zu Nichtcarbonathärte wie 1 : 2–2,5) oder biologische Säuerung der Würze unterstützen im Verein mit intensiver Kochung diesen Vorgang. Das als Trübungsbildner gefundene β-Globulin hat einen isoelektrischen Punkt von 4,9; hier, wie bei den ebenfalls trübenden Komponenten δ- und ε-Hordein werden zu den Auswirkungen des niedrigen Würze-pH die reduzierenden Eigenschaften der Gerbstoffe des Malzes und des Hopfens notwendig sein, um eine möglichst weitgehende Ausscheidung zu erzielen.

Die erste Stufe der Bruchbildung verläuft unter den Bedingungen des Würzekochens gewöhnlich vollkommen, die zweite Stufe dagegen nicht immer, d. h. das Eiweiß scheidet sich zwar in feiner Form aus, es flockt aber nicht zusammen. Der Bruch wird nicht grob genug, sondern es bleibt ein leichter „Schein" zurück und die Würze enthält noch verhältnismäßig viel koagulierfähiges Eiweiß.

Als Maß für die Wirkung des Kochvorganges wird in der Ausschlagwürze der Restgehalt an koagulierbarem Stickstoff betrachtet, der zwischen 1,8 und 2,2 mg/100 ml liegen soll. Von den *physikalischen Faktoren* der Bruchbildung ist zunächst die *Kochdauer* zu erwähnen. Bei herkömmlicher Kochung genügt eine $1^1/_2$–2stündige Kochdauer, um einen niedrigen *Restgehalt an koagulierbarem Stickstoff* zu erhalten. Die ungekochte Würze enthält noch rund 6 mg koagulierbaren Stickstoff, der sich wie folgt vermindert:

Kochzeit Minuten	0	30	60	90	120
koag. N mg/100 ml	5,5	4,0	3,4	2,7	2,2

Die Eiweißausscheidung setzt sich zwar bei weiterer Kochzeit noch fort, doch sind die Veränderungen hier nicht mehr nennenswert. Ferner spielt die *Art und Weise des Kochens* für die grobflockige Ausscheidung des Bruches eine Rolle. Die Merkmale einer intensiven Kochung liegen darin, daß die am Boden der Pfanne entstehenden Dampfblasen möglichst rasch von der Heizfläche weggeführt werden und an die Oberfläche steigen. Die denaturierenden Eiweiß- bzw. Eiweißgerbstoffkomplexe werden an der Oberfläche der Dampfbläschen angereichert, durch diesen Kontakt vergröbert und ballen sich so zusammen. Je stärker die Kochbewegung, um so kleiner sind die Dampfblasen und um so größer ihre Oberfläche und damit das Aufeinanderwirken der Teilchen. Im ersten Stadium des Kochens neigt die Würze häufig zum Überschäumen, bis die Denaturierung der koagulierfähigen Moleküle weit genug fortgeschritten ist.

Im Gegensatz zu den alten tiefen Dampfpfannen mit kugelförmigem Heizboden, die nur eine schwache Kochbewegung und eine unbefriedigende Verdampfung verzeichneten, sind sowohl die modernen Hochleistungspfannen mit hochgezogener Innenheizfläche als auch die ölbeheizten Pfannen mit Stahlbaufeuerung in ihrer Leistung voll befriedigend. Diese Kochbewegung findet einen gewissen Ausdruck in der stündlichen Ver-

dampfung, die, wie schon oben ausgeführt, auch aus diesem Grunde auf 8–10 % beziffert wird. Einen Überblick gibt folgende Aufstellung:

stündliche Verdampfung %	4	6	8	10
koag. N mg/100 ml	3,2	2,6	2,1	1,7

Um die Kochbewegung und Eindampfleistung mangelhafter Pfannen zu verbessern, werden vielfach Zusatzkocher eingebaut. Es gelingt mit ihnen nicht nur die Nachteile dieser Pfannen auszugleichen, vielmehr übertreffen sie oft sogar Hochleistungspfannen in ihrer Wirkung. Bei Innenkochern, die allein, ohne Bodenheizung der Pfanne eine gute Verdampfungsleistung erbringen, kann eine ungenügende Umwälzung der Würzemenge in den Außenzonen des Behälters gegeben sein. Dies hat nicht nur eine unvollkommene Eiweißausscheidung, sondern auch eine ungenügende Verdampfung von flüchtigen Substanzen zur Folge. Derartige Kurzschlußströmungen können durch eine mittels Staukonus und Schirm gelenkte Kochung eliminiert werden. Die oftmals geäußerte Befürchtung, daß der Bruch durch zu heftiges Kochen zerschlagen werden könnte, wird durch ein ca. 10 Minuten während "Bruchkochen" vor dem Ausschlagen mit den *Außen*heizflächen der Pfanne bei geringerer Kochbewegung eliminiert.

Schließlich spielt für die Wirkung der Kochung noch die *Form der Pfanne* und damit die *Form des Flüssigkeitskörpers* sowie das Temperaturgefälle in den einzelnen Zonen der Heizflächen eine bedeutende Rolle. Die Erwärmung beim Kochen erfolgt im wesentlichen durch Konvektion. Die Flüssigkeitsteile, die mit den Heizflächen unmittelbar in Berührung kommen, werden erwärmt, dehnen sich aus und steigen nach oben. Ähnlich wirken auch die aufsteigenden Dampfblasen, welche die Flüssigkeit mit sich reißen. Die Würze setzt sich von der Stelle der stärksten Erwärmung aus in Bewegung und so entsteht eine Strömung von gewisser Stärke und Richtung. Da nun bei Feuerpfannen der Heizboden in der Mitte nach innen gewölbt ist, so ergibt sich hier eine geringere Flüssigkeitsschicht, die im Verein mit der hier herrschenden höheren Temperatur der Heizfläche zu einem gelenkten Kochkreis von *innen nach außen* führt. Ähnlich ist dies bei den sogenannten Hochleistungspfannen, durch die mit Dampf von höherem Druck beschickten, hochgezogenen Innenzonen. Auch die rechteckigen Pfannen entwickeln einen derartigen Kochkreis, der jedoch hier nur von der beheizten Seite der Pfanne auf die andere, wenig oder unbeheizte führt. Es ist hier Sorge zu tragen, daß alle Würzeteilchen mit der Heizfläche in Berührung kommen und Totwasserzonen vermieden werden. Günstig sind hier zusätzliche Innenheizsysteme in Form von Platten oder Rohren.

Außenkocher arbeiten bei einstellbaren, höheren Temperaturen, denen die Würze im Kocher bis zum Entspannungssystem im Durchschnitt 8–10 × pro Stunde ausgesetzt ist. Um eine zu intensive Eiweißfällung zu vermeiden, wurden die ursprünglich höher angesiedelten Temperaturen auf 102–104° C bei 60–70 Minuten Kochzeit zurückgeführt. Dasselbe ist auch bei Innenkochern mit Staukonus und Verteilschirm und 70–80 Minuten der Fall. Nachdem die Würze in diesen Systemen gestaut, d. h. kurzzeitig eingeschlossen wird, wirken sich auch die Temperaturen des Heizdampfes auf die Eiweißkoagulation aus. Hier hat es sich zur Dämpfung derselben als günstig erwiesen, die niedrigstmöglichen Sattdampftemperaturen (u. U. Kondensat einspritzen) anzuwenden. Bei freiem Flüssigkeitsstrom wie in den Doppelboden- oder gar Feuerpfannen wirkte sich die Heizmitteltemperatur beim Kochen nicht aus, wohl aber auf andere Reaktionen wie Farbebildung beim Aufheizen ohne Rührwerk. Ähnlich wie die vorstehend beschriebene atmosphärische Kochung mittels Außen- oder Innenkocher so wirkte sich auch die *Niederdruckkochung* in einer verstärkten Eiweißkoagulation aus, weswegen diese auf 25–30 Minuten bei 102–103° C in der Pfanne (im Kocher jeweils 1,5–2° C mehr) im Rahmen einer Gesamtkochzeit von 60–65 Minuten beschränkt wurde. Damit können aber bei den geschilderten Kochverfahren u. U. zwei Reaktionen zu knapp ausfallen: die Isomerisierung der α-Säuren und der Abbau des DMS-Vorläufers. Die Hochtemperatur-Würzekochung wurde von ursprünglich höheren Temperaturen auf $2^1/_2$–3 Minuten bei 130° C zurückgenommen. Hierfür waren zwar auch andere Reaktionen maßgebend, doch gab der koagulierbare Stickstoff einen guten Indikator ab.

Auch die *Zusammensetzung der Würze*, nicht nur deren pH hat einen Einfluß auf die Intensität der Eiweißausscheidung. Je besser gelöst das Malz ist, um so mehr reduzierende Polyphenole enthält es, die das Thiol-/Disulfidgleichgewicht im Sinne einer Ausfällung hochmolekularer Stickstoffsubstanzen oder eine Dehydratisierung bei der Abkühlung (der im Beispiel ungehopften Würzen) bewirken.

Eiweißlösung des Malzes %	33	42	47
Abnahme d. Anthocyanogene mg/l	9	15	22
Abnahme d. Gesamt-N-mg/l	39	60	70
Abnahme d. koag. N-mg/l	30	48	57

Die Ausscheidung des Gesamt-Stickstoffs geht sogar noch über die Menge des koagulierbaren Stickstoffs hinaus, ein Zeichen, daß während des Kochprozesses eine Vergröberung von Kolloiden eintritt, die dann ebenfalls durch die obengenannten Reaktionswege denaturieren und ausfallen. Würzen, die unter Fernhalten von Sauerstoff hergestellt wurden, enthalten mehr reduzierende Polyphenole; sie bringen weniger hochmolekularen und koagulierbaren Stickstoff in die Kochung ein, wodurch wiederum die Notwendigkeit bei modernen Kochsystemen besteht, die Kochung im Hinblick auf Zeit und Temperaturen vorsichtig zu handhaben.

Ältere Läuterbottiche mit überlangen Läuterzeiten waren der Anlaß, bereits verhältnismäßig früh mit dem Kochen zu beginnen. Es sollte aber auf jeden Fall rund $^3/_4$ der Kochzeit nach Pfanne voll gegeben sein, um die mit den Nachgüssen eingebrachten Stickstoff-, Gerbstoff- und Kieselsäuremengen zur Reaktion und evtl. zur Ausscheidung zu bringen.

Um die Eiweißausscheidung verbessern und damit u. U. die Würzekochzeit verkürzen zu können, werden verschiedentlich Stabilisierungsmittel zugesetzt. In Deutschland zugelassen sind Bentonite und Kieselgele, die in Mengen von 20 bis 50 g/hl nicht nur die Koagulation von Stickstoffsubstanzen fördern, sondern auch eine bessere Isomerisierung der Bitterstoffe bewirken. Doch ist aus naheliegenden Gründen die Stabilisierung des reifen Bieres wirtschaftlicher (s. S. 322). Polyvinylpolypyrrolidon (PVPP) kann beim Würzekochen zugesetzt eine Verringerung der Polyphenolgehalte der Würzen und späteren Biere erreichen. Diese Maßnahme ist jedoch eher einer kräftigen Eiweißkoagulation entgegengerichtet. Sie verspricht nur bei ohnedies geringer Stickstoffbelastung der (Rohfrucht-) Würzen einen Erfolg für die Bierstabilität. Die Verwendung von Tannin (3 g/hl) beim Würzekochen verstärkt die Stickstoffausscheidung um 2 mg/100 ml, die Klärung des Bieres wird ebenso verbessert wie dessen chemisch-physikalische Haltbarkeit. Dieses Mittel ist in Deutschland nicht erlaubt wie auch Karaghen-Moos oder Isländisches Moos. Diese hochpolymeren Kohlenhydrate fördern in einer Menge von 4–8 g/hl die Eiweißfällung, was vor allem beim Würzekochen in geographisch hochgelegenen Brauereien bedeutungsvoll sein kann.

Moderne Pfannenkonstruktionen mit ihrer (eher zu) intensiven Kochung machen diese Hilfsmittel überflüssig.

2.5.4 Die Hopfung der Würze

Der kochenden Würze wird Hopfen zugegeben, um ihr einen bitteren Geschmack und ein bestimmtes Aroma zu verleihen. Der Hopfen wirkt auch eiweißfällend, zufärbend und konservierend. Die Lösung der Hopfenbestandteile ist nicht einheitlich: Löslich sind zu einem großen Teil die Polyphenole, die Eiweißkörper des Hopfens und seine Mineralstoffe, während sich die im frischen Hopfen fast ausschließlich vorhandenen Bittersäuren erst allmählich lösen, zum Teil unlöslich bleiben. Weich- und Hartharze gehen leichter in Lösung als die α- und β-Säuren.

2.5.4.1 *Die Lösung der Bitterstoffe:* Hierbei spielt der pH-Wert der Würze eine entscheidende Rolle. So verzeichnet die α-Säure bei einem pH von 5,9 eine Löslichkeit von 480 mg, bei einem pH von 5,2 dagegen nur von 84 mg/l, die β-Säure unter gleichen Bedingungen nur von 12 bzw. 8 mg. Bei höherem pH liegen die Bitterstoffe in einer mehr molekulardispersen, z. T. in Form von Salzen (Humulaten) vor; sie vermitteln in diesem Zustand eine nachhaltige Bittere, während sich bei niedrigerem pH eine mehr kolloide Verteilung ergibt. Beide Lösungszustände bestehen nebeneinander, wobei bei dem normalen Würze-pH von 5,4–5,6 die kolloide Lösung überwiegt.

Während des Würzekochens werden nun Humulon, Co- und Adhumulon in ihre Isomeren umgewandelt, die unter dem Sammelbegriff „Isohumulone" erfaßt werden. Dabei geht die Struktur des Sechsrings in die eines Fünfringes über. Jede der Homologen der α-Säuren bildet dabei 4 Isomere. Je zwei Paare unterscheiden sich in der Lage der Seitengruppen am 4. C-Atom (cis- und trans-Isohumulon), die anderen dagegen in der Position einer Doppelbindung an einer dieser Seitenketten (cis- und trans-Allo-Isohumulon). Andere Umwandlungsprodukte der α-Säuren sind nur wenig bekannt. Es finden sich kleine Mengen an Spiro-Isohumulonen; Humulinone und Humulinsäuren sind in konventionell gehopften Würzen nicht nachweisbar. Während einer zweistündigen Würzekochzeit bilden sich aus den zugesetzten α-Säuren 40– 60 % der verschiedenen Iso-α-Säuren, während 5–15 % der α-Säuren unisomerisiert bleiben. Ein Teil wird unter den Be-

dingungen des Kochens in Oxidationsprodukte, wie z. B. Abeoisohumulone, umgewandelt, die nur einen geringen Beitrag zur Bierbittere leisten, aber schaumpositive Eigenschaften haben. Ihre Menge kann durch Belüften gesteigert werden. Der Großteil der Verluste an α-Säuren oder isomerisierten Produkten ist auf eine nicht vollständige Extraktion aus den Hopfendolden oder Pulverpartikeln oder auf die Fällung zusammen mit Eiweißkoagulaten zurückzuführen (s. S. 160). Es liegt auch nur ein Teil der Bitterstoffe in freier Form vor, ein Teil ist an höhermolekulare Substanzen adsorbiert.

Die Menge der löslichen Harzfraktionen nimmt mit der Alterung des Hopfens zu.

Die Isohumulone, die also ein Gemisch der verschiedenen Stereoisomeren mit jeweils unterschiedlichen Bitterpotentialen darstellen, haben gegenüber den α-Säuren eine weit größere Löslichkeit bei niedrigen pH-Werten. So beträgt der Schwellenwert bei pH 5,05 etwa 800 mg/l. Nachdem die noch in der Würze verbliebenen α-Säuren während des pH-Sturzes bei der Gärung unlöslich und weitgehend in Decke und Geläger ausgeschieden werden, sind es fast ausschließlich die Isomeren der α-Säuren, die die Bierbittere hervorrufen und die auch für die sonstigen positiven Eigenschaften der Bitterstoffe, wie Erniedrigung der Oberflächenspannung und damit Verbesserung der Schaumgegebenheiten, beitragen.

Die β-Säure, das Lupulon, wird auf Grund geringer Löslichkeit in Würze nicht isomerisiert. Von Umwandlungsprodukten der β-Säure sind Hulupone (δ-Säure) sowie Lupdeps, Lupdols, Lupoxes und Lupdoxes nachweisbar, die auch in Bier löslich sind und 33–50 % der Isohumulonbittere vermitteln („β-Harze").

Die β-Säure selbst geht fast vollständig durch Adsorption an Hopfentreber, Trub und schließlich bei der Gärung verloren.

Die im Hopfen enthaltenen *Weich- und Hartharze* lösen sich ebenfalls beim Würzekochen und liefern bierlösliche Bitterstoffe. Sie werden z. T. bei der Iso-Octan-Extraktion der Bitterstoffe in Würze und Bier mit erfaßt, doch vermitteln sie bei gleichem Bitterstoffgehalt des Bieres eine zwar voluminöse, aber dennoch schwächere Bittere als die aus den α-Säuren stammenden Isomeren.

Sie können aus der Differenz dieses Wertes und der mittels HPLC feststellbaren Iso-α-Säuren abgeschätzt werden. Auch die S-Fraktion aus dieser letzteren Analyse gibt einen Anhaltspunkt.

Bei der Bedeutung, die den Isohumulonen für die Bittere des Bieres zukommt, ist es entscheidend, jene Faktoren zu kennen, die den Vorgang der Isomerisierung zu beeinflussen vermögen. Von ausschlaggebender Bedeutung ist die *Kochzeit*, wie folgendes Beispiel zeigt:

Hopfenkochzeit Min.	0	30	60	90	120
Isohumulone mg/l	0	19,1	28,7	33,6	37,9
α-Säuren mg/l	0	31,0	25,3	17,4	13,0

Bei einem Einsatz von 80 mg α-Säure/l Würze liegt also der Isomerisierungseffekt etwas unter 50 %, doch zeigt sich auch in der letzten halben Stunde der Kochzeit noch eine deutliche Zunahme der Isohumulone bei einer entsprechenden Verringerung der α-Säuren. Es zeigt jedoch diese Aufstellung auch, daß späte Hopfengaben z. B. 30 Minuten vor dem Ausschlagen eine Isomerisierung erfahren, die weniger als die Hälfte des Optimalwertes beträgt. Die *Raschheit der Extraktion und Verteilung* der α-Säuren in der Würze spielt eine gewisse Rolle. So erfolgt die Isomerisierung bei Hopfenextrakten in den ersten 30–60 Minuten der Kochzeit etwas rascher als bei Doldenhopfen, doch ist auch hier eine zweistündige Kochung vonnöten, um die maximale Ausbeutung der Bitterstoffe zu erzielen.

Es verdient jedoch Berücksichtigung, daß bei der dem Kochprozeß folgenden Heißhaltezeit im Ausschlagtank oder Whirlpool eine weitere Isomerisierung Platz greift, die vor allem bei späten Teilgaben einen gewissen Ausgleich schafft (s. S. 183, 187).

Das *Alter des Hopfens* hat ebenfalls einen Einfluß auf die Bildung von Isomeren der α-Säuren: Bei gealterter Ware kann nach 90 Minuten bereits die höchste Isomerisierungsrate festgestellt werden, doch sind die auftretenden Verluste, wohl infolge der Bildung von Abeo-Isohumulonen und anderen Produkten höher.

Je größer die *Menge der dosierten* α-Säuren, um so geringer wird unter gleichen Bedingungen der Isomerisierungseffekt. So erbringt eine Steigerung der α-Säuregabe von 80 auf 160 mg/l eine Verringerung des Isomerisierungseffektes um ca. 18 %. Dieser Nachteil könnte – wenn überhaupt realisierbar – durch eine Verlängerung der mittleren Hopfenkochdauer ausgeglichen werden. Der *pH-Wert der Würze* hat über die hierdurch bestimmte Löslichkeit der α-Säuren einen Einfluß auf das Ausmaß der Isomerisierung.

Die *Würzetemperatur* im Kochsystem spielt eine erhebliche Rolle: Je höher sie ist, umso rascher erfolgt die Isomerisierung der α-Säuren. Nachdem aber die Kochzeit bei Innen- oder Außen-

heizflächen z. T. wegen anderer technologischer Faktoren (Eiweißkoagulation, Bildung von Maillard-Produkten) erheblich gekürzt wurde, erfahren die resultierenden Würzen erst im Whirlpool einen nachträglichen Ausgleich der Isomerisierungsgrade. Auch die Kochung unter Luftabschluß bewirkt eine Minderausbeute an Bitterstoffen von ca. 15 %.

Der *Zusatz von Kieselgur*, Bentoniten oder Kieselsäurepräparaten kann durch Schaffung zusätzlicher Kontaktoberflächen eine Verbesserung des Isomerisierungseffektes bewirken. Diese Erkenntnis wurde angewendet bei der Herstellung bestimmter Hopfenpräparate (s. S. 106).

Darüber hinaus spielen eine Reihe von *Faktoren der Würzezusammensetzung* für die Ausnutzung der Bitterstoffe bzw. der zugesetzten α-Säuren eine Rolle.

Wenn auch die Bitterstoffe durch gewisse *Schutzkolloide* wie Gummistoffe oder Eiweißsubstanzen in ihren Lösungseigenschaften stabilisiert werden, so kann jedoch bei der Eiweißkoagulation während des Würzekochens die Gefahr gegeben sein, daß das flockende Eiweiß bereits im Zeitpunkt der Denaturierung merkliche Mengen an Bitterstoffen adsorbiert und damit der Würze entzieht. Diese Bitterstoffe sind im Trub nachweisbar. Ihr Verlust hängt ab von der Menge des koagulierenden Stickstoffs: Er ist hoch bei Würzen aus Infusionsmaischverfahren, bei Würzen mit niedrigem pH (z. B. biologische Säuerung), bei trüben Würzen oder auch bei Anwendung hoher Hopfengerbstoffmengen, wie z. B. bei Standard-Extrakt oder Naturhopfen.

Eine getrennte Dosierung von Gerbstoffextrakt (bei Kochbeginn) und Bitterstoffextrakt (ca. 30 Minuten später) hat einen geringeren Verlust durch das koagulierende Eiweiß zur Folge und führt zu höheren Bitterstoffausbeuten. Dies ist durch die auf S. 160 beschriebenen Reaktionen zu erklären. Aus diesem Grunde ist auch generell das 10–15 Minuten während Kochen der Würze ohne Hopfen zur Einleitung der Eiweißkoagulation in ähnlicher Weise wirksam.

Die *Ausnutzung der Bitterstoffe* kann durch eine Bitterstoff-Bilanz überprüft werden. Unter der zweckmäßigen Zugrundelegung einer α-Säuregabe von 80 mg/l sind nach einer zweistündigen Kochzeit rund 50 mg (= 62 %) in Form von α-Säuren und Iso-α-Säuren nachweisbar. Ein Teil wird durch die Analyse nicht erfaßt (z. B. Abeo-Isohumulone). Im Bier werden jedoch nur etwa 24 mg an Bitterstoffen gefunden. Dies entspricht einer Ausbeute der eingesetzten α-Säuren von rund 30 %. Diese Verluste lassen sich etwa wie folgt aufteilen: In den Hopfentrebern verbleiben ca. 10 %, im Trub ca. 30 %. Bei der Gärung werden etwa 30 % in den Kräusen und an den Hefezellen abgeschieden. Hiervon sind nicht nur α-Säuren betroffen, sondern auch isomerisierte Produkte, die sich auf Grund ihrer Oberflächenaktivität an den Grenzflächen der CO_2-Bläschen anreichern und so in die Decke genommen werden. Der Gärverlust umfaßt zu einem Drittel Isohumulone. Auch während der Lagerung des Bieres findet noch eine Entharzung desselben statt; diese ist um so stärker, je geringer die Ausscheidung im Gärkeller war. Ein Teil dieser Verluste kann durch bestimmte technologische Maßnahmen verringert werden. Deren Effekt auf die Bierqualität ist jedoch sehr sorgfältig zu prüfen.

2.5.4.2 Die *Hopfenpolyphenole* lösen sich in der kochenden Würze, wenn auch die Geschwindigkeit ihrer Extraktion bei Doldenhopfen, Pulver und Extrakt jeweils verschieden ist. Sie bestehen aus einer Reihe von Verbindungen, die als monomere Phenole und monomere Polyphenole (Catechine, Flavonole, Anthocyanogene) vorliegen, die z. T. mit Stickstoffsubstanzen oder mit Zuckern in Form von Glycosiden verbunden sind und die verschiedenen Oxidations- und Polymerisationsstufen aufweisen. Ihre Rolle ist nach den Ausführungen zur Eiweißkoagulation anders als bisher angenommen (s. S. 160). Sie sind nicht direkt über ihre „gerbenden" Eigenschaften beteiligt, sondern indirekt über ihre reduzierenden Eigenschaften, da sie das Thiol-Disulfid-Verhältnis mehr zu den ersteren verschieben, wodurch sich die Eiweißkörper vermehrt zu höhermolekularen Gruppen geringerer Löslichkeit vereinigen. Beim Abkühlen der Würze jedoch bewirken die Polyphenole eine vermehrte Ausscheidung von Eiweiß durch Eiweißgerbstoffverbindungen (Kühltrub, Kältetrübung). Besonders günstig sind hier Polyphenole eines geringen Oxidations- bzw. Polymerisationsgrades, die auch unter dem Begriff „Tannoide" erfaßt werden. Höhere Polymere sind dagegen weniger aktiv, verbleiben in der Würze und vermitteln eine dunklere Farbe sowie einen breiten, bitteren Geschmack. Dies kommt sinnfällig bei Kochversuchen mit frischem und gealtertem Hopfen zum Ausdruck. Die weniger reaktionsfähigen Gruppen bilden mit Eiweiß Komplexe, die im Fortgang der Bierbereitung bei pH-Abfall und Abkühlung unlöslich werden und ausfallen. Nachdem diese Dehydratisierung teil-

weise erst nach der Filtration erfolgt, wird hierdurch die Bierstabilität herabgesetzt. Es erhebt sich naturgemäß die Frage, ob nicht überhaupt auf die Hopfenpolyphenole verzichtet werden kann, z. B. durch Verarbeitung von Harzextrakt. Bei herkömmlichen Kochsystemen wurde jedoch die Verwendung von Hopfenpolyphenolen als notwendig erachtet, da diese stärker reduzierend wirken als z. B. Malzgerbstoffe. So wurde deren (indirekt) eiweißfällende Wirkung mit 1 : 0,8–1,2 erheblich größer eingeschätzt als die der Malzpolyphenole mit 1 : 0,5. Dies geht auch aus untenstehender Aufstellung hervor, die die Stickstoffabnahmen während einer zweistündigen Kochzeit zeigt. Hieran dürften aber auch die Bitterstoffe Anteil haben (s. S. 160). Bei der geschlossenen Kochung mit gelenkter Strömung sind die Hopfenpolyphenole für die Eiweißfällung entbehrlich. Dasselbe konnte bei Versuchen mit Procyanidinfreien Malzen festgestellt werden.

Während des Würzekochens werden auch niedermolekulare Polyphenole unter dem Einfluß der Kochtemperatur und durch Oxidation in Verbindungen höheren Molekulargewichts übergeführt, der Polymerisationsindex nimmt zu. Die Zunahme ist aber auch auf die Reaktion der niedermolekularen Polyphenole mit Eiweiß bei der Koagulation zurückzuführen. Werden größere Mengen reaktionsfähiger Polyphenole in die Würze eingebracht, z. B. mit frischem Hopfen oder Hopfenpulvern, so ergibt sich eine stärkere Eiweißausscheidung und ein höherer prozentualer Verlust an Polyphenolen als bei der Dosierung von Standard-Extrakt oder im Extrem von gealtertem Hopfen. Es läßt sich im ersteren Falle ein positiver Einfluß auf die chemisch-physikalische und die Geschmacksstabilität der Biere ableiten. Bei einzelnen Teilgaben frischen Hopfens bzw. Pulvers verbleibt eine größere Polyphenolmenge in der Würze und im Bier; ein Nachteil für die Stabilität konnte nicht abgeleitet werden, dagegen war die Geschmacksstabilität günstiger.

Die Hopfengerbstoffe haben einen Einfluß auf den *Geschmack* – Vollmundigkeit und Bittere – des Bieres. Sie verleihen dem Bier einen kräftigen Trunk, doch können die Polyphenole alten Hopfens auch eine herbe, unangenehme Bittere bewirken. Diese Eigenschaften, aber auch die Tatsache, daß der Hopfengerbstoff – besonders im oxidierten Zustand – eine stärkere Zufärbung der Würze herbeiführt, bewirkten Vorschläge, die Gerbstoffmenge durch Brühen (30 Minuten bei 70–80°C) um 30–60 % zu verringern. Auch verschiedene Hopfenpräparate tragen diesem Wunsch Rechnung (s. S. 105, 106).

Abnahme mg/l	Gesamt-N	koagulierb. N
Kochung ohne Hopfengerbstoff	20	20
Kochung mit Hopfengerbstoff	60	33

Ein Zusammenhang zwischen dem Gerbstoff- oder Anthocyangengehalt einer Würze bzw. eines Bieres und dessen späterer Stabilität ist bei modernen Kochsystemen nicht eindeutig erwiesen (s. S. 168).

2.5.4.3 *Hopfenöle*: Im Hopfen liegen neben den bekannten Mono- und Sesquiterpenen auch deren Oxidationsprodukte vor. Letztere, die im frischen Hopfen nur in relativ geringen Mengen vorkommen, nehmen bei der Lagerung in Abhängigkeit von den Bedingungen wie Verpackung, Sauerstoffzutritt und Temperatur um das 10–50-fache zu. Damit gehen die lipophilen und wasserdampfflüchtigen Terpenkohlenwasserstoffe durch Oxidation in Komponenten über, die in Würze und Bier löslich sind und die ein Hopfenaroma zu entwickeln vermögen. Damit ist das Verhalten der Aromasubstanzen des Hopfens durch zwei Momente gekennzeichnet: Einmal das Austreiben von Hopfenölen, aber auch von Oxidationsprodukten mit dem strömenden Wasserdampf; zum anderen die Oxidation von lipophilen Hopfenölen zu Produkten, die in Würze und Bier löslich sind: Epoxide und Alkohole. So geht z. B. das Humulen in Humulenepoxid oder Humulenol bzw. Humulol über, eine Entwicklung, die aber auch bei den anderen Terpenen und Sesquiterpenen in ähnlicher Weise verläuft. Das Destillationsverhalten, d. h. das Austreiben der Hopfenöle, ist von der Art der Hopfengabe, wie z. B. als Doldenhopfen, Pulver oder Extrakt, stark beeinflußt.

So gehen die Hopfenöle bei Extrakten rascher in die Würze über und entweichen folglich schneller mit dem Wasserdampf als eine Oxidation Platz greifen kann, die ihre Löslichkeit fördert. Bei Doldenhopfen und Pulvern werden Hopfenöle erst aus den Lupulindrüsen „herausgelöst", wobei sie einer entsprechenden Veränderung (z. B. Oxidation) unterliegen. Doldenhopfen und Hopfenpulver zeigen nach 40 Minuten Kochzeit einen Verlust an Sesquiterpenen von 50–55 %, die Hopfenextrakte von 85 %. Es gelingt deshalb gerade mit Doldenhopfen und Pulvern durch geteilte Hopfengaben den Gehalt an Hopfenaromastoffen in der fertigen Würze bzw. im Bier zu erhöhen. Es bleiben aber auch noch geringe Mengen an unveränderten Monoterpenen wie Myrcen, α- und β-Pinen sowie beträchtliche Mengen an Sesquiterpenen in der Würze. Diese gehen aber nicht ins Bier über, da sie als lipophile Substanzen von der Hefe absorbiert werden.

Diese Ergebnisse lassen den Wert der einzelnen Hopfensorten, wie z. B. bestimmte Aromahopfen für den späteren Charakter des Bieres erkennen. Myrcenreiche Hopfen, wie z. B. die Bittersorten Northern Brewer und Brewers Gold vermitteln wohl ein bestimmtes, u. U. aufdringliches Hopfenaroma, aber gleichzeitig eine derbe Bittere. Es ist nicht bekannt, ob diese auf Myrcen oder andere Monoterpene bzw. deren Oxidationsprodukte zurückzuführen ist oder auf abgespaltene Seitenketten der Analoga des Humulons oder des Hulupons. Hier wird die Co-Fraktion durch ihre stärkere Dissoziation als Verursacher einer nachhaltigeren Bierbittere angesehen. Es gelingt allerdings, durch Vakuumbehandlung (Weiner-Verfahren) derber Hopfen die Auswirkungen von Aromastoffen zu verringern, wenn auch nicht aufzuheben.

Es ist in der Praxis üblich, diese Bitterhopfen erst bei oder besser kurz nach Kochbeginn zuzugeben, um leichtflüchtige Substanzen mit dem strömenden Wasserdampf auszutreiben, bevor diese einer bzw. einer weiteren Oxidation unterliegen können. Diese Maßnahme konnte eine Verbesserung bei Bieren bewirken, die ausschließlich aus Bitterhopfen hergestellt worden waren.

Nach dem oben Gesagten müßte eine Hopfengabe vor Kochbeginn, z. B. beim Aufheizen der Würze eine Mehrung von Oxidationsprodukten der Hopfenöle erbringen, die dann teilweise bis ins Bier überdauern und diesem ein Hopfenaroma vermitteln können. Diese Bedingungen müssen aber genau festgelegt werden, um Qualitätsschwankungen zu vermeiden. Auch darf nur hochwertiger Aromahopfen hierfür verwendet werden. Dasselbe gilt auch für die späten Hopfengaben 30–10 Minuten vor Kochende, die aber nur dann einen Erfolg haben, wenn mindestens 30% der auf α-Säure berechneten Hopfengabe hier zum Zusatz gelangen. Die durchschnittliche Hopfenkochdauer liegt für aromabetonte Biere in älteren Pfannen von 90 Minuten Kochzeit bei ca. 45 Minuten, bei Außenkocherpfannen von 60 Minuten Kochzeit bei ca. 30 Minuten.

Um die Hopfenöle von Aroma-Harzextrakten in bierlösliche Form überzuführen, könnte ebenfalls die frühe Hopfengabe vor dem Kochen oder – um ein Absetzen des Extrakts zu vermeiden – eine voraufgehende Wärmebehandlung im Hopfendosiergefäß 1–2 Stunden bei 70° C wirksam sein. Die Dosage von Hopfenölpräparaten aus Extrakten (s. S. 106) z. B. in einem späteren Stadium des Kochens hat dieselben Probleme der hohen Verluste, wie dies für die Hopfenöle der „normalen" Extrakte oben angesprochen wurde.

2.5.4.4 *Lipide*: Die freien Fettsäuren des Hopfens, die 20% der flüchtigen Substanzen des Hopfens ausmachen, die sortenspezifisch sind und mit der Alterung des Hopfens zunehmen, rufen zunächst eine Zunahme der mittelkettigen Fettsäuren (C_6-C_{10}) in der Würze hervor, die aber dann durch Adsorption an den Trub wieder ausgeglichen wird. An langkettigen Fettsäuren bringt der Hopfen vor allem Palmitinsäure, Linol- und Linolensäure in die Würze ein, die wiederum durch die Bruchbildung verringert werden. Bei unvollständiger Heißtrubentfernung gelangen diese Fettsäuren zum Teil in die gärende Würze.

2.5.4.5 Die *Eiweißstoffe des Hopfens* sind bei Doldenhopfen und Pulver nur zu 50% löslich. Je nach Hopfengabe und Hopfenprodukt (Harzextrakte enthalten keine Stickstoffsubstanzen) werden durch den Hopfen ca. 1,5 mg/100 ml an Stickstoff in die Würze eingebracht. Nach neuen Untersuchungen weisen diese ein Molekulargewicht von 12 000–70 000 Dalton auf. Sie können damit zur Vollmundigkeit des Bieres beitragen.

2.5.4.6 Die *Höhe der Hopfengabe:* Ihre Angabe in Gramm pro Hektoliter Verkaufsbier war früher von großer Bedeutung. Sie sagt aber heute nur mehr wenig aus. Es ist günstiger, die *Bitterstoffgabe*, am besten die α-Säuremenge in mg/l oder in g/hl auszudrücken und dabei den *Bitterstoffgehalt des Bieres* zu berücksichtigen.

Somit ist die Hopfengabe primär abhängig von der Qualität des Hopfens: bitterstoffreicher Hopfen wird geringere Gaben erfordern als ein bitterstoffärmerer. Auch die Art der verwendeten Hopfenpräparate und die sich hieraus errechnenden Ersparnisquoten beeinflussen die Höhe der Hopfengabe, aber auch in gewissem Maße die dosierte α-Säuremenge. Diese hängt ab vom jeweiligen *Biertyp.* So kann der Bitterstoffgehalt verschiedener Biere sehr unterschiedlich sein: Helle Lagerbiere 18–24 mg pro Liter, helle Exportbiere

20–30 mg, Pilsener 28–45 mg, helles Bockbier 28–40 mg, dunkle Lager- und Exportbiere 16–24 mg, dunkle Starkbiere 24–30 mg, Märzenbiere 20–26 mg, Weizenbiere 12–18 mg, obergärige Bitterbiere 28–40 mg, ja 60 mg/l.

Je heller ein Bier, um so besser die verwendeten Rohstoffe waren und je sorgfältiger gearbeitet wurde (weiches Brauwasser, Hochkurzmaischverfahren, Spelzentrennung), um so mehr Bitterstoffe wird es „vertragen". Auch stärkere Biere bedürfen einer größeren Bitterstoffmenge. Bei dunklen Bieren ist der Malzcharakter vorherrschend, sie bedürfen einer geringeren Hopfung. Neben diesen Biertypen entscheidet auch der *Geschmack des Publikums:* So kann in manchen Gegenden ein Pilsener Bier weniger bitter sein als in einer anderen ein Export- oder Spezialbier. Von einem Konsumbier wird stets eine geringere Bittere gewünscht als von einem Spezialbier.

Die Frage der *Ausnutzung des Hopfens* spielt bei der Bemessung der Bitterstoffmenge eine große Rolle. Kurze Hopfenkochzeit, eine sofortige Abkühlung der Würze nach dem Kochen, eine starke Entbitterung während der Gärung und eine lange Lagerzeit des Bieres verlangen einen höheren Bitterstoffeinsatz als z. B. eine durchschnittliche Kochzeit von 90 Minuten, eine Nachisomerisierung im Heißwürzetank, eine Rückführung des Hopfentrubes zur Maische oder zum Läuterbottich (nach Ablauf der Vorderwürze) sowie geschlossene Gärtanks. Wirtschaftliche Überlegungen lassen eine weitgehende Ausnutzung der Hopfenbitterstoffe geraten erscheinen, bei hopfenbetonten Bieren werden in dieser Hinsicht gewisse Abstriche gemacht.

Um die angegebenen Bitterstoffwerte im Bier zu erzielen, werden bei Lagerbier etwa 65 mg α-Säure/l Ausschlagwürze, bei Exportbier 80 mg, bei Pils 100–150 mg dosiert; berechnet auf normalen Hopfen mit einem α-Säuregehalt von 5 % entspricht dies einer Hopfengabe von 130–160 bzw. 200–300 g/hl Verkaufsbier.

2.5.4.7 Die *Zugabe des Hopfens zur Würze* hat nach Art und Zeitpunkt einen Einfluß auf den Geschmack des Bieres, vor allem aber auch auf die Ausnutzung des Hopfens. Daneben kann die Würzebehandlung nach erfolgtem Kochprozeß einen Einfluß auf die Hopfengabe nehmen. Die natürlichste Art, den Hopfen in *Doldenform* zuzusetzen, hat den Nachteil der langsameren Extraktion und Verteilung der Bitterstoffe sowie des Bitterstoffverlustes in den Hopfentrebern (ca. 10 %).

Die *Zerkleinerung des Hopfens* kann in einfachen *Trockenmühlen* (Hammermühlen, Pralltellermühlen, Schlagmühlen, Stift- oder Scheibenmühlen) erfolgen. Wichtig ist, daß sich der Hopfen während des Mahlvorganges nicht erwärmt. Lupulinverluste müssen durch entsprechende Filter (Druckschlauchfilter) am Luftaustritt vermieden werden. Auch ist die Vermahlung erst kurz vor der Verwendung des Hopfens zu tätigen, um einen Abbau der Wertbestandteile desselben zu vermeiden. Die Ersparnis bei dieser Maßnahme beträgt 10–15 % ohne nachteilige Beeinflussung der Bierqualität. Die Abtrennung des Hopfenpulvers ist nur auf dem Kühlschiff, im Whirlpool, in einem Hopfenheißtrubfilter und bei geringeren Mengen auch im Separator möglich. Um Würzeverluste zu vermeiden, wird das Gemisch aus Hopfentrebern und Trub zum Abmaischen oder Abläutern eines folgenden Sudes gegeben. Hierdurch können weitere 7–10% der Hopfengabe eingespart werden. Diese Art, die Hopfentreber *wiederzuverwenden*, ist qualitativ zwar nicht bedenklich, wenn die Abläuterung nicht verschlechtert wird, aber bei einer Folge von mehreren Biersorten (helle, dunkle, Weizen) schwer zu handhaben.

Ähnliche Möglichkeiten ergibt die Verarbeitung von *fertigen Hopfenpulvern*, die meist werterhaltend verpackt sind.

Naßmühlen (in der Regel Scheibenmühlen) gestatten eine ähnlich günstige Aufbereitung des Hopfens, doch muß das Mahlen hier unmittelbar vor der jeweiligen Hopfengabe erfolgen. Die Ersparnisse liegen – wahrscheinlich durch die „Wasserextraktion" beim Mahlen – bei 15–20 %. *Homogenisatoren* oder Emulgierpumpen haben denselben Effekt. Auch hier besteht das Problem der Abtrennung und Wiederverarbeitung der Hopfentreber.

Andere Maßnahmen wie die Anwendung von *Ultraschall* oder die *Digestion des Hopfens* in kaltem oder warmem Wasser konnten sich nur wenig einführen, auch wurde die *alkalische Vorbehandlung des Hopfens* (in 0,05 N Na_2CO_3-Lösung), bedingt durch die zahlreichen auf dem Markt befindlichen Hopfenpräparate, in den meisten Fällen wieder verlassen.

Bei Verwendung eines *Hopfenentlaugers* wird der Hopfen nicht in der Pfanne gekocht. Er ist ein besonderes Gefäß zwischen Läuterbottich und Würzepfanne, in dem nach Ablauf der Vorderwürze die durchgeleiteten Nachgüsse mit dem Doldenhopfen durch dauerndes Umpumpen intensiv vermischt werden. Der Hopfen wird hierbei völlig zerrissen, wobei das freigelegte Lupulin in Form einer Emulsion bei Abläutertemperatur in

die Pfanne gelangt. Die Auslaugung der Bitterstoffe aus den Hopfentrebern ist weitgehend. Bei einer Ersparnis von 15 % ergibt sich noch als weiterer Vorteil, daß kein Hopfenglattwasser anfällt, da dieses auf die Stärke des Treberglattwassers von 0,5–1,0 % abgesenkt wird. Der Hopfenentlauger vermittelt nicht immer eine befriedigende Bierbittere, vor allem bei Verwendung von älteren oder groben Hopfen (s. S. 100).

Hopfenpräparate, wie normale oder konzentrierte Pulver (s. S. 105), sind einfach zu handhaben: Das Auswiegen der Hopfengaben, das bei hohen Sudwerksleistungen viel Arbeit erfordert, kann bei den Packungen von bekanntem Gewicht entfallen usw. Das Einstellen derselben auf eine bestimmte α-Säuremenge bedeutet eine weitere Rationalisierung. Die Ersparnisse an α-Säuren liegen bei 10–15 %. Angereichertes Pulver verringert die Menge der eingebrachten Polyphenole und den Anfall der Hopfentreber, so daß oftmals noch bestehende Trubwürzeseparatoren weiter verwendet werden können.

Hopfenextrakte vermitteln eine Bitterstoffersparnis von ebenfalls 15 (–20%). Sie bieten eine Reihe technologischer Möglichkeiten entweder für sich allein oder in Verbindung mit Hopfenpulvern. So werden sie zunächst eingesetzt, um bei Hopfenpulvern eine Verringerung der Hopfentrebermenge und der hierbei auftretenden Verluste zu erreichen.

Standard-Extrakte, die neben den Bitterstoffen und Hopfenölen die gesamte wasserlösliche Fraktion des ursprünglichen Hopfens (Polyphenole, Eiweiß, Mineralstoffe, Kohlenhydrate) aufweisen, werden wegen ihrer Nitratgehalte und möglicher Reste an Umweltkontaminanten kaum mehr verwendet. Auch können sie infolge der Gefahr der Entmischung der beiden Komponenten nicht automatisch dosiert werden. Dasselbe gilt für „standardisierte" Extrakte. Die heute ausschließlich verwendeten Harzextrakte verringern die Polyphenolgehalte der Würzen im Vergleich zu Dolden- oder Pulverhopfen. Hieraus resultieren etwas hellere Bierfarben sowie bei gleicher Bitterstoffmenge eine etwas mildere Bierbittere. Die Biere vertragen durch Wegfall der Bittere der Hopfenpolyphenole etwas höhere Isohumulongehalte. Harzextrakte verringern die Eiweißausscheidung etwas; dies kann zu besseren Schaumwerten und zu einer tendenziell besseren Stabilität nach dem Forciertest, jedoch zu einer etwas stärkeren Kältetrübung führen. Hopfenextrakte verzeichnen während der ersten Hälfte der Kochzeit eine etwas raschere Isomerisierung, doch wird die höchstmögliche Ausnutzung bei konventionellen Pfannen erst nach ca. 120 Minuten erreicht.

Vom Standpunkt der Bitterstoffverluste kann eine kurze „Vorkochphase" zur Einleitung der Eiweißkoagulation günstig sein.

Hopfenextraktpulver isomerisieren durch das Trägermaterial rascher und können daher mit Gewinn zur letzten Gabe herangezogen werden; dasselbe gilt für Hopfenpellets, die mit Bentoniten versetzt wurden.

Die Dosierung der einzelnen Hopfengaben bzw. Präparate erfolgt nach den α-Säure-Werten. Wird von Doldenhopfen auf Pulver oder Extrakt umgestellt, dann müssen bei der Bemessung der α-Säuregabe die genannten Einsparungsquoten berücksichtigt werden (s. S. 168). Der Kontrolle der Richtigkeit der Bitterstoffgabe dient in der Anstellwürze wohl die spektralphotometrische Erfassung der EBC-Bitterstoffe, die aber isomerisierte und noch unisomerisierte α-Säuren, aber auch Weichharze erfaßt; genauer ist die Analyse der Iso-α-Säuren, oder der EBC-Bitterstoffe im Jungbier, deren Ergebnis allerdings um die Gärzeit später vorliegt.

Isomerisierter Hopfenextrakt – in Deutschland nicht gestattet – wird dem Bier nach der Hauptgärung oder erst kurz vor dem Ausstoß zugegeben. Bei ausschließlicher Verwendung desselben zur Bitterung des Bieres werden zwar gute Ausnutzungsgrade (je nach Zusatzzeitpunkt 80–93 %) und bemerkenswert gute Schaum- und Stabilitätswerte erzielt, doch ist – vor allem bei spätem Zusatz – eine etwas eigenartige, nicht „abgebundene" Bittere festzustellen. Ein Überschäumen („Gushing") des Bieres ist bei reinen, gut gelagerten Iso-Extrakten nicht zu erwarten. Eine Zugabe zu Beginn der Lagerzeit des Bieres erbringt eine bessere Bittere als z. B. eine Dosage kurz vor Ende derselben. Die Dosierung von Basis-Extrakt (s. S. 107) beim Würzekochen vermeidet das Überschäumen der Pfanne und gibt die bei konventioneller Hopfenverwendung üblichen sekundären Geschmackseigenschaften. Auch ist die Gefahr von Infektionen der Würze und des Bieres durch die bakteriostatische Kraft der Bitterstoffe geringer. Es ist möglich, bei später Dosierung, z. B. vor der Filtration aus einer „Grundsorte", mehrere verschieden stark gebitterte Biere herzustellen.

2.5.4.8 Der *Zeitpunkt und die Aufteilung der Hopfengabe* hängt ab vom jeweiligen Biertyp und wird von Brauerei zu Brauerei verschieden gehandhabt. Bei Bieren mit geringerem Bitterstoff-

gehalt (unter 24 Bittereinheiten) und nur schwachem Hopfenaroma wird der Hopfen oft auf einmal, zu Beginn des Würzekochens, gegeben. Verschiedentlich erfolgt auch die Hopfengabe erst 5–10 Minuten nach Kochbeginn, um die Eiweißkoagulation einzuleiten und so die Bitterstoffverluste durch die Bruchbildung etwas zu verringern und u. U. einen spezifischen Geschmack zu erzielen. Diese Gabe dient praktisch nur der Bitterung der Würze. Sie macht auch das Bier weniger empfindlich für die Qualität des Hopfens. Doch konnten auch bei dieser Verfahrensweise deutliche Unterschiede zwischen Hallertauer, Northern Brewer oder amerikanischem Hopfen – selbst in Form von Extrakt – ermittelt werden.

Wird die Hopfengabe geteilt, was im Hinblick auf die Nachisomerisierung im Whirlpool oder Heißwürzetank ohne größere Bitterstoffverluste möglich ist, so wird neuerdings wieder eine kürzere durchschnittliche Hopfenkochzeit angestrebt. Die Handhabung reicht von zwei Gaben: 70–80 % bei oder nach Kochbeginn und 30–20 % 10–30 Minuten vor Kochende bis zu einer weitergehenden Aufteilung, die eine Drittelung bei Kochbeginn, 50–60 min und 10–20 min vor Kochende vorsieht. Die erste Gabe nimmt die Bitterstoffhopfen auf und wird häufig auch in Form von Extrakt dosiert, während die späteren Gaben meist aus Pulver (Aromahopfen) bestehen. Späte Teilgaben 10–15 Minuten vor Kochende sollen ein besonders deutliches Hopfenaroma erteilen. Sie umfassen ca. 25–33 % und dabei beste Aromasorten (Saazer, Tettnanger, Spalter, Selekt, Tradition, aber auch sehr gute Hersbrucker). Bei einer Zugabe im Whirlpool besteht die Gefahr, daß wohl eine kräftige „Hopfenblume" entsteht, das Bier aber doch nicht ganz ausgewogen ist und eine schlechte Geschmacksstabilität aufweist. Dasselbe gilt für die Zugabe von Hopfenpulvern im Lagerkeller. Die oben besprochene Hopfengabe (25–33 %) ca. 30 Minuten vor Kochbeginn muß, um der Güte von Aroma und Bittere willen ebenfalls aus besten Hopfen bestehen.

2.5.4.9 Die *automatische Dosierung des Hopfens* soll das Personal entlasten, eine genaue Einhaltung der Zugabezeitpunkte sowie bei Großpackungen Kostenersparnisse ermöglichen. Halbautomatische Geräte bestehen im einfachsten Falle aus einem Rohr, das entsprechend den einzelnen Teilgaben Schieber aufweist. Vorlösegeräte für Extrakt arbeiten mit einem Extrakt-Wasser-Verhältnis von 1 : 4. Bei vollautomatischen Systemen werden Pellets aus Großbehältern pneumatisch direkt in die Pfanne verwogen. Harzextrakte können in entsprechend großen Behältern für einen oder mehrere Tage durch Erwärmen auf 40–45° C pumpfähig gehalten und mittels einer Monopumpe mit Zählwerk dem Sud zugegeben werden. Die Dosiergenauigkeit beträgt ± 1 %.

Eine Veränderung der Hopfenbitter- und Aromastoffe ist bei dieser Behandlungsweise dann nicht festzustellen, wenn eine Sauerstoffaufnahme hintangehalten wird.

2.5.5 Das Verhalten von Aromastoffen der Würze

2.5.5.1 *Höhere, ungesättigte Fettsäuren*, wie Linol- und Linolensäure werden schon beim Mälzen, aber auch beim Maischen durch Lipoxygenasen in ihre Oxidationsprodukte wie Hydroxysäuren und Hydroperoxide überführt, die dann weiter zu flüchtigen carbonylverbindungen reagieren. Diese Substanzen werden beim Kochen teilweise ausgetrieben. Die Fettsäuren, gleich ob sie vom Malz oder vom Hopfen eingebracht wurden, erfahren eine starke Verminderung durch die Bruchbildung, durch die erwähnten Oxidationen oder auch durch thermische Fragmentierung, wodurch kürzerkettige Fettsäuren entstehen können.

2.5.5.2 Die aus Malz und Hopfen stammenden *Phenolcarbonsäuren* (p-Cumarsäure, Ferulasäure und Sinapinsäure) werden durch die Hitzeeinwirkung beim Kochen in Phenole und 4-Hydroxybenzaldehyd übergeführt. Sie leisten ebenfalls einen Beitrag zum Würze- und Bieraroma.

2.5.5.3 Ebenfalls aus dem Malz werden *Alkohole* wie Phenylethanol und vor allem Hexanol in die Würze eingebracht. Sie werden durch den strömenden Wasserdampf teilweise abgeführt, aber beim Kochen nicht neu gebildet. So kann z. B. Hexanol als Maßstab für die Ausdampfung von Aromastoffen herangezogen werden.

2.5.5.4 *Färbende und reduzierende Substanzen*
In der ungekochen Würze aus hellem Malz befinden sich nur geringe Mengen an Melanoidinen, die hauptsächlich beim Schwelken, Darren und Maischen gebildet wurden. Daneben sind eine Reihe von teils farblosen, teils färbenden Vorstufen wie Glucosyl- und Fructosylamine vorhanden. Beim Würzekochen reagieren nun die reichlich vorhandenen Aminosäuren mit Zuckern zu Pri-

mär- und Sekundärprodukten, diese wiederum zu einer Reihe von reaktionsfähigen Intermediärgruppen, die wieder mit Aminoverbindungen und unter Kondensation braungefärbte Melanoidine bilden. Ein wichtiges, auch in Würze festgestelltes Zwischenprodukt ist dabei das 3-Desoxy-D-Glucoson, das entweder selbst oder über Zwischenverbindungen mit Dicarbonylgruppen zu Melanoidinen des Typs A reagiert. Durch Wasserabspaltung entsteht auch Hydroxymethylfurfural, das wiederum mit Aminosäuren kondensiert und dann Melanoidine des Typs B bildet. Daneben entstehen auch eine Reihe von niedermolekularen Produkten, mit Carbonylgruppen aus dem Strecker-Abbau von Aminosäuren. Hierzu zählen 2-Methylbutanal (aus Leucin), 3-Methylbutanal (aus Isoleucin), Phenylethanal und viele andere, die schon vom Malz her stammen oder auch erst beim Würzekochen gebildet werden. Sie sind für den „würzeartigen" Geruch mit verantwortlich, sie erfahren eine Verringerung während des Kochens, doch vermögen sie auch bei der Alterung des Bieres eine Rolle zu spielen (s. S. 325).

Den Maillard-Produkten unterschiedlichen Kondensationsgrades werden reduzierende Eigenschaften zugeschrieben, d. h. sie vermögen Sauerstoff abzufangen, bevor er mit anderen Substanzen reagiert und im Bier zu Geschmacksverschlechterungen oder Trübungen führen kann. Die Bildung der „Reduktone" schreitet mit zunehmender Kochzeit fort, doch ist dies auch mit einer Erhöhung der Farbe verbunden. Anteil an der Farbbildung haben auch die Polyphenole, die durch nichtenzymatische Oxidationen von einfachen Anthocyanogenen Biflavane oder höherorganisierte Gruppen bilden. Die Zunahme der Farbe und der reduzierenden Eigenschaften wird von hoher Malzauflösung (u. a.durch Gibberellinsäure verursacht) sowie durch hohe Abdarrung begünstigt. Sie läuft auch bei der folgenden Hitzebelastung des Würzeweges weiter. Eine starke Zuführung in diesen Bereichen führt zu breit und derb schmeckenden Bieren, die auch einer raschen Alterung unterliegen. Diese letztere könnte auf die alkoholoxidierende Wirkung von Melanoidinen im fertigen Bier zurückzuführen sein. Hiervon leitet sich ein Widerspruch zu der bisherigen Auffassung über die reduzierende Wirkung der Maillard-Produkte ab, der aber von Praxisergebnissen bestätigt wird. Es ist demnach die Farbzunahme im Bereich Würzekochung – Würzebehandlung zu beschränken; eine geringe Vorbelastung mit Vorläufern der Reaktionen, eine geringe Oxidation der verschiedenen Gruppen, einschließlich der Polyphenole und ein niedriger Würze-pH von 5,0–5,2 sind hierfür günstig.

Die *Maillard-Reaktion* führt nicht nur zu hochmolekularen Melanoidinen, sondern es entsteht eine Fülle von Zwischenprodukten, die mehr oder weniger stabil sind. Der Zerfall von Carbonylen führt u. a. zu heterocyclischen Verbindungen oder sie bilden mit anderen Aldehyden Aldolkondensationsprodukte, die in hellen und dunklen Malzen vorhanden sind. Sie werden beim Würzekochen z. T. ausgetrieben. Die Heterocyclen werden nicht nur beim Darren (s. S. 62), sondern auch beim Würzekochen gebildet, zum Teil aber auch mit dem Wasserdampf wieder abdestilliert. So enthält das Schwadenkondensat ein Vielfaches an N-Heterocyclen, wie sie die Würze vor oder nach dem Kochen aufweist. Damit kommt dem Ausdampfvorgang beim Würzekochen eine große Bedeutung zu. Die Menge der Heterocyclen nimmt mit der Kochdauer zu, vor allem aber bei höheren Temperaturen. Aus diesem Grunde verzeichnen Biere, die aus derartigen Würzen hergestellt wurden, verschiedentlich Aromanoten, die an Brot, Caramel, Popcorn oder Kräcker erinnern; auch „grüne", pilzartige Aromen sind im sogenannten „Kochgeschmack" zu finden. Vor allem Temperaturen über 120° C führen zu den zahlreichen Reaktionsprodukten des Prolins (Pyrrolizine), die außerdem noch einen bitteren Nachgeschmack vermitteln. Um die Auswirkung höherer Temperaturen abzuschätzen, muß sicher auch die Reaktionszeit beurteilt werden, ebenso die Temperatur an den Heizflächen der geschlossenen Systeme. Analytisch lassen sich diese Reaktionen zunächst anhand der Farbzunahmen zwischen ungekochter, Ausschlagwürze und – zur Erfassung der weiteren Veränderungen – der Anstellwürze ermitteln. Dabei ist eine Umrechnung aller Werte auf 12 % Extrakt erforderlich, um die unterschiedlichen Verdampfungsgegebenheiten auszugleichen. Einen detaillierten Hinweis auf Maillardprodukte liefert der sog. HMF-Wert, der in seiner Modifikation als Thiobarbitursäurezahl (TBZ) bezeichnet wird. Diese Globalanalysen korrelieren sehr gut mit dem Verlauf der Stickstoffheterocyclen. Eine Abweichung zwischen Farb- und TBZ-Zunahme deutet auf eine entsprechend starke thermische Belastung hin, die u. U. zu geschmacklichen Veränderungen führt. Sie versagt aber im Hinblick auf die Prolinderivate, die nur mit Hilfe empfindlicher gaschromatographischer Methoden verfolgt werden können.

Es verdient Erwähnung, daß die beim Darren gebildeten Maillard-Produkte im weitesten Sinne malzige, jedoch rein schmeckende Geschmacksnoten vermitteln, während die beim Würzekochen entstehenden z. T. die oben angeführten ungünstigen Veränderungen erbringen. Hier sind noch weitere Untersuchungen notwendig, um die Prozesse besser steuern zu können als bisher.

Eine Verringerung der Kochzeit ist durch die anderen ablaufenden Prozesse begrenzt, daneben kommt einer Austreibung flüchtiger Substanzen wie der Carbonyle, aber auch des Dimethylsulfids Bedeutung zu.

2.5.5.5 Die Veränderung der Schwefelverbindungen: Durch den Strecker-Abbau von schwefelhaltigen Aminosäuren entsteht aus Methionin der Aldehyd Methional, der instabil ist und weiter in Acrolein, Dimethylsulfid, Dimethyldisulfid und Methylmerkaptan zerfällt. Cystein wird über Merkaptoacetaldehyd oder Thioacetaldehyd zu Schwefelwasserstoff und Acetaldehyd gespalten. Maillard-Reaktionen von schwefelhaltigen Aminosäuren führen über einige Zwischenschritte zu schwerer flüchtigen Thioverbindungen. *Dimethylsulfid* (*DMS*) entsteht aus den beim Mälzen gebildeten Vorläufern S-Methylmethionin (SMM) und Dimethylsulfoxid (s. S. 63). DMSO, das speziell bei höheren Abdarrtemperaturen gebildet wird, verändert sich bei der Würzebereitung nur wenig. SMM erfährt dagegen durch die Kochung einen thermischen Abbau. Das entstehende DMS wird, da leicht flüchtig, nahezu vollständig ausgetrieben. Die Spaltungsgeschwindigkeit von S-Methylmethionin verläuft in Abhängigkeit von Temperatur und Zeit nach einer Reaktion erster Ordnung. Bei pH-Werten von 5,5–5,6 beträgt die Halbwertzeit von SMM etwa 35 Minuten, so daß eine Würzeheißhaltezeit von mindestens 70 Minuten erforderlich ist, um ca. 75 % des SMM abzubauen. Eine Temperaturerhöhung wirkt beschleunigend, eine pH-Erniedrigung dagegen verzögernd. Deshalb ist es günstig, die pH-Einstellung der Würze z. B. auf 5,1 erst gegen Ende der Kochung vorzunehmen.

Es ist demnach von großer Bedeutung, beim Würzekochprozeß für eine Spaltung des Vorläufers SMM zu sorgen und zum anderen das freiwerdende Dimethylsulfid auszutreiben. Hierfür ist die Kochintensität sowie die Gleichmäßigkeit der Erfassung der in der Pfanne befindlichen Würzemenge entscheidend. Der Einfluß der Malzbeschaffenheit (Sorte, Jahrgang, Auflösungsgrad, Abdarrintensität), im Ausland des „DMS-verdünnenden" Rohfruchtanteils, der Maischarbeit (Darren, Dekoktion) auf das Niveau des DMS-

Vorläufers in der ungekochten Würze ist bestimmend, doch gelingt es bei ausreichend bemessener Kochzeit, Werte zu erreichen, die im weiteren Werdegang des Bierbereitungsprozesses nicht mehr stören. Bei der dem Würzekochprozeß folgenden thermischen Belastung im Heißwürzetank wird nämlich der DMS-Vorläufer weiter gespalten, das dabei entstehende freie DMS aber nicht mehr ausgedampft. Hierdurch können bei der Gärung die unerwünschten, gemüseartigen Geschmacksnoten entstehen. Aus diesem Grunde sollte der „Gesamt-DMS-Gehalt" (Vorläufer + freies DMS) der Ausschlagwürze 120 ppb nicht übersteigen.

Wenn auch moderne Kochsysteme in einem gut definierten Bereich von (etwas) erhöhten Temperaturen und gesteuertem Würzeumlauf arbeiten, so sind doch häufig die Kochzeiten mit Rücksicht auf eine nicht zu weitgehende Eiweißausscheidung zu kurz. Die Verdampfung wird um der Energieersparnis willen ebenfalls verringert, wodurch es nicht selbstverständlich ist, daß die obengenannten Werte auch wirklich erreicht werden. Es bedarf daher bei neuen oder umgebauten Pfannen wie auch bei einer Veränderung der Kochparameter einer genauen Kontrolle der DMS-Gegebenheiten in Ausschlag- und Anstellwürze. Einfacher ist die Bestimmung des DMS im Jungbier, doch erfolgt diese stets erst mit ca. einwöchiger Verspätung. Lediglich die Hochtemperatur-Würzekochung ($130°$ C, $2^{1}/_{2}$–3 min) senkt den Gesamt-DMS-Gehalt stets weitgehend ab.

2.5.6 Technologische und energiewirtschaftliche Beurteilung moderner Würzekochsysteme

2.5.6.1 Der *Energiebedarf beim Würzekochen* ist hoch. Um z. B. während einer bestimmten Kochzeit 12,5 % der Ausschlagmenge zu verdampfen, werden 36 300 kJ (8660 kcal)/hl benötigt. Dazu kommt die Energiemenge zum Aufheizen der Würze von 72 auf $100°$ C von 17 640 kJ (4220 kcal). Dabei sind die Wirkungsgrade der Dampferzeugung und der Pfannenheizfläche eingerechnet. Seit den Energiekrisen der 70er Jahre hat es nicht an Vorschlägen gefehlt, den Würzekochprozeß im Sinne einer *Energieersparnis* zu beeinflussen oder die entstehende Abwärme zu verwerten.

2.5.6.2 Die *Verwendung der Abwärme* wird einmal durch die bei modernen Kochsystemen geschlossene Kochung (ohne Schleppluft), zum anderen durch verbesserte Pfannendunstkondensatoren erreicht. Da aber ein solcher bei 12,5 % Verdampfung etwa die doppelte Heißwassermen-

ge von $80–85°$ C liefert als für betriebliche Zwecke benötigt und das heiße Sudwasser ohnedies durch das bei der Würzekühlung anfallende Heißwasser gedeckt wird, so ist ein weiterer Schritt nötig, der im Prinzip des Energiespeichers verwirklicht ist.

Die hohe Schwadentemperatur von z. B. $98°$ C wird in einem entsprechend großen Pfannendunstkondensator zum Erwärmen von 80gradigem Wasser auf $96°$ C genutzt. Dieses Wasser wärmt dann die Läuterwürze von ca. $72°$ C auf $93°$ C auf; das abgearbeitete Heißwasser von $75–80°$ C wird gestapelt und beim folgenden Sud im Pfaduko wieder auf $98°$ C erwärmt. Damit können ca. 75 % der zum Aufheizen der Würze benötigten Energie eingespart werden. Bei der sog. Niederdruckkochung (s. S. 174) fällt das Wasser durchschnittlich mit ca. $100°$ C an und kann die Würze somit um ca. $2°$ höher aufheizen. Eine weitere Aufgabe des Pfannendunstkondensators ist die Niederschlagung der beim Maische- und Würzekochen entstehenden Schwaden. Das Kondensat, das die Hauptgeruchsträger enthält, bedarf u. U. zu deren weitgehender Eliminierung des Zusatzes grenzflächenaktiver, biologisch abbaubarer und nicht toxischer Stoffe, bevor es dem Abwasser zugeführt wird. Eine Wiederverwendung des ursprünglichen Pfannendunstkondensats als Einmaisch- oder Überschwänzwasser hat sich infolge der Verschleppung dessen Geruchsstoffe nicht bewährt.

2.5.6.3 Eine *Verringerung der Verdampfung* war bei der manchmal übertriebenen Kochintensität, die sich in den sechziger Jahren eingebürgert hatte, möglich. Doch mußte diese, in Abhängigkeit vom jeweiligen Kochsystem schrittweise, z. B. bei 90–100 Minuten Kochzeit von 15 auf 12 % und unter Beobachtung von Würzebeschaffenheit und Bierqualität vorgenommen werden. Doppelbodenpfannen erlauben infolge der damit verbundenen Verringerung der Kochfontäne kaum eine weitergehende Reduzierung, was analytisch anhand des Würze- oder Bieraromastoffspektrums aufgezeigt werden konnte. So verblieben bei weitergehender Einschränkung der Verdampfung signifikant höhere Mengen an Hexanol-1 sowie andere Alkohole, Aldehyde, Hopfenaromastoffe und DMS in der Würze. Die bei der Gärung aus ersteren entstehenden Essigsäure-Hexyl-Heptyl- und Octylester zeigten ebenfalls erhöhte Werte. Sie gingen einher mit einem würze- oder spelzenartigen Geruch und Geschmack der Biere. Bei *Innenkochern* mit entsprechend geführtem Flüssigkeitsumlauf und entsprechend großer Ausdampfungsoberfläche ist es möglich, die Verdampfung auf ca. 8 %, bei einer Kochzeit von ca. 75 Minuten und einer Temperatur von 101,5–102° C über dem Kocher zu bemessen. Eine höhere Verdampfung ist im Hinblick auf die Abwärme-Wirtschaft im Energiespeicher nicht wünschenswert. Um dabei eine ungenügende Ausdampfung von Würzearomastoffen zu vermeiden, sind neben den auf S. 158 erwähnten Kochern auch verschiedene Staukonus- und Schirmkonstruktionen vorgeschlagen worden. Sehr günstige Ergebnisse liefert ein Doppelschirm, der eine besonders große Oberfläche bietet. Nur durch Verringerung der Verdampfung von 12,5 % auf 8 % können 36 % der ursprünglich aufgewendeten Energie eingespart werden. In Verbindung mit dem Energiespeicher sind dann nur mehr rund 50 % der Primärenergie erforderlich.

Außenkocher erlauben eine ähnliche Verringerung der Verdampfung, wobei es auch hier auf die bestmögliche Ausdampfung von Aromastoffen ankommt. Unter Beobachtung der auf S. 162 genannten Kochbedingungen lassen sich einwandfreie Würzen und Biere erzielen. Die Energieeinsparung ist dieselbe wie bei der Innenkochung, doch ist der Kraftbedarf für die Umwälzpumpe hiervon in Abzug zu bringen (ca. 5,5 kW/100 hl).

Sowohl bei Innen- als auch bei der Außenkochung haben sich niedrige Heizmitteltemperaturen im Hinblick auf die bei der Würzekochung ablaufenden Vorgänge als günstig erwiesen.

2.5.6.4 Das Verfahren der *Brüdenverdichtung* beruht auf der mechanischen oder thermischen Kompression des beim Würzekochen entstehenden Schwadens. Bei der ersteren findet eine Wärmepumpe (Turbine, Schraubenverdichter, Rootsgebläse) Anwendung, die entweder von einem Diesel-, Gas- oder Elektromotor (Leistungsaufnahme 16–25 kW/100 hl) angetrieben wird. Durch das Anheben des Schwadens auf ein höheres Energieniveau hat dieser bei einem Druck von 0,35–0,45 bar eine Temperatur von 112–115° C; bei der Turbine tritt auch eine Überhitzung ein, die durch Einsprühen von Wasser oder Schwadenkondensat auf Sattdampftemperatur abgebaut werden muß, denn für höhere Temperaturen gilt bei den „geschlossenen" Heizkreisläufen das auf S. 162 Gesagte. Die geringe Temperaturdifferenz zwischen dem Heizmittel und der Würze bedarf einer entsprechend groß ausgelegten Heizfläche (s. S. 158), die naturgemäß in einem Außenkocher besser unterzubringen ist als in einem Innenkocher, wobei die Führung der Würze eine Abla-

gerung von Würzebestandteilen so weit verringert, daß 40 und mehr Sude ohne Reinigung gekocht werden können. Innenkocher können bei kleineren Pfannen die erforderlichen Heizflächen einbringen, gleichfalls bei rechteckigen Pfannen mit mehreren Kochern. Doch erfordert die Beheizung derselben höhere Brüdendrücke und -temperaturen, woraus sich wiederum höhere Verdichterleistungen ableiten. Bei Einsatz von Verbrennungsmotoren wird die Abwärme sowohl des Schwadens als auch des Kühlwassers zur Erwärmung von Betriebswasser zurückgewonnen. Die Wärme-Einsparung der Anlage beträgt unter Einbeziehung aller Faktoren ca. 56 %. Es kann bei beispielsweise 60 Minuten Kochzeit ein Aggregat Außenkocher/Brüdenverdichter im Dauerbetrieb drei Würzepfannen bedienen und so 24 Stunden/ Tag kochen. Es bedarf aber eines zweiten Außenkochers, der die Würze einmal nach dem Überpumpen vom Vorlaufgefäß auf Kochtemperatur bringt und so lange kocht, bis das System luftfrei ist, daß der Brüdenverdichter angeschlossen werden kann. Infolge der Anschaffungskosten etc. ist ein mechanischer Brüdenverdichter nur dann wirtschaftlich, wenn mindestens 1200 Sude/Jahr hergestellt werden.

Demgegenüber ist die thermische Brüdenverdichtung auch für kleinere Brauereien mit geringerer Sudzahl geeignet. In einem Dampfstrahlverdichter wird Frischdampf von 8 bar Ü oder mehr als Treibdampf zur Darstellung des höheren Energiepotentials genutzt. Dabei erhöht sich die Temperatur des Brüdens auf 103,5–104° C – oder bei höheren Dampfdrücken entsprechend mehr –, so daß der Würze am Kocher eine Temperatur von 100,5° C (bei höheren Schwadentemperaturen entsprechend höher) vermittelt wird. Die sehr große Heizfläche kann bis zu einer Pfannengröße von ca. 400 hl in einem Plattenwärmetauscher untergebracht werden, bei größeren Pfannen wird dann wiederum ein Röhrenkocher erforderlich. Um bei den geringen Temperaturdifferenzen eine stündliche Eindampfung von z. B. 12 % zu erreichen, ist bei 100,5° C Kochertemperatur eine ca. 24-fache Umwälzung zu tätigen, die (S. 158) eine Leistungsaufnahme der Pumpe von 14–15kW/ 100 hl zur Folge hat.

Durch die niedrigen Heizmitteltemperaturen bewirkt die Brüdenverdichtung eine sehr schonende Kochung, die Farbe, Schaum und Geschmack des Bieres positiv beeinflusst. Es ist zweifellos ein Vorteil, daß die o. g. Ersparnisse mit einer bekannten Kochtechnologie, nämlich der des Außen- oder Innenkochers erzielt werden. Ein weiterer Vorteil des Verfahrens ist, daß die Geruchsstoffe des Schwadens mit dem Kondensat abgeführt werden. Ein Nachteil der thermischen Brüdenverdichtung ist, daß das Kondensat des Schleppdampfes verloren geht, somit also entsprechend mehr Kesselspeisewasser benötigt wird.

Eine interessante Möglichkeit der Würzekochung beruht auf dem *Einsatz eines Entspannungskühlers* (s. S. 192). Die Würze wird in einer üblichen Pfanne lediglich eine Stunde bei Kochtemperatur gehalten, anschließend ca. 5 Minuten unter atmosphärischem Druck gekocht und schließlich über einen Entspannungskühler in den Würzestapeltank ausgeschlagen. Unter dem Einfluß des Vakuums, das eine Abkühlung auf 70° C bewirkt, werden 5–6 % Wasser verdampft. Diese spontane Verdampfung vermittelt eine überproportionale Entfernung von Würzearomastoffen. Die analytischen Daten (Stickstoffverhältnisse) unterscheiden sich nicht, die Bitterstoffausbeuten sind etwas niedriger.

Weitere Energiesparmaßnahmen führten in das Gebiet höherer Kochtemperaturen.

2.5.6.5 Die *überbarometrische Kochung oder Niederdruckkochung* bediente sich in früheren Zeiten der Bodenheizung; sie wird aber heute ausschließlich mit Außen- und – häufiger – mit Innenkochern durchgeführt. Wenn auch die Pfannen meist auf einen Betriebsüberdruck von 1 bar Ü (120° C) ausgelegt sind, so liegen doch die gebräuchlichen Temperaturen nur bei 102–104°C, die im Rahmen des gesamten Kochprozesses nur 20–30 Minuten lang eingehalten werden. Die derzeit gültige Verfahrensweise ist wie folgt: Eine Vorkochung vor dem Druckaufbau hat sich als entbehrlich erwiesen, evtl. wird sie zur Dosierung der ersten Hopfengabe 5 Minuten lang eingehalten. Der Aufbau des Druckes erfordert bei der geringen Temperaturspanne nur 5–8 Minuten; anschließend wird die Druckkochphase bei z. B. 103° C ca. 30 Minuten lang eingehalten. Wichtig ist, daß sowohl hier als auch beim Aufheizen auf 103° C eine Verdampfung gegeben ist, um im Falle von Innenkochern die Dampfbläschen von der Kocheroberfläche wegzuführen und damit für eine kräftige Konvektion zu sorgen.

Die folgende Entspannung von 5 Minuten setzt die Verdampfung besonders intensiv fort. Sie wird durch eine offene Kochung von ca. 20 Minuten Dauer ergänzt. Die gesamte Zeit der Kochung dauert 60–65 Minuten, die Verdampfung beträgt 7,5–8 %. Die Temperatur im Innen- und Außenkocher liegt um ca. 2° C über der jeweiligen

Würzetemperatur in der Pfanne. Die Energieersparnis beträgt einschließlich der über den Energiespeicher vermittelten Wärme 50–52 %. Die Anwendung der angeführten Temperaturen, die dauernde Verdampfung und die betriebsüblichen Hopfengaben über Schleusen oder Dosiergefäße führt zu Bieren gleichwertiger Qualität. Zu hohe Temperaturen, ein unregelmäßiger Flüssigkeitsumlauf sowie eine ungenügende Verdampfung bzw. Ausdampfung von Würzearomastoffen kann einen sog. „Kochgeschmack" im Bier ergeben, der durch überhöhte Werte der auf den S. 170 genannten Substanzen zu beweisen ist.

2.5.6.6 *Die kontinuierliche Würzekochung (Hochtemperatur-Würzekochung)* arbeitet entweder im mittleren (10 Min. 120° C) oder im höheren Temperaturbereich (2½–3 Min. 135 bzw. 130° C). Die Würze wird stets im Wärmetausch durch die Schwaden der beiden Entspannungsstufen aufgeheizt.

Bei der Hochtemperatur-Würzekochung ergibt sich folgender Temperaturverlauf: Wärmetauscher 1 von 70 auf 92° C Wärmetauscher 2 von 92 auf 108° C, Erhitzer von 108° C auf 130° C, im Heißhalter werden 130° C 2½–3 Minuten lang eingehalten. Dann folgen Entspannungsstufe 1 117° C, Entspannungsstufe 2 100° C, Heißwürzetank oder Whirlpool. Die Gesamtverweildauer über 100° C beträgt ca. 500 sec, die Verdampfungsrate liegt bei rund 6–6,5 %. Durch den Wärmetausch Brüden/Würze wird eine Energieersparnis erzielt, die unter Einbeziehung der Bereitstellung des betriebsüblichen Heißwasserbedarfs von 0,3–0,4 hl/hl Bier bei 55–60 % liegt. Die Eiweißausscheidung erfolgt bei diesen Systemen dann nicht zu weitgehend, wenn die einzelnen Stufen einschließlich der Heißhaltezeit bei 130° C genau eingehalten werden. Die Entspannungsbehälter sind deswegen nur zu 15–20 % befüllt, was auch den Vorteil einer großen Verdampfungsoberfläche erbringt. Die Bitterstoffausbeuten sind gleich bzw. etwas höher als bei Normalkochung. Die Biere können qualitativ gleichwertig ausfallen, doch sind zu hohe Heizmitteltemperaturen (Dampftemperatur < 150° C) ebenso zu vermeiden, wie eine Belagbildung in der letzten Erhitzerstufen von 107 auf 130° C. Diese ist während des Betriebes in regelmäßigen Abständen zu reinigen, wofür das früher übliche „Cräcken" nicht geeignet war. Außerdem stand die Würze bei den jeweiligen Temperaturen des Heißhaltens oder der Entspannungsbehälter und erfuhr damit eine thermische Überbelastung. Analytisch waren die hierbei entstehenden Produkte in beträchtlichen Mengen nachzuweisen wie z. B. Furfural, Furfurylalkohol, N-Heterocyclen und vor allem die bitter schmeckenden Derivate des Prolins, die Pyrrolizine. Zur Behebung dieser Probleme hat sich die Installation eines zweiten Erhitzers für die Stufe 107–130° C als günstig erwiesen, der im Bedarfsfalle ein Stillsetzen des belegten Erhitzers und seine Reinigung ohne Störung des Ablaufs der kontinuierlichen Kochung ermöglicht. Die chemische Reinigung dieser Erhitzerstufe mit Lauge kann alle 8 Stunden erforderlich werden.

Die Hauptreinigung der gesamten Anlage am Ende der Sudwoche umfaßt dann ein volles chemisches Progamm mit heißer Lauge mit Peroxidzusatz sowie Säureabstumpfung.

2.5.7 Das Ausschlagen der Würze

Nach genügend langer Kochdauer wird die Würze „ausgeschlagen", d. h. zur Abkühlung und weiteren Behandlung dem Kühlsystem zugeführt. Auf dem Wege dorthin wird sie bei Verwendung von Naturhopfen durch einen Hopfenseiher von den Rückständen des Hopfens, den Hopfentrebern, befreit.

2.5.7.1 Die *Hopfenseiher*, in ihrer einfachsten Form runde oder viereckige Gefäße mit Boden und Seitensieben, sind meist im Sudhaus, bei kleineren Sudwerken auch auf dem Kühlschiff aufgestellt. Zum selbständigen Austragen der Hopfentreber dienen auch *konische Hopfenseiher* mit mechanischem oder Flüssigkeitsrührwerk, die jedoch einen hohen Wasserverbrauch zum Transport der Hopfentreber erfordern (1 hl/kg Hopfen). Kontinuierlich arbeitende „*Hopfenseparatoren*" sind in ihrer Arbeitsweise am günstigsten. Die hopfenhaltige Würze wird über ein schräges Sieb geleitet, von dem aus die Hopfenrückstände in eine Transportschnecke mit ebenfalls perforiertem Boden gelangen. Die Hopfentreber werden dabei kontinuierlich ausgetragen, in einer konischen Schnecke beliebig stark gepreßt und durch eine im Gegenstrom arbeitende Anschwänzbatterie ausgelaugt. Nachdem 1 kg Hopfen rd. 5 l Würze zurückhält, muß der Hopfen mit Wasser ausgelaugt werden, um möglichst viel von dieser Würze zu gewinnen. Hierfür steht gesetzlich eine Wassermenge von 1,5% des Ausschlagvolumens zur Verfügung. Der Extraktgehalt des „Hopfenglattwassers" soll bei 12%igen Würzen 3–4% nicht überschreiten.

2.5.7.2 *Gemahlener Hopfen* fällt normal in der Würzekühl- und behandlungseinrichtung an (s. S. 168). Es ist jedoch auch möglich, bei geringer Sudfolge die Pulvertreber mit dem Trub zusammen in der Pfanne absitzen zu lassen und die klare Würze über einen Schwimmer bzw. über ein Stecksieb abzuziehen. Der Rückstand, der ca. 3 % der Ausschlagmenge ausmacht, wird beim Abmaischen oder Abläutern eines folgenden Sudes zugegeben.

2.5.8 Die Ausschlagwürze

Die durch Maischen und Hopfenkochen entstandene Lösung ist die gehopfte Bierwürze, die vergoren werden soll. Sie besteht aus Wasser und Extrakt. Letzterer setzt sich aus den löslich gemachten und abgebauten Stoffen des Malzes, den Wasser-Ionen und den gelösten Bestandteilen des Hopfens zusammen.

Eine helle Würze enthält

a) Kohlenhydrate:	Hexosen 7–9%, Saccharose 3 %, Maltose 43–47%, Maltotriose 11–13 %, niedere Dextrine 6–12 %, höhere Dextrine 19–24 %, Pentosane 3–4 %, β-Glucane 0,2–0,4 %
b) Stickstoffsubstanzen*:	Gesamt-N 950–1150 mg/l, davon hochmol. N 22 % (koag. N 2 %) mittelmol. N 18 % niedermol. N 60% (Formol-N 34 %) α-Amino-N 22%)
c) Polyphenole*:	Gesamtpolyphenole 180–250 mg/l Anthocyanogene 70–110 mg/l Tannoide 60–100 mg PVP/l
d) Bitterstoffe:	35–65 EBC-Bittereinheiten α-Säuren 3–20 mg/l Iso-α-Säuren 25–55 mg/l Hulupone 3–5 mg/l
e) Mineralbestandteile:	1,5–2 %, davon 80 % in anorganischer und 20 % in organischer Form Zink* 0,12–0,25 mg/l

Der *vergärbare Extrakt* der Würze liegt je nach Biertyp zwischen 55 und 70 %; die Menge der β-Glucane steht mit der Viscosität der Würze in

* Werte auf 12 % Extrakt berechnet

ursächlichem Zusammenhang; sie beträgt nach der Carlsberg-Methode 250–300 mg/l, der pH-Wert der Würze zwischen 5,0 und 5,6, die Viscosität zwischen 1,70 und 2,00 mPas, die Oberflächenspannung liegt bei 40–45 dyn/cm.

2.5.9 Die Treber

Die Treber bestehen hauptsächlich aus den Spelzen, Eiweißstoffen, wenig Stärke sowie mineralischen Bestandteilen. 100 kg Malz ergeben 120 bis 130 kg Naßtreber, Weizenbiersude 10–15 % weniger (je nach dem Anteil des Weizenmalzes). Sie enthalten unmittelbar nach dem Sud 75–80 % Wasser, 20–25 % Trockensubstanz, davon 28 % Eiweiß, 8 % Fett und 41 % stickstofffreie Extraktstoffe.

Die mit Hilfe von Schnecken oder Treberförderern (mit Druckluft oder Dampf) aus dem Sudhaus transportierten Treber werden häufig in sogenannten *Trebersilos* gelagert und entweder als *Naßtreber* verkauft oder mittels eigener *Trebertrockner* auf einen Wassergehalt von 12 % gebracht und so in einen lagerfesten und haltbaren Zustand übergeführt.

2.5.10 Sicherheit und Gleichmäßigkeit des Sudablaufes

Die Steigerung der Sudzahl pro Tag und Sudwerk hat infolge des Nebeneinanders von einzelnen Vorgängen wie Maischen, Abläutern und Würzekochen eine Mehrbeanspruchung des Personals zur Folge, die dazu führt, daß einzelne Abschnitte nicht mehr in der gewünschten Sicherheit und Gleichmäßigkeit beherrscht werden oder gar Verluste an Maische und Würze auftreten. Um nun derartige Risiken zu vermeiden, sind folgende Möglichkeiten gegeben:

2.5.10.1 *Lichtsignale*, die anzeigen, ob Ventile, Auslaufhähne, Treberluken etc. geschlossen sind, um so Kontrollgänge zu vermeiden.

2.5.10.2 *Verriegelungen*, die bei falscher Stellung eines Wechsels die Handhabung bestimmter Schaltungen oder das Ingangsetzen von Pumpen unmöglich machen.

2.5.10.3 *Fernsteuerung* von Ventilen und Pumpen mit selbsttätiger Verriegelung und Zusammenfassung der Schalter entweder in Gruppen oder an einem zentralen Bedienungspult.

2.5.10.5 *Automatisierung von Teilvorgängen:* Durch Gruppenschaltung werden einzelne Vorgänge wie „Einmaischen", „Maische ziehen", „Zubrühen", „Abmaischen" zusammengefaßt und durch *einen* Schaltvorgang ausgelöst. Temperaturwählanlagen mit Vor- und Nachhaltezeiten oder Steuerung der Teilmaischen über Kurvenscheiben sichern eine höhere Gleichmäßigkeit des Maischverfahrens. Einmaisch- und Überschwänzwasser werden nach Temperatur und Menge eingestellt,

2.5.10.6 *Einbeziehung der Schroterei* in die Automatik durch Staffelschaltung der einzelnen Siloausläufe, Fördereinrichtungen, Waagen und Schrotmühlen.

2.5.10.7 *Überkochsicherung* in der Sudpfanne: Sie schließt das Dampfventil, wenn die aufsteigende Würze einen Niveautester erreicht.

2.5.10.8 *Vollautomatik beim Sudprozeß.* Sie schließt den selbständigen Ablauf aller Vorgänge beim Maischen, Abläutern, Würzekochen und Würzekühlen ein. Eine zuverlässige Mengenmessung mittels physikalischer Erfassung ist ebenso erforderlich wie eine lückenlose Sicherung der einzelnen Abläufe. Es ist dann ein Betrieb ohne Bedienungspersonal bzw. bei gelegentlicher Überwachung möglich. Hier stehen drei verschiedene Systeme zur Verfügung: Festverdrahtete Steuerungen, freiprogrammierbare Steuerungen und schließlich Prozeßrechner.

Die Automatisierung soll auf die Betriebsnotwendigkeiten wie Erhöhung der Produktivität der Anlagen, Sicherung der Gleichmäßigkeit des Produkts und Verringerung der laufenden Kosten abgestellt sein. So kann in einem kleineren Betrieb durchaus eine Vollautomatik angebracht sein, wenn hierdurch die Bedienungsperson noch mit der Wahrnehmung anderer Aufgaben betraut werden kann, während z. B. in einer größeren Brauerei die Automatisierung darauf abzielt, daß für den jeweiligen Schichtbrauer noch bestimmte Aufgaben verbleiben. Schließlich kann ein Prozeßrechner auch der Sammlung und Auswertung der Suddaten dienen.

2.6 Die Sudhausausbeute

Unter Sudhausausbeute ist die Feststellung der durch den Maischprozeß löslich gemachten und durch das Abläutern gewonnenen Extraktmengen zu verstehen. Sie wird in Prozenten der Menge des eingesetzten Malzes ausgedrückt.

Die Ausbeute wird am Ende des Sudprozesses im Sudhaus ermittelt, obgleich die Erfassung der Daten der kalten Würze im Gärkeller sicherer wäre.

2.6.1 Die Berechnung der Sudhausausbeute

Zu ihrer Feststellung werden folgende Werte benötigt:
1. Die *Schüttung*: das Gewicht des geschroteten Malzes in kg oder dt.
2. Die *Menge der hergestellten Würze* in Litern oder Hektolitern.
3. Der *Extraktgehalt der hergestellten Würze* bzw. ihr spezifisches Gewicht.

Die Ermittlung dieser drei Zahlen muß genau und einwandfrei erfolgen.

2.6.1.1 Die *Schüttung* kann gewöhnlich an der automatischen Malzwaage abgelesen werden. Es ist darauf zu achten, daß die Malzgosse zwischen Waage und Schrotmühle und der Schrotrumpf vor Beginn des Schrotens völlig leer sind. Ebenso muß beim Einmaischen der Schrotrumpf völlig entleert werden; es dürfen keine Schrotanteile bis zum Maischbottich verlorengehen.

2.6.1.2 Die *Würzemenge* wird in der geeichten Würzepfanne bestimmt. Das Eichen deselben geschieht durch Einmessen von kaltem Wasser mittels eines Kubizierapparates. Das Wasser wird hektoliterweise in die Pfanne eingelassen und die Höhe des Wasserstandes auf einem Meßstab vermerkt. Die Meßstelle bzw. die Einsetzstelle des Eichstabes muß stets die gleiche sein. Die Kontrolle erfolgt durch hektoliterweises Auswiegen. Auch eine titrimetrische Eichung ist möglich, doch findet sie nur zu Kontrollzwecken bei einer bestimmten Füllung Anwendung. Der Eichstab muß sorgfältig aufbewahrt werden, damit er sich nicht verzieht oder wirft. Ein Ablesefehler von 1 mm bedeutet je 1 m² Pfannenfläche eine Abweichung von 1 Liter Würze. Während des „Abstechens" der Würze muß der Flüssigkeitsspiegel völlig ruhig sein. In einem eingehängten Zylinder kommt die Würze rascher zur Ruhe. Würze-

standsanzeiger, die innerhalb der Pfanne angebracht sind, dienen als Orientierung für den Biersieder während des Würzekochens. Bei Änderungen oder nachträglichen Einbauten muß die Eichung der Pfanne wiederholt werden.

Trotz dieser Maßnahmen können sich durch unterschiedliche Ausdehnung der Pfannen, vor allem solcher eckiger Konstruktion, Schwierigkeiten bei einer korrekten Mengenermittlung der Würze ergeben. Besondere Vorrichtungen ermöglichen ein Wiegen der Würzepfanne mit Inhalt.

Das Ablesen mittels eines Schauglases an der Würzepfanne ist einfach und gibt gute Werte, wenn die Ausdehnungsfaktoren von heißer Pfanne und Meßleiste berücksichtigt werden. Ein kalibriertes Standglas ist durch die sich rasch einstellenden Temperaturunterschiede nicht genügend zuverlässig. Auch die Wägung des Pfanneninhalts über Druckmeßdosen ist noch nicht hinlänglich genau. Die Messung der kalten Würze mittels Ringkolbenzähler ist möglich, doch ist dann keine Kontrolle der Heißwürze bzw. des zwischen den Stadien entstehenden Schwandes erreicht,

2.6.1.3 Die *Bestimmung des Extraktgehaltes der Würze* erfolgt mit Hilfe von Saccharometern, deren Angaben auf 20° C berechnet sind. Für Temperaturen unter- oder oberhalb dieser Normaltemperatur ist eine Reduktionsskala angebracht. Der Extraktgehalt ist in Gewichtsprozenten angegeben. Eine 12 %ige Lösung enthält in 100 g somit 12 g Extrakt und 88 g Wasser. Die Genauigkeit der Saccharometeranzeige ist nicht sehr groß, bei Unterteilung der Meßbereiche der Saccharometer (0–5, 5–10, 10–15, 15–20 %) für die Praxis jedoch genügend. Voraussetzung für ihre Brauchbarkeit ist die Richtigkeit ihrer Anzeige, eine korrekte Ablesung und das Vermeiden jeglicher Verdunstung. Bei genaueren Messungen ist der Extraktgehalt pyknometrisch oder mittels Biegeschwinger zu bestimmen. Die Saccharometer müssen von Zeit zu Zeit nachgeeicht werden.

Die Entnahme der „Spindelprobe" und das Abstechen der Würze müssen stets zur gleichen Zeit vorgenommen werden.

Die Berechnung der Sudhausausbeute geschieht nach folgender Formel:

$$\text{Sudhausausbeute} = \frac{\text{Menge der Würze} \times \text{Extraktgehalt}}{\text{Schüttung}}$$

2.6.1.4 *Korrektur der Werte:* Von den ermittelten Werten können die Würzemenge und der Extraktgehalt nicht ohne weiteres in die Berechnungsformel eingesetzt werden. Die *Würzemenge*

$$\text{Ausbeute} = \frac{\text{Menge d. Würze in Ltr. (hl)} \times 0{,}96 \times \text{Sacch-Anzeige} \times \text{spez. Gewicht}}{\text{Schüttung in kg (dt)}}$$

ist zu korrigieren, weil das Abstechen der Würze bei Kochtemperatur, also bei etwa 98°C erfolgt. Die Eichung bezieht sich – ebenso wie die Extraktermittlung – auf eine Temperatur von 20°C. Die Würzemenge muß daher auf Normaltemperatur umgerechnet werden. Die in diesem Temperaturbereich stattfindende *Kontraktion* der Würze liegt, je nach Höhenlage des Ortes, bei einem Wert von 3,83–3,97%. Außerdem hat die Pfanne im Augenblick des Abstechens ein größeres Volumen. Diese Ausdehnung wird im Mittel mit 0,3 % angenommen. Schließlich nimmt der in der Würze befindliche Hopfen einen Raum von 0,8 l/kg Hopfen ein. Diese Korrektur entfällt bei Hopfenentlaugern oder bei Verwendung von Hopfenextrakt. Der Raum, der durch die ausgeschiedenen Eiweißstoffe verdrängt wird, bleibt unberücksichtigt. Als Mittelwert für alle diese, die Kontraktion positiv oder negativ beeinflussenden Momente, wird 4 % angenommen und die Ausschlagmenge durch den *Faktor* 0,96 korrigiert. Andere Korrekturfaktoren, wie etwa für eine stärkere Pfannenausdehnung, konnten bisher noch nicht überzeugen.

Die am Saccharometer abgelesenen Gewichtsprozente müssen auf *Volumenprozente* umgerechnet werden, weil die Würzemenge *gemessen* und nicht gewogen wird. Die Volumenprozente ergeben sich durch Multiplikation der abgelesenen Gewichtsprozente mit dem spezifischen Gewicht. Diese Saccharometeranzeige umfaßt alles, was eine Erhöhung des spezifischen Gewichts bedingt, z. B. auch die durch Kochen löslich gemachten Bestandteile des Hopfens oder – soweit nicht ausgeschieden – die Ionen des Brauwassers.

Unter Berücksichtigung aller Korrekturen gilt die oben angegebene amtliche Ausbeuteformel.

Das Produkt (Sacch.-Anzeige × spez. Gewicht × 0,96) wurde von *Jakob* zu der Bezeichnung „Ausbeute-Faktor" zusammengefaßt.

2.6.2 Die Beurteilung der Sudhausausbeute

Als Vergleichsmaßstab zur Beurteilung der Sudhausausbeute dient die lufttrockene Laboratoriumsausbeute des Malzes. Dieses Standardverfahren stellt auf jeden Fall eine Bezugsgröße dar, wenn auch die Einzelheiten des Praxisverfahrens von denen der Kongreßmethode abweichen.

So wird im Laboratorium nach anderen Grundsätzen gemaischt (Schrot von 90% Mehl, vier- bzw. sechsfacher Guß, Infusionsverfahren mit bestimmter Temperaturfolge), auch verschiebt das verwendete destillierte Wasser den pH-Wert der Labormaische gegenüber den Praxisgegebenheiten und kann so eine Beeinflussung der Enzymwirkung vermitteln, oder das Betriebswasser bringt Ionen in die Maische ein, die die Ausbeute erhöhen (hohe Nichtkarbonathärte) oder erniedrigen (hohe Karbonathärte) können. Es wird deshalb bei ungünstiger Zusammensetzung des Brauwassers geraten sein, einen Parallelversuch mit diesen Werten im Laboratorium durchzuführen.

Auch findet die *Würzegewinnung* in der Praxis in den beiden Stufen des Abläuterns der Vorderwürze und des Auslaugens der in den Trebern verbliebenen Extraktmengen statt. Im Laboratorium wird dagegen eine ca. 8%ige Würze hergestellt und auf die Gewinnung der in den Labortrebern zurückbleibenden Würzemenge verzichtet. Hier handelt es sich jedoch um eine Berechnung der Menge des löslich gemachten Extraktes, also praktisch um die Höchstausbeute, die von der in der Praxis ermittelten, auf der tatsächlich *gewonnenen* Würzemenge basierenden Ausbeute naturgemäß nicht erreicht werden kann.

Es ist in der Praxis unmöglich, die Extraktreste völlig aus den Trebern auszulaugen, so daß hier immer noch gewisse Würzemengen zurückbleiben, deren Gewinnung sich nicht mehr lohnt.

Damit rührt der Unterschied zwischen Laboratoriums- und Sudhausausbeute in erster Linie von der ungenügenden Auslaugung der Treber im Sudhaus her. Annähernd geben die Praxisausbeute und der auswaschbare Extrakt der zugehörigen Treber zusammen die Laboratoriumsausbeute.

Damit ist aber noch kein vollkommenes Bild über die Ausnützung des Malzes beim Maischprozeß gegeben, denn sowohl Laboratoriums- als auch Praxistreber enthalten noch unaufgeschlossene Malzstärke. Ihre Menge hängt von Malzqualität, Schrotfeinheit und Maischintensität ab und liegt zwischen 0,2 und 1,5 %. Sie wird beim Laboratoriumsschrot immer an der unteren Grenze des Bereiches liegen.

Erst wenn nicht nur die Ausbeuzahlen des Laboratoriums und der Praxis vorliegen, sondern auch die in den Trebern verbliebenen Würze- und Stärkemengen verglichen werden können, kann die Sudhausausbeute beurteilt werden. Dies geschieht in Form der untenstehenden *Ausbeutebilanz*.

Ausbeutebilanz:			
Praxis		Laboratorium	
Sudhausausbeute	75,9 %	Ausbeute nach der Kongreßmethode (luftr.)	76,7 %
Auswaschbarer Extrakt der Naßtreber	0,5 %	Auswaschbarer Extrakt	–
Aufschließbarer Extrakt der Naßtreber	0,7 %	Aufschließbarer Extrakt der Labortreber	0,5 %
Gesamtausbeute:	77,1 %		77,2 %

Die Gesamtausbeuten aus Praxis und Laboratorium müssen möglichst nahe beieinanderliegen, da sonst der Vergleich ohne Wert ist. Die früher genannte, zulässige Abweichung von 0,5 % ist, vor allem für Ausbeutebilanzen bei Sudhausabnahmen, zu hoch. Ergibt sich bei mehreren Wiederholungsversuchen kein ausgeglichenes Ergebnis, so sind die Einzelfaktoren zu überprüfen.

Sicher ist diese Methode der Erstellung einer Ausbeutebilanz nicht frei von Unstimmigkeiten, doch kann das Ergebnis Anhaltspunkte über mögliche Fehler im Betrieb liefern.

Die Differenz zwischen der Laboratoriumsausbeute und der Sudhausausbeute ohne Berücksichtigung der Treberverluste ist jedoch ebenfalls ein Anhaltspunkt. Sie soll bei Läuterbottichsudwerken nicht über 1 %, bei Maischefiltersudwerken nicht über 0,5 % betragen. Die Verluste in den Praxistrebern von Läuterbottichen sind dann als normal zu bezeichnen, wenn der auswaschbare Extrakt unter 0,5 %, der aufschließbare Extrakt unter 0,8 % liegt. Höhere Werte deuten auf Mängel in den Rohstoffen, im Verfahren oder in der Einrichtung hin.

Bei sehr hohen Treberverlusten oder bei entsprechend hohen Extraktwerten der Treberpreßsäfte weist die Sudhausbilanz oft eine schlechte Übereinstimmung auf, da es schwer ist, selbst mit der Durchschnittstreberprobe Extraktinseln zu erfassen. Auch kann eine einseitige Erfassung derselben falsche Werte erbringen. Das Rückführen von Hopfentrub nach Ablauf der Vorderwürze bzw. mit dem Aufbringen des ersten Nachgusses erbringt eine „Extraktbelastung" des Überschwänzwassers, doch kann bei sachgemäßer weiterer Nachgußführung noch eine gleichmäßige, gute Auslaugung erfolgen. Bei zu später Zugabe kann der zugegebene Extrakt nicht mehr gewonnen werden. Die Menge des Hopfentrubes und sein Extraktgehalt sind von der errechneten Sudhausausbeute in Abzug zu bringen.

2.6.2.1 Ist der Gehalt der *Treber auf unaufgeschlossene Stärke* zu hoch, so können folgende Ursachen beteiligt sein:

1. Das Braumaterial: Die Auflösung des Malzes ist ungenügend, der Enzymgehalt durch Verwendung ungeeigneter Gersten, durch unsachgemäße Keimung oder durch falsche Darrbehandlung gering. Bei *Rohfruchtverwendung* ist die Verkleisterung unvollständig.

2. Das *Schrot* ist für die vorliegende Malzqualität oder das angewendete Maischverfahren zu grob. Falsch eingestellte, verbrauchte oder überlastete Mühlen liefern mangelhaftes Schrot.
Spelzentrennung ist bei schlecht ausgemahlenen Hülsen und bei zu spätem Zusatz problematisch.
Bei Naßschrotmühlen kann eine Überweiche ein ungenügendes Ausmahlen der Spelzen zur Folge haben.

3. Der *Maischvorgang* ist ungenügend (schlechte Rührwirkung, Klumpenbildung). Das *Maischverfahren* ist zu kurz und zu wenig intensiv. Das Einmischen von Luft (s. S. 121) kann eine schlechtere Angreifbarkeit der Stärke nach sich ziehen.

2.6.2.2 Ein zu hoher Gehalt der *Treber an auswaschbarem Extrakt* kann folgende Ursachen haben:

1. Das *Malz* läßt sich bei ungenügender Auflösung schlecht auslaugen.

2. Das *Schrot* ist zu fein, die hierdurch vergrößerte Treberoberfläche läßt sich nur schwer aussüßen.

3. Das Maischverfahren ist entweder zu wenig intensiv, es werden Scherkräfte ausgeübt oder durch Einmischen von Luft höhere Viscositätswerte hervorgerufen, die das Auslaugen der Treber verschlechtern.

4. Der *Läuterbottich* liegt nicht in der Waage. Hierdurch wird der Treberkuchen ungleich stark und erschwert die völlige Auslaugung.

5. Der *Bottich* ist für seine Leistung zu stark belastet, die Treberschicht zu hoch.

6. Die *Senkböden* sind verlegt. Der Ablauf der Nachgüsse wird hierdurch ungleichmäßig.

7. Zu wenige Anstiche oder ein unsachgemäßes Zusammenführen derselben erschweren die gleichmäßige Auslaugung.

8. Die Schneidmaschine ist unzulänglich (zu wenige, zu kurze, abgenützte oder zu dicht sitzende Messer); eine schlechte Ausrichtung der Messer verdichtet den Treberkuchen partiell.

9. Die Überschwänzvorrichtung bewirkt kein gleichmäßiges oder ein zu langsames Auftragen des Wassers.

10. Der *Hauptguß* ist zu groß; hierdurch werden die zur Verfügung stehenden Nachgußmengen zu gering und die Auslaugung unergiebig.

11. Die *Einlagerung der Maische* ist infolge Entmischung ungleich. Die einzelnen Zonen können nicht mehr gleichmäßig ausgelaugt werden.

12. Die *Treber werden zusammengezogen* durch unsachgemäßes Vorschießen (zu rasch oder zu lange), durch zu forciertes Ablaufen der Vorderwürze oder durch unsachgemäße Aufhack- und Anschwänzarbeit. Ein derart „dichter" Kuchen ist schwer gleichmäßig auszuwaschen.

13. Ungenügendes Abziehen der *Vorderwürze* erbringt eine Extakterhöhung des Überschwänzwassers vor Eintritt in die Treber. Die Auslaugung wird unergiebig.

14. Das *Überschwänzen* erfolgt mit Wasser von ungenügender Temperatur, das Abläutern der Nachgüsse erfolgt zu rasch.

15. Das *Aufhacken* erfolgt ungleich oder zu selten. Der Treberwiderstand wird nicht genügend abgebaut. Eine ungeeignete Aufhacktechnik oder zu geringe Messerabstände führen zu einem Verziehen der Treber. Das Anschwänzwasser läuft an den Messern entlang durch den Kuchen.

16. Ein *Abkühlen* der Maische ruft ein Zusammenziehen des Treberkuchens an der Oberfläche und damit einen vermehrten Durchtritt von Überschwänzwasser am Bottichrand hervor. Bei Maischefiltern konventioneller Bauart sind ebenfalls etliche Ursachen gegeben, die ein schlechtes oder ungleiches Auswaschen des Treberkuchens begünstigen.

17. Der *Maischefilter* ist bezüglich der Führung des Nachgußwassers ungünstig konstruiert.

18. Die Tücher sind ungleich gewebt oder durch Maischeteile verlegt.

19. Beim *Einlagern* werden die Kammern entweder nach Menge oder nach Konsistenz nicht gleichmäßig befüllt. (Entmischung, Entlüftung)

20. Es bilden sich *Auswaschungen* in den Treberkuchen beim Nachpumpen von Wasser bzw. beim Überschwänzen.

21. Durch vollständiges Abziehen der Vorderwürze setzen sich die Treber zusammen, die Kammern sind nicht mehr voll.

22. Zu rasches Abläutern der Nachgüsse erschwert die Extraktgewinnung.

Die Ursachen von Ausbeuteverlusten können sehr mannigfaltig sein. Höhere Verluste treten jedoch auch auf bei der Herstellung von Spezialbieren, die entweder sehr dünne Vorderwürzen erfordern oder die selbst eine hohe Stammwürze aufweisen sollen. Eine wegen Energie-Ersparnis verringerte Verdampfung beim Würzekochen beschränkt ebenfalls die Nachgußmenge. In diesen Fällen kann die normale Glattwasserkonzentration von 0,5–1,0% nicht erreicht werden. Eine Wiederverwendung von Glattwasser höherer Konzentration soll nur unter bestimmten Vorsichtsmaßnahmen erfolgen, um die Qualität der Normalbiere nicht zu verschlechtern (s. S. 134). Ebenso bedeutet diese Maßnahme in keinem Falle eine befriedigende Lösung, wenn sie zur Sicherstellung einer normalen Sudhausausbeute bei unzulänglichen Abläutergeräten angewendet werden muß.

2.7 Würzekühlung und Trubausscheidung

Die gekochte und gehopfte Würze wird für die klassische Untergärung auf 4–7° C, für forcierte Verfahren auf 10–15° C, für die Obergärung auf 12–18° C abgekühlt. Die hierzu benötigten Einrichtungen werden in einem eigenen „Kühlhaus" zusammengefaßt, das sich früher in unmittelbarer Nähe des Gärkellers befand, heute aber zweckmäßig entweder im Sudhaus oder nahe dabei untergebracht wird.

Der technologische Zweck der Würzebehandlung ist im wesentlichen ein dreifacher:

1. Abkühlung der Würze auf Anstelltemperatur;
2. Ausreichende Aufnahme von Sauerstoff durch die Würze;
3. Vollständige Ausscheidung des Heißtrubs und gezielte Entfernung des Kühltrubs.

2.7.1 Die Abkühlung der Würze

Dies ist ein verhältnismäßig einfaches physikalisches Problem. Die Sauerstoffaufnahme aber und die Trubausscheidung sind komplizierte Vorgänge, die je nach der Art der Kühleinrichtungen und der angewandten Methode ziemlich weitgehenden Schwankungen unterworfen sein können. Auch durchläuft die Würze während des Kühlprozesses Wärmegrade, die einer Infektion günstig sind. Gerade bei älteren Kühlmethoden ist die Gefahr einer Infektion im Temperaturbereich zwischen 40° und 20° C groß.

2.7.2 Die Sauerstoffaufnahme der Würze

Sie kann, je nach den Temperaturen, bei denen sie stattfindet, auf chemischem oder physikalischem Wege erfolgen.

2.7.2.1 Die *chemische Bindung* des Luftsauerstoffs ist durch Oxidationsvorgänge in der Würze bei höheren Temperaturen (über 40° C) gekennzeichnet. Kohlenhydrate, Stickstoffsubstanzen, Bitterstoffe und Polyphenole werden oxidiert. So kann die Koagulation von Eiweißgerbstoffverbindungen hierdurch eine Förderung erfahren, wodurch die Menge des Heißtrubs vermehrt wird und die Würze sich besser klärt. Isohumulone können durch den Sauerstoff zu weniger bitternden Substanzen (z. B. Abeoisohumulone) oxidiert werden, der Bitterstoffgehalt der Würzen nimmt ab, die Biere werden milder. Eine bei höherem pH verstärkte Oxidation der Gerbstoffe hat eine Vertiefung der Würzefarbe zur Folge. Auch das Redoxpotential wird verändert, so werden vor allem die schnellreduzierenden Substanzen empfindlich verringert. Die Aufnahme bzw. Bindung des Sauerstoffs ist aber auch abhängig von der Temperatur. So werden bei 80° C in einer Stunde 3 mg/l Sauerstoff gebunden, bei 45° C nur 1,2 mg/l. Dünnere Würzen sind anfälliger für Sauerstoffaufnahme als stärkere. Bewegung und eine niedrige Flüssigkeitsschicht fördern die Einwirkung des Luftsauerstoffs, doch kann derselbe z. B. fälschlich über eine Pumpe eingezogen, sehr viel länger in einer höheren Schicht wirken.

Die Aufnahme von Sauerstoff bei hohen Temperaturen bedingt eine Reihe von Nachteilen. Sie ist entbehrlich.

2.7.2.2 Die *physikalische (oder mechanische) Bindung bzw. Lösung* des Sauerstoffs erfolgt bei niedrigen Temperaturen von 40° C ab und ist um so stärker, je niedriger die Temperatur ist. Sie ist erforderlich, um eine ausreichende Vermehrung der Hefe und damit einen befriedigenden Gärverlauf sicherzustellen. Die Sättigungswerte in 12%iger Würze betragen bei 5° C 10,4 mg/l, bei 10° C 9,3 mg/l, wenn sie durch Luft erzielt wurden. Diese Sättigung wird um so schneller erreicht, je kleiner bei künstlicher Luftzufuhr die Luftbläschen sind und je intensiver Würze und Luft miteinander vermischt werden. Durch höhere Drücke und längere Kontaktzeiten kann die Sauerstofflösung erhöht werden. Dünnere Würzen vermögen mehr Sauerstoff aufzunehmen als stärkere. Wird reiner Sauerstoff zur Begasung der Würze verwendet, so lassen sich wesentlich höhere Sättigungsgrade (30 bis 50 mg O_2/l) erzielen. Hier können sich jedoch nachteilige Auswirkungen bei der nachfolgenden Gärung ergeben.

Im allgemeinen genügt ein Sauerstoffgehalt der Anstellwürze von 8–10 mg/l, um eine einwandfreie Gärung zu erzielen.

2.7.3 Die Ausscheidung des Trubs

Hierbei sind zu unterscheiden: Der Heißtrub, auch Kochtrub genannt, der durch Hitzekoagulation von Stickstoffsubstanzen entsteht und der sich durch Sedimentation oder Filtration leicht abscheiden läßt.

Der *Kühltrub* dagegen tritt bei der Abkühlung einer klaren, heißen Würze auf Temperaturen von 55–70° C in Erscheinung.

2.7.3.1 Der *Heißtrub* hat eine Teilchengröße von 0,5–500 μm im Durchschnitt ca. 55 μm. Er besteht zu 40–70 % aus Eiweiß, zu 7–32 % aus Bitterstoffen und 20–30 % aus anderen organischen Stoffen wie 4–8 % Polyphenolen, 1–2 % Fettsäuren, 4–10 % Kohlenhydraten sowie aus Mineralstoffen, die je nach der Brauwasserzusammensetzung größeren Schwankungen unterliegen können. Auch der Gehalt an Kupfer und Eisen kann beträchtlich sein. Der Heißtrubgehalt beträgt zwischen 40 und 80 g/hl (400 bis 800 mg/l) extraktfreie Trockensubstanz. Er ist abhängig von Stickstoffgehalt und Auflösung des Malzes, aber auch von dessen Herkunft nach Gerstensorten, Provenienz und Jahrgang, vom Maischverfahren, der Güte der Abläuterung, von Dauer und Intensität des Würzekochens, der Menge der Hopfengerbstoffe und einer eventuellen Belüftung während des Kochprozesses.

So liefern Infusions- und Hochkurzmaischverfahren die höchsten, Dreimaischverfahren und alle jene Methoden, bei denen große Maischeanteile kräftig gekocht werden, geringere Trubmengen. Konzentrierte Würzen und gesteigerte Hopfengaben sowie ein niedriger pH-Wert der Würze haben einen stärkeren Heißtrubanfall zur Folge.

Die Abtrennung des Heißtrubs vor der Gärung muß vollständig sein. Wenn ihm auch verschiedentlich eine spänende Wirkung auf die Gärung zugeschrieben wird, so ruft er jedoch meist ein Verschmieren der Hefe hervor, wodurch die Ausscheidungsvorgänge bei der Gärung beeinträchtigt werden. Es resultieren dunklerfarbige, breitbittere, mitunter roh schmeckende Biere (Trubgeschmack), die sogar unbefriedigende Schaumeigenschaften haben können.

2.7.3.2 Der *Kühltrub* hat eine Teilchengröße von 0,5–1 μm; größere Partikeln, die nach Untersuchungen eine Größe bis zu 30 μm haben können, sind nicht sedimentierte Heißtrub- und Hopfenbestandteile. Sie sind kein Kühltrub. Er besteht zu rund 50 % aus Eiweiß, das zum Teil aus Abbauprodukten von Globulinen und Prolaminen besteht, die an 15–25 % Polyphenole gebunden sind. In Hitze löslich, fallen sie mit zunehmender Abkühlung als Trübung aus, deren Zusammensetzung eine Parallele zur Kältetrübung des Bieres liefert. Daneben kommen 20–30 % höhermolekulare Kohlenhydrate vor, die wahrscheinlich den β-Glucanen zuzuordnen sind.

Die bei 0° C ermittelte Kühltrubmenge liegt zwischen 15 und 30 g/hl (150–300 mg/l) und beträgt damit 15–35 % der Menge des Heißtrubes. Sie wird durch eine Vielzahl von Faktoren beeinflußt: So verringert sich die Kühltrubmenge der Würze parallel zur Mehl-Schrotdifferenz eines Malzes, wobei ungleich gewachsene Malze mit Ausbleibern, vor allem zu Beginn der Kampagne, Höchstwerte liefern. Knapp gelöste Malze bewirken einen niedrigen Polyphenol- und einen höheren Kohlenhydratgehalt als gut gelöste. Feineres Schrot (für Maischefilter) bewirkt höhere Kühltrubmengen als konditioniertes Läuterbottichschrot. Während Ein- und Zweimaischverfahren bei normal gelöstem Malz praktisch keine Unterschiede erkennen lassen, neigt das Dreimaischverfahren zu niedrigeren, das Hochkurz- und das Schrotmaischverfahren zu deutlich höheren Kühltrubwerten. Bemerkenswert ist bei diesen der starke Kühltrubanfall im Bereich zwischen 5 und 0° C, der hier bei den intensiveren Maischverfahren nur gering ist. Während des Würzekochens

nimmt der Kühltrubgehalt laufend ab; er erfährt jedoch wieder eine Erhöhung durch Hopfenteilgaben, die bei später Dosierung sowohl die Kühltrubmenge als auch deren Anfall im Temperaturbereich zwischen 5° C und 0° C zu beeinflussen vermögen. Auch hier wirkt sich ein geringerer Gerbstoffgehalt des Hopfens durch eine geringere Kühltrubbildung aus.

Die Ausscheidung des Kühltrubes wird verbessert durch Adsorption an den Heißtrub, durch kräftige Bewegung der Würze oder durch Oxidationserscheinungen, die den Kühltrubgehalt einer Würze verringern, den Heißtrubanfall vermehren. Eine rasche Abkühlung der Würze in Verbindung mit kräftiger Bewegung fördert eine flockige Ausscheidung des Kühltrubs, der im Falle seines Verbleibs in der Würze zu ähnlichen Störungen Anlaß geben kann wie der Heißtrub. Eine zögernde amorphe Kühltrubausscheidung dagegen kann ihrerseits eine träge Klärung und eine schlechte Filtrierfähigkeit der Biere hervorrufen.

Die *Notwendigkeit der Kühltrubentfernung* wird in der Literatur nicht einhellig beurteilt. Während eine sehr weitgehende Abtrennung des Kühltrubs durch den damit verbundenen Mangel an längerkettigen, vor allem ungesättigten Fettsäuren eine schleppende Gärung und geschmacklich unbefriedigende Biere vermittelte, so konnten definierte Vergleichsversuche ohne und mit ca. 50%iger Kühltrubentfernung bei mehrmaliger Hefeführung – vor allem bei Anwendung des Verfahrens der Flotation – positive Ergebnisse verzeichnen. Die Biere waren runder und hatten eine bessere Geschmacksstabilität. Bei der Beurteilung des Für und Wider ist auch die Zahl der Hefeführungen und die Möglichkeit des Abschlämmens von Trub, z. B. in zylindrokonischen Tanks ebenso zu würdigen wie auch der herzustellende Biertyp.

2.7.4 Sonstige Vorgänge

Die Würze verbleibt bei den heute üblichen Würzebehandlungsmethoden kürzere oder längere Zeit im Bereich von Temperaturen von 90–95° C. Hierdurch laufen Vorgänge ab, die die Würze und damit das spätere Bier beeinflussen können.

2.7.4.1 Die *Zufärbung der Würze* hängt zunächst von dem beim Ausschlagen aufgenommenen Sauerstoff ab, der durch das Einspringen in das Gefäß oder durch Lufteinzug beim Pumpen etc. bedingt ist. Hierdurch wird eine Oxidation von Polyphenolen hervorgerufen, wie der Anstieg des Polymerisationsindex anzeigt. Ein zweiter Faktor ist die Maillard-Reaktion, die in Abhängigkeit von der herrschenden Temperatur und der Zeit ihrer Einwirkung eine Zufärbung um bis zu 2 EBC-Einheiten und eine Zunahme der TBZ bis zu 30 % umfassen kann. Aus diesem Grunde soll die Zeit bei 90–95° C zwischen dem Ende des Würzekochens und dem Ende des Würzekühlens 110 Minuten nicht überschreiten. Hierdurch kann die Zufärbung auf 1–1,5 EBC-Einheiten beschränkt und die TBZ unter 45 gehalten werden. Dies ist für den Biergeschmack wie auch für die Geschmacksstabilität von Bedeutung.

2.7.4.2 Die *Bitterstoffe* zeigen eine weitere Isomerisierung der α-Säure. Wurden die Hopfenrückstände beim Ausschlagen nicht entfernt, so erfolgt aus diesen noch eine weitere Extraktion von α-Säuren. Je nach der voraufgegangenen durchschnittlichen Hopfenkochzeit und dem α-Säure-Einsatz beträgt das Ausmaß der „Nachisomerisierung" 15–25 %.

2.7.4.3 *Flüchtige Substanzen,* die sich durch die Weiterführung der Maillard-Reaktion bilden, werden nicht mehr ausgedampft. Dasselbe trifft für das Dimethylsulfid zu, das zwar weiter aus dem Vorläufer gespalten, aber nicht mehr entfernt wird.

2.7.5 Kühlhauseinrichtung

Die „klassische" Einrichtung des Kühlhauses besteht aus Kühlschiff, Berieselungskühler und Trubpresse. Sie ist nur noch selten anzutreffen. Der „geschlossene" Würzeweg sieht vor: Setzbottich oder „Whirlpooltank" mit Plattenkühler, oder Ausschlagbottich mit Zentrifuge, oder Kieselgurfilter, Hopfenanschwemmfilter nebst Plattenkühler mit verschiedenen Vorrichtungen zur Kühltrubabtrennung mittels Sedimentation, Separierung, Flotation oder Filtration. Auch Übergänge zwischen den einzelnen Verfahren sind gegeben.

2.7.6 Der Betrieb mit Kühlschiff, Berieselungskühler oder geschlossenem Kühler

Die Kühlung erfolgt hier in zwei Stufen: Bis auf 40–70° C herab auf dem Kühlschiff in dünner Schicht und anschließend durch den Berieselungskühler.

2.7.6.1 Das *Kühlschiff* ist quadratisch oder rechteckig mit 20–35 cm hohen Rändern. Es ist aus dekapierten Spezialblechen hoher Qualität, verschiedentlich aus Kupfer, selten aus Aluminium oder rostfreiem Stahl gefertigt. Die Blechtafeln sind völlig glatt verlegt, die Nieten versenkt. In einer schalenartigen Vertiefung sind drei Öffnungen mit Spindelventilen für Würze, Trubwürze und Reinigungswasser angeordnet. Das Gefälle des Kühlschiffes zu diesen darf nur gering sein, um ein Aufsteigen und Mitreißen des Trubes zu verhindern. Die Fläche des Kühlschiffes trägt der Höhe der Würzeschicht Rechnung (15–25 cm); sie kann aus Gründen der Stabilität 150 m^2 (für rund 300 hl) nicht überschreiten. Um der Gefahr der Rostbildung zu begegnen, wird das Kühlschiff mit Speziallacken gestrichen. Es soll nach dem Ablauf der Würze und nach erfolgter Reinigung trockengefegt werden. Bei Inbetriebnahme des Kühlschiffes, aber auch nach der jährlichen Biersteinentfernung, die durch Abschleifen erfolgt, sind „blinde" Sude aus gerbstoffhaltigem Material (Hopfentreber, Malzkeime usw.) durchzuführen. Aggressive Wässer greifen das Stahlblech des Kühlschiffs an.

Die Anordnung des Kühlschiffsraumes im obersten Stockwerk des Kellergebäudes sichert den Zutritt der kühlenden Luft und eine ungehinderte Abführung der Dampfschwaden. Nach einer Ausschlagdauer von 15–30 Minuten währt die Kühlschiffruhe zwischen einer und mehreren Stunden, wobei in der wärmeren Jahreszeit der weitere Kühlprozeß bereits bei Temperaturen zwischen 60 und 70° C vorgenommen wird. Nur im Winter wird die Kühlzeit länger, manchmal bis zu 12 Stunden, ausgedehnt. Die Ruhezeit muß auf jeden Fall so lange währen, bis sich der Heißtrub einwandfrei abgesetzt hat. Die Flockung des Kühltrubs kann durch Aufrücken, durch Windflügel oder auch durch den gelenkten Luftstrom einer sterilen Belüftungsanlage unterstützt werden. Die Bewegung muß jedoch so rechtzeitig vor dem Anlaufen der Würze gestoppt werden, daß sich der Heißtrub und der bis dahin gebildete Kühltrub absetzen können.

2.7.6.2 Der *Berieselungskühler* als zweite Kühlstufe besteht aus horizontal liegenden Kupfer oder verzinnten Kupferrohren, die gerade oder in wellenförmiger Anordnung übereinander liegen. Hierdurch wird nicht nur die Kühlerfläche vergrößert, sondern die Würze beim Herabfließen überworfen und so Sauerstoffaufnahme und Kühltrubausscheidung verbessert. Um den Apparat über gelochte Verteilerrinnen gleichmäßig beschicken zu können, wird eine Kühlerlänge von 6 m, um ein Verspritzen der Würze zu vermeiden, eine Höhe von 2,5 m nicht überschritten. Die Kühlfläche ist unterteilt: die oberen $^2/_3$ der Rohre werden mit der 2–2,5fachen Menge Leitungswasser zur Vorkühlung der Würze auf ca. 20° C beschickt; die Nachkühlung erfordert gekühltes Süßwasser (dreifache Menge) oder Sole. Die Leistung des Apparates beträgt 14 hl/m Kühlerlänge und h. Sie muß so groß sein, daß der Kühlvorgang bei einem Sud in spätestens 2 Stunden abgeschlossen ist. Bei größeren Leistungen sind mehrere Kühler erforderlich. Die Reinigung des Kühlers nach jedem Sud, einmal wöchentlich jedoch mit verdünnter Schwefelsäure und Hefe, ist arbeitsaufwendig. Eine sterile Belüftung des Apparates kann die biologische Sicherheit erhöhen und die Sauerstoffaufnahme verbessern.

Eine Weiterentwicklung des Berieselungskühlers stellt der *Taschenkühler* dar, dessen einzelne aus rostfreiem Stahl gefertigte Kühlelemente aufklappbar und leicht zu reinigen sind.

2.7.6.3 *Geschlossene Kühler* sind entweder als *Röhrenkühler* oder als *Plattenkühler* ausgeführt. Erstere bestehen aus zwei Abteilungen zur Vorkühlung und einer Abteilung zur Nachkühlung. Sie bieten eine weniger gute Ausnutzung der in der Würze enthaltenen Wärme und sind schwerer zu sterilisieren als letztere.

2.7.6.4 *Plattenkühler* haben sich allgemein durchgesetzt. Sie bestehen aus Paketen von besonders geformten Edelstahlplatten, deren eine Seite von der Würze, die andere Seite vom Kühlmittel in turbulentem Strom berührt wird. Die Plattenpaare können parallel oder hintereinander geschaltet werden, so daß die Durchflußgeschwindigkeit und damit der Wärmeaustausch in weiten Grenzen variiert werden können. Auch hier findet Leitungswasser zur Vorkühlung und gekühltes Süßwasser zur Nachkühlung Anwendung. Sole ist seltener; sie erfordert Spezialbleche (V4A) in der Kühlabteilung. Auch direkte Verdampfung von Ammoniak oder Frigen wird verwendet, dann aber in eigenen Röhrenkesselverdampfern. Neue Würzekühlanlagen sehen die ausschließliche Verwendung von gekühltem (1–2° C) Brauwasser vor, das im Kühler direkt auf 80–85° C erwärmt wird.

Bei Kühlschiffbetrieb ist das Verhältnis von Würze : Leitungswasser = 1 : 2, von Würze : Kühlwasser = 1 : 2 – 3. Bei geschlossenen Würze-kühlsystemen wird getrachtet, durch ein Verhältnis von Würze : Leitungswasser = 1 : 1,1 – 1,2 (enthärtetes) Heißwasser für das Sudhaus zu gewinnen. Zwischenstücke ermöglichen die Entnahme von Würze beliebiger Temperatur. Nachdem ein derartiger Plattenapparat dem Durchfluß der Würze einen Widerstand (2,5 bis 3,5 bar) entgegensetzt, muß die Würze gepumpt werden. Eine tägliche, besser nach jedem Sud erfolgende Reinigung im Kreislauf mit heißem Wasser (85–90° C), Lauge (70–75° C) und „Abstumpfen" der Platten mit verdünnter Salpetersäure sichert einen sterilen Betrieb. Der geschlossene Kühler ermöglicht keine Sauerstoffaufnahme der Würze.

Der nach dem Ablauf der Würze auf dem Kühlschiff verbleibende Trub wird mittels *Trubpresse* oder *Zentrifuge* behandelt und so die Trubwürze in einer Menge von 4–8 % der Gesamtwürze gewonnen.

2.7.6.5 Die *Trubpresse* besteht aus gerippten Platten mit zwischengelegten Tüchern. Für je 100 kg Schüttung wird ein Kammerinhalt von 2–3 l benötigt. Bei 5000 kg Schüttung entspricht das einer Anzahl von 20 Rahmen mit einer Kantenlänge von 64 × 64 cm. Die Filtration der Trubwürze geschieht entweder mittels des eigenen Gefälles (3–4 m) direkt vom Kühlschiff aus oder durch einen Drucktank, in dem der vom Kühlschiff abgeschobene Trub gesammelt wird. Die so gewonnene blanke Trubwürze wird meist sterilisiert, da sie stark infiziert ist. Dies geschieht entweder in einem Trubwürzesterilisator (20–30 Minuten bei 80–90° C) oder in einem eigenen Plattenerhitzer (60 sec bei 85°C). Dennoch wird sie häufig separat vergoren und die Hefe verworfen.

2.7.6.6 *Zentrifugen* können als Kammerseparatoren oder als selbstaustragende Einheiten der Trennung von Trub und Würze dienen (s. S. 187).

Der Kühlschiffbetrieb ist platz-, energie- und arbeitsaufwendig, anfällig gegen Infektionen, doch technologisch in verschiedenene Bereichen vorteilhaft. Durch die *Verdunstung* von 5–8 % der Ausschlagmenge erhöht sich der Extraktgehalt der Würze bei 11–13%igen Würzen um 0,5–0,8 %, ein Effekt, der durch reichliches Nachdrücken von Wasser teilweise wieder ausgeglichen wird. Der *Heißtrub* wird mit Sicherheit sedimentiert, wenn nicht Fehler, wie zu rasches Ablaufen der Würze, ein Aufsteigen des Trubes hervorrufen. Der *Kühltrub* wird beim Ablauf der

System:	Kühlschiff-Berieselungskühler		Kühlschiff-Plattenkühler
Ablauftemperatur ° C	50	70	70
vor dem Kühler mg/O$_2$/l	1,5	0,7	0,8
nach dem Kühler mg/O$_2$/l	6,4	5,7	3,5

Würze im Temperaturbereich von 65–45° C um durchschnittlich 15–25 % verringert. Aufkrücken oder längere Ruhezeiten gestatten es, diesen Wert auf 30–40 % zu steigern. Eine mäßige *Heißbelüftung* ergibt sich beim Einspringen der Würze in das Kühlschiff; die physikalische Bindung von Sauerstoff befriedigt nur in Verbindung mit dem Berieselungskühler (siehe obenstehende Tabelle).

Es ist also bei Anwendung eines Plattenkühlers für eine zusätzliche Belüftung der Würze zu sorgen. Beim Einlauf in das Kühlschiff erfährt die Würze eine rasche Abkühlung auf eine Temperatur von 75–80° C. Hierdurch ist praktisch nur eine geringe Zufärbung gegeben; es fällt aber auch die Nachisomerisierung der Hopfenbitterstoffe schwächer aus.

2.7.7 Geschlossene Würzekühlsysteme

Diese können unterteilt werden in Einrichtungen zum Kühlen der Würzen (s. vorhergehendes Kapitel), in Vorrichtungen zum Abtrennen des Heißtrubs, in Verfahren zur vollständigen oder teilweisen Beseitigung des Kühltrubs sowie in Vorrichtungen zum Belüften der Würze.

2.7.7.1 Die *Abtrennung des Heißtrubs* kann erfolgen in Setzbottichen, Whirlpooltanks oder durch Separieren der heißen Würze sowie durch Kieselgur- oder Hopfentrubfiltration. Zur Trubsedimentation kann, wie auf S. 175 geschildert, die *Würzepfanne* dienen. Die trubfreie Würze wird von oben mittels eines Schwimmers abgezogen, der Hopfen-Trubrest von ca. 3 % gelangt zum Abläutern des folgenden Sudes. Die eigentlichen *Setzbottiche* waren ursprünglich als „Kühlschiffersatz" gedacht. Sie ahmen folglich die Arbeitsweise des Kühlschiffs nach. Der mit Haube und Dunstabzug versehene Bottich hat eine Würzestandshöhe von 1–1,5 m. Die Würze springt über einen Verteiler zum Zwecke der Belüftung ein. Der Heißtrub setzt sich kurze Zeit nach dem Ausschlagen ab, die klare Würze wird mit Hilfe eines Schwimmers von oben abgezogen, die Trubwürze wie beim Kühlschiff weiterverarbeitet. Um die nachfolgende Würzekühlung zu entlasten, werden verschiedentlich Kühlrohre im Bottich angeordnet. Der Trubabsatz und die Reinigung erfahren durch diese Handhabung eine Erschwerung,

auch können die anfallenden Mengen an Lauwasser meist nicht mehr nutzbringend verwertet werden.

Moderne Setzbottiche sind zylindrokonisch, mit Würzestandshöhen von 2,5–4 m. Die Würze wird trubfrei über einen Schwimmer abgezogen, der im Konus verbleibende Hopfentrubrest wird über eine Zentrifuge oder über einen Dekanter geleitet oder gelangt ungeklärt zum Abläutern des nächsten Sudes.

Whirlpooltank: Das runde, isolierte Gefäß mit flachem Boden und einem Verhältnis von Höhe : Durchmesser = 1 : 1,3 (klassisch), besser 1 : 2–3,5 (je nach Hopfenpulvereinsatz) aus rostfreiem Stahl wird in tangentialem Strom in etwa $^1/_3$ der Flüssigkeitshöhe mit Würze beschickt. Bei einer Ausschlagzeit von 12–15 Minuten wird die Düse so bemessen, daß eine Einströmgeschwindigkeit von 3–3,5 m/sec entsteht. Den erforderlichen Volumenstrom V in den Whirlpool bezogen auf das Ausschlagvolumen V_B als Funktion des H/D-Verhältnisses zeigt folgende Aufstellung:

Verhältnis H/D:	0,5	0,6	0,7	0,8	0,9	1
V/V_B in [1/h]	7,7	6,7	5,8	5,4	5,0	4,9

Der Inhalt des Whirlpooltanks wird dadurch in eine Rotationsbewegung versetzt (Primärströmung). Nach dem Ende des Einlaufvorgangs und dem Abklingen aller damit verbundenen Störungen stabilisiert sich die Rotationsströmung. Aufgrund der wirkenden Zentrifugalkräfte steigt der Druck in der Flüssigkeit von innen nach außen stetig an. Dieser Druckgradient wird der Bodenschicht aufgeprägt. Dadurch entsteht eine starke, spiralenförmige Einwärtsströmung, dicht über dem Behälterboden. Die große Querschnittsfläche bedingt aber eine nur geringe Aufstiegsgeschwindigkeit der Würze. Alle Heißtrubpartikeln, deren Sinkgeschwindigkeit nun größer ist als die Aufwärtsgeschwindigkeit der Würze, verbleiben in der Bodenschicht, werden zur Behältermitte transportiert und dort zu einem Trubkegel abgelagert. Aus Kontinuitätsgründen ergibt sich an der Flüssigkeitsoberfläche eine Radialströmung nach außen und an der zylindrischen Wandung eine nach unten gerichtete Strömung. So wandern die Heißtrubteilchen an die Behälterwand, werden nach unten transportiert und gelangen in die Bodenschicht. Aufgrund von Reibungseffekten an der Zylinderwand und am Boden wird die Rotationsströmung abgebremst. Dadurch sinkt der Druckgradient und die Intensität der Einwärtsströmung verringert sich. Die Verkleinerung der Aufwärtsströmung bringt immer kleinere Teilchen zur Abscheidung. Diese Sedimentationsvorgänge werden durch Planeten- und vor allem durch Toruswirbel gestört.

Im Verlauf einer Rast von etwa 30 Minuten nach Beendigung des Ausschlagens, manchmal länger, ganz selten kürzer, ist die Würze soweit geklärt, daß mit dem Abzug begonnen werden kann. Dies wird zweckmäßig mittels eines, in der Whirlpoolwand befindlichen Schauglases beobachtet. Günstig ist es, wenn der Ablauf der Würze in einer Höhe von ca. 1 m beginnt, anschließend wird auf einen weiteren Anstich in ca. 100 mm Höhe umgeschaltet und gegen Ende auf einen, in der Peripherie des Whirlpoolbodens. Der Whirlpoolboden kann flach, mit einem Gefälle von 1–2 %, leicht konisch (ca. 25°) oder rotationssymmetrisch sein. Letzterer führt mit 2 % Gefälle zu einer peripheren Rinne, die an ihrer tiefsten Stelle den Bodenablauf aufweist, Trubtassen haben sich nicht bewährt; bei guter Sedimentation hat sich der Trub im Bodenzentrum so formiert, daß er einen Abstand von 20–40 mm vom Behälterrand aufweist. Um dessen Gefüge beim Würzeablauf nicht zu stören, wird, wie oben geschildert, von der oberen Schicht aus begonnen und beim Umstellen vom unteren Zargen- auf den Bodenablauf die Pumpendrehzahl – evtl. sogar mittels Frequenzregelung mit sinkendem Würzespiegel – verringert. Es muß die Ablaufgeschwindigkeit der Würze deren Sickergeschwindigkeit im Trubkuchen angepaßt werden, um ein Mitreißen von Trub in die Würze zu vermeiden. Selbst der trocken abgelaufene Trub enthält noch Würze von 0,3 % der Ausschlagmenge.

Die vorgenannten Toruswirbel behindern bzw. verlangsamen die Trubsedimentation, wodurch Rastzeiten von 30 Minuten und mehr erforderlich werden. Durch Einbau der „Denk'schen Gitter" werden die Toruswirbel gedämpft. Sie werden verstellbar – in einer Höhe von 350–600 mm über dem Whirlpoolboden und konzentrisch zwischen $\frac{1}{2}$ und $\frac{2}{3}$ Durchmesser angeordnet. Da der Abstand der Ringe zueinander 100 mm beträgt, errechnet sich hieraus deren Anzahl bei verschiedenen Durchmessern.

Der Effekt der Ringe äußert sich in einer wesentlich rascheren Sedimentation, so daß meist schon 8–10 Minuten nach Ende des Ausschlagens mit dem Kühlen begonnen werden kann. Besonders günstig sind die Ringe bei relativ schlanken Whirlpools.

Dennoch ist die Funktion des Whirlpools von vielen Faktoren abhängig: so muß die Würzezusammensetzung hinsichtlich Viscosität und Eiweißabbau entsprechen, der Trub soll grobflockig sein (einwandfreie Kochung, klares Abläutern) und es dürfen keine Scherkräfte auf die Würze wirken (z. B. bei ungünstigen Kochern, unsachgemäß verlegter Ausschlagleitung und sehr hohen Einströmgeschwindigkeiten). Auch Flüssigkeits- oder Dampfschläge beim Entleeren und Nachdrücken der Leitungen behindern die bereits eingeleiteten Sedimentationsvorgänge und rufen erneut Turbulenzen hervor. Lufteinzug z. B. über Hopfenseiher stört den Trubabsatz. Die „Whirlpoolfähigkeit" einer Würze kann in einem auf 90° C temperierten Imhoftrichter überprüft werden. Selbst die erwähnten Ringe vermögen bei sonst ungünstigen Bedingungen die Festigkeit des Trubkuchens ihrerseits nicht wesentlich zu verbessern.

Whirlpoolpfannen bieten sich insbesondere bei der Beheizung der Pfannen mittels Außenkocher an, es stören aber auch Innenkocher den Whirlpooleffekt nicht, wenn der Trubkuchen unterhalb derselben genügend Raum hat. Nach Beendigung des Kochprozesses wird die Würze mit der oben angegebenen Geschwindigkeit über eine tangentiale – und evtl. in eine Düse mündende – Leitung 8 Minuten lang umgewälzt, bis eine turbulenzenfreie Rotation erreicht ist. Anschließend erfolgt die übliche Rast. Der Vorteil der Whirlpoolpfanne (s. S. 158) ist unter anderem, daß die Würze keine Belüftung bzw. – wichtiger – keinen Gaseinschluß erfährt und damit die Sedimentationsvorgänge noch besser verlaufen können.

Günstig für die Sedimentation des Trubs ist Hopfenpulver, wobei die Menge 1,5–2 kg/m² Bodenfläche nicht übersteigen soll, was bei einem Verhältnis von 1 : 2 rund 100 g/hl ausmacht. Aus diesem Grunde wird versucht, durch die Kombination von Harzextrakt, konzentriertem und normalem Hopfenpulver die Differenzierung der einzelnen Biersorten herauszuarbeiten. Die Verluste durch Würze-Einsaugung im Hopfentrub steigen mit der Dosierung an Hopfenpulvern. Sie beträgt bei 65 g/hl ca. 1,2 %, bei 130 g/hl rund 2 %. Diese Mengen sind bei konischen oder gar bombierten Böden größer, da die Trubkegel einzelner Biersorten durch die Hopfengabe unterschiedliche Trubvolumina und damit auch entsprechende Trubwürzestände haben. Aus diesem Grunde wird der Trub im Anschluß an den Würzelauf in einem eigenen Trubtank gesammelt und dem folgenden Sud beim Abläutern wieder zugegeben.

Bei verschiedenen Biersorten (Hell, Dunkel, Pils, Weizen) ist dies problematisch.

Die beste Lösung ist, während der Sedimentationsphase den Trub mittels einer regulierbaren Pumpe ganz langsam, z. B. in 30 Minuten, in einen Trubtank mit Rührwerk abzuziehen. Dieses Trubwürzegemisch von 7–8 % der Ausschlagmenge wird dann über einen entsprechend ausgelegten, selbstaustragenden Separator geklärt und dem Hauptwürzestrom vor dem Plattenkühler beigeschnitten. Es sind lediglich nach jeweils 15 und 35 Minuten nochmals kleinere, zwischenzeitlich sedimentierte Trubmengen (je 2 Minuten lang) nachzupumpen. Es ist auch möglich, eine (meist vorhandene) Zentrifuge jeweils am Anfang und am Ende des Würzelaufs zur Klärung einer noch nicht ganz sedimentierten oder nicht trubfrei einziehenden Würze einzusetzen.

Ein Trübungsmesser mit Schreiber kontrolliert den wichtigen Verfahrensschritt der Trubabtrennung und gibt Schaltimpulse, z. B. zum Abbrechen der Würzekühlung und zum Umschalten auf den Trubtank.

Der Zeitaufwand für die Vorgänge des Ausschlagens, der Sedimentation und Kühlung darf insgesamt 110 Minuten nicht überschreiten, da sonst eine deutliche Zufärbung (1–3 EBC-Einheiten) unvermeidlich ist. Die Auswirkung dieser „Heißhaltung" bei ca. 95° C erstreckt sich auch auf die Bitterstoffe, die eine Nachisomerisierung um 10–25 % zeigen.

Zur Entfernung des mitunter fest abgesetzten Trubkegels dienen Spritzdüsen, die oben oder in der Peripherie angeordnet sind. Auch ein im Zentrum befindlicher „Hydrojet" dient dieser Aufgabe.

Zentrifugen zur Abtrennung des Heißtrubes werden zweckmäßig in Verbindung mit einem Ausgleichsgefäß angewendet, da das Ausschlagen in kürzerer Zeit erfolgen kann als das Separieren des Heißtrubs. Als Ausgleichsbehälter dient ein einfacher, liegend oder stehend angeordneter *Ausschlagtank*. Nachdem das Absetzen des Trubs nicht abgewartet wird, kann bereits während des Ausschlagens die Zentrifuge beschickt werden, eine Maßnahme, die eine Zeitersparnis erbringt. Bei Betrieb eines *Setzbottichs* wird in ähnlicher Weise vorgegangen oder hier ein Trubabsatz angestrebt. In diesem Falle laufen nach einer Rast etwa $^2/_3$ der klaren Würze ohne Separierung ab, während der Rest über die Zentrifuge geleitet wird. Auch einem Kühlschiff kann die Zentrifuge nachgeschaltet werden.

Das *Prinzip der Zentrifuge* ist es, die natürliche Fallbeschleunigung durch die weitaus höhere Zentrifugalbeschleunigung zu ersetzen. Dadurch gelingt es, den Trub in kurzer Zeit und bis zu einer ganz bestimmten Teilchengröße abzutrennen, so daß z. B. bei tieferen Temperaturen nicht nur der Heißtrub, sondern auch ein Teil des Kühltrubs miterfaßt werden kann. Doch ist bei niedrigen Temperaturen die Viscosität der Würze höher, so daß die Trennung erschwert wird und damit entweder der Wirkungsgrad oder die Leistung der Zentrifuge absinkt. So vermag ein moderner Separator 150–350 hl/h Heißwürze (90° C), aber nur 30–80 hl Anstellwürze (5–6° C) zu klären. Bei Trubwürze (ca. 40° C) ist die Leistung durch den hohen Schlammanteil ebenfalls auf 40–60 hl/h begrenzt. Es sind folgende Konstruktionen gegeben:

Kammerseparator: (ca. 4000 U/min). Die Würze wird durch die Zentrifugalkraft in einer Kammer von 200–400 mm Durchmesser vom Trub getrennt. Die Größe des Schlammraumes bestimmt die Kapazität der Zentrifuge. Die größten Einheiten können 65 l = 70 kg Schlamm mit einem Feuchtigkeitsgehalt von ca. 70 % aufnehmen, entspechend einer Schüttung von ca. 5000 kg. Um den Kläreffekt vor allem bei Würzen von mittlerer Temperatur zu verbessern, werden mehrere Kammern (Mehrkammerseparator) angeordnet.

Tellerseparator: (ca. 6000 U/min). In der Mitte des drehbaren Zentrifugenkörpers ist eine Anzahl von konischen Tellern in einem Abstand von weniger als 1 cm angeordnet. Der Weg, den die Trubteilchen gegenüber der Anordnung des Kammerseparators zurücklegen müssen, wird wesentlich verkleinert, die Klärwirkung, vor allem bei Feintrub, wird verbessert. Die Trubteilchen gleiten an den konischen Tellereinsätzen ab und gelangen somit rasch an den Rand des drehbaren Zentrifugenkörpers. Sowohl der Kammer- als auch der Tellerseparator müssen nach jeder Charge geöffnet und gereinigt werden. *Selbstaustragende Separatoren* beruhen auf dem Schema der Tellerzentrifuge. Der von den Tellern abgleitende Trub sammelt sich in dem breiten, trichterförmigen Raum, der durch zwei Konushälften gebildet wird. Der untere bewegliche Teil wird durch Wasserdruck angepreßt. Sobald nun der Schlammraum gefüllt ist, wird durch Druckentlastung eine Öffnung der Kammer bewirkt, und der Trub kann innerhalb weniger Sekunden austreten. Diese Trubentfernung kann automatisch entweder als Teil- oder Vollentschlammung getätigt werden. Im Verlauf des Würzekühlens wird nur teilentschlammt, während am Ende des Sudes eine Totalentschlammung mit Spülung erfolgt. Die Einheiten sind für beliebige Trubmengen geeignet. Der Entschlammungsvorgang kann durch eine Zeituhr, durch einen Trübungsmesser (Photozelle) am Zentrifugenauslauf oder besser über den Befüllungsgrad des Schlammraums ausgelöst werden. Die Zeitdauer der Entschlammung ist ebenfalls einstellbar.

Bei allen Separatoren ist die Würze in drehender Bewegung. Sie kann daher durch die Schälscheibe, ein Pumpenrad mit festen Schaufeln gefördert werden. Es reicht jedoch der hierbei erzielte Druck für einen Plattenkühler mit großer Austauschfläche nicht aus, so daß meist eine zusätzliche Pumpe erforderlich ist. Die Schälscheibe eignet sich aber bei entsprechenden Druckverhältnissen zum Einschnüffeln von Luft, die hier eine sehr intensive Durchmischung in der Würze erfährt. Hierdurch kann nicht nur die für die Gärung benötigte Luftmenge aufgenommen werden, sondern darüber hinaus auch für die Kühltrubentfernung durch Flotation (s. S. 190).

Bei der Klärung der heißen Würze mittels Zentrifugen sind zwei verschiedene Verfahrensweisen möglich: Bei Zufluß von gleichmäßig suspendiertem Trub (Rührwerk im Ausschlagtank) kann dessen Menge auf ca. 10 g/hl abgesenkt werden; lediglich kurz nach der Entschlammung tritt ein Anstieg auf 12–13 g/hl ein. Der restliche Trub ist so fein dispergiert, daß er durch eine nachfolgende Flotation abgetrennt werden kann. Die Leistung der Zentrifuge beträgt 70 % des Maximalen. Bei einem Ausschlaggefäß ohne Rührwerk sind drei Phasen der Separierung gegeben: Während des Ausschlagens ist das Würze-Trubgemisch homogen. Es wird ca. 20 Minuten lang mit 70 % der Leistung zentrifugiert. Dann erfolgt die Voreilphase, die eine starke Anreicherung des Trubs beinhaltet. Wenn auch die Leistung der Zentrifuge auf 25 % reduziert wird, kann es zu einem Durchschlagen des Heißtrubs – selbst bei sorgfältiger Arbeit – von bis zu 17–18 g/hl kommen. Dieser Abschnitt dauert 40 Minuten. Anschließend läuft eine immer klarer werdende Würze in den Separator ein; während dieser restlichen 40 Minuten kann mit voller Leistung gefahren, evtl. sogar bis auf die letzten 2–5 Minuten die Zentrifuge sogar umgangen werden.

Es ist also die Leistung der Zentrifuge dem Trubgehalt der Würze anzupassen. Aus diesem Grunde darf auch der Gehalt an Hopfenpulver 50–80 g/hl nicht überschreiten. Damit ist die Klärung homogener Würze, wie im erstgenannten Verfahren geschildert, günstiger, obgleich der Durchschnitts-Trubgehalt bei beiden Möglichkeiten etwa gleich ist. Bei sehr scharfem Zentrifugieren kann u. U. durch Scherkräfte, die beim Beschleunigen der Würze vom laminaren Einlauf zur rotierenden Flüssigkeitsschicht auftreten können, eine Veränderung von Eiweißmolekülen durch Aufbrechen von Disulfidbrücken eintreten. Unter dem Einfluß einer gleichzeitigen Oxidation kann dann im Bier ein schwefelig-hefiger, zwiebeliger Geruch auftreten. Auch ungeeignete Ausschlagpumpen können diesen Effekt bewirken. Durch entsprechende Veränderung der Strömungsverhältnisse in diesem Teil der Zentrifuge konnten Scherkräfte weitgehend abgemildert werden, so daß bei modernen Zentrifugen derartige Beeinträchtigungen nicht mehr eintreten.

Der Zentrifugenbetrieb erfordert naturgemäß einen gewissen Stromaufwand, der bei 15 kW/ 100 hl liegt; für je 200–300 hl Stundenleistung muß eine Einheit beschafft und darüber hinaus soll für eine Reserve gesorgt werden.

Bei Zentrifugenbetrieb ist, infolge der fast unmittelbar beim Ausschlagen beginnenden Würzekühlung nur ein kleinerer Kühler – für eine Kühldauer von 90 Minuten pro Sud – notwendig. Dennoch ist die thermische Belastung geringer. Die Zufärbung der Würze beträgt meist nur 1 EBC-Einheit. Für eine Stundenleistung von jeweils 200–220 hl ist eine Zentrifuge notwendig. Ein Reserveaggregat ist dann nicht erforderlich, wenn der Heißwürzetank behelfsweise – ohne Separator – zur Trubsedimentation herangezogen werden kann.

Unter den obengenannten Voraussetzungen befriedigt die Klärleistung. Durch einen frühzeitigen Beginn der Kühlung kann die Hitzebelastung deutlich unter 110 Minuten gehalten und damit die Zufärbung verringert werden.

Die *Kieselgurfiltration der heißen Würze* ist das sicherste Verfahren der Heißtrubentfernung. Die üblichen Kesselfilter leisten hierbei 12 hl/m² u. h.; der Aufwand an Filterhilfsmittel (Perlite) beträgt 150 g/hl ohne und 120 g/hl mit Hopfenpulver. Würzeverluste entstehen durch Nachdrücken von Wasser praktisch nicht. Die Filtration kann mit dem Ausschlagen von einem Ausgleichstank aus beginnen; eine kurze Kühl- und Trennzeit von 80–100 Minuten schränkt die Zufärbungen ein. Der einzige Nachteil sind die Kosten für die Kieselgur und deren Beseitigung. Die genannten Verbrauchszahlen verringern sich, wenn zwei Sude nacheinander, ohne Abschlämmen filtriert werden können.

Zur Gewinnung der Trubwürze finden auch Dekanter (s. S. 156) oder Vakuumtrommelfilter (s. S. 155) Anwendung. Die Beschickung erfolgt über einen Trubsammeltank. Die gewonnene Trubwürze gelangt zum folgenden Sud. Der Klärungsgrad würde allerdings die Zugabe zum Hauptstrom der Würze des nämlichen Sudes gestatten.

Die vom Heißtrub befreite Würze wird in einem Plattenkühler von 90–95° C auf Anstelltemperatur abgekühlt. Dabei ist eine zusätzliche Belüftung der Würze notwendig. Durch alleiniges Einspringenlassen in den Gärbottich wird nur eine Sauerstoffmenge von ca. 1,5 mg/l gebunden. Der Kühltrub fällt – bedingt durch die rasche und weitreichende Abkühlung – relativ grobflockig aus. Dieser Anteil muß nun durch besondere Maßnahmen entfernt werden.

2.7.7.2 Die *Abtrennung des Kühltrubs* geschieht herkömmlich durch den Anstellbottich, durch Kaltsedimentation, Kaltzentrifugierung, Filtration und Flotation.

Der *Anstellbottich* bewirkt die Abtrennung eines Teils des Kühltrubs durch Sedimentation. Nachdem hier – wie der Name sagt – bereits mit Hefe angestellt wird, kommt vor Abschluß der Kühltrubsedimentation (12–16 Stunden) bereits die Gärung an, so daß der vollständige Absatz wie etwa bei der Kaltsedimentation nicht erreicht wird. Im Gegenteil reißt ein Teil des flockigen Kühltrubs Hefe mit zu Boden, während ein anderer Teil in Schwebe bleibt und die Entharzungsvorgänge behindert. Die Kühltrubausscheidung beträgt nach 12stündiger „Ruhe" etwa 30 %. Es ist zweckmäßig, nach dieser Zeit einen Gefäßwechsel vorzunehmen, um ein Wiederaufsteigen von bereits sedimentierten Trubteilchen zu vermeiden.

Kaltsedimentation: Die Würze wird auf Anstelltemperatur abgekühlt und unbelüftet sowie ohne Hefe über 12–16 Stunden hinweg der Sedimentation des Kühltrubs überlassen. Häufig sind die Sedimentationsbottiche flach – die Würzstandshöhe beträgt 1–1,2 m – um das Absetzen der Teilchen zu beschleunigen. Die Kaltsedimentation erlaubt eine Kühltrubentfernung von rund 50 %. Durch Einstreuen von Kieselgur kann nicht nur das Absetzen in tiefen Bottichen beschleunigt, sondern eine Steigerung des Effekts (10 g/hl Kieselgur bewirken etwa 60 % Kühltrubabtrennung, 20 g/hl etwa 70 %) erzielt werden. Auch wenn der Heißtrub noch in der Würze enthalten

ist, wird der Sedimentationseffekt verbessert. Das Verfahren ist einfach und völlig unempfindlich gegen eine mangelhafte Heißtrubentfernung. Verschieden hohen Kühltrubgehalten der Würze kann man sich durch Kieselgurzugabe anpassen. Eine Infektionsgefahr besteht bei „geschlossener" Würzekühlung und sauberer Arbeitsweise nicht. Eine intensive Belüftung beim Umpumpen der Würze ist erforderlich. Um die Handarbeit beim Waschen offener Bottiche zu umgehen, werden diese mit Hauben und automatischer Reinigung versehen.

Kaltseparierung: Die beschriebenen Zentrifugen können zur Entfernung von Kühltrub eingesetzt werden, doch muß infolge der höheren Viscosität der Würze bei Anstelltemperatur (5° C) von z. B. 1,80 mPas gegenüber 1,40 mPas bei 90° C und des geringeren spezifischen Gewichts der Kühltrubteilchen (im Durchschnitt 1,10 gegenüber 1,22 von Heißtrub) die Leistung der Zentrifuge stark gedrosselt werden. Sie beträgt ca. $^1/_4$ der Leistung bei heißer Würze. Eine höhere Leistung von 120 hl/h erbringt ein selbstreinigender Tellerseparator, der jedoch zweckmäßig mit einer vom Heißtrub befreiten Würze beschickt wird. Die kalte, vom Heißtrub befreite Würze muß in einem Tank zwischengestapelt werden. Nur so ist die Leistungsdifferenz zwischen Heißtrubabtrennung und Kühlung einerseits und der Kaltwürzezentrifuge andererseits auszugleichen. Der Stromverbrauch ist bei dem letztgenannten Apparat etwas günstiger (15kWh/100 hl), während die Reinigung nach jedem Sud einen hohen Laugenverbrauch erfordert. Die Kühltrubablagerungen müssen nämlich jeweils mit 2–3%iger heißer Lauge aus der Zentrifuge gelöst werden.

Der Effekt der Kühltrubabtrennung liegt bei Kaltseparierung auf einem Niveau von rd. 50 %. Eine nachfolgende Belüftung der Würze ist erforderlich. Die Schälscheibe des Separators kann hierzu nicht verwendet werden, da die eingezogene Luft nicht zu sterilisieren ist und daher eine Infektionsgefahr erbringt. Der Vorteil der Anlage ist, daß ein nochmaliges Umpumpen entbehrlich ist.

Würzefiltration. Sie kann mit denselben Filtern geschehen wie die Bierfiltration (s. S. 262), wobei die Leistung bei Würze um 50–80% höher liegt als bei Bier. Somit erreichen Kieselgurschichtenfilter 5–6 hl/m² Filterfläche, Kieselgursieb- oder Spaltfilter 7–10 hl/m². Die verwendete Kieselgur oder Perlite – WW 320 bzw. WDK 100 – (s. S. 261) erlauben bei einem mäßigen Verbrauch eine Klärwirkung auf 2–3EBC-Einheiten. Der Kieselgurverbrauch beträgt je nach Auslastungsgrad der Anlage einschließlich einer alle vier Sude erforderlich werdenden Voranschwemmung 50–70 g/hl. Der Aufwand zur Wartung und Reinigung ist bei Kieselgurschichtenfiltern, die auch nur selten zur Würzfiltration herangezogen werden, hoch. Die heute meist verwendeten Horizontalfilter erlauben einen arbeitssparenden Betrieb. Ein Umpumpen der Würze im Gärkeller kann entfallen, eine vorherige Entfernung des Heißtrubs durch Separator oder Whirlpoolbottich ist mit Rücksicht auf die Filterleistung unbedingt erforderlich.

Der Trenneffekt der Kieselgurfiltration liegt bei 75–85 %, d. h. bei einem ursprünglichen Kühltrubgehalt von 200 mg/l verbleiben in der Würze noch 30–50 mg/l. Durch tiefere Abkühlung vor der Filtration z. B. auf 0° C kann eine Entfernung von 90–95 % der totalen Kühltrubmenge erreicht werden. Die Würze wird dann im Gegenstrom wieder auf die gewünschte Anstelltemperatur gebracht. Eine weitgehende Kühltrubentfernung ist bei kurzen Gär- und Lagerzeiten wünschenswert, da die Reifung der Biere eine Beschleunigung erfährt. Bei konventioneller Arbeitsweise lassen Biere aus kieselgurfiltrierten Würzen die gewünschte Vollmundigkeit vermissen. Sie neigen auch verschiedentlich zu einem harten und unausgeglichenen Nachtrunk. Ein Verschnitt von filtrierten und unfiltrierten Würzepartien kann diese Nachteile ausgleichen. Bei der Heißtrubabtrennung mittels Whirlpool hat es sich als zweckmäßig erwiesen, die ersten 25–35 % und die letzten 15–25 % zu filtrieren. Dies sichert die Arbeitsweise des Whirlpools, verringert aber die Standzeit des Würzefilters. Gerade bei filtrierten Würzen kommt einer sehr intensiven Belüftung der Würze große Bedeutung zu.

Das *Verfahren der Flotation* beruht auf dem Prinzip, daß sich die Kühltrubteilchen an den Bläschenoberflächen eines bestimmten im Überschuß eingedrückten oder eingezogenen Luftvolumens anreichern. Die Luftblasen entbinden sich langsam in der Würze und steigen im Verlauf von 2–3 Stunden an die Würzeoberfläche und bilden dort eine hohe, doch kompakte Schaumdecke, die sich nach einigen Stunden bräunlich verfärbt. Der Kühltrubabtrennungseffekt liegt zwischen 50 und 65 %, je nach Bläschengröße, Luftmenge und Schnelligkeit der Entbindung derselben. Nach dem Aufsteigen der Luft ist die Würze fast klar bis leicht opalisierend, bei Anwendung von Luft, die auf der Heißwürzeseite des Plattenkühlers (z. B. Separators) eingezogen wurde, sogar völlig blank.

Die Flotation kann mit oder ohne Hefe vorgenommen werden; letztere stört den Ablauf des Vorganges nicht. Es treten auch bei richtiger Arbeitsweise nur geringe Hefeverluste in der Decke ein. Die Hefe muß über die gesamte Würzelaufzeit hinweg dosiert werden, um – vor allem bei liegenden Flotationstanks – Ungleichmäßigkeiten zu vermeiden. Das Überangebot an Luft fördert die Vermehrungsfähigkeit und die Stoffwechselaktivität der Hefe. Das Verfahren kann in jedem beliebigen Anstell- oder Gärbottich vorgenommen werden. Dabei wird ein Steigraum von 30–50% des Bottichinhalts erforderlich, bei sehr guter Bindung der Luft entsprechend weniger. In gleicher Weise können auch liegende oder stehende Tanks für einen oder auch für mehrere Sude verwendet werden. Ein Gegendruck von ca. 0,5 bar kann eine übermäßige Schaumbildung dämpfen; er ist aber bei entsprechend konstruierten Belüftungseinrichtungen nicht unbedingt notwendig. Beim Umpumpen setzt sich die Schaumdecke satt auf den Bottichboden auf bzw. bleibt an den Wandungen (liegender) Tanks zurück. Die Würzestandshöhe kann bis 4 m betragen; wird ein zweiter Sud unterschichtet, so haben sich bisher 6–7 m als anwendbar erwiesen. Die Dauer der Flotation beträgt je nach Würzestand 2–4 Stunden. Nach dieser Zeit kann bereits umgepumpt werden. Günstiger sind längere Standzeiten von 6–8 Stunden, doch können diese so lange ausgedehnt werden, als die Decke kompakt bleibt und die ausgeschiedene Trubmenge nicht durchfällt. Durch diese Variation ist es möglich, sich dem günstigsten Arbeitsrhythmus anzupassen. Es ist ferner möglich, durch „Drauflassen" auf einen vorhergehenden Sud den Effekt der Flotation noch zu verbessern. Ein Umpumpen (am besten unter nochmaliger Belüftung) ist unumgänglich, da die Trubdecke durch Abheben nicht sauber genug entfernt werden kann. Bei geschlossenen Bottichen oder Tanks kann die Reinigung automatisch geschehen. Der apparative Aufwand bei Flotation ist gering. Whirlpool, Plattenkühler und Intensivbelüftung genügen allen Ansprüchen. Doch muß eine quantitative Abtrennung des Heißtrubs gesichert sein, wenn das Verfahren funktionieren soll.

Bei der Abtrennung des Kühltrubs um 60 % weden 12 mg/l Stickstoff und 30 mg/l höhermolekulare Kohlenhydrate entfernt. Der Stickstoffverlust macht 20–25 % des Gesamtverlustes beim Würzekochen aus. Die Abscheidung der Kohlenhydrate hat eine nachweisliche Verbesserung der Filtrierbarkeit der Biere zur Folge. Nachteile wie ein Fehlen von Lipiden oder Wuchsstoffen konnten bei intensiver Zweitbelüftung nicht festgestellt werden. Die Bitterstoffverluste sind kaum höher als bei anderen Verfahren, da in der Decke nur unisomerisierte α-Säuren abgeschieden werden. Nach neuesten Erkenntnissen sollte, um der Schonung von reduzierenden Substanzen willen die Flotation nur mit Hefe durchgeführt werden. Durch die intensive Erst- und Zweitbelüftung werden Haupt- und Nachgärung intensiviert. Der durch die Flotation hervorgerufene Schwand liegt bei korrekter Arbeitsweise bei 0,2–0,4 %.

2.7.7.3 Vorrichtungen zum Belüften der Würze:

Alle geschlossenen Kühlsysteme erfordern eine eigene Belüftung der Würze. Hierbei sind zwei Aufgaben zu unterscheiden:

1. Zufuhr der für die Hefevermehrung erforderlichen Sauerstoffmenge von 7–8 mg/l.
2. Intensivbelüftung zur Entfernung des Kühltrubes (Flotation).

Um einen Sauerstoffgehalt der Würze von 7–8 mg/l zu erreichen, ist ein gewisser Luftüberschuß zu dosieren. Die Luftmenge liegt je nach Druck, ihrer Verteilung und damit je nach der erreichten Bläschengröße bei 3–10 l/hl Würze. Die Zufuhr der Luft unter Druck und eine folgende Entspannung desselben auf einem Leitungsweg bestimmter Länge ist vorteilhaft, ebenso verhindert das Einlaufen der Würze in den Gärbottich von unten eine zu frühzeitige Entmischung.

Bei Anwendung der Flotation werden ungleich größere Luftmengen erforderlich, damit die Luft ihre Transportfunktion erfüllen kann. In Abhängigkeit der obengenannten Faktoren schwanken die Luftmengen zwischen 20 und 60 l/hl Würze. Die Zufuhr der Luft, die über Strömungsmesser zu kontrollieren ist, kann erfolgen: Durch *Belüftungskerzen* aus Keramik oder Sintermetall (Porenweite 0,2 μm) oder durch *Metallplättchen*, zwischen denen die Luft fein verteilt austreten kann. Diese müssen am Auslauf des Plattenkühlers derart angebracht werden, daß sich die von oben in den Belüftungsapparat einströmende Würze intensiv mit der von unten eintretenden Luft vermischen kann. Die Rohrleitung ist sodann über die Höhe des Lüfters hinaufzuführen, um eine Entmischung zu vermeiden. Gut bewährt hat sich das Nachschalten einer Mischpumpe. Die *Schälscheibe des Heißwürzeseparators* erlaubt es, die großen, zur Flotation benötigten Luftmengen aufzunehmen und intensiv zu durchmischen. Daß es sich hier um die „Heißbelüftung" handelt, ist ohne Belang, da die Luft wegen des anschließenden Plattenkühlers nur 1–2 Sekunden auf die heiße Würze einwirken kann. Die Entspannung des

Luft-Würzegemisches im Plattenkühler ist günstig, die Schaumbildung im Flotationsgefäß nicht zu stark. Nachdem die Belüftung über die Schälscheibe bei ungünstigen Zentrifugenkonstruktionen zu Geschmacksveränderungen im Bier Anlaß geben kann, wurde der Belüftungseffekt der Schälscheibe im *Zentrifugalmischer* für Kaltwürze angewendet. Die Würze wird durch eine kleine rotierende Trommel in Drehung versetzt und durch den feststehenden Greifer getrieben. Dabei wird durch entsprechende Drucksteuerung sterile Luft in genau bestimmbarer Menge eingezogen. Es reichen hier – wie auch bei der Schälscheibe – 25–35 l Luft/hl.

Das *Venturirohr oder der Strahlmischer* beinhaltet eine Verengung der Würzeleitung, wodurch die Geschwindigkeit entsprechend ansteigt. Der dabei entstehende Unterdruck saugt (sterile) Luft in die Leitung ein. Venturirohre erfordern meist eine Treibpumpe. Bei richtiger Konstruktion der Düse reichen 20–35 l Luft/hl aus, um eine einwandfreie Einmischung der Luft in die Würze zu erreichen. Die Größe der Luftblasen liegt zwischen 0,1–0,5 μm, im Vergleich hierzu erzielen Keramik- oder Sinterkerzen Bläschen von 0,1–5 μm. Es verdient der Druckabbau im Leitungssystem nach der Venturidüse Beachtung, weswegen häufig zum Ausgleich von Druckunterschieden (verschieden lange Leitungen etc.) sog. Kontakt- oder Druckhaltestrecken eingebaut werden. Ein neues Gerät für die Würzebelüftung ist der *Statische Mischer*. Er wird aus mehreren Mischelementen gebildet, die eine Durchmischung in horizontaler und vertikaler Richtung bewirken. Durch die Verwendung mehrerer Elemente wird der Effekt gesteigert. Die belüftete Würze, die eine Geschwindigkeit von ca. 1,5 ml sec erreichen muß, weist eine Luftbläschengröße von 0,1–0,5 μm auf.

Kombinierte Heiß- und Kaltbelüftung d. h. vor und nach dem Kühler, etwa im Verhältnis 1 : 5 versucht, die Vorteile beider Belüftungsarten zu vereinigen.

Die *Zweitbelüftung* beim Umpumpen von Anstell- und Flotationstank ist günstig, um einen evtl. gegebenen Verlust von langkettigen, insbesondere ungesättigten Fettsäuren auszugleichen. Auch wird die Hefevermehrung weiter angeregt. Am besten wird wiederum eine Venturidüse auf der Druckseite der Pumpe eingesetzt. Die hier erforderlichen Luftmengen betragen 10–20 l/hl; es wird durch sie nochmals ein Sauerstoffgehalt von 8–10 mg/l vermittelt.

Von Bedeutung bei der Kaltbelüftung ist eine Sterilfiltration der Luft. Trotz der hier angewendeten großen Luftmengen ergibt sich kein höherer Sauerstoffgehalt als 8–10 mg/l Anstellwürze, der sich nach Aufsteigen der „Transportluft" in Abhängigkeit der herrschenen Temperatur einstellt.

2.7.7.4 Der Einsatz eines *Entspannungskühlers* beim Ausschlagen, also zwischen Pfanne und Whirlpool bzw. Heißwürzetank erlaubt eine rasche Abkühlung der Würze auf 70–75° C. Hierdurch wird eine Zufärbung der Würze (s. S. 182) stark verringert, allerdings auch die Nachisomerisierung beschränkt. Der Vakuumkühler bewirkt auch einen Entzug von flüchtigen Bestandteilen der Würze, was eine postive Auswirkung auf die Bierqualität hat. Der Wasserbedarf des Kühlens kann durch einen Rückkühlturm niedrig gehalten werden. Als Nachteil des Verfahrens ist der Energieverlust der Würze (Temperaturdifferenz ca. 20° C) zu sehen, der aber durch andere Abwärmequellen, z. B. durch den Pfannendunstkondensator, einen Ausgleich erfährt. Auch verändert sich die Konsistenz des Kochtrubs, dessen Abscheidung im Whirlpool, nicht aber in der Zentrifuge oder Würzefilter schwieriger wird.

2.7.7.5 Die *Automatisierung der Würzekühlung* umfaßt zunächst die Einstellung der Würzetemperatur durch Regulierung des Kühlwasserstromes. Die Zentrifuge wird über Photozelle oder mittels Schlammraumabtastung zur Trubaustragung bei vorgegebenen Entschlammungszeiten gesteuert. Das Anlaufen des Whirlpools über Zeit ist fehlerhaft, da die Klärung von Sud zu Sud schwanken kann. Am besten ist die visuelle Kontrolle durch die Bedienungsperson. Ein Trübungsmeßgerät kontrolliert diesen Vorgang, ebenso das Einziehen, d. h. den Abbruch des Würzelaufs und das Umstellen auf den Trubwürzetank. Ein Würzefilter ist hinsichtlich aller Verfahrensschritte automatisierbar. Leitfähigkeitsmeßgeräte bestimmen den Zeitpunkt des Umstellens von Wasser auf Würze und umgekehrt. Darüber hinaus muß eine Wahlmöglichkeit für den anzusteuernden Tank und für die Hefedosierung bestehen. Die Reinigung ist in ihren Aufgaben – nach jedem Sud oder Vollreinigung – Stand der Automatisierungstechnik.

2.8 Die Bestimmung der Kaltwürze-Ausbeute

Nachdem die Ermittlung der Heißwürze-Ausbeute wie vorbesprochen immer schwieriger wird und über die einzelnen Faktoren Bedenken bestehen, ist es logischer, die Kaltwürzeausbeute (früher Gärkeller-Ausbeute) zu bestimmen.

2.8.1 Meßwerte

Wie bei der Sudhausausbeute werden benötigt: die Schüttung, die Würzemenge sowie deren Extraktgehalt.

2.8.1.1 *Die Menge der kalten Würze* kann in geeichten Anstell- oder Kaltsedimentationsbottichen (mittels Meßstab) auf einfache Weise gemessen werden. Wurde beim Anstellbottich die Hefe zugegeben, so ist deren Menge von der festgestellten Kaltwürzemenge in Abzug zu bringen. Beim Flotationstank ist die Ermittlung der Kaltwürzemenge schwierig, ebenso bei direkter Befüllung von Großtanks. Damit ist die Brauindustrie auf eine zuverlässige Kaltwürzemessung in der Würzeleitung nach dem Plattenkühler angewiesen. Während Ovalrad- und Ringkolbenzähler die erforderliche Meßgenauigkeit nicht gewährleisten, sind nun magnetisch-induktive Durchflußmesser im Einsatz, die die geforderte Meßgenauigkeit von $\pm$ 0,3 % in einen Durchflußbereich von 1 : 10 erbringen, d. h. es müssen 30 hl genauso gemessen werden wie 300 hl/h. Vor dem Durchflußmesser ist ein Luftabscheider anzuordnen.

Die hier ermittelte Würzemenge ist geringer als die in der Sudpfanne vorhandene Menge der Ausschlagwürze. Die Differenz ist bedingt durch die Kontraktion von 98° C auf die Meßtemperatur, ferner durch die Verluste im Hopfenseiher oder im Whirlpool.

2.8.1.2 Der *Extraktgehalt der Würze* ist auf dem Kaltwürzeweg nicht immer gleich. So ist er am Anfang durch das in den Leitungen befindliche Wasser und gegen Ende durch Schwitzwasser im Heißwürzetank bzw. durch Nachdrückwasser beeinflußt und damit geringer als der Durchschnitt. Um diese Schwankungen zu erfassen, sind Probenehmer erforderlich, die entweder aus dem Hauptstrom oder aber aus einem Teilstrom in kurzen Abständen Würze in ein Sammelgefäß leiten. Ermittelt werden Gewichts-Volumenprozente (g Extrakt/100 ml).

2.8.2 Errechnung der Kaltwürze-Ausbeute

Sie ist sicherer als die Sudhausausbeute, da der unwägbare Faktor 0,96 in Wegfall kommt.

Diese Kaltwürzeausbeute ist um 1–2,5 % niedriger als die Sudhausausbeute.

Die *Unterschiede* sind bedingt durch die schon erwähnten Volumenveränderungen vom Sudhaus bis zum Ablauf des Plattenkühlers. Es gehen aber die Kontraktion und eine mögliche Verdunstung

$$\text{Kaltwürze-Ausbeute} = \frac{\text{Kaltwürzemenge l (hl)} \times \text{Extrakt GG \%} \times \text{spez. Gewicht}}{\text{Schüttung kg (dt)}}$$

nicht in die Ausbeute ein, da sie nur eine Mengen-änderung, nicht dagegen einen Extraktschwand darstellen.

2.8.2.1 Die *Volumenminderung* durch die Kontraktion von der Temperatur der Heißwürzeermittlung auf eine Anstelltemperatur von z. B. 5° C ist 4,2 %. Eine Verdunstung tritt beim Ausschlagen z. B. in den Whirlpooltank, vor allem beim großflächigen tangentialen Einlauf bis zu 20–30 % der Flüssigkeitshöhe ein. Sie wird meist durch das Nachdrücken von Wasser ausgeglichen oder sogar in einen kleinen Negativschwand verwandelt, der zu einer Abnahme des Extraktgehalts um 0,1 % führt. Die erfaßte Würzemenge von Anstelltemperatur ist auf 20° C umzurechnen. Die Hopfenverdrängung beträgt bei Doldenhopfen 0,8 l/kg, bei Pulver nur 0,3–0,4 l/kg, bei Hopfenextrakt 0.

2.8.2.2 Der *Extraktschwand* ist bei Doldenhopfen 5 l/kg, d. h. bei 150 g/hl 0,73 %, wenn der Hopfen nur abtropft, bei Preßhopfenseiher mit Gegenstrom-Auswaschung 0,2–0,3%. Die Verluste durch den Heißtrub sind bei Einsatz einer Trubpresse 0,3–0,6 %, bei Abpressen und Auslaugen 0,1–0,15 %, bie selbstaustragenden Separatoren 0,3–0,4 %. Der Whirlpool verursacht bei guter Funktion einen Schwand von 0,25–0,6 %, bei vorzeitigem Abbruch des Würzelaufs 1–1,5%. Bei gemeinsamem Anfall von Hopfenpulvertrebern und Trub ergeben sich je nach Pulvergabe 1–2 % Extraktverlust, bei schlechterer Whirlpooltrennung z. T. deutlich mehr. Heiß-würzeseparatoren verzeichnen bei homogenem Zulauf und ca. 80 g/hl Hopfentrebern einen Schwand von 0,9–1,0 %, reine Trubwürzeseparatoren (s. S. 300) ca. 0,6 %. Wie schon beschrieben, wird das Hopfentreber-Trubgemisch vielfach dem folgenden Sud zu irgendeinem Zeitpunkt (Einmaischen, Abmaischen, Nachgußabläuterung) wieder zugesetzt. Im Interesse einer korrekten Erfassung der Kaltwürzeausbeute eines Sudes z. B. bei Sudhausabnahmen muß diese ermittelt werden. Aus diesem Grunde wird die Hopfentrub-Würzemenge in einem entsprechenden, geeichten Tank gesammelt, die Menge und die Temperatur abgelesen und dort, z. B. durch ein Rührwerk oder durch Einblasen von Kohlensäure homogenisiert. Hier kann der Extrakt durch Spindeln erfaßt werden. Außerdem ist es zweckmäßig, die Hopfen- und Trub-Trockensubstanz mengenmäßig zu erfassen, wobei dies lediglich von Zeit zu Zeit bei konstanten Hopfen(pulver)mengen zu geschehen hat.

Einen Vergleich von Heißwürze- und Kaltwürze-Ausbeute zeigt untenstehende Aufstellung.

Für den Normalbetrieb reicht es festzuhalten: Kaltwürzemenge, Kaltwürzeextrakt, Trubwürzemenge + Trubwürzeextrakt. Wenn der Hopfentrub z. B. zum ersten Nachguß übergeführt wird, dann kann bei den Ermittlungen die Menge und der Extrakt des Trubs vernachlässigt werden, da er ja von Sud zu Sud mitgezogen wird.

Diese Kontrolle, einschließlich der Kenntnis der Einzelfaktoren ist wichtig, um einem Abfall der Sudhausausbeute frühzeitig entgegenwirken zu können.

Vergleich von Heißwürze- und Kaltwürze-Ausbeute (5000 kg Schüttung)

Sudhaus = Heißwürze-Ausbeute		Kaltwürze-Ausbeute	
Ausschlagwürze hl	315	Kaltwürze bei 5° C hl	298,3
Extrakt GG %	12,0	Korrektur auf 20° C hl	298,89
(Ausbeutefaktor	12,08)	Extrakt GG %	11,92
Extraktmenge kg	3805,2	(Extrakt GV %	12,49)
		Extraktmenge kg	3733,14
		im Trubgefäß bei 75° C hl	8,5
		Korrektur auf 20° C hl	8,30
		Volumen der Trockensubstanz	
		60 g Trub	
		50 g Hopfentreber/hl =	0,43
		Menge im Trubgefäß netto	7,87
		Extrakt GG %	9,2
		(Extrakt GV %	9,54)
		Extraktmenge kg	75,0
			3808,1
Ausbeute heiß % = 76,10		Ausbeute kalt % = 76,16	

3 Die Technologie der Gärung

Unter Gärung sind allgemein jene Stoffwechsel-prozesse von Mikroorganismen zu verstehen, die einen Abbau stickstofffreier organischer Substanzen bewirken. Sie gehen langsam bei gewöhnlicher Temperatur vor sich und sind meist durch Wärmeentwicklung und Gasbildung gekennzeichnet.

Die Benennung der verschiedenen Gärungsarten richtet sich entweder nach dem jeweils am Ende einer Gärung vorliegenden Hauptprodukt, oder nach dem Gärsubstrat oder nach dem Gärungserreger. In der Brauerei ist die *alkoholische Gärung* von ausschließlicher Bedeutung. Hier werden verschiedene Zuckerarten durch Hefe unter Wärmeentwicklung in Alkohol und Kohlensäure zerlegt.

3.1 Die Bierhefen

Hefen sind Protisten, da sie Eigenschaften von Zellen höherer Organismen besitzen: Als Eukaryonten enthalten sie einen echten Zellkern und cytoplasmatische Organellen wie Mitochondrien. Taxonomisch gehören die Hefen zur Abteilung der Pilze (Fungi). Die Hefen werden je nach der Art ihrer Vermehrung in zwei große Gruppen eingeteilt, je nachdem ob sie Sporen bilden können (Sporogene) oder nicht (Asporogene). Bierhefen gehören zu den Sporogenen.

Hierbei sind wiederum zwei große Gruppen von Brauerei-Kulturhefen zu unterscheiden, die in ihrem Verhalten grundsätzlich abweichen: die obergärigen Hefen (Saccharomyces cerevisiae) und untergärigen Hefen (Saccharomyces carlsbergensis).

Die *obergärigen Hefen,* wahrscheinlich die Stammform, gären bei Temperaturen von 15–25° C, sie bilden Sproßverbände und steigen während der intensiven Gärung nach oben, d. h. in die Decke des Jungbieres. Sie vermögen noch Sporen zu bilden und vergären das Trisaccharid Raffinose nur zu einem Drittel.

Die *untergärigen Hefen* sind dagegen in ihrem Sporenbildungsvermögen beeinträchtigt; sie bilden keine Sproßverbände und setzen sich am Ende der zwischen 5 und 10° C verlaufenden „Untergärung" zu Boden.

In einer 1970 bearbeiteten systematischen Gliederung des Genus Saccharomyces wird Sacch. carlsbergensis nicht mehr als eigene Art geführt, sondern den Species Sacch. uvarum zugeordnet. Dies scheint jedoch anhand der Abweichung einer Reihe von Faktoren, z. B. dem Enzymmuster, nicht haltbar.

Neben den *Brauerei-Kulturhefen* kommen zahlreiche Fremdhefen vor, die z. T. dem Formenkreis von Sacch. cerevisiae zugehören, die aber in der Brauereitechnologie als „wilde Hefen" bezeichnet werden. Sie rufen teilweise im Bier Trübungen und Geschmacksveränderungen hervor. Von der in der Folge zunächst behandelten *untergärigen Bierhefe* gibt es eine große Anzahl von Stämmen, die sich in ihrem Gärverhalten unterschiedlich erweisen und die auch das Produkt Bier in seiner Zusammensetzung zu beeinflussen vermögen. Um Stämme mit jeweils gewünschten Gärungsprodukten rein, d. h. unter Ausschluß von anderen, u. U. schädlichen Mikroorganismen züchten zu können, werden diese als *Reinkulturen* nach *Hansen* geführt. Bei der Reinzucht der Hefe wird von mehreren Einzelzellen ausgegangen, die isoliert und im Laboratorium unter sterilen Bedingungen vermehrt werden. Von technischer Bedeutung ist das *Bruchbildungsvermögen* der Hefe, das, genetisch bedingt, eine Unterscheidung in *Bruch-* und *Staubhefen* ermöglicht. Bruchhefen agglutinieren vor dem Ende der Gärung und setzen sich dann rasch und fest ab, während Staubhefen länger fein verteilt in Schwebe bleiben und das Substrat in einem bestimmten Zeitraum höher vergären als Bruchhefen. Die Übergänge zwischen beiden Typen fließen; so kann auch eine Änderung im Gärsubstrat ein „Verstauben" von Bruchhefen zur Folge haben, während eine Veränderung von Staubhefen selten zu beobachten ist.

3.1.1 Morphologie der Hefe

3.1.1.1 Die *Hefe* ist allgemein einzellig, von runder oder elliptisch-ovaler Form. Ihre Länge beträgt 5–12 μm, die Breite 5–10 μm. Die Oberfläche einer Zelle ist im Mittel ca. 150 μm². Bei einer normalen Anstellmenge von $^1/_2$ l dickbreiiger Hefe/hl ergibt sich dort eine Zellmenge von 1,5 Billionen, entsprechend einer Oberfläche von 225 m²; nach einer rund vierfachen Vermehrung beträgt die aktive Zelloberfläche 900 m²/hl.

3.1.1.2 Die *Zellwand* der Hefe macht ca. 20% des Hefegewichts aus. Sie besteht aus mehreren Schichten aus hauptsächlich aus β-1→3-Glucan, aus β-1→6-Glucan, α-Mannan (mit α-1→6-Bindungen sowie α-1→2- und α-1→3-Seitenketten); ferner Lipiden, Proteinen, anorganischem Material (meist Phosphaten) sowie Hexose-Aminen. Das Verhältnis von β-Glucanen zu Mannan variiert je nach Hefestamm; es wird durch die Wachstumsbedingungen beeinflußt.

An ihrer Oberfläche ist die Zellmembran von einer Schleimhülle umgeben, dem sog. Hefegummi, der sich überwiegend aus Mannan aufbaut. Die Zusammensetzung der Zellwand ändert sich während der Gärung. Bruchhefen erreichen einen höheren Zellwandgehalt als Staubhefen.

3.1.1.3 Das *Protoplasma*, der lebende Inhalt der Zelle, besteht aus dem Zellkern und dem eigentlichen Zellplasma (Cytoplasma). Der *Kern* setzt sich zusammen aus der Grundsubstanz und einigen Chromosomen, die die Gene, die Träger der erblichen Merkmale, enthalten. Das *Zellplasma* besteht ebenfalls aus einem Grundplasma, in das das Membransystem des endoplasmatischen Reticulums sowie Strukturpartikel wie z. B. Mitochondrien, Ribosomen und Lysosomen eingebettet sind. Mitochondrien bauen sich aus Lipoproteiden auf und enthalten Ribonucleinsäure und zahlreiche Vitamine. Sie sind Träger einer Reihe von Enzymen des Atmungsstoffwechsels. Lysosomen enthalten ebenfalls Enzyme die für die Proteinsynthese verantwortlich sind; die Ribosomen sind reich an Ribonucleinsäure. Das Cytoplasma enthält überwiegend Eiweiß und wechselnde Mengen des Reservekohlenhydrats Glycogen. Auch Fett-Tröpfchen können nachgewiesen werden. In alternden Hefezellen vergrößern sich die ursprünglich kleinen Vacuolen (Zellsafträume), die das Plasma allmählich verdrängen können.

3.1.2 Die chemische Zusammensetzung der Hefe

Die Hefe enthält im abgepreßten Zustand 65–85% Wasser, wovon ca. 60% intrazellulär und 10–30% als Hydratationswasser gebunden sind. Auf Trockensubstanz berechnet ist folgende Zusammensetzung gegeben: Stickstoffverbindungen 38–60%, Kohlenhydrate 15–37%, Fett 2–12%, Spuren von Vitaminen sowie 6–12% Mineralstoffe.

3.1.2.1 Die *Stickstoffsubstanzen* bestehen zu rd. 90% aus den zellaufbauenden Proteinen, wie Albumin, Phosphorglobulin und Nucleoproteinen. Der Rest von 10% setzt sich aus freien Aminosäuren („Aminosäurepool"), Nucleinsäuren und deren Derivaten zusammen.

3.1.2.2 Die *Kohlenhydrate* sind in der Zellwand als Glucane (8%) und als Mannan (2,5–10% als Hefegummi) vor allem im Plasma in Form von Glykogen vorhanden. Letzteres ist hauptsächlich in seiner Eigenschaft als Reservekohlenhydrat von Bedeutung. Seine Menge (3–15%) reichert sich bei reichlicher Nährstoffzufuhr an, im Hungerzustand wird es von der Hefe verbraucht. Auch Trehalose, ein Disaccharid aus 2 Glucoseresten, liegt in geringer Menge vor.

3.1.2.3 Der *Fettgehalt* der Hefe hängt vom Alter der Hefe und von den Züchtungsbedingungen ab. Bei jungen Zellen niedrig, kann er von 2–5% unter besonderen Kulturbedingungen auf 40% erhöht werden. Die Lipide der Hefe enthalten neben mittel- und langkettigen (gesättigten und ungesättigten) Fettsäuren Acylglyceride, Phospholipide, Sterine (Ergosterine) u. a.

Die *Mineralstoffe* setzen sich, bezogen auf 100 g Trockensubstanz wie folgt zusammen: 2000 mg Phosphate, 2400 mg Kalium, 20 mg Calcium, 200 mg Natrium, 2 mg Magnesium, 7 mg Zink (Mindestmenge 3,5 mg) sowie Spuren von Eisen, Mangan und Kupfer.

3.1.2.5 *Vitamine* kommen in folgenden Mengen in der Hefe vor (100 g TrS): Thiamin (B 1) 6–20 mg, die Vitamine des B_2-Komplexes Riboflavin 2–8 mg, Nicotinsäure 30–100 mg, Folsäure 2–10 mg, Pantothensäure 2–20 mg, ferner Pyridoxin (B 6) 3–10 mg, Biotin (H) 0,1–1 mg sowie die vitaminähnlichen Substanzen Inosit und Cholin (je 200–500 mg).

3.1.3 Die Enzyme der Hefe

Die Hefe ist reich an Enzymen, die in der Zellmembran, im Cytoplasma, in der Vakuole und im Zellkern vorkommen. Sie bewirken Stoffaufnahme, Stoffumwandlung, Wachstum und Vermehrung der Zelle. Auch in der Hefe sind 6 Gruppen von Enzymen zu unterscheiden. Hydrolasen, Transferasen, Oxidoreduktasen, Lyasen, Isomerasen und Ligasen bzw. Synthetasen oder Synthasen.

Eine internationale Kommission hat 1961 bestimmte Regeln für die Nomenklatur und die Einteilung der Enzyme aufgestellt. So sieht die

Enzymbenennung vor, zuerst das Substrat, dann das Acceptormolekül und danach den Reaktionstyp zu bezeichnen. Nachdem hier sehr lange, unhandliche Bezeichnungen entstehen können, sollen im Rahmen dieses Buches die Trivialnamen weiterhin gebraucht werden.

3.1.3.1 Die *Hydrolasen* bewirken eine hydrolytische Spaltung von Stoffen, wobei Glycosid-, Ester- und Peptidbindungen durch Anlagerung der Radikale des Wassers gespalten werden. Sie bestehen meist aus einem Protein, wobei der reaktive Bereich durch die funktionellen Gruppen verschiedener Aminosäuren gebildet wird (s. S. 5). Von ihnen sind in der Hefezelle die *Carbohydrasen* wie z. B. Maltase, Saccharase, Invertase und Melibiase (α-Galactosidase), ferner *Esterasen*, die eine Anzahl von Phosphatasen und geringe Mengen an Lipasen umfassen. Der Gehalt an *Peptidasen* ist in der lebenden Zelle nur gering. Neben einer Endo-Peptidase sind mehrere Exo-Peptidasen und Amidasen gegeben.

Die folgenden Enzyme bauen sich aus Proteinen und sog. Wirkgruppen (Prosthetische Gruppen oder Co-Enzyme) auf:

3.1.3.2 *Transferasen* übertragen Atomgruppen (Phosphoryl-, Amino-, Glycosyl-Gruppen usw.) von einem Molekül (Donator) auf ein anderes (Acceptor). *Transphosphorylasen* vermitteln die Übertragung von Phosphatresten und üben damit eine wichtige Funktion im intermediären Stoffwechsel aus. Hefe enthält u. a. die Hexokinase, Phosphoglycerat – und Pyruvatkinase. Sie sind alle an der alkoholischen Gärung beteiligt. Ferner sind gegeben Enzyme, die die Übertragung von Phosphatresten auf Ribose, Adenosin, Cholin etc. katalysieren. Die *Transglycosidasen* haben Anteil an der Synthese des Glykogens, die *Transaminasen* übertragen Aminogruppen.

3.1.3.3 *Oxidoreduktasen* übertragen Wasserstoff oder Elektronen von einem Substrat auf ein anderes. Sie sind zu unterscheiden in *Dehydrogenasen,* die in Form aerober Enzyme (der vom Substrat gespaltene Wasserstoff wird auf Sauerstoff übertragen) oder anaerober Enzyme (der Wasserstoff wird auf ein anderes Molekül, jedoch nicht auf Sauerstoff übertragen) zu wirken vermögen. *Oxidasen* übertragen die Wasserstoffatome auf molekularen Sauerstoff, die Oxygenasen katalysieren den Einbau eines Sauerstoffmoleküls in ein Substrat. Zur ersteren Gruppe gehören Peroxidasen und Katalasen.

3.1.3.4 *Lyasen* spalten eine chemische Bindung (z. B. C-C-Bindung) ohne Wasseranlagerung auf. Sie lassen sich unterteilen in Decarboxylasen (Ketosäuredecarboxylasen, Aminosäuredecarboxylasen) und Dehydratasen (Enolase, Fumarase). Zu der ersteren Gruppe gehört die Pyruvatdecarboxylase, gemeinhin als „Carboxylase" bezeichnet. Sie bewirkt die Decarboxylierung der Brenztraubensäure zu Acetaldehyd, wobei CO_2 entsteht.

3.1.3.5 *Isomerasen* katalysieren eine intramolekulare Umstellung von Atomen im Molekül. Diese kann eine intramolekulare Oxidoreduktion einschließen, z. B. die Umwandlung einer Glucose in eine Fructose. Im Falle einer intramolekularen Gruppenübertragung wird z. B. die Phosphorylgruppe vom 1. auf das 6. C-Atom eines Glucosemoleküls übertragen. So sind zu unterscheiden *Phosphohexoseisomerasen* und *Phosphomutasen*.

3.1.3.6 *Ligasen* (auch Synthetasen oder Synthasen genannt) ermöglichen die Bindung zwischen zwei Molekülen, wobei für den Aufbau dieser Bindung Energie benötigt wird. Hierzu rechnen alle Enzyme, die C-N-, C-S-, C-O- und C-C Bindungen zu synthetisieren vermögen.

3.1.4 Die Vermehrung der Hefe

Die Hefe vermehrt sich im Normalfall durch *Sprossung*, selten durch Sporenbildung. Bei der Sprossung bildet die gärende Zelle an einer bestimmten Stelle ihrer Oberfläche Knospen, die sich dann im fortgeschrittenen Stadium als Mutter- und Tochterzelle abtrennen. Die Sprossung hinterläßt jeweils eine elektronenmikroskopisch feststellbare Sproßnarbe. Ein Rückschluß auf das Alter einer einzelnen Zelle ist hierdurch möglich, nicht dagegen auf das Alter einer Hefepopulation, da die Altersverteilung (50 % der Zellen ohne, 25 % mit einer Narbe, 12,5 % mit zwei, 6,25 % mit drei Narben usw.) unabhängig von irgendwelchen Faktoren immer gleich bleibt.

Die Vermehrung der Hefezelle setzt einen geeigneten Nährboden voraus, der aber durch die in der Würze gegebene Zusammensetzung den wesentlichen Ansprüchen genügt. Unter diesen Voraussetzungen können bei der Vermehrung der Hefe folgende Stadien unterschieden werden:

a) Eine latente Phase, die einige Stunden dauert, ohne daß hier bereits eine Vermehrung erfolgt. Diese Induktionszeit ist um so länger, je geschwächter die Hefe ist.

b) Eine *logarithmische Phase*, während der eine logarithmische Vermehrung der Hefe stattfindet. Die Gärung setzt ein.

c) Eine *Hemmphase*, bei der, bedingt durch die Stoffwechselprodukte, sich das Wachstum allmählich vermindert. Die Gärung läuft zunächst noch im vollen Umfang weiter.

Die *Generationsdauer* ist die Zeit, die bis zu einer Verdoppelung der Zellzahl erforderlich ist. Sie beträgt während der Periode des stärksten Wachstums je nach den verschiedenen Einflüssen zwischen 6 und 9 Stunden.

Das *Temperaturoptimum* der Hefevermehrung liegt bei 25–30°C, über 40°C hört die Vermehrung auf, die Hefe wird abgetötet. Niedrige Temperaturen vermögen die Vermehrung der Hefe zwar zu hemmen, die Hefe aber nicht abzutöten.

Sauerstoff ist zwar für die Vermehrung der Hefe nicht unbedingt notwendig, wenn H_2-Acceptoren (z. B. ungesättigte Fettsäuren) vorhanden sind, andernfalls kommt die Vermehrung allmählich zum Erliegen, wenn der Speicher an Purin- und Pyrimidinbasen aufgebraucht ist. Der Sauerstoff vermag die Vermehrung jedoch zu beschleunigen, während CO_2 eine hemmende Wirkung ausübt.

Alkohol in einer Konzentration von über 6% beeinflußt ebenfalls die Hefevermehrung negativ, doch kann sich die Hefe an höhere Alkoholkonzentrationen anpassen. Weiterhin wirken folgende Faktoren hemmend auf die Hefevermehrung: höhere Alkohole, Nitrite als Reduktionsprodukte der Nitrate (ab 40 mg/l Brauwasser), größere Mengen von Schwermetallen. Desinfektionsmittel vermögen die Hefe abzutöten; eine Reihe von ihnen hemmt nur die Vermehrung, nicht dagegen die Gärung, auch können sich Hefen an gewisse Desinfektionsmittel gewöhnen.

3.1.5 Die Genetik der Hefe

Träger der Erbfaktoren (Gene) der Hefe sind die Chromosomen, die sich im Zellkern befinden. Gewöhnlich sind bei den Brauereihefen wenigstens Paare von Chromosomensätzen zu je 2–4 Chromosomen gegeben. Die Hefe ist soweit diploid oder polyploid. Bei der vegetativen Vermehrung teilt sich der Chromosomensatz und ergänzt sich wieder zu zwei Kernen. Die Tochterzelle ist ebenfalls diploid bzw. polyploid und enthält die Erbanlagen der Mutterzelle. Im Falle der Vermehrung der Hefe durch Sporen erfolgt eine Reduktionsteilung. Die Hefe wird dann haploid. Erst wenn die Sporen sich paarweise durch Kopulation zu einer Zygote vereinigen, die den doppelten Chromosomensatz aufweist, ergibt sich bei der vegetativ vermehrenden Zelle wieder die diploide Phase. Sporen, die für sich keimen, ohne Zygoten zu bilden, werden haploide Zellen bilden. Durch Kreuzung von Chromosomen verschiedener Mutterzellen können Hefen mit unterschiedlichen Erbanlagen gezüchtet werden.

3.1.6 Gen-Manipulation der Hefe

Die Anwendung von Methoden der Gentechnologie ermöglicht es, zum Zwecke der Optimierung von Hefestämmen neben der Selektion und Mutation auch die sogenannte Rekombination einzusetzen. Bei der Mutation können nur einzelne Gene verändert werden, bei der Rekombination dagegen gelingt es, Gene aus verschiedenen Organismen miteinander zu kombinieren. Dabei entstehen Hybride – Nachkommen –, die im Vergleich zu den Ausgangsstämmen gewisse verbesserte oder zusätzliche Eigenschaften aufweisen: Verbesserte Gärleistung, verändertes Flockungsverhalten, Vergärung eines erweiterten Zuckerspektrums (z. B. Dextrine), Vergärung eines reduzierten Zuckerspektrums (z. B. für alkoholarme Biere), geringere Bildung oder rascherer Abbau von Diacetyl, Resistenz gegen das Toxin von Killerhefen. Es können aber auch zusätzliche Enzymaktivitäten (Endo-β-Glucanase, Amylase, Amyloglucosidasen etc.) in die Hefe eingeführt werden. Die Herstellung von Hybriden kann bei Hefen entweder über den sexuellen Zyklus (Sporen) oder über den ungeschlechtlichen Zyklus erfolgen.

Die Hefen sind jedoch Kreuzungen auf sexuellem Wege nur bedingt zugänglich, da sie aufgrund ihrer Polyploidie (s. oben) und der damit verbundenen, stark verringerten Neigung zur Bildung von Askosporen praktisch keine Zellen mit definierten Paarungstypen bilden. Lediglich durch Mutationen im Paarungstyp-Gen können als „seltene Ereignisse" vegetative Bierhefezellen mit Paarungstypreaktionen entstehen. Diese können dann mit Zellen des entgegengesetzten Paarungstyps gekreuzt werden. Hierauf baut die Technik des „rare mating" auf. Der ungeschlechtliche Zyklus ist dagegen eine Fusion von vegetativen Zellen oder Protoplasten. Eine weitere Möglichkeit ist die Transformation, das Einbringen von genetischen Informationen in eine Wirtszelle. Die Anwendung des ungeschlechtlichen (somatischen) Zyklus oder der Transformation erlaubt es, die Erbinformation sogar von unterschiedlichen Organismenarten oder -gattungen miteinander zu kombinieren. Beim sexuellen Zyklus besteht diese Möglichkeit nicht.

Protoplasten sind Zellen, deren Zellwand enzymatisch abgebaut wurde; sie werden dadurch osmotisch labil: Sie platzen in hypotonischen Lösungen, sind aber in hypertonischen Lösungen eine bestimmte Zeit lebensfähig. Sie nehmen dort Kugelgestalt an. Die Regeneration der Zellwand erfolgt durch Eingießen des Protoplasten in einen hypertonischen Nähragar. Die nunmehr wieder intakte Zelle kann sich wieder auf dem Wege der Sprossung vermehren. Protoplasten können nun unter bestimmten Bedingungen unabhängig von ihrem Paarungstyp und ihrer Artzugehörigkeit miteinander verschmelzen. Durch die Protoplastenfusion ist es möglich, Bierhefen zu kreuzen, aber auch eine Bierhefe mit einer Killerhefe.

Eine *Killerhefe* scheidet ein Toxin aus, das bei einem Anteil von 1–3% Killerhefen in einer Kulturhefepopulation die Kulturhefe abzutöten imstande ist. Die Killerhefe setzt die Gärung zwar fort, das Bier weist jedoch einen Fehlgeschmack (z. B. nach Phenolen) auf (s. S. 313).

Killerhefen haben sich besonders störend bei kontinuierlichen Gärsystemen bemerkbar gemacht. Es ist derzeit nicht bekannt, inwieweit bei normalen Brauereigärungen Infektionen durch Killerhefen auftreten, bzw. ob Gärstörungen darauf zurückzuführen sind.

Für die Produktion des Killertoxins (folglich auch der Resistenz dagegen) sind Gene verantwortlich, die nicht auf den Chromosomen des Zellkerns, sondern auf den sog. Killerplasmid vorkommen. Ein Plasmid ist ein doppelsträngiges RNS-Molekül, das in eine Proteinhülle verpackt ist und das in 10–12 Kopien außerhalb des Zellkerns im Cytoplasma von Killerhefen auftritt. Nachdem die Gene, die für den Bierhefecharakter verantwortlich sind, auf den Chromosomen des Zellkerns vorkommen, ebenso wie die Gene, die eine Killerhefe als Bierhefe ungeeignet machen, z. B. durch Fehlgeschmacksbildung, geringe Gärleistung, ungünstiges Flockungsverhalten, ist eine Kreuzung zwischen Bierhefe und Killerhefe nur so weit zu führen, daß wohl eine Verschmelzung der Cytoplasmen (Plasmogamie), nicht dagegen eine Verschmelzung der Kerne (Karyogamie) eintritt.Es werden also nur cytoplasmatische Gene, aber nicht chromosale Gene ausgetauscht. Diese „Cybriden" haben im Gegensatz zu den Hybriden, bei denen sowohl Plasmogamie als auch Karyogamie aufgetreten ist, den Kern eines der

Eltern mit dem Cytoplasma, das die Plasmide beider Eltern enthält. Bei den Cybriden mit dem Zellkern der Bierhefe handelt es sich dann um die gewünschte Killerbierhefe. Die Hefen mit dem Kern der Killerhefe können durch Markierung erkannt und ausgeschieden werden. Die so erhaltene „Killerbierhefe" hat die Eigenschaften der Bierhefe, sie scheidet aber ein aktives Killertoxin bei der Gärung aus, das einen Schutz gegen eine Kontamination durch Killerhefen bildet: Killerhefen und damit auch die Killerbierhefen sind gegen das arteigene Toxin, z. B. K_1, unempfindlich.

Es können aber auf dem Wege der Protoplastenfusion oder der Transformation auch Fremdgene eingeführt werden, so z. B. eine β-1,4-Glucanase aus Fadenpilzen, die in der Hefe funktioniert, die aber auch exkretiert wird. Endo-β-1,3- und l,4-Glucanasen von Bacillus subtilis wurden in ober- und untergärige Brauereihefen eingebracht. Die Hefen veränderten sich hierbei in ihrem Gärverhalten nicht, die Stabilität des β-Glucanasen-Gens war in der Lagerhefe besser als in der Ale-Hefe.

Die Bildung von 2-Acetolactat oder 2-Acetohydroxybutyrat könnte durch Reduzierung der Acetohydroxysäuren-Synthease (Unterbrechung der Codierungsregionen) verringert werden. Eine Erhöhung der Aktivitäten der Redukto-Isomerase und der Dehydratase könnte einen verstärkten Fluß der Acetohydroxysäuren in Valin oder Leuein auslösen.

Diese wenigen Beispiele sollen aufzeigen, was die „Gentechnologie" bereits an Ergebnissen gebracht hat, bzw. welche Resultate in naher Zukunft zu erwarten sind. Es bleibt vorläufig die Frage offen, ob diese Manipulationen nachhaltig ohne Einfluß auf das generelle Verhalten der Hefe sind und wie lange diese durch Plasmide eingebrachten Eigenschafen stabil sind. Im Falle der Killerbierhefen waren diesbezüglich keine Probleme gegeben.

3.1. 7 Autolyse der Hefe

Sie tritt ein bei unzweckmäßiger Lagerung der Hefe oder auch unter bestimmten Bedingungen während der Gärung und Lagerung des Bieres. Die Enzyme der Hefe bauen die zelleigenen Kohlenhydrate und Stickstoffsubstanzen ab, zerstören den Aufbau der Hefezelle, die Vakuolen vergrößern sich auf Kosten des Cytoplasmas. Das Substrat reichert sich an mit Aminosäuren und anderen Eiweißabbauprodukten, insbesondere Nucleotiden; der pH-Wert steigt, besonders durch Ausscheidung basischer Aminosäuren und durch die Bindung von Wasserstoffionen durch sekundäre Phosphate und Proteine. Darüber hinaus werden mittelkettige Fettsäuren (C_6–C_{12}) und deren Ethylester exkretiert sowie Hefeproteasen und andere Enzyme. Erstere bauen hochmolekulares Eiweiß unter Mehrung des Aminostickstoffs ab, wodurch die Schaumeigenschaften der Biere leiden. Diese, im Betrieb gegen Ende der Gärung, bei der Reifung, insbesondere bei höheren Temperaturen sowie bei überlanger Kaltlagerung mit hohen Hefegehalten vorkommenden Erscheinungen sind nur das Anfangsstadium der Autolyse, die auch organoleptisch durch einen hefigen Geschmack, z. T. nach alter Hefe erfaßbar ist. Eine starke Autolyse der Hefe kann sogar zu einem kreosotartigen Geschmack führen (s. S. 313).

3.2 Der Stoffwechsel der Hefe

Wie jedes Lebewesen verfügt die Hefe über einen geregelten Stoffumsatz. Die dabei auftretenden Reaktionen sind energieliefernde (Betriebs- oder Energiestoffwechsel) und energieverbrauchende (Baustoffwechsel).

Energie- und Baustoffwechsel sind miteinander verbunden. Zum Teil findet eine Speicherung von Reservestoffen in der Zelle statt, die im Bedarfsfalle zur Verfügung stehen. Bei diesem Abbau und Aufbau von Stoffen wird eine große Anzahl von Zwischenprodukten und neuen Substanzen gebildet. Sind bestimmte, für die Hefe notwendige Stoffe nicht vorhanden, so kann sie dieselben aus anderen Verbindungen synthetisieren. In dem Maße, wie derartige Synthesen erforderlich sind oder nicht, werden sich auch die Mengen der verschiedenen Stoffwechselprodukte im Substrat unterscheiden. Es entsteht also neben Ethylalkohol und Kohlendioxyd, die die Hauptmenge der Gärungsprodukte ausmachen, noch eine Vielzahl von Nebenprodukten, die für die Eigenschaften des Geschmackes und der Bekömmlichkeit des Bieres von großer Bedeutung sind.

Für alle diese Stoffwechselprozesse benötigt die Zelle Energie. Verwertbar ist jedoch nicht die während der Gärung in Form von Wärme abgegebene Menge, sondern nur die chemische Energie, die in Form von energiereichen Verbindungen der Zelle zur Verfügung steht. Die wichtigsten sind Adenosindiphosphat (ADP) und vor allem Adenosintriphosphat (ATP), die als Energiespeicher

und Energieüberträger dienen. Von den 2870 kJ/ 686 kcal, die bei der Verbrennung eines Moleküls Glucose entstehen, werden bei der Atmung rd. 40 % (1110 kJ/266 kcal) chemisch gebunden, während bei der Gärung die Ausnutzung der Energie ungleich geringer ist (80 kJ/19 kcal).

3.2.1 Der Kohlenhydratstoffwechsel

In der Bierwürze liegen an verwertbaren Kohlenhydraten die Hexosen Glucose und Fructose, die Disaccharide Saccharose und Maltose und das Trisaccharid Maltotriose vor.

Niedrige und höhere Dextrine werden nicht von der Hefe aufgenommen. Die beiden Hexosen diffundieren durch die Zellmembran und werden im Innern der Hefezelle nach dem im folgenden zu besprechenden Mechanismus vergoren. Das Disaccharid Saccharose wird im Bereich der Zellwand durch die Invertase zu Glucose und Fructose abgebaut. Demgegenüber bedürfen Maltose und Maltotriose eines besonderen Transportsystems durch die beiden Enzyme Maltosepermease und Maltotriosepermease, um in das Innere der Zelle zu gelangen, wo sie durch Maltase zu Glucose hydrolysiert werden. Die Verwertung dieser verschiedenen Zuckerarten durch die Hefe erfolgt dann annähernd gleichzeitig, wenn die Hefe an Maltose und Maltotriose adaptiert ist, wie z. B. am Ende der Hauptgärung, wenn die Hefe sofort wieder zur Gärung angestellt wird. Lagert die Hefe bis zum Wiederanstellen unter Wasser, so geht die Adaption an die Maltose verloren und sie vergärt die Zucker mehr in der oben angegebenen Reihenfolge.

Der Abbau der Glucose im anaeroben Milieu zu Alkohol und Kohlendioxid oder auf aerobem Wege zu Kohlendioxyd und Wasser verläuft (verkürzt dargestellt) wie folgt, wobei die Wege der alkoholischen Gärung und der Atmung bis zur Brenztraubensäure (Schritt 9) parallel laufen:

3.2.1.1 *Gärung nach dem Embden-Meyerhof-Parnas-System*

1. Die Glucose wird durch die Hexokinase in Glucose-6-Phosphat übergeführt. Als Phosphatdonator wirkt ATP, welches in das weniger energiereiche ADP übergeht.
2. In einem nächsten Schritt katalysiert eine Phosphohexoseisomerase die Umlagerung zu Fructose-6-Phosphat.
3. Durch eine weitere Phosphorylierung entsteht unter Einwirkung der Phosphofructokinase

und ATP (als P-Donator) das Fructose-1,6-Biphosphat nebst ADP.

4. Nun erfolgt die Aufspaltung durch eine Aldolase in Glycerinaldehyd-3-Phosphat (Glyceral-3-Phosphat) und Dihydroxy-Aceton-Phosphat (Glyceronphosphat), die beide in einem reversiblen Gleichgewicht (1:22) stehen, katalysiert durch eine Triosephosphat-Isomerase.

5. Im weiteren Verlauf wird nur Glycerinaldehyd-3-Phosphat umgesetzt, das mit Hilfe einer Glycerinaldehydphosphat-Dehydrogenase in das Glycerinsäure-1,3-Biphosphat oxidiert wird. Dabei wird anorganisches Phosphat in die Verbindung eingebaut. Dem freiwerdenden Wasserstoff dient NAD^+ (Nicotinamid-Adenin-Dinucleotid) als Acceptor.

6. In der Folge bewirkt die Phosphoglyceratkinase die Abgabe des Phosphats der Hydroxylgruppe. Es entsteht Glycerinsäure-3-Phosphat, wobei ADP zu ATP aufgewertet wird.

7. Unter der Einwirkung der Phosphoglyceratmutase bildet sich durch Umlagerung des Phosphats Glycerinsäure-2-Phosphat.

8. Unter Wasserabspaltung katalysiert die Enolase den Übergang zur phosphorylierten Enolform der Brenztraubensäure dem Phosphoenolpyruvat.

9. Die Pyruvatkinase vermittelt die Abspaltung des Phosphats; dieses führt wiederum ADP in ATP über. Es entsteht Brenztraubensäure. Dihydroxyaceton-Phosphat (Schritt 4) kann in Glycerinaldehyd-3-Phosphat (Enzym Triosephosphat-Isomerase) umgewandelt werden und dann ebenfalls die Schritte 5 bis 9 durchlaufen.

Hier trennen sich nun die Reaktionsabläufe der anaeroben und der aeroben Glycolyse. Die *erstere* führt weiter:

10. Durch die Pyruvat-Decarboxylase tritt eine irreversible Decarboxylierung der Brenztraubensäure zu Acetaldehyd ein. Hierbei wird Kohlendioxid frei.

11. Der Acetaldehyd erfährt nun, katalysiert durch die Alkohol-Dehydrogenase eine Reduzierung zu Ethylalkohol. Als Wasserstoffdonator dient NAD·H (aus Verfahrensschritt 5).

3.2.1.2 *Atmung*: Wie schon erwähnt, läuft der aerobe Stoffwechsel bis zum Schritt 9 mit dem anaeroben gemeinsam. Steht in diesem Stadium Sauerstoff zur Verfügung, so verläuft der weitere Abbau nach dem Zitronensäure-(Krebs-)Zyklus:

10 a) Die Brenztraubensäure wird in einem komplizierten Schritt durch das Co-Enzym A (CoA) unter CO_2-Abspaltung in Acetyl-CoA, die aktivierte Essigsäure, übergeführt. Dabei wird NAD^+ zu NAD·H reduziert.

11 a) Mit Oxalacetat wird der Acetylrest der aktivierten Essigsäure zu Citronensäure kondensiert.

12. In zwei Stufen entsteht durch die Wirkung der Aconitat-Hydratase über cis-Aconitsäure die Isocitronensäure.

13. Die Isocitrat-Dehydrogenase katalysiert unter Mitwirkung von NAD^+ oder $NADP^+$ (Nicotinamid-Adenin-Dinucleotidphosphat) die Dehydrierung zu Oxalosuccinat (Oxalbernsteinsäure).

14. Durch die gleiche Dehydrogenase wird die Oxalbernsteinsäure zu 2-Oxoglutarat (α-Ketoglutarsäure) decarboxyliert. Es wird CO_2 frei.

15. Durch einen, aus drei Enzymen bestehenden Enzymkomplex (α-Ketoglutarat-Decarboxylase, Lipoylreductase-Transsuccinylase und Dihydrolipoyl-Dehydrogenase) erfolgt eine oxidative Decarboxylierung zu Bernsteinsäure. Hierbei entsteht durch Coenzym A als Zwischenprodukt Succinyl-CoA.

16. Die Bernsteinsäure wird durch die Bernsteinsäuredehydrogenase zu Fumarsäure dehydriert.

17. Durch Anlagerung von Wasser vermittelt die Fumarase (Fumarathydratase) die Bildung von Äpfelsäure.

18. Der Cyklus schließt sich durch Dehydrierung der Äpfelsäure (Malatdehydrogenase) zu Oxalessigsäure. Er läuft erneut mit dem oxidativen Abbau eines Acetylrestes ab.

Die Energiebilanz des (reversiblen) Citronensäurezyklus ist ausgeglichen. Die abgespaltenen Wasserstoffatome werden durch die Atmungsenzyme (Cytochrome) mit Luftsauerstoff zu Wasser verbrannt. Dabei bilden sich wieder energiereiche Phosphatbindungen (ATP) aus, die für diesen Kreislauf oder aber für andere Vorgänge zur Verfügung stehen. So werden aus jedem Molekül Glucose, das auf oxidativem Wege zu CO_2 und H_2O abgebaut wird, 38 Moleküle ATP gebildet.

Demgegenüber werden beim anaeroben Abbau über den Weg der alkoholischen Gärung nur 2 Moleküle ATP pro Mol Glucose ausgenützt.

Neben dem oben angeführten Schema ist noch ein weiterer Abbauweg der Glucose bekannt:

3.2.1.3 *Der Pentose- oder auch Hexose-Monophosphotzyklus:* In diesem wird die Glucose durch direkte Oxidation zu Kohlendioxid abgebaut. Dies geschieht durch eine oxidative Decarboxylierung des Glucose-6-phosphats zu Ribulose-5-phosphat, wobei zwei Moleküle Triphosphopyridinnucleotid (NADP) reduziert werden, die dann in der Atmungskette eine Oxidation durch Sauerstoff erfahren. Hierdurch wird die Bildung energiereicher Phosphatbindungen ermöglicht. Aus drei Pentosephosphaten entstehen anschließend 2 Hexosen (Fructose-6-Phosphat und Glucose-6-Phosphat) und eine Triose. Die Hexosen können wieder der direkten Glucoseoxidation unterworfen werden.

Nach mehrmaligem Durchlaufen dieses Zyklus kann Glucose vollständig oxidiert werden. Unter anaeroben Bedingungen nehmen nur 10 % der Glucose den Weg dieses Abbaus; in aerober Hefe dagegen werden 26 % über den Pentose-Phosphat-Zyklus metabolisiert.

Wie beim Embden-Meyerhof-Parnas-System sind auch beim Pentosephosphat-Zyklus einzelne Zwischenprodukte für den Baustoffwechsel der Hefe von großer Bedeutung.

So wird die Hefe diesen Weg einschlagen, wenn für den Aufbau von Nucleinsäuren Pentosephosphat oder reduziertes NADP benötigt wird.

Die Hefe besitzt die Fähigkeit, ihren Stoffwechsel sowohl an anaerobe als auch an aerobe Bedingungen anzupassen. Wenn auch der erstere Weg bevorzugt abläuft, so kann jedoch die Hefe, wenn Sauerstoff bei der Gärung zugeführt wird, diese teilweise durch Atmung ersetzen (Pasteur-Effekt). Nachdem aber beim Gärungsstoffwechsel keine Atmungsenzyme erforderlich sind, muß die Hefe diese erst über das Membransystem der Mitochondrien entwickeln.

Umgekehrt wird in aeroben Kulturen ein kleiner Teil der Glucose zu Alkohol und Kohlensäure vergoren. Hohe Glucose-Gehalte vermögen die Aktivität von Enzymen des Krebszyklus zu vermindern (Gegen-Pasteur-Effekt oder Crabtree-Effekt).

Bei der normalen Brauereigärung werden etwa 98 % des Zuckers vergoren und nur 2 % veratmet.

3.2.1.4 Die *Synthese* der Kohlenhydrate, namentlich des Glykogens, geschieht durch die Wirkung der Transglucosidasen und Phosphorylasen. Dabei bildet die Hefe ihre Reservekohlenhydrate wie Glykogen und Trehalose nur in der anaeroben Phase, d. h. nach Beendigung der Hefevermehrung. Die Glycogen-Bildung entspricht etwa 0,25 % des Maltose-Verbrauchs.

Das Glykogen als Reservekohlenhydrat nimmt zunächst während der ersten beiden Stunden der Gärung von ca. 40 % der Trockensubstanz auf 20 % ab (s. S. 195).

Daneben bildet die Hefe auch Mannan und Glucan für die Zellwände.

3.2.2 Der Eiweißstoffwechsel

Zur Vermehrung und zu dem hierbei notwendigen Aufbau von Zellsubstanz benötigt die Hefe Stickstoff. In der Anfangsphase der Gärung werden niedrige Peptide durch die Hefe hydrolysiert und verwertet. Während des Hauptteils der Gärung stellen jedoch Aminosäuren die hauptsächliche, wenn nicht alleinige Stickstoffquelle dar. Dipeptide werden weniger rasch verwertet als Aminosäuren. Gegen das Ende der Gärung setzt dann wieder eine Assimilation von Peptiden ein, auch wenn noch Aminosäuren vorhanden sind. Aminosäuren sind nicht nur für die Biosynthese von Hefeproteinen wichtig, sondern auch für die Bildung von Permeasen und anderen Enzymen. Es muß daher die Würze genügend Aminosäuren und Peptide enthalten, um die Hefevermehrung und den Ablauf der Gärung im gewünschten Sinne zu ermöglichen.

3.2.2.1 Die *Aufnahme* der *Aminosäuren* durch die Hefen erfolgt über Permeasen in einer bestimmten Reihenfolge. Nach der Zeit, in der die Hälfte der Menge einer jeden Aminosäure von der Hefe aufgenommen wird, lassen sich diese in vier Gruppen einteilen:

Gruppe A: Glutaminsäure, Asparaginsäure, Asparagin, Glutamin, Serin, Threonin, Lysin, Arginin;
Gruppe B: Valin, Methionin, Leucin, Isoleucin, Histidin;
Gruppe C: Glycin, Phenylalanin, Tyrosin, Tryptophan, Alanin, Ammoniak;
Gruppe D: Prolin.

Während nun erstere rasch absorbiert werden, verwertet die Hefe Prolin praktisch nicht. Die Gruppeneinteilung ist für obergärige Hefen gültig, bei untergärigen ist wohl eine ähnliche Verteilung zu erkennen, wenn auch bei der untersuchten Hefe z. B. eine spätere Aufnahme von Valin und Histidin ermittelt wurde und Arginin ein unregelmäßiges Verhalten zeigte.

Die Reihenfolge der Aufnahme der Aminosäuren wird von den Permeasensystemen beeinflußt. Die ursprünglich angenommene generelle Aminosäuren Permease (GAP) wird jedoch während der ersten Zeit der Gärung noch nicht synthetisiert, da hier noch Ammonium-Ionen (aus der Würze) vorliegen. Aminosäuren der Gruppe A und wahrscheinlich der Gruppe B besitzen Transportsysteme, die spezifischer sind als GAP. Wenn die Ammonium-Ionen aus der Würze aufgenommen sind, dann wird GAP gebildet und alle außer einer Aminosäure der Gruppe C (Prolin) werden dann über dieses Transportsystem von der Hefezelle aufgenommen. Es hat sich aber gezeigt, daß die Wirksamkeit der Aminosäureabsorption durch die Permeasen auch durch die Fettsäurezusammensetzung der Phospholipide in der Hefeplasma-Membrane beeinflußt wird. Diese Fettsäurezusammensetzung verändert sich nämlich im Laufe der Gärung, wobei ein Fehlen von Sauerstoff den Aufbau der Plasmamembran mit einem ständig größeren Anteil von gesättigten Fettsäureresten fördert. Bei Vorhandensein von ungesättigten Fettsäuren der Würze werden diese für die Zellwände mitverwertet. Bei Fehlen derselben könnte dann eine effiziente Belüftung sogar die Synthese von ungesättigten aus gesättigten Fettsäuren bewirken.

Damit ist die Vielschichtigkeit der Aminosäure-Aufnahme während der Gärung aufgezeigt.

Es konnte aber auch nachgewiesen werden, daß bei Brauereigärungen die Verwertung des Aminostickstoffs weniger durch die Menge irgendeiner einzelnen Aminosäure als vielmehr durch die Menge des assimilierbaren Stickstoffs gesteuert wird.

3.2.2.2 Die *Bedeutung einzelner Aminosäuren* ist aber von einer anderen Seite aus gegeben. Die Aminosäuren werden wohl in bedeutendem Umfange intakt assimiliert, doch von der Hefe durch Transaminierung in jene Aminosäuren umgewandelt, die gerade zu diesem Zeitpunkt zum Aufbau von Zelleiweiß benötigt werden. Hierfür dienen aber nicht nur die Kohlenstoffgerüste von Aminosäuren, sondern auch von einfachen Zuckern, deren Oxysäuren beim oxidativen Kohlenhydratstoffwechsel intermediär anfallen (z. B. α-Ketoglutarsäure in Schritt 15 führt zu Glutaminsäure, Oxalessigsäure zu Asparaginsäure, Brenztraubensäure zu Alanin). Bestimmte Aminosäuren, deren α-Ketosäuren für die Aminosäuresynthese wichtig sind, müssen deshalb in genügender Menge vorhanden sein, während andere – abgesehen

von ihrem Beitrag zum gesamten assimilierbaren Stickstoff – nicht so bedeutsam sind. Lysin, Histidin, Arginin und Leucin liefern Oxysäuren, die nur von den entsprechenden Aminosäuren des Substrats, nicht dagegen vom Kohlenhydratstoffwechsel gewonnen werden können. Ein Mangel an diesen Aminosäuren würde den Eiweißstoffwechsel der Hefe verändern und die Bierqualität beeinträchtigen. Die Konzentration von Isoleucin, Valin, Phenylalanin, Glycin, Alanin und Tyrosin in Würze ist ebenfalls wichtig, da in den späteren Gärstadien die Synthese aus α-Ketosäuren von Zuckern unterdrückt wird. Sie müssen dabei aus dem Kohlenstoffgerüst der betreffenden Aminosäuren gewonnen werden. Eine zu geringe Menge derselben würde wiederum die Bierqualität negativ beeinflussen. Eine dritte Gruppe von Aminosäuren hat eine geringe Bedeutung auf den Hefestoffwechsel: Asparaginsäure, Glutaminsäure, Asparagin, Glutamin, Threonin, Serin und Methionin werden in den ersten Gärstadien zu einem Großteil aus den Kohlenstoffgerüsten von Aminosäuren und im späteren Stadium aus den Ketosäuren von Kohlenhydraten gewonnen.

Prolin kann dieser Gruppe zugezählt werden, da seine Konzentration nicht von Bedeutung ist.

Ein Mangel an den erwähnten Gruppen von Aminosäuren wird sich von einer vermehrten Inanspruchnahme von α-Ketosäuren des Kohlenhydratstoffwechsels äußern. Die hierbei durch Desaminierung der Aminosäuren freiwerdenden Oxysäuren werden decarboxyliert zu einem Aldehyd, der ein Kohlenstoffatom weniger hat als die ursprüngliche Ketosäure und dann zu Alkohol reduziert (Ehrlich-Mechanismus). Hierdurch kommt es zu einer Mehrung von höheren Alkoholen und damit zu einer Beeinflussung der Bierqualität (s. S. 311). Aber auch ein Überschuß an Aminosäuren kann sich in einer vermehrten Bildung von Nebenprodukten auswirken (s. S. 205).

3.2.2.3 Der *Stickstoffumsatz bei der Gärung*: Eine 12 %ige Würze, die nur aus Malz hergestellt wurde, enthält rund 1000 mg/l Stickstoff. Rohfrucht wie Reis und Mais bewirkt einen, um den verwendeten Anteil geringeren Stickstoffgehalt. Davon sind etwa 60 % niedermolekular; der α-Aminostickstoff beträgt 20–23 %, bei Malzwürzen also 200–260 mg/l. Die Stickstoffabnahme bei einer normalen Gärung beläuft sich auf 250–320 mg/l, so daß im Bier in der Regel noch 680 bis 750 mg/l Stickstoff verbleiben. Die Hauptmenge der Verringerung des Stickstoffs wird durch die Assimilation der Hefe bewirkt, die nicht nur α-Aminostickstoff, sondern auch niedere Peptide umfaßt. Ersterer nimmt um 100–120 mg/l ab. Durch die pH-Erniedrigung während der Gärung fallen 50–70 mg/l höhermolekulare Stickstoffsubstanzen aus und werden an der Hefeoberfläche adsorbiert oder durch Kohlensäurebläschen in die Kräusendecke genommen. Die Hefe nimmt aber nicht nur Stickstoffsubstanzen auf, sie scheidet auch einen Teil derselben, Aminosäuren und Peptide wieder aus. Unter Einbeziehung dieser Stickstoffmengen dürfte die Hefe ca. 40 % des Würzestickstoffs umsetzen.

3.2.3 Der Fettstoffwechsel

Die Hefelipide bilden zusammen mit Eiweiß die Zellmembranen der Hefe. Es handelt sich hierbei um Phospholipide, Sterine (Ergosterin, Zymosterin), Glycolipide u. a. Die Lipide machen etwa 80 % der Trockensubstanz der Zellwand aus. Nachdem sich die Hefe während der Gärung auf das 4–8fache vermehrt, müssen neben Eiweiß auch Lipide aufgebaut werden. Diese Synthese erfordert molekularen Sauerstoff.

3.2.3.1 Die *Bildung von Fettsäuren* nimmt ihren Ausgang von der aktivierten Essigsäure, die durch oxidative Decarboxylierung der Brenztraubensäure entsteht. Durch Kondensation von Acetyl-CoA und mehreren Molekülen Malonyl-CoA entstehen über eine Fettsäuresynthese gesättigte Fettsäuren. Ungesättigte Fettsäuren werden durch Dehydrierung von gesättigten gleicher Kettenlänge unter Mitwirkung von $NADPH_2$ und molekularem Sauerstoff gebildet. Es kann aber jeweils nur eine Doppelbindung (zwischen den C-Atomen 8 und 9) formiert werden. Phosphate, Magnesium, Biotin und Pantothensäure haben einen positiven Einfluß auf die Fettsäuresynthese.

3.2.3.2 *Bedeutung der Fettsäuren für den Hefestoffwechsel.* Langkettige, ungesättigte Fettsäuren, die sich in Form von Lipiden (Sterinen, z. B. Ergosterin) in der Hefezellwand befinden, erleichtern die Aufnahme von Nährstoffen in gelöster oder dispergierter Form. Sind zu wenig derartige Lipide vorhanden, so kann die Aufnahme von Aminostickstoff unmöglich werden, selbst wenn die Würze reichlich Aminosäuren enthält. Auch der Phosphattransport durch die Zellmembran hängt von deren Gehalt an Lipiden ab. Außerdem werden die für Phosphorylierungsreaktionen wichtigen ATP-Enzyme durch ungesättigte Fett-

säuren aktiviert. Somit sind die Lipide indirekt und direkt für den Hauptweg des Glucose-Abbaus, den Embden-Meyerhof-Parnas-Weg von Bedeutung.

Dieser große Einfluß der Fettsäuren auf die Vorgänge bei der Gärung zeigt, daß ein Minimum an ungesättigten, langkettigen Fettsäuren in der Zelle vorhanden sein muß. Diese können durch die Würze eingebracht werden, was aber im Hinblick auf die spätere Geschmacksstabilität der Biere problematisch ist. Es muß daher durch eine gute Sauerstoffversorgung zu Beginn der Gärung eine Synthese dieser Fettsäuren bzw. Lipide gefördert werden.

Gesättigte und ungesättigte Fettsäuren mittlerer Kettenlänge (C_6–C_{12}) befinden sich ebenfalls in der Würze. Sie gehen in den Hefestoffwechsel ein, wobei C_2-Fragmente über Acetyl- und Malonyl-CoA zum Aufbau längerkettiger Fettsäuren verwendet werden.

3.2.3.3 *Fettsäuren und Esterbildung*: Die Esterbildung während der Gärung s. S. 205 kann durch einen erhöhten Gehalt der Würze an ungesättigten Fettsäuren unterdrückt werden. Durch sie wird mehr Hefezellmasse gebildet, deren Aufbau die Verwertung energiereicher Verbindungen als Co-Enzym A bedingt, welches dann nicht zur Esterbildung zur Verfügung steht. Gesättigte Fettsäuren können u. U. die umgekehrte Wirkung haben, da z. B. Stearin- und Palmitinsäure in Form von CoA-Komplexen als Inhibitoren der Fettsäuresynthese zu reagieren vermögen.

Ungesättigte Fettsäuren verringern auch die Bildung von Fettsäuren mittlerer Kettenlänge; der Mechanismus scheint dem oben beschriebenen zu entsprechen.

3.2.3.4 Auch die *Glycerinsynthese* basiert auf dem Abbau der Kohlenhydrate (Embden-Meyerhof-Parnas-System, Schritt 4). Das hierbei entstehende Dioxyacetonphosphat wird durch NADH zu Glycerinphosphat reduziert und mittels einer Phosphoesterase in Glycerin übergeführt.

3.2.3.5 Beim *Abbau der Fette* wird das entstehende Glycerin auf dem umgekehrten Weg in den anaeroben Kohlenhydratstoffwechsel eingeführt. Die freien Fettsäuren werden dagegen zu CO_2 und Wasser oxidiert. Das Fortschreiten dieser Reaktion ist jedoch von der Stärke des Kohlenhydratabbaus abhängig.

3.2.4 Der Mineralstoffwechsel

3.2.4.1 *Schwefelstoffwechsel*: Die Hefe benötigt Schwefel zur Synthese von Zelleiweiß, bestimmten CO-Enzymen z. B. Coenzym A, Gluthation und anderen sowie zu Vitaminen. Die Würze enthält anorganische (Sulfate) und organische Schwefelverbindungen, wie schwefelhaltige Aminosäuren, Peptide und Proteine sowie Vitamine (Biotin, Thiamin). Dimethylsulfid und seine Vorläufer sind ebenfalls in wechselnden Mengen vorhanden (s. S. 171).

Während der Gärung entstehen flüchtige Schwefelverbindungen, die für den Biergeschmack bedeutsam sind, die ihn aber auch beeinträchtigen können. Sie entstehen zum Teil bei der Synthese der Aminosäuren Cystein und Methionin durch Einbau von Schwefelwasserstoff, der seinerseits von einer Reduktion des Sulfatschwefels über Schwefeldioxid entstammt. Hier entstehen also neben Schwefelwasserstoff und Schwefeldioxid Methylsulfid als hydrolytisches Spaltprodukt von Cystein und Methionol, einem Transaminierungsprodukt von Methionin sowie Ethylsulfid durch Reduktion von Thioacetaldehyd. Methylsulfid und Ethylsulfid können zu Disulfiden oxidiert werden. Aus dem Methionin wird über den Ehrlich-Mechanismus Methionol. Auch entsprechende Ester sind im Bier nachzuweisen. Dimethylsulfid wird bei der Gärung aus einem Vorläufer gebildet, der den Würzekochprozeß überdauert hat. Auch der DMS-Gehalt der Anstellwürze ist, um Verdunstungsverluste vermindert, im Bier zu finden.

Für die Bildung flüchtiger Schwefelverbindungen ist der Gehalt der Würze an Methionin, aber auch an Biotin und Pantothensäure entscheidend. Das Fehlen der letzteren, oder auch ein höherer Gehalt an Threonin, das die Methioninbiosynthese inhibiert, führt zu einer starken Bildung von Schwefelwasserstoff.

3.2.4.2 Die *Bildung von Schwefeldioxid* erfolgt aus dem Sulfat der Würze, das durch die ATP Sulfurylase in Adenosylphosphosulfat (APS) überführt wird. Dieses wird mittels einer APS-Kinase zum „aktiven Sulfat", dem 3-Phosphoadenosyl-5-Phosphosulfat (PAPS) umgewandelt. Die PAPS- Reduktase reduziert das PAPS zu Thioredoxin-Sulfid. Dieses Persulfid überträgt dann das Sulfid auf acetylierte Aminosäure-Acceptoren, womit es in den Aminosäurestoffwechsel eintritt. Die verschiedenen Schritte werden durch S-Adenosylmethionin reprimiert, der letztere auch durch Methionin über Rückkoppelung gehemmt. Das zurückbleibende oxidierte Thioredoxin wird durch Thioredoxin-Reduktase unter Verbrauch eines Moleküls $NADP^+$ zu PAPS reduziert und kann die folgenden Reaktionen wieder durchlaufen. Während Methionin und Cystein einen Hemmeffekt auf die SO_2-Bildung verzeichnen, vermögen hohe Gehalte an Threonin, Serin und Isoleuin diese zu fördern.

Eine verstärkte Bildung von Acetaldehyd (s. S. 206) kann zu einer Additionsverbindung mit SO_2 führen, die nicht von der Sulfitreduktase abgebaut werden kann. Offenbar zieht Acetaldehyd das Sulfit aus dem Methionin-/Cystein-Stoffwechsel ab, wodurch der oben angeführte Stoffwechsel aktiviert und die Sulfitproduktion erhöht wird.

3.2.4.3 *Die anderen Mineralstoffe* haben eine sehr große Bedeutung für den Hefestoffwechsel: so die *Phosphate*, die bei der Energieübertragung in der Hefezelle (ATP, ADP) unverzichtbar sind; ein Mangel führt zur Fettanhäufung in der Zelle unter Inhibition der Stickstoffaufnahme; *Kalium-Ionen,* die in den Kohlenhydratabbau durch Aktivierung der Enzyme der Glycolyse (insbesondere der Pyruvat-Kinase) eingreifen; *Calcium-Ionen,* die einen positiven Effekt auf die Hefevermehrung ausüben, die Aktivitäten der Alkoholdehydrogenase und Malatdehydrogenase fördern und in zu hohen Mengen die Flockung verstärken; *Magnesium-Ionen,* die die Transphosphatase, die Carboxylase und die Enolase im Kohlenhydratstoffwechsel aktivieren. *Eisen* ist in kleinen Mengen für Glycolyse und Atmungsstoffwechsel wichtig, auch *Kupfer* vermag in kleinen Mengen positiv zu wirken, in größeren dagegen Maltase, Phosphofructokinase, Pyruvatkinase und weitere Enzyme der Glycolyse zu hemmen. *Zink* fördert die Eiweißsynthese und die Zellvermehrung. Es hat als Bestandteil der Alkoholdehydrogenase einen wesentlichen Anteil an der Geschwindigkeit des Zuckerabbaus.

3.2.5 Wuchsstoffe (Vitamine)

Diese sind neben den Kohlenhydraten, Eiweiß-, Fett- und Mineralstoffen zur Erhaltung des Lebens erforderlich. So ist das *Thiamin* (Vitamin B_1, Aneurin) als Co-Ferment der Carboxylase von großer Bedeutung für den Kohlenhydratstoffwechsel, das *Riboflavin* (Vitamin B_2, Lactoflavin) ist als Flavinmononucleotid in den prosthetischen Gruppen von Dehydrogenasen an Oxydoreduktionsprozessen beteiligt. *Pyridoxin* (B_6) katalysiert als prosthetische Gruppe die Transaminierung von Aminosäuren. Das *Nicotinamid* (Niacin) ist Wirkgruppe der wasserstoffübertragenden Enzyme und somit neben dem Thiamin das wichtigste Vitamin für den Gärprozeß. Die *Pantothensäure* (B$_5$) ist ein Baustein des Coenzyms A (s. S. 200). Sie hat eine bedeutende Rolle im Stoffwechsel der Kohlenhydrate, der Fette und des Eiweißes. Daneben kommen *Folsäure* und *p-Aminobenzoesäure* vor, die für die Bildung bestimmter Aminosäuren wichtig sind. Ein wesentlicher Faktor für das Wachstum der Brauereihefen ist das *Biotin* (Vitamin H, Bios II), das als Coenzym bei allen A TP-abhängigen Carboxylierungen dient. Auch bei der Fettsäuresynthese kommt ihm eine Rolle zu. Ein Mangel an Biotin kann zu einer Veränderung der Plasmamembran und damit zu einer Störung des Stoffaustausches führen. *Meso-Inosit (Bios I)*, für sich unwirksam, kann die Wirkung von Biotin erhöhen. Dieses, wie auch *Cholin* (Bestandteile der Cophosphatase), wird häufig nicht mehr zu den Vitaminen gezählt.

3.2.6 Die Stoffwechselprodukte und ihre Bedeutung für die Beschaffenheit des Bieres

Während der alkoholischen Gärung entstehen als Stoffwechselprodukte eine Vielzahl von unterschiedlichen chemischen Verbindungen wie höhere Alkohole, Ester, Aldehyde, Diacetyl, Acetoin etc., die Aroma und Geschmack des Bieres beeinflussen können.

3.2.6.1 *Höhere Alkohole* werden aus Aminosäuren gebildet, die bei Transaminierungsreaktionen in die entsprechenden α-Ketosäuren und durch Decarboxylierung und Reduktion in die Alkohole umgewandelt werden. Neben diesem, als Ehrlich-Reaktion seit langem bekannten Weg, entsteht der größere Teil der höheren Alkohole auf dem Wege der intrazellularen Synthese der Aminosäuren aus α-Ketosäuren (s. S. 202). Die Menge der höheren Alkohole liegt zwischen 60 und 150 mg/l, im Bereich der normalen Untergärung zwischen 60 und 90 mg/l. Es besteht eine gewisse Parallele zur Menge des gebildeten Ethylalkohols. Ihre Formation erfolgt hauptsächlich während der Hauptgärung in Abhängigkeit von Heferasse, Würzezusammensetzung und Gärbedingungen. Obergärige Hefen bilden wesentlich mehr Nebenprodukte als untergärige, von diesen liefern Staubhefen weniger höhere Alkohole als Bruchhefen. Eine gute Aminosäurenausstattung der Würze (s. S. 175) hat eine geringere Bildung von

Fuselölen zur Folge. Würzen aus eiweißarmen oder knapp gelösten Malzen oder mit einem bestimmten Anteil an Rohfrucht bedingen stets mehr höhere Alkohole. Ein sehr hoher Gehalt an α-Aminostickstoff kann wieder zu einer vermehrten Bildung von höheren Alkoholen führen, da hier u. U. mehr α-Ketosäuren vorhanden sind, als zur Transaminierung benötigt werden. Alle Maßnahmen zur Forderung der Gärung wie die Anwendung höherer Temperaturen oder der Rührgärung bewirken eine Steigerung dieser Nebenprodukte. Die Anwendung von Druck vermag die Bildung höherer Alkohole abzuschwächen. Die Zunahme während einer konventionellen Lagerung des Bieres ist mit 5–15 mg/l gering.

Von den aliphatischen Alkoholen erreicht n-Propanol (Propanol-1) normale Werte im Bereich von 2–10 mg/l, n-Butanol (Butanol-1) von 0,4–0,6 mg/l, Isobutanol (2-Methylpropanol-1) 5–10 mg/l, der optisch aktive Amylalkohol (2-Methylbutanol-1) 10–15 mg/l und Isoamylalkohol (3-Methylbutanol-1) 30–50 mg/l. Die aromatischen höheren Alkohole sind geschmacklich wirkungsvoll. Der Phenylethylalkohol liegt normal in Mengen von 10–20 mg/l vor; bei Intensivgärverfahren steigt seine Menge auf 35–45 mg/l, die selbst durch die Anwendung von Druck nur zum Teil abgefangen werden kann. Er vermittelt einen eigenartigen, blumig-aufdringlichen Geschmack im Bier.

Tryptophol wird während der Gärung gebildet und bei der Lagerung wieder abgegeben. Er besitzt einen schwach bitteren, u. U. leicht phenolartigen Geschmack, seine Menge schwankt bei Normalbieren zwischen 0,15 und 0,5 mg/l, bei forciert hergestellten Bieren zwischen 0,5 und 4,0 mg/l. Tyrosol hat einen stark bitteren leicht galligen Geschmack und riecht phenolartig. Hier liegen die Normalwerte bei 3–6 mg/l, bei warm vergorenen Bieren zwischen 12 und 24 mg/l.

3.2.6.2 *Ester* sind die hauptsächlichen Träger des Bieraromas. Als Stoffwechselprodukte der Hefe werden sie intrazellulär durch enzymatisch katalysierte Reaktionen unter Beteiligung der Alkohol-Acetyl-Transferase aus Acetyl-CoA und den entsprechenden Gärungsalkoholen gebildet. Ihre Entwicklung ist eng mit dem Hefewachstum verbunden: Höhere Fettsäuren üben ebenfalls einen Einfluß auf die Esterbildung aus (s. S. 203). So wird die Alkohol-Acetyl-Transferase, die in der Plasmamembran lokalisiert ist, durch ungesättigte Fettsäuren und Ergosterin inhibiert. Bei der konventionellen Lagerung des Bieres kann sich der

Estergehalt durch Reaktionen der fixen und flüchtigen Säuren mit Alkoholen noch deutlich erhöhen.

Die Menge der Essigsäureester ist abhängig vom Ausmaß der Hefevermehrung: nachdem die Bildung der Ester hauptsächlich über Acetyl-CoA erfolgt, bewirken alle Maßnahmen, die auf eine starke Hefevermehrung abzielen, eine Verringerung des Estergehalts: z. B. eine intensive, u. U. mehrstufige Belüftung, ein häufiges Drauflassen, eine intensive Bewegung im Gärbehälter, durch natürliche Konvektion oder durch Rühren bedingt, was insbesonders bei sehr hohen Gärtanks offensichtlich ist. Unter sonst gleichen Bedingungen nimmt der Estergehalt mit höheren Gärtemperaturen zu; die Anwendung von Druck reprimiert die Bildung von Acetatestern. Die Würzezusammensetzung übt über den Gehalt an Aminosäuren bzw. über dessen Verhältnis zu den vergärbaren Zuckern einen Einfluß aus. Ein hoher Anteil an Aminosäuren fördert die Esterbildung. Bei längerer Lagerzeit bildet sich – vor allem bei stärkeren Bieren – ein angenehmes Esteraroma aus. Die Menge der Acetatester liegt bei untergärigen Bieren zwischen 15 und 40 mg/l, bei der Obergärung können vereinzelt höhere Werte vorliegen. Die größte Menge hiervon macht das Ethylacetat (12–35 mg/l) aus. Methylacetat ist nur in geringem Umfang vorhanden (1–8 mg/l), ebenso Isoamylacetat (Isopentylester 1–5 mg/l). Bei Überschreiten des Schwellenwertes von 5 mg/l (nach manchen Arbeiten sogar 1,6 mg/l) erteilt der letztere dem Bier einen deutlich fruchtigen Geschmack. β-Phenylethylacetat liegt in Mengen von 0,3–0,8 mg/l vor. Die Ethylester der niederen Fettsäuren (Hexansäure-, Octansäure-, Decansäureethylester) tragen ebenfalls zum Bieraroma bei („Apfelester"). Der letztere ist der hauptsächliche Ester im „Hefeöl"; er kann z. B. bei längerer Lagerung, bei manchen Methoden der Warmreifung, u. U. in Verbindung mit Druckgärung einen deutlichen Anstieg zeigen. Die Gesamtmenge dieser Ester liegt zwischen 0,3 und 1,0 mg/l, wobei die erwähnten Verfahren an der oberen Grenze liegen.

3.2.6.3 *Aldehyde:* Acetaldehyd wird als Zwischenprodukt des Hefestoffwechsels aus Pyruvat durch dessen Decarboxylierung während der ersten 48 Stunden der Hauptgärung gebildet. Er nimmt im Verlauf der Haupt- und Nachgärung ab. Sein Verschwinden erfolgt parallel zum Abbau des Junggeschmacks im Bier. Der Gehalt an Acetaldehyd schwankt aus diesem Grund stark (3–20 mg/l, im Durchschnitt 10 mg/l, Geschmacksschwelle 20–25 mg/l). Hohe Hefegaben,

geringe Belüftung, warme Anstelltemperaturen und warme Hauptgärung fördern die Bildung des Aldehyds – doch nimmt er bei höheren Temperaturen auch entsprechend rascher wieder ab als bei einer Normalgärung. Dies ist nicht nur auf die Reduktion zu Ethanol, sondern auch auf eine Verdunstung (Siedepunkt 21° C) sowie auf die entweichende Kohlensäure zurückzuführen. Bei Anwendung von Druck erhöht sich der Acetaldehydgehalt rasch, um dann langsam wieder abzufallen. Dies kann auf eine Anreicherung des Aldehyds durch die bis zum Erreichen des Druckes unterbundene CO_2-Wäsche wie auch u. U. auf eine Hemmung der Reduktion von Acetaldehyd zu Ethanol bedingt sein.

3.2.6.4 *Organische Säuren:* Zu den *flüchtigen Säuren* zählen Essigsäure (Acetat), die in Mengen von 20–150 mg/l im Bier vorkommt, und Ameisensäure (Formiat 20–40 mg/l). Sie gelangen durch den Abbau der Glucose ins Bier. Die Bildung von Acetat wird gefördert durch hohe Hefegabe, hohe Gärtemperatur und kräftige Würzebelüftung. Die Heferasse hat ebenfalls einen deutlichen Einfluß. Während der Nachgärung ist eine weitere Zunahme der flüchtigen Säuren gegeben. Die *„fixen Säuren",* dargestellt als Pyruvat, Malat, Citrat, Lactat bilden sich beim Stoffwechselgeschehen während der Gärung. Sie entstehen auch durch Desaminierung von Aminosäuren. Ihre Bedeutung liegt ebenfalls in der Möglichkeit der Esterbildung. Der Gehalt an Pyruvat (Brenztraubensäure, 40–75 mg/l) hängt von der Heferasse, vor allem aber auch von der Intensität der Gärung ab: hohe Hefegaben, starke Belüftung und hohe Gärtemperaturen fördern seine Entwicklung. In ähnlicher Weise sind Malat (60–100 mg/l und D-Lactat (10–100 mg/l) zu beeinflussen; L-Lactat (40–80 mg/l) und Citrat (110–200 mg/l) lassen keine derartigen Abhängigkeiten erkennen. Letzteres ist in besonderem Maße von der Würzezusammensetzung, herrührend von der Malzqualität, festgelegt. Die Gehalte an Lactat können im Falle der biologischen Säuerung bei der Würzebereitung deutlich höhere Werte erreichen. Milchsäure erfährt z. T. bei der Gärung und Lagerung eine Veresterung, woraus auch entsprechend höhere Werte an Milchsäureethylester resultieren. In diesem Zusammenhang verdient auch das Glycerin als Gärungsprodukt Erwähnung, das sich in Mengen zwischen 1300 und 2000 mg/l findet. Seine Formation hängt von der Menge des vergorenen Zuckers ab, weswegen dunkle Biere niedrige, helle Starkbiere aber hohe

Gehalte verzeichnen. Hohe Hefegabe und hohe Gärtemperatur fördern in diesem Rahmen die Glycerinbildung; der Heferasse kommt Bedeutung zu.

3.2.6.5 *Niedere, freie Fettsäuren* werden als echte Stoffwechselprodukte der Hefe während der ersten drei bis vier Tage der Hauptgärung im Rahmen der Fettsäuresynthese gebildet. Es handelt sich hier um Hexansäure (Capronsäure), Octansäure (Caprylsäure), Decansäure (Caprinsäure) und Dodecansäure (Laurinsäure). Bei beschleunigten Gärungen, wie sie durch intensive, stufenweise Belüftung durch höhere Hefegabe, höhere Temperaturen dargestellt werden, nimmt die Bildung dieser Fettsäuren ab, wie auch ein deutlicher Einfluß der Heferasse erkennbar ist. Nachdem diese jedoch mit steigender Kettenlänge von der Hefezelle (im „Hefeöl" nachweisbar) zurückgehalten werden, kann es bei ausgedehnter Lagerung, bei zu warmen Lagerkellern zu einer Exkretion derselben kommen. Bei Autolyse der Hefe steigt der Fettsäuregehalt stark an. Biere, die unter Druck vergoren wurden, zeigen ebenfalls höhere Fettsäuremengen, die während der Reifungsphase von der Hefe ausgeschieden werden. Auch der physiologische Zustand der Hefe hat einen Einfluß auf die Menge dieser Substanzen, die den Geschmack („Hefegeschmack") und den Schaum des Bieres beeinträchtigen können. Im fertigen Bier sind normal folgende Gehalte zu finden: Hexansäure 1–2 mg/l, Octansäure 2–5 mg/l, Decansäure 0,2 bis 0,8 mg/l.

3.2.6.6 Die *vicinalen Diketone* Diacetyl (Butandion-2,3) und Pentandion-2,3 sind Folgeprodukte des Hefestoffwechsels. Diacetyl hat durch seine niedrige Geschmacksschwelle von 0,10–0,12 mg/l einen eindeutig verschlechternden Einfluß auf den Biergeschmack. Pentandion-2,3 ist dagegen aufgrund seiner geringeren Wahrnehmbarkeit (Schwelle 0,6–0,9 mg/l) von weit geringerer Bedeutung. Diacetyl war ursprünglich als Stoffwechselprodukt des bierverderbenden Pediococcus cerevisiae bekannt; in diesem Falle liegt jedoch ein deutliches Mißverhältnis zwischen Diacetyl und Pentandion-2,3 vor.

Diacetyl wird extrazellulär aus einem Vorläufer, dem 2-Acetolactat, gebildet. Dieses stellt ein Intermediärprodukt bei der Valinbiosynthese durch die Hefe dar; es entsteht aus Pyruvat und aktivem Acetaldehyd. Hierbei wirkt der Valingehalt der Würze regulierend; bei genügend hoher Valinkonzentration kann eine Endprodukthemmung eintreten. Die Bildung des 2-Acetolactats hängt darüber hinaus von der Gärtemperatur, von der Intensität des Hefestoffwechsels und vom Hefestamm ab. Das 2-Acetolactat wird von der Hefe ausgeschieden. Der nächste Reaktionsschritt ist die oxidative Decarboxylierung von 2-Acetolactat zu Diacetyl. Dies ist eine spontane, extracelluläre Reaktion erster Ordnung, die nicht von der Anwesenheit von Hefe, sondern von Temperatur und Wasserstoffionenkonzentration abhängig ist. Das Diacetyl wird auf enzymatischem Wege (Diacetylreduktase) zu Acetoin reduziert, dieses wiederum zu Butandiol-2,3. Der erste Reaktionsschritt hängt ab von der Hefemenge, vom Hefestamm, vom physiologischen Zustand desselben, aber auch von Zeit und Temperatur. Er verläuft rascher als die Decarboxylierung des 2-Acetolactats, der damit eine Schlüsselposition zukommt.

Besondere Bedeutung kommt der Entwicklung des 2-Acetolactats während der Haupt- und Nachgärung zu. Sie hängt von der Absorption der Aminosäure Valin aus dem Medium ab. Nachdem diese zu Beginn gering ist, da erst die Aminosäuren der Gruppe A aufgenommen werden (s. S. 201), so bildet sich nach etwa drei Tagen einer normalen Gärung das Maximum an 2-Acetolactat aus. Erst dann wird durch die stärkere Aufnahme von Valin dessen Biosynthese via Acetolactat gehemmt; der Abbau desselben überwiegt. Werden durch langes Drauflassen, z. B. bei Großtanks (s. S. 247) immer wieder Aminosäuren der Gruppe A zugeführt, so verzögert sich die Aufnahme des Valins weiterhin und es ist folglich eine stärkere Bildung von 2-Acetolactat zu beobachten.

Bei höheren Gärtemperaturen tritt eine raschere und im Ausmaß stärkere Entwicklung ein, die aber dann auch zu einem schnelleren Abbau führt. Eine hohe Hefegabe hat eine ähnliche Wirkung. Die Anwendung von Druck, z. B. ab einem Vergärungsgrad von 50 %, erbringt im gleichen Zeitraum kaum eine weitere Absenkung. Eine intensive Belüftung bei Beginn der Gärung bzw. innerhalb der ersten 24 Stunden einer im übrigen konventionellen Führung erbringt keine Nachteile. Rührgärung war dann wenig vorteilhaft, wenn über das Rührwerk Luft eingezogen wurde. Eine gute Ausstattung der Würze mit α-Aminostickstoff und niederen Peptiden (ca. 22 % α-Aminostickstoff bzw. 34 % Formol-N) ruft eine geringere Entwicklung von 2-Acetolactat hervor. Auch der Hefestamm kann einen Einfluß haben. Der Abbau des Diacetyl-Vorläufers erfolgt bei einer kräftigen Nachgärung (z. B. durch Kräusen unterstützt) innerhalb weniger Wochen. Wird dagegen die Höchsttemperatur der Gärung nach Erreichen des Endvergärungsgrades noch eingehalten, so erfolgt die Verminderung des 2-Acetolactats in 5–10 Tagen; bei Anhebung auf 12 bis 20° C sogar in 2–4 Tagen (s. S. 254). Ein niedriger Bier-pH ist der Reduzierung förderlich.

Die Maximalwerte von 2-Acetolactat bei der Hauptgärung liegen in Abhängigkeit von den genannten Faktoren bei 0,6–1,8 mg/l, die sich bis zum Schlauchen auf 0,3–0,6 mg/l verringern. Bei einer besonderen Reifungsphase muß eine Absenkung auf 0,10–0,12 mg/l abgewartet werden, bevor das Abkühlen einsetzen darf.

Das *Pentandion-2,3* wird aus 2-Acetohydroxybutyrat gebildet, das ein Zwischenprodukt der Isoleucinsynthese darstellt. Dieser Vorläufer des Pentandions folgt denselben Parametern wie das 2-Acetolactat.

Acetoin kommt in Mengen von 0,5–5 mg/l im Bier vor. Es entsteht bei der enzymatischen Reduktion von Diacetyl; doch dürfte es auch auf einem zweiten Weg entstehen: aus freiem Acetaldehyd und dessen Kondensation mit dem an Thiaminpyrophosphat gebundenen „aktivierten" Acetaldehyd. Dies entspricht der Feststellung, daß Acetoin bei der Gärung vor dem 2-Acetolactat seinen höchsten Gehalt erreicht. Starke Belüftung und hohe Gärtemperatur erhöhen den Acetoingehalt, doch nimmt dieser dann auch entsprechend rasch wieder ab. Bei langsamer Nachgärung in zu kalten Kellern erfolgt nur eine zögernde Abnahme des Acetoins. Diese Biere weisen dann die höheren Werte im angegebenen Bereich auf.

3.2.6.7 Die *Schwefelverbindungen* können Geruch und Geschmack des Bieres deutlich beeinflussen, da sie sehr niedrige Geruchs- und Geschmacksschwellenwerte im Bier aufweisen. Sie sind als Schwefelwasserstoff, als Schwefeldioxid, als Sulfide (Dimethylsulfid, Dimethyldisulfid, Dimethyltrisulfid), als Alkohol wie Methionol (3-Methylthiopropanol-1), als Ester (Ethyl-Thio Acetat, Methyl-Thio-Acetat, 3-Methylthiopropionsäure-Ethylester) sowie als niedermolekulare Merkaptane (Ethyl- und Methylmerkaptan) im Bier zu finden. Der Gesamtschwefelgehalt (gegeben hauptsächlich durch Peptide mit schwefelhaltigen Aminosäuren) vermindert sich durch Abtrennung von Heiß- und Kühltrub sowie durch Ausfällung von Trubstoffen bei der Hauptgärung; schwefelhaltige Aminosäuren sowie andere organische und anorganische Schwefelquellen werden – parallel dem Hefezuwachs – absorbiert. Schließ-

lich gehen flüchtige Schwefelverbindungen mit den Gärgasen ab. Die Bildung von Schwefelwasserstoff bei der Gärung wird beeinflußt von den auf S. 204 geschilderten Faktoren; bei erhöhten Schwefelwasserstoffgehalten kann eine Belüftung der Würze kurz vor dem Plattenkühler oder die Reaktion mit Metallen, z. B. mit dem Kupfer von Sudgefäßen, eine Verbesserung erbringen. Da der Schwefelwasserstoff flüchtig ist (s. oben), verbleiben im Bier nur geringe Mengen von 0,5 µg/l, die unterhalb der Geschmacksschwelle liegen. In Betrieben, die nur mit Malzwürzen arbeiten, ist die Ausstattung derselben mit schwefelhaltigen Aminosäuren und Vitaminen so reichlich, daß nur in seltenen Fällen übermäßige Schwefelwasserstoffbildung eintritt. Bei Rohfruchtbieren ist diese jedoch häufiger.

Schwefeldioxid entwickelt sich bei der Hauptgärung durch den auf S. 204 geschilderten Weg. Der Höchstwert, der am Ende der Gärung erreicht wird, erfährt bei der anschließenden Reifung bzw. Lagerung eine geringfügige Abnahme. Die wichtigsten Möglichkeiten einer Verringerung der SO_2-Bildung während der Gärung sind: eine gute Nährstoffversorgung, erhöhte Lipidgehalte, eine intensive (u. U. mehrstufige) Belüftung sowie eine vitale Hefe. Darüberhinaus übt die Heferasse einen großen Einfluß auf die Bildung von SO_2 aus. Stärkere Würzen führen zu erhöhten SO_2-Gehalten.

Der Gehalt an Dimethylsulfid beträgt – bedingt durch Malzqualität, Maischverfahren und Würzekochung 70–150 µg/l. Malze mittlerer Auflösung, hoher und langer Abdarrung, Dekoktionsmaischverfahren, ausreichend lange und intensiver Würzekochung erbringen niedrigere DMS-Gehalte. Methionol und sein Ester erfahren vom Jungbier zum fertigen Bier eine Verringerung um 5–8 % auf 700–900 µg/l bzw. auf 13–20 µg/l. Meist ist bei niedrigerem DMS-Gehalt ein höherer Wert des Methionols und umgekehrt zu verzeichnen. Die Thioester fallen bei forcierten Gärungen, vor allem bei intensiver Belüftung beim Anstellen niedriger aus. Während Methylmerkaptan sich während der gesamten Gärung bei 1–1,4 µg/l bewegt und erst gegen Ende leicht abnimmt, zeigt Ethylmerkaptan bei ca. 55 % Vergärungsgrad ein Maximum von 0,6–0,8 µg/l, das sich auf ca. 0,4 µg/l verringert. Bei der Reifung fallen die genannten Werte auf 0,6–1,0 bzw. 0,2–0,3 µg/l ab. Selbst in relativ geringen Mengen vermögen sie einen eigenartigen schweflig-hefigen Geruch und Geschmack zu erteilen (s. S. 312).

Schwefelsubstanzen haben auch Anteil am Lichtgeschmack des Bieres (s. S. 324).

3.3 Die untergärige Hefe in der Praxis der Brauerei

3.3.1 Die Wahl der Hefe

Sie hat mit derselben Sorgfalt zu geschehen wie die Wahl der anderen Rohmaterialien Gerste oder Malz, Hopfen und die Beeinflussung der Beschaffenheit des Brauwassers. Denn die Hefe übt über Geschwindigkeit und Ausmaß der Vergärung und des Säurebildungsvermögens, durch die unterschiedliche Bildung von Gärungsnebenprodukten und auch über die Ausscheidung von Eiweiß-, Bitter- und Gerbstoffen einen Einfluß auf Farbe, Schaum, Aroma, Vollmundigkeit und Bittere eines Bieres aus.

Die zum Einsatz kommende Hefe muß biologisch einwandfrei, d. h. frei von bierschädlichen Organismen sein. Der Gehalt an toten Hefezellen darf 5 % nicht überschreiten, da diese Tatsache auf einen schlechten physiologischen Zustand der Hefe schließen läßt, zu einer geschmacklichen Schädigung des Bieres führen kann und eine Schmälerung der nach Volumen dosierten Hefegabe bedeutet. Auch mechanische Verunreinigungen wie ausgeschiedene Eiweißkörper und Hopfenharze tragen zu einer Verringerung des aktiven Materials bei; darüber hinaus verschmieren sie die Zellmembranen und erschweren so den Stoffaustausch. Sie können, ebenso wie tote Zellen, Fremdorganismen als Nährboden dienen.

Die Hefe soll in ihren Gäreigenschaften entsprechen. Nur eine gärtüchtige Hefe wird einen einwandfreien Gärverlauf ergeben, der zu einer günstigen Säurebildung und einer kräftigen Vermehrung führt. Dann wird auch die Hefe dem Aufkommen von Fremdorganismen gegenüber eine gewisse Resistenz zeigen. Befriedigende Gärbilder, eine zeitgerechte Bruchbildung und eine entsprechende Entfärbung des Jungbieres sind weitere Anhaltspunkte, die jedoch einer Bestätigung durch die Geschmacksprobe der mit der betreffenden Hefe hergestellten Biere bedürfen. Verschiedentlich kann es zweckmäßig sein, im Gärkeller mehrere Stämme parallel zu führen und deren Jungbiere beim Schlauchen zu verschneiden.

Die Hefe wird nun entweder in Form einer Reinkultur in den Betrieb eingeführt oder von einem biologisch zuverlässigen Betrieb bezogen.

3.3.2 Die Reinzucht der Bierhefen

3.3.2.1 Die *Anlage einer Reinkultur* erfolgt von einer einzigen Hefezelle aus in Form der „Tröpfchenkultur" oder der „Plattenmethode". Auch ein Mikromanipulator kann zur Isolierung einer Zelle herangezogen werden. Es ist zweckmäßig, von der ausgewählten Hefe stets eine größere Anzahl von Zellen zu isolieren, hieraus die besten auszuwählen und so eine größere Sicherheit zu schaffen, die auch wirklich zu einer Hefe mit den gewünschten Eigenschaften führt. Grundlage für die Auswahl dieser Hefen ist eine Kontrolle ihrer Vermehrung, der Raschheit und des Ausmaßes der Vergärung, ihrer Klärung und schließlich der Geschmack einer bei kalten Temperaturen vergorenen Probe.

3.3.2.2 Die *Einführung der Reinhefe in den Betrieb* kann über die offene „Herführung" oder über die geschlossene „Reinzucht" erfolgen. Bei der Herführung wird die Reinhefe, z. B. von der Agarstrichkultur entnommen, in 200 ml sterile Würze (Ausschlagwürze auf ca. 12° C abgekühlt) eingeimpft und bei Zimmertemperatur bis zum Kräusenstadium geführt, anschließend auf ca. 800 ml Würze gegeben und wiederum im Hochkräusenstadium auf 5 l Würze zugefügt. Nach Überführen in einen Hansen-Kolben stehen nunmehr nach weiteren 24 Stunden 25 l zur Verfügung, die in einen zylindrischen oder zylindrokonischen Herführtank zu ca. 25 hl Würze gegeben werden. Die Würze wird dabei entweder über eine Venturidüse umgepumpt und dauernd belüftet oder dies periodisch gehandhabt und die zwischenzeitliche Belüftung über ein Belüftungsrührwerk, bestehend aus Magnetrührer mit Belüftungsdüse vorgenommen. Von der Impfmenge aus dauert es ca. 70 Stunden, bis bei einer Temperatur von 13° C eine Hefezellzahl von ca. 150×10^6 Zellen erreicht ist. Der Vergärungsgrad liegt hier bei 45 (−50) %. Mit der entnommenen Kräusenmenge von 20–22 hl können dann 400–500 hl Würze von 10–11° C angestellt werden, wobei wiederum bis zu einem Vergärungsgrad von 40% Belüftung (z. B. alle 5 Minuten anfänglich 60 sec, dann 30 sec lang) erforderlich ist. Der Inhalt dieses Tanks weist dann ebenfalls ca. 100×10^6 Zellen auf, wodurch ein Gärtank mit ca. 2000 hl Würze angestellt werden kann.

Im 25 hl-Herführtank verbleibt ein Rest von ca. 2,5 hl Kräusen, die wiederum mit Würze aufgefüllt und dann in einem entsprechend kürzeren Rhythmus von 36 Stunden bis auf $150–180 \times 10^6$

Zellen geführt werden. Dieser Vorgang kann einige Male wiederholt werden. Die verfügbare Würze muß selbst für den 25 hl Schritt nicht sterilisiert werden. Wichtig ist, daß die Kräusenentnahme und das Wiederdrauflassen bei einem Vergärungsgrad von nicht über 45 % erfolgen.

Der *Reinzuchtapparat* ermöglicht eine laufende Herführung von Reinhefe unter sterilen Bedingungen mit keimfreier Würze. Die im Gärgefäß („Propagator") nach der Gärung zurückbehaltene kleine Hefemenge dient dem Anstellen der nächsten Charge steriler Würze. Innerhalb von 10–14 Tagen kann in Abhängigkeit von der Größe des Apparates eine Hefemenge geerntet werden, die dann zur weiteren Vermehrung im Betrieb zur Verfügung steht. Die Reinzuchtanlage besteht aus einem geschlossenen Würzesterilisator und mehreren Gärzylindern. Im ersteren wird Ausschlagwürze nochmals sterilisiert und anschließend abgekühlt. Sie wird dann zum erstmaligen Beimpfen mittels filtrierter, steriler Luft in den mit Dampf sterilisierten und mit keimfreier Luft gekühlten Gärzylinder gedrückt, wo dann das Einimpfen der Reinzuchthefe erfolgt. Nach der ersten Gärung wird lediglich sterile Würze auf die verbliebene Jungbiermenge „draufgelassen". Günstiger ist es, ebenfalls Kräusen zu entnehmen und diese von 20 hl Ausgangsmenge mit ca. 100 hl Würze zu versetzen, wobei wiederum mit periodischer Belüftung für eine entsprechend starke Vermehrung ($100-120 \times 10^6$) gesorgt wird. Die vorgeschilderte Art der „Hefereinzucht" ist dann nicht ohne Gefahren, wenn – abgesehen von nicht genügend sauberer Arbeitsweise – die Hefe zu lange geführt wird. Die hier dauernd anaeroben Lebensbedingungen der Hefe, der Kontakt mit Metall, die hohen Temperaturen um 12° C können zu einer Ermüdung der Hefe führen. Es ist daher erforderlich, mindestens alle drei Monate eine Erneuerung der Hefe vorzunehmen.

3.3.3 Entartung und Degeneration der Hefe

Eine Entartung oder Degeneration der Hefe liegt dann vor, wenn sich die Hefe in ihren Eigenschaften nachteilig verändert. Träge Gärung, unbefriedigende Gärbilder, niedriger Gärkellervergärungsgrad, schleppende, rasch zum Erliegen kommende Nachgärung, zu geringe Säurebildung, ungenügende Entfärbung, geringe Hefeernte, suppiges Absetzen und Veränderung der Flockungseigenschaften sind Merkmale eines „Nachlassens" der Hefe. Meist haben derartige Biere einen

unbefriedigenden, hefigen Geruch und Geschmack, auch der Diacetylgehalt kann entweder ungewöhnlich hoch sein bzw. er wird während der Lagerung nicht genügend reduziert. Die Hefe scheidet bereits gegen Ende der Gärung, mindestens aber bei der Reifung basische Aminosäuren aus, die den pH-Wert des Jungbieres erhöhen, auch mittelkettige Fettsäuren werden exkretiert, die bzw. in Form ihrer Ester einen hefig-esterigen Geschmack und eine Verschlechterung des Schaumes vermitteln. Letztere Erscheinung wird besonders durch die Ausscheidung von Hefeproteasen herbeigeführt, die die schaumpositiven Eiweißfraktionen abbauen können. Wenn auch die Hefe durch wiederholtes Drauflassen im Kräusenstadium wieder etwas regeneriert werden kann, so empfiehlt es sich doch, die Hefe möglichst rasch auszuwechseln.

Die Gefahr einer Entartung der Hefe läßt es geraten erscheinen, selbst unter biologisch einwandfreien Bedingungen nach 8–10 Führungen einen Wechsel der Hefe vorzunehmen. Sie wird durch eine neue Charge aus dem Reinzuchtapparat, aus der Herführung oder aus einem anderen Betrieb ersetzt. Die Degeneration der Hefe wird durch eine Reihe von Faktoren gefördert wie z. B. durch eine ungeeignete Hefebehandlung, durch Fehler beim Anstellen und bei der Gärführung, durch ungeeignete Würzezusammensetzung und Würzekonzentration.

Zu langes Liegen der abgesetzten Hefe unter Druck, evtl. noch dazu bei erhöhten Temperaturen, d. h. eine zu späte Ernte, eine Lagerung in CO_2-Atmosphäre, eine zu warme (über 4° C) und zu lange Lagerung (über eine Woche) schädigen die Hefe. Eine ungenügende Belüftung beim Anstellen hat eine zu geringe Vermehrung und damit ein Überaltern der Hefe zur Folge.

Hohe Gärtemperaturen bedingen ein rasches Abarbeiten der Hefe ebenso wie eine zu rasche Abkühlung des gärenden Bieres. Eine zu lange Aufbewahrung der Hefe bei zu hohen Temperaturen vermag die Eigenschaften der Hefe zu schädigen. Die Zusammensetzung der Würze kann durch das Malz (zu knapp oder ungleich gelöst), durch das Maischverfahren (ungenügender Eiweiß- und Stärkeabbau) sowie durch die Beschaffenheit des Brauwassers (hohe Restalkalität, beim Enthärten überkalkt, hoher Nitratgehalt) negativ beeinflußt werden, ebenso durch Fehler beim Kochen, bei der Trubausscheidung und der Sauerstoffversorgung der Würze. Auch Zinkmangel in der Würze (unter 0,12–0,15 mg/l) kann eine Degeneration der Hefe fördern. Andere Metalle wie

Eisen oder Kupfer wirken als Hefegifte, wobei u. a. die Ausbildung elektrischer Ströme im Gärbottich zwischen Kupferschwimmern und Edelstahlwandung negative Auswirkungen zeigte. Sehr schwache oder sehr konzentrierte Würzen können ungünstige Ernährungs- bzw. Gärbedingungen schaffen, auch hemmt ein Alkoholgehalt über ca. 5 GG-% die Gärtätigkeit der Hefe. Stoffwechselprodukte (z. B. anderer Organismen wie von Termobakterien) können Hefegifte darstellen.

3.3.4 Gewinnung der Hefe

Am Ende der Hauptgärung setzt sich die untergärige Hefe allmählich am Boden des Gärgefäßes ab. Der Absatz ist bei Bruchhefen meist fest, bei Staubhefen locker (suppig). Bei Bruchhefen können drei Schichten unterschieden werden:

a) Der *Vorzeug* (Oberhefe); die oberste, zuletzt sedimentierte Schicht, die zwar die gärkräftigsten Zellen, aber reichlich mechanische Verunreinigungen wie Hopfenharze, Gerbstoffverbindungen und koaguliertes Eiweiß enthält.
b) Die *Kernhefe* wird in der Regel als Samenhefe gewonnen. Sie enthält jene Hefezellen, die die Hauptgärung durchgeführt und sich dann abgesetzt haben. Sie ist biologisch am reinsten und enthält auch wenig mechanische Verunreinigungen.
c) Der *Nachzeug*, die unterste Schicht, die vorwiegend Trub und auch tote Hefezellen enthält. Daneben sind gärkräftige, spezifisch schwere Hefezellen, die sich zu Beginn der Gärung abgesetzt haben, vorhanden.

Bei der Gewinnung der Anstellhefe für weitere Führungen wird der Vorzeug durch vorsichtiges Abstreichen von der Kernhefe getrennt, dann diese gewonnen und schließlich der Nachzeug entfernt. Diese Trennung ist jedoch mit der Größe der Gärbottiche zunehmend schwieriger, bei liegenden Gärtanks sogar völlig unmöglich. Zylindrokonische Gärtanks erlauben dagegen eine exakte Entfernung des Nachzeuges, z. B. durch vorzeitiges „Abschießen" dieser Verunreinigungen. Im Anstellbottich (Kaltsedimentationsgefäß, Flotationstank) bleiben Trubpartikeln und tote Hefezellen ohnedies zurück, so daß eine saubere Hefe gewonnen werden kann, wobei allerdings die Trennung von Vor- und Kernhefe nicht mehr möglich ist. Durch Sieben und Schlämmen der Hefe können mechanische Verunreinigungen entfernt werden.

Typische Staubhefen setzen sich häufig im Gärkeller nicht oder nur mangelhaft ab. Um genügend Anstellhefe zu gewinnen, wurde die Staubhefe früher häufig über Zwischentanks (s. S. 249) geerntet. Heutzutage sind Jungbierzentrifugen sowohl für die Hefeernte als auch für die exakte Einstellung der Hefezellzahl für Reifung bzw. Nachgärung sehr günstig.

Nachdem die Hefeernte das 3–4fache der ursprünglichen Gabe ausmacht, besteht in der Regel ein Überschuß an Hefe, der es ermöglicht, die Hefe nach 5–8 Führungen aus dem Betrieb zu entfernen. Die Überschußhefe wird durch Pressen, Zentrifugen, Dekanter oder durch neue Filtertechnologien (s. S. 270) vom imbibierten Bier getrennt.

3.3.5 Reinigen der Hefe

3.3.5.1 Durch *Sieben*, am besten mit Hilfe von Vibrationssieben aus nichtrostendem Stahlgewebe mit einer mittleren Maschenweite von 0,4–0,5 mm, gelingt es, einen Großteil der mechanischen Verunreinigungen aus der Hefe zu entfernen. Soll die Hefe sofort wieder zum Anstellen verwendet werden (Geben von „Bottich zu Bottich"), so empfiehlt es sich, bei ihrer Gewinnung etwas mehr Bier zurückzulassen, um sie pumpfähig zu erhalten. Sie kann so gesiebt werden. Bleibt die Hefe bis zum Wiederanstellen nur ein bis zwei Tage stehen, so kann dies unter Bier geschehen; bei längeren Lagerzeiten ist es notwendig die Hefe zu waschen.

3.3.5.2 Der *Waschprozeß* verfolgt eine Entfernung der mechanischen Verunreinigungen, toter Hefezellen und evtl. vorhandener Bakterien. Besonders günstig hierfür ist gekühltes (4–5° C), biologisch einwandfreies Wasser, das eine Härte von 8–10° dH aufweist. Sehr harte Wässer können sich physiologisch ungünstig auswirken. Nitrat-Ionen sind schädlich, während eine schwache Chlorierung des Wassers (0,5 g/m³) keine Nachteile erbringt.

Das Waschen oder Schlämmen der Hefe kann erfolgen.

a) In einer Hefewanne durch einfaches Aufrühren mit kaltem Wasser, welches nach dem Absetzen der Hefe von Zeit zu Zeit abgegossen und durch frisches ersetzt wird.

b) In Schlämmbottichen, deren Wasserzulauf von unten erfolgt. Durch Überlaufen werden die Verunreinigungen entfernt. Seitliche Zapflöcher in verschiedenen Höhen erlauben ein schichtweises Ablassen des Schmutzwassers, bis auf die Oberfläche der abgesetzten Hefe herab, die dann in die Hefewannen gefördert wird.

c) In Schlämmtrichtern. Auch hier wird die Hefe durch das von unten eintretende Wasser aufgewirbelt und gereinigt. Der oben weite Trichter bewirkt eine Abnahme der Wassergeschwindigkeit, so daß die Hefe nur bis zu einer bestimmten Höhe emporgerissen wird. Die Reinigung ist hier nach einer Stunde beendet. Nach dem Absitzen der Hefe ist eine gute Trennung zwischen dieser und dem Reinigungswasser möglich, da die Hefe durch das überstehende Wasser aus dem unteren Teil des Trichters herausgedrückt wird.

d) Auch Schlämmringe, die bei Bedarf in die Hefewannen eingelegt werden, sind für die Reinigung der Hefe gut geeignet.

Eine Säurewäsche dient der Reinigung infizierter Hefen. Je Liter dickbreiiger Hefe soll so viel 3%ige Phosphorsäure zugegeben werden, daß ein pH von 2,0 vorliegt. Nach 4–6 Stunden (Umpumpen der Hefe ist günstig) wird die Säure aus der Hefe herausgewaschen. Hierfür sind die vorerwähnten Schlämmtrichter oder aber auch zylindrokonische Hefetanks geeignet. Die Säurewäsche schwächt untergärige Hefe stärker als obergärige, die Hefegabe (nach Zellzahl) ist deshalb zu erhöhen.

Abschließend ist zum Thema Hefereinigung zu sagen, daß diese bei guter Würzeklärung und zweckmäßiger Anstelltechnologie nicht mehr im gleichen Maße erforderlich ist wie früher. Damit wird das Hefesieb wegen seiner schwierigen Einfädelung in den Reinigungskreislauf oft nicht mehr verwendet. Dennoch kommt ihm, z. B. zum Entspannen der Hefe bei einer Ernte aus dem zylindrokonischen Tank große Bedeutung zu. Bei der Gewinnung aus Gärbottichen, liegenden oder flachkonischen Gärtanks ist die Hefe durch Deckenbestandteile so verschmutzt, daß die Hefereinigung nach wie vor ein wichtiger Faktor ist.

3.3.5.3 Die *Entfernung der Kohlensäure* aus der Erntehefe ist vor allem bei zylindrokonischen Gärtanks von großer Bedeutung. Da die Hefe aus dem Konus gewonnen wird, steht sie unter Druck. Eine Lagerung der Hefe unter CO_2-Druck – mög-

licherweise weil der Hefetank zu klein bemessen ist – verschlechtert die Vitalität der Hefe nach Gärgeschwindigkeit, Vermehrungsfähigkeit mit allen hieraus resultierenden Nachteilen auf die Bierbeschaffenheit. Am günstigsten ist der Druckabbau mittels des Hefesiebs, wobei auch der größte Anteil der Kohlensäure entfernt wird. Bei einer Ernte im geschlossenen System ist ein Hefeentspannungstank günstig, der entweder eine Umpumpvorrichtung mit Belüftungsdüse bzw. Venturirohr oder ein Rührwerk mit Belüftungsdüse aufweist. Beim Umpumpen kann der Hefe-/Luftstrom so gelenkt werden, daß ein zu starkes Aufschäumen der Hefe vermieden wird, im zweiten Falle sind 100–150 % Steigraum vonnöten. Die so belüftete Hefe muß innerhalb der folgenden 24 Stunden zum Anstellen kommen (s. a. Anhang).

3.3.6 Aufbewahrung der Hefe

Sie erfolgt in kleinen Betrieben in Hefewannen oder Hefebottichen, die in einem eigenen, gekühlten Raum („Hefekeller") untergebracht sind. Für die übliche Zeitspanne von 2–3 Tagen zwischen Ernte und Wiederanstellen lagert die Hefe am besten in kühlbaren Hefewannen bei 0–2° C. Bei Größen bis zu 6 hl sind diese mit Doppelmantel und kippbar ausgeführt, als Material dient meist rostfreier Stahl, selten Aluminium, verzinntes Kupfer oder emaillierter Stahl. Größere Gefäße sind als Bottich mit ausreichend bemessener Taschenkühlung, mit einem im Gefälle von 10 % verlegten Boden gestaltet. Zur Lagerung der Hefe aus Gärtanks und zur Durchführung einer automatischen Hefedosierung werden Hefetanks verwendet. Die Edelstahlbehälter haben einen konischen Boden (60–90°) und verfügen über Kühltaschen. Sie sind mit einem Rührwerk (Magnetrührer, Mischer, Rührflügel) und mit Innenreinigung versehen. Die Mengenmessung geschieht seltener über eine Metallmeßlatte, heute meist über eine Druckmeßdose. Aufmerksamkeit ist dem Chloridgehalt des Kühlwassers zu widmen, um eine Korrosion des Edelstahls zu vermeiden. Die Größe der Gefäße soll – schon um der biologischen Kontrolle willen – auf die aus einem Gärbehälter geerntete Hefemenge zugeschnitten sein. So entspricht einem Gärbottich von 300 hl ein Hefebottich von 12 hl Nutzinhalt. Bei zylindrokonischen Gärtanks tritt bei der Druckentlastung der Hefe eine Volumenvergrößerung durch die entweichende Kohlensäure ein; hier ist ein Zuschlag von 50–100 % je nach Höhe des Gärtanks zu tätigen. Das Gesamtfassungsvermögen aller Hefelagergefäße soll dem Bedarf von etwa zwei Sudtagen entsprechen.

Ein zu langes Aufbewahren der Hefe unter Wasser ist selbst bei niedrigen Temperaturen von 0–2° C und geeigneter Wasserbeschaffenheit schädlich. Die Hefe zehrt während dieser Zeit ihre Glycogenvorräte auf und gibt ihre Inhaltsstoffe (vor allem Stickstoffsubstanzen) an das Wasser ab, wodurch sie geschwächt und geschädigt wird. Die Verringerung ihrer Gärkraft zeigt sich vor allem in der Angärzeit (Induktionsphase). Länger als 4–5 Tage sollte die Lagerung der Hefe auf diese Weise nicht erfolgen. Eine kurze Lagerung von 1–2 Tagen kann auch im schlauchreifen Bier geschehen, eine Maßnahme, die vor allem bei suppigem Absetzen der Hefe den Bierschwand verringern hilft. Im Falle eines z. B. zweiwöchigen Aussetzens ist es günstig, die Hefe in Würze von 2° C zu verbringen und dort einer langsamen Gärung zu überlassen. Eine andere Möglichkeit ist, die Hefe nach sorgfältigem Waschen stark abzupressen, sie in Blechbüchsen einzustampfen und bei Temperaturen von unter 0° C zu lagern. Die beste Lösung ist jedoch, einige Sude bzw. Sudgruppen mit etwas weniger Hefe anzustellen und bei kälteren Temperaturen so zu führen, daß diese nach 10–14 Tagen erst „schlauchreif" sind. Die Hefe wird dann wie oben geschildert geerntet, entgast, belüftet und zum Anstellen der Chargen nach der Sudpause verwendet. Ein Auseinanderziehen der in Kräusen befindlichen Sude und Drauflassen sorgt dann für eine rasche und starke Hefevermehrung.

Vor dem Wiederanstellen hat es sich generell als günstig erwiesen, die entsprechende Hefemenge im Hefetank bzw. im Hefegabetank mittels der obengenannten Installationen intensiv zu belüften (30–60 Minuten). Auch eine „Vorpropagierung" 1:1 mit Würze bei kräftiger Belüftung verhilft zu einem raschen Einsetzen der Gärung.

3.3.7 Versand der Hefe

Zum Versand gelangt *trockengepreßte Hefe* (Trokkensubstanz ca. 20 %) in gekühlten Behältern. Bestehen diese aus Polystyren, so kann eine in Kunststoff-Folie und Blechbüchse verpackte Hefe durch Kälteträger (z. B. Kunststoff-Flaschen mit tiefgekühltem Eis) etwa eine Woche lang unter 4° C gehalten werden. Für einen wei-

ten Transport ohne Kühlmöglichkeit kann Hefe auch lyophilisiert, d. h. gefriergetrocknet werden. Es ist aber nur mehr ein kleiner Anteil von ca. 10 % der Hefezellen nach einer derartigen Behandlung noch lebensfähig.

3.3.8 Bestimmung der Hefevitalität (s. Anhang)

Bei längerer Aufbewahrung der Hefe oder auch regelmäßig bei Intensivgärverfahren ist eine Ermittlung der *Hefevitalität* bedeutsam. Sie kann einmal mit den bekannten Färbemethoden z. B. mittels einer 0,01 % wässrigen Methylenblaulösung (tote Hefezellen färben sich blau) und/oder mit Hilfe der Fluoreszenz-Mikroskopie und dem Farbstoff Acridinorange (lebende Zellen leuchten grün auf, tote sind rot oder orange gefärbt) getätigt werden. Zum anderen kann der physiologische Zustand der Hefe über die Gäraktivität überprüft und hiernach die Hefegabe bemessen werden. In einem Gerät zur Bestimmung der Hefevitalität werden 200 g Anstellhefe mit 700 g Würze von 20° C versetzt, mit Ultraschall homogenisiert und der sich in 30 Minuten einstellende Druck (z. B. 2000 millibar) gemessen. Die Druckhöhe ist ein Maßstab der Hefevitalität.

3.4 Die Gärung in der untergärigen Brauerei

Die Gärung erfolgt in zwei verschiedenen Stufen:
a) Die Hauptgärung wird in offenen oder geschlossenen Gärbottichen, liegenden oder stehenden Gärtanks bei Temperaturen zwischen 5 und 10° C durchgeführt. Sie dauert 6–10 Tage. Forcierte Gärverfahren bei Temperaturen zwischen 12 und 20° C z. T. unter besonderen Bedingungen (Druck, Rühren) erlauben eine Reduzierung dieser Zeit.
b) Die *Nachgärung* in Tanks (selten in Fässern) dauert bei Temperaturen zwischen −2 und +3°C 2 bis 16 Wochen, je nach Verfahrensweise und Biertyp. Auch hier sind Methoden zur Beschleunigung der Reifung des Bieres eingeführt worden.

3.4.1 Die Gärräume

Die Gärung verläuft in *Gärkellern oder Gärräumen*. Die Lage zur Würzekühlanlage einerseits und zum Lagerkeller andererseits ist heute mehr durch technologische und arbeitstechnische als durch biologische Überlegungen bestimmt. Ursprünglich unter der Würzekühlung angeordnet, kann der Gärkeller neuerdings in einem anderen Gebäude untergebracht sein, da diese oft in Sudhausnähe installiert ist. Bei den Möglichkeiten der modemen Reinigungs- und Desinfektionstechnik sind hiermit keine Nachteile verbunden.

Die meist oberirdischen Gärkeller sind isoliert und ihre Raumtemperatur wird bei 5–7 °C gehalten. Auch unterirdische Räume bedürfen der Isolierung. Die Anforderungen an die Gestaltung des Gärkellers sind je nach der *Art der Gärgefäße* unterschiedlich.

3.4.1.1 *Gärkeller mit offenen Gärbottichen* müssen glatte und fugenlose Decken und Wände aufweisen. Vorteilhaft ist ein Anstrich, der, abwaschbar und atmungsaktiv, eine keimtötende Wirkung hat. Die Wände sind meist mit Keramikplatten gefliest; Glas- und Kunststoffplatten haben sich weniger gut bewährt. Der Boden des Gärraumes muß ebenfalls glatt, fugenlos und leicht zu reinigen sein. Beton wird durch Bierreste angegriffen, neigt zu Rißbildung und ist schwer zu reparieren. Besondere Fußbodenauskleidungen auf Kunststoffzementbasis können ihren Zweck erfüllen, wenn sie sachgemäß verlegt sowie von Bier und Reinigungsmitteln nicht angegriffen werden. Keramikfliesen müssen säurefest und ebenso verfugt sein. Die Stoßkanten des Bodens sind als Hohlkehlen an den Wänden hochzuführen. Kalt- und Warmwasseranschlüsse und gute Wasserabflußmöglichkeiten durch ein Gefälle von 1–2 % und geruchsdichte Gullys erlauben eine gute Reinhaltung des Gärkellers.

Die *Kühlung und Lüftung* ist bei offenen Gärbottichen von besonderer Bedeutung. Der Gärraum muß stets kalte, reine und trockene Luft enthalten. Abgesehen von biologischen Gefahren kann das Bier leicht unerwünschte Geruchs- und Geschmacksstoffe aufnehmen.

Die Kühlung der Gärkeller erfolgte früher, ebenso wie bei den Lagerkellern, mit Natureis. Die Luftbewegung war durch die natürliche Konvektion gegeben.

Die *künstliche Kühlung* kann auf dem Wege der stillen Kühlung oder der Luftumlaufkühlung geschehen.

Bei *stiller Kühlung* wird tiefgekühlte Sole oder direkt verdampfendes Kühlmittel in Rohrsystemen, die an der Decke oder an den Seitenwänden hängen, geleitet. Es stellt sich ein vertikaler Luftumlauf ein; durch Reifbildung an den Rohren wird die Luft etwas getrocknet. Beim Abtauen muß das abtropfende Kondenswasser direkt in den Gully abgeführt werden. Bei großen Gärkellern reicht diese Art der Kühlung nicht aus, zudem

die Anlage der offenen, eingemauerten Gärbottiche einen Zwangsumlauf der Luft erforderlich macht. Auch bedarf die Gärkellerluft einer Erneuerung.

Die *Luftumlaufkühlung*: Hier wird im Gärkeller Luft umgewälzt, die in einem eigenen Luftkühler getrocknet und gekühlt wird. Diese Lamellenluftkühler sind im allgemeinen stirnseitig an den Bedienungsgängen angeordnet. Die Luft wird vom Ventilator des Kühlers meist von unten (Hefegang) angesaugt und über den Bottichen in den Raum ausgeblasen. Früher verwendete Kühlkammern außerhalb des Gärkellers können biologische Probleme mit sich bringen. Je öfter ein und dieselbe Luftmenge am Kühlsystem vorbeigeführt wird, um so weitgehender erfolgen Trocknung und Kühlung. Da sich die zirkulierende Luft mit CO_2 anreichert, ist es notwendig, kontinuierlich oder intermittierend (z. B. beim Öffnen der Gärkellertüre) einen Teil der Gärkellerluft durch Frischluft zu ersetzen. Ein Stickluftventilator ist am Boden des Bedienungsganges anzuordnen. Nach der Arbeitsstättenverordnung ist eine maximale Arbeitsplatzkonzentration von 0,5 % CO_2 zulässig. Ein Kohlensäuregehalt der Luft von 3 % verursacht bereits Atmungsbeschwerden.

Die Luftführung im Gärkeller kann in verschiedenen Richtungen vorgenommen werden.

Wird die Luft von *unten nach oben* geführt, so dienen die Gänge unter dem Gärbottichpodest als Luftzuführungskanal. Hier streicht die Luft mit relativ großer Geschwindigkeit über den Boden hinweg und wird dann durch den freien Raum über den Bottichen wieder in den Luftkühler zurückgefördert. Über den Bottichen nimmt die Luftgeschwindigkeit infolge der Querschnittsvergrößerung ab. Die Luftbewegung ist dem thermischen Auftrieb gleich, es tritt kaum eine Beeinflussung der Oberfläche der gärenden Würze, der Kräusen, ein.

Bei der Luftführung von *oben nach unten* erfolgt nun zunächst eine Trocknung der Gärkellerdecke, die kohlensäurereiche Luft wird aus dem Raum oberhalb des Podestes geschoben und so ein besserer Lüftungseffekt erzielt. Auch besteht die Gefahr der Mitnahme von Organismen weniger als bei der ersteren Belüftungsart. Wenn die Luft über die gesamte Breite des Raumes eintritt, wird nicht nur eine gleichmäßige Belüftung erzielt, sondern die geringe Luftgeschwindigkeit verhindert auch eine Beeinträchtigung des Gärbildes.

Die *Querlüftung* erfordert meist eigene Luftkanäle für die über den Bottichen ein- und austretende Luft. Die Beaufschlagung der Gärkellerdecke ist gleichmäßig, eine Störung der gärenden Würze bei richtiger Anordnung ist nicht zu befürchten.

Die *Gärungskohlensäure* wird häufig zusätzlich durch einen eigenen Ventilator in Fußbodenhöhe abgezogen; dies ist vor allem bei stiller oder unterbrochener Kühlung der Fall. Der Ventilator muß vor dem Betreten des Gärkellers oder vor Einschalten der Umluftkühlung betätigt werden.

Luftfilter, als Drehband- oder Elementfilter ausgebildet, reinigen die Frischluft oder die gesamte im Gärkeller umgewälzte Luftmenge. Sie bestehen aus Filtereinheiten mit Raschigringen, die durch ein Bad mit keimtötendem Öl bewegt werden.

Der Umluftkühlung liegt eine 6–10malige Umwälzung des Luftvolumens pro Std. zugrunde. Die Luftgeschwindigkeit im Gärraum selbst darf 0,1–0,2 m/sec nicht übersteigen. Der Kältebedarf beträgt bei offenen Gärbottichen bei einer Belegungsdichte von 9–12 hl/m² 4000–5000 kJ/ 1000–1200 kcal/m² Grundfläche und Tag.

Die Raumhöhe von Gärkellern mit offenen Bottichen liegt je nach der Größe des Raumes zwischen 4,5 und 5,5 m. Die Höhe unter dem Podest sollte 1,9–2,0 m, über demselben 2,5–3,5 m betragen.

3.4.1.2 Bei *Gärkellern mit geschlossenen Bottichen* kommt der Luftführung eine weniger große Bedeutung zu als bei offenen Gefäßen. Es darf jedoch auch hier die Luftgeschwindigkeit nicht zu hoch sein, da die Bottiche meist 1– 2 Tage vor dem Schlauchen „geöffnet" werden.

Bei *Gärtanks* wird die Luft durch Raumluftkühler umgewälzt. Sind liegende Tanks durch eine Wand vom Bedienungsgang abgetrennt, so können ohne Belästigung des Personals hohe Luftgeschwindigkeiten angewendet werden. Der Bedienungsgang erhält ebenfalls eine Luftkühlung, sei es zum Entfernen von CO_2, sei es zum Temperieren und Trocknen dieses Raumes.

Zylindrokonische Gärtanks sind in entsprechend hohen, aber einfach gebauten, wenn auch isolierten Räumen untergebracht. Es gibt zwei Möglichkeiten der Ausstattung:
a) Die Tanks sind nicht isoliert. Über ihre Kühltaschen erfolgt eine entsprechende Temperierung des Raumes.
b) Die Tanks sind isoliert, der (isolierte) umgebende Raum wird über Luftkühler auf einer Temperatur von 7–10° C gehalten. Diese Anordnung ist vor allem dann anzutreffen, wenn im Gärkellerbereich auch die Reifung des Bie-

res (eventuell bei etwas höheren Temperaturen) angestrebt wird.

Bei Aufstellung der Tanks im Freien ragt lediglich der untere Teil der Tanks in einen isolierten Bedienungsraum. Dieser ist bezüglich der Ausführung von Decke, Wänden und Fußboden sowie der Klimatisierung wie die oben erwähnten Räume beschaffen.

3.4.2 Die Gärgeräße

Sie können in der Form von *Bottichen* offen oder geschlossen sein. Ihre Grundfläche ist meist rechteckig, selten rund oder oval. Heutzutage finden fast ausschließlich Gärtanks in liegender (auch als „Combitanks" bezeichnet) und stehender Form mit flach- oder ca. 60 °C - konischem Unterteil Anwendung.

3.4.2.1 *Gärbottiche* haben ein *Fassungsvermögen* von 10–1000 hl. Ihre Größe kann durch den Baustoff sowie durch die Kühl- und Bedienungsmöglichkeiten begrenzt sein. Holzbottiche reichen bis zu 150 hl, emaillierte Stahlgefäße, die stets im ganzen eingebracht werden müssen, bis zu 500 hl, Aluminium-, Edelstahl-, ausgekleidete Stahl- oder Betonbottiche, die im Betrieb montiert werden, weisen keine Größenbegrenzung auf. Grundlage der Gärbottichgröße ist die Tagesproduktion. Zweckmäßig ist ein Fassungsvermögen für einen Sud, doch sind je nach den Betriebsgegebenheiten auch Bottiche für jeweils 2–3 Sude in Gebrauch. Die Steighöhe der Bottiche (Raum für die Kräusen) beträgt bei der Untergärung rd. 10 %. Die Höhe der Bottiche sollte im Hinblick auf einen guten Hefeabsatz und eine befriedigende Klärung 2–2,5 m nicht übersteigen. Mit dem Fassungsvermögen der Bottiche wachsen Gewicht und Druck der Flüssigkeit. Runde Metallgefäße können bis zu einer Größe von 200 hl ohne Ummauerung aufgestellt werden. Sind die Wände, z. B. durch Kühlelemente, versteift, so sind auch größere Einheiten möglich. Rechteckige Bottiche, die eine weitaus bessere Raumausnützung ergeben, bedürfen aus Gründen der Statik, der Materialersparnis und der gleichmäßigen Temperaturführung einer Ummantelung, meist durch eisenarmierten Beton. Hierbei werden auch gleichzeitig die Bedienungspodeste erstellt. Große Bottiche sind in der Erstellung und im Betrieb (Bierschwand, Reinigungsarbeiten) wirtschaftlicher als kleine. Um eine leichte Bedienung (Anzapfen, Hefegewinnung) sicherzustellen, werden die Bottiche 60–100 cm über dem Boden aufgestellt. Die Verlegung erfolgt der vollständigen Entleerung wegen mit einem Gefälle von ca. 5 %.

3.4.2.2 Das *Material der Gärbottiche* darf die Gärung nicht nachteilig beeinflussen und keinen Geschmack an das Bier abgeben. Es soll fugenfrei, glatt und leicht zu reinigen und zu desinfizieren sein. Neben Überlegungen der Einbringung, des Gewichtes, der Dauerhaftigkeit und der Form spielen natürlich auch die Materialkosten eine entsprechende Rolle.

Holz, das in Form von Eichenholz früher ausschließlich verwendet wurde, ist heute nur mehr selten anzutreffen. Wegen seiner Porosität bedurfte es einer glatten Innenauskleidung, die aus Paraffin, meist aber aus Bottichlack bestand. Dieser wurde in alkoholischer Lösung in drei Schichten aufgetragen, nachdem die alte Lackschicht vorher mit einer Ziehklinge entfernt worden war. Ein Entlacken mit chemischen Mitteln (Ätznatron) schädigte das Holz. Wenn auch das Material gut entsprochen hat, so war doch die Lebensdauer begrenzt, die Raumausnutzung schlecht, die Pflege und Auskellerung umständlich und teuer. Auch war es schwierig, ältere Bottiche in einen biologisch einwandfreien Zustand überzuführen.

Eisen ist zwar gegen Würze indifferent, es wird aber durch die Säuren des Bieres angegriffen. Die Gerbstoffe des Bieres gehen mit dem Eisen Verbindungen ein, die das Bier verfärben, den Schaum verändern und dem Bier einen tintenartigen Geschmack verleihen. Auch die Hefe kann eine Schädigung erfahren.

Es muß daher das Eisen stets mit einer Innenauskleidung versehen werden. Diese kann durch Anstriche, Glasemaille und Kunstharze erfolgen. Als *Anstriche* finden lack- oder pechartige Kompositionen, ebenso Paraffin Anwendung. Diese können im Keller aufgetragen und ausgebessert werden. Ihre Anwendung geschieht durch Anstrich des heißen Materials auf die gut gereinigte und entsprechend vorgewärmte Gefäßwand. Es können hierbei Lösungsmitteldämpfe (Beachtung der Unfallvorschriften!) entstehen, die auch bei mangelhaftem Abbinden des Lackes das Bier zu schädigen imstande sind. Die Auskleidung ist laufend zu prüfen und im Bedarfsfall auszubessern.

Glasemaille entspricht den gestellten Anforderungen weitgehend. Sie ist indifferent, geschmack- und geruchlos sowie leicht sauber zu halten. Sie wird als Grund- und Deckemaille auf den mittels Sandstrahl gereinigten Behälter aufgetragen und bei 1200° C in das Stahlblech einge-

brannt. Diese Auskleidung kann nur im Herstellerwerk geschehen. Die Größe der Gefäße ist durch Transport und Einbringung auf 400–500 hl begrenzt. Nachdem Boden und Wände aus statischen Gründen leicht gewölbt sind, muß die Emaille am Boden etwas rauher gestaltet sein, um ein gutes Absetzen der Hefe zu erzielen. Emaille ist empfindlich gegen mechanische Beschädigungen; bei nicht sachgemäßer Ausführung können Haarrisse auftreten, die Infektionsorganismen Unterschlupf bieten. Beschädigungen werden mit Kaltemaille ausgebessert.

Kunstharze werden ebenfalls in mehreren Schichten eingebrannt, neuerdings auch im Kaltverfahren auf die sandgestrahlte Behälteroberfläche aufgetragen. Diese Massen sind elastisch und damit bis zu einem gewissen Grad widerstandsfähiger als Emaille. Sie können leicht ausgebessert werden. Kunstharze sind auch zur Auskleidung von korrodierten Aluminiumbottichen und -tanks geeignet. Eine entsprechende Oberflächenbehandlung (Ausbesserung, Sandstrahlen) ist erforderlich. Auch glasklare Kunststoffe (z. B. Prodorglas) konnten sich einführen.

Aluminium wird auf elektrolytischem Weg in fast reinem Zustand (99,5 %) hergestellt. Es bedarf keines Innenbelages, da es vom Bier nicht angegriffen wird, keine Geschmacks- und Geruchsstoffe abgibt und auch die Hefe nicht schädigt. Aluminium, das sich an der Luft mit einer dünnen Oxidschicht überzieht, hat eine helle Farbe und ist deshalb leicht reinzuhalten. Es ist gegen Alkali und gegen nicht oxidierende Säuren empfindlich und wird von Quecksilber zerstört. Es sind daher Alkoholthermometer zu verwenden. Der sich reichlich ansetzende Bierstein kann durch 15%ige Salpetersäure, besser durch ein geeignetes Biersteinentfernungsmittel beseitigt werden. Die aus 3–4 mm starken Blechen hergestellten Aluminiumgefäße bedürfen zur Versteifung einer Ummantelung, meist durch Stahlbeton. Aluminium hat damit den Charakter eines Auskleidungsmaterials. Es wird von Zement oder Beton angegriffen und ist deshalb durch eine Isolierschicht aus Asphalt und Bitumen zu schützen. Auch muß der Bottichrand so weit über die Ummantelung gebördelt werden, daß kein Schwitz- und Spritzwasser zwischen Bottichwand und Versteifungsmaterial bzw. Isolierung eindringen kann. Um die Bearbeitung der Bottiche zu erleichtern, werden die Seitenwände oft überhöht. Schwimmer und Armaturen sollen entweder aus gleichem Material gefertigt oder so weit isoliert sein, daß korrodierende Ströme vermieden werden. Kondenswasser, das von den Kupfer-schwimmern abtropft, kann ebenfalls Korrosio-nen verursachen. Ein Anstrich der Bottich-schwimmer und Ränder im Bereich der Grenz-schicht Flüssigkeit/Luft ist zweckmäßig. Da die Bottiche im Betrieb zusammengeschweißt werden können, ist eine Begrenzung der Bottichgröße von der Materialseite aus nicht gegeben. Die Lebensdauer von Aluminiumbottichen kann 50 Jahre erreichen.

Nichtrostender Stahl, der meist als V2A-Stahl (18 % Chrom und 8–9 % Nickel) verwendet wird, ist säurebeständig und völlig indifferent gegen-über Bier. Die Wandstärke von 0,8–2 mm setzt eine Ummantelung wie bei Aluminium voraus. Auch hier ist durch den Zusammenbau der Bleche im Betrieb jegliche Bottichgröße darstellbar. Die Schweißnähte sind mit besonderer Sorgfalt auszu-führen, damit kein „Gefügezerfall" eintritt, der dann Korrosionen im Gefolge hat. Auch gegen andere Metalle ist der rostfreie Stahl zu isolieren. Kupferschwimmer zur Kühlung des Bieres sind unzweckmäßig, da es zu einer Elementbildung kommt. Das Kupfer als der negative Pol geht dann in Lösung und schädigt die Hefe. Bei einwand-freier Schweißarbeit sollte die Lebensdauer dieses Materials praktisch unbegrenzt sein.

Auch *Stahlbeton* wird als Material zu Gärgefä-ßen herangezogen. Sie können in jeder Größe und Form erstellt und den gegebenen Räumen angepaßt werden. Überwiegend weisen sie eine rechteckige Form mit abgerundeten Ecken auf. Die Lebensdauer dieser Gefäße ist fast unbe-grenzt, ihre Festigkeit hoch. Sie bedürfen genü-gend starker Fundamente, um das Auftreten von Rissen zu vermeiden. Da Beton vom Bier ange-griffen wird, ist eine Innenauskleidung der Ge-fäße notwendig. Vor dem Anbringen derselben muß ein Spezialputz erstellt werden, der einen haftfähigen Untergrund für die in mehreren Schichten aufgetragene und einflambierte Aus-kleidungsmasse liefert. Auch Platten von Ebon (Größe bis zu 6 m²) werden verlegt und mit der gleichen Masse verfugt. Neben diesen pechartigen Kompositionen, die ein schwarzglänzendes Aus-sehen haben, konnten sich auch Kunststoffe ein-führen. Die Reinigung mit verdünnter (10 %iger) Schwefelsäure bewirkt gleichzeitig eine Entfer-nung des Biersteins. Die Auskleidung ist naturge-mäß stoßempfindlich, aber leicht zu reparieren. Eine stete Kontrolle sichert eine einwandfreie Arbeit im Gärkeller. Schadstellen sind bis auf den „gesunden", d. h. nicht durchfeuchteten Beton auszusparen.

3.4.2.3 *Geschlossene Gärbottiche* können eben-falls aus allen diesen Materialien hergestellt wer-den. Am häufigsten erfolgt ihre Ausführung in Aluminium. Die Hauben sind in der Regel fest mit dem Bottich verbunden, selten heb- und senkbar angeordnet. Neben der Armatur für die Gewin-nung der Gärungskohlensäure sind Thermome-ter, Probehähne und Beobachtungsfenster aus Isolierglas angeordnet. Diese werden häufig so groß (400 × 800 mm) ausgeführt, daß sie ein Ab-heben der Gärdecke ermöglichen.

3.4.2.4 *Gärtanks in liegender Form* benötigen ei-nen Steigraum von rd. 25 %. Sie sind meist aus Edelstahl, seltener aus Aluminium oder ausge-kleidetem Stahl gefertigt. Ihr Durchmesser be-trägt 2–4 m, wobei offenbar ein Wert zwischen 2,50 und 3,50 m für das Absetzen der Gärdecke an der Tankwandung am günstigsten ist. Die Länge ist zweckmäßig bei 7–10 m (Durchmesser: Länge = 1 : 3); bei größeren Längen von z. B. 15 m und einem Verhältnis D : L = 1 : 5 wird die Vermi-schung draufzulassender Sude schwierig. Die Größe liegender Tanks kann bis zu 2000 hl betra-gen. Ihre Aufstellung hinter einer Wand ist hin-sichtlich Kühlung, Wartung und Reinigung gün-stig.

Ein Schauglas gestattet die Beobachtung der Oberfläche des gärenden Bieres, Thermometer und Probehahn dienen der Kontrolle des Gärver-laufs. Die Begehung des Tanks erfolgt über ein Mannloch. Eine automatische Reinigung mittels mehrerer, über die Tanklänge verteilter Sprüh-köpfe setzt den Arbeitsaufwand herab. Die Tanks sind gegen entstehenden Überdruck beim Befül-len bzw. gegen Vakuum beim Entleeren und Reinigen durch ausreichend bemessene Über-druck- und Vakuumventile zu sichern. Die Ge-winnung der Hefe kann bei sehr großen Einheiten problematisch sein; d. h. die Hefe muß durch Verdünnung mit Wasser pumpfähig gemacht und von Hand, d. h. durch Begehen des Tanks ausge-schoben werden (s. S. 211, 246).

3.4.2.5 *Stehende Gärtanks* in zylindrokonischer Konstruktion sind bisher nur in zwei Materialien ausgeführt worden: in V2A-Stahl oder in Stahl-blech mit Kunststoffauskleidung. Ihre Höhe er-reicht 10–22 m, bei einem Durchmesser von 3–6,5 m ist der Totalinhalt 700–6000 hl. Während die Tankgeometrie noch in den 70er Jahren mit Verhältnissen von D : H = 1 : 3,5–5 noch recht sorglos nach Preis und Aufstellungssituation ge-wählt wurde, wurde ab ca. 1985 systematisch ein

Verhältnis von D : H von 1 : 2 angestrebt, wobei aber die Flüssigkeitshöhe H einschließlich des Konus nicht über 12–13 m liegen soll. Hierdurch ergeben sich Tankgrößen von netto 6000–6500 hl. Bei forcierten oder Druckgärungen sind immer noch D : H-Verhältnisse von 1 : 3,5–4 üblich, da durch die mit den höheren Temperaturen einhergehende stärkere Kohlensäureentwicklung eine stärkere Konvektion gegeben ist. Bei der Bemessung der Tankgrößen wird maximal eine Halbtagesproduktion des Sudhauses zugrunde gelegt. Beim Anstellen nach dem Kräusenverfahren sind auch 24 Stunden Befüllungszeit möglich. Der Steigraum beträgt bei Untergärung im Bereich normaler Temperaturen 20–25%; bei hohen, schmalen Tanks ist, ebenso wie für Gärungen in höheren Temperaturbereichen, ein Zuschlag von weiteren 5 % zu tätigen. Bei Druckgärung kann der Leerraum etwas reduziert werden. Der Konus verfügt über einen Winkel von 60–75°. Infolge der starken Konvektion der gärenden Würze ergeben sich trotz dieser, gegenüber früher abweichenden Höhe keine wesentlichen Unterschiede in Temperatur (ca. 0,3° C) in pH, Extraktabnahme und Hefezellzahl während der Hauptgärung. Die Hefeernte ist hier besonders einfach, der Nachzeug kann abgetrennt werden (s. S. 211). An *Armaturen* sind erforderlich: Das unten am Tank sitzende *Befüll-* und *Entleerungsventil* kann als Klappenventil mit Schlauchanschluß versehen oder von diesem über eine feste Verrohrung zu einem Paneel mit Schwenkbogen geführt werden. Auch Doppelsitzventile sind üblich. Die *Probenahme* wird bei liegenden oder flachkonischen Tanks (s. unten) noch mittels eines Zwickelhahnes getätigt. Bei zylindrokonischen Tanks sind eigene Probenahmesysteme erforderlich; die Bierprobe wird an der Oberkante des Konus entnommen und mittels reversierbarer Pumpe in die Bierauslaufleitung (vor der Ventilklappe etc.) zurückgeführt. Hierdurch können sowohl Bier- als auch aus dem Konus Hefeproben entnommen werden. Die Inhaltsanzeige geschieht durch Druckmeßdosen, die oben und unten eingebaut, den Differenzdruck ermitteln. Die Temperaturanzeige ist bei Unitanks oder bei Tanks, die auch für Versuche herangezogen werden, in zwei bis drei verschiedenen Höhen möglich, bei „normalen" ZKG nur an einer Stelle. Der *Temperaturfühler* wird mit seinem nach innen gehenden Schaft in die Probenahmeleitung (Oberkante Konus) so eingebaut, daß es von der Reinigung erfaßt wird. Thermometer im zylindrischen Teil des Tanks müssen von den Reinigungs- und Spülflüssigkeiten noch be-

schwallt werden. Der Thermometerschaft hat dabei eine Neigung von über 30°. Auch Kontaktthermometer direkt an der Tankwand zeigen dann genau an, wenn sie nicht von Kühlflächen beeinflußt sind. Für die Zu- und Abführung von CO_2 sind Leitungen erforderlich, die mit der Reinigungsleitung kombiniert werden. Der Schluß für das jeweilige Medium wird am Paneel bzw. durch Doppelsitzventile hergestellt.

Vakuumventile, die beim Entleeren des Tanks oder bei Abkühlung nach warmer Reinigung bei einem Unterdruck von 30–50 mm WS ansprechen, sind ebenso erforderlich wie ein *Sicherheitsventil*, das die gleiche Flüssigkeitsmenge abführen kann wie sie beim Befüllen eingeleitet wird. Beide Ventile sind bei Außentanks beheizbar auszuführen. Die *Spundung* bei Druckgärung oder bei der Lagerung des Bieres wird über die CO_2-/Reinigungsleitung durch einen gewichtsbelasteten Spundapparat sichergestellt. Die *Reinigungsapparaturen* können Sprühkugeln oder Zielstrahlreiniger sein, wobei der stündliche Durchsatz und der Sprühdurchmesser einen gleichmäßigen Flüssigkeitsfilm an den Wandungen gewährleisten. In die *Domarmatur* eines ZKT soll unbedingt auch ein Schauglas, mindestens bei einem Teil der Tanks eingebaut werden, um die Tankbefüllung, die Kräusenbildung, den Effekt einer CO_2-Begasung oder die Funktion der Sprühkugeln verfolgen zu können. Meist werden die Tanks für „normalen" Druck (0,99 bar Ü) gebaut. Dabei ist aber zu berücksichtigen, daß der Druck am Auslauf, d. h. im Konusbereich um die Höhe der Flüssigkeitsschicht höher ist. Tanks für Druckgärung werden auf Betriebsdrücke von 2 bar Ü ausgelegt, die aber nicht benötigt werden (s. S. 251).

Die Tanks sind entweder unisoliert in einem entsprechend temperierten Raum oder isoliert innerhalb einer Umhausung angeordnet. Auch die Aufstellung der isolierten und mit einer witterungsbeständigen Verkleidung versehenen Tanks im Freien ist möglich. Als Isolierung findet meist Polyurethanschaum in einer Stärke von 100 bis 120 mm Anwendung.

3.4.2.6 Stehende, zylindrische Tanks mit flachem Boden (Asahi-Tanks). Die aus rostfreiem Stahl (Blechstärke 4–6 mm) gefertigten Tanks haben eine Höhe von 8–10 m und Durchmesser zwischen 4 und 8m. Der Inhalt der Tanks beträgt 1000 bis 4000 hl. Die Behälter sind nur für einen geringen Überdruck von 0,04 bar geeignet.

Der obere Boden ist gewölbt, der untere flach, mit einem Gefälle von 10 %. Der Bedienungsgang ist nach oben abgeschlossen, ansonsten stehen die entsprechend isolierten und außen mit einer Aluminiumverkleidung versehenen Tanks im Freien. Auch hier ergeben sich keine Unterschiede in den einzelnen Schichten des gärenden Bieres. Um jedoch die Hefegehalte auszugleichen, wird eine denkbar einfache Vorrichtung angeordnet, die aus einem in der Höhe schwenkbaren Rohr besteht. Dieses ist über eine Rolle durch ein Seil, einmal am Schwimmer auf der Bieroberfläche und zum anderen am oberen Tankboden befestigt. Hierdurch wird das Bier beim Schlauchen stets aus der Mitte der jeweils gegebenen Flüssigkeitshöhe entnommen. Die Hefeernte erfolgt erst nach dem Schlauchen. Die Erstellungskosten betragen nur 50 % derjenigen eines „konventionellen" Tankgärkellers, der wiederum günstigere Gesamt-Baukosten als ein Gärkeller mit offenen Gärbottichen aufzuweisen hat.

3.4.2.7 *Stehende Gärtanks mit flachkonischem Boden*. Bei kleineren Tanks, die ein Verhältnis von Durchmesser zu Höhe wie 1 : 1–1,5 haben, würde ein Konus mit einem Innenwinkel von 60–70° zuviel Raum beanspruchen. Sie haben daher meist einen solchen von 90–150°. Da hier das Abpumpen der Hefe vor dem Schlauchen schwierig ist und auch bei einem Konus von 90° nur sehr vorsichtig geschehen kann, wird die Hefe erst nach dem Abziehen des Bieres gewonnen. Ein Kühlen des Konus erbringt dann den gewünschten festen Hefeabsatz.

3.4.2.8 „*Unitanks*" sind ebenfalls Tanks mit einem flachkonischen Boden von 142–150° Innenwinkel. Durchmesser und Höhe des Flüssigkeitsstandes sind im Verhältnis 1 : 1–1,5 ausgelegt; der Tank ist, wie auch der vorhergehende Asahi-Typ, nicht für Drücke über 0,04 bar geeignet. Die Kühlung erfolgt in der ursprünglichen Ausführung nur über eine Zone, die im oberen Drittel angeordnet ist, heutzutage sind zwei Zargen- und ein Bodenkühlsystem üblich. Die Tanks sind isoliert, häufig sogar mit ihren Bedienungselementen im Freien aufgestellt. Die Besonderheit dieser Tanks ist neben ihren Abmessungen ein im Zentrum des Konus, dicht über dem Boden angeordneter Düsenring, durch den Kohlensäure eingeblasen wird, um die Konvektion zu verstärken und die Hefe in die Mitte des Konus zu schieben. Von da kann sie nach Abschluß der Gärung gewonnen werden. Diese Tanks eignen sich wohl auch für

eine konventionelle Gärung, sie wurden jedoch entwickelt, um Gärung und Reifung in einem Behälter durchzuführen.

3.4.2.9 *Sphärokonische Tanks* sind ebenfalls aus Edelstahl (8 mm) gefertigt; das Oberteil ist kugelförmig, das Unterteil weist einen Konus von 60° auf. Am Kugelumfang und am Konus sind Kühltaschen angebracht. Die Isolierung besteht aus 220 mm starkem Schaumglas. Durch das günstige Verhältnis von Oberfläche zu Volumen sind die Tanks für einen Überdruck von 1–3 bar zugelassen. Bei einer Höhe von 12 m und einem Durchmesser von 10 m wird ein Gesamtinhalt von 5000 hl erreicht.

3.4.2.10 Schlanke, flachkonische Tanks mit externer Kühlung („Reaktoren") wurden in den 70er und 80er Jahren in Mittel- und Ostdeutschland erstellt. Sie werden noch heute betrieben. Sie haben eine genormte Größe mit Durchmessern von 3,9, 4,2, 5,35 und 6,0 m, was zu Inhalten von netto 1300, 2500 und 5500 hl bei Verhältnissen von D : H = 1 : 3,5-1 : 5 führt. Der Konuswinkel ist 140°, die Tankdecke ist flach, bei den letzten Ausführungen gewölbt. Der Kühlung dient ein Plattenkühler, über den das Bier bei Erreichen der Höchsttemperatur, zum Halten derselben und zum Abkühlen gepumpt wird. Der Tank hat zwei Auslässe: im Konus zur Entnahme des Bieres, das über den Plattenkühler umgepumpt wird bzw. zum Entleeren des Tanks sowie im oberen Teil des Konus zur Abnahme des Bieres oberhalb des Hefesediments. Die Rückführung des gekühlten Bieres erfolgt in einer Steigleitung, die ca. 4 m unterhalb der Flüssigkeitsoberfläche mündet. Die Umwälzpumpe ist so ausgelegt, daß der Tankinhalt innerhalb von 20 Stunden einmal umgewälzt wird. Die Tanks sind als Außentanks ausgerüstet, mit 80 mm Polyurethan-Hartschaum isoliert und mit verzinktem Stahlblech verkleidet.

3.4.2.11 *Die Kühlung der gärenden Würze*: Neben den Gärräumen bedarf auch die gärende Würze der Kühlung, da bei den Temperaturen der Untergärung ca. 570 kJ/136 kcal/kg Glucose an Wärme frei werden. Es steigt also die Temperatur der Würze im Gärstadium laufend an. Nachdem jedoch bestimmte Temperaturen nicht überschritten werden sollen, um einen zu stürmischen Ablauf der Gärung zu vermeiden, ist eine zusätzliche Kühlung des Jungbieres, am besten durch eine Behälterkühlung, erforderlich. Mit Hilfe derselben kann durch Einhalten einer bestimmten Gärtemperatur die Intensität der Gärung gesteuert werden. Außerdem muß die Kühlung ein Absenken der Temperatur gegen Ende der Gärung ermöglichen.

In alten Gärkellern erfolgte die Kühlung mit Hilfe von Natureis, das in Bottichschwimmer aus verzinntem Kupfer oder lackiertem Stahlblech eingefüllt wurde.

Gärbottiche werden heute mit Rohrschlangen oder Taschen gekühlt, die entweder in die Bottiche eingehängt oder an die Bottichwände aufgeschweißt oder in die Ummantelung eingebaut sind. Die Innenkühler bestehen bei Aluminium- und Betonbottichen aus Kupfer, Aluminium oder Edelstahl; bei V2A-Bottichen nur aus demselben Material (s. S. 217). Bei Mantelkühlung sind nahtlos gezogene Stahlrohre in die Ummantelung der Bottiche eingebaut. Hier, aber auch bei Kühltaschen an der Bottichwand sind die einzelnen Behälter gegeneinander zu isolieren. Bei Gärbottichen wird in der Regel gekühltes Süßwasser von 0,5 bis 1° C als Kühlmedium benützt. Andere Kältemittel wie Sole, Mischungen aus Wasser und Alkohol oder Glykol oder ein direkt verdampfendes Medium erlauben tiefere Temperaturen. Bei ungenauer Regulierung besteht die Gefahr eines „Abschreckens" der gärenden Hefe, was zu einem „Steckenbleiben" der Gärung führen kann. Entsprechende Feinregulierung, evtl. durch Mischen von Kältemittelvor- und -rücklauf vermeiden diese Gefahr. Das Undichtwerden des Systems kann bei Innenkühlern das Bier gefährden.

Bei 7tägiger Hauptgärung liegt der mittlere spezifische Kältebedarf (zur Dimensionierung der Kälteanlage) bei 630 kJ/150 kcal/Tag und hl Bruttovolumen oder 750 kJ/180 kcal/Tag und hl Nettovolumen. Der Spitzenbedarf des einzelnen Gärgefäßes liegt bei der Untergärung bei einer Extraktvergärung bis zu 2,5 kg/hl und Tag bei 1465 kJ/350 kcal/ Tag und hl Nettovolumen. Hierfür werden Kühlflächen von 2,0–2,5 m²/100 hl erforderlich. Bei einer Temperaturerhöhung des Eiswassers um rund 2,5° C wird eine Eiswassermenge von maximal 5–6 l/hl und Stunde benötigt. Zur Kühlung von der Höchst- auf Schlauchtemperatur um 0,1° C/h sind unter den gleichen Bedingungen zusätzlich 4–5 l Eiswasser/hl und h erforderlich. Die Kühlwassermenge pro Bottich sollte durch Mengenmesser kontrolliert und eingestellt werden.

Bei der Obergärung liegt der mittlere spezifische Kältebedarf (zur Dimensionierung der Kälteanlage) bei 1880 kJ/450 kcal/Tag und hl Nettovolumen, da die maximale Extraktvergärung bis zu 4,5 kg/hl und Tag erreicht.

Gärtanks wurden bei *liegenden Ausführungen* häufig mit Innenkühlern in Form von Rohrschlangen oder Taschen versehen, die aber die Reinigung erschwerten. Bei neueren Anlagen werden Kühltaschen, in Zonen eingeteilt, in verschiedenen Höhen angeordnet. Die oberste Zone gewährleistet das Einhalten der gewünschten Maximaltemperatur der Gärung, die zweite dient zusätzlich zur Rückkühlung, die dritte am Bauch des liegenden Tanks soll einen festeren Hefeabsatz bewirken. Das nachträgliche Anbringen von Kühltaschen ist bei Vorhandensein von genügend Raum zwischen den Tanks möglich.

Stehende, zylindrokonische Tanks haben ebenfalls eine Unterteilung in einzelne Kühlzonen. Je nach der Höhe der Tanks sind 2–4 Wand- und eine Konuskühlfläche angeordnet. Als Kältemittel scheidet Sole wegen ihres Chloridgehaltes aus. Dieser würde den Edelstahl zerstören. Aber auch Alkohol-Wassergemische, Glycol-Lösungen, bedürfen des Zusatzes von Inhibitoren, um auch hier eine, wenn auch schwache Korrosion auf Edelstahl hintanzuhalten. Um ein Gefrieren des Bieres bzw. ein Ausfrieren von Wasser zu vermeiden, darf die Temperatur des Kühlmittels nicht niedriger als – 4° C sein. Dasselbe gilt für direkt im System verdampfendes Ammoniak. Bei neueren Anlagen ist es sogar üblich, die Kühlflächen der Tanks größer auszulegen und die Temperatur des Kältemittels durch automatische Regulierung an die jeweilige Kühlaufgabe anzupassen: z. B. Kältemitteltemperaturen von + 4 – + 6° C (oder sogar höher) zum Halten der Höchsttemperatur und niedrigere Temperaturen von 0 bis – 4° C zum Abkühlen.

Frigen wird nicht mehr eingesetzt, da die Verwendung von Fluorchlorkohlenwasserstoffen (FCKW) verboten ist. Die Kühlfläche richtet sich nach denselben Bemessungsgrößen wie beschrieben, doch werden meist die Auslegungen für höhere Gärtemperaturen vorgenommen: 4–4,5 m²/100 hl Nettovolumen, wobei der Anteil der Konuskühlfläche 15–20% ausmacht. Von der Seite der Kühlung kann dieser Anteil bei großen Behältern bedeutungslos werden, technologische Überlegungen lassen jedoch ihre Beibehaltung wünschenswert erscheinen. Die Kühlsysteme sind jeweils für sich geschaltet. Dennoch kann es ratsam sein, zur Vermeidung einer zu starken Konvektion schon beim Halten der Gärtemperatur alle Kühlflächen des zylindrischen Teils einzuschalten. Um einen Temperaturschock der Hefe zu vermeiden, sollten die Schaltintervalle klein sein und die Rückkühlraten sich auf 24 Stunden gleichmäßig erstrecken.

Bei Neuanlagen sind manchmal überhöhte Forderungen hinsichtlich der Abkühlungsgeschwindigkeit anzutreffen, die eine entsprechende Dimensionierung der Kühlfläche verlangen.

Bei besonders starker bzw. weitgehender Kühlung ist es einfacher und billiger, das Jungbier bzw. das gereifte Bier im Tank nur bis auf 4° C abzukühlen und die restliche Temperaturdifferenz zu 0 bzw. – 1° C mittels einer externen Kühlfläche, z. B. beim Gefäßwechsel, vorzunehmen.

Während der letzten 20 Jahre wurden viele Anlagen mit einer Kühlung durch direkte Verdampfung ausgerüstet. Als Vorteile wurde die um 4–5° C höhere Verdampfungstemperatur (gegenüber indirekter Kühlung) sowie die infolge besserer Wärmeübertragung um ca. 10% kleineren Kühlflächen gesehen. Doch kommt die Anschaffung eines Tanks mit den verstärkten Kühlflächen, die auf den Stillstandsdruck des Ammoniaks (11,6 bar) ausgelegt werden müssen, entsprechend teurer. Ferner sind Undichtigkeiten trotz des geruchsintensiven Ammoniaks nur schwer aufzufinden.

Der Wunsch, den stärker überwachungsbedürftigen Bereich des Kältemittels Ammoniak einzuengen, hat bei einer Reihe von Neuanlagen zur indirekten Kühlung mittels Kälteträger (Glykol) geführt. Wenn auch die neuen Anlagen mit Verdampfung einen hohen Sicherheitsgrad aufweisen, so können doch Umweltauflagen etc. die Hinwendung zu indirekter Kühlung fördern.

Bei Ausfall der automatischen Kühlung sollte unbedingt eine Eingriffsmöglichkeit von Hand bestehen, um die Gärung korrekt führen zu können. Dies ist bei indirektem Betrieb leichter möglich.

Es sind aber auch Keller mit zylindrokonischen Gär- und Reifungstanks ohne eigentliche Behälterkühlung in Verwendung. Die Raumtemperatur entspricht dabei einem Mittelwert, der entsprechend den Gär- und Reifungsbedingungen eingestellt wird. Eine Individualkühlung ist durch Berieselung mit Kühlwasser möglich. Zu diesem Zweck ist die Betontragplatte der Tanks als Wanne ausgebildet, in der das Kühlwasser gesammelt und zur Kühlanlage zurückgeführt werden kann.

3.4.3 Das Anstellen der Würze mit Hefe

Der Gärprozeß wird durch die Zugabe der Hefe zur Würze eingeleitet. Dieser Vorgang heißt „Anstellen" oder „Zeuggeben", die zum Anstellen verwendete Hefe „Anstellhefe", „Satz" oder „Zeug".

3.4.3.1 Der *Zeitpunkt des Anstellens* hängt vom Würzekühlverfahren ab. Bei Anwendung eines Kühlschiffs, bei Kaltseparierung oder Kaltfiltration, meist auch bei Flotation wird bereits während des Einlaufs der Würze in das Anstell- oder Gärgefäß mit Hefe angestellt. Die Kaltsedimentation erfordert eine Ruhezeit von 8–16 Stunden, um den Trubabsatz abzuwarten (s. S. 189). In einem derartigen Fall muß der Würzeweg möglichst frei von Organismen sein, um ein Aufkommen der schnellwachsenden Termobakterien hintanzuhalten. Auch beim sofortigen Anstellen bedarf die Hefe einer bestimmten Zeit, bis nach ihrer Aufbewahrung die Lebens- und Vermehrungstätigkeit einsetzt (Induktionsphase s. S. 197).

3.4.3.2 Die *Menge der Hefe* soll so bemessen sein, daß bei einer gegebenen Anstelltemperatur von 5–6° C die Hefe innerhalb von 12–16 Stunden ankommt, d. h. die ersten Gärungserscheinungen gegeben sind. Die normale Hefegabe beträgt 0,5 l dickbreiiger Hefe pro hl 12 %iger Würze; sie wird oft auch pro 100 kg Schüttung (2–3 l) angegeben. Bei gleichmäßiger Verteilung entspricht dies etwa 15×10^6 Hefezellen in 1 ml Würze. Diese Hefegabe kann geringer sein in einer biologisch reinen Würze, in wärmeren Gärkellern, gut isolierten Gärgefäßen und bei höheren Anstelltemperaturen. Eine größere Hefegabe ist ratenswert bei Würzen, die eine stärkere Infektion mit Termobakterien aufweisen, bei kälteren Gärkellern und unisolierten Gefäßen. Auch der physiologische Zustand der Anstellhefe hat einen Einfluß auf die Hefegabe. Längere Lagerung der Hefe erfordert eine Erhöhung der Dosierung. Dunkle Würzen und Starkbierwürzen bedingen eine höhere Hefegabe. Erstere weisen meist niedrigere Aminosäuregehalte und eine ungünstigere Zuckerzusammensetzung auf, bei letzteren wirken sich die osmotischen Gegebenheiten nachteilig auf die Hefe aus. Gelingt es nicht, die Anstellwürze in ausreichendem Maße mit Sauerstoff zu versorgen, ist ebenfalls eine Steigerung der Hefemenge erforderlich. Um die Gärung zu beschleunigen, wird vielfach die Hefegabe erhöht. Während die Gärdauer bei 0,5 l Hefe/hl Würze 9 Tage beträgt, verkürzt sie sich bei 1 l/hl auf 7 Tage, bei 2 l/hl dagegen sogar auf 4–5 Tage. Die Vermehrungsrate der eingesetzten Hefemenge ist bei höheren Gaben geringer. Während eine Hefemenge von 0,5 l/hl eine Ernte von ca. 2 l/hl ergibt, liefert 1 l/hl ca. 2,5 l, eine vierfache Gabe von 2,0 l/hl dagegen nur 3,0 l/hl. Die Altersverteilung der Hefen, gekennzeichnet anhand der Sproßnarben, ändert sich nicht. Auch die anderen Eigenschaften der Biere erfahren unter sonst gleichen Bedingungen – Temperatur und Lüftung (letztere ist evtl. zu verringern) – keine deutliche Beeinflussung. Infolge der geringen Zuwachsrate muß jedoch bei überhöhter Hefegabe eine längere Führung der Hefe in Kauf genommen werden, um genug Anstellhefe zur Verfügung zu haben. Dies ist nur bei einwandfreien biologischen Bedingungen möglich.

Die genannten Werte der Hefegabe beziehen sich auf dickbreiige Konsistenz. Dies wird erzielt nach dem Absetzen der Hefen in den Aufbewahrungsgefäßen. Bei suppiger oder stark verunreinigter Hefe (Eiweiß, tote Zellen) ist eine größere Hefemenge einzusetzen. Zweckmäßig ist die Feststellung der Hefekonzentration durch Abnutschen der Hefe. Je nach der abgesaugten Flüssigkeitsmenge (zwischen 16 und 84 %) kann die Hefegabe angepaßt und so die Zellzahl annähernd konstant gehalten werden. Einfach und verläßlich ist auch die Feststoffbestimmung mittels Laborzentrifuge. Der sog. „Schleuderwert" liegt zwischen 40 und 55 % Feststoff. Tabellen geben einen leicht lesbaren Anhaltspunkt für die Variation der Hefegabe. Auch die Methode der Trübungsmessung einer Zellsuspension mittels eines einfachen Trübungsmeßgerätes oder mittels Photometer ist üblich.

3.4.3.3 *Die Art der Hefegabe:* Häufig wird die frisch geerntete Hefe gleich wieder zum Anstellen der folgenden Sude verwendet (Hefegaben von Bottich zu Bottich), wobei aber zweckmäßig eine Reinigung der Hefe über ein Vibrationssieb erfolgt (s. S. 211). Die Ermittlung des Feststoffanteils („Schleuderwert") ist wichtig, um die Menge an Hefezellen richtig wählen zu können. Lagernde Hefe wird aus dem Hefetank entnommen, wobei hier einmal für eine gute Homogenität der zu dosierenden Masse und der Bestimmung deren Konsistenz zu sorgen ist. Bei modernen Würzekühlanlagen hat sich die automatische Dosierung der Hefe direkt in die Würzeleitung eingeführt, die am besten über die gesamte Laufzeit eines Sudes währt und so eine sehr gleichmäßige Verteilung der Hefe in der Würze sichert. Die Entnahme der Hefe aus einem Vorratsbehälter oder aus einem Sammelgefäß geschieht mit Hilfe von regulierbaren Hefepumpen (Zahnrad-, Membran-, Schlauch- oder Monopumpen) oder über ein Ven-

turirohr. Die alte Art des Hefegebens sieht eine innige Vermischung der Hefegabe mit einer kleinen Würzemenge zum Zwecke der Auflösung von Hefeklumpen vor. Dies erfolgt entweder durch Umgießen von einem Bierschaffel in ein anderes, bis die Masse kräftig schäumt, oder durch eigene Hefeaufziehapparate, sog. „Hefebirnen", in denen das Hefe-Würze-Gemisch mit steriler Preßluft „aufgezogen" und anschließend in die Würzeleitung oder direkt in den Bottich gedrückt wird. Auch dort ist für eine gleichmäßige Verteilung der Hefe in der Würze zu sorgen. Aus diesem Grund erfolgt nach dem Vollwerden des Bottichs ein „Aufziehen", d. h. ein Einblasen von steriler Luft mit Hilfe eines perforierten Rohres, welches gleichzeitig eine ausreichende Versorgung der Würze mit Sauerstoff bewirken soll. Diese Maßnahme wird am ersten Gärtag mehrmals wiederholt, ein zu spätes Belüften der Würze an den folgenden Tagen ist zu unterlassen, da hierdurch das Hefewachstum zu stark angeregt wird und somit größere Mengen an Gärungsnebenprodukten entstehen. Vor allem die Bildung von Diacetyl bzw. dessen Vorläufer 2-Acetolactat wird verstärkt.

In Anlehnung an diese vorgeschilderte herkömmliche Arbeitsweise wird heute die Hefe im Tank zum Zwecke der Homogenisierung 30–60 Minuten lang mit Luft versetzt oder eine sog. „Vorpropagierung" mit Würze angestrebt. Hier gibt man etwa die gleiche Menge Würze zur Hefe und belüftet intensiv. Das Gemisch kann unmittelbar zum Anstellen verwendet werden oder auch einige Stunden stehen bleiben, wenn z. B. von dieser Hefecharge mehrere Sude nacheinander angestellt werden sollen.

Die Kontrolle der Hefemenge in der Würze geschieht entweder durch die Thoma'sche Hefezählkammer, über Partikel-Zählgeräte oder über Trübungsmessung (s. oben), wobei bei automatischer Dosierung diese in Abhängigkeit der Trübungsdifferenz zwischen der ursprünglichen und der mit Hefe angestellten Würze getätigt wird.

Die Notwendigkeit der Hefedosierung während des gesamten Würzelaufs ergibt sich im besonderen beim direkten Anstellen in einem Mehrsudtank, z. B. nach voraufgegangener Kaltsedimentation, bei Kaltseparierung oder Kaltwürzefiltration, aber auch bei Flotationstanks für mehrere Sude. Es ist zu vermeiden, daß sich bei längeren Befüllungszeiten Schichten in den Tanks ausbilden, die sich erst nach dem Auftreten intensiverer Konvektion ausgleichen. Hier kann es bereits zu einer Veränderung des Musters der Gärungsnebenprodukte kommen.

3.4.3.4 *Sauerstoffversorgung*: Es ist besser, diese bereits auf dem Würzeweg in geeigneter Weise durch Belüftungskerze, Venturirohr (evtl. mit statischem Mischer) oder über die Schälscheibe der Zentrifuge (s. S. 191), u. U. in Verbindung mit der Kühltrubentfernung durch Flotation vorzunehmen. Hierbei ist eine Nachbelüftung im Bottich selbst, etwa durch das vorgeschilderte Aufziehen, nicht nur überflüssig, sondern auch nachteilig, da die feinverteilten Luftbläschen hierdurch vergröbert und ausgetrieben werden können. Zweckmäßig ist jedoch eine nochmalige intensive Belüftung während des Umpumpens der angestellten Würze vom Anstell- in den Gärbottich. Eine übermäßige Belüftung der Würze kann hierdurch nicht eintreten, da die überschüssige Luft entweicht und in der Würze ein Restgehalt von 7–8 mg/l Sauerstoff verbleibt. Nur im Falle der Anwendung von reinem Sauerstoff werden höhere Werte (bis zu 30 mg/l) erreicht, die u. U. zu einer negativen Beeinflussung der Hefe führen können. Auf den ITT-Wert bzw. das rH des fertigen Bieres hat eine noch so starke Begasung mit Luft zu Beginn der Gärung keine Auswirkung. Durch die Vermehrung der Hefe wird der Sauerstoff sehr rasch verbraucht und das rH von 20 zügig auf 9–11 abgesenkt.

3.4.3.5 *Das Herführen*: Neben der ersterwähnten Art der Hefegabe wird auch verschiedentlich das „Herführen" angewendet. Dies geschieht dann, wenn aus einer kleinen Hefemenge z. B. beim Einführen einer Reinzucht in den Betrieb in kurzer Zeit die Anstellmenge für einen Sud erzielt werden soll. Die Hefe wird zunächst in einer kleinen Würzemenge (1 l Hefe pro 15 Liter Würze) angestellt und nach Einsetzen der Gärung die doppelte Menge Würze zugegeben. Dieser Vorgang wird so lange wiederholt, bis die Würzemenge eines Herführbottichs so viel Hefe enthält, um das Quantum eines Gärbottichs anstellen zu können.

Gut bewährt hat sich bei Einsatz verhältnismäßig kleiner Hefemengen eine periodische Belüftung bis zu einem Vergärungsgrad von ca. 40 % (s. S. 209).

Diese Maßnahme kann auch kontinuierlich getätigt werden, indem von den Herführbottichen als *Hefedepots* jeweils 40 % der Hefe-Würze-Menge in den Gärbottich gepumpt und damit ein Sud angestellt wird. Obwohl die Temperaturführung im Hefedepot höher liegt als sonst und eine intensive Belüftung erforderlich ist, bleibt die Hefe z. T. ein halbes Jahr einwandfrei und gärkräftig.

3.4.3.6 Das *Drauflassen* beruht auf dem gleichen Prinzip. Die Würze eines Sudes wird mit normaler Hefegabe zunächst auf zwei oder drei Bottiche verteilt. Nach 24 Stunden ist diese Würzemenge in Gärung begriffen, so daß ein zweiter, nicht mit Hefe angestellter Sud draufgelassen werden kann. Das Drauflassen, das nach weiteren 12–16 oder 24 Stunden eine weitere Wiederholung erfahren darf, geschieht mit einer Würzetemperatur, die gleich der der gärenden Würze ist, um ein Abschrecken der Hefe zu vermeiden. Beim Verfahren des Drauflassens werden schnellere Gärungen und höhere Vergärungsgrade erzielt.

3.4.3.7 Ähnlich wird auch beim „Anstellen mit Kräusen" verfahren. Im Anstellbottich oder -tank werden 33 % Kräusen mit einem Vergärungsgrad von 25–35 % vorgelegt und dann die doppelte Menge, unter voller Belüftung draufgelassen. Sobald dasselbe Gärstadium wieder vorliegt, kann der Vorgang – beliebig oft – wiederholt werden. Diese Methode ist besonders gut anwendbar nach Aussetzpausen oder um möglichst rasch eine Verjüngung der Anstellhefe zu bewirken.

Bei diesem Anstellen mit Kräusen, sei es direkt aus der Reinzucht oder aus Tanks, deren Inhalt bereits angegoren ist und deren Inhalt den gewünschten Status (Vs = 25–30 %, Hefezellzahl $50–60 \times 10^6$ Zellen/ml) aufweist, ist ebenfalls auf eine völlig gleichmäßige Verteilung mit der frischen Würze zu achten. Wird z. B. ein in Kräusen befindlicher Tank mit 3 Suden Inhalt auf 6–7 weitere Sude in 3×3-Sudtanks verteilt, so muß der Inhalt des Kräusentanks auf alle drei zu beschickenden Gärtanks *gleichzeitig* laufen. Dies ist deshalb notwendig, weil selbst die Kräusen des geschilderten Zustandes noch nicht vollständig homogen sein können und so Tanks mit drei grundverschiedenen Gärverläufen resultieren.

Das ausschließliche Anstellen mit hergeführten Reinzuchtkräusen (s. S. 210) hat sich zur Verbesserung der Filtrierbarkeit bewährt (s. S. 330). Nicht ganz so wirkungsvoll ist in dieser Hinsicht das Anstellen mit Kräusen aus Betriebshefe.

Das Anstellen kann nun entweder in den Gärbehältern selbst erfolgen oder in sog. Anstelltanks – bzw. Bottichen. Beim herkömmlichen Anstellvorgang verbleibt dort die angestellte Würze 12–24 Stunden und wird dann nach dem Gärbottich oder -tank umgepumpt.

Der Anstellbehälter soll mindestens einen Sud aufnehmen können, doch ist es auch möglich, bereits hier draufzulassen. Wenn die Gärung „angekommen" ist, wird nach ca. 12–16 Stunden oder je nach der Zahl der Anstellbottiche oder den Arbeitsgegebenheiten in den Gärbottich abgelassen oder umgepumpt. Der Einsatz eines Anstellbottichs schafft den Vorteil einer homogenen Anstellwürze, vor allem wenn die Gärbottiche selbst klein sind und nicht der Sudgröße entsprechen. Im Anfangsstadium der Gärung setzen sich Verunreinigungen wie Kühltrub, tote Hefezellen und tote Würzeorganismen ab. Die Gärung wird hierdurch reiner und gleichmäßiger, der „Nachzeug" fällt im Gärbottich nicht mehr an. Nachdem jedoch ein Teil der Hefe nicht in Schwebe ist, sondern am Bottichboden an der Würzevergärung teilnimmt, kann sich durch das Umpumpen eher eine Verlangsamung der Gärung ergeben. Es hat sich hier als zweckmäßig erwiesen, nochmals zu belüften (z. B. über eine Kerze oder ein Venturirohr) mit 15–25 l Luft pro hl Würze. Vielfach wird eine gezielte Kühltrubabscheidung während der Verweilzeit im Anstellbottich angestrebt, wie z. B. bei der Flotation.

Bei der Flotation (s. S. 190) wird die angestellte Würze nach 4–16 Stunden umgepumpt, je nach den Arbeitsgegebenheiten des Betriebes (Wegfall der Nachtschicht etc.). Neue Flotationssysteme weisen eine derart feine Verteilung der Luft auf, daß der Kühltrubauftrieb schon nach 2 Stunden beendet und damit ein Umpumpen möglich ist.

3.4.4 Die Gärführung

Die Gärtätigkeit der Hefe wird durch die herrschenden Gärtemperaturen beeinflußt. Darüber hinaus wird bei der Gärung Wärme frei, die ein Ansteigen der Temperatur der gärenden Würze bewirkt. Hierdurch wird wiederum eine Beschleunigung der enzymatisch gesteuerten Stoffwechselvorgänge hervorgerufen. Die Gärtätigkeit der Hefe muß sich daher in ganz bestimmten Grenzen bewegen. Es ist die Aufgabe der praktischen Gärführung, die Beeinflussung der Gärintensität durch Regulierung der Temperatur der gärenden Würze vorzunehmen, die sich bei der Untergärung normal zwischen 4° C und 12° C bewegt, bei Intensivgärverfahren aber auch weit höhere Werte bis zu 20° C erreichen kann. Die Art der Gärführung sollte sich nach qualitativen Gesichtspunkten richten (Zusammensetzung des Malzes bzw. der Würze, Hefetyp, Biercharakter); häufig dominieren aber quantitative Überlegungen wie die zur Verfügung stehende Gärzeit. Bei der konventionellen Gärung wird unterschieden zwi-

schen kalter Gärführung (Anstelltemperatur 5° C, Höchsttemperatur 7–9° C) und warmer Gärführung (Anstelltemperatur 7–8° C, Höchsttemperatur 10–12° C).

3.4.4.1 Die *kalte Gärführung* ist für die Bierqualität günstiger, da die Umsetzungen, der pH-Abfall und die Ausscheidungsvorgänge langsamer und weniger weitgehend verlaufen. Das Bier verzeichnet einen feineren, edleren Geschmack, eine ausgeprägte Vollmundigkeit und eine gute Schaumhaltigkeit. Um die geringere Hefevermehrung auszugleichen und trotz der niedrigen Temperaturen eine rasche Gärung zu erzielen, ist eine intensive Belüftung der Würze empfehlenswert.

3.4.4.2 Die *warme Gärführung* wurde früher bevorzugt bei dunklen Bieren angewendet. Heute werden auch helle Biere bei knapper Gärkellerkapazität warm geführt. Höhere Gärtemperaturen vermitteln einen insgesamt forcierten Gärverlauf, es entstehen durch die stärkere CO_2-Entwicklung höhere Kräusen, der pH fällt rascher und weitgehender ab, die Ausscheidung von Eiweißkolloiden und Bitterstoffen ist stärker. Die so hergestellten Biere sind oft weniger vollmundig und von schlechteren Schaumeigenschaften, auch arbeitet sich die Hefe rascher ab, läßt früher in ihrer Gärleistung nach als bei kalter Führung und führt u. U. zu einem hefigen Geschmack des Bieres. Schwierigkeiten bereitet oft die anschließende Nachgärung, wenn das Jungbier von hohen Temperaturen gegen Ende der Gärung rasch abgekühlt wird.

Bei zylindrokonischen Tanks, insbesondere bei Bierhöhen über 10–12 m kann ein Anheben der Gärtemperatur auf 10–12° C deshalb günstig sein, um eine bessere Hefevermehrung und eine stärkere und gleichmäßigere Konvektion zu erzielen. In diesem Falle werden kaum mehr Gärungsnebenprodukte wie höhere Alkohole und Ester gebildet als bei kälterer Führung. Meist schließt sich dieser Gärung eine definierte Reifungsphase bei ebensolchen oder nur wenig niedrigeren Temperaturen an.

3.4.4.3 Die *Gärdauer* steht in engem Zusammenhang mit der Gärführung. Es ist die Zeit, die notwendig ist, um einen entsprechenden Gärkellervergärungsgrad zu erreichen. Sie schwankt bei 12 %igen Bieren zwischen 6 und 10 Tagen. Am günstigsten ist für den Betriebsablauf eine Gärzeit von 7 Tagen, die heute bei optimaler Belüftung, leichter Anhebung der Hefegabe auf $18–25 \times 10^6$

Hefezellen und natürlich unter der Voraussetzung einer normalen Würzezusammensetzung, selbst bei kalter Gärführung, zu erreichen ist. Dunkle Biere bedürfen einer kürzeren, Biere, die mit Rohfrucht hergestellt wurden, sowie Starkbiere benötigen eine längere Gärzeit. In Gärtanks ergibt sich durch die stärkere Konvektion der gärenden Würze eher eine geringfügige Verkürzung der Gärdauer.

3.4.4.4 Forcierte Gärverfahren laufen meist unter

grundsätzlich anderen Bedingungen ab, so entweder mit höherer Hefegabe, unter Rühren oder bei wesentlich höheren Temperaturen, wobei hier auch ein Überdruck von 1–2 bar angewendet wird, um für die nachfolgende Reifung CO_2 zu binden (s. S. 251).

3.4.5 Der Verlauf der Hauptgärung

Die Gärung ist anhand von äußeren charakteristischen Veränderungen zu verfolgen. Die *Gärstadien* lassen sich wie folgt unterscheiden:

Das Ankommen oder Überweißen am ersten Tag, das Stadium der niederen Kräusen am 2. und 3. Tag, das Stadium der Hochkräusen vom 3. bis zum 5. Tag, das Zurückgehen der Kräusen und die Deckenbildung bis zum 7./8. Tag.

Nicht nur an diesen äußeren Erscheinungen, sondern auch an den Veränderungen der gärenden Würze selbst kann der Verlauf der Gärung verfolgt werden, wie am Verhalten der Hefe, an der Abnahme des Extraktes, an der Zunahme der Temperatur und an der Zunahme des Säuregrades (pH-Abfall).

Nachdem bei Gärtanks die Gärbilder schlecht oder gar nicht zu beobachten sind, soll sich die folgende Schilderung der „klassischen" Gärung auf Bottiche beziehen.

3.4.5.1 Beim *Ankommen* überzieht sich der Bottich nach ca. 12 Stunden mit einer weißen Schaumdecke. Die Extraktabnahme beträgt in den ersten 24 Stunden 0,4–0,6 % , die pH-Abnahme 0,25–0,35, der Temperaturanstieg je nach Gärkellertemperatur 0,8–1,3° C.

3.4.5.2 Im *Stadium der niederen Kräusen*, das $1^{1}/_{2}$ – 2 Tage dauert, schiebt die Schaumdecke vom Bottichrand weg und nimmt ein rahmartiges, gezacktes und gekräuseltes Aussehen an. Das reichlich aufsteigende CO_2 bringt Ausscheidungen aus der Würze in die Decke, die sich dann bräunlich färbt. Die Extraktabnahme beträgt in den folgen-

den beiden Tagen 1,0–1,4 % pro 24 Stunden, die Temperatur würde um 1,5–2° C pro Tag steigen, wenn nicht der Temperaturanstieg durch vorsichtiges Kühlen bei der Höchsttemperatur abgefangen würde. Der pH-Wert fällt auf 4,8–4,6.

3.4.5.3 Das *Stadium der Hochkräusen* beginnt am

3. Tag und dauert 2–3 Tage. In dieser Zeit findet die intensivste Gärtätigkeit statt. Die Kräusen erreichen eine Höhe von 30 cm und mehr, sie verfärben sich gelb bis braun. Die Extraktabnahme ist stark; je nach Heferasse, Ausmaß der Würzebelüftung und Gärtemperatur beträgt sie zwischen 1,4 und 2,0 % pro Tag. Die Höchsttemperatur wird meist am 3. Tag erreicht, sie wird durch künstliche Kühlung gehalten. Der Säuregrad verzeichnet ein Maximum, der pH fällt auf 4,6–4,4. Die Hefevermehrung kommt zum Erliegen, es tritt bei Bruchhefen ein Zusammenballen und Ausflocken der Hefe ein, welches mit der langsam einsetzenden Rückkühlung die Gärung beendet.

Die Rückkühlung darf nur langsam erfolgen, um die Hefe nicht abzuschrecken und ein suppiges Absetzen zu vermeiden. Sie beginnt bei starker Gärintensität und geringerem Bruchbildungsvermögen bei einem Vergärungsgrad von 40–45 %, wobei die Temperaturabsenkung von 0,5–0,7° C allmählich bis auf 1–1,5° C gesteigert wird. Bei langsamer vergärenden Hefen wird erst bei 60 % Vergärungsgrad zurückgekühlt.

3.4.5.4 Die *Deckenbildung* setzt durch Zurückgehen der Kräusen ein, der Schaum fällt zusammen, es bildet sich eine zusammenhängende geschlossene Decke, die durch Hopfenharzausscheidungen ein getigertes Aussehen hat. Sie soll selbst beim Schlauchen noch etwa 2 cm stark sein. Dünne Decken begünstigen ein Durchfallen der Hopfenharze, die einen kratzig-bitteren Geschmack im Bier hervorrufen. Die Extraktabnahme beträgt in den letzten 24 Stunden nur mehr 0,2–0,5 %. Der pH bleibt konstant oder steigt wieder geringfügig an. Bruchhefe flockt kräftig aus und setzt sich als feste Schicht am Boden des Gärgefäßes ab. Unter der Decke soll das Bier dunkel bis schwarz liegen. Diese Erscheinung tritt nur ein, wenn die Klärung entsprechend weit fortgeschritten ist und die Hefe ein ausgeprägtes Bruchbildungsvermögen aufweist. Staubhefen setzen sich im Gärbottich nur mangelhaft ab. Um hier eine Ernte zu erzielen, muß frühzeitig (bei ca. 35 % Vergärungsgrad) mit dem Kühlen begonnen werden, so daß das Bier in den letzten 24 Stunden bei ca. 2° C liegt und sich etwas Hefe absetzen kann.

Die Temperatur des „schlauchreifen" Bieres beträgt 3,5–5° C, selten mehr. Es besteht sonst die Gefahr, daß die Hefe beim Verteilen auf die Lagergefäße zu stark abgekühlt wird und die Nachgärung eine Verzögerung erfährt. Die „Dekke" muß vor dem Schlauchen des Bieres mit einem Seihlöffel sorgfältig abgehoben werden, eine Maßnahme, die bei großen Gärbottichen Schwierigkeiten bereitet. Es ist hier, wie auch bei abgedeckten Bottichen zweckmäßig, die Decke bereits 24–36 Stunden vor dem Schlauchen zu entfernen, um dann durch nochmaliges Abheben auch Hopfenharzreste erfassen zu können.

3.4.5.5 *Eine Optimierung dieser konventionellen Gärung* kann, wie schon erwähnt, durch eine Hefegabe von 1 l/hl (25–30 × 10⁶ Zellen pro ml Würze) sowie durch intensive Belüftung (8–9 mg O_2/l) im Verein mit einer Anstelltemperatur von 6,5–7° C erreicht werden. Die Extraktabnahme beträgt in den ersten 24 Stunden 0,8–1,0 %, der pH fällt um 0,6 bis 0,7; die Höchsttemperatur von 8,5–9,0° C ist nach dieser Zeit erreicht. Die Extraktabnahme beträgt an den folgenden Tagen 1,7–2,3 %, selbst beim Rückkühlen, das bei einem Vergärungsgrad von 45–65 % – je nach der Methode des Schlauchens – beginnt, beträgt die Extraktabnahme noch 1,0–1,5 % , in den 24 Stunden vor dem Schlauchen noch 0,5–0,7 %. Es muß allerdings darauf geachtet werden, daß mit dem Jungbier nicht zu viel Hefe in den Lagerkeller verbracht wird.

3.4.5.6 In *Gärtanks* können die einzelnen Stadien nicht durch Verfolgen der Gärbilder ermittelt werden. Hier sind Saccharometeranzeige und Temperatur die einzigen Anhaltspunkte. Die Kühlung wird abschnittsweise zugeschaltet. Zum Halten der Temperatur dient die obere, zum Rückkühlen zusätzlich die mittlere und schließlich zur Abscheidung der Hefe die Konuskühlung oder bei liegenden Tanks ein eventuell vorhandenes Bodenkühlsystem. Um bei stehenden Tanks eine zu starke Umwälzung der gärenden Flüssigkeit zu vermeiden, werden häufig alle Seitenkühlsysteme sowohl zum Halten als auch zum Erniedrigen der Temperatur eingesetzt. Es tritt sonst u. U. ein Unterspülen der bitterharzhaltigen Gärdecke ein. Normal hält sich die Gärdecke durch die großen Schichthöhen oder durch die Verringerung der Bieroberfläche bis zum Ende der Gärung, die Gefahr eines Durchfallens besteht nicht. Sie bleibt beim Schlauchen vielmehr an der Tankwandung bzw. im Konus zurück.

3.4.5.7 Die *Kontrolle der Hauptgärung* geschieht durch Beobachtung der Gärbilder, ihrer rechtzeitigen Aufeinanderfolge, durch täglich zweimalige Feststellung der Gärtemperatur und des Extraktgehaltes. Hierfür sind Schwimmthermometer und -saccharometer, am besten eigens für jedes Gärgefäß, geeignet. Die Darstellung der Werte geschieht meist in Form von Kurven. Bei Gärtanks werden nur Temperatur und Extraktgehalt des gärenden Bieres ermittelt, verschiedentlich jedoch auch pH – und gegen Ende der Gärung – der FAN-Gehalt.

3.4.5.8 Der *Verfolg der Hefezellzahlen* mit Hilfe einer Zählkammer oder eines Partikelzählers ist ein wichtiger Anhaltspunkt für die Betriebskontrolle. Wie schon erwähnt, bringt eine Hefegabe von 0,5 l/hl 15 × 10⁶ Zellen pro ml ein. Die Vermehrung führt dann bis zum Eingang des Hochkräusenstadiums auf 65–75 × 10⁶ Zellen; beim konventionellen Schlauchen mit Restextrakt sollen noch 10–15 × 10⁶ Zellen im Jungbier sein. Staubhefen erreichen normal dieselben Höchstwerte, doch sind selbst nach einer „Absitzrast" von einem Tag (s. S. 225) noch 25–40 × 10⁶ Zellen in Schwebe. Es kann aber unter Berücksichtigung dieser Werte durch einen Verschnitt von Bruch- und Staubhefebier eine günstige Hefemenge für die Nachgärung erreicht werden.

3.4.5.9 *Abnorme Gärerscheinungen*: Die Gärbilder sind nicht immer die gewohnten; alle Gärstadien können Abweichungen aufweisen.

Kahle Stellen in der Gärdecke äußern sich zu Beginn der Gärung. Sie können durch ungleiche Verteilung der Hefe, zu geringe Belüftung oder geringes Gärvermögen der Hefe hervorgerufen werden und lassen sich meist durch nochmaliges kräftiges Aufziehen ohne Nachteile beseitigen. Ähnliche Ursachen können auch ein schlechtes Ankommen der Gärung zur Folge haben. Dies wird aber auch durch eine Würzeinfektion, durch Anstellen mit einer physiologisch geschwächten Hefe oder durch eine fehlerhafte Würzezusammensetzung hervorgerufen. Nachgeben von Hefe, zusätzliche Belüftung, Anwärmen der Würze, Zusatz von Malzauszug können je nach Ursache Abhilfe schaffen.

Ein *Steckenbleiben der Gärung* im Stadium der niederen Kräusen kann eine Verschlechterung des Biergeschmackes zur Folge haben. Die oben genannten Ursachen, ein zu kaltes Drauflassen und damit Abschrecken der Hefe sowie eine von der Stickstoffseite unbefriedigende Würzezusammensetzung können diese Erscheinung hervorrufen. Die gleichen Maßnahmen wie bei schlechtem Ankommen, u. U. Umpumpen, Intensivbelüften der Würze und Zusatz von 2 l/hl frischer Hefe (evtl. aus einem anderen Betrieb) können in Verbindung mit Spänen (5 g/hl) die Gärung fördern. Eine Aktivkohlegabe von 5–20 g/hl beim Schlauchen und eine laufende Beobachtung des separat geschlauchten Bieres im Lagerkeller ist anzuraten.

Kochende Gärung tritt in irgendeinem Stadium, überwiegend bei den Hochkräusen, auf und äußert sich durch kochende, wallende Bewegung einzelner Stellen oder größerer Partien der Flüssigkeitsoberfläche, wobei sich die Kräusen entweder nicht ausbilden oder wieder zum Verschwinden kommen. Eine Neigung hierzu besteht bei schlecht gelösten Malzen aus heiß aufgewachsenen Gerstenjahrgängen, bei schlechter Würzekochung oder mangelhaftem Absitzen des Heißtrubes. Sie ist meist nur bei einzelnen Suden und hier wieder bei einzelnen Bottichen gegeben; eine Beeinträchtigung des Biercharakters tritt nicht ein.

Ein *Nachschieben* der Decke gegen Ende der Gärung äußert sich durch Bildung von feinem, weißem Schaum am Bottichrand oder an den Kühlern. Meist ist es durch zu starkes Rückkühlen, durch Temperaturschwankungen und nachträgliche Temperaturadaption der Hefe bedingt. Nachteile für das Bier bestehen nicht.

Die *Blasengärung* tritt meist gegen Ende des Hochkräusenstadiums oder bei der Deckenbildung auf. Sie äußert sich durch großblasigen Schaum und durch Ausbildung von runden oder ovalen Blasen von 3–20 cm Durchmesser. Sie wird auf die Ausbildung viskoser Decken zurückgeführt, die ein Entweichen der Kohlensäure behindert. Alter Hopfen, überlagerte, schlecht geputzte und verstaubte Malze aus den untersten Partien der Malzsilos scheinen die Blasengärung zu begünstigen. Manche Heferassen sind anfällig gegen Blasengärung, die jedoch keinen nachteiligen Einfluß auf das Bier ausübt.

Ein *Aufsteigen der Hefe* während oder gegen Ende der Gärung kann dann eintreten, wenn die Hefe allmählich oder plötzlich obergärigen Charakter zeigt. Ein derartiger Wandel der Hefeeigenschaften kann auch den Biercharakter verändern.

Steigt die Hefe beim *Schlauchen des Bieres* an die Oberfläche, so ist dies auf mechanische Ursachen zurückzuführen. Diese durch CO_2-Ansamm lung in der Hefe hervorgerufene Erscheinung tritt manchmal bei sehr hohen Bottichen oder auch bei stehenden, flachkonischen Gärtanks ein. Sie ist dann belanglos, wenn nicht auf diese Weise zuviel Hefe in das Lagergefäß gelangt. Von hier muß u. U. nach einer Woche Lagerung nochmals umgepumpt und aufgekräust werden.

Durchfallen der Decke: Dies tritt bei zu langer Führung der Gärung, bei sehr großen Bottichen, vor allem bei geschlossener Gärung ein. Bei dunklen Bieren oder Bieren aus sehr stark gelösten Malzen kann diese Erscheinung auftreten, die infolge der Lösung bitternder Deckenbestandteile eine Geschmacksverschlechterung im Bier zur Folge haben kann. Vorzeitiges Abheben dieser Decken hilft diese Nachteile zu vermeiden. Früher wurde gelegentlich versucht, durch Einsetzen von Blechen die Kräusen abzuscheiden und ein Zurückfallen der Bitterstoffe in das Jungbier zu vermeiden. Diese geschmacklich vorteilhafte Maßnahme scheiterte am Arbeitsaufwand. Selbst bei liegenden zylindrischen oder kubischen Gärtanks wurde durch Anbringen einer „Schaumkammer" eine Entfernung dieser Deckenbestandteile angestrebt. Neuerdings kann mit zylindrokonischen Tanks ein Abscheiden der Gärdecken, bei einem Ausführungsbeispiel zusammen mit den Ablagerungen des Flotationsschaumes durch Schwimmkugeln von 20 cm Durchmesser erreicht werden. Der Belag dieser Kugeln reibt sich aber beim Eintritt in den Konus zu Ende des Schlauchens ab. Die hier anfallende Biermenge ist wie Restbier und dabei mit Aktivkohle zu behandeln.

3.4.6 Der Vergärungsgrad

Als Maßstab für den Fortgang der Gärung gilt der Vergärungsgrad. Er gibt die Menge des vergorenen Extraktes in Prozenten des Extraktgehaltes der Würze unmittelbar vor Beginn der Gärung (Anstellwürze) an. Zur Bestimmung des Vergärungsgrades sind jeweils folgende Werte notwendig:

a) Der Extraktgehalt der Anstellwürze (in Gew./Gew.%).
b) Der Extraktgehalt des Bieres zum Zeitpunkt der Probenahme.

Aus diesen beiden Zahlen errechnet sich der Vergärungsgrad nach der untenstehenden Formel.

Es sind verschiedene Arten von Vergärungsgraden zu unterscheiden.

$$\text{Vergärungsgrad \% } = \frac{(\text{Extrakt vor der Gärung} - \text{Extr. d. Probe}) \times 100}{\text{Extrakt vor der Gärung}}$$

3.4.6.1 Der *scheinbare Vergärungsgrad* errechnet sich aus der jeweiligen Anzeige des Saccharometers. Diese gibt den „scheinbaren" Extrakt an, der durch den Alkoholgehalt des Bieres (Dichte [20/4] des Alkohols 0,789 g/cm³) niedriger liegt, als dies der Wirklichkeit entspricht.

3.4.6.2 Der *wirkliche Vergärungsgrad* wird aus dem „wirklichen" Extraktgehalt des Bieres ermittelt, der wiederum durch Abdestillieren des im Bier enthaltenen Alkohols und nach Ersatz des Gewichtsverlustes durch Wasser, mittels Saccharometer oder genauer pyknometrisch bestimmt wird.

In der Praxis wird allgemein nur mit dem scheinbaren Vergärungsgrad gearbeitet, da er einfacher zu bestimmen ist und für die Belange der Praxis ausreicht.

Da nun im Brauereibetrieb die Vergärung des Extraktes stufenweise vor sich geht, wird jeweils der Vergärungsgrad einer jeden Stufe berechnet und festgehalten. Hierbei ist zu unterscheiden zwischen dem Gärkellervergärungsgrad, dem Ausstoßvergärungsgrad und dem Endvergärungsgrad.

Die zahlenmäßigen Unterschiede der drei Vergärungsstufen müssen von vornherein festgelegt werden. Der Ausgangspunkt ist dabei der Endvergärungsgrad, von dem sich die beiden anderen Vergärungsgrade ableiten.

3.4.6.3 Der *Endvergärungsgrad* ist der überhaupt erreichbare, höchstmögliche Vergärungsgrad einer Würze. Er gibt die Summe aller in einer Würze enthaltenen und durch eine Brauereihefe vergärbaren Zucker an, ausgedrückt in Prozent des Gesamt-Würzeextraktes. Die Höhe des Endvergärungsgrades liegt bereits fest, wenn die Würze im Gärkeller zum Anstellen kommt; er kann weder durch die Gärführung noch durch die Art der Betriebshefe beeinflußt werden.

Die Würzezusammensetzung wird bestimmt durch die Eigenschaften des Malzes und durch die technologischen Maßnahmen im Sudhaus. Das Malz ist wiederum abhängig von Gerstensorte, Anbauort und den klimatischen Verhältnissen während des Erntejahres. Alle Vorgänge während des Mälzens, die geeignet sind, den Amylasegehalt der Malze zu ändern, sind für den Endvergärungsgrad von Bedeutung. Dies sind Keim-

methode sowie Schwelk- und Darrverfahren (s. S. 60). Das Maischverfahren bestimmt den Endvergärungsgrad durch die Zeitdauer und die Höhe der Temperaturrasten sowie durch die Größe der Kochmaische. Auch der pH-Spiegel, gegeben durch Malzqualität und Brauwasserzusammensetzung, ist von Bedeutung. Biologische Säuerung und Sauermalze können den Endvergärungsgrad erhöhen, ebenso ausgeprägte Rasten der Gesamtmaische bei 62–65° C (s. S. 115). Vorbereitende Temperaturen unter 60° C begünstigen die Wirkung der β-Amylase im Optimum, auch verkleisterte Maischeanteile vermitteln diesem Enzym bessere Bedingungen.

Der Endvergärungsgrad sollte möglichst früh ermittelt werden, z. B. durch Entnahme einer Probe der angestellten Würze und Vergärung derselben bei 25° C unter öfterem Umschütteln. Auch Schnellbestimmungsmethoden sind bekannt: so erlauben es Vibratoren in Verbindung mit hoher Hefegabe (ca. 15%), den Endvergärungsgrad nach 6 Stunden mit genügender Genauigkeit zu erfassen. Durch die frühzeitige Ermittlung der Endvergärung kann die Gärführung auf den anzustrebenden Gärkellervergärungsgrad eingestellt werden.

Die Höhe des Endvergärungsgrades liegt bei hellen Lagerbieren im Bereich von 78 bis 82%, bei Exportbieren bei 80–85%, ebenso bei Pilsener und sehr hellen Bockbieren. Dunkle Biere verzeichnen Endvergärungsgrade von 68–75%.

3.4.6.4 Der *Ausstoßvergärungsgrad* liegt am Ende der Lagerzeit vor; er soll zur Erreichung einer guten Haltbarkeit dem Endvergärungsgrad möglichst nahe kommen. Bei hellen Lagerbieren liegt er um 2–4%, bei hellen Exportbieren um 0,5–2%, bei Pilsner Typen je nach Führung der Nachgärung um 0,5–6% unter dem Endvergärungsgrad. Auch dunkle Biere verzeichnen eine Differenz von ca. 6%, die hier im Interesse der Bekömmlichkeit der Biere nicht zu groß sein soll.

Kommen Biere endvergoren zum Ausstoß, so können sie dann von unbefriedigenden Geschmackseigenschaften sein, wenn die Biere längere Zeit ohne Nachgärung in evtl. zu warmen Kellern lagern. Bei niedrigem CO_2-Gehalt ist der Trunk der Biere leer, hart und wenig rezent. Ist dagegen die Nachgärung bei kalten Lagerkellern bis zum Ausstoß gegeben, so können selbst Biere mit hohem Ausstoß- und Endvergärungsgrad voller und abgerundeter schmecken als niedrig vergorene.

Der Ausstoßvergärungsgrad hängt von der Vergärbarkeit der Würze, den Gäreigenschaften der Hefe und der Gär- und Lagerkellerführung ab, wie hoch die Differenz zwischen Gärkeller- und Endvergärungsgrad war, ob das Bier „grün", oder „lauter", d. h. mit viel oder wenig Hefe „gefaßt" wurde. Der Einsatz von Kräusen bei klassischer Nachgärung bedingt oftmals einen etwas höheren Restextrakt als Chargen, die „auf Differenz" geschlaucht wurden. Auch die Temperaturen während der Nachgärung spielen eine große Rolle wie auch die Temperaturverträglichkeit der Hefe, die wiederum von Würzezusammensetzung und -belüftung positiv beeinflußt wird.

Die Spanne zwischen Gärkeller- und Endvergärungsgrad ist so zu wählen, daß der gewünschte Ausstoßvergärungsgrad mit Sicherheit erreicht wird. Es muß daher nicht nur der Ausstoßvergärungsgrad laufend festgestellt werden, sondern auch das Fortschreiten der Nachgärung, um rechtzeitig Maßnahmen zu ihrer Regulierung einleiten zu können.

3.4.6.5 Der *Gärkellervergärungsgrad* gibt den Vergärungsgrad des Jungbieres im Augenblick des Schlauchens an. Normal liegt der Gärkellervergärungsgrad 10–14 % unter dem Endvergärungsgrad, d. h. ein helles Exportbier mit einem Endvergärungsgrad von 83 % ist mit 70–73 % Gärkellervergärung zu schlauchen, ein dunkles Lagerbier von 72 % Endvergärung mit einem Gärkellervergärungsgrad von rd. 58 %. Die Gärung ist nun so zu führen, daß die angegebenen Werte erreicht werden; ist ein Aufkräusen der hellen Biere üblich, so sollte die Vergärung im Gärkeller noch weitgehender erfolgen, so daß der Mischungsextrakt des Jungbieres und der Kräusen die oben angeführte Differenz erreicht. Beim Schlauchen ist nicht nur die Saccharometeranzeige maßgebend, sondern auch der Hefegehalt des Jungbieres, der als „Bruch" im Schauglas abzuschätzen ist. Es sollen also beide Erscheinungen zusammentreffen, ein Effekt, der sich durch die Fülle der angegebenen Maßnahmen, durch richtige Gärführung etc. erreichen läßt. Eine Erhöhung des Gärkellervergärungsgrades erbringt eine intensive Belüftung der Würze, eine höhere Hefegabe von ca. 1 l/hl, ein ein- bzw. mehrmaliges Drauflassen und ein sehr vorsichtiges Zurückkühlen.

Es gibt Hefen, die gegenüber kalten Temperaturen weniger empfindlich sind als andere, auch sprechen sie auf rasches Abkühlen nicht so stark

an wie jene. Auch Staubhefen werden von kalten Temperaturen wenig beeinflußt. Die Form, Größe und Oberflächenbeschaffenheit der Gärbottiche können ebenfalls den Gärkellervergärungsgrad mitbestimmen, ein Ausgleich unterschiedlicher Gärgefäße kann durch „Spänen" erfolgen. Die Späne (Bio- oder Ultraspäne, s. S. 224) werden beim Umpumpen vom Anstell- in den Gärbehälter in einer Menge von 2–5 g/hl zugegeben. Sie erzielen in den meisten Fällen eine kräftigere Gärung; sie können am Ende derselben durch Sieben entfernt werden. Es ist aber auch ein Verbleiben der Späne in der Hefe ohne Belang.

3.4.7 Die Schlauchreife des Bieres

Nach beendeter Hauptgärung wird das Bier durch das „Schlauchen" oder „Fassen" in den Lagerkeller verbracht. Das Bier ist dann schlauchreif, wenn in den letzten 24 Stunden der auf S. 226 geschilderten konventionellen Gärung noch 0,2 bis 0,5 % Extrakt vergoren werden, außerdem ist das Aussehen im Schauglas maßgebend. Je nachdem, ob es viel oder wenig Hefe enthält, und nach dem Aussehen des Hefebruches wird es als „grün" oder „lauter" bezeichnet.

„Grünes" Schlauchen bewirkt eine rasche, stürmische Nachgärung, die Extraktabnahme ist vor allem in der ersten Zeit der Lagerung kräftig. Man wendet es an bei kalten Kellern, bei kurzer Lagerzeit sowie zwangsläufig bei Würzen aus heiß aufgewachsenen Gersten. „Lauteres", d. h. hefearmes Schlauchen bei höheren Vergärungsgraden ist zweckmäßig bei wärmeren Lagerkellern und bei längerer Lagerzeit, da sonst der vorliegende Endvergärungsgrad in zu kurzer Zeit erreicht wird und die Biere die oben geschilderten Mängel aufweisen.

3.4.7.1 Die *Schlauchtemperatur* muß am Ende der Hauptgärung auf die folgende Nachgärung abgestimmt sein. Sie liegt zwischen 3,5 und 5° C, bei Staubhefen bei 2–3° C. Zu hohe Jungbiertemperaturen bergen die Gefahr, daß die Hefe beim Einschlauchen in eine kalte Abteilung zu rasch abgekühlt und damit abgeschreckt wird, wodurch die Nachgärung zu langsam und zögernd verläuft. Bei warmen Lagerkellern dagegen wird die Extraktspanne zum Endvergärungsgrad zu rasch vergären. Sehr kalte Schlauchtemperaturen sind vor allem dann angebracht, wenn ein Absetzen der Hefe im Gärkeller erzwungen werden soll, wie dies bei Staubhefen oder auch bei Bruchhefen bei heiß aufgewachsenen Gerstenjahrgängen der Fall ist. Eine Kühlung des Bieres zwischen Gär- und Lagerkeller ist nur dann angebracht, wenn die Biere im Gärkeller bereits nahe an den Endvergärungsgrad vergoren wurden, wenig Hefe enthalten und zur Nachgärung mit Staubhefebier versetzt werden sollen.

3.4.7.2 Die *Prüfung des schlauchreifen Bieres* wird zunächst durch eine Geschmacksprobe vorgenommen. Trotz des Jungbiergeschmacks können Fehler erkannt und Maßnahmen zu ihrer Behebung unternommen werden. Die im Schauglas nach der Entnahme feststellbare Trübung soll nach Absitzen der Hefe im Laufe eines Tages zum Verschwinden kommen. Eine bleibende Opaleszenz oder Trübung kann durch einen unvollkommenen Eiweiß- oder Stärkeabbau bedingt sein, selten durch biologische Ursachen, über die dann eine biologische Analyse Auskunft zu geben vermag. In der Regel wird die Anstellhefe nach mikroskopischer Voruntersuchung einer Anreicherungskultur zur Prüfung auf bierschädliche Organismen unterworfen. Ist dieser Befund negativ, so kann sie weiter zum Anstellen verwendet werden; im gegenteiligen Falle ist die Hefe aus dem Betrieb zu entfernen.

3.4.7.3 Das *Schlauchen des Jungbieres in die Lagergefäße* geschieht durch Schläuche oder Leitungen aus Edelstahl. Wenn natürliches Gefälle fehlt oder hohe Leistungen gefordert werden, sind Pumpen einzusetzen. Diese müssen schonend und stoßfrei arbeiten, um Kohlensäureverluste zu vermeiden. Das Gärkellerbier enthält unter den Bedingungen der konventionellen Gärung bereits 2 g CO_2/l. Das Ablassen des „fässigen" Bieres aus Bottichen oder Tanks geschieht durch Zapfhähne mit Abseihvorrichtungen. Diese sollen eine weitestmögliche Gewinnung des Bieres ohne Mitreißen von Hefe und Hopfenharzen ermöglichen. Früher wurden auch eigene Hopfenharzsiebe in die Bierleitungen eingebaut.

3.4.8 Die Veränderung der Würze während der Gärung

Während der Gärung werden nicht nur die vergärbaren Kohlenhydrate zu Alkohol und Kohlensäure abgebaut, sondern es erfahren auch die anderen Stoffgruppen wie Eiweißkörper, Hopfenharze, Säuren usw. Veränderungen, die für die Eigenschaften des Bieres von großer Bedeutung sind.

3.4.8.1 *Wasserstoffionenkonzentration*: Sie verschiebt sich von einem durchschnittlichen pH der Anstellwürze von 5,2–5,7 im Laufe der Gärung auf einen pH von 4,35 bis 4,65. Demnach hat das Jungbier gegenüber der Würze eine rund zehnmal so hohe Wasserstoffionenkonzentration. Diese Abnahme des pH wird hervorgerufen durch die Bildung von fixen und flüchtigen organischen Säuren sowie durch eine Verschiebung der Pufferung nach der sauren Seite. Dabei bleibt aber der pH in der Hefezelle selbst im Bereich von ca. 6,0 konstant.

Die stärkste pH-Abnahme fällt zusammen mit der Vermehrung der Hefe, was durch den Entzug von Phosphaten als Puffersubstanzen sowie durch Assimilation von Ammoniak aus Aminosäuren erklärt werden kann. Im weiteren Verlauf der Gärung verringert sich die pH-Abnahme, um dann in den letzten Gärtagen einem gewissen Gleichgewicht zuzustreben. Die Stärke und Geschwindigkeit der Säurebildung ist von der Beschaffenheit der Würze (je nach Pufferkapazität und dem Gehalt an leicht assimilierbarem Stickstoff), von der verwendeten Hefe und der Gärführung abhängig. Staubhefen sind länger stoffwechselaktiv als Bruchhefen und vermögen den pH trotz langsamerer Angärung weiter abzusenken als letztere. Eine rasche pH-Abnahme, wie sie durch eine erhöhte Hefegabe von 25–30 Mio. Zellen pro ml Würze hervorgerufen wird, vermag die Ausscheidungsvorgänge – vor allem auch von schwer filtrierbaren Gummistoffen – zu verbessern. Der pH wird bis zum Ende der Gärung weiter abgesenkt als bei normaler Hefegabe. Bei wärmerer Gärung wird wohl ebenfalls ein rascherer pH-Abfall hervorgerufen, doch kommt es anschließend durch die Ausscheidung basischer Aminosäuren und sekundärer Phosphate zu einem pH-Anstieg um ca. 0,05–0,1, der sich im Lagerkeller fortsetzt. Die einzelnen Heferassen verhalten sich hier unterschiedlich. Auch andere gärungsbeschleunigende Maßnahmen wie Spänen und Rühren bewirken einen rascheren und weitergehenden Abfall des pH.

3.4.8.2 *Stickstoffverbindungen*: Die Veränderung der Stickstoffsubstanzen ist im wesentlichen auf folgende Vorgänge zurückzuführen:
a) Assimilation von niedermolekularem Stickstoff zur Neubildung von Zellmaterial.
b) Ausscheidung hochmolekularen Eiweißes als Folge des pH-Abfalls und der hierdurch veränderten Lösungs- und Ladungsverhältnisse an

den sich bildenden Oberflächen (CO$_2$-Bläschen und Hefezellen).

c) Abgabe eines Teils (bis zu 33 %) des assimilierten Stickstoffs durch die Hefe.

d) Änderung des Dispersitätsgrades der Stickstoff-Fraktionen durch die Zunahme der Wasserstoffionenkonzentration.

Die Abnahme des Gesamtstickstoffs, die bei reinen Malzbieren etwa 300 mg/l ausmacht, wird zum größeren Teil durch die Assimilation des niedermolekularen Stickstoffs bewirkt, die wiederum von der Heferasse, von der Art der Gärführung und von der Belüftung der Würze abhängt. Auch die Verwertbarkeit der Aminosäuren dürfte eine Rolle spielen. Die Ausscheidung des hochmolekularen Stickstoffs, aber auch die Änderung des Dispersitätsgrades der Eiweißteilchen werden durch Raschheit und Ausmaß des pH Abfalles, also wiederum durch die genannten Faktoren der Hefe und der Gärführung, beeinflußt.

3.4.8.3 Das *Redoxpotential* der Würze von rH 20–26 erfährt durch die Gärung eine Abnahme auf rH 8–12 im Jungbier. Auch bei sehr starker Belüftung zu Beginn der Gärung wird der Sauerstoff innerhalb weniger Stunden (meist 3–5) durch die sich vermehrende Hefe fast vollständig verbraucht. Eine zu späte Dosierung von Luft oder Sauerstoff, z. B. noch im Stadium der niederen Kräusen, ist zu vermeiden, da sich hierdurch nicht nur das Redoxpotential nachteilig verändert, sondern sich auch eine Veränderung der Gehalte an Gärungsnebenprodukten ergeben kann, wie z. B. ein zu spätes Maximum des 2-Acetolactats, was sich in einem schwerfälligen Abbau desselben und damit in erhöhten Diacetylgehalten auswirkt. Auch der Estergehalt wird verringert. Je günstiger die Würzezusammensetzung, je gärkräftiger die Hefe, um so rascher und weitergehend wird das rH während der Gärung abgesenkt. Hierdurch nimmt auch der ITT-Wert von ca. 250 in der Würze auf etwa 70 sec im Jungbier ab, eine Erscheinung, die für die chemisch-physikalische, aber auch für die Geschmacksstabilität des Bieres wesentlich ist.

3.4.8.4 *Gärungsnebenprodukte*: Zu diesen zählen höhere Alkohole, Ester und Aldehyde sowie die vicinalen Diketone Diacetyl und Pentandion-2,3 bzw. ihre Vorläufer 2-Acetolactat und 2-Acetohydroxybutyrat sowie Acetoin. Sie entstehen als Stoffwechselprodukte während der Gärung und können Aroma und Wohlgeschmack des Bieres

erheblich beeinflussen (s. S. 311). Die höheren Alkohole bilden sich bereits zu Beginn der Gärung, ihr Maximum wird bei Bruchhefen rascher erreicht als bei Staubhefen, die insgesamt niedrigere Werte verzeichnen. Warme Gärführung bewirkt höhere Werte als kalte; auch kann eine sehr starke Belüftung bei warmer Gärführung infolge des insgesamt gesteigerten Stoffumsatzes zu höheren Werten führen. Auch die Würzezusammensetzung hat einen deutlichen Einfluß auf die Bildung dieser Nebenprodukte: geringe Gehalte an α-Aminosäuren haben stets höhere Gehalte an Fuselölen zur Folge. Höhere Hefegaben in Verbindung mit kalter Gärführung drücken das Niveau dieser Substanzen, wenn nicht zu Beginn der Gärung sehr stark belüftet wurde. Hohe Gärtemperaturen und Rührgärung fördern, die Anwendung von Drücken von 1–2 bar dämpft die Bildung von höheren aliphatischen Alkoholen, wobei aber die Temperatur dominierend bleibt. 2-Phenylethanol steigt bei wärmeren Führungen deutlich an und wird vom Druck nur wenig beeinflußt. Die Ester zeigen bei höheren Gärtemperaturen ebenfalls eine Erhöhung, wobei der Druck wiederum dämpfend wirkt. Ihre Entwicklung wird durch starke Hefevermehrung, bedingt u. U. durch trübe Würzen mit erhöhten Gehalten an freien, ungesättigten Fettsäuren sowie durch längeres Drauflassen in Verbindung mit entsprechender Belüftung, verringert (s. S. 205). Die Aldehyde nehmen bei forcierten Gärungen in der Regel etwas ab. Das 2-Acetolactat (s. oben) bildet sich parallel zur Gärintensität, gegeben aus Temperatur, Hefemenge und Sauerstoffgehalt; während es jedoch bei der konventionellen Gärung gegen Ende nur auf einen Wert von unter 0,3 mg/l reduziert wird, erfolgt der Abfall bei Anwendung höherer Temperaturen und Hefegaben sowie bei Druckgärung rascher. Acetoin folgt etwa diesen Gesetzmäßigkeiten.

3.4.8.5 *Bitterstoffe und Polyphenole*: Durch die pH-Erniedrigung während der Gärung werden kolloide Hopfenbitterstoffe und Polyphenole durch Annäherung an ihren isoelektrischen Punkt vom stabilen in den instabilen Zustand übergeführt und ausgefällt. An der großen Oberfläche der aufsteigenden CO$_2$-Bläschen werden diese Teilchen in die Kräusendecke geführt; ca. 20 % werden an der Oberfläche der Hefezellen adsorbiert. Die Hopfenbitterstoffe erfahren dadurch eine Abnahme um 30–35 %. Infolge ihrer Unlöslichkeit bei pH-Werten unter 5,0 werden die nach dem Würzekochprozeß unisomerisiert gebliebenen α-Säuren fast vollständig, d. h. bis auf einen Rest von 0,5–1 mg/l, ausgeschieden; aber auch ein Teil der Iso-α-Säuren (ca. 30 %) und Hulupone fällt aus und geht so zu Verlust. Die Bitterstoffausscheidung verschiedener Heferassen geht parallel ihrer Gärintensität; der Endwert ist jedoch spezifisch. Bei Intensivgärverfahren gehen normalerweise größere Bitterstoffmengen verloren als bei konventioneller Gärung. Druckgärung schwächt die Entharzung ab; sobald von der offenen Angärung auf Druck umgestellt wird, fällt die Gärdecke durch und es tritt wieder eine Erhöhung der erwähnten Bitterstoff-Fraktionen ein; diese führt letztlich zu einer um 10–20 % verringerten Hopfengabe. Auch zylindrokonische Gärbehälter, besonders jene mit großer Flüssigkeitssäule, erbringen eine um 15–20 % geringere Bitterstoffausscheidung. Es rundet jedoch in beiden Fällen selbst eine verringerte Bittere der Biere im Nachtrunk schlechter ab.

Auch die Gerbstoffe und innerhalb derselben die Anthocyanogene nehmen bei der Gärung um 20 bzw. 30 % ab. Dies ist für den Wohlgeschmack des Bieres, aber auch für dessen chemisch-physikalische Haltbarkeit von großer Bedeutung. Auch ihre Ausscheidung ist ähnlichen Gesetzmäßigkeiten unterworfen wie die der Bitterstoffe.

3.4.8.6 *Farbe*: Während der Gärung erfährt die Farbe der Würze eine Aufhellung durch den pH-Sturz sowie durch Ausscheidung von Melanoidinen, Gerb- und anderen Farbstoffen in Decke, Hefe und Geläger. Auch die Indikatorwirkung der Gerbstoffe und Melanoidine spielt eine wesentliche Rolle. Die Entfärbung kann etwa 3 EBC-Einheiten betragen; sie ist am 4./5. Gärtag nahezu abgeschlossen.

3.4.8.7 *Die Flockung der Hefe*: Die beiden Typen der untergärigen Brauereihefen zeigen am Ende der Hauptgärung ein unterschiedliches Verhalten. Die Staubhefen bleiben sehr lange in Schwebe und damit in intensivem Kontakt mit dem Substrat. Sie sedimentieren erst, wenn der Würzeextrakt ganz oder nahezu vergoren ist. Bruchhefen dagegen flocken zu einem früheren Zeitpunkt aus dem Jungbier aus; sie agglutinieren, bilden „Bruch" und setzen sich anschließend in einer festen Schicht am Boden des Gärgefäßes ab. Durch die Agglutination verringert sich die Berührungsoberfläche der Bruchhefen mit dem Sub-

strat, es wird der Stoffwechsel eingeschränkt und damit auch die Bildung von CO_2.

Bruchhefen vergären aufgrund dieser Erscheinung zeitlich wesentlich niedriger als Staubhefen. Es ist jedoch auch das Flockungsvermögen von Bruchhefen unterschiedlich; diese Eigenschaft ist aber nicht sehr konstant. Sie hängt in weiterem Sinne von der Beschaffenheit der Würze ab. So können Gersten, die feucht aufgewachsen und geerntet wurden, trotz hoher Endvergärungsgrade zu einer vorzeitigen Bruchbildung führen, eine Erscheinung, die durch ein bestimmtes Würzepolysaccharid hervorgerufen wird. Notreife Gersten vermitteln dagegen (bei meist niedrigem Endvergärungsgrad der Würzen) ein „Verstauben" der Hefe, ebenso sehr weiche Brauwässer. Die Bruchbildung kann durch Ca^{2+}-Ionen, vor allem bei niedrigem pH von unter 4,0 ausgelöst bzw. verbessert werden.

Das Flockungsvermögen ist genetisch verankert; es kann durch ein bis drei Gene hervorgerufen werden. Es ist dominant, d. h. Kreuzungen von flockenden und nichtflockenden Stämmen behalten das Flockungsvermögen. Durch eine bestimmte Mutation kann eine flockende Hefe zu einer nichtflockenden werden. Es ist möglich, durch Gewinnung und Anstellen des „Nachzeuges" oder durch ausschließliche Weiterzüchtung der am Ende der Gärung in Schwebe befindlichen Zellen eine Anreicherung höhervergärender, schwerer flockender Intermediär-Hefen zu erreichen.

Die Bruchbildung wird nicht stets und ausschließlich durch die elektrische Ladung der Zelle bedingt; die meisten ladungstragenden Gruppen an der Zelloberfläche wirken nicht direkt an der Flockung mit, ebenso haben die die Flockung steuernden Anteile nicht unmittelbar mit der Oberflächenladung zu tun, vielmehr ist die frühere „Ladungstheorie" unwahrscheinlich und stark umstritten. Der Sitz der Vorgänge, die zur Flockung führen, ist in der Zellwand und hängt von dem dort lokalisierten Mannan-Proteinkomplex und dem Gehalt an Phosphaten ab. Der Mannangehalt von Bruchhefen ist am Ende der Gärung deutlich geringer als bei nichtflockenden. Es hat Mannan allein keine bruchfördernde Eigenschaft, es scheint vielmehr mit einer die Flockung bewirkenden Gruppe in Verbindung zu stehen. Auch nimmt bei flockenden Hefen am Ende der Gärung der Aminosäuregehalt um 30–40 % zu, die Adsorptionskraft der Hefe erfährt eine Erhöhung.

3.4.9 Die Gewinnung der Gärungskohlensäure

Die immer größer werdenden Ansprüche an die chemisch-physikalische und geschmackliche Haltbarkeit des Bieres fordern gebieterisch, die Abfüllung ausschließlich unter CO_2-Atmosphäre vorzunehmen. Die gleichzeitige Entwicklung zum Gärtank bzw. zum geschlossenen Gärgefäß hin ergibt nun die Möglichkeit, die Gärungskohlensäure zu gewinnen, die auch zur Herstellung von Limonaden verwendet werden kann.

Aus 2,0665 g Extrakt werden nach Balling 1 g Alkohol, 0,9565 g CO_2 und 0,11 g Hefe gebildet. Demnach liefert 1 kg Extrakt 0,464 kg CO_2. Geht man von einem Stammwürzegehalt von 12 % aus und unterstellt einen wirklichen Extrakt nach der Gärung von 4,4 %, so entstehen aus 7,6 kg Extrakt rund 3,5 kg CO_2/hl Jungbier. Von dieser Menge bleiben bei druckloser Gärung rund 0,2 kg CO_2/hl (bei Druckgärung rund 0,35 kg CO_2/hl) im Bier. Da darüber hinaus bei Beginn der Gärung Verluste durch den Gasraum über dem Bier auftreten und das gewonnene CO_2 erst von einem bestimmten Reinheitsgrad an technisch problemlos verdichtet werden kann (0,85 kg/hl), können mit modernen CO_2-Gewinnungsanlagen bei Gärbottichen 1,8–2,1 kg/hl, bei zylindrokonischen Tanks 2,1–2,5 kg CO_2/hl Jungbier erzielt werden.

Diesem Wert steht ein CO_2-Aufwand gegenüber zur CO_2-Korrektur des Ausstoßbieres, zum Vorspannen der Tanks und des Füllers von 1,8–2 kg/hl. Wenn das von den Lager- und Drucktanks entweichende, überschüssige CO_2 von hohem Reinheitsgrad wieder in die Gewinnungsanlage eingespeist wird, so verringert sich der Bedarf entsprechend, doch ist die Kompressorleistung für die Aufarbeitung von rückgeführter Kohlensäure zu verstärken. Der Rest an CO_2 kann für andere Zwecke verwendet werden, z. B. zum Abfüllen von Limonaden.

3.4.9.1 Die CO_2-*Gewinnungsanlage*: Die Kohlensäure wird aus geschlossenen Gärgefäßen gewonnen. Offene Bottiche werden mit Hauben aus dem zugehörigen Bottichmaterial abgedeckt. Die Hauben sollen jedoch möglichst niedrig sein geformt sein, daß eine gute Trennung von Luft und CO_2 gewährleistet ist und damit einerseits nur geringe CO_2-Verluste entstehen und andererseits die höchstmögliche Luftfreiheit des CO_2 gewährleistet ist. An der höchsten Stelle der Haube ist eine Entlüftungs- und CO_2-Entnahmevorrichtung angeordnet. Geschlossene Bottiche erfordern Beobachtungsfenster, Thermometer, Probehähne

und entsprechend große Luken, die auch ein Abheben der Decke gestatten.

Bei Gärtanks, ganz gleich ob liegend oder stehend (zylindrokonisch oder im Freien angeordnet), ergibt ein Befüllungsgrad von 75–80 % optimale Gegebenheiten für die CO_2-Gewinnung.

3.4.9.2 Die Anlagen zum Sammeln, Komprimieren und Verflüssigen des CO_2 bestehen im wesentlichen aus folgenden Teilen:

Ein *Schaumabscheider* dient zum Zurückhalten von eventuell mitgerissenem Schaum. Die CO_2 wird tangential in den Abscheider eingeleitet und der nach unten fallende Schaum wird mittels Wasser niedergeschlagen und in den Gully geleitet.

Ein *Gasometer oder Gasspeicher* gleicht den ungleichmäßigen CO_2-Anfall aus der Gäranlage aus. Bei Verwendung eines Gasballons sollte je kg Stundenleistung des Kompressors ein Ballonvolumen von 0,15 bis 0,3 m³ Speicherraum zur Verfügung stehen, damit bei einem Höchstdruck von 10 bis 20 mbar der Kompressor eine Mindestlaufzeit von jeweils rund 10 min aufweist. Der Vorteil dieses Systems besteht darin, daß keine Druckstöße auftreten; nachteilig ist der große Platzbedarf.

Bei Anlagen mit Saugdruckschaltung arbeitet man mit unterschiedlichen Drücken im Leitungsnetz, welches als „Speicher" dient. Das System wird nur selten angewendet, da Druckstöße auf Gärgefäße unvermeidlich sind.

Bei Anlagen mit Saugdruckschaltung mit „Booster" dient ebenfalls die Leitung als Speicher. Durch den am Anfang des Leitungsnetzes eingebauten Vorverdichter wird eine Druckdifferenz von ca. 1,1 bar dargestellt, so daß eine größere Speicherkapazität erreicht wird. Die eingesetzten Kreiskolbenmaschinen (meist Rootsgebläse) verursachen Lärm und benötigen viel Energie.

Der CO_2-*Verdichter*, das Kernstück der Niederdruckverflüssigung, komprimiert auf 15–20 bar in meist zweistufiger Verdichtung. Mit den eingesetzten Trockenläufern wird trotz Zylinderkühlung auf der Hochdruckseite eine Gastemperatur von 140–160° C erzeugt. Bei wassergeschmierten Kompressoren wird möglichst kaltes Wasser in den Hauptzylinder eingespritzt, das auf der Hochdruckseite durch einen Wasserabscheider entfernt wird. Die Gastemperatur bleibt dann unter 45° C.

Ein *Zwischenkühler* nach der Niederdruckstufe und ein *Nachkühler* nach der Hochdruckstufe sorgen für eine Abkühlung des Gases.

Die *Reinigung* und *Trocknung* unterscheidet vier Fraktionen: *Wasserlösliche Verunreinigungen* (wie Alkohole, andere Gärungsnebenprodukte, Schwefelverbindungen) werden durch Auswaschen mit Wasser entfernt. Die Wasserwäscher werden meist zwischen Gasspeicher und Kompressor eingebaut. Als Füllkörper dienen Keramikkugeln, Kalkstein oder Kunststoffteile. Der Wasserverbrauch liegt beim 3- bis 5fachen des Gasgewichtes, der Stromverbrauch beträgt 5–10 kWh/t CO_2.

Die *wasserunlöslichen Stoffe* werden durch Adsorption (Aktivkohle, Silicagel) entfernt. Der Einbau erfolgt bei Trockenläufern vor dem Verdichten, bei naßgeschmierten Verdichtern auf der Hochdruckseite. Eine Doppelausführung ist wegen Regeneration erforderlich. Die Beladungszeit und Regenerationszeit bedürfen besonderer Beachtung.

Das *Wasser* selbst wird in Trockentürmen durch Silicagel, aktiviertes Aluminium oder Molekularsiebe entfernt. Der Taupunkt soll bei –40° C liegen, entsprechend 0,1 g Wasser/kg CO_2, da sonst Eisbildung im Kondensator und im Flüssigspeicher eintritt.

Die *nichtkondensierbaren Gase* können nur bei der CO_2-Verflüssigung an der höchsten Stelle des CO_2-Kondensators entfernt werden.

Ein Feinfilter aus Keramik oder Sintermetall sorgt für die Abscheidung feinster Abriebpartikel.

Durch Reinigung und Trocknung werden Reinheitsgrade von 99,9 % in flüssiger Phase garantiert und erreicht. Es soll jedoch nicht nur der Reinheitsgrad garantiert werden, sondern auch das Fehlen von Gärgeruch, Öl und Beigeschmack, da sonst die restlichen 0,1 % aus sehr geschmacksbeeinträchtigenden Stoffen wie z. B. Diacetyl bestehen könnten. Die Messung auf Reinheit mit Gaschromatographen ist unproblematisch.

Die *CO_2-Verflüssigung* erfolgt durch Abkühlung mittels Kälteanlagen auf – 20 bis – 30° C (entsprechend der Drücke von 15 bis 20 bar). Da es sich bei solchen Kälteanlagen um niedrigere Verdampfungstemperaturen (– 33 bis – 38° C) als in der Brauerei handelt, werden dezentralisierte Kälteanlagen mit Freon 502 eingesetzt. Dieses Kältemittel ist wegen des Schmieröls günstiger als F 22. Der Stromverbrauch liegt bei 110 bis 130 kWh/t CO_2, der Wasserverbrauch bei 10 bis 15 m³/t CO_2.

Im *Niederdrucklagertank* wird das CO_2 bei 16–19 bar in flüssigem Zustand gelagert. Eine gute Isolierung ist hier besonders erforderlich. Die Dimensionierung des Niederdrucktankes sollte nach dem CO_2-Anfall am Wochenende erfolgen.

Durch einen *CO_2-Verdampfer mit Reduzierventil* wird schließlich CO_2 auf Raumtemperatur und Druck von 2–4 bar gebracht.

Ein *Puffertank* für gasförmiges CO_2 kann nachgeschaltet werden, um den Verdampfer klein zu halten und plötzlich auftretende große CO_2-Abnahmen auszugleichen.

Die Gärungskohlensäure enthält ab einem Reinheitsgrad von 97 % bereits keinen Sauerstoff mehr, sondern nur noch Stickstoff. Eine Gefahr der Alterung des Bieres beim Karbonisieren würde also auch bei minderem Reinheitsgrad nicht bestehen. Dagegen können in diesem Falle Schwierigkeiten beim Abfüllen auftreten. Die untere Grenze des Reinheitsgrades sollte deshalb bei 99,75 % liegen.

3.4.9.3 Die *Kontrolle des gewonnenen CO_2* sollte sowohl biologisch (Nachweis von Hefen, Lactobazillen und anderen Bierschädlingen, Escherichia coli, coliformen Keimen etc.) als auch organoleptisch durch Einleiten in Wasser (CO_2 muß frei von störenden Aromastoffen sein) und chemisch-technisch vorgenommen werden. Beim letzteren Analysenspektrum dürfen Chlor, HCl, H_2S, CO, Methan, NO_2^-, NO_3^-, Cyanide und Phenole nicht vorkommen; der Ölgehalt darf 5 ppm/kg nicht überschreiten, der Gehalt an Kohlenwasserstoffen muß unter 0,1 ppm liegen, der Gehalt an CO und Methan unter 0,01 Vol.%. Gerade beim Karbonisieren oder bei der Kohlensäurewäsche bietet das Bier dem CO_2 eine große Oberfläche.

3.4.9.4 *Der Einfluß der CO_2-Gewinnung auf die Gärung* ist gering. Gärverlauf, Hefewachstum und Säurebildung lassen gegenüber der „offenen" Gärung keinerlei Unterschiede erkennen. Die Kräusen sind durch den auf ihnen lastenden Druck weniger kompakt; durch rechtzeitige Druckentlastung des Bottichs oder Tanks, wenn z. B. die Extraktabnahme nur mehr 0,5 % pro Tag beträgt, wird die Bildung einer festen Gärdecke bewirkt. Diese kann ca. 20 Stunden später abgehoben werden. Bei Gärtanks läßt sich diese Decke an den Seitenwänden oder im Konus abscheiden.

3.4.9.5 Die *Größe einer CO_2-Anlage*: Für jeweils 10 000 hl Spitzenausstoß pro Monat werden 50 kg/h Kompressorleistung benötigt. Der Speichertank soll, je nach CO_2-Anfall über das Wochenende das 100–150fache der Kompressorleistung aufnehmen können. Auch die Kompression von rückzuführender Kohlensäure ist u. U. zusätzlich zu veranschlagen; bei konventioneller Gärung schlägt sie nicht zu Buch.

3.4.9.6 Die *Kosten der CO₂-Gewinnung* im eigenen Betrieb sind geringer als der Bezug von CO₂ in Tankwagen oder gar Flaschen. Der gesamte Energie- und Wasserverbrauch je t verflüssigte Kohlensäure beläuft sich auf 140–170 kWh, 8–12 kg Sattdampf, 10–15 m³ Wasser.

Die Gesamtkosten der eigenerzeugten CO₂ belaufen sich einschließlich Amortisation und Verzinsung der Anlage sowie Personalkosten je nach Anlagengröße auf 11–20 Dpf/kg flüssiger CO₂.

Bei Fremdbezug im Tankwagen müssen gegenwärtig 40–50 Dpf/kg bezahlt werden.

3.5 Die Nachgärung und Lagerung des Bieres

Aufgabe der herkömmlichen Nachgärung im Lagerkeller ist:

a) Die Vergärung des von der Hauptgärung verbliebenen Extraktes entweder vollständig oder bis auf kleine Mengen.

b) Die Anreicherung bzw. Sättigung des Bieres mit Kohlensäure.

c) Die natürliche Klärung des Bieres durch Absetzen der Hefe und anderer Trübungskörper.

d) Die Reifung, Veredelung und Abrundung des Geschmackes.

Die Nachgärung soll langsam und stetig vor sich gehen, um ein einwandfreies Produkt zu erzielen. Sie erfolgt in geschlossenen Lagergefäßen, die sich in gekühlten, gut isolierten Lagerräumen befinden. Die Temperaturen sollen sich hier beliebig im Bereich von + 3° C und – 2° C gestalten lassen.

Zwischen der konventionellen Nachgärung und den auf S. 250 zu schildernden Verfahren der definierten Reifung und Kaltlagerung bestehen eine Anzahl von Übergängen, die meist aus den Möglichkeiten individuell kühlbarer Tanks und des Einsatzes von Jungbierseparatoren wie auch von externen Kühlern ergeben.

3.5.1 Die Lagerkeller

Die Lagerräume müssen kalt, trocken und sauber sein; die Temperaturen sollen, wie oben angeführt, beliebig zwischen + 3° C und – 2° C gehalten werden können. Für spezielle Lagermethoden sind sogar größere Temperaturspannen erforderlich.

3.5.1.1 *Die Lage des Lagerkellers* war früher ausschließlich unterirdisch, um die Wandflächen möglichst wenig der Außenwärme auszusetzen. Heute werden die Lagerkeller in entsprechend isolierten, u. U. auch wärmereflektierend ausgeführten Bauten untergebracht und künstlich gekühlt. Diese befinden sich zweckmäßig zwischen den Gär- und den Filter- und Abfüllräumen, um kurze, leicht zu reinigende und zu sterilisierende Leitungswege zu haben.

3.5.1.2 Die *Kühlung der Lagerräume* erfolgte früher durch Natureis (Stirn-, Seiten- oder Obereiskeller), sie wird aber heute ausschließlich durch gekühlte Sole oder direkt verdampfendes Kältemittel (NH₃) vorgenommen. *Bei stiller Kühlung* sind die vom Kälteträger durchflossenen Rohrsysteme aus verzinkten, gezogenen Bördel- oder Rippenrohren entweder an der Decke des Kellers über den Gängen oder übereinander an den Seitenwänden untergebracht. Die Raumfeuchtigkeit schlägt sich größtenteils auf diesen Rohren als Reif nieder; dieser muß zur Aufrechterhaltung der Kühlwirkung wöchentlich abgetaut werden. Für einen geregelten Ablauf des abgetauten Wassers (z. B. durch Tropfrinnen) ist Sorge zu tragen. Für gut isolierte, trockene Keller, die auf eine Temperatur von –2° C gekühlt und bei dieser Temperatur gehalten werden müssen, sind in 24 Stunden 3550–4200 kJ/850–1000 kcal/m² Kellerfläche erforderlich. Die bei der Nachgärung freiwerdende Wärmemenge beträgt 630–750 kJ/ 150–180 kcal/hl 12 %iges Bier, wenn noch rund 1 % Extrakt zu vergären ist. Außerdem erfordert die Abkühlung des Bieres von der Schlauchtemperatur (z. B. 4° C) auf die Lagertemperatur von –1° C 2100 kJ/500 kcal/hl. *Luftumlaufkühlung* wird vor allem bei großen und gesattelten Tankkellern angewendet, da sich bei stiller Kühlung Temperaturdifferenzen zwischen Boden- und Satteltank bis zu 2° C einstellen können. Die Luftführung hat jedoch so zu geschehen, daß alle Tanks gleichmäßig beaufschlagt werden und keine Störung der natürlichen Konvektion des Tankinhalts eintritt. Besonders vorteilhaft wird die Luftumlaufkühlung bei Lagertanks mit Stirnwandabmauerung angewendet. Diese Anordnung gestattet höhere Luftgeschwindigkeiten sowie eine höhere Temperatur im Bedienungsgang.

Bei *Innenkühlung* wird statt des Lagerraumes das Bier in den einzelnen Tanks durch Kupfer- oder Edelstahlrohre gekühlt. Als Kühlmittel dient verdünnter Alkohol oder ein besonderes Kältegemisch. Die Innenkühlung, die vor allem bei Betontanks Anwendung findet, erfordert geringere Kältemengen und ist damit wirtschaftlicher als die

Raumkühlung. Sie setzt jedoch eine gewissenhafte Handhabung und Kontrolle voraus, um die Nachgärungs- und Klärungsvorgänge nicht zu stören. Um die Tanks von Einbauten freizuhalten, sie aber dennoch individuell kühlen zu können, findet bei Betontanks eine Mantelkühlung, bei Metallgefäßen eine Zargenkühlung Anwendung. Letztere kann unter der Voraussetzung von genügend Platz durch speziell gefertigte Taschen auch nachträglich erstellt werden.

3.5.1.3 Die *Beschaffenheit der Lagerräume*: Neben einer guten Isolierung müssen die Lagerkeller glatt verputzte Decken und Wände aufweisen. Letztere sind häufig mit Keramikplatten verkleidet. Der Boden soll glatt und fugenlos sein; neben Asphalt haben sich bestimmte Kunststoffarten sowie säurefeste Plattenbeläge bewährt. Eine einwandfreie Kanalisation mit reichlich verteilten Ablaufmöglichkeiten und einem in korrektem Gefälle verlegten Kellerboden sichern die Reinhaltung des Raumes sowie eine frische und trockene Luft.

3.5.1.4 Die *Leitungssysteme* zum Fassen des Jungbieres, zur Förderung des Bieres zu den Filtern etc. sollen aus Metall, am besten aus V2A-Stahl gefertigt sein und ausreichende Durchmesser haben, um zu hohe Fließgeschwindigkeiten bzw. zu hohe Drücke zu vermeiden. Nur die Verbindung zum Tank wird zweckmäßig durch kurze Gummischläuche dargestellt.

3.5.1.5 Die *Größe der Lagerkeller* ergibt sich durch die Menge des lagernden Bieres, der Dauer der Lagerung und der Raumausnutzung. Für untergärige Biere soll bei normalen Ausstoßgegebenheiten (Winter: Sommerhalbjahr = 1:1,5) mindestens ein Lagerraum von $1/5$ des Ausstoßes vorhanden sein, bei größeren Ausstoßspitzen und verschiedenen Biersorten entsprechend mehr. Eine Lagerzeit von 5–8 Wochen – bei Spezialbieren länger – ist auch heute noch als Garant einer guten und gleichmäßigen Bierqualität anzusehen. Es ist wichtig, daß der Lagerkeller in einzelne Abteilungen von einer Größenordnung unterteilt ist, die es gestattet, den Keller innerhalb einer Woche zu entleeren, zu reinigen und wieder zu befüllen. Bei kleineren Betrieben wird oft nur eine Spanne von 2 Wochen erreichbar sein. Lagerräume, die den gesamten Bierbestand einer Brauerei aufnehmen, sind unzweckmäßig, da hier frisch eingeschlauchtes und ausstoßreifes Bier nebeneinander lagern und so Nachteile für die Nachgärung auftreten können.

Die oben gemachte Aussage über die Lagerzeiten mag überholt erscheinen. Es ist aber zu bedenken, daß bei konventioneller Reifung und Lagerung in herkömmlichen Lagerkellern die Vorgänge weniger gut gesteuert werden können als bei modernen Tanks mit der Möglichkeit der individuellen Führung. Es beginnt, wie noch zu zeigen sein wird, die Nachgärung (Reifung) bei niedrigeren Temperaturen. Sie dauert damit länger. Ein größerer Zeitaufwand entsteht auch durch das Abkühlen des Bieres auf die Kaltlagertemperaturen von unter 0° C. Hier muß nun ebenfalls eine gewisse Mindestzeit eingehalten werden, um den Zweck des Kaltlagerns zu erreichen.

3.5.2 Die Lagergefäße

Die Lagergefäße (Holzfässer oder Tanks) sind aus demselben Material wie die Gärgefäße; sie sind jedoch stets geschlossen. Ihre Anordnung ist meist liegend, doch können Großanlagen (z. B. Tanks im Freien) auch stehend angeordnet sein. Das Material bestimmt Größe und Form der Gefäße.

3.5.2.1 *Holzlagergefäße* hatten eine Maximalgröße von 150 hl. Die Raumausnutzung, selbst bei 1–2 Lagen von Sattelfässern, war mit 25–35 % schlecht. Der Arbeitsaufwand für Bedienung, Reinigung, Unterhalt (Auskellern, Pichen) war hoch; Undichtheiten in der Auskleidung etc. gaben zu Infektionen Anlaß.

Der unbestreitbare Vorteil der Holzlagerfässer war, daß durch die schlechte Wärmeleitfähigkeit des Holzes nur eine allmähliche Abkühlung des Bieres von der Schlauchtemperatur auf die Lagerkellertemperatur erfolgte und so die Nachgärung rascher einsetzte, die Reifung schneller verlief und die Klärung früher abgeschlossen war.

3.5.2.2 *Metalltanks* aus Aluminium und dessen Legierungen AlMn, AlMgMn, Stahl mit Auskleidung und V2A-Stahl ermöglichen eine meist um 50 % bessere Raumausnutzung als Holzfässer. Die brautechnologische Eignung der Materialien wurde bereits bei den Gärgefäßen besprochen (s. S. 216).

Die *Form der Metalltanks* ist meist langgestreckt, zylindrisch mit gewölbten Böden. Der Tank verfügt über ein Mannloch mit Türchen und Gummidichtung, über eine Anzapfvorrichtung mit Siebstutzen sowie über eine Spundungsarmatur, mit Vakuumsicherung. Neben einem Zwikkelhahn ist ein Thermometer zur Messung der Biertemperatur wünschenswert.

Die *Größe der Lagertanks* richtet sich bei kleinen Betrieben nach der Größe eines Sudes, bei Großbrauereien wird die auf einmal zu filtrierende Menge einer Biersorte zugrundegelegt. Es ist zu vermeiden, daß infolge unpassender Größe der Tanks das Bier unter einem Luftpolster stehen bleibt. So kann die Größe der Lagertanks unter Voraussetzung entsprechender Stabilität 2000 hl und mehr betragen, allerdings müssen dieselben in Teilen eingebracht und im Betrieb montiert werden. Dies ist nur bei Aluminium, seinen Legierungen und V2A-Stahl, nicht dagegen bei emaillierten Stahlbehältern möglich. Neuerdings können auch Kunststoffauskleidungen direkt im Betrieb auf das durch Sandstrahlen gereinigte Stahlblech aufgetragen werden. Der Tankdurchmesser kann unbedenklich bis zu 3,5 m betragen. Auch ein *Satteln der Tanks* ist möglich. Dabei werden bei Aluminium- und V2A-Tanks entweder Ringlagerungen oder – vor allem bei großen Tanks – eigene Trägergerüste verwendet, während Stahltanks direkt aufeinander gesattelt werden können. Bei Aluminiumtanks ist für eine Isolierung und einen Aluminiumüberzug der Tanksättel zu sorgen (bei den Legierungen gilt das Entsprechende). Stehende Tanks sind ebenfalls in beträchtlichen Größen (als Tanks im Freien bis zu 5000 hl) anzutreffen.

Aluminiumtanks können in beliebiger Größe erstellt werden, da ihr Zusammenbau im Betrieb möglich ist. Sie sind für die üblichen Betriebsdrücke (unter 1 bar Überdruck) gut geeignet. Bei Entleerung ist die Ausbildung eines Vakuums zu vermeiden. Zum Schutz gegen Korrosionen werden sie mit einem Außenanstrich von Spezialfarben versehen.

Aluminiumlegierungen wie AlMn und AlMgMn sind stabiler als Al, sie erfordern deshalb geringere Wandstärken. Auch sie können im Keller montiert werden.

Stahltanks in emaillierter Ausführung sind in ihren Maßen begrenzt (ca. 4000 hl), da sie im Ganzen in den Keller eingebracht werden müssen. Kunststoffauskleidungen ermöglichen auch bei Stahltanks ein Zusammenschweißen im Betrieb. Vor Auftrag dieser Kompositionen sind die Oberflächen durch Sandstrahlen zu reinigen.

Rostfreier Stahl (V2A) ist verhältnismäßig teuer, doch in der Tankgröße nicht beschränkt (s. S. 217).

Metalltanks lassen sich durch ihre Größe und durch die Möglichkeit der automatischen Reinigung kostensparend betreiben. Es ist jedoch wichtig, die Temperaturen des Bieres entsprechend dem Fortschreiten der Nachgärung führen zu können.

3.5.2.3 *Betontanks* bieten eine hohe Raumausnutzung bis zu 85 %. Von rechteckigem, quadratischem oder jeweils der Gebäudeform angepaßtem Grundriß sind die an den Ecken abgerundeten Innenflächen mit Spezialauskleidungen aus wachs- oder pechartigen Kompositionen versehen. Die Ausführung der Tanks kann bei Neubauten direkt mit dem Gebäude geschehen; die hohe Festigkeit ermöglicht die Anordnung von etlichen Etagen übereinander in Form eines Hochhauses. Die Kühlung des Bieres muß durch Innenkühler oder durch Kühlrohre in den (isolierten) Trennwänden geschehen. Hierfür sind besondere Kühlmedien zu verwenden. Die Mantelkühlung wird neuerdings auch deswegen bevorzugt, da sie eine automatische Reinigung der Tanks besser ermöglicht. Gegen zu hohe Drücke (über 1 bar Überdruck) sind die Tanks empfindlich; hier können Haarrisse auftreten, die dann zu lästigen Infektionsquellen werden. Auch sind bei der Erstellung der Tanks die erforderlichen Abbindezeiten einzuhalten.

3.5.2.4 *Batterietanks*: Behälter aus Aluminium und Edelstahl, die direkt gesattelt sind, können zu größeren Einheiten als Batterietanks zusammengeschlossen werden. Knapp am Vorder- und Hinterboden werden in der Zarge Verbindungsrohre angebracht, die vorn z. B. bei 100 hl-Tanks 65 mm und hinten 25 mm lichte Weite haben sollen. Der oberste Tank trägt die Gasarmatur, der unterste die Befüllungs- und Zapfvorrichtung. Die Vorteile dieser Anordnung sind: geringerer Arbeitsaufwand, sicherer Betrieb (nur einmal Einziehen statt zwei- bis dreimal) und geringere Sauerstoffaufnahme.

3.5.2.5 *Stehende Tanks* kommen für die Lagerung der Biere ebenfalls in Frage: zylindrokonische Tanks, Tanks mit flachem oder mit flachkonischem Boden wie auf S. 217 beschrieben, sind in gleicher Weise geeignet. Als Lagertanks erlauben sie eine bessere Ausnützung des Bruttoinhalts, der bis zu 5000 hl betragen kann. Höhen bis zu 15 m machen bestimmte Maßnahmen zur Regulierung des Kohlensäuregehalts notwendig; bei den Asahitanks (s. S. 218) sorgt eine besondere Vorrichtung für einen Verschnitt der oberen (CO_2-ärmeren) und der unteren (CO_2-reicheren)

Schichten. Durch die Einzelkühlung der Tanks ist eine gute Einflußnahme auf die Temperatur bei der Nachgärung möglich; diese kann der Extraktabnahme angepaßt werden. Die Abkühlung fördert eine Konvektion, die unter 3° C durch ein kurzfristiges Einblasen von Kohlensäure unterstützt wird. Tiefe Temperaturen sind durch die Isolierung der Tanks und durch die Einzelkühlung gut und ohne größere Abstrahlungsverluste einzuhalten. Um Wärmeeinstrahlungen zu vermeiden, sollte auch der Konus gekühlt sein. Es haben sich aus der heutigen Sicht diese ursprünglich etwas unhandlich scheinenden Größen gut bewährt.

Sie sind sowohl für eine mehr konventionelle Arbeitsweise als auch für eine definierte Reifung und Kaltlagerung geeignet.

3.5.3 Der Verlauf der Nachgärung

3.5.3.1 Das *Befüllen der Lagergefäße* (Einschlauchen) erfolgt nach der Reinigung und Desinfektion derselben. Das Bier soll ruhig in die Lagergefäße einlaufen, um übermäßiges Schäumen und somit CO_2-Verluste sowie eine Belüftung zu vermeiden. Am zweckmäßigsten ist das Einschlauchen von unten, selbst bei Holzfässern wird die Beschickung von oben mit „Hundskopf" und Leinwandschlauch nicht mehr durchgeführt. Das Befüllen der Tanks geschieht meist nicht auf einmal, sondern durch *Verschneiden und Draufschlauchen* wird versucht, Unterschiede zwischen einzelnen Suden (in Stärke, Vergärungsgrad, Farbe und Geschmack) auszugleichen und so eine möglichst gleichmäßige Bierqualität zu sichern. Auch Biere, die im Gärkeller mit verschiedenen Hefen vergoren wurden, erfahren mit Vorteil im Lagerkeller einen Verschnitt, der eine wesentliche Verbesserung der Biereigenschaften bewirken kann.

Ein *Verschneiden mit Staubhefebier* (20 bis 50 %) führt zu hohen Vergärungsgraden. Es ist jedoch danach zu trachten, zur Vermeidung einer Oxidation die erste Hälfte des Tanks rasch zu befüllen und auch die restlichen Biermengen im Verlauf weniger Tage draufzuschlauchen. Es dürfen auch nur einwandfreie Biere miteinander verschnitten werden, fehlerhafte Biere sind gesondert zu legen und eigens z. B. mit Adsorptionsmitteln zu behandeln (s. S. 313). Die *Kellertemperatur* soll beim Einschlauchen des Bieres bei 2–3° C gehalten werden; wenn die *Biertemperatur* 3,5–4,5° C beträgt, so ist ein rasches „Angreifen" des Bieres zu erwarten. In Lagerräumen, die sich

nicht individuell kühlen lassen, sollte das Befüllen der Tanks – wenn auch mit verschiedenen Suden – so doch an einem Tag vorgenommen werden, um ein Abschrecken der später draufgelassenen Partien zu vermeiden. Hier dürfte die Schlauchtemperatur mit 5° C angesetzt werden, beim Einschlauchen über mehrere Tage hinweg dagegen mit 3° C Die *Verteilung des Bieres* wird am besten über Meßgeräte (z. B. Ovalrad-, Ringkolben- oder Induktionszähler) vorgenommen. Auch Kräusen werden auf diese Weise dosiert. Am besten ist es, die vorgesehene Charge schon während des Schlauchens über eine Verteilerstation so zu leiten, daß das Bier in jeden Tank zu gleicher Zeit mit derselben Beschaffenheit (Zellzahl, Extrakt, Temperatur etc.) einläuft. Beim Schlauchen von großen Gär- auf kleine Lagertanks ist dies ein gewisser Aufwand an Leitungen bzw. Schläuchen. Die Lagerfässer werden nach dem Einschlauchen des letzten Sudes vollständig gefüllt und anschließend geschlossen (gespundet).

3.5.3.2 Die *Extraktabnahme*, die in den letzten 24 Stunden der Hauptgärung noch 0,2–0,5 % betragen hatte, setzt sich nach dem Einschlauchen, bedingt durch die Bewegung des Bieres und das Aufwirbeln der Hefe, kräftig fort. Diese „beschleunigte" Nachgärung dauert bei entsprechenden Temperaturverhältnissen 2–3 Tage. Während dieser Zeit nimmt der Extrakt um 0,5–0,6 %, also um die Hälfte der vom Gär- in den Lagerkeller gelangenden Extraktmenge ab. Ein zu langes Anhalten dieser heftigen Nachgärung führt zu einem raschen Erreichen des Endvergärungsgrades, die Gärung kommt zum Stillstand und das Bier liegt ohne weitere Veränderung im Lagergefäß. Zu warme Lagerkeller bei zu grünem Schlauchen oder bei Staubhefeverwendung, ein Mitreißen von zuviel Hefe beim Fassen etc. rufen diese Erscheinung hervor, die eine ungenügende CO_2-Bindung und einen unreifen, hefigen oder harten Geschmack des Bieres bewirkt. Während der anschließenden „stillen" Nachgärung soll die Extraktabnahme stetig, langsam und gleichmäßig weitergehen und selbst bei tiefen Temperaturen am Ende der Lagerzeit noch wirksam sein. Nur so wird reichlich CO_2 gebunden und es kann die Fülle jener Vorgänge ablaufen, die als Reifung des Bieres bezeichnet werden. Eine träge Nachgärung wird dieses Ziel nicht erreichen, die Biere lassen dann die gewünschte Schaumhaltigkeit, Rezens und den abgerundeten Trunk vermissen. Der richtige Verlauf der Nachgärung ist gegeben durch die Menge des vergärbaren Extraktes, die

Menge und den physiologischen Zustand der im Jungbier vorhandenen Hefe und schließlich durch die äußeren Bedingungen der Nachgärung, vor allem der Temperatur. Der für die Nachgärung noch vorhandene Extrakt besteht zu ca. 80 % aus Maltose, zu ca. 20 % aus der schwerer vergärbaren Maltotriose. Er beträgt bei 12 %igen Bieren 1,2–1,4 %. Ist diese Menge zu gering, so wird auch die Nachgärung nur träge verlaufen. Gelangt dagegen viel Extrakt in den Lagerkeller, so kann die Nachgärung zwar intensiv einsetzen, aber durch die folgenden tiefen Temperaturen rasch zum Erliegen kommen, so daß der gewünschte Ausstoßvergärungsgrad nicht mehr erreicht wird. Dies bedeutet, daß eine im Gärkeller versäumte Extraktabnahme im Lagerkeller nicht mehr völlig ausgeglichen werden kann.

Die *Menge und Gärintensität* der Hefe ist ebenfalls von großer Bedeutung für die Nachgärung. Wird lauter, d. h. mit wenig Hefezellen geschlaucht, so setzt die Nachgärung träge ein. Dasselbe ist bei gärschwachen Hefen der Fall. Oft zeigen selbst hochvergärende Bruchhefen im Lagerkeller nur eine schwache Nachgärung, sie flocken zu rasch aus und setzen sich ab. Manchmal gelangen Biere mit viel Extrakt und wenig Hefe in den Lagerkeller. Dies ist bei niedervergärenden Hefen oder bei besonderen Gerstenjahrgängen der Fall. Hier verhilft nur ein Verschnitt mit Staubhefebier bzw. ein späterer Hefewechsel zu einer normalen Nachgärung. Staubhefen ergeben stets ein grünes Jungbier; für sich allein geschlaucht, wird die Nachgärung zu früh zu Ende sein; ein geregelter, ausgewogener Verschnitt mit Bruchhefebier wird eine optimale Nachgärung sichern. Staubhefen werden auch zum Zwecke der Hefeernte auf Zwischentanks bei ca. 2° C gelagert, um dann nach ca. 7 Tagen mit dem Bruchhefebier verschnitten zu werden. Die Nachgärintensität einer Hefe hängt sehr stark von der Zusammensetzung der ursprünglichen Würze (besonders ihrem Gehalt an Aminosäuren und Zuckern) ab, ebenso vom Ausmaß ihrer Belüftung vor der Gärung.

Von den *äußeren Bedingungen der Nachgärung* ist die Art des Einschlauchens und des Verschneidens von Wichtigkeit. Wenn die Temperaturen aufeinander abgestimmt sind, wird hierdurch die Extraktabnahme deutlich angeregt. Der wichtigste Faktor ist die Biertemperatur, die beim Einschlauchen 2–5° C betragen kann und die nach Abschluß der beschleunigten Nachgärung pro Woche um 1° C vermindert werden soll, bis die Temperatur von −1,5° C erreicht ist. Hierdurch

kann eine zu rasche Vergärung des Extraktes vermieden werden. Eine sehr günstige Maßnahme, die Nachgärung optimal und gleichmäßig zu führen, stellt das *Aufkräusen* dar. Ursprünglich mehr als Notmaßnahme gedacht, kann es, zur Verfahrenstechnik erhoben, sehr wohl die Unterschiede in den Extrakt- und Hefegehalten der einzelnen Jungbiere ausgleichen. Auch führen die Kräusen neben gärkräftigen Hefezellen Aminosäuren und Zucker zu. Sinn hat die Methode des Aufkräusens nur, wenn die Kräusen einen Vergärungsgrad von 20–25 % haben und sofort beim Vollwerden des Tanks in einer Menge von 8–12 % zugesetzt werden. Der Einsatz von Meßgeräten ist vorteilhaft. Staubhefekräusen sind noch günstiger als solche von Bruchhefen, da hiermit selbst bei sehr tiefen Lagerkellertemperaturen leichter ein hoher Ausstoßvergärungsgrad erreicht wird. Spätes Aufkräusen erfolgt meist bei einer zum Erliegen gekommenen Nachgärung, wenn das Bier noch einen zu hohen Gehalt an Gesamtdiacetyl aufweist oder auch in seinem Geschmacksprofil nicht befriedigt. Es besteht aber die Gefahr, daß die Kräusenhefe im kalten Bier abgeschreckt wird und einen hefigen, unreifen Geschmack an das Bier abgibt, ohne daß deswegen die Diacetylreduzierung voll gelungen wäre. Die Maßnahme ist nur als Notbehelf zu sehen, um auch eine ungenügende CO_2-Entwicklung und Schaumhaltigkeit aufzubessern. Sie ist mit Vorsicht und unter guter Kontrolle zu tätigen.

Eine günstige Lagerkellerführung nach Temperatur und Vergärungsgrad zeigt untenstehende Aufstellung.

Der Ausstoßvergärungsgrad (s. S. 228) muß bei hellen Bieren um so näher an den Endvergärungsgrad herangeführt werden, je höher die Haltbarkeit des Bieres sein soll. Bei hellen Lager- und Konsumbieren ist eine Differenz zwischen End- und Ausstoßvergärungsgrad von 2–4 %, bei dunklen Bieren von 6 % ausreichend, dagegen werden helle Exportbiere mitunter bis auf 0,5 % oder gar bis zum Endvergärungsgrad vergoren, Pilsener Biere haben je nach der Technik des Kräusens und der Nachgärungsführung eine Differenz von 0,5–6 %. Zu bemerken ist, daß eine höhere *Differenz* zwischen End- und Ausstoßvergärung *nicht* der Vollmundigkeit dient, sondern die Biere hierdurch u. U. einen weniger eleganten und breiten Trunk erhalten.

3.5.3.3 *Die Anreicherung der Kohlensäure*: Der Kohlensäuregehalt des Bieres ist für seinen Wohlgeschmack und seine Bekömmlichkeit von großer

Bedeutung. Kohlensäurearme Biere schmecken schal und lassen auch sonstige Geschmacksfehler leicht erkennen. Die Kohlensäure ist auch die Grundlage der Schaumbildung, der Schaumhaltigkeit und der biologischen Stabilität. Sie hemmt die Entwicklung von Fremdorganismen und ist neben der Kälte, dem Alkohol und den Hopfenbitterstoffen ein natürliches Konservierungsmittel des Bieres. Auch sichert ein hoher Kohlensäuregehalt indirekt eine gute chemisch-physikalische Haltbarkeit des Bieres durch geringere Luftaufnahme beim Abfüllen.

Die Bindung der Kohlensäure ist entsprechend der Intensität der Nachgärung, den herrschenden Temperaturen und der Bierzusammensetzung in unterschiedlichem Ausmaß möglich. So spielt neben der Gesamtmenge an CO_2 auch die Art ihrer Bindung beim Abfüllen und beim Ausschank des Bieres eine Rolle. Der normale, bei Faßbierausschank gewünschte CO_2-Gehalt liegt bei 0,44 % bei Kompensatoren sogar ca. 0,50 %, bei Flaschenbieren, z. T. noch höher, ohne daß „Überspundungserscheinungen" auftreten. Die Anreicherung der Kohlensäure erfolgt ausschließlich auf dem Wege der physikalischen Bindung. Entgegen früheren Auffassungen spielt die Bindung der Kohlensäure an die Bierkolloide praktisch keine Rolle. Maßgebend für die Bindung der Kohlensäure im Bier sind Temperatur und Druck. Je tiefer die Temperatur, um so mehr CO_2 kann gebunden werden. Eine Temperaturabsenkung um 1° C bewirkt bei gleichem Druck eine Zunahme des CO_2-Gehaltes um 0,01 %, während eine Drucksteigerung von 0,1 bar 0,03 % CO_2 mehr zu binden vermag. Wie noch darzulegen sein wird, ist die Kohlensäurebindung auch für die Schaumhaltigkeit des Bieres wesentlich. Je besser sie ist, um so langsamer entweicht die Kohlensäure aus dem Bier, da die Schaumdecke einen gewissen Widerstand bildet.

Die Spundung. Das Abschließen des Lagergefäßes wird Spunden genannt, der hierbei auftretende Druck Spundungsdruck. Früher wurden die Lagerfässer während der beschleunigten Nachgärung nicht verschlossen, die voll gefüllten Gefäße „käppelten", d. h. sie stießen Schaum aus Hopfenbitterstoffen, Eiweiß- und Gerbstoffverbindungen aus. Erst während der stillen Nachgärung – ca. 2–3 Wochen vor dem Ausstoß – erfolgte das Verschließen der Fässer durch Holzspunde. Die sich ausbildenden Druckverhältnisse waren nicht bekannt; oft wurde zu wenig CO_2 gebunden, verschiedentlich aber auch zuviel.

Heute werden *Spundapparate* verwendet, die es gestatten, einen bestimmten Druck im Lagergefäß über die Lagerzeit hinweg gleichmäßig zu erhalten. Wird dieser Druck überschritten, so strömt das überschüssige CO_2 ab. Als Spundapparate dienen Quecksilber- oder Wasserspundapparate, die nach dem Prinzip der kommunizierenden Röhren arbeiten. Die ersteren sind bis zu einer gewissen Höhe mit Quecksilber gefüllt und durch einen Schlauch mit der Spundöffnung und dem Faß- oder Tankinnern verbunden.

Der im Lagergefäß herrschende Druck pflanzt sich auf das im Spundapparat befindliche Quecksilber oder Wasser fort und drückt es dadurch in die Höhe. Wird der am Spundapparat eingestellte Druck überschritten, so entweicht die den Überdruck bedingende überschüssige Kohlensäure durch den Apparat. Ein guter Spundapparat muß auf den geringsten Überdruck ansprechen und auch bei größtem Gasdurchgang das Austreten der Kohlensäure gleichmäßig ermöglichen. Auch Membranventile sind in Gebrauch, die durch eine Änderung der Federspannung auf den gewünschten Druck eingestellt werden. Neuere, sehr zuverlässige Konstruktionen arbeiten mit Gewichtsbelastung.

Die Lagergefäße können jeweils für sich an einen Spundapparat angeschlossen werden *(Einzelspundung)* oder es arbeiten mehrere zusammen auf einen Spundapparat *(Kolonnenspundung)*. Die erstere Art ist vor allem bei größeren Lagertanks sicherer und besser, da sie einen genauen Einblick über den Verlauf der Nachgärung, über die Anreicherung des Bieres mit CO_2 und über den tatsächlichen Spundungsdruck des Gefäßes gibt. Bei kleineren Lagergefäßen wird meist, um Spundapparate zu sparen und um die Überwachung einfacher zu gestalten, die Kolonnenspundung angewendet, doch gibt sie keinen Einblick in den Spundungsdruck und die Nachgärungsintensität eines einzelnen Lagertanks. Die Kolonnenspundung erfordert einen entsprechend ausgelegten Spundapparat. Die Löslichkeit von CO_2 im Bier unter bestimmten Bedingungen zeigt die obenstehende Übersicht (g CO_2/kg Bier).

Es kommt jedoch zur Bindung der Kohlensäure nicht nur dem Spundungsdruck, sondern auch der *Spundungsdauer* Bedeutung zu. Die Spundung muß während der intensiven Nachgärung erfolgen; je mehr Extrakt in dieser Zeit vergoren wird, je tiefer hierbei die Lagerkellertemperaturen sind, um so höher wird der Kohlensäuregehalt des Bieres sein. Lauter geschlauchte und im Gärkeller hoch vergorene Biere müssen frühzeitig gespun-

Lagerzeit Tage	0	3	7	14	21	35	49	63
Biertemperatur °C	4,5	3,0	2,7	1,0	0,0	−0,7	−1,0	−1,3
Extraktrest %	1,3	0,9	0,7	0,5	0,4	0,3	0,2	0,1

det werden, ebenso Biere mit träge vergärenden Hefen, wie auch dunkle oder Schankbiere (Stammwürzegehalt 7–8%). Auch die Füllung des Lagergefäßes hat eine Bedeutung für die Zeitspanne bis zur Erreichung des Spundungsdruckes.

Heute werden die Tanks bis auf einen kleinen Hohlraum von 1–2% des Inhalts gefüllt (Hohlspundung) und sofort gespundet. Bei richtiger Beschaffenheit des eingeschlauchten Jungbieres ist der eingestellte Spundungsdruck nach 2–3 Tagen erreicht. Nachdem der Kohlensäuregehalt beim Faßbier aus Gründen eines reibungslosen Ausschanks nur 0,44 % betragen darf, wird hier bei –1° C Biertemperatur ein Spundungsdruck von 0,25 bar zweckmäßig sein für Kompensatoren, aber auch für Flaschenbier (0,50%) dürfen 0,5 bar veranschlagt werden. Diese Anforderungen lassen u. U. eine getrennte Spundung für Faß- und Flaschenbier wünschenswert erscheinen, eine Maßnahme, die bereits in etlichen Betrieben getätigt wird. Auch eine „fallende" Spundung von z. B. 0,8 auf 0,4 bar findet Anwendung, vor allem in Verbindung mit Membranspundapparaten mit Federregulierung. Auf diese Weise wird versucht, das sich während der intensivsten Nachgärung bei noch höheren Biertemperaturen bildende CO_2 zu binden und durch allmähliches Senken eine Annäherung an den Ausstoßdruck zu erzielen.

Erreicht das Bier eines Lagergefäßes nur einen sehr geringen oder keinen Spundungsdruck, so können Undichtheiten der Tanks, der Spundungsarmaturen oder der Spundapparate die Ursache sein. Bei einer zu schwachen Nachgärung kann durch Aufkräusen eine Verbesserung geschaffen werden (s. S. 239).

Wird dabei unter idealen Bedingungen (ca. 4° C, 12% Kräusen) geschlaucht und die Temperatur nach Maßgabe der Nachgärung rasch, d. h. innerhalb von ca. 2 Wochen unter 0° C abgesenkt, um dann eine Woche später –1° C oder tiefer zu erreichen, dann vermittelt diese Arbeitsweise CO_2-Gehalte, die höher sind als in der Tabelle angegeben. Die tiefen Temperaturen vermögen eine größere CO_2-Menge zu binden, vor allem, wenn diese durch die etwas geringere CO_2-Entwicklung bei der folgenden Nachgärung nicht mehr ausgetrieben wird. Bei den relativ großen Bierhöhen in zylindrokonischen Tanks ist der Spundungsdruck um einen Faktor für den hydrostatischen Druck zu korrigieren, wenn keine Überspundung des Bieres hervorgerufen werden soll.

Eine Überspundung des Bieres ist dann gegeben, wenn durch einen zu hohen Spundungsdruck zu viel Kohlensäure im Bier angereichert wurde. Ein derartiges Bier wird bereits beim Abfüllen auf Fässer und Flaschen, vor allem aber beim Faßausschank Schwierigkeiten bereiten. Nachdem hier das im Bier gegebene CO_2 unter den Bedingungen des Ausschanks (höhere Temperatur, niedriger Druck) zu schnell entbunden wird, werden überspundete Biere im allgemeinen rasch schal und schaumlos. Bei Flaschenbier wird der Kohlensäuregehalt eines Bieres durch die Füllerkonstruktion begrenzt, nachdem aber auch Weizenbiere mit mehr als 0,9% CO_2 noch einwandfrei eingeschenkt werden können, ist die Bezeichnung „Überspundung" nur im Hinblick auf die Gegebenheiten des Abfüllens und des Bierausschanks zu sehen. Das „Überschäumen" oder „Wildwerden" eines Bieres hat normalerweise mit seinem CO_2-Gehalt wenig zu tun, es ist in erster Linie auf eine Veränderung des Kolloidgefüges bzw. auf eine Entbindung der Kohlensäure durch die Bildung von Kondensationskernen zurückzuführen (s. S. 327).

Überdruck bar	Spundungsdruck, Biertemperatur und CO_2-Gehalt des Bieres (g/l)						
	0	0,1	0,2	0,3	0,4	0,5	0,6
−1°C	3,2	3,6	3,9	4,2	4,55	4,9	5,2
+1°C	2,95	3,2	3,5	3,8	4,1	4,4	4,7
+3°C	2,8	2,95	3,2	3,45	3,7	4,0	4,25

Die Kontrolle der CO_2-Anreicherung während der Nachgärung soll durch exakte Messung des Kohlensäuregehaltes des Bieres vorgenommen werden. Apparate zur CO_2-Messung arbeiten auf manometrischer Basis, wobei das CO_2 durch Schütteln oder durch elektrische Impulse entbunden wird.

Das Karbonisieren. Hat ein Bier durch zu warme oder zu kurze Lagerung, wie auch durch eine unvollkommene Nachgärung oder durch das durchgeführte Reifungsverfahren einen zu geringen Gehalt an Kohlensäure, so kann die Anreicherung mit CO_2 künstlich erfolgen. Es dürfte eine Karbonisierung auch wünschenswert sein, wenn der CO_2-Gehalt des Flaschenbieres über dem des Faßbieres liegen soll, aus betrieblichen Gründen aber eine getrennte Spundung nicht möglich ist. Auch stark stabilisierte Biere können während des Stabilisierungsvorganges Kohlensäure verloren haben und bedürfen dann einer Verbesserung.

In Deutschland darf nach dem Biersteuergesetz nur Kohlensäure zum Karbonisieren verwendet werden, die in dem betreffenden Betrieb selbst gewonnen wurde. Die Anreicherung der Kohlensäure hat unter Berücksichtigung von Druck und Temperatur zu erfolgen. Aus diesem Grund wäre eine Karbonisierung in der Leitung vor dem Filter, nach einem Biertiefkühler am günstigsten, vor allem wenn das CO_2 über eine feinporige Metallsinterkerze oder über ein Venturirohr so fein verteilt wird, daß das Gas mit möglichst vielen Bierteilchen in Berührung kommt und von diesen festgehalten wird. Um jedoch eine Beunruhigung des Filters zu vermeiden, sollten die hier zugeführten Kohlensäuremengen je nach den Gegebenheiten des Leitungsweges 0,07–0,1 % (ca. 0,7–1 g/l) nicht überschreiten. Sind größere Aufbesserungen nötig, so können diese u. U. zusätzlich nach dem Filter getätigt werden, wobei dann häufig eine starke Schaumentwicklung im Drucktank auftreten kann. Die Karbonisierung ist in Abhängigkeit vom ursprünglichen CO_2-Gehalt des Bieres und von der Biertemperatur leicht zu automatisieren.

Ein guter Karbonisierungseffekt ist dann zu erreichen, wenn das Bier im Kreislauf aus dem Tank über ein Venturirohr wieder in den Tank gepumpt wird. Auch hier kann eine Automatisierung des Prozesses vorteilhaft sein. Bei Bieren mit sehr hohen CO_2-Gehalten muß die Sättigung u. U. in mehreren Stufen vorgenommen werden.

Die im Leitungsnetz unter einem Überdruck von 10–15 bar stehende CO_2 wird an zentralen Verteilerstellen auf einen Druck von 2–3 bar entspannt.

Im Ausland darf käufliche Kohlensäure verwendet werden. Beim Entspannen des CO_2 von einem hohen Druck (ca. 60 bar) auf den Betriebsdruck entsteht Verdampfungskälte von rd. 210 kJ/50 kcal/kg CO_2, die zu einem Einfrieren des Reduzierventils führen kann. Um dies zu vermeiden, werden Heizvorrichtungen angebracht. Eine Zusammenfassung von CO_2-Flaschen zu Batterien ist zweckmäßig; diese werden zur völligen Entleerung in ein Bad mit lauwarmem Wasser gestellt.

3.5.3.4 Die *Klärung des Bieres* ist eine weitere wichtige Aufgabe der Lagerung. Das Jungbier kommt stets mehr oder weniger trüb in den Lagerkeller. Während der Nachgärung setzen sich die trübenden Bestandteile wie Hefezellen und Eiweißgerbstoffverbindungen ab. Dabei werden wiederum Bitterstoffe ausgeschieden. Dieser Vorgang hat einen großen Einfluß auf die geschmackliche Abrundung des Bieres, seine Schaumhaltigkeit und chemisch-physikalische Stabilität. Die Klärung des Bieres ist von einer Reihe von Faktoren abhängig: Von der Menge und Beschaffenheit der trübenden Bestandteile, der Temperatur des lagernden Bieres, der Intensität der Nachgärung, der Größe und Höhe der Lagergefäße (Klärfläche) und der Lagerzeit des Bieres. Die Klärung geht um so rascher vor sich, je schwerer und voluminöser die trübenden Bestandteile des Bieres sind. Die Hefezellen nehmen dabei einen Teil bereits ausgeschiedener Eiweiß- und Hopfenbestandteile mit zu Boden. Bruchhefen setzen sich rascher ab als Staubhefen. Die Hefezellzahl, die beim Einschlauchen 10 bis 15 × 10^6 Hefezellen pro ml Bier betrug, verringert sich bei Bruchhefen auf 0,2–0,5 × 10^6, bei Staubhefen können bis zum Schluß der Lagerung noch 1–2 × 10^6 Zellen in Schwebe bleiben. Bei Lagerung in stehenden Großgefäßen mit stärkerer Konvektion sind, bei allerdings verkürzten Lagerzeiten, immer noch 2–5 × 10^6 Zellen im Bier, bei Verfahren der beschleunigten Gärung und Reifung sogar noch mehr.

Bei den kolloiden Eiweißgerbstoffverbindungen tritt eine Sedimentation erst dann ein, wenn sie sich zu größeren Komplexen vereinigt haben. Geschieht dies erst nach Absetzen der Bruchhefe, so kann die Klärung verzögert werden oder das Bier behält einen Eiweißschleier. Staubhefen können in derartigen Fällen, u. U. in Verbindung mit einer weiteren leichten pH-Absenkung, sogar eine nachhaltigere Klärung bewirken. In der Regel sind jedoch Staubhefebiere, besonders bei kurzen Lagerzeiten, stärker trüb als solche aus Bruchhefen. Bierschädliche Bakterien, die nur bei sehr starken Infektionen schon während der Lagerung als Trübung in Erscheinung treten, setzen sich nicht oder nur sehr langsam ab, so daß das Bier dauernd trüb bleibt bzw. in seinem Trübungsgrad sogar zunimmt.

Die Abnahme der Stickstoffverbindungen ist vor allem auf einen Verlust an hochmolekularen Substanzen zurückzuführen, die um ca. 10 % abnehmen; 10–20 % der im Jungbier befindlichen Anthocyanogene und 3–12 % der Bitterstoffe werden je nach Intensität der Nachgärung ausgeschieden.

Für die *Dauer der Klärung* ist die Temperatur des Bieres von Bedeutung. Je tiefer die Temperatur, um so langsamer verläuft die Klärung. Unter dem Einfluß der Kälte scheiden sich ursprünglich lösliche Eiweißgerbstoffverbindungen aus, die sich als fein-disperse Kältetrübung nur langsam absetzen, oder die im Fall einer bereits zum Erliegen gekommenen Nachgärung als Trübung bestehen bleiben. Durch weitgehende Abkühlung des Bieres, in Verbindung mit einer noch kräftigen Nachgärung, wird der Dispersitätsgrad dieser Kolloide vergröbert; sie setzen sich entweder ab oder lassen sich durch Filtrieren leicht entfernen. Hierdurch wird nicht nur die Schaumhaltigkeit und die Stabilität des Bieres positiv beeinflußt, sondern auch dessen Geschmacksabrundung. Wird das Bier warm, d. h. bei +2 bis 3° C gelagert, so klärt es sich bereits bei dieser Temperatur weitgehend. Erfolgt nun noch im späten Stadium der Lagerung eine Abkühlung auf –1° C, so bildet sich zwar eine Kältetrübung aus, doch ist diese infolge Fehlens von Klärungsoberflächen (Hefe, CO_2) feindispers und läßt sich nur schwer filtrieren. Eine warme Lagerung begünstigt auch die Wirkung der proteolytischen Enzyme der Hefe, die eine Ausscheidung von Hefeeiweiß zur Folge hat, das ebenfalls die Eigenschaften des Bieres, vor allem dessen Wohlgeschmack nachteilig beeinflußt. So tritt bei zu warmer Lagerung sowie bei zu hohen Hefegehalten im Jungbier eine Erhöhung des α-Aminostickstoffs um 10–15 % ein. Diese Erscheinung ist auch von einem Anstieg des pH begleitet.

Unter den geschilderten Bedingungen können auch Hefeproteasen in das Bier übertreten, die während der Lagerung, vor allem aber später im abgefüllten Produkt hochmolekulare, schaumpositive Eiweißfraktionen abbauen und so zu empfindlichen Schaumverlusten führen.

Die *Intensität der Nachgärung* ist maßgebend für die Bewegung des Bieres durch Aufsteigen der Kohlensäurebläschen, die in Verbindung mit der Kontaktoberfläche der Hefezellen ein Zusammenballen der Trübungselemente bewirkt und damit ihre Fähigkeit zur Sedimentation erhöht. Besonders günstig ist dieser Effekt, wenn die Nachgärung noch bei tiefen Biertemperaturen aktiv ist, wie z. B. bei Verwendung eines Anteils an Staubhefebier oder einer nicht zu geringen Kräusengabe.

Die *Größe und Höhe der Lagergefäße* hat ebenfalls eine Auswirkung. Bei zunehmender Größe der Gefäße wird die wirksame Klärfläche geringer. Auch die steigende Höhe beeinflußt den Klärvorgang, da die Fallhöhe der Teilchen größer wird. Andererseits kann eine Konvektion des Bieres, gegeben durch die Rückkühlung im Tank, diesem Nachteil etwas entgegenwirken, wenn das Bier etwa 3 Wochen vor der Filtration eine einheitliche Temperatur verzeichnet und damit zur Ruhe kommt (Luftkühler!).

Bei der Lagerung in zylindrokonischen Tanks ist nach voraufgegangener Reifung und Abkühlung keine Konvektion mehr vorhanden. Die Sedimentation der Teilchen, die neben einem geringen Hefegehalt nur noch Eiweißgerbstoffverbindungen umfassen, erfolgt sehr langsam (0,1 bis 0,2 m/Tag), so daß sich entsprechend große Unterschiede zwischen den unteren und den oberen Bereichen der Tanks einstellen. Hier hat es sich als günstig erwiesen, nach dem Erliegen der Konvektion und nach Abschlämmen des Sediments, Kohlensäure (3–5 g/hl und h) über 3–6 Stunden hinweg einzublasen, um eine Vergröberung der Partikel zu erzielen und die Sedimentation zu beschleunigen.

Der Sedimentationsbewegung der Trübungsteilchen wirkt die *Viscosität* eines Bieres entgegen. Die Viscosität ist hoch bei Starkbieren oder bei Bieren, die aus knapp gelösten Malzen und einem sehr kurzen Maischverfahren hergestellt wurden.

Die *Lagerzeit* des Bieres hat eine natürliche Auswirkung, da mit fortschreitender Zeit die trübenden Teilchen Gelegenheit haben, sich abzusetzen. Ein Vorteil ist jedoch nur dann gegeben, wenn die Temperaturen niedrig sind (–1° C) und die Nachgärung bis zum Ende der Lagerzeit aktiv ist.

Mittel zur Beschleunigung der Klärung des Bieres können *mechanisch,* also durch Adsorption an ihre Oberfläche, oder *chemisch* durch Fällungs- oder Abbaureaktionen wirken.

Nach dem Biersteuergesetz dürfen in Deutschland nur solche Mittel zur Klärung Verwendung finden, die sich wieder vollständig aus dem Bier entfernen lassen (technische Hilfsstoffe). Chemisch wirkende Mittel sind deshalb verboten.

Von den mechanischen Klärmitteln werden die *Späne* häufig verwendet. Späne aus Buchen- oder Haselnußholz sind 15–50 cm lang und 3–5 cm breit. Sie vergrößern die Klärfläche des Lagergefäßes, ihre Wirkung beruht auf der Adsorption der trübenden Bestandteile an ihrer Oberfläche. Die Klärwirkung kommt aber nur bei kräftiger Gärung bzw. Bewegung zum Tragen. Die Späne werden durch das Mannloch im leeren Tank aufgeschichtet und das Bier anschließend eingeschlaucht. Neue Späne müssen vor ihrer Verwendung ausgekocht und gewaschen werden. Gebrauchte Späne werden in eigenen Waschmaschinen gereinigt und sterilisiert. Der hohe Arbeitsaufwand dieser Späne, die Gefahr der Infektion und der Bierverluste, führte zur Entwicklung der *Bio- und Ultra-Späne.* Dies sind kleine, mit Pech imprägnierte Holzteilehen, die sowohl im Gärkeller (2–3 g/hl) als auch im Lagerkeller (5–20 g/hl) zugegeben werden können.

Aluminiumfolien (5–10 g/hl) haben nur dann eine klärende Wirkung, wenn ihre Oberfläche aufgerauht ist.

Die Klärung durch Späne hat deswegen an Bedeutung verloren, weil die Biere nach Abschluß der Lagerzeit ohnedies durch Separierung oder Filtration geklärt werden. So kommt dem Spänen lediglich die Aufgabe zu, die Klärung zu verbessern und dadurch den Filter zu entlasten. Durch ihren Adsorptionseffekt vermögen die Späne jedoch zu einer gewissen Geschmacksabrundung der Biere beizutragen. Andere adsorptiv wirkende Klärmittel sind die leimartigen wie Hausenblase, die hauptsächlich aus Gelatine besteht. Die Menge schwankt zwischen 3 und 5 g trockene Hausenblasehl. Unter der Einwirkung des Bier-pH, der Gerbstoffe und des Alkohols fällt die Hausenblase als Schleier mit dem Absinken der Temperatur aus und nimmt während ihres Absetzens die Trübungsteilchen mit sich zu Boden (s. S. 357). Es gibt auch pflanzliche Substanzen wie Agar-Agar, auch Karaghen-Moos oder Isländisches Moos genannt. Hier ist die wirksame Substanz ein hochpolymeres Kohlenhydrat. Diese Mittel sind in Deutschland nicht zugelassen.

Andere adsorptiv wirkende Klärmittel sind Bentonite und Kieselsäuregele, die ebenso wie die Anwendung chemischer Mittel (Tannin, proteolytische Enzyme) bei der Stabilisierung des Bieres besprochen werden sollen (s. S. 320).

3.5.3.5 Als *Reifung des Bieres* wird eine Abrundung und Veredelung des Geschmacks, eine Verbesserung des Geruchs sowie eine Hebung der Bekömmlichkeit verstanden. Diese Vorgänge sind sowohl auf chemische als auch auf mechanische Vorgänge zurückzuführen.

Auf *mechanischem Wege* tritt eine Geschmacksverbesserung durch das Absetzen der Hefe, der Dispersitätsvergröberung der Eiweiß-Gerbstoffkolloide und deren Abscheidung ein. Während die Hefe dem Bier einen Jungbiergeschmack verleiht, sind die Eiweißgerbstoffverbindungen für eine breite („Eiweiß"-)Bittere verantwortlich zu machen, die schon jenseits der Sichtbarkeitsgrenze, also in einem bei höheren Kellertemperaturen geklärten Bier gegeben sein kann. Auch Bitterstoffe, je nach Ausmaß der vorausgegangenen Gärung und der Intensität der Nachgärung, werden in einer Menge von 3–12 % ausgeschieden, bezogen auf die Konzentration der Anstellwürze. Jungbukettstoffe verflüchtigen sich durch die Waschwirkung der aufperlenden Kohlensäure zusammen mit anderen Bestandteilen, wie organischen Schwefelverbindungen.

Durch chemische Umsetzungen erfolgt eine Abnahme der Jungbukettstoffe, wahrscheinlich gehen diese in andere chemische Verbindungen über. So nimmt der Gehalt des Bieres an SO_2 und an Merkaptanen während der Lagerung ab.

Der Acetaldehyd, der den Junggeschmack des Bieres mit bedingt, nimmt während der Lagerung um 20–70 % ab. Der Gehalt an höheren aliphatischen Alkoholen (Propanol, Isobutanol, Amylalkohole) nimmt um 10–20% zu. Von den aromatischen Alkoholen verzeichnet Phenylethanol eine Mehrung um 10–50%, während Tyrosol, das einen unangenehmen bitteren Geschmack hat, dagegen stark, Tryptophol nur in geringerem Maße vermindert wird. Die Ester als die hauptsächlichen Träger des Bieraromas, nehmen dagegen während der Lagerung sehr stark, um ca. 100 %, mit Streuwerten zwischen 30 und 200 %, zu. Diese Entwicklung ist auf eine Reaktion verschiedener organischer Säuren wie Essigsäure, Milchsäure, Bernsteinsäure, Aminosäuren u. a. mit Alkoholen, Fuselölen und Glycerin zurückzuführen.

Die Menge der freien Fettsäuren (Hexan-, Octan- und Decansäure) nimmt bei der Lagerung des Bieres um 20–40 % zu; bei höheren Lagertemperaturen oder größeren Hefezellmengen sind noch höhere Exkretionsraten zu verzeichnen. Auch die zugehörigen Ester erfahren eine Mehrung. Die Menge dieser Gärungsnebenprodukte kann als Indikator für Fehler bei der Lagerung des Bieres, aber auch für die Anwendung mancher beschleunigter Verfahren sein.

Die vicinalen Diketone Diacetyl und Pentandion-2,3 bzw. ihre Vorläufer 2-Acetolactat und 2-Acetohydroxybutyrat nehmen während einer richtig geführten Nachgärung kräftig ab. So verringert sich der Gehalt an „Gesamtdiacetyl" (Diacetyl + Vorläufer) von ca. 0,35 mg/l im Jungbier auf deutlich unter 0,1 mg/l. Das Acetoin nimmt, wenn seine weitere Reduzierung zu Butandiol-2,3 vor sich geht, etwa von ca. 3,0 auf 1,0–1,5 mg/l ab. Eine warme Lagerung beschleunigt den Abbau der Diketone; bei steckenbleibender Nachgärung, frühzeitigem Absetzen der Hefe, zu niedrigen Temperaturen liegen deshalb erhöhte Gehalte an „Gesamtdiacetyl" vor, die nach dem Abfüllen des Bieres den bekannten fehlerhaften Geschmack entwickeln. Dieser tritt u. U. schon bei der Lagerung des Bieres auf, wenn beim Schlauchen Sauerstoff aufgenommen wurde, und das entstehende freie Diacetyl bei zu geringem Hefegehalt, bei einer geschädigten oder trägen Hefe im Bereich der niedrigen Temperaturen nicht mehr weiter zu Acetoin abgebaut wird.

Der Verringerung des „Gesamtdiacetyls" muß bei einer Verkürzung der Lagerzeit Augenmerk geschenkt werden. Auch bei beschleunigten Reifungsverfahren entscheidet eine rasche und weitgehende Diacetylreduzierung über Wert oder Unwert einer derartigen Methode.

Acetoin ist in gleicher Weise ein Indikator für die Intensität der Nachgärung. Bei Anwendung von Kräusen zur Nachgärung liegt der Acetoingehalt etwas höher.

3.5.3.6 Die *Lagerzeit* hängt bei der konventionellen Herstellungsweise vom Biertyp nach Stammwürzegehalt, Bitterstoffgehalt und der noch zu vergärenden Extraktmenge ab. Eine bedeutende Rolle spielt die Temperatur bzw. die Möglichkeit der Temperaturführung während der Lagerung. Ein Qualitätsbier bedarf einer bestimmten Lagerzeit. Wird diese, z. B. während der Sommerspitze zu kurz, so zeigen die Biere einen unreifen, „grünen" und nicht abgerundeten Biergeschmack. Es kann sogar der Fall sein, daß das Gesamtdiacetyl noch über der Geschmacksschwelle liegt. Ein wesentliches Überschreiten der optimalen Lagerzeit, z. B. bei starkem Ausstoßrückgang oder falscher Disposition kann – vor allem bei zu hohen

Hefegehalten der Biere zu einem hefigen, wenig rezenten, u. U. sogar hefebitteren Geschmack führen, der auch von einer Verschlechterung der Schaumhaltigkeit begleitet ist. Dunkle Biere benötigen in der Regel eine kürzere Lagerzeit als gleichstarke helle. Ein helles Bier wird um so länger gelagert, je stärker es ist und je höher die Hopfengabe liegt.

Auf die Menge des noch zu vergärenden Extraktes wird kaum Rücksicht genommen werden können, da im Ausstoß ein gewisser Rhythmus einzuhalten ist. Unter Umständen kann ein zwar jüngeres, aber höher vergorenes Bier vor einem älteren mit schlechterer Vergärung abgefüllt werden. Dabei ist aber Rücksicht auf den Gesamtdiacetylgehalt der Biere zu nehmen. Je kälter die Lagerkellertemperatur, um so länger ist die notwendige Lagerzeit. Diese kalte Führung ist aber im Hinblick auf die geschmackliche Abrundung, die Stabilität und Schaumhaltigkeit des Bieres unerläßlich. Die Lagerzeit beträgt bei Lagerbieren (11–12 %) 4–8 Wochen, ebenso bei den gleichstarken Pilsener Bieren; bei Exportbieren (12,5–14 %) 6–12 Wochen. Schwächer gehopfte helle Starkbiere benötigen 2–3 Monate, stärker gehopfte vertragen 3–4 Monate Lagerzeit.

Festbiere (13–14 %) werden oft 3–6 Monate gelagert. Sie gewinnen hierdurch ein besonders angenehmes, blumiges Aroma, das durch eine entsprechende Erhöhung mancher Ester analytisch zu verfolgen ist.

Dunkle Biere sind bereits nach kürzerer Lagerzeit optimal beschaffen. Lagerbiere (12–13 %) 4–6 Wochen, Exportbiere (13–14 %) 6–8 Wochen und Starkbiere 2–3 Monate. Märzenbiere können zwischen die hellen und dunklen Biere eingereiht werden. Es ist verständlich, daß bei starker Nachfrage Konzessionen an die Lagerzeit gemacht werden müssen, bei nachhaltiger Absatzsteigerung ist jedoch durch Beschaffung von Lagerraum wieder für die Konsolidierung der Lagerzeit Sorge zu tragen, wenn die beschriebene konventionelle Reifung/Lagerung beibehalten werden soll.

3.5.3.7 Die *Kontrolle der Nachgärung* umfaßt folgende Punkte:

Feststellung der Nachgärintensität durch Ermittlung des scheinbaren Extraktes bzw. Vergärungsgrades anfangs wöchentlich, nach 2–3 Wochen in 14tägigem Abstand. Es ist nützlich, den pH-Verlauf ebenfalls zu verfolgen. Etwa nach der Hälfte der Lagerzeit werden Farbe, pH, Gesamt-Diacetyl oder der Gesamtgehalt der vicinalen

Diketone, der Gehalt an FAN, der Bitterstoffgehalt, Klärung, Geschmack und Schaumeigenschaften der Biere überprüft. Es können dann im
Bedarfsfalle noch Korrekturen vorgenommen
werden, wie Umpumpen, Aufkräusen, Aktivkohlegabe etc. Ebenso gibt eine biologische Analyse
rechtzeitig vor dem Ausstoß Auskunft, ob das
Bier u. U. einer Sonderbehandlung (z. B. EK-
Filtration, Kurzzeiterhitzung) zu unterziehen ist.

3.6 Moderne Methoden zur Vergärung und Lagerung des Bieres

3.6.1 Die konventionelle Arbeitsweise bei Gärtanks und Großgefäßen

3.6.1.1 *Liegende Gärtanks* (s. S. 217) werden zu
75–80 % mit einer mindestens zu 50 % vom Kühltrub befreiten, intensiv belüfteten Würze beschickt. Die Hefegabe kann normal zwischen 0,5
und 1,0 l/hl gehalten werden.

Die Gärung „offen" oder „geschlossen" zur
Gewinnung der Kohlensäure erfolgt bei Höchsttemperaturen zwischen 8 und 9° C. Es bildet sich
eine starke Konvektion aus, die einen etwas rascheren Gärverlauf als bei Gärbottichen bewirkt;
So nimmt die Gärung bis auf den üblichen Restextrakt etwa einen Tag weniger in Anspruch. Die
Umwälzung des Bieres wird durch die außen
angebrachten Kühltaschen verstärkt. Zum Einhalten der Höchsttemperatur kommt das oberste,
zum Zurückkühlen auf die Endtemperatur auch
ein zweites Kühlsystem zum Einsatz. Der Absatz
der Hefe macht bei diesen Gefäßen durch die
stärkere Bewegung mitunter Schwierigkeiten. Es
muß hierfür mehr Zeit aufgewendet werden, so
daß sich die obengenannte Ersparnis wieder ausgleicht. Die Konvektion sollte zur Erzielung einer
besseren Hefeausscheidung etwa 24 Stunden vor
dem Schlauchen zum Stillstand kommen, d. h. es
muß zu diesem Zeitpunkt schon die Endtemperatur erreicht sein. Eine Kühlzone am tiefsten Punkt
des Tanks ist für den Hefeabsatz günstig. Es kann
sogar positiv sein, grundsätzlich weiter zu vergären, den Hefeabsatz bei 3–5° C abzuwarten und
dann mit einer für die Nachgärung erforderlichen
Kräusenmenge zu verschneiden. Ohne diese
Maßnahmen kann der Hefegehalt eines mit Restextrakt geschlauchten Bieres bei 20–30 × 10⁶
Zellen pro ml liegen; die Biere verzeichnen dann
häufig einen hefigen bzw. hefebitteren Geschmack.

Die Gärdecke bildet sich infolge des aufsteigenden Kohlensäurestromes gut aus. Sie fällt normal
auch während der eintägigen Sedimentationsrast
nicht durch und setzt sich beim Schlauchen an der
Gefäßwand und teilweise auch auf der Hefe ab.
Dennoch liegt der Bitterstoffgehalt der Jung- und
Ausstoßbiere um etwa 10 % über dem der aus
offenen Bottichen stammenden. Die Hefeernte ist
bei langen Gefäßen etwas umständlich, doch kann
die Hefe entweder durch Vorziehen mit einer
Teleskopkrücke, durch Aufschlämmen mit Wasser oder letztlich durch Begehen des Tanks in
befriedigender Weise gewonnen werden. Hierfür
ist ein zusätzliches Mannloch am hinteren Boden
des Tanks günstig.

Nachdem die Hefe Deckenbestandteile enthält,
bedarf sie einer Reinigung durch Vibrationssiebe.
In den einzelnen Schichten des abgegorenen Bieres können sich unterschiedliche Hefegehalte ergeben, es ist daher eine möglichst gleichmäßige
Verteilung des Jungbieres notwendig.

3.6.1.2 *Stehende Gärtanks mit zylindrokoni-
schem Auslauf* (s. S. 218) werden unter den gleichen Voraussetzungen beschickt wie liegende
Tanks. Es bildet sich nun durch die aufsteigende
Kohlensäure eine Strömung aus, die durch den
Einsatz der Kühlung eine Verstärkung erfährt.
Das Einschalten nur der obersten Kühlzone ruft
eine stärkere Konvektion hervor als die Anwendung mehrerer Zonen oder der gesamten Kühlfläche am zylindrischen Teil. Die geschilderte Strömung (die bei etwa 0,3 m/sec liegt) fördert den
Kontakt der Hefe mit dem Substrat, damit die
Geschwindigkeit der Gärung und der hierbei ablaufenden Vorgänge. Sie ist auch eine Erklärung
für die – trotz der großen Höhe – bemerkenswerte
Homogenität der gärenden Flüssigkeit. Die Hefe
setzt sich bei der Gärung in diesen Gefäßen
einwandfrei ab. Schon während der intensiven
Phase führt die Aufwärtsströmung etwas weniger
Hefe mit als die abwärts gerichtete. Dies ist vor
allem dann der Fall, wenn der Konus bereits
schwach gekühlt wird. Die Kühlung im unteren
Teil vermindert die Strömung und begünstigt somit den Absatz der Hefe. Die Hefe, die auch hier
in einer Menge von etwa 0,7 l dosiert (20 × 10⁶
Zellen) wird (siehe S. 221), kann im Hochkräusenstadium 70–75 × 10⁶ Zellen erreichen.

Vor dem Schlauchen wird je nach der Verfahrensweise die drei- bis dreieinhalbfache Ernte
erzielt. Wie schon angeführt, unterscheiden sich
die einzelnen Schichten der Gärsäule weder hinsichtlich der Vergärung, der Temperatur noch
hinsichtlich der Gärungsnebenprodukte. Auch
die Kohlensäuregehalte sind – bedingt durch die

Konvektion – selbst in sehr hohen Tanks gleich. Solange diese Bewegung herrscht, unterscheiden sich auch die Hefemengen zwischen den oberen und unteren Bereichen nicht, lediglich im Konus ergibt sich eine Anreicherung. Die genannten Faktoren der Strömung und der Druckverhältnisse bewirken, daß die Ausscheidung der Bitterstoffe wie bei den vorbesprochenen liegenden Tanks um 10–15 % geringer ist als bei offenen Bottichen. Mitunter werden noch größere Einsparungen erzielt. Die Gärzeit beträgt bei den üblichen Temperaturen von 8–9° C nur 5–6 Tage, wenn nicht eine zusätzliche Zeit zum Erreichen der Endvergärung und zum Absetzen der Hefe aufgewendet wird.

Die Gewinnung der Hefe ist einfach; sie wird nach kurzem Vorschießen zur Entfernung von Verunreinigungen (Trub und tote Hefezellen) aus dem Konus des Gärtanks abgezogen, bis die Färbung der Flüssigkeit anzeigt, daß der Hefefluß beendet ist und auf den Lagertank umgestellt werden kann. Um das Mitreißen von Bier zu vermeiden, sollte die Hefe langsam (innerhalb von 60–80 Minuten) abgenommen werden. Die Konsistenz ist als dickbreiig zu bezeichnen. Durch die Entlastung vom Druck der Flüssigkeitssäule ergibt sich jedoch im Hefelagergefäß eine entsprechende Volumenzunahme. Die Hefe nimmt eine schaumige Beschaffenheit an.

Die Technik des Schlauchens bzw. die weitere Verfahrensweise bei der Nachgärung ist die übliche (s. S. 238). Wird mit Restextrakt geschlaucht, so hält die Rückkühlung von z. B. 9° C auf 5° C in 24 Stunden in Verbindung mit der Kohlensäureentwicklung durch eine Extraktabnahme um 0,5–0,8 % in diesem Zeitraum eine gute Homogenität des Jungbieres aufrecht, wie auch der Hefegehalt einheitlich zum Schlauchzeitpunkt bei 10–15 × 10⁶ Zellen liegt. Wird nun dieses Bier auf den entsprechenden Tankraum durch eine Verschnittvorrichtung so verteilt, daß auf jeden Tank zu jeder Zeit dasselbe Bier läuft, so weist der Inhalt aller Tanks mit Sicherheit die gleiche Beschaffenheit auf. Es reißt nämlich zu Beginn des Schlauchens immer etwas Hefe von den Konuswänden mit. Die Nachgärung ist wie bei den anderen Gärbehältern; es setzt sich u. U. die Hefe etwas rascher ab.

Die kürzeren Gärzeiten sind arbeitstechnisch nicht unbedingt ideal (u. U. müßte am Wochenende geschlaucht werden); auch bereitet das Erzielen der geschilderten Jungbierqualität (nach Extrakt, Hefegehalt etc.) vor allem dann Schwierigkeiten, wenn mehrere Tanks an einem Tag zu schlauchen sind. Eine Verschiebung um z. B. 6 Stunden kann schon eine große Veränderung dieser Werte erbringen. Es hat sich daher als günstig erwiesen, Vergärung sowie Hefeabsatz weiterzutreiben und die Nachgärung mit Kräusen sicherzustellen. Wird z. B. um einen Tag später geschlaucht, wobei noch eine Temperatur von 4,0–5,0° C eingehalten wird, so liegt der Vergärungsgrad 3–6 % unter dem Endwert und die Hefezellmenge nimmt von unten (10 × 10⁶) nach oben (2–3 × 10⁶) ab. Es muß daher für ein völlig homogenes Verteilen des Jungbieres und einen gleichmäßigen Kräusenverschnitt (10–12 % mit einem Vergärungsgrad von 25–35 % und einer Zellmenge von > 50 × 10⁶) gesorgt werden. Damit wird zu Beginn der Nachgärung der übliche Extrakt- und Hefegehalt erreicht. Die Nachgärung setzt hier, unbeeinflußt durch die restliche Hefe, gut ein; die so hergestellten Biere schmecken weich und angenehm; sie vertragen gegenüber den „normal" geschlauchten höhere Bitterstoffgehalte.

Die Tankgröße sollte so bemessen sein, daß der Behälter innerhalb eines halben Tages befüllt werden kann. Bei größeren Einheiten ist durch Anpassen der Umpumpzeiten vom Anstell- oder Flotationstank eine Annäherung an diese Forderung zu erreichen. Wird nämlich die Befüllung zu lang ausgedehnt, so kommt es vor allem in Verbindung mit höheren Anstell- und Gärtemperaturen zu einer Turbulenz in der aktiven Phase, die den Bedingungen einer Rührgärung gleichkommt. Die Biere schmecken leer, da sehr rasch viel Eiweiß ausgeschieden wird, weniger flüchtige Säuren gebildet werden und ein ungünstiges Verhältnis der Ester zu den höheren Alkoholen entsteht. Vor allem wird mehr „Gesamtdiacetyl" (Diacetyl + Vorläufer) gebildet; nachdem der Höchstwert dazu noch um 1–2 Tage später erreicht wird, bereitet auch dessen Reduzierung bis zum Ende der Gärung bzw. Reifung erhebliche Schwierigkeiten. Es ist daher das einmalige Anstellen beim ersten Sud und ein Drauflassen innerhalb von 24 Stunden, selbst unter intensiver Belüftung ungünstig. Wird dagegen bei den letzten Suden der Charge der Luftzusatz unterlassen, so kann sich eine Unterschichtung ergeben: der bereits vergärende und damit leichtere Teil der Flüssigkeitssäule befindet sich in den oberen Bereichen des Tanks, während in den unteren noch keine Extraktabnahme beobachtet werden kann. Sie tritt dann erst mit der sich vergrößernden Konvektion durch die Kühlung des oberen (gärenden Teils) ein. Dies ist biologisch nicht ungefährlich.

Es empfiehlt sich daher die vorbeschriebene Technik des Umpumpens: während die erstangestellten Sude (u. U. mit etwas niedrigerer Temperatur und Hefegabe) 16 Stunden im Anstellkeller verbleiben, können die letzten mit höherer Temperatur und Hefegabe schon nach 4–6 Stunden umgepumpt werden. Die Temperaturen sollen sich zum Zeitpunkt des Vermischens einander angeglichen haben. Es ist auch eine Möglichkeit, beim direkten Anstellen im Großtank mit niedrigen Temperaturen und Hefegaben zu beginnen und beide im Laufe des Befüllens zu steigern.

Da hier keine Kaltwürzeklärung vorausging, ist es ratsam, vor dem Drauflassen eines folgenden Sudes den zwischenzeitlich im Konus abgesetzten Trub durch vorsichtiges Abschlämmen zu entfernen. Sollte dies wegen eines kurzen Befüllungstaktes nicht möglich sein, dann sollte die Maßnahme 6–8 Stunden nach dem Vollwerden des Tanks getätigt werden. Selbst bei voraufgehender Flotation ist dies ein zusätzlicher Reinigungsschritt, der sich günstig auf die Bier- und Hefebeschaffenheit auswirkt.

3.6.1.3 Stehende Tanks mit flachem Boden (Asahi-Typ, s. S. 218) haben durch ihre Geometrie (d : h = 1 : 1–1 ,5) und durch ihre begrenzten Höhen 8–10 m) eine etwas geringere Konvektion zu verzeichnen. Dennoch ist das Jungbier von völlig gleichmäßiger Beschaffenheit. Wenn auch der Hefeabsatz in der letzten Phase der Hauptgärung zu einer befriedigenden Hefeernte führt, so bleiben doch größere Hefemengen im Bier suspendiert (25–30 × 10⁶ Zellen), die dann durch entsprechend längeres Absitzen oder über Jungbierseparatoren beim Schlauchen auf das Normalmaß verringert werden. Dabei unterstützt der Abzug über einen Schwimmer (s. S. 218) eine gleichmäßige Beaufschlagung der Zentrifuge. Die im Tank zurückbleibende Hefe muß wie üblich gewonnen werden.

3.6.1.4 Stehende Tanks mit flachkonischem Boden (s. S. 219) haben ein Verhältnis von d : h = 1:1–1,5, die sog. Unitanks nur von 1:1. Die Gegebenheiten bei der Gärung entsprechen denen der Asahi-Tanks. Durch die bei einigen Konstruktionen übliche Kühlung des konischen Bodens wird in der Rückkühlphase ein guter Hefeabsatz erzielt. Die Hefe wird nach dem Schlauchen des Jungbieres gewonnen; sie bedarf einer Reinigung mittels Vibrationssieb, da sich die Gärdecke bzw. die an der Flüssigkeitsoberfläche schwebenden Bitterstoffpartikel auf die Hefe absetzen.

3.6.1.5 Die Verwendung von stehenden Gärtanks zur Lagerung. Es ist ein Vorteil derartiger Tanks, daß durch die angebaute Kühlvorrichtung eine Einflußnahme auf die Temperatur entsprechend dem Fortschritt der Extraktvergärung möglich ist. Damit kann auch ein positiver Einfluß auf die Reifung des Bieres genommen werden. Der Kohlensäuregehalt bleibt – wie bei der Gärung – so auch bei der Nachgärung in den einzelnen Schichten solange konstant, als noch eine Konvektion herrscht. Dabei erbringt auch der Druckabfall, den das aufströmende Bier erfährt, keine „Entkohlensäuerung" mit sich. Unterschiede treten erst dann auf, wenn die durch eine kräftige Nachgärung bedingte Bewegung zum Stillstand kommt und auch die Bewegung durch Temperaturunterschiede, z. B. durch Abkühlen von 5 auf 3° C, abgeschwächt wird. Diese geringe Schichtung kann dann durch kurzzeitiges Einblasen von Kohlensäure ausgeglichen werden. Diese Maßnahme ist auch notwendig, um ein weiteres Absenken der Temperatur unter den Wert größter Dichte (+ 3° C) zu vollziehen.

Die Klärung des Bieres ist, durch die größere Fallhöhe bedingt, schlechter als beim liegenden Tank. Auch setzt die Hefe langsamer ab. Bei *zylindrokonischen Tanks* muß die Hefe vor dem Abziehen des Bieres entfernt werden. Dies kann, infolge starken Absatzes der Hefe, Schwierigkeiten bereiten. Es ist hier günstig, den Konusinhalt am Ende der am Vortage laufenden Filtration zu filtrieren, um den frisch angeschwemmten Filter nicht zu belasten.

Bei den *Asahi-Tanks und ähnlichen Konstruktionen* werden Bierzentrifugen zur Entlastung des Filters eingesetzt. Bei ersteren ist der Schwimmer eine Hilfe, die sich geringfügig unterscheidenden Kohlensäuregehalte auszugleichen.

Die leichtere Handhabung dieser Tanks, auch für die Lagerung des Bieres, hat ihre Einführung und Verbreitung gefördert. Durch die gezielte Führung der Nachgärung können die Biere nach 3–4 Wochen (also nach ²/₃ der üblichen Lagerzeit) als ausgereift und geschmacklich einwandfrei angesehen werden.

Eintankverfahren: Es ist bei zylindrokonischen Tanks möglich, nach Ablassen der Hefe die Lagerung im gleichen Gefäß weiterzuführen (Eintankverfahren). Um den von der Gärung her gegebenen Steigraum aufzufüllen und um den gewünschten Kohlensäuregehalt zu erzielen, werden die Tanks mit 12–15 % „Kräusen" von 25–35 % Vergärungsgrad aufgefüllt. Hierbei wird natürlich der Brandhefekranz unterspült. Wichtig ist, daß sich auch bei großen Tankhöhen eine völlige Durchmischung des Bieres ergibt. Sie dauert in der Regel 3 Tage; läßt sich aber durch Einblasen von Kohlensäure verkürzen.

Zum Auffüllen des Leer-Raumes kann auch abgegorenes Bier aus einem Paralleltank zugegeben werden. Vielfach verzichten aber die Brauereien auf eine Bewegung des Bieres, um Manipulationszeit zu sparen und Reinigungsvorgänge zu vermeiden.

Bei den Asahi-Tanks wird das Jungbier nach Erreichen eines Vergärungsgrades von ca. 5 % unter der Endvergärung aus dem Tank entnommen, über die Jungbierzentrifuge sowie einen anschließenden Plattenkühler geleitet und anschließend über den Schwimmer in die Mitte der Flüssigkeitsschicht zurückgeführt. Damit verringert sich der Hefegehalt des Bieres für die anschließende Reifung auf $10-20 \times 10^6$ Zellen.

3.6.1.6 *Die Verwendung eines Antischaummittels auf Siliconbasis* ist in einigen Ländern üblich, um den großen Steigraum – vor allem bei hohen, schlanken Gefäßen und bei warmen Gärungen– zu vermindern. In der Regel genügt eine Menge von 4–8 g/hl dieses Mittels, um die Ausbildung einer Schaumdecke zu vermeiden. Damit können die Gärbehälter bis auf einen Leerraum von 5 % befüllt werden. Die durch den pH-Sturz ausgefällten Substanzen (Eiweiß, Polyphenole, Bitterstoffe) bleiben in Suspension. Sie gelangen zum Teil durch Sedimentation während der Lagerung und bei der Bierklärung zur Abscheidung. Der Schauminhibitor wird bei der Kieselgurfiltration aus dem Bier entfernt, so daß keine oder nur geringste Reste im Bier verbleiben, dessen Schaumvermögen folglich keine Verschlechterung erfährt. Eine Zulassung des Mittels ist in Deutschland bisher nicht erfolgt.

3.6.2 Die Anwendung von Zwischenlagertanks, der Einsatz einer Jungbierzentrifuge

3.6.2.1 Bruchtanks: Der Grundgedanke ihres Einsatzes ist der, eine größere Anzahl von Suden der gleichen Biersorte in einen großen Lagertank zu schlauchen, der bei einer Temperatur von 2–3° C gehalten wird. Hier setzt sich – mit oder ohne Spundung – im Laufe von 7–14 Tagen die größte Hefemenge ab und es erfolgt bereits eine gewisse Klärung des Bieres. Es gleichen sich die Unterschiede im Hefegehalt, in der Vergärung und in den sonstigen Eigenschaften der Biere aus.

Dabei wird ein Vergärungsgrad von 2–4% unter der Endvergärung erreicht. Anschließend wird auf den eigentlichen Lagertank umgepumpt und die weitere Nachgärung durch einen Zusatz von 10 bis 15 % Bruch- oder Staubhefe*kräusen* oder durch eine Menge von 20–25 % Staubhefe*bier* sichergestellt. Die so hergestellten Biere schmecken sehr rein und mild, wenn beim Umpumpen eine Sauerstoffaufnahme vermieden wird und die Nachgärung anschließend gut ankommt. Vor allem bewähren sich die Zwischentanks bei knappem Gärraum, wenn nicht genügend Zeit zum Zurückkühlen zur Verfügung steht oder wenn die Lagerkellerabteilungen für den jeweiligen Bierabsatz zu groß sind (s. S. 236), um eine differenzierte Temperaturführung zu erlauben.

Auch bei Verwendung von Staubhefe sind Zwischentanks zu empfehlen. Hier wird bei einer Biertemperatur von maximal 2° C ein Teil der Staubhefe zum Absetzen gebracht und diese Hefe zur Weiterführung geerntet.

Nachteilig ist lediglich das zweimalige Umlagern des Bieres; durch automatische Reinigung kann jedoch der Arbeitsaufwand gering gehalten werden. Diese Maßnahme dient der Betriebssicherheit und der Bierqualität, nicht dagegen einer Verkürzung der Lagerzeit.

3.6.2.2 *Die unterteilte Lagerung*: Diese wird vor allem dort angewendet, wo in der zweiten Hälfte der Lagerung eine Stabilisierung des Bieres erforderlich ist. Bei einer Lagertemperatur von 5 bis 7° C, selten höher, wird das Bier bis zur Reduktion des Gesamtdiacetyls gelagert, die Jungbukettstoffe werden ausgewaschen und CO_2 wird entsprechend der Temperatur und einem Spundungsdruck von 0,3–0,4 bar angereichert. Anschließend wird das Bier über einen Tiefkühler unter Karbonisieren auf 5,0–5,2g CO_2/l und Zufügen von Fällungs- und Reduktionsmitteln auf einen „Kaltlagertank" umgepumpt und 3–7 Tage bei −1 bis −2° C gelagert. Dieses Verfahren leitet bereits zu jenen Methoden über, die sich eine Lagerzeitverkürzung zum Ziel setzen.

3.6.2.3 Eine *Jungbierzentrifuge* ist bei Großtanks jeder Konstruktion günstig einzusetzen: so z. B. um bei reinen Staubhefegärungen eine Hefeernte ohne die umständlichen Sedimentationsvorgänge zu erreichen, ebenso wie eine definierte Hefezellzahl für die Nachgärung oder eine gezielte Reifung. Auch bei Bruchhefen kann die Absetzphase eingespart und der gleiche Effekt erreicht werden wie bei der Staubhefe. Dies ist auch deswegen günstig, weil die physiologische Beschaffenheit der Hefe um so besser ist, je früher sie am Ende der Gärung gewonnen wird. Vor allem aber auch bei Verfahren der beschleunigten Reifung ist eine zu hohe Hefezellzahl (Hefegeschmack!) unerwünscht.

Die Jungbierzentrifugen können – je nach erwartetem Klärungsgrad des Jungbieres – bis zu 800 hl pro Stunde separieren. Der Energiebedarf beträgt ca. 8 kWh/100 hl Stundenleistung (s. S. 268). Die abgeschleuderte Hefe kann biologisch einwandfrei gewonnen werden, da die Zentrifuge einschließlich des Weges der Hefe in das Reinigungssystem eingeschlossen ist. Die Hefe kann, je nach ihrer Weiterverwendung auf 10–12 % Trockensubstanz, für Abfallhefe aber auch auf ca. 28 % konzentriert werden. Damit fällt kein Hefebier an, das u. U. wieder aufgearbeitet werden müßte (s. S. 304).

3.6.3 Verfahren zur beschleunigten Gärung und Reifung des Bieres

3.6.3.1 Das *Nathanverfahren* ist seit langem bekannt. Die Würze wird zunächst weitgehend vom Kühltrub befreit. Das ursprünglich vorgesehene Trubabsetzgefäß dürfte mit Vorteil durch andere Verfahren (Kieselgurfiltration, Kaltsedimentation, Flotation) ersetzt worden sein. Die Nathan-Gärgefäße sind zylindrokonisch, die Kühleinrichtung entspricht der vorstehend beschriebenen. Die Hefegabe beträgt 1 l Hefe pro hl Würze, die Anstelltemperatur 5–6° C. Die Vergärung bei 9–10° C erfolgt bis zum Endvergärungsgrad, der nach 7–8 Tagen erreicht ist. Nach beendeter Hauptgärung wird die Hefe durch Öffnen der Konuskühlung zum Absetzen gebracht und in ein Hefevorratsgefäß gedrückt. Im Anschluß an die Hefeernte wird das Jungbier in einem speziellen Reifungsgefäß mit der in der Anlage gewonnenen CO_2 „gewaschen" und so von Jungbukettstoffen befreit. Das Bier läuft hier in einem dünnen Film an den Wandungen herab, während ein kräftiger Luftstrom (!) die sich lösende und mit Jungbukettstoffen angereicherte CO_2 austreibt. Hierauf wird das Bier gekühlt und karbonisiert. Die Herstellungszeit beträgt insgesamt 20 Tage.

3.6.3.2 Die *Rührgärung* wurde verschiedentlich empfohlen. Hier hat nicht die Bewegung des Bieres, sondern die gleichmäßige Verteilung der Hefe im Gärsubstrat eine beschleunigende Wirkung. Bei normalen Hefegaben und Gärtemperaturen beträgt die Dauer der Hauptgärung drei bis vier Tage. Nachdem die Gärdecke untergetaucht wird, liegt das Bier zwar unter einer Schaumhaube, wird aber dennoch mehr oder weniger stark belüftet. Dies äußert sich nicht nur durch eine stärkere Hefevermehrung, sondern auch durch eine vermehrte Bildung von Diacetyl. Nach dem Abschalten des Rührwerks setzt sich die Hefe rasch zu Boden, so daß das Bier – schon um der Diacetylreduzierung wegen – für die Nachgärung zu kräusen ist. Auch ein *Jungbierseparator* kann zum Abtrennen der Hefe eingesetzt werden; er ist aber nicht notwendig, wenn Zeit zum Absetzen der Hefe gegeben ist. Diese Biere zeigen, bedingt durch die starke Hefevermehrung, einen höheren Gehalt an organischen Säuren (der sich auch im pH äußert) sowie an höheren Alkoholen. Dagegen wird die Bildung von Estern unterdrückt (s. S. 205). Auch der Gehalt an flüchtigen Säuren ist niedrig.

Ein Verfahren, das ein Rühren nur während einer ca. 24 Stunden währenden Anstellphase vorsieht, schafft bei einer normalen Belüftung eine gute Hefevermehrung während der bei normalen (9–10° C) oder erhöhten (13–14° C) Temperaturen ablaufenden Gärung. Die hierbei resultierenden Gärungsnebenprodukte sind von der eigentlichen Gärtemperatur bestimmt, wenngleich die Estergehalte durch die starke Hefevermehrung etwas knapper ausfallen.

3.6.3.3 Die *Gärung bei höheren Temperaturen* von 12–20° C erbringt eine wesentliche Verkürzung der Gärzeit auf 4–5 Tage; der pH-Abfall erfolgt naturgemäß sehr rasch und weitergehend als bei einer Normalgärung; Bitterstoffausscheidung und Absorption des FAN sind kräftiger. Die Höchstwerte an „Gesamtdiacetyl" und „Gesamtpentandion", d. h. an den vicinalen Diketonen und ihren Vorläufern, werden früher erreicht; sie überschreiten die der Normalgärung beträchtlich. Doch tritt auch eine raschere Reduzierung ein, die bis zum Ende der Hauptgärung niedrigere Werte vermittelt als bei konventioneller Führung. Ähnlich verhält sich auch der Acetaldehyd. Dimethylsulfid und andere flüchtige Schwefelsubstanzen werden durch die entstehende Kohlensäure bei den höheren Temperaturen vermehrt ausgewaschen. Höhere Alkohole und Ester erreichen deutlich höhere Werte als bei klassischen Verfahren (s. S. 231). Es kommt auch zu einer Mehrung des aromatischen Alkohols 2-Phenylethanol und seines Esters; es nehmen jedoch die mittleren freien Fettsäuren und ihre Ethylester ab. Auch die

Schaumwerte der Biere können infolge der starken Ausscheidung von Kolloiden abfallen; die Kälte- bzw. Eiweißstabilität zeigt nur geringe Unterschiede. Geschmacklich liefern die bei Temperaturen von 12–16° C vergorenen Biere bessere Ergebnisse als die mit 20° C vergorenen. Es ist zweckmäßig, diese Temperatur solange einzuhalten, bis der Schwellenwert des Gesamtdiacetyls von ca. 0,10 mg/l unterschritten wird. Wesentlich für das Gelingen derartigen Verfahrens ist die Entfernung der jeweils im Konus eines Gärtanks anfallenden Hefe zum Zeitpunkt des Erreichens der Endvergärung und am Ende der Reifungszeit. Die Lagerung des Bieres bei 0° C oder darunter dient lediglich der Bindung der bei der Gärung gebildeten und in den Schichten des Gärtanks angereicherten Kohlensäure, der Ausscheidung von Trubstoffen und somit der Gewinnung einer gewissen Eiweißstabilität.

Es ist auch möglich, im Anschluß an eine forcierte Gärung nach Erreichen des Endvergärungsgrades abzukühlen, die Hefe abzutrennen und die Nachgärung bei den üblichen Temperaturen mit ca. 10 % Kräusen (20–25 % Vergärungsgrad) durchzuführen. Dies dauert jedoch 2–3 Wochen, so daß die warme Gärung lediglich zur Überbrückung von Gärkellerengpässen dient.

Die nach beiden Verfahren gewonnenen Biere neigen leicht zu einem hefigen Charakter; auch die Bittere ist meist nicht im wünschenswerten Maße ausgeglichen. Durch die größere Menge an höheren Alkoholen haben die Biere oftmals ein eigenartiges Aroma.

3.6.3.4 *Die Anwendung von Druck bei der Gärung* vermag die Hefevermehrung zu verringern und damit die Bildung von Gärungsnebenprodukten zu dämpfen, die bei höheren Gärtemperaturen weitaus stärker verläuft als bei normalen (s. S. 205). Daneben wird eine Sättigung des Bieres mit Kohlendioxyd im gewünschten Rahmen erreicht. Der Einstellung des Druckes nach Zeit und Höhe kommt eine große Bedeutung zu. Erfolgt sie zu früh, so wird die Hefevermehrung zu stark gedrosselt und die Gärung verlangsamt. Wird der Druck zu spät erreicht oder ist er wegen der mangelnden Eignung der Tanks zu niedrig, so erhöht sich der Gehalt an Gärungsnebenprodukten.

Das Verfahren läuft in seiner urspünglichen Konzeption wie folgt ab:

Die gut vorgeklärte Würze (Kühltrubentfernung mindestens 60 %) wird mit einer Hefegabe von 25×10^6 Zellen (0,8 l/hl) und einer Temperatur von 10–12° C angestellt. Die Höchsttemperatur von 18° C ist nach 20–24 Stunden erreicht. Sobald die Hefe ihre erste Sprossung vollendet hat, wird der Druck auf 0,3 bar angehoben; bei Erreichen eines Vergärungsgrades von 50 % auf 1,8 bar. Der Zeitpunkt dieser zweiten Druckerhöhung kann auch mit Vorteil dann gewählt werden, wenn die zweite Sprossung der Hefe erfolgt ist. Hierfür sind jedoch eigene Kontrollvorrichtungen erforderlich. Bei der Bemessung des Druckes muß der statische Druck der Flüssigkeitssäule, z. B. im zylindrokonischen Tank, mit berücksichtigt werden. Die überschüssige Kohlensäure bläst über Spezialspundapparate ab. Der Endvergärungsgrad ist nach 60–72 Stunden erreicht. Hier kann zum erstenmal Hefe geerntet werden. Dies muß in einem Drucktank geschehen, aus dem der Druck, möglichst unter Luftzusatz, so rasch wie möglich abgelassen wird, um eine Schädigung der Hefe zu vermeiden. Die Höchsttemperatur und der zugehörige Druck werden nun solange eingehalten, bis eine Reduzierung des Gesamtdiacetyls unter die Geschmacksschwelle erfolgt ist. Am Ende dieser Zeit wird die Hefe nochmals entfernt. Anschließend erfolgt eine Abkühlung auf ca. 5° C, um die restliche Hefe oder – bei Staub-Bruchhefegemischen – die Gärhefe überhaupt ernten zu können. Beim anschließenden Umpumpen in den Kaltlagertank erfolgt über einen Plattenapparat eine weitere Abkühlung des Bieres auf −1° C. Bei Eintankverfahren wird, entweder nach einer ca. eintägigen Rast bei 5° C oder direkt auf −1° C abgekühlt. Während dieser Phase erfolgt eine Absenkung des Drucks auf einen, dem gewünschten CO$_2$-Gehalt entsprechenden Wert. Häufig liegt der Kohlensäuregehalt des Bieres zu hoch, so daß bei Druckabsenkung ein Umpumpen des Tankinhalts vorgenommen wird. Wie schon gezeigt (s. S. 207), erfolgt die Reduzierung des 2-Acetolactats bei den hohen Temperaturen sehr rasch; sie wird durch den Druck nicht negativ beeinflußt. In 108–120 Stunden sind Gärung und Reifung abgeschlossen; bei der nachfolgenden Stabilisierungsphase fallen trübende Eiweißgerbstoffverbindungen aus, durch die Kolloidvergrößerung werden auch gute Schaumeigenschaften erzielt. Wichtig ist die rechtzeitige und vollständige Abscheidung der Gärhefe; andernfalls kommt es zu einer vermehrten Ausscheidung von mittelkettigen Fettsäuren und deren Estern. Diese sind schaumnegativ. Es bildet sich auch häufig ein hefiger und hefebitterer Geschmack aus. Wird das Verfahren über die genannten Zeiten hinaus beschleunigt und steht nicht die Zeit für einen ausreichenden Hefeabsatz zur Verfügung, so wird zweckmäßig zwischen dem Gär- bzw. Reifungs- und dem Lagertank ein Jungbierseparator einge- setzt; der Kühler ist diesem nachgeschaltet, was die Kühlzeit naturgemäß entscheidend verkürzt, aber eine höhere Kältekapazität erfordert. Der Kühler baut den im Separator herrschenden ho- hen Druck ab.

Die bei der Warmgärung bzw. Druckgärung verwendeten Hefen müssen für diese Verfahrens- weise geeignet sein. Am günstigsten sind hier Hefen, die kein allzu stark ausgeprägtes Flok- kungsvermögen aufweisen; verschiedentlich wer- den auch Staub-/Bruchhefegemische oder gar rei- ne Staubhefen verwendet. Bei Bruchhefen be- steht die Gefahr des zu raschen Absetzens, wo- durch in der Reifungsphase eine Schichtung von Bier unterschiedlichen Hefegehalts eintritt. Hier können u. U. die oberen Schichten zu wenig Hefe enthalten, um das 2-Acetolactat rasch genug zu reduzieren. Bei Bruch-Staubhefegemischen ist diese Gefahr weniger gegeben, doch können sich diese im Laufe mehrerer Führungen entmischen. Staubhefen setzen sich bei den kurzen Zeiten – vor allem ohne Rückkühlen – nur schlecht ab. Es wird viel Hefe in den Kaltlagerbereich ver- schleppt, die ein häufiges Abschlämmen erforder- lich macht. Hier, wie auch bei den anderen Hefe- typen haben sich Jungbierzentrifugen gut zur Darstellung einer definierten Arbeitsweise be- währt.

Generell hat es sich als günstig erwiesen, die Hefen aus Druckgärverfahren nach spätestens drei Führungen zu ersetzen. Durch die geringere Vermehrung, durch die Anwendung von Druck etc. läßt die Gärkraft der Hefe nach, der pH- Abfall flacht ab, ebenso das Vermögen, das 2- Acetolactat zu reduzieren. Durch die Ausschei- dung von Fettsäuren und deren Estern tritt ein esterig-/hefiger Geschmack auf, die Exkretion von basischen Aminosäuren und sekundären Phosphaten bewirkt einen Anstieg des pH schon während der Reifung. Während es durch die Anwendung von Druck gelingt, die bei Warmgä- rungen unvermeidliche Erhöhung der Gärungsne- benprodukte abzuschwächen, ja z. T. zu vermei- den, so folgt doch das 2-Phenylethanol und sein Ester dieser Maßnahme nicht. Druckgärbiere ha- ben stets den zwei- bis dreifachen Gehalt dieser Substanzen aufzuweisen.

Es haben sich einige Abwandlungen eingeführt, die diese Nachteile zu vermeiden trachten. Es sind auch nicht alle Hefestämme in gleicher Weise empfindlich. Hier ist es sicher lohnend, verschie- dene Hefen auf ihre Toleranz gegenüber höheren Temperaturen und Drücken zu überprüfen.

Die Anwendung niedrigerer Temperaturen von $13-14°$ C und die Anpassung der Drücke hierauf erbringt wohl eine Verlängerung der Gär- und Reifungszeit auf $144-168$ Stunden, doch paßt sich diese besser in den Arbeitsrhythmus ein. Die Hefe- herführung z. T. über Kräusen stellt sicher, daß die Hefe nur zwei bis maximal drei Führungen im Betrieb verbleibt. Die weitere Arbeitsweise ist die übliche. Diese Biere sind rein, meist hefetypisch, wenn auch durch die allgemein auf dieses Verfah- ren abgestimmte Arbeitsweise etwas neutral.

Die besprochenen Verfahren sehen aus den er- wähnten Gründen eine Beschränkung der Hefe- vermehrung durch die rechtzeitige Anwendung von Druck, aber auch durch eine reduzierte Belüf- tung vor. Wird nun die Belüftung bei zweimali- gem Befüllen der Tanks voll genützt, die Anstell- temperatur auf $8-10°$ C begrenzt und die Höchst- temperatur von $17-18°$ C nach zwei Tagen er- reicht, so vollzieht sich die Hefevermehrung am ersten Tag ohne Druck, am zweiten bei $14°$ C und $0,3$ bar und es wird die Zellzahl von 20×10^6 auf 70×10^6 gesteigert. Die erste, bei Erreichen der Endvergärung geerntete Hefe wird wieder zum Anstellen verwendet, die zweite Ernte verworfen. Hier läßt sich unter den sonst üblichen Verfah- rensbedingungen der Druckgärung eine mehrma- lige Führung der Hefe ohne Nachteile erreichen. Sobald die gärende Würze auf Druck kommt, fällt die Gärdecke durch und es tritt – analytisch verfolgbar – ein Anstieg der Bitterstoffe ein. Dieser umfaßt nicht nur Isohumulone, sondern offenbar bereits ausgeschiedene α-Säuren, Hulu- pone und andere Produkte (s. S. 232). Dies äußert sich gegenüber drucklosen Gärungen in einer Bitterstoffersparnis von ca. 15 %. Es vertragen die so hergestellten Biere häufig nicht mehr die ur- sprünglichen Bitterwerte, da auch andere bittern- de Substanzen in erhöhter Menge im Bier verblei- ben (s. S. 312). Hierdurch ergibt sich eine weitere Verringerung der ursprünglichen Hopfengabe.

Dies kann nicht unbedingt dem Verfahren der Druckgärung angelastet werden. Vielfach ist die Philosophie der betreffenden Brauereien einer Kaltwürzeklärung oder Anstellphase (Flotation) ebenso abgeneigt wie der Verwendung von Aro- mahopfen. Hier treffen dann mehrere Faktoren im Sinne einer „Bitterstoffersparnis" zusammen.

3.6.3.5 *Das Unitankverfahren* beruht auf der An- wendung einer besonderen Tankkonstruktion mit einem Verhältnis von $D : H = 1 : 1$ und einem flachkonischen Boden (s. S. 219). Die bis zu *5000 hl* großen Behälter nehmen 10 Sude auf; bei einer Anstelltemperatur gleich Höchsttemperatur von 13,5° C. und einem Hefeeinsatz von 15 × 10⁶ Zellen pro ml wird der Endvergärungsgrad nach 4–5 Tagen erreicht. Die Hefezellmenge beträgt im Maximum 80 Millionen Zellen, der Gehalt an Gesamtdiacetyl liegt bei 1,8 mg/l. Durch ein Einhalten der Temperatur über weitere 7 Tage hinweg fällt der Wert auf ca. 0,1 mg/l, wobei die Hefezellmenge noch bei 20 × 10⁶ liegt. Die Hefe wird nach der Reifung, also nach insgesamt 10 Tagen, aus dem sehr flachen Konus von ca. 145° abgezogen; dies muß, um den Hefestrom nicht abreißen zu lassen bzw. das Mitziehen von Bier zu verhindern, möglichst langsam geschehen. So dauert das Hefeernten durchaus 5 Stunden oder sogar länger. Es ist zweckmäßig, das Hefe- oder spätere Gelägerziehen durch eine, auf eine automatische Tankverschlußklappe arbeitende Trübungsmessung zu optimieren. Beim Abkühlen auf unter 6° C wird Kohlensäure in einer Menge von 3 g/hl · h über einen Düsenring in der Nähe des Bodens eingeblasen; hierdurch wird die Konvektion verstärkt, die Trübungsteilchen erreichen eine Vergröberung, und im Fortgang der Abkühlung erfolgt auch eine gewisse Anreicherung mit Kohlensäure, die aber infolge des geringen möglichen Druckes von 0,04 bar einer späteren kräftigen Korrektur bedarf. Zur Konditionierung (Stabilisierung, CO_2-Anreicherung, Kaltlagerung) könnte das Bier über einen Wärmetauscher umgedrückt werden, doch ist in der Regel das Verbleiben in ein- und demselben Tank, schon wegen einer möglichen Sauerstoffaufnahme und wegen der anfallenden Kosten beim Tankwechsel günstiger. Der Hefegehalt nach der Reifungszeit, also bei Beginn der Kaltlagerung, beträgt 2–8 × 10⁶ Zellen. Die Unitankbiere lassen im Vergleich zu konventionell hergestellten keine analytischen Unterschiede erkennen.

Die sog. Unitanks sind nur mit einem Druck von maximal 0,04 bar Ü beaufschlagbar. Beim Entleeren ist unbedingt das Gasvolumen über dem Tank mit CO_2 aufzufüllen. Bei Einsatz von Luft kann die lange Entleerungszeit von 6–10 Stunden oder das zweimalige Entleeren eine wertmindernde Oxidation der oberen Schichten zur Folge haben.

Bei nicht vollständigem Hefeabzug kann diese mit fallendem Druck der Flüssigkeitsschicht aufsteigen und den Filter bei der letzten Charge von ca. ¹/₅ des Tankinhalts blockieren. Hier ist eine Bierzentrifuge als qualitäts- und funktionsför-

dernde Maßnahme fast unersetzbar. Ein Notbehelf kann auch eine 1–2tägige Lagerung in liegenden Lagertanks sein; während dieser Zeit setzt sich der größte Anteil der aufgestiegenen Hefe wieder ab. Die oben genannten Nachteile (Luftkontakt, zusätzliche Tankreinigung) sind zu beachten. Die gesamte Gär-, Reifungs- und Kaltlagerzeit beläuft sich auf 21–24 Tage.

3.6.3.6 *Konventionelle Führung in zylindrokonischen Gär- und Lagertanks.* Diese Arbeitsweise paßt sich zwar nicht ganz in dieses Kapitel ein, doch kann durch eine gut abgestimmte Technologie durchaus ein Zeitaufwand, wie vorstehend angegeben, erreicht werden.

Die *Gärung* bei 9–10° C Höchsttemperatur kann in 5–6 Tagen bis zum wünschenswerten „Gärkeller-Vergärungsgrad" geführt werden. Dabei ist so rechtzeitig mit der Kühlung auf 7° C zu beginnen, daß die Hefe bei dieser Temperatur noch ca. 24 Stunden absitzen kann. Anschließend wird die Hefe durch langsames Ziehen (15–20hl/h) geerntet und das Bier mit einem Vergärungsgrad von 10–12 % unter Endvergärung und einer Hefezellzahl von ca. 15 × 10⁶ Zellen in den ZKL geschlaucht.

Es ist aber bei dichter Sudfolge auch günstig, bis nahe an den Endvergärungsgrad zu vergären, die Hefe bei 7° C absitzen zu lassen und nach der Ernte mit 2–4 × 10⁶ Zellen zu schlauchen. Dem Jungbier werden ca. 12 % Kräusen (25–35 % Vergärungsgrad, ca. 50 × 10⁶ Zellen) zugegeben.

Die *Reifung* bei 7° C dauert, je nach dem 2-Acetolactatgehalt und dem pH-Wert des Bieres um 4,35–4,40 (Würze-pH 5,1) 7–10 Tage. Während dieser Reifungsphase wird ein Spundungsdruck von 0,2–0,3 bar Ü eingehalten und die sich absetzende Hefe alle 2–3 Tage (ganz langsam) abgelassen. Nach Unterschreiten eines Gesamtdiacetylgehalts von 0,10 ppm (Gesamt-VDK 0,15 ppm) wird innerhalb von 3–5 Tagen auf –1° C abgekühlt. Da die Konvektion hierdurch schwach ist, ist es zweckmäßig, beim Unterschreiten von 3° C solange CO_2 einzublasen (ca. 3 g/hl · h), bis die niedrige Endtemperatur erreicht ist. Die folgende Kaltlagerphase ist mindestens eine Woche lang einzuhalten, das Geläger während dieser Zeit einmal abzulassen sowie kurz vor der Filtration.

Es gelingt durch diese kontrollierte und genau zu beeinflussende Arbeitsweise in ca. 24 Tagen ein einwandfreies, dem konventionellen ebenbürtiges Bier herzustellen. Dieses Produkt ist gegenüber längeren Lagerzeiten nicht empfindlich, während forciert hergestellte Biere innerhalb eines bestimmten Zeitraumes von maximal einer Woche mehr zur Filtration kommen sollen.

3.6.3.7 *Vergärung und Reifung von konzentrierten Würzen bzw. Bieren.* Das Verfahren geht von der Überlegung aus, daß eine 18–24 %ige Würze, mit einer Hefegabe von 2 l/hl und 18–20 ppm Sauerstoff versetzt, kaum eine längere Hauptgärung und Reifung erfordert als eine normale 12 %ige. Damit benötigt die durchführende Brauerei nur 50–67 % des Gär- und Lagerraums einer konventionellen, bzw. sie kann ihre Räume entsprechend stärker ausnützen. Dem von den USA ausgehenden Verfahren kommt entgegen, daß die dortigen Rohfruchtbiere eine gewisse Unterbilanz an Aminosäuren haben, die hier zum Teil ausgeglichen wird. Durch Anwendung von Kornsirupen wird auch das Sudhaus nicht übermäßig belastet (s. S. 370). Die aus hochprozentigen Würzen hergestellten, auf 12 % verdünnten Biere enthalten wohl weniger höhere Alkohole und Diacetyl, die Estergehalte betragen jedoch mehr als das Doppelte des Normalen. Die Biere zeigen auch einen deutlich esterigen Geschmack. Es wurde aus diesem Grunde auch vorgeschlagen, Sauerstoff in das gärende Bier über eine Dauer von zwei bis vier Stunden einzublasen, um so die Estergehalte unter Kontrolle zu bringen. Um nun diese starken Veränderungen der Bierqualität zu vermeiden, wird häufig eine um ca. 35 % höhere Stammwürze, die dann nicht über 14,5–15 % liegt, angewendet. Hier kann die normale Gärführung nach Hefegabe, Temperatur und Zeit vor allem dann eingehalten werden, wenn der pH-Wert der Anstellwürze auf 4,9–5,0 abgesenkt wurde. Die Problematik der Vergärung von stärkeren Würzen liegt vor allem im Bereich der Hefevermehrung, der Hefestabilität und damit der Hefepflege. Hier ist es erforderlich, nicht nur die imbibierte Gärungskohlensäure, sondern auch den Alkohol zu entfernen. Nach dem Anstellen bzw. Drauflassen von mehreren Suden ist es zweckmäßig, den Tankinhalt durch Einblasen von Luft nochmals gründlich zu vermischen, um auch der später dosierten Hefe günstigere Bedingungen zu vermitteln. Beim Verschnitt des fertigen Bieres mit Wasser muß dieses auf jeden Fall sauerstofffrei sein, auch sind entsprechende Kontrollen einzubauen, um den erwünschten bzw. gesetzlich erforderlichen Stammwürzegehalt sicherzustellen. In einer Reihe von Ländern ist eine Verdünnung der Würze nach der Mengenermittlung im Sudhaus nicht gestattet (s. S. 371).

3.6.3.8 Die *Abkürzung der Reifungszeit* wird bei den vorbesprochenen Systemen durch ein entsprechendes längeres Einhalten der Höchsttemperatur über den Endvergärungsgrad hinaus erzielt. Es besteht jedoch bei höheren Gärtemperaturen selbst bei Anwendung von Druck die Gefahr einer vermehrten Bildung von Gärungsnebenprodukten, z. B. von 2-Phenylethanol (s. S. 205), von niederen Fettsäuren und neben einer u. U. verschlechterten Qualität der Bittere auch des Auftretens eines Hefegeschmacks. Es bieten sich daher Verfahren an, bei denen die Hauptgärung bis zur Erreichung des Endvergärungsgrades oder aber bis zu einem früheren, genau definierten Zeitpunkt in der üblichen Weise, d. h. kalt, geführt und dann eine Reifungsphase bei höheren Temperaturen eingehalten wird.

Eine kalte Führung im ersten Teil der Gärung mit anschließender Warmreifung: Hier wird die übliche Gärtemperatur von 9–10° C so lange eingehalten, bis noch jene Restextraktmenge vorhanden ist, die ein Erreichen der Reifungstemperatur von 12–14° C ohne externe Wärmezufuhr gewährleistet. Bei einem Vergärungsgrad von etwa 50 % wird die Kühlung beendet. Die Temperatur steigt in 24 Stunden auf 12–14° C. Hier – oder kurze Zeit später – ist der Endvergärungsgrad erreicht; die zur Weiterführung bestimmte Hefe wird entnommen. Die Reifung dauert anschließend noch 3–4 Tage, so daß sich die Gesamtzeit auf 7–9 Tage beläuft. Anschließend wird wie oben verfahren. Die Biere haben eine normale Zusammensetzung, wobei jedoch alle Gärungsnebenprodukte um 5–10 % höher liegen als beim Normalbier. Die Werte der mittelkettigen Fettsäuren sind bei rechtzeitiger Hefeentfernung niedrig.

Die Biere unterscheiden sich vom konventionellen Produkt unter der Voraussetzung regelmäßiger Hefe- bzw. Gelägerentfernung und kontrollierter Reifungs-, Kühl- und Kaltlagerzeiten nicht signifikant. Es muß allerdings die bei wärmeren Temperaturen geerntete Hefe auf ihre Stabilität bei mehreren Führungen (Extrakt-pH-Abfall, FAN-Aufnahme, 2-Acetolactat-Maximum bzw. Reduktionszeit) überprüft werden. Günstig ist auch hier, entweder mit Reinzuchtkräusen anzustellen oder die Hefe nur einige, wenige Male wiederzuverwenden.

Kalte Gärführung – warme Reifung: Bei einer „kalten" Gärführung (8,5–10° C) bis zum Endvergärungsgrad bleibt das Spektrum der Gärungsnebenprodukte völlig im normalen Rahmen. Am Ende der Extraktvergärung wird die Hefe bei der herrschenden Höchsttemperatur abgeschlämmt, wobei dann die Hefemenge im Bier nur mehr 2–3 × 10⁶ Zellen betragen soll. Um diesen geringen Gehalt sicherzustellen, ist es wünschenswert, eine Jungbierzentrifuge einzusetzen, die mittels Verschnittleitung (Bypass) die Hefezellzahl ohne zusätzliche Sedimentationszeiten darstellt. Anschließend wird das Bier über einen Wärmetauscher auf 15–20° C aufgewärmt und mit frischer Hefe in Form von 12 % Kräusen (Vergärungsgrad 25–35 %, Zellzahl 50 × 10⁶) versetzt. Die Kräusenzugabe muß gleichmäßig während des Überpumpens erfolgen. Die Reifungszeit dauert bei 20° C nicht länger als zwei Tage, bei 15° C dagegen doch 4–5 Tage. Die kürzere, aber wärmere Reifung hat sich als günstiger erwiesen. Nach der Reduzierung des 2-Acetolactats wird – vorzugsweise wieder über denselben Wärmetauscher – abgekühlt, wobei durch die Kombination Aufwärmen/Abkühlen des Bieres ein Teil der hierfür erforderlichen Energie rückgewonnen werden kann. Nach dem Wärmetauscher wird bei –1° C der gewünschte Kohlensäuregehalt eingestellt. Während der Reifung wird täglich Hefe abgeschlämmt. Eine Spundung auf 0,8 bar Ü ist möglich. In der ursprünglichen Konzeption baute das Verfahren auf Gär-/Reifungs-/ und Kaltlagertank auf. Es kann aber auch im Reifungstank selbst abgekühlt und dort die Kaltlagerung durchgeführt werden, doch nimmt dies von 20° C auf z. B. –1° C 2–3 Tage in Anspruch, wobei beim Unterschreiten der Konvektionsschwelle von 3° C CO₂ einzublasen ist, auch um die Ausbildung von Schichtungen zu vermeiden. Diese Abkühlung im Reifungstank auch über das Wochenende ist auch beim „Dreitankverfahren" erforderlich, wenn der Abbau des 2-Acetolactats vollzogen ist. Ein zu langes Stehenlassen bei höherer Temperatur ist ungünstig.

Die Kaltlagerung sollte noch eine Woche bei –1° C währen. Die so hergestellten Biere haben durch die Vergärung der Kräusen bei höheren Temperaturen geringfügig höhere Gehalte an höheren aliphatischen Alkoholen und Estern, doch normale Werte an 2-Phenylethanol, Fettsäuren und Fettsäureestern. Es können die betriebsüblichen Bitterstoffgehalte voll zur Anwendung gebracht werden; die Qualität des Vergleichsbieres wird stets erreicht. Die „programmierte" Reifung verringert das Risiko der üblichen Produktionsschwankungen und gewährleistet eine eher gleichmäßigere Qualität.

3.6.3.9 Die *Gärung und Reifung in schlanken, flachkonischen Tanks mit externer Kühlung*

(s. S. 219) ist ebenfalls durch eine Beschleunigung des Prozesses gekennzeichnet, bei einem Fassungsvermögen von 6–8 Suden wird nur der erste mit der vollen Hefegabe (ca. 100 × 10⁶ Zellen) bei der üblichen Belüftung mittels Venturidüse angestellt. Die folgenden Sude laufen mit derselben Belüftungsintensität drauf, so daß der Tank je nach Sudfolge in 12–24 Stunden befüllt ist. Während dieser Phase wird die angestellte und die dazulaufende Würze vom Tankauslauf zum Anstich an der Oberkante des Konus umgepumpt, mit Erreichen der Befüllungshöhe in den oberen Teil des Tanks. Dies wird bereits im Laufe des ersten Tages erforderlich, da die vorgesehene Höchsttemperatur rasch erreicht ist und damit eine Temperaturkorrektur mittels des Plattenkühlers vorgenommen werden muß. Die Umwälzung des Tankinhalts dauert etwa 20 Stunden. Die evtl. absetzende Hefe gelangt hierdurch wieder in den oberen Teil des Tanks. Diese Verfahrensweise ermöglicht eine Hefevermehrung auf 85 bis 100 × 10⁶ Zellen; die Höchsttemperatur der Gärung beträgt 10° C; dabei wird ein Druck von 0,8 bar Ü angestrebt. Für die nachfolgende Reifung wird die Temperatur auf 12° C angehoben und so lange eingehalten, bis der Abbau des 2-Acetolactats erfolgt ist. Nachdem die Spitzenwerte desselben durch die „Rührgärung" mit ca. 1,0 ppm relativ hoch liegen, wird nach einer Gärzeit von 4–5 Tagen bis nahe an den Endvergärungsgrad eine Reifungszeit von 7–14 Tagen erforderlich, um den Schwellenwert von unter 0,1 ppm (Gesamt- VDK < 0,15 ppm) zu erreichen. Anschließend wird auf 5° C abgekühlt und das Umpumpen ca. einen Tag zum Absitzen der Hefe im Konus unterbrochen. Die Hefe wird langsam, in 3–4 Stunden abgezogen und im Hefetank entspannt und gekühlt.

Die anschließende Kaltlagerung wird ca. eine Woche bei 0° C eingehalten, wobei hier die Umwälzung des Bieres von der Oberkante des Konus nach oben geschieht, um die sich während der Ruhepausen weiter absetzende Hefe im Konus zu behalten und von dort abscheiden zu können. Der bestimmende Faktor für die Produktionszeit in diesen Gefäßen ist die Länge der Reifung. Die früher vorgegebene Gesamtproduktionszeit von insgesamt nur zwei Wochen waren zu kurz, 21 bis 24 Tage sind für ein ausgereiftes Bier angemessen. Hierzu bedarf es allerdings aller Faktoren wie intensiver Belüftung der Würze, Pflege der Anstellhefe, wobei die Hefegabe zum ersten Sud durchaus als „Vorpropagierung" gewertet werden könnte.

3.6.3.10 *Gärung bzw. Reifung mittels immobilisierter Hefe*. Der Vorläufer der heutigen Technologie ist ein sog. „Festbettreaktor", bei dem die Hefe mit Kieselgur in einer 2,5–3,5 cm starken Schicht auf einen Schichten- oder Siebfilter aufgeschwemmt wird. Die von 60–70 % des Kühltrubs befreite Würze wird im Durchgang durch diese Hefeschicht beliebig weit, meist zu Ende vergoren. Die Steuerung des Vergärungsgrades ist über die Durchflußrate möglich, wobei die Gärtemperatur in einem wünschenswerten Bereich von 10–15° C gehalten wird. Der pH-Wert, der zunächst zu einem starken Abfall, dann aber zu einem Wiederanstieg neigt, kann durch eine geeignete Druckführung beherrscht werden. Die so erzielten „Jungbiere" zeigten infolge der begrenzten Hefevermehrung eine nur sehr geringe Entnahme von Aminosäuren und damit einen entsprechend niedrigen Gehalt an Gärungsnebenprodukten, vornehmlich an höheren aliphatischen Alkoholen und Estern. Dies konnte durch eine „Vorgärung" bis auf einen Vergärungsgrad von ca. 20% ausgeglichen werden. Es ist nun möglich, diese in einem Flotations- oder Angärtank bis zu dem gewünschten Vergärungs- und Hefevermehrungsgrad zu führen. Eine Jungbierzentrifuge entfernt nun die suspendierte Hefe, wonach das angegorene Bier u. U. nach Zwischenlagerung in den Festbettfilter eingespeist wird.

Die nunmehr erzielten Biere entsprechen in ihrer Zusammensetzung – nach einer noch zu schildernden Reifungsstufe. Dennoch weist der Festbettreaktor nur eine Standzeit von ca. einer Woche auf, da die Hefezellen am Filterauslauf schon innerhalb dieses Zeitraumes an Vitalität verlieren. Dies erklärt sich daraus, daß die Hefen auf der Auslaufseite nur mit Substrat ohne Zukker, mit weniger Aminosäuren, Vitaminen, Phosphaten etc. beschickt werden.

Aus diesem Grunde ist der Wirbelbettreaktor wesentlich günstiger. Für diesen muß die Hefe in Alginate-Perlen oder solche aus Cellulose oder porösem Glas in einer Menge von 100 mg TrS/g Trägermaterial ein- oder angelagert werden. Die Vorbehandlung bis zum „Kräusenstadium" bleibt dieselbe. Um nun das Wirbelbett in Bewegung zu halten, muß das Bier mit einer Geschwindigkeit (Leerrohrgeschwindigkeit) von 1,7 mm/sec umgepumpt werden, was dem 1000–1500fachen der Durchflußgeschwindigkeit entspricht. Der Wirbelbettreaktor benötigt einige Tage, bis sich das System im Gleichgewicht befindet, dann aber ist es möglich, ihn 3–4 Monate lang zu betreiben. Nachdem aber die anfänglich sehr starke Aminosäureabsorption im Laufe der Zeit nachläßt

und sich folglich auch die Menge der höheren aliphatischen und aromatischen Alkohole (bei etwa gleichbleibendem Ester-Niveau) verringert, ist es günstig, mehrere Reaktoren parallel laufen zu lassen, nämlich mit etwa 1, 2 und 3 Monaten Laufzeit, um diese Unterschiede auszugleichen.

Da die 2-Acetolactatgehalte bei beiden Reaktortypen relativ hoch (0,5 ppm) sind, ist eine Reifungsphase von ca. 2 Tagen bei 30° C unter Zusatz von Kräusen erforderlich, um den Gehalt auf unter die Geschmacksschwelle abzusenken. Dabei wird auch eine Entfernung von anderen Jungbukettstoffen sowie ein gewisser Ausgleich der Gehalte an höheren Alkoholen und Estern erreicht. Das Bier wird anschließend noch 4–7 Tage bei –1° C gelagert, um die chemisch-physikalische Stabilität sowie einen einwandfreien Schaum zu erreichen.

3.6.3.11 *Die Reifung im Hefereaktor*: Frühere Versuche, die Reduzierung des Acetolactats in einem zweiten Bioreaktor zu vollziehen, zeigten keinen Erfolg. Erst die Erhitzung des Bieres auf 65–80° C (20–6 Minuten) erbrachte die Umwandlung des Vorläufers in Diacetyl, so daß dieses in einem Festbettreaktor mit einer auf DEA-Cellulose-Perlen aufgebrachten Hefe bei einer Temperatur zwischen 10 und 20° C (Druck 0,5 bar Ü) das freie Diacetyl in Acetoin überführt. In der Praxis wird derzeit aber kein „Bioreaktor-Bier" im Hefereaktor gereift, sondern konventionell im ZKG vergorenes, das über eine Jungbier-Zentrifuge auf unter 10^4 Hefezellen/ml geklärt wird. Das so gereifte Bier, das bei normalen Gehalten an höheren Alkoholen nur knapp die Hälfte der Estergehalte des Normalbieres aufweist, bedarf keiner zusätzlichen Kaltlagerung mehr. Das Bier wird zum Zwecke des Karbonisierens auf 1° C abgekühlt und verbleibt im Puffertank nur 1–3 Tage.

Der Reaktor kann 4–6 Monate lang betrieben werden. Eine Regeneration des Trägermaterials ist möglich.

Eine besondere Bedeutung hat diese Einrichtung zur Herstellung von alkoholfreiem, in der Gärung gestopptem Bier (s. S. 339).

3.6.4 Kontinuierliche Gärverfahren

Bei kontinuierlichen Gäranlagen wird, unabhängig von der technischen Ausführung derselben, in zwei Systeme unterschieden:

3.6.4.1 *Zuflußsysteme* bewirken eine Vermischung der zufließenden Würze mit dem Gärsubstrat, z. B. im einfachsten Falle eine Eingefäß-Göranlage mit oder ohne Rührer. Es wird hier durch die zufließende Würze ein homogenes Gärmilieu geschaffen und aufrechterhalten. Bei Mehrgefäßanlagen wird in jedem Behälter um einen Verfahrensschritt weitervergoren, wobei dann im letzten hauptsächlich die Reduktion des Diacetyls vorangetrieben wird.

3.6.4.2 *Durchflußsysteme*: Hier findet im Idealfall keine Vermischung von Flüssigkeiten verschiedenen Vergärungsgrades statt; vielmehr ist jeder Punkt der Gärflüssigkeit genau fixiert, es liegt somit in jedem Querschnitt ein ganz bestimmtes spezifisches Gewicht des Gärsubstrates vor. Mit fortschreitender Durchströmung wird die gewünschte Erniedrigung des spezifischen Gewichts des Bieres erreicht. Alle Verfahren arbeiten mit kühltrubfreien Würzen, die Belüftung der Würze wird so gehandhabt, daß sich hierdurch eine Regulierung des Hefewachstums ergibt. Die Hefe soll sich nur insoweit vermehren, als sich Verluste durch das ablaufende Bier einstellen. Normwerte für die Belüftung liegen bei 2–5 l Luft/hl Würze. Die Hefekonzentration ist meist hoch (2–15 kg Hefe/hl Würze!), die angewendeten Gärtemperaturen liegen zwischen 20° C und 30° C. Die Gärleistung kann durch Bewegung (Rühren, Schütteln, Vibrieren oder Umpumpen) gesteigert werden. Vielfach genügt jedoch die natürliche Gärbewegung durch den Zulauf der Würze. Großtechnisch angewendete, patentierte Verfahren sind die von *Coutts*, APV und *Bishop*.

3.6.4.3 Das *Verfahren von Coutts*: Die völlig vom Kühltrub (durch Sedimentation 48 Stunden bei 0° C) befreite 18%ige Würze wird durch Warmwasserzulauf auf 13% reduziert, auf 14,5° C temperiert und mit Luft (6 mg O_2/l Würze) versetzt. Vor dem Eintritt in zwei hintereinander geschaltete Vorbereitungsgefäße wird Hefe *und* gärendes Bier aus dem Hauptfermenter zugegeben. Dadurch wird der pH bereits erniedrigt und so ein Schutz gegen Infektionen aufgebaut. Der Sauerstoff dürfte bereits beim Übergang von einem zum anderen Vorbereitungsgefäß von der Hefe verwertet sein. Die in den Hauptfermenter einfließende, mit Hefe und gärendem Bier versetzte Würze (16 g/Liter) vermischt sich sofort mit der Flüssigkeit, die einen stabilen Zustand von 4,3% Extrakt, 27–34 g/l Hefe und einem pH von 4,15 hat. Die Verweilzeit ist 24 Stunden. Hier ist eine Mischung aus sich vermehrender Hefe und gärender, sich nicht vermehrender Hefe gegeben; diese scheint auch in der Lage zu sein, Diacetyl bzw.

2-Acetolactat zu reduzieren, ebenso andere, unerwünschte Geschmacksstoffe zu verringern. Vom Hauptfermenter wird nun das Bier in den Nachfermenter überführt, wo ein stabiler Zustand von 3,0% Extrakt, einem pH von 4 und bis zu 40 g/l Hefe vorliegt. Hier sind sehr wenige sprossende Hefen gegeben, auch sind die Aminosäuren und die anderen Nährstoffe des Substrats weitgehend verbraucht. An diesen Behälter angeschlossen ist ein Hefetrenngefäß, in dem die Hefemenge auf 2 g/l reduziert wird. Ein Teil der Hefe geht zurück zum Würzestrom, der Großteil wird über ein Hefewaschgefäß zum Hefelagertank geführt. Das Hefewaschwasser entnimmt der Hefe das imbibierte Bier und dient der Verdünnung des 13%igen Bieres auf die gewünschten Stammwürzegehalte. Das Bier wird gekühlt, karbonisiert, mit Caramel, Iso-Extrakt, Hopfenöl etc. versetzt und steht dann nach 2–4 Kaltlagertagen zur Filtration. Aus dem „Stammbier" von 13% werden 3–4 verschiedene Typen abgeleitet. Die so hergestellten Biere sind von reinem Geschmack; sie sind für europäische Vorstellungen etwas neutral geraten. Doch hängt dies auch von den Trinkgewohnheiten eines Landes ab.

3.6.4.4 Das *APV-Verfahren* arbeitet mit einem Gärturm, der für eine Leistung von rd. 200 hl Bier/Tag eine Höhe von 7 m aufweist. Die Würze wird dabei in diesem Turm bei hoher Hefekonzentration (15 kg/hl) und Temperaturen von 29° C von unten nach oben durchlaufend vergoren. Die Gärzeit beträgt bei diesem Durchflußverfahren 2–8 Stunden. Die Reifung erfolgt diskontinuierlich in nachgeordneten Tanks.

3.6.4.5 Das *Verfahren Bishop* stellt ein mehrstufiges Zuflußsystem dar. Im Durchlauf zweier Gärgefäße (mit Rührer) wird das Bier endvergoren, der Hefeabsatz erfolgt in einem dritten zylindrokonischen Tank. Die Mindestlaufzeit einer derartigen Anlage beträgt 3 Monate; sie kann bis zu 13 Monate infektionsfrei betrieben werden.

Da bei vielen dieser Methoden mit hohen Temperaturen gearbeitet wird, ergibt sich in den fertigen Bieren durch einen höheren Gehalt an fixen Säuren eine deutliche Absenkung des pH-Wertes.

Auch eine gesteigerte Bildung von flüchtigen Schwefelverbindungen und Merkaptanen, von Acetaldehyd, von Estern und höheren Alkoholen wird verschiedentlich in der Literatur festgestellt. Diese Nebenprodukte führen vielfach zu einem fruchtig-herben oder esterigen Geschmack des Bieres, der sich u. U. nach einiger Verweilzeit auf der Flasche bzw. nach Pasteurisation verringert.

4 Die Filtration des Bieres

Das gelagerte und reife Bier wird in Transportgebinde, Fässer, Flaschen oder Dosen abgefüllt. Diese Aufgabe wird erschwert durch die Tatsache, daß das Bier durch die Haupt- und Nachgärung Kohlensäure enthält und im Lagergefäß bei tiefen Temperaturen unter einem bestimmten Überdruck, dem Spundungsdruck, stand. Es muß das Bier ohne Verlust an Kohlensäure aus dem Lagergefäß in die Transportgebinde verbracht werden, eine Forderung, die nur bei Abfüllung unter Gegendruck und bei niedrigen Temperaturen erfüllt werden kann.

Darüber hinaus wird vom Bier nicht nur ein einwandfreier Geschmack, sondern auch Glanzfeinheit verlangt, die auf natürlichem Wege über die bei der Nachgärung eingetretene Klärung nur bei dunklen, nie aber bei hellen Bieren zu erreichen ist. Das Bier wird daher künstlich geklärt, d. h. filtriert oder zentrifugiert. Dieser Vorgang vermittelt den Vorteil, daß hierbei nicht nur Trübungsbildner wie Eiweißgerbstoffverbindungen und Hopfenharze zurückgehalten werden, sondern auch Hefen und evtl. vorhandene bierverderbende Bakterien. Das Bier wird also durch die Filtration nicht nur klar, sondern durch Entfernung von nichtbiologischen und biologischen Trübungsteilchen geschmacklich und hinsichtlich seiner Haltbarkeit verbessert. Der Filter ist auf dem Abfüllweg zwischen Lagergefäß und Abfüllapparat angeordnet.

4.1 Die Theorie der Filtration

Die vorgenannten Trübungsbildner sind nun in ihrer Filtrierbarkeit je nach ihrer Größe verschieden. Hierbei sind zu unterscheiden:

Grobe Dispersionen (Teilchengröße über 0,1 μm). Sie sind als Trübung makroskopisch erkennbar, im Mikroskop erweisen sie sich als koaguliertes Eiweiß, als Hefen oder Bakterien.

Kolloide (Teilchengröße zwischen 0,001 und 0,1 μm) sie sind z. T. empirisch im Probeglas durch gebrochenes Licht (Tyndall-Kegel) sichtbar. Sie bestehen aus Eiweißgerbstoffverbindungen, Gummistoffen und Hopfenharzen. Ihre Verringerung verbessert die chemisch-physikalische Haltbarkeit, mindert aber Schaumvermögen und Vollmundigkeit des Bieres.

Molekulardisperse Stoffe (Teilchengröße unter 0,001 μm): Sie sind nicht sichtbar und als Molekül bzw. Molekularverbände echt gelöst.

Die Methoden der künstlichen Klärung beruhen auf drei unterschiedlichen Vorgängen, die entweder einzeln oder in Kombination Anwendung finden.

Sedimentation: Hier werden in der Zentrifuge durch die in Abhängigkeit von Durchmesser und Umdrehungszahl gegebene Zentrifugalkraft grob dispergierte Teilchen, jedoch keine Kolloide ausgeschieden.

Siebwirkung: Sie bewirkt ein Zurückhalten aller Teilchen, die größer sind als die Poren des Filters. Je nach Porenweite können neben Trübungsteilchen auch größere Kolloide entfernt werden.

Adsorption: Hierdurch werden neben grob dispersen Teilchen je nach Affinität zum Filtermittel oder entsprechender elektrischer Ladung auch Kolloide und sogar echt gelöste Stoffe entfernt.

Die Übergänge zwischen den beiden letzteren fließen; so können auch Hefen und Bakterien ebenso wie gröbere Kolloide durch Adsorption zurückgehalten werden. In Filtern äußern sich beide Wirkungen. Die Adsorption verändert insofern die Beschaffenheit des Bieres, als ein geringerer Kolloidgehalt eine Verbesserung der chemisch-physikalischen Stabilität, eine Aufhellung der Farbe, aber auch eine Abschwächung der Schaumhaltigkeit und der Vollmundigkeit bewirkt. Je nach Art der Klärvorrichtungen werden verschiedene Stoffgruppen zurückgehalten, doch verändert sich auch die Wirkung von Filtermassen im Laufe der Filtration. Die Siebwirkung verstärkt sich in dem Maße, wie sich der Filter verlegt, d. h. die Poren werden kleiner. Die Adsorptionswirkung nimmt mit der Verlegung der Filteroberfläche ab. Farbstoffe und oberflächenaktive Stoffe werden am längsten adsorbiert. Hierdurch kann es bei stark adsorbierenden Materialien mitunter lange dauern, bis die ursprüngliche Beschaffenheit des Bieres, z. B. seine Farbe, wieder erreicht ist. Der pH ändert sich unter der Wirkung der Ionen des zum Spülen verwendeten Wassers. Bicarbonate erhöhen den pH des Bieres, Ca^{2+}-Ionen können Anlaß zu den unangenehmen Oxalattrübungen geben. Die Adsorptionswirkung des Filtermaterials wirkt nicht nur auf kältetrübende Substanzen, sondern auch auf Kolloide, die den Schaum und die Vollmundigkeit des Bieres bedingen. Der Geschmack eines Bieres ist kurz nach der Filtration unausgeglichen und oft von härterer Bittere. Erst nach einigen Tagen stellt sich durch Dispersitätsgradvergrößerung der verbliebenen Kolloide wieder ein ausgewogener Geschmack ein. Sehr scharf mit adsorbierenden Materialien filtrierte Biere zeigen – wahrscheinlich durch einen Verlust an reduzierenden Substanzen oder Bitterstoffen – eine verstärkte Anfälligkeit gegenüber Wiederinfektionen auf dem Abfüllweg.

Die verschiedenen Filtermaterialien wie Baumwolle (Massefilter), Cellulose (Schichtenfilter) oder Kieselgur und Perlite verzeichnen unterschiedliche Filtrationseigenschaften.

Baumwollmasse vermittelt in Abhängigkeit von Pressung und Dicke der Kuchen eine verschieden starke Siebwirkung. Sie adsorbiert nur schwach, aber besser als Kieselgur, doch kann dieser Effekt durch Zusatz von Cellulose und durch langsame Filtration gesteigert werden.

Schichten haben durch hohe Pressung eine starke Siebwirkung. Ihre Adsorptionskraft hängt von der Aufbereitung ihrer Bestandteile, speziell der Cellulose ab. Die Filterbelastung pro m^2 darf aber zur Sicherung der gewünschten Adsorption nur gering sein.

Kieselgur hat praktisch kein Adsorptionsvermögen, das aber durch Zusatz von Cellulose, Aktivkohle oder Stabilisierungsmittel gesteigert werden kann. Die Siebwirkung wird durch die Wahl feinerer oder gröberer Guren oder von Perlite beeinflußt. Durch laufende Dosage des Filterhilfsmittels kann die Ausleseleistung des Kieselgurfilters relativ konstant gehalten werden.

Die unterschiedliche Wirkung der Filter läßt erkennen, daß es bei hohen Ansprüchen an die Haltbarkeit des Bieres zweckmäßig ist, die Aufgaben zu teilen in eine Vorklärung und in eine Feinfiltration.

Ein Einblick in das Klärverhalten eines Bieres kann durch eine Bestimmung dessen Trubverteilung mittels Membranfilter unterschiedlicher Porengröße (0,2–12 μm) gewonnen werden.

Ein Einblick in seine Filtrierbarkeit kann durch Filtrationsversuche im Kleinmaßstab gewonnen werden. Am einfachsten durchzuführen ist der sog. „Essertest", bei dem über eine definierte Membran (0,2 μm) bei konstantem Druck filtriert und periodisch die Filtratmenge ermittelt wird. Hieraus ergibt sich eine Kennzahl Gmax, die als Vergleichswert für die Filtrierbarkeit dienen

kann. Sie liegt bei schwer filtrierbaren Bieren unter 10, bei gut filtrierbaren über 50. Die Gmax ist beeinflußt durch den Gehalt an β-Glucan-Gel (s. S. 329), wobei der Hefegehalt des Bieres die Ergebnisse besser erscheinen läßt als sie in der Praxis sind. Beim sog. „Zürchertest" wird das unfiltrierte Bier mit der betriebsüblichen Kieselgurmischung mit konstanter Geschwindigkeit filtriert und der innerhalb einer bestimmten Zeit auftretende Druck gemessen. Es besteht ein guter Zusammenhang zwischen den Ergebnissen der Klein- und der Praxisfiltration. Zur Ermittlung des Filterkuchenfaktors nach *Raible* wird das 24 h auf 0° C temperierte Bier über ein Stahlgewebe von 15 μm Maschenweite filtriert, wobei eine Anschwemmfiltration bei konstantem Druck durchgeführt wird. Aus dem Filtrationsvolumen und der Filtrationsdauer läßt sich eine Größe berechnen, die den Filtrationsablauf beschreibt. Aus dem Filterkuchenfaktor wird auf ein spezifisches Filtratvolumen hochgerechnet. Der Test ist geeignet, die für das Bier passende Kieselgur auszuwählen.

Um eine nach jeder Richtung befriedigende Filtration zu erreichen, sind folgende Punkte zu beachten:

Der *Filterdruck* muß stets über dem CO_2-Sättigungsdruck des Bieres bei der jeweiligen Temperatur liegen. Er steigt während der Filtration an, ein Zeichen, daß sich die Filterporen allmählich verlegen und damit kleiner werden. Bei gleicher Filterleistung nimmt daher die Fließgeschwindigkeit im Innern des Filters unverhältnismäßig stark zu. Durch die hohe Druckdifferenz können bereits adsorbierte Stoffe durch den Filter gedrückt werden, auch Hefen können infolge ihrer variablen Oberfläche den Filter passieren. Es ist daher eine ausreichende *Filterfläche* unbedingt erforderlich. Der Druckanstieg beeinflußt auch die *Dauer der Filtration*; er ist gegeben durch den Trübungsgrad und die kolloide Beschaffenheit des Bieres. Bei schwierigen Filtrationsaufgaben (z. B. bei infiziertem Bier) kann eine Verringerung der *Filtrationsgeschwindigkeit* günstig sein.

Die Temperatur des Bieres bei der Filtration ist von entscheidender Bedeutung. Das im Lagerkeller bei Minustemperaturen gereifte Bier darf sich auf dem Weg bis zum Filter, aber auch in diesem, nicht erwärmen. Es erfolgt sonst eine Wiederlösung von Trübungsteilchen, die sich damit der Filtration entziehen. Am besten ist es, vor den Filter einen Tiefkühler zu schalten, der bereits das Spül- oder Anschwemmwasser kühlt und die Lagertemperatur des Bieres über den Filterlauf hinweg sichert.

4.2 Die Technik der Filtration

Die Filtersysteme sind nach Vor- und Nachklärung einteilbar in Massefilter, Kieselgurfilter, Zentrifugen und schließlich Schichtenfilter. Bei der Fülle der Konstruktionen ist es nur möglich, auf einige wenige einzugehen.

4.2.1 Die Massefiltration

Das Filtermaterial besteht aus Baumwollfasern, dem früher ein bestimmter, geringer Anteil von Asbest zugemischt wurde. Nachdem Asbest nicht mehr zugelassen ist, findet Cellulose in entsprechender Aufbereitung Verwendung. Nach Erschöpfen wird die Masse in eigenen Apparaten gewaschen und zu Kuchen gleicher Stärke gepreßt. Es handelt sich beim Massefilter um eine Technologie, bei der die Filterhilfsmittel immer wieder regeneriert werden können, wenn auch nur unter einem großen Aufwand an Arbeitskraft, Energie und Wasser.

Nachdem die Massefiltration in Deutschland nur mehr in wenigen Brauereien anzutreffen ist und auch in Übersee nur noch einige, wenn auch z. T. sehr große Brauereien damit arbeiten, so soll in diesem Buch nur mehr ein knapper Überblick gegeben werden. Interessenten wollen das ihnen Wissenswerte den früheren Auflagen entnehmen.

4.2.2.1 Der *Massefilter* besteht aus einer Anzahl von Filterschalen aus Bronce, die in einem Gestell mit einem beweglichen Kopfstück angeordnet sind. In die Filterschalen von 525 mm Durchmesser und 60 mm Tiefe werden die Filterkuchen eingelegt. Das Bier läuft nun von oben und unten auf die Unfiltratseite der gerippten Schalen, verteilt sich gleichmäßig und wird durch den Filterkuchen gedrückt. Es sammelt sich auf der Klarbierseite und wird über die entsprechenden Kanäle oben und unten abgeleitet. Über ein Zwischenstück in der Mitte des Filters (meist feststehend) kann das Bier zweimal filtriert werden. Dabei wird der „Nachfilter" der einen Charge der „Vorfilter" der nächsten, während dieser nach vollzogener Filtration ausgelegt und gewaschen wird. Die Doppelfiltration steigert die Mengenleistung einer einzelnen Filterplatte nicht.

4.2.1.3 Die *Filtermasse* besteht aus reinweißen Baumwollfasern (aus Baumwollabfällen), die gereinigt und entfettet wurden. Im Laufe ihrer Verwendung verringert sich die Länge der Baumwoll-

fasern, wodurch die Mengenleistung wohl abfällt, die Qualität der Filtration aber zunimmt. Ein Kuchen besteht aus ca. 3 kg Trockenmasse. Sie wird nach dem Waschen und Sterilisieren pneumatisch oder hydraulisch mit einem Druck von 3,5–5 bar Ü gepreßt. Dabei müssen die Kuchen gleich stark sein. Sie enthalten noch 65–70 % Wasser.

Das Waschen der Filtermasse zur Entfernung der aus dem Bier herausfiltrierten Trubbestandteile erfolgt mit kaltem und heißem Wasser (80–85° C) in eigenen Waschapparaten. Es nimmt ca. 200 Minuten in Anspruch und erfordert pro kg Trockenmasse 150–200 l Wasser, 10 kg Dampf, wobei die Sterilisierung mit 90° C heißem Wasser im eingelegten Filter eine Ersparnis von 50 l Wasser erbringt.

4.2.1.4 Die *Durchführung der Massefiltration*. Der mit Kaltwasser gespülte und am besten durch Wasser von 1° C (Tiefkühler) gekühlte Filter muß beim Anlaufen des Bieres sorgfältig entlüftet werden. Der Anfall von bierarmem Vorlauf (Weglaufbier), Vorlauf und wasserarmem Vorlauf und besonders an den in umgekehrter Reihenfolge auftretenden Nachlaufkategorien ist bedeutend größer als bei Kieselgurfiltern. Dasselbe gilt für Überläufe von einer Biersorte auf die andere. Im Laufe der Filtration baut sich ein Filterwiderstand auf, der zu Beginn des Filtrierens um 0,3–0,5 bar ansteigt, dann stündlich um 0,1–0,2 bar. Im Laufe einer ca. 8stündigen Filtration wird eine Druckdifferenz von 1,5–2 bar erreicht. Es nimmt dann die Biergeschwindigkeit in den sich verkleinernden Filterporen so stark zu, daß sich adsorbierte Stoffe (Eiweiß, Mikroorganismen, Hefen) wieder ablösen und mitgerissen werden. Die Leistung des Massefilters beträgt bei normal geklärten Bieren 1,5 hl/Kuchen und Stunde; durch Senken derselben auf 1,0 hl/h wird das Filtrationsergebnis – vor allem bei Doppelfiltration bis an den Effekt von EK-Filtern herangeführt. Hierfür ist aber eine Filtration ohne jegliche Druckstöße entscheidend. Die Doppelfiltration hat sich, gerade für sehr scharfe Filtration bewährt. Ihre Kosten sind durch das Spiel Vorfilter/Nachfilter (s. oben) nicht höher.

4.2.1.5 Eine *Rationalisierung* der Massefiltration läßt sich durch Einsatz einer Feinklärzentrifuge erreichen. Hier kommt dem Massefilter nur mehr die Aufgabe der „Polierfiltration" zu. Er wird nach Beendigung einer Filtrationscharge (8–10 Std.) rückgespült und mit Heißwasser

(Wärmetauscher!) im Umlauf sterilisiert. Er kann auf diese Weise für 3–4 Chargen ohne den kostspieligen Waschprozeß verwendet werden.

Vielleicht bildet diese vereinfachte, praktisch überwachungsfreie Arbeitsweise Ansatzpunkte, die Aufarbeitung der Masse (Waschen, Pressen, Sterilisieren) neu zu ordnen und damit dem Wunsch nach einer umweltfreundlichen Filtrationstechnologie nachzukommen.

4.2.2 Die Kieselgurfiltration

Das Prinzip der Kieselgurfiltration beruht darauf, daß das Filterhilfsmittel, die Kieselgur, dem zu filtrierenden Bier laufend zugegeben, aber dann an einem Stützgewebe zurückgehalten wird und sich so eine angepaßte und gleichmäßige Filterwirkung erzielen läßt.

4.2.2.1 Die *Kieselgur* (Diatomeen- oder Infusorienerde) besteht aus kleinen Teilchen, deren Länge 40–160 μm und deren Breite 2–5 μm beträgt. Ihre Herkunft ist aus den Kieselpanzern von Diatomeen, die in den USA, in Kanada, aber auch in Italien, Frankreich, Deutschland (Lüneburger Heide) große Lager bilden. Die Rohgur wird durch Schlämmen von Sand, durch Glühen bei 700–900° C von organischen Verunreinigungen befreit. Auch Karbonate und Eisenoxid müssen entfernt werden (Geglühte bzw. calcinierte Guren, meist feine oder mittelfeine Guren).

Unter Zusatz von Fließmittel (NaCl, $CaCO_3$) wird die bereits geglühte Gur bei 1000° C einem zweiten Brennvorgang unterworfen. Dabei wird der Schmelzpunkt des Siliciumdioxids der Diatomeen so weit herabgesetzt, daß diese zu größeren Agglomeraten versintern. Hieraus entstehen nach dem Vermahlen die weißen Grobguren. Durch Windsichtung erfolgt eine Auftrennung in Qualitäten verschiedener Feinheit. Die unterschiedliche Struktur der Kieselguren bedingt ihre unterschiedliche Filtrationsleistung. Nadelförmige Diatomeen filtrieren langsam und scharf, messer- und kammförmige ergeben eine mittlere Auslese, während große viereckige oder runde Formen eine schnelle, aber weniger scharfe Filtration ergeben. Die Adsorptionswirkung von Kieselguren ist gering (0,4–0,5 im Vergleich zu 20 bei Filtermasse und 1000 beim nicht mehr zugelassenen Asbest); sie ist jedoch bei feinen, speziell bei ungeglühten Guren noch stärker als bei groben. Kieselgur enthält 85–90% Kieselsäure sowie ca. 4 % Aluminiumoxid. Der Eisengehalt soll unter

0,1 % sein, der pH nahe am Neutralpunkt liegen. Eine Geschmacksprobe (3 g Kieselgur in 100 ml Leitungswasser) darf nach 24 Stunden keinen Befund ergeben. Im Laboratorium kann die Menge der nicht anschwemmbaren Bestandteile und die Durchlässigkeit der Guren ermittelt werden. Sie wird entweder als „ Wasserwert" (WW: fein unter 35, mittel 35–130, grob 130–320, sehr grob über 320) oder als „Wasserdurchlässigkeitskennzahl" (WDK : fein unter 30, mittel 30–60, grob 60–100, sehr grob über 100) angegeben. Erstere Zahl (WW) ist jene Wassermenge, die eine bestimmte Anschwemmung unter definierten Bedingungen in einer Stunde passiert; letztere (WDK) mißt die Wassermenge, die unter festgelegten Bedingungen in einer bestimmten Versuchszeit durch die Kieselgurprobe läuft. Durch die Kenntnis dieser Werte kann jeweils die gleiche Durchlässigkeit der Anschwemmung getätigt bzw. eine gezielte Korrektur vorgenommen werden.

Eine weiße Farbe der Kieselgur gibt keine Gewähr ihrer Reinheit, während eine rötliche Farbe auf Eisenoxid hindeutet. Guren mit schwacher Färbung werden nicht beanstandet. Verschiedene Typen von Feinguren sind nicht geglüht; es besteht hier die Gefahr eines erdigen Geschmacks im Bier; ungünstige Transportgegebenheiten können der Gur trotz steriler Verpackung in Papiersäcken die verschiedensten Gerüche vermitteln. Hier ist eine sensorische Kontrolle der Gur bei der Anlieferung erforderlich.

Ein bewährtes Filtermaterial stellt auch die „Perlite" dar. Es handelt sich hier um ein glasartiges Gestein vulkanischen Ursprungs, das vor seiner Verwendung durch Mahlen und Glühen aufbereitet wird. Der hierdurch erzielten Ausdehnung der Partikel zufolge hat die Perlite ein um 25 % geringeres Gewicht als Kieselgur. Auch hier sind verschiedene Durchlässigkeitswerte verfügbar.

Regenerierte Kieselguren, die nach Pressen und Trocknen bei 700–780° C gebrannt werden, weisen eine – in gewissen Grenzen schwankende – mittlere Beschaffenheit auf. Auch haben sie durch die Behandlung eine Strukturveränderung erfahren. Sie werden bei der Filtration in Anteilen bis zu 50 % verwendet. Auch eine mit Lauge (5%ige NaOH, bei 80–90° C eine Stunde rühren, auf Vakuumbandfilter mit Wasser, Säure und wieder mit Wasser waschen) regenerierte Gur kann bis zu fünfmal wiederverwendet werden.

Cellulose wird bei der Kieselgurfiltration zur Verfestigung und Auflockerung des Filterkuchens zugegeben. Sie ist auch, zusammen mit Kieselgur und gewissen Harzen (Naßfestmittel) die Grundlage der Stützschichten für Kieselgurfilter.

Cellulose wird aus Laub- und Nadelhölzern gewonnen. Durch die Aufbereitung werden Inkrustationsstoffe wie Lignin und Hemicellulosen entfernt. Die Faser gewinnt durch Fibrillieren an Filtrationsaktivität.

Aktivkohle wird aus Steinnußschalen, verschiedenen Hölzern und Knochen hergestellt. Sie ist sehr porös und hat eine große innere Oberfläche.

Kieselgele sind selektiv wirkende Stabilisierungsmittel (s. S. 320). Es ist hierbei zwischen den „trockenen" (Xero-)Gelen mit geringer Durchlässigkeit (WW 3–30, WDK 11–25) und „nassen" (Hydro-)Gelen (WW 150–240, WDK 80–110) zu unterscheiden.

4.2.2.2 *Kieselgurfilter*: Es gibt verschiedene Filtertypen wie Kieselgurschichtenfilter und Drahtgewebefilter, die entweder vertikal oder horizontal angeordnet sind, sowie Filter mit besonderen Filterelementen aus Drahtspiralen oder aus Scheiben, die durch Distanznocken einen Spalt bestimmter Weite bilden (Spaltfilter). Jeder Filter bedarf eines Dosiergerätes zur gleichmäßigen Zuteilung der Kieselgur.

Die *Kieselgurschichtenfilter* bestehen aus dem Filtergestell mit Platten und Kammern, die aus einer Aluminiumlegierung mit Einbrennlackierung, aus eloxiertem Material oder aus Edelstahl gefertigt sind. Über die Platten, die geriffelt sind, werden die Filterschichten gehängt; diese bestehen aus Zellstoff, der durch Kieselgur und bestimmte Imprägniermittel beständig und abwaschbar gestaltet wurde. Diesen Trägerschichten, die eine Porenweite von 4–6 µm aufweisen, kommt keine eigentliche Filtrationswirkung zu, sie haben lediglich die Aufgabe, die angeschwemmte Kieselgur zurückzuhalten. Die Dauerschichten müssen nach 15–20 Filtrationen (500–1000 hl/m² Filterfläche) gegen neue ausgewechselt werden. Stützschichten, die neben Zellstoff Synthetik-Mikrofasern enthalten, verzeichnen sogar um 50 % höhere Standzeiten. Der Entlüftung des Filters kommt besondere Bedeutung für die Gleichmäßigkeit der Anschwemmung zu, sie wird durch Entlüftungslaternen in den oben auf den Filterplatten und -rahmen angeordneten Kanälen für unfiltriertes und filtriertes Bier bewirkt. Die Kieselgurschichtenfilter werden in verschiedenen Größen (40 × 40 = 0,16 m², 60 × 60 = 0,36 m², 100 × 100 = 1 m², 140 x 140 = 2 m²) ausgeführt. Die Leistung pro m² Filterfläche beträgt 3–3,5 hl/h, so daß mit den einzelnen Größen

je nach Zahl der Elemente Maximalleistungen von 50, 200, 500 hl/h und mehr zu erzielen sind.

Der *Drahtgewebefilter* senkrechter Bauart enthält Filterelemente mit feinen Drahtgeweben. Zwei derselben werden jeweils durch ein grobes Gewebe auseinandergehalten und sind in einen Rohrrahmen gespannt, der seinerseits in einen Sammelkanal mündet. Die gesamten Filterelemente befinden sich in einem geschlossenen, druckdichten Behälter. Das mit Kieselgur versetzte Bier tritt nun von unten in den Behälter ein. Die dosierte Kieselgur setzt sich auf der bereits vorhandenen Kieselgurschicht ab (Voranschwemmung s. S. 263) und das klare Bier gelangt über den Rohrrahmen in das Sammelrohr und verläßt von hier aus den Filter. Die Leistung von 4,5–6 hl/m² ist größer als bei den Kieselgurschichtenfiltern, doch bedürfen diese Drahtgewebefilter in der Regel eines Nachfilters, da am Anfang der Filtration Kieselgur mitgerissen wird und die Ausleseleistung insgesamt geringer ist. Die Reinigung des Filters geschieht durch Abspülen der Gewebe mit einem Wasserstrahl. Die Leistung einer Filtereinheit kann bis zu 500 hl/h betragen.

Drahtgewebefilter horizontaler Bauart: Die runden Filterelemente sind waagerecht auf einer senkrecht stehenden Hohlwelle angeordnet. Die Filterelemente bestehen aus einem Chromnickelstahlboden, einem groben Ablaufgitter und einem engmaschigen V4A-Stahlgewebe, das eine Porenweite von 80 µm aufweist. Dieses hält die dosierte Kieselgur zurück. Der Abstand von Element zu Element beträgt 25 mm.

Das unfiltrierte Bier oder das Anschwemmwasser tritt, zusammen mit der dosierten Kieselgur von oben in den Kessel ein. Der Unfiltratstrom verteilt sich entlang der Kesselwand auf die gesamte Filterfläche. Die Gleichmäßigkeit der Verteilung muß durch eine (überall gleich-)hohe Strömungsgeschwindigkeit sichergestellt werden sowie durch eine Führung der Strömung, die Turbulenzen etc. vermeidet. Das filtrierte Bier gelangt über die Siebe und den sie abschließenden Edelstahlboden in die zentrale Hohlwelle. Eine vollkommene Entleerung des Kessels wird durch eine besondere Schaltung der untersten Filterelemente erreicht. Nach Beendigung der Filtration wird die Kieselgur trocken durch die Drehung der Filtersiebe (300 U/min) abgeschleudert und in Form eines dicken Schlammes ausgeschieden. Diese Filter haben eine Leistung von 4,5–5 hl/m² und h und werden bis zu Größen von 500 hl/h gebaut. Sie sind anpassungsfähig an die verschiedensten Aufgaben der Filtration. Diese Kapazität ist durch den Filterenddruck und das Fassungsvermögen an Kieselgur (6,5 kg/m²) bestimmt.

Eine neuere Entwicklung beinhaltet die Anströmung der horizontalen Filterelemente von Einlaufkanälen aus, die rund um die zentrale Filtratablaufwelle angeordnet sind. Das Unfiltrat fließt damit im Raum zwischen den Filterelementen von innen nach außen, durchdringt die Kieselgurschicht und das Sieb, wonach das Filtrat zur Ablaufwelle geführt wird. Hierdurch werden höhere Strömungsgeschwindigkeiten möglich. Die Leistung dieser Filterkonstruktion liegt bei ca. 7,5 hl/m² · h, es kann durch den größeren Abstand der Filterelemente von 35 mm mehr Kieselgur (10 kg/m²) eingetragen werden.

Der *Spaltfilter*, ein weiterer Typ der Kesselfilter, besitzt als Filterelemente Dreikantstäbe, auf die eine große Anzahl von Scheiben aus Edelstahl aufgeschoben sind. Diese Scheiben sind auf der einen Seite glatt, auf der anderen mit Nocken der gleichen Höhe versehen. Nachdem immer eine glatte Seite auf eine mit Nocken versehene trifft, ergeben sich feine Spalten mit einer Porenweite von 50 × 120 µm, die die aufgeschwemmte Kieselgur zurückhalten und das geklärte Bier hindurchtreten lassen. Ein Filterelement in der Normallänge von 120 cm besitzt über 10 000 Spalten. Das trübe Bier tritt von unten in den Filter ein, passiert die Filterspalten und gelangt an den Dreikantstäben entlang über die Zwischenplatte, die die Filterelemente trägt und den Raum für unfiltriertes und filtriertes Bier trennt. Auch hier beträgt die Filterleistung 4,5–5 hl/m² und h; die Einheiten werden bis zu Größen von 500 hl/h ausgeführt.

Der *Kerzenfilter mit Drahtspirale:* Seine Filterelemente sind Rohre aus Lochblech, die mit einem rostfreien Profildraht von 1 × 2 mm Stärke umwickelt sind. Eine Kerze hat bei einer Länge von 1,4 m eine Filterfläche von 0,2 m². Die Profildrähte bilden eine freie Durchgangsöffnung von 50 µm Weite. Der Biereinlauf am Konusunterteil ist strömungstechnisch so beschaffen, daß eine turbulenzfreie Unterschichtung von Bier und Wasser oder von verschiedenen Bieren erreicht wird. Die Stundenleistung beträgt 5–6 hl/m².

Alle Kesselfilter benötigen eine Druckerhöhungspumpe zur Sicherstellung eines gleichmäßigen Druckniveaus während der Filtration. Die Verfahrensweise ist je nach Filtertyp und Fabrikat etwas unterschiedlich. Eine Automation der Filtration, der Reinigung und Sterilisation sowohl der Kieselgurschichten- als auch der Kessel-Filter ist heute Stand der Technik.

Die Kesselfilter dienen nicht nur der Filtration des Bieres, sie können auch bei ausschließlicher oder mit Hydrogel kombinierter Verwendung von Polyvinylpolypyrrolidon (PVPP) als Stabilisierungsfilter eingesetzt werden (s. S. 321).

4.2.2.3 *Dosiergeräte*: Sie dienen zum gleichmäßigen Beidrücken von Kieselgur in das strömende Bier. Hierbei wird eine Kieselguraufschlämmung in Wasser oder Bier bzw. biologisch einwandfreiem Vor- oder Nachlauf erstellt (Verhältnis 1 Teil Kieselgur zu 3–4 Teilen Flüssigkeit). Für kleine Leistungen bis 20 hl/h werden Behältergeräte verwendet, durch die ein Teilstrom des Bieres geschickt wird, der so die benötigte Kieselgurmenge mitnimmt. Für große Leistungen finden Geräte mit langsam laufendem Rührwerk und regelbarer Dosierpumpe (Kolbenpumpe) Anwendung. Die Voranschwemmung erfolgt jedoch bei den hier erforderlichen Mengen durch eine Kreiselpumpe.

4.2.2.4 Die *Durchführung der Kieselgurfiltration mit dem Stützschichtenfilter*: Vor Beginn der eigentlichen Filtration wird auf die Trägerschichten des Filters mit Hilfe von Wasser eine Voranschwemmung aus Kieselgur aufgebracht. Sie sichert, daß auch das zuerst laufende Bier den Filter blank verläßt. Von besonderer Bedeutung ist dabei die gleichmäßige Verteilung der Anschwemmung, die nur bei einwandfreier Entlüftung gewährleistet ist. Der Filter wird bei 1,2–1,3facher Filtrationsgeschwindigkeit mit Wasser gefüllt, entlüftet und anschließend die Voranschwemmung getätigt. Um auch den obersten Teil der Schicht mit Kieselgur zu beschicken, sind beim Anschwemmen die Entlüftungshähne etwas zu öffnen und u. U. das Filterpaket etwas gelockert zu lassen. Zum Zwecke der Wasserersparnis wird das Anschwemmwasser wieder rückgeführt. Die Voranschwemmung beträgt normal 700 bis 1000 g/m². Zweckmäßig ist eine Unterteilung der Voranschwemmung: als erstes 300 g/m² Grobgur, um ein Durchtreten von Kieselgur zu verhindern und ein leichtes Ablösen beim Entleeren des Filters zu erzielen. Dies wird durch die Zugabe von 30–50 g/m² faseriger Cellulose unterstützt.

Als 2. Voranschwemmung kann ausschließlich Feingur (100–150 g/m²) gegeben werden, um den Filterkuchen „elastisch" zu gestalten. Schließlich wird das normale Gemisch der laufenden Dosierung aufgetragen, dem evtl. ebenfalls wieder ca. 20 g/m² an Cellulose zugemischt sind. Unter Aufbau eines Gegendruckes erfolgt dann das Umstellen auf Bier. Bis zu einem Stammwürzegehalt von 5–6 % läuft das Wasser-Biergemisch weg, von dieser Stärke bis zu 90 % des Stammwürzegehalts in einen Vorlauftank. Während der Filtration des Bieres wird ein Gemisch aus grober und feiner Gur in einer Menge von 70–100 g/hl gleichmäßig dosiert. Je nach dem Mischungsverhältnis kann die Durchlässigkeit desselben zwischen Wasserwerten (WW) von 25–33, oder WDK von 35–40 liegen. Dabei ist zu berücksichtigen, daß diese Zahlen nicht durch Berechnung der Durchschnittswerte, sondern nur experimentell für die Mischungen verschiedener Guren bestimmt werden können. Dient der Filter nur der Vorfiltration, so darf entsprechend gröber dosiert werden (WW ca. 50, WDK ca. 60). Einer sehr scharfen Filtration dient u. U. nur Feingur (WW ca. 20, WDK ca. 25). Die Menge der Kieselgur richtet sich nach dem Trübungsgrad des Bieres, auch muß bei feiner Dosierung mehr Kieselgur angewendet werden. Maßstab hierfür ist einmal die Klarheit des Filtrats, zum anderen der stündliche Druckanstieg am Filter, der normal 0,2 bar beträgt, 0,3 bar aber nicht übersteigen soll. Ein zu rascher Druckanstieg deutet auf eine zu geringe Kieselgurmenge hin, das Verhältnis von Gur zu Trübungsteilchen ist ungünstig. Es kann aber auch eine zu feine Dosierung den Kieselgurkuchen so weit verdichten, daß die Durchlaufleistung zu gering wird. Der Verbrauch an Kieselgur zur laufenden Anschwemmung kann aus diesen Gründen in weiten Grenzen zwischen 70–150 g/hl schwanken. Im Laufe einer 8stündigen Filtration ist der Filterwiderstand auf 2–2,5 bar gewachsen, die Filtration wird abgebrochen, das Bier mit Wasser aus dem Filter gedrückt und dabei eine ähnliche Stammwürzeabstufung zwischen „Bier", verwertbarem und unverwertbarem Nachlauf gewählt wie beim Vorlauf. Nachdem der Filterinhalt stets 0,23 hl/m² ausmacht, sind diese Mengen konstant und können über Meßuhren abgelesen werden. Die Filtrationsdauer („Standzeit") des Stützschichtenfilters ist bei normalen Filtrationsgegebenheiten 10–14 Stunden, die filtrierte Biermenge kann 50 hl/m² erreichen. Es kann demnach die Kapazität eines derartigen Filters in einer Arbeitsschicht nicht ausgefahren werden.

Die Entfernung der Kieselgur geschieht abwassersparend durch Abblasen derselben mittels Luftdüsen oder durch Schaber, die bei großen Filtern automatisiert sind. Sie kann unter dem Filter durch Schnecke und Förderband bzw. durch Karren abtransportiert werden.

Bei Kieselgurschichtenfiltern ist eine ähnliche Arbeitsweise möglich, um Vorlauf zu sparen wie bei Kesselfiltern (s. unten).

Auch der Nachlauf kann durch Leerdrücken mit CO_2 reduziert werden; bei Eintrübung ist dann auf einen Resttank umzustellen. Beim Öffnen des Filters soll die Gleichmäßigkeit der Anschwemmung überprüft werden. Der nach Kieselgurentfernung wieder zusammengepreßte Filter wird mit kaltem, dann warmem Wasser gespült, um die Filterschichten zu reinigen. Anschließend erfolgt die Sterilisation mittels Dampf oder besser mit Heißwasser von 90° C (s. S. 260), wobei eine Temperatur von mindestens 85° C am Filterauslauf (unterer Teil!) mindestens 30 Minuten lang gehalten werden soll. Temperaturschreiber sind hier sehr nützlich. Der Filter kann ggf. über Nacht abkühlen.

Die Arbeitsweise mit *Drahtgewebefiltern horizontaler Bauart* kann genauso ablaufen wie bei den Stützschichtenfiltern beschrieben. Die Konstruktion dieser Filter erlaubt jedoch einige Besonderheiten. Der Filter wird mit Wasser aufgefüllt und einwandfrei entlüftet. Unter Darstellung eines Gegendruckes erfolgt die Anschwemmung der Kieselgur (getrennt in 1. und 2. Voranschwemmung, s. oben) mit doppelter Filtrationsgeschwindigkeit. Die Menge der Anschwemmung liegt mit 1000–1300 g/m² höher als beim Kieselgurschichtenfilter; auch hier werden 50-100 g/m² Cellulose zur 1. und etwa $^1/_3$ davon zur zweiten Voranschwemmung beigegeben. Anschließend wird das Wasser durch Kohlensäure verdrängt; es kann, da infolge mehrfacher Filtration keimarm, gestapelt werden. Es kann aber die Voranschwemmung schon bei der Sterilisierung am Vorabend mit Wasser von 90° C aufgebracht werden. Heißwasser ist bekanntlich sauerstoffarm. Es wird ebenfalls vor der Filtration aus dem Kessel gedrückt. Die Filtration beginnt dann mit dem Einleiten von unfiltriertem Bier mit der laufenden Anschwemmung. Beim Wechsel von einer Biersorte auf die andere kann der Filter mittels CO_2 über die beiden untersten Siebe entleert und dann mit der nächsten Sorte wieder aufgefüllt werden. Dies erfordert natürlich Zeit, da die beiden Bodensiebe nur eine ihrer Fläche entsprechende, geringe Leistung haben. Es gibt auch Konstruktionen, bei denen die Filterelemente durch einen Schwimmer entsprechend dem Absinken des Flüssigkeitsspiegels abgeschaltet werden. Am Ende der Filtration wird ebenso verfahren. Der Filterkuchen enthält noch ca. 0,2 hl Bier/m², die am besten durch CO_2, ausgepreßt werden. Sie würden somit einen Verlust von 0,4 %, auf die filtrierte Charge berechnet, hervorrufen. Das in der Kieselgur imbibierte Bier geht stets verloren, wenn nicht mit Nachlauf gearbeitet wird. Meist erfolgt der Austrag in pastöser Form mittels einer Dickstoffpumpe. Nachlauf fällt praktisch nicht an; die im Filterkuchen steckende Biermenge kann, so erwünscht, ebenfalls gewonnen werden. Die Standzeit eines derartigen Filters ist 7–10 Stunden, es werden Leistungen von 35–50 hl/m² erreicht.

Die *Arbeitsweise von Kerzen-Spaltfiltern*: Zu Beginn der Filtration wird der Filter mit kaltem Wasser aufgefüllt und entlüftet. Die erste Voranschwemmung (sehr grobe Gur zur Brückenbildung auf den Spalten) wird in 5 Minuten eingebracht und anschließend 10–15 min umgepumpt, bis sich eine deutliche Klärung des Wassers zeigt. Die zweite Voranschwemmung (Zusammensetzung wie laufende Dosierung) wird in gleicher Weise aufgetragen. Beim Umstellen auf Bier laufen etwa 4 % der Stundenleistung als wäßriger Vorlauf weg, der separat aufzufangende Zwischenlauf macht ca. 7 % der Stundenleistung aus, der wasserarme Vorlauf (10–12 % Stammwürze) weitere rund 8 %. Die laufende Anschwemmung beträgt rund 100 g/hl; es wird verschiedentlich empfohlen, diese während der ersten 15 Minuten um ca. 20 % höher anzusetzen, um ein besseres Filtrat zu erhalten. Bei einer stündlichen Druckerhöhung um 0,5 bar ist die Filtration nach 7–8 Stunden beendet. Die Kapazität beträgt 30 bis 40 hl/m². Die am Ende der Filtration anfallenden Nachlaufmengen sind eher etwas größer als die erwähnten Vorlaufmengen, da der Filterkuchen schwer auszulaugen ist. Es kann der Filter aber auch vor- und nachlauffrei arbeiten. Nach Auffüllen des Kessels mit Wasser wird dasselbe mit CO_2 entfernt und die Anschwemmung mit filtriertem Bier vorgenommen. Am Ende der Filtration wird die Biermenge mit CO_2 aus dem Filter gedrückt; das restliche Unfiltrat gelangt auf den Tank zurück. Die Kieselgur wird durch Spülen in entgegengesetzter Richtung (Dauer ca. 10 sec) abgesprengt. Nach kurzem, etwa 5 Minuten währendem Sedimentieren kann sie sehr dickflüssig ausgetragen werden.

Die *Kerzenfilter mit Drahtspirale* ermöglichen dieselben Arbeitsweisen wie vorstehend geschildert. Am Ende der Filtration, die in der Regel rund 50 hl/m² erlaubt, wird die Schicht aus Kieselgur und Trubstoffen durch einen Druckluftstoß entgegen der Bierlaufrichtung unter Einsatz einer geringen Wassermenge abgesprengt und im Konus des drucklosen Unfiltratraumes durch Druckluft für den pastösen Austrag homogenisiert.

4.2.2.5 *Allgemeine Bemerkungen*: Der Kieselgurverbrauch beträgt je nach Dauer des Filtrationszyklus für die Voranschwemmung 20–50 g/hl, an laufender Anschwemmung 80–150 g/hl, somit insgesamt zwischen 100–200 g/hl.

Bei schlechter Filtrierbarkeit der Biere liegen die Werte u. U. doppelt so hoch. Der Wasserverbrauch zum Spülen und Reinigen beträgt an Kaltwasser 1,8 hl/m², zur Sterilisation an Heißwasser (95° C) 1,1 hl/m², an Dampf 12 kg/m² pro Filterzyklus. Eine chemische Reinigung der Horizontal- und der Kerzenspaltfilter ist wöchentlich, die der Spiralkerzenfilter ca. monatlich erforderlich. Pro Reinigungsvorgang werden benötigt 2–5 % NaOH 3 l/m², 1–2 % HNO_3, 0,8 l/m², Heiß- und Kaltwasser 2 hl/m². Damit ist klar ersichtlich, daß die Filterstandzeit, d. h. die Dauer eines Zyklus nicht nur den Kieselgurverbrauch, sondern auch den Bedarf an Wasser, Energie und ggf. an Chemikalien stark beeinflußt.

Bei der Reinigung ist es von entscheidender Bedeutung, daß die Filterelemente wie Kerzen oder Drahtsiebe nach jeder Filtration von Kieselgur- und Trubresten *vollständig* gereinigt werden. Diese können nämlich während der Filtration aus dem Spalt oder der Masche des Filterelements abgeschwemmt, zu einem Zusammenbruch von Brücken und damit zum Durchtritt von Trubstoffen (z. B. Hefen) in das Filtrat führen.

Um nun bei der erwiesenen Stoßempfindlichkeit aller Kieselgurfiltersysteme – vor allem kurz nach Beginn der Filtration – Störungen zu vermeiden, soll ein Puffertank vor den Kieselgurfilter (Inhalt 20–30 % der Stundenleistung) geschaltet werden. Der Puffertank nimmt auch Hefestöße auf, die selbst durch eine trübungsabhängige Dosierung nicht aufgefangen werden können. Bei Bierwechsel während der Filtration sind u. U. zwei Tanks vonnöten, um den Übergang von einem Bier auf das andere nicht unnütz zu vergrößern. Es ist jedoch bei allen Systemen möglich im Kreislauf zu fahren, bis sich im Puffertank wieder ein entsprechendes Niveau eingestellt hat. Es ist zweckmäßig, auch die Filterauslaufseite mit einem Puffertank oder durch einen Druckstabilisator abzusichern.

4.2.2.6 *Die Wirkung der Kieselgurfiltration* kann durch Menge und Feinheit der Dosierung den Gegebenheiten des Bieres (Klärungsgrad, Viscosität) und den Bedürfnissen (Glanzfeinheit, biologische Ausleseleistung) angepaßt werden. Die Adsorptionswirkung der Kieselguren ist gering (s. S. 261), doch kann dieselbe durch Cellulose oder fibrillierte Kunststoff-Fasern verbessert werden. Die relevanten Zahlen sind auf S. 261 vermerkt. Auch der Zusatz von Aktivkohle (5–20g/hl) oder von Kieselsäurepräparaten (20–100 g/hl) kann Anwendung finden. Die unterschiedliche Durchlässigkeit dieser Präparate (Xerogel, Hydrogel, s. S. 262) muß bei der Bemessung der Gurfeinheit berücksichtigt werden.

Bei Betrachtung der Zahlenwerte für Leistung pro m² und Stunde fallen die großen Unterschiede zwischen Stützschichten- und Drahtgewebe- oder Kesselfiltern auf. Es ist nach Praxisversuchen durchaus möglich, einen Stützschichtenfilter mit 4 bis 4,5 hl/m² u. h zu fahren, um innerhalb einer Arbeitsschicht das gewünschte Pensum zu erreichen. Durch eine entsprechend verstärkte Voranschwemmung und eine an die Kesselfilter angepaßte Dosierung wird etwa dasselbe Filtrat erzielt.

4.2.2.7 Doppelte Kieselgurfiltration.

Schwer filtrierbare Biere aus Großtanks oder auch aus Intensivgär- und -reifungsverfahren erbringen häufig entweder eine unbefriedigende Klärung des Bieres oder ungenügende Standzeiten. Hierfür haben sich sog. „Tandemfilter" eingeführt: Der Vorfilter arbeitet mit Grobgur (und evtl. Perlite) derart, daß das Bier noch eine Trübung von 1–2 EBC-Einheiten aufweist. Der Nachfilter wird nur mit feiner Gur beschickt. Wichtig ist, die Kieselgurdosierung so zu treffen, daß beide Filter wohl die vorgesehene Leistung erbringen, sich aber dennoch etwa zur gleichen Zeit erschöpfen. Der Gesamtkieselgurverbrauch liegt bei 150 bis 170 % der einfachen Filtration „normal" vergorener Biere.

Wie schon in den vorhergehenden Abschnitten vermerkt, ist die Dauer eines Filtrationszyklus, die „Standzeit" von ganz erheblicher Bedeutung für die Wirtschaftlichkeit der Filtration, wie z. B. nach Kieselgurbedarf, Wasser-, Energie- und Chemalienverbrauch und damit Abwasser-Anfall.

Die Feinklärzentrifuge (s. S. 268) bietet sich zur Entlastung des Kieselgurfilters an. Hierdurch läßt sich die Standzeit ohne weiteres auf 14–16 Stunden ausdehnen.

4.2.3 Die Schichtenfilter

Sie dienen in der Regel als Nachfilter, wobei Schichten unterschiedlichen Durchlässigkeitsgrades neben einer Polierfiltration sogar eine Entkeimung des Bieres bewirken können.

4.2.3.1 Die Filter: Eine Anzahl von Filterplatten aus denselben Materialien und von derselben Größe wie bei Kieselgurschichtenfiltern sind in einem Gestell angeordnet. Kunststoffplatten haben sich als weniger dauerhaft erwiesen. Das Fließschema entspricht dem des Massefilters, d. h. das Bier tritt an einer Platte ein, durchdringt die Filterschicht und wird an der gegenüberliegenden Platte wieder gesammelt und über einen Kanal aus dem Filter abgeführt. Die Leistung der Schichtenfilter hängt ab von der Durchlässigkeit der Schicht sowie von der Anzahl und Größe der Filterplatten.

4.2.3.2 Die Schichten bestehen aus Zellstoff-Fasern aus verschiedenen Holzarten, Kieselguren und Perlite sowie Kunststoff-Fasern, die fibrilliert wurden sowie Harzen, die die Naßfestigkeit erhöhen. Damit wird innerhalb einer Schichtstärke von 4,2–4,5 mm eine große adsorbierende Oberfläche geschaffen, die die restlichen Trübungsteilchen (Eiweiß, Hefen, Bakterien) anlagern kann. Voraussetzung hierfür ist eine geringe Geschwindigkeit des Bieres in den Kanälen der Filterschicht. Das Durchströmen derselben dauert 90–120 Sekunden. Durch die Anlagerung von Feststoffen an den Filterfasern verlegen sich die Kapillaren, der Durchfluß wird geringer bzw. er kann nur durch ein größeres Druckgefälle aufrecht erhalten werden. Damit kommt es zu einem starken Anstieg der Geschwindigkeit im Innern der Kanäle, die die Adsorption von Trübungsteilchen erschwert bzw. sogar bereits adsorbierte Teilchen wieder abspült. Aus diesem Grund darf eine gewisse Druckdifferenz zwischen Ein- und Auslauf des Filters nicht überschritten werden: die Filtration ist abzubrechen und zu spülen bzw. es muß eine Erneuerung der Schichten erfolgen. Auch müssen Druckschwankungen („Stöße") unbedingt vermieden werden, da diese die Geschwindigkeit in den Kanälen kurzzeitig verändern und einen Durchtritt von Trübungsteilchen durch die Schicht bewirken.

Nach der Ausleseleistung sind folgende Stufen zu unterscheiden:

a) die Steril- oder Entkeimungsfiltration, die Hefen und Bakterien vollständig zurückhält. Die Filterleistung liegt hier niedrig, bei 1,0–1,3 hl/m² und Stunde, die Kapazität insgesamt bei 25–35 hl/m².

b) Scharfe Filtration zur vollständigen Entfernung der Hefen, aber auch zur Verringerung von Bakterien. Die Filterleistung beträgt ebenfalls nur 1,0–1,3 hl/m² und Stunde, die

Kapazität ca. 40 hl/m². Bei beiden Filtertypen wird die Glanzfeinheit des Vorfiltrats um 0,08–0,2 EBC-Trübungseinheiten verbessert.

c) Die Feinfiltration entfernt 95–100 % der Hefen. Bei 1,3 bis 1,5 hl/m² und h hat die Schicht eine Kapazität von 60 bis 90 hl/m². Der maximale Filterwiderstand soll 1,5 bar nicht überschreiten. Es erfolgt eine Verbesserung der Glanzfeinheit um 0,02 bis 0,08 EBC-Trübungseinheiten.

d) Polier- oder Sicherheitsfiltration. Sie verringert bis zu einem gewissen Maß den Hefegehalt des Bieres, vor allem bei Druckschwankungen und Stößen am Vorfilter. Leistung: ca. 2 hl/m² und h, Kapazität 150–200 hl/m².

4.2.3.3 *Bedienung des Schichtenfilters*: Der eingelegte Filter wird mit Dampf von 0,2–0,3 bar Überdruck oder mit Heißwasser sterilisiert. Bei EK-Filtern ist Dampf zu empfehlen, wobei für einen Ablauf des anfallenden Kondensats zu sorgen ist. Vor der Beschickung mit Bier ist der Filter zur Vermeidung eines Schichtengeschmackes ausreichend zu spülen. Die Filtration muß unter sorgfältiger Vermeidung von Druckstößen, am besten über einen Puffertank geschehen, Betriebsunterbrechungen sind zu vermeiden. Bei EK-Filtern darf die Druckdifferenz nicht mehr als 1,0–1,2 bar betragen, da sonst die Biergeschwindigkeit im Innern des Filters zu hoch (s. oben) und die Sicherheit der Filtration in Frage gestellt wird. Durch Rückspülen mit kaltem und heißem Wasser ist der Filter zwar zu regenerieren, aber dennoch geht seine Kapazität nicht über die oben angeführten Zahlen hinaus.

Bei ein- und derselben Schicht hängt die Klärleistung und die Kapazität sehr stark von der Qualität der Vorfiltration ab. Die Verluste durch Vor- und Nachlauf sind dann geringer, wenn Vor- und Nachfilter, d. h. der Kieselgur- und der Schichtenfilter nacheinander anlaufen und entleert werden. Bei getrenntem Anlauf wie z. B. bei einem separat geschalteten EK-Filter fallen dieselben Vor- und Nachlaufverluste wie im Kieselgurfilter an. Sie können deutlich verringert werden durch Vorspannen des gespülten und entlüfteten Filters mittels CO_2, ebenso kann der Filter nach der Filtration mit Kohlensäure leergedrückt werden. Dabei bleibt aber noch imbibiertes Bier im Filter zurück, das dennoch durch Spülen entfernt werden muß. Der Aufwand an Wasser für Spülen und Reinigen liegt bei 2,3 hl/m², für die Sterilisation bei 1,4 hl/m² Heißwasser (> 90° C). Der Dampfverbrauch beziffert sich auf 15 kg/m².

Der Personalaufwand für das Auswechseln der Schichten ist hoch.

4.2.4 Die Membranfiltration

Zur entkeimten Filtration werden auch Filtermembranen verwendet, die aus Zellulose-Ester bestehen und eine Porosität von 80 % gegenüber 20 % der herkömmlichen Filtersysteme aufweisen. Diese runden Membranen von 293 mm Durchmesser (0,067 m²) besitzen eine gleichmäßige bienenwabenartige Struktur, die Porengröße ist genau festgelegt; sie kann je nach der Ausleseleistung des Filters zwischen 0,2 μm und 5,0 μm liegen. Für die Entkeimungsfiltration werden Membranen mit einer Porenweite von 0,4 μm (± 0,05) für die Entfernung von Hefen solche von 1,2 μm gewählt, die eine Stärke von 150 μm aufweisen. Sie werden auf einen Zellstoffkarton aufgezogen, der die mechanische Festigkeit erhöht und die Bedienung erleichtert. Durch die hohe Porosität des Filters ist die Leistung hoch. Sie beträgt in Abhängigkeit der Schärfe der Vorfiltration bis zu 200 hl pro m² und Stunde, die Gesamtleistung beläuft sich auf 1300–2000 hl/m².

Die Filtermembranen liegen auf Trägerplatten mit einem durchlöcherten Rand, das Bier fließt hier ein, durchdringt die Membran und wird durch ein zentrales Abflußrohr abgeleitet.

Die Filterelemente sind in einem Kessel aus Edelstahl angeordnet. Zweckmäßig sind mehrere dieser Filter betriebsbereit, um beim Erschöpfen des einen auf einen anderen Filter umstellen zu können. Erschöpfte Filtermembranen sind nicht regenerierbar. Das Aus- und Einlegen sowie das Sterilisieren eines Filters von 200 hl/h erfordert etwa zwei Stunden.

Nachdem das Filtermaterial nicht adsorbierend wirkt, verändert es die Eigenschaften des Bieres nicht. Kulturhefen werden vollständig entfernt, Bakterien werden durch Membranen von 1,2 μm Porenweite kaum zurückgehalten.

Membrankerzen aus Polypropylen oder Nylon 66 können nur dann der Sterilfiltration dienen, wenn die Porengröße unter 0,45 μm liegt. Nur dann werden Bakterien wie Lactobazillen und Coccen – auch bei Druckstößen – zurückgehalten. Die spezifische Leistung dieser Kerzen liegt bei 0,8–1 hl/m² · h, wobei ein Filterzyklus normal 7–8 Stunden beträgt. Es ist dann eine Warm- und Heißwasserspülung mit nachfolgender Sterilisation durchzuführen. Die Gesamtkapazität einer Kerze von 750 mm Länge ist 250–800 hl, was eine große Streubreite der spezifischen Kosten bedeutet. Es können im günstigen Fall 50 Regenerationen (360 hl/m²) erreicht werden. Die Qualität der Vorfiltration ist von großer Bedeutung. Aus diesem Grunde wurden auch sog. „Hybridkerzen" entwickelt, die drei Schichtungen mit jeweils 1,2, 0,45 und 0,45 μm aufweisen und die eine bessere Leistung wie auch eine höhere Gesamtkapazität aufweisen. Das Filtermaterial Nylon 66 verzeichnet während der ersten Stunde eine beträchtliche Adsorption von Polyphenolen und verbessert damit die Bierstabilität. Dieses Bier weist aber eine andere Zusammensetzung auf als die folgenden Chargen; es ist zu verschneiden.

Die Membranfilter dieser neuen Generation sind unempfindlich gegen Druckstöße. Sie können unmittelbar, d. h. ohne Puffertank vor dem Füller angeordnet werden. Bei einer Porenweite von 0,45 μm verändern sie die Zusammensetzung des Bieres nicht, sie müssen durch eine Reihe von Betriebstests auf die Gleichmäßigkeit und Unversehrtheit der Membrankerzen überprüft werden. Es sind dies der „Bubble-Point-Test", der Diffusionstest (Forward-Flow-Test) und der Druckhaltetest.

Die Frage der Entsorgung der Membranfilterkerzen, die aus umweltfreundlichem Material stammen sollen, stellt sich im Hinblick auf die hierdurch verursachten Kosten.

Keramikkerzen: Sie sind zu Filtereinheiten von 50 m² Filterfläche zusammengestellt. Die 50 cm langen Kerzen von 12 cm Durchmesser weisen eine Porengröße von 10–30 μm auf. Um nun eine Porengröße zu schaffen, die Hefen und Bakterien zurückhalten kann, wird eine Kieselgur-Voranschwemmung von 1,5 kg/m² erforderlich. Die Grobgur (+ Cellulosegur) wird als erste, die Feingur als zweite Voranschwemmung aufgebracht. Die Leistung ist 10 hl/m² · h, die Standzeit einer Anschwemmung rund 20 Stunden. Damit ist der Kieselgurverbrauch unter 10 g/hl. Die Kerzen können ca. ein Jahr = 12 Monate à 500 Filtrationsstunden verwendet werden.

4.2.5 Die Zentrifugen

Ihre Wirkung beruht auf der Beschleunigung der natürlichen Sedimentation durch die Zentrifugalbeschleunigung. Sie hängt von der Umdrehungszahl und dem Durchmesser der Zentrifuge ab. Für die Bierklärung kommen nur hermetisch geschlossene Tellerzentrifugen in Betracht, da hier die trübenden Teilchen nur einen kurzen Weg zurückzulegen haben.

4.2.5.1 *Wirkungsweise der Zentrifuge*: Das Bier tritt von unten über die hohle Mittelachse der Zentrifuge ein, die sich mit 6–7000 Umdrehungen pro Minute dreht. Im Mittelkanal der Trommel verteilt sich das Bier auf die einzelnen Tellersätze. Durch die hohe Tourenzahl werden die Teilchen aus der Flüssigkeit nach außen an die Wand eines Tellers getragen. Sie gleiten längs dieses Tellers zur Trommelwand, an der sie sich niederschlagen. Eine völlige Klärung wird hier noch nicht erreicht, da die nach außen drängenden Teilchen von dem nach oben strömenden Bier abgelenkt werden. In der obersten Kammer ist die beste Klärung gegeben, da hier das Bier seine geringste Geschwindigkeit hat und so keine Beunruhigung der Abscheidung der Trübungsbildner mehr erfolgt. Das geklärte Bier tritt oben aus der Zentrifuge aus. Um den Druckabfall in der Zentrifuge auszugleichen, muß vor dieselbe eine Pumpe geschaltet werden. Bei den selbstfördernden Zentrifugen wurde die Schälscheibe (s. S. 188) durch eingebaute Pumpen ersetzt. Diese rotieren mit der Trommel; sie verringern den Zulaufdruck und erhöhen den Ablaufdruck.

Bei den hermetischen Separatoren sind die Zu- und Ablaufleitungen durch Manschettendichtungen gegen die umlaufende, unter Druck stehende Trommel abgedichtet. Es geht keine Kohlensäure verloren, Luft wird nicht aufgenommen.

4.2.5.2 Durchführung des Zentrifugierens: Bis in die 1960er Jahre wurden Zentrifugen für die ausschließliche Klärung des Bieres beschafft. Diese Vollklärung wird auch heute noch in einigen Brauereien von lokaler Bedeutung betrieben. Die hierfür verwendeten Zentrifugen waren Mehrkammer- oder Tellerseparatoren, die mit Leistungen von bis zu 40 hl/h betrieben wurden. Mit der Erschöpfung der Zentrifuge, was sich letztlich durch Nachlassen der Klärleistung äußerte, wurde diese stillgesetzt, entleert, gereinigt und wieder zusammengestellt. Diese Manipulation erforderte ohne Sterilisation ca. 60 Minuten. Aus diesem Grunde waren mehrere Zentrifugen parallel im Einsatz, um mit versetzten Reinigungszeiten die erforderliche Klärleistung zu erbringen. Durch die Reibung zwischen der umgebenden Luft und dem äußeren Mantel der Zentrifugentrommel wird die Biertemperatur etwas erhöht. Bei Vollklärung handelt es sich um einen Temperaturanstieg um 1,5–2° C, dem schon vor der Zentrifuge durch entsprechende Abkühlung des Bieres bis zum Gefrierpunkt (– 2 bis – 2,5° C) mittels eines Tiefkühlers Rechnung zu tragen ist. Hierdurch soll die Peptisation von bereits während der Lagerung des Bieres unlöslich gewordenen Kältetrübungsteilchen vermindert werden. Die Klärwirkung der geschilderten Zentrifugen ist bei ein- und derselben Leistung nicht immer gleich. Hier ließen sich Abhängigkeiten von der Malzbeschaffenheit, der Sudhausarbeit und der Würzebehandlung ableiten, die oftmals schwer auszusteuern waren. Sehr wichtig war eine lange kalte Lagerung des Bieres bei Temperaturen von unter −1° C, um die erforderliche kolloidale Stabilität zu gewinnen.

Für *eine weitgehende Vorklärung* des Bieres (Entfernung von Hefen, aber auch von Trübungsbestandteilen zu über 99 %) haben sich hermetische, selbstaustragende Separatoren bewährt. Die Entleerung (s. S. 188) wird durch die Schlammraumabtastung ausgelöst. Dabei darf die Hermetik des Separators nicht unterbrochen werden, auch sind die dabei unweigerlich auftretenden Druckschwankungen durch die Aufstellung eines Puffertanks zwischen Zentrifuge und Bierfilter aufzufangen. Dieser soll bei kleineren Leistungen 30 %, bei großen 15 % der stündlich separierten Menge aufnehmen können. Außerdem ist ein getrennter Ein- und Auslauf (kein T-Stück!) zur Absorption der Druckstöße erforderlich. Der vorerwähnte Temperaturanstieg beträgt infolge des größeren Durchsatzes nur 0,5–0,7° C, auch verfügen moderne Geräte über eine Kühlmöglichkeit.

Zentrifugen zur Feinklärung werden für Leistungen bis zu 500 hl/h gebaut; der Energiebedarf liegt bei 7–8 kW/100 hl, Vor- und Nachläufe fallen praktisch nicht an, die Überläufe von einer zur anderen Biersorte sind gering. Die Zentrifuge kann in das CIP-System für die Leitungsreinigung und Sterilisierung oder in die der Filteranlage zugeordnete Einheit eingepaßt werden.

Eine große Bedeutung kommt derartigen Zentrifugen bei der Entlastung der Kieselgurfiltration oder bei der Entwicklung neuer Filtrationstechnologien zu (s. S. 270).

4.3 Die Kombination der Klärverfahren

Zur alleinigen Klärung des Bieres ist zwar die Kieselgurfiltration geeignet, doch wird diese ohne zusätzliche Sicherung nur mehr bei sehr kleinen Betrieben getätigt. Bei Trennung der Begriffe „Klärung" und „Sterilfiltration" bzw. „Sterilisation durch Kurzzeiterhitzung" wird der Kieselgurfilter sehr wohl zur ausschließlichen Klärung

eingesetzt, so daß seine Kombination mit z. B. Kurzzeiterhitzern oder einem der verschiedenen Membrankerzenfilter sehr weit verbreitet ist.

Zur Entlastung des Kieselgurfilters durch Verlängerung seiner Standzeit finden Zentrifugen Verwendung. Gerade bei noch stärker hefehaltigen Bieren (Staubhefebiere, obergärige Biere) können sie dem Kieselgurfilter zunächst einmal zu einem „normalen" Filtrationszyklus von ca. 7 Stunden verhelfen und damit überhaupt die Lieferbereitschaft des Betriebes sichern. Es gelingt durch Optimierungsmaßnahmen häufig, die Standzeiten auf 14–16 Stunden zu verlängern und damit eine deutliche Verringerung der Filtrationskosten zu erzielen.

Die klassische Filterkombination ist die des Kieselgurfilters mit einem entsprechend großen Schichtenfilter. Durch die Wahl des Schichtentyps kann der Feinheitsgrad der Nachfiltration sogar bis zur Entkeimung führen, wobei allerdings die verringerte spezifische Leistung durch eine größere Auslegung auszugleichen ist. Häufig findet bei großen Haltbarkeitsansprüchen noch ein eigener Entkeimungsfilter oder ein Kurzzeiterhitzer – meist kurz vor dem Füller – Anwendung.

Zur Optimierung des Kieselgurfilters bei stärker hefehaltigen oder durch sonstige Ursachen schwer filtrierbaren Bieren sind in einigen Brauereien sog. Tandemfilter im Einsatz (s. S. 266). Der große Aufwand an Arbeit beim Einlegen und Warten des Schichtenfilters war Anlaß für eine Reihe von Brauereien, die Aufgabe derselben einem zweiten Kieselgurfilter zu übertragen, der mittels feiner Gur ein keimfreies Filtrat erzielt (s. S. 291). Der Vorteil dieser Anordnung ist die Automatisierbarkeit der gesamten Filtration, die trotz eines um ca. 50 % erhöhten Kieselgurverbrauchs wirtschaftlicher gestaltet werden kann. Längere Standzeiten des Systems können auch hier den Kieselgurverbrauch senken.

Die Stabilisierung mit regenerierbarem PVPP z. B. in Horizontalfiltern (s. S. 321) bedeutet eine weitere Filterkombination, wobei der Stabilisierungsfilter zwischen Kieselgur- und Schichtenfilter angeordnet ist. Letzterer wird vielfach durch einen Auffangfilter („Trap-Filter") ersetzt, der u. U. mitgerissene, feinste PVPP-Teilchen zurückhält. Dieser besteht aus Baumwoll-Cellulose-Kerzen von jeweils 0,14 m² mit einer spezifischen Leistung von 70 hl/m² · h. Das Filtermaterial ist leicht durch Warm- und Heißwasserspülung regenerierbar, es muß lediglich nach 60–80 000 hl/m² ersetzt werden.

4.4 Wege zum Ersatz der Kieselgur-Filtration

Die Probleme der technologisch ausgereiften Kieselgurfiltration sind:
a) die Kieselgurlager auf der Welt sind nicht unerschöpflich; dieses Thema stellt sich aber noch nicht unmittelbar;
b) die Kieselgur muß entsorgt werden, wozu die beiden schon erwähnten Methoden der Regeneration (s. S. 261), die Verarbeitung zu Kompost, die nicht überall mögliche Vermischung mit Trebern zu Viehfutter und die äußerst teuere Schlammentsorgung zählen. Neue Technologien (Verwendung für Oberflächenbelag im Straßenbau, Zumischen zu Lehm für Ziegelsteine) zeichnen sich ab.

Eine Verringerung des Kieselgurverbrauchs erbringt die schon erwähnte Jungbier- oder – unmittelbarer – die Feinklärzentrifuge, die dem Kieselgurfilter vorgeschaltet wird.

Die *Kombination von Zentrifuge und Massefilter* wird in kleineren Brauereien mit gutem Erfolg genutzt. Für eine weltweite Wiedereinführung des Massefilters wird sowohl die herkömmliche Massefilterkonstruktion als auch die Technik der Reinigung, der Sterilisation und das Einbringen der Masse in den Filter völlig neu entwickelt werden müssen.

Die *Kombination von Feinklärzentrifuge und Horizontal-Filter* (s. S. 264), der jedoch nicht mit Kieselgur, sondern mit einem regenerierbaren Material wie fibrillierter, d. h. feinstzerfaserter Cellulose arbeitet, könnte ein Weg in die vorerwähnte Richtung sein. Die „Masse" wird einmal zur Voranschwemmung (1 kg/m²) mit einem relativ hohen Druck aufgebracht und stellt dann einen entsprechenden „Filterkuchen" dar. Es wird dann allerdings noch eine laufende Dosage von 200 g/hl erforderlich, um bei einer spezifischen Leistung von 5 hl/m² · h eine Reduzierung der Trübung auf 0,4–0,8 EBC-Einheiten zu erreichen. Das System befindet sich noch im Stadium weiterer Entwicklung.

Die *Multi-Mikrofiltration* ist ein Tiefenfilter, dessen Filterbett von 27 mm Dicke bei mehreren Schichten in Laufrichtung des Bieres eine immer feinere Porenweite aufweist. Die konisch geformten Filterkuchen liegen in ebensolchen Filterträgern, die vom zentralen Unfiltratkanal aus beschickt werden. Das Bier dringt von hier aus in die Rippenfelder unterhalb der Filterkuchen, durchdringt diese von unten nach oben, sammelt sich im oberen Rippenfeld und fließt über Durchbrüche in den Ablaufkanal.

Die stündliche Leistung des Filters soll bei 15 hl/ m² · h liegen, wobei bereits im Bereich der mittleren Schichtung nur mehr wenige, im letzten Drittel der Schichttiefe dagegen keine Kulturhefen mehr gefunden wurden. Der Filter arbeitet praktisch eine Woche ohne Regeneration (90 Std.), die Lebensdauer der Kuchen wird mit knapp 4000 hl/ m² angegeben. Eine Druckempfindlichkeit ist nicht abzuleiten. Probleme mit der Stabilität des Filterkuchens und der Abdichtung der Kuchen dürften noch überwunden werden, bzw. derzeit überwunden sein.

Der Filter ist als Diagonaleinheit gebaut, d. h. Vor- und Nachfilter lassen sich je nach Regenerierungszustand wechselweise betreiben.

Bei der *Kreuzstrom-Mikro-Filtration (CMF)* wird die zu filtrierende Flüssigkeit nicht direkt durch die Membran gefördert, sondern mit entsprechend hoher Fließgeschwindigkeit an der Membranoberfläche vorbeigeführt. Dabei passiert nur ein Teil des Flüssigkeitsstroms die Membran als blankes Filtrat (Permeat). Durch wiederholtes Überströmen der Membran mit dem Unfiltrat (Retentat) werden die Trubstoffe im Kreislauf angereichert. Die Membranen bestehen aus Polypropylen, Polyethersulfon oder Keramik (z. B. α-Aluminiumoxid). Sie werden als Filterkerzen (Rohrmembranen sog. Modulen), in die die Einzelmembranen mit 3–6 mm Kanaldurchmesser angeordnet sind, vom Unfiltrat beaufschlagt. Die Länge dieser Elemente darf nur so bemessen sein, daß sie gleichmäßig angeströmt werden kann. Entscheidend für die Leistung der Membran ist die Geschwindigkeit, mit der das Unfiltrat auf die Membranoberfläche aufgebracht wird. Optimal sind über 5 m/sec; was einer Reynolds-Zahl von über 3000 entspricht. Durch diese Strömung soll der Aufbau einer „Sekundärmembran" durch Trubstoffe gestört werden. Der transmembrane Druck darf aus diesem Grund nicht über 1,5 bar Ü liegen, da er seinerseits zum Aufbau einer Sekundärmembran beiträgt, die den Filterwiderstand erhöht. Die Filtrationstemperatur muß bei 0° C liegen, um die Stabilität des Bieres nicht zu gefährden. Eine niedrige Biertemperatur ist aber durch die damit verbundene höhere Viscosität der Filterleistung abträglich. Um die Sekundärschicht wieder aufzulockern, kann ein periodisches Rückleiten von Filtrat angewendet werden. Die Porengröße der Membranen darf aus Gründen der biologischen Stabilität des Bieres nicht über 0,4–0,45 µm liegen. Das im Hinblick auf die Leistung des Filters vielfache Biervolumen, das zur Darstellung der Anströmgeschwindigkeit der Membranen erbracht werden muß, bedingt eine entsprechende Erwärmung des Bieres. Diese muß in einem, im Kreislauf eingeschlossenen Bierkühler wieder abgebaut und das Bier auf 0° C gebracht werden. Somit bedarf es einer spezifischen Leistung von mindestens 80 l/m² · h, um in einen wirtschaftlich annehmbaren Bereich zu gelangen.

Die Verbesserung des Systems wird derzeit aus drei Richtungen ermöglicht:

a) durch die Kombination einer Feinklärzentrifuge mit einem CMF,
b) durch eine verbesserte Anströmung der Module,
c) durch eine Membranspülung in zwei Schritten, die alle Stunde 15 Minuten umfaßt. Nach einem alkalischen Reinigungsvorgang erfolgt eine Rückspülung mit Wasser.

Hierdurch können Fluxraten von durchschnittlich 100 l/m² · h während 6 Stunden erreicht werden. Auch erfährt der Energieeintrag ein Absenken von ca. 7 kWh/hl auf 0,4 kWh/hl.

Die CMF-Filtraztion konnte sich auf einem Teilgebiet bereits in mehreren Brauereien einführen: zur Filtration von Hefebier , wobei hier Membranen mit Porenweiten von 0,2 µm eingesetzt werden, um gleichzeitig eine qualitative Aufbesserung des Hefebieres zu erzielen (s. S. 304).

4.5 Die Hilfs- und Kontrollapparate der Filtration

Die Filtration bedarf zu ihrer reibungslosen Durchführung einer Reihe von Hilfseinrichtungen wie Verschneidbock, Druckregler, Tiefkühler und Entlüftungslaternen. Auch die Kontrolle der Filterwirkung spielt zur Sicherstellung des Effekts und zur Entlastung des Personals eine wesentliche Rolle.

4.5.1 Hilfsapparate

4.5.1.1 Der *Verschneidbock* ist zwischen Lagergefäß und Druckregler geschaltet und dient der störungsfreien Einleitung und Beendigung des Filtrationsvorganges und dem reibungslosen Umstellen von einem Lagertank und von einem Biertyp auf den anderen bzw. dem Verschnitt von Bieren aus verschiedenen Lagergefäßen.

Auf einem stationären oder fahrbaren Gestell sind 2–10 Laternen zur Beobachtung des Bierdurchflusses montiert. Über einen Hahn wird jeweils der Zulauf zum Sammelrohr reguliert und

so – bei modernen Konstruktionen ablesbar – der Verschnitt eingestellt. Beim Leerwerden eines Tanks setzt sich in der betreffenden Laterne eine Gummikugel oder eine Klappe auf den Auslauf, so daß das Einziehen von Luft in die Bierleitung vermieden wird.

Automatische Verschneidböcke vermeiden durch einen, dem spezifischen Gewicht des Bieres angepaßten Schwimmer das Einziehen des Bieres. Der hierdurch ausgelöste Impuls schaltet den nächsten Tank zu. Die Reihenfolge der Tanks bzw. Laternen kann frei programmiert werden.

4.5.1.2 *Druckregler*: Diesen Pumpen läuft das Bier unter dem auf dem Lagergefäß herrschenden Überdruck von 0,7–0,9 bar über den Verschneidbock zu, wird zum Filter gefördert und durch dessen Schichten in den Drucktank oder zum Abfüllapparat gedrückt. Sie sind nach Mengenleistung und Druck einstellbar; so läßt z. B. bei Steigerung des Druckes die Förderung nach oder umgekehrt. Ihre Aufstellung erfolgt in der Nähe der Lagergefäße, um in dieser Zone niedrigeren Druckes keine zu langen Leitungen zu haben, die Druck- und CO₂-Verluste erbringen würden. Die früher üblichen Kolbenpumpen sind ersetzt durch ein- oder mehrstufige stoßfrei arbeitende Zentrifugalpumpen, die zur Erhöhung der Leistung oder des Druckes eine Reguliervorrichtung besitzen. Eine Drosselung der Pumpenleistung am Auslaufhahn sollte möglichst unterbleiben, da sonst im Innern der Pumpe der Druck entsprechend der Umdrehungszahl ansteigt und Scherspannungen hervorgerufen werden. Eine Regulierung des Pumpenmotors über eine Frequenzsteuerung ist am günstigsten. Die Leistung der Pumpe muß so bemessen sein, daß sie den Widerstand des Filters (bis 3 bar oder mehr) und den Gegendruck im Drucktank oder im Füller (ca. 1,5 bar) sowie den Leitungswiderstand ohne Leistungsminderung überwinden kann.

4.5.1.3 Der *Tiefkühler* wird zwischen Druckregler und Filter geschaltet. Er dient dazu, den Filter zu Beginn der Filtration nahe an die Biertemperatur zu kühlen, die Biertemperatur von −1° C auch während der Filtration zu erhalten oder Bier, das im Lagerkeller ungenügend kalt war, vor der Filtration zu unterkühlen, um so die chemisch-physikalischen Gegebenheiten des Bieres zu verbessern. Es finden Röhren- und Plattenkühler, meist mit Kälteträger (Glycol) beschickt, Anwendung. Daneben haben sich auch Röhrenkesselkühler, die mit dem direkt verdampfenden Kälte-

Biergeschwindigkeit hl/h bei 1 m/sec	45	70	102	140	180	230	280
Leitungsquerschnitt lichte Weite mm	40	50	60	70	80	90	100

mittel betrieben werden, einzuführen vermocht. Der Kühler sollte vor einem eventuell vorhandenen Puffertank sein.

4.5.1.4 Die *Bierleitungen* müssen zur Vermeidung hoher Leitungswiderstände eine genügend dimensionierte lichte Weite haben. Die Biergeschwindigkeit darf 1 m/sec nicht übersteigen, deshalb sind für die angegebenen Leistungen die unten aufgeführten Leitungsquerschnitte zu wählen. Wichtig ist auch der gleichmäßige Durchmesser der Leitungen und Durchgänge, deren glatte Oberfläche und Dichtheit CO_2-Verluste und Lufteinzug vermeiden soll.

4.5.1.5 *Entlüftungslaternen* dienen der Abscheidung von Luft oder CO_2 aus dem Bier. Sie sollen vor dem Filter oder jeweils an den höchsten Stellen der Bierleitungen angeordnet sein.

4.5.2 Kontrollgeräte

4.5.2.1 *Temperaturschreiber* kontrollieren Temperatur und Dauer der Sterilisation, u. U. auch die Biertemperatur.

4.5.2.2 *Druckschreiber*, die den Druck am Ein- und Auslauf der Filter registrieren, vermerken Druckstöße und -schwankungen; sie geben Fingerzeige zur Entstörung des Filtrationsprozesses.

4.5.2.3 *Trübungsmesser* registrieren die Trübung des Bieres. Die Messung der Trübung (Tyndall-Effekt) geschieht über die Messung der Intensität des Streulichts, das in einem bestimmten Winkel ausgestrahlt wird. Der Grad der gemessenen Trübung hängt weiter ab von der Größe, Form und Farbe der Trübungspartikel, von der Brechung der Flüssigkeit, der Wellenlänge des zur Messung benützten Lichts und der Geometrie der Meßanordnung.

Zur Messung des durch die Trübung hervorgerufenen Streulichts kann bei mittleren bis hohen Trübungswerten die Absorptionsmessung, bei geringeren bis mittleren Trübungen die Streulichtmethode Verwendung finden. Bei letzterer wird das von der Suspension nach allen Seiten abgelenkte Streulicht unter einem Winkel von 90° (Seitwärtsstreuung) oder 12–35° (Vorwärtsstreu-

ung) gemessen. Je größer die Partikel oder je kürzer die Wellenlänge, desto stärker sind die Lichtstreuungen, besonders die Vorwärtsstreuung. Ein Meßwinkel von 90° eignet sich besonders gut zur Erfassung von kolloidalen Trübungsteilchen (Durchmesser< 1 µm). Er findet bei der laufenden Filtrationskontrolle Anwendung. Die Messung mittels Vorwärtsstreuung wird dagegen bei größeren Partikeln (> 1 µm) angewendet, z. B. bei der Abläuterkontrolle, beim Whirlpool-Lauf zur Dosierung bzw. Regelung der Hefe zum Anstellen oder bei der Filtration zur Erkennung von Hefe- oder sonstigen Trübungsdurchbrüchen.

Die Trübung wird in EBC-Formazin-Einheiten ausgedrückt. Sie darf bei der 90°-Messung 1 EBC Einheit am Kieselgurfilter nicht überschreiten; der Schichtenfilter erbringt noch eine geringfügige Minderung (ca. $^1/_3$). Bei der 12°-Messung dürfen 0,12–0,15 EBC-Einheiten nicht überschritten werden.

4.5.2.4 *Brechzahl-, Dichte- oder Stammwürzemesser*: Der Refraktometerwert (Brechzahl) und die Dichte können über einen Rechner auf den Stammwürzegehalt geführt werden. Dieser ist für eine wirtschaftliche Bemessung der Vor-, Nach- und Zwischenläufe von großer Bedeutung.

Die Konzentrationsänderungen bei Vor- und Nachlauf können auch mit guter Genauigkeit durch *Leitwertmessung* erfaßt werden.

Die Ermittlung des Stammwürzegehalts ist bei der Verdünnung ursprünglich stärkerer Biere (Brauen mit hoher Stammwürze, s. S. 372) sehr genau durchzuführen, ebenso, wenn Vor- und Nachläufe gezielt zur Stammwürzekorrektur (s. S. 301) knapp unter die relevante Steuerschwelle Verwendung finden.

4.5.2.5 Der *Kohlensäuregehalt des Bieres* wird wohl schon im Lagerkeller gemessen (s. S. 242), doch kann es auch am Filter zweckmäßig sein, eine Kontrolle dieses Qualitätsmerkmals automatisch durchzuführen und über Schreiber darzustellen. Es ist dann nach dem Filter die Möglichkeit den CO_2-Gehalt zu korrigieren. Eine Erniedrigung desselben, z. B. für Faßbier, ist bei den herrschenden niedrigen Temperaturen nur schwer möglich. Dagegen ist es günstiger, im Lagerkeller für die Bedürfnisse des Faßbieres zu spunden (CO_2-Gehalt ca. 0,44 %) und auf die

Werte des Flaschenbieres mit betriebseigener Kohlensäure zu karbonisieren (über 0,50 %).

Hierfür dienen Kerzen aus Sintermetall oder Venturirohre und/oder statische Mischer. Hochentwickelte, selbsttätig messende und vollautomatisch karbonisierende Geräte können den CO_2-Gehalt um bis zu 0,3 % erhöhen. Sie werden aber auch dazu eingesetzt, den Kohlensäuregehalt eines – u. U. schon hochgespundeten Bieres – stets auf dasselbe Niveau einzustellen. Das Karbonisiergerät kann zwischen Filter und Druck- bzw. Puffertank, aber auch nach diesem angeordnet sein.

4.5.2.6 Ein *Sauerstoffmeßgerät*, am besten schreibend, sollte am Schichten-Filter-Auslauf sowie vor dem Füller angeordnet sein. Die Messung des gelösten Sauerstoffs ist im Nebenstrom (10 l/h) oder auch im Hauptstrom möglich.

Zur schwerpunktmäßigen Betriebskontrolle des Abfüllweges, aber auch schon voraufgehender technologischer Schritte dient ein tragbares Gerät.

4.5.2.7 Eine Zählvorrichtung (z. B. Ringkolbenzähler oder Induktiver Durchflußmesser) kann über die filtrierten Mengen der einzelnen Biersorten und über den Teilschwand der Filtration (s. S. 301) Auskunft geben. Darüber hinaus ist es möglich, die Mengen für Vor-, Nach- und Zwischenlauf zu erfassen und nach dieser Methode die Umstellung zu tätigen (s. S. 265).

4.6 Einleitung und Beendigung der Filtration

Die Leitungen und Apparate werden vor der Filtration dem Bierweg entsprechend angeordnet, sterilisiert, anschließend mit biologisch einwandfreiem nach Möglichkeit mit entlüftetem, d. h. vom Sauerstoff weitgehend befreitem Wasser von 0–1° C gespült und der Filter gefüllt. Diese Maßnahme bewirkt auch ein Entlüften desselben. Bei Kieselgurfiltern wird die Voranschwemmung aufgebracht. Anschließend wird der zur Förderung des Bieres zum Verschneidbock nötige Überdruck auf das Lagergefäß gesetzt. Dieser darf bei Lagertanks nicht über 0,99 bar betragen, bei Asahi- und Unitanks darf kein Überdruck angewendet, sondern nur der Raum der abgezogenen Flüssigkeitsmenge mit Gas – möglichst CO_2 – aufgefüllt werden. Zur Erhaltung des Luft- oder CO_2-Druckes dienen Reduzierventile, die vor den einzelnen Lagerkellerabteilungen (Einfrieren!)

angeordnet sind. Die Preßluft muß biologisch rein, geruchfrei, ölfrei, kalt und trocken sein. Sie wird in einer zentralen Filteranlage gereinigt. Meist ist jeder Reduzierstation noch ein eigener kleinerer Luftfilter angeschlossen. Dasselbe gilt für Kohlendioxid. Nachdem alle Hähne an den Bierleitungen geschlossen wurden, werden die Fässer oder Tanks angezapft; durch Öffnen des Anstichhahns und des Entlüftungshahns am Verschneidbock läuft das Bier an, drückt Wasser und CO_2 bzw. Luft vor sich her und füllt die Laterne des Verschneidbockes, deren Entlüftungshahn solange geöffnet bleibt, bis sie schaumlos mit gelägerfreiem Bier gefüllt ist. Durch Öffnen des Auslaufhahnes fließt das Bier zum Druckregler, der bereits nach Aufbringen der Voranschwemmung bei Kieselgurfiltern mit normaler Tourenzahl läuft. Das vom Druckregler geförderte Bier läuft nun zur Einlaufglocke des Filters, füllt sie nach kurzem Vorschießenlassen schaumfrei und nun schiebt das Bier durch Öffnen des Wechsels am Filterauslauf das im Filter befindliche Wasser vor sich her. Durch Drosseln des Auslaufhahnes wird ein Gegendruck erzeugt, der demjenigen der Abfüllapparate bzw. des Vorratstanks entspricht. Der Vorlauf wird (wie auf S. 265 beschrieben) entnommen und dann das Bier zum Drucktank bzw. in die Abfüllerei geleitet.

Wichtig ist die völlige Entlüftung des Leitungssystems und des Filters.

Das Leerdrücken des Filters geschieht, indem eine der Verschneidlaternen mit der Wasserleitung in Verbindung gebracht wird, wobei die gleichen Druckverhältnisse wie beim vorher angeschlossenen Lagergefäß einzuhalten sind. Ein Stillsetzen des Filters während der Filtration bringt immer die Gefahr eines Druckstoßes beim Wiederanlaufen mit sich; bei Kieselgurfiltern auch ein Zusammenfallen der Filterschicht. Der Filter muß auf jeden Fall unter Druck stehen bleiben und beim Wiederanlauf das Filtrat sehr sorgfältig beobachtet werden. Notfalls ist solange auf den Vorlauftank oder auf Umlauf umzustellen, bis das Filtrat wieder völlig einwandfrei ist.

4.7 Das Geläger

Nach Leerwerden des liegenden Lagertanks oder der Asahi- bzw. Unitanks befindet sich noch das Geläger im Tank, d. h. jene Hefe, die im Bier vom Gärkeller her noch enthalten war und die die Nachgärung bewirkt hatte. Bei modernen Verfahren ist es ein Heferest, der nach Umlagern des gereiften Bieres noch nachträglich angefallen war. Auch Kräusenhefe kann hier enthalten sein. Neben der Hefe berfinden sich im Geläger noch ausgeschiedene Eiweiß- und Hopfenbestandteile.

Die Menge liegt bei konventioneller Nachgärung bei 0,3–0,4 l/hl Bier, bei Großtanks ist sie durch zwischenzeitliches Hefeabschlämmen schon verringert. Doch fällt auch hier Geläger an. Bei liegenden Lagertanks wird das auf dem Geläger stehende Bier nach dem Ablassen des Druckes abgepumpt („abgeseiht"). Es wird zum übrigen Restbier gegeben, u. U. mit Aktivkohle (20 bis 50 g/hl) versetzt, einmal wöchentlich durch den erschöpften Kieselgurfilter am Ende eines Filtrationstages oder durch einen eigenen Restbierfilter geklärt und entweder durch Aufkräusen einer nochmaligen kurzen Lagerung unterworfen oder in geringen Mengen beigeschnitten. Es ist allerdings zu prüfen, ob das Hefebier nicht durch ausgefällte β-Glucane des Bieres oder durch Polysaccharide der Hefe eine derart filtrationshemmende Wirkung hat, daß die Filtrierbarkeit der gesamten Charge leidet. Aus diesem Grunde ist auch das Abpressen des Gelägers im Hinblick auf diese, aber vor allem auch geschmackliche Störungen zu prüfen. Dies soll noch im Kapitel „Restbier" besprochen werden (s. S. 304).

4.8 Die Druckluft

Die *Druckluft*, die an verschiedenen Stellen der Brauerei benötigt wird (Würzebelüftung, „Aufziehen" der Hefe, Bewegen des Bieres, Vorspannen von Fässern und Flaschen), muß bestimmten Anforderungen genügen: Da sie mit Würze oder Bier in Berührung kommt, muß sie ölfrei sein. Trockenlaufkompressoren oder Wasserringläufer entsprechen diesen Anforderungen. Bei ölgeschmierten Pumpen ist eine Entölung über einen Aktivkohlefilter erforderlich, der u. U. durch eine Kalkmilchvorlage entlastet werden kann. Das der natürlichen Luftfeuchte entstammende Wasser fällt beim Abkühlen der Druckluft in größeren Mengen aus. Die notwendige Trocknung erfolgt meist durch Kältetrockner (Abkühlung mit nachfolgender Temperierung), in besonderen Fällen durch Adsorptionstrockner.

Die Sterilisation der Druckluft wird am einfachsten durch Watte-Kohle-Filter bewirkt, die auch Ölspuren beseitigen. Doch ist ihre Kapazität gering. Für größere Leistungen kommen Filterkerzen aus Keramik oder Mikroglasfasern aus Borsilikat zum Einsatz. Es hat sich bewährt, direkt vor den Verbrauchern (Tank, Füller) zusätzliche Filter anzuordnen. Bei der Sterilabfüllung können auch EK-Schichtenfilter (s. S. 266) Anwendung finden.

Das Leitungsnetz muß übersichtlich und leicht zu reinigen bzw. zu sterilisieren sein.

5 Das Abfüllen des Bieres

Nach dem Filter läuft das Bier entweder direkt in die Faß- oder Flaschenfüllerei oder es wird in besondere Tanks filtriert, in denen es bis zu seiner weiteren Verwendung lagert.

5.1 Die Aufbewahrung des filtrierten Bieres

Sie erfolgt in eigenen Tanks, die vielfach als Drucktanks für 2–4 bar Überdruck ausgeführt sind. Daneben werden auch Tanks normaler Ausführung verwendet, von denen das Bier über Pumpen zu den Verbrauchern gefördert wird. Eine derartige Abteilung hat den Vorteil, daß sich Unterschiede in der Filtrations- und Abfülleistung nicht behindern, daß die Filtration ruhiger, stoßfreier und sicherer ist und das Bier vor seiner Abfüllung nochmals auf seine qualitätsbestimmenden Merkmale mittels chemisch-technischer und biologischer Analyse überprüft werden kann. Die Größe der Vorratstanks soll so bemessen sein, daß sie das Volumen einer 2–4stündigen Abfüllung zu fassen vermögen, wobei auf „Splitterbiersorten" entsprechend Rücksicht zu nehmen ist. Die Kapazität des Vorratskellers soll der 1 ½fachen Tagesleistung der Füllereien entsprechen. Überlegungen, wie die Vermeidung einer Sauerstoffaufnahme des Bieres beim Einlauf in den Tank bzw. beim Entleeren desselben sowie das Einsparen der aufwendigen Reinigung und Desinfektion, führten verschiedentlich dazu, die Zwischenstapelung des Bieres im „Drucktankkeller" – mindestens für die Hauptbiersorten – fallenzulassen. Dafür spricht auch die kontinuierliche Kontrolle des Bieres nach Stammwürze, CO_2-Gehalt, pH, Farbe, Trübung, wie auch immer schneller werdende mikrobiologische Methoden ein hohes Maß an Sicherheit ermöglichen. Die Aufgabe der Tanks für filtriertes Bier wird sog. Puffertanks zugeordnet. Diese können auch aus mehreren zusammengeschalteten Tanks bestehen. Nachteile beim Abfüllen im Hinblick auf die Gleichmäßigkeit des Füllvorganges etc. konnten nicht beobachtet werden.

5.2 Die Faßfüllerei

5.2.1 Die Fässer

Die Fässer werden aus Holz, Aluminium oder Edelstahl hergestellt. Kunststoff konnte sich nicht durchsetzen. Die Größe der Fässer liegt zwischen 10 und 250 l; die hauptsächlichen Größen konzentrieren sich in den Bereichen von 30, 50, 70 und 100 l. Während bislang die Form des Holzfasses auch bei Metallfässern nachgeahmt wurde, haben sich nunmehr durch Einführung des zylindrischen Fasses neue Aspekte ergeben. Jedes konische Faß enthält in der Mitte der gewölbten Wandung ein Spundloch, das zur Befüllung und Reinigung des Fasses dient, sowie zum Anstich mittels der Kohlensäurepression. Es wird mit Hilfe einer Spundschraube aus Eisen, Aluminium oder Kunststoff verschlossen und ist zu diesem Zweck mit einem Schraubgewinde versehen. Die Abdichtung erfolgt durch einen getalgten Spundlappen, durch eine Kunststoffdichtung oder durch selbstdichtende Spundschrauben. Es sind noch zwei weitere Öffnungen gegeben, die entweder einem Anstich des stehenden Fasses oder dem direkten Anstich dienen. Jedes Faß ist mit einer genauen Inhaltangabe zu versehen und alle zwei Jahre zu eichen. Außerdem sind die Fässer mit einer Nummer und dem Namen der Brauerei gekennzeichnet.

5.2.1.1 Das *Holzfaß*, aus Eichenholz gefertigt, ist an seiner Innenfläche mit einer Auskleidung aus Pech oder Kunststoff versehen. Die Pechauskleidung, die bei kurzen Vertriebswegen nach 3–5-, bei Versand und Export nach jedesmaligem Entleeren entfernt und erneuert werden mußte, durfte nur mit Warmwasser von maximal 45° C gereinigt werden. Die mit Kunststoff ausgekleideten Fässer sind demgegenüber robuster. Holzfässer spielen heutzutage nur mehr eine Rolle bei Kleinabnehmern („Party-Fässer") oder beim direkten Anstich von 100- und 200 l-Fässern bei Volksfesten etc.

Interessenten der Holzfaßtechnologie wollen deren Beschreibung den vorhergehenden Auflagen dieses Buches entnehmen.

5.2.1.2 Das *Aluminiumfaß* aus einer Legierung (AlMgMnSi) gefertigt, dominierte ca. 30 Jahre auf dem deutschen Markt. Es hat die Form des Holzfasses und ist an Stellen stärkerer Beanspruchung entsprechend verstärkt, so daß sich eine hohe Festigkeit ergibt. Aluminiumfässer sind leichter als Holzfässer (ein Holzfaß von 50 Liter Inhalt wiegt 34 kg, ein Aluminiumfaß 9–10 kg); sie bedürfen keiner Auskleidung und können bei hohen Temperaturen in der Faßreinigungsmaschine behandelt und somit leichter sterilisiert werden als Holzfässer. Damit sind nicht nur die Betriebskosten geringer als beim Holzfaß, es fallen auch praktisch keine Reparaturkosten an. Auch Bierverluste, die beim Holzfaß durch „Schweißen" auftraten, sind praktisch ausgeschlossen. Dagegen paßt sich das Holzfaß der Umgebungstemperatur langsamer (in 24 h) an als das Metallfaß (ca. 7 h). Das Aluminium ist empfindlich gegen Korrosion durch Laugen, mehr aber noch gegen die Säuren von Bierresten. Aus diesem Grunde wird die Oberfläche des Aluminiums eloxiert oder mit Kunststoff ausgekleidet, der aber beim Anstich u. U. verletzt werden kann. Eine Neuauskleidung der Aluminiumfässer ist möglich, aber aufwendig (ca. 25 % des Neupreises). Auch das Pichen der Aluminiumfässer hat sich eingeführt. Diese, vor allem in der Anfangszeit der Metallfässer getätigte Maßnahme ist zwar arbeitsaufwendig, bietet aber gerade bei großer Beanspruchung (z. B. Übersee-Export) eine vermehrte Sicherheit. Aluminiumfässer werden, z. T. nach dem Entpichen, auch ohne Oberflächenvergütung verwendet. Es traten hierbei keine Nachteile auf. Beachtung verdienen jedoch die Schweißnähte, die u. U. zuerst dem Angriff der sauren Bierreste unterliegen. Von den üblicherweise verwendeten Reinigungsmitteln sind alkalische, mit einer ausreichenden Silikatinhibierung versehene Mittel am günstigsten.

5.2.1.3 *Fässer aus rostfreiem Stahl* von gleicher Form wie Holzfässer haben sich vor allem in den USA eingeführt. Durch geeignete Verstärkung an den Rollsicken, an den Köpfen und den Spundplatten sind die Fässer hinlänglich stabil. Ihr Preis liegt um ca. 70% über dem der Aluminiumfässer. Es sind auch Edelstahlfässer mit einem Mantel in Holzfaßform aus Polyurethan anzutreffen.

5.2.1.4 *Zylindrische Fässer* (Kegs), ebenfalls aus rostfreiem Stahl gefertigt, sind in Europa in zunehmendem Maße in Gebrauch; sie sollen in einem eigenen Kapitel behandelt werden (s. S. 278).

5.2.2 Die Faßreinigung

Die Reinigung der Fässer wird außen und innen vorgenommen. Sie erfolgt heute fast ausschließlich maschinell.

5.2.2.1 *Bei sehr kleinen Anlagen* werden für die Außen- und Innenreinigung getrennte Apparate benützt: Die Außenreinigung erfolgt in einer Faßbürstmaschine, wobei das Faß durch Rollen gedreht und hierbei von sich anpressenden Bürsten unter Berieseln mit warmem Wasser gereinigt wird. Durch teilweises Füllen des Fasses kann hierbei schon eine Vorspülung des Faßinneren vorgenommen werden. Die Innenreinigung geschieht über einen eigenen Spritzkopf. Hier wird über eine Spritzdüse von unten durch das Spundloch warmes oder kaltes Wasser in das Faß eingespritzt. Das Faß wird hierbei von Hand gedreht. Die Leistung eines derartigen Spritzkopfes beträgt bei einer Spritzzeit von 15–30 Sekunden bis zu 100 Fässer pro Stunde.

5.2.2.2 *Vollautomatische Maschinen* vereinigen Bürst- und Spritzanlage. Auch die Auflage und Zentrierung des Fasses erfolgt automatisch. Transportschwingen führen die Fässer allen Reinigungsstellen zu, die bei Holzfässern meist aus einer Vorspülstation mit gleichzeitiger Außenbürstung, mehreren Warmwasserspritzstellen und einer Kaltwasserdüse bestehen. Die Spritzung mittels sich drehender Düsen wird beim Absenken der Fässer durch Niederdrücken eines Hebels ausgelöst. Bei Aluminiumfässern ist zusätzlich eine Laugenspritzung erforderlich, die je nach der Qualität der Auskleidung des Fasses und dem verwendeten Reinigungsmittel (1–3 %) bei 30–85° C vorgenommen wird. Anschließend folgt eine Reihe von Heißwasserspritzungen bei 90° C. Es ist nicht notwendig, das Faß zum Ausleuchten abzukühlen. Auch ein Dämpfen des Fasses auf der letzten Düse ist möglich. Die Leistung der Faß-Waschmaschine hängt ab von der Faßgröße und der Anzahl der Spritzdüsen. Die Reinigungslauge, die eine Erhöhung ihrer Wirksamkeit durch Zusatz von oberflächenaktiven Mitteln erfahren kann, wird nach dem Auslaufen aufgefangen, nachgewärmt und im Kreislauf wieder verwendet. Dennoch ist der biologische Effekt der Faßreinigung nicht voll zufriedenstellend. Große Reinigungsmaschinen leisten 200–300 Fässer pro Stunde. Die Innenspritzzeit pro Düse beträgt ca. 15 sec; der Wasserverbrauch 4–5 m³ heißes und 2–2,5 m³ kaltes Wasser/h. Der Kraftbedarf beläuft sich auf 0,9–1,1 kW. Der Spritzdruck liegt zwischen 2 und 4 bar (Überdruck).

Die angesprochenen Schwierigkeiten der Faßreinigung und -sterilisierung haben verschiedentlich zu einem Nacheinanderschalten zweier Waschmaschinen geführt. Je nach dem Verhältnis der Spritzköpfe dient die erste Maschine nur der Vorreinigung oder es wird der Reinigungsvorgang zwischen beiden Maschinen aufgeteilt: Die Laugenspritzung findet in der zweiten Maschine ihre Fortsetzung. Vorteilhaft ist, wenn beide Maschinen in dieselbe Richtung arbeiten, dann kann der Transport von der einen zur anderen für eine entsprechende Kontaktzeit ausgenützt werden. Verschiedentlich wird bei der letzten Spritzung Peressigsäure eingesetzt.

Nach der Reinigung werden die Fässer ausgeleuchtet. Mit Hilfe einer Stablampe wird das Faßinnere, bei Holzfässern die Pechschicht, bei Aluminiumfässern die Auskleidung, sorgfältig kontrolliert. Dabei können im Faß zurückgebliebene Korken entfernt werden.

Bei *halbautomatischen Anlagen* werden die Fässer von Hand auf den Zentrierdorn der Anlage gesetzt und laufen dann wie bei der vollautomatischen Anlage durch die Maschine. Neue Konstruktionen für bis zu 40 Fässer pro Stunde besorgen alle Reinigungsschritte mit Hilfe einer Düse, die nacheinander Vorspritzwasser, Lauge und Heißwasser in das Faß verbringt.

Eine zusätzliche Sterilisierung der gereinigten Fässer kann durch Begasen mit SO_2 erfolgen. Eine Einwirkungszeit von 30 Minuten ist hierbei meist ausreichend. Die beim Abfüllen verdrängte SO_2-haltige Luft muß gesondert abgeführt werden.

Die Faß-Waschmaschinen können auch als *Rundläufer* ausgeführt werden.

5.2.3 Die Faßabfüllung

Das Abfüllen muß unter Gegendruck geschehen, um Kohlensäureverluste zu vermeiden. Eine derartige Anlage wird isobarometrisch genannt. Der Faßfüllapparat besteht aus einem Bierkessel (aus verzinntem Kupfer oder Edelstahl) und den Füllorganen. Er dient bei direkter Abfüllung vom Filter ohne Zwischentank als Bierreservoir. Der Abfluß des Bieres aus diesem Sammelkessel erfolgt durch die einzelnen Füllorgane. Diese arbeiten bei größeren Leistungen selbsttätig und werden mit Druckluft betrieben. Moderne Faßfüller sind kessellos, d. h. sie weisen lediglich eine Bierleitung zu den Faßfüllorganen auf sowie je eine Leitung für die Vorspannluft und für die Abluft, die über ein Membranventil unter einem bestimmten Gegendruck entweicht.

Das Transportfaß wird während des Absenkens des Füllorgans mit Druckluft aus dem Bierkessel oder aus einer eigenen Leitung vorgespannt. Auch Kohlensäure als Spanngas ist anzutreffen.

Es erhält damit denselben Druck wie das Bier, das nach dem entsprechenden Schaltschritt, aufgrund des Gefälles langsam über ein langes Rohr mit Fußventil in das Faß einläuft. Das Bier steigt im Transportfaß bis zum Spundloch empor, verdrängt die im Faß befindliche Luft, die in den Bierkessel zurückströmt (Gefahr einer Infektion!), oder über eine eigene Leitung abbläst. Hier muß noch bei älteren Konstruktionen das Abspritzbier, d. h. das Gemisch aus Bier und Schaum, das beim Vollwerden des Fasses entsteht, abgeschieden werden. Moderne Faßfüllapparate arbeiten rückspritzbierlos. Hier wird durch einen Kugelschwimmer das Aufsteigen des Bieres in die Rückluftleitung vermieden. Bei kessellosen Füllern reguliert der Bierdruck über ein Membranventil den Druck von Vor- und Rückluft. Nur mit dieser Arbeitsweise kann eine sterile Abfüllung erreicht werden. Das Sterilisieren des Füllers geschieht mit Heißwasser oder Dampf; es kann aber auch durch Auffüllen mit einem, meist oberflächenaktiven Desinfektionsmittel getätigt werden.

Besondere Konstruktionen erlauben es auch, das Faß mittels des Faßfüllorgans mit SO_2 zu begasen, das schweflige Gas auszublasen und anschließend das Bier wie normal abzufüllen. Die Leistung dieser Anlage ist nur gering, sie beträgt 10–12 hl/Organ und Stunde.

Die normalen Anlagen leisten je nach Faßgröße 20–30 hl/h pro Organ. Bei kleineren Fässern ist für jeweils 2–3, bei größeren Fässern für ca. 4 Füllorgane eine Bedienungsperson erforderlich.

Das „automatische" Füllorgan bedarf nur des Aufsetzens des Fasses und der Betätigung des Hebels, um die Vorspannung darzustellen und anschließend den Bierlauf auszulösen. Dabei läuft das Bier zuerst langsam an, dann aber mit voller Geschwindigkeit. Die Rückspritzbiermengen sind nur gering und liegen unter 0,1 %; die Leistung eines derartigen Organs ist bei 50-l-Fässern bis 35 hl/h, die Sauerstoffaufnahme konnte verringert werden.

Kessellose Füller vermeiden nicht nur die Infektionsgefahr des im Bierkessel befindlichen Bieres durch Rückspritzbier, sie schützen das Bier auch vor einer stärkeren Belüftung im Füllerkessel. Eine Abfüllung unter CO_2-Gegendruck ist bei Faßbier durchaus wünschenswert, wenn auch das im Faß verbleibende Luftvolumen geringer ist als in der Flasche (s. S. 290).

Eine *Pasteurisierung des Faßbieres* wird nur vereinzelt angewendet. Die Fässer müssen durch eine Spezialspundschraube mit Gummidichtung verschlossen sein und einen erhöhten Leerraum aufweisen (Pasteurisierdruck!). Dieser Hohlraum kann wiederum beim Transport der Fässer eine verringerte chemisch-physikalische Stabilität zur Folge haben. Auch dauert es verhältnismäßig lange, bis das Faß die Pasteurisiertemperatur angenommen hat.

5.2.4 Verbesserungen in der herkömmlichen Faßfüllerei

Ein Nachteil der alten Fässer ist die Abdichtung der Faßschrauben mit getalgten Spundlappen. Hier haben sich selbstdichtende Kunststoffschrauben bewährt, deren Gewindezone ein elastischeres, weicheres Material beinhaltet. Außerdem sind Kunststoffschrauben gebräuchlich, die eine Kunststoffdichtung aufweisen, welche die Öffnung der Schraube wie eine Membran verschließt. Sie wird beim Anzapfen durchstoßen.

Die Verschlüsse sind normal entweder Korken oder Kunststoffkörper, die beim Anstechen in das Faß gestoßen werden. Damit ist das Leerfaß bis zum Rücktransport offen und Insekten zugänglich. Schrauben mit Magnetverschluß halten das Faß ebenso verschlossen wie ein hoher Pilzkorken, der durch einen Anbau am Stechdegen beim Anstich festgehalten und beim Herausziehen desselben wieder in die Zapföffnung geführt wird. Es sind auch Zapfsysteme bekannt, bei denen der Zapfdegen im Faß verbleibt (wie beim Keg-System, s. unten). Die Spundschrauben werden zweckmäßig in einer eigenen Maschine gewaschen, durch Heißwasser sterilisiert und dann mit aufgezogenen Spundlappen und eingesetzten Korken irgendwelcher Konstruktion in eigenen Kammern mit Schwefeldioxyd vergast.

Der Rationalisierung der Faßfüllerei dienen Schlagbohrer oder automatische Entspunder zum Entspunden sowie Vorrichtungen zum Etikettieren und Datieren.

5.2.5 Die Reinigung und Abfüllung zylindrischer Metallfässer (Kegs)

5.2.5.1 Die *Fässer*: Die zylindrische Zarge des „Systemfasses" ist mit zwei Rollringen und zwei aufgesetzten Bördelringen versehen, die zum Schutz der Faßböden dienen. Das Gewicht des Edelstahlfasses beträgt bei 50 l rund 13 kg. Die mittlerweile eingeführten Aluminiumfässer wiegen 8,5 kg/50 l. Auch 30-l-Fässer sind verfügbar.

Das Keg hat nur eine Öffnung im oberen Boden, in die der Degen mit dem Kegventil eingeschraubt ist. Dieses Ventil hat die Aufgaben des Reinigens, Füllens und Zapfens zu erfüllen. Es sind zwei unterschiedliche Kegventilbauarten in Verwendung: das Flachkörperventil und das Hohlkörperventil. Der Flachkörperfitting ist an seiner Oberfläche flach ausgebildet; es besteht aus einem Ventil mit Doppelfunktion, während der sog. Korbfitting aus zwei getrennt voneinander arbeitenden Ventilen besteht. Diese sind versenkt angeordnet. Die genannten Ventilarten unterscheiden sich in ihrer Strömungsführung; beide Typen sind weit verbreitet. Ein Vorteil dieser Vorrichtung ist vor allem darin zu sehen, daß das Faß auch im entleerten Zustand verschlossen ist und unter CO_2-Druck verbleibt. Ein Antrocknen von Bierresten und der übliche Fliegenbefall (Larven!) wird damit verhindert, die Reinigungsfähigkeit der Fässer erhöht.

Es sind auch *ummantelte* Kegs weit verbreitet. Der Edelstahl-Körper ist von einem angeschäumten Außenmantel mit Polyurethan umgeben. Das Material schützt nicht nur gegen Stoß und Schlag, sondern auch gegen rasche Temperaturschwankungen. Der Lärmpegel erfährt eine Verringerung.

Formstabile Kegs sind seit 1991 von der Nacheichpflicht befreit. Es muß sich um zweischalige, tiefgezogene Fässer aus nichtrostendem Stahl oder einem gleichwertigen Werkstoff handeln. Bei 5 bar Ü darf keine bleibende Verformung auftreten.

Das Faßleergut muß bei der Annahme sorgfältig geprüft werden, verbeulte oder sonst beschädigte Fässer sind sofort auszusortieren.

5.2.5.2 *Das Reinigen und Füllen der Fässer*: In einer Spezialmaschine werden die Fässer durch Bürsten (Kopf- und Seitenbürsten) und Sprühen außen gereinigt. Die Innenspritzung erfolgt in der Füllmaschine auf einem eigenen Waschkopf. Nach einer Druckprobe werden die Bierreste durch eine Kaltwasserspülung entfernt und anschließend von unten Lauge und Heißwasser gespritzt. Kegs, die keinen Druck mehr haben, werden beiseitegenommen und einer eigenen, sehr intensiven Reinigung unterworfen. Darüber hinaus wird die Ursache des Druckverlustes ermittelt und ein gegebener mechanischer Schaden behoben. Nach einer Zwischenspülung werden die Fässer mit Dampf sterilisiert. Auf dem Füllkopf erfolgt eine notwendige Sterilisation mit Dampf, dann wird durch Einblasen von Kohlensäure abgekühlt, vorgespannt und schließlich mit Bier befüllt. Die Taktzeit für Faßreinigung und -füllung beträgt 90 Sekunden, entsprechend einer Leistung von 40 Fässern pro Stunde. Für ein Faß von 50 Liter Inhalt werden 14 l Heißwasser, 7 l Kaltwasser, 0,4 kg Dampf und 0,22 kg CO_2 benötigt. Die genannten Werte können je nach Fabrikat schwanken.

Trotz der relativ einfachen Reinigungsaufgabe des geschlossen zurücklaufenden Fasses haben sich stärker unterteilte, intensiver arbeitende Systeme eingeführt. Die Außenreinigung kann als eigene Einheit vor jeweils mehreren Reinigungs- und Füllstraßen angeordnet sein. Die Kegs werden dabei von rotierenden Düsen mehrmals abgespritzt. Der Spritzdruck beträgt dabei je nach Verschmutzungsgrad 5 oder 20 bar. Das Wasser kann kalt oder warm zum Einsatz kommen. In einer zweiten Abteilung wird das Faß in Drehbewegung versetzt und mittels rotierender Bürsten gereinigt, insbesondere mittels einer zusätzlichen Düse der Etikettenbereich. Der Reinigungsdruck der Düsen beträgt hier bis zu 80 bar. Der Wasserverbrauch wird aus dem Abwasser der Keg-Innenreinigung und der Nachspülzone der Vorreinigung niedrig gehalten.

Vor dem eigentlichen Waschvorgang wird das Faß gedreht. Alle Reinigungsvorgänge erfolgen nun von unten über das Steigrohr, der Ablauf des Wassers bzw. Reinigungsmittels geschieht über das Kohlensäureventil.

Die eigentliche Reinigungs- und Füllmaschine verzeichnet folgende Behandlungsstationen:

Nach der Außenreinigung gelangen die Fässer in die eigentliche Reinigungs- und Füllmaschine, die bis zu sieben Behandlungsstationen aufweist. Die Funktion einer derartigen Anlage ist wie folgt:

1. Station (Reinigen): Restdruck prüfen, Reste entleeren, CO_2 austreiben, Warmwasser vorspülen, Austreiben der Wasserreste mit Sterilluft, Heißlauge-Intervallspülung für Wandung und Steigrohr, mit Lauge anfüllen und Gasraum verdichten;
2. Station (Reinigen): Laugekontakt, Anweichen der Problemzonen und der Wandung;
3. Station (Reinigen): Austreiben der Lauge und der Laugereste mit Sterilluft, Mischwasser-Zwischenspülung, Austreiben der Wasserreste mit Sterilluft, Intervallspülung mit Säure von 60° C, Austreiben der Säurereste mit Sterilluft;
4. Station (Reinigen): Heißwasser-Intervallspülung, Austreiben der Wasserreste mit Dampf, Dampfdruck-Aufbau, Druckkontrolle;

5. Station (Sterilisieren): Dampfeinwirkung;
6. Station (Sterilisieren): Druck prüfen (Druckvergleich mit Station 4) intensives Dämpfen mit Frischdampf-Nachschub, Entspannen; Austreiben der Dampfreste mit CO_2, Teilvorspannen mit CO_2;
7. Station (Füllen): Vorspannen auf Enddruck mit CO_2, Bierfüllen mit langsamer An- und Endfüllphase sowie schneller Hauptfüllphase.

Der Reinigungsablauf wird von leitfähigkeitsunabhängigen und belagsunempfindlichen Sonden überprüft. Bei Störungen wird somit das Befüllen sicher verhindert. Die Reinigungsmaßnahmen können durch Intervallspritzung von oben, aber auch von unten, durch Ultraschall, durch Lufteinwirkung bei der Laugebehandlung sowie durch Variation der Reinigungsmittel intensiviert werden. Eine Säurebehandlung (s. oben) bei 60–70° C ist günstig. Die Flüssigkeiten, so sie nicht definiert angefüllt werden, laufen kontinuierlich ab. Bei den schwieriger zu reinigenden Weizenbier-Kegs wird die Strömungsrichtung im Wechsel umgekehrt. Der Fitting wird gegen den Ablauf durchströmt.

Im Füllkopfbefindet sich ein mehrstufiges Bierventil. Wie schon erwähnt, wird der Durchfluß bei Vorfüll-, Haupt- und Endfüllphase geändert. Das Rückgasventil beeinflußt gleichzeitig den Füllvorgang. Die Vorspannung wird bierdruckabhängig durchgeführt. Die Anlagen können auch mit einer eichfähigen volumetrischen Füllvorrichtung ausgerüstet werden. Sie bildet mit dem Rückgasventil einen Regelkreis.

Die Abfüllung ist bis zu Temperaturen von 16° C möglich; die Abspritzbiermenge beträgt 40–60 ml/Keg.

Die Keg-Reinigungs- und Füllanlagen sind sowohl in Längsanordnung als auch als Rundläufer verbreitet.

Die Kegs werden üblicherweise randvoll gefüllt, wobei die Vollmeldung durch Kontakte, elektrisch oder pneumatisch durch Sonden gesteuert ist. Zur Überprüfung des ordnungsgemäßen Befüllungsgrades der Kegs werden automatische Wägevorrichtungen eingesetzt, die unterfüllte Gebinde ausscheiden.

Eine volumetrische Abfüllung ist eichamtlich zugelassen. Die Füllmenge wird von einem Volumenzähler erfaßt; nach Erreichen der vorgewählten Menge wird ein Kontakt geschaltet, der den Füllvorgang beendet. Der magnetisch-induktive Durchflußmesser (IDM) muß alle zwei Jahre geeicht werden. Das System spart Überfüllungskosten.

Eine Füllstraße leistet 60 Kegs zwischen 25 und 75 l pro Stunde, entsprechend etwa 30 hl/h. Eine Kombination mehrerer Füllstraßen, die von einer Vorreinigungsanlage aus beschickt werden, kann bis zu den gewohnten Leistungen großer Faßfüllereien (l50 hl/h) ausgebaut werden.

5.2.5.3 Vorteile: Dadurch, daß die Kegs unter CO_2 Druck vom Wirt in die Brauerei zurückkommen, sind dieselben an der Innenwandung feucht und deshalb leicht zu reinigen. Durch die eingeschlagene Reinigungs- und Sterilisationstechnologie ist eine echte Sterilabfüllung möglich – wenn und solange die Anlage in Ordnung ist. Auch besteht nur eine geringe Beeinflussung des Bieres durch unsaubere Ansticharmaturen. Die Füllqualität ist bei CO_2-Vorspannung des gedämpften Kegs gut: die Sauerstoffaufnahme liegt dann bei 0,00–0,02 mgll, bei Luftvorspannung je nach den Druckverhältnissen bei 0,20–0,40mg/l.

Die Keganlagen sind heute – als Stand der Technik – automatisiert. Zusammen mit Palettiergeräten und Gabelstaplern sind sie wirtschaftlich zu betreiben. Hierfür wirkt sich naturgemäß die größer werdende Zahl von Faßgrößen nachteilig aus. Eine Normung der Fässer und Armaturen ist in der Bundesrepublik vollzogen.

5.2.5.4 Nachteile: Hierzu zählt zweifellos der hohe Investitionsbedarf an Kegs und an den gesamten Reinigungs- und Füllanlagen sowie am „Trockenteil" (Palettiergeräte, Transport- und Überwachungsanlagen). Auch bedürfen die Schankanlagen beim Wirt einer Umänderung. Durch defekte Dichtungen kann während des Zapfens ein Nachkarbonisieren des Bieres eintreten; Ausschankschwierigkeiten sind dann die Folge.

5.2.5.5 Die *Kontrolle der Kegfüllerei* ist trotz des vollautomatischen Betriebs von entscheidender Bedeutung: es werden wohl die Temperaturen, Drücke und Zeiten der einzelnen Reinigungsschritte erfaßt und ausgedruckt, ebenso die Konzentrationen der Reinigungsmittel (z. B. über Leitwerte), doch müssen weitere Erhebungen in technologisch technischer und biologischer Hinsicht getätigt werden. So ist der Sauerstoffgehalt des Bieres vor der Füllereinheit zu erfassen, der Sauerstoffgehalt der Kegs zu prüfen, getrennt nach 30- und 50-l-Gefäßen, um Unregelmäßigkeiten zu erkennen.

Störungen der CO_2-Atmosphäre können allerdings dann auftreten, wenn während des Dämp-

fens durch Kondensatausschieben Luft aufgenommen wird, wenn der CO_2-Spanndruck nicht hoch genug ist. Es könnten sich dann auch beim Einlauf des Bieres in das vom Dämpfen heiße Keg nicht nur geringe Mengen von Maillard-Produkten bilden, sondern auch eine massive Oxidation von Polyphenolen stattfinden. Es sind aber auch visuelle Kontrollen möglich: Ein Schau-Keg, wie dies in ähnlicher Art auch bei der konventionellen Faßfüllerei angewendet wurde, muß mit Thermometern und Manometern ausgestattet die Anlage in regelmäßigen Abständen durchlaufen; ebenso ist es wichtig, dies mit schadhaften Kegs (z. B. mit undichten oder schiefen Fittingen) zur Kontrolle der Sicherheitseinrichtungen zu tun. Die biologische Überwachung, z. B. über Verfolg der Beschaffenheit des Abspritzbieres ist praktisch und wirkungsvoll. Die Außenreinigung des Ventils, die Überschwallung des Steigrohres bedürfen besonderen Augenmerks. Diese sind vor allem bei Faßweizenbier, das die Nachgärung im Keg erfährt, problematisch. Hier kann eine Veränderung der verwendeten Flachkopfventile erforderlich sein (s. S. 278). Absätze durch hartes Reinigungswasser sind hier ebenso zu verzeichnen wie Korrosionen durch einen hohen Chloridgehalt desselben.

5.2.6 Der Faßfüll- und Stapelkeller

Der Abfüllraum einer herkömmlichen Faßfüllerei steht mit der Faßreinigungsanlage durch die entsprechenden Transportanlagen in Verbindung (Faßrollen, Rutschen oder Schanzen, neuerdings auch Kettenförderer). Auch volle Fässer können aufrechtstehend oder liegend durch Kettensysteme bewegt werden. Der Gabelstaplertransport mit oder ohne Paletten (aus verzinktem Blech oder Holz) ist in größeren Brauereien fast ausschließlich anzutreffen.

Der Vollgutstapelraum, der isoliert durch Kühlsysteme bei 5–6° C gehalten wird, hängt in seiner Größe von der Anzahl der Biersorten sowie von der Häufigkeit der Faßabfüllung ab. Bei täglicher Abfüllung soll ein 1 $\frac{1}{2}$- bis 2- Tagesbedarf gestapelt werden können. Ein eigener Stapelplatz für gereinigtes Geschirr wird heute nicht mehr vorgesehen; um Personal zu sparen, werden die Fässer direkt von der Transportanlage weg abgefüllt. Der Fußboden ist allgemein asphaltiert, an Stellen stärkerer Beanspruchung mit Eisenschienen oder Gußplatten verstärkt. Bei Verladung in Rampenhöhe erfolgt der Ausstoß des Faßbieres durch klein gehaltene Luken, bei Gabelstaplerbetrieb müssen große, mit Gummitüren verschließbare Öffnungen gegeben sein.

Die Anlagen für die Behandlung und Abfüllung zylindrischer Fässer finden in klimatisierten Räumen Aufstellung. Diese Räume sind ähnlich wie diejenigen für Flaschenfüllereien gestaltet. Häufig sind beide in einem Raum angeordnet. Dasselbe gilt für die Stapelräume für Leer- und Vollgut, die mit Kegs und Flaschen gemeinsam belegt werden. Lediglich für unmittelbaren Bedarf lokaler Gaststätten, für Privatkunden etc. ist ein gekühlter Raum vorhanden, der Faßbier in Ausschanktemperatur auszuliefern gestattet.

5.3 Die Flaschen- und Dosenfüllerei

5.3.1 Die Gefäße

5.3.1.1 Flaschen: Die in Deutschland für die Abfüllung von Bier in Verwendung stehenden Flaschen haben bis auf wenige Ausnahmen 0,5 l oder 0,33 l Inhalt. Bei den 0,5 l-Flaschen vollzog sich innerhalb weniger Jahre ein sehr weitgehender Wechsel von der Euro- zur schlankeren Nord-Rhein-Westfalen (NRW)-Flasche mit entsprechender Änderung des Kastenmaterials. Daneben sind immer wieder Flaschen der sog. „Ale"-Form von Brauereien eingeführt worden, wie auch die „klassische" 0,5 l-Lochmundflasche noch da und dort in Gebrauch ist bzw. neue, verstärkte Lochmundflaschen regionale Bedeutung haben. Seit der Einführung der NRW-Flasche hat die bis dahin noch zum Teil verwendete Vichy-Flasche an Bedeutung verloren. Auch die 0,5 l-Steinie-Flasche ist nur noch bei einigen wenigen Brauereien anzutreffen. Bei den 0,33 l-Flaschen überwiegt die Vichy-Form die allerdings ebenfalls weit verbreitete „Ale"-Flasche.

Wenn auch die Steinieflaschen insgesamt rückläufig sind, so konnte sie sich doch noch in manchen Gegenden behaupten. Auch 0,33 l-Lochmundflaschen sind bei einigen überregionalen und regionalen Brauereien stark vertreten. Die in Deutschland zum Abfüllen kommenden Flaschen sind genormt. Die Daten der Euro- und NRW-Flaschen sind aus folgender Aufstellung zu ersehen:

Die Dauer-Innendruckbelastung von gebrauchten Euroflaschen liegt bei ca. 6 bar Ü, der Innenberstdruck bei 16 bar (Ü) bei einer Standardabweichung von 1.75.

Die Anforderungen an die Güte der Flaschen betreffen vornehmlich ihre Maßhaltigkeit, die Schwerpunkte und die korrekte Ausbildung der Flaschenmündung. Die Flaschenfarbe soll im Interesse des Vermeidens von Lichtgeschmack hellbraun sein. Grünes Glas ist ungünstiger, da es den blauen und den kurzwelligen grünen Teil des Spektrums weniger stark absorbiert als braunes. Besondere Ansprüche sind an das Flaschenmaterial bei Pasteurisation zu stellen.

Von den Flaschenverschlüssen hat der Kronenkork überwiegende Bedeutung, hinter dem Drahtbügel-, Aluminiumkappen- (Alka) und Schraubverschluß stark zurückstehen. Der Kronenkork und die beiden letztgenannten Verschlüsse enthalten eine Kork- oder Kunststoffeinlage, um eine völlige Abdichtung zu erreichen. Der Kork wiederum ist entweder durch eine Aluminium- oder Plastikfolie abgedeckt. Die Kunststoffeinlage ist aus umweltpolitischen Gründen mehr und mehr PVC-frei. Es handelt sich um Dichtungsmassen aus Polyethylen, Polypropylen, Ethylen-Vinylacetat-Copolymeren und um verschiedene Kautschukarten. Neben hohem Druckhaltevermögen wird auch eine „Ventilwirkung" bei Überdruck, z. B. bei Weizenbieren erwartet sowie eine Barriere gegenüber einer Sauerstoffaufnahme im lagernden Flaschenbier. Verschiedene Arten von Wiederverschlüssen gewannen kurzzeitig etwas an Bedeutung; sie sind aber heute nur noch selten anzutreffen.

Einwegflaschen kommen größtenteils in genormten Größen zum Einsatz.

5.3.1.2 *Dosen*: Sie werden fast ausschließlich in zylindrischer Form mit flachem, aber mit Aufreißlasche versehenem Deckel verwendet. Dabei ist der Dosenverschluß aus Umweltgründen nicht mehr abreißbar, er verbleibt am Dosendeckel. Die Größe der Dosen ist hauptsächlich 0,33 l, wobei der Anteil der 0,5 l-Dosen im Steigen begriffen ist. Auch 1 l-Dosen von ausländischen Betrieben sind auf dem Markt. Die Dosen sind Einweggebinde (wiederaufzuarbeiten); sie beste-

	Euro	Euroform III	NRW
Durchmesser mm	70	68.5	67.5
Höhe mm	230	232	260
Gewicht g	360	328	360

hen aus Stahlfeinstblech oder Aluminium. Sie sind tiefgezogen. Aluminiumdosen (0,33 l) haben ein Gewicht von 24 g; sie sind aber leicht verformbar. Aus diesem Grunde vertragen sie bei der Vorevakuierung nur ein Vakuum von 20 %, die Stahlblechdosen immerhin 60 %. Sie kommen direkt vom Hersteller praktisch steril zur Anlieferung und bedürfen vor dem Befüllen nur eines einfachen Ausspritzens. Herkunft und Biermarke werden aufgedruckt, es entfällt die Etikettierung. Die Dosen sind rascher zu pasteurisieren als Flaschen, da die Notwendigkeit der besonders vorsichtigen Abkühlung entfällt. Das Bier wird nicht dem Licht ausgesetzt, es ist rascher zu kühlen. Als Nachteile sind bei Weißblechdosen anzuführen, daß sie einer Auskleidung bedürfen, um das Bier vor dem Metall zu schützen, eine Aufgabe, die immer noch nicht vollständig gelöst ist (Metallgeschmack, geringere Stabilität). Zur Feststellung, ob die Dosen auch wirklich korrekt gefüllt sind, müssen sie gewogen werden. Auch ist es beim Abfüllen der Dosen schwierig, den Sauerstoffgehalt entsprechend niedrig zu halten. Die Dosenfüllerei benötigt spezielle Füllertypen und eigene Verschließmaschinen.

5.3.2 Die Flaschenreinigung

Die in die Brauerei zurücklaufenden Flaschen müssen von Bierresten und Verschmutzungen gereinigt und in einen biologisch einwandfreien Zustand überführt werden.

5.3.2.1 *Kleinstanlagen* sind noch verschiedentlich in Form von Weichrädern, Bürstenmaschinen und Spritzapparaten anzutreffen. Wenn auch die mechanische Reinigung befriedigt haben mag, so stellen doch die mit Rücksicht auf das Bedienungspersonal niedrigen Weichtemperaturen von 40–45° C und die Gefahr einer Infektionsverschleppung durch die Bürsten den Reinigungseffekt in Frage.

5.3.2.2 *Spritzmaschinen*: Bei diesen, wie auch bei den Weich- und Spritzanlagen, wird die Reinigung durch chemische Mittel unter Anwendung hoher Temperaturen und Drücke gewährleistet. Diese, meist als Rundspritzmaschinen ausgeführten Einheiten leisten 2000–6000 Flaschen/h; Aufgabe und Abnahme erfolgen von Hand. Die Arbeitsstufen umfassen Vorspritzen mit Warmwasser (35–45° C), Laugenspritzung (65–75° C), Warmwassernachspritzung (35–40° C) und schließlich Kaltwasserspritzung. Die Spritzungen

erfolgen nach innen und außen. Auf gutes Zentrieren der Spritzstrahlen ist zu achten.

Trotz des hohen Spritzdruckes von ca. 3 bar und der mehr als 50 % der Reinigungszeit (ca. 3 min) in Anspruch nehmenden Laugenbehandlung bei ca. 70° C ist der biologische und mechanische Effekt der Maschinen begrenzt. Der Dampfverbrauch ist mit rd. 80 kg/1000 Flaschen hoch. Die Maschine ist für eine automatische Beschickung nicht geeignet.

5.3.2.3 *Weich- und Spritzmaschinen*: Die Konstruktionsmöglichkeiten dieser Maschinen sind mannigfaltig. Grundsätzlich werden die Flaschen automatisch auf- und abgegeben. Sie durchwandern in Körben aus Blech oder Kunststoff die Maschine und werden nach Restentleerung und Vorspritzung bei ca. 40° C in ein Weichbad mit Lauge (I) von 60–80° C getaucht. Die Dauer dieser Weichzeit von ca. 6 Minuten bestimmt in entscheidendem Maß den biologischen Effekt der Reinigung. Die Flaschen gelangen weiter in eine Hochdruckspritzzone (3,5–4,5 bar) mit Lauge (II) von 60–65° C, anschließend in eine Warmwasserzone von 40° C (Spritzdruck 2,5 bar) und zuletzt in die Kaltwasserspritzung (ca. 1,5 bar Überdruck). Die Beaufschlagung der Flaschen geschieht sowohl von innen als auch von außen. Bei den verschiedenen Fabrikaten wird bereits die Anfangsphase unterschiedlich gehandhabt. Neben dem oben geschilderten Verfahren der Restentleerung und Vorspritzung dienen auch eine oder zwei Vorweichen der Anwärmung der Flaschen und einer wirksamen Entfernung der Bierreste. Die zweite Vorweiche vermittelt u. a. auch eine Energieersparnis. Die folgende Laugenweiche währt stets über die gesamte Maschinenlänge. Die Führung der Flaschen am Ende derselben bewirkt eine günstige Etikettenabschwemmung durch Überschwallen und ihre Austragung auf kürzestem Weg, um ein Auflösen der Etiketten zu vermeiden. Vor der Laugenhochdruckspritzung (die teilweise mit überhitzter Lauge geschieht) erfahren bei einer Konstruktion die mit Lauge gefüllten Flaschen durch entsprechende Umleitung eine Verlängerung der Weiche; die Etiketten werden im Anschluß daran abgeschwemmt. Andere Maschinen haben eine zweite, ja sogar dritte Laugentauchweiche, bei denen dann Temperaturen und Chemikalienkonzentrationen abbauen. Zwischen dem Laugenbereich und den Warmwasserspritzungen (ein Teil davon kann durch eine Tauchweiche ersetzt sein) befinden sich reichlich bemessene Abtropfzonen. Das

Frischwasser, das bei den letzten Düsenreihen eingebracht wird, bewirkt über den Überlauf zu den angrenzenden Warmwasserbecken eine Erneuerung deren Inhalte, die durch die Wärme der Flaschen aufgeheizt bzw. im gewünschten Temperaturbereich gehalten werden. Auch erfolgt so im Gegenstrom eine Entfernung der anhaftenden Lauge. Das Warmwasser aus der letzten, am meisten laugenhaltigen Zone, gelangt zur Vorweiche bzw. Vorspritzung.

Die Vorreinigung kann bei Maschinen mit Stockwerksaufgabe verstärkt werden, wenn die Anordnung der Vorweiche im unteren Stockwerk erfolgt. Die neue Methode der Impulsspritzung erlaubt bei geringerem Spritzdruck (1,8 bar) größere Spritzmengen und damit bei verbessertem Reinigungseffekt einen verringerten Kraftbedarf. Die Düsen laufen bei einem Fabrikat, um die Einwirkung zu steigern, bei allen Spritzabschnitten mit den Flaschen mit. Umlenkprofile über den Flaschen leiten die Strahlen der Außenspritzung um und verbessern so die Beaufschlagung. Die Weichlauge soll eine Konzentration von 0,5–0,8 % NaOH aufweisen, bei stark verschmutzten Flaschen, zum Ablösen von Folienetiketten oder Stanniolierung 1,5–2 %. Dieser Lauge wird noch ein Polyphosphat zugemischt. Diese Komposition, angepaßt an die Wasserhärte des Betriebes, ist in den käuflichen Mitteln neben Silikaten (korrosionsverhütend) gegeben. Der Schmutzlöseeffekt wird verbessert durch Zusatz von Netzmitteln, was sogar eine Verringerung der Laugenkonzentration erlaubt. Um ein zu starkes Schäumen, das vor allem durch den Etikettenleim hervorgerufen wird, zu vermeiden, wird ein entsprechendes Mittel als „Schaumbremse" zur Weichlauge gegeben. Nachdem die Lauge rasch verschmutzt, muß sie durch Filtration vor und nach der Pumpe gereinigt werden. Eine täglich mehrmalige Kontrolle der Laugenkonzentration und ein Nachschärfen der Alkalität ist erforderlich. Auch hierfür hat sich die Methode der Leitfähigkeitsmessung eingeführt. Nach 30 000 bis 50 000 Flaschen/m³ Lauge-I-Volumen ist dieses erschöpft. Durch Sedimentationstanks werden Verunreinigungen entfernt, so daß die Lauge nach Nachschärfen 3–6mal solange verwendet werden kann. Dies ist im Hinblick auf die Abwasserbelastung von Bedeutung. Durch Reinigung über Ultrafilter oder Saugbandfilter kann die Lebensdauer der Lauge wesentlich erhöht werden. Bei Einschichtbetrieb kühlt die Lauge über die Stillstandszeit von ca. 14 Stunden aus. Sie wird deshalb nach dem Entleeren der Maschine in einen isolierten Stapeltank abgelassen. Sie kann dort auch vor der Inbetriebnahme der Maschine am folgenden Arbeitstag entsprechend aufgeheizt werden. Die verbrauchte Lauge wird heute mit Hilfe der beim Füllvorgang entweichenden Kohlensäure neutralisiert. Die zum Nachschärfen oder zum Neuansatz verwendete Lauge wird mit Vorteil in flüssiger Form angeliefert, gelagert und dosiert. Das beim Reinigen von sog. Aufmachungsflaschen anfallende Aluminat kann z. T. bei der Laugenregenerierung abgeschieden werden; es bildet jedoch u. U. einen metallischen Film an den Flaschenwänden und kann zum Überschäumen (Gushing) führen. Gefährlich ist auch der reichlich entstehende Wasserstoff, der wegen der Explosionsgefahr abgeleitet werden muß. Dies geschieht durch eine Absaugung der Dämpfe oberhalb des Tauchbades und ihre Entfernung vom Kopfteil der Maschine aus.

Durch den umweltbewußten Verzicht auf Aluminiumfolien und -etiketten sind die damit verbundenen Probleme weitgehend abgeklungen.

Das warme Nachspritzwasser soll die steril aus der Laugenabteilung kommenden Flaschen biologisch nicht nachteilig verändern. Es wird aus diesem Grunde gechlort (3–5 g/m³). Auch muß ein Steinansatz vermieden werden, der durch Laugenverschleppung (10–20 ml/Flasche) immer wieder eintreten kann. Die Dosierung von Polyphosphaten oder gar der Einbau einer Phosphatschleuse können Abhilfe schaffen. Eine tägliche Sterilisation dieser und der nachfolgenden Abteilung durch Umpumpen von kochend heißem Wasser oder von Desinfektionslösung ist wichtig.

Auch die Kaltwasserabteilung bedarf bestimmter Vorsichtsmaßregeln, wenn die Sterilität der Flaschen nicht in Frage gestellt werden soll: biologisch einwandfreies Spritzwasser, notfalls chloriert (1,0 g/m³), gelenkte Schwadenführung (Vermeidung der Schwitzwasserbildung an der Flaschenabgabe) sowie eine tägliche Desinfektion dieser Abteilung sind zu berücksichtigen.

Zu diesem Zweck wird der Kopfteil der Maschine mit Dampf oder Heißwasser bzw. Betriebswasser mit Desinfektionsmittel durch Umpumpen über ein eigenes Düsensystem beaufschlagt.

Darüberhinaus können die Spritz- und Rückkühlzonen nach Entleerung über ein entsprechendes Düsensystem gespült und gegebenenfalls desinfiziert werden.

Trotz automatischen Betriebs sollte die Maschine visuell z. B. bezüglich der Funktion der Spritzdüsen, der Pumpendrücke, Temperatur etc. überprüft werden.

Die Leistung derartiger Maschinen reicht von 2000–150 000 Flaschen/Stunde. Die Gesamtbehandlungszeit der Flaschen liegt bei ca. 15 Minuten. Durch weitgehende Wiederverwertung der Wärme beträgt der Aufwand hierfür 25–32 kg Dampf, 0,15–0,27 m³ Wasser und der Kraftbedarf 1,5–2,5 kW pro 1000 Flaschen. Die niedrigeren Werte gelten für größere Maschinen. Eine Isolierung der Waschmaschine erbringt eine Wärmeersparnis um 20–25 %. Es ist auch möglich, die Energie des aus der Vorweichzone ablaufenden Abwassers über Wärmetauscher für Raumklimatisierung oder andere Vorwärme stufen teilweise zu gewinnen. In tropischen Ländern finden auch Waschmaschinen mit getrennter Auf- und Abgabe der Flaschen (Doppelendmaschinen), Mehrfachweichen, Bürstenabteilungen etc. Anwendung.

Auf dem Wege zum Füller werden die Flaschen auf ihren Reinheitsgrad durch Ausleuchten überprüft. Durch den Wegfall der Bügelverschlußflaschen ist der automatischen Flascheninspektion der Weg geebnet. Diese arbeitet mit einer Durchleuchtung vom Boden der Flasche her, wobei das Lichtbündel auf eine Fotozelle trifft, die dann im Falle eines Schattens (Verunreinigung) einen Impuls zum Ausscheiden der Flasche auslöst. Die Kameratechnik erlaubt dabei auch eine Erkennung von teiltransparenten Fremdkörpern und fast allen Kunststoffen. Die Seitenwandkontrolle geschieht ebenfalls mittels eines Kamerasystems, wobei das komplette Bild der Leerflasche in kleine Punkte zerlegt und deren Helligkeitswerte entsprechend ausgewertet werden. Ähnlich wird auch die Mündungskontrolle vorgenommen. Der Einbau einer Farberkennung wie auch der Erkennung von Flaschen abweichender Kontur ist möglich. Einfacher ist es, zu hohe oder zu niedrige Flaschen abzuscheiden. Eine Innen-Seitenwandinspektion durch den Flaschenboden und die Mündung gleichzeitig erkennt auch nur leicht abstehende Fremdkörper; eine Behinderung z. B. durch großflächige Einbrandetiketten ist nicht gegeben.

Besondere Bedeutung kommt der Restflüssigkeitskontrolle und der Bodenkontrolle über Scanner zu, wobei diese noch durch eine zusätzliche Kamera-, Boden- und Restflüssigkeitskontrolle verstärkt werden. Der Auffindung von Laugenresten dienen Infrarot- und Hochfrequenzdetektoren.

Die Inspektionsmaschinen werden sowohl als „Rundläufer" als auch mit geradem Durchlauf hergestellt.

5.3.3 Die Flaschenfüllung

Ein moderner Flaschenfüller, wegen des CO_2-Gehaltes des Bieres wiederum isobarometrisch arbeitend, soll die Qualität des Bieres nicht beeinträchtigen. So muß es möglich sein, das Bier ohne wesentliche CO_2-Verluste unter geringster Luftaufnahme biologisch einwandfrei zu füllen.

Im einfachsten Fall besteht ein Flaschenfüller aus einem Bierkessel bzw. einem Ringkanal mit den im Kreis angebrachten Füllorganen. Die dem Füller von der Waschmaschine zulaufenden Flaschen werden durch einen Einlaufstern, u. U. kombiniert mit einer Zulaufschnecke, auf die Hubelemente geschoben. Diese heben die Flaschen während der Drehung des Füllers und pressen sie gegen die Tulpen des Füllorgans, so daß zwischen Flasche und Organ eine direkte Verbindung hergestellt wird. Die Anpressung der Flaschen geschieht meist pneumatisch durch Preßluft von 2–3 bar Überdruck, die bei größeren Einheiten noch eine Unterstützung durch Kurvenbahnen erfährt. Während der weiteren Drehung des Füllers wird das Füllorgan geschaltet: zunächst zum Herstellen der Vorspannung in der Flasche, dann zum Einlauf des Bieres, das aufgrund seines eigenen Gefälles über den Füllkörper des Organes einströmt. Die Abluft entweicht über ein in das Füllrohr integriertes Rückluftröhrchen in den Füllerkessel oder in einen eigenen Rückluft-/Rückspritzbierbehälter, dessen Druck im Verhältnis zu dem des Bierkessels über eine Membran geregelt wird. Kurz bevor der Füller seine Umdrehung beendet hat, erreicht der Bierspiegel in der Flasche den Anschnitt des Rückluftröhrchens, der Einlauf des Bieres kommt zum Stillstand. Der Hubteller senkt sich durch Ablassen der Luft im Hubzylinder oder wiederum durch eine Kurvenscheibe. Die gefüllten Flaschen gelangen vom Auslaufstern wieder auf das Transportband und von dort zum Verschließer. Die Flaschenfüller lassen sich unterteilen je nach dem Abfülldruck, nach der Form des Bierbehälters im Füller und schließlich nach der Art des Füllorgans.

5.3.3.1 Der *Niederdruckfüller* wird mit einem Abfülldruck betrieben, der nur wenig über dem Sättigungsdruck des CO_2 im Bier liegt (0,8–1,5 bar Überdruck). Er ist meist als Langrohrfüller ausgeführt. Bei hohen CO_2-Gehalten von z. B. 5,0 g/l kann es notwendig sein, diesen Druck anzuheben (auf 1,8–2,2 bar).

5.3.3.2 Der *Hochdruckfüller* kommt bei sehr hochgespundeten Bieren (über 5,2 g CO_2/l) bzw. bei hefefreien Weizenbieren, bei Heißabfüllung oder sehr hohen Füllerleistungen, u. U. bei ungünstiger Konstruktion des Füllorgans in Betracht. Sein Abfüllbereich liegt bei Drücken zwischen 3 und 8 bar. Er muß mit Kohlensäurevorspannung betrieben werden, da in Abhängigkeit von der Konstruktion des Füllorgans das Bier u. U. sehr stark mit Luft imprägniert werden könnte.

Nach der Form des Bierbehälters sind zu unterscheiden:

5.3.3.3 *Haubenfüller:* Der Bierkessel des Füllers besitzt einen nach außen, zu den Füllorganen geneigten Boden; darüber wölbt sich eine Haube aus Kupfer, die an der Bierseite verzinnt ist. Während des Füllens ist der Kessel etwa zur Hälfte voll Bier. Von hier aus münden die Füllorgane, deren Vor- und Rückluftrohre über den Bierspiegel ragen. Das Zurückströmen der Rückluft und mit ihr einer bescheidenen Menge an Rückspritzbier verschlechtert die biologischen Gegebenheiten im Füller. Der Sauerstoffgehalt des im Kessel befindlichen Bieres kann vor allem bei Ruhezeiten beträchtlich ansteigen. Nachdem dieser Füller keine höheren Abfülldrücke, folglich auch keine höheren CO_2-Gehalte erlaubte, ist er nur mehr für kleine Leistungen in Gebrauch. Eine Weiterführung dieser Konstruktion sah bereits einen getrennten Rückluftkessel vor.

5.3.3.4 Der *Ringkesselfüller* ist auf demselben Prinzip aufgebaut wie der vorstehende. Der Raum über dem Bierspiegel dient der Aufnahme der Vorspannluft, seltener der Rückluft. Diese wird in einen eigenen Kessel abgeleitet, dessen Druck sich über ein Membranventil in Abhängigkeit vom Vorspanndruck regelt.

Bei neueren Konstruktionen sind Vorluft-, Rückluft- und Bierkanal voneinander getrennt. Über dem Bier befindet sich dasselbe Gas als Druckpolster, wie es für die Vorspannung verwendet wird. Der Einsatz von Kohlensäure ist möglich.

5.3.3.5 Der *Ringkanalfüller:* Der ringförmige Bierkanal ist während der Abfüllung vollständig mit Bier gefüllt. Vorspannluft und Rückluft befinden sich jeweils in eigenen Kanälen (Dreikammersystem). Der erforderliche Druckausgleich wird über Membranventile geregelt. Bei dieser Konstruktion sind die Sauerstoffgegebenheiten

optimal, da das Bier an keiner Stelle mit Vor- und Rückluft in Berührung kommt. Durch Einstellen einer kleinen Druckdifferenz zwischen Bier und Spannluft kann die Fülltechnik in Grenzen dem Biertyp angepaßt werden.

Nach der Art der Füllorgane ist folgende Unterteilung möglich:

5.3.3.6 *Kükenfüller:* Der Kükenhahn ist die ältere Konstruktion. Er besitzt drei Durchbohrungen, jeweils für Vorluft, Bier und Rückluft. Das Küken wird durch einen seitlich angebrachten Stern gedreht und so werden im Laufe der Drehung des Füllers die erforderlichen Kanäle dargestellt. Nach dem Anpressen der Flasche wird zunächst der Vorluftkanal geöffnet, der den im Füllerkessel gegebenen Druck als Vorspanndruck auf die Flasche überträgt. Bei der nächsten Schaltung wird der Vorluftkanal geschlossen, der Bier- und Rückluftkanal geöffnet. Das Bier läuft nun aufgrund seines eigenen Gefälles in die Flasche, die dabei verdrängte Luft gelangt entweder zurück in die Füllerhaube oder in einen eigenen Rückluftkessel. Das Bier füllt nun den Rückluftkanal bis zur Höhe des Bierspiegels. Nach Schließen der Kanäle und Absenken der Flasche entleert sich der Inhalt bei der Kanäle in die Flasche, indem durch einen Querkanal eine Verbindung hergestellt wird. Den Schnellschluß des Füllrohres bei Bruch einer Flasche vollzog früher ein Schwimmerkorken, heute tätigt dies eine Metallkugel, die von der rasch ablaufenden Flüssigkeit auf die Einmündung des Füllkanals gezogen wird und so diesen verschließt. Die Nachteile der Küken waren ihre Abnutzung, die zu Undichtheiten, zur Veränderung der Kanäle und somit zur Turbulenz des Bieres führten. Ihre Gestaltung aus zwei verschiedenen Metallen für Gehäuse und Kükenkörper, ihre Abdichtung durch Luftdruck von 0,7 bar konnte die Gegebenheiten verbessern. Höhere Leistungen als 20 000 Flaschen/h sind selbst mit diesen verbesserten Küken nicht zu erreichen.

5.3.3.7 *Scheiben- oder Schieberfüller:* Hier ist der Hahnkörper in zwei Teile geteilt, die die entsprechenden Kanalbohrungen aufweisen. Sie sind durch gelochte Scheiben getrennt, von denen die eine aus Metall, die andere aus Kunststoff besteht. Die erstere wird durch den Stern des Füllorgans gedreht; sie stellt die Verbindung der Kanäle her; die Kunststoffscheibe dient dabei als Auflage und Abdichtung. Die Leistung des Schieberfüllers entspricht der des Kükenfüllers.

5.3.3.8 *Die Höhen- oder Verdrängungsfüller* füllen die Flaschen strichvoll; die Flaschen werden ohne jede Vorentlastung abgezogen, so daß sich aus dem Volumen des Füllrohrs der Leerraum in der Flasche ergibt. Das Füllrohr ist beim Abheben durch ein Fußventil geschlossen. Es kann damit kein Bier mehr in die Flasche laufen, wodurch das Bier beunruhigt würde. Das beim Füllen der Flaschen geöffnete, strömungsgünstige Fußventil ermöglicht einen ruhigen Einlauf des Bieres. Sobald eine bestimmte Flüssigkeitshöhe in der Flasche erreicht ist, erfolgt durch eine einstellbare Druckdifferenz zwischen Fülldruck und Rückluftdruck eine Erhöhung der Einlaufgeschwindigkeit ohne das Auftreten von Turbulenzen. Hierdurch ist die Abfüllung von Bieren hoher CO_2-Gehalte bei relativ niedrigerem Druck und damit bei geringer Sauerstoffaufnahme möglich. Derartige Füller werden bis zu Leistungen von 64 000 Flaschen/ h gebaut.

5.3.3.9 *Ventilfüller* werden mit langen Füllrohren oder füllrohrlos ausgeführt.

Der *Langrohrfüller* hat bei einer Konstruktion die Ventile außen am Ringkanal; es ragen also keine Teile in denselben. Nach dem Dreikammersystem läuft der Füllvorgang wie folgt ab: Die Vorspannung erfolgt mit Spanngas aus dem zugehörigen Kanal über das Füllrohr. Damit wird im Falle der Verwendung von CO_2 oder N_2 als Spanngas die Luft nach oben aus der Flasche über die Rückgasleitung ausgeschoben. Nach einer definierten Zeitspanne erfolgt durch Schließen der Rückgasleitung die Vorspannung, so daß sich nurmehr reines Inertgas mit dem gewünschten Druck in der Flasche befindet. Nach Öffnen des Flüssigkeitsventils läuft die Flüssigkeit zunächst, durch Querschnittbegrenzung im Rückgasweg, nur langsam an. Nach dem Ansteigen des Bieres über das untere Füllrohrende wird im Rückgasweg eine zweite Düse zugeschaltet und die Flasche mit höherer Fließgeschwindigkeit im zylindrischen Bereich gefüllt. Im kritischen Bereich des Flaschenhalses wird der Bierstrom durch Drosselung des Rückgasweges gebremst. Durch Erreichen einer Sonde bzw. des Rückgasrohres wird das Flüssigkeitsventil geschlossen. Zur Veränderung der Füllhöhe (in einem Bereich von 15 mm) kann dieses Schließsignal durch Zuschalten einer Korrekturzeit verzögert werden. Diese Vorgänge laufen bei modernen Füllerkonstruktionen elektronisch gesteuert ab. Nach Schließen von Flüssigkeits- und Rückluftventil wird der Druck mittels eines eigenen Schaltvorgangs über eine eigene

Kammer entlastet. Durch die stufenweise Füllung und anschließende Entlastung können hohe Leistungen pro Ventil bei niedrigen Drücken oder aber hochgespundete Biere bei entsprechender Druckanpassung gefüllt werden. Die Leistung derartiger Füller erreicht 100 000 Flaschen pro Stunde.

Wenn auch derartig hohe Leistungen über einen bestimmten Zeitabschnitt gewünscht wurden, so hat es sich doch im Hinblick auf die Füllqualität als günstiger erwiesen, Füllergrößen von ca. 60 000 Flaschen nicht mehr zu überschreiten und einer großen Waschmaschine besser zwei Füller zuzuordnen.

Die *füllrohrlose Ausführung* ist in einer Reihe von Varianten verfügbar. Grundsätzlich läuft das Bier nach Vorspannung über die Strahlmanschette des Rückluftrohres an der Flaschenwand entlang, die Luft entweicht über ein kurzes Röhrchen, welches den Rückluftkanal darstellt. Seine Höhe begrenzt die Füllung. Vor dem Absetzen der Flasche wird der Abfülldruck entlastet.

Das Ventil kann nun mit seiner Spannfeder im Ringkessel in das Bier eintauchen. Bei anderen Konstruktionen sind die Füllorgane an der Außenwand des Ringkanals angeflanscht. Bei der ursprünglichen Ausführung handelte es sich stets um ein Einkammersystem. Beim Einfließen des Bieres an der Flaschenwand ist eine intensive Luftberührung gegeben; zur Vermeidung von Schaumbildung beim Abfüllen ist ein hoher Druck (2,5–3 bar Ü) erforderlich. Um dabei die Sauerstoffaufnahme zu verringern, bestehen mehrere Möglichkeiten. Es kann durch einen weiteren Schaltvorgang aus einer zusätzlichen Ringkammer Kohlensäure oder Stickstoff in den Flaschenhals eingeleitet werden. Es wird der Ringkanal mit CO_2 oder N_2 beschickt, so daß das Bier an dieser Oberfläche keine Luft aufnehmen kann. Zur Vorspannung wird nun dieses Inertgas in die Flasche geleitet, doch ergibt sich hierbei nur ein Luft/CO_2- bzw. N_2-Gemisch, das sich nach den jeweiligen Partialdrücken einstellt.

Die am meisten verbreitete Lösung des Problems ist die Vorevakuierung der Flasche. Hierzu wird ein eigener Vakuum-Kanal benötigt, das Vakuum wird durch eine entsprechende Pumpe, die dem Füller zugeordnet ist, geschaffen. Dieses Vakuum wird dann mit CO_2 (N_2) aufgefüllt. Um nun einen noch höheren Anteil an Inertgas in der Flasche zu erreichen, wird dieser Vorgang nochmals wiederholt. Anschließend erfolgt der Einlauf des Bieres in den vorgeschilderten drei Phasen: langsames Anfüllen durch Drosselung des Rückgasweges, Schnellfüllung, Bremsen im Flaschenhals, Schließen, Niveaueinstellung. Bei einer Konstruktion sieht diese einen Ausschub des Bieres aus dem Rückluftstutzen mittels CO_2 oder N_2 vor, wodurch der Flaschenhals zusätzlich mit Inertgas aufgefüllt wird. Bei diesen Füllern mit Doppelevakuierung dürfte der Sauerstoffgehalt im Flaschenhals so niedrig sein, daß eine nachfolgende Hochdruck-Wassereinspritzung entbehrlich wird.

Eine weitere Entwicklung stellt die automatische Füllhöhen-Nachführung am Auslaufstern der Verschließmaschine dar, die ihre Signale nicht nur zum Ausstoß unter- oder überfüllter Flaschen verwendet, sondern zusätzlich Korrekturimpulse an die Füllventile gibt.

5.3.3.10 *Füller mit integrierter Flaschensterilisa-don*: Dieses System soll bei entsprechend keimarmen Bieren eine keimarme Abfüllung erreichen. Das Prinzip sieht vor, daß die von der Waschmaschine mit 50–60° C ankommende Flasche in der Füllmaschine durch Sattdampf von ca. 110° C auf etwa 105° C in der oberen Schicht der Innenwandung erwärmt wird. Ein Großteil der atmosphärischen Luft wird dabei in den Rückgaskanal ausgeschoben. Die Sattdampfeinwirkung einschließlich der folgenden CO_2-Spülung dauert rund 3 Sekunden. Dann erfolgt das Vorspannen mittels CO_2 und das Füllen nach dem Dreikammerprinzip. Der Kopfraum in der Flasche wird mittels CO_2 nachgespült. Um eine Sekundärinfektion zu vermeiden, werden die Flaschen mit dampfsterilisierten, keimfreien Kronenkorken im Vorverschließerkopf des Füllers abgedeckt; das endgültige Verschließen geschieht im konventionellen Kronenkorker.

Diese Arbeitsweise ist auch mit einem Langrohrfüller möglich, wobei die CO_2-Spülung und Vorspannung wie vorbeschrieben über das Füllrohr geschieht. Die einzelnen Schritte der Abfüllung werden rechnergesteuert getätigt.

5.3.4 Reinigen und Sterilisieren der Füllmaschinen

Die vielteiligen Flaschenfüllmaschinen sind nach jeder Abfüllung mit kaltem Wasser zu spülen, um so Bier- und Schaumreste zu entfernen. Dabei ist für eine Beaufschlagung aller Räume und Kanäle des Füllers Sorge zu tragen. Vielfach wird dies durch eigens angebrachte Spülhähne erreicht. Nach dieser Reinigung wird der Füller täglich sterilisiert. Dies geschieht durch Heißwasser

(85–90° C) oder Dampf, wobei Dichtungen, Membranen und Füllorgane hitzebeständig sein müssen. Im Anschluß an die Sterilisation wird der Füller durch Sterilluft gekühlt. Eine Kontrolle, ob die Sterilisationstemperaturen auch wirklich alle wichtigen Teile des Füllers erfaßten, soll durch sog. Thermochromstifte vorgenommen werden. Auch eine Desinfektion der Füllmaschine mit Hilfe von oberflächenaktiven Desinfektionsmitteln ist möglich, wobei jedoch Flaschen aufzusetzen und die Füllorgane in Spann- und Füllstellung zu bringen sind, um alle Kanäle bei der Desinfektion zu erfassen. Eine gute Lösung ist es, durch Herausnahme des Herzstücks zwischen Ein- und Auslaufstern für einen Flaschenumlauf zu sorgen, bei dem das Heißwasser oder die Desinfektionslösung über sämtliche Schaltstellungen alle Leitungen und Kanäle durchströmt. Ein Nachspülen des Füllers mit biologisch einwandfreiem Wasser (vom EK-Filter oder Kurzzeiterhitzer) ist vor Inbetriebnahme erforderlich.

Es ist heutzutage üblich, den Füller in ein eigenes, ihm zugeordnetes CIP-System einzuschließen. Die Reinigung und Sterilisation erfolgt dann außerhalb der Schichtzeit. Während der Abfüllschicht wird der Füller periodisch stiligesetzt und mit Heißwasser von 95° C berieselt. Dasselbe ist beim Kronenkorker vorgesehen.

5.3.5 Verschließen der Flaschen

Die heute fast überwiegend verwendeten *Kronenkorkverschlüsse* werden automatisch auf die Flaschen aufgebracht. Bei großen Anlagen sind sie mit dem Füller zusammen zu einem Block vereinigt. Die Kronenkorken werden in einer „Kronenkorkmühle" ausgerichtet; sie gelangen auf einer Gleitschiene auf die Flasche, auf die sie durch rotierende Druckstempel hydraulisch oder mechanisch über Kurvenbahnen aufgepreßt werden. Höhenunterschiede innerhalb einer Flaschensorte werden durch Spannfedern ausgeglichen. Der Reinigung und Desinfektion der Verschließorgane kommt größte Bedeutung zu (s. S. 294).

Die Anwendung von *Alka-Verschlüssen* erfordert – vor allem bei größeren Anlagen – zwei verschiedene Maschinen. Die Kapseln werden dabei vor dem Verschließen aus einem Aluminiumband gestanzt und durch den eigentlichen Verschließer auf die Flasche gebracht.

Schraubenverschlüsse aus Aluminium sind vereinzelt auch für Bier anzutreffen. Die Kapseln werden wie beim Kronenkorker auf die Flaschen aufgesetzt, angepreßt und dann durch seitliches Anrollen an das Gewinde der Flaschenmündung angepaßt.

Drahtbügelverschlüsse wurden zwar von den weitaus meisten Brauereien verlassen, doch konnten sie auf regionalen Märkten eine gewisse Bedeutung wiedergewinnen. Einige wenige Brauereien konnten mit der auf diesem Verschluß aufbauenden Strategie sogar überregional Boden gewinnen. Der mechanische Verschließvorgang ist kompliziert, da die Flaschenverschlüsse angehoben aufgesetzt, zentriert und dann angedrückt werden müssen. Schadhafte oder fehlende Dichtungsscheiben sind zu ersetzen etc. Diese Maschinen für je 12–14 000 Flaschen/Std. arbeiten nicht hundertprozentig, es müssen geübte Bedienungspersonen ergänzend verschließen oder Verschlüsse auswechseln können.

5.3.6 Aufnahme von Sauerstoff beim Abfüllen

Die immer mehr gestiegene Zeitspanne zwischen Abfüllen und Verbrauch des Bieres, aber auch die höheren Füllerleistungen und die damit verbundenen höheren Abfülldrücke machen eine gewissenhafte Kontrolle der Sauerstoffaufnahme auf dem Abfüllweg und deren weitestgehende Verringerung dringend erforderlich.

5.3.6.1 Das *Bier im Lagertank* hat bei normaler Nachgärung einen Sauerstoffgehalt von praktisch 0. Wird ein ausgereiftes, abgegorenes Bier zur Kaltlagerung oder zur Stabilisierung umgedrückt und weder zur Bewegung des Bieres noch zur Vorspannung des Tanks Kohlensäure verwendet, so kann hier je nach Tankform eine Sauerstoffmenge von 0,1–0,3 mg O_2/l aufgenommen werden. Dies stellt eine starke Vorbelastung dar. Beim Einziehen der Tanks, sei es beim Umdrücken oder beim Entleeren zur Filtration kann bei geringer Bierstandshöhe eine Trombenbildung eintreten, die einen Anstieg des Sauerstoffgehalts bis auf 3 mg/l erbringt, der nach dem Umschalten auf den nächsten Tank nur langsam wieder aus den Leitungen etc. verdrängt wird. Der Einsatz von Abweisplatten hat sich hier bewährt. Das Stehenlassen von teilweise geleerten Tanks unter Luftdruck (der dann auf den normalen Spundungsdruck abgesenkt werden sollte) erbringt eine zusätzliche Imprägnierung der Bieroberfläche. Am günstigsten ist es, das Bier bereits mit Kohlensäure aus dem Lagertank zu drücken.

5.3.6.2 *Die Sauerstoffaufnahme beim Filtrieren des Bieres*: Die Schläuche und Leitungen, der Verschneidblock und der Druckregler sind vor dem Anlaufen des Bieres durch Auffüllen mit Wasser zu entlüften, ebenso ist für eine korrekte Entfernung der Luft aus dem Kieselgurfilter durch Wasserspülung Sorge zu tragen. Ein Luftabscheider vor dem Filter bzw. stets an den höchsten Stellen des Leitungsweges ist von Bedeutung. Kieselgur bringt durch ihren eigenen Luftgehalt, oder auch durch den O_2-Gehalt des Anschwemmwassers, Sauerstoff ein. Wasser kann rund 8 mg O_2/l enthalten. Eine Entlüftung des Spül- und Dosierwassers ist dringend erforderlich. Im einfachsten Falle kann dies durch Überkarbonisieren geschehen, besser ist dies jedoch mittels einer Vakuumanlage und zusätzlicher CO_2-Dosierung zu tätigen. Es sind für diese Aufgabe eigene Wasserentgasungsanlagen verfügbar, die auch das Verschnittwasser für stärker eingebraute Biere (s. S. 372) bereiten. Ein Sauerstoffgehalt von unter 0,05 mg/l ist speziell dort geboten.

Das Wasser wird, gekühlt, in einem eigenen Vorrats tank gestapelt.

Die Sauerstoffaufnahme im Kieselgurschichtenfilter überschreitet kaum einen Betrag von 0,1–0,15 mg O_2/l. Bei Kesselfiltern dagegen kann reichlich Sauerstoff ins Bier gelangen, wenn sich im Dom des Kessels als Puffer eine Luftschicht über dem Bier befindet. Hier ist die Verwendung von CO_2 als Schutzgas unerläßlich. Neue Verfahren wie Heißanschwemmung der Gur, zusammen mit dem Sterilisationsvorgang (s. S. 264), erbringen eine gute Sauerstoffentfernung, zumal die Anlage vor dem Anlauf mit CO_2 leergedrückt und vorgespannt wird. Auch das Anschwemmen mit Bier ermäßigt den Sauerstoffgehalt im System beträchtlich, wenn auch das hierzu verwendete Bier dann einen erhöhten Sauerstoffgehalt aufweist. Dieser, bzw. der Sauerstoffgehalt von den üblichen Vor- und Nachlaufbieren soll durch intensive Kohlensäurewäsche bis auf einen Wert von unter 0,3 mg O_2/l gebracht werden. Erst dann sind diese Biere zum Verschnitt geeignet. Beim Anlauf des Filters sollte das Bier nicht nach dem Stammwürze gehalt, sondern nach dem Sauerstoffgehalt (unter 0,15 mg/l, besser niedriger) von „Vorlauf" auf „Bier" umgestellt werden. Auch über unkorrekt arbeitende – selbst automatische– Verschneidböcke kann Luft eingezogen werden.

5.3.6.3 Der *Abfülltank* ruft meist eine starke Aufnahme von O_2 hervor. Das Bier springt in den mit Luft vorgespannten, leeren Tank in einer Fontäne ein, die sich je nach Geschwindigkeit und Luftdruck mehr oder weniger stark mit Luft imprägniert. Durch Aufsetzen einer Prallplatte aus Metall (am besten Edelstahl), durch Einlegen von Schwimmdecken aus Kunststoff oder durch entsprechende Gestaltung des Einlaufstutzens kann die Sauerstoffaufnahme von 0,8–1,2 mg O_2/l auf 0,2–0,4 mg O_2/l verringert werden. Auch darf das Bier bei längerem Verweilen im Vorratstank nicht unter einem hohen Luftdruck stehen bleiben. Es ist günstiger, das Bier mittels Pumpe zum Flaschenfüller zu fördern als durch einen, dem Fülldruck entsprechenden Luftdruck. Es bildet sich über dem Bier nämlich kein CO_2-Polster aus, das das Bier vor der schädlichen Einwirkung der Luft schützen würde. Die Prallplatte kann gut mit einer CO_2-Vorspannung des Drucktanks kombiniert werden; wird dies kurz vor der Beschickung durch den Einlaufhahn getätigt, so ist nach dem Aufbau des erforderlichen Gegendrucks bereits in der halben Tankhöhe ein CO_2-Gehalt von ca. 95 % erreicht. Nach Leerdrücken des Tanks mit Kohlensäure kann diese in die CO_2-Anlage zurückgespeist werden. Dasselbe sollte auch mit der im Lagertank befindlichen Kohlensäure geschehen, um eine Belästigung des Personals zu vermeiden. Unter Hintanhalten aller Fehler kann es gelingen, das Bier mit einer Sauerstoffaufnahme von nur 0,05 mg/l in den Füller zu verbringen.

5.3.6.4 Eine *CO₂*-Wäsche des Bieres im Vorratstank kann dann zweckmäßig sein, wenn das Bier z. B. als Vorlauf, am Anfang der Filtration oder durch unkontrollierten Zufluß zusätzlich Sauerstoff aufgenommen hatte. Durch feinporige Metallsinterkerzen (1–2 Stück/100 hl) wird CO_2 7–12 Stunden lang bis zur gewünschten Absenkung des Sauerstoffgehaltes durch das Bier gedrückt. Diese, wie auch die zum Karbonisieren verwendete Kohlensäure, muß einen Reinheitsgrad von mindestens 99,95 % haben.

5.3.6.5 *Die Belüftung des Bieres beim Flaschenfüllen*: Hier sind drei Möglichkeiten gegeben, nämlich die Luftaufnahme im Füllerkessel bzw. Ringkessel, beim eigentlichen Füllvorgang und schließlich durch die nach dem Verschließen des Flaschenhalses verbleibende Luft.
Die *Aufnahme im Füllerkessel* ist vor allem bei längerem Verweilen des Bieres im Kessel in der Oberschicht des Bieres gegeben. Auch erbringt bei alten Füllerkonstruktionen das Zurückschleudern des Rückspritzbieres eine Belüftung mit sich.

Beim Einlauf in die Flasche werden wesentlich größere Luftmengen aufgenommen: So z. B. bei Füllorganen mit Füllrohr in Abhängigkeit von Fallhöhe und Gegendruck. Bei langem Füllrohr wird die Aufnahme unter 0,1 mg O_2/l bleiben, bei einer Fallhöhe von 100 mm beträgt sie ca. 0,4 mg O_2/l.
Bei Vorspannen mit CO_2 über das Füllrohr sowie durch die Möglichkeit des voraufgehenden Spülens mit CO_2 kann eine sehr geringe Sauerstoffaufnahme von unter 0,02 mg/l erreicht werden.
Die Sauerstoffaufnahme bei Kurzrohrfüllern beläuft sich bei 1,2 bar Abfülldruck auf 0,5 mg/l; bei 2,5 bar dagegen auf 1,4 m/l.
Bei füllrohrlosen Organen beträgt die Sauerstoffaufnahme:

bei Vorspannen mit Luft (2 bar)	1,1–1,6 mg/l
bei Vorspannen der Flaschen mit CO_2 (CO_2-Gehalt der Abluft ca. 60 %)	0,5–0,7 mg/l
bei Evakuierung und Vorspannen mit CO_2 (CO_2-Gehalt der Abluft ca. 90 %)	0,05–0,1 mg/l
bei doppelter Vorevakuierung und Vorspannen mit CO_2, bei noch höherem CO_2-Gehalt der Abluft	0,02 mg/l

Der Luftgehalt im Flaschenhals: Bei normalen 0,5-l-Flaschen beträgt der normale Leerraum rund 4 % = 20 ml. Werden die mit Luft vorgespannten Flaschen ohne Schaumentwicklung abgefüllt, so werden sich im Flaschenhals ca. 16 ml Luft = 4,5 mg O_2 pro Flasche oder 9,0 mg/l befinden. Diese Luftmenge kann nun in das Bier diffundieren und so eine Reihe von negativen Erscheinungen hervorrufen. Um die Luftmenge im Flaschenhals auf ein Minimum zu reduzieren, gibt es eine Reihe von Möglichkeiten, die ein Aufschäumen des Bieres bewirken, um so die Luft durch CO_2-haltigen Schaum zu vertreiben:
a) Herabsetzen des Vorspanndruckes, bzw. Verringerung des Abfülldruckes überhaupt.
b) Erhöhung der Biertemperatur beim Abfüllen.
c) Klopfen der Flaschen, am besten durch *zwei* federgepannte Klopfer.
d) Einwirkung von Ultraschall auf die Flaschen. Der aufsteigende Schaum ist hier sehr feinblasig.
e) Einspritzen von Bier, CO_2 oder Wasser auf die Bieroberfläche der abgefüllten Flaschen.
Ein sehr wirksames System ist das letztgenannte Einspritzen von kaltem oder heißem Wasser in den Flaschenhals. Es ist hierbei aber wichtig, wie

auch bei allen anderen Vorrichtungen, daß die Füllorgane einwandfrei und gleichmäßig arbeiten, daß das Bier genügend CO_2 enthält (> 4,5 g/l) und daß die entwickelte Schaumhaube nicht nur die Flaschenmündung erreicht, sondern etwas überläuft. Der Bierverlust kann pro Flasche 1–2 ml betragen. Auf diese Weise dürfte es möglich sein, Werte von 1,0 ml Luft/Flasche zu unterschreiten. 1,0 ml Luft pro Halbliterflasche entspricht 0,42 ml O_2/l oder 0,56 mg O_2/l. Enthält das Bier, dazu noch unter normalen Bedingungen, nicht mehr als 0,4 mg O_2/l in gelöster Form, so ergibt sich ein Gesamtsauerstoffgehalt von rund 1,0 mg O_2/l. Da sich bereits bei einem derartigen Wert schädliche Wirkungen ergeben, sind alle technologischen Möglichkeiten zur Verringerung des Sauerstoffgehaltes im Bier auszuschöpfen.

Die *Abfüllung des Bieres unter Kohlensäuregegendruck* ist eine wirksame Maßnahme, wenn sich auch bei normalen Füllern nur ein Gemisch aus Luft und CO_2 erzielen läßt. Bei einem Abfülldruck von 2,5 bar beträgt der CO_2-Gehalt über 70 %; der Kohlensäureverbrauch beläuft sich auf ca. 440 g/hl. Der Luftgehalt im Flaschenhals läßt sich hier in der Regel auf 0,3–0,4 ml absenken. Bei Vorevakuierung und anschließender CO_2-Vorspannung der Flaschen läßt sich ein CO_2-Gehalt von über 90 % erreichen, der CO_2-Verbrauch liegt hier bei ca. 150 g/hl. Hierdurch kann der Luftgehalt im Flaschenhals auf 0,2–0,3 ml verringert werden.

Bei doppelter Vorevakuierung ist der CO_2-Gehalt im Kopfraum der Flasche fast 100 %. Hier könnte ein Einspritzen von Heißwasser überflüssig sein, doch kostet die Darstellung dieses Zustandes 300–400 g CO_2/hl. Das Ausschieben des Bieres aus dem Rückluftrährchen und das Einleiten von CO_2 in den Kopfraum zur Füllhöhenkorrektur erreicht ebenfalls Luftgehalte im Flaschenhals von 0,1–0,15 mg/l. Auch der oben besprochene Langrohrfüller mit CO_2-Vorspülung kann geringste Restluftmengen ausschieben und so ebenfalls diese niedrigen Werte erbringen.

Allerdings tritt allgemein bei Füllern einer Leistung von über 60 000 Fl/h durch die Zentrifugalkräfte am Füllerauslauf eine Schrägstellung der Bieroberfläche ein, die dann bei Einstellung der Horizontalen wieder Luft eintreten läßt. Hier hat sich eine entsprechende Führung der Flaschen am Auslauf, z. B. über einen großen Stern günstig ausgewirkt.

Unter Berücksichtigung der obengenannten günstigsten Werte müßte es möglich sein, einen Gesamtsauerstoffgehalt von 0,20 mg/l zu erzielen.

Er setzt sich zusammen aus Vorbelastung 0,05 + Aufnahme beim Füllen 0,05 + Luftgehalt im Flaschenhals 0,1 mg/l. Durch Stillstandszeiten an Füller oder Kronenkorker können diese Werte beträchtlich höher liegen. Diese Biere sind aus der Linie herauszunehmen und mit Restbier zu verarbeiten. Dies erfordert eingehende Kontrollen mit Hilfe der erwähnten Sauerstoffmeßgeräte, die an den wichtigsten Stellen des Leitungsweges mit Schreiber einzusetzen sind. Die Kosten errechnen sich aus den auf S. 235 angegebenen Kohlensäurepreisen. Die Abfüllung mit Stickstoff als Spanngas ist etwas billiger als die Verwendung von käuflichem CO_2.

Stickstoff konnte sich ebenfalls als Schutzgas einführen. Die Lagerbedingungen für Stickstoff liegen bei 77° K (– 196° C) und Atmosphärendruck. Während 1 kg Kohlensäure 0,554 m³ Gas ergibt, liefert 1 kg Stickstoff 0,872 m³. Bei der Verwendung von letzterem ist jedoch zu berücksichtigen, daß sich infolge der unterschiedlichen Partialdrücke, CO_2 aus dem Bier entbindet und in den Kopfraum des Tanks wandert. Dies kann z. B. bei einem Überdruck von 1,8 bar im Verlauf von 48 bis 72 Stunden zu einem Kohlensäureverlust von 0,1–0,2 g/kg Bier führen. Qualitativ besteht zwischen der Abfüllung mit N_2 und CO_2 bei normaler Beanspruchung des Bieres kein Unterschied, bei stärkerer Beanspruchung (Mindesthaltbarkeit über 6 Monate) wiesen die mit CO_2 abgefüllten Biere organoleptisch und analytisch eine geringere Alterung auf. Kohlensäurevorspannung erlaubt jedoch bei hohen Kohlensäuregehalten (z. B. Weizenbier s. S. 365) höhere Abfülleistungen.

5.3.6.6 Die *Sauerstoffaufnahme bei der Dosenabfüllung* ist aus einigen Gründen höher als bei Flaschen; die häufig verwendeten Einkammerfüller sind füllrohrlos; eine Vorevakuierung ist bei Aluminiumdosen nur beschränkt (auf ein Vakuum von 20 %) möglich. Die Entfernung der Luft aus dem Kopfraum der Dose ist trotz Ausbildung einer Schaumhaube und Unterdeckelbegasung mit CO_2 weniger günstig als bei Flaschen. Es kann u. U. eine Unterfüllung der Dose eintreten. Ratenswert ist es, den Füller mit Kohlensäure zu fahren und die Dosen mit CO_2 vorzuspannen. Eine CO_2-Vorspülung kann zusätzliche Verbesserungen erbringen.

5.3.6.7 Die *Sauerstoffaufnahme bei der Faßfüllung* ist trotz der als geringer betrachteten Oberflächen mitunter bedeutsam: im Faßfüller, wenn eine Trennung der Räume für Bier, Vor- und Rückluft nicht gegeben ist, beim Abfüllen selbst, wenn ein zu hoher Abfülldruck angewendet wird, beim Einlauf des Bieres in das Faß ein Verspritzen des Bieres erfolgt (Defekte am Füllorgan) oder bei hoher Füllgeschwindigkeit Turbulenzen entstehen. Gut bewährt haben sich Füllorgane, die, bei zuerst langsamem Anlauf, die volle Leistung erst nach Erreichen eines gewissen Flüssigkeitsstandes entwickeln. Die Abfüllung von Kegs ist unbedingt unter CO_2-Gegendruck zu tätigen. Durch das Dämpfen wird Luftsauerstoff ausgeschoben, die CO_2-Vorspannung kann sogar in Verbindung mit einer Vorspülung erfolgen. Damit ist es möglich, im abgefüllten Keg unter 0,1 mg/l oder sogar weniger Sauerstoff zu erreichen.

5.3.6.8 Der *Kohlensäurebedarf* für ein sauerstofffreies Abfüllen des Bieres ab Lagertank ist unter Berücksichtigung der vorerwähnten Punkte hoch. Durchschnittlich werden benötigt (kg CO_2/ hl):

Entleeren des Lagertanks	0,40*
Leitungen spülen, Filtration	0,40
Drucktank	0,45**
Flaschenfüller Vorspannung ohne	0,40
mit Vorevakuierung	0,20
mit doppelter Vorevakuierung	0,40
Kegfüller, Spülen, Vorspannen	0,60
Dosenfüller	0,70
CO_2-Wäsche Eintankverfahren	0,50*
Vollkarbonisierung	0,60
Karbonisieren (Korrektur)	0,15

Die mit * gekennzeichneten Verbrauchsdaten bieten sich für eine Rückgewinnung an; beim Drucktank ** kann die abblasende Kohlensäure sowohl rückgewonnen werden, meist tritt ein Verlust dann nicht auf, wenn der entleerte Tank unter Druck einer sauren Reinigung unterworfen und das beim Befüllen ausgeschobene CO_2 zum Vorspannen eines Tanks verwendet wird. Naturgemäß schwanken die Verbrauchszahlen je nach den zu entleerenden Tankgrößen, den Filterstandszeiten, den Flaschen- und Keggrößen. Zum Flaschenfüllen werden z. B. ab Lagertank ca. 1,7 kg/hl benötigt.

5.4 Sterilabfüllung und Pasteurisation des Bieres

Steigende Ansprüche an die biologische Haltbarkeit des Bieres durch Änderung der Verteilung des Bieres z. B. über Verleger und Handelsketten lassen eine Sterilabfüllung des Bieres geraten erscheinen. Auch Biere, die im Inland über große Strecken verschickt werden oder gar zum Export ins Ausland oder nach Übersee bestimmt sind, bedürfen einer besonderen Behandlung. Die gewünschte biologische Haltbarkeit kann durch zwei verschiedene Maßnahmen erreicht werden: durch Kaltsterilisation und anschließende Sterilabfüllung des Bieres oder durch Pasteurisation des abgefüllten Bieres in der Flasche. Letztere schließt auch die Heißabfüllung des Bieres ein.

5.4.1 Sterilabfüllung

Das mittels Entkeimungsfilter oder durch Kurzzeiterhitzung behandelte Bier wird unter besonderen Maßnahmen steril auf Flaschen gefüllt.

5.4.1.1 Die *Entkeimungsfiltration* mit Hilfe von speziell adsorbierenden Schichten (s. S. 266) ist im allgemeinen sehr zuverlässig, wenn die Leistung der Schichten von 1,0–1,3 hl/m² und Stunde nicht überschritten und die Filtration nach der 20–30fachen Stundenleistung bzw. nach Überschreiten einer Druckdifferenz von 1,3 bar abgebrochen wird. Besonderer Wert ist auf scharfe Vorfiltration und auf stoßfreies Arbeiten der Anlage zu legen. Die Sterilisation des Filters geschieht mit Niederdruckdampf von 0,2–0,3 bar, wobei auch das Leitungssystem zum Füller sowie der Puffertank beaufschlagt werden. Die sehr scharfe Filtration hat nicht nur eine Entfernung von Mikroorganismen zur Folge, sondern das Bier wird durch die Adsorptionswirkung des Filtermaterials in seiner Zusammensetzung verändert; vor allem zu Beginn der Filtration werden Farb- und Bitterstoffe sowie Kolloide in erhöhtem Maße entfernt. Dieses Bier ist mit den später filtrierten Partien zu verschneiden. Die Schädigung des Bierschaums ist während der ersten Filtrationsstunde nicht unerheblich.

Die doppelte Kieselgurfiltration, bei der der zweite Kieselgurfilter bei der laufenden Anschwemmung nur mit Feingur unter Zusatz von adsorbierenden Filterhilfsmitteln (Cellulose) sowie Xerogel arbeitet, konnte sich ebenfalls gut einführen.

Der Sterilfiltration dienen auch Membrankerzenfilter mit definierten Porenweiten von unter 0,45 μm, ferner Keramikfilter mit Kieselguranschwemmung (s. S. 269). Im Gegensatz zum vorbeschriebenen Schichtenfilter sind diese Apparaturen nicht empfindlich gegen Druckstöße. Sie können unmittelbar und ohne Puffertank vor dem Flaschen- oder Kegfüller angeordnet sein.

5.4.1.2 *Die Kurzzeiterhitzung des Bieres*: Sie erfolgt in einem Plattenapparat, der aus einer Vielzahl von Wärmeaustauschplatten besteht, die aus Chrom-Nickel-Stahl (V2A) oder aus Chrom-Nickel-Molybdänstahl (V4A) gefertigt sind. Die Ausbildung der Einstromplatten bewirkt eine häufige Richtungsänderung des Bieres bzw. des Heiz oder Kühlmittels, so daß in Verbindung mit der dünnen Flüssigkeitsschicht ein rascher und weitgehender Wärmeaustausch erzielt wird. Der Kurzzeiterhitzer besteht aus vier Abteilungen; die Austauscherabteilung dient zum Erwärmen und Abkühlen des Bieres im Gegenstrom. Je nach ihrer Größe und Anordnung bewirkt sie eine hohe Wärmerückgewinnung von 93–94, ja 97 %. Bei einer Pasteurisationstemperatur von z. B. 72° C wird das Bier im Wärmetauscher auf 67° C gebracht, so daß die heißwasserbeheizte *Erhitzerabteilung* nur mehr um 5° C aufzuheizen braucht.

Die Heißwassertemperatur darf im Erhitzer nicht mehr als 2–3° C über der des Bieres liegen. Die Pasteurisationstemperaturvon 68–75° C wird im *Heißhalter* 30–60 Sekunden lang gehalten. Der Heißhalter besteht aus Kammern, die eine Erniedrigung der Biergeschwindigkeit bewirken, wobei auch hier durch Einbauten eine Turbulenz des Bieres hervorgerufen und damit ein Voreilen weniger lang erhitzter Flüssigkeitsströme verhindert wird. Günstiger sind Röhrenheißhalter, die in ihrer einfachsten Form als Bierleitung von 40–80 mm lichter Weite eine gelenkte Führung des Bieres erlauben.

Die Pasteurisationstemperatur wird sicherheitshalber bei mindestens 68° C gehalten; üblich sind 68–72° C, die Haltezeit ist so bemessen, daß sich 27–52 Pasteurisierungseinheiten ergeben, die im Hinblick auf resistentere Lactobazillenstämme (z. B. L. lindneri) eine Intensivierung gegenüber früher verlangen. Bei der Restbiersterilisation kommen Temperaturen von 90° C, z. T. darüber zur Anwendung.

Das Bier tritt anschließend wieder in die Austauscherabteilung ein, wobei es seine Temperatur an das zufließende frische Bier abgibt. Bei dem genannten hohen Wärmerückgewinn hat das Bier – je nach der Zuströmtemperatur – am Auslauf des Austauschers 7° C. Diese reicht bei entsprechender Konstruktion der Füllmaschine zum direkten Abfüllen aus, lediglich bei Bieren mit höheren Kohlensäuregehalten wird eine zusätzliche *Kühlabteilung* notwendig. Der Kühler wird mit Sole oder direkt verdampfendem Kältemittel (z. B. Ammoniak) beschickt. Im letzteren Falle ist er als Röhrenkesselverdampfer außerhalb des eigentlichen Plattenapparates aufgestellt.

Während der Erhitzung des Bieres muß im System ein Druck herrschen, der stets über dem Sättigungsdruck der Kohlensäure liegt. Andernfalls entweicht Kohlensäure in feinstverteilter Form und ruft so eine irreversible Eiweißtrübung hervor. Der Druck ist somit festgelegt durch Temperatur und Kohlensäuregehalt des Bieres: z. B. bei 72° C und 5,5 g CO_2/l sind dies 8,5 bar Ü, bei einem Weizenbier von 9 g/l müssen 14,8 bar Ü gegeben sein. Um eine gewisse Sicherheit einzubauen, soll der Druck beim Übergang vom Heißhalter zum Wärmetauscher um 3–4 bar Ü über dem CO_2-Sättigungsdruck liegen. Hierbei treten gewaltige Materialbeanspruchungen auf, vor allem bei schwankenden Leistungen und den hiervon beeinflußten Drücken. Der erforderliche Druck im System muß durch eine entsprechende Pumpe dargestellt werden. Der Abbau dieses Druckes erfolgt im Austauscher durch eine zweckmäßige Schaltung der Plattenpakete: Hintereinanderschaltung bewirkt eine Druckminderung, Parallelschaltung dagegen eine Konstanthaltung des Druckes. Dabei muß der Druck des sterilen Bieres im Wärmetauscher höher sein als der des unsterilen, um bei einem eventuellen Plattenbruch das Eindringen von unsteriler Flüssigkeit in die bereits sterilisierte zu vermeiden. Zu diesem Zweck ist zwischen Wärmetauscher und Erhitzer eine zweite Pumpe angeordnet, die dann der Sterilseite des Austauschers einen höheren Druck verleiht als der Vorlaufseite. Der Druckabbau im Austauscher selbst reicht dann nicht mehr aus – vor allem, wenn keine zusätzliche Kühlabteilung mehr vorhanden ist – um sich dem eigentlichen Abfuhrdruck = Füllerdruck zu nähern. Es bedarf dann eines Druckregulierventils, das die erforderliche Druckabsenkung und die für ein einwandfreies Füllen notwendige Druckkonstanz erbringt.

Um Höhe und Einwirkungsdauer der Pasteurisierungstemperatur zu gewährleisten, ist der Apparat mit einer druckluftgesteuerten Regelautomatik ausgestattet, die beim Unterschreiten der Temperatur das Bier entweder erneut in die Heißhalteabteilung leitet oder in einen Restbiertank abführt. Auch der Reinigungsvorgang, der eine

Lauge- und Säurebehandlung und schließlich eine Heißwassersterilisation bei 90° C einschließt, kann automatisiert werden.

Der Betrieb des Kurzzeiterhitzers ist auf verschiedenerlei Weise möglich:

a) Direkt nach dem Filter auf einen sterilen Drucktank. Die Leistung der KZE muß also der des Filters entsprechen. Diese Arbeitsweise ist bezüglich der Schaltung des Kurzzeiterhitzers einfach, der gesamte Weg ab KZE muß sorgfältig steril gehalten werden.

b) Zwischen dem KZE und dem Füller ist ein Puffertank angeordnet, der eine Menge von ca. 15–20 Minuten voller Laufleistung aufnehmen kann. Der Puffertank gleicht schwankende Leistungen des Füllaggregats aus, sogar kleinere Störungen oder Pausen. Hier kann auch die Leistung des Kurzzeiterhitzers verringert werden, z. B. auf 50 %. Die so verlängerte Heißhaltezeit wird durch eine automatische Rücknahme der Pasteurisationstemperatur ausgeglichen (z. B. statt 30 sec 72° C 60 sec 69,5° C = 26 P.E.). Auch diese Schaltung ist relativ einfach und betriebssicher; die Sterilität des Puffertanks ist dabei Voraussetzung. Der Puffertank wird meist außerhalb des üblichen Sterilisationszyklus gedämpft.

c) Direkt vor der Füllmaschine; hierbei unterliegt der KZE den kleineren Schwankungen der Abfüll-Leistung: Wenn die Abnahme sinkt, dann steigt der Gegendruck im System, der Durchfluß wird langsamer. Bei plötzlicher Leistungssteigerung könnte es möglicherweise zu einem Temperaturabfall im Erhitzer kommen. Um dies zu vermeiden, ist ein „Heißwasserpuffer" (bei einer Leistung von 200 hl/h 200 l Inhalt) günstig. Bei Unterschreiten der eingestellten Pasteurisationstemperatur schaltet die Anlage ab. Bei einem Stillstand des Füllers wird auch der Durchfluß durch den Kurzzeiterhitzer stillgesetzt. Auf dem gesamten System baut sich dann der Höchstdruck auf. Die Pumpe läuft weiter, das Bier erwärmt sich. Um hier eine zu starke Beanspruchung des Materials zu vermeiden, kann über den Druck zwischen Erhitzer und Heißhalter als Regelgröße die Leistung der Pumpe(n) auf jene Förderhöhe verringert werden, die noch deutlich über dem CO_2-Sättigungsdruck liegt. Bei längeren Störungen (über 5–10 Minuten) ist es häufig der Fall, daß das „überpasteurisierte" Bier ausgeschoben wird. Bei 200 hl Stundenleistung sind dies rund 4 hl Bier. Bei längeren Störungen oder bei Biersortenwech-

sel kann es zweckmäßig sein, das Bier durch Wasser zu ersetzen.

Dies zeigt, daß die unter a) und b) genannten Verfahrensweisen eine unregelmäßige oder zu starke thermische Belastung des Bieres vermeiden. Diese wirkt sich um so stärker aus, je höher der Sauerstoffgehalt des Bieres und je empfindlicher es durch seine Herstellungsweise ist.

Der Energiebedarf der Kurzzeiterhitzung beträgt durch den hohen regenerativen Wärmeaustausch nur mehr 2100 kJ/500 kcal/hl, die eventuell erforderliche Abkühlung von 7° C auf 1° C 2500 kJ/600 kcal/hl. Die Abfüllung bei dieser Temperatur (oder etwas mehr) bereitet bei den modernen Flaschen- und Kegfüllmaschinen keine Probleme: es sind lediglich die Abfülldrücke entsprechend anzupassen.

Die Kurzzeiterhitzung ist damit bedeutend billliger als die Entkeimungsfiltration, bei den geschilderten niedrigen Sauerstoffgehalten des Bieres, die vor dem Kurzzeiterhitzer zu erfassen sind, lassen sich kaum Unterschiede hinsichtlich der chemisch-physikalischen Stabilität erkennen. Auch die Alterung des Bieres ist nicht signifikant rascher als beim EK-Filter. Der biologische Effekt ist im allgemeinen gut, er ist jedoch auch bei Kurzzeiterhitzung neben den beschriebenen Parametern von vielen Randbedingungen abhängig.

Es muß also die Anlage, vor allem auch hinsichtlich der Peripherie einwandfrei geplant und gewissenhaft betrieben werden. Möglichst keine Druckschwankungen des zufließenden Bieres bzw. beim Umstellen von Wasser auf Bier; das Vorlaufwasser sollte entgast, das Leitungsnetz muß völlig entlüftet sein, der Mikroorganismengehalt des Bieres darf nicht durch Filterstöße etc. plötzlich ansteigen, das Einziehen von Drucktanks (Luft- oder CO_2-Schnüre) ist zu vermeiden. Gerade das Durchschleppen von Gasblasen durch den KZE bedingt ein mögliches Verschleppen von Infektionskeimen. Eine Wiederinfektion des Bieres in der nachgeordneten Abfüllanlage ist peinlichst zu vermeiden.

5.4.1.3 *Die sterile Abfüllung des Bieres*: Ihr dienen jene Maßnahmen, die bei der Flaschenreinigung und Abfüllung besprochen wurden (s. S. 283). Hohe Laugentemperaturen, Chlorierung der Warm- und Kaltwasserspritzung, Sterilisation dieser Abteilungen und schließlich eine gelenkte Schwadenführung in der Reinigungsmaschine sichern die Sterilität der Flaschen. Ein sorgfältiges Spülen und Dämpfen des Füllers, unter Umständen unterstützt durch ein sorgfältiges Spülen und

Reinigen sowie Sterilisation des Füllers wird von einer automatischen Anlage aus sichergestellt. Es ist zweckmäßig, die Sterilisation unmittelbar vor dem Abfüllvorgang vorzunehmen. Wie auf S. 287 geschildert, soll der Füller alle 2–3 Stunden angehalten (evtl. anläßlich einer Störung im Flaschenkeller) und 2 Füllerumgänge lang mit Heißwasser von 95° C überschwallt werden. Dabei muß das Heißwasser über eine Ringleitung sofort mit 95° C zur Verfügung stehen.

Es wurde schon immer versucht, die aus der Waschmaschine kommenden Flaschen vor dem Befüllen zu sterilisieren. Eine Einrichtung hierzu war der SO$_2$-Sterilisator, in dem mit besonderen Füllorganen die feuchten Flaschen unter Druck mit SO$_2$ vergast wurden. Die angewendete SO$_2$ Menge von 150 mg/l wurde nach kurzer Einwirkungszeit durch Sterilluft wieder ausgeblasen. Ein weiteres Segment dieses Apparates diente der CO$_2$-Vorspülung der Flaschen: Hier wurden die Flaschen mit dem aus dem Rückluftkessel des Füllers entweichenden Gemisch aus Kohlensäure und Luft vorgefüllt, so daß sich im Füller eine Vorspannung mit ca. 80 % CO$_2$ erreichen ließ.

Eine neue Entwicklung ist das Dämpfen der Flaschen im Füller selbst, wodurch deren Sterilität erreicht wird (s. S. 287).

Die Kronenkorken enthalten normal keine bierschädlichen Organismen.

Eine sichernde Sterilisation wurde bei kleineren Füllerleistungen durch Abflammieren der Verschlüsse beim Einlauf in den Verschließkopf mit Hilfe einer im Takt der Maschine gesteuerten Gasflamme erreicht. Eine periodische Reinigung bzw. Sterilisation wie durch die oben beschriebene Beschwallung der Füllorgane mit Heißwasser sowie die tägliche Reinigung und Desinfektion (u. U. mit Peressigsäure, Jodophor) ist notwendig. Eine gefährliche Infektionsquelle ist die Verschmutzung der Verschließorgane durch das Auf- oder Überschäumen des Bieres zum Zwecke der Verminderung des Luftgehalts im Flaschenhals. Hier sind die Maßnahmen der CO$_2$-Spülung oder der doppelten Vorevakuierung in Verbindung mit einer reichlichen Kohlensäureverwendung günstig.

5.4.2 Pasteurisation des Bieres

Das Prinzip, Hefen und bierschädliche Organismen im Bier durch Erhitzen zu inaktivieren oder abzutöten geht auf Pasteur zurück. Durch die saure Reaktion des Bieres läßt sich diese Sterilisation mit relativ niedrigen Temperaturen errei-

chen, da diese genannten Mikroorganismen unter normalen Bedingungen keine Sporen zu bilden vermögen. Der Abtötungseffekt hängt ab von der Temperatur und der Zeit ihrer Einwirkung. Je höher die Temperaturen, um so kürzer ist die erforderliche Pasteurisierdauer und umgekehrt.

Als Maß für den Abtötungseffekt dient die „Pasteurisationseinheit", die der Abtötungswirkung einer Temperatur von 60° C bei einer Einwirkungszeit von einer Minute entspricht. Sie läßt sich anhand folgender Formel errechnen:

$$PE = Z \times 1.393^{(T-60)}$$

wobei Z die Zeit in Minuten und T die Pasteurisierungstemperatur darstellt. Die Pasteurisationseinheiten pro Minute für einige Temperaturen sind: 56° C = 0,27, 58° C = 0,52, 60° C = 1, 62° C = 1,9, 64° C = 3,8, 66° C = 7,3, 68° C = 14 und 70° C = 27.

Nachdem aber die einzelnen Mikroorganismen in unterschiedlichem Maße empfindlich sind, liegen die Mindest-Pasteurisationseinheiten zur Abtötung von Mikroorganismen wie folgt:

3 PE Kulturhefen (vegetative Zellen), gramnegative Bakterien (Pectinatus)
5 PE Lactobacillus brevis, L. coryniformis, L. casei
8 PE Pediococcus damnosus
18 PE übliche Bierschädlinge, Megasphaera
20 PE Lactobacillus lindneri
25 PE Lactobacillus frigidus
30 PE Ascosporen bierschädlicher Hefen Micrococcus kristinae

Es dürfen aber hierbei gewisse Mindesttemperaturen und Mindesteinwirkungszeiten nicht unterschritten werden, um eine sichere Wirkung zu erreichen. Für den Kurzzeiterhitzer gelten: Mindesttemperatur 66,4° C, Mindesteinwirkungszeit 15 Sekunden, für den Tunnel-Pasteur Mindesttemperatur 61° C, Mindesteinwirkungszeit 4 1/2 Minuten. Die Pasteurisierung stellt zwar die biologische Stabilität des Bieres sicher, doch bewirken die hohen Temperaturen eine Verringerung der chemisch-physikalischen Stabilität des Bieres. Bedingt durch CO$_2$-Entbindung, durch Entquellung der Eiweißgerbstoffkolloide und nicht zuletzt durch Oxidation derselben kann eine Trübung auftreten (Pasteurisiertrübung). Um diese zu vermeiden, bedarf es einer sorgfältigen Stabilisierung des Bieres, die ihrerseits Geschmack und Schaumhaltigkeit beeinträchtigen kann. Durch die Pasteurisation wird die Alterung des Bieres beschleunigt: der frische, aromatische

Geruch und Geschmack kommt zum Verschwinden; durch Oxidation der Polyphenole, durch die Wirkung von Aminosäuren und Restzuckern, durch Weiterreaktion entsprechender Zwischenstufen kommt es zur Bildung von Maillardprodukten (s. S. 323), die ihrerseits eine weitere Oxidation von Fettsäuren, höheren Alkoholen etc. katalysieren (s. S. 324). Parallel zu diesen Veränderungen schreitet eine Veränderung der Bierfarbe einher, die dem ursprünglichen hellen Bier einen satten, z. T. bräunlichen Farbton verleiht. Diese genannten Vorgänge treten um so rascher und deutlicher auf, je mehr Sauerstoff das pasteurisierte Bier enthielt und je höher die Pasteurisationstemperatur war. Sie würden jedoch auch im unpasteurisierten Bier eintreten, doch wird die Alterung des Bieres durch das Erhitzen desselben beschleunigt. Unter Pasteurisation wird allgemein die Behandlung des abgefüllten Bieres verstanden. Hierzu ist jedoch auch das Verfahren der Heißabfüllung zu zählen.

5.4.2.1 Die *Pasteurisation des abgefüllten Bieres* erfordert gegenüber dem Plattenerhitzer wesentlich längere Einwirkungszeiten, um sicherzustellen, daß der gesamte Flascheninhalt der gewünschten Temperatur lange genug ausgesetzt wird. Dabei sind folgende Voraussetzungen zu erfüllen:

a) Die Temperaturänderung darf nur langsam erfolgen, z. B. beim Anwärmen um 3° C/min, beim Abkühlen um 2° C/min, um einen zu großen Flaschenbruch zu vermeiden. Bei Dosen kann beides rascher geschehen.

b) Die Flaschen müssen einen Leerraum von ca. 3 % aufweisen, um einen unzulässigen Anstieg des Innendruckes zu vermeiden. Dieser hängt auch vom CO_2-Gehalt des Bieres ab. Wenn auch die Flaschen in der Regel Drücke von 12 bar auszuhalten vermögen, so liegt doch die Druckgrenze der Kronenkorken bei 7–8 bar. Auch würde bei einem Überschreiten dieser letztgenannten Werte der Flaschenbruch zu stark zunehmen.

Die Durchführung der Pasteurisation erfolgt bei großen Leistungen in vollautomatischen Tunnelpasteurisierapparaten, bei kleinen Leistungen in Pasteurisierkammern.

Der *Tunnelpasteurisierapparat* ist in den Weg der gefüllten Flaschen zwischen Verschließ- und Etikettiermaschine eingebaut. Er kann bis zu 100 000 Flaschen pro Stunde leisten, zum Zwecke der Platzersparnis ist er mehrstöckig ausgeführt.

Die Flaschen durchwandern den Apparat stehend auf einer breiten Plattenkette, einem Kettenrost oder auf zwei ineinandergreifenden Rosten. Bei letzteren ist einer stationär, während der andere durch eine Drehbewegung die Flaschen im „Pilgerschritt" vorwärts bewegt. Die Erwärmung der Flaschen geschieht durch Überrieseln mit Wasser aus Becken mit perforiertem Boden oder durch Sprühdüsen. In der Vorwärmeabteilung wird das Bier in ca. 20 Min. auf Pasteurisiertemperatur von z. B. 62° C erhitzt, 20 Min. auf dem Niveau gehalten und anschließend in 20–22 Min. auf 25–30° C abgekühlt. Die Durchlaufzeit beträgt somit rund 60 Minuten. Um die Pasteurisiertemperatur von ca. 62° C sicherzustellen, wird eine Temperatur des Heizmediums von etwa 67° C erforderlich. Die höhere Austrittstemperatur der Flaschen ist für die nachfolgende Etikettierung und Verpackung der Flaschen von Vorteil. Das Anwärmen und Abkühlen der Flaschen geschieht im Wärmetausch, wenn auch dieser hier weniger wirksam ist als im Plattenerhitzer. Der Wärmeverbrauch beträgt 36 000 kJ/8500 kcal/hl Bier in 0,33-l-Flaschen, der Wasserverbrauch 1,5 hl, der Kraftbedarf 0,4 kW.

Der Flaschenbruch liegt normal bei kleinen Flaschen bei ca. 0,2 %, bei 0,5-l-Flaschen bei 0,3–0,4 %. Außer dem Verlust an Bier und Flaschen bewirkt er eine Verschmutzung der Bäder und damit ein Verstopfen der Sprühdüsen. Um dies zu verhindern, werden Desinfektionsmittel (quartemäre Ammoniumverbindungen) in einer Konzentration von 0,2–0,3 % zugesetzt. Hartes Wasser führt zu Ausscheidungen von Härtebildern, die die Flaschen beschlagen und unansehnlich erscheinen lassen. Hier ist es zweckmäßig, durch Zugabe von Polyphosphaten eine Stabilisierung der Wasserionen zu bewirken.

Der Pasteurisiereffekt wird durch eine automatische Temperaturhaltung und -kontrolle gesichert. Das Kontrollieren der gewünschten Temperaturen und Zeiten geschieht durch Schreibthermometer, die die Temperatur im Innern einer Flasche messen, welche mehrmals täglich durch den Pasteurisierapparat geschickt wird. Die oben angegebene Pasteurisierintensität von 20 Minuten bei 62° C ist selbst für Überseebiere voll ausreichend. Bei den nur wenig vergorenen Malzbieren werden meist höhere Temperaturen von 70–75° C über die gleiche Zeit hinweg eingehalten. Dosenbiere werden so pasteurisiert, daß die Dosen auf der Seite des maschinell verschlossenen Deckels den Pasteur durchwandern, um so Undichtigkeiten durch das nachfolgende Wiegen sofort erkennen zu können. Sie sind gegen rascheres Anwärmen und Abkühlen nicht empfindlich, doch ist auf korrektes Einhalten der Pasteurisierungstemperatur zu achten.

Kammerpasteurisierapparate sind für kleinere Abfülleistungen geeignet. Die Pasteurisierung des Bieres erfolgt in einer dicht schließenden Kammer, in die die Flaschen auf einem Transportwagen eingebracht werden. Das Fassungsvermögen einer Kammer beträgt 600–800 Flaschen, diese Menge entspricht je nach Ausmaß der Nebenarbeiten einer Leistung von 450–700 Flaschen/Stunde. Die Erwärmung der Flaschen erfolgt entweder durch ein Wasser-Dampfgemisch („Wrasen"), durch Wasserberieselung oder durch Heißluft. Sind mehrere Apparate angeordnet, so kann die Wärme bis zu einem gewissen Maß zurückgewonnen werden. Die Anwendung von Heißluft zur Erwärmung der Flaschen hat den Vorteil, daß die Flaschen in etikettiertem Zustand pasteurisiert werden können. Um eine gute Wärmeübertragung zu erzielen, muß die Luft jedoch befeuchtet werden; die gleichmäßige Erwärmung der Flaschen ist durch eine sachgemäße Luftführung sicherzustellen. Der Wärmeverbrauch der Heißluftkammern ist mit 33–36 000 kJ/8000 bis 9000 kcal/hl günstiger als bei den Apparaten mit Wasserberieselung (50–62 000 kJ/12 000 bis 16 000 kcal/hl).

5.4.2.2 Die *Heißabfüllung*: Das in einem Kurzzeiterhitzer auf 68–75° C erwärmte Bier (letzter Temperaturen für Malz- oder Nährbiere) wird in einem geeigneten Füller unter hohem Druck auf die frisch gereinigten (mit ca. 40° C), warm aus der Flaschenwaschmaschine kommenden Flaschen abgefüllt. Dabei entkeimt das heiße Bier die Leitungen, den Füller und auch die Flaschen. Der Temperaturverlauf ist etwa folgender: Ringkessel 72° C, Flasche 68–70° C, Verschließer 62–65° C, Einpacker 50–55° C. Voraussetzung für das Gelingen der Heißabfüllung ist ein Abfülldruck, der über dem CO_2-Sättigungsdruck des Bieres liegen muß. Er beträgt je nach dem CO_2-Gehalt desselben 7–9 bar, wobei die Flaschen unter einem Überdruck von 4–5 bar angepreßt werden sollen. Darüber hinaus dürfen nur füllrohrlose (Ventil-) Füller zum Abfüllen Verwendung finden, da ein Füllrohr beim Absetzen der Flasche ein Überschäumen des Bieres hervorrufen würde. Eine spezielle, langsame Druckentlastung des „schwarz" abgefüllten Bieres ist erforderlich. Auf diese Weise kann ein Überschäumen des abgefüllten Bieres verhindert werden. Eine CO_2-Entbin-

dung tritt nur dann ein, wenn die Flaschen zu kalt in den Füller einlaufen oder diese infolge mangelhafter Reinigung oder der Struktur des Glases eine rauhe Oberfläche aufweisen. Da sich das Bier beim Abkühlen zusammenzieht, müssen die Flaschen randvoll gefüllt werden; der sich bei der Kontraktion ergebende Leerraum ist dann zum größten Teil durch CO_2 aus dem Bier gefüllt. Der Luftgehalt im Flaschenhals ist somit sehr gering. Um jedoch auch beim Einlauf des heißen Bieres eine Aufnahme von Sauerstoff zu vermeiden, müssen die Flaschen vorevakuiert und mit CO_2 vorgespannt werden. Der sehr hohe Abfülldruck hätte sonst in Verbindung mit der hohen Biertemperatur eine sehr starke Sauerstoffaufnahme zur Folge. Der bei den Gegebenheiten der Heißabfüllung entstehende Flaschenbruch ist – vor allem bei gebrauchten Flaschen – nicht unerheblich. Da er jedoch meist schon beim Vorspannen der Flaschen auftritt, sind bei diesem Verfahren nur geringe Bierverluste zu verzeichnen. Schutzkammern zwischen den einzelnen Abfüllorganen (sie sind ab 3 bar Abfülldruck vorgeschrieben) verringern die Störanfälligkeit des Füllers gegen Glassplitter. Die mit Bier gefüllten, heißen Flaschen sind leicht zu etikettieren. Sie kühlen sich im Stapelraum allmählich ab. Die Wärme geht verloren. Damit ergibt sich im Vergleich zum Tunnelpasteur ein erhöhter Wärmeverbrauch (ca. 42 000 kJ/10 000 kcal/hl). Die chemisch-physikalische Haltbarkeit des Bieres wird ähnlich stark beansprucht wie bei der Vollpasteurisation. Der Hauptvorteil der Heißabfüllung liegt darin begründet, daß der sehr platzaufwendige Tunnelpasteur entfallen kann und gegenüber der Kurzzeiterhitzung mit Sterilabfüllung eine höhere biologische Sicherheit gegeben ist.

5.5 Gliederung der Flaschenfüllerei

Eine Flaschenfüllerei besteht aus dem eigentlichen Abfüllraum, den Stapelplätzen für Leer- und Vollgut und einer Reihe von Nebenräumen. Der Verbindung zwischen den einzelnen Räumen dient ein System von Transportanlagen.

Der *Abfüllraum* nimmt die Waschmaschinen, die Abfüllapparate, die Verschließmaschinen, die Etikettiermaschinen und evtl. vorhandene Pasteurisierapparate auf. Ebenfalls mechanisiert und automatisiert ist das Ausleuchten der Flaschen. Diese Inspektionsmaschinen werden laufend weiterentwickelt. Die Aus- und Einpackmaschinen sind entweder hier oder im Stapelraum angeordnet. Zwischen diesem befindet sich auch der bei Kunststoffträgern unerläßliche Kastenwascher. Eine Notwendigkeit bei der steigenden Zahl an 0,5-l-Flaschenformen stellt eine Flaschensortiermaschine dar, ebenso eine Vorrichtung, um Flaschenverschlüsse von den Mündungen zu entfernen. Der *Stapelraum* dient zweckmäßig der Aufnahme von Leergut und vollen Flaschen. Hierdurch wird Platz gespart, da die Stellplätze alternativ belegt werden können. Dies ist vor allem vor Festtagen oder auch in der ruhigen Jahreszeit ein großer Vorteil. Auch die Ausnutzung der Gabelstapler wie überhaupt des Stapelraumpersonals ist hier günstiger. Die Größe getrennter Voll- und Leergutäume soll jeweils etwa zwei Tagesleistungen entsprechen. Bei einem gemeinsamen Raum genügt der 1 $^1/_2$fache Tagesbedarf. Im Stapelraum befindet sich auch die Ent- und Bepalettieranlage mit dem Palettenmagazin. Bei Verarbeitung von Einwegflaschen sind besondere Vorrichtungen zur arbeitssparenden Annahme von Neuflaschen erforderlich, die Verpackung derselben in Dreier- oder Sechserpackungen und schließlich in Kartons ist personalaufwendig, kann aber durch entsprechende Maschinen rentabel gestaltet werden. Auch die Sonderaufmachung der Flaschen mit Aluminiumfolien oder Metallkapseln ist bis zu hohen Leistungen möglich. Die *Nebenräume* umfassen Werkstätten, Vorratsräume für Etiketten, Kartonagen und sonstige Materialien, wobei ein Raum der Aufnahme und der sachgerechten Lagerung von Chemikalien (Lauge, Säuren, Reinigungs- und Desinfektionsmittel) dient.

Die Verbindung zwischen den einzelnen Räumen wird durch *Transportanlagen* hergestellt. Dem horizontalen Transport der Flaschenkasten dienen Rollenbahnen und Gurtförderer, der Bewegung von Stockwerk zu Stockwerk Schräg- oder Senkrechtförderer. Einzelflaschen werden mit Hilfe von Plattenbändern horizontal, durch Schrägförderer über Stockwerke hinweg trans-

portiert. Es ist zweckmäßig, zwischen den einzelnen Maschinen der Füllerei zum Ausgleich kleinerer Störungen Flaschenpuffer anzuordnen.

Um den höchstmöglichen Wirkungs- oder Liefergrad einer Anlage zu erreichen, soll die Nennausbringung der Maschinen vor und nach der Füllmaschine größer sein. Wird die Nennausbringung des Füllers = 100 gesetzt, so ist die Leistung der einzelnen Aggregate nach Berg wie folgt:

Leergutbereitstellung	130%
Entpalettierer	125%
Auspacker	120%
Flaschenreinigungsmaschine	110%
Flascheninspektionsmaschine	
Füll- und Verschließmaschine	100%
Etikettiermaschine	110%
Einpacker	120%
Bepalettierer	125%
Vollgutabnahme	130%

Der in „Flaschenbahnhöfen" unvermeidlich entstehende Lärm wird durch geneigte Flächen abgebaut. Dennoch müssen die Geräusche der Gesamtanlage durch entsprechende Gestaltung der Decken und Wände sowie durch spezielle absorbierende Schutzvorrichtungen gemildert werden.

Die Stapelung von Normkasten 300 × 400 mm auf Paletten (800 × 1200) entspricht 8 Kasten pro Schicht, bei 5facher Stapelung 40 Kasten (20 × 0,5 l-Flaschen oder 24 × 0,33 l-Flaschen) pro Palette. Bei dreifacher Stapelung derselben ist eine Stapelraumhöhe von mindestens 5 m erforderlich. Der Palettentransport wird von Gabelstaplern (ca. 1,5 t Tragkraft) mit Elektro- oder Flüssiggasantrieb, im Freien auch mit Dieselantrieb, bedient. Die vertikale Bewegung vermitteln vollautomatisch gesteuerte Palettenaufzüge. Die Beladung der Lastkraftwagen mit Paletten geschieht von ebenerdigen Stapelhallen aus, nur bei Betrieb von Rollbahnen wird noch die Rampe bevorzugt.

6 Bierschwand

Der Bierschwand gibt Einblick in die Verluste, die vom Ausschlagen der heißen Pfannenwürze bis zum Ausstoß des Bieres anfallen. Er ist ein wichtiger Bestandteil der betrieblichen Erfolgsrechnung, die auf der „Betriebsausbeute" beruht. Dieses letztere besagt, wieviel Bier aus einer Gewichteinheit Malz erzeugt wurde.

Während die Sudhausausbeute den Gewinn an Extrakt darstellt, vermittelt der Bierschwand einen Überblick über die auftretenden Würze- und Bierverluste. Der Bierschwand erfaßt nur die Volumenverluste, von der Menge der heißen Ausschlagwürze (in Hektolitern) bis zur Menge des fertig abgefüllten Bieres in Hektolitern, ohne auf den in diesen Mengen enthaltenen Extrakt Rücksicht zu nehmen.

Um jedoch die echten Verluste zu erkennen, ist im Rahmen der Betriebskontrolle auch der Extraktschwand wichtig und deshalb monatlich zu erfassen.

Die *Höhe des Bierschwandes* schwankt in weiten Grenzen; er ist von der Betriebseinrichtung und in gewissem Grad auch von der Betriebsgröße abhängig und liegt zwischen 8 und 24 %. Demnach werden aus einem Hektoliter Auschlagwürze 76–92 Liter Verkaufsbier erzielt. Besonders die Art der Würzekühlung (Kühlschiff und Berieselungskühler oder ein „geschlossenes" System) ist für das Niveau des Bierschwandes von Bedeutung. Brauereien mit Kühlschiff verzeichnen in der Regel einen Schwand von 12–20 %, während solche mit einer geschlossenen Kühlung Schwandwerte von 8–12 % erreichen. Kleine Betriebe arbeiten durch größere Benetzungsverluste, durch geringere Möglichkeiten der Rückgewinnung von Restbieren etc. etwas unwirtschaftlicher als große, doch kann dieser Unterschied durch gewissenhafte Arbeitsweise gering gehalten werden. Die Feststellung der einzelnen Verlustfaktoren ist umständlich und schwierig, da ihre Zahl groß ist und sich Menge und Zusammensetzung von Würze und Bier laufend ändern und die genaue Ermittlung der Biermengen und der Extraktgehalte während der Herstellung aufwendig ist. Es werden hierzu geeichte Mengenmesser sowie automatische Probenehmer benötigt. Wie schon erwähnt, nimmt der herkömmliche Bierschwand nur auf das Volumen, nicht dagegen den Extraktgehalt Rücksicht; er ist daher nur bedingt für den Vergieich der Arbeitsweise zweier Brauereien geeignet. Immerhin gibt er einen (groben) Überblick über die wirtschaftliche Arbeitsweise eines Betriebes, da er die Grundlage für die Berechnung der überwachungspflichtigen Biermenge nach dem Biersteuergesetz darstellt. Die Berechnung des *(Volumen-) Bierschwandes* gibt in Prozenten der Ausschlagswürze bis zum abgefüllten Bier anhand der nachstehend aufgeführten Formel an:

Die Eimittlung des *Extraktschwandes* bedient sich des Vergleichs der Extraktmenge zwischen der heißen Ausschlag- oder der kalten Anstellwürze einerseits und der Extraktmenge des Ausstoßbieres andererseits:

Verschiedentlich wird der *Extraktverlust auch vom eingesetzten Malzextrakt* aus berechnet:

6.1 Faktoren des Bierschwandes

Der Bierschwand läßt sich unterteilen in
a) den Würzeschwand, der die Verluste von der heißen Ausschlagswürze bis zum Gärkeller umfaßt,
b) den eigentlichen Bierschwand. Er schließt sämtliche Verluste ein, die von der Anstellwürze bis zum fertigen Bier entstehen.

(1) Volumen-Bierschwand (%) = $\dfrac{(\text{Ausschlagmenge} - \text{Verkaufsbiermenge})}{\text{Ausschlagmenge}} \times 100$

(2) Extrakt-Bierschwand (%) = $\dfrac{\text{Extraktmenge Ausschlagwürze} - \text{Extraktmenge Ausstoßbier}}{\text{Extraktmenge Ausschlagwürze}} \times 100$

(3) Gesamt-Extraktschwand (%) = $\dfrac{\text{Extraktmenge Malzschüttung} - \text{Extraktmenge Ausstoßbier}}{\text{Extrakt Malzschüttung}} \times 100$

6.1.1 Würzeschwand

Er läßt sich in eine Reihe von Schwandursachen unterteilen wie Würzekontraktion und Hopfenverdrängung sowie Verluste durch Verdunstung, Hopfen, Trub und Benetzung.

6.1.1.1 *Würzekontraktion und Hopfenverdrängung:* Die Kontraktion der Würze ergibt sich durch ihre Abkühlung von Siede- auf Anstell- bzw. Kellertemperatur. Sie beträgt ca. 3,8 %, stellt einen reinen Volumenschwand dar und ist nicht vermeidbar. Die Verdrängung durch den Hopfen ist bedingt durch die Höhe und Art der Hopfengabe; 1 kg Doldenhopfen verdrängt etwa 0,8 l Würze, 1 kg Hopfenpulver (Pellets) dagegen nur 0,3–0,4 l. Bei Hopfenextrakt tritt dieser Faktor nicht auf. Auch die Hopfenverdrängung stellt nur einen Volumen-, aber keinen Extraktverlust dar.

6.1.1.2 *Verdunstungsverluste:* Sie treten im wesentlichen nur auf dem Kühlschiff als Volumenminderung auf. Je nach der Fläche des Kühlschiffes, der Würzestandshöhe, den Witterungsverhältnissen, der Art der Kühlschiffbelüftung und der Dauer der Ruhe kann die verdunstende Menge zwischen 4 und 9 % liegen. Ist sie sehr niedrig, so wurde zum Leerdrücken der Leitung oder zum Überschwänzen des Hopfens zuviel Wasser verwendet. Nachdem die Würzekonzentration durch die Verdunstung um 0,4–1,0 % zunimmt, kann anhand dieser Größe die verdunstete Menge berechnet werden. Hierbei ist jedoch der Faktor 96 für Kontraktion und Hopfenverdrängung in Ansatz zu bringen. (Siehe untenstehende Formel).

Auch beim Ablauf der Würze über den Berieselungskühler tritt eine Verdunstung von Flüssigkeit auf, die um so stärker ist, je höher die Temperatur der Würze vor dem Kühler ist und je länger der Kühlprozeß dauert. Im Setzbottich oder Whirlpool tritt kein merklicher Verdunstungsschwand auf; selbst wenn ein Dunstabzug vorhanden ist, werden 0,5–1,5 % nicht überschritten. Deshalb kann in geschlossenen Kühlsystemen durch Nachdrücken von Wasser und Auslaugen der Hopfentreber sogar eine Extraktabnahme von 0,1–0,2 % eintreten.

6.1.1.3 *Verluste durch den Hopfen:* 1 kg Doldenhopfen saugt durchschnittlich 5 l Würze ein. Diese Menge stellt nicht nur einen Volumen-, sondern auch einen Extraktverlust dar. Dieser hängt ab von der Höhe der Hopfengabe, der Konzentration der Würze und der Behandlung des Hopfens nach dem Ausschlagen. Bei einer Hopfengabe von 200 g/hl ergibt sich somit ein Schwand von rd. 1 %. Er kann durch Auspressen der Hopfentreber auf ca. 2,8 l/kg Hopfen, durch Überschwänzen mit heißem Brauwasser auf 1,8 l/kg, also knapp 0,4 % und durch Kombination von Auslaugen und Pressen auf 0,8 l verringert werden. Einen ungefähren Maßstab für den Erfolg dieser Maßnahme stellt die Konzentration des Hopfenglattwassers dar, die bei Lagerbier 3–4 Gew.-% beträgt. Die zum Überschwänzen verwendete Menge Wasser ist nicht beliebig groß; sie ist durch das Biersteuergesetz auf 1,5 % der Ausschlagmenge bemessen. Bei Starkbieren oder auch bei Pilsener Typen ist dieser Betrag zu knapp ausgelegt. Hier wird eine besondere Überschwänztechnik (Aufbringen des Wassers in Teilgaben und Abtropfenlassen) erforderlich. Bei Verwendung von Hopfenpulvern fällt der Verlust durch die Hopfentreber zusammen mit dem des Trubs an.

6.1.1.4 *Verluste durch den Trub:* Der in der Ausschlagwürze enthaltene Heißtrub und die in ihm verbleibenden Würzereste bedingen einen Volumen- und Extaktverlust. Der in kleinen Brauereien mitunter noch anzutreffende Trubsack verursacht einen Würzeverlust von 4–5 l/100 kg Schüttung, d. h. 0,7 % Schwand, die Trubpresse je nach den angewendeten Druckverhältnissen 1,5–3,0 l/100 kg Malz = 0,25–0,50 %, bei zusätzlichem Auslaugen des Trubkuchens 0,1–0,13 %. Ähnliche Werte erreichen Kammerzentrifugen. Selbstaustragende Zentrifugen liegen, je nach Einstellung der Abschlammzeiten (z. B. bei Teilentschlammung) bei 0,3–0,4 %. Der Whirlpool verursacht bei optimaler Funktion einen Extraktschwand von 0,25–0,6 %, bei vorzeitigem Abbruch des Würzelaufs steigen die Werte jedoch bis auf 1,5% an.

Der gemeinsame Anfall von Hopfenpulvertrebern und Trub hat bei 130 g/hl Hopfentreber 2,0 % und bei 65 g/hl 1,2 % Würzeverlust zur Folge, während die alleinige Verwendung von Hopfenextrakt nur 0,6 % Schwand erbringt.

$$\text{Verdunstungsschwand (\%)} = \frac{(\text{Extrakt der Anstellwürze} - \text{Extrakt der Ausschlagwürze}) \times 96}{\text{Extrakt der Anstellwürze}}$$

Heißwürzeseparatoren verursachen bei homogenem Zufluß und Selbstaustragung durch Schlammraumabtastung bei 130 g/hl Hopfenpulver ca. 0,9 % Schwand. Bei Separierung des Hopfentrubgemisches (s. S. 187) läßt sich der Schwand auf ca. 0,6 % verringern. Auch Dekanter können für diese Trennaufgabe herangezogen werden. Eine Wiedergewinnung der im Hopfentrub steckenden Extraktmengen im Sudhaus (z. B. beim Abläutern) ist möglich, wenn auch nicht ganz ohne Einwendungen.

Selbstaustragende Heißwürzezentrifugen verursachen Schwandwerte, die je nach Einstellung derselben 60–80 % der Whirlpoolverluste ausmachen. Eine Wiederverwertung dieser Extraktmenge ist bei einem der folgenden Sude zu empfehlen. Auch Dekanter eignen sich, den im Whirlpooltrub steckenden Extrakt zu gewinnen. Bei der Kühltrubentfernung durch Kaltsedimentation oder Flotation entstehen Verluste, die bei 0,2–0,4% liegen.

6.1.1.5 *Benetzungsverluste*: Diese Volumen- und Extraktverluste sind durch Würzereste in den Leitungen, Apparaten und Behältern bedingt. Sie können durch gutes Nachspülen niedrig gehalten werden (bei 0,1–0,2 %). Hierunter fallen auch jene unwägbaren Verluste, die durch schlechtes Auslaufen von Gefäßen, vor allem aber durch Verspritzen von Würze oder durch tropfende Hähne bedingt sind.

6.1.1.6 Die *Gärkellerausbeute* und ihr Vergleich zur Sudhausausbeute erlaubt eine Ermittlung des Volumen- und Extraktverlustes vom Sudhaus bis zum Gärkeller. Sie sollte zur Kontrolle des Würzeschwandes regelmäßig ermittelt werden. Ihre Bestimmung setzt einen geeichten Anstellbottich oder genau anzeigende Meßgeräte sowie eine korrekte (laufende) Probenahme zur Feststellung des Extraktgehaltes voraus. Die dosierte Hefemenge ist abzusetzen. Die Gärkellerausbeute wird nach untenstehender Formel berechnet.

Nachdem die Menge der kalten Würze ohne Hopfen bestimmt wird, entfällt der Faktor 0,96; die Saccharometeranzeige ist jedoch auf Volumenprozente umzurechnen. Ein Umrechnen der Würzemenge von der Anstelltemperatur auf 20° C ist korrekt (s. S. 193). Die Gärkellerausbeu-

te liegt etwa 1–3 % unter der Sudhausausbeute. Größere Differenzen weisen auf höhere Verluste bei der Auslaugung der Hopfentreber, bei der Gewinnung der Trubwürze oder durch Benetzung hin.

6.1.2 Eigentlicher Bierschwand

Er umfaßt die Verluste im Gärkeller, im Lagerkeller, bei der Filtration und beim Abfüllen. Unter normalen Bedingungen bewegt sich der eigentliche Bierschwand zwischen 3 und 5 %.

6.1.2.1 Der *Gärkellerschwand* ist im wesentlichen durch Verluste durch die Hefe sowie durch Benetzung (einschließlich unvollständigen Auslaufs aus Bottichen und Tanks) gegeben. Die früher bei der Bottichgärung anfallenden Deckenverluste dürften heute kaum mehr eine Rolle spielen. Die Verluste durch Hefe sind zunächst durch die Nährstoffaufnahme, d. h. durch die Vermehrung gegeben. Bei normaler Hefevermehrung (0,71 auf 2,5 l/hl) resultiert ein Volumenschwand von 1,8 %, der sich bei 10 % Trockensubstanzgehalt der Hefe in 1,6 % Bier niederschlagen kann. Dieser Verlust tritt nicht in Erscheinung, wenn die Hefe am Ende der Gärung von Tank zu Tank gegeben oder wenn sie nach der Ernte mit dem imbibierten Bier gelagert wird. Der Verlust fällt an, wenn die Hefe nicht wiederverwendet wird. Hier ist die Gewinnung des Hefebieres durch Sedimentation, durch Kammerpressen, Dekanter, Zentrifugen oder gar durch den Crossflow-Mikrofilter (CMF) lohnend.

Zu diesem Zweck ist die Hefe täglich, am besten sofort nach Anfall aufzuarbeiten, zumindest in einem gekühlten Tank (mit Rührwerk) zu lagern. Es tritt sonst eine pH-Erhöhung auf über 5 durch Exkretion von basischen Aminosäuren, Phosphaten sowie durch das Ausscheiden von Nukleotiden auf, die die Qualität des Hefebieres u. U. im Verein mit exkretierten Hefeproteasen, mittelkettigen Fettsäuren, deren Estern und wieder freigesetzten Bitterstoffen stark herabsetzen. Durch die Hefepressen kann der Trockensubstanzgehalt auf 25 %, durch Dekanter, Hefezentrifugen und CMF auf ca. 20 % gebracht werden. Bei Jungbierzentrifugen kann er je nach Einstellung zwischen 18 und 28 % liegen.

Ausbeute Gärkeller (%) = $\dfrac{\text{Würzemenge Gärkeller (hl)} \times \text{Extrakt (Vol \%)}}{\text{Schüttung (dt)}}$

Gemeinhin ist es am besten, das Hefebier zu filtrieren, mittels Kurzzeiterhitzer zu sterilisieren und wieder zu Beginn der Gärung (nach biologischer Kontrolle) zuzugeben. Die sich vermehrende Hefe nimmt die Exkretionsprodukte auf, woraus sogar eine Beschleunigung der Gärung resultieren kann. Durch die CMF werden bei Membranen Von 0,2 µm Porenweite ca. 25 % der Bitterstoffe, der Nucleotide, ca. 50 % der Polyphenole, der hochmolekularen Stickstoffsubstanzen und der mittelkettigen Fettsäuren entfernt. Hierdurch tritt eine geschmackliche Verbesserung ein, die den direkten Verschnitt dieses Bieres in einer Menge von ca. 5 % vor dem Filter erlauben würde. Die nachteilige pH-Verschiebung wird allerdings nicht aufgebessert (s. a. Restbierbehandlung S. 304).

Die *Benetzungsverluste* (0,2–0,4 %) hängen stark von der Größe der Gärgefäße ab. Sie sind bei kleinen Bottichen, bei geringem Gefälle sowie bei unebenem Bottichboden höher als bei großen, korrekt verlegten Einheiten. Hierzu zählen auch Bierverluste durch Übersteigen der Kräusen etc.

6.1.2.2 Der *Lagerkellerschwand* beinhaltet im wesentlichen die *Verluste durch* das *Tankgeläger*. Dieses enthält neben der Hefe Eiweißgerbstoffverbindungen und Hopfenharze. Bei liegenden Tanks befindet sich noch Bier über dem abgesetzten Geläger, das durch „Abseihen" gewonnen wird. Die Gelägermenge liegt bei 0,3–0,4 l/hl Bier. Nur bei suppigem Absetzen der Hefe lohnt sich die Gewinnung des Bieres durch Auspressen, Zentrifugieren oder Filtrieren, doch bedarf der Gehalt an viskosen Substanzen (β-Glucan, Hefe-Mannan, verschiedentlich Dextrine) der Beobachtung, um durch den Verschnitt dieses Gelägerbieres Filtrationsstörungen zu vermeiden. Bei zylindrokonischen Lagertanks kann die während der Reifungsphase anfallende Hefe- bzw. Gelägermenge ohne Probleme zusammen mit der oben erwähnten Überschußhefe vom Bier befreit werden; die kleinen, in den späteren Phasen abgetrennten Gelägermengen sollten besser nicht mehr im Betrieb verwertet werden. Hier ist eine Abgabe an Landwirte denkbar.

Die Gelägerbiere sind wie Restbier zu behandeln. Die verschiedentlich verwendeten Biospäne stören die Gewinnung des Gelägerbieres nicht, wie sie ohnedies kaum zusätzliche Verluste bewirken.

Die Ermittlung der Biermenge in herkömmlichen Lagertanks gestaltet sich etwas schwierig.

6.1.2.3 *Die Verluste beim Filtrieren des Bieres:* Sie sind durch Vor- und Nachlauf bedingt. Diese sind erst ab einem Stammwürzegehalt von 5–6% verwendbar und werden im Laufe der Filtration wieder beigedrückt. Eine genaue Messung der Extraktwerte oder eine empirische Festlegung der Mengen vermeidet größere Verluste. Diese sind bei doppelter Massefiltration mit etwa 1 % am höchsten; sie betragen bei Kieselgurfiltration 0,3–0,4 %, bei Schichtenfiltern 0,3–0,5 % und bei Zentrifugen nur 0,2 %. Kieselgurkesselfilter älterer Konstruktion mit Vertikalsieben hatten ursprünglich höhere Werte zu verzeichnen. Horizontalfilter arbeiten praktisch ohne Vor- und Nachlauf, da das Wasser der Voranschwemmung mit CO_2 verdrängt und auch der Filter gegen Ende der Filtration mit CO_2 leergedrückt wird. Es bleiben allerdings dann noch 0,4 % „Vollbier" im Kieselgur-Rückstand, die durch Leerdrücken mit Wasser gewonnen werden können. Bei allen Filtertypen sind Techniken entwickelt worden, die Vor- und Nachlauf auf ein Minimum beschränken, etwa wie das Anschwemmen der Filter mit filtriertem Bier bzw. der Anlauf des Schichtenfilters unter CO_2-Gegendruck.

Bei Vor- und Nachlaufbetrieb tritt der geringe, angegebene *Extrakt*schwand ein, ein *Volumenschwand* tritt nicht auf, durch das Einbringen von Wasser ergibt sich – je nach Filter und Handhabung – eine Mehrmenge von 0,8–1 %.

6.1.2.4 Die *Verluste beim Abfüllen* sind bei modernen Abfüllapparaten gering. Sie betragen normal 0,5–1 %. Ein erhöhter Schwand kann durch unzweckmäßige, schlecht gepflegte Einrichtungen, durch zu niedrigen Gegendruck (Überschäumen) oder in der *Flaschenfüllerei* durch mangelhafte Einstellung der Auslaufsterne am Füller, fehlerhafte Justierung des Kronenkorkers, durch Schäden an den Einpackorganen oder durch Unfälle auf den Rollbahnen oder bei Gabelstaplerbetrieb auftreten. Auch die Toleranzen der *Eichung von Fässern und Flaschen* geben Anlaß zu Schwandverlusten. Bei Kegs tritt nur eine minimale Volumensvergrößerung von weniger als 0,5 % ein. Eine volumetrisch gesteuerte Abfüllung vermeidet diesen Verlust vollständig. Aluminiumfässer vergrößern sich mit der Zeit etwas. Im Verein mit dem durchschnittlichen Übermaß von 0,2–0,7 l/Faß ergibt sich hier ein zusätzlicher Schwand. Auch die Toleranzen bei Flaschen ermöglichen eine Mehrfüllung. Beträgt diese z. B. bei einer Flasche von 0,5 l Inhalt nur 5 ml, so macht dies bereits eine Fehlmenge von 1 % aus.

Der Wunsch zum Zwecke geringstmöglicher Sauerstoffgehalte im Flaschenhals kräftig überschäumen zu lassen, dabei aber die Mindestfüllmengen nicht zu unterschreiten, führt generell zu einer Überfüllung von 0,5–0,7 % bei 0,5 l- bzw. 0,33 l-Flaschen. Der Flaschenbruch (Vollflaschen) liegt bei ca. 0,2 %. Die Ermittlung des Abfüllschwandes sollte täglich durch Vergleich der Biermenge in den Drucktanks und in den abgefüllten Flaschen (und Fässern) erfolgen. Meßuhren sind hierfür unerläßlich, wobei eine CO_2-Entbindung und damit eine Fehlangabe zu vermeiden ist.

6.1.2.5 *Verluste durch Pasteurisation und Heißabfüllung* entstehen durch mangelhafte Flaschenqualität, zu rasches Anwärmen und Abkühlen der Flaschen und durch einen im Verhältnis zum CO_2-Gehalt des Bieres zu geringen Leerraum. Der Schwand durch den Bruch voller Flaschen im Pasteurisierapparat kann zwischen 0,2 und 1,0 % liegen.

Bei Heißabfüllung sind diese Verluste geringer, da schadhafte Flaschen meist schon beim Vorspannen derselben im Füller zerbersten. Bierverluste treten auf, wenn die Flaschen beim Heißab-füllen nicht genügend warm sind, oder wenn Verschmutzung oder fehlerhafte Oberflächenbeschaffenheit der Flaschen ein Überschäumen hervorrufen. Der Schwand bei der Heißabfüllung dürfte 0,2–0,8 % betragen.

6.2 Ermittlung des Bierschwandes

Sie kann zu jedem Zeitpunkt erfolgen, doch wird sie meist am Ende des Monats vorgenommen, da hier die Bestände sowie die Produktions- und Verkaufsmengen exakt erfaßt werden. Die Menge der heißen Ausschlagwürze ist dem Sudbuch zu entnehmen, die Menge des verkauften Bieres dem Bierausgangsbuch. Die im Gär- und Lagerkeller erfaßten Biermengen sind um den bis zum Verkauf des Bieres entstehenden Teilschwand zu vermindern. Haustrunk, Gratisbier und vernichtetes Rückbier sind der Verkaufsbiermenge, wiederverwendbares Rückbier der Produktionsziffer zuzufügen.

6.2.1 Berechnung des Volumenschwandes

Hierfür dient folgendes Beispiel:

1. *Bierbestände am Ende des Monats:*

Gärkellerbestand	7 511 hl		
– 4 % Schwand	300 hl	7 211 hl	
Lagerkellerbestand	34 798 hl		
– 2 % Schwand	696 hl	34 102 hl	
Abgefülltes Bier		1 147 hl	42 460 hl

2. *Verkauftes Bier:*

Buchmäßig verkauftes Bier	24 764 hl	
Haustrunk	412 hl	
Gratisbier	19 hl	
Vernichtetes Rückbier	8 hl	25 203 hl
Summe I		67 663 hl

3. *Bierbestände zu Beginn des Monats:*

Gärkellerbestand	6 393 hl		
– 4 % Schwand	256 hl	6 137 hl	
Lagerkellerbestand	32 561 hl		
– 2 % Schwand	651 hl	31 910 hl	
Abgefülltes Bier:		998 hl	39 045 hl
Summe II			39 045 hl

4. *Erzeugte Würzemenge:*   *31 197 hl*

Verkaufsbiermenge (Summe I – Summe II)	28 618 hl	
– Verwendbares Rückbier	24 hl	28 594 hl
Differenz:		2 603 hl

Schwand: $\dfrac{2603 \cdot 100}{31\,197} = 8\,3\ \%$

6.2.2 Ermittlung der Mehr- bzw. Fehlmengen

Bei der betrieblichen Rechnung wird meist der von den Finanzbehörden zugebilligte Schwand in Ansatz gebracht und so die erzeugte Menge an heißer Würze auf die entsprechende Menge Verkaufsbier umgerechnet.

Es ergibt sich in diesem Falle eine *Mehrmenge*; der tatsächliche Schwand ist geringer als der zollamtlich zugebilligte. Umgekehrt resultiert bei einem negativen Wert der Differenz eine *Fehlmenge*. Der zollamtlich festgesetzte Schwand würde hier überschritten.

1. *Bierbestände am Ende des Monats:*			42 460 hl
2. Verkauftes Bier:			25 203 hl
Summe I:			67 663 hl
3. *Bierbestände am Anfang des Monats:*			
4. *Erzeugte Verkaufsbiermenge:*			
Heiße Ausschlagwürze:	31 197 hl		
– 9% Schwand:	2 708 hl	28 489 hl	
Wiederverwertbares Bier:		24 hl	28 513 hl
Summe II:			67 558 hl
Differenz: (Summe I – Summe II)			105 hl

6.2.3 Berechnung der aus 100 kg Malz erzielten Würze- und Biermenge

Hierzu benötigt man die Malzmenge, die im betreffenden Zeitraum verbraut wurde, ebenso die hieraus hergestellte heiße Pfannenwürze sowie den Verbleib des aus dieser Pfannenwürze hergestellten Verkaufsbieres. Anhand des oben aufgeführten Beispiels ergeben sich folgende Werte (siehe untenstehende Tabelle).

Die Menge des Verkaufsbieres aus 100 kg Malz ist schwankend. Sie hängt ab von der Stärke des Bieres, von der Sudhausausbeute, der Arbeitsweise und Einrichtung des Betriebes. Im allgemeinen können aus 100 kg Malz 6 hl Würze oder 5,5 hl etwa 12,5%igen Bieres erzeugt werden. Unter Zugrundelegung eines Mälzungsschwandes von rd. 20% werden aus 100 kg Gerste rund 4,8 hl Würze oder 4,4 hl Bier hergestellt.

1. Hergestellte Pfannenwürze aus 100 kg Malz (Würzekonzentration 12.6 %):

$$\frac{\text{Gesamtwürzmenge in hl}}{\text{Gesamtmalzschüttung in dt}} = \frac{31\,197\text{ hl}}{5\,200\text{ dt}} = 6{,}00$$

2. Verkaufsbier aus 100 kg Malz:

$$\frac{\text{Gesamtbiermenge (II. tats. Schwand) hl}}{\text{Gesamtmalzschüttung in dt}} = \frac{28\,594\text{ hl}}{5200\text{ dt}} = 5{,}5\text{ hl}$$

Auch aus diesen beiden Zahlen kann der Bierschwand errechnet werden:

$$100 - \frac{\text{Verkaufsbier aus 100 kg Malz} \times 100}{\text{heiße Pfannenwürze aus 100 kg}} = 100 - \frac{5{,}5 \times 100}{6{,}0} = 8{,}3\text{ \%}$$

6.2.4 Berechnung des Extraktschwandes ab Ausschlagwürze bzw. ab Malzschüttung

Für seine Ermittlung sind neben den Mengen an Würze und Bier auch die zugehörigen Extrakt- bzw. Stammwürzegehalte zu erfassen. Diese müs-

sen von jedem Sud des Beobachtungszeitraumes (meist ein Monat) und von den jeweiligen Ausstoßbieren (laufende Laborkontrolle) bekannt sein. Nach dem vorstehenden Beispiel errechnen sich (siehe Tabelle auf S. 304):

Der Extraktschwand ab Ausschlagwürze

Ausschlagmenge:	31 197 hl heiße Würze von	
	12,6 % (13.24 GV %)	= 396 526,3 kg Extrakt
Gesamtbiermenge:	28 594 hl von 12.5 %	
	(13.13 GV %)	= 375 439,2 kg Extrakt
Verlust:		21 087,1 kg Extrakt
Extraktschwand		5,3%

Der Extraktschwand ab Malzschüttung (Extraktausbeute 77,4%)

Malzextrakt aus 5200 dt		402 480,0 kg Extrakt
Gesamtbiermenge	28 594 hl von 12.5 %	
	(13.13 GV %)	375 439,2 kg Extrakt
Verlust		27 040,8 kg
Extraktschwand		6,7 %

6.2.5 Die Restbierwirtschaft

6.2.5.1 Während *Würzeextraktreste* z. B. Hopfentrub aus dem Whirlpool entweder zum selben Sud mittels einer Zentrifuge oder eines Dekanters (s. S. 187) gegeben werden können, wird meist das einfachere Verfahren der Zugabe zur Läuterwürze – bei Läuterbottichen nach Ablauf der Vorderwürze und bei Maischefiltern zum Abmaischen – gewählt. Beim Läuterbottich wird z. B. die Zuspeisung von 1,5 % Extrakt nur zu 75 %, die Zugabe von 0,5 % dagegen vollständig wiedergewonnen.

Der Trub aus der Kaltsedimentation (ohne Hefe) kann wie vorstehend verwertet werden, das aus der Flotation anfallende Hefe-/Trubgemisch darf keinesfalls in den Heißwürzebereich zurückgeleitet werden. Hier sind die ablaufenden Würzemengen Sud für Sud in einem Sammeltank „draufzulassen". Dieser Tank soll so groß sein, daß er die Kühltrubreste des gesamten Wochenprogramms aufnehmen kann. Die Vergärung erfolgt durch die Fettsäuregehalte des Kühltrubs sehr rasch, so daß praktisch mit der Zugabe der letzten Sude der Inhalt endvergoren ist. Die Hefe mit den sedimentierten Trubchargen werden mit der Überschußhefe behandelt. Das abgegorene Bier gelangt zum Restbier zwecks weiterer Aufbereitung.

6.2.5.2 *Hefe-Bier:* Wie schon erwähnt, muß die Erntehefe, so sie nicht wieder angestellt werden soll, sofort zur Gewinnung des imbibierten Bieres weiter verarbeitet werden. Die Aufbewahrung hat kalt, d. h. in einem gekühlten Raum, in kühlbaren Behältern bei unter 4° C zu geschehen. Die Sedimentation nimmt, je nach Konsistenz der Hefe 2–4 Tage in Anspruch. Dabei erfährt das Bier trotz der kalten Aufbewahrung durch pH-Anstieg und die auf S. 300 erwähnten Exkretionsprozesse eine eindeutige Verschlechterung. Es wird nach Sedimentation abgezogen, mit 50 g Aktivkohle/hl filtriert, sterilisiert (Kurzzeiterhitzer 60 sec 85° C) und entweder zum Anstellen gegeben (s. S. 300) oder mit anderen Restbierpartien verschnitten.

Das Hefebier aus Filterpressen, Dekantern, Zentrifugen bedarf bei rascher Aufarbeitung der Aktivkohlegabe nicht, seine Verwendung ist ebenfalls auf diesen beiden Wegen möglich. Das Bier vom CMF (s. S. 270) könnte vor dem Bierfilter in Mengen von unter 5 % (tatsächlicher Anfall ca. 1 %!) zugegeben werden. Das Hefebier ist organoleptisch und analytisch zu überprüfen, ebenso ist der Anteil der dosierten Menge immer wieder zu kontrollieren.

6.2.5.3 *Gelägerbier:* es wird meist zusammen mit dem Hefebier gewonnen. Wichtig ist die Überprüfung seiner Analysendaten, insbesondere im Hinblick auf die Filtrierbarkeit.

6.2.5.4 *Filter-Vor- und Nachläufe:* Der bierarme Vor- und Nachlauf (Durchschnittstammwürzegehalt 2,5 %) lohnt die Aufbereitung nicht. Es ist aber auch seine Verwendung im Sudhaus z. B. zum Einmaischen oder Überschwänzen aus qualitativen (breiter, derber Geschmack mit eigenartiger Aromanote) und quantitativen Erwägungen (der Alkohol verdampft beim Würzekochen) nicht ratenswert. Er kann vermieden werden durch das Anschwemmen des Filters mit filtriertem Bier oder es wird der mit entgastem Wasser gewonnene Vor- und Nachlauf in seiner Gesamtmenge gestapelt, mit CO_2 gewaschen und zum Einstellen eines gewünschten Stammwürzegehalts verwendet. Bei dieser Arbeitsweise ist mit einer Absenkung um 0,3 % zu rechnen.

Wenn nur der „normale" Vor- und Nachlauf zusammen mit dem wasserarmen Vor- und Nachlauf beigedrückt werden (Achtung auf Sauerstoffgehalt < 0,1 mg/l), so ergibt sich eine Stammwürzekorrektur um 0,1–0,15 %. Diese Mengen sind möglichst unmittelbar bzw. nach der CO_2-Wäsche wieder beizuschneiden. Unzweckmäßig ist es, sie zum übrigen Restbier oder zur Gärung zu geben, da der Mengenanfall an Vorlauf/Nachlauf mit 1–2 % und an wasserarmem Vorlauf/Nachlauf mit 1,5–2,0 % mengenmäßig zu groß ist. Außerdem besteht immer wieder die Tendenz, nur die Konsumbiersorte damit zu beaufschlagen, die Spezialbiere aber zu verschonen.

Das Anschwemmen der Kieselgur mit filtriertem Bier und das Leerdrücken der Filter mit CO_2 vermeidet den Vorlauf, nicht aber ganz den Nachlauf, da aus der Kieselgur bzw. den Schichten das Bier ausgespült werden muß. Dieses ist wie Nachlauf zu behandeln.

6.2.5.5 Anfallende *Vor-, Über- und Nachläufe* aus Leitungen, an den Füllern etc. werden nach Farbe (hell, dunkel) und Bierarten (ober-/untergärig) getrennt gesammelt. Hier handelt es sich um einwandfreies Bier mit u. U. etwas abweichenden Stammwürzegehalten und Farben. Der Sauerstoffgehalt hat der obigen Norm zu genügen, andernfalls ist mit CO_2 zu waschen. Diese Biere werden mit den sonstigen Restbierquellen vermischt.

6.2.5.6 *Geschädigtes Bier* z. B. Abspritzbier von den Faß- und Flaschenfüllern, das nicht unbedingt viel Sauerstoff aufweisen muß, aber durch große Gasoberflächen chemisch-physikalisch verändert ist, bedarf der Aufbereitung. In gleicher Weise „Ausleerbiere" aus Fehlfüllungen am Flaschen- und Faßfüller oder stehengebliebene, u. U. gealterte Partien aus dem Stapelraum. Diese Biere werden in einen Tank entleert, in den chargenweise 10 g/hl Aktivkohle gegeben und in den CO_2

eingeblasen wird. Die A-Kohle entfärbt, sie adsorbiert Alterungssubstanzen (s. S. 323) und Bitterstoffe, die Kohlensäure wäscht die groben, beim Ausleeren aufgenommenen Luftblasen sofort wieder aus, so daß eine zusätzliche Schädigung vermieden wird. Dasselbe ist mit einwandfreiem, evtl. etwas gealtertem Rückbier aus der Kundschaft vorzunehmen.

Diese Biere werden einmal wöchentlich am Ende eines Filtrationstages über einen Kieselgurfilter geklärt. Sie können nun entweder

a) zusammen mit Trub- und Hefebier mit 20 % Kräusen versetzt und evtl. mit weiteren 10–15 g Aktivkohle einer Nachgärung bei 5–0° C unterworfen werden. Nach drei Wochen werden sie nach Analyse vor dem Kieselgurfilter zudosiert. Die Aktivkohle hat die Aufgabe, das Bier völlig neutral zu gestalten;

b) mit den anderen Resten zusammen auf dem Heißwürzeweg zwischen Whirlpool und Plattenkühler dosiert. Dabei ist eine Heißhaltestrecke für ca. 90 Sekunden durch entsprechende Rohre darzustellen. Die Automatik schaltet bei Unterschreiten einer Temperatur von 85° C die Restbierpumpe aus, wartet ca. 3 Minuten Heißwürzelauf (Sterilität!) ab und dosiert dann weiter. 3 % Zugabe werden qualitativ vertragen, mehr von diesem Restbier dürfte überhaupt nicht anfallen;

c) eine Zugabe im Whirlpool ist zu unterlassen, da u. U. die Temperaturgleichheit nicht gewährleistet ist und eine Geschmacksverschlechterung (harte, breite Bittere) resultiert.

Die Restbieraufbereitung und -verwertung ist eine nicht unbeachtliche Aufgabe in wirtschaftlicher (Extraktverlust, Abwasseranfall) und qualitativer Sicht. Der Erfolg der Maßnahmen ist immer wieder anhand von Geschmacksproben und von Analysen, auch im Hinblick auf Schaum und Stabilität, zu prüfen.

7 Das fertige Bier

7.1 Zusammensetzung des Bieres

Bier mit einem Stammwürzegehalt von 12 % besteht aus 4–4,5 % Extrakt, 3,8–4,2 % Alkohol (4,7–5,2 % Vol.), 0,42–0,55 % Kohlensäure und 90–92 % Wasser.

7.1.1 Bierextrakt

Er hängt in seiner Menge ab vom Stammwürzegehalt und von der Vergärung des Bieres. Sein Anteil beträgt normal 3,5–5 %, kann aber bei nieder vergorenen Bieren (z. B. Nährbier) höher liegen. Die durchschnittliche Zusammensetzung des Bierextraktes umfaßt 80–85 % Kohlenhydrate, 4,5–5,2% Eiweiß, 3–5% Glycerin, 3–4 % Mineralstoffe, 2–3% Bitter-, Gerb- und Farbstoffe, 0,7–1 % organische Säuren sowie geringe Mengen an Vitaminen.

7.1.1.1 Die *Kohlenhydrate* als Hauptanteil des Extraktes setzen sich zusammen aus 60–75 % Dextrinen, 20–30% Mono-, Di- und Trisacchariden sowie 6–8 % Pentosanen. Bei einem hellen Lagerbier sind etwa 15 % Dextrine von höherem Molekulargewicht (über G 35), ca. 40 % von mittlerer Größe (G 10–35) und ca. 38 % Oligosaccharide gegeben; die vergärbaren Zucker umfassen neben Spuren von Glucose und Saccharose, ca. 60 % Maltose und 40 % Maltotriose. Die Menge der noch vergärbaren Zucker hängt von den Vergärungsgegebenheiten des Bieres ab. An Pentosen sind im Bier Arabinose, Xylose und Ribose enthalten.

7.1.1.2 Die *Stickstoffverbindungen* des Bieres sind für Geschmack, Schaum und für die chemisch-physikalische Stabilität von großer Bedeutung. In einem Liter aus Gerstenmalz hergestelltem Bier sind rund 700–800 mg Stickstoffsubstanzen vorhanden. Hiervon sind etwa 20–22 % hoch-, 16–18 % mittel- und der Rest niedermolekular. Die hochmolekulare Fraktion schließt 15–25 mg/l koagulierbaren Stickstoff ein. Der Gehalt an α-Aminostickstoff beträgt 80–150 mg/l. Der Prolin-N ist in Mengen zwischen 60 und 100 mg/l enthalten. Bei Rohfruchtbieren liegen alle Stickstoff-Fraktionen proportional zum Rohfruchtanteil niedriger. Der Stickstoffgehalt des Bieres kann durch Adsorptionsmittel verringert werden.

Zu den Stickstoffsubstanzen zählen auch die biogenen Amine, die physiologische Eigenschaften haben und die in höheren Konzentrationen zusammen mit dem Alkohol Allergien, Kopfschmerzen und Migräneanfälle hervorrufen können. Sie kommen in Mengen von 8–30mg/l vor, bei infizierten Bieren liegen die Werte höher (bis zu 150 mg/l). Es handelt sich um die Amine Pyrrolidin, Tryptamin, 2-Phenylethylamin, Putrescin, Cadaverin, Histamin, Tyramin und Spermidin. Höhere Werte im Bier wurden durch erhöhte Tyramin, Cadaverin und Tryptaminmengen bedingt. Weizenbier hat deutlich geringere Amingehalte. Histamin fand in der Literatur besondere Beachtung. Sein Gehalt liegt in 12 %igen Bieren normal bei 0,15–0,20 mg/l.

Die Amine sind vom Malz, vor allem aber auch vom Würzebereitungsprozeß her geprägt. Während die biologische Säuerung keinen Anstieg der Amingehalte verzeichnete, waren würzeverderbende Bakterien für überhöhte Werte verantwortlich. Bierschädliche Mikroorganismen wie einige Lactobacillusarten verdoppelten das im Bier gegebene Niveau.

Nitrosamine liegen seit der Bereinigung der seinerzeitigen Probleme unter 0,5 ppb.

Die Purin-N-Gehalte von Vollbieren liegen bei 45 ppm, bei Leichtbieren nach dem niedrigeren Stammwürzegehalt nur bei 26 ppm.

7.1.1.3 *Glycerin*, ein Nebenprodukt der Gärung, findet sich in einer Menge zwischen 1200 und 1600 mg/l Bier.

7.1.1.4 Mineralstoffe machen 3–4 % des Bierextraktes (1,4–1,8 g/l) aus. Von den Kationen dominiert das Kalium mit ca. 550 mg/l, Natrium macht 40–50 mg/l, Calcium je nach Wasserbeschaffenheit 15–50 mg/l, Magnesium knapp 100 mg/l aus. Von den Anionen sind wiederum je nach der Brauwasserqualität 30–250 mg/l Sulfat, 100 bis 200 mg/l Chlorid, 20–60 mg/l Silikat, 370 bis 490 mg/l Phosphat (organisch und anorganisch) sowie 5–25 mg/l Nitrat – je nach Wasserqualität und Hopfengabe – gegeben. Die Spurenelemente umfassen Eisen (ca. 0,l mg/l), Kupfer (ca. 0,l mg/l), Mangan (0,15 mg/l), Zink (ca. 0,05mgl/l), Aluminium (ca. 0,2 mg/l), wobei die vom Bundesgesundheitsamt für Bier festgelegten Richtwerte von Quecksilber (3 ppb), Blei (0,2 ppm), Cadmium (0,03 ppm) bei weitem nicht erreicht werden. Es ist immer wieder festzustellen, daß der Brauprozeß ein Reinigungsprozeß ist, bei dem derartige Spuren in den Trebern, im Trub, in der Hefe, u. U. im Filter verbleiben. Dennoch stellt aus der generellen Verantwortung für die Umwelt der Brauer hohe Anforderungen an seine Rohstoffe. Dasselbe gilt für Rückstände von Schädlingsbekämpfungsmitteln, von Umweltkontaminationen wie polycyclischen aromatischen Kohlenwasserstoffen, von Mycotoxinen und Desinfektionsmittelrückständen. Radionuklide wie Jod 131, Cäsium 134 und Cäsium 137 sind im Bier nicht nachweisbar.

7.1.1.5 Die *Gerbstoffe* stammen etwa zu zwei Drittel aus dem Malz, zu $1/3$ aus dem Hopfen. Ihre Menge beträgt ca. 150–200 mg/l; von den kondensierbaren Gerbstoffen sind die Anthocyanogene in einer Menge von 50–70 mg/l, die Catechine mit 10–12 mg/l vertreten. Die Gruppe der Tannoide macht 10–40 mg/l aus.

7.1.1.6 Der *Bitterstoffgehalt* des Bieres in EBC-Einheiten schwankt je nach dem Biertyp in weiten Grenzen zwischen 12 und 50 mg/l. Hiervon sind 0,5–1,5 mg/l unisomerisierte α-Säuren, 1–3 mg/l Hulupone, der Rest umfaßt Iso-α-Säuren.

7.1.1.7 Von den *organischen Säuren*, die 300–400 mg/l ausmachen können, sind Pyruvat in einer Menge von 50–70 mg, Citrat mit 170 bis 220 mg, Malat mit 30–110 mg, D- und L-Laktat mit je 30–100 mg/l anzutreffen.

7.1.1.8 An *Vitaminen* sind sehr geringe Mengen an Vitaminen B_1 (Thiamin) von ca. 30 µg/l, an Biotin von ca. 10 µg/l, an Riboflavin ca. 300 µg/l, an Pyridoxin ca. 600 µg/l, an Pantothensäure ca. 1500 µg/l, an Niacin ca. 7500 µg/l vorhanden.

7.1.2 Flüchtige Bestandteile

Zu diesen zählen neben Wasser Alkohole und deren Derivate, Gase wie Kohlensäure sowie Luft bzw. Sauerstoff und Stickstoff.

7.1.2.1 Der *Ethylalkohol* macht den größten Teil der flüchtigen Substanzen aus. Bei normal vergorenen Bieren beträgt seine in Gew/Gew % ausgedrückte Menge rd. $1/3$ des Stammwürzegehaltes.

Nährbiere enthalten weniger, Diätbiere mehr als diesem Faustwert entspricht. Dunkle Biere sind niedriger vergoren als helle, sie liegen meist an der unteren Grenze der nachfolgenden Alkoholwerte verschiedener Biere:

Alkoholfreie Biere unter 0,5 % Vol., Leichtbiere 2,5–3 % Vol., Helle Lager-, Pils- und Exportbiere 4,7–5,3 %, Diätbiere ca. 4,8 %, Starkbiere 5,9–7,5 % Vol.

7.1.2.2 Von den *Gärungsnebenprodukten* treffen bei untergärigen Bieren auf die *höheren Alkohole* 60 bis 120 mg/l, die *flüchtigen organischen Säuren* wie z. B. Essigsäure ca. 120–200 mg/l und auf die Ameisensäure 20 mg/l. Die *Ester* liegen bei 20–50 mg/l, die *Aldehyde* (Acetaldehyd) bei etwa 5–10 mg/l (s. S. 205 ff.). Das Gesamtdiacetyl (Diacetyl und 2-Acetolactat) sollte unter 0,08 mg/l liegen, das Acetoin unter 3,0 mg/l.

7.1.2.3 Der *Kohlensäuregehalt* ist für Geschmack, Schäumvermögen und Bekömmlichkeit des Bieres von Wichtigkeit. Er liegt zwischen 0,35 und 0,55 Gew.-%. Faßbiere haben meist niedrigere CO_2-Werte von 0,40–0,48 %, während Flaschenbiere bei 0,48–0,55 % liegen können. Weißbiere haben zum Vergleich 0,60–1,0 %.

7.1.2.4 Der *Luft- bzw. Sauerstoffgehalt* des Bieres beeinträchtigt die biologische, chemisch-physikalische und geschmackliche Stabilität. Um nachteilige Erscheinungen zu vermeiden, sollte der Gesamtsauerstoffgehalt eines Bieres (gelöster Sauerstoff und Luft im Kopfraum) möglichst unter 0,35 mg/l liegen. Für Exportbiere gelten sogar noch strengere Maßstäbe (s. S. 290). Bei 1,0 mg O_2/l tritt bereits rasch eine Schädigung des Bieres ein (s. S. 324).

7.2 Einteilung der Biere

Die Biere können in Bierarten, Biergattungen, Biersorten und Biertypen eingeteilt werden.

Die *Bierarten* unterscheiden sich in unter- und obergärige Biere. Die *Biergattungen* waren früher nach Steuerklassen in Einfachbiere (2–5,5 % Stammwürze), Schankbiere (7–8 %), Vollbiere (11–14 %) und Starkbiere (über 16 %) eingeteilt. „Lückenbiere" zwischen den einzelnen Stammwürzebereichen waren nicht zulässig. Nachdem seit dem 1. 3. 1993 alkoholfreie Biere steuerfrei sind und die Biersteuer pro % Stammwürze (z. B. 11–11,99 %) erhoben wird, sind die alten Gat tungsbezeichnungen steuerlich nicht mehr zutreffend. Es ist jedoch der Alkoholgehalt (in Vol-%) auf dem Etikett zu vermerken, ebenso wie die biersteuerrelevante Stammwürze (z. B. P = 11). Es kann aber auch der tatsächliche Stammwürzegehalt ausgelobt werden, z. B. 11,8 %. Um nun den Konsumenten weiterhin mit den *Biersorten* der gewohnten Stärke zu versorgen, sieht das neue Biergesetz Mindeststammwürzegehalte für bestimmte Biere vor wie z. B. Lagerbiere 10 %, Hell, Pils, Dunkel 11 %, Export 12 %, Märzen, Festbier 13 %, Bockbiere 16 %. Bei Diätbier ist eine Sonderregelung insofern getroffen, als dieses den Alkoholgehalt des normalen Hellen oder Pils nicht überschreiten darf (s. S. 336)

Die *Biertypen* sind meist durch ihre Farbe und ihre geschmackliche Beschaffenheit festgelegt. So sind zu unterscheiden helle Biere wie Pilsener, Dortmunder oder auch das helle Münchener, dunkle Biere (Münchner, Kulmbacher) sowie mittelfarbige Biere, wie z. B. das Wiener Bier. Diese Biertypen verdanken ihre Entstehung einer jeweils spezifischen Zusammensetzung des Brauwassers, dem Charakter des verbrauten Malzes, der Art und Menge des zugesetzten Hopfens, dem Maischverfahren sowie der Führung von Haupt- und Nachgärung. Ähnliches gilt auch für die obergärigen Biere (s. S. 347 ff.).

7.3 Eigenschaften der Biere

7.3.1 Allgemeine Eigenschaften

7.3.1.1 Das *spezifische Gewicht* des Bieres liegt zwischen 1,01 und 1,02 g/cm³. Es ist durch den vorhandenen Alkohol des Bieres niedriger, als es dem Wert des Extraktes entsprechen würde.

7.3.1.2 Die *Viscosität* des Bieres beträgt 1,5–2,2 mPaS. Sie ist primär durch den Abbaugrad der α-Glucane („Dextrine"), der hochmolekularen Eiweißkörper und der ß-Glucane aus den Stütz- und Gerüstsubstanzen des Malzes bestimmt.

7.3.1.3 Die *Oberflächenspannung* des Bieres von 42–48 Dyn/cm hängt ab vom Alkoholgehalt und von der Menge der Hopfenbitterstoffe, nicht aber vom Stammwürzegehalt.

7.3.1.4 Der *Bier-pH* schwankt bei normalen untergärigen Bieren zwischen 4,25 und 4,6. Für Geschmack und Haltbarkeit ist ein niedriger pH von Vorteil, ein hoher pH-Wert deutet auf ungünstige pH-Verhältnisse beim Sudprozeß als Folge der Brauwasserzusammensetzung bzw. der Malz-

qualität, aber auch auf eine zu knappe oder mangelhafte Vergärung sowie möglicherweise auf eine defekte Hefe hin. Eine Säuerung der Pfannenwürze ergibt niedrige pH-Werte im Bier, ebenso die Verwendung von Rohfrucht.

7.3.2 Redoxpotential des Bieres

Es ist durch seinen Gehalt an Beschwerungsstoffen, aber auch durch seinen Sauerstoffgehalt bestimmt. Ein niedriger rH-Wert ist für die geschmackliche, chemisch-physikalische und biologische Stabilität des Bieres von Bedeutung. Während das Bier bei der Lagerung ein rH von 8–10 erreicht, kann sich dieser Wert durch die Sauerstoffaufnahme beim Abfüllen auf 15–20 erhöhen.

Das Bier wird durch seine reduzierenden Substanzen bis zu einem gewissen Grade vor Oxidation geschützt. Als Beschwerungsstoffe kommen Reduktone und Melanoidine in Frage, die aufgrund des Dienol-Diketon-Gleichgewichts ein Ansteigen oder Absinken des rH verhindern. Auch Polyphenole, Sulfhydryle, Stickstoffsubstanzen und Hopfenbitterstoffe haben reduzierende Eigenschaften. Die Menge der Beschwerungsstoffe hängt ab von Sorte und Herkunft der Gerste sowie von der Höhe der Abdarrung. Weitgehend gelöste und hoch abgedarrte Malze verfügen durch ihren hohen Gehalt an Melanoidinen und Polyphenolen über eine hohe Reduktonkraft. Karamelmalze, Sauermalze und die biologische Säuerung der Maische erhöhen das Redoxpotential der Maische und Würze. Eine Belüftung bei der Naßschrotung, beim Maischen oder Abläutern kann den Polyphenolgehalt (insbesonders die Tannoide) verringern und den Polymerisationsindex verschlechtern. Kupfergefäße fördern im Vergleich zu solchen aus Edelstahl die Oxidationsvorgänge, dasselbe gilt für Senkböden aus Messing oder Bronce. Beim Würzekochen nimmt das Reduktionsvermögen mit der Entwicklung der Farbe zu. Es darf – in Abhängigkeit von der Art der Würzekochung – eine bestimmte Mindestkochzeit nicht unterschritten werden. Die Sauerstoffaufnahme auf dem Abfüllweg ist möglichst gering zu halten (s. S. 290); Schwermetallionen wie Fe^{3+} und Cu^{2+} katalysieren die Übertragung des Sauerstoffs. Das Redoxpotential des Bieres kann durch Zusatz von Ascorbinsäure (Vitamin C), Zuckerreduktionen oder durch Bisulfite entscheidend verbessert werden (s. S. 322), doch ist dieser nach dem Reinheitsgebot nicht gestattet.

7.3.3 Farbe des Bieres

Die Farbe bestimmt in gewissen Grenzen den Biertyp, wie dies beim hellen und dunklen Bier sinnfällig zum Ausdruck kommt. Sehr helle Pilsener oder süddeutsche Biere haben eine Farbe von 5,3–7,5 nach EBC, manche Dortmunder und kräftigere Lager- und Exportbiere zwischen 9,5 und 11 EBC-Einheiten, Wiener und Märzenbiere zwischen 18 und 30 sowie dunkle Biere zwischen 45 und 95 EBC-Einheiten.

Der Farbton der Biere soll rein sein und dem jeweiligen Typ entsprechen. Verfärbungen lassen auf schlechte Rohstoffe, unpassende Brauwasserqualität, Fehler bei der Würzebereitung, mangelhafte Trubabscheidung und träge Gärung schließen.

Die Farbe wird durch die Qualität, Lösung und Ausdarrung des Malzes festgelegt. Dunkle Biere bedürfen zur Darstellung der gewünschten Farbe einer zusätzlichen Dosierung von ca. 1 % Farbmalz und evtl. auch von Karamelmalz. Die Zufärbung während des Brauprozesses ist von den obigen Faktoren abhängig. Höher ausgedarrte Malze (90–100° C) vermitteln durch ihre höheren Polyphenol- und Anthocyanogengehalte und durch vorgebildete Farbstoffe (Primär- und Sekundärprodukte der Melanoidinbildung) eine stärkere Zufärbung als niedriger abgedarrte (ca. 80° C). Knapper gelöste, sehr vorsichtig getrocknete und gedarrte Malze (80° C) bringen weniger färbende Substanzen in die Maische ein, weiche Brauwässer, u. U. mit negativer Restalkalität, Schrotkonditionierung, Spelzentrennung, kurze Maischverfahren sowie dünne Vorderwürzen halten die Farbebildung hintan. Belüftung beim Maischen, Abläutern und Würzekochen oder bei der Würzebehandlung (langandauernde Heißbelüftung), fördern eine Zufärbung phenolischer Substanzen. Eine übermäßige thermische Belastung z. B. im Vorlaufgefäß, beim Würzekochen oder im Heißwürzetank bewirkt eine Zunahme von Maillardprodukten und damit eine Erhöhung der Farbe (s. S. 183). Bei der Gärung tritt durch den pH-Sturz eine deutliche Aufhellung des Jungbieres ein, die letztlich die Bierfarbe bestimmt. Diese kann bei der Filtraton bzw. durch bestimmte Adsorptionsmittel noch etwas beeinflußt werden. Die Veränderung der Farbe von Malz zum Bier ergibt (auf 12 % Stammwürze berechnet) folgendes Beispiel eines hellen Bieres: Kongreßwürze 4,2, Vorderwürze 5,5, Pfannevollwürze 6,5, Ausschlagwürze 7,5, Anstellwürze 8,3, Bier 6,0 EBC-Einheiten.

Bei hohem Luft- bzw. Sauerstoffgehalt des abgefüllten Bieres kann die Farbe um 0,5–1 EBC-Einheiten zunehmen, wobei das Bier eine rötlichbraune Verfärbung erhält.

7.4 Geschmack des Bieres

Er soll auf den jeweiligen Biertyp abgestimmt und auch im abgefüllten Bier möglichst lange konstant sein. Der Biergeschmack wird beurteilt nach den verschiedenen Empfindungen, die beim Kosten des Bieres in kurzer Folge auf den Geschmacksorganen auftreten, ineinander übergehen und dann mehr oder weniger rasch zum Abklingen kommen. An der eigentlichen Geschmacksbildung ist auch der Geruchssinn unmittelbar beteiligt. Grob wird unterschieden zwischen Antrunk, Rezens und Nachtrunk, wobei das Gesamtbild dieser Einzelempfindungen ausgeglichen sein soll. Die Stärke der Geschmacksempfindung hängt ab von der Temperatur des Bieres (je kälter um so weniger), vom CO_2-Gehalt des Bieres und von der persönlichen Disposition des Kosters.

7.4.1 Geschmacksmerkmale

7.4.1.1 Im *Antrunk des Bieres* kommt, zunächst schon durch den Geruchssinn das Aroma des Bieres zum Ausdruck, entweder als Hopfenaroma bei Pilsener oder anderen hopfenbetonten Typen oder als weinig-esteriges Aroma, das durch die verschiedenen höheren Alkohole, Ester und Aldehyde mehr oder weniger spezifisch erscheint. Auch das Malz verleiht dem Bier ein typisches Aroma, vor allem bei dunkleren Malzfarben von über 4,5 EBC-Einheiten, oder bei Caramelmalzbeimischungen. Das charakteristische Aroma des dunklen Bieres oder auch des typischen Märzenbieres ist durch entsprechend hohe Schüttungsanteile an dunkleren Malzen geprägt.

Der Antrunk vermittelt weiterhin die Empfindung einer mehr oder weniger ausgeprägten *Vollmundigkeit*, die meist im Zusammenhang mit dem Stammwürzegehalt und der Bierfarbe beurteilt wird. Sie ist gegeben einmal durch die Süße der im Bier nach der Vergärung verbliebenen Restzucker, der Dextrine und des Alkohols, zum anderen verstärkt durch die Menge und Teilchengröße der Bierkolloide. Je nach ihrer Dispersität und ihrem höheren oder niedrigeren Koagulations- bzw. Dehydratationsgrad wird dieser Geschmackseindruck ein stärkerer und schärferer oder geringerer

und milderer sein. Größere Kolloidmizellen können auch häufig besonders geschmacksintensive
Stoffe in ihrer Reaktion auf die Geschmacksorga-
ne beeinträchtigen. Zu einem ausgeglichenen
Biergeschmack gehört zweifellos ein gewisser
Schwellenwert an Kolloiden bestimmter Größe,
die mehr „getastet" (wie z. B. CO_2) als „ge-
schmeckt" werden und das Auftreten sehr ge-
schmacksintensiver Stoffe kompensieren können.
Je nach dem gegenseitigen Verhältnis dieser Substanzen im Bierextrakt wie z. B. Eiweißstoffe,
Dextrine, Gummikörper, Gerbstoffe, Bitterstoffe
u. a. kann der Antrunk eines Bieres als vollmun-
dig-weich oder als vollmundig-breit empfunden
werden. Sind zu wenige Kolloide vorhanden, so
entbehrt das Bier des „Körpers", es wird „leer"
schmecken.

Pufferstoffe (z. B. Phosphate), die aus dem
Malz kommen, tragen durch ihre mildsalzige Geschmacksrichtung zur Vollmundigkeit des Bieres
bei, wenn auch eine direkte Abhängigkeit zwischen Pufferkapazität und Vollmundigkeit durch
die gleichzeitige Auswirkung der Kolloide nicht
besteht.

7.4.1.2 Die *Rezens des Bieres* tritt etwa in der
Mitte der Geschmacksempfindungen auf; sie
hängt ab vom pH des Bieres, von der Menge der
gelösten Puffersubstanzen und von den verschiedenen Phosphaten, die ihrerseits durch Malzqualität und Brauwasserzusammensetzung bedingt
sind. Es tragen aber auch die vollmundigkeitsfördernden Kolloide (z. B. Eiweiß) zur Rezens bei.
Ein „leeres" Bier wird stets auch die Rezens
vermissen lassen. Der CO_2-Gehalt des Bieres hat
eine direkte Auswirkung: je höher er im Bereich
zwischen 0,38 und 0,50 % ist, um so rezenter wird
ein Bier sein. Es kann jedoch ein hoher CO_2-
Gehalt bei ungeeigneter Bierzusammensetzung
(bei geringen Kolloidmengen und niedriger Viscosität) einen scharfen Geschmack hervorrufen.

7.4.1.3 Der *Nachtrunk des Bieres* wird überwiegend durch seine Bittere bestimmt, selbst dann,
wenn nur sehr wenig Hopfenbitterstoffe dosiert
werden. Vielfach vermag hier eine Bittere, die
durch Gerb- und Herbstoffe, durch Eiweiß oder
durch Hefeausscheidungsprodukte bedingt ist,
den Geschmack der aus dem Hopfen stammenden
Bitterstoffe zu überdecken. Daneben kann der
Nachtrunk eines Bieres etwas säuerlich oder sogar
leicht süßlich abklingen, je nach dem Verhältnis
der Hopfenbitterstoffe zu den Restkolloiden.

7.4.1.4 Der *Gesamteindruck* des Bieres ist dann
abgerundet, wenn die einzelnen Geschmacksbild-
ner miteinander harmonieren und ineinander
übergehen. Die Bittere soll hierbei in Abhängigkeit von ihrer ursprünglichen Intensität nach kürzerer oder längerer Zeit abklingen, ohne einen
störenden Nachgeschmack zu hinterlassen.

Viele Biere erreichen keine vollständige Geschmacksabrundung oder sie verlieren – im Falle
einer mangelhaften Geschmacksstabilität – ihre
ursprüngliche Harmonie wieder unter dem Einfluß des beim Abfüllen aufgenommenen Sauerstoffs, der Erschütterungen auf dem Transport
und schwankender Temperatur etc. (s. S. 323).

7.4.2 Beeinflussung der Geschmacksfaktoren

7.4.2.1 Die *Vollmundigkeit* wird nicht durch einen niedrigen Vergärungsgrad des Bieres gefördert. Derartige Biere sind häufig mastig und breit.
Ein hoher Alkoholgehalt (Diätbiere!) vermag dagegen die Vollmundigkeit zu erhöhen. Mit steigender Menge an kolloiden Stickstoffsubstanzen,
wie sie bei guter Auflösung des Malzes, ausreichender Abdarrung und bei intensiveren Maischverfahren zu erreichen ist, nimm die Vollmundigkeit zu; die gleichzeitig freigesetzten Polyphenole
verstärken diesen Geschmackseindruck in Richtung auf einen etwas breiteren Charakter. Unterstützt wird dieser letztere durch konzentrierte
Maischen, langes Maischekochen und tiefe Einmaischtemperaturen (von z. B. 35° C). Lager-
und kräftigere Export- oder Spezialbiere werden
oft mit einem gewissen Anteil an dunklem Malz
(5–10 %), hellem (3 %) oder dunklem Caramelmalz (1 %) zur Verstärkung des Geschmacks hergestellt. Eiweißreichere Gersten (um 11 %) führen zu mehr Stickstoffkörpem im Bier und vermitteln bei den genannten Bieren, vor allem aber
auch bei dunklen Bieren (ca. 11,5 % Eiweiß), eine
ausgeprägte Vollmundigkeit. Eine zu starke Betonung derselben sucht man bei Pilsener, sehr hellen
Export- und Bockbieren im Interesse der Harmonie der Malz- und Hopfensubstanzen zu vermeiden. Hier ist ein Malz von niedrigem Eiweißgehalt
erwünscht, das wohl sehr gleichmäßig, aber nicht
zu weitgehend gelöst sein soll, das sich aber mit
einem knappen Maischverfahren verarbeiten
läßt. Hierdurch werden die vollmundigkeitsmeh-
renden höhermolekularen Eiweißkörper ebenso
gefördert wie eine etwas höhere Viscosität (durch
Erhalt einer bestimmten Menge an β-Glucandex-
trinen). Auch ein höherer Bitterstoffgehalt wirkt

sich positiv auf die Vollmundigkeit eines Bieres aus.

7.4.2.2

Das *Aroma des Bieres* im Sinne einer deutlichen Hopfenblume kann durch eine kurze, durchschnittliche Hopfenkochzeit (30–45 min) beeinflußt werden, wobei die letzten beiden Gaben (20 und 5 Minuten vor Kochende) je 25 % der Gesamtmenge) an aromatischem Edelhopfen die aromabestimmenden Humulenepoxide, Caryophyllenoxid, Humulenol und vor allem Linalool in das Bier überführen. Ähnliches kann auch durch eine Teilgabe guten Hopfens ca. 20 Minuten *vor* dem Kochen erreicht werden (s. S. 169). Auch Hopfenstopfen im Lagerkeller wird verschiedentlich geübt. Die hierdurch vermittelte „Hopfenblume" ist jedoch nicht sehr stabil, sie geht leicht in eine weniger frische Note und in eine scharfe Bittere über. Bestimmte Wasser-Ionen (z. B. SO_4^{2-}) und ein Verhältnis von Karbonat- zu Nichtkarbonathärte wie 1:2–2,5 verstärken diesen Effekt. Die *Gärungsnebenprodukte* liegen zwar einzeln unterhalb der Geschmacksschwelle, aber durch eine Kumulierung derselben kann sich sehr wohl ein fruchtiger oder esteriger Geschmack ergeben. Verschiedene Gerstenjahrgänge, die wenig Aminostickstoff liefern, können derart aromatische Biere vermitteln. So kann ein Mangel an Valin zu mehr 2-Methyl-1-Propanol (Isobutanol), Isoleucinmangel zu mehr 2-Methyl-1-Butanol, Leucinmangel zu mehr 3-Methyl-1-Butanol und Phenylalaninmangel zu mehr 2-Phenylethanol führen, wobei aber vor allem höhere Gärtemperaturen für eine verstärkte Bildung von höheren Alkoholen verantwortlich sind. 2-Phenylethanol läßt sich auch durch die Anwendung von Druck nur wenig inhibieren. Sehr hohe Aminosäuregehalte können ebenfalls eine Steigerung der Mengen an höheren Alkoholen verursachen (s. S. 205) Die Ester erfahren durch höhere Gärtemperaturen einen stärkeren Zuwachs. Dennoch wird das Aroma dieser Substanzen häufig durch eine mehr oder weniger hefige Note überdeckt. Dasselbe kann auch durch knappe Hefevermehrung eintreten. Die längere Lagerung stärkerer Biere vermittelt höhere Estergehalte, die ein weiches, blumiges Aroma erteilen. Durch Auswahl bestimmter Heferassen ist es möglich, auch bei der konventionellen Gärung Einfluß auf das Bieraroma zu nehmen.

7.4.2.3

Die *Rezens des Bieres* kann durch Korrektur von Maische- und Würze-pH, entweder direkt durch dessen Absenken (bei Säuerung der Maische) oder indirekt durch Vermehrung der Pufferstoffe eine Steigerung erfahren. Auch maßvoller Zusatz von Gips oder $CaCl_2$ (bis zu –2° dH Restalkalität) dient durch pH-Absenkung der Rezens. Eine höhere Dosage kann durch den Verlust an Pufferstoffen zu leereren Bieren führen. Eine Steigerung des CO_2-Gehaltes, allerdings mit Rücksicht auf das Haltevermögen des Bieres, verstärkt die Rezens.

7.4.2.4

Der *Nachtrunk des Bieres* ist meist durch die Stärke der Hopfenbittere in seinem Charakter festgelegt. Die Bitterstoffmenge schwankt je nach Biertyp zwischen 15 und 50 mg/l in weiten Grenzen. Sie kommt in Abhängigkeit vom Kolloidgehalt des Bieres in unterschiedlicher Weise zum Ausdruck. Die Derivate der Weichharze (z. B. die „S-Fraktion") tragen zu einer milderen Bittere bei, während andererseits ein höherer Gehalt an unisomerisierten α-Säuren dann einen breiten Bittergeschmack bewirkt, wenn die Ausscheidung derselben bei der Gärung unvollkommen war oder die Gärdecke durchfiel bzw. untergewaschen wurde. Eine *Gerbstoffbittere* kann bei übermäßiger Auslaugung der Spelzen, bei ungünstigen Brauwässern, überlangen Maischverfahren, sehr weitgehender Absenkung der Glattwasserkonzentration, Lufteinzug beim Abläutern, Wiedereinmaischen des Glattwassers oder bei Verwendung alter, schlecht gelagerter Hopfen auftreten. Das Brühen von Hopfen oder die Verwendung gerbstoffarmer Hopfenpräparate vermag das Bittervolumen dieser Substanzen zu verringern. *Eiweißbittere* Biere ergeben sich bei Verarbeitung knapp gelöster Malze, zu knappen Maischverfahren, ungenügender Würzekochung sowie mangelhafter Heiß- und Kühltrubabscheidung, da hierdurch meist die Klärung der Biere leidet. Auch eine unzweckmäßige Führung der Nachgärung, zu spätes Absenken der Kellertemperaturen etc. kann die Eiweißbittere fördern, die z. B. auch beim Erwärmen kältetrüber Biere noch feststellbar ist. Die *Hopfenöle* bzw. ihre Oxidationsprodukte vermögen eine unangenehme, breite Bittere hervorzurufen. Myrcenreiche Hopfen (Brewers Gold, Northern Brewer, Bullion oder Late Cluster) oder auch schlecht gelagerte Partien, die reichlich leichtflüchtige Zerfallsprodukte der Bittersäuren enthalten, geben bei zu früher (vor Kochbeginn) oder zu später Gabe zu Beanstandungen Anlaß. Eine Evakuierung des Hopfens, Dosierung des Hopfens ca. 15 Minuten nach Kochbeginn und der Zusatz von Edelhopfen zur letzten Gabe wirken verbessernd. Oft tritt die beschriebene Bittere im abgefüllten Bier erst nach einer gewissen Lagerung desselben auf. Eine *Hefebittere* geht meist parallel mit einem hefigen Geruch und Trunk des Bieres. Sie ist bei träger Hauptgärung und vorzeitig zum Stillstand gekommener Nachgärung, durch Ausscheidung von Hefeinhaltsstoffen bedingt. Auch manche höheren Alkohole und Ester rufen eine breite Bittere hervor. Ein *säuerlicher* oder *scharfer* Nachtrunk kann bei einer zu weitgehenden Säuerung der Maische oder Würze resultieren, ein *salziger Geschmack* u. U. bei zu hohen Gaben an Calciumchlorid bei gleichzeitig höheren Mengen an Natriumionen. Vor allem sehr wenig gehopfte Biere und Biere mit Rohfrucht sind gegen andere Bitternuancen empfindlich.

7.4.3 Geschmacksfehler des Bieres

Sie sind auf eine Reihe von Ursachen zurückzuführen: Auf technologische Fehler, auf Berührung von Würze und Bier mit bestimmten Materialien oder auf die Lebenstätigkeit gewisser Mikroorganismen. Meist treten Geschmacksfehler des Bieres durch eine Oxidation stärker hervor oder sind hierdurch erst feststellbar.

7.4.3.1 *Geschmacksfehler durch technologische Ursachen:* Ein *spelzenartig-roher Geruch und Antrunk* ist Malzen aus manchen Gerstensorten eigen; die Biere weisen dann auch häufig eine breite Nachbittere auf. Die in derartigen Bieren gefundenen Aromastoffe 6-Methyl-5-Hepten-2-on, 1-Octen-3-ol, Dodecansäureethylester, 2-Ethyl-Hexanol stammen zum Teil aus dem Lipidstoffwechsel der Gerste bei der Keimung, sie sind aber auch in mangelhaft ausgedampften Würzen zu finden, wie z. B. Essigsäure-Hexyl-, Heptyl- und -Octyl-Ester, 2-Ethyl-Hexanol u. a.

Eine *dumpf-malzige Note* wird bei Bieren aus sehr stark gelösten Malzen festgestellt, deren hohe FAN-Werte u. U. Überflußerscheinungen hervorrufen; die Aromaanalyse zeigte 3-Methyl-Butanal, 3-Methyl-Butan-2-on, Hexanal, 2 Furfural und 2-Phenylacetaldehyd, vielfach aber auch einen erhöhten Diacetyl- und Acetoingehalt. Eine *unangenehme, kratzige Bittere* kann durch Wässer von hoher Restalkalität oder durch Sodawässer hervorgerufen werden, durch verbranntes Malz oder Farbmalz, durchgefallene Gärdecken, Verschnitt von zu großen Mengen Gelägerbier oder durch bestimmte (z. B. fluorhaltige) Desinfek-

tionsmittel. Ein rauchartiger *Geschmack* teilt sich der Maische, Würze und dem Bier mit, wenn das Malz mit direkter Beheizung gedarrt wurde und der Brennstoff nicht genügend rein bzw. der Brenner unsachgemäß eingestellt war. Der *Pasteurisationsgeschmack* tritt um so stärker in Erscheinung, je höher die Temperatur und je länger die Dauer der Pasteurisierung war. Auch ein erhöhter Sauerstoffgehalt des Bieres fördert die Ausbildung dieses brotartigen Geschmacks, der auch ohne Erhitzung im Laufe der Lagerung des abgefüllten Bieres als *Oxidationsgeschmack* in Erscheinung tritt. Er wird hervorgerufen durch Oxidation von Polyphenolen, vor allem aber und durch Auftreten von Aldehyden. Durch diese Reaktionen wird auch eine Zufärbung des Bieres bewirkt (s. S. 309).

Der *Jungbiergeschmack* als Folge einer zu kurzen oder unvollkommenen Nachgärung ist auf Merkaptane und Aldehyde (vor allem Acetaldehyd) zurückzuführen. Ein erhöhter Gehalt an Dimethylsulfid – je nach Biertyp von 80–120 ppb kann sich in einer würze- oder gemüseartigen Note des Bieres äußern. Ein zwiebelartiger Geschmack ist durch Merkaptane bedingt, die ihre Ursache in einer unsachgemäßen Würzebehandlung haben (s. S. 188). Es kann auch die eine oder andere Heferasse diesen Geschmack verstärken, der durch erhöhte Mengen an Methyl- und Ethylmerkaptan sowie Methyl- und Ethyl-Thioacetat resultieren kann.

Der *Lichtgeschmack* tritt auf nach Sonnenbestrahlung des Bieres, vor allem in grünen Flaschen, die die Strahlen der Wellenlänge von 350 bis 500 nm im Gegensatz zu braunen Flaschen nur unvollkommen absorbieren. Er entsteht durch eine Reaktion von Merkaptanen mit der 3-Methyl-2-butenyl-Gruppe der Hopfenbittersäuren zu 3-Methyl-2-buten-1-Thiol. Daneben ist eine Vermehrung von Acetaldehyd, Methyl- und Ethylmerkaptan, Dimethyl- und Diethylsulfid festzustellen.

7.4.3.2 *Geschmacksfehler durch Berührung mit bestimmten Materialien:* Bier greift Eisen an; seine Gerbstoffe gehen mit dem Metall tintenartige Verbindungen ein. Dieser harte *Tinten- oder Metallgeschmack* ist begleitet von einer Verbesserung des Schaumes, der jedoch ein braunes Aussehen erhält. Ein *Pechgeschmack* tritt auf, wenn schlecht gereinigte Naturpeche verwendet werden oder die Fässer nach dem Pichen ungenügend ausgeblasen oder gewässert wurden. Ein *Lackgeschmack* resultiert dann, wenn zum Lösen eines Lackes ungeeignete Mittel Verwendung fanden.

Dies ist dann der Fall, wenn defekte Behälteroberflächen mit derartigen Lacken ausgebessert werden. Auch fehlerhafte Auskleidungsmassen (z. B. Phenolformaldehyd, Epoxiphenol), vor allem auch solche zum Kaltausbessern defekter Auskleidungen, können im Bier einen *Phenol- oder Apothekengeschmack* hervorrufen. Eine ähnliche Geschmackswirkung haben nitrathaltige Brauwässer, ferner Wässer, die entweder Phenole enthielten oder die mit Phenolaustauschern entkarbonisiert wurden, vor allem bei Anwesenheit von freiem Chlor im Wasser; ungeeignete Dichtungsmaterialien, alte oder fehlerhafte Gummischläuche, die eine Behandlung mit chlorhaltigen Desinfektionsmitteln erfahren hatten, sowie Kieselgur (besonders ungeglühte Qualitäten), die feucht gelagert oder unzweckmäßig transportiert wurde. Die Geschmacksschwelle für Chlorphenol liegt bei 15 µg/l, für Phenol bei 30 µg/l Bier.

Die Grenzen zwischen den Geschmackswahrnehmungen dumpf, grablig (s. unten) und phenolisch sind schwer zu ziehen. So können z. B. Gummidichtungen, die N-Methylanilin enthalten, bei Desinfektion mit Hypochlorit zu 2,4,6-Trichloranilin reagieren, das auch in starker Verdünnung einen muffigen Geruch vermittelt.

7.4.3.3 *Geschmacksfehler durch biologische Ursachen:* Sie werden verursacht durch Mikroorganismen, die sich in Würze oder im Bier entwickeln. *Termobakterien* rufen einen sellerieartigen Geschmack hervor, der sich aus dem Bier nur schwer entfernen läßt. Eine verzögerte Angärung wie sie z. B. bei zu geringer Belüftung, zu geringer Hefegabe oder durch mangelhafte Durchmischung beim Anstellen und Drauflassen in Großraumtanks entstehen kann, hat die vermehrte Bildung von phenolischen Substanzen (4-Vinyl-Guajacol, 4-Vinyl-Phenol) zur Folge. Auch Kontaminationen durch bestimmte Wildhefen oder durch Termobakterien können einen Anstieg von Phenolen zur Folge haben. Letztere bilden auch bedeutende Mengen an Dimethylsulfid. Ein *Hefegeschmack* tritt auf bei träger Haupt- und Nachgärung sowie durch Faktoren, die eine Autolyse der Hefe zur Folge haben können. Die *Hefeautolyse* äußert sich durch einen kreosotähnlichen oder grabeligen Geschmack, der häufig auch von einer breiten, harten Bittere begleitet ist. Bei sehr grünem Schlauchen oder zu warmer Nachgärung wird in größeren Mengen Tyrosol gebildet, das zu Para-Oxyphenylessigsäure mit typischem Phenolgeschmack oxidiert wird. Auch höhere Werte von Tyrosol (5,0 mg/l) oder Tryptophol (0,6 mg/l) können diesen Geschmack vermitteln.

Wilde Hefen rufen einen eigenartig blumigen, häufig auch gallig-bitteren Geschmack hervor. Er ist meist von einer Trübung des Bieres begleitet. Ein *Essiggeschmack* tritt auf bei Retourbieren in bereits angezapften Fässern, also nach Zufuhr von reichlich Luft. Infektionen durch bierverderbende Bakterien sind meist mit einer Trübung des Bieres oder Bodensatzbildung verbunden. *Biermilchsäurestäbchen* vermitteln einen (Milch-)sauren Geschmack. *Sarcinen* verleihen dem Bier einen leicht säuerlichen Geschmack, der vom Aroma des Diacetyls begleitet ist. Der Vorläufer des Diacetyls, das 2-Acetolactat, wird von der Hefe während der Hauptgärung gebildet. Eine Belüftung des Bieres beim Schlauchen oder eine fehlerhafte Nachgärung können eine Oxidation zu Diacetyl bewirken, wodurch das Bier bereits beim Ausstoß diesen typischen Geschmack aufweist. Meist tritt jedoch ein Diacetylgeschmack erst dann im abgefüllten Bier auf, wenn ein aus irgendwelchen Gründen überhöhter Acetolactatgehalt (s. S. 307) oxidiert wird.

Acetoin hat wohl eine Geschmacksschwelle von 18 mg/l, doch kann es zusammen mit anderen Substanzen schon bei niedrigeren Gehalten von 5–8 mg/l einen malzig-dumpfen, sogar an Diacetyl erinnernden Geschmack bewirken.

Ein *schimmeliger, grabeliger Geschmack* kann auftreten durch bestimmte Schimmel- oder Bakterienarten. Schlecht gelagertes Malz, schimmeliger Hopfen, Unreinlichkeiten im Sudhaus, verschimmelte Holzgärbottiche, Fässer und Filtermassen oder muffige Kellerluft können den dumpfen „Kellergeschmack" hervorrufen.

7.4.3.4 Die *Aufbesserung* von Bieren, die Geschmacksfehler aufweisen, kann wie folgt geschehen: Eine breite, hefige Bittere wird durch eine Zugabe von 10–15 g/hl geschmacksverbessernder Aktivkohle bei der Kieselgurfiltration abgeschwächt; ein leichter Fremdgeschmack, z. B. eine „grabelige" Note, ist durch Einsatz derselben Aktivkohlemenge 3–7 Tage vor der Filtration zu beheben. In schweren Fällen, z. B. bei Rauchgeschmack (z. B. vom Malz), kann eine Aktivkohlebehandlung sowohl im Lagertank (bis 50 g/hl) und nach einer Filtration mit nochmals 50 g/hl unter Zugabe von 20 % Kräusen erforderlich werden. Dieses Bier wird dann nach ca. zwei Wochen Lagerzeit im Verhältnis 1 : 3–5 mit einwandfreiem Bier verschnitten. Es kann aber bei intensiverem Rauchgeschmack, wie er von fehlerhafter Darrarbeit herrührt, durchaus der Fall sein, daß selbst die vorgeschlagene Behandlungsweise kein neutrales Bier mehr zu liefern vermag.

Biere, die infolge unsachgemäßer Reifung einen Diacetylgehalt aufweisen, müssen einer nochmaligen Reifung unterzogen werden. Dies geschieht am raschesten durch Umlagern, Anwärmen des Bieres (auf 10–20° C) sowie durch Zusatz von 20 bzw. 12 % Kräusen (je nach Temperatur). Diese Phase ist so lange einzuhalten, bis der „Gesamtdiacetylgehalt" auf unter die Geschmacksschwelle reduziert ist. Bei einer Reduzierung im normalen Lagerkeller bei 2–3° C sind zu den Kräusen noch 15–20 g/hl Bio- oder Ultraspäne zu geben. Die Reifung kann durchaus noch 2–4 Wochen dauern. Es ist wichtig, daß die Kräusen aus einer aktiven, optimal geführten Hefe stammen. Die „Warmreifung" erlaubt sogar die geschmackliche Aufbesserung von Bieren, deren Diacetylgehalt von einer Mikroorganismen-Infektion herrührte. Diese Biere sind aber vor der Behandlung zu. filtrieren und thermisch zu behandeln (KZE).

7.5 Schaum des Bieres

Eine gute Schaumbildung und Schaumhaltigkeit ist das Merkmal eines Qualitätsbieres. Mit dieser Eigenschaft verbinden sich in der Regel auch andere positive Merkmale, wie Vollmundigkeit und Rezens.

7.5.1 Theorie des Schaumes

7.5.1.1 Die *Schaumbildung* erfolgt beim Einschenken des Bieres durch die sich in großer Zahl entwickelnden CO_2-Bläschen, aber auch durch mitgerissene Luft. Diese Bläschen reichern sich beim Aufsteigen in der Flüssigkeit an ihren Grenzflächen mit oberflächenaktiven Stoffen des Bieres an. Je niedriger bis zu einem gewissen Grad die Oberflächenspannung des Bieres ist, um so kleiner sind die Schaumbläschen und um so größer werden die spezifischen Oberflächen, die somit mehr oberflächenaktive Stoffe ansammeln können. Auch der Kohlensäuregehalt des Bieres ist für die Ausbildung dieser Oberflächen verantwortlich. Ein im Hinblick auf die Bierzusammensetzung zu hoher CO_2-Gehalt bedingt jedoch eine zu heftige Entbindung der CO_2-Blasen, die somit keine genügende Anreicherung der Oberflächen erfahren können.

7.5.1.2 *Schaumhaltigkeit*: Von großer Bedeutung für die Schaumbildung, mehr noch für die Schaumhaltigkeit eines Bieres, ist die Fähigkeit der in den Oberflächen angereicherten Stoffe, elastische Häutchen zu bilden. Um langlebige Schäume entstehen zu lassen, müssen diese Stoffe befähigt sein, unter weiterer Verminderung der Oberflächenspannung miteinander zu reagieren, sich zu oxidieren und dabei ihre Dispersität zu vergröbern, wobei sie auch teilweise koagulieren und Niederschläge bilden. Im ersteren Falle wird durch Sekundärreaktionen der Schaum verbessert, im letzteren erfolgt eine Verschlechterung der Schaumhaltigkeit.

7.5.1.3 Der *Schaumzerfall* beginnt mit dem Zurückfließen des Bieres aus den Räumen zwischen den Blasen und aus den geplatzten Bläschen selbst; er wird durch Verdunstungsvorgänge in der Oberfläche gefördert. Höhere Oberflächenviscosität und kleinerer Schaumblasendurchmesser verhindern ein rasches Ausfließen der Flüssigkeit aus den Zwischenräumen.

7.5.1.4 *Schaumpositive Substanzen* sind zunächst jene oberflächenaktiven Stoffe, die in der Lage sind, elastische Häutchen zu bilden. Hierzu gehören hochmolekulare Eiweißabbauprodukte, deren Molekülgröße zwischen 10 000 und 60 000 liegt. Auch ist eine hohe Hydrophobizität dieser höhermolekularen Eiweißkörper bedeutsam. Kleinere Moleküle tragen wohl ebenfalls zum Schaum bei, doch können sie in zu großer Menge höhermolekulare Gruppen aus den Schaummembranen verdrängen. Aus diesem Grunde ist das Verhältnis der höher- zu den niedrigermolekularen Gruppen wichtig, wie auch z. B. der Anteil des hochmolekularen mit $MgSO_4$ fällbare Stickstoff am Gesamtstickstoff (> 20 %) einen guten Hinweis liefert. Glycoproteide verleihen dem oberflächenaktiven Häutchenbildner (Eiweiß) eine höhere Viscosität, die die Schaumstabilität verbessert. Eine zweite Stoffgruppe mit schaumbedingenden Eigenschaften ist zwar oberflächenaktiv, sie vermag aber von sich aus keine elastischen Häutchen zu bilden. Es handelt sich um Hopfenbitterstoffe, Melanoidine und Polyphenole. Sie verstärken durch Komplexbildung mit den Eiweißstoffen die von diesen geformten Häutchen; Gerbstoffe und Anthocyanogene können aber in bestimmten Oxidations- und Kondensationsstufen Koagulationen hervorrufen und so wieder eine Schaumverschlechterung herbeiführen. Auch Ethylalkohol und sogar Gärungsnebenprodukte können innerhalb bestimmter Grenzen die Schaumeigenschaften des Bieres verbessern, indem sie die Oberflächenspannung erniedrigen.

Eine dritte Gruppe sind die *viscositätserhöhenden Stoffe,* von denen wiederum die Gerstengummistoffe, das β-Glucan und die Pentosane Bedeutung haben. Neben den obengenannten Eigenschaften kann ihre Wirkung auch auf ihrer Funktion als Schutzkolloide beruhen, indem sie die gebildeten Komplexe einhüllen und stabilisieren.

7.5.1.5 *Schaumnegative Stoffe* wirken, indem sie die Häutchenbildner aus der Oberfläche verdrängen und die Schaumlamellen zusammenbrechen lassen. Bei Überschreiten eines gewissen Schwellenwertes zählen hierzu Polyphenole, Alkohol und Gärungsnebenprodukte. Auch ein höherer Gehalt an Aminosäuren kann sich schaumnegativ auswirken. Dabei bewirken wiederum hydrophile Aminosäuren eine größere Minderung als hydrophobe. Von den Lipiden weisen Mono- und Diglyceride nur in geringen Mengen von unter 0,3 bzw. 0,2 mg/l einen schaumstörenden Einfluß auf. Sterine schädigen den Schaum ab 0,5 mg/l, gesättigte höhere Fettsäuren ab 1 mg/l, ungesättigte ab 0,3–0,5 mg/l. Ein gewisser Steigerungseffekt durch Ausbildung eines Mischfilms ist möglich. Die bei der Gärung entstehenden niedrigen freien Fettsäuren (C_6–C_{12}) sind schaumnegativ; so verschlechtert 1 mg/l Caprinsäure den Schaum um 1,3 sec nach Roß und Clark, 3–5 mg/l Capronsäure sogar um 4–6 Punkte. Neutrallipide wie z. B. Phospholipide vermögen den Schaum zu schädigen, besonders aber in Verbindung mit Triglyceriden.

7.5.1.6 Der *Kohlensäuregehalt* des Bieres hat naturgemäß eine große Bedeutung für die Bildung und Haltbarkeit des Schaumes. Im Bereich von 0,4–0,5 Gew.% nimmt der Bierschaum proportional der steigenden Kohlensäuremenge zu; es wird jedoch kein Einfluß auf das Schaumhaftvermögen ausgeübt.

7.5.2 Technologische Faktoren des Bierschaumes

7.5.2.1 Die *Gerste* übt in Abhängigkeit von Sorte, Jahrgang und Provenienz einen Einfluß auf die Schaumeigenschaften des Bieres aus; ein höherer Eiweißgehalt von bis zu 11 % wirkt fördernd, ein solcher von unter 9,5 % mitunter verringernd. Es ist jedoch der Anteil der hochmolekularen Fraktionen wie auch der Glycoproteine mitbestimmend.

7.5.2.2 Der *Effekt einer häheren Malzauflösung* auf den Bierschaum wird nicht einhellig beurteilt: knapp gelöstes Malz oder auch ein Zusatz von Spitzmalz bringt mehr viskose Substanzen in die Würze ein, die den Schaum positiv zu beeinflussen vermögen. Bei weitergehender Auflösung verringert sich zwar nicht unbedingt der absolute Gehalt an hochmolekularen Stickstoff-Substanzen, wohl aber der relative Anteil am Gesamtstickstoff, die Menge der Glycoproteide nimmt ab. Es zeigen jedoch gut und gleichmäßig gelöste (homogene) Malze eine bessere Vergärbarkeit des Malzextraktes, die zu einer flotten Hauptgärung und zu einer nachhaltigen Extraktabnahme selbst bei den tiefen Temperaturen des Lagerkellers führt. Hierdurch werden die Voraussetzungen geschaffen, daß eine schaumpositive Zusammensetzung der Würze bis zum Bier erhalten bleiben kann. Gerade Malze aus sehr enzymstarken Gersten bedürfen einer Mälzung bei mittleren Keimgutfeuchten, wobei aber die im Hinblick auf eine gute Weiterverarbeitung erforderliche Homogenität eine Verkürzung der bei fallenden Temperaturen geführten Keimung verbietet. Höhere Abdarrtemperaturen im Bereich von 70–90° C fördern den Schaum, ebenso Caramelmalzgaben über 3 % der Schüttung.

7.5.2.3 *Maischverfahren:* Alle Maßnahmen, die den Abbau von Proteinen sowie von Stütz- und Gerüstsubstanzen fördern, bewirken auch gleichzeitig eine Verringerung der schaumpositiven Kolloide (hochmolekularer Stickstoff, Glycoproteine, β-Glucane): niedrige Einmaischtemperaturen und ausgeprägte Rasten im Bereich von 45–55° C, eine luftarme Führung der Maische (s. S. 121) sowie ein niedriger Maische-pH-Wert. Durch Einmaischen bei 60–65° C bei pH 5,5–5,6 sowie eine verlängerte Rast bei 70–72° C (Lösen von Glycoproteiden) wird einem zu starken Abbau entgegengewirkt.

7.5.2.4 Beim *Abläutern* kann eine Trübung höhere Fettsäuren und Neutrallipide enthalten; dies ist vor allem auch beim Abziehen der Würze von oben der Fall. Hierdurch kann eine Schädigung der Schaumhaltbarkeit und des Schaumhaftvermögens als Folge eintreten.

7.5.2.5 Die *Würzekochung* wirkt mit fortschreitender Zeit durch die vermehrte Ausfällung von koagulierbarem Stickstoff schaummindernd. Moderne Kochsysteme wie Außenkocher oder Innenkocher mit Staukonus sind im Hinblick auf die

Temperatur im Kocher selbst, die Temperatur des Heizmittels und die Kochzeit zu kontrollieren.

7.5.2.6 *Trubabscheidung:* Eine mangelhafte Entfernung des Heißtrubs bringt höhere Fettsäuren und Neutrallipide in die Gärung ein. Daneben vermag er die Hefe zu verschmieren, was – ebenso wie eine ungenügende Belüftung der Würze – zu träger Haupt- und Nachgärung führt. Diese Gegebenheiten sind Dispositionen zu mangelhaften Schaumwerten. Die Kühltrubabtrennung mittels Flotation scheidet Lipide in der Schaumdecke ab; einem zu weitgehenden Verlust an ungesättigten Fettsäuren wie er z. B. auch bei der Kaltwürzefiltration auftreten kann, ist durch eine intensive, evtl. fraktionierte Belüftung mittels Venturirohr und/oder statischem Mischer zu begegnen.

7.5.2.7 *Haupt- und Nachgärung:* Schaumunterschiede zwischen einzelnen Heferassen sind wohl feststellbar, aber lange nicht so auffällig wie bei Hefen, die durch ungünstige Herführung, durch ungenügende Vermehrung (Würzezusammensetzung, Belüftung) durch verspätete Ernte (Druck) sowie durch unsachgemäße Lagerung (Druck, CO_2, Temperatur, Zeit) geschädigt wurden. Wärmere Gärtemperaturen und die Anwendung von Druck schaffen eine Disposition zur Schaumverschlechterung, wenn die Hefen unter den obengenannten Bedingungen zu wenig FAN absorbieren, bei zu langen Verweilzeiten im Bier basische Aminosäuren, Phosphate, Nucleotide, Fettsäuren – und proteolytische Enzyme exkretieren. Eine Hefegabe von ca. 25×10^6 Zellen, eine kräftige Belüftung, eine Hauptgärung bei ca. $9°$ C, der Verschnitt von Jungbieren unterschiedlicher Heferassen sowie eine kalte Lagerung (am Ende 1–3 Wochen bei $-1°$ C) sind positiv. Auch bei „definierter" Reifung bringen Kräusen junges Zellmaterial zum rascheren Abbau des 2-Acetolactats ein, die Fettsäure- und FAN-Exkretion wird minimiert und damit der Schaum verbessert.

Eine warme, zu lange Lagerung mit hohen Hefegehalten verzeichnet durch Hefeexkretionen (s. oben) eine deutliche Schaumschädigung. Die Wirkung von Hefeproteasen setzt sich im abgefüllten Bier – vor allem bei wärmerer Aufbewahrung fort. Kurzzeiterhitzung inaktiviert diese Enzyme, die bis dahin erfolgten Schädigungen des Schaums bleiben aber bestehen.

7.5.2.8 *Sonstige betriebliche Faktoren:* Sehr scharfe Filtration (EK-Schichten) bringt meist in der ersten Stunde einen deutlichen Schaumverlust

mit sich. Der Zusatz bestimmter Stabilisierungsmittel wie z. B. Alkalibentonite und Enzyme verringert den Schaum. Störend können sich Druckschwankungen auf dem Abfüllweg äußern. Rohfruchtbiere zeigen mit steigendem Anteil an Mais, Reis oder Zucker schlechtere Schaumzahlen, das Haftvermögen des Schaums erfährt jedoch keine Beeinträchtigung.

Betriebliche Störungen wie ölhaltige Druckluft, Dämpfen von Filtern und Füllern mit nicht entöltem Dampf wirken sich äußerst negativ auf den Schaum aus.

7.5.2.9 Der *Bierausschank* stellt eine letzte, aber entscheidende Fehlerquelle dar: Ein Unterschreiten des Kohlensäuresättigungsdruckes im Leitungssystem, ungeeignete Ausschankarmaturen, ungenügend gereinigte Bierleitungen sind ebenso von Nachteil wie Biergläser, die durch Speisendunst oder unvollkommene Reinigung (Reinigungsmittel!) einen Fettfilm aufweisen.

7.5.2.10 Eine *Verbesserung des Schaumes* durch Schaummittel ist in Deutschland verboten. Der Zusatz von Eisensalzen (0,6 g/hl) erfolgt meist in Verbindung mit Reduktionsmitteln, um eine Bräunung des Schaumes zu vermeiden. Kombinationen von hochmolekularen Eiweißverbindungen mit Metallsalzen (z. B. Eisen oder Nickel) sind ebenso anzutreffen wie Alginate, die als Derivate der Alginsäure (Propylenglycolalginat, Natriumalginat) in einer Menge von 5–10 g/hl dosiert werden. Auch Gummiarabicum, z. T. bereits auf das Malz aufgetragen, verbessert den Schaum. Eine Reihe dieser Mittel stört jedoch die Harmonie des Biergeschmacks und setzt auch die Geschmacksstabilität herab. Eisensalze können sogar das Überschäumen des Bieres fördern.

7.6 Chemisch-physikalische Haltbarkeit und ihre Stabilisierung

Frisch abgefülltes, klares Bier verliert bei längerer Aufbewahrung, z. B. bei Raumtemperatur, seine ursprüngliche Glanzfeinheit. Nach und nach bildet sich ein Bodensatz aus. Die sich einstellende Trübung ist nicht reversibel; sie wird als Dauertrübung bezeichnet.

Die *Kältetrübung* bildet sich bei einer Temperatur von $0°$ C, sie löst sich beim Erwärmen des Bieres auf $20°$ C wieder auf. Eine mehrmalige Folge von Erwärmung und Abkühlung ergibt eine stetige Zunahme der Kältetrübung, bis sie schließlich in die Dauertrübung übergeht.

7.6.1 Zusammensetzung der kolloiden Trübungen

Biertrübungen können aus einer Reihe von Komponenten bestehen. Wenn auch Trübungen aus proteinischen Substanzen und Polyphenolen am häufigsten anzutreffen sind, so können doch auch Assoziationen von Polypeptiden und Polysacchariden oder Polypeptiden und Mineralstoffen Trübungen hervorrufen.

7.6.1.1 Die *Polyphenolfraktion* setzt sich zusammen aus mehr oder weniger kondensierten oder polymerisierten Polyphenolen, die ein Gerbvermögen besitzen. Sie stammt sowohl aus der Gerste als auch aus dem Hopfen.

Einfache Moleküle haben noch keine Gerbkraft; sie vermögen daher die Haltbarkeit des Bieres nicht nachteilig zu beeinflussen. Durch ihre reduzierenden Eigenschaften üben sie vielmehr eine positive Wirkung aus. Erst durch Oxidation und Polymerisation erhöht sich das Molekulargewicht der ursprünglich monomeren Polyphenole so weit (bis zu 8 Catechin- oder Anthocyanogenmoleküle), daß sie auf Polypeptide gerbend zu wirken vermögen.

7.6.1.2 Die *proteinische* Fraktion macht 40–75 % der kolloidalen Trübung aus. Sie stammt vor allem aus der Gerste und wurde im Laufe des Malz- und Bierwerdeganges mehr oder weniger stark abgebaut. Trübungsbildner sind höhermolekulare Peptide und Proteine, die Abbauprodukte aus allen ursprünglichen Eiweißkörpern der Gerste darstellen. Ihr Molekulargewicht liegt zwischen 30 000 und über 100 000.

Die Bindungskräfte zwischen Polypeptiden (Proteinische Fraktion = P) und den Polyphenolen (T = Tannin) sind im wesentlichen Wasserstoffbrücken, die sich zwischen dem Wasserstoff der phenolischen Hydroxylgruppen und dem Sauerstoff der Peptidgruppen ausbilden. Die P-Komponente macht nur einen kleinen Teil des hochmolekularen Stickstoffs, die T-Komponente nur einen kleinen Teil der erfaßten polyphenolischen Substanzen aus.

7.6.1.3 Auch *Kohlenhydrate* sind in einer Menge von 2–15 % in der Kälte- und Dauertrübungssubstanz enthalten. Es handelt sich sowohl um α- als auch um β-Glucane. Trübungen, die größere Mengen an Polysacchariden enthalten, weisen dann meist noch eine Eiweißkomponente oder einen höheren Mineralstoffgehalt auf.

Der *Aschegehalt* der Biertrübungen beträgt 1–14 %. Er ist durch Schwefel (von den Eiweißkörpern), Schwermetalle (Eisen, Kupfer, Zink, Zinn und Aluminium), aber auch durch eine Reihe von anderen Metall-Ionen gegeben. Calcium kann verschiedentlich als Calciumoxalat eine Trübung hervorrufen (s. S. 326).

7.6.2 Ausbildung der kolloiden Trübungen

Die komplexen Moleküle des Bieres unterliegen einer Bewegung, die ein Zusammenstoßen der Teilchen bewirkt und so zu einer allmählichen Vergröberung des Dispersitätsgrades führt (Brownsche Molekularbewegung). Auf diese Weise werden die Teilchen sichtbar. Dieses „Altern" der Kolloide wird durch höhere Lagertemperaturen oder durch Bewegung gefördert.

Darüber hinaus bilden sich die beschriebenen Adsorptionsverbindungen aus Proteinen und Polyphenolen. Während die Kältetrübungsteilchen noch stark hydratisiert sind, zeigen die Substanzen der Dauertrübung eine Entquellung und Denaturierung der Kolloide. Je größer das Molekulargewicht der proteinischen Komponente, um so leichter kann diese durch Polyphenole gefällt werden, wie auch ein steigender Kondensationsgrad dieser Komponente zu einer verstärkten Dehydratisierung des Proteins führt. Bei der Ausbildung derartiger Trübungen können auch Polysaccharide beteiligt sein. Bei ungenügendem Stärkeabbau können feine Stärkepartikel in der Würze und im Bier verbleiben, die sogar den Filter passieren und im Transportgefäß zu einem Bodensatz führen.

Auf die Trübungsbildung hat auch die Menge der im Bier vorhandenen Kolloide einen Einfluß (z. B. Gesamtstickstoff, hochmolekularer Stickstoff, Polyphenole).

Der im Bier gelöste Sauerstoff vermag sich sowohl mit der Eiweiß- als auch mit der Polyphenolkomponente umzusetzen. Die erstere kann über die Oxidation der Sulfhydrylgruppen von Polypeptiden zu Dithiobrücken zu einer Vergrößerung der Moleküle führen; bei letzterer bewirkt die Oxidation eine Erhöhung des Gerbvermögens.

Die Anwesenheit von Schwermetallen (Cu, Fe, Sn) übt eine oxidationskatalytische Wirkung aus. Darüber hinaus haben Schwermetalle eine fällende Wirkung auf Eiweißstoffe.

7.6.3 Technologische Maßnahmen zur Verbesserung der kolloiden Stabilität

Ein niedriger Eiweißgehalt der Braugerste (unter 10 %) ist die Voraussetzung für eine geringe „Stickstoffbelastung" des späteren Bieres. Derartige Gersten liefern – vor allem bei weitgehender Auflösung – reichlich Polyphenole, die beim Maischen und Würzekochen eine kräftige Eiweißausscheidung bewirken. Einen ähnlichen Effekt vermitteln hochabgedarrte Malze. Auf der anderen Seite kann eine weitgehende Eliminierung der Polyphenolkomponente z. B. durch die Verwendung procyanidinfreier Malze und gerbstofffreier Hopfenextrakte eine gegenüber „Normalbieren" wesentlich verbesserte Eiweißstabilität erreichen. Eine Absenkung des Maische-pH von 5,8 auf 5,5 bringt in Verbindung mit Einmaischtemperaturen von 58–62° C eine günstigere Eiweißzusammensetzung als intensivere Maischverfahren ohne pH-Korrektur. Kräftiges Kochen der Würze (z. B. Außenkocher!) bei einem pH von 5,0 liefert in Verbindung mit gerbstoffhaltigen Hopfenpräparaten eine gute Eiweißausscheidung. Ein kurzzeitiges Kochen der Würze ohne Hopfen (s. S. 164) kann günstig sein. Bei Rohfruchtwürzen, die eine dem geringeren Malzanteil entsprechende Verdünnung des Stickstoffs aufweisen, verliert die fällende Wirkung der Hopfenpolyphenole an Bedeutung. Quantitatives Abscheiden des Heißtrubs ist erforderlich, von den Methoden zur Kühltrubabtrennung erbringt nur die Kaltwürzefiltration Vorteile für die chemisch-physikalische Haltbarkeit. Eine kräftige Hauptgärung vermag trübungsaktive Substanzen (Polypeptide, Polyphenole und Glucane) zu fällen. Auch eine zügige Nachgärung dient im Verein mit tiefen Temperaturen von –1° C bis –2° C einer Verbesserung der Bierstabilität. Nach gezielter Reifung (12–20° C) vermag eine rasche Abkühlung auf Minustemperaturen und eine Kaltphase von ca. 7 Tagen positiv zu wirken. Eine scharfe Filtration in vorgekühlten Filtern wirkt stabilitätserhöhend. In gewissen Grenzen ist auch bei weniger kalten Bieren eine Tiefkühlung vor der Filtration vorteilhaft. Die Aufnahme von Sauerstoff auf dem Abfüllweg ist so gering wie möglich zu halten (s. S. 290), ebenso ist das Bier vor blanken Metallflächen (Kupfer, Eisen, Zinn) zu schützen.

Die besprochenen Maßnahmen zielen auf eine Verbesserung der durch Proteine oder Polyphenole bedingten Instabilität des Bieres ab. Eine Trübungsbeteiligung von α-Glucanen (Dextrinen) kann durch eine sorgfältige Sudhausarbeit vermieden werden (s. S. 135). Störende β-Glucanmengen lassen sich beim Maischen nur in begrenztem Umfang korrigieren; hier ist ein gut gelöstes, homogenes Malz Voraussetzung für eine wünschenswerte Bierzusammensetzung.

7.6.4 Stabilisierung des Bieres

Die auf natürlichem Wege mit den genannten Mitteln zu erreichende kolloide Stabilität dürfte für normale Haltbarkeitsansprüche (bis zu 6 Wochen) genügen. Die Angabe der Mindesthaltbarkeit der Biere und deren Festlegung auf ca. 6 Monate verlangt eine gegenüber früher weitergehende Stabilisierung. Diese reicht damit schon an jene Maßnahmen heran, die für Exportbiere wie auch für Einweg- und Dosenbier eingesetzt wurden. Biere, die pasteurisiert werden, bedürfen einer stärkeren Stabilisierung als kaltsteril abgefüllte. Zur Stabilisierung des Bieres stehen adsorptiv und chemisch wirkende Mittel zur Verfügung.

7.6.4.1 *Adsorptionsmittel* weisen eine z. T. selektive Adsorptionsfähigkeit für Bierkolloide auf. Sie wirken entweder auf die proteinische Komponente, wie Bentonite und Kieselsäurepräparate oder auf die polyphenolischen Substanzen wie Polyamide oder Polyvinylpolypyrrolidon.

Bentonite sind stark quellende Aluminiumsilikate mit einem geringen Anteil an Alkali- oder Erdalkali-Ionen. Die hauptsächlich verwendeten *Alkalibentonite* verzeichnen ihres hohen Quellungsvermögens wegen eine hohe Adorptionsfähigkeit. *Calciumbentonite* quellen weniger stark; sie bewirken einen geringeren Bierschwand als die erstgenannten, doch ist ihre Stabilisierungswirkung schwächer. Bentonite müssen frei von Eisen sein, das Geschmack und Stabilität beeinträchtigen kann.

Alkalibentonite werden fast ausschließlich im Lagerkeller zugesetzt. Um sie gleichmäßig im Bier zu verteilen ist es erforderlich, das Bier auf sogenannte Stabilisierungstanks umzulagern und das suspendierte, gequollene Mittel beizudrükken. Die notwendige Einwirkungszeit hängt von der Absetzgeschwindigkeit des Bentonits ab, die eine 3–7tägige Lagerung bei Temperaturen von –1° C bis –2° C erforderlich macht. Aus wärmeren Lagerkellerabteilungen ist das Bier beim Umlagern entsprechend zu kühlen. Eine kürzere Einwirkungszeit als 3 Tage beeinträchtigt den Stabilisierungseffekt nicht, doch steigt der Bierschwand

	Farbe EBC	Esbach-Reakt. 10 : 1 %	Ammon-sulfat ml/10 ml	Poly-phenole mg/l	Antho-cyano-gene mg/l	Bitter-stoffe EBC-BU	Ges.-N koag. N mg/100 ml		Schaum sec	Stabilität 0/60/0°C Warm-tage	Alkohol Kälte test EBC
O-Bier	8,75	79	1,1	240	95,0	23,5	94,9	2,2	128	1	25
70 g/hl	8,25	32	1,3	224	92,0	23,4	85,1	1,5	124	4	5
200 g/hl	7,50	10	1,5	196	81,5	21,6	81,2	0,8	108	12	1

Bentonitstabilisierung und Biereigenschaften

unverhältnismäßig stark an. Eine längere Lagerung von 8–10 Tage bringt keinen Vorteil mehr; das Bier kann jedoch u. U. einen leicht erdigen Geschmack annehmen. Der Bierschwand durch das Bentonitgeläger beträgt je nach Absitzzeit 3–10 %, unter ungünstigen Bedingungen sogar mehr. Eine Belüftung des Bieres beim Umlagern ist zu vermeiden, z. B. durch Vorspannen der Tanks mit CO$_2$, durch Prallplatten oder entsprechend gestaltete Einlaufhähne. Ein Zusatz von Alkalibentonit zur Kieselgurdosierung ist nur bei geringen Gaben (30–50 g/hl) möglich, der Kieselgurverbrauch steigt dann jedoch beträchtlich an. Wird das Mittel bereits beim Schlauchen in einer Menge von ca. 50 g/hl dosiert, so behindert es die gärende Hefe nicht. Die Adsorptionswirkung ist jedoch schwächer als bei einer Stabilisierung nach abgeschlossener Lagerung, wie die geringere Abnahme der Stickstoff-Fraktionen zeigt. Eine Zweitstabilisierung z. B. im Filter ist nicht entbehrlich. Bei Umdrücken und optimaler Kontaktzeit bewirken 30 g/hl eine deutliche Verbesserung der Kältestabilität, 70–80 g/hl ermöglichen eine Haltbarkeit von 3–4 Monaten, während für Übersee-Exportbiere 130 bis 200 g/hl angewendet werden müssen. Die Wirkung unterschiedlicher Bentonitmengen auf das Bier zeigt die obenstehende Tabelle. Wenn auch die Stickstoffadsorption alle Fraktionen umfaßt, so ist doch eine starke Verringerung des koagulierbaren Stickstoffs gegeben. Diese äußert sich in der Veränderung der Trübung nach Zusatz von Esbachreagens. Dagegen spricht die Ammonsulfatfällung weniger stark an. Auch die Abnahme der Polyphenole und Anthocyanogene ist beträchtlich. Die Entfärbung und Entbitterung ist bei Bentoniten stärker als bei anderen Stabilisierungsmitteln, doch sind auch sehr hohe Schaumverluste zu verzeichnen. Geschmacklich werden die Biere zwar etwas leerer und härter, doch behalten sie insgesamt ihren Charakter. Die Geschmacksstabilität der Biere ist allgemein gut.

Kieselsäurepräparate lassen sich in verschiedene Gruppen einteilen: Sie werden aus Wasserglas durch Reaktion mit Mineralsäuren gewonnen, gewaschen, getrocknet und vermahlen (Xerogele); Hydrogele mit 50–70 % Wassergehalt sind entweder nur partiell getrocknet oder sie fallen nach dem Waschprozeß in einer Konzentration von über 30 % SiO$_2$ an. Kieselsäuren können auch durch Säurehydrolyse von natürlichen Silikaten hergestellt werden. Fällungskieselsäuren liegt ein ähnliches Produktionsverfahren wie den Xerogelen zugrunde. Allen Mitteln ist eine innere Oberfläche von 400–700 m^2/g eigen. Sie lassen sich bei der Bierfiltration im Durchlaufkontaktverfahren anwenden. Hierfür ist auch ihre Wasserdurchlässigkeit von Bedeutung, die bei Hydrogelen im Bereich der Grobguren (WDK = 100, WW = 240), bei allen anderen bei WDK = 10–25, WW = 3–35 liegt. Nachdem die Kieselsäurepräparate nicht quellen, ergeben sich beim Einsatz derselben im Absetzverfahren nur geringe Schwandverluste. Die optimale Reaktionszeit ist bei den einzelnen Präparaten etwas unterschiedlich: normalerweise genügt die Zeit, die vom Zusatz im Kieselgurdosiergerät bis zur Passage des Filterkuchens vergeht, um einen guten Effekt zu erzielen. Bei langsamer reagierenden Mitteln bzw. zur vollen Stabilisierung – auch zu Beginn der Filtration werden der Voranschwemmung 50–200 g/m^2 Filterfläche zugegeben. Die Wirkung eines Kieselsäurepräparats kann u. U. zusätzlich verbessert werden, wenn es z. B. bei längerer Bierleitung möglichst weit vor dem Filter in einem eigenen Dosiergerät zum Zusatz kommt, um so die Kontaktzeit zu verlängern. Auch ein Puffertank vor dem Filter, der eine Verweilzeit von 10-15 min bietet, ist günstig.

Der Alkoholkältetest nach *Chapon* zeigt zwischen der 70 und der 200 g/hl Dosierung keine große Bewegung mehr, wohl aber reagiert das Ergebnis des Forciertests eindeutig. Eine einschneidende Verbesserung der Wirkung eines Kieselgels wird dann erreicht, wenn das zu behandelnde Bier bereits vorgeklärt ist (Zentrifuge oder besser Kieselgurfilter). Dies kann zu einer erheblichen Ersparnis (um bis zu 30%) führen. Die

	Farbe EBC	Esbach-Reakt. 10 : 1 % Abs.	Ammon-sulfat ml/10 ml	Poly-phenole mg/l	Antho-cyano-gene mg/l	Bitter-stoffe EBC-BU	Ges.-N mg/100 ml	koag. N	Schaum sec	Stabilität 0/60/0°C Warm-tage	Alkohol Kälte test EBC
						Kieselgelstabilisierung und Biereigenschaften					
O-Bier	8,75	79	1,1	243	97,5	23,5	94,9	2,2	128	1	25
70 g/hl	8,75	74	2,0	234	95,0	23,5	91,3	1,8	127	3	7
200 g/hl	8,75	52	2,5	213	87,5	23,7	87,1	1,7	122	>12	2

angewendeten Mengen liegen beim Durchlaufkontaktverfahren je nach den Erfordernissen bei 30–150 g/hl, wobei ein Xerogel teilweise die Filtrationsaufgabe der Feingur (zu 50 %) übernehmen kann. Wird eine größere Durchlässigkeit des Filterkuchens notwendig, so ist ein Gemisch aus Xero- und Hydrogelen empfehlenswert. Bei kleineren Dosagen (bis 50 g/hl) vermögen Hydrogele eine sehr gute Wirkung zu entfalten. Die Stabilisierung eines Kieselgels im Durchlaufkontaktverfahren allein reicht für hohe Haltbarkeitsansprüche nicht ganz aus. Hier sind Kombinationen mit Bentoniten, mit PVPP oder mit Kieselgelen, die entweder beim Schlauchen oder nach abgeschlossener Lagerung zugegeben werden, möglich. Die erstere Zugabe ist durch die Hefe und andere trübende Bestandteile weniger günstig als die letztere. Die Wirkung des Absitzverfahrens zeigt obenstehende Aufstellung.

Die Kieselsäurepräparate wirken weniger spezifisch auf den koagulierbaren Stickstoff, viel mehr auf die hochmolekulare Fraktion. Auch die Abnahme des Gesamtstickstoffs ist etwas geringer als bei den Bentoniten. Die Wirkung des Mittels ist anhand der Ammonsulfatfällung gut zu verfolgen. Die Abnahme der Anthocyanogene ist beträchtlich, Farbe und Bitterstoffe werden nicht, die Schaumwerte nur geringfügig verändert. Die Vollmundigkeit der Biere erfährt keine Beeinträchtigung, die Bittere kann verschiedentlich etwas verändert werden.

Der Zusatz des Kieselsäurepräparats im Durchlaufkontaktverfahren erbringt zwar eine etwas geringere Abnahme des Gesamt-Stickstoffs, doch einen stärkeren Verlust an Polyphenolen.

Die Wirkung auf die Ergebnisse des Forciertests und des Alkoholkältetests zeigt bei einer Steigerung über 100 g/hl nur mehr einen unterproportionalen Stabilitätszuwachs.

Einen Vergleich von Bentonit und Kieselgel zeigt folgende Aufstellung (s. oben, rechte Spalte).

Kombination von Bentoniten und Kieselsäurepräparaten: Die jeweiligen Vorteile der einzel-

	Alkohol Kältetest EBC	Forcier-test 60/0 °C Tage
O-Bier	25	1
100 g/hl Bentonit	5	9
100 g/hl Kieselgel	5	4–6

nen Mittel können bei einer Kombination derselben ausgenützt werden. Mit Bentonit wird im Absetzverfahren so weit stabilisiert, daß die Esbachreaktion im Nephelometer nur noch einen Trübungswert von 10–20 % ergibt. Hierfür sind 70 bis 100 g/hl Bentonit erforderlich. Die Menge des Kieselsäurepräparates wird bis zu einer Ammonsulfatfällung von 2,2–2,5 ml/10 ml eingestellt, entsprechend einer Menge von 80–100 g/hl: das Kieselsäurepräparat kann zum Teil mit dem Bentonit eingedrückt werden, um die Sedimentation des ersteren zu verbessern; es ist aber auch möglich, das Kieselsäurepräparat bei der Filtration zuzugeben. Die Schaumwerte verschlechtern sich nur im Ausmaß der Bentonitgabe; die Haltbarkeit entspricht der eines mit 200 g/hl Bentonit behandelten Bieres.

Kieselsol, das ca. 92 % Wasser aufweist, entsteht als erstes Produkt nach der Neutralisationsreaktion von Schwefelsäure und Wasserglas. Es wird verschiedentlich zur Verbesserung der Würzeklärung bzw. zur Adsorption von Trübungsteilchen bei der Kaltlagerung des Bieres eingesetzt. Seine Zugabe erfolgt entweder zur Ausschlagwürze oder beim Schlauchen in Mengen von jeweils 30–60 ml/hl. Es verbessert vor allem die Filtrierbarkeit des Bieres, bewirkt aber auch eine etwas günstigere Stabilität. Ein Zusatz im Kieselgurdosiergerät (vorzugsweise mit Bier zusammen) führt bei einer Menge von 5–10 ml/hl zu einer besseren Filtrationsschärfe.

Polyamide und Polyvinylpolypyrrolidon sind hochpolymere synthetische Produkte, die durch Kondensation bzw. Polymerisation aus geeigneten niedermolekularen Verbindungen hergestellt werden. Diese Harze sind fähig, polyphenolische Substanzen des Bieres zu adorbieren. Damit kann ein beliebiger Teil der trübenden Polyphenolkomponente entfernt werden, ohne daß die anderen Eigenschaften des Bieres wie Stickstoffgehalt, Farbe, Schaum etc. eine Veränderung erfahren.

Der derzeitige Stand der Entwicklung ist, das mit Kieselgur filtrierte Bier in einem zweiten Filter mit 20–50 g/hl PVPP zu versetzen. Dabei werden bevorzugt Drahtgewebefilter mit horizontalen Siebelementen verwendet, die zur Aufnahme des Mittels einen etwas größeren Abstand voneinander haben (35 mm). Wenn der Filter belegt ist, was bei 50 g/hl nach ca. 16 Stunden Filtrations- bzw. Stabilisierungszeit der Fall sein dürfte, wird je wie folgt regeneriert: Laugespülung von 8 Minuten mit 0,9 % NaOH zur Lösung der Wasserstoffbindungen zwischen dem PVPP und den Polyphenolen. Diese Lösung wird verworfen. Nach einer Heißwasserzwischenspülung von 80° C erfolgt die zweite Regeneration mit gestapelter Lauge (0,9–1 %) von 85° C mit anschließender Wasserspülung und CO_2-Begasung bis auf einen pH von unter 7,0. Die früher verwendete Salpetersäure erforderte viel Wasser zum Auswaschen. Im Bedarfsfalle ist Phosphorsäure wesentlich besser geeignet. Die regenerierte Masse wird im Dosiergerät (mit langsamlaufendem Rührwerk) bei 85° C zur Vermeidung von Infektionen gehalten. Die Voranschwemmung mit Wasser beträgt 200 g/m², anschließend wird mit CO_2 leergedrückt. Das Bier mit der gewünschten laufenden Dosage (PVPP : Wasser = 1 : 9) läuft von unten in den Filter ein. Nach kurzer Zirkulation kann das Bier dem Drucktank bzw. der Füllanlage zugeleitet werden. Eine Kontaktzeit Bier/PVPP von 4–5 Minuten ist für die Stabilisierungswirkung ausreichend. Bei kleineren Dosagen kann der Filter über mehrere Filtrationsschichten hinweg verwendet werden. Beim Wiederanlauf des unter Bier stehenbleibenden Filters wird kurzfristig ein Kreislauf gefahren. Der Verlust an PVPP beträgt je nach der Sorgfalt der Arbeitsweise 0,5–1 %. Im Laufe der Wiederverwendung wird das Material in seiner Struktur verändert, es wird feiner und verliert an Durchlässigkeit. Regeneriertes PVPP ist unlöslich in Bier; dies ist auch bei der sogenannten „verlorenen" Dosage, zusammen mit Kieselgel der Fall.

Nach dem PVPP-Stabilisierungsfilter ist ein Schichtenfilter oder ein Baumwollkerzenfilter (Filter-Trap, s. S. 269) angeordnet. Dies ist notwendig, um evtl. im Bier verbleibende, kleinste PVPP-Teilchen zurückzuhalten. Zur Stabilisierung kleinerer Biermengen kann PVPP dem unfiltrierten, besser aber dem mittels Zentrifuge vorgeklärten Bier, zusammen mit dem Kieselsäurepräparat, zur Kieselgurfiltration zugegeben werden. Hier ist es allerdings nicht möglich, das PVPP zu regenerieren, es ist verloren.

Der Effekt einer Stabilisierung mit 50 g PVPP/hl ist bei vorfiltriertem Bier durch eine Verringerung der Polyphenole um über 50 %, der Anthocyanogene um über 70 % gekennzeichnet. Der Tannoidegehalt der Biere ist 0; diese Fraktion (MG 500–3000) wird völlig adsorbiert. Die Verminderung der Polyphenole bedeutet einen Verlust an reduzierenden Substanzen; doch hat sich bisher weder eine Verschlechterung des Biergeschmacks noch der Geschmacksstabilität ergeben. Es dürfte auch in diesem Falle der Polymerisationsindex keine Aussage zulassen.

Wie die folgende Aufstellung zeigt, erzielt das PVPP wohl ein sehr gutes Ergebnis nach dem Forciertest, dagegen nicht im gleichen Maße nach dem Alkohol-Kältetest. Die relativ unveränderten hochmolekularen Eiweißfraktionen zeigen bei starker Beanspruchung eine gewisse Eiweißempfindlichkeit, die eine Kombinations-Stabilisierung mit 30–100 g/hl Kieselgel geraten erscheinen läßt. Bei der Verwendung von Hydrogel kann dieses sogar durch die Laugen-Regeneration im PVPP mit aufgelöst werden. Nachdem die Kontrolle der Wirkung der PVPP-Stabilisierung weniger über den Alkoholkältetest (s. oben) erfolgen kann, ist eine Tannoide-Bestimmung nützlich, die automatisch vorgenommen werden kann.

	Alkohol Kältetest EBC	Forcier-test 60/0 °C Tage
Q-Bier	25	1
50 g/hl PVPP	12	> 9
50 g/hl Kieselgel ⎱	5	> 9
35 kg/hl PVPP ⎰		

Die Haltbarkeit der so behandelten Biere erreichte – vor allem in Kombination mit Kieselgelen – Höchstwerte. *Polyamidschichten* können in ähnlicher Weise zur Verwendung gelangen. Nachdem sie jedoch das Bier am Anfang der Filtration sehr stark und gegen Ende entsprechend weniger stark adsorptiv verändern, muß die gesamte Filtratcharge gesammelt und homogenisiert werden, bevor sie der Abfüllung zugeleitet werden kann.

7.6.4.2 *Chemische Mittel:* Diese können auf verschiedene Weise wirken, indem sie entweder Eiweißkörper ausfällen, diese enzymatisch abbauen oder durch ihre reduzierenden Wirkung den schädlichen Einfluß des Sauerstoffs im Bier verringern bzw. aufheben. Die Verwendung chemischer Mittel ist in Deutschland nicht zugelassen.

Tannin: Es fällt bevorzugt Proteine mit einem i. p. von 3,7–4. Nach den Globalanalysen erfahren sowohl der koagulierbare als auch der MgSO₄-N eine, der Tanningabe entsprechende Abnahme. Das Handelspräparat gehört zur Gruppe der hydrolysierbaren Polyphenole. Sie bestehen aus Glucose, deren Hydroxylgruppen mit Gallus- und Polygallussäuremolekülen verestert sind. Das gereinigte Präparat wird meist in den letzten Tagen der Lagerung des Bieres zugesetzt, mindestens 24 Stunden vor der Filtration. Das Bier muß zu diesem Zweck umgelagert werden; hierbei kann auch die erforderliche Abkühlung auf −1° bis −2° C erfolgen. Die angewendete Menge liegt zwischen 3 und 10 g/hl. Zu geringe Gaben bewirken eine ungenügende Fällung, die die Filtrierbarkeit des Bieres beeinträchtigen kann. Bei größeren Dosagen tritt eine Schädigung des Bierschaums, eine etwas härtere Geschmackstönung sowie eine gewisse Oxidationsempfindlichkeit ein. Bei reinen Präparaten ist jedoch in der Regel kein Nachteil für den Biergeschmack abzuleiten, ebenso wird der Schaum nicht beeinflußt. Der Stabilisierungseffekt wird mit Hilfe der Esbachreaktion überprüft. Bei normaler Dosierung ergeben sich keine Nachteile für die Filtrierbarkeit des Bieres, die Filter werden sogar entlastet. Ein Zusatz beim Schlauchen ist ebenfalls möglich, wenn auch weniger wirksam; deshalb muß die Menge um ca. 30 % erhöht werden.

Günstiger ist die Dosierung zum gereiften, bereits abgekühlten Bier für eine 1–2wöchige Kaltlagerung.

Neue Tanninpräparate können bei der Kieselgurfiltration mit zugegeben werden. Sie verbleiben im Filter.

Auch beim Würzekochen wird Tannin mit Erfolg zu einer besseren Eiweißkoagulation herangezogen. Nachdem jedoch in der Hitze ein Teil hydrolysiert, ist die Gabe auf 3,5–6 g/hl zu bemessen (s. S. 162).

Proteolytische Enzyme bauen die komplexen Eiweißstoffe zu niedermolekularen Produkten ab, die keine Trübungsneigung mehr haben. Die am meisten angewendeten Enzyme sind das Papain (pH-Optimum 4,7), Bromelin, Ficin und das Pepsin, das am besten bei pH 2 und einer Temperatur von 37° C, also beim Pasteurisieren wirkt. Zu diesem Zweck wird auch verschiedentlich beim Pasteurisieren eine „Rast" eingehalten. Der Zusatz der Enzyme erfolgt normal 10–14 Tage vor dem Abfüllen, wenn das schon weitgehend

geklärte Bier in eine Kühlabteilung gepumpt wird. Auch dem filtrierten bzw. vorfiltrierten Bier kann das Enzym zugegeben werden; im ersteren Falle darf das Präparat die Glanzfeinheit des Bieres nicht beeinflussen. Die Zugabe beim Schlauchen ist nur bei kurzen Lagerzeiten vertretbar; ein Teil der Enzyme sedimentiert mit der Hefe, u. U. kann auch ein Verstauben der Hefe eintreten. Sauerstoff oder Schwermetallspuren im abgefüllten Bier beeinträchtigen die Enzymwirkung. Eine Schaumminderung des Bieres ist schon bei normalen Enzymgaben feststellbar. Sie ist deutlicher bei kaltsteriler Abfüllung als bei Kurzzeiterhitzung oder Vollpasteurisation. Im ersteren Falle können sich auch Infektionen des Enzympräparats nachteilig auswirken. Die Enzymaktivität klingt nach dem Abfüllen innerhalb einiger Tage ab. Verschiedentlich neigen enzymbehandelte Biere zum Überschäumen. Die angewendete Menge liegt je nach Art des Präparates unterschiedlich hoch. 2–4 g/hl der käuflichen Mittel entsprechen 0,5–1 g/hl handelsüblichem Papain; bei Zusatz zum Schlauchen ist die Gabe zu erhöhen. Die hierdurch vermittelte Stabilität liegt bei 6–12 Monaten (> 9 Warmtage 60/0° C). Trägergebundene Enzyme vermochten sich noch nicht einzuführen; durch die Immobilisierung geht ein Teil der Wirkung verloren wie auch die „Unlöslichkeit" bzw. die Stabilität der Enzyme am Trägermaterial noch nicht bewiesen ist.

Die Verringerung von hochmolekularen Polysacchariden, die als Trübungskomponenten in Frage kommen, kann durch Zugabe eines Malzauszugs (für α-Glucane bei 35 bis 45° C [0,1 bis 0,5 %], für Dextrine bei 50 bis 65° C [0,1 %] oder als Vorderwürze [0,5 %] entnommen) während der Lagerung des Bieres erreicht werden. Eine mögliche Erhöhung des Endvergärungsgrades ist ebenso zu beobachten wie die zusätzliche Belastung durch hochmolekulare Peptide sowie eine Verschlechterung des Bierschaums.

Endo-β-Glucanasen können zum Zwecke der Verbesserung der Filtrierbarkeit des Bieres, entweder beim Schlauchen oder beim Umlagern des gereiften und gekühlten Bieres zugegeben werden. Diese Maßnahme ist geeignet, die Filtrierbarkeit von Bierbeständen zu gewährleisten; da sie wiederum den Bierschaum beeinträchtigt, ist der Einsatz von β-Glucanasen beim Maischen günstiger (s. S. 134).

Reduzierende Zusätze können erfolgen in Form von Sulfiten, von Ascorbinsäure oder Zuckerreduktonen. Um 1 mg/l Sauerstoff zu binden sind erforderlich: 4 mg SO_2 oder 11 mg Ascorbinsäure oder 175 mg Zuckerreduktone.

Sulfite (Bisulfite, Hydrogensulfite) sind Derivate der schwefligen Säure. Sie werden in einer Menge von 6–10 mg/l beim Schlauchen oder Umlagern des Bieres zugesetzt. Sie binden den Sauerstoff des Bieres sehr rasch. Größere Mengen erhöhen allerdings den Schwefeldioxidgehalt des Bieres, eine Geschmacksbeeinträchtigung ist möglich.

Ascorbinsäure enthält wie die Reduktone eine Dienolgruppe. Bei der Oxidation durch den Sauerstoff der Luft wird sie unter Entzug von zwei Wasserstoffatomen in die Dehydro-Ascorbinsäure übergeführt, die sich in die 2,3-Diketogulonsäure umlagern kann. Bei Anwesenheit von als Katalysator wirkenden Schwermetallionen (wie z. B. Kupfer) oxidiert in reinen Ascorbinsäurelösungen 1 Molekül Sauerstoff 2 Moleküle Ascorbinsäure unter Bildung von Wasser. Im Bier, das eine große Zahl oxidierbarer Verbindungen enthält, kann ein Atom des mit Ascorbinsäure reagierenden Sauerstoffmoleküls, z. B. über intermediär gebildetes Wasserstoffperoxid, für die Oxidation anderer Substanzen verbraucht werden.

Der Einsatz von Ascorbinsäure ist dann von Vorteil, wenn es gilt, geringe Sauerstoffmengen (0,5–1,0 mg/l) zu kompensieren und so die Oxidation von Bierbestandteilen einzuschränken. Ihr Zusatz erfolgt am besten zum filtrierten Bier kurz vor der Abfüllung in einer Menge von 2–8 g/hl.

Zuckerreduktone werden durch Behandlung von Zucker in alkalischer Lösung hergestellt. Die entstehenden Farbstoffe gelangen durch Kalk zur Ausfällung. Sie werden in einer Menge von 25–35 g/hl dem Bier im Lagerkeller zugegeben.

Die verschiedenen Mittel werden häufig miteinander kombiniert. Bei korrekter Anwendung lassen sich weitere positive Effekte erzielen.

Der im Bier gelöste Sauerstoff kann auch durch ein Glucoseoxidase-Katalasesystem entfernt werden. Dabei werden noch vorhandene Restmengen an Glucose zu Gluconsäure oxidiert. Diese Enzyme sind teuer. Ein trägergebundenes, regenerierbares Präparat könnte (außerhalb Deutschlands) gewisse Möglichkeiten bieten.

Auch ein Einbau von Glucose-Oxidase in die Kronenkorkeinlage wurde vorgeschlagen. Diese soll, wie die Anwendung von sauerstoffabsorbierendem Material (u. a. Ascorbinsäure) in Kronenkorken oder das Einbringen von immobilisierten, inaktivierten Hefen eine Aufzehrung des im Kopfraum der Flasche befindlichen Restsauerstoffs bewirken und das Eindringen von Sauerstoff über den Kronenkorken (0,002 ml Sauerstoff/Tag) hintanhalten. Die Verwendbarkeit dieser Materialien im Hinblick auf das Reinheitsgebot ist zu überprüfen.

7.6.5 Geschmacksstabilität des Bieres

Unter der „Geschmacksstabilität" ist jene Eigenschaft eines Bieres zu verstehen, den ursprünglichen, kurz nach dem Abfüllen vorliegenden Charakter bis zum Verbrauch möglichst unverändert zu erhalten.

Die Geschmacksveränderungen des Bieres während seiner Aufbewahrung können in zwei große Gruppen unterteilt werden: Einmal die Veränderung der Vollmundigkeit, der Rezenz und der Bittere, ein „Zerfallen" der ursprünglichen Harmonie; zum anderen die Veränderung des Bieraromas, das Auftreten eines Alterungs- oder Lichtgeschmacks.

Diese Erscheinungen verlaufen nicht gleichzeitig: Während erstere verhältnismäßig früh, z. B. nach dem Transport des Bieres oder unter ungünstigen Lagerbedingungen, auftreten, äußert sich letztere je nach Beschaffenheit des Bieres und seiner Belastung nach wenigen Wochen oder erst nach Monaten.

7.6.5.1 Die *Veränderung der Geschmacksharmonie des Bieres* wird durch Änderungen im Hydratationsgrad der Bierkolloide hervorgerufen. Hierfür sind alle jene Erscheinungen verantwortlich, die zu einem „Altern" der Bierkolloide (s. S. 317) führen. Bewegung, Temperaturschwankungen und Oxidation bewirken eine Verringerung der Vollmundigkeit und das Auftreten einer scharfen oder breiten Bittere (Eiweißbittere). Je geringer die kolloide Stabilität eines Bieres, um so geringer ist auch die Stabilität des Biergeschmacks.

7.6.5.2 Die *Veränderung der Bierbittere* ist nicht nur kolloidal bedingt: Wenn auch der Isohumulongehalt des Bieres während der Aufbewahrung abnimmt, so kann die Bierbittere durch Oxidation von Polyphenolen oder auch von Hopfenölen einen harten oder breiten Charakter annehmen.

7.6.5.3 *Das Auftreten des Alterungsgeschmacks* erfolgt in mehreren Stufen: am Anfang steht eine Note, die an schwarze Johannisbeeren erinnert („Ribes-Flavour"). Sie geht über pappdeckelartige Geschmacksempfindungen in einen massiven, brotartig-aromatischen Geruch und Trunk über, wobei die Rezenz des Bieres abbaut und seine Bittere breiter wird. Stark gealterte Biere weisen ein sherryartiges Aroma auf. Bei der Bieralterung tritt eine Mehrung einer Reihe von flüchtigen Substanzen, unter ihnen eine größere Anzahl von längerkettigen, z. T. ungesättigten Carbonylen ein. Diese wurden von einer Reihe von Autoren als die Hauptursache des Alterungsgeschmacks des Bieres bezeichnet. Sie werden durch folgende Mechanismen gebildet:

a) Strecker Abbau von Aminosäuren, wodurch Carbonyle mit einem C-Atom weniger entstehen. Er wird im Dunklen durch Spuren von Metall-Ionen katalysiert, er läuft im Licht rascher ab, wobei er von Riboflavin, Polyphenolen und Alkoholen gefördert wird.

b) Oxidativer Abbau von Isohumulonen zu meist C_4–C_7-Alkenalen und C_6–C_7-Alkadienalen. Er wird durch Licht in Gegenwart von Riboflavin gefördert.

c) Oxidation von Alkoholen durch Melanoidine wird ebenfalls durch Licht und Riboflavin gefördert, sie kann aber durch Polyphenole hintangehalten werden. Wenn auch höhere Alkohole die geschmacksrelevanten Aldehyde liefern, so ermöglicht doch ebenfalls die Reaktion von Ethanol zu Acetaldehyd einen Vorläufer für weitere Alterungskomponenten.

d) Die Autoxidation von längerkettigen Fettsäuren resultiert in der Bildung von zumeist kürzerkettigen Aldehyden (C_5, C_6); sie wird gefördert durch Licht, wobei Riboflavin eine verlangsamende Wirkung zeigt.

e) Die enzymatische Oxidation von längerkettigen Fettsäuren (Linol-/Linolensäuren) zu Hydroxysäuren und deren Abbau zu langkettigen ungesättigten Aldehyden ist im Licht und in der Dunkelheit etwa gleich schnell. Die hauptsächlichen Reaktionen dürften schon beim Mälzen stattfinden (s. S. 30), doch sind auch beim Maischen noch Oxidase-Systeme (Peroxidase, Lipoxygenase) wirksam.

f) Die Aldolkondensation von kürzer- zu längerkettigen Aldehyden wird durch Prolin katalysiert.

g) Ein oxidativer Abbau von Carbonylen bewirkt den Zerfall von langkettigen, ungesättigten Aldehyden zu kurzkettigen, gesättigten. Dies erklärt die Bewegung (Anstieg, Abfall) dieser Substanzen während der Lagerung von Bier.

So sind eine Vielzahl von Reaktionen der Bierinhaltsstoffe für diese Veränderungen verantwortlich, wobei z. B. eine Erhöhung der Melanoidin-Konzentration sowohl den Strecker-Abbau als auch die Alkohol-Oxidation fördert, Polyphenole

fördern den Strecker Abbau, inhibieren aber den lichtkatalysierten Abbau von Alkoholen etc.

Die Auswertung einer Vielzahl von Bieren zeigte eine deutliche Mehrung einer Reihe von Substanzen, darunter 2-Methyl-Propanal, 2-Methyl-Butanal, 3-Methyl-Butanal, Benzaldehyd, Phenylacetaldehyd, 3-Methyl-Butan-2-on, 2-Furfural, 1-Heptanal, γ-Nonalacton, Nicotinsäure-Ethylester, 2-Acetyl-Furan, 2-Propionyl-Furan, 2-Acetyl-5-Furan. Dabei läßt sich eine Zuordnung derselben nach „Alterungsereignissen" wie Oxidation des Bieres, thermische Belastung und Alterung (allgemein) vornehmen und zwar wie folgt:

Sauerstoff-Indikatoren „S": 3-Methyl-Butanal, 2-Methyl-Butanal, Benzaldehyd, Phenylethanal;
Wärme-Indikatoren „W": 2-Furfural, Nicotinsäure-Ethylester, γ-Nonalacton;
Alterungs-Indikatoren „A": alle unter „S" und „W" genannten sowie 3-Methyl-Butan-2-on, 2-Acetyl-Furan, 2-Propionyl-Furan.
Eine Oxidation bei der Würzebereitung führt zu einer Mehrung von: 2-Pentanon, 2-Methyl-Butanal, 3-Methylbutanal, 2-Heptanon, 2-Furfural, Heptanal.

7.6.5.4 Der *Lichtgeschmack* des Bieres tritt vornehmlich bei Flaschenbier, aber auch bei Belichtung des ausgeschänkten Bieres auf. Bei Flaschenbier sind es wiederum farblose, grüne und sehr helle braune Glasflaschen (s. S. 281), die die Strahlen der Wellenlänge von 350 bis 500 mm nur unvollkommen absorbieren. Die auf S. 312 beschriebene Reaktion der genuinen Inhaltsbestandteile des Bieres ist mit technologischen Maßnahmen kaum zu beeinflussen. Die Verwendung von reduzierten Hopfenextrakten u. a. auch Tetra-Oxi-Isohumulon vermag die Ausbildung des Lichtgeschmacks zu inhibieren.

7.6.6.5 *Technologische Faktoren der Geschmacksstabilität:* Nachdem als hauptsächliche Ursache die Sauerstoffaufnahme nach der Gärung und auf dem Abfüllweg erkannt wurde, sind folgende Punkte zu beachten: beim Umlagern des gereiften Bieres auf Kaltlagertanks sind diese mittels Kohlensäure vorzuspannen; die Entleerung der Tanks darf nur mit CO_2 erfolgen, wie auch die gesamten Filtrations- und Abfüllvorgänge unter CO_2 zu geschehen haben (s. S. 289). Stickstoff als Inertgas beim Abfüllen hat sich bei starker Belastung des Bieres als weniger günstig erwiesen als CO_2. Ein Gesamtgehalt an Sauerstoff (gelöst und im

Flaschenhals) von 0,30 ppm sollte bei den heute gestiegenen Haltbarkeitsforderungen nicht überschritten werden.

Das Malz sollte sowohl hinsichtlich seines Eiweißgehaltes von nicht über 10,5 % als auch seines Eiweißlösungsgrades (39–41 %) festgelegt sein, um eine zu starke Stickstoffbelastung des Bieres zu vermeiden. Eine hohe Homogenität der Malzauflösung muß gegeben sein, um die Anwendung eines knappen Maischverfahrens (über 60° C Einmaischtemperatur) ohne Probleme im weiteren Herstellungsprozeß zu gestatten. Durch diese Maßnahmen, wie auch durch eine optimale Gärung bei guter Stickstoffassimilation werden niedrige Aminostickstoffgehalte im Bier erreicht. Dies ist wichtig, um die Bildung von Aldehyden über die Strecker-Reaktion bzw. Maillard-Reaktion aus Vorläufern hintanzuhalten. Eine luftarme Würzebereitung fördert die Abbauvorgänge beim Maischen, sie erlaubt aber ein eher noch knapperes Maischverfahren. Diese Maßnahme vermeidet die Oxidation von Polyphenolen, wodurch diese ihre reduzierenden Eigenschaften während des Brauprozesses behalten. Ein Anstieg der Reduktonkräfte tritt auch durch die biologische Säuerung der Maische ein; sie gleicht sogar zu einem gewissen Grade die Nachteile unkontrollierter Sauerstoffaufnahme bei der Würzeherstellung aus. Nachdem Maillardprodukte die Bildung von Alterungscarbonylen fördern, ist eine zu starke Ausdarrung des Malzes nicht erwünscht; Versuche haben eine Beschränkung der Abdarrtemperatur auf 82–83° C als notwendig erwiesen. Weiterhin ist eine übermäßige thermische Belastung vor und nach dem Würzekochen zu vermeiden. Während selbst Kochsysteme, die im Bereich höherer Temperaturen dann keine negativen Auswirkungen haben, wenn eine gleichmäßige und genügend intensive Verdampfung (Vermeidung von Totzonen) garantiert ist, so werden bei der Heißwürzerast noch reichlich Carbonyle nachgebildet, die nicht mehr ausgedampft werden. Diese werden nicht vollständig von der Hefe in die korrespondierenden Alkohole und Ester übergeführt. Es ist deshalb das Überschreiten einer Gesamtheißhaltezeit Ende Kochen/Ende Würzekühlung von 110 Minuten zu vermeiden. Eine biologische Würzesäuerung ist stets günstig. Ein Entspannungskühler bewirkt eine sehr intensive Ausdampfung von Würzearomastoffen und eine Abkühlung in einen ungefährlichen Bereich um 80° C; ein Kühler in der Ausschlagleitung bewirkt nur den letzteren Effekt, ist aber ebenfalls wirkungsvoll.

Biere, die aus thermisch zu stark belasteten Würzen stammen, zeigen einen raschen Verlust ihres ursprünglichen Charakters. Es ist aber auch eine „Überpasteurisation", sei es durch zu lange Verweilzeiten im Kurzzeiterhitzer oder im Tunnelpasteur zu vermeiden. Der Verschnitt von Restbieren, die aus Gründen der biologischen Sicherheit mehreren Erhitzungsvorgängen unterworfen wurden, ist genau zu beobachten.

Die Bildung von Carbonylen aus Fettsäuren ist erwiesen: so lieferten trüb läuternde Würzen nicht nur höhere Mengen an Palmitinsäure (C_{16}), sondern auch an Linolsäure ($C_{18:2}$), die beim Würzekochen nicht vollständig ausgefällt und bei der folgenden Würzeklärung (z. B. im Whirlpool) nur unzulänglich ausgeschieden wurden. Oft funktionierte dann die Flotation nicht mehr. Auch hier trat eine rasche Alterung durch eine nachweisliche Anhäufung von Carbonylen auf. Der enzymatische Abbau von Lipiden ist zwar durch die Analyse von Hexanal verfolgbar, doch fehlen derzeit noch klare Erkenntnisse über Ausmaß und Bedeutung der Wirkung von Lipoxygenase und Peroxidasen. Hohe Einmaischtemperaturen (60–65° C) lieferten bessere Ergebnisse als solche von 45–50° C. Der gute Ausfall der bei 35° C eingemaischten Biere deutet Nachfolgereaktionen an oder aber nur die Möglichkeit der Ausdampfung der gebildeten Intermediärprodukte.

Die oben aufgeführte günstige Beeinflussung der Polyphenolgehalte trägt zur Steigerung der Reduktonkraft bei. Diese Eigenschaft kann auch am Tannoidegehalt abgelesen werden, der durch Gerstensorten maritimer Herkunft, homogene Malzauflösung, nicht zu niedrige Abdarrung (Polyphenol – Peroxidasen!), durch weiches Brauwasser bzw. biologische Säuerung und das luftarme Maischen günstig beeinflußt wird. Hopfenpulver tragen ebenfalls zum Tannoidegehalt bei. Die PVPP-Stabilisierung des Bieres schwächt die Reduktonkräfte; aus diesem Grunde muß der Sauerstoffgehalt des Bieres niedrig sein.

Eine intensive Würzebelüftung gleicht Fettsäure-Defizite bei gut geklärten Würzen aus, eine gleichmäßige Verteilung der Hefe, eine rasche Angärung und eine gute Aminosäure-Absorption ist wichtig. Schließlich kommt auch noch dem Vermögen der Hefe, SO_2 zu bilden, eine Bedeutung zu. U. U. kann durch Hefegemische der Grenzwert von 10 mg/l ausgenützt werden.

Die Begasung mit reinem Sauerstoff kann Reduktone aufzehren. Eine Aminosäureexkretion nach der Gärung liefert wiederum Reaktionspartner für die oben geschilderten Vorgänge. In dieser Hinsicht ist auch eine bestmögliche Vergärung,

d. h. ein nur geringer Anteil an vergärbaren Restzuckern erwünscht. Rohfruchtbiere verfügen zwar über einen geringeren Gehalt an niedermolekularen Stickstoffsubstanzen, weniger Maillard-Produkte und Fettsäuren, doch ist bei vergleichsweise korrekter Herstellung kaum ein Unterschied zum Alterungsverhalten von Allmalzbieren gegeben.

Neben den obengenannten Analysendaten wie TBZ, Farbverhalten beim Brauprozeß (s. a. S. 309), Polyphenolzusammensetzung interessiert die Menge der reduzierenden Substanzen (z. B. eine spektralphotometrische Bestimmung des ITT) um Unregelmäßigkeiten bei den einzelnen Prozeßschritten oder den Erfolg eingeschlagener Maßnahmen erkennen zu können.

7.6.6 Chemische Biertrübungen

7.6.6.1 Die *Oxalattrübung* ist durch eine Ausscheidung von Calciumoxalat in kristalliner oder amorpher Form gegeben, die zu Trübungen bzw. meist zu Sedimenten führt. Als Kondensationskerne können sie das Überschäumen des Bieres auslösen oder verstärken (s. S. 327).

Oxalsäure stammt aus dem Malz (in Abhängigkeit vom Jahrgang), wobei Weizenmalze etwa doppelt so viel Oxalat (30–45 ppm) in die Maische einbringen als Gerstenmalze (8–25 ppm). Der Oxalateintrag durch den Hopfen ist von geringer Bedeutung. Weiches Brauwasser bringt naturgemäß wenig Calcium in die Maische ein, so daß entsprechend hohe Oxalatgehalte im Bier resultieren. Ein Verhältnis von Calciumsulfat : Calciumoxalat wird als labil bezeichnet, wenn es bei 0,25–5 liegt, bei einem CaC_2O_4-Gehalt von > 20 ppm; es ist stabil bei 5–13 (CaC_2O_4 bei 15–20 ppm) und sehr stabil bei > 13 (CaC_2O_4 < 15 ppm). Biere aus weichen Wässern können zur Oxalatausfällung neigen, vor allem wenn sie bei oder nach der Filtration Calcium aufnehmen. Dies kann in Schichten-Filtern der Fall sein, die mit härterem Wasser gespült und sterilisiert wurden, wobei das Calciumcarbonat durch den CO_2-Gehalt des Bieres wieder in lösliche Form überführt und somit mit der Oxalsäure des Bieres zu Calciumoxalat reagieren kann. Durch Abtrennen des Vorlaufes, durch Karbonisieren und/oder Enthärten des Filterspülwassers kann diese Störung meist verhindert werden. Auch ein Spülen des Filters mit einer stark verdünnten Säure (Milchsäure, Zitronensäure) ist vorteilhaft.

Um nun den Oxalatgehalt der Maische, der Würze und des Bieres zu verringern, ist es zweckmäßig, das u. U. zu weiche Wasser aufzuhärten. Hierfür können Mengen von 50–70 mg Calcium/l (7–10° dH, entsprechend 20–30 g/hl Gips oder 28–40 g/hl $CaCl_2 \times 6 H_2O$) dienen. Es sollte unbedingt ein Calciumgehalt des Bieres von über 35 mg/l, bei Weizenbieren von über 50 mg/l erreicht werden, um vor Oxalatfällungen sicher zu sein. Eine sehr kalte Lagerung des Bieres (−1° C) über mindestens zwei Wochen hinweg erbringt eine gute Ausscheidung. Derartige Zeiten bzw. Temperaturen müssen auch bei intensiven Gär- und Reifungsverfahren eingehalten werden. Bei Oxalatproblemen dieser Biere ist es günstig, diese nach der Filtration nochmals bei −1° C 24 bis 48 Stunden zu lagern und dann ein zweites Mal zu filtrieren.

Die Calciumgaben in Form von Gips oder Calciumchlorid sind gleichmäßig auf Maisch- und Überschwänzwasser zu verteilen, um eine bestmögliche „Ausbeute" an Calcium bzw. eine gute Ausfällung von Oxalat im Werdegang des Bieres zu sichern.

7.6.6.2 *Trübungen durch Desinfektionsmittel* können dann entstehen, wenn durch sie die Metalloberfläche der Behälter und Leitungen vom Bierstein befreit wurde und das blanke Metall, vor allem Zinn, eine Metall-Eiweißtrübung hervorruft. Auch Desinfektionsmittel wie z. B. Formaldehyd, die nach ihrer Verwendung unvollkommen ausgespült wurden, können eine Trübung bewirken. Dasselbe ist auch bei manchen oberflächenaktiven Mitteln, die zur Desinfektion der Stapeltanks für filtriertes Bier verwendet werden, der Fall.

7.6.6.3 *Kleistertrübung:* Sie wird durch höhere Dextrine verursacht, die noch mit Jod reagieren und eine Rot- oder Blauviolettfärbung zeigen. Durch den mit Fortschreiten der Gärung steigenden Alkoholgehalt werden sie zunehmend unlöslich und treten dann als Schleier oder Trübung auf. Meist wird hierdurch die Gärung behindert. Durch Zusatz von Malzauszug (ca. 2 %) läßt sich dieser Fehler, der durch grobe Nachlässigkeit im Sudhaus (s. S. 135) verursacht wurde, kompensieren.

7.6.7 Wildwerden des Bieres (Gushing)

Es äußert sich durch spontanes Überschäumen des Bieres beim Öffnen der Flasche. Diese Erscheinung ist nicht durch einen zu hohen CO_2-Gehalt des Bieres bedingt, sondern vielmehr durch eine Entbindung von Kohlensäure an mikroskopisch kleinen Kondensationskernen (hydrophobe Festkörper). Diese können proteinischer Natur sein, aber auch durch Kristalle oder Schwermetallionen gebildet werden. Je nach den Ursachen ist zu unterscheiden zwischen dem primären Gushing, das durch die Rohstoffe im weitesten Sinne verursacht wird und dem sekundären Gushing, dem technisch-technologische Ursachen bei der Produktion zugrunde liegen.

Von den *primären Faktoren* ist die Hauptursache das Malz, das aus infizierten Gersten oder Weizen stammt. Die Infektionsorganismen bewirken die Bildung von sog. Gushing induzierenden Substanzen im Korninnern, die durch eine Schimmelpilzinfektion zum Zeitpunkt der Hochblüte des Getreides gegeben ist. Eine Infektion mit Kondiosporen im Weichwasser oder Keimkasten kann diesen Infektionsgrad nicht erreichen, doch können auch hierdurch (infolge der optimalen Bedingungen nach Feuchte, Temperatur, Zeit) ebenfalls gushing-induzierende Substanzen gebildet bzw. vermehrt werden. Ursprünglich wurde der Tendenz zu Gushing durch Auszählen der „roten" Körner (in 200 g Malz = 6000 Körnern < 20 ≈ 0,33 %) zu begegnen versucht. Eingehende Forschungsarbeiten, basierend auf dem Gushing-Schnelltest stellten die relevanten Arten fest. Sie haben eine, in der beschriebenen Reihenfolge abnehmende gushing-induzierende Wirkung: Fusarium graminearum, Fusarium culmorum, F. avenaceum, F. crockwellense, Alternaria alternata, Microdochium nivale und Rhizopus stolonifer. Diese Schimmelpilze verbreiten ihre Konidien im Mehlkörper des Getreidekorns, sie bauen Proteine und Hemicellulosen der Zellwände ab, wobei eine verstärkte proteolytische und cytolytische Enzymtätigkeit feststellbar ist. Es verfärbt sich die Kornoberfläche rotviolett, es tritt eine Mycelüberwucherung ein und es werden Toxine gebildet. Beim Mälzen gelingt es nur durch Verkürzung der Keimung und bei niedrigerer Keimgutfeuchte die Verstärkung des Gushing-Potentials einzudämmen. Bestimmend hierfür ist jedoch der Befall der Rohware. Die Gushing-Tendenz scheint während einer ca. einjährigen Malzlagerung abzunehmen. Die Gushinginduktoren sind wasserlösliche, oberflächenaktive Substanzen, deren isoelektrischer Punkt zwischen 1,8 und 3,5 liegt. Das Molekulargewicht liegt unter 10 000; durch Membranfiltration unter 0,1 μm Porengröße läßt sich die Gushingneigung deutlich verringern.

Die Infektion des Getreides, z. B. des Winterweizens auf dem Feld wird durch die Vorfrucht (Mais) sowie durch das Unterpflügen von Stroh gefördert.

Am Halm aufgerissene oder auswuchsgeschädigte Körner tendieren nur dann zu verstärktem, gushingrelevantem Schimmelpilzwachstum, wenn eine Schimmelpilzinfektion gegeben war.

Technologische Maßnahmen im Sudhaus, wie z. B. intensiverer Eiweißabbau beim Maischen oder eine kräftige Würzekochung bringen nur bei geringer Gushing-Neigung eine Verbesserung, ein starker Befall läßt sich nicht korrigieren. Dasselbe gilt für die Stabilisierung des Bieres mittels Kieselgel (100–200 g/hl) oder Bentonit. Auch eine (Über-)Pasteurisation des Bieres hilft nicht nachhaltig; verschiedentlich konnte der Zeitpunkt des Gushing um 4–6 Wochen hinausgeschoben werden. Verschnitte von normalem und überschäumendem Bier sind mit aller Vorsicht zu tätigen. Dasselbe gilt für die Malze.

Das im vorhergehenden Kapitel besprochene Überschäumen durch Calcium-Oxalatkristalle kann durch entsprechende Einstellung des Calciumgehaltes der Maische und Würze und damit des Bieres behoben werden.

Zum sekundären Gushing tragen wiederum eine Reihe von Faktoren bei, wie z. B. eine Dispersitätsgradveränderung der Bierkolloide, z. B. durch Temperatur- und pH-Anstieg bei der Nachgärung, vor allem aber wenn die Nachgärung schon zum Stillstand gekommen war. Hier konnte durch Umlagern, Kühlen und Aufkräusen (5–7 %) mit nochmaliger 2–3wöchiger Lagerung eine Besserung erzielt werden. Auch ein Verschnitt mit Normalbier ist möglich.

Kristallisationskerne können auch Metallspuren in Flaschen, die von unvollständigem Ausspülen von Folien oder metallbedampften Etiketten herrühren, von Diatomeenrückständen und anderen Fremdkörpern und von Schwermetallspuren (defekte Tankauskleidungen, Fe-Gehalt der Kieselgur, des Bentonits) herrühren. Isoextrakt, wenn nicht sorgfältig gelagert, kann Gushing bewirken, vor allem, wenn er der alleinigen Hopfung diente. In diesem Falle hilft die ergänzende Verwendung des Basis-Extraktes, der bei der Herstellung des Iso-α-Extraktes anfällt, oder eines mindestens 50%igen Anteils von Hopfenpulver/-Pellets. Eine mikroskopisch rauhe Innenfläche der Flaschen kann Gushing hervorrufen, eine mangelhafte Entfernung der Lauge, Spuren von Eisen im Heißwasser der Einspritzdüse zwischen Füller und Korker und schließlich ein fehlerhafter Weichmacher in der Compoundmasse des Kronenkorks.

Das Problem der Einkreisung der Ursachen und der Behebung des Gushings ist deswegen so schwierig, weil es u. U. erst einige Zeit nach dem Abfüllen auftritt, verschiedentlich nicht alle Flaschen umfaßt und auf Maßnahmen wie Pasteurisation oder Schockbewegungen nicht einheitlich oder nicht nachhaltig anspricht. Es gibt keine Analyse von gushigrelevanten Inhaltsstoffen, um den Erfolg von Maßnahmen verfolgen zu können. Als verhütende Maßnahmen gelten: Prüfung des Malzes auf gushingrelevanten Mikroorganismenbefall, Überprüfung von Gerste, Weizen bzw. der daraus hergestellten Malze auf Gushingneigung durch Schnelltests, Nichtverwenden, keinen Verschnitt von befallenen Partien. Im Bier sind aufbessernde Maßnahmen (s. o.) beschränkt.

7.7 Die Filtrierbarkeit des Bieres

Eine gute Filtrierbarkeit des Bieres ist Voraussetzung für eine einwandfreie Klärung des Bieres bei der üblichen Filterleistung pro Stunde bzw. pro Standzeit unter der Voraussetzung eines niedrigen Verbrauchs an Filterhilfsmitteln. Filtrationsstörungen können sich in zweierlei Hinsicht äußern:

a) der Filter erbringt die vorgesehene Leistung nicht, wodurch das Filtrationspensum eines Tages oder einer Schicht nicht erreicht werden kann,

b) das Filtrat läßt nach Klärung resp. Hefe- oder Mikroorganismengehalt zu wünschen übrig.

Im ersteren Falle ist ein zu rascher Druckanstieg während der Filterlaufzeit gegeben, wodurch entweder die stündliche Leistung abfällt oder bei konstanter Hl-Leistung die Druckgrenze des Filters vorzeitig erreicht wird. Dies erfordert während der vorgesehenen Filtrationszeit bzw. -Schicht ein Stillsetzen, Abschlammen, Reinigen und Wiederanfahren des Filters. Der Zeitaufwand hierfür ist beträchtlich, so daß verschiedentlich die Sterilisation des Filters unterbleibt. Somit besteht neben der mengenmäßig unbefriedigenden Filtration noch eine erhöhte Infektionsgefahr. Der Kieselgurverbrauch steigt, da die Voranschwemmung jeweils nur unvollkommen ausgenützt wird und darüberhinaus eine überhöhte laufende Dosierung zu einer längeren Standzeit verhelfen soll.

Zweiter Fall: Bei mangelhafter Klärung steigt der Filterdruck normal oder sogar unterproportional an, das Bier zeigt aber nicht die erwünschte Klarheit: statt der üblichen 0,5–0,7 EBC Trübungseinheiten resultieren Werte von über 2 EBC, wodurch der nachgeschaltete Schichtenfilter stark belastet wird oder im Falle ausschließlicher Kieselgurfiltration das Bier nochmals filtriert werden muß.

Die Ursachen für die beiden Erscheinungen sind verschieden.

7.7.1 Ursachen einer schlechten Filtrierbarkeit des Bieres

Ein *Verlegen des Filters* tritt ein durch den Trubstoffgehalt eines Bieres. Dieser reicht von Kolloiden (unter 1 µm) über Eiweißsubstanzen, β-Glucanen, sogar α-Glucanen (Stärkegranula) bis zu Bakterien und Hefen, die auf der Filteroberfläche einen undurchlässigen Film bilden oder zu einer Verengung des Porenquerschnitts beitragen können. Eine *mangelhafte Glanzfeinheit* wird dann vorliegen, wenn feinste Schwebstoffe weder durch die Filterporen noch durch die Ladungsverhältnisse in der Filterschicht zurückgehalten werden. Es kann sich hier um folgende Stoffgruppen handeln:

7.7.1.1 β-Glucane, die ein Molekulargewicht von 100 000 bis über 700 000 haben. Sie resultieren bei Vermälzung ungeeigneter Gersten (z. B. auch gewisser Wintergersten), bei ungleichmäßiger Auflösung des Mehlkörpers z. B. bei Verarbeitung von Malzen mit erhöhtem Anteil an Ausbleibern, die naturgemäß auch einen mehr oder weniger hohen Prozentsatz von verzögert keimenden Körnern zur Folge haben, bei Malzen aus Intensivkeimverfahren, die bei hoher Keimgutfeuchte relativ warm und kurz geführt wurden, bei Verwendung von Spitzmalz oder Rohgerste. Das Maischverfahren vermag wohl eine gewisse, doch keine entscheidende Korrektur mehr zu bewirken. Wie auf S. 120 dargestellt, werden die großen, noch an die Proteinmatrix gebundenen β-Glucanmoleküle erst bei Temperaturen über 62–65° C durch die β-Glucan-Solubilase freigesetzt. Es sind aber keine Endo-β-1→4-Glucanasen mehr aktiv, so daß diese β-Glucanmengen im wesentlichen unverändert über den weiteren Würzebereitungsprozeß bis in das Bier gelangen.

Dennoch besteht keine klare Korrelation zwischen dem (gesamten) β-Glucangehalt der Biere und deren Filtrierbarkeit. Bessere Zusammenhänge zeigten die hochmolekularen β-Glucane, z. B. über 250 000 oder 750 000 Molekulargewicht, doch ist nach neuen Erkenntnissen das Gelbildungsvermögen dieser Fraktion von Bedeutung. Diese Gele bilden sich unter dem Einfluß steigender Alkohol- und niedriger werdender Maltosekonzentration im Lagerkeller aus, sie wurden aber auch durch Scherkräfte, wie sie z. B. ungeeignete Jungbier-Bierzentrifugen auszuüben vermögen, ebenfalls erzeugt. Die Gelbildung konnte, ohne Veränderung der Menge der hochmolekularen β-Glucane durch eine Kurzzeiterhitzung (vor dem Filter) wieder aufgelöst werden. Aus diesem Grunde sollte der Gehalt an hochmolekularen β-Glucanen in der Würze gering sein, auch ist eine Belastung der Biere durch Scherkräfte (Pumpen, Zentrifugen s. o.) zu vermeiden. Restbiere, vor allem aus Gelägerfiltrationen sind ebenfalls reich an gelbildendem β-Glucan.

Eiweißpartikel („Kühltrub") und Hefe vermindern neben den β-Glucangelen (s. oben) die Filterleistung. Dabei sind Filterkuchen aus groben Guren empfindlicher gegen Eiweiß und Hefe, während das β-Glucan die gröberen Poren dieser Guren noch passieren kann. Trub und Hefe verringern die Durchlässigkeit feinerer Guren weniger als β-Glucangel, das von diesen stärker zurückgehalten wird. Doch hängt es dabei in hohem Maße von der Form und der Struktur der Kieselgurteilchen ab.

7.7.1.2 *Höhere Dextrine* haben zwar ein geringeres Molekulargewicht als die β-Gucane, doch sind sie in größeren Mengen vorhanden. Jodpositive Dextrine erfahren im Fortgang der Gärung und Lagerung eine Verringerung ihrer Löslichkeit. Sie rühren her von unbefriedigender Malzqualität, Fehler bei der Naßschrotung (s. S. 112), beim Maischen oder Abläutern und bei verspätetem Spelzenzusatz.

7.7.1.3 *Proteinische Substanzen* kommen in größeren Mengen vor als β-Glucane, doch sind Eiweißtrübungen häufig relativ leicht filtrierbar. Meist sind sie mit α- und β-Glucanen vergesellschaftet. Bei später Abkühlung, z. B. ganz am Ende der Lagerzeit oder gar in einem Kühler unmittelbar vor der Filtration kann die entstehende Trübung die Filtration erschweren.

7.7.1.4 *Hefe* kann im Bier mitunter in recht beträchtlichen Mengen vorkommen. Während bei gut abgelagerten Bieren und Bruchhefe nur $0,05-0,2 \times 10^6$ Zellen gegeben sind, können Staubhefen bis zu 5×10^6 Zellen einbringen, kurz gelagerte Biere oftmals 10×10^6 Zellen. Bei

schlechtem Hefeabsatz oder bei ungeeigneten Tankausläufen (Stutzen!) treten Hefestöße auf, die „Sperrschichten" im Filter bilden, die dann einen raschen Abfall der Filterleistung verursachen. Auch zylindrokonische Lagertanks rufen ein unregelmäßiges Mitreißen von ursprünglich fest abgesetzter Hefe aus dem Konusteil hervor, ebenso Großtanks, bei denen bei allmählicher Druckentlastung die Hefe teilweise aufsteigt.

7.7.1.5 Eine *mangelhafte Klärung* des Bieres durch die Filtration kann sowohl bei sehr trüben, kolloid- und hefebelasteten als auch bei weitgehend blanken Chargen vorkommen. Im ersteren Falle handelt es sich sowohl um tiltrationshemmende (d. h. den Druck erhöhende) als auch teilweise um sehr feindisperse Stoffe. Während der rasche Druckanstieg eine eher gröbere Kieselgurdosierung geraten erscheinen läßt, ist diese aber nicht in der Lage, die kleineren Eiweiß- und α-Glucanmoleküle zurückzuhalten. Das Bier behält eine restliche Trübung von über 2 EBC-Einheiten.

Bei einer guten Klärung des Lagerkellerbieres kann sich u. U. ein ähnlicher Trübwert des Bieres einstellen; die wenigen im Bier dispergierten Teilchen werden durch den Filter nicht zurückgehalten. Dies ist ein Beweis dafür, daß die Kieselgurformation in Voranschwemmung bzw. laufender Dosierung eines gewissen „Filterhilfsmittels" aus dem Bier in Form von Hefe und Eiweiß bedarf, um eine völlige Klärwirkung zu erzielen. Diese Erkenntnis ist seit dem Verzicht auf Asbest als Adsorptionshilfsmittel immer wieder zutage getreten. Eine sehr weitgehende Klärung des Bieres durch Jungbierzentrifuge, durch (evtl. zu) lange Lagerzeiten mit pH-Anstieg des Bieres, Hefe-Proteasenwirkung auf hochmolekulares Eiweiß und Fettsäureexkretion waren hierfür verantwortlich.

7.7.1.6 *Biologische* Trübungen (s. S. 331) sind schwer filtrierbar: sei es durch die große Zahl der Mikroorganismen oder durch die Umwandlungen, die dieselben im Bier bewirken (pH!) und die zu einer Störung der Kolloidgegebenheiten führen.

7.7.2 Abhilfemaßnahmen

7.7.2.1 *Störungen durch* β-Glucane können durch alle jene Maßnahmen vermieden werden, die auf eine Verbesserung der Auflösung des Malzes und seiner Gleichmäßigkeit hinzielen. Die Mehlschrotdifferenz sollte 1,8 %, die Viscosität 1,55 mPaS, der Anteil an ganzglasigen Körnern (Friabilimeter einschließlich 2,2 mm Sieb) 1,5 % nicht überschreiten, weiterhin dürfte eine Vz 45° C von über 37 % anzustreben sein. Von besonderer Wichtigkeit ist die Homogenität der Malze. Malze von schlechterer Qualität sind am besten getrennt und dann mit 35° C einzumaischen und für sich zu verarbeiten. Sie werden zweckmäßigerweise erst im Gärkeller oder zu Beginn der Lagerung verschnitten. Eine pH-Korrektur der Maische (in diesem Falle bis auf 5,4–5,5) und besonders der Würze (auf 4,9–5,0) ist günstig. Diese sowie eine höhere Hefegabe von 30×10^6 Zellen, intensive, stufenweise Belüftung und Drauflassen bewirken eine rasche Angärung, einen kräftigen pH-Abfall und so eine verstärkte Ausfällung von filtrationshemmenden Substanzen. Auch der Hefeerführung und der Hefepflege (s. S. 211) kommt in diesem Rahmen größte Bedeutung zu. Der Zusatz eines Malzauszugs (bei 35–45° C entnommen) kann lagernde Bestände verbessern. Auf mögliche biologische Gefahren ist hierbei zu achten (s. S. 322).

7.7.2.2 *Höhere Dextrine:* Hier sind alle Maßnahmen wirksam, die einen einwandfreien Stärkeabbau gewährleisten (s. S. 136) bzw. das Lösen von unverzuckerter Stärke vermeiden, etwa wie fehlerhafte Nachgußführung, trübes Abläutern und Aufschließen von Stärkepartikeln beim Würzekochen.

7.7.2.3 Die Verringerung von *proteinischen Substanzen* wurde in früheren Kapiteln ausführlich geschildert (s. S. 318). Das Mitreißen von Heißtrub, der z. B. bei der folgenden Flotation die weitere Trubabscheidung behindert, ist zu vermeiden. Hier könnte u. U. eine Kaltsedimentation durch Schaffung definierter Trubverhältnisse eine Entlastung erbringen. Einer guten Klärung förderlich ist eine Abkühlung des lagernden Bieres, solange durch die Nachgärung noch eine Bewegung gegeben ist. Bei „programmierter" Reifung und Lagerung kann eine Kohlensäure-Begasung (2×4 Stunden mit 3–5 g/hl h) in Verbindung mit der raschen Abkühlung auf unter 0° C zu einer Vergröberung der Trübungssubstanzen führen.

7.7.2.4 Der *Hefegehalt* der Biere kann während der Lagerung durch Spänen (5–20 g/hl) verringert werden; nach erfolgter Reifung durch eine gezielte Turbulenz (z. B. CO_2-Wäsche) mit anschließender Sedimentationsphase. Staubhefe- und obergärige Biere bedürfen einer klärenden Separation vor der Filtration, Tandemfilter haben sich hier, aber auch zur Doppelfiltration von Bieren aus beschleunigten Verfahren, bewährt. Puffertanks vor dem Filter verhindern Hefestöße, die hier eine Verdünnung erfahren. Eine trübungsabhängige Kieselgur-Dosierung ist weniger geeignet. Bei zylindrokonischen Tanks muß das Hefesediment regelmäßig während der Reifungs- und Kaltlagerphase abgezogen werden, zuletzt kurz vor der Filtration. Um Hefereste von der Konuswandung abzuschwemmen und auch den Hefegehalt des Konusbieres etwas weitergehend zu verteilen, ist es günstig, 2–3 CO_2-Stöße à 1–2 Sekunden durch das Bier zu jagen. Das Aussparen des Konusbieres durch einen Doppelanstich und Filtration desselben am Ende eines Filtrationstages ist eine weniger günstige Lösung, da der Tank bis zu diesem Zeitpunkt stehen bleiben muß und solange nicht gereinigt werden kann. Die Lösung, die jeweils im Konus befindliche Biermenge am Ende der Filtration des Vortages zu filtrieren, um eventuelle Hefestöße vom frisch angeschwemmten Filter fernzuhalten ist hier günstiger.

7.7.2.5 Die *Verbesserung einer schlechten Klärung* des Bieres im Filter hat bei stark mit Trubstoffen (β-Glucan, α-Glucan, Eiweiß, Hefe) belasteten Tankbieren alle vorbeschriebenen Maßnahmen zum Gegenstand. Hierbei kann sich vor allem eine Feinklärzentrifuge günstig auf die Qualität und Quantität der Filtration auswirken.

Bei der *unergiebigen Filtration* im Lagerkeller gut geklärter Biere ist eine zu weitgehende Klärung von gereiften Bieren (z. B. nach dem Diacetylabbau) zu vermeiden. Hier kann es zweckmäßig sein, nur Anfang und Ende der ZKG zu separieren und eine Resthefemenge von $2–3 \times 10^6$ Zellen im Bier zu belassen. Dies ist vor allem beim Schlauchen bzw. Umdrücken von ZK-Tanks auf horizontale Behälter wichtig. Bei der Filtration kann Kieselsol (s. S. 320), im Kieselgurdosiergerät mit Bier aufgeschlämmt, in einer Menge von 5–10 ml/hl die Filtrationsschärfe erhöhen. Es kann aber auch schon beim Herstellungsprozeß notwendig sein, Korrekturen anzubringen: durch etwas intensivere Maischverfahren, weitergehende Säuerung im Würzebereich, bei Weizenbieren (s. S. 362) Erhöhung des Anteils polyphenolhaltiger Hopfenprodukte, das Vermeiden von Hefeexkretionen und damit von pH-Anstieg nebst den vorerwähnten Erscheinungen.

7.8 Biologische Stabilität des Bieres

Sie soll im Rahmen dieses Buches nur kurz Erwähnung finden. Die biologische Haltbarkeit des Bieres wird durch jene Mikroogranismen gefährdet, die in der Lage sind, im Bier zu wachsen, dort eine Trübung oder einen Bodensatz hervorzurufen und durch ihre Stroffwechselprodukte das Bier zu schädigen. Die Zahl dieser Mikroorganismen ist gering, da das Bier durch Alkohol, Kohlensäure, Bitterstoffe, durch seinen niedrigen pH, durch anaerobe Bedingungen sowie durch den Mangel an leicht verwertbaren Stickstoff- und Kohlenstoffquellen und durch niedrige Temperaturen während der Produktion den meisten Mikroorganismen, insbesondere auch pathogenen und hitzeresistenten Keimen, keine Entwicklungsmöglichkeit bietet. So vermögen sich nur Biermilchsäurebakterien, gramnegative Bakterien der Gattungen Pectinatus und Megasphaera sowie gärkräftige Hefen im Bier zu entwickeln. Zwischen der Kontamination durch diese Organismen und dem Auftreten einer Trübung bzw. eines Bodensatzes vergeht eine bestimmte Zeit, deren Länge vom Ausmaß der Kontamination, der Artzugehörigkeit und dem Adaptationsgrad der Organismen, der Beschaffenheit des Bieres, den Sauerstoffgegebenheiten und der Aufbewahrungstemperatur abhängt.

7.8.1 Kontaminationsursachen

7.8.1.1 Biersarcina (Pediococcus damnosus): Diese Bakterien bilden neben Mono- und Diplokokken charakteristische Tetraden aus und bilden im abgefüllten Bier Bodensatz, gelegentlich auch Trübungen sowie einen sauren, butterähnlichen Diacetylgeschmack. Dieser gefürchtete Bierschädling kommt vor allem als Primärkontaminant im Hefe-, Gär- und Lagerkellerbereich vor. Er kann schon während der Gärung zu erhöhten Diacetylwerten führen und bei stärkeren Kontaminationen auch die Filter passieren. Durch die in den letzten Jahren verbesserte Filtrationstechnologie kommen diese Bakterien aber nur noch selten in abgefüllten Bieren vor. Die meisten Probleme treten in Hefeweißbieren auf, wenn die Dosierhefe nicht absolut frei von Pediokokken ist. Neben Pediococcus damnosus kommt noch Pediococcus inopinatus vor. Diese Art ist wesentlich seltener in den Brauereien, hat aber sonst ein sehr ähnliches Verhalten.

7.8.1.2 Biermilchsäurestäbchen: Es handelt sich um mehrere Arten, die als Bierschädlinge in Erscheinung treten können. Am häufigsten sind die heterofermentativen Arten Lactobacillus brevis und Lactobacillus lindneri, die Trübungen und säuerliche Geschmacksabweichungen (Bildung von Milchsäure, Essigsäure, CO_2, Ethanol) verursachen können, jedoch kein Diacetyl produzieren. Gelegentlich kommen auch homofermentative Arten (Lactobacillus casei, L. coryniformis) vor, die vor allem in schwächer gehopften Bieren (z. B. Hefeweißbier) zu starker Diacetylbildung führen können. Bei diesen obligaten Bierschädlingen handelt es sich sowohl um Primärkontaminanten (L. lindneri) als auch um Sekundärkontaminanten (viele Stämme von L. brevis). Da die Milchsäurestäbchen kein so starkes Absetzverhalten zeigen wie die Pediokokken, befinden sie sich in der gesamten Flüssigkeitssäule der Lagerkellerbiere und gelangen somit auch häufiger auf die Filterschichten. Besonders bei Druckstößen werden sie dann nicht selten bis ins abgefüllte Bier verschleppt.

7.8.1.3 Pectinatus und Megasphaera: Diese beiden gramnegativen, streng anaeroben Bakterien sind in den letzten Jahren immer stärker in den Vordergrund getreten. Ursachen sind vor allem die weitgehend sauerstofffreie Arbeitsweise in der Brauerei, besonders bei der Abfüllung sowie die in letzter Zeit etwas angestiegenen pH-Werte in den Bieren, sofern keine biologische Würzesäuerung erfolgt. Megasphaera cerevisiae bildet relativ große Kokken, die oval sind und meist in Paaren oder Viererketten vorliegen. Durch die Bildung von Buttersäure, Valeriansäure und Capronsäure werden die befallenen Biere völlig verdorben.

Ähnlich unangenehm verhält sich auch Pectinatus cerevisiiphilus, der aber vorwiegend Propionsäure und Acetoin produziert. Diese Art bildet Stäbchen aus, die ein leicht gekrümmtes oder korkenzieherförmiges Aussehen haben. Im jungen Zustand sind sie durch eine monolaterale (kammartige) Begeißelung beweglich. Die Art kommt inzwischen noch häufiger vor als manche Laktobazillen und hat als Verursacher von biologischen Problemen bereits einen Anteil von über 10% erreicht.

Charakteristisch für Megasphaera und Pectinatus sind Streukontaminationen, wo bei den Abfüllungen nur einzelne Flaschen befallen sind. Dies deutet auf typische Sekundärkontaminationen hin, wobei besonders Schwachstellen am Füller und Verschließer die Ursachen sind.

7.8.1.4 Potentielle und indirekte Bierschädlinge: Neben den genannten obligat bierschädlichen Bakterien treten in der Brauerei häufig auch potentiell und indirekt bierschädliche Arten auf. Letztere können zwar in üblich abgefülltem Bier zunächst nicht wachsen, die Keime können sich aber mit der Zeit an das Biermilieu adaptieren, wenn sie lange genug in den Betrieben vorhanden sind. Außerdem können sie Biere mit verminderter Selektivität (z. B. alkoholfreie oder hopfenschwache Biere, Biere mit höheren pH-Werten) beeinträchtigen. Meist handelt es sich um *Lactococcus lactis, Lactobacillus plantarum* oder *Micrococcus kristinae.*

Die indirekt bierschädlichen Arten können ebenfalls im normalen Bier nicht wachsen. Sie können sich aber in der Kulturhefe oder im Unfiltratbereich vermehren und Vorschädigungen verursachen, die bis ins abgefüllte Bier verschleppt werden. Meist handelt es sich um gramnegative Enterobacteriaceen, die ähnlich wie viele „Würzebakterien" den unangenehmen „Selleriegeschmack" (DMS, Acetoin u. a.) verursachen.

7.8.1.5 Wilde Hefen: Wilde Hefen treten seltener als Kontaminanten in Erscheinung als Bakterien. Meist handelt es sich um übervergärende Stämme von Saccharomyces cerevisiae („diastaticus", „logos"). Durch die Vergärung von Dextrinen können diese Hefen auch in gut vergorenen Bieren wachsen. Sie bilden dann Nachtrübungen und Bodensätze im Flaschenbier. Außerdem entsteht meist ein atypisches Aroma und ein kratzig bitterer Fremdgeschmack. Diese Arten können sowohl als Primärkontaminanten als auch als Sekundärkontaminanten im Faß- und Flaschenkeller auftreten.

7.8.1.6 Kulturhefen: Wenn Kulturhefen durch mangelhafte Filtrationseffizienz bis ins abgefüllte Bier gelangen, können unter Umständen Nachtrübungen und leichte Bodensätze bzw. Kolonienwachstum am Flaschenboden auftreten. Besonders gefährdet sind Biere mit erhöhter Differenz zwischen End- und Ausstoßvergärungsgrad. Förderlich für das Wachstum ist außerdem eine erhöhte Sauerstoffaufnahme beim Abfüllen. Besonders gefährdet sind auch alkoholfreie Biere, die mittels gestoppter Gärung oder Hefekontakt-

verfahren hergestellt werden, da hier noch genügende Mengen an leicht vergärbaren Zuckern vorhanden sind. Deshalb sollten diese Biere möglichst in der Flasche pasteurisiert werden.

7.8.1.7 Indikatorkeime: In der modernen Braureimikrobiologie müssen immer Spurenkontaminationen entdeckt werden, bei stärkeren Verkeimungen bestehen gleichzeitig meist schon biologische Haltbarkeitsprobleme. Da Spuren schwer nachzuweisen sind und der Zufall hier eine große Rolle spielt, werden heute aus Sicherheitsgründen sogenannte Indikatorkeime nachgewiesen. Es handelt sich hierbei vor allem um brauereispezifische Essigsäurebakterien (Acetobacter pasteurianus und Gluconobacter frateurii), die häufig mit echten Bierschädlingen vergesellschaftet sind. Wenn diese Keime regelmäßig und in höheren Konzentrationen an den gefährlichen direkten und indirekten Kontaktstellen im Produktions- und Abfüllbereich auftreten, müssen unbedingt entsprechende Reinigungs- und Desinfektionsmaßnahmen bzw. Heißbehandlungen an solchen Schwachstellen eingeleitet werden.

7.8.2 Sicherung der biologischen Haltbarkeit

Sie kann durch Verwendung biologisch einwandfreier, gärkräftiger Anstellhefen, deren Kontrolle durch Anreicherungskulturen und durch eine lückenlose Reinigung und Desinfektion der Behälter, Leistungen und Apparate sichergestellt werden. Automatische Reinigungsanlagen bedürfen dabei besonderer Aufmerksamkeit. Eine scharfe Filtration dürfte in Verbindung mit luftfreier Abfüllung bei optimal gereinigtem Geschirr die Möglichkeit schaffen, auch ohne Erhitzung oder Pasteurisation des Bieres auszukommen. Eine eingehende biologische Kontrolle in den einzelnen Stadien wie Gärung, Lagerung, Filtration und Abfüllung ist erforderlich.

Zum Nachweis der verschiedenen Bierschädlinge sind spezielle Selektivmedien notwendig. Da bestimmte Bierschädlinge (z. B. L. lindneri) sehr anspruchsvoll gegenüber speziellen Wuchsstoffen sind (z. B. Substanzen aus dem Intermediärstoffwechsel der Betriebshefe), müssen die Nachweismedien auch eine optimale Nähr- und Wuchsstoffzusammensetzung haben. Die Forderungen sind vor allem Nachweissicherheit, Selektivität, Schnelligkeit, leichte Handhabung und gute Auswertbarkeit. Dazu sind einige Medien im Handel

Mikrobiologische Qualitätskontrolle von Wässern, AfG, Bier und Wein

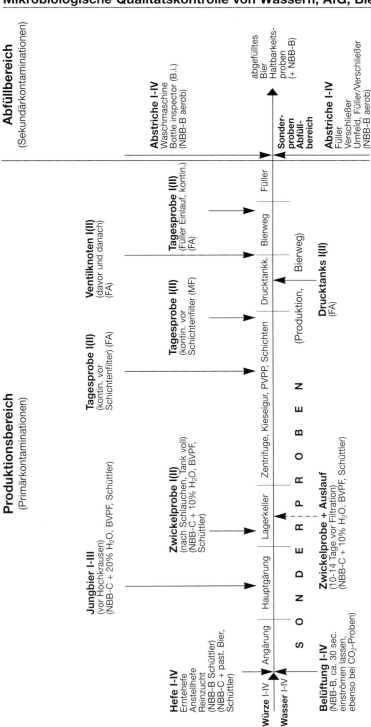

Produktionsbereich
(Primärkontaminationen)

Abfüllbereich
(Sekundärkontaminationen)

Hefe I-IV
Erntehefe
Anstellhefe
Reinzucht
(NBB-B Schüttler)
(NBB-C + past. Bier,
Schüttler)

Jungbier I-III
(vor Hochkrausen)
(NBB-C + 20% H₂O, BVPF, Schüttler)

Tagesprobe I(II)
(kontin. vor
Schichtenfilter) (FA)

Ventilknoten I(II)
(davor und danach)
(FA)

Abstriche I-IV
Waschmaschine
Bottle inspector (B.i.)
(NBB-B aerob)

Zwickelprobe I(II)
(nach Schlauchen, Tank voll)
(NBB-C + 10% H₂O, BVPF,
Schüttler)

Tagesprobe I(II)
(kontin. vor
Schichtenfilter (MF)

Tagesprobe I(II)
(Füller Einlauf, kontin.)
(FA)

**Sonder-
proben
Abfüll-
bereich**

Abstriche I-IV
Füller
Verschließer
Umfeld, Füller/Verschließer
(NBB-B aerob)

abgefülltes
Bier
Haltbarkeits-
proben
(+ NBB-B)

Belüftung I-IV
(NBB-B, ca. 30 sec.
einströmen lassen,
ebenso bei CO₂-Proben)

Zwickelprobe + Auslauf
(10–14 Tage vor Filtration)
(NBB-C + 10% H₂O, BVPF, Schüttler)

Drucktanks I(II)
(FA)

Würze I-IV

Wasser I-IV

Angärung | Hauptgärung | Lagerkeller | Zentrifuge, Kieselgur, PVPP, Schichten | Drucktankk. | Bierweg | Füller

(Produktion, Bierweg)

S O N D E R P R O B E N

I   obligate Bierschädlinge
II potentielle Bierschädlinge
III indirekte Bierschädlinge
IV Indikatorkeime

FA Flüssiganreicherung in 180 ml-Bügelverschluß-Probefläschchen (BVPF)
    weitgehend mit Bier gefüllt + 5–20% NBB-Bouillion, randvoll
MF Membranfiltration, eine Membranfilterhälfte auf Würze-Agar,
    die andere auf NBB-Agar

Sonderproben (Abstriche)

1   PRODUKTION / BIERWEG: Dreiwegehähne (Kükenhähne), CO₂-Leitungen, Spundapparate, CO₂-Dosierung, Meßeinrichtungen, Blindkappen
    (Flächendichtungen[II], Blindrohre, Leitungssäcke, Bypasse (besonders auch an der Zentrifuge, am Kieselgurfilter und am PVPP), Verschraubungen (Dichtungen), Pumpen,
    Bottichwandungen (Überlaufrinnen), Bottichboden, div. Einbauten und Nischen am Bierweg, aufstehende Böden, Gully (Schläuche, Tankausläufe), CO₂-Tankabsaugung,
    Restbiertank/Althefetank (Umfeld).
2   ABFÜLLBEREICH: **Waschmaschine** Kopfteil (Kondenswasser), WM-Ablaufrinne, WM-Zahnblech; **Bottle inspector** Sterne, B.i. Flaschentransportbänder, B.i. andere
    Feuchtstellen; **Füller** Füllröhrchen, Steuerventile, Tulpen, Hubelemente, Einlaufschnecke, Sterne Oberfläche, Sterne innen, Prallblech, Verschalungen/Träger, Führung
    Kunststoffschiene, Tulpen (Innengewinde).
    Verschließer: Organe (Führung), Stempel, KK-Einlaufschiene, Teller, Verschalung, Sterne, Transportbänder.

erhältlich (z. B. VLB-S7-S, MRS, UBA, NBB u. a.). Am besten bewährt haben sich für die sichere und schnelle Erfassung aller Bierschädlinge bei gleichzeitig hoher Selektivität die NBB-Medien, die gleichzeitig auch die höchste Verbreitung in den Brauereien aufweisen und offiziell anerkannt sind.

Die Vorgehensweise bei der Betriebskontrolle muß sehr systematisch und regelmäßig sein, um alle Schwachstellen rechtzeitig zu erfassen. In den Stufenkontrollen sind die wichtigsten Probenahmestellen sowie entsprechende Untersuchungsverfahren angegeben.

7.9 Physiologische Wirkung des Bieres

Bier hat nicht nur wegen seiner durststillenden Eigenschaften und seines Wohlgeschmackes, sondern auch wegen seines Nährwerts und seiner diätetischen Wirkung eine große Bedeutung.

7.9.1 Nährwert des Bieres

Er beträgt bei einem 12%igen Bier im Durchschnitt 1900 kJ/450 kcal/l, ganz gleich, ob es sich um dunkles, helles oder gar um ein Diätbier handelt.

7.9.1.1 Der *Alkoholgehalt* liefert beim dunklen Bier etwa die Hälfte, bei hellem rund zwei Drittel des Brennwertes. Im Bereich zwischen 3,5 und 4,5 % GG, 4,4–5,5 % Vol. kommen die anregenden und diätetischen Eigenschaften des Alkohols bei mäßigem Genuß günstig zur Auswirkung.

7.9.1.2 Der *Bierextrakt* besteht hauptsächlich aus leicht verwertbaren *Kohlenhydraten*, die durch den Mälzungs- und Brauprozeß aufgeschlossen, verflüssigt und zu niedermolekularen Substanzen abgebaut wurden. Auch die *Stickstoffkörper* erfuhren ähnliche Veränderungen. Wenn auch die Menge an essentiellen Aminosäuren des Bieres keinen entscheidenden Beitrag zur Versorgung des menschlichen Organismus zu leisten vermag, so liegen doch reichlich niedermolekulare Peptide vor, die leicht resorbiert werden können. Von den Mineralstoffen sind vor allem die verschiedenen *Phosphate* zu nennen, die für die meisten Lebensvorgänge bedeutsam sind. Zusammen mit den im Bier hauptsächlich vorhandenen *Vitaminen* des B-Komplexes erhöhen sie die Verträglichkeit des mit dem Bier aufgenommenen Alkohols, begün-

stigen die Leberfunktion und verhindern so eine Verfettung der Leberzellen.

7.9.1.3 Die *Kohlensäure* bedingt nicht nur die durstlöschenden Eigenschaften des Bieres, sie schützt auch den Magen vor Unterkühlung und regt die Sekretion des Magensaftes an. Diese wird auch durch den niedrigen Alkoholgehalt des Bieres sowie durch seine Bitterstoffe gefördert.

7.9.2 Diätetische Wirkung des Bieres

Sie leitet sich vor allem aus dem günstigen Verhältnis vom Alkohol- und Extraktgehalt des Bieres, in Verbindung mit den Phosphaten und Vitaminen ab. Die Extraktbestandteile des Bieres sind leicht verdaulich, wie auch Bier die Verdauung der mit ihm aufgenommenen Nahrung fördert. Bier wirkt harntreibend und entwässert somit das Gewebe; die geringen Alkoholmengen stimulieren Atmung und Kreislauf, sie wirken besonders bei nervösen Störungen beruhigend. Das Bier enthält keine pathogenen Keime, seine Hopfenbitterstoffe (Isohumulon) zeigen sogar eine tuberkulosehemmende Wirkung (s. a. S. 306).

7.10 Besondere Biere

Die Herstellung der verschiedenen Biere wie Pilsener, Dortmunder oder Münchner Brauart ist aus den einzelnen Kapiteln dieses Buches unschwer abzuleiten, Ebenso wurde auf die charakteristischen Merkmale von Märzen- und Bockbieren hingewiesen. Den obergärigen Bieren ist ein eigenes Kapitel vorbehalten. Es sind jedoch einige Biere auf dem Markt, die sich in die Reihe der geschilderten nur schwer einpassen, auch zielen die Herstellungsmethoden auf jeweils ganz bestimmte Eigenschaften ab. Es handelt sich hier um Diätbiere, Nährbiere und alkoholarme bzw. alkoholfreie Biere.

7.10.1 Diätbiere

7.10.1.1 *Charakteristische Merkmale:*
Diese hellen Biere Pilsener Brauart dürfen in Deutschland nur mehr 0,75 g belastende Kohlenhydrate pro 100 g Bier enthalten. Auch der Eiweißgehalt unterliegt einer Beschränkung auf 0,5 g/100 g Bier. Um dies zu erreichen, müssen Biere normaler, bei 11–12 % liegenden Stammwürzegehalte so hoch vergoren sein, daß der

scheinbare Vergärungsgrad über 100 % liegt. Hierdurch ergibt sich eine Erhöhung des Alkoholgehalts von ca. 3,8 % auf 4,8–5,0 % (4,7 auf 5,9–6,2 % Vol.), der wirkliche Extrakt liegt bei ca. 1,8 %. Der Bier-pH ist zwischen 4,2 und 4,5, die sehr weitgehende Vergärung kann auch einen relativ niedrigen pH hervorrufen. Die Farbe bewegt sich im Bereich von 6–9 EBC-Einheiten, der Bitterstoffgehalt variiert von Brauerei zu Brauerei zwischen 22 und 40 EBC-Bittereinheiten. Der Kohlensäuregehalt ist mit 0,5–0,55 % hoch; trotzdem kann das Schaumvermögen der Biere zu wünschen übrig lassen.

7.10.1.2 *Malzschüttung:* Helle, gut gelöste, amylasenreiche Malze, die bereits in der Kongreßwürze einen Endvergärungsgrad von deutlich über 80 % liefern, sind erwünscht. Die Farbe kann in Anbetracht der starken Entfärbung bei der Gärung 3–3,5 EBC-Einheiten betragen. 2–5 % Sauermalz oder eine adäquate Menge an biologischer Milchsäure sind günstig, um die Pufferung der Maische, der Würze und des Bieres zu erhöhen.

7.10.1.3 *Brauwasser:* Die Restalkalität sollte unter 2° dH liegen, um die Enzymreaktionen einwandfrei ablaufen zu lassen, Der Zusatz von Calciumchlorid zum Maischwasser unterstützt die Amylasenwirkung.

7.10.1.4 *Maischverfahren:* Um die Aktivität der beiden Amylasen möglichst weitgehend zu entfalten, wir mit 45° C, also unter deren Optimaltemperatur, eingemaischt (s. S. 116), mit 1° C/Minute auf 62° C aufgeheizt und eine Rast von 30 min gehalten. Nach dem Abtrennen der Restmaische muß diese bei 62° C gehalten werden. Die Kochmaische von $1/4$ des Gesamtquantums wird unter Rasten bei 64, 66, 68 und 70° C zum Kochen gebracht und 10–15 min gekocht. Durch Zugabe von 5 % kalten Wassers zur Kochmaische wird diese so weit abgekühlt, daß nach dem Zusammenpumpen beider Maischen eine Temperatur von 64–64,5° C vorliegt. Es kann nun unter Rasten bei 64, 66, 68, 70° C auf 73° C aufgeheizt und mit dieser Temperatur abgemaischt werden. Oder, die Restmaische bleibt bei 64° C stehen und eine zweite Kochmaische wird nun unter Einhalten derselben Rasten zum Kochen gebracht, 10 min gekocht und unter Wasserzugabe wieder so weit abgekühlt, daß nach dem Zubrühen der Kochmaische eine Temperatur von 67° C erreicht ist. Von hier aus führen Rasten bei 67 und

70° C zur Abmaischtemperatur von 73° C. Diese wird im Interesse einer weiteren Wirkung der Amylasen nicht höher gewählt, Um bereits mit dem Maischverfahren einen scheinbaren Endvergärungsgrad von 91–92 % zu erreichen, wird aus der sedimentierten ersten Restmaische ein Malzauszug (3 %) entnommen, bei Temperaturen zwischen 55–62° C aufbewahrt und der Läuterwürze im Vorlaufgefäß oder Pfanne zugegeben. Das Maischverfahren dauert 4½(–6) Stunden.

7.10.1.5 Das *Abläutern* erfolgt bei 72–73° C, ebenso das Auslaugen der Treber. Die Vorderwürzekonzentration kann 16% betragen, die Abläuterung wird bei einer Glattwasserkonzentration von 1–1,5% abgebrochen.

7.10.1.6 *Würzekochen und Hopfengabe:* Die Würze kocht mit Ende des Abläuterns 90 bis 120 min, bzw. bei modernen Kochsystemen entsprechend kürzer, die Hopfengabe muß, infolge der stärkeren Entharzung, um 10–15 % höher sein als bei Bieren mit vergleichbaren Bitterwerten. Eine Durchschnittskochzeit von 45–55 min ist günstig, die Hopfenmischung (Verhältnis Bitter- : Aromahopfen) ist wie bei normalen Pilsener-Bieren. Die Würzesäuerung soll auf ca. pH 5,1 abzielen, doch ist der pH-Abfall bei der Gärung zu beobachten, der nicht unter 4,25 pH führen soll. Ein niedriger Würze-pH der Würze ist aber andererseits wichtig für eine flotte Hauptgärung, auch im Bereich von Vergärungsgraden über 90%.

7.10.1.7 *Gärung:* Nach der üblichen Würzebehandlung wird mit 7–8° C angestellt. Staubhefe sichert eine gleichmäßige Vergärung, doch sind auch hochvergärende Bruchhefen geeignet. Beim Umpumpen vom Anstell- oder Flotationstank in den Gärbehälter kommen 3 % Malzauszug (s. unten) zum Zusatz. Die maximale Gärtemperatur von 9–12° C wird so lange eingehalten, bis der scheinbare Extrakt nur mehr 1 % beträgt. Hier erfolgt die zweite Malzauszuggabe (1,5–3 %). Wenn der eingebrachte Extrakt wieder vergoren ist, wird in 24 Stunden um ca. 2° C zurückgekühlt und mit 7–9° C geschlaucht. Die Gärdauer beträgt 7–10 Tage. Es hat sich jedoch verschiedentlich als günstig erwiesen, die Vergärung bis auf 0 % scheinbaren Extrakt im Gärkeller unter steuerbaren Temperaturverhältnissen durchzuführen. Dies kann allerdings weitere 3–4 Tage in Anspruch nehmen. Der *Malzauszug* wird einem zeitlich passenden „Normalsud" entnommen. Um hierbei neben den Amylasen auch die Grenzdextrinase zu erfassen (Optimaltemperatur 55° C), wird hierfür eigens ein normales Zweimaischverfahren durchgeführt und der Malzauszug während der Behandlung der ersten Kochmaische aus der im Maischbottich bei 50° C abgesetzten Lautermaische entnommen (s. S. 128). Die Flüssigkeit ist abzukühlen.

Die etwas umständliche Technologie mit Malzauszügen wurde in einigen Brauereien durch die Zugabe von diastasereichem Malzmehl (jeweils 30 kg/100 hl) zu den geschilderten Zeitpunkten ersetzt, Hier kann u. U. sogar das langwierige Maischverfahren gekürzt werden.

7.10.1.8 *Nachgärung:* In der Regel verläuft bei sich langsam von 9° C auf 7° C senkenden Temperaturen die Vergärung des Extrakts bis auf 0 bis −0,3 % in 2–4 Wochen. Anschließend wird über einen Kühler auf einen „Kalttank" umgedrückt und bei −1° C unter Waschen mit betriebseigener Kohlensäure 1–4 Wochen gelagert, Hierbei kann bereits ein Stabilisierungsmittel (z. B, 50–80 g/hl Kieselsäurepräparat) zum Zusatz kommen.

Wurde bereits im Gärkeller zu Ende vergoren, so kann der Schritt der „Warmlagerung" übergangen und mit Stabilisierungsmittelzusatz in eine kalte Abteilung geschlaucht werden. Zu lange Lagerzeiten rufen einen eigenartigen Estergeschmack und schlechte Schaumeigenschaften der Biere hervor.

7.10.1.9 *Stabilisierung, Filtration, Abfüllung:* Der Stabilisierung muß großes Augenmerk geschenkt werden, da die Malzauszüge anteilmäßig große Mengen an hochmolekularem, koagulierbarem Stickstoff einbringen. Neben der Zugabe von Mitteln im Lagertank sind solche auch bei der Filtration in einer Menge von ca. 100 g/hl zuzugeben. Dennoch können Eiweißtrübungen bei der späteren Pasteurisation des Flaschenbieres auftreten. Diese können vorweggenommen werden, wenn das geklärte Lagerkellerbier kurzzeitig erhitzt wird, wozu allerdings ein Gefäßwechsel mit nachfolgender Klärung erforderlich ist. Wenn diese Maßnahme nach einer definierten Reifung getätigt wird, dann können Umlagerung, Kurzzeiterhitzung und Kühlung, evtl. die Zugabe von Stabilisierungsmitteln gleichzeitig erfolgen. Auf dem Weg vom Tank zur Flasche muß eine Sauerstoffaufnahme peinlich vermieden werden. Pasteurisation ist deshalb günstig, da die verbliebenen Enzyme inaktiviert werden.

7.10 .1.10 *Reduzierung des Alkoholgehalts:* Nachdem der hohe Alkoholgehalt von knapp 5 GG % vielfach als Nachteil empfunden wird, wurde derselbe auf verschiedenen Wegen reduziert: durch Abdestillieren mittels Dünnschicht- oder Fallstromverdampfer oder durch Abtrennen in Membransystemen wie Dialyse oder Gegenosmose-Anlagen (s. S. 340). Auch das Aufkochen eines Teils der vergorenen Sudes in der Würzepfanne wurde getätigt. Dieses letztere Verfahren ist energieaufwendig und arbeitsintensiv, indem das weitgehend entalkoholisierte Bier über den Würzeweg wieder in den Gärkeller verbracht werden muß, um dort verschnitten und der anschließenden Reifung bzw. Lagerung unterworfen zu werden. Auch bei den anderen Verfahren wird eine Charge weitgehender vom Alkohol befreit, damit ein Verschnitt mit einem Originalbier erfolgen kann. Diese Biere haben bei einem Alkoholgehalt von 3,8 % GG (4,7 % Vol.) und einem wirklichen Extraktgehalt von 1,8 % einen rechnerischen Stammwürzegehalt von ca. 9,4 % , der in der Kategorie P = 9 % versteuert wird. Damit ist zwischen der direkten Herstellung eines derartigen Bieres und jenem nach partiellem Alkoholentzug kein Unterschied. Erfahrungsgemäß vergären die direkt etwas schwächer eingebrauten Diätbiere etwas rascher und benötigen auch etwas weniger Malzauszug bzw. Malzmehl, als die „Normalbiere" mit ca, 11,5 % Stammwürze.

7.10.2 Nährbiere

7.10.2.1 *Charakteristische Merkmale:* Diese untergärig, nur aus Malz hergestellten Biere werden entweder unter der Bezeichnung „alkoholarm" (unter 1,5 % Alkoholgehalt) oder „alkoholfrei" (unter 0,5 % Alkoholgehalt) verkauft. Nachdem der Alkoholgehalt neuerdings in Volumen-Prozenten angegeben wird, haben sich diese Grenzen auf Volumen-% eingespielt. Die Biere sind also schwächer vergoren als zu der Zeit als unter den Grenzwerten noch die Gewichts-Prozente verstanden wurden. Die Stammwürze der sehr dunklen Biere liegt unter 12 %, der scheinbare Vergärungsgrad beträgt im ersteren Fall maximal 20 %, im letzteren nur mehr 6,5–7,5 %. Der pH-Wert des Bieres liegt je nach der Vergärung bei 4,7–4,9, wenn nicht durch Sauermalz oder biologische Milchsäure eine Korrektur in Richtung auf die „Normalbiere" vorgenommen wurde. Die Farbe beträgt 60–80 EBC-Einheiten, der Bitterstoffgehalt 6–10 EBC-BE, der Kohlensäuregehalt 0,4–0,5 %.

7.10.2.2 *Malzschüttung:* Diese reicht von 90 % dunklem Malz und 10 % hellem Malz einschließlich 1 % Farbmalz bis zu 12 % hellem Karamelmalz, 70% dunklem Malz und 18% hellem Malz. Außerdem dient Sauermalz in einer Menge von 3–6 % einer Erniedrigung des Maische-, Würze- und Bier-pH.

7.10.2.3 *Brauverfahren:* Bei freizügiger Wahl des Brauwassers (hart oder weich, je nach Verfügbarkeit) wird ein Zweimaischverfahren mit der Temperaturfolge 35–50/70/77° C (s. S. 128) gewählt. Nach dem Zubrühen der ersten Maische soll eine Temperatur von 70° C vorliegen, um einen niedrigen Endvergärungsgrad zu erreichen. Diesem Ziel dienen auch hohe Verzuckerungstemperaturen von 72–76° C bei den einzelnen Teilmaischen, die auch 30 bzw. 25 Minuten gekocht werden. Springmaischen (s. S. 130) sind ebenfalls üblich. Die Würzekochzeit dauert systembedingt 70–110 Minuten, die Hopfengabe erfolgt auf einmal (15–20 mg α-Säure pro Liter Ausschlagwürze).

7.10.2.4 *Gärung:* Bei einem Spielraum bis zu 1,2 GG%/1,5 Vol. % erfolgt bei 8–10 % Vergärungsgrad eine rasche Rückkühlung auf ca. 2° C. Bei 10–13 % Vergärungsgrad wird über einen Tiefkühler mit 0° C geschlaucht und dann bei einem Spundungsdruck von 0,4–0,5 bar so lange gelagert, bis ein Vergärungsgrad von ca. 16–18 % erreicht ist. Dies dauert 1–2 Wochen, kann aber bei entsprechender Kontrolle bei einer etwas höheren Temperatur schneller geschehen. Anschließend erfolgt die Filtration, wobei eine Zentrifuge den Kieselgurfilter entlastet.

Bei einem niedrigen Alkoholgehalt von unter 0,5 % kommt dem niedrigen pH der Würze durch Mitvermaischen von Sauermalz und gegebenenfalls biologischer Säuerung der Kochwürze auf pH 4,9 große Bedeutung zu. Es kann günstig sein, die Vergärung in einer 10%igen Würze gleich im Lagerkeller bis auf einen Alkoholgehalt von 0,6 % zu treiben und dann vor der Filtration 15 % eingedickte Vorderwürze von 30 % Stammwürze zuzugeben. Dies erbringt – nicht zuletzt durch die beim Konzentrationsprozeß gebildeten Maillard-Produkte – eine bessere Abrundung des Geschmacks. Eine Korrektur der Farbe mittels Farbebier sichert auch von dieser Seite eine gewisse Gleichmäßigkeit.

7.10.2.5 *Abfüllung:* Eine Vollpasteurisation ist unerläßlich, um eine nachträgliche Hefeentwicklung und Gärung auf der Flasche zu vermeiden. Das Bier sollte in der Flasche 20 min. bei 75° C gehalten werden.

Heutzutage spielt das *„Malzbier"* (*„Malztrunk"*) die wesentlich größere Rolle. Nachdem diese aber wegen des verfahrensbedingten Zukkerzusatzes obergärig hergestellt werden müssen, sollen diese im Kapitel „Obergärige Biere" besprochen werden.

7.10.3 Alkoholfreie Biere

Nach der derzeitigen Gesetzgebung darf der Alkoholgehalt dieser Biere 0,5 % nicht überschreiten. Nach der Angabe auf dem Etikett sind hierunter Volumen-Prozente zu verstehen.

Die alkoholfreien Biere haben sich während der letzten Jahre stärker einführen können. Sie lassen sich unterscheiden nach den Bierarten: untergärig oder obergärig sowie nach der Art ihrer Herstellung: entweder wird die Gärung nur bis zu einem Alkoholgehalt von 0,5 Vol-% geführt oder es wird das normal vergorene Bier einem Entalkoholisierungsvorgang unterworfen.

7.10.4 Verfahren zur Begrenzung des Alkoholgehaltes

Hierbei sind zu unterscheiden: Das Abfangen der Gärung bei einem Vergärungsgrad, der einem Alkoholgehalt von ca. 0,5 Vol-% entspricht, die Vergärung mit Hefen, die keine Maltose bzw. Maltotriose verwerten können sowie eine zweistufige Vergärung mit Milchsäure und anschließend mit Hefe.

7.10.4.1 Das *Abfangen der Gärung*, auch *Verfahren mit gestoppter Gärung* genannt, baut primär auf der Bereitung einer Würze auf, die besondere Merkmale aufweist: Der Stammwürzegehalt dieser alkoholfreien Biere ist aus geschmacklichen Gründen bei 7–8 % angesiedelt, doch zeigte sich, daß 6–6,5 % oder gar darunter eher noch günstigere Geschmackseigenschaften haben. Bei schwächeren Würzen tritt der würzeartige Geschmack weniger stark in Erscheinung.

Die *Malzschüttung* wird so gewählt, daß im fertigen Produkt eine Farbe vorliegt, die der Typenreihe der herstellenden Brauerei entspricht. Um bei der Verdünnung um ca. 40 % Rechnung zu tragen, wird ein großer Teil der Schüttung aus „Wiener" Malz (Farbe 5 EBC-

Einheiten) gewählt und dazu noch ca. 10 % Caramelmalz (5 % von Farbe 25 EBC und 5 % von Farbe 4 EBC) gegeben. Der Rest ist Pilsener Malz. Das Wiener Malz vermittelt einen kräftigen Charakter, ohne die malzaromatische Note des Münchener Malzes zu besitzen. Das helle Caramelmalz hat ebenfalls eine malzig-caramelartige Note, doch hat es durch die Führung des Röstprozesses weniger Aromastoffe als z. B. das Münchener Malz. Es trägt, wie auch das sehr helle Caramelmalz zur Vollmundigkeit bei. Im Falle, daß die biologische Säuerungsanlage nicht ausreichen sollte, sind ca. 3 % Sauermalz (Maische-pH 5,4–5,5) günstig.

Das *Brauverfahren* zielt auf die Herstellung einer ca. 12 %igen Würze ab. Es ist günstig, eine Verdünnung erst vor der Kaltwürzemessung vorzunehmen, oder, nach Zulassung, des Bieres vor der Filtration mit entsprechend aufbereitetem Wasser (s. S. 372).

Die Brauwasserbeschaffenheit entspricht dem jeweiligen Biertyp, wobei eine Restalkalität um 5° dH bei gleichzeitiger biologischer Säuerung oder Sauermalzgabe der Vollmundigkeit zugutekommt. Das Maischverfahren ist vorzugsweise ein Dekoktionsverfahren mit 1–2 Kochmaischen, wobei auf einen etwas niedrigeren Endvergärungsgrad durch Übergehen der Maltosebildungstemperaturen abgehoben wird. Das Verfahren 35/70/77° C (s. S. 128) ist hierfür gut geeignet, die einzelnen Teilmaischen werden bei ca, 75° C verzuckert. Das auf S. 130 geschilderte Springmaischverfahren senkt den scheinbaren Endvergärungsgrad auf unter 65 % ab: Die Schüttung wird dick, d. h. 1 : 2,0 bei 45° C eingemaischt und ca. 30 Minuten Rast gehalten. Sie wird anschließend in die gleiche Menge kochendes Wasser (1 : 2,7) eingepumpt. Dadurch werden die Enzyme größtenteils verbrüht und der noch verbleibende α-Amylasen-Rest genügt, um während einer einstündigen Rast bei 73° C einen Abbau der Malzstärke zu Dextrinen zu bewirken, wenngleich Jodnormalität nicht erreicht wird. Bei einem patentierten Verfahren wird die Malzmaische in eine kochende Trebermaische überführt.

Die Vorderwürzekonzentration liegt bei dem Springmaischverfahren bei ca. 14 %, sie wird generell etwas schwächer gewählt, um das spätere Bier etwas weicher zu gestalten.

Das Würzekochen soll bei kräftiger Verdampfung eine gute Austreibung von Würzearomastoffen erreichen: bei allen Kochsystemen ist deshalb eine um 10–15 % längere Kochzeit angebracht. Die Hopfengabe kann bewußt auf ein Hopfenaroma im Bier ausgelegt sein, wobei nur Aromahopfen als erste Gabe beim Einpumpen in die Würzepfanne, als zweite 10 Minuten nach Kochbeginn und als dritte 25–30 Minuten vor Kochende gegeben werden. Wird kein Hopfenaroma gewünscht, so findet meist entölter Harzextrakt Verwendung. Die Dosierung der biologischen Michsäure erfolgt relativ spät, um die Spaltung des DMS-Vorläufers nicht zu behindern. Ein Teil Milchsäure, auf einen pH-Wert von 4,9–5,0 wird 15–20 Minuten vor Kochende gegeben, eine zweite Menge zur Einstellung auf ca. 4,5 ca. 10 Minuten später. Es ist sehr wichtig, daß das spätere Bier einen pH-Wert um 4,4–4,5 erreicht.

Der Einsatz eines Entspannungskühlers ist günstig. Hier sind zwei Wege möglich: in der Ausschlagleitung zum Whirlpool bzw. Heißwürzetank (s. S. 192) oder nach dem Plattenkühler. Es geht wohl durch die Verdunstung von Wasser ein Teil der Wärme verloren, doch ist der positive Einfluß auf das Geschmacksbild des späteren Bieres analytisch nachweisbar. Im ersteren Falle wird die Nachisomerisierung verringert. Die Bitterstoffausbeute ist generell bei Würzen für alkoholfreies Bier nicht hoch, so daß der Entspannungskühler in der Ausschlagleitung in dieser Hinsicht (und wegen der schlechteren Trubsedimentation) problematisch sein kann.

Die Hopfengabe variiert stark, je nachdem im Bier 20–22 oder 28–30 EBC-BE angestrebt werden. Vor der Kaltwürze-Erfassung wird biologisch einwandfreies Brauwasser zur Einstellung des gewünschten Stammwürzegehaltes beigegeben.

Die *Gärung* sollte in CO_2-flotierter, kaltsedimentierter oder kaltfiltrierter Würze möglichst einige Tage dauern. Demnach richtet sich die Anstellhefemenge von $15–25 \times 10^6$ Zellen und die Anstelltemperatur von 4–6° C. Um hier keinen Alkohol einzubringen, ist die Hefe zu waschen. Nach (48–) 72 Stunden ist bei 7,2 % Stammwürze ein Vergärungsgrad von ca. 10 %, entsprechend 0,45 Vol-% Alkohol erreicht. Bei einem Stammwürzegehalt von 5,5 % entspricht dies rund 14 %. Zur Unterbrechung der Gärung wird nun entweder zentrifugiert, wobei die Hefezellmenge auf unter $0,1 \times 10^6$ abzusenken ist oder filtriert, anschließend auf 0 bis −1° C abgekühlt und dabei auf ca. 0,5 % CO_2-Gehalt (mit betriebseigenem CO_2) karbonisiert. Die *Lagerzeit* dauert bei dieser Temperatur 14–21 Tage, wobei eine mehrmalige CO_2-Wäsche von jeweils 24 Stunden mit 3 g/hl × h CO_2 dem Auswaschen von Würzearomanoten dient.

Die *Filtration* geschieht unter Beigabe von ca. 50 g/hl Kieselgel mit nachfolgender PVPP-Stabilisierung mit ca. 50 g/hl und Sicherheitsfiltration. Eine Korrektur bzw. Einstellung des Kohlensäuregehalts auf 0,48–0,53 % ist üblich. Die abgefüllten und in der Flasche pasteurisierten Biere erreichen wohl die gewünschte Stabilität von 6 Warmtagen auf 0/60/0° C, doch zeigen sie meist einen leichten, unauffälligen Bodensatz. Unangenehm ist eine Flockenbildung im filtrierten Bier, die u. U. daraus resultiert, daß das alkoholfreie Produkt nach einer anderen, „normalen" Biersorte filtriert wurde, die Adsorptionskraft der Filtermedien nicht ausreichte oder Ionen (Calcium, Oxalate) von der Vorbehandlung des Filters an das Bier übergingen. Eine sehr starke Nachkarbonisierung kann zur Ausfällung von Eiweiß an der Oberfläche der CO_2-Bläschen führen. Beanstandung finden auch dunkelgefärbte Ausfällungen von Hopfenharzen, die sich meist im Flaschenhals absetzen. Hier muß für eine Verbesserung der Isomerisierung der α-Säuren gesorgt werden.

7.10.4.2 Kontinuierliche Herstellung mittels immobilisierter Hefe (Bioreaktor):

Der Reaktor ist mit einer Trägersubstanz aus DEAE-Zellulose oder porösen Glasperlen befüllt, auf die normale, untergärige Hefe aufgetragen wird. Die, wie vorbesprochen, hergestellte Würze wird durch den Reaktor geleitet, wobei je nach Durchsatzgeschwindigkeit ein Alkoholgehalt von 0,05 bis 0,5 Vol-% resultiert. Die im Verhältnis große Hefemenge bewirkt eine Reduktion von Würze-Carbonylen in die korrespondierenden Alkohole, so daß der würzetypische Geschmack trotz der geringen Vergärung recht gut abgebaut wird. Das so behandelte „Bier" wird gekühlt, karbonisiert, einige Tage kalt gelagert und, wie oben geschildert, filtriert, stabilisiert, abgefüllt und pasteurisiert (s. S. 256).

7.10.4.3 Die Vergärung mit besonderen Hefen:

Hefen, wie z. B. Saccharomycodes ludwigii, die nur Monosaccharide und Saccharose vergären, können ebenfalls (wie auch in einem patentierten Verfahren bewährt) zur Herstellung von alkoholfreiem Bier angewendet werden. Die Vergärung der nach den geschilderten Verfahren hergestellten Würzen gestaltet sich sehr langsam. Es kann daher leicht zu Infektionen, z. B. durch Kulturhefen oder durch Würzebakterien kommen. Die Hefeernte ist gering, da die Hefe schlecht absetzt. Sie kann aber bei der folgenden Separierung zur Sicherstellung des Vergärungs-

grades gewonnen werden. Trotzdem ist eine laufende Hefe-Nachzüchtung erforderlich. Das Verfahren ist umständlich und die resultierende Bierqualität nicht immer gleichmäßig, obgleich sie durch die Kombination mit der biologischen Säuerung ebenfalls positiv beeinflußt wurde.

7.10.4.4 Milchsäuregärung mit nachfolgendem Hefe-Einsatz:

Dieses zweistufige Verfahren läuft wie folgt ab: ungehopfte Würze von ca. 10 % Stammwürze wird in der Sudpfanne zum Zwecke der Sterilisation aufgekocht und anschließend auf 35–37° C abgekühlt. Hier wird sie mit Milchsäurebakterien beimpft und die Säuerung bis auf einen pH-Wert von 4,1–4,2 geführt. Die saure Würze wird wiederum in die Pfanne verbracht und – je nach Kochsystem – 70–100 Minuten mit Hopfen (Aromapellets 10 g α-Säure/hl) gekocht. Nach der Trubabscheidung im Whirlpool, Einstellung der Stammwürze auf 6–7 % und partieller Kühltrubentfernung wird, wie oben beschrieben, bis auf einen Alkoholgehalt von knapp 0,5 Vol-% vergoren, gelagert etc.

Durch die voraufgegangene Milchsäuregärung sind die so hergestellten Biere reiner, „bierähnlicher" und bemerkenswert geschmacksstabil. Ein Nachteil ist das zweimalige Würze kochen, wovon der Sterilisationsverschnitt möglicherweise auch durch eine Wärmetauscher (Kurzzeiterhitzer) ausgeführt werden kann.

7.10.4.5 Die Zusammensetzung der, durch die Verfahren der gestoppten oder begrenzten Gärung hergestellten Biere:

Je nach der Verwendung von unter- oder obergäriger Hefe werden die Analysendaten etwas abweichend; geschmacklich treten die Eigenschaften, z. B. der Weizenbierhefe gegen den doch dominierenden Würzecharakter zurück. Das Problem der Weizenbierhefe ist der rasche Anstieg des 2-Acetolactats bei der Angärphase, wobei sich eine „Gär"-Temperatur von 12° C als günstiger erwies als eine niedrigere. Je weitergehender die Gärung im Bereich der zulässigen Alkoholgrenze, um so mehr wünschenswerte Gärungsnebenprodukte entstehen und um so stärker werden die Würzearomastoffe reduziert. Dies zeigt die Tabelle auf Seite 340.

7.10.5 Alkoholentzug mit physikalischen Verfahren

Hierbei sind zu unterscheiden: Destillationsverfahren im Vakuum mittels Dünnschicht-, Fall-

Herstellung/Hefe:	untergärig	obergärig	Spezialhefe	Bioreaktor
Stammwürze %	7.0	7.4	6.5	6.5
Ethanol Vol. %	0.50	0.48	0.47	0.48
pH	4.25	4.45	4.35	4.25
Bitterstoffe EBC	22.0	15.0	24.0	27.0
Summe höh. aliph. Alkohole ppm	10.0	11.0	7.0	3.0
2-Phenylethanol ppm	2.0	3.5	1.0	1.0
Summe Essigsäureester ppm	4.7	4.1	4.3	0.3
Summe Fettsäuren ppm	2.1	3.5		2.0
2-Methylbutanal ppb	25.0	25.0	23.0	10.0

Alkoholfreie Biere, hergestellt durch Begrenzung des Alkoholgehalts.

strom- oder Gegenstromverdampfung sowie Membranverfahren wie Dialyse oder Umkehrosmose.

Diese Verfahren können miteinander kombiniert werden, wie auch entalkoholisierte Biere mit solchen aus gestoppten Gärungen im wohlüberlegten Verschnitt hergestellt werden.

7.10.5.1 *Dünnschicht-Verdampfer mit rotierenden Heizflächen:* Hier wird der Wärmeaustausch mit der Zentrifugalkraft kombiniert, die durch die Rotation einer konischen Heizfläche entsteht. Diese bewirkt das Ausbreiten des Bieres in einer sehr dünnen Schicht (Filmdicke 0,2 mm) über die Heizfläche. In Kontaktzeiten von weniger als einer Sekunde wird dabei aus dem Bier Alkohol abgedampft. Das alkoholreduzierte Bier wird über ein Schälrohr und eine Pumpe zu einem Plattenkühler gefördert und gekühlt. Die alkoholhaltigen Brüden werden kondensiert. Die Produkttemperatur wird während der Destillation auf 38° C gehalten.

7.10.5.2 *Fallstromverdampfer:* Auch dieser ist ein Dünnschichtverdampfer, bei dem ein dünner Rieselfilm über die Innenwände senkrechter Rohre gegeben ist. Die Rohre werden mit Dampf im Gleichstrom beheizt, wobei der Dampf an den Außenseiten der Rohre kondensiert. Die entstehenden alkoholhaltigen Brüden werden über den Gemischkanal einem Abscheider zugeführt und dort von mitgerissenem Bier getrennt. Durch die Einstellung eines entsprechenden Vakuums wird die Temperatur des Bieres im Bereich von 36–40° C gehalten.

Bei den geschilderten Verdampfungsvorgängen tritt eine Konzentrationserhöhung des Bieres ein. In einer Anlage wurden zum Erreichen von 0,6 Vol. % Alkohol rund 40 %, zur Entalkoholisierung auf 0,3 % sogar rund 60 % der ursprünglichen Flüssigkeitsmenge als Wasserdampf abgeführt. Es ist günstig, den CO_2-Gehalt der Biere niedrig zu halten, da die Kohlensäure die Wärmetauscheroberflächen belegt.

7.10.5.3 *Gegenstromdestillation/Rektifikation:* Die Anlage besteht aus einem Plattenwärmetauscher zum Erhitzen des Bieres auf die Verdampfungstemperatur von ca. 42° C; dem Bier wird in einem Entgaser unter Vakuum die Kohlensäure entzogen; dabei gehen auch leichtflüchtige Aromastoffe (höhere Alkohole, Ester) über. Das Bier gelangt von oben über die Abtriebsäule der Kolonne und sammelt sich dort mit ca. 46° C an. Von dort wird das Bier über den Fallstromverdampfer geleitet. Der alkoholhaltige Brüden strömt in der Rektifizierkolonne gegen die Flüssigkeit vom Kolonnensumpf zum Kolonnenkopf, gelangt dabei über die Verstärkersäule und erreicht an deren oberen Ende eine Konzentration von ca. 75 %, Der Alkoholdampf wird im Kondensator niedergeschlagen. Das entalkoholisierte Bier läuft dem Plattenwärmetauscher zu und wird auf 0° C abgekühlt. Das im Entgaser anfallende Kohlendioxid wird über eine Vakuumleitung in einen Aromawäscher geführt und mit entalkoholisiertem Bier oder mit Frischwasser gewaschen. Das Bier wird in Anlage nicht aufkonzentriert.

Bei den Verdampferanlagen ist es wichtig, daß das Bier keine thermische Belastung durch die Einwirkung zu hoher Temperaturen bei zu langen Heißhaltezeiten erfährt. Dem Nachteil der weitgehenden Ausdampfung „edler" Aromastoffe wie Essigsäureester und höherer aliphatischer Alkohole steht der Vorteil gegenüber, daß das Bier bis auf einen Alkoholgehalt von 0,1 % gebracht werden kann. Dies bietet die Möglichkeit, durch Verschnitt mit Ursprungsbier – meist ca. 6% des Volumens – wieder Aromastoffe zuzufügen und eine Verbesserung der Geschmacksabrundung zu erreichen. Beim geschilderten Gegenstromdestillations-/Rektifikationsverfahren kommt dazu noch der Aromazuschnitt aus dem Gaswäscher. Dies äußert sich in einem relativ höheren Anteil an höheren Alkoholen und Estern (s. Tab. S. 342).

7.10.5.4 *Dialyseverfahren:* Bei dieser Membrantrennung erfolgt ein Stoffübergang aufgrund eines Konzentrationsgefälles. Die Membran trennt das Bier in das entalkoholisierte Produkt und das Dialysat. Zwischen den beiden besteht keine Druckdifferenz, wohl aber eine Differenz der Alkoholkonzentrationen. Ansonsten haben Produkt und Dialysat weitgehend die gleiche Zusammensetzung, so daß andere Substanzen als Alkohol nicht durch die Membran diffundieren. Das Produkt wird im Gegenstrom zum Dialysat durch das Membranmodul gefördert. Dabei wird sein Alkoholgehalt verringert. Das alkoholangereicherte Dialysat wird über eine Vakuumdestillationsanlage vom Alkohol befreit. Das entalkoholisierte Dialysat gelangt in den Dialysekreislauf zurück. Die Alkoholentfernung ist aus wirtschaftlichen Gesichtspunkten kaum weiter als bis auf 0,5 Vol. % Alkohol ratenswert. Es ist aber ein Vorteil des Verfahrens, daß der ursprüngliche Kohlensäuregehalt des Bieres im entalkoholisierten Produkt erhalten bleibt und nur geringe Verluste an anderen Inhaltsstoffen auftreten. Im Vergleich zu den Destillationsverfahren sind die Restgehalte an höheren Alkoholen und Estern etwas höher als bei diesen.

7.10.5.5 Die *Umkehrosmose* vermittelt den Stoffübergang durch eine Membrane aufgrund eines Druckgefälles. Membranen entsprechender Porengröße sind für Moleküle geringer Größe wie Salze, Wasser und Alkohol durchlässig, wenn eben die Druckdifferenz zwischen Retentat- und Permeatseite größer ist als der osmotische Druck der zu trennenden Lösung (Umkehrosmose). Bei der Entalkoholisierung von Bier werden Drücke

von 30 und 45 bar und Temperaturen von 5–15° C angetroffen. Die Arbeitsweise entspricht dabei den auf S. 270 besprochenen Kreuzstrom- (Crossflow-) Filtern. Das Bier ist nach der Entalkoholisierung von höherer Konzentration als das Endprodukt. Zur Einstellung des Stammwürze- (und Alkohol-) Gehalts wird es mit entsalztem (Gegenosmose oder Ionenaustauscher) und entlüftetem Wasser (weniger als 0,1 ppm O_2) aufgefüllt und mit Kohlensäure imprägniert. Auch hier verbleiben etwas mehr höhere Alkohole und Ester im entalkoholisierten Bier als bei den Destillationsverfahren.

Aus Kostengründen ist ein weitergehendes Absenken des Alkohols als bis auf 0,5 Vol.% nicht üblich.

7.10.5.6 Die *begleitende Technologie zur Herstellung von entalkoholisierten Bieren* bei den *Destillationsverfahren*, die mit dem Alkohol zusammen auch Wasser entziehen, kann es zweckmäßig sein, die Rückverdünnung mit entgastem entkarbonisiertem Wasser nicht bis zum ursprünglichen wirklichen Extrakt von z. B. 4 % vorzunehmen, sondern einen Extraktgehalt von 5–5,5 % anzustreben, um dem Bier mehr Vollmundigkeit zu verleihen. Genauso wichtig ist es aber, die bei manchen Verdampfungsverfahren auftretenden Produkte der thermischen Belastung durch Aufkräusen zu reduzieren oder durch Beigabe von 4–6 % Originalbier etwas zu kompensieren.

Eine weitere Möglichkeit ist, für die Entalkoholisierung eigene Sude einzubrauen und deren Stärke auf 13–14 % zu erhöhen und/oder den Endvergärungsgrad zu verringern. Hierbei werden zwei Vorteile erzielt: einmal bleibt über den Restextrakt mehr „Körper" im Bier, zum anderen liegt der Alkoholgehalt niedriger, es muß also nicht so viel entzogen werden.

Eine derartige Verfahrensweise ist auch dann üblich, wenn die Biere, wie im Falle der *Membranverfahren* keinen Verschnitt mit Kräusen oder Normalbier mehr erfahren können.

Entalkoholisierte Biere vertragen nicht so viel Bitterstoffe wie das Original-Pilsener der Brauerei. Hier ist es also zweckmäßig, die Spezialsude mit weniger Bitterstoffgehalt einzubrauen oder zum Entalkoholisieren ein Export- oder Spezialbier heranzuziehen. Dieses bringt neben dem höheren Restextrakt auch mehr höhere Alkohole und Ester ein, von denen allerdings immer nur ein relativ geringer Anteil (bei Destillationsverfahren ein sehr geringer Prozentsatz) im entalkoholisierten Bier verbleibt.

Verfahren	Dialyse	Destillation		
		auf 0,5% Et.	+ Aroma CO_2-Wäscher	0,1% Et. + Aroma + 6 % Kräusen
Stammwürze %	5.3	5.16	5.00	5.12
Extrakt %	4.12	3.91	3.86	3.92
Alkohol Vol. %	0.48	0.48	0.50	0.49
pH	4.55	4.75	4.78	4.70
Bitterstoffe EBC	28.0	27.0	27.5	28.5
Summe höh. aliph. Alkohole ppm	4.4	2.8	9.0	19.0
Summe Essigsäureester ppm	1.3	0.3	3.8	7.7
2-Phenylethanol ppm	21.0	18.0	20.0	22.0
Summe Fettsäuren ppm	5.0	4.0	4.0	3.5
2-Methylbutanal ppb	8	12	11	5

Alkoholfreie Biere durch Alkoholentzug hergestellt.

Aus diesem Grund werden die zur Entalkoholisierung vorgesehenen Biere auch verschiedentlich wärmer vergoren, wodurch mehr Gärungsnebenprodukte gebildet werden. Auch kann eine „warme" Reifung den Kohlensäuregehalt begrenzen, der bei manchen Destillationsverfahren stört.

Bei Verschnitt des mittels Destillationsverfahrens auf 0,1–0,25 % Restalkohol gebrachten Biere mit Kräusen werden wohl Jungbukettstoffe in das Bier eingebracht, doch erhält es dadurch eine gewisse Frische und Abrundung. Es ist allerdings notwendig, das Bier nochmals zu lagern und anschließend zu filtrieren. Bei Verschnitt mit normalen, filtriertem Pils oder hellem Lagerbier fällt die Zwischenlagerung weg.

Bei Weizenbieren kann die Kräusengabe als „Speise" für eine gewisse Spanne an Flaschengärung dienen (s. S. 357). 6 % Kräusen bringen ca. 0,5 % Extrakt ein, der im Stapelraum bei 12–18° C rasch vergärt und der den Kohlensäuregehalt um ca. 0,25 % erhöht. Es wird also stets ein Nachkarbonisieren mit Eigenkohlensäure erforderlich. Das letztgeschilderte Destillationsverfahren erlaubt es, durch eine zusätzliche Kompressor-Anlage die ausgetriebene und gewaschene Kohlensäure wieder unmittelbar zuzusetzen. Bei der Dialyse bleibt der CO_2-Gehalt des Bieres annähernd erhalten, er muß lediglich vor dem Abfüllen korrigiert werden.

Analysen von alkoholfreien Bieren, die nach einer der Entalkoholisierungsmethoden hergestellt wurden, zeigt die obenstehende Aufstellung.

Obergärige Biere behalten auch nach der Entalkoholisierung mehr Aromastoffe. Hierbei handelt es sich um schwerer flüchtige Substanzen oder um solche, die die Membranen weniger leicht passieren als das Ethanol. Es tritt aber, wie die Tabelle zeigt, eine Umkehrung der Verhältnisse der edleren Aromastoffe zu aromatischen Alkoholen und insbesondere zu Fettsäuren und deren Estern ein. Dieser Umstand ist auch die Ursache dafür, daß die Biere nach der Entalkoholisierung einen jeweils spezifischen Geschmack haben können. Deshalb sollen schon bei der Herstellung des Ausgangsbieres alle Maßnahmen getoffen werden, um den Gehalt an Fettsäuren und deren Estern niedrig zu halten, z. B. durch die Verwendung physiologisch einwandfreier Hefen und durch die Schaffung günstiger Bedingungen für Gärung und Reifung. Verschiedentlich ist auch eine Art „Kochgeschmack" gegeben, der sich durch eine starke Steigerung von Furfural, Methylbutanal etc. analytisch verfolgen läßt. Um die Gehalte an mittelkettigen Fettsäuren und deren Estern niedrig zu halten, ist es wichtig, bei der Gärung und Reifung alle die Faktoren zu vermeiden, die Hefeexkretionen (FAN, Fettsäuren, Fettsäureester) zur Folge haben können (s. S. 207).

Eine weitere Möglichkeit ist es, durch Phasentrennung Gärungsnebenprodukte aus einer Charge „Normalbier" an Säulen mit einem entsprechenden Adsorptionsmittel anzulagern. Diese Aromastoffe werden anschließend mittels Alkohol eluiert, wofür aber nach dem Biersteuergesetz nur Alkohol aus der eigenen Entalkoholisierungsanlage der betreffenden Brauerei verwendet werden darf. Bei der unter 7.10.5.3 geschilderten Anlage zur Gegenstromdestillation/Rektifikation (s. S. 340) fällt der Alkohol in einer Konzentration von ca. 75 % an und kann in einem „geschlossenen

System" für diese Aufgabe herangezogen werden. Andere Anlagen bedürfen einer ergänzenden Rektifizierungsanlage.

7.10.6 Die Kombination der verschiedenen Verfahren zur Herstellung von alkoholfreiem Bier

7.10.6.1 *Kombination von Bieren aus gestoppter Gärung mit entalkoholisierten Produkten:* Nachdem die entalkoholisierten Biere häufig eine gewisse Leere und Härte in ihrem Geschmack aufweisen, kann ein Verschnitt mit solchen aus gestoppter Gärung mehr Vollmundigkeit, Weichheit und Abrundung einbringen. Häufig werden deshalb 15–35 % des letzteren mit dem entalkoholisierten Bier verschnitten. Zu diesem Zweck ist das Bier mit gestoppter Gärung mit aller Sorgfalt herzustellen wie mit Spezialmalzanteilen, biologischer Säuerung, u. U. mit nachträglicher Verdünnung, um den Würzegeschmack bestmöglich zu eliminieren. Wenn diese Biere dann noch über die Entalkoholisierungsanlage gefahren werden, dann wird der Würzecharakter weiter vermindert. Die Entalkoholisierung erlaubt andererseits aber auch die Vergärung weiter, d. h. bis auf ca. 1,5 % Alkohol zu treiben und so einen reineren Geschmack zu erzielen.

15 % gestopptes Bier mit 0,5 % Alkohol bringen bei einer Stammwürze von 7 % noch 0,15 × 4,2 = knapp 0,6 % vergärbaren Extrakt in das Gesamtprodukt ein. Dies erfordert eine biologische Sicherung durch einen Kurzzeiterhitzer und kaltsterile Abfüllung (s. S. 291), um eine Vermehrung von Hefen in der Flasche zu vermeiden. Bei höherem Beischnitt ist der Tunnelpasteur empfehlenswert.

7.10.6.2 *Kombination der verschiedenen Entalkoholisierungsverfahren:* Hier ist meist eine Ergänzung z. B. einer bestehenden Membrananlage durch eine Destillation anzutreffen, um einer gestiegenen Anforderung nach alkoholfreiem Bier entsprechen zu können. Die Destillationsanlage entfernt mehr Gärungsnebenprodukte wie höhere Alkohole und Ester, erlaubt aber andererseits eine weitergehende Entalkoholisierung als Membrananlagen. Damit kann wiederum der angesprochene Verschnitt mit Originalbier (s. S. 341) vorgenommen und ein gewisser Ausgleich des Aromaspektrums erzielt werden.

7.10.6.3 *Physiologische Eigenschaften alkoholfreier Biere:* Die alkoholfreien Biere sind, wie geschildert, nicht absolut alkoholfrei. Doch sind die enthaltenen Alkoholmengen von unter 0,5 Vol. % pharmakologisch und physiologisch nicht abträglich. So führt der Verzehr von 2 Litern derartigen Bieres innerhalb von 90 Minuten zu keiner Zunahme des Blutalkohols. Es ist zu berücksichtigen, daß auch in Obstsäften, Süßmosten und Nektaren, in Brot, Milch und Obst geringe Mengen an Alkohol vorhanden sind. Eine absolute Alkoholfreiheit gibt es in der belebten Natur offensichtlich nicht.

Alkoholfreies Bier beinhaltet deutlich weniger Kalorien als das „Normalbier". Während 7–7,5%ige Biere aus gestoppter Gärung 270–290 kcal/kg (1140–1215 kJ) enthalten, liegen die entalkoholisierten Produkte mit 165–220 kcal (690–920 kJ) deutlich niedriger. Die „Osmolalität" eines Getränks spielt bei starker physischer Belastung (z. B. schwere körperliche Arbeit, Sport) eine große Rolle. Die Osmolalität bezieht sich auf den osmotischen Druck des Blutserums (ca. 290 mmol/kg), wobei Getränke, die einen ähnlichen osmotischen Druck wie das Blut aufweisen, als isotonisch bezeichnet werden, solche mit wesentlich weniger als hypotonisch, mit wesentlich mehr als hypertonisch. Die Osmolalität von gestoppten alkoholfreien Bieren ist praktisch isotonisch, die von entalkoholisierten hypotonisch. Bei isotonischen Getränken werden verlorengegangene Flüssigkeiten (Wasser), Kohlenhydrate, Mineralstoffe, Vitamine, Aminosäuren etc. in kurzer Zeit ersetzt, so daß die körperliche Leistungsfähigkeit erhalten bleibt. Der Mineralstoffgehalt liegt bei 7%igen Bieren um ca. 40 % niedriger als bei knapp 12%igen, ebenso liegt die Menge an Purinen um dieses Niveau niedriger.

7.10.6.4 *Herstellung von praktisch alkoholfreiem Bier:* Diese kann durch die Gesetzgebung in manchen Ländern erforderlich werden. Bei Destillationsanlagen werden wohl Restalkoholgehalte von 0,1–0,2 % erreicht, doch entspricht dies nicht den geforderten Werten von 0,01–0,02 %. Hier hat es sich am günstigsten erwiesen, Biere, die mittels gestoppter Gärung hergestellt wurden, noch ergänzend über eine Destillationsanlage bis auf den Wert von 0,01 % zu entalkoholisieren. Die Biere enthalten dann aber praktisch keine höheren aliphatischen Alkohole und Ester mehr, sie schmecken neutral und auch etwas weniger würzeartig als das vergleichbare Produkt mit 0,5 Vol. %.

Mittels *Bioreaktor* (s. S. 256) kann ebenfalls – in Abhängigkeit von der Durchsatzgeschwindigkeit

– ein ähnliches alkoholfreies Getränk erzeugt werden.

Das sog. *Kältekontaktverfahren*, bei dem eine Hefemenge von ca. 30–10^6 Zellen mit einer auf 0° C abgekühlten Würze angestellt wird, erzielt durch die große Hefeoberfläche eine Reihe von Reduktionsvorgängen, die den Würzegeschmack abbauen. Die Separierung bzw. Filtration erfolgt, bevor sich eine, noch so geringe Vergärung zeigt. Die Nachbehandlung entspricht der auf S. 338 geschilderten.

7.10.6.5 Abschließende Bemerkungen: Die Einführung der Steuerbefreiung von alkoholfreiem Bier ist eine große Erleichterung, da sie es erlaubt, Biere der unterschiedlichen Stammwürzekategorien miteinander zu kombinieren. Dies bietet ein weites Feld, technologische Feinheiten anzuwenden. Wie die Kosten-Aufstellung zeigt, sind die Biere mit gestoppter Gärung am billigsten, die mittels Membranverfahren am teuersten herzustellen. Bei der Destillation/Rektifikation könnte der Erlös des zurückgewonnenen ca. 75%igen Alkohols eine deutliche Entlastung erbringen, doch ist er als „Alkohol aus landwirtschaftlichen Tertiärprodukten" nicht für den menschlichen Genuß (als Bier-Branntwein) zugelassen; die Zufuhr zum Monopolsprit stößt auf die Grenzen von Brennrechten, so daß dieser wertvolle Alkohol nur zu untergeordneten Zwecken (vergällt) oder als Brennstoff (nach Erlegung der Mineralölsteuer) und unter Einhalten zollamtlicher Sicherheitsvorschriften eingesetzt werden kann.

Die Kosten der Herstellung alkoholfreier Biere hängen ab vom jeweiligen System des Alkoholentzugs, ob der Alkoholgehalt weiter abgesenkt wird als auf 0,5 Vol. %, um einen Verschnitt mit Normalbier oder Kräusen tätigen zu können, vom Auslastungsgrad der Anlage, von den ergänzenden Maßnahmen etc. Die Herstellung einer ca. 7%igen Würze würde sogar 40 % der Malzkosten sparen, wobei die geringere Hopfenausbeute und vor allem die Tunnelpasteurisation diese Ersparnisse zum Teil ausgleichen. Von den physikalischen Verfahren steigen die Kosten von ca. 6 DM/hl (Fallstromverdampfer) über Umkehrosmose bis zu ca. 12 DM/hl bei Dialyse. Das Verfahren der Gegenstromdestillation mit Rektifikation könnte um die Erlöse für den 75%igen Alkohol entlastet werden. Die angegebenen Zahlen beziehen sich auf eine 100%ige Auslastung der Anlagen.

7.10.6.6 Die Abfüllung alkoholfreier Biere: Die entalkoholisierten Produkte werden nach dem Alkoholentzug karbonisiert, filtriert, auf den gewünschten CO_2-Gehalt eingestellt, kurzzeiterhitzt und unter bestmöglich sterilen Bedingungen auf Flaschen abgefüllt oder in Flaschen pasteurisiert. Die Biere sind aufgrund des niedrigen Alkoholgehalts infektionsanfällig. Die Biere aus gestoppter Gärung haben noch eine große Menge an unvergorenem Extrakt. Sie bedürfen der Vollpasteurisation. Diese schlägt naturgemäß bei der Wirtschaftlichkeitsberechnung zu Buch. Bei Verschnitten von entalkoholisierten und gestoppten Bieren sind 10–15 % des letzteren noch mit Kurzzeiterhitzung und Sterilabfüllung zu verantworten, bei höheren Anteilen ist je nach den Betriebsgegebenheiten zu entscheiden.

7.10.7 Leichtbiere

7.10.7.1 Definition: Leichtbiere sind im Stammwürzebereich von 7–9 % angesiedelt, wobei die bisherige Aussage: „40 % weniger Alkohol bzw. 40 % weniger Brennwert" als das Pils oder die Hauptsorte der jeweiligen Brauerei meist nur einen engen Spielraum ließ. Es wurden die Biere daher meist mit 7,1–7,4 % Stammwürze und einem Alkoholgehalt von ca. 2,8 Vol. % angeboten. Verschiedentlich wurde auch eine 50%ige Alkoholreduzierung ausgelobt oder gar der Spielraum „alkoholarm" in Anspruch genommen. Die Biere können sowohl untergärig als auch obergärig eingebraut werden.

7.10.7.2 Einteilung der Herstellungsverfahren:

a) Es ist am einfachsten, diese Biere mit einem Stammwürzegehalt von 7,1–7,4 % einzubrauen und Maßnahmen zu ergreifen, um diesen niedrigen Stammwürzegehalt im Sinne von mehr Vollmundigkeit und entsprechender Rezens etwas auszugleichen. Eine Unterschreitung der obengenannten Stammwürze ist aus geschmacklicher Sicht nicht ratsam.

b) Es werden aber auch die ursprünglich mit ca. 11,2–11,8 % eingebrauten Biere durch eine der im vorhergehenden Kapitel aufgeführten Entalkoholisierungsanlagen in ihrem Alkoholgehalt auf ca. 50 % abgesenkt. Diese Biere wurden nach dem alten Steuergesetz als „Vollbiere" besteuert, während heutzutage die Biere nach ihrem tatsächlichen, im Ausstoß vorliegenden Stammwürzegehalt von z. B. 8,8 % eingereiht werden.

c) Durch besondere technologische Maßnahmen wie Malzschüttung, spezielle Maischverfahren (Springmaischen s. S. 130) wird der Endvergärungsgrad eines 7–8%igen Bieres soweit abgesenkt, daß er so tief liegt, daß nur 50 % des Alkoholgehalts des Normal-Pilsener erreicht werden.

d) Eine weitere Möglichkeit ist es, durch eine weitergehende Entalkoholisierung die Kategorie „alkoholarm" anzustreben.

7.10.7.3 Die Herstellung eines Leichtbieres mit ca. 7% Stammwürze.

Malzschüttung: Um etwa die Farbe der Hauptbiersorte Hell oder Pilsener zu erreichen, ist eine um den Faktor $^{12}/_7 = 1,7$ dunklere Malzfarbe, d. h. statt 3,0–3,3 EBC eine solche von 5–5,5 EBC zu wählen. So könnte „Wiener" Malz anstelle von „Pilsener" verwendet werden, wobei dieses aber einheitlich und nicht als Verschnitt von hellem und dunklem Malz herzustellen ist. Um eine einwandfreie Verarbeitung während des Brauprozesses zu gewährleisten, wird die Schüttung ca. 30 % helles Malz enthalten und zum Ausgleich der Farbe 5–6 % helles Caramelmalz (Farbe 25 EBC). Soll mehr Vollmundigkeit eingebracht werden, so sind noch zusätzlich 5–6% sehr helles (Farbe 4–5 EBC) Caramelmalz vorzusehen. Naturgemäß können die Malzschüttungen je nach der gewünschten Geschmacksnote des Bieres in weiten Grenzen variiert werden. Sauermalz in einer Menge von 3–6 % ist dann einzusetzen, wenn keine Anlage zur biologischen Säuerung vorhanden oder diese für eine zusätzliche Maischesäuerung zu klein bemessen ist.

Brauwasser: Hier wird aus Gründen der Durchführbarkeit das übliche Brauwasser verwendet werden (Reserven, Vorwärmer). Falls jedoch härteres Wasser zur Verfügung steht, so kann dieses für den Hauptguß zum Aufbau einer Restalkalität von ca. 5° dH genutzt werden, z. B. als Kaltwasserverschnitt. In diesem Falle wird so viel Sauermalz (ca. 6 %) oder biologische Milchsäure verwendet, daß der pH-Wert der Maische bei 5,4–5,5 liegt. Das Überschwänzwasser soll weich sein, es soll eine negative Retalkalität von −1° dH aufweisen (Dosage von $CaCl_2$ zum Nachguß).

Sudverfahren: Der Spielraum des Hauptgusses ist bei den schwächeren Stammwürzen groß. So könnte durchaus mit einem Verhältnis von S:HG = 1 : 5–6 gemaischt werden. Dies erbringt außerdem den Vorteil, daß die Gesamtmaische etwa der der Normalschüttung entspricht. Das Maisch-

verfahren kann auf einen etwas niedrigeren Endvergärungsgrad abzielen, so dürfte es mit dem Zweimaischverfahren 35/70/77° C gelingen (s. S. 128), diesen auf ca. 76–77 % abzusenken. Die Maischen können jeweils 15 Minuten gekocht werden, die Teilmaische-Verzuckerung ist stets hoch anzusetzen (ca. 75° C).

Zum weitergehenden Absenken des Endvergärungsgrades kann das auf S.130 geschilderte Springmaischverfahren angewendet werden.

7.10.7.4 *Besondere Verfahren*

Einbrauen mit höherer Stammwürze und Verdünnen im Kaltwürzestadium: Hier wird naturgemäß aus einer ca. 11,5%igen Würze durch Wasserzugabe (ca. 60 % der Würzemenge) eine Verdünnung von Würzearomastoffen erreicht. Dies kann geschmacklich sehr günstige Auswirkungen haben. Eine Verdünnung im Filterkeller kann, wenn vom jeweiligen Biersteuergesetz her zugelassen, ebenfalls positiv sein; die Biere schmecken reiner und weicher, sie zeigen auch eine bessere chemisch-physikalische Stabilität.

Einbrauen bzw. Anstellen mit schwächerer Stammwürze als 7 %, Aufkräusen mit Normalbier beim Schlauchen bzw. Verschnitt mit Normalbier beim Ausstoß. Das Anstellen mit 6,2–6,4 % Stammwürze und die Zugabe von 12 % Normalbier (als Kräusen oder Ausstoßbier) kann ebenfalls mehr Vollmundigkeit und eine bessere Abrundung vermitteln.

Das *Drosseln des Vergärungsgrades* auf 50 % des Alkoholgehaltes des Bezugsbieres erfordert entweder ein rigoroses Maischverfahren und/oder ein Abfangen der Gärung bei einem scheinbaren Vergärungsgrad von ca. 65 %. Hier muß die Gärung kalt, d. h. bei 7–7,5 ° C geführt werden, es ist mit ca. 52 % Gärkeller-Vergärungsgrad zu schlauchen, um noch eine genügende Spanne für die Reifung/Nachgärung bei niedrigen Temperaturen zu behalten. Am besten wird diese in kühlbaren Tanks vorgenommen. Diese Biere bedürfen zur geschmacklichen Ausreifung einer Lagerzeit (Temperatur!) von mindestens 40 Tagen, wobei auch die Kolloide im Sinne einer guten Schaumhaltigkeit und Eiweißstabilität positiv beeinflußt werden. Eine Kontrolle des Diacetylabbaus während der Lagerung ist unerläßlich. Biologisch sind diese Biere aufgrund des niedrigen Vergärungsgrades anfällig. Es ist mindestens eine EK-Filtration oder eine Kurzzeiterhitzung erforderlich.

Es ist jedoch möglich, daß die daraus hergestellten Biere einen rohen und breiten Charakter vermitteln. Dies ist bei den teilentalkoholisiert

Bieren weniger zu befürchten. Die Vorderwürze hat, um einen weicheren Charakter zu erzielen, eine Konzentration von 12–14 %, bei stärkerem Einbrauen und späterem Verdünnen wird sie naturgemäß bei den üblichen 16–17 % liegen.

Das Würzekochen sollte bei 7%igen Würzen nicht zu knapp sein, die Verdampfung eher etwas höher gewählt werden als normal. Die Hopfengaben sollten stets auf Aromahopfen aufbauen, um eine gute Abrundung des Bieres zu erzielen. Soll ein Hopfenaroma angestrebt werden, dann kann die erste Gabe beim Einlauf der Würze in die Pfanne, ca. 30 Minuten vor Kochbeginn gegeben werden. Sie hat, ebenso wie die letzte Gabe, den besten Hopfen zu enthalten. Die zweite Gabe (Perle) erfolgt bei Kochbeginn, die letzte (Hersbrucker, Spalter, Tettnanger) ca. 20 Minuten vor Kochende. Der pH-Wert der Würze ist ca. 10 Minuten vor Kochende auf 4,9–5,0 einzustellen:

Gärung: Es wäre günstig, für das Leichtbier eine aromatische Hefe, die außerdem mehr SO_2 produziert, einzusetzen (s. S. 208). Ein höherer Estergehalt der Biere ist wünschenswert. Entsprechend der geringeren zu vergärenden Extraktmenge wird die Hauptgärung kürzere Zeit in Anspruch nehmen, oder es können bei entsprechend kleineren Gärgefäßen auch etwas niedrigere Gärtemperaturen angewendet werden (statt 9° C nur 7,5–8° C). Bei klassischer Haupt- und Nachgärung ist es günstig, mit Kräusen zu arbeiten. Nachdem diese aber aus normalprozentigem Bier stammen, ist das Leichtbier um diesen Betrag schwächer einzubrauen. Der niedrige Stammwürzegehalt bietet der Hefe nicht immer optimale Ernährungsbedingungen. So besteht auch die Gefahr, daß die Hefen nach einigen Leichtbierführungen „nachlassen", was sich in mangelhaftem pH-Abfall oder in einem pH-Anstieg bei der Nachgärung äußert. Es ist aus diesem Grunde gerade für Leichtbier Hefe einer günstigen physiologischen Beschaffenheit zu verwenden. Nach diesen Gesichtspunkten ist auch die Lagerzeit des Bieres zu bemessen.

Die *Stabilisierung* entspricht der geforderten – nach Möglichkeit nicht als Prestige ausgelegten – Haltbarkeit. Auf eine möglichst sauerstoffarme *Abfüllung* ist Wert zu legen.

8 Die Obergärung

8.1 Allgemeines

Die ursprüngliche Bierherstellung war obergärig; die untergärige Hefe leitete sich von der obergärigen ab. Gegen Ende des 15. Jahrhunderts wurde die Untergärung erstmals erwähnt. In der Folgezeit, vor allem in der zweiten Hälfte des 19. Jahrhunderts, gewann die Untergärung gegenüber der obergärigen Brauweise immer mehr an Boden. Dem obergärigen Bier wurde oftmals eine geringere Qualität, vor allem aber eine schlechte Haltbarkeit nachgesagt; dem untergärigen dagegen eine größere Gleichmäßigkeit sowie durch die „kalte" Gärführung und lange Lagerzeit eine bessere Stabilität. Während sich in England, aber auch in Belgien und Holland die Obergärung bis vor den zweiten Weltkrieg als ausschließliche oder prozentual bedeutende Brauweise behauptete, ging in Deutschland die Herstellung dieser Biere auf etwa 7% des Ausstoßes zurück. Nach dem Krieg nahm das untergärige „Lagerbier" in England einen starken Aufschwung, in Belgien und Holland sind nur mehr wenige der obergärigen Typen mit geringen Ausstoßanteilen erhalten geblieben. In Deutschland erfuhren obergärige Biere in verschiedenen Bundesländern eine erneute Verbreitung: das Altbier am Niederrhein, das Kölsch im Kölner Raum und das Weizenbier in Bayern. Auch die Berliner Weiße konnte ihre Position ausbauen. Mit Ausnahme des Kölsch, dessen Herstellung – durch Gerichtsentscheide bestätigt – regional eng begrenzt ist, hat sich die Altbierbereitung über ganz Nordrhein-Westfalen ausgedehnt mit Ausläufern bis Niedersachsen, Hessen, Württemberg und Bayern. Weizenbier wird heutzutage nicht nur im südlichen Bayern, sondern auch in Franken, Baden-Württemberg und Hessen hergestellt.

Die obergärigen Biere unterscheiden sich von den untergärigen durch ihren Charakter, der primär von der obergärigen Hefe bestimmt ist. Die obergärige Hefe (Saccharomyces cerevisiae) steigt im Verlauf und am Ende der wärmer geführten (12–25° C) Gärung nach oben und kann von da gewonnen werden. Doch ist diese Eigenschaft bei modernen Großgärgefäßen wandelbar. Die untergärige Hefe dagegen gärt normal bei Temperaturen von 5–10° C und vermag selbst bei 0° C noch eine Nachgärung zu entwickeln. Sie setzt

sich gegen Ende der Gärung zu Boden. Aber auch hier fließen die Grenzen, da moderne Gär- und Reifungsverfahren sich höherer Temperaturen von 12–20° C bedienen. Die obergärigen Hefen nehmen jedoch einen sehr viel stärkeren Einfluß auf den Biercharakter als die untergärigen – wie die Unterschiede z. B. zwischen Alt-, Kölsch- und Weißbierhefe, aber auch zwischen den einzelnen Rassen erkennen lassen.

Die Unterschiede zwischen ober- und untergärigen Bieren sind im deutschen Biersteuergesetz verankert. Dort ist ferner ausgeführt, daß diese neben Gersten- auch aus Malzen anderer Getreidearten (Weizen-, Roggen-, Triticale-, Emmer-, Dinkelmalze) hergestellt werden dürfen. Außerhalb Bayerns sind zur Bereitung von obergärigen Bieren außerdem noch Zucker und Zuckercouleur zugelassen.

8.2 Die obergärige Hefe

Neben den oben erwähnten gärungsphysiologischen Eigenschaften unterscheiden sich ober- und untergärige Hefen in einer Reihe von Merkmalen.

8.2.1 Morphologische Merkmale

8.2.1.1 *Sproßverbände*: Anhand des mikroskopischen Bildes lassen die obergärigen Hefen gegenüber den untergärigen keine arteigenen Unterschiede erkennen. Dagegen ist das Sprossungsbild beider Hefen typisch: bei der Gärung bzw. auch bei der Züchtung (z. B. im Einschlußpräparat) bildet die obergärige Hefe Sproßverbände in mehr oder weniger sparriger Anordnung, die erst nach der Gärung in einzelne Zellen zerfallen. Die untergärige Hefe liegt nahezu ausschließlich in einzelnen Zellen oder in Zellpaaren vor; im Gärsubstrat löst sich die Tochterzelle, sobald sie zur vollen Größe herangewachsen ist.

8.2.1.2 *Bruchbildungsvermögen*: Makroskopisch unterscheiden sich die beiden Hefearten, wenn sie in einem Glaszylinder in Wasser aufgerührt werden, durch ihr differenziertes Sedimentationsverhalten: Die obergärigen Hefen verteilen sich meist milchig, während sich die untergärigen Hefen verhältnismäßig rasch zu Flocken zusammenballen und absetzen. Selbst untergärige Staubhefen zeigen eine, wenn auch gegenüber den Bruchhefen langsamere, Sedimentation. Das fehlende Agglutinationsvermögen ist jedoch nur den kontinentalen obergärigen Hefen eigen; englische obergärige Rassen lassen sich ebenfalls in Bruch- und Staubhefen einteilen.

8.2.2 Physiologische Unterschiede

8.2.2.1 *Raffinosevergärung*: Während die untergärigen Brauereihefen das Trisaccharid Raffinose vollständig vergären, wird es von den obergärigen nur zu einem Drittel verwertet. Es fehlt ihnen das Enzym Melibiase, das das nach Abspalten der Fructose vorliegende Disaccharid Melibiose weiter in Glucose und Galaktose zu zerlegen vermag. Dieser Unterschied zwischen bei den Hefearten ist genetisch bedingt.

8.2.2.2 *Sporenbildung*: Untergärige Hefe besitzt nur ein geringes Sporenbildungsvermögen, das zudem ziemlich langsam, etwa innerhalb von 60–72 Stunden, Platz greift. Die meisten obergrigen Hefen bilden dagegen schon nach etwa 48 Stunden Sporen. Der Prozentsatz der sporulierenden Zellen ist weit größer.

8.2.2.3 Der *Atmungsstoffwechsel* ist bei den obergärigen Hefen bedeutend stärker entwickelt als bei den untergärigen. Wenn auch der Gesamtstoffwechsel der ersteren um ca. 40 % lebhafter ist als bei den letzteren, so kann doch das Cytochromspektrum nicht mehr zur Unterscheidung beider Arten herangezogen werden. Viele der heute gängigen obergärigen Brauereihefen entsprechen so stark dem „Gärungstyp", daß sie nicht mehr das charakteristische Adsorptionsspektrum der Atmungshefen zeigen. Kleine Unterschiede ergeben sich beim Optimum der hefeeigenen Katalase, das bei untergärigen Hefen im Bereich von 15° C und ph 6,5–6,8 liegt, bei der obergärigen bei 20–24° C und ph 6,2–6,4.

8.2.2.4 *Die Genome der Bierhefen* (bestimmt anhand der Pulsfeld-Gelelektrophorese) lassen Unterschiede zwischen den verschiedenen Stämmen erkennen. Alle untergärigen Bierhefen zeigen eine auffallende Uniformität ihrer Chromosomenausstattung, wobei geringfügige stammspezifische Abweichungen auftreten. Eine Unterscheidung in Bruch- und Staubhefen ist jedoch nicht möglich. Obergärige Hefen (Altbier-, Kölsch-, Ale- und Weizenbierhefen) sind dagegen eine sehr heterogene Gruppe mit unterschiedlicher Chromosomenausstattung. Lediglich bei Weizenbierhefen sind deren Karyotoypen, abgesehen von geringen stammspezifischen Abweichungen, untereinander identisch. Sie unterscheiden sich aber von den anderen obergärigen Stämmen eindeutig.

8.2.2.5 *Sonstige Eigenschaften*: Die obergärigen Altbier-, Kölsch-, Ale- und Weizenbierhefen erreichen im Vergleich zu untergärigen Rassen eine weit höhere Menge an Gärungsnebenprodukten wie höhere aliphatische Alkohole, aber auch aromatische Alkohole und Ester. Die Weizenbierhefe hat darüber hinaus die Eigenschaft, 4-Vinylguajacol und 4-Vinylphenol in Mengen von 0,5–3,0 bzw. 0,1–0,7ppm zu bilden. Diese Phenole ermitteln den typischen Weizenbiergeschmack, der an Gewürznelken erinnert. 4-Vinyl-Guajacol wird bei der Gärung durch Decarboxylierung der in Weizen- und besonders Gerstenmalzwürzen vorliegenden Ferulasäure gebildet.

Die Autolyseneignung der obergärigen Hefe (im Ruhezustand) ist bei pH 4,7 am stärksten, bei untergärigen bei pH 5,0.

Die Unterschiede zwischen beiden Hefearten fließen; auch gibt es Zwischen- oder Übergangsformen. Außerdem können in jeder der beiden Hefen stets auch eine gewisse Zahl von Zellen der anderen Art enthalten sein.

8.2.3 Gärungstechnologische Merkmale

8.2.3.1 Das *Flockungsvermögen* (s. S. 232) ist bei der obergärigen Hefe nicht bzw. nur sehr schwach ausgeprägt (mit Ausnahme englischer Hefen). Bekanntlich ist die Eigenschaft der Agglutination bei ober- wie bei untergärigen Hefen genetisch bedingt.

8.2.3.2 Die *Gärtemperaturen* sind stark unterschieden; wenn auch das Vermehrungsoptimum der untergärigen Hefe bei ca. 25° C liegt, so vermag sie doch selbst im Bereich niedriger Temperaturen von 0–5° C noch zu vergären. Die Temperaturtoleranz ist genetisch verankert. Sie ist durch Adaption kaum zu beeinflussen. Die obergärigen Hefen verlangen höhere Gärtemperaturen von 14–25° C. Sie sind empfindlich gegen kalte Temperaturen. Das Vermehrungsoptimum liegt bei ca. 28° C.

8.2.3.3 Das *Gärungsbild*

8.2.3.3 Das *Gärungsbild* ist der sinnfälligste Unterschied zwischen beiden Hefearten. Die obergärigen Hefen steigen nach Abschluß der Vermehrung, im Stadium der intensivsten Gärung zu einem erheblichen Teil nach oben und lagern sich bei offenen Bottichen oder liegenden Tanks auf der Oberfläche des Bieres ab. Dort bildet sie eine schmierige, sich allmählich verfestigende Decke oder einen wandständigen Ring. Nur ein geringer Teil der Hefe setzt sich in lockerer Schicht am Boden ab. Der Auftrieb ist im Laboratorium nur dann zu beobachten, wenn die Würzehöhe im Kulturgefäß größer als 20 cm ist. Bei größeren Bierhöhen, z. B. in zylindrokonischen Tanks, setzt sich die Hefe jedoch ab. Es ist durchaus möglich, daß hier die Kohlensäureentwicklung bzw. die durch sie hervorgerufene Konvektion so stark ist, daß die Hefedecke laufend untergespült wird. Selbst nach langer Führung in derartigen Tanks verliert die Hefe die Fähigkeit des Auftriebs nicht. Sie zeigt vielmehr – in offenen Bottichen angestellt – wieder den gewohnten Auftrieb.

Die Ursache für das Emporsteigen der obergärigen Hefe dürfte in den vielfältig verzweigten Sproßverbänden liegen. In diesen sperrigen, traubenförmigen Formationen bilden sich Kohlensäurebläschen, oder diese finden relativ große Angriffsflächen vor, die die Hefe dann in die Decke nehmen.

Untergärige Hefen setzen sich am Ende der Gärung zu Boden. Abgesehen von den fehlenden Sproßverbänden dürfte auch das höhere spezifische Gewicht der Zellsubstanz infolge der intensiveren Glycogenproduktion das Absetzen begünstigen. Verschiedentlich zeigt untergärige Hefe ein der obergärigen ähnliches Gärbild, ohne daß sich ihre wesentlichen Eigenschaften (Raffinosevergärung, Sporenbildung) verändern. Zu warme Herführung im Laboratorium und im Betrieb (Reinzuchtapparate!) sind mögliche Ursachen für diese Veränderung.

8.2.3.4 Die *Vermehrung* der obergärigen Hefe ist stärker als die der untergärigen. Durch den intensiveren Stoffwechsel bedingt (s. S. 348), beträgt die Vermehrung etwa das Sechsfache der Anstellmenge, bei der untergärigen das Drei- bis Vierfache (bei 0,5 l Hefegabe pro hl). Dies hat eine vermehrte Verwertung des assimilierbaren Stickstoffs zur Folge.

8.2.4 Hefebehandlung

8.2.4.1 Die *Hefegewinnung* geschieht bei offenen Bottichen von der Oberfläche der gärenden Flüssigkeit; es ist allerdings dann notwendig das Abheben mehrmals zu tätigen, um ein Durchfallen der Hefedecke zu vermeiden. Durch den vorher stattgefundenen „Hopfentrieb" ist diese Hefe praktisch frei von Verunreinigungen und kann so direkt ohne weitere Behandlung wieder verwendet werden. Neben der einfachsten Art des Abhebens mit Seblöffeln kann die Hefe mittels Streichbrett, durch Überlaufen in eine Auffangrinne oder durch Übersteigen in ein Hefegefäß (bei Tankgärung) sowie durch Absaugen gewonnen werden. Bei intensiver Gärung und stabiler Decke ist es verschiedentlich üblich, das Bier unter der Hefe abzupumpen und diese wie bei der Untergärung zu ernten. Die kleine Menge an „Bodenhefe" wirkt sich nicht qualitätsverschlechternd aus. Bei zylindrokonischen Tanks erfolgt die Hefeernte ohnedies auf diese Weise. Die Reinigung der nicht „geschöpften" Hefe kann durch Sieben (s. S. 211) geschehen.

8.2.4.2 Die *Hefelagerung* wird – wenn die Hefe nicht sofort wieder zum Anstellen kommt – bei kurzen Intervallen von einigen Tagen unter Bier und bei Temperaturen von 0–2° C vorgenommen. Bis zu einer Lagerzeit von 4 Tagen erfährt die Hefe keine Nachteile. Dauert die Lagerung jedoch 7–10 Tage, so ist die Aufbewahrung in kaltem Wasser von 0–2° C ratenswert. Bei Sudpausen ist es am besten, die Hefe einzufrieren oder abzupressen und kalt zu lagern. Hefewannen mit Doppelmantel oder entsprechend kühlbare Hefetanks (u. U. zylindrokonisch) sind am besten zur Hefelagerung geeignet.

Wird die Hefe über das Wochenende oder länger – bis zu 10 Tagen – gelagert, so ist es zweckmäßig, sie entweder in Vorderwürze herzuführen oder mit der ersten Würzecharge des ersten Sudes im Verhältnis 1:1 zu versetzen und intensiv zu belüften (Vorpropagieren s. S. 222).

8.2.4.3 Eine *Säurewäsche* der obergärigen Hefe ist möglich: bei einer Infektion durch Lactobazillen (Stäbchen oder Kokken) empfiehlt sich eine Phosphorsäurezugabe auf pH 2,0–2,5. Nach einer Einwirkungszeit von 4 Stunden wird die Säure durch ausgiebige Wäsche mit sterilem, kaltem Wasser wieder entfernt. Diese unvermeidliche Schwächung der Hefe ist durch eine höhere Gabe (25–33 %) auszugleichen.

8.2.4.4 Die *Zahl der Führungen* ist verschiedentlich sehr viel größer als bei der Untergärung. Solange die Hefe eine einwandfreie Gärleistung erbringt und keine Infektion aufweist, ist ihre Wiederverwendung möglich. 5–15 Führungen sind bei den westdeutschen obergärigen Bieren üblich; bei Weizenbieren bzw. unter gut kontrollierbaren Gegebenheiten wird dieselbe Hefe 200–500mal angestellt.

Bei der Ernte von Weizenbierhefe aus zylindrokonischen Tanks fällt diese, mindestens nach Abkühlung, aus dem Konus an. Diese Hefe baut nach 2–3 weiteren Führungen schrittweise ihre Fähigkeit ab, die weizenbiertypischen Phenole wie 4-Vinyl-Guajacol und 4-Vinyl-Phenol zu bilden. Aus diesem Grunde ist es ratsam, die Hefen rascher nachzuzüchten und sie nur wenige Male zu führen. Eine Jungbierzentrifuge ermöglicht eine Ernte zum jeweils optimalen Zeitpunkt. Hier behält die Hefe ihre Eigenschaften länger.

8.2.4.5 Die *Herführung obergäriger Hefe* ist ähnlich, wie sie bei der untergärigen geschildert wurde (s. S. 209, 223). Es finden jedoch Temperaturen von ca. 20–22° C Anwendung. Im Laboratorium wird die Reinzuchthefe bis auf eine Menge von 10 l gärender Würze unter sterilen Bedingungen vermehrt. Sobald das Hochkräusenstadium erreicht ist, gibt man den Inhalt dieser Gärkolben zu 50 Liter Würze von 20° C und füllt dann zum Zeitpunkt intensivster Gärung zu etwa 25 hl Betriebswürze und belüftet alle 5 Minuten eine Minute lang, bis ein Vergärungsgrad von 30–40 % vorliegt. Mit diesem Quantum kann, unter ähnlichem Belüftungsrhythmus, ein Gärtank mit einem Inhalt von 300–500 hl angestellt werden. Die Belüftung wird wiederum im Kräusenstadium beendet. Es ist sehr wichtig, dieses Weiterführen bei 30–40 % Vergärungsgrad zu tätigen oder abgären zu lassen und dann die Hefe zu ernten.

Wird die Hefe nicht von Bottich zu Bottich angestellt, so kann ein „Herführen„ in Vorderwürze (4–5 Std.) oder eine Vorpropagierung mit Ausschlagwürze die spätere Angärung wesentlich beschleunigen.

8.3 Die Führung der Obergärung

8.3.1 Gärraum und Gärbehälter

8.3.1.1 Die *Gärkeller* für die Obergärung haben denselben Anforderungen zu entsprechen, wie sie im Rahmen der Untergärung geschildert wurden

(s. S. 213 ff). Sind offene Bottiche vorhanden, so muß bei guter Raumisolierung eine Temperatur von 12–15° C gehalten werden können. Dies erfordert geeignete Kühl- und Heizvorrichtungen. Bei kleinen Kellern genügen Wandsysteme, das Kohlendioxid wird durch einen eigenen Ventilator abgezogen. Größere Gärräume, vor allem solche mit eingemauerten Behältern und Podesten, weisen am besten einen entsprechend gelenkten Luftumlauf auf. Die Wände sind gekachelt oder glatt verputzt und mit Emaillefarben gestrichen. Der Fußboden mit Asphalt oder säurefest verfugtem Plattenbelag muß bei genügendem Gefälle leicht zu reinigen sein. Der Pflege der Gärräume kommt bei den wärmeren Temperaturen und bei dem höheren Durchsatz sowie einer möglichen Verunreinigung durch die überlaufende Hefe größte Bedeutung zu.

8.3.1.2 Die *Gärgefäße älterer Bauart* wie Bottiche aus Holz (mit Bottichlack gestrichen), aus Stahlblech mit Emaille- oder Kunstharzauskleidung, aus Aluminium, Edelstahl oder Beton (mit entsprechenden Auskleidungsmassen versehen) unterscheiden sich nicht von den auf den S. 215 geschilderten. In England sind in alten Brauereien auch Bottiche mit Kupfer- oder Schieferauskleidung in Gebrauch. Doch war die Behälterhöhe meist nicht über 1,5 m, um einen guten Hefeauftrieb zu erreichen. Lediglich in England waren die Gefäße höher (2–3 m), doch gestatteten dort Hefeaustragvorrichtungen eine leichte, meist kontinuierliche Hefeentfernung. Die Größe der Bottiche sollte ein leichtes Abheben der Hefe ermöglichen. Bei kleinen, vor allem freistehenden Einheiten war eine eigene Bottichkühlung nicht erforderlich, wenn die Raumtemperatur im gewünschten Bereich gehalten werden konnte. Kühlschlangen oder -taschen finden meist als Innenkühler Verwendung. Das Material ist Kupfer, Aluminium oder Edelstahl. Auch Wandkühlung durch einbetonierte Rohre oder Kühltaschen ist üblich. Als Kühlflüssigkeit ist Leitungswasser günstig, dessen geringe Temperaturdifferenz zum gärenden Medium ein Abschrecken der Hefe vermeidet. Gekühltes Süßwasser oder Sole sind ebenfalls verwendbar. Dabei wird zweckmäßig die Temperatur des Mediums auf 5–7° C angehoben.

8.3.1.3 *Vorrichtungen zum Abheben der Hefe*: Bei kleinen Bottichen wird die Hefe mit einem Sieblöffel abgehoben. Bei größeren mit Hilfe eines Streichbretts, das die Hefe in eine an der

Bottichwand angeordnete Rinne schiebt. In England wird die Hefe über einen Trichter abgezogen, der sich inmitten des Bottichs befindet und dessen Höhe über ein, in einer Manschette bewegliches Rohr der Oberfläche des Bieres angepaßt werden kann. Ebenso werden Schwimmer eingesetzt, über die die Hefe abgesaugt und in einen Sammeltank verbracht wird.

8.3.1.4 *Gärtanks.* Liegende zylindrische Tanks werden ebenfalls zur Obergärung herangezogen. Die Temperaturbeeinflussung erfolgt entweder über die des Raumes oder über Kühltaschen (selten Schwimmer). Die Hefeaustragung geschieht mittels einer (verschließbaren) Öffnung, deren Unterkante von der Höhe des gärenden Bieres erreicht wird. Sie ist mit einem Kragen versehen, der den Ablauf der Hefe in eine untergestellte Wanne oder einen fahrbaren Tank ermöglicht. Diese Anlage muß sorgfältig gewartet und gereinigt werden.

Stehende, flachkonische Tanks mit einem Verhältnis von Durchmesser: Höhe = 1 : 1–1,5 und Bierstandshöhen von 2 (– 3) m verfügen ebenfalls über einen Hefeüberlauf, der so geformt ist, daß die Hefe über eine Kombination von Trichter und Rohr in das Hefetransportgefäß fließen kann. Die Tanks können zur leichteren Hefegewinnung auch in ihrer Neigung verändert werden. Sie sind zum Zwecke einer automatischen Reinigung durch eine Haube verschlossen. Es ist dann auch möglich, CO_2 zu gewinnen, aber nur bis zum Zeitpunkt des Hefetriebs. Die Kühlung erfolgt an den Zargen und am Boden, meist durch gekühltes Wasser oder Glykol.

Eine neuere Konstruktion sieht vor, die aufsteigende Hefe über einen zentralen Trichter abzuführen, der in seiner Höhe genau an den Flüssigkeitsstand anzupassen ist. Dieser Trichter mündet in ein ausreichend dimensioniertes Rohr, von dem aus die Hefe in einen fahrbaren Sammeltank geleitet wird. Diese Vorrichtung muß natürlich an die automatische Reinigungsanlage angeschlossen werden.

In *stehenden, zylindrokonischen Tanks* sind selbst Flüssigkeitshöhen von 10–12 m und mehr beherrschbar. Die Hefe setzt sich hier jedoch im Konus des Gefäßes ab – wahrscheinlich als Ergebnis der relativ starken Konvektion durch die aufsteigende Kohlensäure (s. S. 246). Die Kühlung wird wiederum durch Kühltaschen oder aufgeschweißte Rohre sichergestellt; eine Konuskühlung ist zweckmäßig, um die Temperatur der Hefe unter Kontrolle behalten zu können. Je nach der

Temperaturverträglichkeit der Hefe hat das Kühlmedium Temperaturen zwischen – 2 und + 6° C. Die Tatsache muß jedoch bei der Bemessung der Kühlflächen berücksichtigt werden (s. S. 219).

8.3.1.5 Der *Steigraum* ist durch die höheren Temperaturen und durch die aufsteigende Hefe bedeutend größer als bei der Untergärung. Im Falle, daß die Hefe nicht kontinuierlich entfernt wird, wie z. B. bei geeigneten Überlaufsystemen oder Steigrohren, werden 30–50 % der Flüssigkeitshöhe zusätzlich als Steigraum gebraucht. Bei zylindrokonischen Fermentern ist sogar noch ein größerer Zuschlag zu tätigen (bis zu 65 %). Dennoch sind die Vorteile dieser Tanks unter Beachtung der vorerwähnten Punkte auch für die Obergärung unbestritten.

8.3.2 Die Würzebeschaffenheit

8.3.2.1 Die *Würzezusammensetzung* für die Obergärung ist bei Verwendung von 100 % Gerstenmalz naturgemäß dieselbe wie für die Untergärung (s. S.175). Bei Einsatz von 50–70 % Weizenmalz ist jedoch ein geringerer Anteil an assimilierbarem Stickstoff zu verzeichnen (Formol-N 24–27 %, α-Amino-N ca. 18 % des Gesamtstickstoffs). In englischen Würzen variiert die Menge des α-Amino-Stickstoffs je nach Rohfruchtanteil von 14 bis 24 mg/100 ml (12 % Extrakt). Einerseits ist eine gewisse Aminosäureausstattung erwünscht, um ein normales Spektrum an Gärungsnebenprodukten und eine rasche Gärung bei guter Hefevermehrung zu erhalten; andererseits verbleiben bei hohen Ausgangswerten zu große Mengen an Aminostickstoff im Bier, was als Nachteil für die biologische Stabilität betrachtet wird.

8.3.2.2 Die *Würzebehandlung* schließt eine vollständige Abtrennung des Heißtrubs ein; der Kühltrub kann zusammen mit dem Hopfentrieb abgeschieden werden. Bei Gärtanks dürfte eine teilweise Kühltrubentfernung ratsam sein, wie sie auch grundsätzlich reinere Hefen und mildere Biere liefert.

8.3.3 Das Anstellen

8.3.3.1 Die *Anstelltemperatur* liegt zwischen 12 und 16° C. Sie muß so hoch sein, daß sie im Verein mit den beiden anderen Faktoren Belüftung und Hefegabe eine bestimmte Höchsttemperatur zu erreichen gestattet bzw. daß diese nicht überschritten wird. Bei Kühlung der Gärräume bzw. der Gärgefäße kann die Anstelltemperatur etwas freizügiger gewählt werden. Früher war es die Regel, daß Anstell- und Raumtemperatur zusammen die Summe von 30° C ergeben sollten, d. h. bei einer Gärkellertemperatur von 18° C müßte mit 12° C angestellt werden und umgekehrt.

8.3.3.2 Die *Hefegabe* liegt bei 0,25–0,5 l/hl (7–15 × 10⁶ Zellen/ml). Nachdem die Hefe eine sehr unterschiedliche Konsistenz hat, ist eine Bestimmung des Feststoffanteils wichtig. Bei liegenden Gärtanks geringer Größe genügt es, die dünnflüssige Hefe vorzulegen, bei größeren Einheiten, aber auch bei offenen Bottichen wird die Hefe am besten in die Würzeleitung, mindestens über die Hälfte des Würzekühlvorgangs hinweg, gepumpt. Es ist auch möglich, mit Hochkräusen (Vergärungsgrad unter 40 %) anzustellen. Diese sollen 25 % der Gesamtwürzemenge umfassen bzw. es darf die dreifache Menge Würze zugegeben werden.

8.3.3.3 Die *Belüftung* sollte einen Sauerstoffgehalt von 5–8 mg/l gewährleisten. Hierfür eignen sich Metallsinterkerzen, Venturidüsen, statische Mischer und Zentrifugalmischer (s. S.191). Beim Umpumpen vom Anstell- zum Gärbehälter ist meist eine Zweitbelüftung deshalb entbehrlich, da die Gärung verhältnismäßig rasch ankommt und dann eine zu starke Schaumbildung bewirkt wird.

8.3.3.4 Das *Drauflassen* z. B. eines zweiten Sudes ist unter voller Belüftung innerhalb der ersten 12 Stunden der Gärung möglich. Wird mit Kräusen angestellt (s. oben), dann kann die dreifache, belüftete Würzemenge zugegeben werden. Dauert es länger als 12 Stunden bis ein Gärbehälter befüllt ist, dann ist es zweckmäßig, die Luftzufuhr von Charge zu Charge zu drosseln. Auf eine gute Vermischung der einzelnen Sude ist zu achten.

8.3.4 Der Ablauf der Hauptgärung

8.3.4.1 *Gärstadien*: Während die Untergärung vier Stadien erkennen läßt, sind bei der Obergärung nur zwei zu unterscheiden. Zunächst erfolgt etwa 8–12 Stunden nach dem Anstellen der „Hopfentrieb", der 12–24 Stunden dauert. Hier werden von der aufsteigenden Hefe Verunreini-

gungen wie Trubbestandteile und Hopfenharze an die Oberfläche getrieben und dort ausgeschieden. Auch der rasch abfallende pH-Wert bewirkt ein Unlöslichwerden von Eiweiß-Gerbstoffkolloiden, von Bitterstoffen etc., die in die Decke gelangen. Sie sollten abgehoben werden, um eine reine Gärung und eine saubere Hefe zu erzielen. Bei der Gärung in liegenden oder stehenden Tanks ist dies nicht möglich; hier könnte eine Kühltrubentfernung vor allem durch Flotation (s. S. 190) durch die bekannten Maßnahmen eine wirksame Entlastung der Gärdecke erbringen.

Die Extraktabnahme setzt infolge der hohen Temperaturen rasch ein. Sie beträgt z. B. bei 16–17° C in den ersten 24 Stunden 2,0 bis 2,5 %, der pH fällt um 0,7.

Mit fortschreitender Gärung bildet die Hefe Kräusen, die den Hochkräusen der Untergärung sehr ähnlich sind. Die Kräusen nehmen dann ein etwas schmieriges Aussehen an, es beginnt der *Hefetrieb*, der bis zum Ende der Gärung anhält. Durch das Gewicht der Hefe setzt sich die Kräusendecke etwas zusammen, wenn nicht für einen kontinuierlichen Hefeabfluß gesorgt wird. Der *Hefetrieb* beginnt 24–36 Stunden nach dem Anstellen. Wird die Hefe abgehoben, so erfolgt dies am besten alle 3–6 Stunden.

Am zweiten Gärtag fällt der Extrakt sehr rasch ab – je nach der Gärtemperatur (18–22° C) um 5,5–6,5 %, so daß meist nach 48 bis 60 Stunden der gewünschte „Gärkellervergärungsgrad" von 6–8 % unter dem Endvergärungsgrad erreicht ist. Wird letzterer angestrebt, so dauert die Gärung bei 18–22° C bis 60, maximal 72 Stunden. Der pH fällt – meist schon nach 36–40 Stunden Gärzeit– auf einen Minimalwert von 4,0–4,1 ab. Verschiedentlich erfolgt dann wieder ein geringfügiger Anstieg.

Der Temperaturverlauf wird meist so geregelt, daß eine Höchsttemperatur von 18–22° C nicht überschritten wird. Dies geschieht durch Einstellen eines bestimmten Verhältnisses von Anstell- zu Raumtemperatur (s. oben) oder besser und sicherer durch eine entsprechende Kühlung des Gärbehälters. Bei zu warmen Gärkellern kann die Gärtemperatur 25–28° C erreichen. Dies birgt die Gefahr von Infektionen in sich. Am Ende der Gärung bildet sich eine feste Hefedecke aus, die ebenfalls vorsichtig abgehoben wird. Aus der Decke lösen sich bei längerem Stehen unter Zerfall der Sproßverände einzelne Hefezellen los, die sich dann am Boden des Bottichs absetzen. Auch die nach dem Hefetrieb im Bier befindliche Hefe setzt sich ab, bei der Sedimentation derselben werden auch Eiweiß- und Bitterstoffe mit abgeschieden. In zylindrokonischen Gärtanks ist es zweckmäßig, 5–8 Stunden nach dem Anstellen vorsichtig Trub abzuziehen. Je nach Behältergeometrie, Anstelltechnik und Angärintensität ist dieser Zeitpunkt von Betrieb zu Betrieb etwas verschieden. Normalerweise setzt sich die Hefe im Konus ab, sie kann von dort – eventuell unterstützt durch eine Abkühlung von 20 auf 7–10° C – cdickflüssig gewonnen werden. Nach „Vorschießen" einer kleinen Menge Trub weist diese Hefe ebenfalls einen hohen Reinheitsgrad auf. Sie kann wie auch die „Schöpfhefe" bei offenen Behältern unmittelbar wieder zum Anstellen verwendet werden.

8.3.4.2 Das *Aufsteigen der Hefe* ist bei den offenen Bottichen, aber auch bei liegenden Tanks gut zu beobachten. Es ist ein Zeichen für eine lebens- und gärkräftige Hefe und damit für einen wünschenswerten Verlauf der Obergärung. Die Hefe wird auf diese Weise rasch aus dem Bier entfernt, so daß sie keine negativen Effekte zu verursachen vermag: Anstieg des pH, Ausscheidung von Inhaltsstoffen etc., die zu einem hefig-bitteren Geschmack führen können.

Der Auftrieb der Hefe soll beim sogenannten „Hefetrieb" gleichmäßig verlaufen und eine möglichst vollständige Hefeausscheidung erlauben. Eine warme Gärführung, eine kräftige Belüftung begünstigen in Verbindung mit einer einwandfreien Würzezusammensetzung (entsprechender Anteil an vergärbaren Zuckern, Gehalt an Aminosäuren und assimilierbaren Peptiden) den Hefeauftrieb. Auch die Heferasse sowie ihr physiologischer Zustand spielen eine Rolle. Eine längere Zeit ruhende Hefe kann hier weniger Auftrieb erfahren als eine von Bottich zu Bottich gegebene. Hier könnte ein Herführen mit Vorderwürze etc. helfen. Im Ausland werden auch Mineralstoffe, z. B. Phosphate zur Verbesserung der Gäreigenschaften, also auch des Auftriebs, der lagernden Hefe, zugefügt. Nachteilig für den Auftrieb der obergärigen Hefe sind die folgenden Bedingungen: schlechter physiologischer Zustand der Hefe, ungünstige Würzezusammensetzung, zu kalte Gärführung, zu wenig Sauerstoff, hoher Trubgehalt der Würzen, Schwermetalle wie z. B. Kupfer und Eisen (z. B. nach einer Betriebspause) sowie Würzen von niedrigem Extraktgehalt (Schankbiere, Einfachbier).

Wie schon ausgeführt, verursacht eine plötzliche Verschlechterung des Auftriebs der Hefe eine Verschlechterung der Biereigenschaften, vor allem des Geschmacks.

8.3.4.3 *Variationen der Hauptgärung*: Die ursprüngliche Art der Obergärung fand nur in einem Gefäß statt (Einbottichsystem). Eine *Herführung* der Hefe in Vorderwürze (meist desselben Sudes) erbrachte eine raschere Angärung, vor allem, wenn die Hefe einige Tage unter Bier oder Wasser gelagert hatte. Die Hefe war dann beim eigentlichen Anstellen gut verteilt, sie hatte u. U. schon ihre Lag-Phase überwunden und es setzte die Vermehrung ein. Als Verbesserung wurde die Einführung eines *Anstellbottichs* empfunden, in dem sich mitgerissener Heißtrub und – je nach der Länge der Sedimentationszeit – auch etwas Kühltrub absetzte. Ein zu frühes Umpumpen konnte neben einer unvollständigen Trubsedimentation auch noch Hefeverluste bedingen. Auch obergärige Hefe kann sich nach dem Anstellen zunächst zu Boden setzen und erst dann heben, wenn die Gärung beginnt. Bei zu spätem Umpumpen wird auch ein Teil des bereits sedimentierten Trubs durch die Bewegung emporgerissen, die die aufsteigenden Kohlensäurebläschen und Hefezellen verursachen. Bei Flotation sind derartige Nachteile nicht gegeben. Die beim Umpumpen erfolgende Belüftung ist für Gärung und Hefevermehrung günstig. In der Regel wird 12 Stunden nach dem Anstellen bzw. 6–8 Stunden nach dem Drauflassen des letzten Sudes umgepumpt.

Zwei- und Dreibottichsysteme: Neben dem Anstell- und dem Gärbottich fanden, vor allem in England, noch zusätzlich Auftriebs- oder Abschäumbottiche Verwendung, die kleiner und flacher waren als die dort üblichen größeren und relativ tiefen Gärbottiche. Diese Behälter waren dann auch mit den verschiedensten Vorrichtungen zum Abscheiden der Hefe ausgestattet. *Drauflassen* beschleunigt die Gärung dann, wenn der Gärbehälter innerhalb von 12 Stunden befüllt wird. Bei *Großgärtanks*, die eine Tagesproduktion oder mehr aufnehmen können, kommt es bei einem 2–4stündigem Intervall des Drauflassens nach 12–24 Stunden zur Ausbildung eines „statischen" Zustandes, der dem der kontinuierlichen Gärung ähnlich ist: Der scheinbare Extrakt des gärenden Bieres bleibt trotz Zufuhr frischer Würze etwa konstant, z. B. im Bereich von 3–4 %, bis der Behälter endgültig befüllt ist. Erst dann nimmt der Vergärungsgrad weiter zu. Voraussetzung für eine optimale Gärung ist jedoch die innige Vermischung der jeweils zugegebenen frischen Würze mit dem gärenden Medium. Eine Unterschichtung der Würze kann bei den herrschenden hohen Temperaturen zu Infektionen (z. B. durch Termobakterien) führen. Sehr einfach ist das Anstellen mit Kräusen: sobald ein Sud in Hochkräusen ist, wird ihm eine Menge von $^1/_4$–$^1/_5$ entnommen, die dann als „Vorlage" für einen weiteren Sud dient. Das gleiche Quantum Würze gelangt wieder zu dem Sud, aus dem die Kräusengabe entnommen wurde. Dieses Verfahren kann beliebig oft wiederholt werden.

Bei liegenden Tanks wird verschiedentlich ein geringerer Freiraum deshalb gewählt, um die aufsteigende Hefe über ein Rohr in einen benachbarten Tank überlaufen zu lassen. Dieser wird dann mit Würze beschickt. Von diesem Tank dient die Hefe wiederum zum Anstellen des folgenden Tanks. Es kann auch das Anstellen von zwei korrespondierenden Tanks zeitlich so abgestimmt werden, daß immer einer in Hochkräusen und einer im Stadium des Anstellens ist. Diese geschilderten Verfahren sind jedoch nur dann möglich, wenn eine kontinuierliche Produktion obergärigen Bieres gegeben ist, wie z. B. in Kölsch-, Altbier- und Weißbierbrauereien.

8.3.4.4 *Druckgärung* findet bei der Obergärung (z. B. bei einigen Kölsch- und Altbieren) ebenfalls Anwendung. Bei höherer Hefegabe von 1–1,5 l/hl wird in einem Anstellbottich oder -tank drucklos angestellt und nach 12 Stunden bzw. im Kräusenstadium umgepumpt. Bei den großen Gärtanks wird mehrfach direkt, d. h. ohne weitere Behandlung, daraufgelassen. Je nach Tankhöhe findet ein Überdruck von 0,5–0,8 bar Anwendung. Bei Höchsttemperaturen von 22–24° C ist die Gärung in 48–60 Stunden beendet; weitere 24–36 Stunden dienen dann der Reduzierung des 2-Acetolactats. Die Entfernung der Hefe geschieht bei zylindrokonischen Tanks jeweils am Ende der Gärung und am Ende der Reifung, bei Tanks mit flachem Boden beim Umpumpen in den Lagerkeller. Hier sind Jungbierseparatoren besonders geeignet, um den Hefegehalt für die Lagerung gleichmäßig einzustellen. Die Anwendung von Druck erlaubt einen etwas geringeren Steigraum. Die Menge der Gärungsnebenprodukte wird selbst bei den erhöhten Gärtemperaturen durch die höhere Hefegabe und durch den Druck eingeschränkt. Dies entspricht auch den Erfahrungen bei der Untergärung (s. S. 251). Die Zahl der Hefeführungen ist unter den Bedingungen höherer Temperaturen und höherer Drücke beschränkt.

8.3.5 Die Veränderung der Würze während der Obergärung

Durch die Eigenschaften der obergärigen Hefen, aber auch durch die höheren Gärtemperaturen sowie den hierdurch bedingten rascheren und weitergehenden pH-Abfall erfährt die Würze im Verlauf der Obergärung eine noch stärkere Veränderung als bei der Untergärung.

8.3.5.1 *Veränderung des pH*: Wie schon erwähnt (s. S. 352), fällt der pH bei der Obergärung sehr rasch vom ursprünglichen Würze-pH von 5,4–5,7 auf pH 4,0–4,2 ab. Der Wiederanstieg des pH ist während der Hauptgärung durch die kurze Gärzeit bedingt, nicht mehr als 0,05. Nur im Falle eines überlangen Kontakts der Hefe mit dem Bier, z. B. bei ungenügender Hefeaustragung und bei zu langem Einwirken höherer Temperatur, steigt der pH durch die Exkretion von basischen Aminosäuren und Phosphaten wieder um 0,1–0,2 an. Dies ist in der Regel mit einer Geschmacksverschlechterung verbunden. Die pH-Absenkung während der Gärung wird von folgenden Faktoren positiv beeinflußt: Höhere Gärtemperaturen, starke Hefevermehrung, intensive Angärung und gute Vergärbarkeit der Würze. Sie hängt naturgemäß ab von der Ausstattung der Würze mit assimilierbarem Stickstoff, ihrem Gehalt an Phosphaten und Spurenelementen. Die Phosphate fördern nicht nur den Hefestoffwechsel, sie können auch als Puffersubstanzen dem pH-Abfall etwas entgegenwirken.

8.3.5.2 *Die Stickstoffsubstanzen*: Durch den vorerwähnten starken pH-Abfall und durch die hohe Vermehrungsrate der Hefe nimmt die Menge des Gesamtstickstoffs während der Hauptgärung um 40 mg/100 ml ab, dies ist um 30 % mehr als bei der Untergärung. Der koagulierbare Stickstoff zeigt dabei in den ungünstiger beschaffenen Weizenwürzen eine Verringerung um mehr als 50 %, so daß normale, eher niedrige Werte im fertigen Bier resultieren. Auch die hochmolekulare (mit Magnesiumsulfat fällbare) Fraktion zeigt eine starke Abnahme. Durch das kräftige Hefewachstum wird der Würze ein sehr hoher Prozentsatz des freien Aminostickstoffs entnommen: der ursprüngliche Gehalt fällt von 18–22 auf 2–6 mg/100 ml ab; dies ist eine günstige Voraussetzung für die biologische, aber auch für die Geschmacksstabilität der Biere.

8.3.5.3 Die *Bitterstoffe* der Würze werden durch die pH-Bedingungen und durch die überaus große

Kohlensäureentwicklung (in 24 Stunden werden mehr als 6 % Extrakt vergoren!) sowie durch die große Hefeoberfläche verstärkt ausgeschieden. So enthält das Jungbier bei offener Gärung nur mehr 50 %, bei Gärtanks etwa 60 % der in der Anstellwürze gelösten Menge. Die Verluste sind natürlich abhängig vom Isomerisierungsgrad der α-Säuren; die Restgehalte an α-Säuren im Bier bewegen sich im Bereich von 0,3–1,0 mg/l.

8.3.5.4 Die *Polyphenole* erfahren aus den gleichen Ursachen ebenfalls eine stärkere Fällung als bei der Untergärung.

8.3.5.5 Die *Bierfarbe* nimmt bei hellen Bieren (Kölsch, Weizenbier) von der Anstellwürze bis zum Jung- bzw. Ausstoßbier um 3–4 EBC-Einheiten ab. Hier wirken sich der pH-Abfall sowie die intensivere Ausscheidung von färbenden Substanzen aus.

8.3.5.6 Die *Gärungsnebenprodukte* zeigen ein anderes Verhalten als bei der Untergärung. Dies ist einmal durch die Hefeart bedingt, zum anderen aber auch durch die angewendeten höheren Temperaturen. Die obergärige Hefe erzeugt jedoch stets mehr höhere Alkohole und Ester als die untergärige; letztere reagiert offenbar stärker auf höhere Gärtemperaturen (s. S. 205).

Die Bildung von *Acetaldehyd* erfolgt im Angärstadium – wohl durch die höheren Temperaturen gefördert – stärker, doch ist die Abnahme bei der folgenden Gärung nachhaltiger, so daß mit 2–4 mg/l niedrigere Werte resultieren als bei der Untergärung.

Die *höheren aliphatischen Alkohole* erreichen Werte, die um 15–50 % höher liegen als bei untergärigen Hefen. Sie werden naturgemäß deutlich von den Gärbedingungen beeinflußt. Vor allem das Isobutanol nimmt bei einem Anstieg der Gärtemperatur von 16 auf 22° C um mehr als 50 % zu. Die Weizenbierhefe tendiert zu wesentlich höheren Werten als Altbier- und Kölschhefe. Der 2-Phenylethylalkohol zeigt bei obergärigen Bieren kaum höhere Werte als bei untergärigen, wenn etwa die gleichen Gärtemperaturen zur Anwendung kommen. Im Gegenteil reagiert die untergärige Hefe empfindlicher als dies bei obergärigen Hefen der Fall ist. Vor allem Altbier- und Kölschhefen lassen einen etwas geringeren Einfluß der Temperatur erkennen.

Die *Ester* erfahren, bedingt durch die wesentlich höhere Vermehrungsrate und durch den insgesamt stärkeren Metabolismus, bei der Obergärung einen Anstieg um ca. 50 % gegenüber untergärigen Führungen. Doch ist dies auch von den obergärigen Heferassen selbst in höherem Maße abhängig. Weizenbierhefe bildet z. B. mehr Ester als Altbier- und Kölschhefe.

Die *vicinalen Diketone* und ihre Vorläufer zeigen die auch bei der wärmeren Führung der Untergärung übliche starke Steigerung zu Beginn der Gärung. Dann aber setzt infolge der hohen Temperaturen eine rasche Reduzierung von 2-Acetolactat und 2-Acetohydroxybutyrat ein. Das erstere gelangt bereits im Verlauf einer 1–2tägigen „VDK-Rast" bei 20 bzw. 17° C unterhalb des Bereichs der Geschmacksschwelle des Diacetyls.

Die *niederen freien Fettsäuren* verzeichnen bei den obergärigen Hefen infolge der starken Vermehrung eher niedrigere Werte als bei den untergärigen. Ihre Bildung ist weitgehend vom physiologischen Zustand der Hefe abhängig.

Eine Besonderheit der Weiß- oder Weizenbierhefen ist deren Eigenschaft, die in der Würze vorhandene Ferulasäure zu 4-Vinyl-Guajacol zu decarboxylieren. Die Ferulasäure ist im Malz an das unlösliche Pentosan, und zwar an Arabinose-Seitenketten gebunden. Es wird im Fortgang des Pentosanabbaus durch Hydrolyse beim Mälzen, insbesonders aber beim Maischen freigesetzt. Die Bildung von 4-Vinylguajacol bei der Gärung ist naturgemäß vom Gehalt an der Vorläufersubstanz, der Ferulasäure abhängig, deren Menge durch die Maischeparameter (s. S. 362) in einem gewissen Rahmen beeinflußt werden kann. Die verschiedenen Stämme der Weizenbierhefen bilden unterschiedliche Mengen an 4-Vinyl-Guajacol (± 50 %). Bei der Gärung kann eine Anstellphase wie z. B. die Flotation erhöhend wirken, während Gärtemperaturen im Bereich von 15–20° C nur einen geringen Einfluß haben. Entscheidend ist jedoch die Form der Gärgefäße (Bottiche, liegende Gärtanks, stehende flachkonische oder zylindrokonische Tanks) sowie die Art der Hefegewinnung (von oben oder bei ZKG von unten). Eine mehrfache Führung im zylindrokonischen Tank hat eine Verringerung der Phenole zur Folge, dies aber auch zusammen mit einer abgeschwächten Bildung von Estern. Ein längeres Verweilen der suspendierten Hefe im abgegorenen Bier ermittelt einen höheren Gehalt an 4-Vinyl-Guajacol als z. B. eine Separierung sofort mit dem Erreichen des Endvergärungsgrades. Wird die Hefe aus der Herführung nur zu 2–3 ZKG-Gärungen verwendet, so kann der 4-Vinyl-Guajacol-Gehalt im wünschenswerten Bereich von 1,2-1,7 ppm gehalten werden. Zu hohe Gehalte an den bei den Phenolen haben ein aufdringliches Aroma zur Folge und einen bitteren Nachgeschmack, der die Harmonie des Bieres stört.

8.3.6 Die Nachgärung

Noch in den Jahren vor dem Kriege wurden eine Reihe von obergärigen Bieren ohne Lagerung, d. h. meist vom Gärbottich aus ausgestoßen. Andere erfuhren eine Lagerung ähnlich wie bei der Untergärung. Verschiedentlich wurde auch die Nachgärung in der Flasche durchgeführt.

8.3.6.1 *Frischbiere* wurden nach Abgären und Zurückfallen des Hefeschaumes ausgestoßen. Es war hier wünschenswert, eine gute Abtrennung der Hefe zu erzielen. Der Verkauf dieser Biere erfolgte mit oder ohne Kräusen- oder Zuckerzusatz. Die Nachgärung geschah dann beim Konsumenten in Fässern oder Flaschen.

8.3.6.2 Obergärige *Lagerbiere* wurden bzw. werden mit einem Restextrakt von 0,5–0,8 % in die Lagerfässer bzw. Lagertanks verbracht. Die Hefemenge beträgt noch ca. $15–40 \times 10^6$ Zellen/ml. Bei einer Lagerkellertemperatur von 3–5° C werden die Jungbiere mit einer Temperatur von 10–18° C eingeschlaucht. Dadurch, daß der Tank auf einmal befüllt wird, geschieht die Abkühlung immerhin so langsam, daß der Restextrakt größtenteils innerhalb von 7–14 Tagen vergoren ist. Die Nachgärintensität hängt naturgemäß sehr stark von der Hefe nach Rasse, Gärbedingungen und von der ursprünglichen Würzezusammensetzung ab. Die Spundung berücksichtigt sowohl den gewünschten Kohlensäuregehalt des Bieres als auch die Lagerkellertemperatur. Sie liegt z. B. für Faßbier bei 0,3 bis 0,4 bar, bei Flaschenbier bei 0,5–0,7 bar. Die Klärung schreitet nur langsam voran und bleibt meist unvollständig. Dies hängt einerseits mit dem geringen Flockungsvermögen der obergärigen Hefe zusammen, die vor allem bei aktiver Nachgärung, aber auch nach Aufhören derselben nur langsam sedimentiert. Andererseits wird hierdurch auch das Absetzen der anderen Trübungsbestandteile wie Eiweißgerbstoffkolloide verzögert, die bei den etwas höheren Lagerkellertemperaturen nicht die wünschenswerte Dispersitätsgradvergröberung erfahren. Der relativ hohe Hefegehalt beim Schlauchen und die verfahrensbedingt wärmeren Lagerkeller lassen es geraten erscheinen, das Bier am Ende der Nachgärung vom Geläger weg in eine entsprechend kältere

Abteilung umzupumpen. Hier wird häufig ein Kühler eingeschaltet, auch können Späne (bis 20 g/hl) oder Bierstabilisierungsmittel zum Zusatz kommen. Bei dieser stufenweisen Lagerung wird der erste Teil bei etwas höheren Temperaturen (7–12° C) geführt, um Nachgärung und Reifung weiter zu treiben. Allgemein dauert dies 7–14 Tage. Bei der anschließenden Kaltlagerung finden dann Temperaturen um 0° C Anwendung. Um einer besseren Klärung willen ist es auch üblich, in den letzten Tagen der Lagerzeit den Spundungsdruck auf 1 bar anzuheben.

Wird in einer Brauerei auch untergäriges Bier hergestellt, so kann untergärige Hefe (0,1 %), auch in Form von Kräusen (max. 15 %) zur Belebung bzw. Sicherstellung der Nachgärung zugegeben werden. Die genannten Höchstmengen sind durch das Biersteuergesetz festgelegt. Die Vorteile liegen auf der Hand: die untergärige Hefe, ganz gleich ob sie mit Bier aufgezogen oder als Kräusen zum Zusatz kommt, vergärt den Restextrakt, selbst bei kalten Lagerkellertemperaturen, zügig. Durch ihr Flockungsvermögen unterstützt sie auch das Absetzen der obergärigen Hefe, die Klärung wird insgesamt verbessert. Nachdem der Charakter des obergärigen Bieres bereits bei der Hauptgärung durch die Bildung der größten Menge an Gärungsnebenprodukten festgelegt wird, erbringt die untergärige Hefe keine Abschwächung der Eigenschaften der obergärigen Biere.

Bei *modernen Gärverfahren* (s. S. 246) wird grundsätzlich in Reifungs- und Lagerphase unterschieden. Bei ersterer bleibt die ursprüngliche Gärtemperatur so lange erhalten, bis eine Reduzierung der vicinalen Diketone und ihrer Vorläufer erreicht ist. Anschließend erfolgt eine Abkühlung auf ca. 7° C und das Abschlämmen der Hefe, meist nach einer 6–24stündigen Rast. Das Bier wird nun entweder im selben Tank weiter abgekühlt (Eintankverfahren) oder umgelagert und dabei über einen Kühler auf –1° C abgekühlt. Verschiedentlich wird – möglicherweise ohne Abkühlen auf 7° C und folglich ohne Rast – über einen Jungbierseparator geschlaucht und dabei, entweder mit diesem die Hefeernte durchgeführt oder durch Verringerung der restlichen, suspendierten Hefe eine gewünschte Zellzahl von ca. 3×10^6 Zellen für die Kaltlagerung eingestellt. Beim Eintankverfahren ist es wichtig, nach Erreichen der Temperatur von –1° C die weiterhin ausfallende Hefe abzuscheiden, ebenso in wöchentlichem Abstand bei der folgenden Kaltlagerung. Aber auch im Kaltlagertank ist es wichtig, die vom Schlauchen her mitgekommene Hefe im wöchentlichen Abstand zu entfernen. Die erforderliche Kohlensäureanreicherung geschieht durch das rechtzeitige Anwenden von Druck.

Bei allen Methoden der Lagerung ist es von Bedeutung, daß die Hefemenge im Hinblick auf Lagerzeit und Temperatur nicht zu groß ist, es tritt sonst ein Anstieg des pH ein, der durch die Ausscheidung von Hefeinhaltsstoffen bewirkt wird. Analytisch steigt z. B. der Gehalt an Aminostickstoff an, der den Schaum beeinträchtigt, die biologische Stabilität vermindert und die Alterung des Bieres auf der Flasche beschleunigt. Auch die niederen freien Fettsäuren (Hexan-, Octan- und Decansäure) erfahren dann eine kräftige Erhöhung, die ebenfalls eine Verschlechterung des Bierschaumes zur Folge hat. Die Erhöhung der Mengen an Fettsäureethylestern geht mit der Ausbildung eines Hefegeschmacks einher. Eine Exkretion von Proteasen aus physiologisch schwachen Hefen führt schon während der Reifung zu einem Abbau von hochmolekularen Stickstoffsubstanzen. Es steigt dann wiederum der Gehalt an Aminostickstoff bei deutlicher Schaumverschlechterung an.

8.3.6.3 *Flaschengärung*: Das Jungbier wird direkt nach der Gärung oder nach Zwischenlagerung im Tank (1–14 Tage bei 5–7° C ohne Spundung) auf Flaschen abgefüllt. Es erfolgt so die Nachgärung oder ein Teil derselben im Transportbehälter. Um die gewünschte Kohlensäureanreicherung auf 0,5–0,9 % zu erhalten, wird meist dem hefehaltigen Jungbier Extrakt in Form von Zucker (außerhalb Bayerns), unvergorener Würze (Vorder- oder Ausschlagwürze) oder Kräusen (meist von untergäriger Hefe) zugegeben. Die hier einsetzende Nachgärung erbringt neben der Erhöhung des Kohlensäuregehalts eine Reifung und Klärung des Bieres, wobei jedoch letztere bei ausschließlicher Verwendung obergäriger Hefe nur mehr oder weniger unvollständig ist. Untergärige Hefe verbessert den Kläreffekt; in der Vergangenheit wurden auch eigens Klärmittel zugegeben (s. S. 244). Um den typgerechten Kohlensäuregehalt bis zum Ausschank des Bieres zu erreichen, eine Überspundung aber zu vermeiden, muß die zugegebene Extraktmenge berechnet und auf den beim Abfüllen vorliegenden Vergärungsgrad abgestimmt sein. Nachdem bei Vergärung von 1 g Extrakt 0,46 g Kohlensäure entstehen, darf zu einem endvergorenen Jungbier, das einen Kohlensäuregehalt von 0,2 % aufweist und im Ausstoß einen solchen von 0,7 % haben soll, eine Menge von $^{0,5}/_{0,46}$ = 1,08 % an *vergärbarem* Extrakt zuge-

fügt werden. Beträgt der wirkliche Endvergärungsgrad der „Speise" 66 %, so ist die zu dosierende Gesamtextraktmenge $^{1,08}/_{0,66}$ = 1,63 %. Unter Einbeziehung eines Stammwürzegehaltes von 12,8 GG % (= 13,45 GV %) errechnet sich der erforderliche Zusatz auf 12 % der Jungbiermenge. Ist noch vergärbarer Extrakt im Jungbier selbst vorhanden, so muß dieser selbstverständlich berücksichtigt werden. Nachdem die obergärige Hefe auch am Ende der Hauptgärung noch eine kräftige Extraktabnahme zeigt, muß der Vergärungsgrad stündlich verfolgt und die Extraktzugabe hierauf angepaßt werden.

Um nun den zugefügten Extrakt zügig zu vergären, wird das abgefüllte, in Nachgärung befindliche Bier zunächst bei wärmeren Temperaturen von 15–20° C gelagert. Bier, das bereits eine Lagerkeller-Zwischenlagerung erfahren hatte, muß entsprechend erwärmt werden. Die Nachgärung läßt sich mit Hilfe von Kontrollmanometern verfolgen, die auf jeweils 3–4 Flaschen pro Abfüllcharge aufgesteckt werden. Der Druck erreicht nach 2–3 Tagen einen Höchststand von 2–3,5 bar, je nach Lagertemperatur und vergorener Extraktmenge. Anschließend wird das Bier auf 2–4° C abgekühlt. Dies geschieht entweder durch Umschalten der Raumklimatisierung von Heizen auf Kühlen oder durch Umstellen der meist auf Paletten gestapelten Flaschen vom „warmen" in den „kalten" Keller. Nach 2–3 Wochen Kaltlagerzeit ist das Bier so weit geklärt, daß es ausgestoßen werden kann. Bei Berliner oder norddeutschen Weißbieren betrug die Lagerzeit früher 3 Monate, ja bis zu 2–3 Jahren. Das Bier erhielt hierdurch eine besondere esterartig-blumige Note.

8.3.6.4 *Klärmittel*: Werden die Biere unfiltriert im Faß (wie z. B. in England) oder in der Flasche zum Verkauf gebracht, so ist es erforderlich, Hefe und Trübungssubstanzen auszuscheiden. Wie schon erwähnt, reicht bei geringem Hefegehalt des obergärigen Jungbieres oder bei einer Zwischenlagerung desselben eine relativ geringe Menge an untergäriger Hefe aus, um eine befriedigende Klärung der Biere herbeizuführen. Wird eine weitergehende Klärung gewünscht, so kommen Klärmittel wie Fischleim (Hausenblase), Isinglass, Gelatine oder Algenpräparate (Isländisches Moos oder Karaghen-Moos) zur Anwendung. In Deutschland ist nur Hausenblase zugelassen, die jedoch nicht mehr zur Klärung des Bieres in der Flasche selbst zugegeben werden darf. Dies geschieht vielmehr im Zwischenlagerkeller, wo sie sich gut absetzen oder u. U. durch nachfolgende Filtration entfernt werden kann.

Hausenblase ist die innere Haut der Schwimmblase des Hausen (Beluga), die nach gründlicher Reinigung und Trocknung in Form von Blättern oder Streifen in den Handel kommt. Es werden 2,5 bis 4 g/hl Bier gegeben. Nach gründlichem Wässern (10 Stunden in fließendem kalten Wasser, um den Fischgeruch zu entfernen) wird die Hausenblase mit $^1/_{10}$ ihres Trockengewichts mit Weinsteinsäure versetzt, auf das 20fache Volumen mit Wasser aufgefüllt und ca. 15 Stunden der Quellung überlassen. Anschließend wird die Gallerte mehrmals mit Wasser gewaschen, um die Weinsteinsäure zu entfernen. Durch Zugabe von Warmwasser (50° C) kann die nunmehr dünnflüssige Masse über ein Hefesieb von eventuellen Rückständen der Fischblase getrennt werden. Sie gelangt nun zu der vorgesehenen Charge im Mischbottich zum Zusatz.

8.3.7 Filtration und Abfüllung

8.3.7.1: *Filtration*: Die obergärigen Biere kommen je nach Typ unfiltriert oder filtriert zum Ausstoß. Bei der Filtration herrschen dieselben Grundsätze wie auf den Seiten 258 ff. beschrieben. Eine Besonderheit der obergärigen Biere ist, daß sie auch am Ende der Lagerung noch einen verhältnismäßig hohen Hefegehalt von 2 bis 20 × 10⁶ Zellen/ml Bier aufweisen können und auch die Sedimentation der kolloidalen Trübungskörper nicht genügend weit erfolgte, da die Lagerzeiten zu kurz oder die Lagertemperaturen zu hoch waren. Um den Filter zu entlasten, werden häufig Zentrifugen zur Vorklärung eingesetzt (s. S. 268). Trotzdem ist der Kieselgurverbrauch im Bereich von 120–250 g/hl, was zum Teil auf die knappen Standzeiten der Filter zurückzuführen ist. Zur Sicherung der biologischen Stabilität finden häufig Schichten-Nachfilter (EK-Schichten) Verwendung. Im Falle einer Infektion des Bieres mit Milchsäurestäbchen ist der Filterdurchsatz drastisch, d. h. auf 0,5–0,6 hl/m² u. h. zu drosseln, oder es wird besser doppelt über das gesamte System Kieselgur-/Schichtenfilter mit geringerer Geschwindigkeit nochmals filtriert. Die Filtrierbarkeit der Biere kann bei Zusatz von Hefebier (mittels Dekanter oder Zentrifuge gewonnen) durch den Gummistoffgehalt desselben leiden.

8.3.7.2 *Stabilisierung*: Nachdem die filtrierten obergärigen Biere dieselben Vertriebswege und

-zeiten aufzuweisen haben wie untergärige, ist eine Stabilisierung erforderlich. Sie wird meist durch Kieselsäurepräparate bei der Filtration (s. S. 319) bewirkt.

8.3.7.3 *Sterilisation*: Anstelle einer Sterilfiltration kann auch eine Kurzzeiterhitzung des Bieres zur Durchführung kommen. Bei hochgespundeten Bieren, z. B. Weizenbieren, ist der Sättigungsdruck des hohen Kohlensäuregehalts zu berücksichtigen. Flaschenpasteurisation ist bei Nähr- und Malzbieren unerläßlich, da eine noch so geringe Hefeinfektion des Bieres eine Vergärung des reichlich vorhandenen Extrakts bewirkt (Gefahr des Berstens der Flaschen, Überschäumen etc.). Normal vergorene, z. B. Altbiere werden nur bei extremen Transportwegen oder bei geringen Marktanteilen pasteurisiert.

8.3.7.4 *Abfüllung*: Alle filtrierten obergärigen Biere bedürfen derselben Sorgfalt zur Verringerung einer Sauerstoffaufnahme wie untergärige. Lediglich Biere, die eine Nachgärung auf der Flasche erfahren, sind hier unempfindlicher.

8.4 Verschiedene obergärige Biere und ihre Herstellung

Die obergärigen Biere unterscheiden sich oftmals sehr weitgehend in ihrer Herstellungsweise: Abgesehen von den verschiedenen Heferassen, die eine größere Individualität zeigen als die untergärigen, bewegt sich der Brauprozeß in wesentlich breiteren Bahnen technologischer Möglichkeiten. Diese sind entweder vom Typ her bedingt mehr traditioneller Natur oder sie wurden unter sorgfältiger Berücksichtigung der verschiedenen Parameter Schritt für Schritt den Notwendigkeiten des speziellen Bieres angepaßt. Die Schilderung der wesentlichen deutschen obergärigen Biere erfolgt jeweils anhand von Beispielen. Es ist unmöglich, auf alle technologischen Spielarten einzugehen.

8.4.1 Das Altbier (Düsseldorf, Niederrhein)

8.4.1.1 *Charakteristische Merkmale des Bieres*: Stammwürzegehalt 11,2–12 %, Farbe 25–38 EBC, pH 4,15–4,40, Endvergärungsgrad 71 bis 85 %, Bitterstoffgehalt 28–40 EBC-Einheiten, bei speziellen Anlässen (z. B. Festbier) bis zu 60 BE.

8.4.1.2 *Malzschüttung*: Hier sind sehr große Unterschiede gegeben: Während eine Reihe von Brauereien das Bier aus hellem oder mittelfarbigem (Farbe 5–7 EBC) Malz herstellt und die Korrektur der Farbe kurz vor Ende des Würzekochens mit Farbbier (ein Teil beim Würzekochen, ein Teil im Lagerkeller) vornimmt, sind bei anderen die verschiedensten Malzschüttungen zu finden: entweder 100 % dunkles Malz, Farbe 10–12 EBC oder 90 % helles Malz und 10 % Caramelmalz (Farbe 120 EBC); auch 10–15 % helles Weizenmalz dienen der Geschmacksabrundung. Das Farbmalz (max. 1 %) kann ebenfalls aus Weizen gewonnen werden.

8.4.1.3 *Brauwasser*: Ein Teil der Altbiere wird ohne Nachteil aus hartem Brauwasser erzeugt (bis zu 10°dH Restalkalität). Wenn weiches Wasser, z. B. zur parallellaufenden Herstellung von Pilsener Bieren vorhanden ist, so wird dieses ebenfalls für Altbier herangezogen. Ein besonderer Grund, hartes Wasser zu bevorzugen, etwa um die Biere vollmundiger und kerniger zu gestalten, besteht im allgemeinen nicht. Die obergärige Hefe erreicht ohnedies eine weitgehende pH-Erniedrigung.

8.4.1.4 *Maischverfahren*: Sie reichen vom Infusions- zum Zweimaischverfahren. Die einfachste Art der Durchführung des ersteren ist es, bei 52° C mit einem Malz-Wasserverhältnis von 1 : 2,5 einzumaischen und dann von Rast zu Rast (62, 70, 76° C) so viel Wasser von 85–90° C zuzubrühen, bis die Abmaischtemperatur von 76° C erreicht ist. Die Gesamtmaischdauer liegt bei 150–170 Minuten. Bei Verwendung heller Malze wird meist ein Ein- oder Zweimaischverfahren mit 50–52° C Einmaischtemperatur angewendet. Kommt zum Großteil dunkles Malz zum Einsatz, so kann eine Einmaischtemperatur von 35–37° C nützlich sein (s. S.128). Die spätere Vorderwürzekonzentration liegt bei 16,5–19 %, bei Maischefiltern oder beim Strainmaster höher.

8.4.1.5 *Würzekochen und Hopfengabe*: Die Würzekochdauer ist normal; sie entspricht der des jeweiligen Kochsystems (Außenkocher 60–70 Minuten, Doppelbodenpfannen 90–100 Minuten). Die Hopfengabe zur Erzielung der obengenannten Bitterwerte liegt bei 80–150 mg α-Säure/l Würze. Die Hopfenqualität hat meist Aromahopfen zum Gegenstand, verschiedentlich dienen Bitterhopfen in einer Menge von 30–50 % zur Darstellung der Grundbittere, je nachdem, ob ein Hopfenaroma im fertigen Bier gewünscht wird oder nicht, werden 2–4 Gaben beim Kochen gegeben, die Durchschnittshopfenkochzeiten liegen bei 50–70 % der Gesamtkochzeit. Einige, meist kleinere Brauereien, geben 100–150 g/hl Doldenhopfen oder Hopfenpulver im Lagerkeller zu (s. S. 311).

8.4.1.6 *Würzebehandlung*: Nach Abtrennung des Heißtrubs in Whirlpools oder mittels Heißwürzezentrifugen (auch Kühlschiffe sind noch anzutreffen) erfolgt in etlichen Brauereien eine definierte Verringerung des Kühltrubs: teilweise durch Kieselgurwürzefiltration, durch Kaltsedimentation, durch Flotation oder die althergebrachten Anstellbottiche. Oftmals wird im Anstellkeller zwischen ober- und untergärigen Suden nicht unterschieden; meist erhalten jedoch die ersteren aus Gründen der Trennung bei der Hefearten (Infektion!) die Hefegabe erst auf dem Weg zwischen Anstell- und Gärkeller. Die Belüftung strebt normalerweise eine Sauerstoffsättigung an.

8.4.1.7 *Gärung*: Bei einer Hefegabe von 0,25–0,5 l/hl (Zellzahl $7–15 \times 10^6$/ml) oder einer Kräusenvorlage von 25 % (Hefezellzahl 40 bis 60×10^6/ml in den Kräusen bei Vs 30–50 %) wird voll belüftet. Die Anstelltemperatur beträgt je nach Gärkellertemperatur, Kühlmöglichkeit der Gärgefäße und Gärführung 12–20° C. Ein Drauflassen mit den nächstfolgenden Suden innerhalb von 8–12 Stunden ist möglich. Bei der *Bottichgärung* setzt der Hopfentrieb 12–24 Stunden nach dem Anstellen ein, die Ausscheidungen werden abgehoben. Die Höchsttemperaturen liegen in Abhängigkeit von den obigen Faktoren bei 17–22° C, wobei über 18° C je nach Steigraum ein mehr oder weniger starkes Überschäumen erfolgt. Die Extraktabnahme beträgt bis zu 6 % in 24 Stunden. Gegen Ende der Gärung wird die aufgetriebene Hefe auf ein- oder zweimal abgehoben. Der Vergärungsgrad liegt beim Schlauchen 8–10 % unter dem Endvergärungsgrad, um noch eine genügende Nachgärung sicherzustellen. Die Gärdauer beträgt 3–5 Tage.

Bei der *Tankgärung* z. B. in zylindrokonischen Tanks wird zur Beschränkung des Steigraums und zur Anreicherung von CO_2 nach der ersten Hefesprossung Druck von 0,5–0,8 bar angewendet und meist im gleichen Gefäß die Reifungsphase eingehalten. Bei üblicher Hefegabe wird mit 18–20° C angestellt und diese Temperatur über die Gärzeit, bis zum Erreichen des Endvergärungsgrades beibehalten. Da die Gärung sehr intensiv ist, kommt es auch hier zu Extraktabnahmen von 6 % pro Tag. Nach dem Abbau des 2-Acetolactats wird um 5–6° C innerhalb von 12 Stunden abgekühlt und wiederum 12 Stunden später die Hefe aus dem Konus, d. h. ohne vorheriges Abziehen des Bieres geerntet (s. S. 247). Zum Abbau des 2-Acetolactats bleibt das Bier mit der restlichen Hefemenge (20–40 × 10⁶ Zellen) so lange bei 18–20° C stehen, bis die Menge des „Gesamtdiacetyls" unter den Schwellenwert (0,1 mg/l) abgebaut ist. Dies dauert in der Regel 2–4 Tage. Die Hefe wird während dieser Zeit noch 1–2mal abgezogen, um einen Übertritt von Hefeinhaltssubstanzen an das Bier zu vermeiden. Es kann nun in diesem Tank bis auf 0° C abgekühlt oder über einen Durchlaufkühler auf einen eigenen Lagertank umgepumpt werden.

8.4.1.8 *Lagerung*: Bei der konventionellen Arbeitsweise liegt die Lagerkellertemperatur bei 4–5° C. Das Bier wird mit 10–18° C eingeschlaucht, die Hefemenge liegt bei 15–40 × 10⁶ Zellen pro ml. Der höhere Wert ist dann vertretbar, wenn das Bier nach 7–14 Tagen nochmals umgelagert und dann über einen Kühler in einen kalten Lagerkeller verbracht wird. Bei intensiven Gärverfahren (ganz gleich, ob in Tanks oder Bottichen) kann auch während des Schlauchens eine gezielte Verringerung der Hefemenge durch Jungbierseparatoren zweckmäßig sein. Die Kaltlagerung dauert meist 1–2 Wochen, oftmals länger. Die Spundung muß auf den Ausschank als Faß- oder Flaschenbier abgestellt sein. Steht untergärige Hefe zur Verfügung, so kann diese, evtl. in Form von Kräusen (ca. 10 %, Vs 25–30 %), zur Verbesserung der Nachgärung – vor allem in kalten Kellern – eingesetzt werden (s. S. 241).
 Eine Hopfengabe im Lagerkeller erfolgt beim Einschlauchen des Bieres. Doldenhopfen oder Pulver werden mit Wasser von 80–95° C versetzt (1 : 5) und 30 min extrahiert. Anschließend nach Abkühlung kommen Hopfen und Brühentwicklung zum Zusatz. Doldenhopfen ist verschiedentlich in einem Leinwandsäckchen eingefüllt, um ein Verlegen der Armaturen zu verhindern.

8.4.1.9 *Filtration und Abfüllung*: Bei dem höheren Hefegehalt der obergärigen Biere kann eine Vorklärung mittels Zentrifuge den Filter wirksam entlasten. Eine Stabilisierung mittels Kieselsäurepräparaten erfolgt – wenn notwendig – in gleicher Weise wie bei untergärigen Bieren. Auch die Abfüllung hat dieselben Grundsätze bei beiden Bierarten zu befolgen. Da Faßbier häufig „offen",

d. h. ohne Kohlensäurepression ausgeschenkt wird, darf der Kohlensäuregehalt keinesfalls zu hoch sein (4,2–4,5 g/l). Um einen wünschenswerten höheren Kohlensäuregehalt für Flaschenbier zu erzielen, müssen entweder die Biere im Lagerkeller getrennt gelagert bzw. gespundet werden, oder es erfolgt eine Einstellung des höheren CO_2-Gehalts mittels eines Karbonisiergerätes zwischen Filter und Flaschenfüller. Dies ist dann zulässig, wenn eigene Gärungskohlensäure zur Verfügung steht.

8.4.2 Das Kölsch

8.4.2.1 *Charakteristische Merkmale*: Stammwürzegehalt 11,2–11,8 %, Farbe 7,5–14 EBC, pH 4,15–4,40, Endvergärungsgrad 79-85%, Bitterstoffgehalt 16–34 BE.

8.4.2.2 *Malzschüttung*: Helles Gerstenmalz üblicher Qualität, Farbe ca. 3 EBC-Einheiten, dazu in einigen Brauereien bis zu 20 % Weizenmalz zur Erhöhung der Vollmundigkeit und Verbesserung der Abrundung des Bieres.

8.4.2.3 *Brauwasser*: Das Stadtwasser von Köln hat wohl eine hohe Gesamthärte (25° dH), doch entfällt nur etwa die Hälfte (ca. 13° dH) auf die Bicarbonathärte. Die Restalkalität beträgt ca. 7° dH. Der Großteil der Brauereien führt eine (teilweise) Entcarbonisierung des Wassers durch, einige Betriebe verfügen über weiches Brunnenwasser, einige wiederum verwenden das genannte „harte" Wasser.

8.4.2.4 *Maischverfahren*: Das ursprüngliche Verfahren für „Kölsch" war ein Infusionsmaischverfahren; es ist auch heute noch teilweise anzutreffen. Die Mehrzahl der Betriebe wendet ein Einmaischverfahren an. Die Einmaischtemperaturen variieren in weiten Grenzen, je nach Malzqualität und angestrebter Würzezusammensetzung. In der Regel wird ein Niveau des α-Aminostickstoffs angestrebt, das dem der untergärigen, hellen Biere entspricht (21–23 mg/100 ml 12 %ige Würze bzw. 21–22 % des Gesamt-N). Die Maischekonzentration bzw. die Stärke der Vorderwürze richtet sich nach dem Läutersystem.

8.4.2.5 *Würzekochen und Hopfengabe*: Die Kochzeiten sind die üblichen. Die Hopfengaben wurden gegenüber früher drastisch verringert. Die dosierte α-Säuremenge liegt zwischen 70 und 140 mg α-Säure pro Liter heißer Würze. Die erste

Gabe, z. T. oder ausschließlich in Form von Extrakt (auch Bitterstoffhopfen) wird bei oder 15 min nach Kochbeginn gegeben, die zweite 10–20 min vor dem Ausschlagen, als Pulver- oder Doldenhopfen (Aromasorten). Die Durchschnittshopfenkochzeit beträgt 50–70 % der gesamten Kochzeit. Hopfenstopfen im Lagerkeller ist nicht mehr üblich.

8.4.2.6 *Würzebehandlung*: Hier ergeben sich keine bierspezifischen Besonderheiten gegenüber den bei Altbier (s. S. 359) geschilderten Verfahren.

8.4.2.7 *Hauptgärung*: Bei üblicher Hefegabe von 0,25–1,5 l/hl (6–40 $\times$ 10^6 Zellen/ml), wobei bei letzterer weniger stark belüftet wird als bei niedrigerer, beträgt die Anstelltemperatur 12–22° C, die Höchsttemperatur 18–22° C, vereinzelt bis 28° C. Bei kleineren Gärbottichen wird nicht oder nur 1–2mal, nach 12–24 Stunden draufgelassen, bei großen Tanks werden nach Anstellen und Angären des ersten Sudes weitere, bis zu 12 Sude draufgelassen. Wie schon auf S. 353 geschildert, kommt es bei dieser Technik zu einer raschen Extraktabnahme und im Verlauf von 12–24 Stunden unter Zufuhr frischer Würze zu einem „statischen Zustand" bei einem Extraktgehalt von 3–4 %. Erst anschließend nimmt der Extrakt weiter ab, wobei die Gärung insgesamt nach 36–48 Stunden beendet ist. Eine *Bottichgärung* dauert bei Temperaturen zwischen 14 und 18° C drei bis vier Tage, anschließend wird auf 8–10° C zurückgekühlt und mit dem üblichen Restextrakt geschlaucht. Die Ernte der Hefe erfolgt von oben oder nach dem Schlauchen durch Auskrücken der Hefedecke. Bei Verwendung von Jungbierzentrifugen kann auch die don anfallende Hefe wieder zum Anstellen verwendet werden.

Tankgärung findet wie bei Altbier z. T. als Druckgärung statt: Nach dem Auffüllen eines bereits angegorenen Sudes auf den vollen Tankinhalt wird bei Gärtemperaturen von 18–24° C ein Druck von 0,6–0,7 bar eingehalten. Die Vergärung ist in 48–60 Stunden beendet, anschließend folgt noch ein Tag zur Reduzierung des 2-Acetolactats. Die Abkühlung auf 3–4° C dauern einen weiteren Tag. Beim Umlagern in einen „Kaltlagertank" verringert eine Zentrifuge den Hefegehalt auf 3–8 $\times$ 10^6 Zellen/ml, ein Kühler ermöglicht die Absenkung der Temperatur auf 0 bis –1° C.

8.4.2.8 *Lagerung*: Hier sind die gleichen Gegebenheiten vorzufinden wie bei Altbier. Es ist bemerkenswen, daß in manchen Brauereien noch Lagerzeiten von 40–60 Tagen eingehalten werden, wobei durchaus Temperaturen von 4–5° C vorliegen können. Die Extraktabnahme des Bieres erreicht 0,7–1 %. Bei vorheriger Reifungsphase finden Lagerkellertemperaturen von 0–1° C Anwendung, die Lagerzeit beträgt 14–40 (!) Tage. Die Spundung wird auf die Notwendigkeiten von Faß- und Flaschenbier abgestellt; z. T. erfolgt dies nach dem Prinzip der fallenden Spundung erst kurz vor der Filtration.

8.4.2.9 *Filtration und Abfüllung*: Separatoren sind fast immer den Kieselgur- und Schichtenfiltern vorgeschaltet. Stabilisierungsmittel werden wie bei Altbier oder Kristallweizen verwendet. Sonst ergeben sich gegenüber Altbier keine Abweichungen.

8.4.3 Weizenbier – hefefrei

8.4.3.1 *Charakteristische Merkmale*: Stammwürzegehalt 11–12 % (ohne hervorhebende Bezeichnung), Export-Weizen etc. s. S. 308. Farbe 7–12 EBC-Einheiten, pH 4,1–4,3, Endvergärungsgrad 78–85 %, Bitterstoffgehalt 12–18 BE, CO_2-Gehalt, 0,7–0,9 %. Es werden auch dunkle Weizenbiere hergestellt (Farbe 40–60 EBC).

8.4.3.2 *Malzschüttung*: Weizenbier muß mindestens 50 % Weizenmalz enthalten. Bei den hefefreien Bieren, die eine helle Farbe haben sollen, kommen nur helle Weizenmalze (s. S. 88) und helle Gerstenmalze (Farbe ca. 3,0 EBC) zur Verwendung. Der Anteil des Weizenmalzes ist 50–70 %. Der Einsatz von 2–4 % Carapils (Farbe 4,0 EBe) oder Carahell (Farbe 30–40 EBC) ist zur Verstärkung des Malzcharakters möglich.

8.4.3.3 *Brauwasser*: Bei diesem Weizenbiertyp wird üblicherweise so weit entcarbonisiert, daß eine Restalkalität von 2–40° dH vorliegt. Zusatz von Gips oder Calciumchlorid erniedrigt den Maische-pH weiter, verringert die Pufferung (niedrigeres Bier – pH) und schafft eine bessere Farbstabilität beim Brauprozeß. Deshalb wird oftmals hierdurch ein Absenken der Restalkalität auf 0 bis –1° dH angestrebt. Auch werden durch Calcium-Ionen Oxalatausfällungen im fertigen Bier verhindert (s. S. 326). Unaufbereitetes Brauwasser von 8–12°dH Restalkalität bedarf u. U. des Einsatzes von Sauermalz.

8.4.3.4 *Maischverfahren*: Malzkonditionierung zur Erhöhung des Wassergehalts um mehr als 2 % (s. S.110) und Naßschrotung sind günstig, um die Frucht- und Samenschale des Weizens als Läuterschicht zu erhalten. Nachdem Weizenmalz meist einen verhältnismäßig hohen Anteil an hochmolekularem Stickstoff aufweist und deshalb bezüglich der assimilierbaren Fraktion unterbilanziert ist, beginnen die herkömmlichen Ein- oder Zweimaischverfahren bei 35–45° C. Ein Einmaischen bei 35° C und ein Aufheizen auf 50° C in ca. 20 min bewirkt auch eine Förderung des Abbaus der β-Glucane. Zur Unterstützung des Eiweißabbaus dient eine Eiweißrast von 20–30 min bei 50° C oder eine stufenweise Betonung von jeweils 7–10 min bei 47,50 und 53° C. Hierdurch kann ein Wert des α-Amino-Stickstoffs von 20–23 mg/100 ml 12 %iger Würze bzw. ca. 18 % des Gesamt-Stickstoffs erreicht werden. Daneben wird durch den hydrolytischen Abbau der Pentosane bzw. aus der Bindung mit Arabinose Ferulasäure freigesetzt. Niedrige Einmaischtemperaturen von 37–47° C bewirken mit dem Fortgang der Rast eine deutliche Erhöhung des Gehaltes an Ferulasäure. Besonders günstig in diesem Zusammenhang ist eine Temperatur von 44° C. Es ist jedoch so, daß z. B. bei einer 60–90 Minuten währenden Rast der Restmaische bei 35–40° C (s. S. 128) eine genügende Menge an Ferulasäure gebildet wird. Weizenmalz enthält weniger von dieser Phenolsäure als Gerstenmalz. Sauermalz oder biologisch gewonnene Milchsäure können die Abbauvorgänge bei allen Substanzgruppen optimieren, doch kommt es bei einer Erniedrigung des Maische-pH unter 5,7 zu einer Verringerung der Freisetzung der Ferulasäure. Die (toten) Milchsäurebakterien stören die direkte mikroskopische Kontrolle der Hefe, hier bedarf es u. U. entsprechender selektiver Untersuchungsmethoden. Wenn auch Ein- und Zweimaischverfahren (s. S.128, 129) kaum analytische Unterschiede in Würze und Bier ergeben, so ist doch die Gleichmäßigkeit der Qualität beim letzteren besser gesichert. Dies wird vor allem anhand der Jodreaktion ersichtlich, die bei Weizenbier-Maischen stets problematischer ist als bei solchen aus Gerstenmalz. Ursprünglich war das Verhältnis Schüttung zu Hauptguß 1 : 3, um die als Speise dienende Vorderwürzemenge (21 % Extrakt) möglichst klein zu halten. Heute ist dieses Prinzip durchbrochen. Die Gesamtmaischdauer beträgt je nach Zahl der Kochmaischen 3–4 Stunden. Es bedarf einer sehr sorgfältigen Schrotung mit Konditionierung und eines gut abgestimmten Maischverfahrens, um die Abläu-

terung mittels Läuterbottich zügig durchzuführen. Es läßt sich sonst die Sudfolge von drei Stunden nicht halten. Bei letzterer kann möglicherweise das Maischverfahren ein Engpaß sein.

8.4.3.5 *Würzekochen und Hopfengabe*: Würzen mit 50–60 % Anteil an Weizenmalz enthalten viel koagulierbaren Stickstoff. Es bedarf einer, im Vergleich zu Gerstenmalz intensiveren Kochung, die bei Doppelbodenpfannen um ca. 20 % länger sein kann, um einen Restgehalt an koagulierbarem Stickstoff von 3,5 mg/100 ml zu unterschreiten. Dieser wird durch den starken pH-Sturz bei der Gärung bis auf 1–1,5 mg abgesenkt. Innen- und Außenkocher bewirken bei geschlossenen Pfannen eine eher zu weitgehende Eiweißausscheidung, so daß die Kochzeiten mit Innenkocher bei 102,5° C (s. S. 157) nur 80 Minuten und bei Außenkochern mit 104° C nur ca. 65 Minuten betragen, um den Grenzwert von 3 mg/100 ml 12 %iger Würze nicht zu unterschreiten. Es kann sonst – und zwar besonders bei filtrierten (und stabilisierten) Weizenbieren – zu einer Verschlechterung des Schaumes kommen. Die Hopfengabe ist gering: Wenn sie auch nur bei 40–50 mg α-Säure pro Liter Ausschlagwürze liegt, so sollte doch nicht nur Bitterhopfen verwendet werden, sondern die zweite Gabe (nach halber Kochzeit) aus Aromahopfen bestehen. Der pH-Wert der Ausschlagwürze ist, bedingt durch das Weizenmalz bei 5,6–5,7. Eine Korrektur des pH beim Würzekochen kann sich auf Gärung und Reifung günstig auswirken; sie sollte auf ein Jungbier-pH von 4,15–4,20 abzielen. Dimethylsulfid spielt bei Weizenmalzwürzen eine untergeordnete Rolle. Der Stickstoffgehalt der Würzen ist je nach dem abbaufähigen Eiweißgehalt des Weizenmalzes bei 110–130 mg/100 ml, der Anteil des hochmolekularen Stickstoffs sollte bei 40–43 % liegen, der des FAN bei ca. 18 %. Der Polyphenolgehalt ist deutlich niedriger als bei Gerstenmalzsuden, die Viscosität sollte im Hinblick auf die Filtrierbarkeit der Biere unter 2 mPas betragen.

8.4.3.6 *Würzebehandlung*: Bei den kleineren Weizenbierbrauereien ist noch das Kühlschiff anzutreffen; Whirlpool und Heißwürzezentrifuge konnten es jedoch ohne Nachteile ersetzen, wenn die Heißtrubabtrennung in Ordnung ist und die thermische Belastung in Grenzen bleibt (s. S. 182). Die Abtrennung des Kühltrubs mittels Flotation, Separierung, Filtration oder Anstellbottich vermittelt eine wesentliche Entlastung der Gärdecken. Vor allem die Flotation scheidet die unisomerisierten a-Säuren weitgehend aus. Die Flotation mit Hefe schafft, u. U. mit Zweitbelüftung stets eine kräftigere Hefevermehrung und eine noch bessere Gärung, vor allem bei Tankgärungen. Weizenbierwürzen haben einen mehrfach höheren Kühltrubgehalt als solche aus Gerstenmalz.

8.4.3.7 *Hauptgärung*: Die Hefe (0,3–0,5 l/hl) kann beim Würzekühlen zum Zusatz kommen. Sie stört die Flotation nicht. Ein Drauflassen in den ersten 12 Stunden bzw. ein Anstellen mit Hochkräusen (Vs = 25–30 %) ist möglich. Bei einer Anstelltemperatur von 15° C beträgt die Höchsttemperatur 18–22° C. In nicht kühlbaren *Bottichen* ist ein Überschreiten derselben (Infektionsgefahr!) durch Anpassung von Hefegabe und Anstelltemperatur an die Raumtemperatur zu vermeiden. Der Hopfentrieb schiebt bei geeigneter Gestaltung des Bottichrandes und bei entsprechender Befüllung des Gefäßes über, ebenso der Hefetrieb. Ist dies nicht der Fall, dann wird die Hefe einige Male abgehoben. Verschiedentlich erfolgt die Hefeernte erst zum Schluß der Gärung; die kompakte Decke setzt sich beim Schlauchen auf dem Bottichboden ab und wird von dort mittels Krücke entfernt. Dasselbe ist bei liegenden Gärtanks der Fall, sofern diese keine Übersteigvorrichtung aufweisen. In zylindrokonischen Gärtanks läßt sich die Hefe dann aus dem Konus ernten, wenn der Endvergärungsgrad erreicht ist. Andernfalls wird ein sehr hefereiches Jungbier gewonnen, die Hefe befindet sich zum Teil in Suspension, zum Teil an der Oberfläche. Hier kann die Hefeernte über eine Jungbierzentrifuge günstig sein, wobei die Hefe ihre typischen Eigenschaften länger behält: ihr spezfisches Spektrum an Gärungsnebenprodukten wie die Menge und das Verhältnis der höheren aliphatischen Alkohole zu den Estern und auch die Bildung der typischen Aromakomponenten des Weizenbieres: 4-Vinyl-Guajacol und 4-Vinyl-Phenol. Die Jungbierzentrifuge läßt durch eine Beipaßschaltung die Einstellung der für die Reifung notwendigen Hefezellzahl auf z. B. 30–50 × 10⁶ Zellen zu. Der Gärkellervergärungsgrad liegt normal dicht am Endvergärungsgrad, wenn zur Nachgärung „Speise" zum Zusatz kommt. Soll dagegen die Nachgärung mit dem Restextrakt aus dem Jungbier geführt werden, dann ist so grün zu schlauchen, daß jeder Lagertank eben diese Restextraktmenge erhält. Dies ist bei mindestens 2,0 % Extraktdifferenz zur Endvergärung der Fall. Hier muß eine selbstansaugende Jungbierpumpe vor-

handen sein, die es gestattet, die betreffende Charge in maximal zwei Stunden in den Lagerkeller zu verbringen. Die Extraktabnahme während dieser Zeit kann noch 0,2–0,3 % betragen. Das ist zu berücksichtigen. Die Hefeernte zu diesem Zeitpunkt ist noch etwas knapp, die Hefemenge im „Warmtank" relativ hoch (50–70 × 10⁶ Zellen/mi). Der Einsatz eines Jungbierseparators ist hier nützlich (s. oben).

8.4.3.8 *Lagerung*: Die ursprüngliche Arbeitsweise sieht eine Unterteilung in eine „Warmphase" und eine „Kaltphase" vor. Für die erstere stehen die Tanks in einem, auf 12–17° C temperierbaren Raum oder die Behälter sind mit Doppelmantel oder Taschen versehen. Je nach der beabsichtigten Temperaturführung werden Spundungsdrükke von 3–5 bar Ü erforderlich; die Tanks und Armaturen sind hierfür auszulegen (Zulassungsdruck ca. 1 bar mehr). Beim *Verfahren mit Speise* gelangt das Jungbier, annähernd endvergoren, mit einer Temperatur von 17–20° C in den Warmtank. Die Speise wird vorgelegt oder bei größeren Behältern während des Umpumpens beigedrückt. Die Nachgärung setzt sofort ein und innerhalb einiger Stunden ist der Spundungsdruck erreicht, der Spundapparat bläst ab. Die Vergärung des Speiseextraktes dauert 36–60 Stunden, anschließend werden noch ca. 24–36 Stunden Rast zur Reduzierung der Diketone eingehalten. Die Warmlagerung dauert also drei bis vier Tage, bei analytischer Kontrolle des Diacetyls kann sie entsprechend verringert werden.

Die Speisegabe ist für die Intensität der Nachgärung und für den erreichbaren Kohlensäuregehalt bedeutungsvoll. In der Regel soll sie 1,6 % vergärbaren (entsprechend 2 % Würzeextrakt) einbringen. Früher wurde die Speise allgemein aus ca. 20 %iger Vorderwürze gewonnen, die durch Kochen in einem Sterilisator eine Inaktivierung der Enzyme und eine Abtötung der Mikroorganismen erfahren hatte. Um die obige Extraktspanne zu erreichen, wurden ca. 11 % Speise benötigt, die dann den Stammwürzegehalt des Bieres entsprechend anhob. Es war in diesem Falle der Extraktgehalt der Anstellwürze geringer, er erreichte erst nach der Vermischung mit der Speise den gewünschten Wert des Ausstoßbieres (Mischungsformel!). Heute ist diese Arbeitsweise verschiedentlich zugunsten einer einfacheren verlassen worden: ca. 15 % Anstellwürze (von Weißbier oder einer passenden untergärigen Sorte) werden als erste durch den Plattenkühler mit der erforderlichen Temperatur von 15–20° C in einen vorher sterilisierten „Speisetank" eingelagert oder gleich auf die Warmtanks vorgelegt. Aus biologischen Gründen sollte die Speise aber nicht länger als ca. 24 Stunden so aufbewahrt werden. Wird Speise von untergärigen Sorten verwendet, so ist dies durch einen entsprechend höheren Weizenmalzanteil sowie durch eine Korrektur von Stammwürze und Hopfengabe zu berücksichtigen. Die bei der warmen Nachgärung erforderlichen Temperaturen liegen zwischen 18 und 20° C; mindestens sollten sie nicht um mehr als ca. 2° C unter der der Hauptgärung liegen. Tritt durch Abstrahlung an einen kälteren Raum oder durch eine zu kalte Speise eine Abkühlung ein, so kann die Nachgärung erheblich verlangsamt werden oder gar zum Erliegen kommen, die gewünschten Werte für Ausstoßvergärungsgrad, Kohlensäuregehalt und die notwendige Reduzierung der Diketone werden nicht erreicht. Zu hohe Temperaturen fördern das Ausbreiten von Infektionen. Beim Verfahren *ohne Speise* muß mit einer durchschnittlichen Extraktdifferenz von ca. 2 % zum Endvergärungsgrad (ca. 1,6 % vergärbarer Extrakt), einer Temperatur von 15–18° C und einer Zellzahl von 30–50 × 10⁶ Zellen (s. S. 363) geschlaucht werden. Bei einer Raumtemperatur von 10–15° C vergärt die Hefe diesen Extrakt mehr oder weniger weit; die beginnende Abkühlung wirkt sich verlangsamend aus. Es kann sein, daß bei einem Temperaturgefälle von z. B. 16 auf 12° C eine Warmlagerung von 7–10 Tagen erforderlich wird. Der Verlauf des Gesamtdiacetyls ist zu verfolgen. Falls die Heeernte vom Gärbehälter her nicht genügend war, kann unter Beobachtung der erforderlichen Sorgfalt die hier abgesetzte Hefe zum Wiederanstellen dienen.

Zur *Kaltlagerung* wird nun auf eigene Tanks, die entweder in einem entsprechend kalten Keller stehen, oder die mit Kühlschlangen oder -taschen versehen sind, umgedrückt oder umgepumpt. Eine Abkühlung auf 10–12° C kann unmittelbar beim Einlagern geschehen. Zur Erzielung einer weiteren, bescheidenen Nachgärung und zum Aufzehren des unvermeidlich aufgenommenen Sauerstoffs werden 1–2 % untergärige Kräusen (mit 1–1,5 l/hl Hefe angestellt) zugegeben. Die Spundung bleibt im Bereich von 4–5 bar. Nach 4–7 Tagen bei 10–12° C wird auf 0 bis –1° C abgekühlt und hier 1–2 Wochen gelagert. Zu lange Lagerzeiten haben bei den immer noch relativ großen Mengen obergäriger Hefe (4–10 × 10⁶ Zellen/ml) den Nachteil, daß Ausscheidungsprodukte derselben in Lösung gehen,

was sich in einer pH-Erhöhung, in einem Anstieg von niedermolekularen Stickstoffsubstanzen und niederen freien Fettsäuren äußen. Die Schaumhaltigkeit, vor allem das Haftvermögen des Schaumes kann leiden, das Bier erhält einen hefigen Geschmack.

Die Verfahrensweise der einzelnen Betriebe bei Warm- und Kaltlagerung weicht stark voneinander ab. So wird bei Reifung und Kaltlagerung in zylindrokonischen Tanks ein Tankwechsel nicht mehr erforderlich; nach Reduzierung des 2-Acetolactats unter 0,15 ppm wird innerhalb von 24 Stunden auf 7° C abgekühlt, die Hefe möglichst langsam abgezogen, um sie dickflüssig gewinnen zu können und dann auf –1° C weiter gekühlt. Hier ist es ebenfalls wichtig, wöchentlich 1–2 × Hefe abzuziehen. Steht die erforderliche Einrichtung von Hochdrucktanks nicht zur Verfügung, so kann der gewünschte Kohlensäuregehalt auch durch ein- bis zweimaliges Karbonisieren mit eigener CO₂ dargestellt werden. Ein ebenfalls erprobtes Verfahren ist es, die Gärung im Gärkeller nur bis zu einem Vergärungsgrad von 45–55 % warm, d. h. bei 15–20° C zu führen, anschließend auf 10° C abzukühlen, die obergärige Hefe abzuzentrifugieren und untergärige Hefe (0,5 bis 0,7 l/hl) zuzugeben. Diese gärt nun bei einer Raumtemperatur von ca. 5° C unter den Bedingungen einer sich langsam absenkenden Biertemperatur nach; es wird wohl ein Spundungsdruck von 2,5 bar erreicht und eine CO₂-Menge von 0,8–0,9 % gebunden, doch läßt sich kaum ein höherer Vergärungsgrad als 65–70 % erzielen. Das Bier wird nun hier zu Ende gelagert, wenn die einzelnen Abteilungen für sich geführt werden können oder aber nach 2–3 Wochen unter Abkühlung in einen „Stabilisierungskeller" eingedrückt und dort 1–3 Wochen gehalten. Diese Biere schmecken sehr neutral, da sie geschmacksstarke obergärige Hefe frühzeitig abgetrennt wurde.

8.4.3.9 *Filtration und Abfüllung*: Durch die mehrmalige Umlagerung lassen sich diese Weizenbiere – unter Voraussetzung normaler Zusammensetzung und genügender Lagerzeit – einwandfrei filtrieren. Nützlich ist ein Tiefkühler vor dem Filter, den auch ein Bierseparator wirksam zu entlasten vermag. Wenn bereits das Jungbier zentrifugiert wurde, dann dürfte eine nochmalige Separierung nicht mehr erforderlich sein. Nachdem Weizenbiere eine erhöhte Empfindlichkeit gegenüber Oxalatausfällungen haben, kann eine besondere Behandlung des Filters geraten sein

(s. S. 326). Der Entkeimung des Bieres dienen EK-Filter oder Kurzzeiterhitzer, die aber für höhere Drücke (bei 0,9% CO_2 und t = 70° C, P = ca. 16 bar) ausgelegt sein müssen, um eine Entbindung feinster CO_2-Bläschen und damit eine Eiweißtrübung zu vermeiden. Der Abfüllung dienen Hochdruckfüller (Betriebsdruck 5–5,5 bar); bei füllrohrlosen Organen sorgt eine Vorevakuierung mit CO_2-Vorspannung für hohe Leistungen, die nur um ca. 10 % unter der normal gespundeter Biere liegen. Wichtig für eine reibungslose Abfüllung ist eine tiefe Temperatur von 1–2° C; u. U. sollte das Bier im entsprechend gekühlten Drucktankraum 12–24 Stunden stehen. Auch hier ist die Sauerstoffaufnahme mit geeigneten Maßnahmen gering zu halten. Eine Stabilisierung des Bieres, z. B. mit Kieselsäurepräparaten, kann in Anbetracht der heutigen Vertriebswege notwendig sein.

8.4.4 Hefeweizenbier

8.4.4.1 *Charakteristische Merkmale*: Stammwürzegehalt wie bei hefefreiem Bier geschildert (s. S. 361). Farbe bei hellen Typen 8–14 EBC, bei dunklen 25–60 EBC; pH 4,1–4,4, Endvergärungsgrad 76–83 %, Bitterstoffgehalt 10–14 BE, CO_2-Gehalt 0,55 bis 1,0 %.

8.4.4.2 Der Weizenmalzanteil reicht von *mindestens* 50 % bis 100 % (bei konditioniertem oder Naßschrot). Die Malzfarben liegen im Bereich von 3–5 EBC-Einheiten für beide Malztypen. 3–5 % helles Caramelmalz (Farbe 30–40 EBC) oder 0,5–1 % dunkles Caramelmalz (Farbe 120–140 EBC) dienen einer Erhöhung der Vollmundigkeit. Dunkle Weizenbiere enthalten entweder den Gerstenmalzanteil in Form von dunklem Malz (10–15 EBC) oder es wird ergänzend ein Teil des Weizenmalzes dunkel gewählt. Auch dunkles Caramelmalz kann in Mengen bis zu 5 % beitragen, den Typ in die gewünschte Richtung zu entwickeln. Die Farbe der Schüttung sollte bei Farbschwankungen der einzelnen Mischungspartner stets ausgeglichen werden. Weizenfarbmalz (ca. 1 %) oder Farbebier dienen der letztlichen Korrektur.

8.4.4.3 *Brauwasser*: Es wird sowohl weiches Brauwasser wie bei hefefreiem Weizenbier (s. S. 361) oder auch mittelhartes bis hartes (10–12° dH Restalkalität) verwendet. Gerade Hefeweizen ist bezüglich Farbe und Charakter gegen härteres Wasser nicht empfindlich. Sauermalz ist geschmacklich positiv zu werten, es erschwert jedoch die direkte mikroskopische Beurteilung der Hefe. Wie schon erwähnt, wird bei niedrigeren pH-Werten als 5,7 die Ferulasäure als Vorläufer des 4-Vinyl-Guajacols in geringerem Maße freigesetzt.

8.4.4.4 *Maischverfahren*: Es werden die im vorhergehenden Kapitel geschilderten angewendet. Bei Klärung der Biere ohne Filtration kann eine Verlängerung der Eiweißrast – vor allem bei Einmaischverfahren – auf 35–45 min notwendig sein. Das Verhältnis Schüttung zu Hauptguß liegt bei 1 : 3, wird aber teilweise auch etwas größer gewählt.

8.4.4.5 *Würzekochen*: Das Würzekochen wird wie auf S. 362 geschildert durchgeführt. Eine unzulängliche Kochung behindert die Klärung des Hefeweizenbieres, eine zu intensive kann eine Schaumverschlechterung zur Folge haben. Die Hopfengabe muß geringer sein als beim filtrierten Bier; folglich betragen die α-Säuregaben nur 30–40 mg/l; die Hopfenqualitäten sind zweckmäßig mindestens 50 % Aromahopfen, wobei zwei Teilgaben in Bitter- und Aromahopfen differenzieren. Eine biologische Säuerung ist im Hinblick auf den pH-Wert des späteren Bieres günstig, doch nicht zwingend.

8.4.4.6 *Würzebehandlung*: wie bei hefefreiem Weizenbier.

8.4.4.7 *Hauptgärung*: Sie wird wie bei hefefreiem Weißbier geführt und üblicherweise bis nahe an den Endvergärungsgrad getrieben. Die Hefegewinnung geschieht durch Abheben oder nach Wegschlauchen des Jungbieres vom Boden des Gärbottichs. Zylindrokonische Tanks ermöglichen die schon geschilderte Arbeitsweise (s. S. 363).

8.4.4.8 Die *Nachgärung* wird auf verschiedene Weise geführt: Das *klassische Verfahren* sieht folgende Schritte vor: Das Jungbier wird in einem Mischbottich mit langsamlaufendem Rührwerk (U = 8 bis 12 U/min) gepumpt und dort mit Speise (s. S. 357) und evtl. 0,1 % untergäriger Hefe versetzt. Die Speisemenge ist kleiner als bei hefefreiem Bier, da keine Kohlensäure abblasen kann. Um den üblichen CO_2-Gehalt nicht zu überschreiten und Überspundungserscheinungen zu vermeiden, darf in der Regel nur so viel Speise zugegeben werden, daß die Differenz zwischen Mischungsextrakt und scheinbarem Endvergärungsextrakt 1,2–1,3 % beträgt. Diese Gabe führt bis zu einem Kohlensäuregehalt von 0,65 %, der heutzutage als ausreichend angesehen wird. Da die obergärige Hefe auch gegen Ende der Gärung noch sehr kräftig vergärt, sollte der scheinbare Extrakt der Mischung während des Abfüllvorganges überwacht und, wenn erforderlich, nochmals Speise nachgegeben werden. Zweckmäßig ist es, den Mischtank nur so groß zu wählen oder jeweils nur so weit zu befüllen, daß der Inhalt für ca. zwei Abfüllstunden reicht.

Eine abgewandelte Handhabung ist, das Jungbier teilweise oder vollständig zu filtrieren, wobei auch die Speise in der Bierleitung vor dem Filter zum Zusatz kommt. Dem klaren Bier wird nun je nach dem späteren Charakter desselben nur untergärige, nur obergärige oder ein Gemisch aus beiden zugegeben. Auch hier dient ein Mischtank der Aufnahme der Mischungspartner. Die Wahl der Filtrationstemperatur erlaubt es, den späteren Trübungsgrad des Ausstoßbieres einzustellen.

In einigen Betrieben wird das Jungbier im Lagerkeller bei Temperaturen von 5–6° C ungespundet gelagert. Es soll hierbei noch eine, wenn auch nur geringfügige Nachgärung gegeben sein. Die Zwischenlagerung bewirkt eine gewisse Klärung, die im Lagertank, aber nicht in der Flasche, mit Hausenblase (s. S. 357) unterstützt werden darf. Eine Filtration des Bieres kann entbehrlich werden.

Anstelle der untergärigen Hefe dürfen auch untergärige Kräusen in einer Menge von bis zu 15 % zugegeben werden. Wenn diese einen Vergärungsgrad von ca. 30 % aufweisen, so kann – ohne weitere Speisengabe – gerade jene Extraktmenge eingebracht werden, die für die Erzielung des gewünschten Kohlensäuregehalts notwendig ist. Es verdient jedoch Beachtung, daß auch die untergärigen Kräusen während eines Abfülltages eine deutliche Extraktabnahme verzeichnen können.

Das in Flaschen gefüllte Weißbier wird nun – klassisch – 2 bis 3 Tage bei 15–20° C gehalten, bis aufgesteckte Kontrollmanometer auf ca. 2 Flaschen pro Mischbottich den Spundungsdruck von 2–3,5 bar erreicht haben und sich eine Klärung des Bieres abzeichnet. Dann wird in den „kalten" Keller (2–4° C) umgelagert oder in isolierten und klimatisierten Abteilungen von „Heizung" auf „Kühlung" umgeschaltet. Die Kaltlagerung dauert dann noch 2–4 Wochen. Bei Einsatz untergäriger Kräusen ist eine Lagerung bei einheitlich 5–7° C möglich, doch sollte die Zeit dann 4 Wochen nicht unterschreiten.

Brauereien, die hefefreies Weizenbier herstellen, wählen verschiedentlich einen für sie einfacheren, aber im Hinblick auf die Investitionen teueren Weg: Das Bier wird wie bei der Herstellung des hefefreien Weizenbieres in Drucktanks – sowohl in der „wärmeren" als auch in der „kalten" Abteilung bis zur Ausstoßreife gelagert. Der Spundungsdruck ist aber nur auf einen Kohlensäuregehalt von ca. 0,6 % ausgelegt. Bei der Filtration wird nun soviel „Speise" zudosiert, daß die Extraktdifferenz zum scheinbaren Endvergärungsgrad 0,4 % beträgt. Auf dem Weg zum Flaschenfüller wird dem Bier nun unter- oder obergärige Hefe bzw. ein Gemisch bei der zugegeben. Die genau arbeitende Pumpe läuft mit dem Füller synchron. Dieses Bier, das seine volle Ausreifung im Lagerkeller hatte, benötigt nur mehr jene Lagerzeit bei den üblichen Temperaturen des Stapelraums, bis sich die Hefe abgesetzt hat.

Seit einiger Zeit wird in manchen Gegenden das Hefeweizen „trüb" gewünscht. Bei den filtrierten Weizenbieren, die sich selbst nach Speisegabe und Zusatz von obergäriger Hefe gut geklärt haben, wird beim Einschänken ein Rest von 50–100 ml in der Flasche zurückbehalten, kräftig aufgeschüttelt und zum bereits eingeschänkten Bier gegeben. Hierdurch bildet sich eine mehr oder weniger homogene Trübung aus, verschiedentlich aber verteilt sich die Hefe in mehr oder weniger großen Flocken im Bier, was zu Beanstandungen führt. Dieses Flocken der Hefe ist bei Flaschennachgärung weniger häufig anzutreffen als bei der Tankgärung, wobei hier ebenfalls etwas Extrakt zugegeben wird (s. oben), um die Hefe in einem guten Zustand zu behalten. Frische Hefen, d. h. frisch geerntete und unmittelbar verwendete Hefen zeigen diese Erscheinung weniger als solche, die längere Zeit gelagert worden waren. Beim Zusatz der Hefe zu kleinen Restextraktmengen tendiert untergärige Hefe zu einem stabileren Verhalten.

Nachdem das „blanke" Hefeweißbier immer weniger verlangt wird, hat sich eingeführt, das Bier sofort nach der Hauptgärung zu zentrifugieren und anschließend Hefe und Speise für die Flaschennachgärung zuzugeben. Bei Tankgärungen wird das Weizenbier zentrifugiert und in diesem, deutlich opalen, Zustand auf Flaschen abgefüllt. Um die gewünschte Hefemenge einzubringen, wird noch Hefe in einer Menge von ca. 3×10^6 Zellen (untergärig oder ein Gemisch aus unter- und obergärig) zudosiert. Hier ist es aber wichtig, noch ca. 0,1 % Extrakt entsprechend 0,4 % Vergärungsgrad vor der Zentrifuge zuzugeben. Zur Sicherung der biologischen Stabilität kann das Bier direkt nach der Zentrifuge bzw. nach dem Puffertank und Hefe- jedoch ohne Extraktzusatz, über einen Kurzzeiterhitzer der Abfüllerei zugeleitet werden. Dieser arbeitet meist mit einer Temperatur von 72° C über 40 Sekunden, die erforderlichen Drücke von ca. 9 bar müssen gewährleistet sein. Eine sauerstoffarme Abfüllung ist erforderlich.

Die Nachgärung im Systemfaß (Keg) konnte sich ebenfalls einführen. Es kommt so viel Speise zum Zusatz, daß ein Kohlensäuregehalt von ca. 0,6 % erreicht wird. Nach dem Abgären des Extrakts und dem Einhalten einer Diacetylrast bei 12–13° C mit untergäriger und bei 18–20° C mit obergäriger Hefedosage werden die Fässer palettenweise in eine Kaltabteilung gestellt und bei ca. 4° C 2 Wochen lang gelagen, bzw. es wird die temperierbare Lagerzelle – in der meist Faß- und Flaschenbier zusammen sind – abgekühlt. Auch beim Keg stellt sich u. U. das Problem der flockigen Hefe, weswegen häufig nur das Tankbier ungeklärt oder auch zentrifugiert auf Fässer abgefüllt wird. Hier sind aber höhere Drücke beim Abfüllen erforderlich. Der regionale bzw. sogar überregionale Ausschank von Hefeweizenbier vom Faß stellt eine besondere Aufgabe dar: der kalten Lagerung des Bieres beim Wirt, der Installation von Kompensatorhähnen, um den höheren Kohlensäuregehalt des Bieres auch ins Glas zu bringen und über allem die Sauberkeit der Ausschankarmaturen, die von der Brauerei eingehend zu überwachen ist.

Die Frage, ob untergärige oder obergärige Hefe bei der Flaschennachgärung den Vorzug verdienen, ist schwer zu beantworten. Die obergärige Hefe setzt sich nur schlecht ab. Nachdem Hausenblase als Klärmittel in der Flasche nicht mehr zugelassen ist, bleibt das Bier mehr oder weniger „naturtrüb". Es nimmt aber der Bodensatz oftmals eine zähe flockige Beschaffenheit an, was dann zu der gefürchteten Flockenbildung beim Einschänken führt. Außerdem neigt die obergärige Hefe zu einer rascheren Autolyse als die untergärige, so daß das Bier den Beanspruchungen bei der Verteilung z. B. dem Verkauf in Großmärkten und den z. T. überlangen Standzeiten nicht gewachsen ist. So wird meist das schon erwähnte Gemisch aus ober- und untergäriger Hefe gegeben oder, bei Bieren, die im Tank nachgezogen wurden, untergärige Hefe allein. Die wesentlichen Charaktermerkmale wie die Gehalte an höheren Alkoholen und Estern sowie 4-Vinyl-Guajacol werden bereits bei der Hauptgärung festgelegt, so daß die Flaschennachgärung nur mehr

begrenzt wirksam ist. Bei Tankgärungen läuft ohnedies der gesamte Prozeß von Gärung, Reifung und Kaltlagerung mit obergäriger Hefe ab. Lokalbrauereien werden sich weiterhin der konventionellen Flaschengärung mit obergäriger Hefe bedienen, doch sind diese schwerlich den Anforderungen des breiten Marktes mit manchmal überzogenen Haltbarkeitsspannen gewachsen.

8.4.5 Das Berliner Weißbier

8.4.5.1 *Charakteristische Merkmale*: „Berliner Weiße" ist eine Herkunftsbezeichnung, die nur Berliner Brauereien verwenden dürfen. Weißbier von anderen Orten darf nicht unter diesem Namen angeboten oder verkauft werden. Früher wurde das Berliner Weißbier in allen Stammwürzegehalten (Einfach- bis Starkbier) eingebraut, heute ist es nur mehr als „Schankbier" (7–8 % Stammwürze) erhältlich. Farbe: 5–8 EBC-Einheiten, pH 3,2–3,4, Endvergärungsgrad z. T. über 100 %. Nachdem aber ein Teil des Extrakts auch zu Milchsäure vergoren wurde, liegt der Alkoholgehalt nur bei 2,5–3 Vol. %. Der Bitterstoffgehalt beträgt 4–6 EBC-Einheiten, der Kohlensäuregehalt 0,6 bis 0,8 %. Der Milchsäuregehalt ist 0,25–0,8 %. Das Bier hat einen sauren Geschmack, der je nach Herstellungsweise und Alter des Bieres durch eine angenehme esterigblumige Note geprägt ist. Es wird verschiedentlich mit Himbeer- oder Waldmeistersirup genossen.

8.4.5.2 *Malzschüttung*: $^2/_3$ bis $^3/_4$ Weizenmalz, der Rest Gerstenmalz.

8.4.5.3 *Brauwasser*: mittelhart bis hart (Restalkalität bis 10° dH).

8.4.5.4 *Maischverfahren*: früher Drei- oder Zweimaischverfahren, heute überwiegend Infusionsverfahren. Bei der klassischen Methode wurde der Hopfen zur Maische gegeben (75 bis 100 g/hl Würze). Hierdurch wurde wohl die Abläuterung der hohen Weizenmalzschüttung verbessert, doch verblieb auch die größte Menge der Bitterstoffe in den Trebern.

8.4.5.5 *Würzebehandlung*: Ursprünglich gelangte die Würze vom Läutergrant direkt auf das Kühlschiff und wurde unverzüglich abgekühlt und angestellt. Später erfolgte in der Würzepfanne ein Erhitzen auf 85–88° C, um eine Sterilisation zu erreichen.

8.4.5.6 *Hauptgärung*: Die verwendete obergärige Hefe enthält eine bestimmte Menge an Milchsäurestäbchen (4–6 : 1), die je nach den Gärbedingungen gefördert oder unterdrückt werden. Auch ein Zusatz von Reinzuchten ist üblich. Bei höheren Gärtemperaturen, z. B. von über 20° C, tritt eine stärkere Vermehrung derselben und eine erhöhte Säurebildung ein. Die Stäbchen steigen zusammen mit der Hefe an die Gärdecke, sie sind in der Anstellhefe des folgenden Sudes in dieser gegebenen Menge vorhanden. Sie wird zweckmäßig sofort wieder angestellt, da sie eine längere Lagerung als ein bis zwei Tage schlecht verträgt. Die günstigste Lagertemperatur dabei ist ca. 10° C. Die Gärdauer beträgt trotz der niedrigen Stammwürze etwa 4 Tage, da die Hefe durch die Konzentration der Milchsäure gehemmt wird. Der Gärkellervergärungsgrad beträgt 75–80 %.

8.4.5.6 *Nachgärung*: Beim Schlauchen wird das Bier auf einen Sammeltank gepumpt und mit ca. 10 % Kräusen versetzt. Klärmittel werden nicht angewendet. Es erfolgt eine sofortige Abfüllung auf Flaschen. Bei 15–16° C Lagerkellertemperatur reichert sich der Kohlensäuregehalt auf die oben genannten Werte an. Das Bier klärt sich: Hefe, Trubbestandteile und Milchsäurestäbchen setzen sich ab und es bildet sich ein fester Bodensatz aus. Nach Abschluß der Vergärung und nach Erreichen der gewünschten Säurebildung wird das Bier bei tieferen Temperaturen von 8–10° C gelagert. Die Gesamtlagerzeit beträgt 3–4 Wochen, doch bildet sich das feine Bukett weiterhin aus, so daß Lagerzeiten von 2–3 Jahren einen hervorragenden blumigen Charakter vermitteln können. Es kommt daher der weiterführenden Behandlung beim Wirt bzw. beim Konsumenten größte Bedeutung zu.

8.4.5.7 *Schwierigkeiten bei der Herstellung*: Gefürchtet war das „Fadenziehen" oder „Langwerden" des Bieres. Die Viscosität stieg an, wodurch das Bier eine schleimige Konsistenz erhielt. Diese Erscheinung wurde durch schleimbildende Pediokokken hervorgerufen. In diesem Zustand war das Bier unverkäuflich; doch trat nach einiger Zeit, u. U. erst nach einigen Monaten, ein Verschwinden dieser Erscheinung ein, wodurch sich die gewohnten Eigenschaften – wenn auch mit erheblicher Verzögerung – entwickelten. Die Schleimbildung trat bevorzugt nach Zugabe von Milchsäure-Reinkulturen zur Gärung auf. Auch Termobakterien, die in der Würze die Oberhand gewannen, vermochten das Bier zu schädigen

(Rotonden). Erwähnt sei noch eine gewisse Anfälligkeit der Biere gegenüber Essigsäurebakterien, die bei zu spätem Schlauchen auf der großen Oberfläche abgegorener Bottiche eine Entwicklung erfahren können.

8.4.5.8 *Modifikationen*: Das Nebeneinander von Hefe und Milchsäurebakterien bei den verschiedenen Verfahrensstufen ist – mindestens für die moderne Großproduktion und für eine weitere Verbreitung eines derartigen Bieres – nicht ohne Gefahr. Es wurde vorgeschlagen und z. T. verwirklicht, eine milchsaure Würze herzuführen und diese mit dem Gärprodukt einer obergärigen Hefe zu verschneiden. Es machte jedoch dieses Verfahren die Gärung mit einer Mischkultur aus Hefen und Milchsäurestäbchen nicht entbehrlich, um den Charakter der Berliner Weiße zu erzielen. Auch die Lagerkellerführung wird verschieden gehandhabt: So ist auch eine kalte Lagerung anzutreffen, die aber mit untergärigen Kräusen dargestellt wird.

8.4.6 Malzbier (auch Süßbier genannt)

8.4.6.1 *Charakteristische Merkmale*: Mit Ausnahme Bayerns und Württembergs dürfen zur Bereitung obergäriger Nährbiere Zucker, Zuckersirup und Zuckercouleur verwendet werden. Die Biere werden mit 7–8 % eingebraut und dann im filtrierten Zustand mit soviel Zucker versetzt, daß ein Stammwürzegehalt von ca. 12 % resultiert. Der Alkoholgehalt beträgt je nach der Bezeichnung „alkoholarm" unter 1,5 % oder „alkoholfrei" unter 0,5 Vol. %. Der pH liegt je nach Würzebereitung und Ausmaß der Vergärung bei 4,5–4,9 %, der Kohlensäuregehalt ist 0,4 bis 0,5 %, die Farbe je nach Biertyp zwischen 50 und 80 EBC Einheiten. Der Bitterstoffgehalt ist gering: 6–10 BE.

8.4.6.2 *Malzschüttung*: 65–80 % dunkles Malz, evtl. 3–5 % dunkles Caramelmalz (Farbe 120-140 EBC). Der Rest ist helles Malz üblicher Qualität. Sauermalz (3–5 %) ist günstig, um den pH der Würze und des Bieres in wünschenswerte Bereiche abzusenken.

8.4.6.3 *Brauverfahren*: Das dunkle Bier stellt keine besonderen Ansprüche an das Brauwasser; es sind sämtliche Typen (bis zu 120 dH Restalkalität) geeignet. Ebenso sind Infusions-, Ein- und Zweimaischverfahren anzutreffen, verschiedentlich mit 37° C Einmaischtemperatur. Durch Betonung der höheren Verzuckerungstemperaturen wird auch von dieser Seite der Endvergärungsgrad im Sinne einer allgemein niedrigen Vergärung gedämpft. Das Würze kochen dauert systemabhängig 60–90 min, die Hopfengabe liegt bei 15–20 mg α-Säure/l Würze. Der Würzekochprozeß ist der übliche.

8.4.6.4 *Gärung*: Bei einer Anstelltemperatur von ca. 10° C und einer Hefegabe von 0,3–0,5 l/hl wird nach ca. 24 Stunden ein Vergärungsgrad von 12–25% (auf 8 %ige Würze bezogen) erreicht. Dies entspricht einem Alkoholgehalt von 0,3 bzw. 0,8%. Nach Abheben der Decke (bei Gärbottichen) wird auf 2–3° C abgekühlt und geschlaucht.

8.4.6.5 *Lagerung und Filtration*: Im Lagerkeller, bei Temperaturen von 1–3° C, führt die Nachgärung zu einer leichten Erhöhung der Vergärungsgrade auf 15 bzw. 32 %, wodurch der spätere Alkoholgehalt von 0,45 % bzw. 1,2 % dargestellt und eine befriedigende Kohlensäureanreicherung bewirkt wird. Die Lagerzeit dauert so lange, bis die erwähnten Vergärungsrade erreicht sind. Anschließend wird filtriert, wobei oftmals eine Zentrifuge den Kieselgurfilter ergänzt. Ein Tiefkühler vor oder besser nach der Zentrifuge ist günstig; bei Temperaturen um 1° C läßt sich dann auch noch der Kohlensäuregehalt auf den vorgegebenen Wert (mit eigener CO_2!) einstellen. Im Drucktank wird die berechnete Zuckermenge (caramelisierter Brauzucker 80 %ig oder im Gemisch aus diesem und Zuckersirup, teilweise Invert- oder Traubenzucker), meist mit etwas Wasser verdünnt, vorgelegt und mit dem zulaufenden Bier innig vermischt. Zu diesem Zweck dürfen die Drucktanks keine Prallplatten haben; ein Umpumpen im Tank kann nützlich sein. Sollte sich der Zuckersirup nicht vollständig im Bier lösen, was z. B. bei ungenügend hydrolysierten Stärkezuckern (s. S. 91) der Fall ist, so muß das Bier nochmals filtriert werden.

8.4.6.6 *Abfüllung und Pasteurisation*: Die Abfüllung erfordert keine besonderen Einrichtungen. Für diese Biere mit ihrem hohen Restgehalt an vergärbaren Zuckern ist es ratsam – praktisch obligatorisch – eine Flaschenpasteurisation (20 Minuten bei 70–75° C) durchzuführen. Entkeimungsfilter oder sogar Kurzzeiterhitzer liefern keine genügende Sicherheit, da sich bei der erwähnten Bierzusammensetzung Unzulänglichkeiten in der Flaschenreinigung, auf dem Weg vom Filter/Kurzzeiterhitzer zum Füller und schließlich beim Abfüll- und Verschließvorgang selbst verheerend auswirken können.

8.4.7 Obergärige Nährbiere bayerischer Brauart

Diese sind wie die auf S. 336 geschilderten bayerischen Nährbiere untergäriger Herstellung beschaffen. Sie enthalten jedoch einen bestimmten Anteil an Weizenbraumalz (hell oder dunkel) sowie u. U. Weizenfarbmalz, jedoch keinen Zucker. Nachdem der Charakter der meist dunklen Malze und der hohe, unvergorene Extraktgehalt die Geschmacksrichtung bestimmen, vermag sich wie bei den „Süßbieren" die Eigenart der obergärigen Hefe kaum zu entfalten. Sie wird lediglich verwendet, um den Verordnungen des Biersteuergesetzes Genüge zu tun.

8.4.8 Obergärige, alkoholfreie Biere

Diese können sowohl durch eine begrenzte Gärung als auch durch Entalkoholisierung von Altbier, Kölsch oder Weizenbier hergestellt werden. Die unter 7.10.3 geschilderten Verfahrensweisen gelten sowohl für unter- als auch für obergärige alkoholfreie Biere (s. S. 336).

8.4.9 Obergärige Leichtbiere

Sie werden entweder mit einem Stammwürzegehalt von 7–7,5 % als „leichte" Altbiere oder Weizenbiere eingebraut oder aus 11–12%igen Bieren durch teilweise Entalkoholisierung hergestellt. Bei „Kölsch" ist nach einer Entscheidung des Kölner Brauereiverbandes nur dieser Weg zulässig. Die Herstellung dieser Biere entspricht den unter 7.10.7 genannten Grundlagen.

9 Das Brauen mit hoher Stammwürze

Diese Verfahrensweise wurde vorgeschlagen, um die Leistung bestehender Anlagen besser auszunützen. Dabei kann auch um den Faktor der späteren Verdünnung Energie eingespart werden. Das Verfahren ist wirtschaftlich, wenn auch u. U. die Rohstoffe weniger gut ausgenützt werden als normal.

Es sieht zwei Möglickeiten der Herstellung – je nach den Vorschriften des jeweiligen Landes vor:

a) das Einbrauen einer stärkeren Würze im Sudhaus und eine Verdünnung derselben vor der Gärung;

b) die Produktion eines stärkeren Bieres und dessen möglichst späte Verdünnung, meist erst vor der Filtration.

Die erstere Arbeitsweise ermöglicht eine Erhöhung der Kapazität des Sudhauses, wenn die tägliche Sudzahl aufrecht erhalten werden kann. Eine Energieersparnis ist immer gegeben, da aus der gleichen Würzemenge letztlich mehr Bier erzeugt wird. Die Vergärung der stärkeren Würze darf, wenn die Kapazität der Gesamtanlage gesteigert werden soll, nicht länger dauern als normal. Dasselbe gilt für die Reifung.

9.1 Die Herstellung der stärkeren Würze

9.1.1 Das Abläutern

Hier stellt das *Abläutersystem* den begrenzenden Faktor dar. Es beeinflußt über die Vorderwürzekonzentration bzw. das Verhältnis von Schüttung zu Hauptguß die Maischarbeit. Die Schüttung/Gußverhältnisse bei Läuterbottichen zeigt die untenstehende Aufstellung.

Moderne gut konsturierte Läuterbottiche können in gewissen Grenzen (zwischen 11,5 und 13 % Stammwürze, d. h. um 14 %) überschüttet werden. Es ist sogar eine Erhöhung der Schüttung um 28–30 % möglich, d. h. eine Steigerung des Extraktgehalts der Ausschlagwürze auf 14,5–14,8 % unter folgenden Voraussetzungen: Genügend lange Schneidmesser der Hackmaschine, um die gesamte Treberschicht erfassen zu können, genügende Anzahl an Messern, mindestens 2–2,5/m², um den Treberwiderstand zu beherrschen (s. S. 144), Anpassung der Abmaisch- und Austreberleistung (sowie des Treberkastens) an die größere Schüttung, um die „Totzeiten" gering zu halten (s. S. 148). Zum besseren Auslaugen des Treberkuchens ist die Vorderwürzekonzentration höher zu wählen, um mehr Zeit für die Auslaugung der Treber zu gewinnen. Der Treberkuchen ist am Ende des Läuterns leerzuziehen. Glattwasserabläutern kostet zusätzlich Zeit, das Wiedereinmaischen des Glattwassers ist qualitativ ungünstig.

Die herkömmlichen Maischefilter erlauben keine höhere Schüttung als 55–58 kg/m². Möglicherweise ist die Zahl der Kammern zu erhöhen, wobei bei größeren Filtern, ab 5–6 t Schüttung, ein Abmaischen von zwei Seiten notwendig wird.

Die neuen Maischefilter wie Meura 2001 oder Ziemann MK 15/20 sind durch das Auspressen der Treber nach Vorderwürze und letztem Nachguß für stärkere Würzen von 15 (–16 %) gut geeignet.

9.1.2 Das Maischen

Um stärkere Vorderwürzen zu erzeugen, muß dicker eingemaischt werden, doch bereitet ein

Abläuterung mit höherer Schüttung (Läuterbottich 6,5 m Ø = 33 m²)

Ausschlagwürzekonzentration %	11,5	13,0	14,5	16,0
Schüttung t	6,0	6,85	7,73	8,67
Spez. Schüttung kg/m²	181,8	207,6	234,2	262,8
Steigerung %	–	14,2	28,8	44,5
Läuterdaten				
Vorderwürze hl/%	165/17,5	165/19,0	175/20,5	192/20,5
Überschwänzwasser hl	283	283	273	256
Pfanne voll hl	448	448	448	448
Ausschlagwürze hl	400	400	400	400
Ausbeute (heiß) %	77,0	76,7	76,3	75,5
Glattwasser %	0,7	1,1	1,5	2,3

Verhältnis von 1 : 3 (20 % Vorderwürze) keine Probleme. Der Rührwerksintensität ist Augenmerk zu schenken, ebenso der Verzuckerungszeit. Die α-Amylase wird nämlich als einzige der Hydrolasen durch die höhere Maischekonzentration etwas behindert. Die Wiederverwendung von Glattwasser wirkt sich auf dieses Enzym ebenfalls negativ aus. Stärkere Maischen und Würzen können die Maillard-Reaktion beim Maische- und Würzekochen fördern. Diese kann wiederum durch eine Korrektur des Maische-pH auf 5,6 (nicht weiter wegen α-Amylase) hintangehalten werden. Eine luftfreie Führung der Maische verringert die Farbzunahme durch oxidierte Polyphenole.

9.1.3 Das Würzekochen

Eine stärkere Verdampfung zur Verbesserung der Ausbeute, d. h. der Aufarbeitung von mehr Glattwasser stößt bereits bei 2 % an die Glattwasser-Nutzschwelle. Die neuen Kochsysteme (Innen/Außenkocher) beherrschen die Koagulation des Eiweißes besser und in kürzerer Zeit als z. B. Doppelbodenpfannen. Letztere haben Probleme, den Restgehalt an koagulierbarem Stickstoff auf unter 2–2,5 mg/100 ml 12%iger Würze zu bringen. Dafür ist es bei den kürzeren Kochzeiten von Innen- und Außenkochern schwer, den gewünschten Isomerisierungsgrad zu erreichen, zudem die Hopfengabe auf die gesamte, also nach der Verdünnung vorliegende Biermenge ausgelegt sein muß und auf der anderen Seite durch die größere Menge koagulierenden Stickstoffs auch größere Verluste entstehen. Um die Lösung der α-Säuren nicht zu verschlechtern und den Abbau des DMS-Vorläufers nicht zu verzögern, wird die pH-Korrektur erst ca. 10 Minuten vor Kochende vorgenommen. Um die Vergärung der konzentrierteren Würzen zu fördern, sollte der pH-Wert derselben auf unter 5,0 eingestellt werden.

In anderen Staaten, die die Verwendung von Rohfrucht oder Zucker zulassen, kann die Bereitung stärkerer Würzen durch die Zugabe von Stärkesirup (mit definiertem Gehalt an vergärbaren Zuckern) oder von Saccharose-Sirup – ca. 10 Minuten vor Kochende sehr vereinfacht werden.

9.1.4 Whirlpoolbetrieb

Bei stärkeren Würzen (ab 14,5 %) kann die Trubsedimentation eine Verschlechterung erfahren.

Dies ist durch die höhere Würze-Viscosität, durch den vermehrten Anfall an Bruch und die meist größere Menge an Hopfentrebern gegeben. Die Denk'schen Ringe erbringen eine raschere Sedimentation. Dennoch ist eine definierte Behandlung der Trubwürze mittels Zentrifuge (s. S. 187) günstig, um eine Trubrückführung zur Extraktgewinnung überflüssig zu machen. Diese würde nämlich den Spielraum des Überschwänzens weiter einengen.

9.1.5 Die Verdünnung der starken Würze bei der Würzekühlung

Der Zusatz des kalten, enthärteten Wassers erfolgt am besten im Plattenkühler zwischen Vor- und Nachkühlabteilung. Bei Kühlern ohne Unterteilung ist ein eigener kleiner parallel geschalteter Plattenkühler für das Verschnittwasser möglich. Der Sauerstoffgehalt des Wassers spielt hier keine Rolle, wohl aber kommt seiner biologischen Beschaffenheit größte Bedeutung zu. Eine automatische Meßvorrichtung für das zugegebene Wasser und die Gesamtwürzemenge sind erforderlich, eine Verbindung mit einem steuernden Dichtemeßgerät ist wünschenswert.

9.2 Die Vergärung der stärkeren Würzen

Wie von der Vergärung von Starkbier her bekannt, dauert es länger, bis die größere Extraktmenge vergoren ist. Die größeren Umsetzungen rufen auch eine Mehrung der Gärungsnebenprodukte, der höheren Alkohole und der Ester hervor, wobei letztere sich vor allem deshalb überproportional entwickeln, da die Hefevermehrung in den stärkeren Würzen schlechter ist. Eine Erklärung ergibt sich aus dem Verbrauch von Acetyl-S-CoA, der entweder stärker in Richtung Fettsynthese (Zellvermehrung) oder in Richtung Esterbildung läuft (s. S. 206).

Der erhöhte Estergehalt ist auch noch im rückverdünnten Bier erkennbar. Diese führt zu einer Veränderung des Geschmacksprofils der Biere, die esterig-fruchtig schmecken, was zwar nicht unangenehm ist, aber doch vom Gewohnten abweicht.

Um nun die Gärung zu beschleunigen und die Vermehrung zu verbessern, sind eine Reihe von Maßnahmen erprobt worden.

a) Eine bessere Sauerstoffversorgung der Hefe nach der Faustregel 1 mg O_2/% Stammwürze, was im Ausland durch einen Verschnitt von

Luft und Sauerstoff erreicht wird. Wenn nicht zugelassen, dann ist eine fraktionierte Belüftung durchzuführen: einmal eine Belüftung der Hefe, u. U. 1:1 mit Würze versetzt („Vorpropagation"), dann eine intensive Belüftung der Würze mittels Venturirohr und statischem Mischer. Wenn möglich, sollte ein Anstell- oder Flotationstank mit wiederum intensiver Zweitbelüftung Verwendung finden.

b) Ein mehrfaches Drauflassen unter voller Belüftung. Dabei ist eine gleichmäßige, u. U. sogar steigende Hefedosierung günstig;

c) nach dem Vollwerden des Tanks wird nach ca. 8 Stunden der nochmals sedimentierte Trub abgezogen und anschließend über den Konus 30–60 Minuten lang Luft eingeblasen und zwar in Mengen, die ein „Umdrehen" des Tankinhalts ermöglichen. Dies ist notwendig, um die im Tank unten, d. h. unter statischem Druck stehende Hefe in die oberen Bereiche zu bringen und eine bessere Vermehrung zu bewirken.

d) Eine nochmalige Belüftung nach weiteren 36 Stunden;

e) eine weitergehende Säuerung der Ausschlagwürze auf pH 4,9–5,0. Diese hat eine bessere Gärung und Vermehrung zur Folge, wodurch das Spektrum der Gärungsnebenprodukte günstig beeinflußt wird. Diese Maßnahme kann u. U. die Belüftung nach 48 Stunden (8 + 36) erübrigen.

f) Die Hefe muß sobald wie möglich geerntet werden. Sie ist dann physiologisch besser beschaffen als einen Tag später. Unabhängig vom Flockungsvermögen sollte die Hefe mittels Jungbierzentrifuge geerntet, gesiebt, gewaschen und nach Belüftung (s. oben) so rasch wie möglich wieder angestellt werden. Bei Gärung mit anschließender Reifung sollte ebenfalls die Hefe so früh wie möglich abgetrennt werden, wobei hier neben dem CO_2-Gehalt im Konus auch noch der höhere Alkoholgehalt als ungünstiger Faktor gegeben ist.

g) Es ist zweckmäßig, rechtzeitig für die Herführung frischer Hefe zu sorgen (s. S. 209). Bei Würzen aus 100 % Malz könnte diese auch auf 11,5–12 % verdünnt werden, um günstige Vermehrungsverhältnisse zu schaffen. Bei Rohfruchtwürzen ist der höhere Gehalt an FAN positiv, um eine gute Vermehrung, jeweils im Kräusenstadium von 30–40 % Vergärungsgrad zu erreichen.

Die angesprochenen Maßnahmen sind bei 14,5–15 %igen Würzen erprobt. Es wird bei normaler Gär- und Reifungszeit ein Spektrum an Gärungsnebenprodukten erreicht, das nach der Verdünnung gleichanige Biere liefert.

Wird der Stammwürzegehalt aus weitergehenden wirtschaftlichen Erwägungen höher gesetzt, dann ist es u. U. angebracht, Hefen, die weniger Gärungsnebenprodukte bilden, einzusetzen. Im Ausland finden auch verschiedene, die Gärkraft der Hefe stimulierende Salze („Yeast Food") Anwendung.

Höhere Gär- und Reifungstemperaturen führen noch weiter in das Gebiet einer vermehrten Bildung von Gärungsnebenprodukten. Nach dem heutigen Stand der Erkenntnisse liegt die Grenze des Brauens mit hoher Stammwürze bei 14,5–15,0 %. Dies ist eigentlich auch die Grenze einer vernünftigen Sudhausarbeit, wenn nicht Sirupe zum Einsatz kommen (s. S. 370).

9.3 Die Verdünnung des ausgereiften Bieres

Der Wasserzusatz erfolgt meist auf dem Wege vom Lagertank zum Filter. Es bedarf eines völlig entgasten Wassers (Vakuumbehandlung, CO_2-Wäsche), das für sich und/oder zusammen als Verschnittbier auf den erforderlichen Kohlensäuregehalt karbonisiert wird. Für einen genauen Verschnitt bedarf es der entsprechenden Einrichtungen kontinuierlicher, automatischer Analysengeräte zur Bestimmung der Stammwürze. Eine Nachkontrolle im Sammeltank für filtriertes Bier ist ebenfalls notwendig.

Das Verschnittwasser muß kalt (ca. 0° C) und biologisch einwandfrei sein. Zu diesem Zweck ist es zu kühlen und über einen Sterilfilter zu entkeimen. Da diese Wasserqualität auch zum Spülen der Leitungen, der Filter (Aufbringen der Kieselgur) und damit auch zu Beginn und Ende der Filtration eingesetzt wird, ergibt sich die Möglichkeit, die Vor- und Nachläufe mit zum Einstellen der Stammwürze mit zu verwenden (s. a. S. 304). Die Eisen- und Calciumgehalte der Kieselguren sind hierbei zu beachten.

9.4 Die Eigenschaften der Biere

Der Biergeschmack ist bei der optimalen Herstellung von 14,5–15%igen Bieren nach der Verdünnung kaum von den normalprozentig eingebrauten Chargen zu unterscheiden. Die Gehalte an höheren Alkoholen und Estern verändern sich nur im Bereich der Fehlergrenze. Auch die Bierfarben verändern sich bei modernen Sudwerken kaum. Die Bierstabilität ist nach dem Verdünnen besser, da auch die Kältetrübungssubstanzen eine Verdünnung erfahren. Die Geschmacksstabilität ist gleichwertig. Der Schaum leidet bei der Verdünnung: relativ geringfügig bei 15%iger Verdünnung, mittel bei 28%iger und deutlich bei 40%iger. Hierfür sind sowohl Verdünnungsfaktoren verantwortlich als auch Veränderungen der höherprozentigen Biere während der Lagerung. Bei normalen „Lagerbieren" ist das Brauen mit hoher Stammwürze solange qualitätsneutral, als

die ursprüngliche Bierzusammensetzung erhalten werden kann. Sehr typische Pilsener Biere mit typischem Hopfenaroma sind für diese Verfahrensweise weniger gut geeignet. Im Ausland stellt dies kein Problem dar, da mit isomerisierten Hopfenextrakten bzw. mit Hopfenöl-CO_2-Extrakten oder gar mit Hopfenaromaessenzen flankierend eingegriffen werden kann. Ein Betrieb, der ein hochwertiges Qualitätsbier herstellt, wird von sich aus innerhalb der qualitätsneutralen Grenzen dieser Verfahrensweise bleiben.

10 Neue Erkenntnisse und Entwicklungen

Zu Kapitel 1:
Die Technologie der Malzbereitung

1.3.1 Die Wasseraufnahme des Korns (zu S. 18)

Die Wasseraufnahme erfolgt während der ersten Stunden der Nassweiche neben den Spelzen vornehmlich in der Keimlingsachse und im angrenzenden Schildchen. Die anderen Kornpartien nehmen das Wasser wesentlich langsamer auf.

Während der ersten sechs Stunden steigen die Aktivitäten der Amylasen, der Ribonuclease und der Phosphatase parallel zum Wassergehalt an, um dann sowohl im Keimling, als auch im Endosperm infolge Sauerstoffmangels wieder abzufallen. Während der Luftrast steigen dann die Enzymaktivitäten weiter an. Bei einem Weichgrad von 41 % zeigt der Keimling sogar einen Wassergehalt von 65–70 %. Während der Luftrast tritt der Keimling durch seinen, infolge Gewebeneubildung erhöhten Wasserbedarf in Konkurrenz zum Endosperm. Dabei wird dem Mehlkörper ein Teil des bereits aufgenommenen Wassers wieder entzogen. Dieser Wassertransport kommt bei einem Wassergehalt des Mehlkörpers von 36 % zum Stillstand. Das nach dem Weichen dem Korn anhaftende Wasser wird hauptsächlich vom Blattkeim aufgenommen. Wird dieser Wasserfilm entfernt, dann tritt eine Intensivierung der Keimung ein. Anschließend fällt die Wachstumsrate wieder zurück, eine Erscheinung, die durch die dann insgesamt verringerte Keimgutfeuchte verursacht wird.

Bei heiß und trocken aufgewachsenen und geernteten Gersten ist die Vitalität des Keimlings groß: er nimmt bei der Nassweiche reichlich Wasser auf, entzieht aber bei der folgenden Luftrast dem Mehlkörper einen Teil des Wassers wieder, sodaß sich während des gesamten Weichprozesses eine zögernde Durchfeuchtung des Mehlkörpers ergibt. Es müssen also hier die Luftrasten verkürzt werden, was die Gerste durch ihre geringere Wasserempfindlichkeit durchaus verträgt. Gersten, die feucht aufgewachsen sind vermitteln eine schnellere und gleichmäßigere Wasserverteilung im Korn; hier sind längere Luftrasten angebracht, die aber in diesem Falle der Durchfeuchtung des Mehlkörpers weniger abträglich sind. Es kann also durch die entsprechende Gestaltung des Weichverfahrens (s. S. 23) auf die Struktur des Mehlkörpers und zugleich auf die physiologischen Eigenschaften des Keimlings eingegangen werden.

1.4.1. Die Theorie der Keimung (zu S. 25 ff)

zu 1.4.1.1 Abbau der Hemicellulosen und Gummistoffe (s. a. 1.8.3.3 Beurteilung der Cytolyse, S. 86 und 1.8.3.9 Beurteilung der Proteolyse, S. 26 ff, S. 35, S. 86)

Entsprechend den enzymatischen Reaktionen beim Abbau der β-Glucane ist auch beim Pentosanabbau eine Xylan-Solubilase wirksam. Sie trägt zur Freisetzung hochmolekularen Araboxylans bei, welches dann von den Xylanasen und der Arabinosidase weiter abgebaut wird. Auch eine Feruloylesterase ist bei diesen Abbauvorgängen wirksam: Sie löst die Verknüpfungen von Araboxylanmolekülen mit Ferulasäure.

Der Pentosanabbau beim Mälzen ist noch wenig erforscht; er scheint den gleichen Faktoren zu folgen wie der Abbau der β-Glucane. Doch kommt ihm bei der Vermälzung des Weizens eine ungleich größere Bedeutung zu, da die Viscosität von Weizenwürzen hauptsächlich von Pentosanen bestimmt ist. Hier ist noch Forschungsbedarf gegeben.

Zur Beurteilung des Zellwandabbaus im Gerstenmalz sind weniger die Globalmethoden wie Mehlschrotdifferenz und Viscosität der Kongreßwürze als aussagefähig erkannt worden, als vielmehr die spezifischen Untersuchungen des Zellwandabbaus mit Hilfe der Calcofluor-Methode. Sie ermittelt die Modifikation (Auflösung) „M" und die Homogenität „H", wobei bei gut gelösten Malzen „M" mindestens bei 85 % und „H" bei mindestens 70 % liegen soll. Höhere Werte sind bei sortenrein vermälzten Gersten durchaus erreichbar, wie auch Friabilimeterwerte über 90 % vorliegen können.

Eine sehr gute Aussage liefert auch die Analyse des β-Glucans in der Kongreßwürze, noch besser aber im Vergleich hierzu der β-Glucangehalt der 65° C-Würze. Wohl können auch die Viscositäten beider Würzen eine Aussage zulassen, doch ist der jeweilige β-Glucangehalt sicherer und besser geeignet, um eine mangelhafte Homogenität nachzuweisen. Bei einer Maischtemperatur von 65° C wirkt nur die β-Glucan-Solubilase, wobei die freigesetzten hochmolekularen β-Glucanmoleküle von den bereits inaktivierten Endo-β-Glucanasen nicht mehr weiter abgebaut werden können. So weist ein gut und gleichmäßig gelöstes Malz z. B. einen β-Glucangehalt in der Kongreß-würze von 140 mg/l auf, die 65° C-Würze einen solchen von 220 mg/l, während ein inhomogenes Malt Werte von 230 bzw. 420 mg/l verzeichnet. Dies führt mit Sicherheit bei betriebsüblichen Maischverfahren zu Filtrationsproblemen im Sudhaus und im Filterkeller (zu S. 146, 328).

Eine Verschlechterung des Bierschaums ist bei Malzen sehr guter cytolytischer Lösung nicht zu erwarten. Eine Überlösung der Eiweiß-Komponente, wie etwa ein zu hoher Eiweißlösungsgrad, einhergehend mit einem sehr hohen FAN-Gehalt, kann dagegen schaumnegativ sein.

Nachdem die neuen Gerstensorten seit Jahren eine zunehmend höhere Eiweißlösung zeigen, die sich ungünstig auf den Bierschaum auswirkt, wird in den Malzspezifikationen häufig der Eiweiß-lösungsgrad nach oben, meist auf 40–41 % begrenzt, wobei aber die cytolytischen Lösungs-merkmale keine Verschlechterung erfahren dürfen. Wenn auch die neuen Gersten meist eine sehr gute Cytolyse aufweisen, so ist diese doch der begrenzende Faktor, z. B. bei einer Verkürzung der Keimzeit. Um die Eiweißlösung zu drücken, gleichzeitig aber die Cytolyse nicht zu verschlechtern, werden höhere Keimtemperaturen von z. B. 18° C bei gleich hoher Keimgutfeuchte (44–45 %) angewendet, wobei dann bei sehr gleichmäßig keimenden Gersten eine Verringerung der Keimzeit von 6 auf 5 Tage erwogen werden kann. Die höhere Keimtemperatur wird zweifellos entsprechend höhere Schwandwerte erbringen. Ein gute Kontrolle für die Gleichmäßigkeit der Auflösung ist auch das Verhältnis FAN : löslichem N, das bei 20–21 % liegen soll. Bei warmer, kurzer Haufenführung fällt es auf 17–18,5 % ab, was wiederum Schwierigkeiten bei der Gärung und Reifung nach sich zieht.

1.6.1 Vorgänge beim Darren

1.6.1.2 Bildung von Aromastoffen beim Schwelken und Darren (zu S. 61 ff): Nicht nur die Abdarrtemperaturen, sondern auch schon die vorausgehenden Vorgänge beim Schwelken haben je nach Temperaturführung und Raschheit dieses Prozesses einen Einfluß auf die Aromastoffe des fertig gedarrten Malzes. Dies ist einmal durch die Bildung von Vorläufersubstanzen, aber auch durch die zeitweise Förderung und anschließen-de Schwächung von Enzymen zu erklären. So haben niedrigere Anfangstemperaturen beim Schwelken (35–50° C) nicht nur höhere Extrakt-gehalte, sondern auch eine höhere VZ 45° C zur Folge, auch ist die TBZ bei schonender Trocknung günstiger, d.h. niedriger. Hier ist auch eine Parallele zur Bildung der Strecker-Aldehyde und des 2-Furfurals gegeben. Eine forcierte Trocknung wie z. B. eine konstante Schwelktemperatur von 65° C vermittelt mehr färbende und geschmacksintensive Substanzen. Die Fettabbauprodukte wie z.B. Hexanal, Heptanal, u. a. werden bei höheren Schwelktemperaturen entweder weniger stark gebildet oder verstärkt ausgetrieben. Die höchsten Werte an diesen Substanzen und gleichzeitig die niedrigsten Gehalte an Strecker-Aldehyden erreicht ein überlanges Schwelken (20 h bei 50° C mit 50 % der Lüfterleistung) wie es bei Keim-/Darrkästen Verwendung findet. Während dieser langen Zeit werden auch die höchsten Mengen an ungesättigten Carbonylen gebildet.

Mit Erhöhung der Abdarrtemperatur nehmen bei ein- und demselben Schwelkverfahren die Strecker-Aldehyde, 2-Furfural, einige Furane und Alkohole exponentiell zu; die aus dem Lipid-stoffwechsel stammenden Substanzen lassen kein einheitliches Verhalten erkennen. Pentanal, Octanal, tr,tr,2,4-Octadienal sowie Ketone (2-Pentanon, 2-Hexanon, 2-Heptanon und 2-Decanon) nehmen ab einer Abdarrtemperatur von 85° C weiter zu, die meisten anderen Aromastoffe aus dem Lipidstoffwechsel werden bei höheren Abdarrtemperaturen aus dem Malz ausgetrieben, wie z. B. auch das γ-Nonalacton.

Dimethylsulfid (zu S. 63): Schwelkverfahren die mit höheren Temperaturen arbeiten, treiben zunächst mehr S-Methylmethionin aus der Grünmalzschicht aus, doch erreichen die Verfahren mit niedrigeren Anfahrtemperaturen im Darrmalz die niedrigsten Werte. Außerdem wird bei höheren Schwelktemperaturen aus DMS mehr schwerflüchtiges Dimethylsulfoxid gebildet, das sogar bei hohen Abdarrtemperaturen weiter gesteigert wird. Jedes Malz enthält neben DMS-P, freiem DMS auch DMSO; höher abgedarrte Malze folglich weniger DMS-P, wenig DMS, aber mehr DMSO. Bei einer normalen Abdarrtemperatur von z. B. 80° C weist das Malz 11 ppm DMS-P und 20 ppm DMSO auf, bei 90° C Abdarrung nur mehr 6 ppm DMS-P, jedoch 30 ppm DMSO. Während DMS-P von der Brauereihefe nicht metabolisiert wird, können einige Kulturhefen kleine Mengen an DMSO durch eine entsprechende Reduktase zu DMS reduzieren. Der Anstieg bei Gärung und

Lagerung beträgt, wenn überhaupt, nur 5–10 ppb. Wildhefen und einige Bakterienarten enthalten DMSO-Reduktase und können beträchtliche Mengen an DMS freisetzen, sodaß das Bier ungenießbar wird.

Die Malze aus den neuen Gerstensorten bringen zum Teil hohe Gehalte an DMS-P in den Abdarrprozeß ein. Durch hohe Abdarrtemperaturen kann der DMS-P-Gehalt wohl abgesenkt werden (s. oben), doch schreitet damit auch die Bildung von Farb- und Aromastoffen einher. Es läßt sich anhand einer Arrhenius-Darstellung ablesen, daß bei einer Abdarrung von 5,5 Stunden bei 84° C eine TBZ von 13 und ein DMS-P-Gehalt von 7 ppm erreicht werden. Dieselben Werte werden in 3 Stunden bei 90° C vermittelt. Es gibt sich hier ein „Arbeitsfenster" wonach für eine gewisse Vorgabe an DMS-P und TBZ Zeiten und Temperaturen abgelesen werden können. Diese müssen allerdings für jede Darre erarbeitet werden, denn es spielen die Höhe der Malzschicht, die Ventilatorleistung und damit der Temperaturverlauf in den einzelnen Malzschichten eine Rolle.

Schwelkverfahren mit hohen Temperaturen bzw. einer hohen thermischen Belastung beim Schwelken wirken sich negativ auf die Malz- und Bierqualität aus. Diesem Nachteil kann durch ein Schwelkverfahren mit innerhalb von 12 Stunden stufenlos ansteigenden Temperaturen von 50 auf 70° C (1,7° C/h) begegnet werden, dessen Biere sowohl im frischen als auch im gealterten Zustand am besten abschnitten.

Abdarrtemperaturen zwischen 80 und 88° C führten zu einer etwa gleich guten Bewertung im frischen wie auch gealterten Bier. Dabei muß naturgemäß bei steigenden Abdarrtemperaturen ein stärker malziger Geschmack der Biere berücksichtigt werden. Die Auswirkung von z.B. höheren Gehalten an Strecker-Aldehyden und niedrigeren Werten an Fettabbauprodukten bei höheren Abdarrtemperaturen scheinen sich dabei auszugleichen. Erst ab 88° C erweist sich der Anstieg der Strecker-Aldehyde für helle Malze als negativ.

1.6.3 / 7.6.5.5 Schwelk- und Darrverfahren und Geschmacksstabilität (zu S. 71 ff, S. 325)

Die Verfahrensweise beim Schwelken vermittelt bei niedrigen Anfangstemperaturen oder bei einem überlangen Schwelken (24 h bei 50° C, halbe Ventilatorleistung) im Keimdarrkasten die niedrigsten Gehalte an Strecker-Aldehyden, doch die

höchsten an Fettabbauprodukten. Umgekehrt liefern forcierte Schwelkverfahren mit hohen Anfangstemperaturen niedrigere Werte an Fettabbauprodukten sowie höhere an Strecker-Aldehyden. Die besten Ergebnisse hatten Biere, die aus einem Malz mit einer stufenlos in 12 h von 50 auf 70° C erhöhten Schwelktemperatur stammten. Es folgten in ihrer Bewertung Biere aus Schwelkverfahren mit niedrigen Temperaturen bzw. der Schwelkweise des Keimdarrkastens. Ähnliches war auch beim Vergleich zwischen Einhorden- und Zweihordendarre festzustellen.

Eine Steigerung der Abdarrtemperatur von 70 auf 95° C bei gleichem Schwelkverfahren ergab eine exponentielle Steigerung der Strecker-Aldehyde und eine, wenn auch nicht immer gleichmäßige Abnahme der Fettabbauprodukte. Unter Berücksichtigung der etwas stärker malzigen Note der höher abgedarrten Malze waren jedoch im Bereich der Abdarrtemperaturen zwischen 80 und 88° C geschmackstabile Biere gegeben. Erst über dieser Temperatur ergab sich eine deutliche Verschlechterung.

Dunkle Malze, die einer „warmen Schwelke" (s. S. 74) mit besonderer Betonung einer Rast bei 65° C von 2–3 Stunden unterworfen und anschließend 4–5 Stunden bei 100–105° C ausgedarrt wurden, liefern wohl eine große Menge an Strecker-Aldehyden und Maillard-Produkten, doch zeigen diese bei der Alterung des Bieres einen geringeren Anstieg der Alterungssubstanzen. Die geschmackliche Bewertung der frischen wie auch der gealterten Biere war besser, was durch die „maskierende Wirkung" der Malzaromastoffe erklärt werden kann.

1.6.8 Lagerung des Malzes (zu S. 81)

Die sachgemäße Lagerung des dunklen Malzes, d. h. eine Lagerung ohne Anstieg des Wassergehalts ruft kaum eine Veränderung der „konventionellen" Analysendaten hervor. Auch die flüchtigen Malzaromastoffe wie Aldehyde, Ketone, Alkohole, Ester, Lactone, Furane bleiben – ebenso wie die Stickstoff-Heterocyclen – im Rahmen der Abweichungen zwischen zwei Darrchargen konstant. Auch die Würzen und Biere waren analytisch und geschmacklich gleich. Die Geschmacksstabilität von Bieren aus abgelagerten, dunklen Malzen war eher etwas besser. Diese Ergebnisse stehen im Widerspruch zu früheren Erfahrungen; es ist anzunehmen, daß die früher getesteten dunklen Malze einen erhöhten Wassergehalt aufwiesen und so ihre Eigenschaften eine Veränderung erfahren hatten.

Bei der Malzlagerung von 6 Monaten bei 20° C veränderten sich die Hydroxysäuren nicht signifikant, während Di- und Trihydroxysäuren eine, z. T. merkliche Zunahme erfuhren. Es hatten aber diese Veränderungen keinen Einfluß auf den Geschmack weder der frischen noch der gealterten Biere.

1.8.2. Die mechanische Analyse (zu S. 85)

Die Mürbigkeit des Malzes (s. a. S. 25, 33, 374): Mittels des Calcofluor-Tests (Carlsberg-Methode) können die einzelnen Lösungsgrade (0 – <5%, 5 – <25%, 25 – <50%, 50 – <75%, 75 – <95%, 95 – 100%) exakt erfaßt und die Modifikation „M" berechnet werden. Hieraus läßt sich mittels einer weiteren Formel die Homogenität „H" ableiten. Die automatische Analyse ist sehr gut reproduzierbar. Die Auflösung „M" ist durch die Mälzereitechnologie leichter zu beeinflussen als die Homogenität „H". Beide hängen von Sorte, Jahrgang und besonders von der Keimreife und der Sortenreinheit der Gerste ab. Mischpartien ergeben meist eine um 15 – 20% schlechtere Homogenität als sortenreine Ware. Sie benötigen eine gewisse Überlösung, um bei „M" an die Werte der letzteren heranzukommen. Bei „H" gelingt dies ohnehin nicht. In Qualitätsgarantien werden heutzutage als Mindestwerte für „M" 85%, für „H" 75% genannt.

Zur Ergänzung (z. B. auch des Friabilimeters) wird immer noch die Blattkeimbestimmung mit herangezogen. Die landläufige Auffassung: mittlere Blattkeimlänge bei hellen Malzen 0,75, bei dunklen über 0,8 genügt heute nicht mehr. So wird zur Beurteilung der Gleichmäßigkeit der Keimung die Verteilung auf die einzelnen Längenintervalle geprüft. Diese ist dann als gleichmäßig zu bezeichnen, wenn der Anteil der Körner von $^1/_2$ bis $^3/_4$ und $^3/_4$ bis ganze Kornlänge bei >84% liegt. Ein höherer Anteil von Körnern mit $^1/_4$ bis $^1/_2$ deutet auf nachkeimende Körner einer ungleichmäßigen Partie hin. Hier sind dann meist auch Anteile von 0 bis $^1/_4$ sowie Husaren zu finden.

1.8.3. Die chemische Analyse (zu S. 86)

Die Mehlschrotdifferenz zur Darstellung der Cytolyse eines Malzes ist naturgemäß mit den analytischen Fehlern beider Extraktbestimmungen behaftet. Sie konnte sich aber bei ein- und demselben Labor oder auch bei aufeinander abgestimmten Laboratorien lange Zeit halten. Sie stellt aber immer nur einen Mittelwert der Cytolyse aller gemaischten Körner dar; sie ist im Gegenteil immer etwas besser („Aufmischeffekt"). Sie sagt auch nichts über die Homogenität und damit über die Verarbeitbarkeit eines Malzes aus. Sie ist aus den neusten MEBAK-Empfehlungen herausgenommen worden. Ungleich bessere Aussagen treffen die oben genannten Analysenmethoden.

Die Bestimmung des β-Glucans der Kongreßwürze ist ebenfalls nicht sehr hilfreich, da bei Feinschrot und einer Einmaischtemperatur von 45° C (wie auch bei der sehr dünnen Maische) niedrigere Werte vorliegen als meist den Praxisgegebenheiten entspricht. Das potentielle, von der β-Glucan-Solubilase lösbare β-Glucan läßt sich mit Hilfe der 65° C-Maische darstellen. Bei einem guten, homogenen Malz liegt z. B. der β-Glucangehalt in der Kongreßwürze bei 140 mg/l, bei der 65° C-Würze bei 220 mg/l. Ein forciert hergestelltes Malz weist dagegen 230 bzw. 420 mg/l auf. Mit letzterem sind mit Sicherheit Probleme bei der Läuterarbeit und bei der Bierfiltration zu erwarten. Aus dieser Sicht ist auch die in Kontrakten genannte Obergrenze von 350 mg/l nicht als „Freibrief" zu werten.

Die 65° C-Würze liefert auch eine höhere Viscosität als die Kongreßwürze, doch sind die Unterschiede von 0,05 – 0,10 mPas bei Malzen innerhalb der üblichen Spezifikationen nicht sicher genug. Bei ein- und demselben Laboratorium sind aber auch hier Erkenntnisse abzuleiten, wenn die β-Glucan-Bestimmung selbst nicht möglich ist.

Der Jodwert der Labortreber gibt einen Einblick über den Grad des Stärkeabbaus in der Kongreßmaische. Nachdem aber die Wirkung der beiden Amylasen auf die Stärkekörner wiederum vom Auflösungsgrad des Malzes abhängig ist, so gibt dieser Jodwert jeweils von Fein- und Grobschrot einen Hinweis auf Ausmaß und Gleichmäßigkeit der Auflösung.

Er liegt bei gut gelösten Malzen in Feinschrot bei 1,8 – 2,5, bei Grobschrot bei 6 – 8,9, im mittleren Bereich bei 2,6 – 4,0 bzw. 9,0 – 14,5 und bei schlechter Auflösung bei 4,1 – 4,8 bzw. 14,6 – 17,5.

1.9.1 Das Weizenmalz (zu S. 87)

Weizen enthält mit 0,5 – 2% deutlich weniger β-Glucane als Gerste (3 – 7%). Der Pentosangehalt des Weizens liegt dagegen mit 2 – 3% merklich höher als bei Gerste, wobei auch die Löslichkeit des Weizen-Pentosans mit rund 1–1,5 % stärker entwickelt ist als bei Gerste (0,7 %). Die Hemicellulosen des Weizens sind für die hohe Viscosität der Würzen aus Weizenmalzen verantwortlich, wobei besonders den Abbauprodukten des Pentosans eine Rolle zukommt. Der weniger vollständige Abbau der Stütz- und Gerüstsubstanzen ist wohl auch für die häufig schwer zu erreichende Jodnormalität von Maischen bzw. Würzen aus Weizenmalz verantwortlich. Nachdem hier auch der übliche Anteil an Gerstenmalz kaum hilfreich ist, ist beim Mälzen besondere Sorgfalt geboten.

Das Problem ist, daß es eine Züchtung von besonderen „Brauweizen" noch nicht gibt. Der Mälzer bedient sich deshalb Sorten, die unter bestimmten Umweltbedingungen eine gute mälzungs- und braufähige Ware ergeben.

So haben sich nach S. 87 mittlere Keimgutfeuchte (ca. 44 %) und eher niedrigere Keimtemperaturen von durchschnittlich 14–15°C bei einer Gesamtweich- und Keimzeit von 7 Tagen als günstig erwiesen. Sowohl die Mälzung bei steigenden (12–18°C) als auch mit fallenden (16–18/12–13°C) Temperaturen sind bei „normal lösenden" Weizen möglich. Dagegen erfordern Weizen, die eine höhere Viscosität liefern, entsprechend höhere Wassergehalte bis 47 % sowie eine von 19 auf 15°C fallende Mälzungstemperatur. Dabei soll aber beachtet werden, daß die Eiweißlösung bzw. die Menge des löslichen Stickstoffs nicht zu hoch, d.h. nicht über 38–39 % ansteigen, da hier nicht nur der Schaum sondern auch der Geschmack der Biere leidet.

Es ist aber auch wichtig, daß die Mälzerei-Einrichtung gestattet, die als richtig erkannten Parameter auch einzuhalten: so z. B. beim Weichen eine gesteuerte Temperaturführung, eine gute Belüftung bei den Naßweichen und eine effiziente CO_2-Absaugung, bei der Keimung die erforderliche Keimgutfeuchte und deren Erhaltung, die Einhaltung der vorgegebenen Temperaturen sowie eine ausreichende Keimzeit.

1.9.1.4 Analyse des Weizenmalzes: Dabei spielt als erster Schritt die visuelle Beurteilung eine Rolle. Sie hat nach denselben Kriterien, vor allem im Hinblick auf Kornanomalien wie bei Gerste und Gerstenmalz zu erfolgen. Problematisch sind Körner die eine Verfärbung durch Schimmelpilzwachstum zeigen, wie z. B. die „roten Körner", die aber wiederum in „relevante rote Körner" weiter differenziert werden. Diese können das Überschäumen des Bieres „Gushing" (s. S. 326) auslösen.

Die Ermittlung der Gushing-Neigung eines Weizens oder Weizenmalzes kann durch einen karbonisierten Auszug geschehen, der nach 4–5 Tagen einem Überschäumtest unterzogen wird. Aus einer 0,5 l-Flasche weist eine Überschäummenge von 1–10 ml ein „stabiles", eine solche von 11–30 ml ein „labiles" und über 30 ml auf ein „Gushing-instabiles" Bier hin. Es muß aber auch berücksichtigt werden, daß der Weizen gegenüber Gerste einen um ca. 50 % erhöhten Oxalatgehalt aufweist, der wiederum von Standort und Jahrgang abhängig ist.

Zu den auf S. 88 dargestellten Analysenwerten ist ergänzend auszuführen, daß der Eiweißgehalt des Weizens von den hauptsächlichen Verarbeitern durch Multiplikation des Stickstoffgehalts mit dem Faktor 5,7 errechnet wird anstatt mit dem Faktor 6,25 bei Gerste bzw. Gerstenmalz. Der immer wieder auftauchenden Diskrepanz zwischen beiden „Faktoren" kann durch Bezug auf den Stickstoffgehalt des Weizens bzw. Weizenmalzes begegnet werden, da auch sonst nur von „löslichem Stickstoff", den Stickstoff-Fraktionen und dem freien Aminostickstoff gesprochen wird.

Während die Diastatische Kraft von Weizenmalz zwischen 250 bis über 400° WK liegen kann, ist die α-Amylase-Aktivität meist geringer als bei Gerstenmalz. Sie zeigt je nach Sorte, Umwelt, Jahrgang und Mälzungsverfahren 40–60 ASBC-Einheiten. In ungünstigen Jahren vorliegende Werte von 30 ASBC und darunter können eine verzögerte Verzuckerung sowie eine nicht entsprechende Jodreaktion der Würzen zur Folge haben. Die Jodreaktion der Labortreber, aber auch von Praxistrebern liegt deutlich höher als bei solchen aus Gerstenmalzen.

1.9.2 Malze aus anderen Getreidearten (zu S. 88)

Triticale, eine Kreuzung aus Weizen und Roggen kann als Malz für spezielle obergärige Biere interessant sein. Er soll aber für diesen Zweck eher weniger Stickstoff als 2 % aufweisen, obwohl die Verluste beim Mälzen 0,1–0,15 % N betragen.

Die Verarbeitung erfolgt zweckmäßig wie die des Weizens, wobei auch hier eine übermäßige Eiweißlösung vermieden werden soll. Dagegen bereitet die Cytolyse die ähnlichen Probleme wie bei Roggen (zuweilen auch bei Weizen). Eine pneumatische Weiche auf 37–38 % Ankeimfeuchte, eine Maximalfeuchte beim Keimen von 45 % sowie eine von 16 auf 12°C fallende Keimtemperatur sowie eine Gesamt-Weich- und Keimzeit von 7 Tagen können als Rahmenbedingungen gelten. Unter Umständen kann die Keimtemperatur am letzten Keimtag nochmals auf 18 (−20)°C angehoben werden, um die Viscosität noch etwas zu drücken.

Bei sehr hohen Extraktgehalten von 86–87% liegt die M/S-Differenz bei 1,3–1,6%, die Viscosität ist mit 1,8–2,2 mPas aber beträchtlich höher als bei Weizenmalz aber dennoch weit günstiger als bei Roggenmalz. Der Eiweißlösungsgrad bewegt sich zwischen 45–55%, die Vz 45°C ist deutlich darunter (38–44%). Einer Diastatischen Kraft von 400–500°WK steht eine α-Amylase-Aktivität von 100–120 ASBC gegenüber. Der Endvergärungsgrad liegt mit ca. 75% relativ niedrig. Hier sind zweifellos auch gewisse Jahrgangsabweichungen gegeben. Die Farbe der Triticale-Malze ist bei normaler Abdarrung (80°C) bei 7–9 EBC.

1.9.3 Spezialmalze und Spezialmalzextrakte (zu S. 88)

Aus Röst- und Caramelmalzen werden auch Extrakte in flüssiger und fester, sprühgetrockneter oder granulierter Form sowie „Caramelmalzbiere" (wie Farbbiere) hergestellt.

Ein Weg führt über entspelzte Caramel- oder Farbmalze (die heute hauptsächlich verwendete Bezeichnung ist „Röstmalze"), über eine Feinvermahlung zur Granulierung. Die Granulierung vermindert die hygroskopischen Eigenschaften des „Malzpulvers", das weder verstaubt noch verbackt. Es kann in der Würzepfanne zugesetzt werden und löst sich rasch auf. Je nach Verwendungszweck werden Farben von 30, 100, 300 und 1000 EBC angeboten.

Es kann auch eine Würze hergestellt werden, wobei hierfür meist ein Maischefilter zur Trennung herangezogen wird, der die Herstellung höherprozentiger Würzen erlaubt. Dieser Würzeextrakt wird nun zur Sterilisation kurzzeit oder ultrahochkurzzeit erhitzt und anschließend und nach Eindampfen im Vakuum ein Extrakt gewonnen, der der Würze bei Kochende oder im Heißwürzestadium zugegeben werden kann.

Wird der Prozeß ab Maischefilter über Würzekochung, Gärung, Klärung, Eindampfung und aseptische Verpackung bis zum Bier geführt, dann kann es, ähnlich dem Farbebier, vor dem Bierfilter zur Korrektur der Farbe, der Vollmun-

digkeit und generell des Biercharakters zugegeben werden. Über die Zulassung dieser Produkte hat sich der Verarbeiter zu informieren.

Zu Kapitel 2: Die Technologie der Würzebereitung

2.1.3. Das Brauwasser (zu S. 91 ff.)

2.1.3.10 Sonstige Methoden zur Aufbereitung des Brauwassers: Wasserentgasung (S. 98): Zur Anschwemmung der Filterhilfsmaterialien, zum Vorfüllen der Leitungen oder von Geräten, vor allem aber zum Verschnitt stärker eingebrauter Biere mit Wasser zur gewünschten Stammwürze wird luft- bzw. sauerstofffreies Wasser benötigt. Dieses kann auch eine Bedeutung bei der inerten Arbeitsweise im Sudhaus haben, besonders aber bei Maischefiltern, die aus Druckwasserspeichern beschickt werden.

Die Wasserentgasung kann unter Normaldruck, unter Überdruck oder im Vakuum geschehen.

Eine unter normalem Druck arbeitende Anlage besteht aus einer mit speziellen Füllkörpern großer Oberfläche versehenen Säule. Das Wasser wird von oben über einen Verteiler aufgebracht und Kohlensäure von unten im Gegenstrom eingeleitet. Der Sauerstoffgehalt des Wassers wird so bei geringem Gasverbrauch reduziert. Der überwiegende Teil der dosierten CO_2 löst sich dabei im Wasser.

Das Wasser wird anschließend in einem Plattenkühler auf die gewünschte Temperatur abgekühlt. Um das Wasser zu sterilisieren, kann dem Plattenkühler auch eine Erhitzer- und Austauscherabteilung vorgeschaltet werden. Mit deren Hilfe kann die Wärme zu rund 95% zum Aufheizen des Wassers zurückgewonnen werden. Es ist aber auch möglich, das erhitzte Wasser zu entgasen und den Inhalt der Anlage als „Heißhalter" zu verwenden.

Die Anlagen werden mit Leistungen bis zu 1000 hl/h geliefert. Der Restsauerstoffgehalt, der am besten mittels eines, in die Leitung eingesetzten Sauerstoffmeßgerätes überprüft wird, liegt je nach den Verfahrensparametern bei 0,01–0,05 mg/l.

Die Anlage wird zweckmäßig mit einer Karbonisierungsanlage kombiniert.

Bei der Druckentgasung wird das Wasser in der Leitung mit Kohlensäure, die unter hohem Druck steht, versetzt und über Düsen im Entgasungsbehälter versprüht. Dabei überlagert der CO_2-Anteil die Partialdrücke von Sauerstoff und Stickstoff und entfernt beide Gase aus dem Wasser. Das Wasser reichert sich mit CO_2 an.

Die Vakuumentgasung beruht darauf, daß das zu entgasende Wasser einem Unterdruck ausgesetzt wird. Es wird über Düsen in einen Entgasungstank versprüht. Durch das Vakuum und die große Oberfläche wird der Sauerstoff, aber auch der Stickstoff aus dem Wasser entfernt. Um eine bestmögliche Entgasung zu erreichen, können zwei Vakuumstufen hintereinander geschaltet werden. Eine Zugabe von CO_2 verstärkt den Effekt des Verfahrens und erbringt folglich auch niedrigere Sauerstoffgehalte.

Bei den Methoden der Kaltentgasung ist es notwendig, dem System eine Sterilisation oder eine Entkeimung nachzuschalten. Eine Sauerstoffaufnahme dieses entgasten Wassers bis zum jeweiligen Verbraucher ist zu vermeiden, eine laufende Kontrolle des O_2-Gehaltes ist ratsam.

Je nach dem Ausmaß der Verwendung dieses Wassers – beim Verdünnen stärker eingebrauter Biere bis zu 25 % – ist ein Sauerstoffgehalt des Verschnittwassers von unter 0,01 ppm zu fordern.

2.1.4. Der Hopfen (zu S. 100)

2.1.4.2 Die Einteilung der Hopfen: Bei den Aromahopfen konnten sich „Selekt" und „Tradition" auf breiter Basis einführen, während „Pure" weniger gut entsprach. Eine neue Hüller-Sorte ist „Saphir", der 3,5 – 5 % α-Säuren, 6,5 – 8 % β-Säuren sowie einen Cohumulonanteil von ca. 12 % aufweist. Das Hopfenölspektrum entspricht dem des Hallertauers.

Die Bitterhopfen wurden um die Sorten „Taurus" (14 – 17 % α-Säuren) und „Merkur" (12–15% α-Säuren) bereichert. Während diese Super-α-Sorten, wie auch „Magnum" einen β-Säurengehalt von 6 – 8 % verzeichnen, konnte der Cohumulonanteil bei Taurus auf 22 % und bei Merkur auf 19 % abgesenkt werden. Die Hopfenölgehalte weisen höhere Anteile an Myrcen auf, wie dies auch bei den klassischen Bitterhopfen Brewers Gold und Northern Brewer der Fall war.

Alle Neuzüchtungen, beginnend mit der Sorte „Perle" sind toleranter gegenüber Krankheiten und Schädlingsbefall als die herkömmlichen Sorten. Sie benötigen weniger Behandlungen zum Pflanzenschutz während des Aufwuchses. Auch haben „Frühwarnsysteme", z. B. bei Pollenflug, zu zeitgerechten und somit wirksameren Maßnahmen geführt, die im Verein mit Sperrfristen für die letzte Behandlung vor der Ernte keine oder nur vereinzelt minimale Rückstände von Pflanzenschutzmitteln mehr ergeben: Lediglich Kupferverbindungen sind in Restmengen jedoch deutlich unterhalb der zulässigen Höchstmengen zu finden, wobei diese im Laufe der Würzebereitung ausgeschieden werden.

2.1.4.6. Hopfenöle/2.5.4.8 Hopfenaroma (zu S. 103/ 104, S. 169): Um ein besonders deutliches Hopfenaroma im fertigen Bier zu erzielen, sollen mindestens 25 % der Hopfen-(α-Säure-)Gabe in Form von Aromahopfen-Pellets dosiert werden. Als optimaler Zeitpunkt stellte sich dabei das Kochende heraus, wenn keine Dampfzufuhr, d.h. keine Verdampfung mehr erfolgt. Auch eine Hopfengabe in den Whirlpool ist möglich, wobei aber Vorsorge zu treffen ist, daß der Trubabsatz hierunter nicht leidet. Wird die Würze beim Ausschlagen abgekühlt (s. S. 175), dann liefert z. B. eine Temperatur von 70° C hinsichtlich Aroma und Geschmack die besten Ergebnisse. Die mehr praxisrelevanten Temperaturen von 80 – 90° C liefern ebenfalls gute organoleptische Ergebnisse. Es ist bemerkenswert, daß derart späte Hopfengaben die Geschmacksstabilität des Bieres eher verbessern, was auf die „maskierende" Wirkung des Hopfenaromas auf die Alterungsnoten zurückgeführt werden kann.

Bei derartigen Hopfengaben (sehr spät oder bei niedrigerer Würzetemperatur im Whirlpool) gelangt auch mehr unisomerisierte α-Säure ins Bier. Diese α-Säuregehalte von 2,5 – 3 mg/l verschlechtern die Bierbittere nicht, sie verbessern aber die Schaumhaftung und vermitteln dem Bier eine bessere Resistenz gegen bierschädliche Organismen.

2.1.4.6 /2.5.4.8 Xanthohumol: Dieses Prenylflavanoid, das zu den Polyphenolen gezählt wird, weist nach neueren Untersuchungen ein antikanzerogenes Potential auf. Es ist in Wasser schlecht löslich und geht beim Würzekochen in Isoxanthohumol über, dessen antikanzerogenes Potential jedoch etwas geringer ist. Im frischen Hopfen, jedoch auch in sachgemäß behandelten Pellets kommt Xanthohumol in einer Menge von 0,3–1% vor, wobei Bitterhopfen einen höheren Gehalt an dieser Substanz aufweisen. Nachdem aber Aromahopfen infolge seines niedrigeren α-Säuregehalts einer höheren Hopfengabe bedarf als Bitterhopfen oder gar die Hoch-α-Sorten, bringt die Aromahopfengabe letztlich mehr Xanthohumol in die Würze bzw. das Bier ein. So liegt das Verhältnis von α-Säuren : Xanthohumol bei Hallertauer Hersbrucker bei 8, bei Hallertauer Magnum dagegen bei 19; das Verhältnis von α- + β-Säuren zu Xanthohumol liegt folglich zwischen 18 und 30.

Die Ausbeute an Xanthohumol bei der Bierbereitung ist naturgemäß gering. So erbringt eine Dosage von 5 mg/l nur 0,4 mg Xanthohumol und 1,6 mg/l Isoxanthohumol in Würze. Diese Gehalte nehmen bei Gärung und Lagerung weiter ab: vor der Filtration auf 0,1 bzw. 0,8 mg/l, nach der Filtration 0,05 bzw. 0,75 mg/l, wobei eine PVPP-Behandlung die Gehalte nochmals um 1/3 verringert. Die Ausbeute ist also nur 10 %.

Ein Extrakt reich an Xanthohumol kann erzielt werden, indem die Pellet-Treber aus der CO_2-Extraktion in einem zweiten Arbeitsgang mit Ethanol extrahiert werden. Hierbei werden neben Xanthohumol auch Hart- und restliche Weichharze gelöst. Ein derartiger Extrakt liefert im Bier zwar einen gewissen Bitterstoffgehalt nach EBC-Einheiten von z. B. 23 EBC, doch liegt der Gehalt an Iso-α-Säuren unter 10 mg/l. Die Bittere eines derartigen Bieres ist wohl im Volumen spürbar, doch ist sie sehr mild. Dennoch ist auch bei diesen spezifischen Extrakten, die bis zu 5 % Xanthohumul enthalten können, eine „schonende" Brauweise erforderlich: Brauen mit hoher Stammwürze und Verdünnen des Bieres am Filter, Kochzeit (konventionell) nur eine Stunde, Dosierung des Produkts 5 Minuten vor Kochende (60–80 mg XN/l), rasches Abkühlen der Würze auf 80°C mittels Kühler oder gegebenenfalls durch kaltes Brauwasser, reduzierte Hefegabe, bei mehrmaliger Führung der Hefe im selben Substrat (also Anreicherung von XN oder IsoXN in der Hefe), schonende Bierfiltration, kein PVPP zur Stabilisierung, Kurzzeiterhitzung etc. Hefeweizenbiere benötigen keine Filtration und Stabilisierung; sie sind für eine derartige Spezialsorte gut geeignet, allerdings ist die Bitterstoffmenge geringer als bei hellen Lagerbieren oder Pilsener Typen mit derselben Zielsetzung.

2.1.4.6 Hopfengerbstoffe (Polyphenole) (zu S. 104): Die Polyphenolgehalte des Hopfens hängen ab von Sorte, Anbaugebiet und Jahrgang. Bitterhopfen weisen weniger von dieser Substanzgruppe auf als Aromahopfen. Von diesen hat Saazer die höchsten Gehalte, gefolgt von Tettnanger und Selekt; von den Super-α-Sorten verzeichnet Taurus mehr als Magnum. Dies betrifft aber nicht nur eine Gruppe wie z. B. die Flavanole, sondern auch Procyanidine und Flavonoide, wie auch Hydroxyzimtsäuren und Hydroxybenzoesäuren.

Die Frage der Anbauregion spielt eine große Rolle: so haben die beiden Sorten „Perle" und „Nugget", wenn sie in der Hallertau angebaut wurden um 17 bzw. 27 % mehr erfaßbare Polyphenole als beim Anbau in einer US-Provenienz. Ähnliches ist auch bei Xanthohumol der Fall.

2.2.2 Schrotmühlen

2.2.2.7 Naßschrotung (zu S. 112): Moderne Mühlen erreichen bei 500 mm Walzendurchmesser eine Leistung von 40 t/h, was die Schrotzeit z. B. bei Sudwerken von 10 t Schüttung auf rund 15 min reduziert. Es wird, gerade im Hinblick auf die Wirkung von Oxidasensystemen, vor allem Lipoxygenasen danach getrachtet, kurze Einmaischzeiten und später definierte Rasten zu haben. Dazu kann die Mühle auf einfache Weise mit Inertgas (N_2, CO_2) beschickt werden. Auch der Einlauf der Maische in das Maischgefäß von unten trägt zu der sauerstoffarmen Arbeitsweise bei. Es verdient allerdings Berücksichtigung, daß die Stromspitze der Mühle bei der kurzen Schrotzeit empfindlich ansteigt, so z. B. bei 10 t in 15 min auf 100 kW.

2.2.2.8 Die Herstellung von Feinschrot (zu S. 113): Naßschrotmühlen für Feinschrot wurden entwickelt, um den bekannten Sauerstoffeintrag beim Herstellen von Pulverschrot zu minimieren bzw. umständliche oder teuere Maßnahmen zur Darstellung einer Inertatmosphäre zu umgehen.

Diese Naßschrotmühlen sind Scheibenmühlen, deren rotierende Scheibe 1275 UpM bei einer Umfangsgeschwindigkeit von 40 m/s aufweist. Ein festes Hammerpaar sorgt für die Verteilung des Malzes. Das Malz wird in einer Folge von Messern in drei Zonen mit immer feiner werdenden Zähnen zerkleinert. Der Scheibenabstand liegt meist bei 0,35 mm, der Kraftbedarf bei einer Mühle von 15,5 t/h 97 kW (6,25 kWh/t Malz).

Das Malz wird über eine Dosierschleuse in einer, unter einem konstanten Wasserniveau stehenden Säule, befeuchtet und über eine frequenzgesteuerte Dosiertrommel in die Mühle geführt. Hier wird das restliche Einmaischwasser zugegeben. Hierbei wird ein Überdruck mittels CO_2 oder Stickstoff zur Verhinderung einer Sauerstoffaufnahme dargestellt. Das geschrotete Malz gelangt in einen Puffertank und von diesem in das Maischgefäß.

Die Leistung der Mühle bestimmt die Länge des Einmaischvorganges, wie dies auch bei der Naßschrotung für Läuterbottiche der Fall ist. Für eine wünschenswerte Einmaischzeit von 20 Minuten wird eine Mühle von einer Leistung der dreifachen Schüttung pro Stunde benötigt.

Die Mühle erbringt bei den modernen Maischfiltern Würzen mit einer geringfügig höheren Feststoffmenge, die gegebenenfalls durch eine Trubwürzerückführung von ca. 2 min Dauer verringert werden kann. Diese Maßnahme erweist sich meist als entbehrlich.

2.2.2.9 Dispergiermaschinen ermöglichen ein Zerkleinern und Dispergieren gleichzeitig und damit in einem Arbeitsgang die Herstellung einer homogenen Maische. Es handelt sich um Stiftmühlen, die das Mahlgut zwischen konzentrisch angeordneten Stiftreihen einer rotierenden und einer stehenden Scheibe zerkleinern. Es sind aber auch Konstruktionen mit zwei gegenläufig rotierenden Scheiben anzutreffen. Die Rotorachse liegt meist horizontal. Das Gut wird zentrisch zugeführt und außen radial abgenommen. Die Feinheit des Mahlgutes wird durch die Anzahl der Rotor/Stator-Einheiten, durch die Art der Bestiftung, die Anzahl der Stiftreihen, der Rotordrehzahl und durch den Volumendurchsatz bestimmt.

Die Arbeitsweise ist folgende:

1. Eintritt von Maischwasser und Malz axial in die erste Dispergierkammer.
2. Beschleunigung der Mischung auf die Rotor-Umfangsgeschwindigkeit (>21 m/sec).
3. Eintritt der Korn/Wassermischung in den ersten Scherspalt zwischen Rotor und Stator.
4. Einwirkung von hochturbulenten Verwirbelungen an den Kanten jedes Rotorzahns (Turbulenzfelder) auf die Mischung.
5. Austritt aus dem Scherspalt.
6. Eintritt in die nachfolgenden Dispergierkammern.
7. Austritt der Maische in das Maischgefäß.

Nachdem sich der Mahlvorgang, vom Eintritt in das Gerät an, unter Wasser befindet, wird eine unerwünschte Sauerstoffaufnahme vermieden. Die Maische als sehr homogene Suspension wird von der Dispergiermaschine direkt (ohne weitere Pumpe) in das Maischgefäß befördert.

Die Aufbereitung der Mehlkörperpartikel, besonders der Stärkekörner ist intensiver als bei anderen Schrottechnologien, was einen rascheren und weitergehenden Angriff der Enzyme ermöglicht. Es kann auch Rohfrucht auf diese Weise zerkleinert werden. Das Verhältnis Malz/Rohfrucht

zu Wasser kann beim Dispergieren im gewünschten Maße eingestellt werden.

Die Dispergiermaische kann (auch mit Rohfrucht) für die modernen Maischefiltersysteme eingesetzt werden. Bei Läuterbottichen ist ihr Anteil auf ca. 30 % beschränkt.

Das Verfahren spart Platz, es kann auf aufwendige Explosionsschutzanlagen verzichtet werden; inwieweit eine Entstaubung entbehrlich ist, wird jeder Betrieb für sich entscheiden. Um die Anlage zu schonen, ist eine Entsteinungsvorrichtung erforderlich.

Der Kraftbedarf beträgt 5 kWh/t Malz; wird das Dispergiergerät für die Stundenleistung der dreifachen Schüttung ausgelegt, dann sind 15 kWh/t für die Einmaischzeit erforderlich.

2.3.1 Die Theorie des Maischens (zu S. 114 ff.)

2.3.1.1 Stärkeabbau. Die Maltase, die Maltose zu zwei Molekülen Glucose abbaut, vermag bei ihrer Optimaltemperatur von $35 - 45°$ C und einem optimalen pH-Wert in Maische nur wenig zu bewirken, da die Stärke weder verkleistert noch verflüssigt ist und der Maltosegehalt, der lediglich vom Malz herrührt, nur einen kleinen Anteil ausmacht. Von dieser „präexistierenden" Maltose wird bei den genannten niedrigen Temperaturen etwas Glucose freigesetzt. So beträgt der Anteil der Glucose in einer normalen Maische nur ca. 10 % des Maltosegehalts. Soll jedoch der Glucosegehalt der Maische bzw. der späteren Würze erhöht werden, was im Hinblick auf die Bildung von Estern bei der Gärung wünschenswert sein kann (s. S. 205), dann muß die Maltase auf eine verzuckerte Maische einwirken können.

Technisch wird dies so durchgeführt, daß 80 % der Malzmenge z. B. bei 50° C eingemaischt werden, um dann nach Rasten bei 62 und 70° C zu verzuckern. 20 % der Malzmenge werden kalt, d. h. bei $12 - 15°$ C eingemaischt. Durch Zusatz von kaltem Wasser zur verzuckerten Maische, und durch Mischen mit dem „kalten" Maischeanteil, wird dann eine Temperatur von 45° C erreicht. Diese wird solange gehalten, bis der gewünschte Glucosegehalt von $20 - 40$ % erreicht ist. Anschließend wird über die üblichen Verzuckerungsrasten bis zur Abmaischtemperatur aufgeheizt.

2.3.1.3 Abbau der Hemicellulosen und Gummistoffe. Pentosane sind nicht nur aus Xylose und Arabinose aufgebaut, sondern sie enthalten auch

Ferulasäure, die über eine Esterbindung an Arabinose gebunden ist. Hierdurch sind Quervernetzungen über jeweils zwei Ferulasäuremoleküle von Arabinoxylanketten gegeben, aber auch über die Aminosäure Tyrosin zwischen Pentosanen und Proteinen. Wie beim Abbau des β-Glucans neben den Endo- und Exo-Glucanasen auch eine β-Glucan-Solubilase wirksam ist, so ist auch beim Abbau der Pentosane eine Pentosan-Solubilase wirksam. Daneben löst eine Feruloyl-Esterase die Esterbindungen zwischen Ferulasäure und Arabinose. Dieser letztere Abbau findet im Temperaturbereich zwischen 35 und 47° C, mit Schwerpunkt bei 44° C und einem pH-Wert von über 5,7 statt. Dies ist für den späteren Charakter von Weizenbieren (s. S. 362) von Bedeutung. Es scheint der Abbau der Pentosane etwa in denselben Temperaturbereichen zu erfolgen wie der Abbau der β-Glucane, wie auch anhand der Viscosität von Weizenmalzwürzen erkennbar ist. Hier ist nicht das β-Glucan der Verursacher der z. T. deutlich höheren Viscositätswerte, sondern das Pentosan.

2.3.1.5 Veränderung der Lipide. Beim Maischen werden die Lipide, die zumeist Triglyceride darstellen, durch Lipasen zu Glycerin und freien Fettsäuren abgebaut. Von den mehrfach ungesättigten Fettsäuren sind 50–70 % Linolsäure; sie werden durch Autoxidation oder durch die Wirkung der Lipoxgenasen-1 und -2 in (SS)(13S)-Fettsäurehydroperoxide übergeführt. Autoxidation wie auch Lipoxygenase-2 können daneben direkt Lipide zu Lipidhydroperoxiden oxidieren, die dann ihrerseits durch Lipasen zu (13S)-Fettsäurehydroperoxiden abgebaut werden. Es entstehen auch Mono-, Di- und Trihydroxyfettsäuren. Sie wirken als Vorläufer einer Reihe von Carbonylen, die bei der Bieralterung eine Rolle spielen (s. S. 323). Sie führen auch zu einer Erhöhung der Indikatorsubstanzen wie Heptanol, 9-Decensäure und γ-Nonalacton. Es konnte aber kein Zusammenhang zwischen der Aktivität der Lipoxygenasen und den Hydroperoxid-Konzentrationen festgestellt werden. Dies deutet auf ein weiteres Enzymsystem hin, das beim Maischen am Abbau der Hydroperoxide beteiligt ist, das nach 4 Minuten bei 75° C zu ca. 50 % inaktiviert wird. Hierbei scheint es sich um Peroxygenasen zu handeln, die ebenfalls eine gewisse Empfindlichkeit gegenüber niedrigen pH-Werten haben (Optimum-pH = 7,0).

Der Gehalt des Malzes an Lipoxygenasen ist abhängig von Sorte, Jahrgang und Anbauort. Er nimmt während der Lagerung des Malzes ab, wobei aber die Oxidationsprodukte einen Anstieg erfahren. Die Wirkung der Lipoxidasen und damit die Oxidation der Lipide bei der Würzebereitung kann durch folgende Maßnahmen verringert werden: Durch Schroten unter Inertgas (Stickstoff, Kohlensäure), durch niedrige Temperaturen beim Schroten und bei der kürzestmöglichen Lagerung des Schrotes. Dabei kann bei Pulverschroten sowohl die hohe Temperatur als auch die größere Oberfläche einen ungünstigen Effekt ausüben. Da der Blattkeim sowohl reichlich Fettsäuren als auch Lipoxygenasen enthält, ist seine Feinzerkleinerung (auch in der üblichen Trockenschrotmühle) nachteilig. Naßschrotung ist vorteilhafter, weil der Blattkeim weniger stark zertrümmert wird und das System leichter unter Inertgas zu setzen ist als andere Schrotsysteme. Das letztere Argument gilt auch für die Naßzerkleinerung von Feinstschroten.

Die Wirkung der Lipoxygenasen ist während des Einmaischens am stärksten, weswegen die Einmaischtemperatur – so es der gewünschte Biertyp und die Malzqualität erlauben – bei 62° C oder sogar noch höher liegen sollte. Desweiteren ist ein niedriger pH-Wert von 5,2 günstig, wobei hier schon die α-Amylase in ihrer Wirkung etwas behindert werden dürfte. Schließlich ist noch ein luftfreies Einmaischen günstig, ebenso eine möglichst geringe Aufnahme von Sauerstoff beim Maischen (s. S. 121), was durch einen angepaßten Einsatz der Rührwerke zu erreichen ist. Diese letztere Maßnahme kann noch durch entgastes Brauwasser unterstützt werden. Bei Naßschrotung vermag eine Heißkonditionierung bei 80° C eine gewisse Inhibierung der Lipoxygenasen zu bewirken.

Die hohen Einmaischtemperaturen sind auch dadurch gerechtfertigt, daß bei luftfrei hergestellten Maischen die Abbauvorgänge, vor allem die Proteolyse intensiver verlaufen und einer möglichen Verschlechterung des Bierschaums begegnet werden muß (s. S. 121, 314).

s. a. 2.3.1.8 / 7.6.5.5 (S. 121, 324)

2.3.3 Maischverfahren

2.3.3.6 Infusionsmaischverfahren (zu S. 131) verdrängen immer mehr die Dekotionsverfahren, da sie leichter zu automatisieren sind und die Maischzeiten kürzer werden. War früher der Läuterbottich der Engpaß der täglichen Sudleistung, so kommt heute bei 12 (–14) Stunden pro Tag das Maischen in diese Position. Dies ist weniger bei hellen und Pilsener Bieren der Fall, wohl aber bei Spezialbieren mit größeren Anteilen an dunklen und Spezialmalzen sowie Weizenbieren.

Entscheidend ist bei Infusionsverfahren (ob mit oder ohne Beschleunigung) folgendes:

1. Sind zwei identische Maischbottichpfannen vorhanden, dann soll jedes der Gefäße zum Einmaischen und Abmaischen geeignet sein. Dies erbringt 15–20 Minuten mehr Gesamtmaischzeit.

2. Das Einmaischen sollte in 15 Minuten, längstens in 20 Minuten geschehen. Bei Naßschrotung, auch bei Naßvermahlung mit Hammermühlen oder mit Dirspergiergeräten ist dem bei der Bemessung der Leistung Rechnung zu tragen. Damit wird eine bessere Homogenität der Abbauvorgänge erreicht. Beim Einmaischen von Trockenschrot ist auf eine sofortige Vermischung desselben mit dem Wasser bzw. dem Inhalt des Maischgefäßes zu achten. Es besteht sonst die Gefahr, daß entstehende Klumpen während des Maischprozeßes nicht mehr aufgelöst werden und unabgebaute Substanzgruppen in das Läutergerät gelangen. Dies ist anhand der Jodprobe prüfbar. Trockenschrote, besonders aber Pulverschrote bedürfen einer Einmaischschnecke oder eines eigenen Gefäßes mit einem effizienten Rührwerk. Hierdurch wird eine „Maische" wie bei den Systemen der Naßvermahlung in die Maischbottichpfanne eingebracht.

3. Das Rührwerk muß die Gesamtmaische homogen gestalten, beim Aufheizen von 1° C/min muß rasch Temperaturgleichheit herrschen, was beim Einfahren der Anlage durch Thermometer in den verschiedenen Maischeschichten zu überprüfen ist. Ein frequenzgeregeltes Rührwerk ist heutzutage Stand der Technik; es schaltet beim Einmaischen und Abmaischen die Rührwerksdrehzahl hoch oder zurück, um Schereffekte oder Lufteinschlag zu vermeiden. Bei den jeweiligen Rasten wird die Drehzahl verringert; eine gewisse Rührwirkung muß jedoch gegeben sein, um den Kontakt Enzym/Substrat optimal zu gestalten.

4. Bei zu intensivem Rühren ist offenbar weniger ein Schereffekt zu befürchten als vielmehr die Bildung von Feinanteilen, die bei der Abläuterung Schwierigkeiten bescheren, die sich aber nie ganz eliminieren lassen und die sogar noch im reifen Bier zu finden sind. Hier kann die Klärung im Bierfilter (Trübung) beeinträchtigt werden.

5. Die geringere Verdampfung beim Würzekochen, vor allem auch das Brauen mit höherer Stammwürze verringert die Menge an Überschwänzwasser beträchtlich. Aus diesem Grunde werden selbst bei Pilsener Bieren stärkere Vorderwürzen von 18–19 %, bei Maischefiltern sogar von 22–24% gewählt. Nachdem trotz dieser Maßnahme das Glattwasser nicht weiter als bis 1–1,5% abgesenkt werden kann, haben sich keine qualitativen Nachteile (S. 122) ergeben. Diese stärkeren Maischen müssen bei der Planung des Rührwerks ebenfalls berücksichtigt werden. Es ist dann allerdings eine weitere Frage, ob bei niedrigeren Einmaischtemperaturen als 60–62° C zur Verwertung des vorhandenen Heißwassers noch dicker eingemaischt und auf Temperaturen von 62–65° C zugebrüht werden kann.

2.4.2 / 2.4.3. Der Läuterbottich (zu S. 137 ff.)

Die auf S. 139 beschriebenen und auf S. 145 in ihrer Arbeitsweise geschilderten Läuterbottiche konnten bei angepaßter niedriger Schüttung von ca. 155 kg/ m² (konditioniertes Trockenschrot) und 170 kg/m² (Nasskonditionierung) und verbesserter, vielteiliger Schneidmaschine und vor allem durch die Automatisierung des Läutervorganges über Fuzzy Logic oder neuronale Netze auf eine Leistung von 12 Sude/Tag gebracht werden. Dies entspricht einer Netto-Läuterzeit von rund 90 Minuten. Als Steuergrößen dienen dabei entweder die Durchflußgeschwindigkeit oder der Verlauf des Treberwiderstandes zur Beeinflussung der Schneidarbeit nach Schnitthöhe und Umfangsgeschwindigkeit, um so optimale Durchfluß- und Auswaschbedingungen zu schaffen.

Die Entwicklungen der letzten Jahre waren darauf gerichtet, diese Ergebnisse vor allem auch bei weniger günstigen Voraussetzungen abzusichern. Dabei gilt es, die Auswaschung der Treber zu optimieren und mit geringeren Wassermengen zur Auswaschung der Treber auszukommen, vor allem im Hinblick auf die geringere Verdampfung beim Würzekochen (4–5 % statt früher 7–10 %) sowie bei Suden mit höherer Stammwürze (s. S. 370).

Verbesserungen betreffen die Gestaltung der Senkböden, die bei einer Konstruktion schräg geschnittene Schlitze aufweisen, die Mehrung der Anstiche von 1 auf 1,2–1,3/m², eine konische Einmündung in die Läuterrohre, die Aufbringung des Anschwänzwassers knapp über dem maximalen

Spiegel, die Rückführung der Trübwürze durch dasselbe System oder seitlich über dem Würzespiegel. Dasselbe gilt für die mögliche Zuspeisung von Hopfentrub.

Die Erfahrung, daß die innere Zone des Treberkuchens ein andersartiges Auswaschverhalten zeigt als die mittleren und die äußeren Bereiche, was nicht immer voll ausreguliert werden kann, führte zu einer ringförmigen Konstruktion der Läuterfläche. Der zentrale Bereich dient der Aufnahme des Maischeverteilsystems, das die Maische in Senkbodenhöhe horizontal in den Bottich einbringt. Ferner ist die Antriebswelle hier angebracht; eine Berührung mit der Würze wird somit vermieden. Die freie Fläche im Zentrum beträgt bei kleineren Bottichen (Läuterfläche 10–15 m²) rund 3 m². Bei größeren Einheiten wird der Durchmesser des Freiraums naturgemäß größer, da die Bogen größer dimensionierter Leitungen dies verlangen. Damit bleibt aber auch eine ähnliche Relation der inneren Zone zur Gesamtfläche erhalten, um den Auflockereffekt und damit auch die Auswaschung des Treberkuchens gleichmäßig zu erhalten. Die Zahl der Quellgebiete beträgt knapp 2/m², der Durchmesser der Läuterrohre ist größer (50 mm statt 35 mm) um trotz des hohen Durchsatzes die Fließgeschwindigkeit an den Quellgebieten zu senken. Aus diesem Grund sind auch die Anstiche tulpenförmig erweitert, um die Sogwirkung auf den Treberkuchen zu verringern. Die Läuterrohre, die zum zentralen Sammelrohr führen, haben alle die gleiche Länge und die gleiche Form, um jeweils gleiche Strömungsverhältnisse zu schaffen. Es hat also jedes Quellgebiet dieselben Gegebenheiten. Die Schneidmaschine weist an den zickzackförmigen Messern noch zusätzliche, schräg nach oben weisende Messer auf. Das Austrebern erfolgt bei kleineren Bottichen über gekröpfte Flügel, die sich beim Rückwärtslauf der Maschine beim Austrebern quer stellen und eine rasche Entleerung ermöglichen.

Die Arbeitsweise: Der mit Wasser bedeckte Senkboden wird vom Zentrum aus über 4–6 Maischerohre in Senkbodenhöhe mit Maische beschickt. Dabei genügt der statische Druck der Maische im Maischbottich, um zu Beginn das Abmaischen ohne Pumpe und damit schonend und weitgehend luftfrei zu tätigen. Erst im Laufe des Abmaischens wird die Pumpe mit automatisch steigender Geschwindigkeit zugeschaltet. Das Abläutern über das System „Trend" ist wiederum in Abhängigkeit von der eingestellten Läutergeschwindigkeit automatisch gesteuert. Wenn diese

jeweils eingestellte Geschwindigkeit auch nur eine geringe Verminderung zeigt, schneidet die Maschine tiefer, um den Durchfluß zu gewährleisten. Normal läuft die Vorderwürze ohne einen Tiefschnitt ab, ebenso die Nachgüsse. Bei diesen ist mittels der Schneidmaschine ein möglichst guter Kontakt zwischen den Trebern und dem Waschwasser sicherzustellen, um bei den hohen Läutergeschwindigkeiten eine bestmögliche Auslaugung zu erzielen. Dies gelingt, wie der rasche Extraktabfall zeigt, so daß ein sehr niedriges „Glattwasser" erreicht wird. Damit läßt sich die Überschwänzwassermenge soweit verringern, daß Sude mit höherer Stammwürze ohne merkliche Ausbeuteverluste hergestellt werden können. Damit hat der Läuterbottich wieder mit dem Maischefilter gleichgezogen. Die geringen „Totzeiten" und die sehr rasche Abläuterung von durchschnittlich 0,25 l/m² sec erlauben eine Leistung von 14 Suden pro Tag. Die spezifische Schüttung liegt bei Naßschrot bei 200–220 kg/m², bei konditioniertem Trockenschrot bei 170–180 kg/m². Die Auslaugung der Treber ist sehr gleichmäßig, die Preßsaftdifferenzen der Treber von 10–15 verschiedenen Stellen entnommen, liegen unter 0,15 %.

Die Qualität der Würze von modernen Läuterbottichen ist gekennzeichnet durch niedrige Sauerstoffgehalte (praktisch null), niedrige Trübungswerte bei Feststoffgehalten der Läuterwürze von unter 30 mg/l.

2.4.7 Neue Maischefilter (zu S. 153 ff.)

Sie haben die seinerzeit gemachten Ausführungen bestätigt. Die teilweise störanfälligen Membranen wurden durch solche aus stabilerem Kunststoffmaterial ersetzt. Die Filtertücher aus monofilem Polypropylen haben eine durchschnittliche Porenweite von 70 Mikron. Die Reinigungsintervalle konnten vergrößert werden, so daß die wöchentliche Durchschnittsleistung 12 Sude/Tag beträgt.

Eine andere neue Filterpresse arbeitet wiederum ohne Membranen, wohl aber mit dünneren Treberkuchen von 35–40 mm. Damit ergibt sich bei einer Abmessung der Platten/Kammern von 1500 × 2000 mm eine Schüttung von 97 kg/Kammer, bei 2000 × 2000 mm eine solche von 130 kg, entsprechend 32,5 kg/m². Der Maischeeintritt ist wie üblich von unten. Dies Auffüllen des Filters bis zum Überlauf erfolgt mit höchster Pumpenleistung (900–1000 U/min) innerhalb von 3 Minuten, die dann während des weiteren Abmaischens reduziert wird, um den Eintrittsdruck von 1400 mbar nicht zu überschreiten. Im System baut sich dabei ein entsprechender Gegendruck auf, der eine gleichmäßige Verteilung der Maische sichert. Beim Überschwänzen wird ein Druck von 2000 mbar erreicht, wobei unter dem gegebenen Gegendruck der Volumenstrom des Wassers entsprechend geregelt wird. Das Glattwasser wird von oben nach unten aus dem Filter gedrückt, wobei Luft oder ein Inertgas Verwendung finden können. Durch den angewendeten Druck haben die Treber einen Wassergehalt von 73–75%.

Die Auslaugung der Treber erfolgt gleichmäßig, die Glattwasserkonzentration entspricht einem niedrigen Gehalt an auswaschbarem Extrakt. Der aufschließbare Extrakt ist durch das verwendete Hammelmühlenschrot oder durch das Emulgiergerät ebenfalls niedrig. Unter diesen Voraussetzungen können naturgemäß Würzen mit höherer Stammwürze wirtschaftlich hergestellt werden. Die Würzequalität entspricht bezüglich Sauerstoffgehalt und Trübung bzw. Feststoffgehalt dem heute üblichen Niveau.

Bei Maischefiltern ist generell auf den Sauerstoffgehalt des Überschwänzwassers zu achten. Bei geschlossenen Systemen wie dies bei Heißwasserspeichern der Fall ist, kann u. U. der Sauerstoff des ursprünglichen Kaltwassers (ggf. enthärtet und durch Belüften von der freien Kohlensäure befreit) nicht entweichen. Er wird dann in den Maischefilter verschleppt (s. S. 154).

2.5 Das Kochen und Hopfen der Würze (zu S. 156 ff.)

2.5.1.7 / 2.5.5 / 2.5.6 Innenkocher mit Zwangsanströmung. Der Gedanke ist, die Temperaturerhöhung beim Aufheizen der Würze und den Kochvorgang selbst nicht allein durch die Wirkung der Konvektion im Kocher zu bewirken, sondern durch eine Pumpe zu unterstützen. Die Würzegeschwindigkeit ist hierdurch beim Aufheizvorgang höher und der Wärmeübergang besser, so daß eine niedrigere Heizmitteltemperatur möglich und das schädliche Pulsieren vermieden wird. Beim Kochen selbst beeinflußt die Heizmitteltemperatur die Intensität der Kochung nicht mehr direkt, sie kann in Abhängigkeit von der Pumpenleistung niedriger gewählt werden, so daß eine bessere Steuerung des Kochprozeßes möglich wird. Als Pumpe kann die Ausschlagpumpe dienen, die allerdings eine Leistung vom 6-fachen Würzevolumen pro Stunde beim Aufheizen erbringen muß,

die beim Kochen durch Frequenzregelung auf 3–4 Volumina zurückgenommen werden kann. Die Würzeentnahme zur Pumpe erfolgt aus der Peripherie der Pfanne, der Wiedereintritt direkt unterhalb des Innenkochers; ein „Kurzschluß" ist zu vermeiden. Die Würze trifft nach dem Innenkocher über den Staukonus zweckmäßig auf einen Doppelschirm, der eine größere Ausdampfoberfläche für Aromastoffe bietet. Die niedrigere Heizmitteltemperatur und die höhere Würzegeschwindigkeit im Kocher verzögern das Verlegen der Heizfläche, so daß erst nach 20–40 Suden eine Reinigung erforderlich wird. Die Zwanganströmung vermittelte bei ein- und derselben Pfanne mit Innenkocher folgende Verbesserungen:

1. Verringerung der Heizheißwassertemperatur von 160°C beim Aufheizen auf 145°C;
2. beim Kochen (75 Minuten) von 152°C auf 135°C in den ersten 25 Minuten des Kochens, auf 130°C in den folgenden 25 Minuten und schließlich wieder auf 135°C bis Kochende;
3. rascheres Aufheizen von Läuterwürze auf Kochtemperatur (20 Minuten statt 53 Minuten), dabei Vermeidung der üblichen Temperaturschichtung der Würze. Dies ist auch auf dem Weg vom Vorlaufgefäß zur Pfanne über einen Wärmetauscher auf ca. 95°C möglich;
4. somit beim Aufheizen und Kochen der Würze wesentlich bessere Homogenität;
5. als Folge Verringerung der Verdampfung von 8,5% auf 6,7% möglich;
6. Verbesserung der Würzeeigenschaften: Anhebung des Restgehalts an koagulierbarem Stickstoff von 1,8 mg auf 2,3 mg/100 ml, Verringerung der Zunahme der TBZ um 15%, ebenso der Gehalte an 3-Methylbutanal, 2-Furfural und 2-Phenylethanal um 30% sowie der Carbonyle aus dem Lipidstoffwechsel um 30–50%. Die Spaltung des DMS-Vorläufers war trotz kürzerer Kochzeit gleich, ebenso der Gehalt an freiem DMS.

2.5.1.7 / 2.5.5 / 2.5.6.5 Dynamische Niederdruckkochung. Das Verfahren läßt sich mit den auf S. 174 geschilderten Druckpfannen durchführen; die zugrundeliegende Idee ist, daß wohl beim Druckanstieg von 101 auf 103°C (150 mbar) die Reaktionen beschleunigt werden, durch die folgende rasche Entspannung auf 101°C (50 mbar), durch den Siedeverzug mit Dampfblasenbildung im gesamten Pfanneninhalt eine wesentliche Steigerung der Kochbewegung bzw. der Umwälzung der Würze erreicht wird. Hierdurch ergibt sich bei einer hieraus resultierenden Umwälzung von 20 Volumina/Stunde nicht nur eine bessere Homogenität der Würze, sondern auch eine verstärkte Austreibung von Aromastoffen.

Das Verfahren läuft wie folgt ab:

1. Aufheizen der Läuterwürze mittels eines Wärmetauschers im Rahmen des Energiespeichers von 70° C auf 95–98° C;
2. kurzes Vorkochen (ca. 2 Minuten) unter atmosphärischem Druck zur Entlüftung der Würzepfanne, des Druckregelsystems und des Pfannendunstkondensators;
3. definierter Druckaufbau in der Würzepfanne auf eine Kochtemperatur von 103° C, rasche Druckentlastung auf 101° C (Dauer dieses Schritts 6–7 Minuten). Wiederholung dieses Prozeßes je nach vorgesehener Kochdauer 5–8 mal;
4. atmosphärisches Nachkochen (ca. 5 Minuten) zur Einstellung der Konzentration der Ausschlagwürze.

Die Ergebnisse sind:

a. Verringerung der Kochzeit von rund 65 Minuten bei der klassischen Niederdruckkochung auf 45–55 Minuten, je nachdem, ob eine Vorkühlung der Würze zwischen Pfanne und Whirlpool (z. B. auf 88–90° C) erfolgt;
b. Entsprechende Reduzierung der Verdampfung auf ca. 5 %, bei Vorkühlung auf etwa 4%.
c. Verringerung des Verlustes an koagulierbarem Stickstoff, geringere Zunahme der TBZ, verstärkte Spaltung des DMS-Vorläufers, bessere Ausdampfung des freien DMS, der Würzearomastoffe (sowohl der Streckeraldehyde als auch der Carbonyle aus dem Lipidmetabolismus).

2.5.1.7 / 2.5.5 / 2.5.6 Innenkocher mit Zwangsanströmung und Strahlpumpe. Durch das Zentrum des Rohrbündels des Innenkochers ist ein Rohr angeordnet, an dessen Ende ein Würzeverteilschirm angebracht ist. Dieses Rohr wird mit Hilfe einer frequenzgeregelten Pumpe von der Würze durchströmt, wofür dieselbe durch symmetrisch angeordnete Pfannenanstiche abgezogen wird. Die Würze wird nicht von unten gegen den Verteilerschirm geleitet, sondern zwischen dem oberen und einem darüber verstellbar angebrachten, strömungsoptimierten Schirm verteilt. Die hier einstellbare Schlitzweite kann neben der Oberfläche auch die Umwälzrate beeinflussen. Direkt über dem Rohrbündel des Innenkochers ist eine

Strahlpumpe eingebaut. Diese saugt die Würze durch einen Venturi-Effekt durch die Rohre des Kochers an. Die Strahlpumpe erbringt etwa die doppelte Leistung der frequenzgesteuerten Pumpe. Hierdurch wird eine Überhitzung der Würze, nicht nur in der empfindlichen Aufheizphase vermieden, sondern auch beim Kochen selbst durch die intensive Umwälzung des Pfanneninhalts. Dies bewirkt eine homogene Behandlung der Würze.

Die Ergebnisse sind:

1. Verringerung der Heizmitteltemperatur wie schon oben beschrieben. Hierdurch Trennung der Faktoren Heizmitteltemperatur und Kochintensität durch die Einstellung der Pumpenleistung.
2. Verstärkte Umwälzung durch den Venturi-Effekt der Strahlpumpe auf etwa das Doppelte der Pumpenleistung (also auf 12–15 Volumina pro Stunde).
3. Intensive Ausdampfung von Aromastoffen durch den verstellbaren Doppelschirm.
4. Verkürzung der Kochzeit auf ca. 50 Minuten möglich, mit Würzevorkühlung zwischen Pfanne und Whirlpool sogar noch weiter. Damit ist eine Verringerung der Verdampfung bis auf ca. 4 % möglich.
5. Diese Art der Kochung erlaubt, wie bei den vorbeschriebenen Verfahren aufgezählt, die Vermeidung einer zu starken Eiweißausscheidung, eine geringere thermische Belastung (TBZ, Strecker-Aldehyde, Furfural), eine effektive Spaltung des DMS-Vorläufers sowie eine gute Ausdampfung von Würzearomastoffen (auch derer des Lipidabbaus) und freiem DMS.

Damit konnten die Innenkocher auch für sehr große Pfannen an alle Bedürfnisse einer modernen Würzekochung und Würzebehandlung angepaßt werden.

Zwei Faktoren sind im Zusammenhang mit dem Verfahrensschritt „Würzekochung" von Bedeutung:

a. Das Aufheizen der Würze von der Abläutertemperatur (70–72° C) auf die Kochtemperatur. Dies kann in der Pfanne, ganz gleich bei Innen- oder Außenkochern, je nach dem Einleiten der Würze in die Pfanne zu Überhitzungen im Heizsystem oder zu Ungleichmäßigkeiten in der Pfanne führen, wodurch ein Teil der Würze längere Zeit im Bereich von ca. 95° C ist, während ein anderer noch länger bei der Ausgangstemperatur verweilt. Dies hat Reaktionen zur Folge, die vermehrt Maillard-Produkte und Strecker-Aldehyde bilden, die TBZ erhöhen und bereits zur Fällung eines Teils des hochmolekularen Stickstoffs beitragen. Bei Außenkochern kann dies durch eine Einleitung der Würze in einem Winkel von 23° zum Radius vermieden werden, bei Innenkochern durch eine Zwangsanströmung, die für den Umlauf einer großen Flüssigkeitsmenge unter Vermeidung von Überhitzung (Pulsieren!) sorgt. Eine sehr gute, qualitätsschonende und sichere Lösung ist es, die Würze bei der Förderung vom Vorlaufgefäß in die Pfanne über einen Wärmetauscher bis auf nahe an die Kochtemperatur aufzuheizen, was durch Heißwasser vom Energiespeicher mit 96–100° C bewirkt wird (s. S. 172). Dieses Heißwasser kann bei Bedarf mit Dampf nachgeheizt werden. Es handelt sich hier um einen geschlossenen Kreislauf, weswegen hier voll enthärtetes, ggf. abgepuffertes Wasser als Wärmeträger verwendet wird. Das Beheizen des Wärmetauschers mit Dampf ist weniger günstig, da hier die Temperaturen des Heizmittels (mögliche Überhitzung) schwieriger zu handhaben sind.

b. Eine Nachbehandlung der Würze nach dem eigentlichen Kochprozeß, einmal durch eine Vorkühlung beim Ausschlagen entweder durch Wärmetauscher oder durch eine Vakuum-Verdampfung, zum anderen durch eine Nachbehandlung der Würze nach der Heißwürze- Rast durch eine Vakuumstufe oder durch eine Nachverdampfung. Hierdurch lassen sich die Kochzeiten z. T. erheblich verkürzen.

2.5.1.7 / 2.5.5 / 2.5.6 / 2.7.7.4 Würzekochung über einen Entspannungsverdampfer mit nachfolgender Vakuumbehandlung. Dieses System kann in eine bestehende Pfannenanlage integriert werden: Es besteht aus einem Außenkocher, einem Entspannungsverdampfer (der beim Ausschlagen einem Vakuum ausgesetzt wird), einem Pfannendunstkondensator zur Wärmerückgewinnung und zum Niederschlagen der Brüden sowie einer Vakuumpumpe. Der Entspannungsverdampfer ist ein zylindrokonisches Gefäß, in das die Würze im unteren Drittel tangential in einem dünnen Film eingeleitet wird. Vom Konus aus wird sie in die Würzepfanne zurück – oder beim Ausschlagen – in den Whirlpool gepumpt. Im Entspannungsverdampfer herrscht während der Kochung atmosphärischer Druck. Die Brüden ziehen nach oben hin weg zum

Pfannendunstkondensator. Nach dem Kochen wird der Entspannungsverdampfer evakuiert. Dabei kühlt sich die Würze bis zum Whirlpooleinlauf auf 88° C ab; eine niedrigere Temperatur kann Sedimentationsprobleme im Whirlpool ergeben.

Das Verfahren liefert folgende Ergebnisse:

1. Verkürzung der Kochzeit auf 50 Minuten oder darunter, je nach dem Gehalt an koagulierbarem Stickstoff, damit eine geringere Entwicklung von Produkten aus den thermischen Reaktionen (erkennbar auch an der TBZ).
2. Im Vakuum verstärkte Entfernung dieser Aromasubstanzen, aber auch solcher aus dem Lipidstoffwechsel.
3. Deutliche Einschränkung von Nachreaktionen durch die Temperaturabsenkung. Dies wird vor allem am Verlauf des DMS deutlich; es erfolgt keine weitere Spaltung des DMS-Vorläufers mehr.
4. Verringerung der Verdampfung auf 4–5 %.

Diese Vorteile wurden auch schon mit dem auf S. 192 geschilderten Entspannungskühler erreicht, der sich aber, wie oben geschildert, zur Zeit seiner Entwicklung noch nicht einführen konnte.

2.5.6 / 2.7.7 Würzevorkühlung zwischen Pfanne und Whirlpool auf 85–90° C (zu S. 172, S. 185)

Sie hat wohl nicht direkt etwas mit dem Kochprozeß zu tun, beeinflußt ihn jedoch indirekt, da die im Heißwürzetank bei 97–99° C ablaufenden Reaktionen, je nach Temperatur der vorgekühlten Würze, mehr oder weniger abgeschwächt werden und somit Dauer und Intensität des Würzekochens mit Rücksicht auf andere Vorgänge, wie z. B. die Eiweißfällung, gewählt werden können.

Die Abkühlung erfolgt über einen Plattenkühler, der aber auf die erforderliche große Leistung an Würze, die auch Hopfenpellets enthalten kann, abgestellt sein muß: Große Leitungsquerschnitte, entsprechende Gestaltung der Wärmetauscherplatten, um bei einer kurzen Ausschlagzeit von ca. 15 Minuten umgerechnet den vierfachen Pfanneninhalt pro Stunde kühlen zu können. Hierfür kann kaltes Brau- oder Betriebswasser verwendet werden, das dann mit ca. 80° C in die Heißwasserspeicher gelangt: Eventuell wird der Kühler auch in das Energiespeichernetz integriert, wofür allerdings größere Kühlflächen erforderlich sind.

Einfacher ist es, den vorhandenen Würzekühler mit einem Teilstrom der Würze beim Ausschlagen zu beschicken, wobei ein Fünftel der Ausschlagmenge nur auf 44°C abgekühlt zu werden braucht, um letztlich z. B. 88°C Mischtemperatur darzustellen.

Hierdurch werden erreicht:

1. Eine Verkürzung der Kochzeit auf 50 Minuten und darunter, da die thermischen Reaktionen im Whirlpool deutlich verringert werden. Dies betrifft auch die Spaltung des DMS-Vorläufers.
2. Hierdurch Orientierung des Kochverfahrens an anderen Zielen, wie z. B. geringere Fällung von hochmolekularen Stickstoffsubstanzen.
3. Die ebenfalls erforderliche Ausdampfung von Carbonylen aus Lipidoxidations-Produkten ist durch die neuen, sehr intensiv und homogen kochenden Systeme trotz der kürzeren Zeit in gleicher Weise gewährleistet.
4. Es läßt sich in Verbindung mit diesen neuen Kochverfahren eine Verringerung der Verdampfung auf 4–5 % erreichen.

Die Würzevorkühlung kann mit allen vorhandenen, jedoch effektiven Kochsystemen (Innen- und Außenkochern) kombiniert werden. Es sind lediglich Korrekturen im Heißwasserbereich, vor allem im Hinblick auf die Energierückgewinnung, vorzunehmen.

Verfahren mit Nachverdampfung im Vakuum sehen eine Vakuumverdampfung zwischen Whirlpool und Plattenkühler vor, wobei eine weitere Verringerung von Würzearomastoffen erfolgt. Dabei handelt es sich vor allem auch um solche, die bei der Heißwürzerast und bei der folgenden Würzekühlung gebildet wurden. Damit kann der Kochprozeß, wie oben geschildert, ebenso verkürzt und die Verdampfung reduziert werden.

Ein Verfahren sieht vor, die Würze in einer ersten Phase, beim „Kochprozeß" bei 97–99°C 60 Minuten lang heiß zu halten. Es ergibt sich hierbei nur eine Verdampfung von ca. 1 %. Für diesen Vorgang kann eine Würzepfanne beliebiger Konstruktion (Doppelbodenheizung, dann allerdings mit Rührwerk oder Pfanne mit Innenkocher) Verwendung finden, die natürlich auch eine konventionelle Kochung durchführen kann. In einer zweiten Phase werden nach dem Whirlpool noch ungefähr 7 % in einem Expansionsverdampfer bei einem absoluten Druck von ca. 300 mbar verdampft. Hierbei wird eine Temperatur von ca. 65°C erreicht. Der Verdampfer besteht aus einem Oberteil von ellipsoidem Querschnitt und aus einem zylindrischen Unterteil. Die Würze wird nach dem Whirlpool tangential in das Oberteil gepumpt; es bildet sich eine Rotations-

bewegung der Flüssigkeit und damit ein dünner Würzefilm an der Behälterwand aus. Hierdurch wird eine große Oberfläche zur Verdampfung von Wasser, aber auch zur Ausdampfung von Aromastoffen geschaffen. Die Würze wird beim Eintritt in den Expansionsverdampfer einem Vakuum (absoluter Druck 300 mbar) ausgesetzt. Dieses wird durch eine Wasserring-Vakuumpumpe dargestellt, wobei der Dunstkondensator zum Niederschlagen der Brüden im laufenden Betrieb das einmal erreichte Vakuum aufrecht erhält. Durch die weitreichende Vakuumverdampfung fällt bei einer Würzetemperatur von 65°C Heißwasser mit nur 60°C an, das bei Bedarf, z. B. zum Überschwänzen, entsprechend nachgeheizt werden muß.

Die Ergebnisse, die mit dieser Anlage erzielt wurden, sind:

1. Verdampfung insgesamt 8 % (1 % beim „Heißhalten", 7 % bei der Vakuumverdampfung).
2. Die Eiweißfällung ist durch die schonende Handhabung des Prozeßes geringer.
3. Die Ausdampfung der Würzearomastoffe ist weitgehend; dies betrifft auch das, am Ende der Heißhaltezeit, reichlich vorliegend freie DMS.
4. Es wird naturgemäß weniger, bzw. Heißwasser von geringerer Temperatur, gewonnen.
5. Der Expansionsverdampfer kann in vorhandene Anlagen eingepaßt werden.
6. Es ist auch möglich das Verfahren zu variieren, wie z. B. eine bestimmte Zeit zu kochen, zu verdampfen und den Druck im Expansionsverdampfer anschließend nur auf 600 mbar abs. abzusenken, wobei dann die Temperatur der Würze nur auf ca. 85°C abfällt und das Heißwassersystem entsprechend bei höherer Temperatur gefahren werden kann.

Die Vakuumverdampfung nach dem Whirlpool kann, wie schon oben für die vorgenannte Anlage festgestellt, in jede bestehende Anlage eingebaut werden. Das Gerät muß naturgemäß ausreichend bemessen werden, um seine Leistung, die Behandlung einer gegebenen Würzemenge in der erforderlichen kurzen Zeit (entsprechend der Würzekühlzeit = 45–50 Minuten) und die Erzielung des Vakuums auf einen absoluten Druck von 500–600 mbar, bei bestmöglicher Ausdampfung der Würzearomastoffe, zu erbringen. Bei einer Sudgröße von 700 hl hat das zylindrokonische Gefäß bei einem Durchmesser von 1,2 m und einer Gesamthöhe von 2,8 m einen Inhalt von 30 hl; die Fallhöhe zur Pumpe zum Würzekühler sollte

Würzekochung – Würzecharakteristika – Biereigenschaften (Schaum)

	Anfang	Ende	Kalte	Bierschaum
	Kochung		Würze	R & C
Innenkocher 80 Minuten.				
Strecker Aldehyde	520	130	280	
Furfural	70	170	260	
Fettsäure-Derivate	210	12	7	
DMS-P/frei	550/10	80/20	40/50	
Koag.-N mg/l	50	20	18	
TBZ	27	44	55	120
Innenkocher 60 Minuten. Würzevorkühlung 88° C				
Strecker Aldehyde	520	170	185	
Furfural	70	160	185	
Fettsäure-Derivate	210	25	20	
DMS-P/frei	550/10	120/20	110/30	
Koag.-N mg/l	50	25	23	
TBZ	27	39	44	125
Innenkocher 60 Minuten. Vakuumstufe nach Whirlpool 80 °C				
Strecker Aldehyde	520	170	200	
Furfural	70	160	195	
Fettsäure-Derivate	210	25	4	
DMS-P/frei	550/10	120/20	60/20	
Koag.-N mg/l	50	25	23	
TBZ	27	39	47	125

hoch sein (im Beispiel 7 m), um Kavitationen zu vermeiden. Über eine Differenzdruckmessung wird der Würzestand im Entspannungsgefäß konstant gehalten.

Die Ergebnisse sind etwa die vorgenannten, doch präzise bei einer Vakuumkühlung auf 86° C:

1. Verkürzung der Kochzeit von 60 auf 40, später sogar auf 30 Minuten.
2. Die Verdampfung wurde von 9 % auf 6 % und weiter auf 4,5 % verringert.
3. Durch den Verdampfer werden 83 % des freien Dimethylsulfids, 63 % der Derivate der Lipidoxidation (z. B. Hexanal und Heptanal), 22 % der Strecker-Aldehyde und 5 % der Alkohole (3-Methyl-Butanol, 2-Methyl-Butanol, 1-Pentanol, 1-Hexanol, 1-Octanol, 1-Octen-3-ol und 2-Phenylethanol) eliminiert.
4. Der Restgehalt an koagulierbarem Stickstoff wird um 50 % angehoben.
5. Die Vakuumanlage erfordert – durch die geringere Verdampfung – um rund 22 % weniger Gesamtenergie im Vergleich zu einer bereits optimierten Anlage mit thermischer Brüdenverdichtung.

2.5.1 / 2.5.5 / 2.5.6/ 2.7.4 / 2.7.7 Dünnfilmverdampfer mit Nachverdampfung nach dem Whirlpool

Das Kochsystem besteht aus einem flachen Gefäß mit konischem Heizboden, der in zwei Heizzonen unterteilt ist. Die Würze läuft von oben über einen Verteiler auf die Heizfläche, sammelt sich in dem umgebenden Ringbehälter und wird von dort aus in den darunter angeordneten Würzesammeltank, der auch als Whirlpool dient, gepumpt. Die Heizfläche beträgt 7,5 m²/100 hl Pfanneninhalt. Auf diesen bezogen, läuft der Prozeß wie folgt ab:

Aufheizen: ca. 40 min mit 650 hl/h, Dampfdruck 1,5 barÜ, Verdampfung 0,5 %

Kochen: ca. 20 min mit 500 hl/h, Dampfdruck 1,5 barÜ, Verdampfung 1,5 %
ca. 20 min mit 500 hl/h, Dampfdruck 0,8 barÜ, Verdampfung 1,0 %

Whirlpoolrast: (je nach Bedarf ca. 15 min)

Strippen: ca. 40 min mit 120 hl/h, Dampfdruck 1,5 barÜ, Verdampfung 1,5 %

Das Strippen erfolgt vor dem Würzekühler; die Kühlzeit ist mit rund 50 Minuten veranschlagt.

Die Führung des Kochprozeßes wird meist unterteilt: während der ersten 20 Minuten wird intensiver gekocht, während der folgenden 20 Minuten wird der Dampfdruck etwas zurückgenommen; dabei kommt nur die untere Heizfläche zum Einsatz.

Beim Aufheizen vom Sammelgefäß aus ist es wichtig, daß die Würze, die vom Abläutern her eine Schichtung aufweisen kann, homogenisiert wird. Steht ein Wärmetauscher zum Aufheizen beim Umpumpen vom Vorlaufgefäß zur Kochanlage zur Verfügung, dann wird in dieser selbst nur mehr von ca. 95 auf 99° C nachgewärmt. Dies dauert 5–7 Minuten. Beim Kochen wird die Würze tangential in den Whirlpool eingepumpt, was die frühzeitige Bildung eines Trubkegels fördert, wodurch nach nur relativ kurzer Rastzeit mit dem Strippen und Würzekühlen begonnen werden kann. Die Kühlzeit wird normal mit 50 Minuten veranschlagt; damit reicht auch für das Strippen ein Dampfdruck von ca. 1,5 barÜ aus; bei einer kürzeren Kühlzeit von z. B. 30 Minuten. kann es notwendig werden, mit einem höheren Dampfdruck von ca. 1,8 barÜ zu arbeiten. Um in der Kaltwürzeleitung zum Gärtank zu hohe Geschwindigkeiten und Drücke zu vermeiden, wird bei der höheren Kühlleistung zweckmäßig ein Kaltwürze-Puffertank nach dem Plattenkühler angeordnet, der aber seinerseits wieder besondere Reinigungs- und Desinfektions-Maßnahmen erfordert.

Die Ergebnisse sind:

1. Das Verfahren erlaubt es, die Eiweißfällung durch die Parameter Kochzeit und Heizmitteltemperatur zu beeinflussen. So ist der Restgehalt an koagulierbarem Stickstoff um 50–70 % höher als bei konventioneller Kochung. Dies ist schaumpositiv.
2. Durch die kurze Kochzeit und durch die geringe Heizmitteltemperatur werden weniger Maillard-Produkte und Strecker-Aldehyde gebildet; deren Ausdampfung wird durch die große Oberfläche und die dünne Würzeschicht gefördert. Die bei der Heißwürzerast und während der Zeit des Kühlvorganges nachgebildeten thermischen Reaktionsprodukte werden beim anschließenden Strippen wieder ausgedampft. Als Folge resultieren in der kalten Würze deutlich niedrigere TBZ sowie um 10–15 % geringere Gehalte an den genannten Aromastoffen.
3. Die aus dem Lipid-Metabolismus stammenden Aromastoffe werden durch die geringe Kochzeit in etwas geringerem Maße ausgedampft als bei einer normalen Kochung, doch korrigiert das anschließende Strippen die Endwerte auf ein normales Niveau.
4. Die Spaltung des DMS-Vorläufers ist naturgemäß geringer; das entstehende freie DMS wird jedoch effektiv ausgedampft. Während der Heißwürzerast wird DMS nachgebildet, welches dann beim Strippen auf Werte von ca. 30 ppb abgesenkt wird.
5. Die Bierqualität ist durch einen besseren Schaum, eine hellere Farbe sowie durch eine bessere Geschmacksstabilität gekennzeichnet. Ein Unterschreiten der genannten Verdampfungswerte von 4–4,5 % ist jedoch nicht ratsam. Die Bitterstoffausbeute fällt von Betrieb zu Betrieb etwas unterschiedlich aus (+/–5 %), die Erzielung eines typischen Hopfenaromas ist durch ein zusätzliches Dosagegefäß möglich.

Weitere Verfahren der Nachverdampfung. Die Nachverdampfung nach dem Whirlpool kann auch durch einen konventionellen Innenkocher vorgenommen werden, der aber konstruktiv so verändert ist, daß der obere Bereich mit Würze geflutet werden kann. Die Rohre des Innenkochers werden mit konisch fluchtenden Blechen versehen, welche die Ausbildung einer dünnen Würzeschicht an der Rohrinnenwand des Kochers ermöglichen. Die Würze wird nun nach dem Whirlpool in einem dünnen Film über den beheizten Innenkocher geleitet und eine Ausdampfung von Aromastoffen erreicht.

Ein anderes Verfahren bedient sich zur Nachverdampfung einer entsprechend hohen, mit kleinen zylindrischen Körpern gepackten „Stripping-Säule".

Die Arbeitsweise ist wie folgt:

1. Kochen der Würze 5 Minuten, um den Pfanneninhalt zu vermischen und den Hopfen gleichmäßig zu verteilen.
2. Heißhalten der Würze bei Kochtemperatur 45 Minuten.
3. Nochmalige Kochung der Würze 5–10 Minuten, um die Eiweißausscheidung zu steuern und Würzearomastoffe auszutreiben. Die Gesamtverdampfung während der ersten Phasen beträgt 1,5–2 %.
4. Ausschlagen in einen Whirlpool oder Heißwürzetank mit anschließender Rast von ca. 30 Minuten.
5. Die Würze wird über die Stripping-Säule zum Würzekühler gepumpt. Zu diesem Zweck wird

sie nochmals auf die Siedetemperatur nachgeheizt und von oben auf die Stripping-Säule aufgesprüht. Sie rieselt über die große Oberfläche der Säule nach unten und wird im Gegenstrom durch Dampf in einer Menge von 1–2 % der Würzemenge beaufschlagt, der die Menge der flüchtigen Substanzen in ähnlicher Weise verringert, wie dies bei den anderen Verfahren der Fall ist. Die Verdampfung in diesem Stadium beträgt ca. 1 %. Das Kondensat aus dem zugeführten Dampf und den Würzearomastoffen wird über einen Wärmetauscher zur Energie-Rückgewinnung geführt.

Abschließend ist zu diesem Thema zu sagen, daß der Würzekochprozeß bei einigen Verfahren in zwei Phasen unterteilt wird und damit eine bessere Steuerung als bisher ermöglicht. Damit sind die beiden klassischen Prozeßschritte „Würzekochen" und „Würzekühlung" (besser als „Würzebehandlung" zu bezeichnen) als Ganzes mit zwei Phasen zu betrachten.

2.5.6 Der Energiebedarf beim Würzekochen (zu S. 172)

Er muß ebenfalls in Verbindung mit der Würzekühlung gesehen werden. Gegenüber dem Verfahren der thermischen Brüdenverdichtung, die bei einer Verdampfung von ca. 8 % gegenüber einer konventionellen Kochung (10 – 12 % mittels Innen- oder Außenkocher) eine Ersparnis von rund 65 % erbringt, ist bei einer Rücknahme der Verdampfung auf 4 %, theoretisch kaum etwas zu holen. Es kommt folglich auf die ergänzenden Einrichtungen zur Gewinnung von Abwärme an: z. B. Pfannendunstkondensator mit Energiespeicher zum Aufheizen der Läuterwürze von 72 auf 93–96° C, der bei diesem Abschnitt 75–80 % einzusparen gestattet. Bei der Würzekühlung fallen pro hl gekühlter Würze 1,1 hl Heißwasser von 80° C an. Bei 12 %-igen Würzen und einer Einmaischtemperatur von 60 – 62° C wird hierdurch der Heißwasserbedarf des Maischens und Läuterns gedeckt. Im Falle, daß die Würze über eine Vakuumstufe auf 80° C abgekühlt wird, geht hierbei ein Anteil von 20 % verloren, der jedoch zum Gutteil durch einen eigenen Brüdenkondensator zurück gewonnen werden kann. Naturgemäß sind von Betrieb zu Betrieb Besonderheiten zu beachten, so daß jeweils spezifische Bilanzen errechnet werden müssen.

2.7.4 Veränderungen der Würzebeschaffenheit zwischen Ende des Würzekochens und Ende des Würzekühlens (zu S. 182 f.)

Während des Ausschlagens sowie während der üblichen Heißwürze-Rast im Whirlpool (oder einem anderen Gefäß) bei ca. 97° C nimmt die Farbe der Würze um bis zu 2 EBC-Einheiten zu (S. 182). Abgesehen von Oxidationsvorgängen ist diese Zunahme der Farbe hauptsächlich durch eine weitere Bildung von Maillard-Produkten und Strecker-Aldehyden gegeben, die während dieses „statischen" Prozeßes nicht mehr ausgedampft werden. Dies ist auch sinnfällig am Anstieg der TBZ zu verfolgen, die in Abhängigkeit von der Zeit um ca. 33 % zunimmt. Aus diesem Grunde wurde die Gesamtzeit zwischen Ende Kochen und Ende Kühlen auf maximal 110 Minuten begrenzt, um Nachteile für den Biergeschmack und die Geschmacksstabilität zu vermeiden.

Dennoch ist bei einer konventionellen Kochung von 90 Minuten innerhalb dieser Periode eine Zunahme von thermischen Reaktionsprodukten feststellbar: bei 2- und 3-Methyl-Butanal um jeweils 50–100 %, bei 2-Phenyl-Ethanal um ca. 30 %, bei 2-Furfural um 50–80 % , bei einigen N-heterocyclischen Verbindungen um ca. 30 %, bei Benzaldehyd um 20–30 %. Substanzen, die aus dem Lipidstoffwechsel stammen, nehmen in der Regel geringfügig ab. Der Dimethylsulfidvorläufer S-Methylmethionin wird weiter (um ca. 50 %) abgebaut, wobei das entstehende freie DMS nicht mehr ausgedampft wird. Die Hopfenöle erfahren, je nach der durchschnittlichen Hopfenkochzeit bzw. nach der Lage der letzten Hopfengabe eine Zunahme um bis zu 30 %, die Oxy-Verbindungen nehmen um bis zu 20 % zu. Dies ist auf die Extraktion von Hopfenaromastoffen aus dem Trub, vornehmlich aus den Hopfenpellets zurückzuführen.

Unter den oben genannten Bedingungen und je nach Höhe des Einsatzes an α-Säuren und der Länge der durchschnittlichen Kochzeit erfolgt zwischen dem Ende des Kochens und dem Ende des Kühlens eine weitere Extraktion von Bitterstoffen aus dem Hopfentrub. Dabei erfahren auch bislang beim Kochen uninsomerisiert gebliebene α-Säuren eine weitere Isomerisierung. So kann das Ausmaß der „Nachisomerisierung" 15–25 % betragen.

2.7.7 Würzebehandlung und Würzekühlung

Die einfachste Art der Trubabscheidung und Würzekühlung ist es, die gekochte Würze in einen Whirlpool oder einen Sedimentationstank in 10–20 Minuten auszuschlagen und nach dem Absatz des Heißtrubs (25–40 Minuten) in 45–60 Minuten über einen Plattenapparat abzukühlen und auf dem Weg zum Gärbehälter die für die Hefevermehrung benötigte Luftmenge zuzuführen.

Die weit verbreitete, teilweise Entfernung des Kühltrubs wird derzeit erneut in Frage gestellt. Auf dieses Thema wird weiter unten nochmals eingegangen.

Die modernen Würzekochmethoden (s. S. 172, 386) haben bei einigen Verfahren eine Behandlung der Würze nach dem Kochen bzw. beim Würzekühlprozeß vorgesehen. Hierbei sind folgende Varianten möglich:

1. Einsatz eines Entspannungskühlers (S. 192) beim Ausschlagen. Durch ein Vakuum von 400 mbar wird die Würze auf 70–75 °C abgekühlt und eine weitgehende Ausdampfung von Würzearomastoffen bewirkt. Bei der genannten Temperatur tritt kaum mehr eine Nachbildung von Maillard-Produkten und Strecker-Aldehyden ein; auch der DMS-Vorläufer wird nicht mehr weiter gespalten. Der Heißtrub wird allerdings in seiner Konsistenz so verändert, daß er im Whirlpool nicht mehr sedimentiert; er ist mittels Heißwürze-Zentrifuge oder Heißwürze-Filter zu entfernen. Die intensive Ausdampfung der Würzearomastoffe rechtfertigt eine deutliche Verringerung der Würzekochintensität.

2. Einfache Abkühlung der Würze mittels eines Plattenkühlers oder Röhrenkühlers beim Ausschlagen auf 80–90° C, je nach dem angestrebten Effekt und je nach der Whirlpool-Funktion (s. S. 388 ff.). Bereits bei einer Abkühlung auf 88–90° C werden die Vorgänge der Aromabildung sowie der Abbau des DMS-Vorläufers deutlich verlangsamt. Es kann die Würzekochung nach den Faktoren Begrenzung der Eiweißfällung und Energiebedarf (s. S. 389 ff.) optimiert werden. Meist kann die Kochzeit um 15–25 % reduziert werden.
   Ein Nachteil der beiden Verfahren der Abkühlung der Würze nach dem Ausschlagen ist eine merkliche Verringerung der Nachisomerisierung, die nur mehr zwischen 0 und 5 % beträgt. Wird ein hopfenaromatisches Bier gewünscht, so wirkt sich eine Pelletgabe von ent-

sprechenden Aromahopfen (bis 25 % der gesamten Gabe an α-Säuren) positiv auf die Hopfennote eines Bieres (Aroma, Abrundung) aus, wobei aber die Ausbeute dieser Gabe entsprechend gering ausfällt (s. S. 380).

3. Einsatz einer Vakuumstufe zwischen Whirlpool und Plattenkühler, um der geklärten Würze einen Teil der Aromastoffe zu entziehen. Dazu zählen auch solche, die während der Rast der Heißwürze und bis zum Ende des Kühlvorganges gebildet wurden. Das Vakuum senkt den Druck auf 300 bis 500 mbar absolut, je nach Ausmaß der Temperaturabsenkung (auf 65–80° C) bzw. dem Ausmaß der Entfernung von flüchtigen Substanzen. Bei stärkerem Vakuum kann der Kochprozeß auf ein einfaches Heißhalten bei Kochtemperatur beschränkt werden, bei 500 mbar dagegen wird die Kochzeit um ca. 30 % verringert (s. S. 388).

4. Strippen der gekochten und geklärten Würze über einen Dünnfilmverdampfer oder in einer Stripping-Säule, wobei 1–1,5 % verdampft werden. Es wird wiederum ein Teil der Würzearomastoffe, unter anderem auch freies DMS ausgedampft, so daß der Kochvorgang entsprechend reduziert werden kann (s. S. 390).

Bei den Verfahren der Nachverdampfung können Hopfenaromastoffe verloren gehen, da sie mit den anderen Aromastoffen zusammen ausgetrieben werden. Wird ein ausgeprägtes Aroma gewünscht, so ist eines der Hopfengabegefäße so anzuordnen, daß es von der Würze nach dem Vakuumverdampfer oder nach dem Dünnfilmverdampfer durchströmt wird und so die Aromastoffe einer letzten Hopfengabe gelöst werden können (s. S. 391).

2.7.6.4 Die Würzekühlzeit wird im allgemeinen so bemessen, daß die Gesamtzeit zwischen Ende des Kochens und Ende des Kühlens 110, ja sogar 90 Minuten nicht übersteigt. Damit liegt die Leistung des Würzekühlers bei der Ausschlagmenge pro Sud und Stunde, z. T. sogar bei der 1,2-fachen Menge. Bei Würzevorkühlung auf 80–90° C (s. S. 388) müsste der gesamte Sud in ca. 15 Minuten über den Kühler gepumpt werden, was Leitungen und Durchgänge im Plattenkühler größerer Dimensionen erfordert; auch ist zu berücksichtigen, daß die gesamte Hopfentrubmenge durch den Kühler gelangt. Es ist in diesem Falle günstiger, nur einen Teil des Sudes auf eine niedrigere Temperatur abzusenken und dabei beim Einlauf in den Whirlpool für eine gute Durchmischung zu sorgen. Ist der Sud einmal auf 80–90°C abgekühlt, so verlangsamen sich die oben beschriebenen Vorgänge, so daß eine etwas längere Würzekühlzeit von 70 bzw. 60 Minuten vertretbar ist.

2.7.7.2/2.7.7.3 Die Entfernung des Kühltrubs wird selbst von Betrieben, die sie bislang praktizierten, als entbehrlich angesehen, da die Würzen durch die wesentlich verbesserte Abläuterung (Geräte und Technik) weniger Trübungspartikel enthalten, weswegen weniger Feststoffe mitgekocht werden und die Würzen im Whirlpool besser klären. Es wurde festgestellt, daß unter diesen Voraussetzungen die Gärung eher schneller verläuft und die späteren Klärungsvorgänge eine Verbesserung erfahren, die u. U. auch die Filtrierbarkeit des Bieres positiv beeinflussen. Es konnten sich aber die Verfahren der Kaltsedimentation (ohne Hefe) und der Kaltseparierung (beide S. 189) eher behaupten als die (partielle) Kaltfiltration oder die Flotation (S. 189f.). Als Nachteil letzterer wird angesehen, daß die großen Luftmengen, die zum Transport der Kühltrub-Teilchen benötigt werden, selbst wenn die Würze mit Hefe flotiert wurde, eine Oxidation von Würze-Inhaltsstoffen, vor allem von reduzierenden Substanzen bewirken könnte. Durch den Flotationseffekt wurden andererseits mit dem Kühltrub auch langkettige, z. T. ungesättigte Fettsäuren mit abgeschieden. Dies wurde als schaumpositiv angesehen, doch bedurfte es vor allem bei längeren Verweilzeiten im Flotationstank einer wirksamen Zweitbelüftung, um die für die Hefevermehrung notwendigen Sterole und ungesättigten Fettsäuren zu synthetisieren. Die Zweitbelüftung bewirkte eine bessere Hefevermehrung und eine raschere Gärung, doch wurde nach den heutigen Erkenntnissen die Bildung von SO_2 verringert, so daß die resultierenden Biere eine schlechtere Lag-time und damit eine schlechtere Geschmacksstabilität aufwiesen (s. S. 396, 411). Dies wirkte sich vor allem beim mehrmaligen Drauflassen flotierter und zweitbelüfteter Chargen aus. Es hat sich im Gegenteil als günstig erwiesen, nicht mehr alle Sude eines Gärtanks zu belüften, wobei die Sequenz von Belüftung und Nichtbelüftung von der Sudfolge und der Zahl der draufgelassenen Sude abhängt (S. 396).

Damit wird weniger Luft als bisher bei der Flotation erforderlich, etwa 10 l/hl. Zur Erzielung kleiner Bläschen von 0,1 μm sind die auf S. 191 beschriebenen Belüftungsvorrichtungen erforderlich. Beim Befüllen eines Gärtanks mit mehreren

Suden ist unbedingt eine Schichtung von angestellter, belüfteter Würze und den nachfolgenden Suden, die ohne Hefe sind und nicht belüftet werden, zu vermeiden. Hier kann es sich als notwendig erweisen, Luftstöße von jeweils einigen Sekunden Dauer über die Würzeleitung in den Tank einzubringen. Hierbei ergeben sich naturgemäß grobe Luftblasen, die die vorgesehene Beschränkung der Luftzufuhr nicht abschwächen (siehe auch S. 396, 411).

2.7.7.2 Zur Separation der kalten Würze (zu S. 189) konnten sich in einigen Brauereien hermetische Zentrifugen mit hoher Leistung (200–700 hl/h) einführen, deren Teller insgesamt eine große Klärfläche aufweisen. Die Zentrifuge erreicht eine g-Zahl von 10000. Im Betrieb beträgt der Kraftbedarf bei der größten Maschine ca. 8 kWh/100 hl. Die Zentrifuge arbeitet mit Vollentschlammung, wobei letzte Sedimentreste mit sterilem Heißwasser entfernt werden. Um während der Entleerung der Zentrifuge den Würzelauf nicht unterbrechen zu müssen und einen Kaltwürze-Puffertank zu vermeiden, ist ein Bypass zur Umgehung der Zentrifuge angeordnet.

Bei voller Leistung erreicht die Zentrifuge einen Trenneffekt von 40–55 %, je nach dem Ausgangs-Trubgehalt der Würze. Dabei werden auch eventuell noch in der Würze suspendierte kleinere Heißtrubmengen mit abgeschieden, ebenso beim Einziehen des Whirlpools. In der Regel ergeben sich einschließlich der nicht zentrifugierten Würzeanteile Kühltrubmengen von 130–140 mg/l. Der Schwand liegt bei 0,15–0,20 %. Zahlreiche Betriebsversuche ergaben eine bessere Geschmacksstabilität der Biere aus den kalt geklärten Würzen, was auch anhand der Alterungssubstanzen bewiesen werden konnte.

Die Reinigung des Separators erfolgt zusammen mit der Reinigung der Kühlstraße, d. h. alle 7–8 Sude mit 3 %iger NaOH, am Ende der Sudwoche zusätzlich mit einem sauren Reinigungsmittel.

Folgerungen zum Thema Würzebehandlung

Durch den Wegfall der (ohnedies nicht überall geübten) Kühltrubabtrennung konnte dieser Abschnitt und Abschluß der Würzeproduktion vereinfacht werden. Eventuell mitgerissener Heißtrub wird von Kaltsedimentation und Kaltseparierung als Sicherheit entfernt, doch muß bei einer Vereinfachung des Würzewegs auf eine effiziente Heißtrubabscheidung geachtet werden. Es ist auch günstig, ca. 6 Stunden nach Vollwerden eines Gärtanks den im Konus sedimentierten Trub zu entfernen.

Bei einer Phasentrennung der Würzekochung oder bei Würzevorkühlung wird der Abschnitt „Würzebehandlung" unterteilt. Es müssen aber hier genügend Variationsmöglichkeiten erhalten bleiben (selbst bei Vollautomation) um weitere Optimierungsmaßnahmen nicht in Frage zu stellen.

2.8.3 Gesamtausbeute der Würzebereitung (zu S. 177 und 192)

Die Gesamtausbeute (Overall-Brewhouse-Yield, OBY) führt sich bei Gewährleistungen, vor allem im internationalen Bereich, mehr und mehr ein. Sie hat zum Ziel, den gewonnenen Extrakt in der gekühlten Würze, einschließlich aller Extraktreste mit Ausnahme der Treber zu erfassen und zu dem vom Malz eingebrachten Extrakt (lufttrockene Laborausbeute) in Beziehung zu setzen.

a. Die Kaltwürzeausbeute wird ermittelt wie auf S. 192 beschrieben;
b. die Extraktmenge im Trubtank (s. S. 193);
c. Die Extraktmenge im angefallenen Glattwasser im Glattwassertank (wie b.)

Bezüglich der Genauigkeit der einzelnen Faktoren sei auf die vorausgehenden Kapitel verwiesen (S. 177 ff. und S. 192 ff.). Ergänzend sei noch angeführt:

Die Malzmenge ist mit geeichten Waagen zu ermitteln, was bei einigen Konstruktionen nicht oder nur schwer möglich ist. Eine laufende, am besten automatische Probenahme ist vorzunehmen, und zwar gesondert für jeden zu prüfenden Sud. Auf mögliche Verluste sowie auf eine „Verschiebung" von Schrot bei mechanischem Transport zu mehreren Einmaischstellen ist zu achten. Infolge der Problematik der exakten Ausbeutebestimmung sieht die DIN 8777 zur Überprüfung von Sudhausanlagen (1996) nur mehr die Treberverluste nach den Kriterien „auswaschbarer" und „aufschließbarer" Extrakt als bestmögliche Beurteilung der Extraktgewinnung vor. Damit kommt der Genauigkeit der Treberanalyse, vor allem der Gewinnung einer möglichst repräsentativen Durchschnittsprobe (z. B. während des gesamten Austreberns aus dem Fallschacht in den Treberkasten) größte Bedeutung zu. Bei normalen Stammwürzegehalten von 11,5 – 12,5 % sind die Grenzwerte für den auswaschbaren Extrakt und den aufschließbaren Extrakt je 0,8 %, bezo-

gen auf Naßtreber, wodurch sich der Gesamtverlust auf 1,6 % beziffert. Beim Brauen mit höheren Stammwürzen (s. S. 370) sind die Werte an auswaschbarem Extrakt entsprechend nach oben zu korrigieren, auch ist der geringeren Verdampfung in modernen Würzekochsystemen Rechnung zu tragen.

Bei der Ermittlung der Gesamtausbeute werden also der Extrakt in der Kaltwürze zuzüglich der gewonnenen Extraktmengen in der Trubwürze und im angefallenen Glattwasser addiert. Bei Zugabe der Trubmenge im Läuterbottich nach Abläutern der Vorderwürze bzw. im Maischefilter kurz vor oder beim Abmaischen sowie bei Wiederverwendung des Glattwassers kann auf die Einzelerhebung derselben verzichtet werden. Es ist allerdings zu berücksichtigen, daß durch die Trubzugabe im Läuterbottich der darin enthaltene Extrakt nur zu 80 – 90 % gewonnen werden und – vor allem bei geringen Mengen an Überschwänzwasser – der auswaschbare Extrakt eine gewisse Erhöhung erfahren kann, der z. B. durch die Zugabe von Glattwasser beim Einmaischen nicht immer voll ausgeglichen wird. Es ist zu berücksichtigen, daß bei einer Leistung von Läuterbottich und Maischefilter von 12 Suden pro Tag die Zeit zum Abläutern größerer Glattwassermengen u. U. zu lang wird.

Unter Zugrundelegung der Daten von S. 193 und einer lufttrockenen Laborausbeute des Malzes von 77,1 % wird eine Gesamtausbeute (OBY) von 98,8 % erreicht. Sie schließt den Extrakt des Hopfentrubes von 1,9 % mit ein. Damit wäre die Ausbeute ohne Trub nur 96,9 %. Nachdem aber die geringere Verdampfung nebst den stärkeren Würzen beim Brauen mit höherer Stammwürze von 14,5 % statt 11,5 % eine Minderung von 0,3 + 0,8 = 1,1 % erbringen, so kann die oben genannte Gesamtausbeute bei nur 97,7 % liegen, ohne daß markante Extraktverluste auftreten. Es ist also allemal geraten, die insgesamt gewonnenen Extraktmengen (Kaltwürze-Extrakt nebst Hopfentrub und gewonnenes Glattwasser) als Basis von Gewährleistungen zugrunde zu legen. Kleine Abweichungen sind je nach dem eingebrachten Glattwasserextrakt gegeben, der jedoch ebenfalls erfaßt wird.

Garantiewerte sind deshalb auf die jeweils angewendete Arbeitsweise zu beziehen.

Zu Kapitel 3: Die Technologie der Gärung

3.4.3 Das Anstellen der Würze mit Hefe (zu S. 221)

3.6.3 Gärung und Reifung

Die Forschungen auf dem Gebiet der Geschmacksstabilität haben die Notwendigkeit der Entwicklung einer ausreichenden Menge von Schwefeldioxid (SO_2) während der Gärung klar aufgezeigt. Wenn auch die SO_2-Bildung bei der Gärung mit vom Hefestamm bestimmt wird (s. S. 204), so kann doch durch die Art und Weise des Anstellens (nach Hefegabe und Belüftung) sowie des Drauflassens bei Mehrsudtanks auch bei ein und derselben Heferasse entscheidend Einfluß genommen werden.

Die Hefe wird in einer Menge von 15×10^6 Hefezellen (berechnet auf die Gesamtmenge) zum ersten Sud gegeben. Die Belüftungsrate beträgt ca. 8 mg/l O_2, bei Suden mit höheren Stammwürzegehalten prozentual mehr. Eine möglichst feine Verteilung der Luft ist auch hier geboten, was mit den auf S. 191 geschilderten Geräten wie Venturirohren, Strahlmischern oder statischen Mischern geschieht. Es ist wichtig, daß die Hefe in die belüftete Würze, d. h. nach dem Mischer gegeben wird, um das Auftreten von Scherkräften auf die Hefe zu vermeiden. Die früher geübte Arbeitsweise, jeden Sud für sich mit Hefe anzustellen ist physiologisch gesehen weniger zweckmäßig, weil die erstdosierte Hefe bereits Wuchsstoffe aus der Würze aufgenommen hat und bei den im folgenden draufgelassenen Suden mit der später zugegebenen Hefe in Wettbewerb tritt. Diese wird dann in ihrer Vermehrung gehemmt, so daß die Gesamtmenge an Hefe letztlich einen schlechteren physiologischen Zustand aufweist.

Nach dem Anstellen und Belüften des ersten Sudes werden die folgenden zum Teil nicht mehr belüftet. Das Belüftungsschema hängt ab von der Zahl der draufzulassenden Sude und vom jeweiligen Intervall. Bei einem 2-Sude-Tank wird nur der erste Sud mit Hefe angestellt und belüftet, der zweite dagegen nicht mehr. Bei einem 4-Sude-Tank erhält der erste Sud Hefe und Luft, der zweite nach $2^1/_2$ Stunden bleibt unbelüftet, ebenso der dritte nach insgesamt 5 Stunden, während der vierte nach $7^1/_2$ Stunden wieder belüftet werden darf. Es hat sich gezeigt, daß bei Anstell- und Gärtemperaturen im Bereich von 9–10° C erstmalig nach 7–8 Stunden wieder ein belüfteter Sud draufgelassen werden darf. Bei der Zugabe unbelüfteter Sude ist es wichtig, eine gute Durchmi-

schung des Tankinhalts sicherzustellen. Dies ist bei den hohen Einlaufgeschwindigkeiten normalerweise gewährleistet, doch kann es verschiedentlich auch zu einer Unterschichtung kommen, die es Würzeinfektionen erlaubt, sich zu entwickeln, was zu phenolischen oder gemüseartigen (DMS) Geschmacksnoten führt. Dem kann durch Einblasen von groben Luftblasen über die Würzeleitung (3–4 Luftstöße von je einigen Sekunden) abgeholfen werden. Da die Luft in groben Blasen auch wieder entweicht, bewirkt sie keine (in diesem Fall unerwünschte) Sauerstoffaufnahme der gärenden Würze. Am besten ist es durch Extraktbestimmung zu überprüfen, ob sich der Vermischungseffekt eingestellt hat. Es kann auch bei den nicht belüfteten Suden Stickstoff eingeblasen werden.

Beim Anstellen mit Assimilationshefe (oder Propagatorhefe) mit Drauflassen von belüfteter Würze in bestimmten Intervallen wird der SO_2-Gehalt niedrig ausfallen. Diese sehr vitale Hefe zeigt eine optimale Lipid-Ausstattung, so daß das Wachstum der Zellen während der Gärung kaum oder erst spät eingeschränkt wird. Das SO_2-Bildungsvermögen setzt erst nach einer Führung ein. Aus diesem Grunde wird diese „frische" Hefe zusammen mit etwa der doppelten Menge einmal geernteter Hefe dosiert und das oben erwähnte Belüftungsschema beim Drauflassen eingehalten.

Grundsätzlich darf bei allen diesen Maßnahmen, die einer Erhöhung des SO_2-Gehaltes dienen, keine Verlangsamung von Gärung und Reifung eintreten. Desgleichen soll der pH-Abfall weitreichend genug sein. Durch die geringere Hefevermehrung verbleibt ein etwas höherer Gehalt von assimilierbarem Stickstoff im Bier.

Diese geschilderte Arbeitsweise läßt es geraten erscheinen, vom Verfahren der Flotation, vor allem aber von der zumeist geübten Zweitbelüftung Abstand zu nehmen. Die mit modernen Läuterbottichen oder Maischefiltern hergestellten sowie in gut trennenden Whirlpools geklärten Würzen lassen die Stufe der Kühltrubentfernung entbehrlich erscheinen (s. S. 394). Falls der Whirlpool nicht einwandfrei arbeitet, könnte die Methode der „Kaltsedimentation" mit Vorteil in die oben geschilderte Verfahrensweise eingepaßt werden. Ein Abschlämmen von Trub, ca. 6 Stunden nach dem Vollwerden des Tanks, stellt einen zusätzlichen Reinigungsschritt der Würze dar.

Die Gärung verläuft auch unter den besprochenen Voraussetzungen im Temperaturbereich von 9–10° C. Bei größeren, d.h. zylindrisch-konischen Tanks für mehrere Sude werden Gärtemperaturen von 12 – 14 (15)° C gewählt, schon um Gärung und Reifung in einen Wochenrhythmus einzupassen. Dabei ist es notwendig, eine Extraktabnahme von 2,7 – 3,0 % in 24 Stunden und zwar über 2 $1/2$ Tage hinweg anzustreben, um dieses Ziel zu erreichen. Die Gärung sollte zunächst drucklos sein mit Ausnahme jener 0,1 bar, die für die CO_2-Gewinnung erforderlich sind. Erst bei einem Vergärungsgrad von 25 – 33 % kann der Druck auf 0,3 bar angehoben werden, um dann ab 50 – 60 % Vergärungsgrad auf jenen Wert eingestellt zu werden, der der erforderlichen Kohlensäure-Anreicherung dient (= Temperatur/10 – Bierstandshöhe/20), also bei 14° C und 12 m Flüssigkeitssäule = 0,8 barÜ.

Die Hefeernte sollte so früh wie möglich erfolgen; meist reicht die bei Erreichen des Endvergärungsgrades erzielte Hefeernte für das Anstellen des doppelten Quantums nachfolgender Sude aus. Setzt die Hefe zögernder ab, dann wird wohl erst nach Abbau des 2-Acetolactats, eventuell sogar nach dem Abkühlen geerntet werden können. Dem Vorteil, daß die Hefe bei der Ernte kälter ist (so die Hefeschicht nicht den Kühlmantel des Konus isoliert) steht der Nachteil entgegen, daß die Hefe mindestens drei Tage im abgegorenen Substrat, bei Gär- oder Reifungstemperatur und unter dem Druck von Flüssigkeitssäule + Spundung verbleibt. In dieser Phase dürfen weder pH-Wert noch FAN-Gehalt des Bieres ansteigen, die als Indikator für eine Verschlechterung des physiologischen Zustandes der Hefe dienen können. Meist geht auch eine Ausscheidung von mittelkettigen Fettsäuren einher, die Geschmack und Schaum verschlechtern kann. Eine Schaumschädigung ist durch die Entwicklung von Protease A in der Hefe gegeben, wenn dieses Enzym am Ende der Gärung oder während der Reifung exkretiert wird. Für dieses Phänomen ist aber der physiologische Zustand der Hefe entscheidend. Bei unsachgemäßer Herführung, zu warmer und zu langer Lagerung evtl. noch unter Druck und CO_2 wird sich bei der Gärung weit mehr Protease bilden als bei einer optimalen Hefe, wie sie aus den modernen Propagations- oder Assimilationsmethoden resultiert (s. S. 398).

Günstig ist es, im Fall eines Zweitankverfahrens, wenn die Hefe kurz vor Erreichen des Endvergärungsgrades durch Abschlämmen und gezielt bis auf einen gewünschten Zellgehalt im Jungbier mittels einer Jungbierzentrifuge geerntet werden kann. Diese Hefe ist durch die Zentrifuge um 5 – 7° C wärmer als das Jungbier, doch soll die Hefe ohnedies anschließend über einen Kühler auf

2 – 3° C abgekühlt werden. Bei Betrieb einer Jungbierzentrifuge (s. S. 250) ist darauf zu achten, daß sich die Hefe im Separator selbst nicht zu stark erwärmt. Hier wurden schon Temperatursteigerungen um bis zu 14° C beobachtet, die sich durch häufigeres Abschlämmen und durch Verlängerung desselben (geringerer Feststoffgehalt der Hefe) auf etwa die Hälfte verringern ließ. Es kann auch das Problem auftreten, daß sich in der zentrifugierten Hefe Trübungsbestandteile anreichern, die bei mehrmaliger Führung zunehmen und dann letztlich den Filter belasten. Es muß also bei Jungbier-Separierung die Beschaffenheit der Hefe dann genau kontrolliert werden, wenn diese wieder angestellt werden soll. Wird die Hefe dagegen anschließend verworfen, dann kann ein höherer Feststoffgehalt angestrebt werden. In diesem Fall kann die vor Umpumpen und Zentrifugieren in einem Hefetank kurzfristig gesammelte Hefe zum Zwecke der Hefebiergewinnung gleichmäßig dem zu klärenden Jungbier wieder zudosiert werden. Bei der geschilderten Verfahrensweise wird die Reifung bei Gärtemperatur im „Lagertank", der ebenfalls ein zylindrokonisches Gefäß ist, durchgeführt. Nach Abbau des 2-Aceto-Lactats wird in 2 Tagen abgekühlt und die ab ca. 3° C zum Erliegen kommenden Konvektion durch das Einblasen von Kohlensäure, bzw. durch einige „CO_2-Stöße" bis auf die Lagertemperatur von –1° C belebt.

Beim Eintankverfahren ist es schwieriger die Hefe rechtzeitig (im Sinne ihrer physiologischen Eigenschaften) zu ernten. Hier fällt die Hauptmenge nach dem Abkühlen auf 3 – 5° C oder darunter (wünschenswert –1° C) an. Durch die erwähnten, negativen Effekte sollte sie nur 2 – 3 mal wieder angestellt werden, wobei eine Kontrolle von pH-Wert und FAN vom Jungbier bis zum gereiften und weiter bis zum „fertigen" Bier Auskunft gibt, ob die Zahl der Führungen richtig ist und diese verringert werden muß oder ggf. sogar erhöht werden kann. Während der Reifungsphase ist alle 2 Tage abzuschlämmen, bei der Kaltlagerung alle 3 – 7 Tage. Dies hängt vom Zustand der Hefe ab. Beim Abkühlen des Tankinhalts ist es ebenfalls günstig, die Konvektion durch die oben genannten Maßnahmen zu unterstützen, um Temperaturgleichheit im Tank zu erreichen. Nachdem die Gärtanks wegen des bei der Gärung erforderlichen Steigraumes nur zu 75 – 80 % befüllt werden können, hat es sich – zumindest bei Brauereien mit nur wenigen Biersorten oder einigen Hauptsorten – bewährt, nach erfolgter Hauptgärung und Hefeernte mit Bier von einer anderen

Charge aufzufüllen. Entgegen den Befürchtungen hat sich der Kräusenrand nicht wieder gelöst und es wurden keine Unterschiede in der Bitternote der Biere gefunden.

Zu 9.2 Vergärung von stärkeren Würzen (zu S. 371). Stärkere Würzen von 13,5–16 % Extrakt führen bei gleichen Gärungsparametern, wie sie oben geschildert werden, zu höheren Gehalten an Estern und Schwefeldioxid. Um die Esterbildung zu kontrollieren bzw. so weit zu dämpfen, daß die rückverdünnten Biere etwa die gleichen Gehalte aufweisen wie das Originalbier, wurden ursprünglich alle Maßnahmen ergriffen, um die Hefevermehrung zu fördern: Eine intensive Würzebelüftung, möglicherweise Zweitbelüftung oder eine fraktionierte Belüftung von Hefe und Würze. Damit erfuhren aber die SO_2-Gehalte eine Verringerung, was sich auch entsprechend in den Werten der Lag-Time auswirkte.

Aus diesem Grunde wird auch bei der Vergärung stärkerer Würzen die Belüftungsintensität zurückgenommen. Während z. B. der erste Sud die gesamte Hefemenge und eine optimale Sauerstoffmenge erhält, wird in einem Gärtank für vier Sude noch der zweite, nach $2^1/_2$ Stunden draufzulassende Sud mit 8–10 mg/l belüftet, die beiden folgenden Sude aber nicht mehr. Nachdem stärkere Würzen ohnedies eine vermehrte SO_2-Bildung fördern, könnte u. U. der 4. Sud, je nach den Betriebsgegebenheiten nochmals eine Belüftung „vertragen". Wie schon geschildert, ist gerade bei der Hefegabe zum ersten Sud und sparsamerer oder keiner Belüftung beim Drauflassen für eine gute Durchmischung der Gesamtmenge zu sorgen, entweder beim Belüften des letzten Sudes oder aber durch eine Stickstoffbegasung.

Der Behandlung und Pflege der Hefe sowie der Kontrolle deren Vitalität (s. die folgenden Abschnitte) kommt größte Bedeutung zu.

3.3.2 Hefeherführung (zu S. 209)

Zur Optimierung der physiologischen Eigenschaften und der Gärkraft der Betriebshefe werden verschiedene Propagierungsanlagen bzw. Hefevermehrungsanlagen angeboten. Bei den verschiedenen Verfahrensweisen ist aber zu beachten, daß die Hefevermehrung unter optimalen Wachstumsbedingungen erfolgen muß, bei gleichzeitig weitgehender Abstimmung auf die Betriebsverhältnisse. Für eine einwandfreie Bierqualität sollte für die Hauptgärung frische, gär-

kräftige und gut adaptierte Hefe bei gleichzeitig möglichst niedriger Dosiermenge zum Einsatz kommen. Dies ist aber nur möglich, wenn bei der Hefevermehrung das Angebot an assimilierbaren Zuckern (Es >6 %) und an Sauerstoff sowie außerdem die Temperatur- und Mischungsverhältnisse (Hefesuspension und Würze) gut abgestimmt sind, so daß sich die Kulturhefe immer in der logarithmischen Wachstumsphase befindet.

Diese günstigen Verhältnisse werden bei einer bezüglich Nährstoffen und Luft entsprechend gesteuerten Assimilationsanlage erreicht. Die Temperaturführung richtet sich hierbei nach der später erwünschten Anstelltemperatur; sie soll nicht mehr als 6° C über dieser liegen. Die erforderliche Hefezellzahl wird durch Einsatz entsprechend dimensionierter bzw. mehrerer zylindrokonischer Tanks erreicht. Da die Hefe hier immer in gleichermaßen aktiver Form vorliegt, kann die Hefedosage auf 20–50 % der ursprünglich dosierten Menge reduziert werden. Bei den teilweise sehr niedrigen Anstelltemperaturen in untergärigen Brauereien müssen zwangsläufig niedrigere Vermehrungstemperaturen eingehalten werden, so daß die Zellgewinnung entsprechend langsamer verläuft. Deshalb empfiehlt sich auch ein Verschnitt mit der Erntehefe aus der ersten Führung (z. B. bis zu 60–80 % Erntehefe).

Die Assimilationsanlage ist sehr einfach aufgebaut. Sie besteht gewöhnlich aus zwei zylindrokonischen Tanks mit speziell abgestimmter Luftzufuhr. Die Behälter sind durch eine entsprechende Verrohrung miteinander verbunden. Die Luftdosierung geschieht am besten über ein T-Stück nach der Umwälzpumpe, um Schereffekte zu vermeiden. Außerdem sind eine Innenbelüftung, bestehend aus Düsen oder einem Ring, Heiz- und Kühlvorrichtungen, Meßinstrumente (CO_2, O_2, Temperatur evtl. Trübung) sowie die zugehörigen Steuerungseinrichtungen vorhanden.

In Abstimmung mit den Betriebsverhältnissen wird in Assimilator 1 die zugegebene Hefesuspension in einem bestimmten Verhältnis mit normaler Ausschlagwürze versetzt. Durch die Belüftung wird Zellwachstum erreicht und nach Erhalt von z. B. jeweils 100×10^6 Zellen werden die nächsten Würzechargen zugegeben, bis die erforderliche Menge im Assimilator vorliegt. Während nun die Hefe in Assimilator 1 in einer Menge von 100×10^6 Zellen/ml zur Verfügung steht, wird parallel dazu im Assimilator 2 neue Hefe gewonnen (s. a. S. 209, S. 223). Eine zeitgerechte Zugabe der Würze ist wichtig; es darf der Extraktgehalt keinesfalls unter 6 % abfallen. Etwas problematischer könnte eine zu kurze Sudzeit pro Woche sein. Hier hat es sich als günstig erwiesen, die Temperatur so weit abzusenken, daß der Extraktgehalt im Propagator im Bereich von 6–7% verbleibt. Es kann aber auch abgegoren werden, um die im Anschluß gekühlte Hefe zu gewinnen, d.h. „normal" anzustellen.

Die mit dieser Hefe hergestellten Biere zeigen einen reinen, weicheren und runderen Geschmack. Die Angärung ist schneller, der pH-Wertabfall steiler, weitergehend und die Gärzeit kürzer. Ebenso erfolgte auch eine schnellere Reduzierung des Gesamtdiacetyls. Insbesondere waren die oft typischen Merkmale einer schlechten Hefewirtschaft, wie schweflig-hefiger Antrunk, breite, hefige Nachbittere, höherer pH-Wert im Bier und höhere Gehalte an schaumschädigenden Fettsäuren (besonders Decansäure), nicht vorhanden. Ein großer Vorteil dieses Verfahrens ist auch die hohe Resistenz der Hefe gegenüber Bierschädlingen, die selbst bei stärkeren Kontaminationen deutlich zurückgedrängt werden.

Zusammenfassend können folgende Unterschiede zu den bisherigen Reinzucht- und Propagierverfahren genannt werden:

- Wegfall der klassischen aufwendigen Hefeherführung unter sterilen Bedingungen;
- Verwendung von üblicher Betriebswürze ohne zusätzliche thermische Belastung;
- ausgeprägte Resistenzbildung der Betriebshefe und damit hohe mikrobiologische Sicherheit;
- kein Würzetank;
- gezielte Steuerung der logarithmischen Phase durch Regelung der Vermehrungsparameter wie O_2-Gehalt, pH-Wert, Extraktgehalt, Mischungsverhältnis und Temperatur;
- geringer Energie- und Arbeitsaufwand durch mögliche Vollautomatisierung;
- jederzeit mögliche CIP-Reinigung durch einfache Abkoppelung eines Assimilationstanks.

3.3.6 Lagerung der Hefe (zu S. 211f.)

Bei der Hefebehandlung sind nach erfolgter Ernte eine Druckentlastung bei gleichzeitiger Entfernung der Kohlensäure sowie eine definierte Kühlung auf unter 3° C eine wichtige Voraussetzung für weitere einwandfreie Führungen. Für die Druckentlastung und CO_2-Entfernung ist am besten ein Hefe-Vibrationssieb geeignet, das in geschlossener Ausführung und CIP-fähig zur Verfügung steht. Die Erntehefe wird zweckmäßig in einem Tank mit langsam laufendem Rührwerk un-

ter Druckabbau gesammelt, anschließend gesiebt und schließlich über den Hefekühler gepumpt. Nachdem die Hefe bei modernen Verfahren meist mit Gärtemperatur geerntet wird, läßt sich die Kohlensäure im ungekühlten Zustand besser entfernen. Es gibt aber auch Anlagen die zuerst die Hefe kühlen und anschließend sieben, wobei der Druckabbau im Kühler erfolgt. Die Kühlung der Hefe ist auch dann sinnvoll, wenn die Hefe nach nur einem Tag wieder angestellt wird, da die Stoffwechselvorgänge stets eine deutliche Beschränkung erfahren und keine Verschlechterung der physiologischen Eigenschaften der Hefe eintritt. Eine längere Hefelagerung von 3 (bis 7) Tagen ist mit dieser Hefebehandlung möglich. Im letzteren Falle ist der Zusatz von ca. 10 % Wasser (bei höheren Stammwürzen etwas mehr) zweckmäßig, um der Hefe ein verträglicheres Milieu zu schaffen. Der Effekt kann mit den bei 3.3.8 (S. 399) beschriebenen Verfahren zur Überprüfung der Hefevitalität bewiesen werden. Wichtig ist bei diesen Installationen, daß die Hefe weder in den Pumpen noch im Kühler Scherkräften ausgesetzt wird.

Eine Belüftung ist vor der Hefelagerung nicht erforderlich, ja sogar physiologisch ungünstig. Die Hefe würde hierdurch stimuliert. Da jedoch kein Substrat zur Verfügung steht, greift sie dann ihre eigenen Reservestoffe, wie z. B. Glycogen an und wird hierdurch geschwächt. Es kann, wenn kein Sieb zur Verfügung steht, die Hefe durch einen geringen, aber gesteuerten und zeitlich begrenzten Luftstrom von der Kohlensäure befreit werden.

Die Belüftung sowie möglichst eine Vermischung mit Würze (z. B. 1:1) sollte dann $^1/_2$ bis 1 Tag vor dem Anstellen erfolgen. In dieser Zeit können sich aerobe Bakterien, die häufig als Kontamination in der Hefe vorhanden sind, kaum vermehren. Wenn die Belüftung dagegen am Anfang der Hefeaufbewahrung geschieht, können sich diese Bakterien deutlich vermehren und Geschmacksfehler oder technologische Probleme verursachen.

3.3.8 Bestimmung der Hefevitalität (zu S. 213)

Die Hefedosierung erfolgt zweckmäßig auch über die Erfassung des Anteils der lebenden Hefezellen (Hefemonitor): Das Gerät erzeugt entlang der Hefeleitung ein elektrisches Feld, das nur lebende Zellen konduktometrisch erfaßt. Es ist in weiten Zellkonzentrationsbereichen einsetzbar und kann sowohl die dosierte Hefemenge beim Anstellen als auch den Anteil der lebenden Hefezellen bei der Ernte ermitteln.

Eine sehr aussagefähige, wenn auch aufwendige Methode ist die Bestimmung des interzellulären pH-Werts (ICP). Frisch geerntete Hefe in optimalem Zustand hat einen pH-Wert von ca. 6,2; jede pH-Werterniedrigung deutet auf einen Verlust an Vitalität hin, wie schlechteres Gärvermögen, langsamere Diacetyl-Reduktion. Während der Gärung und Reifung nimmt der interzelluläre pH-Wert ab, etwa gegen Ende einer zu langsamen Extraktabnahme, während der Reifung oder gar während der Lagerung des Bieres. Die Hefe antwortet aber durch diese pH-Werterniedrigung auf schlechte Lagerbedingungen (zu lang, zu warm, unter Druck, Einfluß von CO_2 und Ethanol). Es wurde eine „verkürzte" Methode zur Bestimmung des ICP entwickelt, die statt der bisherigen $3\,^1/_2$ Stunden nur mehr $^1/_2$ Stunde benötigt und die gleiche Aussagekraft aufweist.

Eine andere und in ihren Ergebnissen mit der ICP gut einhergehende Methode ist der sog. Druckaufbau-Test. Dieser mißt den Druck, den eine Hefe nach Würzezugabe in einer gewissen Zeit in einem geschlossenen Gefäß entwickelt.

Zu Kapitel 4: Die Filtration des Bieres

4.2.2 Die Kieselgurfiltration

Zu Horizontalfilter (zu S. 262): Eine Überarbeitung des Horizontalfilters beinhaltet eine neuartige Anschwemmunterlage, die auch die Anwendung von regenerierbaren Filterhilfsmitteln erlaubt. Die Filterelemente werden über eine Hohlwelle mit Unfiltrat beschickt, wobei eine Doppelringnabe eine gleichmäßige Verteilung des Filterhilfsmittels im Filterpaket vermittelt. Eine Entmischung oder „Sortierung" der Gur wird so vermieden. Die Trubraum-Ausnutzung des Filters kann bis 95 % betragen.

Das Filterelementepaket besteht aus Hauptfilter- und Restfilterelementen, die aber in Abmessung und Konstruktion identisch sind. Durch eine Adaptervorrichtung wird die Trennung zwischen Haupt- und Restfilterelementen dargestellt.

Der Filter kann, wie auch sein Vorgänger, ohne Vorlauf angefahren werden: In dem mit entgastem Wasser gefüllten System wird die Voranschwemmung im Kreislauf aufgebracht. Anschließend wird der Filter mit Kohlensäure leer gedrückt. Die Verschnittmengen von Wasser zu Bier können auf diese Weise gering gehalten werden. Nach Beendigung der Filtration wird das Restvolumen über die Restfilterelemente leer gedrückt. Über diese Restfilterelemente kann auch die Verschnittmenge bei Bierwechsel gering gehalten werden; es ist allerdings ein gewisser Zeitaufwand gegeben, da die Filterleistung bei der Filtration über die Restfilterelemente zurückgefahren werden muß.

Die Entfernung der Kieselgur geschieht, wie bei Horizontalfiltern üblich, durch Abschleudern. Die neuartige Lagerung des Filterpakets vermittelt eine verbesserte Laufruhe und so einen geringeren Verschleiß.

Die lieferbaren Filterflächen liegen zwischen 30 und 150 m^2, die maximale anschwemmbare Kieselgurmenge beträgt 11 kg/m^2. Die Filtrationsleistungen werden, in Abhängigkeit vom Biertyp mit 4–9 hl/m^2 und h angegeben.

Zu Kerzenfilter (zu S. 265): Ein neuer Kerzenfilter weist einen Register-Filtratablauf auf, der die übliche, gelochte Kopfplatte zur Befestigung der Kerzen ersetzt. Diese sind vielmehr an einem Rohrsystem angeordnet. Das Filtrat fließt vom Innern der Kerzen von diesem Rohrsystem über zwei Leitungen ab. Die Filterelemente (Kerzen) weisen eine erhöhte Eigensteifigkeit auf, die eine größere Kerzenlänge und damit eine schlankere Kesselbauweise ermöglicht. Der Filterkessel nimmt, wie üblich, das Unfiltrat auf. Am Filterdeckel befindet sich ein Bypass, der das Unfiltrat ableitet und so für eine gleichmäßige Geschwindigkeit sorgt. Die beiden Teilströme „Filtrat" und „Unfiltrat" lassen sich unabhängig voneinander einstellen und kontrollieren. Die Filterleistung läßt sich dadurch der jeweiligen Filtrierbarkeit anpassen und es wird einem Absetzen von (gröberen) Kieselgurteilchen im unteren Bereich vorgebeugt. Der Bypass-Volumenstrom ist unabhängig vom Filtrationsvolumenstrom, er richtet sich nach dem eingesetzten Filterhilfsmittel und der optimal erreichbaren Anströmung der Filterelemente.

Die Voranschwemmung wird, wie üblich, im Kreislauf in den mit entgastem Wasser gefüllten Filterkessel zudosiert. Der Bypass ist auf ca. 10 % der Leistung der Voranschwemmung (150 %) eingestellt. Das Anschwemmwasser wird anschließend über den Bypass ausgeschoben, ein kleiner Volumenstrom von ca. 10 % wird über die Filterelemente in den Kreislauf geführt. Durch die geschichtete Strömung entsteht eine nur kleine Mischzone, folglich auch nur eine kleine Vorlaufmenge. Es kann aber auch der gesamte Vorlauf über die Filterelemente (in diesem Fall ohne Bypass) ausgeschoben werden, wodurch sich eine größere Menge Bier-Wasser-Gemisch ergibt.

Bei der Filtration wird der Bypass auf einen Wert eingeregelt, der dem eingesetzten Filterhilfsmittel entspricht, der meist aber um 10 % liegt.

Der Nachlauf wird als Bier-Wasser-Gemisch über die Filterelemente abgetrennt. Dabei wird das Wasser von unten und oben in einem bestimmten Verhältnis in den Filter geschichtet. Somit kann die Verschnittmenge gering gehalten werden. Es kann aber auch der Filterinhalt als Unfiltrat zurück in den Puffertank verdrängt werden.

Die Daten bei einem Abnahmeversuch waren: Spezifische Filterleistung 6,1 hl/m^2 und h, Standzeit 10 h = 60 hl/m^2, Druckdifferenz 3,0 bar. Das Leistungspotential war nach 10 Stunden noch nicht voll ausgeschöpft. Der Vorlauf betrug 70 % des Kesselinhalts oder 3,6 hl bezogen auf 11 GG % über die Filtratleitung oder über die Bypassleitung nur 20 % des Kesselinhalts oder 1,1 hl bezogen auf 11 GG %. Die Nachlaufmenge betrug 120 % des Kesselinhalts oder 7,1 hl bezogen auf 11 GG %. Die Kieselgurmenge zur Voranschwemmung war 1200 g/m^2, die laufende Dosierung 77 g/hl.

Kieselgurproben, die nach der Filtration oben und unten an der Kerze entnommen wurden, ließen bei der Partikelgrößenverteilung keine Unterschiede erkennen. Es war also die Anschwemmung der Kieselgur über die gesamte Kerzenlänge hinweg gleichmäßig.

Es wurde ein hefefreies Filtrat erzielt.

4.3 Kombination der Klärverfahren (s. 269)

Zur *Nachfiltration nach Kieselgurfiltern oder Feinklärzentrifugen* finden meist zweistufige Systeme Anwendung:

a. Als Vorfilter Tiefenfilter – Schichtensysteme oder Tiefenfilter – Kerzensysteme, die eine Durchlässigkeit von ca. 3 µm aufweisen. Das Filtermaterial ist Polypropylen.

b. Als Nachfilter werden Polypropylentiefenfilterkerzen eingesetzt, die eine Durchlässigkeit von 0.4 – 0.6 µm haben und neben Hefen auch Mikroorganismen weitgehend zurückhalten.

c. Für ein biersteriles Filtrat können entweder nach den beiden vorausgehenden Filtern oder aber direkt vor der Füllerei 0.45 µm Membrankerzen aus Polyvinylidenfluorid zum Einsatz kommen.

Die Tiefenfilter-Schichten stellen dreidimensionale Kanalsysteme dar, die gleichzeitig eine Oberflächenfiltration, aber auch eine Tiefenfiltration gewährleisten, wobei die elektrische Ladung des Harzes durch sein Zeta Potential auch Adsorptionsvorgänge ermöglicht. Die runde Filterschicht von 284 bzw. 410 mm Durchmesser ist in eine Kunststoff-Fassung eingebettet. Mehrere „Discs" werden zu einem Modul zusammengefaßt.

Tiefenfilterkerzen weisen mehrere Abschnitte mit Zonen abgestufter Porengrößen auf. Die Mikrofasern innerhalb der Filtermatrix sind endlos, wobei eine spezielle Behandlung das Freisetzen von einmal zurückgehaltenen Verunreinigungen vermeidet.

Die Tiefenfiltersysteme verhalten sich bezüglich des Druckverlaufes während der Filtration eher linear, während Oberflächenfiltersysteme schlagartig verblocken, sobald die Oberfläche verlegt ist (Porenverstopfung).

Wichtig für eine wirkungsvolle Reinigung durch Kalt- und anschließend Heißwasser ist die Partikelfreiheit des Wassers, das zu diesem Zweck über Polypropylen-Tiefenfilterkerzen von 1 – 2 µm Porenweite geleitet wird.

Am Beispiel einer Anlage mit *Kieselgurfilter und zwei hintereinandergeschalteten Kerzenfiltern* (Vorfilter 3,0 µm, Nachfilter 0,6 µm) muß der Vorlauf des Kieselgurfilters vor den Kerzenfiltern abgetrennt werden. Die mit CO_2 leergedrückten und vorgespannten Kerzenfilter werden nacheinander langsam befüllt. Die Filter dürfen dabei wegen der Gefahr einer Reinfektion nicht drucklos werden.

Ferner werden zu Beginn der Filtration die Differenzdrücke der einzelnen Filter festgestellt, um später den Druckanstieg als Maßstab für die Beendigung der Filtration ermessen zu können (siehe oben). Am Ende der Filtration werden die Kerzenfilter mit CO_2 leergedrückt; der Nachlauf des Kieselgurfilters wird wiederum abgetrennt.

Der mikrobiologische Effekt der Anlage ist einwandfrei; er könnte auch im Bedarfsfall mit Kerzen geringerer Durchlässigkeit (< 45 µm) noch verstärkt werden. Die Kosten liegen unter denen herkömmlicher Schichten – Nachfiltration.

Die Spülung erfolgt dann, wenn das System den doppelten Differenzdruck gegenüber Filterbeginn erreicht hat: Spülen mit Kaltwasser entgegen der Filtrationsrichtung, bis das Spülwasser optisch blank ist (ca. 2 Minuten); Spülen mit Heißwasser von 70 – 80 C wie vorstehend (ca. 8 Minuten). Es kann aber auch das Heißwasser nach dem Spülen über Nacht im Filter stehen bleiben, wobei anschließend wieder mit Heißwasser rückgespült wird.

Die anschließende Sterilisation umfaßt nach sorgfältiger Entlüftung des Systems 20 Minuten mit mindestens 85° C am Filterauslauf, entweder durch langsamen Durchfluß oder durch Kreislauf durch die nacheinander geschalteten Filter. Statt Heißwasser kann auch Sattdampf von mind. 120° C eingesetzt werden. Die Filter werden dann mittels CO_2 entleert und vorgespannt und der Druck von ca. 2 bar beibehalten. Es kann der Filter aber auch mit kaltem, sterilem Wasser aufgefüllt und ebenfalls bei 2 bar gehalten werden. Reinigung und Sterilisation sind automatisierbar.

Kombination einer Feinklärzentrifuge mit Kreuzstrom-Mikrofilter:
Die Zentrifuge, der ein Puffertank nachgeschaltet ist, verringert die Hefezellzahl um ca. 95 %. Darüber hinaus werden auch kleinere Partikel abgetrennt. Hierdurch wird die Filtrationszeit der Membran-Anlage verbessert.

Das Kreuzstrom-Filtersystem besteht aus zwei baugleichen Anlagen mit Hohlfasermodulen, die wechselweise betrieben werden. Die Vorklärung erlaubt eine geringere Überströmung, wodurch die Anlage normalerweise ohne einen zusätzlichen Kühler auskommen soll. Die vollautomatisch gesteuerte Filtration orientiert sich am transmembranen Druck sowie an den Faktoren Durchfluß, kumulierte Filtratmenge und gewählte Gesamtmenge. Wichtig ist, daß die Filtration vor der Verblockung der Membran beendet wird. Die verbliebene Durchlässigkeit reicht dann aus, das umfiltrierte Bier, welches sich noch in den Modulen befindet, mittels Kohlensäure statisch über die Membran auf die Filtratseite zu drücken. Anschließend wird die Filtratseite in Richtung Filtrattank entleert. Hierdurch werden die Bierverluste weitgehend verringert. Die frühe Abschaltung vermeidet aber auch, daß die Ausbildung einer Deckschicht durch Hefen und andere Trübungsbestandteile auf der Membran minimiert wird. Hierzu trägt naturgemäß auch die Anwendung der Zentrifuge zur weitgehenden Vorklärung bei.

4.4 Wege zum Ersatz der Kieselgurfiltration
(zu S. 270)

Kreuzstrom-Mikrofiltration. Eine neue Anlagen-Konzeption ermöglicht eine kieselgurfreie Bierfiltration zu etwa vergleichbaren Kosten.
Die Membranmodule bestehen aus permanent hydrophilen Hohlfasern aus Polyethersulfon. Die Länge eines Moduls beträgt 1 m, der innere

Durchmesser der Hohlfasern 1,5 mm, die Porengröße 0.5 μm. Die Filterfläche eines Moduls ist 9,3 m². Die Wirkungsweise des Filters ist die auf S. 270 beschriebene. Das Bier wird im Strom unter einem bestimmten transmembranen Druck durch die Hohlfasern geleitet; dabei tritt ein Teil dieses Bierstromes durch die Membran und wird hierdurch geklärt. Auf der Oberfläche der Membran bildet sich ein Belag aus Trübungsstoffen der den Durchfluß zunehmend erschwert, was sich in einer Zunahme des transmembranen Drucks von 0.3 auf 0.5 bar auswirkt. Hier wird nach ca. 2 Stunden Filtrationszeit eine Rückspülung mit einer schwachen Natronlauge erforderlich. Dieser Vorgang nimmt insgesamt (s. unten) 18 Minuten in Anspruch. Nach weiteren zwei Stunden Filtrationszeit erreicht der transmembrane Druck ca. 0,7 bar; es wird wieder rückgespült. Dabei gelingt es nicht, den ursprünglichen Eingangsdruck wieder zu erreichen und es baut sich der transmembrane Druck im Verlauf von insgesamt 5 Spülungen über 0,8, 1,0 und 1,3 bar allmählich bis auf 1,5 bar auf. Es wird dann eine intensive Reinigung mittels Lauge und Wasserstoffperoxid erforderlich. Ein erneuter Zyklus mit 10 – 12 Stunden Laufzeit kann beginnen. Die oben genannte Rückspülung schließt drei Schritte ein:
1. Verdrängen des Bieres in den Unfiltrat-Puffertank
2. Ausspülen der Trubstoffe von der Membranoberfläche nebst eventueller Stabilisierungsmittel mit alkalischem Wasser (mit NaOH auf pH 12 eingestellt),
3. Nachspülen mit entgastem Wasser.

Um bei der Filtration die Bildung einer „Sekundärmembran" durch Trubstoffe zu stören (s. S. 270), muß das Bier mit höherer Geschwindigkeit auf die Membran aufgebracht werden, als es dem Durchfluß durch die Membran entspricht. Sie ist etwa 30 mal höher, so daß hierfür eine entsprechende Pumpenleistung zu installieren ist. Da sich das Bier hierbei erwärmt, ist in der Zirkulationsleitung eine Kühlvorrichtung angeordnet, die die Biertemperatur bei 0° C hält.
Praxiserfahrungen zeigen, daß ein System von z. B. 12 Modulen (Filterfläche 111,6 m²) 120 hl/h zu leisten vermag. Die „Standzeit" bei 5 Zwischenspülungen im Intervall von jeweils 2 Stunden beträgt brutto ca. 12 Stunden, netto unter Abzug der 5 Spülungen (ca. 90 Minuten) rund 10 1/2 Stunden. Naturgemäß hängt die Zeit zwischen zwei Zwischenspülungen von der Beschaffenheit des Bieres, seinem Gehalt an Trubstoffen,

seinen Kolloiden etc. ab. Gut geklärte Biere erfordern erst nach 4 – 5 Stunden eine Zwischenspülung; die Standzeit ist dann auch dementsprechend länger.

Die Anlage kann vollautomatisch betrieben werden. Die Vor- und Nachlaufmengen werden als gering bezeichnet; sie dienen, wie heute allgemein üblich, der Feineinstellung der gewünschten Stammwürze. Es ist allerdings zu berücksichtigen, daß die Bierstabilisierung entweder mit verlorenen Stabilisierungsmitteln getätigt werden muß oder mit speziellen Filtern (s. S. 318).

Die Kreuzstrom-Mikro-Filtration/Vibrations-Membran-Filtration (S. 270, 300, 304). Sie ist als neue Entwicklung besonders für die Gewinnung von Hefebier geeignet. Die „klassische" CMF verlangte eine hohe Überströmungsgeschwindigkeit der zugeführten Hefesuspension, um die sich ausbildende, filtrationshemmende Deckschicht zu verringern. Die erforderliche hohe Pumpenleistung ist nicht nur energieaufwendig, sondern sie führt auch zu einer Erwärmung der Hefesuspension, die durch eine entsprechende Kühlung wieder abgebaut werden muß. Bei der Vibration-Membran-Filtration (VMF) schwingt ein aus mehreren Filterelementen aufgebautes Membranpaket mit einer Frequenz von ca. 50 Hz und einer Amplitude am Außendurchmesser von ca. 20 mm. Durch die Vibrationsbewegung wird dem Aufbau einer Deckschicht entgegengewirkt. Damit kann die für den Filtrationsvorgang erforderliche transmembrane Druckdifferenz unabhängig von der Überströmgeschwindigkeit eingestellt werden. Die verwendeten Polytetrafluorethylen-Membranen haben eine Porenweite von 0.45 μm.

Die Filtrationsgeschwindigkeit liegt temperaturabhängig bei 18 – 22 l/m^2 und h, die transmembrane Druckdifferenz bei 0,5 – 0,8 bar, der Energieeintrag ist mit 0,6 kWh/hl gering, so daß meist auf eine Rückkühlung des gewonnenen Bieres bzw. der sich konzentrierenden Überschußhefe verzichtet werden kann. Die Temperatur der zu filtrierenden Hefe liegt bei 5 – 6°C, um unerwünschte Veränderungen derselben im Sammeltank zu vermeiden. Der natürliche CO_2-Gehalt der Überschußhefe kann in der Anlage für das gewonnene Bier erhalten bleiben. Die Konzentration der Hefe steigt von ca. 10 % auf 18 %; höhere Konzentrationen können u. U. die Beschaffenheit des gewonnenen Bieres nachteilig verändern.

Die gewonnenen Hefebiere zeigten eine Erhöhung der Stammwürze um ca. 1 %, einen höheren Vergärungsgrad als das Normalbier, einen um ca.

0,5 höheren pH-Wert, etwa gleiche, eher niedrigere Bitterstoffgehalte, jedoch um 50 % höhere Mengen an mittelkettigen Fettsäuren. Die Farben wurden nicht negativ beeinflußt. Die Unterschiede zwischen dem Bier aus der Filtration einer frisch geernteten und einer 3 Tage kalt aufbewahrten Hefe waren wohl gegeben, doch wirkte sich dies bei einer Dosage von 0,7 bzw. 1,5 % beim Anstellen (s. a. S. 300) in keiner der untersuchten Bieranalysendaten aus. Auch geschmacklich zeigten die frischen und gealterten Biere keine Beeinträchtigung. Der Bierschaum veränderte sich, selbst nach 3 und 6 Monaten Aufbewahrungszeit nicht. Diese günstigen Ergebnisse sind wohl zum Teil dem neuen Filtrationssystem, zum Teil aber auch auf die Hefelagerung bei 5 – 6°C von höchstens drei Tagen zurückzuführen sowie der Zugabe zur Anstellwürze (s. S. 301).

Folgerung zu modernen Filtersystemen. Der Kieselgurfilter selbst hat noch beachtliche Verbesserungen erfahren; diese wirken sich auf die Gleichmäßigkeit der Filtration (Anschwemmung) und das biologische Ergebnis positiv aus. Die Standzeiten erfuhren eine Verlängerung, was wiederum eine Verringerung des Kieselgurverbrauchs zur Folge hat. Als Problem wird immer wieder die Staubentwicklung bei der Handhabung der Kieselgur gesehen. Mit den nötigen Maßnahmen wie Transport in Silowagen, Kieselgursilos und eigenen Räumen zum Anmischen der Gurchargen in entgastem Wasser vor dem Transport in die Dosiergefäße, kann dem entgegengewirkt werden. Bei kleineren Filteranlagen war durch sorgfältige Arbeitsweise eine nur geringe Gefahr gegeben. Es kann aber auch schon bei der Bearbeitung der Kieselgur auf eine deutliche Verringerung einer späteren Staubentwicklung hingewirkt werden („Cristobalitfreie Guren"). Mit Ausnahme der Kieselgur-Regeneration bei 700 – 780°C (s. S. 261) konnten sich selbst vielversprechende andere Verfahren nicht behaupten, da diese die Regenerierung in der Brauerei selbst beinhalten und damit eine Mindestbetriebsgröße für Erstellung und Betrieb der erforderlichen Anlagen voraussetzen.

Nachfilter werden zunehmend mit modernen Systemen erstellt: Tiefenfilter, meist als Kerzensysteme mit unterschiedlichen Durchlässigkeitswerten bis zur Feinfiltration oder gar dreistufige Anlagen zur Erzielung biersteriler Filtrate. Hier scheint sich gegenüber dem Schichtenfilter eine gewisse Wirtschaftlichkeit abzuzeichnen.

Ein Ersatz des Kieselgurfilters durch Kreuz-strom-Mikro-Filter ist nach Erreichen einer Leistung von 1 hl/m² und h, mit oder ohne vorhergehende Zentrifuge in einen praktikablen Bereich gerückt. Die Bierstabilisierung bedarf hier allerdings noch besonderer Überlegungen.

Zu Kapitel 5: Das Abfüllen des Bieres

5.2 Die Faßabfüllung

5.2.5.1 Kühl-Keg (zu S. 278) wird ein selbst kühlendes Bierfaß genannt, dessen Bierinhalt ohne Vorkühlen innerhalb von 30–45 Minuten die optimale Trinktemperatur von 7–9° C erreicht. Das Keg ist in verschiedenen Größen erhältlich: 5, 8, 12,5, 15 und 20 l Inhalt.

Das Faß besteht aus einer Edelstahlblase, die das zu kühlende Bier enthält. Um diese Blase herum ist in einer mittleren Schale unter Vakuum ein saugfähiges Vlies angeordnet, welches Wasser enthält. In dem Raum zwischen der mittleren Schale und dem äußeren Mantel befindet sich eine Schicht Zeolith, ebenfalls unter Vakuum. Der Verdampferraum ist über ein Trennblech mittels eines Ventils vom Zeolithbereich getrennt.

Das Kühlen basiert auf der Zeolith/Wasser-Vakuumabsorptionstechnologie: Zeolith nimmt im getrockneten Zustand begierig große Mengen Wasser auf. Im Vakuum läuft dieser Prozeß so rasch und effizient ab, daß das Wasser in der mittleren Schale gefriert. Dies geschieht durch Öffnen des Absperrventils, wodurch der von der Wasseroberfläche abgegebene Wasserdampf zum Zeolith geleitet und von diesem absorbiert wird. Die hierbei entstehende Verdunstungskälte läßt das Wasser gefrieren und kühlt so das Produkt im Faß. Die Biertemperatur von 7–9° C wird dabei vom Faß 12–24 h lang gehalten.

Das leere Kühl-Keg wird in einem umgekehrten Verfahren wieder regeneriert. Durch Erhitzen des Fasses wird der Zeolith getrocknet und ist so wieder für diese Aufgabe brauchbar. Der Vorgang läßt sich bis zu 1000 mal wiederholen.

5.3 Die Flaschen- und Dosenfüllerei

5.3.1.1 Kunststoffflaschen (zu S. 281). Seit den 1990er Jahren konnten sich Kunststoffflaschen bei Mineralwässern und alkoholfreien Getränken immer weiter verbreiten. Dies ist vor allem der PET-Flasche zuzuschreiben. Nach dem drasti-

schen Rückgang des Dosenbieranteils mit Einführung des Einwegpfands 2003 wird auch Bier in PET-Flaschen (vorzugsweise in Einweggebinde) abgefüllt, trotz der ernsten Bedenken im Hinblick auf Kohlensäureverluste und Sauerstoffmigration während der Lagerung dieses Produkts.

PET, Polyethylenterephthalat wird aus Ethylenglycol und Terephthalsäure in kristalliner Form gewonnen. Dieses Polykondensationsprodukt wird granuliert und über eine Feststoffkondensation kristallisiert. Im Spritzgießverfahren werden Vorformlinge (Preforms) hergestellt, die dann beim Produzenten der Flaschen (meist im Abfüllbetrieb selbst) auf 120° C erhitzt werden, um in einer Streckblasmaschine zur Flasche geformt zu werden. Hierbei sind (je nach den Gußformen) verschiedene Flaschenformen möglich, wie auch durch Farbzusätze weitere Gestaltungsmöglichkeiten gegeben sind. Der Hauptvorteil der PET-Flasche liegt in ihrer Bruchsicherheit (Produzentenhaftung) und ihrem geringen Gewicht, das gegenüber einer 0,5 l Glasflasche von 380 g beim gleichen Volumen nur 1/10 beträgt. Neben den damit verbundenen logistischen Vorteilen für Abfüller und Handel wird auch die Attraktivität für den Kunden gesteigert.

Die Nachteile dieses Gebindes sind: mangelnde Hitzestabilität infolge geringer Materialstärke, Gefahr des Schrumpfens und Verformens sowie eine schlechte Benetzbarkeit (Reinigung). Bei wiederholter Verwendung ist die Kunststoffflasche empfindlich gegen Befüllung mit geruchsintensiven Flüssigkeiten, wie dies im privaten Haushalt durch Unachtsamkeit oder Fahrlässigkeit der Fall sein kann. Selbst bei der üblichen intensiven Flaschenreinigung können diese in die Flaschenwand diffundierten Substanzen nicht vollständig entfernt werden, so daß sie sich geruchlich und geschmacklich dem folgenden Füllgut mitteilen. Es bedarf hier neben der nicht aussagefähigen Ausleuchtung der Flaschen einer Geruchskontrolle durch sog. „Sniffing"-Kontrollmaschinen, die sich des Prinzips der Gaschromatographie oder hiermit kombinierter Analysensysteme bedienen. PEN ist in dieser Hinsicht weniger empfindlich als PET. Letzteres konnte sich aber für Bier bisher nur wenig einführen.

Der Energiebedarf für die Herstellung der PET-Flaschen ist hoch. So benötigt eine Streckblasmaschine für 20 000 Flaschen/h eine elektrische Leistung von 230 kW, wovon allein 85 % auf die Heizung entfallen. Der Energiebedarf ist auch durch die Druckluft von 40 bar gegeben. Sie wird benötigt, um die Endform der Flaschen darzustellen. Für die genannte Leistung ist ein Luftvolumen von 1900 Nm³/h erforderlich. Die Drucklufterzeugung hat eine Anschlußleistung von 350 kW. Eine gewisse Wärmeeinsparung ist z.B. bei einer einstufigen Herstellung von PET-Flaschen möglich (Spritzgießverfahren von „Preformen" und anschließender Streckblasprozeß). Hier kann die Restwärme des Spritzgießverfahrens für den letzteren genutzt werden.

Der Hauptnachteil der PET-Flasche ist allerdings ihre Sauerstoffdurchlässigkeit, die mit 40 μg/Flasche und Tag rechnerisch rund 14 mg/l und Halbjahr bei einer 0,5 l Flasche betragen kann. Günstiger schneidet hier die wesentlich teurere Flasche aus PEN (Polyethylennaphthalat) ab, die „nur" eine Aufnahme von ca. 35 % aufweist. Durch den Einsatz von Mehrschichtflaschen, z. B. mit Polyamiden oder Ethylenvinylalkohol (EVA) als Barrierematerial in der mittleren Schicht, können die Eigenschaften von PEN durch PET erreicht werden. Selbst diese sind noch ungenügend. Die Mehrschichtflaschen wie auch die „Blendflaschen" (das Barrierematerial wird dem PET bei der Herstellung beigemengt) sind schlecht zu recyclen.

Vorteilhaft ist die vakuumbeschichtete Kunststofflasche, wobei SiO_2 oder $(CH_2)_n$ in dünner Schicht auf die Flaschenwand aufgebracht wird. Je nach Beschichtungstechnik kann die Sauerstoffdurchlässigkeit bis auf 1 mg/l und Halbjahr bei einer 0,5 l-Flasche gesenkt werden. Es kann sowohl eine Außen- als auch eine Innenbeschichtung angebracht werden. Die Innenbeschichtung hat den Vorteil, daß die Barriereschicht keiner mechanischen Beanspruchung beim Flaschentransport ausgesetzt wird. Auch wird das Füllgut gegen Einflüsse aus der Flaschenwand geschützt. Die Plasmabeschichtung kann physikalisch oder chemisch als ein gepulstes oder kontinuierliches Verfahren durchgeführt werden. Bei einem dieser Verfahren ist der Streckblasmaschine ein Rundläufer nachgeschaltet, der im kontinuierlichen Verfahren die Plasmabeschichtung aufbringt.

Eine gute Wirkung vermögen auch die sog. „O_2-Scavenger" zu entfalten, die aber die geschilderten Sauerstoffbarrieren der Flaschen nicht überflüssig machen (s. a. S. 413). Die Funktion der Sauerstoffabsorption wird entweder durch die Oxidation von Eisen bzw. Eisenoxid einer niedrigen Oxidationsstufe oder aber durch die Oxidation von Polymeren wie z. B. Polyolefinen erzielt. Es bedarf aber der Erwähnung, daß der Scavenger Feuchtigkeit und damit eine gewisse Zeit benötigt, bis er seine Aktivität erreicht. Es ist wichtig, daß der Scavenger rascher aktiv wird als die Oxidation des Füllgutes einsetzt.

Neben dieser vorgenannten Sauerstoffaufnahme über die Flaschenwand kann auch die Migration des im Kunststoff gelösten Sauerstoffs in das Bier eine Rolle spielen. Sie kann bei 0,5 l-PET und PEN-Flaschen zusätzlich 0,3–0,4 mg/l pro Halbjahr betragen.

Nicht weniger kritisch als die O_2-Aufnahme ist die CO_2-Durchlässigkeit der Kunststoffe. So verliert das Bier in einer Einschicht-PET-Flasche unter den Versuchsbedingungen (23 °C in 6 Monaten) rund 33 % seines ursprünglichen CO_2-Gehaltes. Im Vergleich hierzu nimmt der CO_2-Gehalt eines Bieres in der Glasflasche mit Standard-Compound-Kronenkork um 3,2 % ab, mit Barriere-Kronenkork um 0,9 %. Eine innenbeschichtete PET- Flasche mit Standard-Schraubverschluß verursacht einen CO_2-Verlust von 8,7 %. PET-Mehrschichtflaschen wie auch solche mit „Scavengern" vermitteln zwar eine gute Sauerstoffbarriere, doch kann es je nach Aufbau der Flasche zu hohen CO_2-Verlusten kommen. Hier sind Prüfzertifikate vom Hersteller des Kunststoffmaterials einzufordern.

PET-Flaschen werden meist mit ein- oder mehrteiligen Kunststoff-Schraubverschlüssen verschlossen. Diese weisen selbst gegenüber Kronenkorken mit Standard-Compoundmasse (O_2-Aufnahme bis 1,5 mg/l und Halbjahr in 0,5 l-Flaschen) eine 2–3-fache Sauerstoffdurchlässigkeit auf. Auch hier ist das Einarbeiten einer Sauerstoffbarriere unerläßlich, die den Sauerstoffzutritt auf 0,2–0,3 mg/l unter diesen Bedingungen verringert. Ein aktiver „Scavenger" ist naturgemäß noch günstiger. Es spielt aber nicht nur das Material des Verschlusses selbst eine Rolle, sondern die Tatsache, daß der zylindrische Teil beim Aufbringen des Verschlusses auf die Flaschenmündung ein zusätzliches Luftvolumen einschließt. Es bedarf also eines Vorverschlusses, der nach dem Aufschäumen des Bieres durch die Hochdruckeinspritzung eigens aufgesetzt wird. Anschließend erfolgt das Abspritzen des Gewindes und das Aufbringen des eigentlichen Schraubverschlusses. Es sind aber auch Schraubverschlüsse mit integriertem Vorverschluß verfügbar. Der Schraubverschluß wird mit der flachen Dichtscheibe aufgesetzt, das Gewinde abgespritzt und dann der Verschluß aufgeschraubt.

5.3.3 Flaschenfüller (zu S. 284)

Die mechanisch gesteuerten Füllmaschinen sind auch heute noch weit verbreitet. Die immer noch steigende Vielfalt an Produkten und Behältern, die mit ein- und derselben Füllmaschine bewältigt werden sollen, haben zur Entwicklung einer elektrisch-pneumatischen Schaltung geführt. Hierdurch soll das Umstellen von einer Flaschenform oder Flaschengröße zur anderen erleichtert werden. Es können so einige Arbeitsschritte bei dieser Umstellung auf elektronischem Wege stattfinden. Ein elektronisch betriebener Steuerzylinder betätigt die Gasnadel, so daß der Gaszufluß in die Flasche ohne mechanische Ansteuerung stattfinden kann. Das Füllende wird, wie üblich, durch das Ende des Gasrückflusses in den Ringbehälter gekennzeichnet. Mit dieser Ausführung des Füllsystems entfallen mit Ausnahme der Kurvenrolle für das Anpressen der Flaschen am Füllventil alle weiteren mechanischen Steuerelemente an den Außenflächen des Füllers. Diese sind damit leichter zu reinigen. Auch wird ein manuelles Umstellen der mechanischen Schaltvorrichtungen auf diese Weise weitgehend vermieden. Die Vorevakuierung erfolgt über ein zeitprogrammiert gesteuertes Vakuumventil, anschließend wird die Flasche durch eine CO_2-Spülung auf einen annähernd atmosphärischen Druck gebracht. Ein zweiter Evakuierungsschritt verringert den bisher in der Flasche noch verbliebenen Sauerstoffanteil weiter, so daß durch die folgende Vorspannung mit CO_2 über die Gasnadel ein CO_2-Gehalt von annähernd 99 % aufgebaut wird. Bei Druckgleichheit mit dem Ringbehälter öffnet sich der Ventilkegel und das Bier strömt in die Flasche. Sobald der Bierpegel das Rückgasrohr erreicht hat, ist das Abströmen des Gases unterbunden und die Füllhöhe erreicht. Ein elektronischer Impuls schließt den Ventilkegel und der Füllvorgang ist beendet. Ein weiterer elektropneumatischer Impuls öffnet das Entlastungsventil und der Druck im Kopfraum der Flasche wird abgebaut. Die Füllhöhe kann nun nicht nur durch das Rückgasrohr bestimmt werden, sondern auch durch eine, im Rückgasrohr integrierte Sonde, die das Erreichen der Füllhöhe an die Steuerung meldet. Es kann dabei auch eine vorprogrammierte Zeitschaltung ausgelöst werden, die die Nachlaufzeit bestimmt. Dieser Vorgang kann seinerseits in die Steuerung einprogrammiert werden, weswegen das Auswechseln von Rückgasrohren bei einem Umstellen von Flaschensorten entfällt. Bei großen Unterschieden in der Füllhöhe der verschiedenen Fla-

schen oder Dosen kann die Sonde zusätzlich von außen manuell angepaßt werden.

Diese Füller können als Einkammer- oder Mehrkammersysteme – umschaltbar – betrieben werden. Ebenso sind Ausführungen füllrohrlos oder mit Füllrohr lieferbar (s. S. 286).

Dem Abfüllen von neuen PET- oder anderen Kunststoffflaschen geht eine Spülung (wie bei Dosen) voraus. Sie erfolgt mit biologisch einwandfreiem Wasser in sog. „Rinsern". Hierdurch sollen Feststoffe etc. aus der Flasche entfernt werden. Das hierbei verwendete Kaltwasser bringt normalerweise 8 – 10 mg/l Sauerstoff mit sich, so daß mit jedem Tropfen Restwasser wieder zusätzlich Sauerstoff in das Bier verbracht werden kann. Aus diesem Grunde werden die Flaschen in einem zweiten Verfahrensschritt mit Sterilluft, oder besser mit Stickstoff ausgeblasen.

PET-Flaschen können aufgrund ihrer geringen Wandstärken nicht vorevakuiert werden. Sie würden bei einem Unterdruck von nur 200–300 mbar einknicken oder gar implodieren. Um eine O_2-arme Abfüllung zu gewährleisten, wird beim Abfüllvorgang, nach dem Anheben der Flasche unter das Füllventil, die nicht angepreßte Flasche über das Rückgasrohr mit Gas aus dem Ringbehälter gespült. Anschließend erfolgt das Anpressen der Flasche und das Vorspannen mit CO_2. Beim Einkammerfüller gelangt das Rückgas wieder in den Ringkanal, beim Mehrkammerfüller in einen eigenen Rückgaskanal, wodurch im Ringbehälter nahezu eine reine CO_2-Atmosphäre erhalten bleibt. Naturgemäß eignet sich der Langrohrfüller für diese Abfülltechnik sehr gut, weil über das Füllrohr eine CO_2-Spülung möglich ist. Nachteilig ist aber der notwendige Füllrohrwechsel bei der Verarbeitung unterschiedlicher Flaschen. Bei einigen Systemen ist auch das Abfüllen sowohl von PET-Flaschen als auch von Glasflaschen möglich, wobei bei ersteren die CO_2-Spülung und bei letzteren die doppelte Vorevakuierung und CO_2-Vorspannung angewendet wird. Ein weiterer Punkt bei der Abfüllung von PET-Flaschen ist die geringe Axialdruckfestigkeit, die generell bei Kunststoffflaschen gegeben ist. Es sind angepaßte Kräfte beim Betrieb derartiger Flaschen unter dem Füllventil und unter dem Verschließorgan notwendig. Die PET-Flaschen werden deshalb nicht mittels eines Hubtellers an die Füllertulpe angepreßt, sondern mit Hilfe eines Halsrings. Auch die Sterne sind zur schonenden Handhabung mit kunststoff- oder gummiarmierten Greifern versehen.

Volumetrisch arbeitende Füllsysteme bedienen sich zweier verschiedener Methoden.

1. Die Durchflußmeß-Füller verfügen über ein magnetisch-induktives Durchfluß-Meßgerät, das vor dem Abfüllen die Durchflußmenge festlegt. Das Gerät steuert das Öffnen und Schließen des Ventils. Es wird unabhängig von den Behältertoleranzen das Nettovolumen bestimmt und abgefüllt.

2. Ein zweites System besitzt für jede einzelne Füllstelle einen Dosierbehälter. In diesen wird das Produkt vordosiert und dann in den abzufüllenden Behälter geleitet. Es wurde ursprünglich für Dosen entwickelt, da hiermit eine größere Genauigkeit erreicht wird als durch das Höhenfüllsystem mit Rückgasrohr. Bei dem großen Querschnitt – selbst im etwas verengten Dosenoberteil – ist zwangsläufig eine größere Schwankungsbreite gegeben als dies bei volumetrischer Abfüllung der Fall ist. Es sind auch bei den Dosen selbst größere Toleranzen der Durchmesser zu verzeichnen. Weiterhin erschwert der durch die Rotation bedingte, schräg stehende Flüssigkeitsspiegel innerhalb der Dose beim Füllen die genaue Festlegung des Endes des Füllvorganges, wie auch die Sauerstoffwerte ungünstig beeinflußt werden (s. S. 290). Die Befüllung aus der Dosierkammer ist weiterhin unabhängig von einer möglichen Schaumbildung. Für den Wechsel der Dosengrößen genügt es, die entsprechenden Einstellungen in der Steuerung des Füllers vorzunehmen. Beim mechanischen System wäre es notwendig, das Rückgasrohr zu wechseln und anschließend wieder zu sterilisieren.

Eine Differenzdruckkammer erlaubt es, die immer leichter und damit dünner werdenden Dosen, trotz ihrer geringen Axialdruckfestigkeit ohne Deformierung an das Füllorgan anzupressen (s. a. PET-Flaschen). Abfülltemperatur und Abfülldruck bedürfen keiner Kompromisse. Der Überdruck in der Dose wird beim Abfüllen in die Differenzdruckkammer abgeleitet und es wirkt nur die Axialbelastung auf die Dose ein, die zudem noch durch den Innendruck gestützt wird. Durch die vorherige Festlegung der Füllmenge erübrigt sich die Langsamfüllphase für eine korrekte Füllmenge. Hohe Leistungen von bis zu 120 000 Dosen mit 0,33 l Inhalt sind hiermit möglich.

Die Beschickung des Dosierbehälters erfolgt bei diesem System vom Ringkanal aus. Das Niveau wird über eine Transsonar-Sonde gesteuert.

Volumetrisch gesteuerte Füllsysteme sind nur bei einem einheitlichen Bestand an Kunststoffflaschen oder bei Dosen günstig, da sie das Wechseln von einer Behälterform und -größe zur anderen einfach und ohne Zeitverlust gestatten. Bei einem Flaschenpark wie z. B. NRW- oder Vichy-Flaschen unterschiedlicher Hersteller(länder) kann die zwar einheitliche, korrekte Füllung uneinheitliche Füllhöhen zur Folge haben, die das abgefüllte Gut unansehnlich erscheinen lassen. Hier sind Füller mit Füllhöheneinstellung durch das Rückluftröhrchen oder durch Sonden günstiger. Zur Darstellung des Mindestinhalts können gewisse Bierverluste unvermeidlich sein.

Eine neue Konzeption stellt ein rechnergesteuerter volumetrischer Füller dar. Dieser benötigt zum Abfüllen von Getränken in Kunststoffflaschen nur zwei pneumatisch bestätigte Membranzylinder, einschließlich Flaschenhub sowie Anpressung der Flasche an das Füllventil und Abdichtung der Flaschenmündung. Es sind also keine eigenen Hubelemente erforderlich. Im Füllventil ist eine einfache Vorrichtung zur Aufnahme der Flasche am Halsring und zur Druckanpressung angeordnet. Der Anpreßdruck regelt sich dabei selbstständig in Abhängigkeit vom Vorspanndruck. Dies ist nicht nur für die Schonung der Kunststoffflasche, sondern auch für die längere Lebensdauer der Abdichtsysteme von Bedeutung.

Das Umschalten auf unterschiedliche Flaschengrößen und Flaschenformen sowie eine damit verbundene Änderung der Füllmenge ist durch Knopfdruck möglich. Eine druckgeregelte, schaumarme Entlastung erlaubt es, auch Getränke höheren CO_2-Gehalts (z. B. Weizenbiere) bei Abfülltemperaturen bis 22 °C einwandfrei zu füllen. Die Leistung des Füllers wird mit 70 000 Flaschen/Stunde angegeben.

Für die CIP-Reinigung wird die Abdichtung der Füllorgane durch eine „Spülplatte" mit Gummiarmierung gewährleistet. Dabei wird dasselbe Druckregulationssystem wie beim Abfüllen wirksam: der Druck der Füllmedien (in diesem Falle der Reinigungs- und Desinfektionslösungen sowie der Spülwässer) reguliert den Anpreßdruck.

Zu Kapitel 7: Das fertige Bier

7.5.2 Technologische Faktoren des Bierschaums

Gerste/Malz: Die seit 10–15 Jahren eingeführten bzw. neu gezüchteten Gerstensorten weisen eine sehr starke proteolytische Lösung mit Eiweißlösungsgraden von 45–50 % auf, die zu einer Verschlechterung der Schaumeigenschaften der Biere führte. Dem konnte durch eine Verringerung der Keimgutfeuchte nur dann in befriedigendem Maße begegnet werden, wenn die VZ 45° C sich etwa im gleichen Bereich wie der Eiweißlösungsgrad bewegte. Dies war bei den Sorten Alexis und Barke der Fall. Meist reichten schon Wassergehalte von 42–43 % aus, um den Eiweißlösungsgrad auf 39–41 % zu begrenzen. Als flankierende Maßnahme konnte auch eine leichte Anhebung der Keimtemperatur von z. B. 15 auf 17° C dienen. Eine Verkürzung der Gesamt-Weich- und Keimzeit von z. B. 7 auf 6 Tage ist bei gut und gleichmäßig keimenden Gersten vertretbar; eine weitere Rücknahme dieser Zeit kann, gerade bei feuchten und kühlen Jahrgängen (längere Keimruhe), zu einer inhomogenen cytolytischen Lösung führen, die dann Probleme beim Abläutern und bei der Bierfiltration bereitet. Bei Gerstensorten, die eine breitere Spanne zwischen Eiweißlösungsgrad und VZ 45° C aufweisen, kann letztere bei den getroffenen Maßnahmen unter 36–38 % fallen. Einige Sorten, wie z.B. Annabell, erfahren keine Nachteile für den Verarbeitungsprozeß und für die Bierqualität, so daß hier von Fall zu Fall zu entscheiden ist, ob bezüglich dieses Merkmals Zugeständnisse angebracht sind. Eine sehr starke cytolytische Lösung (Friabilimeterwert über 88 %, Carlsberg „M" > 95% und „H" > 85 %) verschlechtert den Schaum nicht; sie ist aber die Gewähr, daß Maischverfahren mit sehr hohen Einmaischtemperaturen von 62–65° C ohne Nachteile zur Anwendung kommen können.

Beim Würzekochen erfahren die luftfrei hergestellten, polyphenolreichen Würzen eine starke Fällung hochmolekularer proteinischer Substanzen. Dies ist vor allem dann der Fall, wenn die Würze durch den Staukonus des Innenkochers oder das Drosselventil des Außenkochers den Heizmitteltemperaturen direkt ausgesetzt wird. Auch kann bereits beim Aufheizen der Würze durch Pulsieren im Innenkocher ungleichmäßig erhitzt und so koagulierbares Eiweiß gefällt werden. Vielfach dauert auch die Aufheizphase zu lang und es bleiben die zuerst erhitzten Bereiche deutlich länger höheren Temperaturen ausgesetzt, so daß es dort zu einer weiteren Verstärkung der Eiweißfällung kommt. Hier ist es günstig, die Würze beim Umpumpen vom Vorlaufgefäß in die Pfanne bis nahe an die Kochtemperatur zu erhitzen oder den Innenkocher mittels Pumpe anzuströmen (s. S. 386). Die Heizdampftemperatur sollte nur um 10–15° C höher sein als die der Würze, was allerdings eine entsprechende große

Heizfläche erfordert. Dennoch sind die meistens angewendeten Kochzeiten von 60 Minuten bei Außen- und 75 Minuten bei Innenkochern zu lang, so daß es trotzdem zu einer zu weitgehenden Eiweißkoagulation kommt. Eine Verkürzung der Kochzeit ist nur möglich, wenn die Nachbildung von freiem DMS im Heißwürzetank entweder durch eine Temperaturabsenkung der Würze beim Ausschlagen auf 85–90° C verlangsamt oder das gebildete DMS durch eine Vakuum-Stufe zwischen Whirlpool und Würzekühler wieder weitgehend eliminiert wird. Hier kann die Kochzeit an die Zielzahl koagulierbarer Stickstoff von 22–28 mg/l angepasst werden. Auch die verschiedenen Verfahren des Heißhaltens oder Dünnschichtkochens der Würze mit anschließender Vakuum- oder „Stripping"-Stufe sind hierfür geeignet (s. S. 388, 390).

Die Gärung – vor allem in großen Tanks – kann für die Hefephysiologie nachteilig sein: so wird am Ende der Gärung die Hefe unter dem Druck der Flüssigkeitssäule, meist noch mit einem zusätzlichen „Spundungsdruck" geerntet. Die imbibierte Kohlensäure sowie der Alkohol sind Hefegifte, was sich vor allem bei Suden mit höherer Stammwürze äußert. Es ist wichtig, die Hefe möglichst früh zu ernten, was aber nur bei Wechsel vom Gär- in den Lagertank möglich ist. Eine Zentrifuge erlaubt – vor allem auch bei Staubhefen – eine Ernte kurz vor oder beim Erreichen des Endvergärungsgrades. Die Hefe wird meist „warm", d. h. bei Gärtemperatur geerntet, wobei die Hefetemperatur meist noch um einige Grad höher liegt als das Bier, da sie selbst die Kühlflächen verlegt. Es ist daher wichtig, die Hefe möglichst rasch auf 2–3° C zu kühlen. Dies kann in einem klassischen Röhrenkühler geschehen, aber auch in einem Plattenkühler, der aber keine Scherkräfte auf die Hefe ausüben darf. Hierbei wird die Hefe entspannt. Die Lagerung erfolgt dann in einem Hefetank, der mit einer Wand- und Konuskühlung ausgestattet ist. Dabei sorgt ein langsam laufendes Rührwerk für eine gleichmäßige, niedrige Temperatur. Um die Kohlensäure rasch zu entfernen, ist es günstiger, die Hefe zuerst in einen Entspannungstank (mit langsam laufendem Rührwerk) und anschließend über ein Hefesieb (Entfernung von CO_2 und Verunreinigungen) zu leiten, um dann in einem Kühler die gewünschte niedrige Temperatur zu erreichen. Bei höheren Alkoholgehalten ist es ratsam, der Hefe beim Sieben etwa 20 % Wasser zuzugeben. Dennoch sollte die Hefe nicht länger als drei Tage (über das Wochenende) gelagert werden. Jungbierzentrifugen sollten durch Messung der Temperaturverhältnisse (s. S. 397) sowie von Hefevitalität und Viabilität auf ihre einwandfreie Arbeitsweise geprüft werden. Gegebenenfalls müssen die Perioden zwischen zwei Entschlammungen verkürzt und auch die Hefekonzentration durch Verlängern der Entschlammung verringert werden.

Die Hefevitalität wird häufig schon bei der Herführung ungünstig beeinflußt, etwa durch zu lange Drauflaßintervalle (Extrakt fällt unter 6–7 %), Substratüberschuß bei zu geringer Belüftung und zu starke Temperaturschocks beim Drauflassen, so daß die Hefeprotease A eine Mehrung erfährt und diese sich später, am Ende der Gärung und während der Reifung, durch den Abbau schaumpositiver Proteine ungünstig auswirkt. Eine Kontrolle der Hefe erfolgt mittels Methylenblau, Methylenviolett oder am besten – wenn die Apparaturen vorhanden sind – mittels intrazellulärem pH-Wert (ICP). Dieser soll bei > 6,2 liegen. Auch ein einfacher Druckaufbautest hilft, Fehler frühzeitig zu erkennen und so Schaden zu verhüten (s. S. 400).

Weiterhin ist es wichtig, während der Reifung (am besten alle zwei Tage) und während der Kaltlagerung – je nach Hefegehalt alle 3–7 Tage – die sedimentierende Hefe abzuschlämmen. Ein pH-Wertanstieg oder ein Anstieg des FAN nach Erreichen des Endvergärungsgrades zeigen einen schlechten Zustand der Hefe an. Wenn keine frische Herführhefe zur Verfügung steht, sollte die Erntehefe „reaktiviert" werden, d. h. innerhalb von zwei Tagen eine Herführung bis zur erforderlichen Menge Kräusenhefe erfahren.

Eine Verschlechterung des Bierschaums im unfiltrierten Bier kann das Verschneiden von Hefebier bewirken, wenn dieses einen erhöhten pH-Wert aufweist. Hier ist es besser, dieses nach Kurzzeiterhitzung in kontrollierten Mengen beim Anstellen zuzugeben.

Es ist hervorzuheben, daß eine mangelhafte Hefpflege nicht nur den Schaum, sondern auch den Geschmack (und die Bittere) sowie die Filtrierbarkeit des Bieres verschlechtern kann.

Ungünstig wirken sich auch oberflächenaktive Desinfektionsmittel aus, wenn z. B. ein Gär-, Lager- oder Drucktank nach erfolgter Desinfektion nicht ausreichend mit Frischwasser gespült wird. Die Oberflächenspannung des Bieres, die zwischen 41 und 45 mN/m (Dyn/cm²) liegt, kann hierdurch unter die kritische Grenze von 40 mN/m fallen. Wasser hat eine Oberflächen-

spannung von 72,3 mN/m, Haftwasserrückstände sollten nicht unter 62 mN/m liegen, wenn Nachteile für den Bierschaum vermieden werden sollen. Auch bei der Gefäßreinigung im Sudhaus, besonders des Kochers in der Würzepfanne, ist die folgende Wasserspülung zu kontrollieren und keinesfalls zu knapp zu bemessen. Bei der Flaschenreinigung kommen neben den Tensiden auch Entschäumer zum Einsatz. Hier ist wiederum eine regelmäßige Prüfung der gereinigten Flaschen auf Rückstände bzw. auf die Oberflächenspannung notwendig. PET-Flaschen verhalten sich im Neuzustand neutral; nach nur einmaliger Reinigung sinkt die Oberflächenspannung deutlich stärker ab als bei Glasflaschen.

7.6.4 Stabilisierung des Bieres (zu S. 318)

Von den phenolischen Substanzen wird u. a. der Ferulasäure ein Einfluß auf die Ausbildung kolloidaler Trübungen zugeschrieben. Sie scheint mit anderen Polyphenolen synergistische Effekte zu besitzen. Ferulasäure hat aber andererseits auch deutliche, reduzierende Eigenschaften und ist damit für die Geschmacksstabilität des Bieres von Bedeutung. Eine PVPP-Stabilisierung des Bieres verändert den Gehalt an Ferulasäure nur unwesentlich.

Flavan-3-ole wie Catechin und Epicatechin sowie Procyanidin B3 und Prodelphinidin B3 sind an der Trübungsbildung beteiligt. Sie nehmen hierbei mengenmäßig ab. Je mehr von diesen Polyphenolen im Bier vorliegen, umso geringer fällt die kolloidale Stabilität, bestimmt nach dem Forciertest in „Warmtagen" dargestellt, aus. Dabei spielt naturgemäß der im Bier gelöste Sauerstoff eine Rolle, wozu auch Kupfer-Ionen beitragen können. Eisen scheint dagegen weniger kritisch zu sein.

Die Stabilisierung des Bieres mit PVPP erreicht bei 10 g/hl eine Verringerung der beiden Procyanidine und des Catechins im Mittel um 15–20 %, bei 30 g/hl um ca. 35 % und bei der zugelassenen Höchstmenge von 50 g/hl um ca. 55 %.

Ein neuartiges Stabilisierungsmittel besteht aus dem Polysaccharid Agarose, welches aus den Disaccharidresten Galactose und 3,6-Anhydrogalactose aufgebaut ist. Das Material ist durch unlösliche, quervernetzte, kugelförmige Polymere gekennzeichnet, die eine definierte Partikelgröße von 100–300 µm aufweisen. Fast über den gesamten pH-Bereich weisen die an der Agarose-Matrix über Etherbindungen verknüpften Ionenaustauschgruppen eine hohe Bindungskapazität für Eiweißmoleküle auf. Mit diesem Eiweiß werden auch Polyphenole adsorbiert. Dabei erfolgt die Bindung über die OH-Gruppen der Polyphenole an das Adsorbergel. Als Gegenion wirkt Chlorid. Die Regeneration des Ionenaustauschers geschieht in einer ersten Stufe mittels 2 M Kochsalzlösung und in einer zweiten Stufe mit 1 M Natronlauge. Die Kontrolle erfolgt mittels Leitfähigkeitsmessung. Die Sterilisation wird mit Heißwasser von bis zu 120° C durchgeführt. Im allgemeinen wird nach ca. 500 Regenerationen ein Ersatz des Stabilisierungsmittels erforderlich. Das neue Adsorbergel wird aus Gründen der biologischen Sicherheit in einer 20 %-igen Ethanollösung geliefert. Dieses Ethanol ist auszuwaschen.

Das Adsorbergel wird in einzelne Kammern mit einer Schichthöhe von 11–15 cm gepackt. Die theoretische Menge, die als Dosage zugrunde liegt, sind 100 ml/hl Bier. Für eine Tagescharge von 6500 hl werden folglich 650 l Adsorbermaterial benötigt.

Die Durchflußrate des Bieres soll eine Kontaktzeit von 30–60 Sekunden gewährleisten. Die maximale Druckdifferenz darf 4 bar nicht übersteigen. Es ist nur vorfiltriertes Bier zu verwenden, um eine rasche Verlegung des gepackten Filters zu vermeiden.

Die Adsorption von Eiweiß- und Gerbstoffen durch das Adsorberbett ist am Anfang sehr hoch und nimmt bis zum Ende einer Charge kontinuierlich ab. Zur Erzielung einer gleichmäßigen Stabilität des Bieres ist dieses in einem Bypass entsprechend der abnehmenden Stabilisierungswirkung in abnehmender Menge am Stabilisierungsfilter vorbeizuführen und den stabilisierten Bierstrom nach dem Filter wieder zuzuführen. Am Ende ist es notwendig, den gesamten Bierstrom über die Säule zu fahren.

Der Verschnitt des voll stabilisierten mit dem unstabilisierten Bier geschieht am einfachsten nach Maßgabe des Tannoide-Gehaltes. Wenn dieser z. B. um rund 50 % abgesenkt werden soll, dann nehmen die Anthocyanogene um rund 30 %, die Gesamtpolyphenole um ca. 20 % ab, wobei aber die besonders trübungsaktiven Polyphenole Procyanidin B3 und Prodelphinidin B3 eine Verringerung um rund 40 % erfahren. Catechin und Epicatechin werden nur wenig verändert. Hochmolekulare proteinische Substanzen werden anhand des mit $MgSO_4$ fällbaren Stickstoffs nur um 10–12 % reduziert, was auch anhand des Alkohol-Kältetests bestätigt werden kann. Die Stabilität nach „Warmtagen" erfährt dagegen eine

eindeutige Verbesserung. Die Stabilisierungswirkung liegt also zum Großteil auf der Seite der Verringerung der Polyphenole. Eine geschmackliche Beeinträchtigung durch das Mittel ist nicht erkennbar, wie auch Geschmacksstabilität und Schaum nicht negativ beeinflußt werden. Nachteilig ist es, daß eine Eichkurve für jeweils jede Biersorte zu erstellen ist, die der periodischen Überprüfung bedarf. Eine Erhöhung des Chloridgehaltes der Biere war bei den bisherigen Versuchen nicht festzustellen.

7.6.5 Geschmacksstabilität (zu S. 323 ff.)

Neue Aspekte bot die Erkenntnis, daß unter dem Einfluß von Wärme und Licht aus molekularem Sauerstoff das sehr reaktionsfreudige Hydroxylradikal entsteht, das unspezifisch mit Bierinhaltsstoffen reagieren kann. Mit Hilfe der Elektronenspinresonanz-Spektrometrie (ESR) kann die endogene antioxidative Aktivität eines Bieres bestimmt werden. Sie findet ihren Ausdruck in der sog. „Lag-time", die zwischen Null und (im besten bisher festgestellten Fall) 130 Minuten betragen kann. Es ist eine hohe Korrelation zwischen der Lag-time des frischen Bieres und der Geschmacksstabilität desselben gegeben, ebenso mit der Zunahme der gaschromtographisch bestimmten Alterungssubstanzen während der Alterung des Bieres. Biere mit guter Geschmacksstabilität weisen eine Lag-time von über 80 Minuten auf.

Die Lag-time ist sehr deutlich vom SO_2-Gehalt eines Bieres bestimmt, der zwischen 0 und 10 mg/l (s. S. 204, 208) liegen kann und der gesetzlich auf einen Höchstwert von 10 mg/l festgelegt ist. Obergärige, wie z.B. Weizenbiere, enthalten kein SO_2; sie zeigen auch keine Lag-time. Bei alkoholfreien Bieren sind die Werte von der Herstellungsweise abhängig: Biere aus einer gestoppten Gärung konnten noch kein SO_2 entwickeln, während entalkoholisierte Produkte einen gewissen Anteil des ursprünglich gebildeten SO_2 aufweisen, vor allem bei Verschnitt mit normalem Produkt (s. S. 342).

Die Bedeutung des SO_2-Gehalts für die Lag-time und damit für die Geschmacksstabilität führte zu einer Anpassung der Gärungstechnologie: Bisher wurde durch eine intensive, z.T. mehrstufige Belüftung beim Anstellen und Drauflassen eine kräftige Hefevermehrung und eine flotte Gärung angestrebt (s. S. 208, 221, 246 ff.). Diese führte aber nach dem auf S. 204 dargestellten Metabolismus zu eher niedrigen SO_2-Gehalten. So wird heute die Belüftung auf das beim Anstellen notwendige Maß von ca. 8 mg/l verringert. Dies bedeutet aber auch, daß die später zugegebenen, d. h. draufgelassenen Sude teilweise nicht belüftet werden dürfen. Das Belüftungsschema hängt ab von der Zahl der draufzulassenden Sude und vom jeweiligen Intervall (s. S. 396). Bei der Einführung propagierter oder assimilierter Hefe und dem damit üblichen Drauflassen in bestimmten Intervallen (s. S. 396) wird der SO$_2$-Gehalt niedrig ausfallen. Hier hat es sich bewährt, zu der Propagationshefe eine 2-4-fache Menge einmal geernteter Hefe zu dosieren und dann das oben erwähnte Belüftungsschema durchzuführen. Hier lassen sich dann die gewünschten SO$_2$-Mengen erzielen. Es darf aber bei diesen Maßnahmen keine Verlangsamung von Gärung und Reifung oder gar eine Schädigung der Hefevitalität eintreten. Durch die geringere Hefevermehrung verbleibt ein etwas höherer Gehalt an assimilierbarem Stickstoff im Bier, der seinerseits wiederum der Bildung von Strecker Aldehyden förderlich ist.

Die Lag-time kann auch durch Maßnahmen bei der Würzebereitung in einem gewissen Rahmen beeinflußt werden: durch Schroten in inerter Atmosphäre, die vor allem für Feinstschrote (aufgrund deren größerer Oberfläche und der beim Mahlvorgang resultierenden höheren Temperaturen von bis zu 55° C) sehr wichtig ist, durch entgastes Brauwasser, luftfreies Einmaischen bei hohen Temperaturen (über 62° C) und durch einen niedrigen pH-Wert (5,2 – 5,4) werden mehr Reduktone in die Würze übergeführt. Es erfolgt gleichzeitig eine Dämpfung der Wirkung von Oxidasen, besonders der Wirkung der Lipoxygenasen. Die Anwendung biologisch gewonnener Milchsäure erweist sich als wirkungsvoller als technisch hergestellte. Eine luftfreie Würzebereitung bei den Folgeschritten, eine geringe thermische Belastung beim Würzekochen und bei der Würzebehandlung sowie eine effiziente Ausdampfung von Würzearomastoffen, gegebenenfalls durch „Strippen" oder Vakuum-Verdampfung, erhöhen die Lag-time. Es wird durch diese Maßnahmen aber auch der Radikalanstieg nach dem eigentlichen Meßpunkt der Lag-time verlangsamt. Dieser Wert wird nach 120 Minuten ermittelt („antiradikalisches Verhalten") von einigen Analytikern auch nach 150 Minuten als „T150" ausgebracht. Es versteht sich von selbst, daß eine Sauerstoffaufnahme nach der Gärung (s. S. 288 ff.) eine dramatische Verschlechterung der Lag-time nach sich zieht. Bei der Lagerung des abgefüllten Bieres nimmt die Lag-time ebenfalls ab, weswegen nur der Meßwert des frisch abgefüllten Bieres als Be-

urteilungsgröße herangezogen werden kann. Es kann aber auch die Abnahmerate der Lag-time eines Bieres z.B. beim Forciertest oder bei Beobachtung von Haltbarkeitsproben mit dem Fortschreiten des Alterungsgeschmackes und der Mehrung der Alterungsindikatoren korrelieren.

Mittels ESR lassen sich auch die freien Radikale des Malzes bestimmen. Ihre Menge zeigt eine deutliche Abhängigkeit von Gerstensorte, Anbaugebiet bzw. Jahrgang. Gersten aus maritimen Gegenden weisen einen erhöhten Gehalt an freien Radikalen – und parallel dazu – an phenolischen Substanzen auf. Höhere Eiweißlösung, VZ 45° C, β-Amylasewerte und höherer Friabilmeterwert vermitteln einen höheren Gehalt an freien Radikalen, höhere Viscosität und höherer β-Glucangehalt erniedrigen denselben.

Die Chemiluminiszenz-Analyse ermöglicht es, die Oxidationsreaktionen während des Schrotens und Einmaischens kontinuierlich zu messen. Die Methode bestätigt den günstigen Effekt des Maischens unter Inertgasatmosphäre. Sie zeigt aber auch klare Unterschiede in Abhängigkeit vom Malz. Die Ergebnisse dieser Analyse gehen einher mit dem „Nonenal – bildenden Potential" (s. S. 414).

Wie schon auf S. 325 erwähnt, erhöhen Polyphenole das Reduktionsvermögen des Bieres. Dabei spielen im Herstellungsprozeß vor allem Phenolcarbonsäuren und monomere Polyphenole eine wesentliche Rolle. Das antiradikalische Potential fällt in der Reihenfolge: Gallussäure – Kaffeegerbsäure – Epigallocatechin Gallat – Gentisinsäure zu Epicatechin von ARP 815 auf 530. Von Protocatechusäure – Ferulasäure – p-Cumarsäure – Epicatechin Gallat – zur Vanillinsäure von ARP 290 auf 110. Hopfen – Polyphenole vermögen das ARP eines Bieres um ca. 10 % zu steigern. Die niedermolekularen Polyphenole des Hopfens umfassen reichlich Phenolcarbonsäuren, Flavanole, vor allem aber Proanthocyanidine und Flavonole. Ihre Menge ist sortenabhängig, aber auch durch das Anbaugebiet bestimmt. Eine Stabilisierung des Bieres mit PVPP vermindert die Lag-time selbst nur wenig, doch leidet das antiradikalische Potential und damit der Stabilitäts-Index, der aus den Faktoren: Lag-time, antiradikalisches Verhalten, antiradikalisches Potential und Reduktionsvermögen berechnet wird und der bei stabilen Bieren über 60 liegen soll. Es ist aber bemerkenswert, daß selbst PVPP-behandelte Biere, soweit sie vor der Stabilisierung hohe Polyphenolgehalte aufgewiesen hatten, eine bessere Geschmacksstabilität ergeben als polyphenolarme.

Es scheint also den Polyphenolgehalten der Würze und des unstabilisierten Bieres eine Indikatorwirkung für die spätere Geschmacksstabilität des Bieres zuzukommen. Dabei ist aber die antiradikalische Wirkung der Polyphenole in der Würze ausgeprägter als in den zugehörigen Bieren, da die Polyphenole bei den niedrigen pH-Werten des Bieres diese Eigenschaft kaum zu entfalten vermögen.

Bemerkenswert ist die Abnahme von Aminosäuren während der Bieralterung, so z. B. des Glutamins um bis zu 80 %. Es konnte aber auch eine Verringerung von Phenylalanin, Histidin, Tyrosin, Leucin, Isoleucin und Lysin beobachtet werden.

Von den Produkten des Lipidabbaus und der Lipidoxidation finden sich im Bier eine Anzahl von gesättigten und ungesättigten Carbonylen. Etliche von ihnen nehmen wohl während der Bieralterung zunächst zu, dann aber nach Erreichen eines gewissen Maximums wieder ab.

Andere zeigen während der Alterung eine laufende Abnahme. Zu der ersteren Gruppe zählt das (E)-2-Nonenal (in der Brauereiliteratur auch als trans-2-Nonenal bezeichnet). Es wurde als wichtiger Verursacher des Alterungsgeschmacks („Cardboard flavour") angesehen. Es nimmt während der Alterung des Bieres bis zu einem gewissen, oft schwer zu definierenden Höchstwert zu, wird aber wie andere ungesättigte Carbonyle wieder abgebaut. Damit ist es zur Charakterisierung des Alterungszustandes eines Bieres nicht geeignet. Dennoch wird das „Nonenal bildende Potential" in Rohstoffen und Zwischenprodukten der Bierbereitung als Hinweis für die spätere Bildung von Alterungssubstanzen im Bier gewertet.

Eine hohe Lipoxygenasen – Aktivität im Malz und in der Maische bewirkt eine Erhöhung der im Bier vorliegenden Indikatorsubstanzen des Fettabbaus wie Heptanol, 9-Decensäure und gamma-Nonalacton sowie eine Zunahme der Alterungsindikatoren. Malze, die bei höheren Temperaturen von z. B. 65°C rasch getrocknet (s. S. 120, 325, 382) oder bei hohen (über 86°C) Temperaturen abgedarrt wurden, liefern im Bier ein niedrigeres Niveau an Produkten des Lipidabbaus bzw. der Lipidoxidation. Beim Sudprozeß können diese Vorgänge durch Schroten in inerter Atmosphäre, durch entgastes Maischwasser, vor allem aber durch einen niedrigen pH-Wert der Maische (5.2 – < 5.4) und hohe Einmaischtemperaturen (> 62°C) deutlich eingeschränkt werden (s. S. 120, 383). Ebenso ist eine Sauerstoffaufnahme bei den folgenden Schritten der Würzebereitung zu vermeinden. Diese wiederum genannten Faktoren wurden schon früher als entscheidend angesehen, wenn auch immer wieder einmal von der einen oder anderen Seite in Zweifel gezogen. Nunmehr kann die „sauerstoffkontrollierte Arbeitsweise" bei der Würzebereitung als Stand der Technik bezeichnet werden.

Bei Weißbieren ist, wie oben erwähnt, keine, bzw. im frischen Bier nur eine Lag-time von 10 feststellbar. Dennoch verzeichnen auch die filtrierten „Kristallweizenbiere" eine gute Geschmacksstabilität. Dies bestätigt auch der Stabilitätsindex, der selbst bei hellen Weizenbieren zwischen 30 und 55 befunden wurde. Hier spielen die Reduktone des verwendeten Malzes (wie auch die Vorläufer der Maillardprodukte) eine große Rolle. Da auch helle Weizenbiere mit Farben bis zu 13 EBC einen bestimmten Anteil dunklen oder Caramel-Malzes enthalten, so ist diese Eigenschaft zu erklären. Auch bei dunklen Weizenbieren sowie bei dunklen untergärigen Sorten konnte naturgemäß ein gutes Reduktionsvermögen nachgewiesen werden. Auch der niedrige Restgehalt von freiem Aminostickstoff bei Weißbieren, aber auch bei dunklen Bieren trägt hierzu bei.

Stärkere Biere mit höherem Alkoholgehalt, wie vor allem auch Bockbiere, zeigen einen höheren Stabilitätsindex, wohl auch durch die antiradikalischen Eigenschaften von Ethanol.

Bei der Alterung von Weißbieren (auch Hefeweißbieren) kommt es zu einer Verringerung des Gehaltes an 4-Vinylguajacol, aber auch an den geschmackstragenden Estern. Es ist von großer Bedeutung, daß die Biere sauerstofffrei abgefüllt werden, da auch die lebende Hefe den Sauerstoffgehalt im Flaschenhals nicht zu kompensieren vermag.

7.6.5.5 und 5.3.6 Technologische Maßnahmen zur Sicherung der Geschmacksstabilität (S. 325, S. 288). Eine Verschlechterung der Lag-time kann durch die Verwendung von Desinfektionsmitteln auf der Basis von Wasserstoffperoxyd bei mangelhafter Wassernachspülung eintreten. Wasserstoffperoxyd kann eisenkatalytisch zum Hydroxylradikal weiterreagieren. Am Beispiel eines Lagertanks von 1000 hl Inhalt verbleiben im ungespülten Tank ca. 200 l an Desinfektionsmittel zurück. Das ARV fällt auf die Hälfte, die Lag-time ist bereits ab 60 l nicht mehr feststellbar. Bereits eine Restmenge von 20 l verringert das ARV um 7 %, die Lag-time dagegen schon um 20 %. Die Wirksamkeit der Nachspülung von Desinfektionsmitteln, besonders solchen, die die Oberflächenspannung erniedrigen, spielt beim Thema „Bierschaum" eine große Rolle (s. S. 409).

In Ergänzung zu den vorgenannten Faktoren in den Bereichen Rohstoffe, Würzebereitung und Gärung haben sich eine Reihe von Verbesserungen eingeführt, die weit über die auf den S. 288 und 325 beschriebenen Maßnahmen hinausgingen und die auch zu entsprechenden Erfolgen führen konnten.

Der Sauerstoffgehalt der gewonnenen Gärungskohlensäure liegt beim heutigen Stand der CO_2-Rückgewinnungsanlagen bei 30–50 mg/kg, was einem Reinheitsgrad von 99,995–99,997 % entspricht. Dieser genügt heutigen Ansprüchen nicht mehr, vor allem bei der Einstellung des gewünschten CO_2-Gehaltes durch Karbonisieren, der Karbonisierung von entgastem Wasser für Vor- und Nachlauf, zur Einstellung des Stammwürzegehaltes bei stärker eingebrauten Bieren sowie zur CO_2-Wäsche von O_2-kontaminierten Vorläufen und filtrierten Bieren im Drucktank. Eine weitere Bedeutung hat die Reinheit der Kohlensäure auch bei der Behandlung der Kieselgur und der Kieselgele. Diese enthalten Sauerstoff-Einschlüsse, weswegen sie im Kieselgurdosiergefäß oder besser schon im Vormischbehälter mit Kohlensäure gewaschen werden sollen. Wichtig ist auch, daß beim Transport von einem Gefäß zum anderen keine Luftaufnahme erfolgt. Während der Kieselgurdosage ist das Dosiergefäß durch Einführen des CO_2 von unten unter einem CO_2-Kissen zu halten. Dasselbe gilt für Kieselgele, sofern diese für sich, z. B. schon nach dem Klärseparator, d. h. vor dem Puffertank zugegeben werden. Für diese Zwecke soll die Kohlensäure einen noch niedrigeren O_2-Gehalt aufweisen als oben genannt. Um die geforderten Werte von 5 ppm zu erreichen, bedarf es einer ergänzenden Rektifizierung der flüssigen Kohlensäure.

Die Kieselgur bringt auch andere Elemente in das Bier ein. Der Gehalt an bierlöslichem Eisen, der nach den entsprechenden Spezifikationen 100 mg/kg nicht überschreiten soll, hat einen Einfluß auf die Geschmacksstabilität; der Gehalt an bierlöslichem Calcium dagegen (< 500 mg/kg) ist relevant für eine mögliche Oxalatausfällung oder für ein Überschäumen des Bieres (s. S. 326). Es hat sich gezeigt, daß der Eisengehalt der Kieselgur bis zu 65–70 % in das Bier übergeht, wobei besonders der Vorlauf (der wieder beidosiert wird) und die ersten 10 % einer 8-stündigen Filtration „befallen" sind. Diese erwähnte Menge kann eine Erhöhung des Eisengehaltes um 0,1 mg/l erfahren, der die Lag-time eines Bieres um bis zu 8 Punkte verschlechtern kann. Der Eisengehalt einer Kieselgur hängt ab von ihrer Aufbereitung (s. S. 261) und ihrer Herkunft. Es ist sicher möglich, den Grenzwert für Eisen noch niedriger, z. B. auf < 50 mg/kg festzusetzen, was aber höhere Kosten erfordert. Es könnte günstiger sein, die Kieselgur bereits im Vormischgefäß mit einer verdünnten Säure, z. B. Zitronensäure zu behandeln, das Eisen zu lösen und anschließend auszuwaschen (pH-Wert!). Dabei kann auch der Gehalt an bierlöslichem Calcium verringert werden. Die Maßnahme ist aber noch auf ihre Zulässigkeit in Deutschland abzuklären.

Eine andere Quelle der Sauerstoffaufnahme ist die Dichtungsmasse der Kronenkorken.

Diese war früher Naturkork mit Aluminiumfolie, heute sind die Kunststoffmaterialien geschäumtes oder ungeschäumtes PVC oder geschäumte oder ungeschäumte EVA- oder EVA-freie (Ethylenvinylalkohol) Mischungen in Verwendung. PVC-freie Compound-Massen, die ohne Zugabe von Weichmachern hergestellt werden, bestehen aus Gemischen von PE, PP, Ethylen-Vinyl-Acetat-Copolymeren und Elastomeren.

Während der Lagerung des Flaschenbieres geht Kohlensäure verloren und Sauerstoff kann über die Dichtungsfläche in die Flasche eindringen. Dies kann eine Sauerstoffmenge von bis zu 1,4 mg/l in sechs Monaten ausmachen. Hierdurch werden alle vorangegangenen Bemühungen auf dem Abfüllweg zunichte gemacht. Noch höher ist der Zutritt des Sauerstoffs bei Kunststoff-Schraubverschlüssen (s. S. 405) oder gar bei Bügelverschlüssen. Bei diesen ist die Streuung besonders groß, je nach der Beschaffenheit des Verschlusses und der Gummischeiben. Kronenkorken mit einem Sauerstoffbarriere-Compound verringern die Sauerstoffaufnahme auf etwa 0,2 mg/l im Halbjahr. Auch bei Schraubverschlüssen erreicht die Barriereschicht aus EVA etwa dasselbe Ergebnis. Noch wirkungsvoller sind aktive Sauerstoffbarrieren, sog. „Scavenger" in der Dichtungsmasse; sie enthalten Substanzen die den eindringenden Sauerstoff chemisch binden können. Hier läßt sich kein Sauerstoffanstieg innerhalb eines halben Jahres feststellen, bzw. solange der Scavenger aktiv ist. Dieser ist allerdings nicht in der Lage, den Sauerstoff aus der Luft im Flaschenhals und den im Bier gelösten Sauerstoff zu absorbieren, da der Scavenger 6–12 Stunden benötigt, bis er aktiv ist.

Die Sauerstoffdurchlässigkeit von PET-Flaschen beträgt das 10–12-fache eines „normalen" Kronenkorks. Dies bedeutet, selbst bei einer Haltbarkeitsspanne von nur 8 Wochen, einen Sauerstoffanstieg um 5 mg/l. Die PEN-Flasche weist nur etwa ein Drittel des Sauerstoffzutritts auf, eine Mehrschicht („Multilayer")-Flasche ca. ein Viertel, beschichtete Flaschen sind noch etwas günstiger. Doch auch hier kann erst eine aktive Sauerstoffbarriere Abhilfe schaffen. Dies ist allerdings eine Frage der Kosten. Einen guten Schutz vermitteln auch Verpackungen, bei denen z.B. eine Sechserpackung mit einer Folie umgeben und der Raum innerhalb mit einem Inertgas aufgefüllt ist.

Demgegenüber sind Dosen, sowohl von der Wand als auch vom Deckel her, unproblematisch.

Erreichbare Sauerstoffgehalte in abgefüllten Bieren. Flaschenfüller mit doppelter Vorevakuierung (s. S. 286, 289) und Kohlensäure-Vorspannung können bei einwandfreier Funktion des Füllers (Vakuumpumpe, Vakuum in den einzelnen Füllorganen, intakte Dichtungen etc.) sowie beim Einsatz der erforderlichen CO_2-Menge, nebst gleichmäßigem Überschäumen der Flaschen, die Sauerstoffaufnahme auf unter 0,03 mg/l begrenzen und zwar einschließlich des Luftgehalts im Flaschenhals. Bei Dosenabfüllung ist im Falle von Aluminiumdosen eine Vorevakuierung nicht bzw. bestenfalls auf ein Vakuum von 20 % möglich. Hier hat sich eine CO_2-Spülung der Dosen vor dem Vorspannen als günstig erwiesen, die zu ähnlich niedrigen Werten führt wie bei Flaschen.

Erhebungen in einer Reihe von Brauereien haben gezeigt, daß der Gesamtsauerstoffgehalt in der Flasche/Dose bis auf 0,05 mg/l gesenkt werden kann. Dies erfordert aber die strikte Einhaltung aller, in den entsprechenden Kapiteln erwähnten Maßnahmen.

Der Kurzzeiterhitzer nach dem Filter oder vor dem Füller verringert den gemessenen Sauerstoffgehalt des Bieres, da dieser während der thermischen Behandlung mit den Inhaltsstoffen des Bieres reagiert. Für die Betriebskontrolle sind deshalb die Sauerstoffgehalte vor und nach dem Kurzzeiterhitzer von Bedeutung, um die „wahre" O_2-Aufnahme zu kennen.

7.6.5 Methoden zur Kontrolle und Vorhersage der Geschmacksstabilität (zu S. 323 ff.)

Die analytische Vorhersage der Geschmacksstabilität ist, wie oben erwähnt, durch die Bestimmung der Lag-time mittels ESR und in Annäherung durch den SO_2-Gehalt des Bieres möglich. Einfachere Methoden können aber ebenfalls wichtige Hinweise geben, allein schon der Verlauf von Farbe (berechnet auf eine einheitliche

Stammwürze von z.B. 12 %) und pH-Wert während des Brauprozesses – von der Läuterwürze, den Würzen vor und nach dem Kochen, der Anstellwürze bis zum Jungbier bzw. Bier vor der Filtration. Die Thiobarbitursäurezahl (TBZ), an denselben Stellen entnommen, und schließlich die Anilinzahl, können eine noch besser definierte Aussage treffen.

Die Thiobarbitursäurezahl (TBZ) ist eine Kenngröße, die die Produkte thermischer Belastung umfaßt, wobei primär das Hydroxymethylfurfural (HMF) aber auch andere Substanzen aus diesen Vorgängen erfaßt werden. Es handelt sich also um einen Summenparameter, der sich analytisch auftrennen läßt in „Gesamt"-, „permanente" und „temporäre" TBZ. Die „permanente" TBZ bleibt von der Anstellwürze bis zum Bier unverändert, während die „temporäre" verschwindet, etwa parallel zur Reduktion von Carbonylen während der Gärung.

Die TBZ kann bereits im Malz (am einfachsten in der Kongreßwürze) bestimmt werden. Sie gibt einen Hinweis auf eine zweckmäßige Schwelk- und Darrtechnologie (s. S. 375) hin, wobei naturgemäß die proteolytische Lösung (normal, überlöst, inhomogen) eine Rolle spielt. Zwischen TBZ und dem Niveau des DMS-Vorläufers besteht ein Antagonismus, d.h. je niedriger der letztere angestrebt wird, umso höher kann die TBZ ausfallen. Für Pilsener Malz mit einer Farbe von 2,8–3,3 EBC darf die TBZ zwischen 12 und 15 liegen. Höhere Werte deuten auf Fehler beim Schwelken und Darren oder auf inhomogenes Malz hin. Die Malz-TBZ kann ca. 55 % der TBZ des Bieres ausmachen. Wenn bei der Würzebereitung Fehler, wie zu lange Aufheizzeiten, zu langes Heißhalten vor dem Kochen, zu hohe Temperaturen im Kocher oder im Heizmittel oder zu lange Heißwürzerasten, auftreten, so fällt der Anstieg der TBZ während dieser Prozeß-Schritte zu hoch aus (s. S. 390, 393). Diese TBZ ist „permanent" und führt auch zu einer ungenügenden Entfärbung während der Gärung. Die Geschmacksstabilität wird hierdurch beeinträchtigt. Der Zusatz von dunklem Malz oder von Spezialmalzen (helle, dunkle Caramelmalze) bewirkt naturgemäß eine höhere TBZ. Dennoch kann der Verlauf der TBZ während des Kochens und der folgenden Prozeßschritte als Aussage für eine korrekte Prozeßführung dienen.

Die TBZ von Pilsener Bieren kann zwischen 28 und 45 liegen, von hellen Exportbieren bei 30–50 (je nach angestrebter Bierfarbe), bei Weizenbieren bei 25–30. Die TBZ ist nicht geeignet zum Verfolgen einer forcierten Alterung des Bieres.

Hierfür ist die im folgenden zu schildernde Anilinzahl (AZ) geeignet.

Die Anilinzahl (AZ) zeigt einen Zusammenhang mit 2-Furfural, das bei der Alterung des Bieres, vor allem bei zu warmer Lagerung desselben, eine starke Zunahme erfährt. Die AZ liegt in frischen Bieren zwischen 0 und 2; sie wurde bei der Gärung von ursprünglich 100 in der Anstellwürze auf diesen Wert reduziert. Im abgefüllten Bier steigt die AZ mit Dauer und Temperatur der Lagerung an. Sie korreliert mit der sensorisch ermittelten Alterungsnote. Kurzzeiterhitzung und Pasteurisation beeinflussen die AZ nicht. Licht, Sauerstoff und Bewegung (Schütteln) haben ebenfalls keinen Einfluss. Bei einer 40-wöchigen Lagerung des Bieres stieg die AZ bei 3°C Aufbewahrungstemperatur auf 10, bei 12°C auf 21, bei 20°C auf 75. Ein ähnliches Verhalten ist bei der forcierten Alterung des Bieres abzuleiten. Damit kann eine Aussage getroffen werden, wie sich ein Bier unter den Bedingungen des Marktes verhalten wird oder – mindestens genau so wichtig – welchen Temperaturen ein Bier im Markt ausgesetzt war.

7.6.7 Wildwerden des Bieres (Gushing) (zu S. 326)

Beim primären Gushing verursachen Schimmelpilze die Entstehung von grenzflächenaktiven Substanzen, sei es durch Aufbau von pilzeigenen Stoffen oder durch Abbau von Inhaltssubstanzen des Getreides. Zu diesen grenzflächenaktiven Stoffen zählen Proteine und polare Lipide. Dabei scheinen nichtspezifische Lipotransfer-Proteine aus Gersten- oder Weizenmalz sowie von Schimmelpilzen produzierte Hydrophobine eine Rolle zu spielen, ebenso wie polare Lipide. Die apolaren Lipide werden während des Brauprozesses ausgeschieden.

Hydrophobine sind extrazelluläre pilzliche Proteine von 10–25 kD mit überaus großer Oberflächenaktivität. Sie sind in der Lage, stabile Filme an Grenzflächen von z. B. Wasser und Gas zu bilden. Sie zeichnen sich durch eine hohe Stabilität gegenüber Proteasen und Hitze aus. Sie sind bereits in geringsten Konzentrationen befähigt, stabile Schäume zu bilden und damit im Bier die Gushing induzierenden Mikroblasen zu stabilisieren. Die Anreicherung dieser Proteinfraktion im Schaum ist vom jeweiligen pH-Wert abhängig, der etwa im Bereich von 3,5–4,8 liegt.

Schimmelpilze erzeugen aber auch Lipide, wobei solche mit ungesättigten Fettsäuren das Überschäumen dämpfen oder gar unterdrücken können. Lipide mit gesättigten Fettsäuren dagegen verstärken das Gushing. Den oben erwähnten Lipotransfer-Proteinen kommt wahrscheinlich nur eine untergeordnete Rolle zu. Ein zusätzlicher Effekt dürfte sein, daß Fusarien auch erhebliche Mengen an Eisen freisetzen können.

Schimmelpilze vermögen Toxine zu bilden, die in der Lage sind, die Keimfähigkeit der Gerste bzw. des Weizens zu zerstören. Bei geringerem Befall wird die Entwicklung von Blatt- und Wurzelkeim verzögert und die Bildung der α-Amylase behindert. Außerdem wird der Wert des Getreides als Nahrungs- und Futtermittel stark herabgesetzt.

Aflatoxine und Ochratoxin A werden größtenteils beim Brauprozeß ausgeschieden. Das ist auch bei Zearalenon der Fall. Die Trichothecene Nivalenol und Deoxynivalenol (DON) sind dagegen wasserlöslich und werden beim Brauen kaum beeinflußt.

Auch aus diesem Grund kommt einer Kontrolle auf Befall durch Fusarien und andere Schimmelpilze bei der Annahme von Gerste und Weizen in der Mälzerei oder Malz in der Brauerei große Bedeutung zu. Während die Zahl der „roten Körner" nur einen groben Anhaltspunkt gibt, ist die Auszählung der „relevanten roten Körner" aussagekräftiger. Sie erfordert allerdings eine gewisse Erfahrung. Der „Gushing-Schnelltest" bei Gerste, Weizen und Malz gibt weitere Hinweise (s. S. 378). Wichtig ist aber eine möglichst sichere Methode bei der Annahme der Rohstoffe. Die Polymerase-Kettenreaktion (PCR) erlaubt eine Aussage innerhalb von 3 1/2 Stunden; die „Real-time PCR" eine Erkennung von Schimmelpilz-RNS schon während des Untersuchungsverfahrens der PCR. Damit ist es auch möglich, das Deoxynivalenol (DON) zu erfassen, da ein klarer Zusammenhang zwischen der Fusarium-DNS und der Konzentration an DON besteht. Der analytische Aufwand und die benötige Zeit lassen diese Untersuchungen nur bei großem Probenaufkommen lohnend erscheinen. Die DNS-Erkennung von Fusarien kann auch mit Hilfe von Teststäbchen erfolgen, wobei jedes PCR-Produkt innerhalb von 15 Minuten festgestellt werden kann. Diese Methode ist fast so empfindlich wie die klassische Gel-Methode. Weitere Analysenverfahren sind in der Entwicklung, so daß in absehbarer Zeit der Praxis rasche und verläßliche Tests zur Verfügung stehen dürften.

Das Thema „Gushing" ist in den letzten 10 Jahren intensiv weiter erforscht worden, doch treten

immer wieder einmal Fälle auf, die schwer zuzuordnen und zu erklären sind.

Das Phänomen des Überschäumens ist von vielen Faktoren beeinflußt; es kann durchaus so sein,
daß jedes Bier ein gewisses größeres oder kleine-
res Grundpotential („Betriebsfaktor") aufweist.
Wenn nun noch ein oder mehrere der geschilderten primären oder sekundären Momente dazu-
kommen (Oxalate, Eisen, Kieselgur-Durchschlag
etc.), dann kann das Gushing ausgelöst werden.

7.7 Filtrierbarbeit des Bieres (zu S. 328 f.)

Die cytolytische Lösung des Malzes kann durch
die Calcofluormethode nach der Modifikation
„M" und der Homogenität „H" weitaus exakter
bestimmt werden als vorher. Es wird heutzutage
ein Wert für „M" von 85 % und ein solcher für „H"
von 75 % gefordert, um selbst bei Maischverfahren mit hohen Einmaischtemperaturen von 60 –
62° C eine gute Filtrierbarkeit im Sudhaus und bei
der Bierfiltration zu erreichen. Auch die Analyse
des β-Glucangehaltes der 65° C-Würze (s. S. 377)
gibt für sich oder im Vergleich zum β-Glucangehalt
der Kongreßwürze eine klare Aussage über die
Homogenität und damit über das spätere Filtra-
tionsverhalten eines Malzes. Günstige Werte bei
der 65° C-Würze sind ca. 250 mg/l, der Grenzwert
von 350 mg/l kann bereits zu Problemen führen.
Die Viscosität der 65° C-Würze sollte unter 1,60
mPas liegen. Wenn auch diese Methode eine sehr
nützliche Bereicherung der Malzanalytik ist, so ist
doch bei ihrer Bewertung auch der Malzjahrgang
zu berücksichtigen, der u. U. Abweichungen von
den Ergebnissen von „M" und „H" verzeichnen
kann. Es ist aber abschließend festzustellen, daß
beide Methoden auf Mischungen von gut und
schlecht gelösten Malzen sehr empfindlich reagieren, was bei den herkömmlichen Analysen weniger deutlich zum Ausdruck kommt.

Würzen und Biere, die aus inhomogenen Malzen hergestellt wurden, können durch den Gehalt
an hochmolekularem β-Glucan durch Schereffekte eine Viscositätserhöhung erfahren, die
aber eine bestimmte Zeit benötigt, um die auf S.
329 geschilderten Gele zu bilden. Tiefe Temperaturen und Alkohol fördern die Gelbildung.

Neben den Gersten- bzw. Malz-β-Glucanen können auch Zellwandpolysaccharide der Hefe, wie
z. B. Mannan, die Filtrierbarkeit des Bieres verringern. Hefe, die durch ungünstige Bedingungen bei
Gärung, Ernte und Aufbewahrung geschädigt wurde, kann die Filterstandzeit um 20 – 40 % verrin-

gern. Dasselbe gilt für Hefen, die bei der Gärung
weder eine optimale Vermehrung noch eine befriedigende Extraktabnahme verzeichnen. Die Exkretion von Glykogen aus der Hefe beeinflußt die
Filterleistung selbst weniger, doch können die Trübungswerte im filtrierten Bier ansteigen.

Durch bakterielle Infektionen (*Gluconobacter
frateurii, Pantoea agglomerans*) können ebenfalls
Polysaccharide in das Bier überführt werden, was
zu geringeren Filterstandszeiten, aber auch zu geringeren Klärungsgraden führt.

7.8 Biologische Stabilität des Bieres

7.8.1 Kontaminationsursachen (zu S. 331 f.)

7.8.1.7 Indikatorkeime. Die Essigsäurebakterien
und weitere Indikatorkeime bilden Schleimkap-
seln, durch die sie gegenüber Austrocknung und
Reinigungsmaßnahmen sehr gut geschützt sind. In
schlecht zugänglichen Nischen und anderen
Schwachstellen können sie Biofilme bilden, in denen sich mit der Zeit auch obligate Bierschädlinge einfinden und verkapseln können. Innerhalb
dieser Biofilme herrscht ein anaerobes Mikromi-
lieu, in dem sich schließlich auch neben Laktobazillen Pectinatus und Megasphera entwickeln
können. Besonders im Umfeld des Füllers sind
solche Biofilme gefährlich, da durch Bierreste und
Bierschaum gute Ernährungs- und Adaptations-
möglichkeiten bestehen.

Dem kann neben den üblichen Reinigungs- und
Desinfektionsmethoden durch eine Heißwasser-
beschwallung am Flaschenfüller (alle 2 Stunden
bzw. jeweils bei Störungen in der Abfülllinie ca. 5
Minuten bei 85 – 90° C) wirksam begegnet werden.

7.8.2 Sicherung der biologischen Haltbarkeit (zu S. 332 f.)

Die auf S. 333 dargestellte Übersicht über die
mikrobiologische Qualitätskontrolle ist noch voll
gültig. Einige Ergänzungen werden im folgenden
gebracht. Dabei sei erwähnt, daß sich anstelle von
NBB-Nährlösungen mittlerweile das Substrat
NBB-B-AM aerob oder anaerob eingeführt hat.

Die in der Brauerei erforderliche Suche nach
Spurenkontaminationen wird durch statistische
und strömungstechnische Einflüsse stark beeinträchtigt. Es müssen deshalb regelmäßig
Schwachstellenanalysen mit Sonderproben (Abstriche mit NBB-B-AM) sowohl im Produk-
tions- als auch im Abfüllbereich durchgeführt

werden. Die Bebrütung der Teströhrchen erfolgt aerob 3 Tage bei ca. 27° C. Ein Farbumschlag von Rot nach Gelb deutet auf Biofilme hin, die auch früher oder später Bierschädlinge enthalten können. Besonders am Füller und Verschließer sollten wöchentlich 20–30 Abstriche genommen werden. Wenn durchschnittlich über mehrere Wochen hinweg weniger als 30 % Befunde vorliegen, besteht eine hohe Sicherheit gegenüber Sekundärkontaminationen.

Zur Verbesserung der Nachweissicherheit bei Proben aus Bierleitungen wurde das Bypass-Membransystem (BM-System) entwickelt. Hier werden kontinuierlich größere Probenvolumina (z. B. 20 l) mitten aus dem Bierstrom mit Hilfe einer Drehzahl gesteuerten Pumpe entnommen und über einen speziellen Membranfilter wieder zurück in den Bierstrom geleitet. Die Membranfilter werden in NBB-Bouillon oder auf NBB-Agar bebrütet. Dieses Verfahren kann auch mit molekularbiologischen Schnellnachweismethoden wie PCR (Polymerasekettenreaktion) oder VIT (Fluoreszenz markierten Gensonden) kombiniert werden. Die Installation dieses Geräts erfolgt am besten nach dem Filter oder am Füllereinlauf.

7.9 Physiologische Wirkung des Bieres (zu S. 334)

Medizinische Forschungsarbeiten in aller Welt haben ergeben, daß Bier bei Herz- und Kreislauferkrankungen bzw. zu deren Verhütung positive Wirkungen zu entwickeln vermag:

Es fördert den koronaren Blutfluß, senkt den koronaren Gefäßwiderstand, senkt den Blutdruck (aber nicht unter den Normbereich) und verringert so die Herzarbeit. Es hat einen Einfluß auf die Blutfette, indem es das HDL-Cholesterin steigert und das ungünstige LDL-Cholesterin absenkt. Ferner bewirkt es eine Membranstabilisierung und vermittelt einen Gefäßschutz durch seine Antioxidantien (Phenole, Flavonoide, Quercetin, Catechin etc.)

Allgemein werden laut WHO für den Mann ca. 40 g Alkohol = 1 Liter Bier pro Tag als moderater Konsum angesehen; für die Frau gilt ein Wert von ca. 20 g Alkohol pro Tag.

Obwohl Bier mit durchschnittlich 150 mg/l weniger Polyphenole als z. B. Weißwein (ca. 200 mg/l) und Rotwein (1200–2000 mg/l) enthält, vermag es dennoch einen wichtigen Beitrag zu leisten. Es ist aber zu berücksichtigen, daß aufgrund des Alkoholgehalts vom Bier etwa die 2 1/2-fache Menge wie bei Wein genossen werden, was die Werte einander annähert.

Polyphenole wirken antikanzerogen (besonders Xanthohumol und Isoxanthohumol sowie Quercetin), aber auch die Hopfenbitterstoffe Humulon und Lupulon. Polyphenole wirken antimikrobiell, aber auch die Bitterstoffe zeigen eine bakeriostatische Wirkung (s. S. 103). Polyphenole wirken antioxidativ, sie können die Low-density-Lipoproteine (LDL, s. oben) vor Oxidation schützen und damit – langfristig – Herz-Kreislauf-Erkrankungen vorbeugen. Bestimmte Phenolsäuren können durch ihre antioxidativen Eigenschaften die Bildung kanzerogener Nitrosamine aus Nitrit und sekundären Aminen hemmen. Es muß aber erwähnt werden, daß auch die Hopfenbittersäuren Humulon und Lupulon ein hohes antioxidatives Potential aufweisen. Polyphenole wirken auch antithrombotisch und entzündungshemmend. Xanthohumol und Isoxanthohumol können mutagene Wirkungen hemmen, die z.B. durch heterozyklische Amine ausgelöst werden. Sie vermögen, wie auch das Humulon, dem Einsetzen der Osteoporose entgegenzuwirken. Darüberhinaus hemmen Xanthohumol und Xanthohumol B das Enzym Diacylglyceroltransferase und wirken damit der Arteriosklerose entgegen. Die positiven Wirkungen von Xanthohumol sind Anlaß, diese Wertsubstanz im Produktionsprozeß anzureichern (s. S.380).

7.9.2 / 7.1.1.8 Zu den Vitaminen des Bieres zählt auch das Vitamin B 9, die Folsäure. Sie wirkt auf Stoffwechselfunktonen wie Zellwachstum und Blutbildung. Der Homocysteinstoffwechsel wird positiv beeinflusst, so daß auch Herz- und Kreislauferkrankungen vorgebeugt werden kann. Die Folsäure kommt in untergärigen Bieren aus 100 % Malz in Mengen von 70 bis knapp 100 ppb vor, bei Bieren, die auch mit Rohfrucht hergestellt werden, anteilig weniger. Weizenbiere zeigen Folsäurewerte von 100–130 ppb. Damit könnte bei Genuß eines Liters Weizenbieres der tägliche Folsäurebedarf zu einem Drittel gedeckt werden.

Die Folsäure im Bier stammt aus dem Malz, wo sie bei der Keimung gebildet wird. Einen Beitrag zum Folsäuregehalt leistet auch die Hefe bei der Gärung. Technologisch läßt sich der Folsäuregehalt durch niedrigere Abdarrtemperaturen, dünnere Maischen mit niedrigen Anfangstemperaturen sowie durch eine insgesamt geringe thermische Belastung beim Brauprozeß steigern. Dagegen vermögen höhere Reifungstemperaturen bei obergärigen Bieren positive Effekte zu bewirken.

Sachregister